基因定位与育种设计
(第二版)

Genetic Mapping and Breeding Design
(2nd edition)

王建康　李慧慧　张鲁燕　著

科学出版社

北京

内 容 简 介

本书内容建立在作者近20年科研和教学工作基础之上,全书可分为四部分。第1章为第一部分,介绍遗传研究群体,包括常见群体类型、基因型数据的初步整理和分析、基因效应和遗传方差的基本概念、单环境和多环境表型观测值的方差分析、基因型值和广义遗传力的估计等内容。第2~6章为第二部分,介绍双亲群体遗传分析,包括两个座位的基因型理论频率和重组率估计方法、作图函数和遗传图谱构建,以及单标记分析、简单区间作图、完备区间作图、上位型互作及与环境互作的QTL作图方法等内容。第7~10章为第三部分,介绍多亲群体遗传分析,包括杂合亲本的杂交后代、纯系亲本的双交后代、多亲纯系后代、选择群体、自然群体和巢式杂交群体等多种类型群体的连锁分析与基因定位。第11~13章为第四部分,介绍育种模拟、预测和设计,包括育种过程的建模和模拟、育种方法的模拟比较和优化、线性预测模型及其育种应用,以及利用遗传研究结果开展育种设计等内容。前三部分可看作基因定位的内容,第四部分可看作育种设计的内容。每章之后附有练习题,书后附有参考文献和索引。

本书可作为农学和生物学领域本科高年级或研究生相关课程的教学参考书,也可供广大遗传学和育种学研究者参考。

图书在版编目(CIP)数据

基因定位与育种设计/王建康,李慧慧,张鲁燕著.—2版.—北京:科学出版社,2020.6

ISBN 978-7-03-065082-5

I. ①基⋯ II. ①王⋯ ②李⋯ ③张⋯ III. ①基因定位②育种-设计 IV. ①O343.1②S33

中国版本图书馆 CIP 数据核字(2020)第 081288 号

责任编辑:王海光 郝晨扬/责任校对:郑金红
责任印制:吴兆东/封面设计:刘新新

科学出版社 出版
北京东黄城根北街16号
邮政编码:100717
http://www.sciencep.com

北京虎彩文化传播有限公司 印刷
科学出版社发行 各地新华书店经销

*

2014年6月第 一 版	开本:787×1092 1/16
2020年6月第 二 版	印张:30 1/2
2021年10月第四次印刷	字数:723 000

定价:268.00元
(如有印装质量问题,我社负责调换)

第二版前言

承蒙读者厚爱，本书第 1 版自 2014 年 6 月出版发行以来，已先后印刷 6 次，发行量近 4000 册，但作者仍觉得存在两个方面的欠缺。我们知道，植物除采用自交和异交等方式进行有性繁殖外，在大量根茎类作物、林木和花卉等物种中还广泛存在无性繁殖。无性繁殖物种在一定条件下也可进行有性繁殖，两个高度杂合的无性系之间也可以杂交结实，通过种子繁殖产生新的无性系后代，并用于遗传研究和育种。此外，近 10 多年来人们逐渐开始利用多个亲本，通过适当的交配设计创建多亲遗传研究群体。这两种类型的群体在第 1 版中虽然有所提及，但对这些群体的遗传分析方法并没有作详细介绍。为弥补以上两个方面的不足，并征得出版社同意，决定修订出版本书第 2 版，主要增加两个杂合亲本杂交 F_1（针对无性系杂交后代或动物全同胞家系）、4 个纯系亲本双交 F_1、4 个纯系亲本和 8 个纯系亲本杂交衍生的纯系后代等群体的遗传分析方法。这样，本书就可以涵盖自花授粉、异花授粉和无性繁殖 3 种常见繁殖方式的物种，以及两个亲本间杂交和多个亲本间杂交产生的多种类型遗传群体。

考虑到杂合亲本单交与纯系亲本双交之间的相似性，第 2 版第 7 章一起介绍了这两类杂交 F_1 群体的连锁分析和基因定位方法。第 2 版第 8 章详细介绍了 4 个纯系亲本和 8 个纯系亲本杂交衍生的 DH 及 RIL 纯系后代群体的连锁分析与基因定位方法。第 1 版第 2 章内容较多，现拆分成第 2 和第 3 两章内容，第 2 章以两个座位的基因型理论频率和重组率的估计为主，第 3 章则以连锁图谱构建方法、不同群体重组率估计的比较、随机交配群体的连锁分析为主。第 1 版第 3~5 章分别作为第 2 版第 4~6 章，第 1 版第 6 章和第 7 章分别作为第 2 版第 9 章和第 10 章，第 1 版第 8~10 章分别作为第 2 版第 11~13 章。除第 13 章增加一节内容介绍全基因组选择与育种模拟的结合外，其他章节仅作少量修订，基本保留了第 1 版的原貌。

我们研制的遗传图谱构建和基因定位集成软件 QTL IciMapping 适用于各种类型的双亲群体（对应于第 2~6 章、第 9 章和第 10 章）；GACD 软件适用于未知连锁相的两个杂合亲本杂交后代，以及 4 个纯合亲本的双交后代（对应于第 7 章）；GAPL 软件适用于多个纯合亲本杂交衍生的纯系后代（对应于第 8 章）。在制定第 2 版修订方案时，曾考虑过增加一章内容对这 3 个软件进行介绍。在之后的修订过程中，由于不少章节内容必须与分析软件相结合加以介绍，如有关标记分类和基因型编码等方面的内容。同时又考虑到软件今后还将不断完善升级，于是就没有完全按照当初的修订计划。目前这 3 个软件只有英文版，使用手册也用英文编写。作者将在适当的时候编写中文使用手册，以便国内科研人员使用这些软件。为便于读者学习或进行相关课程教学，作者还将在课题组网站公布每章后面练习题的参考答案。

第 2 版所修订或新增内容，同样也包含着课题组研究生的贡献。尹长斌的博士学位论文《水稻籼粳交不同类型遗传群体的构建与重要性状的基因定位研究》（2015）为本书提供了部分实际群体数据。李珊珊的硕士学位论文《QTL 与环境互作的完备区间作图方法研究》（2015）是 §6.4 的部分内容。张思梦的硕士学位论文《四交衍生纯系遗传群体的连锁分析与数量性状基因定位方法研究》（2017）是 §8.1 和 §8.3 的部分内容。史金卉的硕士学位论文《八亲纯系后代群体完备区间作图方法及其应用》（2019）是 §8.2 和 §8.4 的部分内容。姚骥的博士学位论文《全基因组选择和育种模拟在纯系育种作物亲本选配和组合预测中的利用研究》（2018）是 §13.4 的部分内容。相关研究得到国家自然科学基金委员会、国家重点基础研究发展计划（973 计划）、中国农业科学院农科英才计划、中国农业科学院科技创新工程、国际 HarvestPlus 挑战计划等研究项目的资助，谨致谢忱！

王建康

于中国农业科学院作物科学研究所

2019 年 10 月 8 日

第一版前言

我生长在农村，幼年对五谷杂粮的播种、田间管理、收获、脱粒、贮藏和加工等农事活动略有认识。大学本科就读于北京师范大学数学系，由于对应用数学更感兴趣，本科毕业后随即师从刘来福教授，攻读该系应用数学专业生物数学研究方向的硕士学位（1987年9月～1990年7月）。当时，分子标记技术刚刚兴起，尚未广泛应用于遗传研究，更不用说育种应用了；建立在多基因假说基础上的传统数量遗传学，在理论研究和应用方面均处于低谷；刘先生的研究兴趣也已经转移到生态数学上。尽管我的硕士论文研究与数量遗传没有太大关系，但正是从那时起，通过刘先生等编著的《作物数量遗传》一书，我开始接触到数量遗传学，也曾阅读过利用分子标记定位数量性状基因的早期方法学文献。

在河南省农业科学院工作期间，我接触到了小麦大田育种工作，学习了怎么对小麦去雄和授粉、怎么进行田间试验、怎么开展田间选择。当时的社会有一种全民经商的冲动，但我深知自己不是那块料，觉得埋头读书比较符合我的性格。于是，1993年我参加并通过了南京农业大学的博士生入学考试，师从盖钧镒院士，开始攻读遗传育种专业数量遗传研究方向的博士学位。据盖先生当时讲，我是南京农业大学大豆研究所录取的第二个毕业于数学院系的研究生。在此期间，通过阅读马育华先生编著的《植物育种的数量遗传学基础》，以及其他经典文献，我学习到更多的数量遗传学知识。同时，在盖先生的严格要求下，还补修了多门生物学和农学方面的专业学位课程，其中包括细胞遗传学、分子遗传学、基因工程、高级育种学、植物病理学等。在盖先生讲授的高级育种学的期末考试中，我曾获得优秀的成绩，并且还在一次讨论会上得到盖先生的口头表扬。我的博士学位论文题目是《数量性状主基因和多基因混合遗传模型的鉴别和遗传参数估计的研究》，部分研究结果陆续发表在《遗传学报》、《作物学报》、*Theor Appl Genet* 和 *Euphytica* 等期刊上。关于这方面的研究，后经大豆研究所其他老师和研究生的拓广和应用，形成专著《植物数量性状遗传体系》，2003年由科学出版社出版。

1999年初，我有幸到美国普渡大学，跟随 Rex Bernardo 教授，从事数量遗传和玉米育种方面的合作研究。有一天，Rex 拿着一张打印出来的纸跑到我跟前说："CIMMYT（国际玉米小麦改良中心）有一个关于小麦育种模拟研究的博士后位置，看上面的要求，你最适合不过了，你有兴趣的话，我愿意强烈推荐。"尽管当时一点也不清楚如何去做育种模拟的研究，但从招聘广告中对候选人的要求来看，确实觉得这个位置好像挺适合我的。抱着试试看的心态，我提交了申请，不久就被要求去 CIMMYT 的墨西哥总部参加面试。整个面试程序虽然只有一天，但我觉得是有生以来度过的最紧张、最忙碌的一天。面试程序从吃早饭就已经开始了，一边吃早饭，一边要回答人家提出的各种问题。上午与小麦项目的主任 Rajaram 博士，以及面试委员会的各个成员见面，午饭期间做一个小时的学术报告，下午与 CIMMYT 一些相关的科学家和管理人员交流。在这天快结束时，与项目负责人和面试委员会的首席进行总结性会谈。当时的感觉就是，尽管仍有一些程序要走，但只要我同意，就基本上可以得到这个位置。果然，没过多久我就收到 CIMMYT 的正式聘用通知，并从此开始了在墨西哥的 5 年工作生涯。

我至今仍清楚记得，刚到 CIMMYT 设在墨西哥城附近的总部，项目负责人 Maarten van Ginkel 博士（现为 ICARDA 副主任）就送给我两本小册子，一本是 CIMMYT 小麦亲本的名称和谱系，一本是供培训人员使用的 CIMMYT 面包小麦育种指南。Maarten 要求我在一个月内记住数百个小麦亲本材料的谱系，能向培训人员讲解 CIMMYT 的小麦育种流程和方法；同时要我和他一起在第二天去离总部 100km 左右的 Toluca 试验站。就这样，带着对异国的新鲜感和好奇心，我在这个试验站一待就是数周。在此期间，与 CIMMYT 的育种家们"同吃同住同劳动"。晚上从小册子里了解 CIMMYT 的小麦育种，白天跟着育种家在地里走来走去，学习他们如何观察性状、如何选择杂交组合亲本、如何选择育种群体中的优良家系和单株。有时，Maarten 会突然停下来，指着我们所站地方的材料，要我告诉他这个材料的行号是多少、从计划书中查出并告诉他这个材料的亲本是什么、亲本的亲本（即系谱）又是什么等。以后的几年基本上都是这样过来的，每个季节我要花一两个月的时间泡在育种试验田里。两年之后随着研究项目取得进展，我完成了上百页的 *Documentation of the CIMMYT Wheat Breeding Program*，初步开发出育种模拟软件 QuLine，完成了 CIMMYT 两个育种策略的建模和模拟，模拟试验很好地回答了育种家关心的问题。后来，Maarten 也许是在开玩笑，说我是知道 CIMMYT 小麦育种最多的一个人。

当时，我接触较多的 CIMMYT 小麦育种家还有 Wolfgang Pfeiffer 博士（现为国际 HarvestPlus 挑战计划育种项目负责人）和 Richard Trethowan 博士（现为悉尼大学育种研究所所长）。那时，Wolfgang 分管硬粒小麦和六倍体小黑麦育种，Richard 分管面包小麦的抗旱育种。有一年春季，在墨西哥北部的 Obregon 试验站，我曾与 Wolfgang 一起工作过数周。Wolfgang 计算机玩得很熟，在利用计算机选择杂交组合亲本上有自己的一套经验。对包含成百上千个家系进行第一次产量试验时，他的田间设计也很独特，对照的使用和在田间的排列也很特别。当然，我们都知道，亲本组配的一个基本规则就是性状互补，但具体怎么做，却是见仁见智。在 Wolfgang 的计算机中，几百个亲本按性状值的高低或好坏给予不同的颜色，如红色表示育种目标已基本实现、黄色说明尚待改良等；每个亲本的性状数为 10~20 个，但每个杂交组合要改良的性状不超过 3 个。有一天 Wolfgang 向我介绍完这些基本规则后，让我一周后告诉他这个季节的组配方案。结果我花了两天时间就把组配方案交给他。后来 Wolfgang 告诉我，我交给他的组配方案正是他想要的。2005 年，Wolfgang 离开了 CIMMYT，到国际 HarvestPlus 挑战计划担任育种项目负责人。他到 HarvestPlus 不久，就主动与我联系，提出要在这个挑战计划中给我设置一个研究项目，开展建模和模拟研究。当时我就在想，轻易得到的这个项目可能和我们一起工作的这段经历不无联系。

育种是一个复杂而长期的过程，不同育种家采用不尽相同的育种方法，理论上或通过田间试验比较不同方法的育种成效是十分困难的。遗传研究使得在基因水平上进行目标性状的选择成为可能，但是，如果没有适当的工具，育种家也难以将这些遗传信息有效地用于常规育种过程中去。今天看来，CIMMYT 和澳大利亚合作开展的育种模拟研究项目具有相当的前瞻性，当初策划并参与这个项目的两个澳大利亚科学家目前均为美国先锋公司效力。这个项目研制出的模拟工具能够在较真实的遗传模型下对育种程序中的各种因素进行模拟筛选和优化，提出最佳的亲本选配和后代选择策略，从而帮助育种家把大量的遗传研究结果有效应用于育种实践，提高育种中的预见性和育种效率。这些模拟工具具有广泛的适用性，不仅适用于 CIMMYT 的小麦育种项目，而且适用于其他作物的育种；同时也是开展设计育种的必要工具。这便是本书第 8~10 章要向读者介绍的主要内容。

2005 年之前，尽管一直关注 QTL 作图方法的文献，但我并没有在这方面做过任何研究。2005 年我刚到中国农业科学院作物科学研究所工作时，曾与万建民课题组合作，提出了一个基于逐步回归的似然比检验方法，用于染色体片段置换系群体的 QTL 定位（见 §6.2 节）。从 2005 年开始，我承担了中国农业科学院研究生院"植物数量遗传"课程的教学工作。前两个学年的教学中，QTL 作图的内容一直以复合区间作图和 Cartographer 软件为主。但是，在使用复合区间作图过程中，我们自己还有其他许多研究者经常会发现一些难以解释的问题。经过大量的理论和模拟研究发现，该方法的算法实现上存在严重缺陷，致使 QTL 效应可能会被侧连标记区间之外的标记变量吸收；同时，不同的背景标记选择方法对作图结果的影响较大，并且难以推广到上位型互作 QTL 的定位。针对这些问题，我们随后提出完备区间作图方法。在课题组老师和研究生近 10 年的共同努力下，对完备区间作图的统计学性质做了系统研究。将这一方法应用于常见的 20 种双亲群体中，并且推广到上位型互作及与环境互作的 QTL 作图。这便是本书第 4~7 章要介绍的主要内容。

任何遗传研究都离不开一个或多个遗传群体，创建适当的群体是有效开展遗传研究的重要前提。因此，把遗传研究群体作为本书的第 1 章，主要介绍遗传群体类型、基因型数据的初步整理和分析、基因效应和遗传方差的定义和计算、单环境和多环境表型数据的方差分析，以及基因型值和遗传力估计等内容。重组率估计是遗传研究中的经典问题，建立在重组率估计之上的连锁图谱是开展遗传研究、基因定位、精细定位和克隆的前提。但是，系统介绍重组率估计和连锁图谱构建方法的文献并不多。鉴于此，把常见群体中的遗传连锁分析和图谱构建方法作为本书的第 2 章，主要包括世代转移矩阵、两个座位上基因型的理论频率、两个基因座位间重组率的估算、作图函数和遗传图谱构建算法等内容。第 3 章介绍的单标记分析和简单区间作图尽管当前已较少使用，但了解这两个经典方法对认识 QTL 作图原理大有帮助。因此，这一章可以看作完备区间作图或其他高等方法的背景知识。

可以这样说，没有经典的孟德尔遗传学，就没有现代的植物杂交育种方法；没有经典的群体和数量遗传学，就没有植物育种的轮回选择方法。遗传学已经对育种学理论、方法和应用等方面的研究产生重大影响。但我们不能就此满足，需要不断探索，使得更多遗传学理论和研究结果在育种中发挥更大的作用。同时，动植物遗传研究也只有应用于育种，通过育种培育出满足人类各种利益需求的优良动植物新品种，才能真正实现"遗传学服务全人类"的目标。基于这样的考虑，我觉得应该有一本能够涵盖从遗传研究到育种应用的专著；而前面提及的那些个人经历，加上课题组已有研究基础，又给我以信心来撰写这本专著。CIMMYT 的工作经历，使我更加深刻地认识到理论研究源于实践、服务实践的科学真谛。因此在本书的撰写过程中，我十分注重理论与应用的结合，尽量结合一个个实例来介绍重要的理论、方法和观点。此外，在两年多的准备和撰写过程中，我也曾多次得到科学出版社王海光责任编辑的鼓励和支持，特此致谢。

当然，本书的顺利完成与课题组众多研究生的努力也是分不开的。李慧慧的博士学位论文《数量性状基因的完备区间作图方法：统计基础、模拟分析和应用》（2009）是 §4.2、§4.5、§5.1、§6.3 等章节的主要内容。张鲁燕的博士学位论文《F_2 群体数量性状基因定位过程中若干统计问题的探讨》（2011）是 §4.3、§5.2~§5.4、§7.4、§7.5 等章节的主要内容。孙子淇的硕士学位论文《不同遗传群体重组率的估计及 QTL 作图中检验统计量的分布特征》（2012）是 §2.1~§2.4、§3.3 等章节的主要内容。孙艳萍的硕士学位论文《选择基因型作图方法在数量性状基因定位中的有效性研究》（2010）是 §6.1 节的主要内容。王玉的硕士学位论文《利用复合性状开展 QTL 作图的有效性研究》（2010）是 §7.2 节的主要内容。张学才的博士学位论文《CIMMYT 玉米育种过程的建模与模拟研究》（2012）是 §9.5 节的主要内容。郭婷婷的硕士学位论文《玉米杂交种表现预测模型的比较研究》（2011）是 §10.3 节的主要内容。

为便于开展遗传研究，我们还研制了界面友好的连锁图谱构建和基因定位集成软件 QTL IciMapping。软件 3.3 版于 2013 年 7 月发布，有以下八大功能：① 删除冗余标记的 BIN 功能；② 构建连锁图谱的 MAP 功能；③ 双亲衍生群体 QTL 作图的 BIP 功能；④ 染色体片段置换系 QTL 作图的 CSL 功能；⑤ 多环境表型鉴定数据 QTL 分析的 MET 功能；⑥ 巢式关联分析群体 QTL 作图的 NAM 功能；⑦ 奇异分离位点定位的 SDL 功能；⑧ 整合连锁图谱的 CMP 功能。另外，还提供两个附加工具：① 两点重组率估计工具 2pointREC；② 多环境表型鉴定的方差分析工具 ANOVA。我们相信，大多数植物遗传分析的方法都可通过该软件完成。QTL IciMapping 采用最新的编程技术，把不同功能包装在一个工程中。用户可以随时查看已经完成的各项操作，浏览已完成操作产生的各种结果，界面友好，功能强大。

据我们了解，QTL IciMapping 是国际上首个既能很方便地构建连锁图谱，又能有效开展基因定位的软件。截至目前，我们已在国内一些科研单位和大学，以及墨西哥、澳大利亚等地举办了 11 期 QTL 作图和育种模拟研讨会。QTL IciMapping 软件新功能的不断添加和已有功能的不断完善，也得益于这些研讨会参会人员的大量宝贵建议。例如，软件中的连锁图谱构建功能、连锁图谱整合、表型数据方差分析、显隐性标记等，都是根据参会人员和软件用户的要求和建议开发的。课题组程序员孟磊对软件界面研制、标记分群和排序算法等方面做出重要贡献。由于篇幅所限，本书未能详细介绍该软件及其使用方法。有兴趣的读者，可从我们课题组的网页 http://www.isbreeding.net 免费下载使用。软件安装后，读者可通过菜单查阅使用说明，并通过软件附带的大量例子学习软件的使用方法。

过去的 10 多年里，我们在遗传分析方法、育种建模和模拟、应用数量遗传和遗传育种工具研发等方面开展了大量的研究工作。这些研究工作得到国家自然科学基金委员会、国家重点基础研究发展计划（973 计划）、国家高技术研究发展计划（863 计划）、科技部对欧盟科技合作专项经费、澳大利亚谷物研究和开发行业协会（Grains Research and Development Corporation, GRDC）、国际 GCP 挑战计划、国际 HarvestPlus 挑战计划、欧盟第 7 框架计划、CIMMYT 等研究机构或项目的资助，谨致谢忱！

王建康
于中国农业科学院作物科学研究所
2013 年 8 月 10 日

目 录

第 1 章 遗传研究群体 ··· 1
- §1.1 遗传研究的常见群体类型 ··· 1
  - §1.1.1 双亲群体 ··· 1
  - §1.1.2 多亲群体 ··· 3
  - §1.1.3 创建遗传群体的若干注意事项 ··· 6
- §1.2 基因型数据的初步整理和分析 ··· 8
  - §1.2.1 基因型数据的获取和编码 ··· 8
  - §1.2.2 基因频率和基因型频率 ··· 13
  - §1.2.3 基因型频率的适合性检验 ··· 13
- §1.3 基因效应和遗传方差 ··· 15
  - §1.3.1 群体均值和表型方差的计算 ··· 15
  - §1.3.2 单基因座位上的加显性遗传模型 ··· 17
  - §1.3.3 单基因座位上的遗传方差 ··· 18
- §1.4 单环境表型观测值的方差分析 ··· 20
  - §1.4.1 表型值的线性分解 ··· 20
  - §1.4.2 表型离差平方和的分解 ··· 20
  - §1.4.3 水稻粒长性状的单环境方差分析 ··· 23
- §1.5 多环境表型观测值的方差分析 ··· 24
  - §1.5.1 表型值的线性分解 ··· 24
  - §1.5.2 表型离差平方和的分解 ··· 25
  - §1.5.3 水稻粒长的多环境方差分析 ··· 29
- §1.6 基因型值和广义遗传力的估计 ··· 29
  - §1.6.1 单环境基因型值和遗传力的估计 ··· 29
  - §1.6.2 多环境基因型值和遗传力的估计 ··· 30
  - §1.6.3 异质误差方差下基因型值的估计 ··· 31
- 练习题 ··· 34

第 2 章 两个座位间重组率的估计 ··· 38
- §2.1 世代转移矩阵 ··· 38
  - §2.1.1 世代转移矩阵的定义 ··· 38
  - §2.1.2 回交世代转移矩阵 ··· 39
  - §2.1.3 自交世代转移矩阵 ··· 41
  - §2.1.4 加倍单倍体世代转移矩阵 ··· 43
  - §2.1.5 连续自交的世代转移矩阵 ··· 44

§2.1.6 基因型理论频率的矩阵表示 ··· 46
§2.2 两个座位上各种基因型的理论频率 ··· 46
  §2.2.1 10 种基因型的理论频率 ·· 46
  §2.2.2 永久群体中 4 种纯合基因型的理论频率 ······································ 50
  §2.2.3 两个共显性标记在暂时群体中基因型的理论频率 ··························· 50
  §2.2.4 一个共显性标记和一个显性标记在暂时群体中基因型的理论频率 ········ 53
  §2.2.5 一个共显性标记和一个隐性标记在暂时群体中基因型的理论频率 ········ 53
  §2.2.6 两个显性标记在暂时群体中基因型的理论频率 ······························ 53
  §2.2.7 一个显性标记和一个隐性标记在暂时群体中基因型的理论频率 ··········· 58
  §2.2.8 两个隐性标记在暂时群体中基因型的理论频率 ······························ 58
§2.3 两个标记/基因座位间重组率的估算 ··· 61
  §2.3.1 DH 群体中重组率的极大似然估计 ··· 61
  §2.3.2 重组率极大似然估计的一般形式 ·· 63
  §2.3.3 F_2 群体中一个共显性座位和一个显性座位间的重组率估计 ·············· 65
  §2.3.4 Newton 迭代算法中初始值的选取 ·· 66
  §2.3.5 F_2 群体中重组率估计的 EM 算法 ·· 67
  §2.3.6 奇异分离对重组率估计的影响 ·· 69
练习题 ··· 70

第 3 章 三点分析和连锁图谱构建 ·· 74
§3.1 三点分析和作图函数 ·· 74
  §3.1.1 遗传干涉和干涉系数 ·· 74
  §3.1.2 作图函数 ··· 76
§3.2 遗传连锁图谱的构建 ·· 78
  §3.2.1 标记分群算法 ··· 78
  §3.2.2 标记排序算法 ··· 80
  §3.2.3 标记顺序的调整 ··· 83
  §3.2.4 多个遗传连锁图谱的整合 ·· 84
§3.3 不同群体重组率估计的比较 ·· 85
  §3.3.1 不同遗传群体中检验连锁的 LOD 统计量 ··································· 86
  §3.3.2 不同遗传群体中重组率估计的准确度 ·· 87
  §3.3.3 不同遗传群体检测到显著连锁所需的样本量 ································ 88
§3.4 随机交配群体的连锁分析 ·· 91
  §3.4.1 随机交配与连锁不平衡 ··· 91
  §3.4.2 基因型到配子的转移矩阵 ·· 93
  §3.4.3 随机交配若干代的配子型和基因型频率 ····································· 94
练习题 ··· 96

第 4 章 单标记分析和简单区间作图 ·· 99
§4.1 单标记分析 ··· 88

	§4.1.1	单标记基因型均值的差异分析 · 100

      §4.1.1 单标记基因型均值的差异分析 · 100

      §4.1.2 两种基因型群体中单标记分析的 t 检验 · 101

      §4.1.3 3 种基因型群体中单标记分析的 t 检验 · 103

      §4.1.4 3 种基因型群体中单标记方差分析 · 106

      §4.1.5 单标记分析的似然比检验 · 107

      §4.1.6 单标记分析存在的问题 · 108

  §4.2 简单区间作图 · 109

      §4.2.1 区间标记型中 QTL 基因型的频率 · 109

      §4.2.2 QTL 基因型平均表现的极大似然估计 · 114

      §4.2.3 QTL 存在的检验 · 118

      §4.2.4 QTL 遗传效应和贡献率的估计 · 119

      §4.2.5 区间作图在一个 DH 群体和一个 F_2 群体中的应用 · · · · · · · · · · · · · · 120

      §4.2.6 简单区间作图中的幻影 QTL 现象 · 122

      §4.2.7 简单区间作图存在的其他问题 · 123

  §4.3 检验统计量 LOD 临界值的确定方法 · 123

      §4.3.1 显著性水平和检验统计量的临界值 · 124

      §4.3.2 不存在 QTL 的零假设条件下单个扫描位置上 LRT 统计量的分布 · · · 125

      §4.3.3 单条染色体上最大 LOD 统计量分布的影响因素 · · · · · · · · · · · · · · · · · · 126

      §4.3.4 全基因组有效检验次数与经验 LOD 临界值 · 129

      §4.3.5 排列检验与经验 LOD 临界值 · 132

  练习题 · 135

第 5 章 完备区间作图方法 · 139

  §5.1 控制背景遗传变异的重要性 · 139

  §5.2 DH 群体的完备区间作图 · 141

      §5.2.1 单个 QTL 的加性遗传模型 · 141

      §5.2.2 多个 QTL 的加性遗传模型 · 143

      §5.2.3 加性 QTL 的一维扫描和假设检验 · 144

      §5.2.4 ICIM 在一个大麦 DH 作图群体中的应用 · 145

  §5.3 F_2 群体的完备区间作图 · 148

      §5.3.1 单个 QTL 的加显性遗传模型 · 148

      §5.3.2 多个 QTL 的加显性遗传模型 · 151

      §5.3.3 加显性 QTL 的一维扫描和假设检验 · 152

      §5.3.4 ICIM 在一个 F_2 作图群体中的应用 · 153

  §5.4 假设检验的第二类错误与 QTL 的检测功效 · 155

      §5.4.1 第二类错误和假设检验的功效 · 155

      §5.4.2 第二类错误概率与适宜的样本量 · 157

      §5.4.3 模拟试验中 QTL 的分布和效应模型 · 159

      §5.4.4 QTL 检测功效和错误发现率的计算 · 160

§5.5 完备区间与简单区间两种作图方法的比较 ······ 165
  §5.5.1 简单区间作图的 QTL 检测功效 ······ 165
  §5.5.2 完备区间作图的 QTL 检测功效 ······ 166
  §5.5.3 依标记区间的检测功效的统计 ······ 167
  §5.5.4 QTL 作图群体的适宜大小 ······ 168
§5.6 避免表型对标记变量的过拟合 ······ 169
练习题 ······ 171

第 6 章 互作 QTL 作图 ······ 174
§6.1 DH 群体中上位型互作 QTL 作图 ······ 174
  §6.1.1 互作 QTL 作图的线性回归模型及其统计学性质 ······ 174
  §6.1.2 互作 QTL 的二维扫描区间作图 ······ 176
  §6.1.3 连锁和互作同时存在时群体遗传方差的计算 ······ 180
  §6.1.4 利用 DH 群体定位互作 QTL 的模拟研究 ······ 181
§6.2 F_2 群体的上位型互作 QTL 作图 ······ 183
  §6.2.1 F_2 群体中两个座位的上位型互作遗传模型 ······ 183
  §6.2.2 F_2 群体的互作 QTL 作图 ······ 184
  §6.2.3 F_2 群体互作 QTL 的检测功效分析 ······ 189
§6.3 常见互作类型的遗传分析和检测功效 ······ 191
  §6.3.1 两个互作座位间遗传效应的计算 ······ 191
  §6.3.2 两个互作座位间遗传方差的分解 ······ 192
  §6.3.3 互作 QTL 检测功效的模拟 ······ 196
  §6.3.4 互作 QTL 作图应注意的一些问题 ······ 200
§6.4 QTL 与环境间的互作分析 ······ 200
  §6.4.1 加性 QTL 与环境的互作分析 ······ 200
  §6.4.2 加加上位性 QTL 与环境的互作分析 ······ 202
  §6.4.3 一个真实 RIL 群体的 QTL 与环境互作分析 ······ 204
练习题 ······ 206

第 7 章 杂合亲本杂交及纯系亲本双交的遗传分析 ······ 209
§7.1 两个杂合亲本杂交 F_1 群体的连锁分析 ······ 209
  §7.1.1 单个标记或基因座位的分类 ······ 209
  §7.1.2 两个座位的亲本连锁相与后代基因型 ······ 211
  §7.1.3 两个完全信息标记之间的重组率估计 ······ 212
  §7.1.4 杂合亲本的单倍型重建 ······ 214
§7.2 包含不完全信息标记的重组率估计 ······ 216
  §7.2.1 类型Ⅰ与其他类型标记的后代基因型构成 ······ 216
  §7.2.2 类型Ⅱ、Ⅲ、Ⅳ标记间的后代基因型构成 ······ 219
  §7.2.3 两个类型Ⅳ标记之间的后代基因型构成 ······ 220
  §7.2.4 包含各种类型标记的单倍型重建 ······ 223

§7.3　4 个纯系亲本双交 F_1 群体的连锁分析·································225
　　§7.3.1　双交群体中的标记类型和重组率估计·····················225
　　§7.3.2　双交群体与杂合亲本杂交群体的等价性·················227
　　§7.3.3　3 个完全信息标记的基因型频率·····························229
　　§7.3.4　不完全信息标记和缺失标记的填补·························230
§7.4　4 个纯系亲本双交 F_1 群体的基因定位·································233
　　§7.4.1　单个 QTL 遗传模型···233
　　§7.4.2　多个 QTL 表型对标记的线性回归模型·····················235
　　§7.4.3　双交群体的完备区间作图···236
练习题···238

第 8 章　多亲本杂交衍生纯系后代群体的遗传分析·······241
§8.1　四亲纯系后代群体的连锁分析···241
　　§8.1.1　四亲纯系群体的产生过程和标记分类·····················241
　　§8.1.2　两个完全信息座位的基因型理论频率与重组率估计·····243
　　§8.1.3　包含不完全信息标记间的重组率估计·····················248
　　§8.1.4　纯系亲本个数少于 4 的情形·····································251
§8.2　八亲纯系后代群体的连锁分析···251
　　§8.2.1　八亲纯系群体的产生过程···251
　　§8.2.2　标记分类方法和后代基因型编码·····························252
　　§8.2.3　两个完全信息座位的基因型理论频率·····················253
　　§8.2.4　完全信息标记间及包含不完全信息标记的重组率估计·····256
　　§8.2.5　纯系亲本个数少于 8 的情形·····································257
§8.3　四亲纯系后代群体的基因定位···258
　　§8.3.1　3 个完全信息座位的遗传构成···································258
　　§8.3.2　不完全信息标记和缺失标记的填补·························261
　　§8.3.3　表型对标记变量的线性回归模型·····························262
　　§8.3.4　四亲纯系后代群体的完备区间作图·························264
§8.4　八亲纯系后代群体的基因定位···267
　　§8.4.1　3 个完全信息座位的遗传构成···································267
　　§8.4.2　表型对标记变量的线性回归模型·····························272
　　§8.4.3　八亲纯系后代群体的完备区间作图·························273
练习题···275

第 9 章　其他类型群体的基因定位···································279
§9.1　选择基因型分析和混合分离分析···279
　　§9.1.1　选择基因型分析的统计学原理·································279
　　§9.1.2　选择基因型分析的似然比检验和 LOD 统计量·········281
　　§9.1.3　混合分离分析···282
　　§9.1.4　选择基因型分析和混合分离分析存在的问题·········282

§9.2 染色体片段置换系群体的 QTL 作图 ·················· 282
§9.2.1 染色体片段置换系群体的特点 ·················· 282
§9.2.2 染色体片段置换系群体的 QTL 定位方法 ·················· 284
§9.2.3 一个水稻染色体片段置换系群体中粒长性状的 QTL 作图 ·················· 288
§9.3 多个亲本与一个共同亲本杂交遗传群体的 QTL 作图 ·················· 290
§9.3.1 广义线性回归和模型选择 ·················· 290
§9.3.2 JICIM 的参数估计和假设检验 ·················· 290
§9.3.3 一个拟南芥 NAM 群体中开花期性状的 QTL 定位 ·················· 292
§9.4 数量性状基因的孟德尔化 ·················· 293
§9.4.1 重组近交家系群体中粒宽 QTL 的初步定位 ·················· 294
§9.4.2 染色体片段置换系群体中粒宽 QTL 的验证 ·················· 296
§9.4.3 一个稳定遗传宽粒数量性状基因的孟德尔化 ·················· 298
§9.4.4 一个稳定遗传宽粒数量性状基因的精细定位和功能验证 ·················· 299
§9.5 自然群体的关联分析方法 ·················· 300
§9.5.1 连锁不平衡是基因定位的前提条件 ·················· 300
§9.5.2 随机交配群体中连锁不平衡的度量 ·················· 301
§9.5.3 连锁不平衡的影响因素 ·················· 304
§9.5.4 连锁分析和关联分析两种基因定位方法的比较 ·················· 306
练习题 ·················· 308

第 10 章 QTL 作图中的其他常见问题 ·················· 311
§10.1 QTL 遗传方差和贡献率的计算 ·················· 311
§10.1.1 单个 QTL 的遗传方差和贡献率 ·················· 311
§10.1.2 连锁 QTL 的遗传方差和贡献率 ·················· 312
§10.1.3 QTL 贡献率与 QTL 检测功效的提高 ·················· 315
§10.2 复合性状的 QTL 作图 ·················· 316
§10.2.1 复合性状及其在遗传研究和育种中的应用 ·················· 316
§10.2.2 一个玉米 RIL 群体中构成性状和复合性状的 QTL 作图 ·················· 317
§10.2.3 复合性状的基因效应和遗传方差 ·················· 320
§10.2.4 复合性状 QTL 作图的功效分析 ·················· 324
§10.2.5 复合性状的遗传力 ·················· 326
§10.3 加密标记对 QTL 检测功效的影响 ·················· 328
§10.3.1 加密标记对独立遗传 QTL 检测的影响 ·················· 328
§10.3.2 加密标记对连锁 QTL 检测的影响 ·················· 329
§10.4 缺失标记的填补以及缺失对 QTL 作图的影响 ·················· 331
§10.4.1 缺失标记的填补 ·················· 331
§10.4.2 一个水稻 F_2 群体中的株高 QTL ·················· 333
§10.4.3 缺失标记对 QTL 检测功效的影响 ·················· 333
§10.5 奇异分离对遗传研究的影响 ·················· 335

§10.5.1 一个水稻 F_2 群体中的奇异分离标记 ··· 335
§10.5.2 奇异分离在 3 种基因型群体中对 QTL 作图的影响 ··· 336
§10.5.3 奇异分离影响的距离 ··· 339
§10.5.4 奇异分离在两种基因型群体中对 QTL 作图的影响 ··· 340
§10.6 数量性状表型分布的非正态性 ··· 340
§10.6.1 数量性状的表型模型与表型分布 ··· 341
§10.6.2 表型非正态分布性状的 QTL 作图 ··· 342
练习题 ··· 344

第 11 章 育种过程的建模和模拟 ··· 345
§11.1 植物育种模拟的重要性、原理和工具 ··· 345
§11.1.1 育种模拟的重要性 ··· 345
§11.1.2 育种模拟的原理和工具 ··· 346
§11.2 定义基因和环境系统及育种起始群体 ··· 348
§11.2.1 基因和环境系统的一些基本信息 ··· 349
§11.2.2 环境和性状信息 ··· 350
§11.2.3 基因信息 ··· 352
§11.2.4 标记信息 ··· 354
§11.2.5 上位型互作网络信息 ··· 355
§11.2.6 起始群体信息 ··· 356
§11.3 在 QuLine 中定义育种方法 ··· 359
§11.3.1 育种过程的详细描述 ··· 359
§11.3.2 育种模拟试验的若干基本信息 ··· 361
§11.3.3 简化修饰系谱育种方法的数字化定义 ··· 362
§11.3.4 简化选择混合育种方法的数字化定义 ··· 366
§11.4 模拟试验设计和结果分析 ··· 368
§11.4.1 模拟试验设计 ··· 368
§11.4.2 模拟结果分析:不同育种策略的遗传进度 ··· 370
§11.4.3 模拟结果分析:成本与收益分析 ··· 374
§11.4.4 育种模拟与科学化育种 ··· 374
练习题 ··· 375

第 12 章 育种方法的模拟和比较 ··· 377
§12.1 比较育种方法和利用基因信息选配亲本 ··· 377
§12.1.1 修饰系谱和选择混合两种育种方法的模拟与比较 ··· 377
§12.1.2 育种模拟在利用已知基因信息选配亲本中的应用 ··· 379
§12.2 回交育种的模拟和比较 ··· 382
§12.2.1 模拟试验的基本信息 ··· 383
§12.2.2 CIMMYT 小麦育种的亲本材料构成 ··· 383
§12.2.3 简单回交与选择混合育种策略的结合 ··· 384

§12.2.4 模拟试验设计 · 385
§12.2.5 模拟结果分析 · 386
§12.2.6 回交育种及简单回交育种策略的广泛应用 · 390
§12.3 加倍单倍体与小麦常规育种的模拟比较 · 390
§12.3.1 基因和环境系统 · 391
§12.3.2 两种 DH 育种和常规选择混合育种方法 · 391
§12.3.3 3 种育种方法的时间和成本分析 · 393
§12.3.4 DH 和常规育种的遗传进度 · 395
§12.4 标记辅助育种的模拟和比较 · 398
§12.4.1 目标基因型存在的最小育种群体 · 398
§12.4.2 聚合多个有利等位基因的群体遗传学 · 400
§12.4.3 育种亲本和基因信息 · 402
§12.4.4 复杂遗传模型下选择结果的模拟和预测 · 403
§12.4.5 顶交试验中聚合 9 个有利基因的最优策略 · 404
§12.5 实现育种目标的成功概率估计 · 406
§12.5.1 HarvestPlus 计划的育种目标 · 406
§12.5.2 遗传模型和育种亲本材料 · 406
§12.5.3 育种目标设置和育种策略模拟 · 407
§12.5.4 不同育种策略间成功概率的比较 · 410
练习题 · 411

第 13 章 育种中的预测和设计 · 412
§13.1 线性模型及其参数估计 · 412
§13.1.1 线性回归模型 · 412
§13.1.2 回归系数和误差方差的估计 · 414
§13.1.3 广义线性模型 · 415
§13.1.4 最优线性无偏估计和最优线性无偏预测 · 417
§13.1.5 混合线性模型 · 418
§13.2 育种值的预测 · 419
§13.2.1 动物模型 · 419
§13.2.2 配子模型 · 421
§13.2.3 动物系谱共祖先系数的计算 · 423
§13.2.4 植物自交系共祖先系数的计算 · 426
§13.3 玉米杂交种表现的预测 · 427
§13.3.1 一个玉米杂交种衍生的遗传研究群体 · 427
§13.3.2 预测模型 · 428
§13.3.3 预测模型的有效性以及未测试杂交种的预测 · 431
§13.3.4 预测方法的有效性及其与性状遗传结构的关系 · 432
§13.4 从遗传研究到育种设计 · 437

§13.4.1　研究育种目标性状的基因或 QTL ······ 438
　　§13.4.2　结合育种目标设计目标基因型 ······ 438
　　§13.4.3　获得目标基因型的育种途径分析 ······ 439
　　§13.4.4　全基因组选择育种方法 ······ 441
　　§13.4.5　全基因组选择与育种模拟的结合 ······ 443
　　§13.4.6　遗传研究与植物育种方法 ······ 444
　练习题 ······ 446
参考文献 ······ 448
索引 ······ 462

第 1 章 遗传研究群体

群体是具有共同特征的一些个体组成的集合。生物群体有时可能包含所有的生物个体，如人、动物、植物、微生物等种群。遗传学中的群体，一般指生物的一个种、一个包含变异的品种或一个品种群，甚至是一些个体作为亲本杂交后的特定世代等。组成遗传群体的个体或家系具有特定的亲缘关系。任何遗传研究，都离不开由不同基因型个体组成的一个或多个遗传群体。决定遗传群体优劣的因素有很多，创建适当的群体是有效开展遗传研究的重要前提。群体遗传学是遗传学的一个重要分支，主要研究遗传群体中基因和基因型频率的大小、不同交配世代中基因和基因型频率的变化规律、引起基因和基因型频率变化的条件和原因，以及由此变化而产生的后果等。群体遗传学不仅研究群体的遗传组成，还研究群体在上下代之间的遗传及基因变化规律。特定基因座位上所包含的等位基因的数目、各种等位基因在群体中的频率、群体中所包含的基因型的数目、各种基因型在群体中的频率等是定义遗传群体结构的主要参数（Falconer and Mackay, 1996; Lynch and Walsh, 1998; Hartl and Jones, 2005; Hartl and Clark, 2007; Hallauer et al., 2010; 王建康, 2017）。本章从植物遗传研究中常见的交配设计和群体类型开始，介绍常见群体的遗传结构、基因型数据的初步整理与分析、表型数据的初步整理与分析、方差的分解与方差成分的估计，以及性状遗传力和基因型值的估计等内容。

§1.1 遗传研究的常见群体类型

§1.1.1 双亲群体

遗传学研究中提出的遗传交配设计有很多（Lynch and Walsh, 1998; Bernardo, 2002; 王建康, 2017）。双亲杂交衍生的群体是自孟德尔豌豆杂交试验被重新发现以来，植物遗传研究中使用最广泛的群体类型。双亲杂交设计一般从两个具有明显表型差异的纯合基因型亲本（用 P_1 和 P_2 表示）开始，在 P_1 和 P_2 间杂交产生杂种 F_1 代。杂种 F_1 代自交即产生具有遗传分离的杂种 F_2 群体，杂种 F_1 与亲本回交便产生具有遗传分离的回交群体（BC 群体）等。图 1.1 给出植物遗传研究中常见的 20 种双亲群体、多代回交产生的染色体片段置换系群体，以及多个亲本与一个共同亲本杂交产生的巢式关联作图（nested association mapping, NAM）群体。

假定在一个具有多态性的基因座位上，亲本 P_1 携带的等位基因为 A，亲本 P_2 携带的等位基因为 a。按照亲本 P_1 等位基因 A 的频率 f_A 从大到小的顺序，可以把图 1.1 给出的 20 种群体分为以下 5 类：① $f_A=0.875$，包括与亲本 P_1 的两代回交群体及其一代自交、多代重复自交和加倍单倍体家系群体，即 $P_1BC_2F_1$、$P_1BC_2F_2$、P_1BC_2RIL 和 P_1BC_2DH；② $f_A=0.75$，包括与亲本 P_1 的一代回交群体及其一代自交、多代重复自交和加倍单倍体家系群体，即 $P_1BC_1F_1$、$P_1BC_1F_2$、P_1BC_1RIL 和 P_1BC_1DH；③ $f_A=0.5$，包括杂种 F_1 的一代自交、两代自交、多代重复自交和加倍单倍体家系群体，即 F_2、F_3、F_1RIL 和 F_1DH；④ $f_A=0.25$，包括与亲本 P_2 的一代回交群体及其一代自交、多代重复自交和加倍单倍体家系群体，即 $P_2BC_1F_1$、$P_2BC_1F_2$、P_2BC_1RIL 和 P_2BC_1DH；⑤ $f_A=0.125$，包括与亲本 P_2 的两代回交群体及其一代自交、多代重复自交和加倍单倍体家系群体，即 $P_2BC_2F_1$、$P_2BC_2F_2$、P_2BC_2RIL 和 P_2BC_2DH。

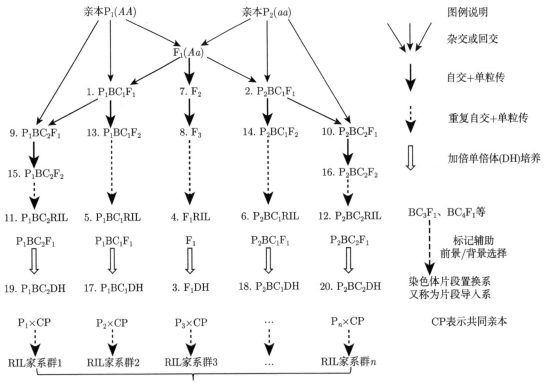

图 1.1 植物遗传研究中常用的群体及其衍生关系

按照群体中是否包含杂合基因型 Aa，这 20 种群体又可分为暂时群体和永久群体两大类。杂合基因型 Aa 自交之后基因型会发生变化，因此包含杂合基因型的群体称为暂时群体。图 1.1 中，BC_2F_1、BC_2F_2、BC_1F_1、BC_1F_2、F_2 和 F_3 均可视为暂时群体。暂时群体中，表型数据一般只能利用单株进行测定，无法有效控制误差方差，也无法进行多环境的表型鉴定。为了降低单株表型测定的误差，有时也用自交家系的平均表型近似地代替个体的表型。

如果一个群体是由纯合基因型组成的家系构成，同一个家系内的个体具有相同的基因型，家系间的基因型互不相同。这样的群体自交后，基因型不再发生变化，因此称为永久群体。永久群体中，单个基因型的表型数据，可以建立在多个具有相同基因型的单株构成家系的基础之上。因此，可以在不同年份（季节）和不同地点评价数量性状的表现，获得多环境表型性状的重复观测值，从而有效控制误差方差，并开展基因型和环境互作研究。永久群体中，个体的自交后代具有与该个体相同的基因型，基因型相同的一组个体习惯上称为一个家系或纯系。如图 1.1 中的 DH 和 RIL 群体中，每个 DH 或 RIL 成员称为一个 DH 或 RIL

家系。

图 1.1 右方给出另外一类永久群体，即染色体片段置换系（chromosome segment substitution line, CSSL）。这类群体一般通过多代回交并结合分子标记选择，获得以轮回亲本为背景但同时尽可能覆盖供体染色体的一组置换系，每一个置换系只包含一个或少数几个供体染色体片段，可视为背景亲本的近等基因系。产生理想的 CSSL 群体耗时很长，花费也很大，但一旦产生，则是基因精细定位和基因间互作研究的理想材料（详见§9.2）。如果一个置换系与背景亲本存在显著的表型差异，就可推断该置换系的供体片段上携带有影响表型性状的基因。通过置换系和背景亲本间进一步杂交产生的遗传群体，能够实现对基因的精细定位甚至克隆。单片段和双片段置换系的结合又是研究基因间互作的理想材料，这些纯合的置换系与背景亲本再杂交，就能产生杂合染色体片段置换系，又可用于杂种优势机理的研究（Kubo et al., 2002; 徐华山等, 2007; 赵芳明等, 2009; 王建康等, 2011）。

好的遗传研究离不开好的遗传群体。永久群体中个体基因型已经纯合，是开展植物遗传研究的主要群体类型。双亲群体多是选择遗传差异较大的两个亲本进行杂交，由于分离的染色体区域较多，适宜构建遗传连锁图谱。但是，对多基因控制的数量性状，遗传分析时难以完全排除数量性状基因座（quantitative trait locus, QTL）间的相互影响，也难以准确地研究 QTL 间的互作。CSSL 是经过多代回交、自交和选择后得到的一种特殊遗传研究群体，每个 CSSL 与背景亲本相比只在少量基因组区段上存在差异，有利于基因的精细定位和克隆。同时，单片段和双片段置换系的结合又是研究基因间互作的理想材料，近些年逐渐成为遗传研究的热点，并由此精细定位和克隆出不少数量性状基因。

§1.1.2 多亲群体

双亲群体通常是由遗传差异较大的两个纯系亲本杂交衍生而来，遗传分析时仅涉及同一座位上的两个等位基因。若双亲在一个座位上携带相同的等位基因，在杂交后代群体中这个基因座位就不能被鉴定出来。关联分析群体中，一个座位上可能包含两个以上等位基因，但群体的连锁不平衡程度较低，需要利用高密度标记的基因型确定基因间的连锁关系。同时，群体结构也会产生假关联。实际作图群体的结构一般来说都是未知的。如何借助统计学方法准确衡量群体结构、消除群体结构对遗传分析的影响，是关联分析中存在的一个主要问题（Hirschhorn and Daly, 2005）。近些年来，人们逐渐开始重视利用多个亲本进行遗传交配设计，创建遗传群体并进行遗传研究。

图 1.1 下方给出涉及多个亲本的一类遗传研究群体，即巢式关联作图群体。*Science* 杂志上两篇关于玉米 NAM 群体的报道（Buckler et al., 2009; McMullen et al., 2009）得到了国内外研究者的广泛关注，人们已经开始在多种重要农作物中构建 NAM 群体。通过 NAM 设计，人们期望结合遗传连锁分析和关联分析的优点，利用多个亲本的杂交后代群体开展遗传研究。美国康奈尔大学创建的玉米 NAM 群体，采用的是 25 个玉米自交系和一个共同自交系亲本的交配设计，共产生了 25 个家系群，每个家系群包含 200 个左右的重组近交家系（recombination inbred line, RIL），共包含 5000 个左右的 RIL。25 个家系群作为一个整体，适合进行关联分析研究，每个双亲群体可进行连锁分析研究。

涉及 4 个亲本时，双交是一种常用的交配方式。双交设计是指 4 个纯合亲本先两两组配成两个单交种，再由两个单交种杂交而得到的杂交组合。双交设计涉及较多的亲本，有利于创造出丰富的遗传变异,在育种中有利于选育出综合多个亲本优势的优良品种。从双交 F_1 群体出发,还可以通过连续自交和加倍单倍体等方式产生 RIL 和 DH 永久群体,为遗传研究提供具有丰富变异的永久群体。但双交后代中,每个座位上的等位基因个数成倍增加,相应的标记基因型数目也迅速增多,其遗传分析的复杂程度明显高于双亲衍生群体。植物中存在大量的无性系繁殖物种,如马铃薯、甘薯,以及大量的林木和花卉等。无性系是指不通过雌、雄配子的结合,而是以单株营养体为材料,通过无性繁殖产生后代。一个无性系品种的基因型往往是高度杂合的,两个品种间的杂交 F_1 代在遗传结构上与 4 个纯系亲本间杂交产生的双交 F_1 群体有很多类似之处。在连锁座位上等位基因连锁关系已知的情况下,两个无性系品种间的杂种 F_1 可以看作 4 个纯系亲本的双交 F_1 群体,适用于双交 F_1 群体的遗传分析方法同样也适用于无性系繁殖物种的杂种 F_1 群体。因此,双交 F_1 群体分析方法的研究也可以为无性系物种的遗传研究提供有效手段(详见第 7 章)。

图 1.2 给出产生双交 F_1 及其衍生群体的流程图。其中,$P_1 \sim P_4$ 代表 4 个纯合亲本,这些纯合亲本在玉米中可代表 4 个自交系,在小麦中可代表 4 个品种或遗传材料等。双交设计利用 4 个同质纯合的亲本先两两组配成同质杂合的单交种,两个单交种可分别视为雌亲 F_1 和雄亲 F_1,再由这两个单交种杂交得到异质杂合的双交 F_1 群体。在无性系繁殖物种中,两个无性系品种可分别视为图 1.2 中的雌亲 F_1 和雄亲 F_1,二者的杂种 F_1 可以看作 4 个纯系亲本的双交 F_1 群体。无性系品种间的杂种 F_1 通常不会进行加倍单倍体或连续自交,主要原因是无性系品种会产生严重的近交衰退和不育现象。双交 F_1 群体中的个体有着互不相同的基因型,可直接用于遗传研究。因此,两个高度杂合亲本的杂种 F_1 群体是无性系繁殖物种的常用遗传研究群体。但对于有性繁殖物种来说,双交 F_1 是暂时群体,难以进行有重复和多环境的表型鉴定。这时,还可通过加倍单倍体和连续自交的方式产生双交 F_1 的异质纯合 DH 和 RIL 家系群体(图 1.2),然后利用这些永久群体开展遗传研究。更多内容详见第 8 章。

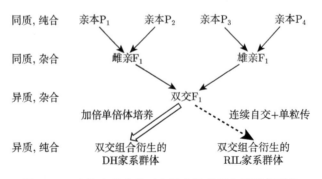

图 1.2 4 个纯合亲本的双交组合及其衍生的遗传群体

同质表示群体中个体具有相同的基因型,异质表示群体中个体有不同的基因型,纯合表示群体中的基因型是纯合的,杂合表示群体存在杂合基因型

涉及更多亲本时,可供选择的交配方式也会更多。图 1.3 给出包含 8 个亲本的 4 种交配设计,即完全双列杂交、部分双列杂交、单链式杂交和双链式杂交。可以看出,不同交配设计的杂交组合数存在明显差异。如果亲本数为 n,完全双列杂交设计需要配制所有可能的

双亲杂交组合（图 1.3A），共有 $\frac{1}{2}n(n-1)$ 个。当 n=8 时，配制的组合数为 28 个。把 n 个亲本分为 n_1 和 n_2 两组，一组作为母本，另一组作为父本。在母本组和父本组间配制所有可能的组合，这种设计称为部分双列杂交（图 1.3B），要配制的杂交组合数为 $n_1 \times n_2$。当 n_1=3、n_2=5 时，配制的组合数为 15 个。图 1.1 中的 NAM 设计，其实可以看作部分双列杂交的特例，即一组包含 $n-1$ 个亲本，另一组仅包含 1 个亲本。单链式杂交 保证每个亲本在杂交组合中只出现一次（图 1.3C），组合数等于亲本数 n。双链式杂交保证每个亲本在杂交组合中只出现两次（图 1.3D），组合数等于亲本数的两倍，即 $2n$。

A

	P_1	P_2	P_3	P_4	P_5	P_6	P_7	P_8
P_1		X	X	X	X	X	X	X
P_2			X	X	X	X	X	X
P_3				X	X	X	X	X
P_4					X	X	X	X
P_5						X	X	X
P_6							X	X
P_7								X
P_8								

B

	P_1	P_2	P_3	P_4	P_5	P_6	P_7	P_8
P_1				X	X	X	X	X
P_2				X	X	X	X	X
P_3				X	X	X	X	X
P_4								
P_5								
P_6								
P_7								
P_8								

C

	P_1	P_2	P_3	P_4	P_5	P_6	P_7	P_8
P_1		X						
P_2			X					
P_3				X				
P_4					X			
P_5						X		
P_6							X	
P_7								X
P_8	X							

D

	P_1	P_2	P_3	P_4	P_5	P_6	P_7	P_8
P_1		X	X					
P_2			X	X				
P_3				X	X			
P_4					X	X		
P_5						X	X	
P_6							X	X
P_7	X							X
P_8	X	X						

图 1.3　以 8 个亲本为例的多亲本遗传交配设计

A. 8 个亲本的完全双列杂交设计；B. 8 个亲本的 3 × 5 部分双列杂交设计；C. 8 个亲本的单链式杂交设计；D. 8 个亲本的双链式杂交设计

遗传研究和育种在选择亲本及群体产生上有着不同的追求。遗传群体一般适宜进行遗传研究，其育种价值有时很有限。而育种群体虽然有较高的育种价值，但利用这些群体开展遗传研究有时却很难。为了创建既有高遗传价值又有高育种价值的群体，多亲本遗传交配设计及其分析方法日益受到重视。国际上已提出包含 8 个亲本的互交交配设计，又称为多亲本高代互交（multiparent advanced generation inter-crossing, MAGIC）（Broman et al., 2002; The Complex Trait Consortium, 2004; Cavanagh et al., 2008）。多亲本间的杂交提供了更丰富的遗传变异，但同时也会给遗传分析带来难度，分析过程中要考虑的因素更多，如复等位基因；同时，各种遗传效应和方差的估计也会变得很困难。涉及更多亲本时，可供选择的交配方式也会有很多。具体采用哪种交配方式，既要考虑特定的遗传研究目标，又要考虑物种的繁殖方式、人工杂交的难易程度，以及表型鉴定的花费等因素。

本书第 2~6 章主要介绍各种双亲后代群体的连锁分析和基因定位方法。第 7 章主要介绍两个杂合亲本的杂交 F_1 以及 4 个纯系亲本的双交 F_1 群体。第 8 章主要介绍多亲本杂交衍生的纯系后代群体。第 9 章主要介绍选择基因型分析、CSSL 和 NAM 群体基因定位、数量性状基因孟德尔化，以及自然群体的关联分析等方法。这些内容涵盖了自花授粉、异花授粉和无性繁殖 3 种常见的繁殖方式，同时也涵盖了两个亲本间杂交和多个亲本间杂交产生的多种类型遗传群体。

§1.1.3 创建遗传群体的若干注意事项

1. 提出一个切实可行的研究目标

开展任何一项科学研究，一般都要有一个明确的研究目标，遗传研究也不例外。遗传学是关于基因、遗传和变异的一门科学，研究内容包括基因的分子结构和功能、基因在细胞或组织中的行为（如显性和表观遗传）、亲代到子代的遗传模式，以及群体中基因的分布、变异和变化规律等。国际上的 *Genetics* 杂志（http://www.genetics.org）将其发表的研究论文分为基因组学、基因表达、细胞遗传学、发育和行为遗传学、群体和进化遗传学、复杂性状遗传学、基因组和系统生物学等八大类。不同的遗传学分支有着不同的研究目标，采用的遗传材料或群体也各不相同。因此，首先要制订一个明确可行的研究目标，然后根据研究目标来选择适当的亲本材料，创建遗传研究群体。

2. 构建一个或多个适宜的遗传研究群体

遗传研究离不开一个或多个遗传群体，创建适当的群体是有效开展遗传研究的前提，而创建群体的第一步就是要选择适当的亲本材料。例如，新发现一个抗病材料，通过遗传研究了解抗病性的遗传规律，挖掘与抗性基因紧密连锁的分子标记，以便在育种中利用分子标记选择抗病后代材料。这时需要选择一些感病材料，配制抗病材料×感病材料杂交组合，产生基因型分离的后代群体，如图 1.1 中的一个或多个双亲群体。然后，对分离群体开展抗病性表型鉴定和基因型的鉴定工作。如果抗、感两种表型有明显的孟德尔分离比例，则说明抗性受一对基因控制，表现为单基因遗传。如果表型数据观察不到明显的孟德尔分离比例，则说明抗性的遗传比较复杂，基因的数目和遗传效应需要通过 QTL 作图的方法来确定。如果选择到的感病材料与抗病材料只是在抗性上有差异，其他大多数性状与抗病材料类似，或者与抗病材料有较小的遗传差异，如近等基因系材料，这时的遗传群体可能更适宜进行新发现的抗性的遗传研究。在抗性遗传比较简单的情况下，如受少数几对基因控制，利用几百个分离后代个体就有可能准确地定位抗性基因。同时，为了获得可靠的遗传研究结果，有必要选择多个感病亲本，创建多个遗传群体，从而对抗病材料中的抗病基因有更全面的了解。

3. 保持足够的有效群体大小和遗传变异

遗传研究群体和育种群体有很大差异。遗传群体一般选择具有某些优良性状的亲本和不具备这些优良性状的少量亲本进行杂交，群体产生过程中要尽量排除选择和遗传漂变等因素的影响。而育种群体一般选择同时具有多种优良性状的大量亲本进行杂交（即优×优），期望通过性状（基因）互补和超亲分离产生更加优良的后代，后代材料要经历较强的人工和自然选择。通过连续自交产生永久遗传研究群体时，经常采用的方法是单粒传，该方法能保证遗传群体有最大的有效群体大小。以图 1.1 的 F_1RIL 群体为例，首先通过 F_1 自交产生一个大的 F_2 群体，如种植 500 个 F_2 单株；然后从每个 F_2 单株上收获一粒自交种子，种植 500 个 F_3 单株。重复这一过程至 F_7 以上世代，从而得到 500 个 RIL 家系，并用于开展表型和基因型鉴定工作。

单粒传的好处是在最终的遗传群体中，每个 RIL 家系都能追踪到唯一一个 F_2 单株，使 RIL 群体的有效大小等于 F_2 群体的大小。如果最终的 500 个 RIL 家系只能追踪到 100 个 F_2 单株，即有些 F_2 单株衍生出多个 RIL 家系，这时的有效群体大小只有 100。有效群体越小，遗传漂变的效应越大，基因和基因型的频率与期望频率的差别就越大，不利于开展有效的遗传研究。因此，如果选择 F_3 作为遗传研究的群体，每个 F_3 单株最好也对应于唯一的 F_2 单株，从而保证有效群体的大小仍是 500。如果从 100 个 F_2 单株上各收获 5 粒自交种子，然后种植 500 个 F_3 单株群体，这个 F_3 群体的有效群体大小将大大降低。

考虑到种子发芽率的问题，每株可收获多粒自交种子，下一代将来自同一个植株的几粒种子同穴种植，待成苗后随机保留其中的一株，种植的种子数 n 由发芽率决定（Wang et al., 2004b），即公式 1.1，其中 P 为至少有一棵成株的保证概率；r 为每粒种子的发芽率。在一定的发芽率和概率水平下，单穴种植的种子粒数见表 1.1。

$$n = \frac{\ln(1-P)}{\ln(1-r)} \tag{1.1}$$

表 1.1 连续自交过程中需要采集的种子粒数 （单位: 粒）

单粒种子发芽率	至少有一棵成株的保证概率		
	0.999	0.99	0.95
0.9	3	2	2
0.8	5	3	2
0.7	6	4	3
0.6	8	6	4
0.5	10	7	5

4. 获取可靠的基因型和表型数据

利用传统的分子标记对遗传群体进行基因型鉴定，首先要在亲本间筛选具有多态性的分子标记。没有多态性的分子标记，则不能提供任何交换和重组信息，不能为遗传分析所用。然后利用亲本间表现多态的分子标记，对遗传群体中的每个个体或家系开展基因型鉴定。如果采用基于测序的基因型鉴定（genotyping by sequencing, GBS）技术，标记数量对基因型鉴定成本的影响不大，也可以对亲本和后代群体同时开展大规模标记的基因型鉴定，然后根据鉴定结果筛选具有多态性的分子标记，并用于开展遗传研究。大多数数量性状都受环境的影响，对于永久群体，一般要在多种环境条件下开展有重复的表型鉴定。这里所说的环境，可以是一年中的若干地点，或者一个地点的不同种植时间或不同栽培方式，如不同灌溉次数、不同施肥水平等，也可以指不同年份和地点的组合。在表型鉴定过程中，需要采用适当的田间试验设计,以便控制试验误差、提高表型观测数据的准确度和精确度(南京农业大学,1985; Yandel, 1997; Kuehl, 2000)。

§1.2 基因型数据的初步整理和分析

§1.2.1 基因型数据的获取和编码

群体的基因型数据建立在可识别遗传标记的基础上。常见的遗传标记有形态标记、生化标记和分子标记。形态标记是用外观上的特征来区分不同的遗传类型。生化标记是指生化过程中产生的差异类型。分子标记则是以 DNA 多态性为基础的标记。遗传标记的用途主要是建立遗传图谱、定位未知基因、研究基因间的连锁关系、开展标记辅助选择等。遗传标记可以指示染色体的位置,不同标记座位上有不同的标记基因型。连锁分析可以确定不同标记在染色体上的相对距离,这就是遗传标记的染色体定位。有些标记本身可能就是一个基因,如一些单基因控制的质量性状、反映基因内差异的单核苷酸多态性(single nucleotide polymorphism,SNP)标记等。有些标记本身虽然不是功能基因,但与控制性状的基因存在连锁关系。研究标记与目的基因间的连锁关系主要有两个目的:其一是利用标记进行目的基因的精细定位和克隆;其二是利用标记与目标基因间的连锁关系,实现对目标基因的间接选择,即标记辅助选择。

亲本间呈现多态性的标记才能被遗传研究利用。所谓多态性,就是不同的标记型有不同的表现形式。对一个形态标记来说,两种亲本型可表现为有芒和无芒、矮秆和高秆、红花和白花等。对一个生化标记来说,两种亲本型可表现为某种同工酶的有无、生化产物的有无等。对一个分子标记来说,两种亲本型可表现为某种酶切片段长度的差异、重复 DNA 序列长度的差异、DNA 序列上碱基对的差异等。如果把不同标记表现出的差异也视为一种性状,遗传标记也可划分为共显性、显性和隐性 3 种类型。在遗传分析中,不同类型的标记有不同的编码规则。下面以 QTL IciMapping 软件(Meng et al., 2015)对标记的数字编码为例,说明标记的编码规则。

以分子标记为例,如果一个酶切片段在亲本 P_1 和 P_2 间存在长度差异,这种差异可以通过凝胶电泳的形式表现出来,如图 1.4 中的粗细两条实线条带所示。如果两条亲本带型同时在杂种 F_1 中出现,这样的分子标记称为共显性标记。P_1、P_2 和 F_1 中出现的 3 种带型代表了相应标记座位上的 3 种标记基因型。在包含杂合基因型的暂时群体中也会出现 3 种不同带型,把这 3 种带型编码为 2、0 和 1,分别表示 P_1、P_2 和 F_1 对应的 3 种标记型。在永久群体中,只会出现两种带型,编码为 2 和 0,分别表示 P_1 和 P_2 对应的两种标记型。

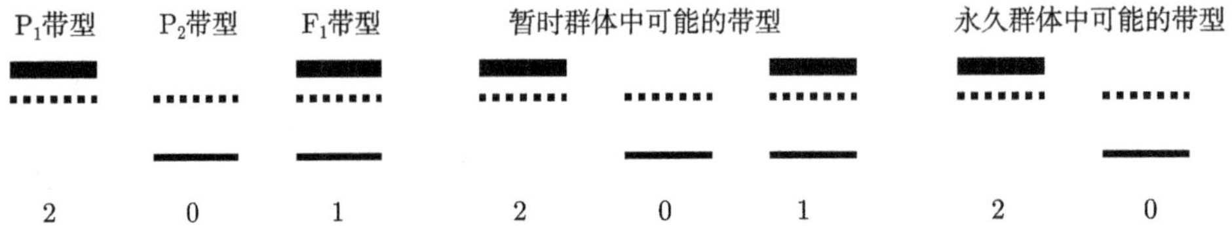

图 1.4 共显性标记及其在 QTL IciMapping 软件中的编码

如果一个酶切片段仅在亲本 P_1 中出现,如图 1.5 中的粗实线条带所示,杂种 F_1 表现出与亲本 P_1 相同的带型,这样的分子标记称为显性标记。在包含杂合基因型的暂时群体中会出现两种不同带型,即有和无。如果有 P_1 带型出现,基因型既可能与 P_1 相同也可能与 F_1 相同,即无法区分是 P_1 纯合基因型还是 F_1 杂合基因型,把这种带型编码为 12。如无 P_1 带型出现,基因型只可能与 P_2 相同,这样的个体仍然编码为 0。在永久群体中,带型也是有和无两种表现。但由于基因型是纯合的,当有带型出现时,对应的基因型与 P_1 相同;无带型出现时,对应的基因型与 P_2 相同。因此,在不考虑数据缺失时,可以根据带型的有和无把个体分别编码为 2 和 0。

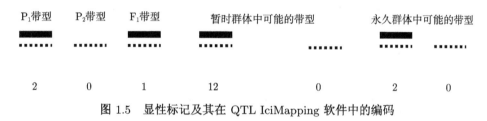

图 1.5　显性标记及其在 QTL IciMapping 软件中的编码

如果一个酶切片段仅在亲本 P_2 中出现,如图 1.6 中的细实线条带所示,杂种 F_1 表现出与亲本 P_2 相同的带型。从另外一个方面可理解为 P_1 的表型没有在杂种 F_1 中显现出来。因此,这样的分子标记称为隐性标记。在包含杂合基因型的暂时群体中会出现两种不同带型,即有和无。如果有 P_2 带型出现,基因型既可能与 P_2 相同也可能与 F_1 相同,即无法区分是 P_2 纯合基因型还是 F_1 杂合基因型,把这种带型编码为 10。如无 P_2 带型出现,基因型只可能与 P_1 相同,这样的个体仍然编码为 2。在永久群体中,带型也是有和无两种表现。但由于基因型是纯合的,无带型出现时,对应的基因型与 P_1 相同;当有带型出现时,对应的基因型与 P_2 相同。在不考虑数据缺失时,可以根据带型的无和有把个体分别编码为 2 和 0。

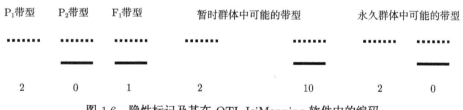

图 1.6　隐性标记及其在 QTL IciMapping 软件中的编码

图 1.4～图 1.6 中,数字 2、1、0 可以理解为亲本 P_1 等位基因的个数。QTL IciMapping 软件 4.0 之后的版本还允许用户采用单字符或双字符的方式对标记进行编码,所用字符与数字之间的等价关系列于表 1.2。对于一个共显性标记来说,3 种标记型可以用数字 2、1、0 编码,也可以用单字符 A、H、B 编码,还可以用双字符 AA、AB(或 BA)、BB 编码,它们在 QTL IciMapping 软件中是等价的。当采用双字符编码时,两个字母的顺序可以调换。例如,AB 和 BA 具有相同的含义,均表示杂合基因型。对于显性标记来说,基因型 *AB* 和 *AA* 不能区分,可以用数字 12 编码,也可以用单字符 D 编码,还可以用 AH、AX、A*、A_等多个双字符编码。对于隐性标记来说,基因型 *AB* 和 *BB* 不能区分,可以用数字 10 编码,也可以用单字符 R 编码,还可以用 BH、BX、B*、B_等多个双字符编码。

表 1.2 QTL IciMapping 软件中不同标记基因型编码方式的等价关系

编码方式	基因型					
	AA	AB	BB	$AB+AA$	$AB+BB$	缺失
数字编码	2	1	0	12	10	−1
单字符编码	A	H	B	D	R	X, *
双字符编码	AA	AB, BA	BB	AH, HA, AX, XA, A*, *A, A_, _A	BH, HB, BX, XB, B*, *B, B_, _B	XX, **

注：AA 和 BB 表示两个纯系亲本的基因型；$AB+AA$ 表示杂合基因型 AB 与纯合基因型 AA 无法区分（即显性标记），有时也用 A* 或 A_ 表示；$AB+BB$ 表示杂合基因型 AB 与纯合基因型 BB 无法区分（即隐性标记），有时也用 B* 或 B_ 表示

除图 1.4~ 图 1.6 给出的 3 种标记类型外，基因型鉴定过程中往往还会存在缺失，以及非亲本型的情况。非亲本型产生的原因有多种，包括样品混杂、外来花粉污染、自然突变等因素，往往也只能当作数据缺失进行处理。QTL IciMapping 软件中，缺失标记型可以用数字 −1、单字符 X 或 * 表示，也可以用双字符 XX 或 ** 表示 (表 1.2)。

这里顺便提一下表型缺失。表型数据一般都是实型数值，表型缺失在 QTL IciMapping 软件中用字符 NA、na、* 或 · 表示，基本上涵盖了不同软件对表型缺失的表示方法。QTL IciMapping 软件 4.0 之前的版本曾用 '−100.00' 表示表型缺失，4.0 之后的版本仍然适用。表型缺失要么用字符表示、要么用数值 −100.00 表示，在一个群体中二者不能混用。

一个双亲群体中，共显性、显性和隐性 3 种标记类型可能同时存在。但对于某一个标记来说，只能是其中之一。以数字编码为例，如一个标记在群体中 3 种编码方式 2、1、0 同时存在，QTL IciMapping 软件就认定这是一个共显性标记；如有 12 存在，则认定这是一个显性标记；如有 10 存在，则认定这是一个隐性标记。也就是说，共显性标记的可能基因型只有 AA、AB、BB 和缺失等 4 种，显性标记的可能基因型只有 $AA+AB$、BB 和缺失等 3 种，隐性标记的可能基因型只有 AA、$AB+BB$ 和缺失等 3 种。如一个标记在群体中同时出现 2、12 两种编码，则认为该标记的基因型数据是无效的，程序会终止运行。像其他任何软件一样，QTL IciMapping 软件对输入文件格式有严格的要求，对输入文件中信息的准确性和相容性也有严格的校验，对不符合格式要求或有错误内容的文件，一般会给出错误提示信息，读者可根据这些提示大致判断错误的原因，并进行相应的更正。

作为实例，图 1.7 给出一个包含 145 个 DH 家系的大麦群体（Tinker et al., 1996）在 14 个标记座位上的标记型，该群体的两个亲本为大麦品种 'Harrington' 和 'TR306'。基因型数据用数字编码，2 表示 'Harrington' 的标记基因型，0 表示 'TR306' 的标记基因型，−1 表示缺失标记型。由于是永久群体，基因型数据中不包含 1、10 和 12 标记类型。图 1.8 给出一个包含 110 个个体的 F_2 群体在 12 个标记座位上的标记型。基因型数据用单字符编码，A 和 B 表示两种亲本型，H 表示杂合型，D 表示显性基因型，R 表示隐性基因型，X 表示缺失基因型。从图 1.8 可以看出，M1-3 是一个显性标记，包含 D、B、X 3 种可能取值；M1-6 是一个隐性标记，包含 A、R、X 3 种可能取值；其他标记均是共显性标记，有 A、H、B、X 4 种可能取值。本书第 2~6 章内容中，作者会尽可能地利用图 1.7 和图 1.8 的两个群体作为实例。

标记名称	家系编号																																																	
	1	2	3	4	5	6	7	8	9	10	11	12	13	14	15	16	17	18	19	20	21	22	23	24	25	26	27	28	29	30	31	32	33	34	35	36	37	38	39	40	41	42	43	44	45	46	47	48	49	50
Act8A	0	2	−1	2	0	2	2	0	0	2	2	2	0	2	2	0	0	0	2	2	0	0	2	0	0	0	2	0	2	2	0	0	2	0	2	0	2	0	0	0	0	2	0	0	2	0	0	2	2	0
OP06	0	2	2	2	0	2	2	0	0	2	2	2	0	2	2	0	0	2	2	2	0	0	2	0	0	0	0	0	2	2	0	0	2	2	0	0	2	0	0	0	2	0	0	0	2	0	0	2	2	0
aHor2	0	2	2	2	0	2	2	0	0	2	2	2	0	2	2	0	0	2	2	2	0	0	2	0	−1	2	2	2	2	−1	−1	0	0	0	2	−1	2	0	0	0	2	0	0	0	2	0	0	2	2	0
MWG943	2	2	2	2	2	2	0	0	0	0	2	0	2	0	2	2	0	2	2	0	0	2	2	2	−1	0	0	0	2	2	2	2	0	2	2	0	2	2	2	0	0	2	0	2	0	0	0	−1	0	0
ABG464	2	−1	2	2	2	2	0	0	0	0	2	0	2	0	2	2	0	2	2	0	0	2	2	0	2	2	0	0	2	2	2	2	0	2	2	0	2	2	2	0	0	2	0	2	0	0	0	0	−1	0
Dor3	2	0	2	0	2	2	2	0	0	0	0	2	2	2	2	2	2	2	2	0	0	2	2	0	0	2	0	0	2	2	2	0	0	2	2	2	2	2	2	2	0	2	0	2	2	0	0	0	0	0
iPgd2	2	0	2	0	2	2	2	0	0	0	0	2	2	2	2	2	2	2	2	0	0	2	2	0	0	2	0	2	2	2	2	0	0	0	2	2	2	2	2	2	0	2	0	2	2	0	0	0	0	0
cMWG733A	2	0	2	0	2	2	2	2	2	2	0	2	2	2	0	2	2	2	2	2	0	2	2	0	0	2	0	2	2	2	2	0	0	0	2	2	2	2	2	2	0	2	0	2	2	0	0	0	0	0
AtpbA	0	0	2	0	2	2	2	2	2	2	0	2	2	2	0	2	2	2	2	2	0	2	2	0	0	2	0	0	2	0	2	0	0	0	2	2	2	2	2	2	0	2	0	2	2	0	0	0	0	0
drun8	0	0	2	0	2	2	0	2	2	2	0	2	2	2	0	2	2	2	2	2	0	2	2	0	0	0	0	0	2	0	2	0	0	0	0	2	2	2	2	2	0	2	2	2	2	2	0	0	0	0
ABC261	0	0	2	0	2	2	2	2	2	2	0	2	2	2	0	2	2	2	2	2	0	2	2	0	0	0	0	0	2	0	2	0	0	−1	0	2	2	2	2	2	0	2	2	2	2	2	0	0	0	0
ABG710B	0	0	2	0	0	0	2	2	2	2	0	2	2	2	0	2	2	2	2	2	0	2	0	0	0	0	0	0	2	0	2	0	0	0	0	2	0	2	2	2	0	2	2	2	2	2	0	0	0	2
Aga7	0	0	2	0	0	0	2	2	2	2	0	2	2	2	0	2	2	2	2	2	0	2	0	0	0	0	0	0	2	0	0	0	0	0	0	2	0	2	2	2	0	2	2	2	0	2	0	0	0	2
MWG912	0	0	2	−1	0	0	2	2	2	2	0	2	2	2	0	2	2	2	2	2	0	2	0	2	0	0	0	0	2	0	0	0	0	0	2	2	0	2	0	2	0	2	2	2	0	2	0	0	0	2

标记名称	家系编号																																																	
	51	52	53	54	55	56	57	58	59	60	61	62	63	64	65	66	67	68	69	70	71	72	73	74	75	76	77	78	79	80	81	82	83	84	85	86	87	88	89	90	91	92	93	94	95	96	97	98	99	100
Act8A	2	2	0	2	2	2	0	2	0	2	2	2	0	2	0	2	2	2	2	0	2	2	0	0	0	0	2	2	2	0	2	2	2	2	0	0	0	2	2	2	0	2	2	2	0	2	2	0	0	2
OP06	2	2	0	2	−1	2	0	2	0	2	2	2	2	2	0	2	2	2	2	2	2	2	0	0	0	0	2	0	2	0	2	2	2	2	−1	0	0	2	2	2	0	2	0	2	0	2	0	0	0	2
aHor2	2	2	0	2	2	2	0	2	0	2	2	2	2	−1	2	2	2	2	2	2	2	2	0	0	0	0	2	0	2	0	2	2	−1	2	0	0	0	2	2	2	0	2	0	2	−1	2	0	0	0	2
MWG943	0	2	−1	−1	2	2	−1	0	2	0	2	2	0	0	2	2	2	2	2	2	2	0	0	2	2	0	0	0	0	0	2	2	2	2	0	0	0	2	2	0	2	2	0	2	0	2	2	0	2	−1
ABG464	0	2	−1	0	2	2	2	2	2	0	0	2	0	0	2	0	0	2	2	0	2	0	0	2	2	0	0	0	0	0	2	2	2	2	0	−1	0	2	2	0	2	2	0	0	0	2	2	2	2	2
Dor3	0	0	0	0	0	2	0	2	0	0	0	0	0	−1	0	0	0	2	2	0	2	0	−1	2	2	0	0	0	0	0	2	−1	2	2	0	0	0	2	2	2	0	2	0	0	0	2	2	2	2	2
iPgd2	0	0	0	0	0	2	0	2	0	0	0	0	0	0	0	0	0	2	2	0	2	0	0	2	2	0	0	0	0	0	2	2	2	2	0	0	0	2	2	2	0	2	0	0	0	2	2	2	0	2
cMWG733A	0	0	0	2	0	2	0	2	0	0	0	0	0	0	0	0	0	2	2	0	2	0	2	2	2	0	−1	0	0	0	2	2	2	2	0	0	0	2	0	2	−1	2	0	0	0	2	2	2	0	2
AtpbA	0	0	0	2	0	2	−1	−1	0	0	0	0	0	0	0	0	0	2	2	0	2	0	2	2	2	0	0	0	0	0	2	2	2	2	0	0	0	2	0	2	0	2	2	0	0	2	2	2	0	2
drun8	0	0	0	2	0	2	0	0	0	0	0	0	0	0	0	2	0	2	2	0	2	0	2	2	2	0	0	0	2	0	2	2	0	2	0	0	2	2	0	2	0	2	2	0	0	0	2	2	0	2
ABC261	0	0	0	2	0	2	0	0	0	0	0	0	0	0	0	2	0	2	2	0	2	0	2	2	2	0	0	0	2	2	2	2	0	2	0	0	0	2	0	2	0	2	2	0	0	0	2	2	0	2
ABG710B	0	0	0	2	0	2	0	0	0	0	0	0	0	0	0	2	0	2	2	0	2	0	2	2	2	0	0	2	2	2	2	2	0	2	2	0	2	2	0	2	0	2	2	2	0	0	−1	2	0	2
Aga7	0	0	0	2	0	2	0	0	0	0	0	0	0	0	0	2	0	2	2	0	2	2	2	2	0	0	0	2	2	2	2	2	0	2	2	0	2	2	0	2	0	2	2	2	0	0	0	2	0	2
MWG912	0	0	0	2	0	2	0	0	0	0	0	0	2	−1	2	2	0	2	2	0	2	2	−1	2	0	0	0	2	2	2	2	2	0	2	2	0	2	2	0	2	0	2	2	2	0	0	0	2	0	2

标记名称	家系编号																																												
	101	102	103	104	105	106	107	108	109	110	111	112	113	114	115	116	117	118	119	120	121	122	123	124	125	126	127	128	129	130	131	132	133	134	135	136	137	138	139	140	141	142	143	144	145
Act8A	2	2	0	0	2	0	0	2	0	0	2	2	2	0	2	0	2	0	2	0	0	0	0	0	2	2	0	2	2	0	2	0	0	0	0	0	0	2	0	2	0	0	2	2	2
OP06	2	2	0	0	−1	0	0	2	0	0	2	2	2	0	2	0	2	0	0	−1	0	0	2	0	2	2	0	0	2	0	2	0	0	0	2	0	0	2	0	2	0	0	2	2	2
aHor2	2	2	0	0	2	0	0	2	0	0	2	2	2	0	2	0	2	0	0	0	0	0	2	0	2	2	−1	2	2	0	2	0	0	0	0	2	−1	2	0	2	0	0	2	2	2
MWG943	2	2	−1	0	0	0	0	2	0	2	−1	2	2	2	0	2	0	2	2	0	0	0	2	0	0	0	2	2	0	2	2	2	2	2	0	0	2	2	0	2	0	0	0	2	2
ABG464	2	2	0	0	0	2	0	0	0	2	2	2	2	2	0	−1	2	2	2	0	0	0	2	0	0	2	2	0	0	2	2	2	2	2	0	2	2	2	0	0	2	0	0	2	2
Dor3	0	2	0	0	0	2	0	0	0	2	2	2	2	−1	0	2	2	2	2	0	0	0	2	2	0	2	2	0	0	0	2	2	2	0	0	2	2	2	0	0	2	2	2	2	2
iPgd2	0	2	0	0	0	2	0	0	0	0	2	2	2	2	0	2	2	2	2	0	0	0	2	2	0	2	2	2	0	0	2	2	2	0	0	2	2	2	0	0	2	2	2	2	2
cMWG733A	0	2	0	0	0	2	0	0	0	0	2	0	2	2	0	2	2	2	2	0	0	0	2	2	0	2	2	2	0	0	2	2	2	0	0	0	2	2	0	0	2	2	2	2	2
AtpbA	0	2	0	0	0	2	0	0	0	0	2	0	2	2	0	2	2	2	2	0	0	0	2	2	2	2	2	2	0	0	2	2	2	0	0	0	2	2	0	0	2	2	2	2	2
drun8	0	0	0	2	0	2	2	0	0	0	2	0	0	2	0	2	0	2	0	0	0	0	0	2	2	2	2	2	2	0	2	2	2	0	0	0	2	2	2	0	2	2	2	2	2
ABC261	2	0	0	0	0	2	2	0	0	0	2	0	0	2	0	2	0	2	0	0	0	0	0	2	2	2	2	2	0	0	2	2	2	0	0	0	2	2	0	0	2	2	2	2	2
ABG710B	2	0	0	0	0	2	2	0	0	0	2	0	0	2	0	−1	0	2	0	0	0	0	0	2	2	2	2	2	0	0	2	2	2	0	0	0	2	2	0	0	2	0	2	2	2
Aga7	2	0	0	0	0	2	2	2	0	0	2	0	0	2	0	2	0	2	0	0	0	0	0	2	2	2	2	2	0	0	2	2	2	0	0	0	2	2	0	0	2	0	2	2	2
MWG912	2	0	0	2	0	2	2	2	0	0	2	0	0	−1	0	2	0	2	0	0	0	0	0	2	2	2	2	2	0	0	2	2	2	0	0	0	0	2	0	0	0	0	2	2	2

图1.7 一个大麦DH 群体中145 个家系的部分基因型数据

2 代表亲本‘Harrington’类型，0 代表亲本‘TR306’类型，−1 为缺失标记

图 1.8　一个 F_2 群体中 110 个个体的部分基因型数据

A 和 B 表示两种亲本型，H 表示杂合型，D 表示隐性基因型，R 表示显性基因型，X 表示缺失基因型

标记名称	\ 个体编号																																				
	1	2	3	4	5	6	7	8	9	10	11	12	13	14	15	16	17	18	19	20	21	22	23	24	25	26	27	28	29	30	31	32	33	34	35	36	37
M1-1	X	H	H	B	H	B	A	H	H	B	H	H	H	H	B	A	H	A	H	A	A	H	H	H	R	H	A	A	H	H	B	H	A	B	B	H	H
M1-2	H	H	D	B	H	B	A	X	D	B	H	H	H	H	B	A	D	D	A	D	D	B	H	D	R	D	D	D	D	D	H	D	D	B	B	H	D
M1-3	D	D	D	R	B	B	D	H	D	H	D	D	D	D	B	A	D	A	A	D	A	B	H	H	R	H	A	A	D	D	R	H	D	R	B	D	A
M1-4	H	H	B	R	B	R	A	H	A	R	R	H	H	R	R	A	R	A	H	A	A	R	H	H	R	A	R	A	R	R	R	R	A	H	R	R	A
M1-5	H	H	B	R	B	R	A	H	A	R	R	H	H	R	R	A	R	A	H	A	A	R	H	H	R	A	R	A	R	R	R	R	A	H	R	R	A
M1-6	R	H	B	H	H	H	H	H	A	R	R	X	H	R	B	A	R	A	H	A	A	B	H	H	R	A	R	H	R	R	H	H	A	H	B	H	A
M1-7	H	H	H	H	H	H	H	H	H	H	H	X	H	R	H	H	H	A	H	A	A	H	H	H	R	A	H	H	H	R	A	A	A	H	H	H	A
M1-8	H	H	H	H	H	H	H	H	H	R	H	X	X	H	H	A	H	A	A	A	A	H	H	H	R	A	H	H	H	H	A	A	A	H	H	H	A
M1-9	H	H	H	H	H	H	H	X	H	H	H	X	X	R	B	A	H	H	A	A	A	B	H	H	R	A	H	H	A	H	A	A	A	H	H	H	A
M1-10	H	H	H	H	H	H	H	H	H	R	D	H	H	R	R	A	H	A	H	A	A	B	H	H	R	A	H	H	A	H	A	A	A	H	H	H	A
M1-11	H	H	H	B	H	H	H	H	H	B	H	H	H	R	B	H	H	H	A	A	A	H	H	H	H	A	H	H	A	H	H	A	A	H	H	H	H
M1-12	H	H	H	B	H	H	H	H	B	B	B	H	H	R	B	H	H	H	A	A	A	H	H	H	H	A	H	H	H	H	H	A	A	H	H	H	H

标记名称	\ 个体编号																																				
	38	39	40	41	42	43	44	45	46	47	48	49	50	51	52	53	54	55	56	57	58	59	60	61	62	63	64	65	66	67	68	69	70	71	72	73	74
M1-1	A	A	H	A	H	H	H	H	H	H	H	H	B	H	H	H	H	A	A	H	H	H	B	H	B	B	H	A	H	H	B	H	A	B	A	B	H
M1-2	A	A	H	A	B	A	D	D	D	H	B	B	B	D	D	H	H	D	D	D	D	D	B	D	B	B	D	D	D	D	B	H	D	B	D	B	D
M1-3	A	D	D	D	A	D	D	A	D	H	B	X	B	D	D	H	H	A	A	D	H	D	B	A	A	B	A	A	A	A	H	A	A	A	A	B	A
M1-4	A	H	A	A	A	R	A	A	A	H	R	R	R	R	R	A	A	A	A	R	H	R	H	H	R	H	H	H	R	R	R	H	A	R	H	H	A
M1-5	A	H	A	A	A	R	A	A	A	H	R	R	R	R	R	A	A	A	A	R	H	R	H	H	R	H	H	H	R	R	R	H	A	R	H	H	A
M1-6	A	H	A	A	X	R	A	H	H	A	B	R	B	R	R	H	H	H	H	R	H	H	H	H	R	H	H	H	R	R	H	H	A	R	H	H	A
M1-7	A	R	A	A	A	H	H	H	H	A	H	R	H	R	R	H	A	A	A	R	H	H	H	H	H	H	H	H	H	H	H	H	A	H	A	H	A
M1-8	A	H	H	X	A	A	H	H	H	A	H	R	H	H	B	H	A	A	H	H	X	H	H	H	H	H	A	H	H	H	A	A	A	H	A	H	A
M1-9	A	A	H	A	A	A	H	H	H	A	H	R	H	H	H	H	A	A	A	H	X	H	H	H	H	H	A	H	H	A	A	A	A	H	A	H	A
M1-10	A	H	H	A	A	A	A	A	H	H	B	H	B	H	H	A	H	H	A	H	H	H	H	H	H	H	A	H	H	A	A	A	A	B	A	H	A
M1-11	A	H	A	A	X	A	A	B	H	H	B	B	B	H	B	A	A	H	A	H	H	H	H	H	H	H	A	H	H	A	A	A	A	B	A	H	A
M1-12	A	H	A	A	A	A	B	B	H	H	B	B	B	H	B	A	A	H	A	H	H	H	H	H	H	H	A	H	H	H	A	A	A	B	A	H	A

标记名称	\ 个体编号																																				
	75	76	77	78	79	80	81	82	83	84	85	86	87	88	89	90	91	92	93	94	95	96	97	98	99	100	101	102	103	104	105	106	107	108	109	110
M1-1	B	A	B	H	A	B	B	B	B	B	B	B	B	B	A	A	H	H	H	H	H	H	H	H	H	A	H	B	H	H	H	A	A	H	H	H
M1-2	B	H	B	B	A	B	B	B	B	D	B	B	B	D	X	A	H	H	B	D	H	D	D	D	D	H	R	R	D	H	D	D	D	D	D	D
M1-3	B	D	B	B	A	B	A	B	D	D	B	B	B	D	X	A	A	X	X	A	R	D	D	A	D	A	R	R	A	A	A	A	A	R	A	D
M1-4	B	R	B	B	A	R	A	B	D	D	B	B	B	D	R	R	A	H	H	A	X	H	H	A	A	A	R	R	A	A	A	A	H	R	A	B
M1-5	B	R	B	B	A	R	A	B	D	D	B	B	B	D	R	R	A	H	H	A	X	H	H	A	A	A	R	R	A	A	A	A	H	R	A	B
M1-6	R	H	B	B	B	R	R	B	H	H	H	H	H	H	R	A	R	H	X	R	R	H	H	H	R	H	H	H	H	H	H	H	H	R	A	B
M1-7	B	B	B	B	B	B	R	B	H	H	H	H	H	H	H	A	H	H	H	H	R	H	H	H	H	H	B	H	H	A	H	H	H	H	A	H
M1-8	B	B	B	B	B	B	R	B	H	H	H	H	H	H	H	A	H	H	H	H	H	H	H	H	H	A	B	B	A	H	A	H	H	H	A	B
M1-9	B	B	B	B	B	B	R	B	H	H	B	B	H	H	H	A	H	H	H	A	H	H	H	H	H	H	B	B	A	H	A	H	H	H	A	B
M1-10	B	B	B	B	B	B	B	B	H	H	B	B	H	H	H	A	H	H	H	A	H	H	H	H	H	H	B	B	A	H	A	H	H	B	A	B
M1-11	B	B	B	B	B	B	B	H	B	D	B	B	B	B	B	R	H	H	H	A	R	H	H	H	H	H	B	B	H	H	A	B	B	B	A	B
M1-12	B	B	B	B	B	B	B	H	B	D	B	B	B	B	B	R	H	H	H	A	H	H	H	H	H	H	B	B	H	H	H	B	B	B	A	B

顺便提一下，QTL IciMapping 软件还允许基因型数据混合编码。例如，图 1.7 中个体 1 和个体 3 在第 1 个标记 Act8A 的数字编码分别为 0 和 −1，如果将 0 修改为 B 或 BB，将 −1 修改为 X、XX、* 或 **，不影响程序的运行。图 1.8 中个体 1 和个体 2 在标记 M1-1 的单字符编码分别为 X 和 H，如果将 X 修改为 −1、XX、* 或 **，将 H 修改为 1、AB 或 BA，也不影响程序的运行。尽管如此，我们不提倡使用混合编码。在一个遗传群体中，最好采用一致的标记编码方式，要么全部使用数字，要么全部使用单字符，要么全部使用双字符。

§1.2.2 基因频率和基因型频率

群体的遗传组成主要从以下两个方面来考虑：一是群体中各种等位基因的频率；二是群体中各种基因型的频率。假设某一座位只有一对等位基因，用 A 和 a 表示，该群体由 n 个具有二倍体遗传特性的个体组成。可能的基因型有 AA、Aa 和 aa 3 种，具有这 3 种基因型的个体数分别是 n_{AA}、n_{Aa} 和 n_{aa}。n 个个体共携带有 $2n$ 个基因，基因型 AA 的个体包含 2 个 A 基因，基因型为 aa 的个体包含 2 个 a 基因，基因型为 Aa 的个体包含 1 个 A 基因和 1 个 a 基因。那么，A 基因的观测频率和 a 基因的观测频率用公式 1.2 表示；3 种基因型 AA、Aa 和 aa 的观测频率用公式 1.3 表示。

$$p_A = \frac{2n_{AA} + n_{Aa}}{2n} = \frac{n_{AA} + \frac{1}{2}n_{Aa}}{n}, \quad p_a = \frac{n_{Aa} + 2n_{aa}}{2n} = \frac{\frac{1}{2}n_{Aa} + n_{aa}}{n} \tag{1.2}$$

$$p_{AA} = \frac{n_{AA}}{n}, \quad p_{Aa} = \frac{n_{Aa}}{n}, \quad p_{aa} = \frac{n_{aa}}{n} \tag{1.3}$$

§1.2.3 基因型频率的适合性检验

如果一个群体有清楚的来源，如图 1.1 中的各种双亲衍生群体，基因和基因型均有一个期望频率。如果没有奇异分离的存在，根据公式 1.2 和公式 1.3 计算出的频率应该与期望频率之间不存在显著性差异。一个群体的各种基因型频率是否符合一个已知的期望分离比，可以采用 χ^2 统计量进行适合性检验。适合性检验 χ^2 统计量的计算见公式 1.4，其中，O 和 E 是每个组别下的观测样本量和期望样本量。期望样本量等于对应组别的期望频率乘以总样本量，χ^2 统计量的自由度等于分组数减去 1。

$$\chi^2 = \sum \frac{(O-E)^2}{E} \tag{1.4}$$

以小麦抗病亲本 P_1 和感病亲本 P_2 的杂交 F_2 群体为例（表 1.3）。分子标记检测过程中，筛选出一个共显性标记。在 2341 个 F_2 单株中，P_1、F_1 和 P_2 3 种带型的 F_2 植株数分别为 575、1183 和 583。利用公式 1.2 得到 P_1 等位基因和 P_2 等位基因在 F_2 群体中的频率分别为 0.4983 和 0.5017；利用公式 1.3 得到 3 种标记型在 F_2 中的频率分别为 0.2456、0.5053 和 0.2490。如果没有奇异分离或影响遗传结构的因素存在，3 种标记型的 F_2 植株数应服从 1:2:1 的分离比。根据期望分离比计算期望样本量（表 1.3），得到的检验统计量为 0.3217，对应的显著性概率 $P = 0.8514$，说明 3 种标记型的观测值与 1:2:1 的分离比不存在显著差异。在对 2341 个 F_2 单株的抗病性调查中，发现有 1747 个抗病单株、594 个感病单株。抗病和感病株数的 3:1 分离检验统计量的显著性概率 $P = 0.6762$，抗病和感病株数的观测值与 3:1

的分离比不存在显著差异（表 1.3）。因此，该抗病性表现为单基因遗传，抗性基因相对于感病基因表现为显性。

表 1.3 一个 F_2 群体的分子标记和抗病性数据及其适合性检验

样本量和检验统计量	共显性标记型的 1:2:1 适合性检验			抗病性的 3:1 适合性检验	
	标记型 2	标记型 1	标记型 0	抗病	感病
观测样本量	575	1183	583	1747	594
期望样本量	585.25	1170.50	585.25	1755.75	585.25
$(O-E)^2/E$	0.1795	0.1335	0.0087	0.0436	0.1308
$\chi^2 = \sum (O-E)^2/E$	0.3217			0.1744	
显著性概率 P	0.8514			0.6762	

再以图 1.7 中的标记 Act8A 为例。这时 n_{AA}=74、n_{Aa}=0、n_{aa}=70、$n = n_{AA} + n_{Aa} + n_{aa}$=144，DH 家系 3 的标记型缺失。等位基因 A 存在于亲本 'Harrington'（基因型用 2 编码）中，等位基因 a 存在于亲本 'TR306'（基因型用 0 编码）中，两个等位基因的频率分别为 0.5139 和 0.4861。DH 群体中不存在杂合基因型，基因型的频率等于等位基因的频率。无奇异分离时，两种标记型的 DH 家系数应服从 1:1 的分离比。检验统计量的显著性概率 P=0.7389（表 1.4），因此两种标记型的观测值与 1:1 的分离比不存在显著差异。表 1.4 给出图 1.7 中 14 个标记座位上标记型的样本量、缺失型的样本量、亲本 'Harrington' 等位基因的频率、1:1 分离比适合性检验 χ^2 统计量和显著性概率。结果表明，这 14 个标记在大麦 DH 群体中均不存在显著的奇异分离，等位基因的观测频率接近或等于期望频率 0.5。

表 1.4 大麦 DH 遗传群体中部分标记的 1:1 分离比适合性检验

标记	样本量			亲本 'Harrington' 的等位基因频率	χ^2 统计量	显著性概率 P
	标记型 2	标记型 0	缺失型 −1			
Act8A	74	70	1	0.5139	0.1111	0.7389
OP06	72	69	4	0.5106	0.0638	0.8005
aHor2	75	61	9	0.5515	1.4412	0.2299
MWG943	76	61	8	0.5547	1.6423	0.2000
ABG464	77	63	5	0.5500	1.4000	0.2367
Dor3	73	68	4	0.5177	0.1773	0.6737
iPgd2	74	71	0	0.5103	0.0621	0.8033
cMWG733A	76	67	2	0.5315	0.5664	0.4517
AtpbA	74	69	2	0.5175	0.1748	0.6759
drun8	73	72	0	0.5034	0.0069	0.9338
ABC261	72	72	1	0.5000	0.0000	1.0000
ABG710B	70	73	2	0.4895	0.0629	0.8019
Aga7	70	75	0	0.4828	0.1724	0.6780
MWG912	70	71	4	0.4965	0.0071	0.9329

为方便起见，把图 1.1 中 20 种双亲群体的 P_1 等位基因频率、3 种基因型的期望频率列于表 1.5。如果等位基因 A 相对于 a 表现为显性，基因型 AA 和 Aa 在群体中不能区分。这时只需把表 1.5 中两种基因型 AA 和 Aa 的频率合并，就能得到基因型 $A\_$（即 AA 或 Aa

的期望频率。如果等位基因 A 相对于 a 表现为隐性，基因型 Aa 和 aa 在群体中不能区分，只需把表 1.5 中两种基因型 Aa 和 aa 的频率合并，就能得到基因型 $a\_$（即 aA 或 aa）的期望频率。值得一提的是，具有 $A\_$ 或 $a\_$ 基因型的个体在遗传研究中可通过它们的自交后代是否存在表型分离进行明确鉴定（详见练习 1.9）。

表 1.5 常见双亲群体中单个座位上等位基因和基因型的理论频率

群体编号	群体名称	P_1 等位基因 A 的频率	期望或理论频率		
			基因型 AA	基因型 Aa	基因型 aa
1	$P_1BC_1F_1$	0.75	0.5	0.5	0
2	$P_2BC_1F_1$	0.25	0	0.5	0.5
3	F_1DH	0.5	0.5	0	0.5
4	F_1RIL	0.5	0.5	0	0.5
5	P_1BC_1RIL	0.75	0.75	0	0.25
6	P_2BC_1RIL	0.25	0.25	0	0.75
7	F_2	0.5	0.25	0.5	0.25
8	F_3	0.5	0.375	0.25	0.375
9	$P_1BC_2F_1$	0.875	0.75	0.25	0
10	$P_2BC_2F_1$	0.125	0	0.25	0.75
11	P_1BC_2RIL	0.875	0.875	0	0.125
12	P_2BC_2RIL	0.125	0.125	0	0.875
13	$P_1BC_1F_2$	0.75	0.625	0.25	0.125
14	$P_2BC_1F_2$	0.25	0.125	0.25	0.625
15	$P_1BC_2F_2$	0.875	0.8125	0.125	0.0625
16	$P_2BC_2F_2$	0.125	0.0625	0.125	0.8125
17	P_1BC_1DH	0.75	0.75	0	0.25
18	P_2BC_1DH	0.25	0.25	0	0.75
19	P_1BC_2DH	0.875	0.875	0	0.125
20	P_2BC_2DH	0.125	0.125	0	0.875

§1.3 基因效应和遗传方差

§1.3.1 群体均值和表型方差的计算

基因对一个性状的作用反映在这个性状的表现型上，性状的表型一般是可观测和可测量的。遗传效应一般是未知的，但可通过表型观测值进行估计。假定一个基因型在特定环境下的平均表现为 μ；表型测量中误差效应的方差为 σ_ε^2，一般情况下也是未知的。绝大多数情况下，测量误差都服从均值为 0 的正态分布；也就是说，表型观测值服从均值为 μ、方差为 σ_ε^2 的正态分布。现有 r 个独立的重复观测值，即公式 1.5，或用一个线性模型表示为公式 1.6。

$$y_k \sim N(\mu, \sigma_\varepsilon^2) \ (k=1,2,\cdots,r) \text{ 且相互独立} \tag{1.5}$$

$$y_k = \mu + \varepsilon_k, \ \varepsilon_k \sim N(0, \sigma_\varepsilon^2) \ (k=1,2,\cdots,r) \text{ 且相互独立} \tag{1.6}$$

定义样本平均数 $\bar{y}_. = \dfrac{1}{r}\sum\limits_k y_k$，那么，$\bar{y}_. \sim N\left(\mu, \dfrac{\sigma_\varepsilon^2}{r}\right)$。显然，样本平均数 $\bar{y}_.$ 是未知基

因型平均表现 μ 的一个无偏估计，即公式 1.7。

$$\hat{\mu} = \bar{y}. = \frac{1}{r}\sum_k y_k, \quad E(\hat{\mu}) = \mu \tag{1.7}$$

一个观测值与样本平均数的离差 $y_k - \bar{y}.$ 衡量这个观测值偏离样本平均数的程度，在一定程度上代表了该观测值中随机误差 $y_k - \mu$ 的大小。所有观测值的离差平方和用 SS_ε 表示，即 $SS_\varepsilon = \sum_k (y_k - \bar{y}.)^2$，方差分析中有时也将其称作误差平方和或剩余平方和。误差平方和 SS_ε 的数学期望与误差方差 σ_ε^2 有以下关系：

$$\begin{aligned}
E(SS_\varepsilon) &= E\sum_k (y_k - \bar{y}.)^2 = E\sum_k [(y_k - \mu) - (\bar{y}. - \mu)]^2 \\
&= \sum_k E(y_k - \mu)^2 - 2E(\bar{y}. - \mu)\sum_k (y_k - \mu) + rE(\bar{y}. - \mu)^2 \\
&= \sum_k E(y_k - \mu)^2 - 2E(\bar{y}. - \mu)r(\bar{y}. - \mu) + rE(\bar{y}. - \mu)^2 \\
&= \sum_k E(y_k - \mu)^2 - rE(\bar{y}. - \mu)^2 \\
&= r\sigma_\varepsilon^2 - r\frac{\sigma_\varepsilon^2}{r} = (r-1)\sigma_\varepsilon^2
\end{aligned}$$

其中，系数 $(r-1)$ 称为误差效应的自由度。由于 r 项误差效应满足和为 0 的限制条件，只有 $r-1$ 项误差效应是独立的，因此自由度也可看作独立的误差效应的个数。误差平方和 SS_ε 与误差自由度的比值称为误差均方，用 MS_ε 表示。因此，误差均方 MS_ε 是误差方差 σ_ε^2 的无偏估计，即公式 1.8。

$$\hat{\sigma}_\varepsilon^2 = MS_\varepsilon, \text{ 其中 } MS_\varepsilon = \frac{SS_\varepsilon}{r-1}, \quad E(MS_\varepsilon) = \sigma_\varepsilon^2 \tag{1.8}$$

公式 1.7 和公式 1.8 分别给出未知参数 μ 和 σ_ε^2 的无偏估计。从统计上还可以证明，在所有基因型平均表现的线性无偏估计中，公式 1.7 给出的估计具有最小方差，统计上称其为最优线性无偏估计（best linear unbiased estimate, BLUE）。

表 1.6 给出两个水稻自交系及其杂种 F_1 和杂种 F_2 等 4 个群体的株高（cm）调查数据。两个亲本和 F_1 分别调查 10 个单株，F_2 群体调查 30 个单株。利用公式 1.7，得到正常秆亲本的平均株高为 160.40cm，矮秆亲本的平均株高为 103.00cm，F_1 群体的平均株高为 148.80cm，F_2 群体的平均株高为 139.73cm。可以看出，杂交 F_1 和 F_2 群体的平均数介于双亲之间。利用公式 1.8，得到正常秆亲本群体的方差估计值为 24.71cm^2，矮秆亲本群体的方差估计值为 34.89cm^2，F_1 群体的方差估计值为 20.40cm^2，F_2 群体的方差估计值为 692.13cm^2。由于两个亲本和杂种 F_1 群体内的个体具有相同的基因型，群体方差完全是由随机误差效应引起的，这 3 个群体有类似的方差。F_2 群体内的个体有着不同的基因型，群体方差除了随机误差效应外，还有基因型间的差异引起的方差，即遗传方差。表 1.6 的杂种 F_2 群体方差远大于亲本和 F_1 的方差，表明株高性状在 F_2 群体中存在明显的遗传方差。

表 1.6　两个水稻自交系及其杂种 F_1 和 F_2 群体的株高

群体	单株株高/cm	样本平均数/cm	样本方差/cm^2
正常型亲本	155, 161, 150, 164, 165, 161, 160, 158, 166, 164	160.40	24.71
矮秆型亲本	97, 109, 92, 103, 109, 104, 98, 106, 102, 110	103.00	34.89
F_1	156, 148, 140, 150, 148, 147, 146, 155, 148, 150	148.80	20.40
F_2	89, 157, 149, 169, 123, 158, 151, 83, 167, 154, 152, 167, 116, 146, 97, 147, 162, 159, 111, 143, 144, 124, 137, 156, 80, 169, 157, 152, 157, 116	139.73	692.13

注：两个亲本和 F_1 分别调查 10 个单株，F_2 群体调查 30 个单株

§1.3.2　单基因座位上的加显性遗传模型

从表 1.6 可以看出，如果群体由单一的基因型构成，如亲本和 F_1，群体的表型方差主要归因于随机误差效应。因此，利用这些群体就可以估计出随机误差方差的大小。在遗传研究中，我们更关心的是遗传效应的大小、遗传方差在表型变异中的重要性等参数。遗传方差在表型变异中的重要性一般用遗传方差占表型变异的比例来衡量，称为广义遗传力。下面两小节以最简单的单基因座位加显性模型为例，说明遗传群体中遗传效应和遗传方差这两个重要概念；§1.6 详细介绍利用方差分析估计广义遗传力的方法。

假定某一基因座位上有两个等位基因 A 和 a，用 μ_{AA} 表示亲本 P_1（AA）的平均表现，μ_{aa} 表示亲本 P_2（aa）的平均表现，μ_{Aa} 表示杂种 F_1（Aa）的平均表现。用 m 表示中亲值，即两个亲本表现的平均值，记为 $m = \frac{1}{2}(\mu_{AA} + \mu_{aa})$。亲本离中亲值的距离称为加性效应，用 a 表示，即 $a = \frac{1}{2}(\mu_{AA} - \mu_{aa})$。$F_1$ 与中亲值 m 的离差称为显性效应，用 d 表示（图 1.9）。这样，3 种基因型的平均表现（或基因型值）就可以用中亲值 m、加性效应 a 和显性效应 d 表示为：

$$\mu_{AA} = m + a, \quad \mu_{Aa} = m + d, \quad \mu_{aa} = m - a \tag{1.9}$$

在图 1.9 中，基因型 AA 的表现并非一定要高于 aa 的表现，加性效应可正可负。基因型 Aa 的平均表现也并非一定高于中亲值。因此，显性效应也可正可负。为了在育种中利用遗传研究的结果，在估计出一个座位上等位基因的加显性效应后，往往还要确定有利等位基因的来源、杂合基因型的表现是否优于纯合型等问题。在公式 1.9 中，如果加性效应 a 为正值，说明亲本 P_1（AA）携带的等位基因会提高性状的表现值。如果育种对一个性状的要求是越高越好，这时可以判断出有利等位基因存在于亲本 P_1（AA）中，或者说 A 是有利等位基因。反之，如果加性效应 a 为负值，说明亲本 P_1（AA）携带的等位基因降低性状的表现值，亲本 P_2（aa）携带的等位基因则提高性状的表现值。因此，有利等位基因存在于亲本 P_2（aa）中，或者说 a 是有利等位基因。

显性效应与加性效应的比值称为显性度。显性度 $d/a > 1$，则说明存在正向超显性，杂合型 Aa 的表现偏向纯合型 AA，但 Aa 的表现高于 AA。显性度 $d/a = 1$，则说明存在正向完全显性，即杂合型 Aa 的表现与纯合型 AA 完全相同。显性度 $0 < d/a < 1$，则说明存在正向部分显性，杂合型 Aa 的表现偏向纯合型 AA，但 Aa 的表现低于 AA。类似地，可以定义负向超显性、负向完全显性、负向部分显性。

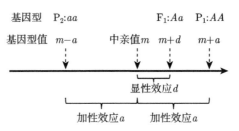

图 1.9 单基因座位的加显性效应模型示意图

在表 1.6 中,假定株高受一对基因控制。高秆亲本的基因型是 AA,平均株高是 160.40cm。矮秆亲本的基因型是 aa,平均株高是 103.00cm。杂种 F_1 的基因型是 Aa,平均株高是 148.80cm。根据公式 1.9,可以得到 $m=131.70$, $a=28.70$, $d=17.10$。显性度 d/a 为 0.5958,高秆等位基因表现为正向部分显性,杂合型 Aa 的株高偏向高秆纯合型 AA。此时,由于 a 为正值,说明高秆亲本携带的等位基因增加了株高,矮秆亲本携带的等位基因降低了株高,降低株高的等位基因存在于平均株高为 103.00cm 的矮秆亲本中。

当然,也可认为矮秆亲本的基因型是 AA,高秆亲本的基因型是 aa。根据公式 1.9 可以算出 $m=131.70$, $a=-28.70$, $d=17.10$。显性度 d/a 为 -0.5958,矮秆基因表现为负向部分显性,杂合型 Aa 的株高偏向高秆纯合型 aa。此时由于 a 为负值,说明矮秆亲本携带的等位基因降低了株高,高秆亲本携带的等位基因增加了株高,降低株高的等位基因仍然存在于矮秆亲本中。

§1.3.3 单基因座位上的遗传方差

用 f_{AA}、f_{Aa} 和 f_{aa} 分别表示一个群体中 3 种基因型 AA、Aa 和 aa 存在的频率。在单基因加显性模型条件下,群体的平均表现和遗传方差分别用公式 1.10 和公式 1.11 表示(见练习题 1.10)。

$$\begin{aligned}\mu &= f_{AA}(m+a) + f_{Aa}(m+d) + f_{aa}(m-a) \\ &= m + (f_{AA} - f_{aa})a + f_{Aa}d\end{aligned} \tag{1.10}$$

$$\begin{aligned}\sigma_G^2 &= f_{AA}(m+a)^2 + f_{Aa}(m+d)^2 + f_{aa}(m-a)^2 - \mu^2 \\ &= [f_{AA} + f_{aa} - (f_{AA} - f_{aa})^2]a^2 - 2f_{Aa}(f_{AA} - f_{aa})ad + (f_{Aa} - f_{Aa}^2)d^2\end{aligned} \tag{1.11}$$

在永久群体中,$f_{Aa}=0$,群体的平均表现和遗传方差分别用公式 1.12 和公式 1.13 表示,与显性效应 d 无关。

$$\mu = m + (f_{AA} - f_{aa})a \tag{1.12}$$

$$\sigma_G^2 = [1 - (f_{AA} - f_{aa})^2]a^2 \tag{1.13}$$

遗传研究的一个主要目的是定位控制重要表型性状的基因。基因的效应越大,解释的表型变异越多,该基因就越容易被检测出来。从公式 1.11 和公式 1.13 可以看到,遗传方差既依赖遗传效应,同时也受基因型频率的影响。如果不考虑显性效应,即认为 $d=0$ 或群体中不包含杂合基因型,从公式 1.11 和公式 1.13 还可以看到,当 $f_{AA} = f_{aa}=0.5$ 时群体具有最大的遗传方差，这些群体（包括图 1.1 中 F_1DH 和 F_1RIL 等）中的基因最易检测。图 1.10 给出 $a=1$、$d=0$ 时各种双亲群体的遗传方差。可以看出，一代或两代回交产生的 DH 和 RIL 群体中，遗传方差有所降低。因此，在相同表型鉴定误差的假定下，基因在这些群体中解释较少的表型变异，遗传分析将变得更困难。回交三代和三代以上的群体，群体中一种基因型占更大比例，遗传方差变得更小，已不太适宜采用连锁分析的方法开展遗传研究。因此，如果遗传研究和育种的主要目的是挖掘利用具有加性效应的基因，如育种中选育纯合基因型作为品种，则单交 F_1 产生的 DH 和 RIL 是最适宜的遗传群体，其次是 F_3 及回交一代产生的 DH 和 RIL 群体。

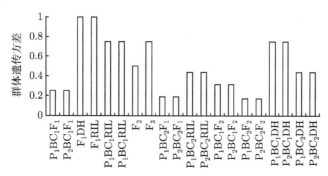

图 1.10　加性效应为 1、显性效应为 0 时 20 种群体的遗传方差

如果显性效应基因也是遗传研究和育种的目标，如育种中选育杂种 F_1 作为品种，则遗传群体中必须包含杂合基因型。从公式 1.11 可以看出，群体遗传方差依赖加性效应 a、显性效应 d，以及群体中 3 种基因型 AA、Aa 和 aa 的频率。图 1.11 给出 0.5、1 和 1.5 三种显性度下，一些暂时群体中的遗传方差。当显性度为 0.5 时，F_3 群体有最大方差。当显性度为 1 和 1.5 时，与亲本 P_2 回交的群体有最大方差。因此，当显性效应比较大时，等位基因 A 和 a 频率相等的群体并不一定具有最大的遗传方差。

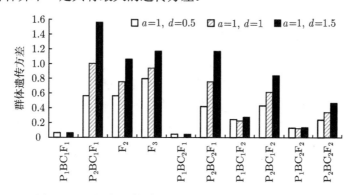

图 1.11　不同加显性效应下，一些暂时群体的遗传方差

当显性效应与加性效应的方向一致时，即显性度 $d/a > 0$，与亲本 P_2 回交的群体具有较大的方差，与亲本 P_1 回交的群体的方差变得很小（图 1.11）。类似地，当显性效应与加性效应的方向不一致时，即显性度 $d/a < 0$，与亲本 P_1 回交的群体具有较大的方差，与亲本 P_2 回交的群体的方差会变得很小。因此，当一个性状由多个基因控制，有些基因的显性效

应与加性效应的方向一致,而另一些基因的显性效应与加性效应的方向不一致时,回交群体的遗传方差可能不会超过 F_2 或 F_3 群体的遗传方差。

综上所述,当控制性状的基因数较多,事先对遗传效应的了解不多时,保持等位基因频率的均衡对遗传群体的利用价值是有积极作用的。这样的群体一旦被创造出来,可能更适宜进行多种性状的遗传研究。

§1.4 单环境表型观测值的方差分析

生物个体的表型是基因型和环境共同作用的结果。国际上很多科技期刊都要求数量性状遗传研究的投稿论文要有多环境的表型鉴定数据,并提供方差分析和遗传力的估计。此处的多环境可以是同一年份下的多个地点,也可以是同一地点的不同年份,或者是多年份和多地点的组合。§1.4 和 §1.5 将分别介绍单环境和多环境表型数据的方差分析模型与方法。

§1.4.1 表型值的线性分解

假定一个遗传群体由 g 个不同的基因型组成,在一个环境条件下,共获得 r 次表型重复观测数据。用 μ_i 表示第 i 个基因型的平均表现,其为一个待估计的未知参数。在观测误差服从均值是 0、方差是 σ_ε^2 的正态分布且相互独立的假定下,第 i 个基因型的第 k 个表型值 y_{ik} 服从公式 1.14 给出的正态分布。

$$y_{ik} \sim N(\mu_i, \sigma_\varepsilon^2) \tag{1.14}$$

设 g 个基因型的总平均表现为 $\bar{\mu}.$,即 $\bar{\mu}. \hat{=} \frac{1}{g}\sum_i \mu_i$。每个基因型的平均表现与 $\bar{\mu}.$ 的差异定义为该基因型的遗传效应,用 G_i 表示,即 $G_i \hat{=} (\mu_i - \bar{\mu}.)$。因此,观测值可以用线性模型公式 1.15 表示。

$$y_{ik} = \bar{\mu}. + G_i + \varepsilon_{ik}, \tag{1.15}$$

$$\varepsilon_{ik} \sim N(0, \sigma_\varepsilon^2) \ (i = 1, 2, \cdots, g; \ k = 1, 2, \cdots, r) \ \text{且相互独立}$$

在公式 1.15 中,要求的是误差效应满足独立性且服从同一个正态分布。这一点可通过适当的田间试验设计来实现,如完全随机区组设计。进一步用公式 1.16 定义群体的理论遗传方差 σ_G^2。如果能够利用观测数据 y_{ik} 估计出群体的遗传方差 σ_G^2 和误差方差 σ_ε^2,就能计算性状的广义遗传力,即计算遗传方差 σ_G^2 占表型方差 σ_P^2 的比例。在单环境试验中,表型方差等于遗传方差和误差方差之和。

$$\sigma_G^2 \hat{=} \frac{1}{g-1}\sum_i G_i^2 \tag{1.16}$$

§1.4.2 表型离差平方和的分解

样本总平均数 $\bar{y}..$ 定义为所有观测值的简单平均,服从均值为 $\bar{\mu}.$、方差为 $\frac{\sigma_\varepsilon^2}{gr}$ 的正态分布,即 $\bar{y}.. = \frac{1}{gr}\sum_{i,k} y_{ik}, \bar{y}.. \sim N\left(\bar{\mu}., \frac{\sigma_\varepsilon^2}{gr}\right)$。第 i 个基因型的样本平均数 $\bar{y}_i.$ 定义为 r 次重复观测值

的简单平均，服从均值为 μ_i、方差为 $\dfrac{\sigma_\varepsilon^2}{r}$ 的正态分布，即 $\bar{y}_{i\cdot} = \dfrac{1}{r}\sum_k y_{ik}$，$\bar{y}_{i\cdot} \sim N\left(\mu_i, \dfrac{\sigma_\varepsilon^2}{r}\right)$。因此，利用公式 1.15 得到的样本观测值与总平均数的离差就可以等价地用公式 1.17 表示出来。

$$y_{ik} - \bar{y}_{..} = (\bar{y}_{i\cdot} - \bar{y}_{..}) + (y_{ik} - \bar{y}_{i\cdot}) \tag{1.17}$$

公式 1.17 的第一项表示单个基因型平均数与总平均数的差异，可用于基因型效应 G_i 和遗传方差 σ_G^2 的估计。第二项表示单个基因型的单个观测值与基因型平均数的差异，是随机误差效应，可用于估计误差方差 σ_ε^2。用 SS_T 表示观测值与总平均数的离差平方和，对总平方和做下面的分解：

$$\begin{aligned}
\text{SS}_T &= \sum_{i,k}(y_{ik} - \bar{y}_{..})^2 = \sum_{i,k}[(y_{ik} - \bar{y}_{i\cdot}) + (\bar{y}_{i\cdot} - \bar{y}_{..})]^2 \\
&= \sum_{i,k}(y_{ik} - \bar{y}_{i\cdot})^2 + r\sum_i(\bar{y}_{i\cdot} - \bar{y}_{..})^2
\end{aligned}$$

定义误差效应平方和 SS_ε，$\text{SS}_\varepsilon = \sum_{i,k}(y_{ik} - \bar{y}_{i\cdot})^2$，其中包含了误差方差 σ_ε^2 的信息。定义遗传效应平方和 SS_G，$\text{SS}_G = r\sum_i(\bar{y}_{i\cdot} - \bar{y}_{..})^2$，其中包含了遗传方差 σ_G^2 的信息。因此，总平方和可以分解为遗传效应平方和 SS_G 与误差效应平方和 SS_ε 两部分，即

$$\text{SS}_T = \text{SS}_G + \text{SS}_\varepsilon$$

有了样本观测值，就能计算误差平方和 SS_ε 和遗传效应平方和 SS_G。为了从中估计出误差方差 σ_ε^2 和遗传方差 σ_G^2，需要从平方和的数学期望中寻找平方和与待估计的两个方差 σ_ε^2 和 σ_G^2 之间的关系。对于误差效应平方和 SS_ε，它的期望与误差方差 σ_ε^2 有如下关系：

$$\begin{aligned}
E(\text{SS}_\varepsilon) &= E\sum_{i,k}(y_{ik} - \bar{y}_{i\cdot})^2 = E\sum_{i,k}[(y_{ik} - \mu_i) - (\bar{y}_{i\cdot} - \mu_i)]^2 \\
&= \sum_{i,k}E(y_{ik} - \mu_i)^2 - 2E\sum_i(\bar{y}_{i\cdot} - \mu_i)\sum_k(y_{ik} - \mu_i) + rE\sum_i(\bar{y}_{i\cdot} - \mu_i)^2 \\
&= \sum_{i,k}E(y_{ik} - \mu_i)^2 - 2rE\sum_i(\bar{y}_{i\cdot} - \mu_i)^2 + rE\sum_i(\bar{y}_{i\cdot} - \mu_i)^2 \\
&= \sum_{i,k}E(y_{ik} - \mu_i)^2 - rE\sum_i(\bar{y}_{i\cdot} - \mu_i)^2 \\
&= gr\sigma_\varepsilon^2 - gr\dfrac{\sigma_\varepsilon^2}{r} = g(r-1)\sigma_\varepsilon^2
\end{aligned}$$

其中，系数 $g(r-1)$ 为误差效应的自由度。如果定义误差平方和与误差效应自由度的商为误差均方，那么误差均方的数学期望等于误差方差，即公式 1.18。也就是说，误差均方是误差方差的一个无偏估计。

$$\text{MS}_\varepsilon = \dfrac{\text{SS}_\varepsilon}{g(r-1)}, \quad E(\text{MS}_\varepsilon) = \sigma_\varepsilon^2 \tag{1.18}$$

遗传效应平方和 SS_G 的数学期望与误差方差 σ_ε^2 和遗传方差 σ_G^2 的关系如下：

$$E(SS_G) = rE\sum_i (\bar{y}_{i\cdot} - \bar{y}_{\cdot\cdot})^2 = rE\sum_i [(\bar{y}_{i\cdot} - \mu_i) - (\bar{y}_{\cdot\cdot} - \bar{\mu}_\cdot) + (\mu_i - \bar{\mu}_\cdot)]^2$$

$$= r\sum_i E(\bar{y}_{i\cdot} - \mu_i)^2 - r\sum_i E(\bar{y}_{\cdot\cdot} - \bar{\mu}_\cdot)^2 + r\sum_i G_i^2$$

$$= g\sigma_\varepsilon^2 - \sigma_\varepsilon^2 + r\sum_i G_i^2 = (g-1)\sigma_\varepsilon^2 + (g-1)r\sigma_G^2$$

其中，系数 $(g-1)$ 为遗传效应的自由度。如果定义遗传效应平方和与遗传效应自由度的商为遗传效应均方，用 MS_G 表示，可以得到公式 1.19。

$$MS_G = \frac{SS_G}{g-1}, \quad E(MS_G) = \sigma_\varepsilon^2 + r\sigma_G^2 \tag{1.19}$$

从公式 1.18 和公式 1.19 就可以得到 σ_ε^2 和 σ_G^2 的无偏估计，分别由公式 1.20 和公式 1.21 给出。

$$\hat{\sigma}_\varepsilon^2 = MS_\varepsilon \tag{1.20}$$

$$\hat{\sigma}_G^2 = \frac{1}{r}(MS_G - MS_\varepsilon) \tag{1.21}$$

表 1.7 是单环境中多个基因型重复表型鉴定试验的方差分析表。可以看出，总变异来源于基因型间以及随机误差两部分。基因型间变异的自由度等于基因型个数减去 1，随机误差的自由度为 $g(r-1)$，总自由度为观测值的个数减去 1。容易验证，总的自由度为基因型间和随机误差两种自由度之和。在统计上，通常利用遗传效应均方 MS_G 与误差均方的比值检验基因型间是否有显著的表型差异，这个比值服从自由度是 $(g-1)$ 和 $g(r-1)$ 的 F 统计量，即公式 1.22。

$$F = \frac{MS_G}{MS_\varepsilon} \sim F[g-1,\ g(r-1)] \tag{1.22}$$

因此，可以通过 F 分布统计量对基因型间是否存在显著差异进行检验。如果方差分析 F 值的显著性概率没有超过一定的显著性水平，一般取 0.05 或 0.01，说明基因型间无显著差异，该遗传群体可能不适合这一观测性状的遗传研究。但这并不是说该群体对所有性状都不适合，有时还要看表型的测量误差是否太大、群体种植的环境是否有代表性。

表 1.7　单环境重复表型观测值的方差分析表

变异来源	自由度	平方和	均方	期望均方
基因型	$g-1$	SS_G	MS_G	$\sigma_\varepsilon^2 + r\sigma_G^2$
误差	$g(r-1)$	SS_ε	MS_ε	σ_ε^2
总和	$gr-1$	SS_T		

在随机区组试验设计中，区组间的差异也有可能是显著的。这时的方差分析中，还要包含区组的效应，其自由度等于重复数减去 1。方差分析中增加区组效应，并不影响基因型的自由度和平方和的分解，它影响的只是随机误差的自由度和平方和。随机误差的自由度要在表 1.7 的基础上减去区组的自由度，随机误差的平方和要在表 1.7 的基础上减去区组的平方

和。这时,虽然也可以对区组方差进行估计,但区组方差一般不是遗传研究所关心的。误差方差和基因型方差仍分别利用公式 1.20 和公式 1.21 进行估计。

§1.4.3 水稻粒长性状的单环境方差分析

表 1.8 给出两个水稻品种'Asominori'和'IR24',以及它们之间杂交衍生的 20 个 RIL 家系在 4 个环境下的粒长数据,每个环境下有两次重复。亲本'IR24'在 4 个环境下的粒长均大于亲本'Asominori'的粒长(Wan et al., 2004, 2005)。大多数 RIL 的粒长介于两个亲本之间,但有些 RIL 家系的粒长有小于亲本'Asominori'的趋势,如 RIL11 和 RIL16 等。

表 1.8   两个水稻品种和它们的 20 个 RIL 家系在 4 个环境下的粒长   (单位: mm)

亲本/家系	E_1(南京, 2002 年)		E_2(金湖, 2002 年)		E_3(东海, 2002 年)		E_4(海南, 2002 年 3 月)	
	重复 1	重复 2	重复 1	重复 2	重复 1	重复 2	重复 1	重复 2
Asominori	5.26	5.17	5.17	5.21	5.16	5.22	5.33	5.21
IR24	5.96	6.18	6.17	6.08	6.20	6.07	6.09	6.12
RIL1	5.36	5.49	5.54	5.40	5.44	5.45	5.62	5.39
RIL2	6.30	6.37	6.24	6.15	6.19	6.32	6.49	6.33
RIL3	5.29	5.36	5.36	5.27	5.27	5.17	5.33	5.39
RIL4	5.44	5.42	5.37	5.45	5.47	5.41	5.35	5.34
RIL5	5.34	5.41	5.40	5.32	5.41	5.32	5.33	5.28
RIL6	5.38	5.46	5.53	5.34	5.40	5.41	5.40	5.33
RIL7	5.45	5.45	5.51	5.37	5.30	5.53	5.46	5.42
RIL8	5.65	5.65	5.65	5.65	5.65	5.65	5.76	5.63
RIL9	5.11	5.21	5.19	5.17	5.24	5.15	5.11	5.11
RIL10	5.13	5.26	5.21	5.22	5.30	5.22	5.44	5.34
RIL11	4.98	4.80	4.72	4.88	4.78	4.85	5.48	5.29
RIL12	5.68	5.69	5.75	5.66	5.63	5.72	5.71	5.67
RIL13	5.00	4.91	4.88	5.00	4.94	5.13	4.88	4.89
RIL14	5.83	5.88	5.87	5.86	5.89	5.85	6.00	5.94
RIL15	5.41	5.56	5.53	5.50	5.59	5.47	5.50	5.60
RIL16	4.90	4.75	4.86	4.77	4.64	4.88	4.92	4.89
RIL17	5.62	5.62	5.69	5.58	5.54	5.66	5.53	5.42
RIL18	5.95	6.05	6.09	5.93	6.01	5.97	5.88	5.84
RIL19	4.99	4.94	4.95	5.06	5.13	4.87	5.09	5.02
RIL20	6.10	5.91	6.12	5.90	6.00	6.11	6.05	6.07

方差分析的主要目的是估计 RIL 群体的遗传方差,两个亲本不参与分析。因此对每个环境来说, $g=20$, $r=2$。在方差分析模型中,只考虑基因型效应和误差效应,不考虑重复效应。基因型效应的自由度为 19,误差效应的自由度为 20,总的自由度为 39,比总的观测值个数少 1(表 1.9)。方差分析的结果表明,粒长在 4 个环境中均存在极显著的差异,遗传方差的估计值远高于随机误差方差的估计值(表 1.9)。说明该试验有较小的表型测量误差,试

验精度较高，所获得的表型数据适合做进一步的遗传分析和基因定位。

表 1.9 20 个 RIL 家系在 4 个环境下粒长的方差分析

环境	变异来源	自由度	平方和	均方	F 值	显著概率	方差估计值
南京	基因型间	19	6.0795	0.3200	63.3617	<0.001	0.1575
	误差	20	0.1010	0.0050			0.0050
	总和	39	6.1805				
金湖	基因型间	19	5.8770	0.3093	47.5505	<0.001	0.1514
	误差	20	0.1301	0.0065			0.0065
	总和	39	6.0071				
东海	基因型间	19	6.0405	0.3179	39.1767	<0.001	0.1549
	误差	20	0.1623	0.0081			0.0081
	总和	39	6.2028				
海南	基因型间	19	5.5555	0.2924	61.7522	<0.001	0.1439
	误差	20	0.0947	0.0047			0.0047
	总和	39	5.6502				

§1.5 多环境表型观测值的方差分析

§1.5.1 表型值的线性分解

假定 g 个不同的基因型在 e 个环境条件下进行表型鉴定，每个环境设置 r 次重复。用 μ_{ij} 表示第 i 个基因型在第 j 个环境下的平均表现，其为一个待估计的未知参数。在观测误差服从均值是 0、方差是 σ_ε^2 的正态分布且相互独立的假定下，第 i 个基因型在第 j 个环境下的第 k 个表型值 y_{ijk} 服从公式 1.23 给出的正态分布。

$$y_{ijk} \sim N(\mu_{ij}, \sigma_\varepsilon^2) \tag{1.23}$$

设 g 个基因型在 e 个环境下的总平均表现为 $\bar{\mu}_{..}$，单个基因型在环境间的平均表现为 $\bar{\mu}_{i.}$，单个环境的平均表现为 $\bar{\mu}_{.j}$，即

$$\bar{\mu}_{..} = \frac{1}{ge}\sum_{i,j}\mu_{ij}, \quad \bar{\mu}_{i.} = \frac{1}{e}\sum_{j}\mu_{ij}, \quad \bar{\mu}_{.j} = \frac{1}{g}\sum_{i}\mu_{ij}$$

每个基因型的平均表现 $\bar{\mu}_{i.}$ 与总平均表现 $\bar{\mu}_{..}$ 的离差定义为基因型效应，用 G_i 表示。每个环境的平均表现 $\bar{\mu}_{.j}$ 与总平均表现 $\bar{\mu}_{..}$ 的离差定义为环境效应，用 E_j 表示，即

$$G_i \hat{=} (\bar{\mu}_{i.} - \bar{\mu}_{..}), \quad E_j \hat{=} (\bar{\mu}_{.j} - \bar{\mu}_{..})$$

进一步定义基因型 i 和环境 j 之间的互作效应 GE_{ij} 为

$$GE_{ij} \hat{=} \mu_{ij} - \bar{\mu}_{i.} - \bar{\mu}_{.j} + \bar{\mu}_{..}$$

容易看出，

$$\mu_{ij} = \bar{\mu}_{..} + G_i + E_j + GE_{ij}$$

因此，观测值可以用公式 1.24 给出的线性模型表示出来。

$$y_{ijk} = \mu_{ij} + \varepsilon_{ijk} = \bar{\mu}_{..} + G_i + E_j + GE_{ij} + \varepsilon_{ijk}, \tag{1.24}$$

$\varepsilon_{ijk} \sim N(0, \sigma_\varepsilon^2)$ $(i = 1, 2, \cdots, g;\ j = 1, 2, \cdots, e;\ k = 1, 2, \cdots, r)$ 且相互独立

与单环境方差分析类似，公式 1.24 要求的是误差效应之间相互独立，且服从同一个均值为 0 的正态分布。这一点可通过适当的田间试验设计来实现，是统计学参数估计和假设检验的基础。进一步分别用公式 1.25、公式 1.26 和公式 1.27 定义遗传方差 σ_G^2、环境方差 σ_E^2 和互作方差 σ_{GE}^2。

$$\sigma_G^2 \hat{=} \frac{1}{g-1} \sum_i G_i^2 \tag{1.25}$$

$$\sigma_E^2 \hat{=} \frac{1}{e-1} \sum_j E_j^2 \tag{1.26}$$

$$\sigma_{GE}^2 \hat{=} \frac{1}{(g-1)(e-1)} \sum_{i,j} GE_{ij}^2 \tag{1.27}$$

如果能够利用观测数据 y_{ijk} 估计出群体的遗传方差 σ_G^2、环境方差 σ_E^2、互作方差 σ_{GE}^2 和误差方差 σ_ε^2，就能计算性状的广义遗传力，即计算遗传方差 σ_G^2 占表型方差 σ_P^2 的比例。在多环境试验中，表型方差等于遗传方差、互作方差和误差方差之和。

§1.5.2 表型离差平方和的分解

样本总平均数 $\bar{y}_{...}$ 定义为所有观测值的简单平均，服从均值为 $\bar{\mu}_{..}$、方差为 $\frac{\sigma_\varepsilon^2}{ger}$ 的正态分布，即

$$\bar{y}_{...} = \frac{1}{ger} \sum_{i,j,k} y_{ijk}, \quad \bar{y}_{...} \sim N\left(\bar{\mu}_{..}, \frac{\sigma_\varepsilon^2}{ger}\right)$$

第 i 个基因型在第 j 个环境中的平均数 $\bar{y}_{ij.}$ 定义为 r 次重复观测值的简单平均，服从均值为 μ_{ij}、方差为 $\frac{\sigma_\varepsilon^2}{r}$ 的正态分布，即

$$\bar{y}_{ij.} = \frac{1}{r} \sum_k y_{ijk}, \quad \bar{y}_{ij.} \sim N\left(\mu_{ij}, \frac{\sigma_\varepsilon^2}{r}\right)$$

第 i 个基因型的平均数 $\bar{y}_{i..}$ 定义为 e 个环境中 r 次重复观测值的简单平均，服从均值为 $\bar{\mu}_{i.} = \bar{\mu}_{..} + G_i$、方差为 $\frac{\sigma_\varepsilon^2}{er}$ 的正态分布，即

$$\bar{y}_{i..} = \frac{1}{er} \sum_{j,k} y_{ijk}, \quad \bar{y}_{i..} \sim N\left(\bar{\mu}_{..} + G_i, \frac{\sigma_\varepsilon^2}{er}\right)$$

第 j 个环境的平均数 $\bar{y}_{.j.}$ 定义为 g 个基因型 r 次重复观测值的简单平均，服从均值为 $\bar{\mu}_{.j} = \bar{\mu}_{..} + E_j$、方差为 $\frac{\sigma_\varepsilon^2}{gr}$ 的正态分布，即

$$\bar{y}_{.j.} = \frac{1}{gr} \sum_{i,k} y_{ijk}, \quad \bar{y}_{.j.} \sim N\left(\bar{\mu}_{..} + E_j, \frac{\sigma_\varepsilon^2}{gr}\right)$$

在此基础上，利用公式 1.24 得到的样本观测值与总平均数的离差就可以等价地用公式 1.28 表示出来。

$$y_{ijk} - \bar{y}_{...} = (\bar{y}_{i..} - \bar{y}_{...}) + (\bar{y}_{\cdot j \cdot} - \bar{y}_{...})$$
$$+ (\bar{y}_{ik\cdot} - \bar{y}_{i..} - \bar{y}_{\cdot j \cdot} + \bar{y}_{...}) + (y_{ijk} - \bar{y}_{ij\cdot}) \tag{1.28}$$

公式 1.28 等号右端第一项表示基因型平均数与总平均数的差异，可用于基因型效应 G_i 和遗传方差 σ_G^2 的估计；第二项表示环境平均数与总平均数的差异，可用于环境效应 E_j 和环境方差 σ_E^2 的估计；第三项表示基因型 i 和环境 j 的互作效应，可用于估计互作效应 GE_{ij} 和互作方差 σ_{GE}^2；第四项表示观测值与基因型 i 和环境 j 平均数的差异，是随机误差效应，可用于估计误差方差 σ_ε^2。用 SS_T 表示观测值与总平均数离差的平方和，在公式 1.28 的基础上，对总平方和 做如下分解：

$$SS_T = \sum_{i,j,k} (y_{ijk} - \bar{y}_{...})^2$$
$$= \sum_{i,j,k} [(y_{ijk} - \bar{y}_{ij\cdot}) + (\bar{y}_{ij\cdot} - \bar{y}_{i..} - \bar{y}_{\cdot j \cdot} + \bar{y}_{...}) + (\bar{y}_{i..} - \bar{y}_{...}) + (\bar{y}_{\cdot j \cdot} - \bar{y}_{...})]^2$$
$$= \sum_{i,j,k} (y_{ijk} - \bar{y}_{ij\cdot})^2 + r\sum_{i,j} (\bar{y}_{ij\cdot} - \bar{y}_{i..} - \bar{y}_{\cdot j \cdot} + \bar{y}_{...})^2$$
$$+ er\sum_{i} (\bar{y}_{i..} - \bar{y}_{...})^2 + gr\sum_{j} (\bar{y}_{\cdot j \cdot} - \bar{y}_{...})^2$$

定义误差效应平方和 SS_ε，$SS_\varepsilon = \sum_{i,j,k} (y_{ijk} - \bar{y}_{ij\cdot})^2$，其中包含了误差方差 σ_ε^2 的信息。定义互作效应平方和 SS_{GE}，$SS_{GE} = r\sum_{i,j} (\bar{y}_{ij\cdot} - \bar{y}_{i..} - \bar{y}_{\cdot j \cdot} + \bar{y}_{...})^2$，其中包含了互作方差 σ_{GE}^2 的信息。定义遗传效应平方和 SS_G，$SS_G = er\sum_{i} (\bar{y}_{i..} - \bar{y}_{...})^2$，其中包含了遗传方差 σ_G^2 的信息。定义环境效应平方和 SS_E，$SS_E = gr\sum_{j} (\bar{y}_{\cdot j \cdot} - \bar{y}_{...})^2$，其中包含了环境方差 σ_E^2 的信息。因此，总平方和就可以分解为遗传效应平方和 SS_G、环境效应平方和 SS_E、互作效应平方和 SS_{GE}，以及误差效应平方和 SS_ε 四部分，即

$$SS_T = SS_G + SS_E + SS_{GE} + SS_\varepsilon$$

有了样本观测值，就能计算以上 4 种平方和。为了从中估计出遗传方差 σ_G^2、环境方差 σ_E^2、互作方差 σ_{GE}^2 和误差方差 σ_ε^2，需要从平方和的数学期望中寻找平方和与待估计方差之间的关系。对于误差平方和 SS_ε，它的期望与误差方差 σ_ε^2 有如下关系：

$$E(SS_\varepsilon) = E\sum_{i,j,k} (y_{ijk} - \bar{y}_{ij\cdot})^2 = E\sum_{i,j,k} [(y_{ijk} - \mu_{ij}) - (\bar{y}_{ij\cdot} - \mu_{ij})]^2$$
$$= \sum_{i,j,k} E(y_{ijk} - \mu_{ij})^2 - rE\sum_{i,j} (\bar{y}_{ij\cdot} - \mu_{ij})^2$$
$$= ger\sigma_\varepsilon^2 - ger\frac{\sigma_\varepsilon^2}{r} = ge(r-1)\sigma_\varepsilon^2$$

其中，系数 $ge(r-1)$ 为误差效应的自由度。如果定义误差平方和与误差效应自由度的商为误差均方，那么误差均方的数学期望等于误差方差（公式1.29）。因此，误差均方是误差方差 σ_ε^2 的无偏估计。

$$\mathrm{MS}_\varepsilon = \frac{\mathrm{SS}_\varepsilon}{ge(r-1)}, \quad E(\mathrm{MS}_\varepsilon) = \sigma_\varepsilon^2 \tag{1.29}$$

互作效应平方和 SS_{GE} 的数学期望与误差方差 σ_ε^2 和互作方差 σ_{GE}^2 的关系如下：

$$\begin{aligned}
E(\mathrm{SS}_{GE}) &= rE\sum_{i,j}(\bar{y}_{ij\cdot} - \bar{y}_{i\cdot\cdot} - \bar{y}_{\cdot j\cdot} + \bar{y}_{\cdots})^2 \\
&= rE\sum_{i,j}[(\bar{y}_{ij\cdot} - \bar{y}_{i\cdot\cdot} - \bar{y}_{\cdot j\cdot} + \bar{y}_{\cdots} - GE_{ij}) + GE_{ij}]^2 \\
&= rE\sum_{i,j}(\bar{y}_{ij\cdot} - \bar{y}_{i\cdot\cdot} - \bar{y}_{\cdot j\cdot} + \bar{y}_{\cdots} - GE_{ij})^2 + r\sum_{i,j}GE_{ij}^2 \text{ (乘积项的期望为 0)}
\end{aligned}$$

其中，

$$\begin{aligned}
\text{第一项} &= rE\sum_{i,j}[(\bar{y}_{ij\cdot} - \mu_{ij}) - (\bar{y}_{i\cdot\cdot} - \bar{\mu}_{i\cdot}) - (\bar{y}_{\cdot j\cdot} - \bar{\mu}_{\cdot j}) + (\bar{y}_{\cdots} - \bar{\mu}_{\cdot\cdot})]^2 \\
&= r\sum_{i,j}E(\bar{y}_{ij\cdot} - \mu_{ij})^2 - er\sum_{i}E(\bar{y}_{i\cdot\cdot} - \mu_{i\cdot})^2 \\
&\quad - gr\sum_{i}E(\bar{y}_{\cdot j\cdot} - \mu_{\cdot j})^2 + ger\sum_{i}E(\bar{y}_{\cdots} - \bar{\mu}_{\cdot\cdot})^2 \\
&= ger\frac{\sigma_\varepsilon^2}{r} - ger\frac{\sigma_\varepsilon^2}{er} - ger\frac{\sigma_\varepsilon^2}{gr} + ger\frac{\sigma_\varepsilon^2}{ger} \\
&= (g-1)(e-1)\sigma_\varepsilon^2
\end{aligned}$$

$$\text{第二项} = (g-1)(e-1)r\sigma_{GE}^2$$

因此，

$$E(\mathrm{SS}_{GE}) = (g-1)(e-1)\sigma_\varepsilon^2 + (g-1)(e-1)r\sigma_{GE}^2$$

系数 $(g-1)(e-1)$ 为互作效应的自由度。如果定义互作效应平方和与互作效应自由度的商为互作效应均方，用 MS_{GE} 表示，则可以得到公式1.30。

$$\mathrm{MS}_{GE} = \frac{\mathrm{SS}_{GE}}{(g-1)(e-1)}, \quad E(\mathrm{MS}_{GE}) = \sigma_\varepsilon^2 + r\sigma_{GE}^2 \tag{1.30}$$

遗传效应平方和 SS_G 的数学期望与误差方差 σ_ε^2 和遗传方差 σ_G^2 的关系如下：

$$\begin{aligned}
E(\mathrm{SS}_G) &= erE\sum_{i}(\bar{y}_{i\cdot\cdot} - \bar{y}_{\cdots})^2 \\
&= erE\sum_{i}[(\bar{y}_{i\cdot\cdot} - \bar{\mu}_{i\cdot}) - (\bar{y}_{\cdots} - \bar{\mu}_{\cdot\cdot}) + (\bar{\mu}_{i\cdot} - \bar{\mu}_{\cdot\cdot})]^2 \\
&= er\sum_{i}E(\bar{y}_{i\cdot\cdot} - \bar{\mu}_{i\cdot})^2 - er\sum_{i}E(\bar{y}_{\cdots} - \bar{\mu}_{\cdot\cdot})^2 + er\sum_{i}G_i^2 \\
&= er \times \left(g \times \frac{\sigma_\varepsilon^2}{er}\right) - er \times \left(g \times \frac{\sigma_\varepsilon^2}{ger}\right) + (g-1)er\sigma_G^2
\end{aligned}$$

$$=(g-1)\sigma_\varepsilon^2 + (g-1)er\sigma_G^2$$

系数 $(g-1)$ 为遗传效应的自由度。如果定义遗传效应平方和与遗传效应自由度的商为遗传效应均方，用 MS_G 表示，则可以得到公式 1.31。

$$\text{MS}_G = \frac{\text{SS}_G}{g-1}, \quad E(\text{MS}_G) = \sigma_\varepsilon^2 + er\sigma_G^2 \tag{1.31}$$

环境效应平方和 SS_E 的数学期望与误差方差 σ_ε^2 和环境方差 σ_E^2 的关系如下：

$$\begin{aligned}
E(\text{SS}_E) &= grE\sum_j (\bar{y}_{\cdot j\cdot} - \bar{y}_{\cdots})^2 \\
&= grE\sum_j [(\bar{y}_{\cdot j\cdot} - \bar{\mu}_{\cdot j}) - (\bar{y}_{\cdots} - \bar{\mu}_{\cdot\cdot}) + (\bar{\mu}_{\cdot j} - \bar{\mu}_{\cdot\cdot})]^2 \\
&= gr\sum_j E(\bar{y}_{\cdot j\cdot} - \bar{\mu}_{\cdot j})^2 - gr\sum_j E(\bar{y}_{\cdots} - \bar{\mu}_{\cdot\cdot})^2 + gr\sum_j E_j^2 \\
&= gr \times \left(e \times \frac{\sigma_\varepsilon^2}{gr}\right) - gr \times \left(e \times \frac{\sigma_\varepsilon^2}{ger}\right) + g(e-1)r\sigma_E^2 \\
&= (e-1)\sigma_\varepsilon^2 + g(e-1)r\sigma_E^2
\end{aligned}$$

系数 $(e-1)$ 为环境效应的自由度。如果定义环境效应平方和与环境效应自由度的商为环境效应均方，用 MS_E 表示，则可以得到公式 1.32。

$$\text{MS}_E = \frac{\text{SS}_E}{(e-1)}, \quad E(\text{MS}_E) = \sigma_\varepsilon^2 + gr\sigma_E^2 \tag{1.32}$$

从公式 1.29～公式 1.32 可以得到各种方差成分 σ_ε^2、σ_{GE}^2、σ_G^2 和 σ_E^2 的无偏估计，用公式 1.33～公式 1.36 表示。

$$\hat{\sigma}_\varepsilon^2 = \text{MS}_\varepsilon \tag{1.33}$$

$$\hat{\sigma}_{GE}^2 = \frac{1}{r}(\text{MS}_{GE} - \text{MS}_\varepsilon) \tag{1.34}$$

$$\hat{\sigma}_G^2 = \frac{1}{er}(\text{MS}_G - \text{MS}_\varepsilon) \tag{1.35}$$

$$\hat{\sigma}_E^2 = \frac{1}{gr}(\text{MS}_E - \text{MS}_\varepsilon) \tag{1.36}$$

表 1.10 给出多环境下多个基因型重复表型鉴定试验常见的方差分析表。总变异可以分解为基因型间、环境间、基因型和环境互作，以及随机误差四部分。基因型的自由度等于基因型个数减去 1，环境的自由度等于环境个数减去 1，基因型和环境互作的自由度等于二者自由度的乘积，随机误差的自由度为 $ge(r-1)$。总自由度为观测值的个数减去 1。容易验证，总的自由度为以上 4 种自由度之和。

表 1.10 多环境重复表型观测值的方差分析表

变异来源	自由度	平方和	均方	期望均方
基因型	$g-1$	SS_G	MS_G	$\sigma_\varepsilon^2 + er\sigma_G^2$
环境	$e-1$	SS_E	MS_E	$\sigma_\varepsilon^2 + gr\sigma_E^2$
基因型与环境互作	$(g-1)(e-1)$	SS_{GE}	MS_{GE}	$\sigma_\varepsilon^2 + r\sigma_{GE}^2$
随机误差	$ge(r-1)$	SS_ε	MS_ε	σ_ε^2
总和	$ger-1$	SS_T		

与单环境类似，环境内区组间的差异也有可能是显著的。这时的方差分析中还要包含区组的效应。对每个环境来说，区组自由度等于 $r-1$。因此，总的区组效应自由度等于 $e(r-1)$。方差分析中包含区组效应，不影响基因型间、环境间，以及基因型和环境互作的自由度与平方和的分解，它影响的只是随机误差的自由度和平方和。随机误差的自由度要在表 1.10 的基础上减去区组的自由度 $e(r-1)$，随机误差的平方和要在表 1.10 的基础上减去区组的平方和。遗传研究关心的各种方差成分仍利用公式 1.33~ 公式 1.36 进行估计。

§1.5.3 水稻粒长的多环境方差分析

利用表 1.8 粒长在 4 个环境下的表型鉴定数据，这里 $g=20$，$e=4$，$r=2$。在方差分析模型中，只考虑基因型效应、环境效应、基因型与环境互作效应、误差效应，不考虑重复效应。基因型自由度为 19，环境自由度为 3，基因型和环境互作自由度为 57，随机误差的自由度为 80。总的自由度为 159，比总的观测值个数少 1（表 1.11）。方差分析的结果表明，粒长在基因型间存在极显著的差异，环境效应差异不显著，基因型和环境间的互作也达到极显著水平。从方差的估计值看，遗传方差的估计值远高于随机误差方差的估计值，也远高于互作方差的估计值（表 1.11），说明该试验获得的表型数据适合做进一步的遗传分析。

表 1.11 双亲衍生的 20 个水稻 RIL 家系在 4 个环境下粒长的联合方差分析

变异来源	自由度	平方和	均方	F 值	显著概率	方差估计值
基因型	19	22.8285	1.2015	196.9264	<0.001	0.1486
环境	3	0.0437	0.0146	2.3875	0.0751	0.0004
基因型与环境互作	57	0.7241	0.0127	2.0821	0.0013	0.0033
随机误差	80	0.4881	0.0061			0.0061
总和	159	24.0844				

§1.6 基因型值和广义遗传力的估计

在遗传研究群体中，不同个体或家系在一个环境或多个环境中的基因型值一般是未知的，如公式 1.14 中的 μ_i、公式 1.23 中的 μ_{ij}。但是，它们能够通过表型观测值进行估计，如利用公式 1.15 中的 y_{ik} 就可以估计 μ_i、利用公式 1.24 中的 y_{ijk} 就可以估计 μ_{ij}。基因型值一般用多个表型观测数据的平均数进行估计。所以，有时也把基因型值称为一个基因型的平均表现。表型鉴定的主要目的就是准确估计各种基因型值，进而估计各种遗传方差，并对控制性状的基因进行定位。遗传力分为广义遗传力和狭义遗传力两种类型，一个群体的广义遗传力是所有遗传变异产生的方差占表型方差的比例，狭义遗传力特指育种值产生的加性方差占表型方差的比例。狭义遗传力在研究随机交配群体亲子之间的遗传关系、全同胞和半同胞间的遗传相关，以及遗传进度的估计中有重要作用（王建康，2017）。本书在谈到遗传力时，除非特别声明，一般多指广义遗传力。

§1.6.1 单环境基因型值和遗传力的估计

在单环境试验中，从公式 1.15 可以看出，观测值 y_{ik} 包含了第 i 个基因型的平均表现 μ_i 的信息。对基因型 i 来说，在误差效应服从独立正态分布的假定下，重复间平均数是基因

型平均表现 μ_i 的最优线性无偏估计（BLUE）（公式 1.7）。估计值的方差等于误差方差除以重复数。基因型平均表现的 BLUE 及其方差用公式 1.37 表示。

$$\hat{\mu}_i = \frac{1}{r}\sum_k y_{ik} = \bar{y}_{i\cdot}, \ V(\hat{\mu}_i) = \frac{1}{r}\sigma_\varepsilon^2 \tag{1.37}$$

由公式 1.37 计算的 $\hat{\mu}_i$ 一般作为基因型值的估计，并用于基因定位或其他遗传研究。从公式 1.37 容易看出，重复次数越多、误差方差越小，$\hat{\mu}_i$ 就越接近真实值 μ_i，后续遗传分析的结果就越可靠。在大多数情况下，误差方差 σ_ε^2 也是未知的。这时可以利用公式 1.8 给出的估计值 $\hat{\sigma}_\varepsilon^2$ 代替公式 1.37 中的 σ_ε^2，作为估计值 $\hat{\mu}_i$ 的方差的估计。

在单环境下，一个基因型或家系的表现等于总平均数、基因型效应与随机误差效应三项之和，即公式 1.38。在误差效应项服从独立正态分布的假定下，群体的表型方差等于基因型效应产生的方差与误差方差之和，即公式 1.39。群体的广义遗传力 H^2 就可以用公式 1.40 表示。

$$P = \mu + G + \varepsilon \tag{1.38}$$

$$\sigma_P^2 = \sigma_G^2 + \sigma_\varepsilon^2 \tag{1.39}$$

$$H^2 = \frac{\sigma_G^2}{\sigma_P^2} = \frac{\sigma_G^2}{\sigma_G^2 + \sigma_\varepsilon^2} \tag{1.40}$$

因此，把公式 1.20 和公式 1.21 得到的方差估计值 $\hat{\sigma}_\varepsilon^2$ 和 $\hat{\sigma}_G^2$ 代入公式 1.40，就得到遗传力 H^2 的估计。公式 1.40 得到的估计值可视为一次观测表型的遗传力，基因定位一般基于公式 1.37 得到的重复平均数。在重复平均数中，遗传方差与公式 1.39 中的遗传方差相同，但误差方差只有公式 1.39 中误差方差的 $\frac{1}{r}$ 倍。因此，如果重复平均数作为性状的表型，这时的表型方差和遗传力分别用公式 1.41 和公式 1.42 表示。由此容易看出，重复平均数可以提高遗传力。

$$\sigma_P^2 = \sigma_G^2 + \frac{1}{r}\sigma_\varepsilon^2 \tag{1.41}$$

$$H^2 = \frac{\sigma_G^2}{\sigma_P^2} = \frac{\sigma_G^2}{\sigma_G^2 + \frac{1}{r}\sigma_\varepsilon^2} \tag{1.42}$$

§1.6.2 多环境基因型值和遗传力的估计

在多环境试验中，假定环境间的误差方差同质，仍用 σ_ε^2 表示，有时也称为环境间的合并方差。方差分析表 1.10 中的 MS_ε 是合并误差方差 σ_ε^2 的无偏估计。从分布公式 1.23 可以看出，观测值 y_{ijk} 包含了第 i 个基因型在第 j 个环境下平均表现 μ_{ij} 的信息。对基因型 i 来说，在误差效应服从独立正态分布的假定下，重复间平均数是基因型平均表现 μ_{ij} 的 BLUE，BLUE 及其方差用公式 1.43 表示。基因型 i 在环境间的平均表现 $\bar{\mu}_{i\cdot}$ 的 BLUE 及其方差用公式 1.44 表示。

$$\hat{\mu}_{ij} = \frac{1}{r}\sum_k y_{ijk} = \bar{y}_{ij\cdot}, \ V(\hat{\mu}_{ij}) = \frac{1}{r}\sigma_\varepsilon^2 \tag{1.43}$$

$$\bar{\mu}_{i\cdot} = \frac{1}{e}\sum_j \bar{y}_{ij\cdot} = \frac{1}{er}\sum_{j,k} y_{ijk}, \ V(\bar{\mu}_{i\cdot}) = \frac{1}{er}\sigma_\varepsilon^2 \tag{1.44}$$

在多环境下,一个基因型或家系的表现等于总平均数、基因型效应、环境效应、互作效应与随机误差之和,即公式 1.45。在误差项服从独立正态分布的假定下,群体的表型方差等于基因型效应产生的方差、环境效应产生的方差、互作效应产生的方差与误差方差之和,即公式 1.46。公式 1.46 中环境方差 σ_E^2 来源于一些非遗传的因素,遗传力估计时一般不考虑这部分方差。广义遗传力 H^2 用公式 1.47 表示。

$$P = \mu + G + E + GE + \varepsilon \tag{1.45}$$

$$\sigma_P^2 = \sigma_G^2 + \sigma_E^2 + \sigma_{GE}^2 + \sigma_\varepsilon^2 \tag{1.46}$$

$$H^2 = \frac{\sigma_G^2}{\sigma_G^2 + \sigma_{GE}^2 + \sigma_\varepsilon^2} \tag{1.47}$$

因此,把公式 1.33~ 公式 1.36 得到的方差估计值代入公式 1.47,就得到遗传力 H^2 的估计。公式 1.47 得到的估计值为一次观测表型的遗传力。遗传研究一般基于公式 1.44 得到的基因型估计值。公式 1.44 中的遗传方差与公式 1.47 中的遗传方差相同,互作方差只有公式 1.47 中互作方差的 $\frac{1}{e}$ 倍,误差方差只有公式 1.47 中的误差方差的 $\frac{1}{re}$ 倍。因此,如果环境间重复平均数作为性状的表型,这时的表型方差和遗传力分别用公式 1.48 和公式 1.49 表示。容易看出,重复平均数可以提高遗传力,基因型和环境互作则降低性状的遗传力。

$$\sigma_{\bar{P}}^2 = \sigma_G^2 + \frac{1}{e}\sigma_{GE}^2 + \frac{1}{re}\sigma_\varepsilon^2 \tag{1.48}$$

$$H^2 = \frac{\sigma_G^2}{\sigma_{\bar{P}}^2} = \frac{\sigma_G^2}{\sigma_G^2 + \frac{1}{e}\sigma_{GE}^2 + \frac{1}{re}\sigma_\varepsilon^2} \tag{1.49}$$

§1.6.3 异质误差方差下基因型值的估计

在多环境试验中,同一环境条件下,不同基因型一般可假定有相同的误差方差。有时由于种植条件的差异,环境间的误差方差可能会有较大差异。例如,栽培条件优良的环境下,由于具有良好的灌溉设施、适当的土壤肥力、有效的病虫害防治措施,误差方差一般比较小,表型观测值更接近基因型的平均表现。干旱和雨养环境条件下,误差方差一般会比较大,表型观测值与基因型的平均表现之间有较大的偏离。如果一个基因型在多种异质环境条件下进行表型鉴定,基因型的平均表现为 μ,第 j 个环境的误差方差为 $\sigma_{\varepsilon_j}^2$,y_j 表示第 j 个环境下的表型观测值。表型观测值的线性模型为

$$y_j = \mu + \varepsilon_j, \ \varepsilon_j \sim N(0, \ \sigma_{\varepsilon_j}^2) \ (j = 1, 2, \cdots, e) \ \text{且相互独立}$$

这时,$\bar{y}. = \frac{1}{e}\sum_j y_j$ 仍然是平均表现 μ 的无偏估计,但却不是最优的。也就是说,存在比简单平均数 $\bar{y}.$ 的方差更小的 μ 的线性无偏估计。在介绍遗传效应的估计之前,先介绍一下方差同质性的 Bartlett 检验。用 $\hat{\sigma}_{\varepsilon_j}^2$ 和 $\mathrm{df}_{\varepsilon_j}$ 分别表示第 j 个环境下误差方差 $\sigma_{\varepsilon_j}^2$ 的估计值和自由度。方差同质性检验的零假设和备则假设分别为

$$H_0: \sigma_{\varepsilon_1}^2 = \sigma_{\varepsilon_2}^2 = \cdots = \sigma_{\varepsilon_e}^2$$

$$H_A: \sigma^2_{\varepsilon_1}, \sigma^2_{\varepsilon_2}, \cdots, \sigma^2_{\varepsilon_e} \text{ 中至少有两项互不相等}$$

在 H_0 条件下，可以利用所有环境下的误差方差估计值得到一个合并误差方差 σ^2_ε，即

$$\sigma^2_\varepsilon = \frac{1}{\sum_j \mathrm{df}_{\varepsilon_j}} \sum_j \mathrm{df}_{\varepsilon_j} \times \sigma^2_{\varepsilon_j}$$

Bartlett 检验统计量近似服从自由度为 $e-1$ 的 χ^2 分布，即

$$\chi^2 = \left(\sum_j \mathrm{df}_{\varepsilon_j}\right) \ln(\sigma^2_\varepsilon) - \sum_j \mathrm{df}_{\varepsilon_j} \times \ln(\sigma^2_{\varepsilon_j}) \sim \chi^2(e-1)$$

对于表 1.9 中 4 个环境的误差方差来说，$\chi^2 = 1.188(\mathrm{df}=3)$，$P = 0.756$。因此，4 个环境的误差方差不存在显著差异，可以认为是同质的。

构造 y_j ($j = 1, 2, \cdots, e$) 的线性组合，计算具有最小方差的线性组合。可以发现 (练习 1.11)，在环境方差异质的情况下，公式 1.50 给出的平均表现 μ 的 BLUE 估计量，其方差由公式 1.51 给出。

$$\hat{\mu} = \sum_j w_j y_j, \text{ 其中, } w_j = \frac{\dfrac{1}{\sigma^2_{\varepsilon_j}}}{\dfrac{1}{\sigma^2_{\varepsilon_1}} + \dfrac{1}{\sigma^2_{\varepsilon_2}} + \cdots + \dfrac{1}{\sigma^2_{\varepsilon_e}}} \tag{1.50}$$

$$V(\hat{\mu}) = \frac{1}{\dfrac{1}{\sigma^2_{\varepsilon_1}} + \dfrac{1}{\sigma^2_{\varepsilon_2}} + \cdots + \dfrac{1}{\sigma^2_{\varepsilon_e}}} \tag{1.51}$$

简单平均数 $\bar{y}.$ 的方差 $V(\bar{y})$ 用公式 1.52 表示。容易验证，公式 1.51 给出的方差 $V(\hat{\mu})$ 小于公式 1.52 给出的方差 $V(\bar{y})$，二者只在方差同质的条件下才会相等。

$$V(\bar{y}) = \frac{1}{e^2}(\sigma^2_{\varepsilon_1} + \sigma^2_{\varepsilon_2} + \cdots + \sigma^2_{\varepsilon_e}) \tag{1.52}$$

从公式 1.50 中环境观测值前面的权重系数可以看出，误差方差小的环境具有较高的权重，误差方差大的环境具有较低的权重。为进一步说明加权平均数的有效性，考虑 $e=2$，并假定 $\sigma^2_{\varepsilon_2} = s\sigma^2_{\varepsilon_1}$，其中，$s$ 表示两种环境下误差方差的比值。这时，

$$V(\hat{\mu}) = \frac{s}{1+s}\sigma^2_{\varepsilon_1}, \quad V(\bar{y}) = \frac{1}{4}(1+s)\sigma^2_{\varepsilon_1}, \quad \frac{V(\hat{\mu})}{V(\bar{y})} = \frac{4s}{(1+s)^2}$$

图 1.12 给出不同方差比值下，加权平均数 BLUE 的方差与简单平均数的方差之间的比值。只有在两个误差方差相等的情况下，BLUE 的方差才等于简单平均数估计的方差。当误差方差不等时，BLUE 的方差小于简单平均数估计的方差。$\sigma^2_{\varepsilon_1} \neq 0$ 和 $\sigma^2_{\varepsilon_2} = 0$ ($s=0$) 代表一种极端情况，即环境 2 中的样本观测值不包含任何误差。换句话说，环境 2 的观测值等于基因型平均表现。环境 1 的误差方差非 0，说明环境 1 的样本观测值与基因型平均表现之间是有偏差的。因此，简单平均数与基因型平均表现之间也是有偏差的。这时，环境 2 的观测值当然就是基因型平均表现的一个最优估计，考虑环境 1 的样本观测值反而带来估计值与真

实值间的离差。$\sigma_{\varepsilon_1}^2 \neq 0$ 和 $\sigma_{\varepsilon_2}^2 = \infty$ 代表另一种极端情况,即环境 2 中的样本观测值不能代表基因型的平均表现,不包含任何基因型平均表现的信息。这时环境 1 的观测值就是基因型平均表现的一个最优估计。在估计量中增加环境 2 的观测值,只能增加估计量的误差,对准确估计基因型的平均表现没有价值。

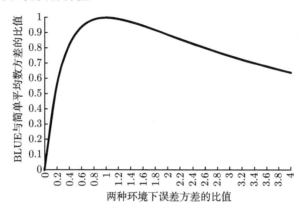

图 1.12　BLUE 与简单平均数的方差的比值

利用表 1.8 中 4 种环境、20 个 RIL 家系粒长的两次重复观测数据,将基因型在不同环境下平均粒长的 BLUE 列于表 1.12,最后两列为环境间平均粒长的简单平均数和加权平均数。在这组多环境试验数据中,前面的 Bartlett 检验已经说明环境间的误差方差可以认为是同质的。因此,加权平均数估计与简单平均数估计之间几乎看不出差别。在后续的粒长基因定位研究中,如果研究目标是了解粒长基因在不同环境下遗传效应的差异,则可利用每个环境下基因型平均表现的估计值进行基因定位,即表 1.12 中的 2~5 列。如果研究目标是要定位在不同环境下稳定表达的粒长基因,基因和环境的互作不是研究的重点,则可利用基因型在环境间平均表现的估计值(即表 1.12 中的第 6 和 7 列)进行基因定位。

表 1.12　两个水稻亲本和它们的 20 个 RIL 家系粒长平均表现的估计值（单位: mm）

亲本/家系	南京	金湖	东海	海南	简单平均数	加权平均数
'Asominori'	5.215	5.190	5.190	5.270	5.216	5.218
'IR24'	6.070	6.125	6.135	6.105	6.109	6.105
RIL1	5.425	5.470	5.445	5.505	5.461	5.460
RIL2	6.335	6.195	6.255	6.410	6.299	6.305
RIL3	5.325	5.315	5.220	5.360	5.305	5.311
RIL4	5.430	5.410	5.440	5.345	5.406	5.405
RIL5	5.375	5.360	5.365	5.305	5.351	5.352
RIL6	5.420	5.435	5.405	5.365	5.406	5.407
RIL7	5.450	5.440	5.415	5.440	5.436	5.438
RIL8	5.650	5.650	5.650	5.695	5.661	5.662
RIL9	5.160	5.180	5.195	5.110	5.161	5.159
RIL10	5.195	5.215	5.260	5.390	5.265	5.262
RIL11	4.890	4.800	4.815	5.385	4.973	4.981
RIL12	5.685	5.705	5.675	5.690	5.689	5.689

基因型	南京	金湖	东海	海南	简单平均数	加权平均数
RIL13	4.955	4.940	5.035	4.885	4.954	4.949
RIL14	5.855	5.865	5.870	5.970	5.890	5.890
RIL15	5.485	5.515	5.530	5.550	5.520	5.517
RIL16	4.825	4.815	4.760	4.905	4.826	4.831
RIL17	5.620	5.635	5.600	5.475	5.583	5.583
RIL18	6.000	6.010	5.990	5.860	5.965	5.965
RIL19	4.965	5.005	5.000	5.055	5.006	5.004
RIL20	6.005	6.010	6.055	6.060	6.033	6.030

练 习 题

1.1 今欲选取 9 个纯系亲本，开展多亲本遗传交配设计。给出完全双列杂交、不完全双列杂交（4 个母本、5 个父本）、单链式杂交和双链式杂交 4 种交配设计中需要配制的杂交组合的数目。

1.2 图 1.7 中，标记型 2 代表亲本 'Harrington' 的基因型 AA，标记型 0 代表亲本 'TR306' 的基因型 aa，-1 代表缺失类型。利用图 1.7 中的数据，统计标记座位 Aga7 上不同标记型的观测样本量，计算标记座位 Aga7 上两个等位基因的频率和基因型的频率，并对两种标记型作分离比为 1:1 的适合性检验。

1.3 有一个水稻 F_2 群体，群体大小为 180，9 个分子标记的标记型见下表。

标记	标记型			
	2	1	0	−1
RM6_2	29	84	55	12
RM6_7	33	85	54	8
RM6_13	21	84	68	7
RM6_17	20	85	65	10
RM6_19	20	83	66	11
RM6_30	31	95	52	2
RM6_33	34	91	53	2
RM6_34	34	90	48	8
RM6_42	39	100	41	0

(1) 计算每个标记座位上等位基因和基因型的频率。

(2) 对每个标记座位上 3 种标记型做分离比为 1:2:1 的适合性检验。

1.4 图 1.8 中，假定两个亲本的基因型分别为 AA 和 aa，杂种 F_1 的基因型为 Aa。在 F_2 群体中，A 表示基因型 AA，B 表示基因型 aa，H 代表基因型 Aa，D 代表基因型 Aa 和 AA（二者不能区分），R 代表基因型 Aa 和 aa（二者不能区分），X 代表缺失类型。

(1) 统计标记座位 M1-1 和 M1-2 上不同标记型的观测样本量，计算这两个标记座位上两个等位基因的频率和 3 种基因型的频率，并对标记型作 1:2:1 的分离比适合性检验。

(2) 统计标记座位 M1-3 和 M1-6 上不同标记型的观测样本量，并对标记型作 3:1 的分离比适合性检验。

（3）利用列联表独立性检验，检验座位 M1-1 和 M1-2 是否存在遗传连锁关系。

（4）利用列联表独立性检验，检验座位 M1-1 和 M1-3 是否存在遗传连锁关系。

（5）利用列联表独立性检验，检验座位 M1-1 和 M1-6 是否存在遗传连锁关系。

（6）利用列联表独立性检验，检验座位 M1-3 和 M1-6 是否存在遗传连锁关系。

1.5 不考虑任何家系结构，证明图 1.1 的双亲遗传研究群体中，F_3 群体在一个座位上 3 种基因型的理论分离比是 3:2:3，$P_1BC_2F_2$ 群体在一个座位上 3 种基因型的理论分离比是 13:2:1。

1.6 下表为两个亲本及其 F_1 和 F_2 群体中，利用 100 个个体观测值得到的均值和方差的估计值。

群体	样本量	平均数	方差
P_1	100	69.44	59.73
P_2	100	59.04	65.71
F_1	100	83.44	51.81
F_2	100	74.36	100.75

（1）对两个亲本和 F_1 群体的误差方差进行同质性检验，并估计合并误差方差。

（2）利用（1）得到的合并误差方差，计算 F_2 群体的遗传方差和广义遗传力。

（3）在单基因模型假定下，利用两个亲本和 F_1 的平均表现，估计等位基因的加性效应、显性效应和显性度。

（4）在单基因模型假定下，利用两个亲本、F_1 和 F_2 的平均表现及最小二乘估计方法，估计等位基因的加性效应、显性效应和显性度。

1.7 下表是 East (1911) 玉米杂交试验中，两个自交系及其杂种 F_1 和 F_2 群体中穗长的次数分布。假定亲本 P_1 只包含降低穗长的等位基因，亲本 P_2 只包含增加穗长的等位基因，性状的遗传满足多基因假说。试估计控制玉米穗长基因的对数，以及多基因的平均加性效应。

群体	玉米穗长的组间值/cm																
	5	6	7	8	9	10	11	12	13	14	15	16	17	18	19	20	21
P_1	4	21	24	8													
F_1					1	12	12	14	17	9	4						
P_2									3	11	12	15	26	15	10	7	2
F_2			4	5	22	56	80	145	129	91	63	27	17	6	1		

1.8 下表是 East (1916) 烟草杂交试验中，两个纯系亲本及其杂种 F_1 和 F_2 群体中花冠长度的次数分布。假定亲本 P_1 只包含减少花冠长度的等位基因，亲本 P_2 只包含增加花冠长度的等位基因，性状的遗传满足多基因假说。试估计控制烟草花冠长度基因的对数，以及多基因的平均加性效应。

群体	烟草花冠长度的组间值/mm																						
	34	37	40	43	46	49	52	55	58	61	64	67	70	73	76	79	82	85	88	91	94	97	100
P_1	1	21	140	49																			
F_1									4	10	41	40	3										
P_2																				13	45	91	19
F_2							3	9	18	47	55	93	75	60	43	25	7	8	1				

1.9 若等位基因 A 相对于 a 为显性,那么亲本 AA 和亲本 aa 杂交产生的 F_2 群体中,显性个体的基因型既可能为 AA 也可能为 Aa。遗传上常根据 F_2 个体产生的 F_3 家系中是否存在显隐性分离来判断显性 F_2 个体的基因型是 AA 或 Aa。如果每个 F_3 家系仅种植 5 个单株,计算把 Aa 基因型误判成 AA 的概率是多大?如果要保证基因型 Aa 误判成 AA 的概率低于 0.05,F_3 家系至少要种植多少个单株?如果要保证误判成 AA 的概率低于 0.01,F_3 家系至少要种植多少个单株?

1.10 用 f_{AA}、f_{Aa} 和 f_{aa} 分别表示一个群体中 3 种基因型 AA、Aa 和 aa 存在的频率。在单基因加显性模型下,证明群体的遗传方差 σ_G^2 为

$$\sigma_G^2 = [f_{AA} + f_{aa} - (f_{AA} - f_{aa})^2]a^2 - 2f_{Aa}(f_{AA} - f_{aa})ad + (f_{Aa} - f_{Aa}^2)d^2$$

1.11 一个基因型在两种环境下的表型分别用随机变量 y_1 和 y_2 表示,服从均值为 μ、方差分别为 σ_1^2 和 σ_2^2 的正态分布,且相互独立。两个随机变量的线性组合用 $z = b_1 y_1 + b_2 y_2$ 表示。证明线性组合 $z = \dfrac{\sigma_2^2}{\sigma_1^2 + \sigma_2^2} y_1 + \dfrac{\sigma_1^2}{\sigma_1^2 + \sigma_2^2} y_2$ 在所有 μ 的线性无偏估计中具有最小方差。

1.12 下表是 20 个玉米自交系在干旱和非干旱两种环境条件下 3 次重复的吐丝期(天)观测数据。

自交系编号	干旱环境			非干旱环境		
	重复 I	重复 II	重复 III	重复 I	重复 II	重复 III
1	101	90	91	89	89	93
2	82	85	87	84	84	83
3	86	85	83	80	84	88
4	85	85	87	83	84	83
5	80	82	81	81	82	83
6	95	98	95	89	94	95
7	84	85	85	81	84	85
8	86	85	87	84	85	83
9	87	89	91	85	88	87
10	84	85	89	82	85	85
11	82	85	83	81	85	82
12	83	85	87	83	87	83
13	89	87	94	89	92	88
14	90	92	93	89	91	90
15	95	89	95	89	90	91
16	82	85	87	84	85	87
17	91	95	92	89	94	91
18	88	90	89	89	91	88
19	84	85	87	82	85	85
20	88	92	101	89	90	93

(1) 估计干旱和非干旱两种环境下吐丝期性状的广义遗传力,方差分析线性模型中不考虑重复效应。

(2) 对干旱和非干旱两种环境下的误差方差进行同质性检验。

(3) 计算每个自交系吐丝期基因型值的 BLUE。

第 2 章 两个座位间重组率的估计

重组率是指两个标记或基因座位之间在一次减数分裂过程中发生奇数次交换的概率。一般来说，两个标记或基因座位离得越远，发生交换的概率就越大；离得越近，发生交换的概率就越小。因此，重组率直观上反映了两个基因座位间的遗传距离。两个座位间连锁的检验和重组率的估计是遗传研究中的经典问题 (Kempthrone, 1957; Bailey, 1961; Hartl and Jones, 2005)，是构建遗传连锁图谱、开展基因定位的基础。本章介绍常见双亲遗传群体中两个座位间的连锁分析和重组率估计方法。

§2.1 世代转移矩阵

§2.1.1 世代转移矩阵的定义

考虑两个座位上的两对等位基因 A/a 和 B/b，两个亲本的基因型为 $AABB$（有时也记为 AB/AB）和 $aabb$（有时也记为 ab/ab），后代有 9 种可能的基因型。给定座位间重组率的大小，每种基因型在特定遗传群体中都有特定的理论频率（也称作期望频率）。各种可能的基因型存在于群体中的理论频率是重组率估计的基础。有些群体，如回交一代、F_1DH 和 F_2，是 F_1 群体通过适当的交配繁殖方式产生的。由于 F_1 只有一种基因型，因此容易计算经过一次回交、加倍单倍体或一次自交之后，产生出来的遗传群体中各种基因型的频率。如果一个群体是经过多次回交和自交而产生的，如 BC_1F_2、BC_2F_2、F_3 和 RIL 等，基因型理论频率的推算需借助世代转移矩阵，简称转移矩阵。

存在杂合基因型的双亲群体中，两种双杂基因型 AB/ab 和 Ab/aB 在重组率估计中是不能区分的，它们均代表同一种基因型 $AaBb$。如果把双杂型 AB/ab 看作两种亲本型配子结合产生的合子，则 Ab/aB 是两种重组型配子结合产生的合子。这两种双杂型虽然均可以产生出 4 种类型的配子，但这些配子的频率却截然不同。在计算理论基因型频率时，这两种双杂型要区别对待。在估计重组率时，一般仅知道这两种双杂型的样本观测值之和。因此，需要再把这两种双杂型的频率进行合并。为了便于推导不同群体中各种基因型的频率，我们暂时考虑 10 种不同的基因型，分别称为类型 1, 类型 2, ⋯, 类型 10。两个基因座位上 10 种基因型的频率用行向量 $\boldsymbol{p}^{(t)}$ 表示，t 表示世代，即

$$\boldsymbol{p}^{(t)} = \begin{bmatrix} p^{(t)}_{AABB} & p^{(t)}_{AABb} & p^{(t)}_{AAbb} & p^{(t)}_{AaBB} & p^{(t)}_{AB/ab} & p^{(t)}_{Ab/aB} & p^{(t)}_{Aabb} & p^{(t)}_{aaBB} & p^{(t)}_{aaBb} & p^{(t)}_{aabb} \end{bmatrix}$$

如果把组成群体的不同个体视为从遗传群体中抽取的一组随机样本，那么这 10 种基因型的样本量将服从频率为 $\boldsymbol{p}^{(t)}$ 的多项分布。10 种基因型包含了一个随机样本所有可能的取值，因此行向量 $\boldsymbol{p}^{(t)}$ 的元素之和为 1，概率统计中称为概率向量。为了表达方便，我们把自交、回交、加倍单倍体统称为交配。交配之后，群体从 t 世代进入 $t+1$ 世代，交配后的基因型也有 10 种可能，但它们的理论频率却发生了变化。交配后群体的频率用行向量 $\boldsymbol{p}^{(t+1)}$ 表

示，即

$$p^{(t+1)} = \begin{bmatrix} p_{AABB}^{(t+1)} & p_{AABb}^{(t+1)} & p_{AAbb}^{(t+1)} & p_{AaBB}^{(t+1)} & p_{AB/ab}^{(t+1)} & p_{Ab/aB}^{(t+1)} & p_{Aabb}^{(t+1)} & p_{aaBB}^{(t+1)} & p_{aaBb}^{(t+1)} & p_{aabb}^{(t+1)} \end{bmatrix}$$

$t+1$ 世代的基因型频率仅依赖于 t 世代的基因型频率，而与 t 世代之前的基因型频率无关。如果把不同世代群体中 10 种基因型的观测样本量看作随机变量，这些随机变量则形成一个马尔可夫链。T 表示特定交配方式下一次交配的转移矩阵。转移矩阵的每一行，代表每种基因型产生的各种后代基因型的频率。这个矩阵的每一行的元素之和也是 1，概率统计中将这样的矩阵称为概率转移矩阵。于是，一次交配发生后，基因型的频率向量 $p^{(t+1)}$ 就能表示为交配前的频率向量 $p^{(t)}$ 与转移矩阵 T 的乘积，即公式 2.1。

$$p^{(t+1)} = p^{(t)} T \tag{2.1}$$

因此，如果我们知道了各种交配方式的世代转移矩阵，就能得到一个群体交配后，后代群体中各种基因型的理论频率。下面首先给出与 P_1 回交一代、与 P_2 回交一代、自交一代和加倍单倍体 一代后的转移矩阵。用 T_{P_1B} 表示与 P_1 回交一代的转移矩阵，T_{P_2B} 表示与 P_2 回交一代的转移矩阵，T_S 表示自交一代的转移矩阵，T_D 表示加倍单倍体的转移矩阵。

§2.1.2 回交世代转移矩阵

首先，以与亲本 P_1 的回交为例来说明回交转移矩阵（公式 2.2）的计算。根据前面的讨论，考虑 10 种不同基因型的回交后代的构成。

$$T_{P_1B} = \begin{bmatrix} 1 & 0 & 0 & 0 & 0 & 0 & 0 & 0 & 0 & 0 \\ \frac{1}{2} & \frac{1}{2} & 0 & 0 & 0 & 0 & 0 & 0 & 0 & 0 \\ 0 & 1 & 0 & 0 & 0 & 0 & 0 & 0 & 0 & 0 \\ \frac{1}{2} & 0 & 0 & \frac{1}{2} & 0 & 0 & 0 & 0 & 0 & 0 \\ \frac{1}{2}(1-r) & \frac{1}{2}r & 0 & \frac{1}{2}r & \frac{1}{2}(1-r) & 0 & 0 & 0 & 0 & 0 \\ \frac{1}{2}r & \frac{1}{2}(1-r) & 0 & \frac{1}{2}(1-r) & \frac{1}{2}r & 0 & 0 & 0 & 0 & 0 \\ 0 & \frac{1}{2} & 0 & 0 & \frac{1}{2} & 0 & 0 & 0 & 0 & 0 \\ 0 & 0 & 0 & 1 & 0 & 0 & 0 & 0 & 0 & 0 \\ 0 & 0 & 0 & 0 & \frac{1}{2} & \frac{1}{2} & 0 & 0 & 0 & 0 \\ 0 & 0 & 0 & 0 & 1 & 0 & 0 & 0 & 0 & 0 \end{bmatrix} \tag{2.2}$$

(1) 基因型 $AABB$ 与亲本 P_1（$AABB$）回交，后代的基因型全部为类型 1（$AABB$）。因此，转移矩阵 T_{P_1B} 的第 1 行只有第 1 个元素为 1，其他均为 0。

(2) 基因型 $AABb$ 与亲本 P_1（$AABB$）回交，后代的基因型只可能为类型 1（$AABB$）或类型 2（$AABb$），两种可能基因型的频率均为 $\frac{1}{2}$。因此，转移矩阵 T_{P_1B} 第 2 行的前两个元素为 $\frac{1}{2}$，其他均为 0。

(3) 基因型 $AAbb$ 与亲本 P_1（$AABB$）回交，后代的基因型全部为类型 2（$AABb$）。因此，转移矩阵 T_{P_1B} 第 3 行的第 2 个元素为 1，其他均为 0。

(4) 基因型 $AaBB$ 与亲本 P_1（$AABB$）回交，后代的基因型只能为类型 1（$AABB$）或类型 4（$AaBB$），两种可能基因型的频率均为 $\frac{1}{2}$。因此，转移矩阵 T_{P_1B} 第 4 行的第 1 和第 4 两个元素均为 $\frac{1}{2}$，其他均为 0。

(5) 基因型 AB/ab 与亲本 P_1（$AABB$）回交，后代的基因型只有类型 1（$AABB$）、类型 2（$AABb$）、类型 4（$AaBB$）和类型 5（AB/ab）4 种可能。类型 1 和 5 是非交换型配子 AB 和 ab 与 P_1 的配子 AB 结合产生的基因型，频率均为 $\frac{1}{2}(1-r)$。类型 2 和 4 是交换型配子 Ab 和 aB 与 P_1 的配子 AB 结合产生的基因型，频率均为 $\frac{1}{2}r$。因此，转移矩阵 T_{P_1B} 第 5 行的第 1、2、4、5 四个元素分别为 $\frac{1}{2}(1-r)$、$\frac{1}{2}r$、$\frac{1}{2}r$ 和 $\frac{1}{2}(1-r)$，其他均为 0。

(6) 与基因型 AB/ab 类似，基因型 Ab/aB 与亲本 P_1（$AABB$）回交，后代的基因型也只有类型 1（$AABB$）、类型 2（$AABb$）、类型 4（$AaBB$）和类型 5（AB/ab）4 种可能。但是，相对于 Ab/aB 来说，配子 AB 和 ab 是交换型、Ab 和 aB 是非交换型。因此，类型 1 和 5 是交换型配子 AB 和 ab 与 P_1 的配子 AB 结合产生的基因型，频率均为 $\frac{1}{2}r$。类型 2 和 4 是非交换型配子 Ab 和 aB 与 P_1 的配子 AB 结合产生的基因型，频率均为 $\frac{1}{2}(1-r)$。因此，转移矩阵 T_{P_1B} 第 6 行的第 1、2、4、5 四个元素分别为 $\frac{1}{2}r$、$\frac{1}{2}(1-r)$、$\frac{1}{2}(1-r)$ 和 $\frac{1}{2}r$，其他均为 0。

(7) 基因型 $Aabb$ 与亲本 P_1（$AABB$）回交，后代的基因型只能为类型 2（$AABb$）或类型 5（AB/ab），两种基因型的频率均为 $\frac{1}{2}$。因此，转移矩阵 T_{P_1B} 第 7 行的第 2 和第 5 两个元素均为 $\frac{1}{2}$，其他均为 0。

(8) 基因型 $aaBB$ 与亲本 P_1（$AABB$）回交，后代的基因型全部为类型 4（$AaBB$）。因此，转移矩阵 T_{P_1B} 第 8 行的第 4 个元素为 1，其他均为 0。

(9) 基因型 $aaBb$ 与亲本 P_1（$AABB$）回交，后代的基因型只能为类型 4（$AaBB$）或类型 5（AB/ab），两种基因型的频率均为 $\frac{1}{2}$。因此，转移矩阵 T_{P_1B} 第 9 行的第 4 和第 5 两个元素均为 $\frac{1}{2}$，其他均为 0。

(10) 基因型 $aabb$ 与亲本 P_1（$AABB$）回交，后代的基因型全部为类型 5（AB/ab）。因此，转移矩阵 T_{P_1B} 的第 10 行只有第 5 个元素为 1，其他均为 0。

这样就得到公式 2.2 给出的回交转移矩阵。与亲本 P_1 回交的后代中，不可能出现类型 3（$AAbb$）、类型 6（Ab/aB）、类型 7（$Aabb$）、类型 8（$aaBB$）、类型 9（$aaBb$）和类型 10（$aabb$）。因此，转移矩阵 T_{P_1B} 的第 3 和第 6~10 列上的元素全部为 0。

公式 2.3 给出与亲本 P_2（$aabb$）回交的转移矩阵，计算过程与 T_{P_1B} 类似。T_{P_2B} 第 5 列等于 T_{P_1B} 第 1 列，T_{P_2B} 第 7 列等于 T_{P_1B} 第 2 列，T_{P_2B} 第 9 列等于 T_{P_1B} 第 4 列，T_{P_2B} 第 10 列等于 T_{P_1B} 第 5 列。在 P_2 回交后代中，不可能出现类型 1~4、类型 6 和类型 8。因此，转移矩阵 T_{P_2B} 的第 1~4、第 6 和第 8 列上的元素全部为 0。

$$T_{P_2B} = \begin{bmatrix} 0 & 0 & 0 & 0 & 1 & 0 & 0 & 0 & 0 & 0 \\ 0 & 0 & 0 & 0 & \frac{1}{2} & 0 & \frac{1}{2} & 0 & 0 & 0 \\ 0 & 0 & 0 & 0 & 0 & 0 & 1 & 0 & 0 & 0 \\ 0 & 0 & 0 & 0 & \frac{1}{2} & 0 & 0 & 0 & \frac{1}{2} & 0 \\ 0 & 0 & 0 & 0 & \frac{1}{2}(1-r) & 0 & \frac{1}{2}r & 0 & \frac{1}{2}r & \frac{1}{2}(1-r) \\ 0 & 0 & 0 & 0 & \frac{1}{2}r & 0 & \frac{1}{2}(1-r) & 0 & \frac{1}{2}(1-r) & \frac{1}{2}r \\ 0 & 0 & 0 & 0 & 0 & 0 & \frac{1}{2} & 0 & 0 & \frac{1}{2} \\ 0 & 0 & 0 & 0 & 0 & 0 & 0 & 0 & 1 & 0 \\ 0 & 0 & 0 & 0 & 0 & 0 & 0 & 0 & \frac{1}{2} & \frac{1}{2} \\ 0 & 0 & 0 & 0 & 0 & 0 & 0 & 0 & 0 & 1 \end{bmatrix} \quad (2.3)$$

§2.1.3 自交世代转移矩阵

公式 2.4 给出自交世代转移矩阵。按杂合座位的个数，分以下 3 种情况进行讨论。

（1）无杂合座位，即两个座位上的基因型都纯合。纯合基因型自交后代的基因型与亲代完全相同，4 种纯合基因型分别对应于类型 1（$AABB$）、类型 3（$AAbb$）、类型 8（$aaBB$）和类型 10（$aabb$）。因此，转移矩阵 T_S 第 1 行的第 1 个因素为 1，其余因素为 0；第 3 行的第 3 个因素为 1，其余因素为 0；第 8 行的第 8 个因素为 1，其余因素为 0；第 10 行的第 10 个因素为 1，其余因素为 0。

（2）一个座位纯合，另一个座位杂合。在杂合座位上，自交后代的基因型按照 1:2:1 的比例分离，即频率分别为 $\frac{1}{4}$、$\frac{1}{2}$ 和 $\frac{1}{4}$。以类型 2（$AABb$）为例，自交后代的基因型为类型 1（$AABB$）、类型 2（$AABb$）和类型 3（$AAbb$），频率分别为 $\frac{1}{4}$、$\frac{1}{2}$ 和 $\frac{1}{4}$。因此，转移矩阵 T_S 第 2 行的第 1、2 和 3 个元素分别为 $\frac{1}{4}$、$\frac{1}{2}$ 和 $\frac{1}{4}$，其余为 0。类型 4（$AaBB$）、类型 7（$Aabb$）和类型 9（$aaBb$）自交后代的分离情况与类型 2 类似。

$$T_\mathrm{S}=\begin{bmatrix} 1 & 0 & 0 & 0 & 0 & 0 & 0 & 0 & 0 & 0 \\ \dfrac{1}{4} & \dfrac{1}{2} & \dfrac{1}{4} & 0 & 0 & 0 & 0 & 0 & 0 & 0 \\ 0 & 0 & 1 & 0 & 0 & 0 & 0 & 0 & 0 & 0 \\ \dfrac{1}{4} & 0 & 0 & \dfrac{1}{2} & 0 & 0 & 0 & \dfrac{1}{4} & 0 & 0 \\ \dfrac{1}{4}(1-r)^2 & \dfrac{1}{2}r(1-r) & \dfrac{1}{4}r^2 & \dfrac{1}{2}r(1-r) & \dfrac{1}{2}(1-r)^2 & \dfrac{1}{2}r^2 & \dfrac{1}{2}r(1-r) & \dfrac{1}{4}r^2 & \dfrac{1}{2}r(1-r) & \dfrac{1}{4}(1-r)^2 \\ \dfrac{1}{4}r^2 & \dfrac{1}{2}r(1-r) & \dfrac{1}{4}(1-r)^2 & \dfrac{1}{2}r(1-r) & \dfrac{1}{2}r^2 & \dfrac{1}{2}(1-r)^2 & \dfrac{1}{2}r(1-r) & \dfrac{1}{4}(1-r)^2 & \dfrac{1}{2}r(1-r) & \dfrac{1}{4}r^2 \\ 0 & 0 & \dfrac{1}{4} & 0 & 0 & 0 & \dfrac{1}{2} & 0 & 0 & \dfrac{1}{4} \\ 0 & 0 & 0 & 0 & 0 & 0 & 0 & 1 & 0 & 0 \\ 0 & 0 & 0 & 0 & 0 & 0 & 0 & \dfrac{1}{4} & \dfrac{1}{2} & \dfrac{1}{4} \\ 0 & 0 & 0 & 0 & 0 & 0 & 0 & 0 & 0 & 1 \end{bmatrix} \quad (2.4)$$

(3) 两个座位均杂合,即类型 5(AB/ab) 和类型 6(Ab/aB)。所有 10 种类型都在它们的自交后代中出现,以类型 5(AB/ab) 为例说明公式 2.4 中转移频率的计算。基因型 AB/ab 将产生 4 种配子型,即 AB、Ab、aB 和 ab。相对于亲代基因型 AB/ab 来说,AB 和 ab 是非交换型,频率均为 $\frac{1}{2}(1-r)$;Ab 和 aB 是交换型,频率均为 $\frac{1}{2}r$。在不存在配子选择的情况下,基因型 AB/ab 产生同样频率的雌配子和雄配子。自交等同于基因型 AB/ab 产生的雌配子与雄配子间的随机结合,雌配子和雄配子间随机结合后的基因型及其频率见表 2.1。对角线为 4 种纯合基因型及其频率,对应于转移矩阵 $\boldsymbol{T}_S$ 第 5 行的第 1、第 3、第 8 和第 10 个元素。对于自交后代类型 2,可通过雌配子 AB 和雄配子 Ab 结合产生,也可通过雌配子 Ab 和雄配子 AB 结合产生。因此,类型 2 的频率为 $\frac{1}{4}r(1-r)+\frac{1}{4}r(1-r)=\frac{1}{2}r(1-r)$,这个频率对应于转移矩阵 $\boldsymbol{T}_S$ 第 5 行的第 2 个元素。与此类似,可以计算后代类型 4、5、6、7 和 9 的转移频率。类型 6(AB/ab) 的自交转移概率与类型 5(Ab/aB) 类似,只不过把类型 5(Ab/aB) 中的 $1-r$ 替换为 r、r 替换为 $1-r$ 即可。

表 2.1 杂合基因型 AB/ab 产生的配子型和自交后代基因型的频率

雌配子型及其频率	雄配子型及其频率			
	$AB, \frac{1}{2}(1-r)$	$Ab, \frac{1}{2}r$	$aB, \frac{1}{2}r$	$ab, \frac{1}{2}(1-r)$
$AB, \frac{1}{2}(1-r)$	类型 1: $AABB$ $\frac{1}{4}(1-r)^2$	类型 2: $AABb$ $\frac{1}{4}r(1-r)$	类型 4: $AaBB$ $\frac{1}{4}r(1-r)$	类型 5: AB/ab $\frac{1}{4}(1-r)^2$
$Ab, \frac{1}{2}r$	类型 2: $AABb$ $\frac{1}{4}r(1-r)$	类型 3: $AAbb$ $\frac{1}{4}r^2$	类型 6: Ab/aB $\frac{1}{4}r^2$	类型 7: $Aabb$ $\frac{1}{4}r(1-r)$
$aB, \frac{1}{2}r$	类型 4: $AaBB$ $\frac{1}{4}r(1-r)$	类型 6: Ab/aB $\frac{1}{4}r^2$	类型 8: $aaBB$ $\frac{1}{4}r^2$	类型 9: $aaBb$ $\frac{1}{4}r(1-r)$
$ab, \frac{1}{2}(1-r)$	类型 5: AB/ab $\frac{1}{4}(1-r)^2$	类型 7: $Aabb$ $\frac{1}{4}r(1-r)$	类型 9: $aaBb$ $\frac{1}{4}r(1-r)$	类型 10: $aabb$ $\frac{1}{4}(1-r)^2$

§2.1.4 加倍单倍体世代转移矩阵

加倍单倍体的情况比较简单(公式 2.5),后代基因型的频率等于亲代所产生配子的频率。与自交类似,按杂合座位数分以下 3 种情况进行讨论。

(1) 无杂合座位,即两个座位上的基因型都纯合。纯合基因型只产生一种配子,加倍之后的基因型与亲代的基因型相同,4 种纯合基因型分别对应于类型 1($AABB$)、类型 3($AAbb$)、类型 8($aaBB$) 和类型 10($aabb$)。因此,转移矩阵 $\boldsymbol{T}_D$ 第 1 行的第 1 个因素为 1,其余因素为 0;第 3 行的第 3 个因素为 1,其余因素为 0;第 8 行的第 8 个因素为 1,其余因素为 0;第 10 行的第 10 个因素为 1,其余因素为 0。

(2) 一个座位纯合,另一个座位杂合。配子按照 1:1 的比例分离,即频率分别为 $\frac{1}{2}$ 和 $\frac{1}{2}$。以类型 2($AABb$) 为例,配子型 AB 和 Ab 的频率均为 $\frac{1}{2}$,加倍后分别为类型 1($AABB$)

和类型 3（$AAbb$），频率仍均为 $\frac{1}{2}$。因此，转移矩阵 T_D 第 2 行的第 1 和第 3 个元素均为 $\frac{1}{2}$，其余为 0。类型 4（$AaBB$）、类型 7（$Aabb$）和类型 9（$aaBb$）与类型 2 类似。

（3）两个座位均杂合，即类型 5（AB/ab）和类型 6（Ab/aB）。4 种纯合类型都会出现，以类型 5 为例说明转移频率的计算。基因型 AB/ab 产生 4 种配子型，即 AB、Ab、aB 和 ab，频率分别为 $\frac{1}{2}(1-r)$、$\frac{1}{2}r$、$\frac{1}{2}r$ 和 $\frac{1}{2}(1-r)$。这 4 种配子加倍后分别为类型 1（$AABB$）、类型 3（$AAbb$）、类型 8（$aaBB$）和类型 10（$aabb$），频率仍分别为 $\frac{1}{2}(1-r)$、$\frac{1}{2}r$、$\frac{1}{2}r$ 和 $\frac{1}{2}(1-r)$。因此，T_D 第 5 行的第 1、3、8 和 10 四个元素分别为 $\frac{1}{2}(1-r)$、$\frac{1}{2}r$、$\frac{1}{2}r$ 和 $\frac{1}{2}(1-r)$。类型 6（Ab/aB）的加倍单倍体转移概率与类型 5（AB/ab）类似，只不过把类型 5（AB/ab）中的 $1-r$ 替换为 r、r 替换为 $1-r$ 即可。

$$T_D = \begin{bmatrix} 1 & 0 & 0 & 0 & 0 & 0 & 0 & 0 & 0 & 0 \\ \frac{1}{2} & 0 & \frac{1}{2} & 0 & 0 & 0 & 0 & 0 & 0 & 0 \\ 0 & 0 & 1 & 0 & 0 & 0 & 0 & 0 & 0 & 0 \\ \frac{1}{2} & 0 & 0 & 0 & 0 & 0 & 0 & \frac{1}{2} & 0 & 0 \\ \frac{1}{2}(1-r) & 0 & \frac{1}{2}r & 0 & 0 & 0 & 0 & \frac{1}{2}r & 0 & \frac{1}{2}(1-r) \\ \frac{1}{2}r & 0 & \frac{1}{2}(1-r) & 0 & 0 & 0 & 0 & \frac{1}{2}(1-r) & 0 & \frac{1}{2}r \\ 0 & 0 & \frac{1}{2} & 0 & 0 & 0 & 0 & 0 & 0 & \frac{1}{2} \\ 0 & 0 & 0 & 0 & 0 & 0 & 0 & 1 & 0 & 0 \\ 0 & 0 & 0 & 0 & 0 & 0 & 0 & \frac{1}{2} & 0 & \frac{1}{2} \\ 0 & 0 & 0 & 0 & 0 & 0 & 0 & 0 & 0 & 1 \end{bmatrix} \quad (2.5)$$

§2.1.5 连续自交的世代转移矩阵

连续自交是产生重组近交家系经常采用的交配方式。连续自交多代后，群体中只包含 4 种纯合基因型 $AABB$、$AAbb$、$aaBB$ 和 $aabb$，与加倍单倍体群体中的基因型完全相同，但纯合基因型的频率在这两个群体中是有差异的。加倍单倍体只经历一个交配世代，基因型就达到完全纯合。在连续自交过程中，一代自交后杂合基因型的频率只下降一半，基因型在自交纯合过程中，不断有新的、可观测的交换和重组事件发生，因此增加了群体中重组基因型的频率。对连续自交的世代转移矩阵（公式 2.6），也按杂合座位的个数分以下 3 种情况进行讨论。

$$\boldsymbol{T}_{\mathrm{R}} = \begin{bmatrix} 1 & 0 & 0 & 0 & 0 & 0 & 0 & 0 & 0 & 0 \\ \frac{1}{2} & 0 & \frac{1}{2} & 0 & 0 & 0 & 0 & 0 & 0 & 0 \\ 0 & 0 & 1 & 0 & 0 & 0 & 0 & 0 & 0 & 0 \\ \frac{1}{2} & 0 & 0 & 0 & 0 & 0 & \frac{1}{2} & 0 & 0 & 0 \\ \frac{1}{2}(1-R) & 0 & \frac{1}{2}R & 0 & 0 & 0 & \frac{1}{2}R & 0 & \frac{1}{2}(1-R) \\ \frac{1}{2}R & 0 & \frac{1}{2}(1-R) & 0 & 0 & 0 & \frac{1}{2}(1-R) & 0 & \frac{1}{2}R \\ 0 & 0 & \frac{1}{2} & 0 & 0 & 0 & 0 & 0 & \frac{1}{2} \\ 0 & 0 & 0 & 0 & 0 & 0 & 1 & 0 & 0 \\ 0 & 0 & 0 & 0 & 0 & 0 & \frac{1}{2} & 0 & \frac{1}{2} \\ 0 & 0 & 0 & 0 & 0 & 0 & 0 & 0 & 1 \end{bmatrix} \quad (2.6)$$

（1）无杂合座位，即两个座位上的基因型都纯合。纯合基因型的连续自交后代的基因型与亲代相同，4 种纯合基因型分别对应于类型 1（$AABB$）、类型 3（$AAbb$）、类型 8（$aaBB$）和类型 10（$aabb$）。因此，转移矩阵 $\boldsymbol{T}_{\mathrm{R}}$ 第 1 行的第 1 个因素为 1，其余元素为 0；第 3 行的第 3 个元素为 1，其余元素为 0；第 8 行的第 8 个元素为 1，其余元素为 0。第 10 行的第 10 个元素为 1，其余元素为 0。

（2）一个座位纯合，另一个座位杂合。每一代自交，杂合基因型的频率下降一半。连续自交多代后，杂合基因型的频率接近于 0，两种纯合基因型的频率分别为 $\frac{1}{2}$ 和 $\frac{1}{2}$。以类型 2（$AABb$）为例，连续自交后代的基因型为类型 1（$AABB$）和类型 3（$AAbb$），频率分别为 $\frac{1}{2}$ 和 $\frac{1}{2}$。因此，转移矩阵 $\boldsymbol{T}_{\mathrm{R}}$ 第 2 行的第 1 和第 3 个元素均为 $\frac{1}{2}$，其余为 0。类型 4（$AaBB$）、类型 7（$Aabb$）和类型 9（$aaBb$）与类型 2 类似。

（3）两个座位均杂合，即类型 5（AB/ab）和类型 6（Ab/aB）。在连续自交过程中，杂合基因型的频率逐渐下降到 0，4 种纯合基因型的频率之和逐渐接近于 1。现以类型 5 为例说明连续自交转移频率的计算（公式 2.6）。基因型 AB/ab 连续自交无穷多代后，群体中只有 4 种纯合基因型 $AABB$、$AAbb$、$aaBB$ 和 $aabb$。相对于基因型 AB/ab 来说，$AAbb$ 和 $aaBB$ 是交换型，频率之和用 R 表示；$AABB$ 和 $aabb$ 是非交换型，频率之和用 $1-R$ 表示。由于等位基因 A、a、B 和 b 的期望频率均为 $\frac{1}{2}$，$AAbb$ 和 $aaBB$ 具有相同的频率，即频率均为 $\frac{1}{2}R$；$AABB$ 和 $aabb$ 具有相同的频率，即频率均为 $\frac{1}{2}(1-R)$。因此，4 种纯合基因型 $AABB$、$AAbb$、$aaBB$ 和 $aabb$ 的频率分别为 $\frac{1}{2}(1-R)$、$\frac{1}{2}R$、$\frac{1}{2}R$ 和 $\frac{1}{2}(1-R)$，转移矩阵第 5 行的第 1、第 3、第 8 和第 10 个元素分别为 $\frac{1}{2}(1-R)$、$\frac{1}{2}R$、$\frac{1}{2}R$ 和 $\frac{1}{2}(1-R)$，其他元素均为 0。公式 2.6 中，R 表示连续自交过程中的累积重组率，利用矩阵的谱分解和马尔可夫链的性质等方面的知识（详见练习 2.8），可以证明 R 与一次交换的重组率 r 的关系（公式 2.7）。当一次交换重组率 r 较小时，连续自交的累积重组率 R 近似等于 $2r$。

$$R = \frac{2r}{1+2r} \text{ 或 } r = \frac{R}{2(1-R)} \tag{2.7}$$

§2.1.6 基因型理论频率的矩阵表示

将 F_1 群体看作第 0 个世代，只有一种基因型 AB/ab，即类型 5 (AB/ab)，频率为 1，其余基因型的频率均为 0。其频率向量用公式 2.8 表示。

$$\boldsymbol{p}^{(0)} = \begin{bmatrix} 0 & 0 & 0 & 0 & 1 & 0 & 0 & 0 & 0 & 0 \end{bmatrix} \tag{2.8}$$

利用公式 2.2～公式 2.6 给出的 5 种交配方式转移矩阵，大部分双亲群体中各种基因型的理论频率都可以用杂种 F_1 的频率与转移矩阵的乘积表示出来。表 2.2 给出图 1.1 的 20 种双亲遗传群体中，基因型理论频率与 F_1 的频率向量 $\boldsymbol{p}^{(0)}$ 和各种转移矩阵（公式 2.2～公式 2.6）的关系。利用这些关系，就能推导出这些群体中基因型的理论频率，进而用于重组率的极大似然估计。

表 2.2　双亲遗传研究群体中基因型理论频率与杂种 F_1 的频率向量和转移矩阵的关系

群体编号	群体名称	基因型理论频率的表达式
1	$P_1BC_1F_1$	$\boldsymbol{p}^{(0)} \times \boldsymbol{T}_{P_1B}$
2	$P_2BC_1F_1$	$\boldsymbol{p}^{(0)} \times \boldsymbol{T}_{P_2B}$
3	F_1DH	$\boldsymbol{p}^{(0)} \times \boldsymbol{T}_D$
4	F_1RIL	$\boldsymbol{p}^{(0)} \times \boldsymbol{T}_R$
5	P_1BC_1RIL	$\boldsymbol{p}^{(0)} \times \boldsymbol{T}_{P_1B} \times \boldsymbol{T}_R$
6	P_2BC_1RIL	$\boldsymbol{p}^{(0)} \times \boldsymbol{T}_{P_2B} \times \boldsymbol{T}_R$
7	F_2	$\boldsymbol{p}^{(0)} \times \boldsymbol{T}_S$
8	F_3	$\boldsymbol{p}^{(0)} \times \boldsymbol{T}_S \times \boldsymbol{T}_S$
9	$P_1BC_2F_1$	$\boldsymbol{p}^{(0)} \times \boldsymbol{T}_{P_1B} \times \boldsymbol{T}_{P_1B}$
10	$P_2BC_2F_1$	$\boldsymbol{p}^{(0)} \times \boldsymbol{T}_{P_2B} \times \boldsymbol{T}_{P_2B}$
11	P_1BC_2RIL	$\boldsymbol{p}^{(0)} \times \boldsymbol{T}_{P_1B} \times \boldsymbol{T}_{P_1B} \times \boldsymbol{T}_R$
12	P_2BC_2RIL	$\boldsymbol{p}^{(0)} \times \boldsymbol{T}_{P_2B} \times \boldsymbol{T}_{P_2B} \times \boldsymbol{T}_R$
13	$P_1BC_1F_2$	$\boldsymbol{p}^{(0)} \times \boldsymbol{T}_{P_1B} \times \boldsymbol{T}_S$
14	$P_2BC_1F_2$	$\boldsymbol{p}^{(0)} \times \boldsymbol{T}_{P_2B} \times \boldsymbol{T}_S$
15	$P_1BC_2F_2$	$\boldsymbol{p}^{(0)} \times \boldsymbol{T}_{P_1B} \times \boldsymbol{T}_{P_1B} \times \boldsymbol{T}_S$
16	$P_2BC_2F_2$	$\boldsymbol{p}^{(0)} \times \boldsymbol{T}_{P_2B} \times \boldsymbol{T}_{P_2B} \times \boldsymbol{T}_S$
17	P_1BC_1DH	$\boldsymbol{p}^{(0)} \times \boldsymbol{T}_{P_1B} \times \boldsymbol{T}_D$
18	P_2BC_1DH	$\boldsymbol{p}^{(0)} \times \boldsymbol{T}_{P_2B} \times \boldsymbol{T}_D$
19	P_1BC_2DH	$\boldsymbol{p}^{(0)} \times \boldsymbol{T}_{P_1B} \times \boldsymbol{T}_{P_1B} \times \boldsymbol{T}_D$
20	P_2BC_2DH	$\boldsymbol{p}^{(0)} \times \boldsymbol{T}_{P_2B} \times \boldsymbol{T}_{P_2B} \times \boldsymbol{T}_D$

§2.2　两个座位上各种基因型的理论频率

§2.2.1　10 种基因型的理论频率

根据表 2.2 中的表达式，可以计算图 1.1 中各种双亲群体中 10 种基因型的理论频率，结果列于表 2.3。表 2.3 给出的理论频率是利用各种双亲遗传群体估计重组率的理论基础 (Nelson, 2011; Sun et al., 2012)。

表 2.3　双亲群体中两个基因座位上 10 种可能基因型的理论频率

群体名称	AABB	AABb	AAbb	AaBB	AB/ab
$P_1BC_1F_1$	$\frac{1}{2}(1-r)$	$\frac{1}{2}r$		$\frac{1}{2}r$	$\frac{1}{2}(1-r)$
$P_2BC_1F_1$					$\frac{1}{2}(1-r)$
F_1DH	$\frac{1}{2}(1-r)$		$\frac{1}{2}r$		
F_1RIL	$\frac{1}{2}(1-R)$		$\frac{1}{2}R$		
P_1BC_1RIL	$\frac{1}{2}+\frac{1}{4}(1-r)(1-R)$	$\frac{1}{2}r(1-r)(1-R)$	$\frac{1}{4}(1-r)(1-R)$		$\frac{1}{2}(1-r)^2$
P_2BC_1RIL	$\frac{1}{4}(1-r)(1-R)$		$\frac{1}{4}(1-r)(1-R)$		
F_2	$\frac{1}{4}(1-r)^2$	$\frac{1}{2}r(1-r)$	$\frac{1}{4}r^2$	$\frac{1}{2}r(1-r)$	$\frac{1}{2}(1-r)^2$
F_3	$\frac{1}{4}+\frac{1}{8}(1-r)^4+\frac{1}{8}r^4$	$\frac{1}{2}r(1-r)(1-r+r^2)$	$\frac{1}{4}r^2+\frac{1}{4}r^2(1-r)^2$	$\frac{1}{2}r(1-r)(1-r+r^2)$	$\frac{1}{4}r^4+\frac{1}{4}(1-r)^4$
$P_1BC_2F_1$	$\frac{1}{2}+\frac{1}{4}(1-r)^2$	$\frac{1}{4}r+\frac{1}{4}r(1-r)$	$\frac{1}{4}-\frac{1}{4}(1-r)^2$	$\frac{1}{4}-\frac{1}{4}(1-r)^2$	$\frac{1}{4}(1-r)^2$
$P_2BC_2F_1$					$\frac{1}{4}(1-r)^2$
P_1BC_2RIL	$\frac{3}{4}+\frac{1}{8}(1-r)^2(1-R)$	$\frac{1}{4}(1-r)^2(1-R)$	$\frac{1}{8}-\frac{1}{8}(1-r)^2(1-R)$	$\frac{1}{4}-\frac{1}{4}(1-r)^2(1-R)$	$\frac{1}{4}(1-r)^2$
P_2BC_2RIL	$\frac{1}{8}-\frac{1}{2}r+\frac{1}{8}(1-r)^3$	$\frac{1}{4}r+\frac{1}{8}r(1-r)^2$	$\frac{1}{8}r+\frac{1}{8}r(1-r)^2$		
$P_1BC_1F_2$	$\frac{1}{8}(1-r)^3$	$\frac{1}{4}r(1-r)^2$	$\frac{1}{8}r+\frac{1}{8}r(1-r)^2$	$\frac{1}{4}r+\frac{1}{4}r(1-r)^2$	$\frac{1}{4}(1-r)^3$
$P_2BC_1F_2$	$\frac{1}{8}(1-r)^3$		$\frac{1}{8}r+\frac{1}{8}r(1-r)^2$	$\frac{1}{4}r(1-r)^2$	$\frac{1}{4}(1-r)^3$

续表

群体名称	$AABB$	$AABb$	$AAbb$	$AaBB$	AB/ab
$P_1BC_2F_2$	$\frac{5}{8}+\frac{1}{8}(1-r)^2+\frac{1}{16}(1-r)^4$	$\frac{1}{8}-\frac{1}{8}(1-r)^2(1-r+r^2)$	$\frac{1}{16}-\frac{1}{16}(1-r)^2(1-r^2)$	$\frac{1}{8}-\frac{1}{8}(1-r)^2(1-r+r^2)$	$\frac{1}{8}(1-r)^4$
$P_2BC_2F_2$	$\frac{1}{16}(1-r)^4$	$\frac{1}{8}r(1-r)^3$	$\frac{1}{16}-\frac{1}{16}(1-r)^2(1-r^2)$	$\frac{1}{8}r(1-r)^3$	$\frac{1}{8}(1-r)^4$
P_1BC_1DH	$\frac{1}{2}+\frac{1}{4}(1-r)^2$		$\frac{1}{4}-\frac{1}{4}(1-r)^2$		
P_2BC_1DH	$\frac{1}{4}(1-r)^2$		$\frac{1}{4}-\frac{1}{4}(1-r)^2$		
P_1BC_2DH	$\frac{3}{4}+\frac{1}{8}(1-r)^3$		$\frac{1}{8}-\frac{1}{8}(1-r)^3$		
P_2BC_2DH	$\frac{1}{8}(1-r)^3$		$\frac{1}{8}-\frac{1}{8}(1-r)^3$		

群体名称	Ab/aB	$Aabb$	$aaBB$	$aaBb$	$aabb$
$P_1BC_1F_1$			$\frac{1}{2}r$		$\frac{1}{2}(1-r)$
$P_2BC_1F_1$		$\frac{1}{2}r$		$\frac{1}{2}r$	$\frac{1}{2}(1-r)$
F_1DH					$\frac{1}{2}(1-r)$
F_1RIL			$\frac{1}{2}R$		$\frac{1}{2}(1-R)$
P_1BC_1RIL		$\frac{1}{4}-\frac{1}{4}(1-r)(1-R)$	$\frac{1}{4}-\frac{1}{4}(1-r)(1-R)$		$\frac{1}{4}(1-r)(1-R)$
P_2BC_1RIL		$\frac{1}{4}r^2$		$\frac{1}{2}r(1-r)$	$\frac{1}{2}+\frac{1}{4}(1-r)(1-R)$
F_2	$\frac{1}{2}r^2$	$\frac{1}{2}r(1-r)$	$\frac{1}{4}+\frac{1}{4}r^2(1-r)^2$	$\frac{1}{2}r(1-r)$	$\frac{1}{4}(1-r)^2$
F_3	$\frac{1}{2}r^2(1-r)^2$	$\frac{1}{2}r(1-r)(1-r+r^2)$	$\frac{1}{4}r^2+\frac{1}{4}r^2(1-r)^2$	$\frac{1}{2}r(1-r)(1-r+r^2)$	$\frac{1}{4}(1-r)+\frac{1}{8}(1-r)^4+\frac{1}{8}r^4$
$P_1BC_2F_1$					

续表

群体名称	Ab/aB	$Aabb$	$aaBB$	$aaBb$	$aabb$
$P_2BC_2F_1$		$\frac{1}{4}-\frac{1}{4}(1-r)^2$		$\frac{1}{4}-\frac{1}{4}(1-r)^2$	$\frac{1}{2}+\frac{1}{4}(1-r)^2$
P_1BC_2RIL			$\frac{1}{8}-\frac{1}{8}(1-r)^2(1-R)$		$\frac{1}{8}(1-r)^2(1-R)$
P_2BC_2RIL			$\frac{1}{8}-\frac{1}{8}(1-r)^2(1-R)$		$\frac{3}{4}+\frac{1}{8}(1-r)^2(1-R)$
$P_1BC_1F_2$	$\frac{1}{4}r^2(1-r)$	$\frac{1}{4}r(1-r)^2$	$\frac{1}{8}r+\frac{1}{8}r^2(1-r)$	$\frac{1}{4}r(1-r)^2$	$\frac{1}{8}(1-r)^3$
$P_2BC_1F_2$	$\frac{1}{4}r^2(1-r)$	$\frac{1}{4}r+\frac{1}{4}r(1-r)^2$	$\frac{1}{8}r+\frac{1}{8}r^2(1-r)$	$\frac{1}{4}r+\frac{1}{4}r(1-r)^2$	$\frac{1}{2}-\frac{1}{4}r+\frac{1}{8}(1-r)^3$
$P_1BC_2F_2$	$\frac{1}{8}r^2(1-r)^2$	$\frac{1}{8}r(1-r)^3$	$\frac{1}{16}-\frac{1}{16}(1-r)^2(1-r^2)$	$\frac{1}{8}r(1-r)^3$	$\frac{1}{16}(1-r)^4$
$P_2BC_2F_2$	$\frac{1}{8}r^2(1-r)^2$	$\frac{1}{8}-\frac{1}{8}(1-r)^2(1-r+r^2)$	$\frac{1}{16}-\frac{1}{16}(1-r)^2(1-r^2)$	$\frac{1}{8}-\frac{1}{8}(1-r)^2(1-r+r^2)$	$\frac{5}{8}+\frac{1}{8}(1-r)^2+\frac{1}{16}(1-r)^4$
P_1BC_1DH			$\frac{1}{4}-\frac{1}{4}(1-r)^2$		$\frac{1}{4}(1-r)^2$
P_2BC_1DH			$\frac{1}{4}-\frac{1}{4}(1-r)^2$		$\frac{1}{2}+\frac{1}{4}(1-r)^2$
P_1BC_2DH			$\frac{1}{8}-\frac{1}{8}(1-r)^3$		$\frac{1}{8}(1-r)^3$
P_2BC_2DH			$\frac{1}{8}-\frac{1}{8}(1-r)^3$		$\frac{3}{4}+\frac{1}{8}(1-r)^3$

注：空白表示该基因型在群体中不存在，其频率为 0；r 为一次减数分裂过程中的重组率，R 为重复自交的累积重组率，$R=\dfrac{2r}{1+2r}$

§2.2.2 永久群体中 4 种纯合基因型的理论频率

为方便起见，首先把 10 种永久群体中各种基因型的理论频率列于表 2.4。从中可以看出，F_1DH 中理论频率有最简单的表达形式，重组型 $AAbb$ 和 $aaBB$ 占的比例为 r、亲本型 $AABB$ 和 $aabb$ 占的比例为 $1-r$。因此，重组型占总 DH 家系的比例就是重组率的估计。F_1RIL 中，重组型 $AAbb$ 和 $aaBB$ 占的比例为 R，亲本型 $AABB$ 和 $aabb$ 占的比例为 $1-R$。因此，重组型占总 RIL 家系的比例可作为累积重组率 R 的估计，进而根据公式 2.7 计算一次减数分裂时的重组率。其他 8 种永久群体的期望频率中，P_1BC_1RIL 和 P_2BC_1RIL 有共同项 $(1-r)(1-R)$，P_1BC_2RIL 和 P_2BC_2RIL 有共同项 $(1-r)^2(1-R)$，P_1BC_1DH 和 P_2BC_1DH 有共同项 $(1-r)^2$，P_1BC_2DH 和 P_2BC_2DH 有共同项 $(1-r)^3$（表 2.4）。估计重组率时，可先估计出这些共同项，然后估计一次交换的重组率，这样可以避免使用一些较复杂的迭代算法。

表 2.4 永久群体中可识别的 4 种纯合基因型的理论频率

群体名称	$AABB$	$AAbb$	$aaBB$	$aabb$
F_1DH	$\frac{1}{2}(1-r)$	$\frac{1}{2}r$	$\frac{1}{2}r$	$\frac{1}{2}(1-r)$
F_1RIL	$\frac{1}{2}(1-R)$	$\frac{1}{2}R$	$\frac{1}{2}R$	$\frac{1}{2}(1-R)$
P_1BC_1RIL	$\frac{1}{2}+\frac{1}{4}(1-r)(1-R)$	$\frac{1}{4}-\frac{1}{4}(1-r)(1-R)$	$\frac{1}{4}-\frac{1}{4}(1-r)(1-R)$	$\frac{1}{4}(1-r)(1-R)$
P_2BC_1RIL	$\frac{1}{4}(1-r)(1-R)$	$\frac{1}{4}-\frac{1}{4}(1-r)(1-R)$	$\frac{1}{4}-\frac{1}{4}(1-r)(1-R)$	$\frac{1}{2}+\frac{1}{4}(1-r)(1-R)$
P_1BC_2RIL	$\frac{3}{4}+\frac{1}{8}(1-r)^2(1-R)$	$\frac{1}{8}-\frac{1}{8}(1-r)^2(1-R)$	$\frac{1}{8}-\frac{1}{8}(1-r)^2(1-R)$	$\frac{1}{8}(1-r)^2(1-R)$
P_2BC_2RIL	$\frac{1}{8}(1-r)^2(1-R)$	$\frac{1}{8}-\frac{1}{8}(1-r)^2(1-R)$	$\frac{1}{8}-\frac{1}{8}(1-r)^2(1-R)$	$\frac{3}{4}+\frac{1}{8}(1-r)^2(1-R)$
P_1BC_1DH	$\frac{1}{2}+\frac{1}{4}(1-r)^2$	$\frac{1}{4}-\frac{1}{4}(1-r)^2$	$\frac{1}{4}-\frac{1}{4}(1-r)^2$	$\frac{1}{4}(1-r)^2$
P_2BC_1DH	$\frac{1}{4}(1-r)^2$	$\frac{1}{4}-\frac{1}{4}(1-r)^2$	$\frac{1}{4}-\frac{1}{4}(1-r)^2$	$\frac{1}{2}+\frac{1}{4}(1-r)^2$
P_1BC_2DH	$\frac{3}{4}+\frac{1}{8}(1-r)^3$	$\frac{1}{8}-\frac{1}{8}(1-r)^3$	$\frac{1}{8}-\frac{1}{8}(1-r)^3$	$\frac{1}{8}(1-r)^3$
P_2BC_2DH	$\frac{1}{8}(1-r)^3$	$\frac{1}{8}-\frac{1}{8}(1-r)^3$	$\frac{1}{8}-\frac{1}{8}(1-r)^3$	$\frac{3}{4}+\frac{1}{8}(1-r)^3$

注：r 为一次减数分裂过程中的重组率，R 为重复自交的累积重组率，$R=\dfrac{2r}{1+2r}$

§2.2.3 两个共显性标记在暂时群体中基因型的理论频率

包含杂合基因型的遗传群体中，除非开展进一步的测交试验，两种双杂合类型 AB/ab 和 Ab/aB 一般是无法区分的。估计重组率时需要将二者合并，合并后的基因型用 $AaBb$ 表示，其理论频率是 AB/ab 和 Ab/aB 的频率之和。当两个座位上的标记均为共显性时，将表 2.3 中两种双杂型对应的频率相加，就得到可识别的 9 种基因型的理论频率。表 2.5 给出 10 种暂时群体中 9 种可识别基因型的理论频率。利用这些理论频率，就能构造一组样本观测值的极大似然函数，从而估计两个共显性标记间的重组率。

表 2.5 等位基因 A 和 a 是共显性，B 和 b 是共显性时，暂时群体中可识别的 9 种基因型的理论频率

群体名称	$AABB$	$AABb$	$AAbb$	$AaBB$	$AaBb$
$P_1BC_1F_1$	$\frac{1}{2}(1-r)$	$\frac{1}{2}r$			$\frac{1}{2}(1-r)$
$P_2BC_1F_1$				$\frac{1}{2}r$	$\frac{1}{2}(1-r)$
F_2	$\frac{1}{4}(1-r)^2$	$\frac{1}{2}r(1-r)$	$\frac{1}{4}r^2$	$\frac{1}{2}r(1-r)$	$\frac{1}{2}(1-2r+2r^2)$
F_3	$\frac{1}{4}(1-r)+\frac{1}{8}(1-r)^4+\frac{1}{8}r^4$	$\frac{1}{2}(1-r)(1-r+r^2)$	$\frac{1}{4}r+\frac{1}{4}r^2(1-r)^2$	$\frac{1}{2}r(1-r)(1-r+r^2)$	$\frac{1}{4}(1-2r+2r^2)^2$
$P_1BC_2F_1$	$\frac{1}{2}+\frac{1}{4}(1-r)^2$	$\frac{1}{4}-\frac{1}{4}(1-r)^2$	$\frac{1}{4}r+\frac{1}{8}r^2(1-r)$	$\frac{1}{4}-\frac{1}{4}(1-r)^2$	$\frac{1}{4}(1-r)^2$
$P_2BC_2F_1$	$\frac{1}{8}(1-r)^3$	$\frac{1}{4}r(1-r)^2$	$\frac{1}{8}r+\frac{1}{8}r^2(1-r)$	$\frac{1}{4}r+\frac{1}{4}r(1-r)^2$	$\frac{1}{4}(1-r)^2$
$P_1BC_1F_2$	$\frac{1}{2}-\frac{1}{4}r+\frac{1}{8}(1-r)^3$	$\frac{1}{4}r+\frac{1}{8}r^2(1-r)$	$\frac{1}{8}r+\frac{1}{8}r^2(1-r)$	$\frac{1}{4}r+\frac{1}{4}r(1-r)^2$	$\frac{1}{4}(1-r)(1-2r+2r^2)$
$P_2BC_1F_2$	$\frac{1}{8}(1-r)^3$	$\frac{1}{4}r(1-r)^2$	$\frac{1}{8}r+\frac{1}{8}r^2(1-r)$	$\frac{1}{4}r(1-r)^2$	$\frac{1}{4}(1-r)(1-2r+2r^2)$
$P_1BC_2F_2$	$\frac{5}{8}+\frac{1}{8}(1-r)^2+\frac{1}{16}(1-r)^4$	$\frac{1}{8}-\frac{1}{8}(1-r)^2(1-r+r^2)$	$\frac{1}{16}-\frac{1}{16}(1-r)^2(1-r^2)$	$\frac{1}{8}-\frac{1}{8}(1-r)^2(1-r+r^2)$	$\frac{1}{8}(1-r)^2(1-2r+2r^2)$
$P_2BC_2F_2$	$\frac{1}{16}(1-r)^4$	$\frac{1}{8}r(1-r)^3$	$\frac{1}{16}-\frac{1}{16}(1-r)^2(1-r^2)$	$\frac{1}{8}r(1-r)^3$	$\frac{1}{8}(1-r)^2(1-2r+2r^2)$

续表

群体名称	$Aabb$	$aaBB$	$aaBb$	$aabb$
$P_1BC_1F_1$	$\frac{1}{2}r$		$\frac{1}{2}r$	$\frac{1}{2}(1-r)$
$P_2BC_1F_1$				
F_2	$\frac{1}{2}r(1-r)$	$\frac{1}{4}r^2$	$\frac{1}{2}r(1-r)$	$\frac{1}{4}(1-r)^2$
F_3	$\frac{1}{2}r(1-r)(1-r+r^2)$	$\frac{1}{4}r+\frac{1}{4}r^2(1-r)^2$	$\frac{1}{2}r(1-r)(1-r+r^2)$	$\frac{1}{4}(1-r)+\frac{1}{8}(1-r)^4+\frac{1}{8}r^4$
$P_1BC_2F_1$	$\frac{1}{4}-\frac{1}{4}(1-r)^2$		$\frac{1}{4}-\frac{1}{4}(1-r)^2$	$\frac{1}{2}+\frac{1}{4}(1-r)^2$
$P_2BC_2F_1$				
$P_1BC_1F_2$	$\frac{1}{4}r+\frac{1}{4}r(1-r)^2$	$\frac{1}{8}r+\frac{1}{8}r^2(1-r)$	$\frac{1}{4}r+\frac{1}{4}r(1-r)^2$	$\frac{1}{2}-\frac{1}{4}r+\frac{1}{8}(1-r)^3$
$P_2BC_1F_2$	$\frac{1}{4}r(1-r)^2$	$\frac{1}{8}r+\frac{1}{8}r^2(1-r)$	$\frac{1}{4}r(1-r)^2$	$\frac{1}{8}(1-r)^3$
$P_1BC_2F_2$	$\frac{1}{8}-\frac{1}{8}(1-r)^2(1-r+r^2)$	$\frac{1}{16}-\frac{1}{16}(1-r)^2(1-r^2)$	$\frac{1}{8}-\frac{1}{8}(1-r)^2(1-r+r^2)$	$\frac{5}{8}+\frac{1}{8}(1-r)^2+\frac{1}{16}(1-r)^4$
$P_2BC_2F_2$	$\frac{1}{8}r(1-r)^3$	$\frac{1}{16}-\frac{1}{16}(1-r)^2(1-r^2)$	$\frac{1}{8}r(1-r)^3$	$\frac{1}{16}(1-r)^4$

注：空白表示该基因型在群体中不存在，其频率为 0，r 为一次减数分裂过程中的重组率

§2.2.4 一个共显性标记和一个显性标记在暂时群体中基因型的理论频率

如果标记基因 A 和 a 是共显性、标记基因 B 对 b 表现为显性,即标记基因型 BB 和 Bb 无法区分。这时,群体中能识别的标记类型只有 6 种,即 ① $AAB\_$(包括 $AABB$ 和 $AABb$ 两种基因型);② $AAbb$;③ $AaB\_$(包括 $AaBB$ 和 $AaBb$ 两种基因型);④ $Aabb$;⑤ $aaB\_$(包括 $aaBB$ 和 $aaBb$ 两种基因型);⑥ $aabb$。在表 2.5 的基础上,把 $AABB$ 和 $AABb$ 对应的频率相加,就得到基因型 $AAB\_$ 的理论频率;把 $AaBB$ 和 $AaBb$ 对应的频率相加,就得到基因型 $AaB\_$ 的理论频率;把 $aaBB$ 和 $aaBb$ 对应的频率相加,就得到基因型 $aaB\_$ 的理论频率。这 6 种可识别基因型的理论频率列于表 2.6。从表 2.6 可以看到,在 $P_1BC_1F_1$ 群体中,两种可识别基因型 $AAB\_$ 和 $AaB\_$ 各占 $\frac{1}{2}$,其他基因型在群体中不存在;在 $P_1BC_2F_1$ 群体中,两种可识别基因型 $AAB\_$ 和 $AaB\_$ 分别占 $\frac{3}{4}$ 和 $\frac{1}{4}$,其他基因型在群体中不存在。这两种群体中,可识别基因型的理论频率中不包含重组率这一参数,因此无法利用这两个群体估计共显性标记和显性标记之间的重组率。

§2.2.5 一个共显性标记和一个隐性标记在暂时群体中基因型的理论频率

如果标记基因 A 和 a 是共显性、标记基因 B 对 b 表现为隐性,即标记基因型 Bb 和 bb 无法区分。这时,群体中能识别的标记类型只有 6 种,即 ① $AABB$;② AA_b(包括 $AABb$ 和 $AAbb$ 两种基因型);③ $AaBB$;④ Aa_b(包括 $AaBb$ 和 $Aabb$ 两种基因型);⑤ $aaBB$;⑥ aa_b(包括 $aaBb$ 和 $aabb$ 两种基因型)。在表 2.5 的基础上,把 $AABb$ 和 $AAbb$ 对应的频率相加,就得到基因型 AA_b 的理论频率;把 $AaBb$ 和 $Aabb$ 对应的频率相加,就得到基因型 Aa_b 的理论频率;把 $aaBb$ 和 $aabb$ 对应的频率相加,就得到基因型 aa_b 的理论频率。这 6 种可识别基因型的理论频率列于表 2.7。从表 2.7 可以看到,在 $P_2BC_1F_1$ 群体中,两种可识别基因型 Aa_b 和 aa_b 各占 $\frac{1}{2}$,其他基因型在群体中不存在;在 $P_2BC_2F_1$ 群体中,两种可识别基因型 Aa_b 和 aa_b 分别占 $\frac{1}{4}$ 和 $\frac{3}{4}$,其他基因型在群体中不存在。利用这两种群体,无法估计共显性标记和隐性标记之间的重组率。

§2.2.6 两个显性标记在暂时群体中基因型的理论频率

如果标记基因 A 对 a 是显性、标记基因 B 对 b 表现为显性,即标记基因型 AA 和 Aa 无法区分,标记基因型 BB 和 Bb 无法区分。这时,群体中能识别的标记类型只有 4 种,即 ① $A\_B\_$(包括 $AABB$、$AABb$、$AaBB$ 和 $AaBb$ 共 4 种基因型);② A_bb(包括 $AAbb$ 和 $Aabb$ 两种基因型);③ $aaB\_$(包含 $aaBB$ 和 $aaBb$ 两种基因型);④ $aabb$。在表 2.5 的基础上,把 $AABB$、$AABb$、$AaBB$ 和 $AaBb$ 对应的频率相加,就得到基因型 $A\_B\_$ 的理论频率;把 $AAbb$ 和 $Aabb$ 对应的频率相加,就得到基因型 A_bb 的理论频率;把 $aaBB$ 和 $aaBb$ 对应的频率相加,就得到基因型 $aaB\_$ 的理论频率。这 4 种可识别基因型的理论频率列于表 2.8。从表 2.8 可以看到,在 $P_1BC_1F_1$ 和 $P_1BC_2F_1$ 群体中,$A\_B\_$ 是唯一的可识别基因型,其他基因型在群体中不存在。因此,在这两种群体中,两个显性标记之间的重组率均无法估计。

表 2.6 等位基因 A 和 a 是共显性、B 对 b 为显性时，暂时群体中可识别的 6 种基因型的理论频率

群体名称	$AAB\_$ (或 $AABB+AABb$)	$AAbb$	$AaB\_$ (或 $AaBB+AaBb$)
$P_1BC_1F_1$	$\frac{1}{2}$		$\frac{1}{2}$
$P_2BC_1F_1$			$\frac{1}{2}(1-r)$
F_2	$\frac{1}{4}(1-r^2)$	$\frac{1}{4}r^2$	$\frac{1}{2}(1-r+r^2)$
F_3	$\frac{1}{4}(\frac{3}{2}-r-r^2+2r^3-r^4)$	$\frac{1}{4}r+\frac{1}{4}r^2(1-r)^2$	$\frac{1}{2}(\frac{1}{2}-r+2r^2-2r^3+r^4)$
$P_1BC_2F_1$	$\frac{3}{4}$		$\frac{1}{4}$
$P_2BC_2F_1$			$\frac{1}{4}(1-r)^2$
$P_1BC_1F_2$	$\frac{1}{2}+\frac{1}{8}(1-r)^2(1+r)$	$\frac{1}{8}r+\frac{1}{8}r^2(1-r)$	$\frac{1}{4}r+\frac{1}{4}(1-r)(1-r+r^2)$
$P_2BC_1F_2$	$\frac{1}{8}(1-r)^2(1+r)$	$\frac{1}{8}r+\frac{1}{8}r^2(1-r)$	$\frac{1}{4}(1-r)(1-r+r^2)$
$P_1BC_2F_2$	$\frac{3}{4}+\frac{1}{16}(1-r)^3(1+r)$	$\frac{1}{16}-\frac{1}{16}(1-r)^2(1-r^2)$	$\frac{1}{8}-\frac{1}{8}r(1-r)^3$
$P_2BC_2F_2$	$\frac{1}{16}(1-r)^3(1+r)$	$\frac{1}{16}-\frac{1}{16}(1-r)^2(1-r^2)$	$\frac{1}{8}(1-r)^2(1-r+r^2)$

续表

群体名称	$Aabb$	$aaB\_$ (或 $aaBB + aaBb$)	$aabb$
$P_1BC_1F_1$	$\frac{1}{2}r$	$\frac{1}{2}r$	$\frac{1}{2}(1-r)$
$P_2BC_1F_1$	$\frac{1}{2}r(1-r)$	$\frac{1}{4}r(2-r)$	$\frac{1}{4}(1-r)^2$
F_2	$\frac{1}{2}r(1-r)(1-r+r^2)$	$\frac{1}{4}r + \frac{1}{4}r(1-r)(2-r+r^2)$	$\frac{1}{4}(1-r) + \frac{1}{8}(1-r)^4 + \frac{1}{8}r^4$
F_3			
$P_1BC_2F_1$	$\frac{1}{4} - \frac{1}{4}(1-r)^2$	$\frac{1}{4} - \frac{1}{4}(1-r)^2$	$\frac{1}{2} + \frac{1}{4}(1-r)^2$
$P_2BC_2F_1$	$\frac{1}{4}r(1-r)^2$	$\frac{1}{8}r + \frac{1}{8}r(1-r)(2-r)$	$\frac{1}{8}(1-r)^3$
$P_1BC_1F_2$	$\frac{1}{4}r + \frac{1}{4}r(1-r)^2$	$\frac{3}{8}r + \frac{1}{8}r(1-r)(2-r)$	$\frac{1}{2} - \frac{1}{4}r + \frac{1}{8}(1-r)^3$
$P_2BC_1F_2$	$\frac{1}{8}r(1-r)^3$	$\frac{1}{16} - \frac{1}{16}(1-r)^4$	$\frac{1}{16}(1-r)^4$
$P_1BC_2F_2$			
$P_2BC_2F_2$	$\frac{1}{8}(1-r)^2(1-r+r^2)$	$\frac{3}{16} - \frac{1}{8}(1-r)^2 - \frac{1}{16}(1-r)^4$	$\frac{5}{8} + \frac{1}{8}(1-r)^2 + \frac{1}{16}(1-r)^4$

注：空白表示该基因型在群体中不存在，其频率为 0，r 为一次减数分裂过程中的重组率

表 2.7 等位基因 A 和 a 是共显性、B 对 b 为隐性时，暂时群体中可识别的 6 种基因型的理论频率

群体名称	$AABB$	AA_b (或 $AABb+AAbb$)	$AaBB$	Aa_b (或 $AaBb+Aabb$)	$aaBB$	aa_b (或 $aaBb+aabb$)
$P_1BC_1F_1$	$\frac{1}{2}(1-r)$	$\frac{1}{2}r$	$\frac{1}{2}r$	$\frac{1}{2}(1-r)$		
$P_2BC_1F_1$				$\frac{1}{2}$		$\frac{1}{2}$
F_2	$\frac{1}{4}(1-r)^2$	$\frac{1}{4}r(2-r)$	$\frac{1}{2}r(1-r)$	$\frac{1}{2}(1-r+r^2)$	$\frac{1}{4}r^2$	$\frac{1}{4}(1-r^2)$
F_3	$\frac{1}{4}(1-r)+\frac{1}{8}(1-r)^4+\frac{1}{8}r^4$	$\frac{1}{4}+\frac{1}{4}r(1-r)(2-r+r^2)$	$\frac{1}{2}r(1-r)(1-r+r^2)$	$\frac{1}{2}(\frac{1}{2}-r+2r^2-2r^3+r^4)$	$\frac{1}{4}r+\frac{1}{4}r^2(1-r)^2$	$\frac{1}{4}(\frac{3}{2}-r-r^2+2r^3-r^4)$
$P_1BC_1F_2$	$\frac{1}{2}(1-r)+\frac{1}{4}(1-r)^2$	$\frac{1}{4}-\frac{1}{4}(1-r)^2$	$\frac{1}{4}-\frac{1}{4}(1-r)^2$	$\frac{1}{4}(1-r)^2$		
$P_2BC_1F_2$				$\frac{1}{4}$		$\frac{3}{4}$
$P_1BC_2F_1$	$\frac{1}{2}-\frac{1}{4}r+\frac{1}{8}(1-r)^3$	$\frac{3}{8}r+\frac{1}{8}r(1-r)(2-r)$	$\frac{1}{8}r+\frac{1}{4}r(1-r)^2$	$\frac{1}{4}(1-r)(1-r+r^2)$	$\frac{1}{8}r+\frac{1}{8}r^2(1-r)$	$\frac{1}{8}(1-r)(1-r+r^2)$
$P_2BC_1F_2$	$\frac{1}{8}(1-r)^3$	$\frac{1}{8}r+\frac{1}{8}r(1-r)(2-r)$	$\frac{1}{8}r+\frac{1}{4}r^2(1-r)$	$\frac{1}{4}r+\frac{1}{4}(1-r)(1-r+r^2)$	$\frac{1}{8}r+\frac{1}{8}r^2(1-r)$	$\frac{1}{2}+\frac{1}{8}(1-r)^2(1+r)$
$P_1BC_2F_2$	$\frac{5}{8}+\frac{1}{8}(1-r)^2+\frac{1}{16}(1-r)^4$	$\frac{3}{16}-\frac{1}{8}(1-r)^2-\frac{1}{16}(1-r)^4$	$\frac{3}{16}-\frac{1}{8}(1-r)^2(1-r+r^2)$	$\frac{1}{8}(1-r)^2(1-r+r^2)$	$\frac{1}{16}-\frac{1}{16}(1-r)^2(1-r^2)$	$\frac{1}{16}(1-r)^2(1+r)$
$P_2BC_2F_2$	$\frac{1}{16}(1-r)^4$	$\frac{1}{16}-\frac{1}{16}(1-r)^4$	$\frac{1}{8}r(1-r)^3$	$\frac{1}{8}r(1-r)^3$	$\frac{3}{16}-\frac{1}{4}(1-r)^2(1-r^2)$	$\frac{3}{4}+\frac{1}{16}(1-r)^3(1+r)$

注：空白表示该基因型在群体中不存在。其频率为 0，r 为一次减数分裂过程中的重组率

表 2.8 等位基因 A 对 a 是显性，B 对 b 为显性时，暂时群体中可识别的 4 种基因型的理论频率

群体名称	$A\_B\_$（或 $AABB+AABb+AaBB+AaBb$）	A_bb（或 $AAbb+Aabb$）	$aaB\_$（或 $aaBB+aaBb$）	$aabb$
$P_1BC_1F_1$	1			
$P_2BC_1F_1$	$\frac{1}{2}(1-r)$		$\frac{1}{2}r$	$\frac{1}{2}(1-r)$
F_2	$\frac{1}{2}+\frac{1}{8}(1-r)^2$	$\frac{1}{4}r$	$\frac{1}{4}r(2-r)$	$\frac{1}{4}(1-r)^2$
F_3	$\frac{1}{2}-\frac{1}{4}r+\frac{1}{8}(1-r)^4+\frac{1}{8}r^4$	$\frac{1}{4}-\frac{1}{4}r+\frac{1}{4}r(1-r)(2-r+r^2)$	$\frac{1}{4}-\frac{1}{4}r+\frac{1}{4}r(1-r)(2-r+r^2)$	$\frac{1}{4}(1-r)+\frac{1}{8}(1-r)^4+\frac{1}{8}r^4$
$P_1BC_2F_1$	1			
$P_2BC_2F_1$	$\frac{1}{4}(1-r)^2$	$\frac{1}{4}-\frac{1}{4}(1-r)^2$	$\frac{1}{4}-\frac{1}{4}(1-r)^2$	$\frac{1}{2}+\frac{1}{4}(1-r)^2$
$P_1BC_1F_2$	$\frac{3}{4}+\frac{1}{8}(1-r)^3$	$\frac{1}{8}r+\frac{1}{8}r(1-r)(2-r)$	$\frac{1}{8}r+\frac{1}{8}r(1-r)(2-r)$	$\frac{1}{8}(1-r)^3$
$P_2BC_1F_2$	$\frac{1}{4}(1-r)+\frac{1}{8}(1-r)^3$	$\frac{3}{8}r+\frac{1}{8}r(1-r)(2-r)$	$\frac{3}{8}r+\frac{1}{8}r(1-r)(2-r)$	$\frac{1}{2}-\frac{1}{4}r+\frac{1}{8}(1-r)^3$
$P_1BC_2F_2$	$\frac{7}{8}+\frac{1}{16}(1-r)^4$	$\frac{1}{16}-\frac{1}{16}(1-r)^4$	$\frac{1}{16}-\frac{1}{16}(1-r)^4$	$\frac{1}{16}(1-r)^4$
$P_2BC_2F_2$	$\frac{1}{8}(1-r)^2+\frac{1}{16}(1-r)^4$	$\frac{3}{16}-\frac{1}{8}(1-r)^2-\frac{1}{16}(1-r)^4$	$\frac{3}{16}-\frac{1}{8}(1-r)^2-\frac{1}{16}(1-r)^4$	$\frac{5}{8}+\frac{1}{8}(1-r)^2+\frac{1}{16}(1-r)^4$

注：空白表示该基因型在群体中不存在，其频率为 0，r 为一次减数分裂过程中的重组率

§2.2.7 一个显性标记和一个隐性标记在暂时群体中基因型的理论频率

如果标记基因 A 对 a 是显性、标记基因 B 对 b 表现为隐性，即标记基因型 AA 和 Aa 无法区分，标记基因型 Bb 和 bb 无法区分。这时，群体中能识别的标记类型只有 4 种，即 ① A_BB（包括 $AABB$ 和 $AaBB$ 两种基因型）；② $A\_\_b$（包括 $AABb$、$AAbb$、$AaBb$ 和 $Aabb$ 共 4 种基因型）；③ $aaBB$；④ aa_b（包含 $aaBb$ 和 $aabb$ 两种基因型）。在表 2.5 的基础上，把 $AABB$ 和 $AaBB$ 对应的频率相加，就得到基因型 A_BB 的理论频率；把 $AABb$、$AAbb$、$AaBb$ 和 $Aabb$ 对应的频率相加，就得到基因型 $A\_\_b$ 的理论频率；把 $aaBb$ 和 $aabb$ 对应的频率相加，就得到基因型 aa_b 的理论频率。这 4 种可识别基因型的理论频率列于表 2.9。从表 2.9 可以看到，在 $P_1BC_1F_1$、$P_1BC_2F_1$、$P_2BC_1F_1$ 和 $P_2BC_2F_1$ 这 4 种群体中，可识别基因型的理论频率中都不包含重组率这一参数，因此无法利用这 4 种群体估计显性标记和隐性标记之间的重组率。

§2.2.8 两个隐性标记在暂时群体中基因型的理论频率

如果标记基因 A 对 a 是隐性、标记基因 B 对 b 表现为隐性，即标记基因型 Aa 和 aa 无法区分，标记基因型 Bb 和 bb 无法区分。这时，群体中能识别的标记类型只有 4 种，即① $AABB$；② AA_b（包含 $AABb$ 和 $AAbb$ 两种基因型）；③ $\_aBB$（包含 $AaBB$ 和 $aaBB$ 两种基因型）；④ $\_a\_b$（包含 $AaBb$、$Aabb$、$aaBb$ 和 $aabb$ 共 4 种基因型）。在表 2.5 的基础上，把 $AABb$ 和 $AAbb$ 对应的频率相加，就得到基因型 AA_b 的理论频率；把 $AaBB$ 和 $aaBB$ 对应的频率相加，就得到基因型 $\_aBB$ 的理论频率；把 $AaBb$、$Aabb$、$aaBb$ 和 $aabb$ 对应的频率相加，就得到基因型 $\_a\_b$ 的理论频率。这 4 种可识别基因型的理论频率列于表 2.10。从表 2.10 可以看到，$P_2BC_1F_1$ 和 $P_2BC_2F_1$ 两种群体只存在一种可识别的基因型，因此无法利用这两种群体估计两个隐性标记之间的重组率。

表 2.9 等位基因 A 对 a 是显性, B 对 b 为隐性时, 暂时群体中识别的 4 种基因型的理论频率

群体名称	A_BB (或 $AABB+AaBB$)	$A\_b\_$ (或 $AAbb+AaBb+AAbb+Aabb$)	$A\_b\_$ (或 $AABb+AaBb+Aabb$)	$aaBB$	$aa\_b\_$ (或 $aaBb+aabb$)
$P_1BC_1F_1$	$\frac{1}{2}$		$\frac{1}{2}$		
$P_2BC_1F_1$			$\frac{1}{2}$		$\frac{1}{2}$
F_2	$\frac{1}{4}(1-r^2)$		$\frac{1}{2}+\frac{1}{4}r^2$	$\frac{1}{4}r^2$	$\frac{1}{4}(1-r^2)$
F_3	$\frac{1}{4}(\frac{3}{2}-r-r^2+2r^3-r^4)$		$\frac{1}{4}(1+r+r^2-2r^3+r^4)$	$\frac{1}{4}r+\frac{1}{4}r^2(1-r)^2$	$\frac{1}{4}(\frac{3}{2}-r-r^2+2r^3-r^4)$
$P_1BC_2F_1$	$\frac{3}{4}$		$\frac{1}{4}$		
$P_2BC_2F_1$			$\frac{1}{4}$		$\frac{3}{4}$
$P_1BC_1F_2$	$\frac{1}{2}+\frac{1}{8}(1-r)^2(1+r)$		$\frac{3}{8}r+\frac{1}{8}(1-r)(2+r^2)$	$\frac{1}{8}r+\frac{1}{8}r^2(1-r)$	$\frac{1}{8}(1-r)^2(1+r)$
$P_2BC_1F_2$	$\frac{1}{8}(1-r)^2(1+r)$		$\frac{3}{8}r+\frac{1}{8}(1-r)(2+r^2)$	$\frac{1}{8}r+\frac{1}{8}r^2(1-r)$	$\frac{1}{2}+\frac{1}{8}(1-r)^2(1+r)$
$P_1BC_2F_2$	$\frac{3}{4}+\frac{1}{16}(1-r)^3(1+r)$		$\frac{3}{16}-\frac{1}{16}(1-r)^3(1+r)$	$\frac{1}{16}-\frac{1}{16}(1-r)^3(1+r)$	$\frac{1}{16}(1-r)^3(1+r)$
$P_2BC_2F_2$	$\frac{1}{16}(1-r)^3(1+r)$		$\frac{3}{16}-\frac{1}{16}(1-r)^3(1+r)$	$\frac{1}{16}-\frac{1}{16}(1-r)^3(1+r)$	$\frac{3}{4}+\frac{1}{16}(1-r)^3(1+r)$

注: 空白表示该基因型在群体中不存在, 其频率为 0, r 为一次减数分裂过程中的重组率

表 2.10 等位基因 A 对 a 是隐性、B 对 b 为隐性时，暂时群体中识别的 4 种基因型的理论频率

群体名称	$AABB$	AA_b（或 $AABb+AAbb$）	$\_aBB$（或 $AaBB+aaBB$）	$\_a\_b$（或 $AaBb+Aabb+aaBb+aabb$）
$P_1BC_1F_1$	$\frac{1}{2}(1-r)$	$\frac{1}{2}r$	$\frac{1}{2}r$	$\frac{1}{2}(1-r)$
$P_2BC_1F_1$				1
F_2	$\frac{1}{4}(1-r)^2$	$\frac{1}{4}r(2-r)$	$\frac{1}{4}r(2-r)$	$\frac{1}{2}+\frac{1}{4}(1-r)^2$
F_3	$\frac{1}{4}(1-r)+\frac{1}{8}(1-r)^4+\frac{1}{8}r^4$	$\frac{1}{4}r+\frac{1}{4}r(1-r)(2-r+r^2)$	$\frac{1}{4}r+\frac{1}{4}r(1-r)(2-r+r^2)$	$\frac{1}{2}-\frac{1}{4}r+\frac{1}{8}(1-r)^4+\frac{1}{8}r^4$
$P_1BC_2F_1$	$\frac{1}{2}+\frac{1}{4}(1-r)^2$	$\frac{1}{4}-\frac{1}{4}(1-r)^2$	$\frac{1}{4}-\frac{1}{4}(1-r)^2$	$\frac{1}{4}(1-r)^2$
$P_2BC_2F_1$				1
$P_1BC_1F_2$	$\frac{1}{2}-\frac{1}{4}r+\frac{1}{8}(1-r)^3$	$\frac{3}{8}r+\frac{1}{8}r(1-r)(2-r)$	$\frac{3}{8}r+\frac{1}{8}r(1-r)(2-r)$	$\frac{1}{4}(1-r)+\frac{1}{8}(1-r)^3$
$P_2BC_1F_2$	$\frac{1}{8}(1-r)^3$	$\frac{1}{8}r+\frac{1}{8}r(1-r)(2-r)$	$\frac{1}{8}r+\frac{1}{8}r(1-r)(2-r)$	$\frac{3}{4}+\frac{1}{8}(1-r)^3$
$P_1BC_2F_2$	$\frac{5}{8}+\frac{1}{8}(1-r)^2+\frac{1}{16}(1-r)^4$	$\frac{3}{16}-\frac{1}{8}(1-r)^2-\frac{1}{16}(1-r)^4$	$\frac{3}{16}-\frac{1}{8}(1-r)^2-\frac{1}{16}(1-r)^4$	$\frac{1}{8}-\frac{1}{8}(1-r)^2+\frac{1}{16}(1-r)^4$
$P_2BC_2F_2$	$\frac{1}{16}(1-r)^4$	$\frac{1}{16}-\frac{1}{16}(1-r)^4$	$\frac{1}{16}-\frac{1}{16}(1-r)^4$	$\frac{7}{8}\frac{1}{16}(1-r)^4$

注：空白表示该基因型在群体中不存在，其频率为 0，r 为一次减数分裂过程中的重组率

§2.3 两个标记/基因座位间重组率的估算

§2.3.1 DH 群体中重组率的极大似然估计

利用杂种 F_1 植株上的配子直接加倍培养得到的 DH 群体，具有最简单的遗传结构。所谓遗传结构，就是一个遗传群体中一个或多个座位上等位基因和基因型的频率。我们首先以最简单的 DH 群体为例，介绍重组率极大似然估计（maximum likelihood estimation, MLE）的基本原理。假定亲本 P_1 和 P_2 的标记基因型分别为 $AABB$ 和 $aabb$，两个标记间的重组率为 r。杂种 F_1 的基因型为 AB/ab，减数分裂过程中将产生基因型为 AB、Ab、aB 和 ab 的 4 种类型配子。其中，AB 和 ab 称为亲本配子型，Ab 和 aB 称为交换配子型。根据遗传学的重组和交换原理，两种亲本型的频率等于 $1-r$，两种交换型的频率为 r。F_1 群体中，每个等位基因的频率均为 0.5，AB 和 ab 出现的频率相同，Ab 和 aB 出现的频率也相同。因此，4 种配子类型 AB、Ab、aB 和 ab 的频率分别为 $\frac{1}{2}(1-r)$、$\frac{1}{2}r$、$\frac{1}{2}r$ 和 $\frac{1}{2}(1-r)$。同时，这些频率也分别是 DH 群体中 4 种纯合基因型 $AABB$、$AAbb$、$aaBB$ 和 $aabb$ 的频率。表 2.11 中，n_1 和 n_4 为两种亲本基因型的 DH 家系数，n_2 和 n_3 为两种重组基因型的 DH 家系数，总的观测个体数为 $n = n_1 + n_2 + n_3 + n_4$。

表 2.11 DH 群体中两个座位上 4 种纯合基因型的期望频率和观测值

	$AABB$	$AAbb$	$aaBB$	$aabb$
基因型数字编码	(2, 2)	(2, 0)	(0, 2)	(0, 0)
期望或理论频率	$p_1 = \frac{1}{2}(1-r)$	$p_2 = \frac{1}{2}r$	$p_3 = \frac{1}{2}r$	$p_4 = \frac{1}{2}(1-r)$
观测样本量	n_1	n_2	n_3	n_4
Act8A 和 OP06 的样本量	64	8	7	61

以第 1 章图 1.7 的大麦 DH 群体为例。对标记 Act8A 和 OP06 来说，$AABB$ 代表亲本 'Harrington' 的标记型，编码为 (2, 2)；$aabb$ 代表亲本 'TR306' 的标记型，编码为 (0, 0)。两种重组基因型的编码分别为 (2, 0) 和 (0, 2)。4 种标记型的观测值分别为 64、8、7 和 61（表 2.11 最后一行），总样本量 $n=140$。家系 3 的标记 Act8A 缺失，家系 55、85、105 和 120 的标记 TR306 缺失。因此，这里的总样本量小于图 1.7 的家系数 145。采用极大似然方法估计重组率的基本步骤如下。

（1）建立重组率 r 的似然函数。表 2.11 中，4 种纯合基因型的观测次数 n_1、n_2、n_3 和 n_4 服从频率为 p_1、p_2、p_3 和 p_4 的多项分布。似然函数由公式 2.9 给出。其中，$C = \frac{n!}{n_1!n_2!n_3!n_4!}\left(\frac{1}{2}\right)^{n_1+n_2+n_3+n_4}$，是一个不依赖于重组率 r 的常数。

$$L(r) = \frac{n!}{n_1!n_2!n_3!n_4!}\left[\frac{1}{2}(1-r)\right]^{n_1}\left(\frac{1}{2}r\right)^{n_2}\left(\frac{1}{2}r\right)^{n_3}\left[\frac{1}{2}(1-r)\right]^{n_4}$$
$$= C(1-r)^{n_1+n_4}r^{n_2+n_3} \tag{2.9}$$

（2）建立对数似然函数。类似于公式 2.9 的似然函数，直接求解其极大值往往很困难。

对数变换后一般可以大大简化函数极值的计算。对公式 2.9 的似然函数求自然对数，就得到对数似然函数公式 2.10。

$$\ln L(r) = \ln C + (n_1 + n_4)\ln(1-r) + (n_2 + n_3)\ln(r) \tag{2.10}$$

（3）求对数似然函数的一阶和二阶导数。对公式 2.10 给出的对数似然函数求重组率 r 的一阶和二阶导数，得到公式 2.11 和公式 2.12。

$$[\ln L(r)]' = \frac{d\ln L}{dr} = -\frac{n_1 + n_4}{1-r} + \frac{n_2 + n_3}{r} \tag{2.11}$$

$$[\ln L(r)]'' = \frac{d^2\ln L}{dr^2} = -\frac{n_1 + n_4}{(1-r)^2} - \frac{n_2 + n_3}{r^2} \tag{2.12}$$

（4）求解重组率 r 的极大似然估计。令一阶导数（公式 2.11）等于 0，得到重组率的极大似然估计公式 2.13。

$$\hat{r} = \frac{n_2 + n_3}{n_1 + n_2 + n_3 + n_4} = \frac{n_2 + n_3}{n} \tag{2.13}$$

（5）计算重组率估计值的方差。极大似然估计的方差一般由 Fisher 信息量获得。Fisher 信息量 I 等于对数似然函数二阶导数的相反数，其倒数可作为重组率估计值的方差的估计。DH 群体中，重组率的 Fisher 信息量由公式 2.14 给出，重组率估计值的方差由公式 2.15 给出。公式 2.15 的平方根就是重组率估计值的标准差。

$$I = -[\ln L(r)]''|_{r=\hat{r}} = \left[-\frac{n_1 + n_4}{(1-r)^2} - \frac{n_2 + n_3}{r^2}\right]\bigg|_{r=\hat{r}} = \frac{n}{\hat{r}(1-\hat{r})} \tag{2.14}$$

$$V_{\hat{r}} = \frac{1}{I} = \frac{\hat{r}(1-\hat{r})}{n} \tag{2.15}$$

（6）重组率显著性的似然比检验。显著性检验的零假设是 $H_0: r = 0.5$，即两个基因座位间不存在连锁关系。备择假设是 $H_A: r < 0.5$，即两个基因座位间存在连锁关系。似然比统计量（likelihood ratio test, LRT）定义为备择假设和零假设两种情形下，极大似然函数比值的自然对数的 2 倍。LRT 统计量在大样本的情况下，近似服从 χ^2 分布，χ^2 分布的自由度等于两种假设下独立参数个数间的差异。此处的 χ^2 分布自由度为 1，LRT 统计量的计算方法见公式 2.16。

$$\max L(H_0) = L(r = 0.5) = C\left(\frac{1}{2}\right)^n$$

$$\max L(H_A) = L(r = \hat{r}) = C(1-\hat{r})^{n_1+n_4}(\hat{r})^{n_2+n_3}$$

$$\begin{aligned} \text{LRT} &= -2\ln\frac{\max L(H_0)}{\max L(H_A)} = -2\ln\frac{\left(\frac{1}{2}\right)^n}{(1-\hat{r})^{n_1+n_4}(\hat{r})^{n_2+n_3}} \\ &= 2(n_1+n_4)\ln[2(1-\hat{r})] + 2(n_2+n_3)\ln(2\hat{r}) \sim \chi^2(1) \end{aligned} \tag{2.16}$$

对大麦 DH 群体中的两个标记 Act8A 和 OP06 来说（表 2.11），根据公式 2.13 得到重组率的估计 $\hat{r} = 0.1071$，利用公式 2.15 的平方根得到估计值的标准差为 $\text{SE}(\hat{r}) = 0.0261$。利用公式 2.16 得到似然比统计量 $\text{LRT} = 98.44$（$P = 2.88 \times 10^{-23}$），说明这两个标记之间存在极显著的遗传连锁关系。

§2.3.2 重组率极大似然估计的一般形式

假定某个遗传群体中可识别的基因型有 k 种,每种基因型的理论频率为 p_i ($i=1,2,\cdots,$ 6)。考察 n 个个体的基因型,每种基因型的观察次数为 n_i ($i=1,2,\cdots,k$)。

(1)建立似然函数。大小为 n 的群体中,k 种基因型观察次数 n_i ($i=1,2,\cdots,k$) 服从理论频率为 p_i ($i=1,2,\cdots,k$) 的多项分布,似然函数见公式 2.17。

$$L(r) = \frac{n!}{n_1!n_2!\cdots n_k!}(p_1)^{n_1}(p_2)^{n_2}\cdots(p_k)^{n_k} \tag{2.17}$$

(2)建立对数似然函数。对似然函数公式 2.17 直接求解有时很困难,为便于求导,往往对公式 2.17 作对数变换。得到的对数似然函数用公式 2.18 表示,其中 $C = \frac{n!}{n_1!n_2!\cdots n_k!}$ 为常数项,与待估计的重组率 r 无关。

$$\ln L(r) = \ln C + n_1 \ln p_1 + n_2 \ln p_2 + \cdots + n_k \ln p_k \tag{2.18}$$

(3)求对数似然函数对重组率 r 的一阶和二阶导数。一阶和二阶导数分别用公式 2.19 和公式 2.20 表示。

$$[\ln L(r)]' \hat{=} \frac{\mathrm{d}\ln L(r)}{\mathrm{d}r} = \sum_{i=1}^{k} n_i \frac{\mathrm{d}(\ln p_i)}{\mathrm{d}r} = \sum_{i=1}^{k} \frac{n_i}{p_i}\left(\frac{\mathrm{d}p_i}{\mathrm{d}r}\right) \tag{2.19}$$

$$[\ln L(r)]'' = \frac{\mathrm{d}^2 \ln L}{\mathrm{d}r^2} = -\sum_{i=1}^{k} \frac{n_i}{p_i^2}\left(\frac{\mathrm{d}p_i}{\mathrm{d}r}\right)^2 + \sum_{i=1}^{k} \frac{n_i}{p_i}\left(\frac{\mathrm{d}^2 p_i}{\mathrm{d}r^2}\right) \tag{2.20}$$

(4)求解重组率 r 的极大似然估计。有些群体中,令一阶导数公式 2.19 等于 0(称为似然方程),就可以直接计算出重组率,如 DH、RIL、BC_1F_1 等。还有一些群体,难以对似然方程直接求解,这时需要采用迭代算法。当一个函数的一阶和二阶导数有明显的表达式时,Newton 迭代算法(也称 Newton-Raphson 算法)是通用的求解方法。首先选定一个重组率的起始值 $r^{(0)}$,利用公式 2.21 计算一个新的重组率 $r^{(1)}$。重复这一过程,当两次迭代间重组率之差的绝对值小于事先设定的允许误差 ε 时,停止迭代,并把最后一次的迭代值作为重组率的极大似然估计值。允许误差 ε 可取 10^{-4} 或更小的数字。

$$r^{(1)} = r^{(0)} - \frac{[\ln L(r)]'|_{r=r^{(0)}}}{[\ln L(r)]''|_{r=r^{(0)}}} \tag{2.21}$$

(5)求重组率估计值的方差。极大似然估计的方差一般由 Fisher 信息量获得。Fisher 信息量 I 等于对数似然函数二阶导数期望值的相反数,信息量的倒数可用于估计一个极大似然估计的方差,即公式 2.22。

$$I = -\frac{\mathrm{d}^2 \ln L}{\mathrm{d}r^2}\Big|_{r=\hat{r}}, \quad V_{\hat{r}} = \frac{1}{I} \tag{2.22}$$

(6)重组率显著性的似然比检验。显著性检验的零假设是 $H_0: r = 0.5$,即两个基因座位间不存在连锁关系。备择假设是 $H_A: r < 0.5$,即两个基因座位间存在连锁关系。似然比统计量 LRT 定义为备择假设和零假设两种情形下,极大似然函数比值的自然对数的 2 倍。LRT

统计量在大样本的情况下近似服从 χ^2 分布，χ^2 分布的自由度等于两种假设下独立参数个数间的差异。在重组率的检验中，两种假设下独立参数个数的差异为 1。因此得到 LRT 的计算和分布公式 2.23。

$$\begin{aligned} \text{LRT} =& -2\ln\frac{\max L(H_0)}{\max L(H_A)} = -2\ln\frac{L(r=0.5)}{L(r=\hat{r})} \\ =& -2[\ln L(r=0.5) - \ln L(r=\hat{r})] \sim \chi^2(1) \end{aligned} \quad (2.23)$$

公式 2.23 的统计量是一个自然对数。遗传研究中，人们更习惯于以 10 为底的常用对数，即公式 2.24 给出的 LOD 统计量。不难看出，LRT 和 LOD 之间仅相差一个常数比值。LOD 统计量并不满足 χ^2 分布。如果想知道它的显著性概率，需要把 LOD 转换为 LRT，然后根据公式 2.23 给出的分布计算概率值。

$$\text{LOD} = \log_{10}\left(\frac{\max L(H_A)}{\max L(H_0)}\right) \approx 0.217\,\text{LRT} \quad (2.24)$$

EM 迭代算法也曾应用于 F_2 群体中不同类型标记间重组率的计算（见 §2.3.5）。但是，对于 F_3、BC_1F_2、BC_2F_1、BC_2F_2 等群体，EM 算法难以实现。Newton 迭代可作为重组率极大似然估计的通用算法，适宜于所有群体和所有标记类型。它的另外一个优点是迭代结束时，可同时得到重组率的估计值，以及重组率估计值的方差。

以表 2.11 的两个标记为例，图 2.1 给出对数似然函数曲线，其中不包含常数项 $\ln C$。可以看出，对数似然函数在 0.08~0.14 处有一个极大值点。这个极大值点对应的 x 轴其实就是我们想要的重组率估计值，对应的 y 轴就是似然函数的极大值。图 2.2 给出相应的一阶导数曲线（A）和二阶导数曲线（B）。一阶导数对较小的重组率为正值，随着重组率增大逐渐下降，在 0.08 和 0.14 之间与 x 轴有一个交点。由于二阶导数均为负值，这个交点是对数似然函数的一个极大值点。二阶导数在重组率的取值范围内一直为负值，但随着重组率增大而逐渐上升。表明对数似然函数在区间 (0, 0.5) 上是一个凸函数，有唯一的极大值点。

对于初始值 0.01，经过 8 次迭代似然函数收敛到极大值点，得到重组率的估计值为 0.1071（表 2.12），与直接计算的估计值相同。极大值点的二阶导数值 -1463.47 可用于估计重组率极大似然估计的方差和标准差，即

$$I = 1463.37,\ V_{\hat{r}} = \frac{1}{I} = 6.83\times 10^{-4},\ \text{SE}_{\hat{r}} = \sqrt{V_{\hat{r}}} = 0.0261$$

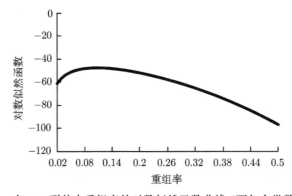

图 2.1　一个 DH 群体中重组率的对数似然函数曲线（不包含常数项 $\ln C$）

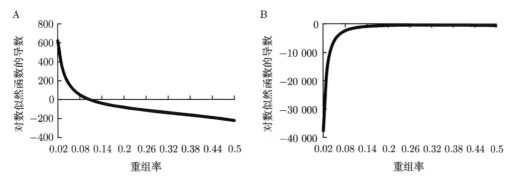

图 2.2 一个 DH 群体中重组率对数似然函数的一阶导数曲线（A）和二阶导数曲线（B）

表 2.12 DH 群体中重组率估计的 Newton 迭代算法

	迭代次数							
	1	2	3	4	5	6	7	8
重组率	0.0100	0.0196	0.0351	0.0593	0.0866	0.1035	0.1070	0.1071
$\ln L(r)$	-70.33	-61.75	-54.70	-50.01	-48.02	-47.68	-47.67	-47.67
$[\ln L(r)]'$	1373.74	655.83	297.38	119.90	36.40	5.49	0.16	0.00
$[\ln L(r)]''$	-1.50×10^5	-4.10×10^4	-1.23×10^4	-4401.17	-2150.79	-1555.66	-1466.11	-1463.47

§2.3.3 F_2 群体中一个共显性座位和一个显性座位间的重组率估计

一个 F_2 群体中，如要计算一个共显性座位和一个显性座位间的重组率，群体中有 6 种可识别的基因型，每种基因型的理论频率用 p_i $(i=1,2,\cdots,6)$ 表示，理论频率与重组率 r 的关系见表 2.6。每种基因型的观察次数用 n_i $(i=1,2,\cdots,6)$ 表示，总样本量为 n。F_2 群体的似然函数见公式 2.25，其中，$C = \dfrac{n!}{n_1!n_2!n_3!n_4!n_5!n_6!} \left(\dfrac{1}{4}\right)^{n_1+n_2+n_5+n_6} \left(\dfrac{1}{2}\right)^{n_3+n_4}$，与待估计的重组率 r 无关。

$$\begin{aligned} L(r) &= C(1-r^2)^{n_1}(r^2)^{n_2}(1-r+r^2)^{n_3}[r(1-r)]^{n_4}[r(2-r)]^{n_5}(1-r)^{2n_6} \\ &= C(r)^{2n_2+n_4+n_5}(1+r)^{n_1}(1-r)^{n_1+n_4+2n_6}(2-r)^{n_5}(1-r+r^2)^{n_3} \end{aligned} \quad (2.25)$$

对公式 2.25 两边求对数，得到的对数似然函数用公式 2.26 表示。

$$\begin{aligned} \ln L(r) =\ & \ln C + (2n_2+n_4+n_5)\ln(r) + n_1\ln(1+r) \\ & + (n_1+n_4+2n_6)\ln(1-r) + n_5\ln(2-r) + n_3\ln(1-r+r^2) \end{aligned} \quad (2.26)$$

对公式 2.26 求一阶和二阶导数，就得到对数似然函数的一阶和二阶导数，分别用公式 2.27 和公式 2.28 表示。

$$\begin{aligned} [\ln L(r)]' = \frac{\mathrm{d}\ln L(r)}{\mathrm{d}r} =\ & \frac{2n_2+n_4+n_5}{r} + \frac{n_1}{1+r} - \frac{n_1+n_4+2n_6}{1-r} \\ & + \frac{n_5}{2-r} - \frac{n_3(1-2r)}{1-r+r^2} \end{aligned} \quad (2.27)$$

$$[\ln L(r)]'' = \frac{\mathrm{d}^2 \ln L(r)}{\mathrm{d}r^2} = -\frac{2n_2 + n_4 + n_5}{r^2} - \frac{n_1}{(1+r)^2} + \frac{n_1 + n_4 + 2n_6}{(1-r)^2}$$
$$+ \frac{n_5}{(2-r)^2} + \frac{n_3(1+2r-2r^2)}{(1-r+r^2)^2} \tag{2.28}$$

令一阶导数公式 2.27 等于 0，得到的是重组率的一元六次方程，难以直接求解，只能采用迭代算法。以小麦抗病亲本 P_1 和感病亲本 P_2 的杂交 F_2 群体为例（表 2.13），抗病单株中观察到 3 种分子标记带型的植株数分别为 572、1161 和 14，感病单株中观察到 3 种带型的植株数分别为 3、22 和 569。第 1 章表 1.3 的适合性检验表明，抗性为单基因控制、抗病表现为显性的质量性状，分子标记基因为共显性。选取重组率的初始值 0.001，经过 9 次迭代，重组率收敛到 0.0179，对数似然值达极大值 −201.11。这时，对数似然函数的一阶导数接近于 0（表 2.14）。最终的二阶导数等于 -1.29×10^5，可用于重组率估计值的方差和标准差的估计，即

$$\hat{r} = 0.0179, \quad I = 1.29 \times 10^5, \quad V_{\hat{r}} = \frac{1}{I} = 7.75 \times 10^{-6}, \quad \mathrm{SE}_{\hat{r}} = \sqrt{V_{\hat{r}}} = 0.0028$$

表 2.13　抗病和感病亲本杂交产生的小麦 F_2 群体中一个共显性标记和一个单基因抗性性状的观测个体数

标记基因型	抗病性	
	抗病，用 $B\_$ 表示	感病，用 bb 表示
抗病亲本标记型，用 AA 表示	$n_1 = 572$	$n_2 = 3$
杂合标记型，用 Aa 表示	$n_3 = 1161$	$n_4 = 22$
感病亲本标记型，用 aa 表示	$n_5 = 14$	$n_6 = 569$

注：抗病相对于感病表现为显性，标记等位基因用 A 和 a 表示，抗病性等位基因用 B 和 b 表示

表 2.14　一个共显性标记和一个显性抗病基因间重组率估计的 Newton 迭代算法

	迭代次数								
	1	2	3	4	5	6	7	8	9
重组率	0.001 0	0.001 9	0.003 7	0.006 6	0.010 8	0.015 1	0.017 5	0.017 9	0.017 9
$\ln L(r)$	−282.75	−257.02	−234.28	−216.51	−205.69	−201.67	−201.12	−201.11	−201.11
$[\ln L(r)]'$	39 670.85	19 268.08	9 081.59	4 018.63	1 548.44	430.81	50.88	−0.26	0.007 1
$[\ln L(r)]''$	-4.12×10^7	-1.11×10^7	-3.10×10^6	-9.5×10^5	-3.58×10^5	-1.81×10^5	-1.35×10^5	-1.29×10^5	-1.29×10^5

§2.3.4　Newton 迭代算法中初始值的选取

Newton 迭代算法的收敛性和收敛速度与初始值的选取有关。当初始值接近真实值时，Newton 迭代算法的收敛速度很快；当初始值距离真实值太远时，Newton 迭代算法收敛较慢，甚至会出现不收敛的现象。对于重组率来说，尽管不同群体中似然函数有不同的表达形式，但是对数似然函数自变量的有效取值为 0~0.5，并且有类似于图 2.1 的形状，对数似然函数的一阶和二阶导数分别有类似于图 2.2A 和图 2.2B 的形状。因此，重组率有唯一的极大似然估计值。

图 2.3 给出 Newton 迭代算法的几何解释。对于初始值 $r^{(0)}$，过点 $[r^{(0)}, \ln L'(r = r^{(0)})]$ 做函数 $\ln L'(r)$ 的切线，切线与 x 轴的交点就是迭代公式 2.21 给出的新的重组率。由图 2.3 可以看出，对于小于极大似然估计 $\hat{r}$ 的初始值 $r^{(0)}$，Newton 迭代能很快收敛到 $\hat{r}$。当要计算的 $\hat{r}$ 很小时，选取较大的正数如 0.2 作为初始值时，Newton 迭代算法可能收敛不到 $\hat{r}$。这时应该逐渐减小初始值，如选取 0.2 的一半，即 0.1，作为新的初始值进行迭代。研究表明（Sun et al., 2012），选取较小的一个正数作为初始值，如 $r^{(0)}$=0.01 或 0.001，Newton 迭代算法在绝大多情况下都能收敛到极大似然估计 $\hat{r}$，对于较大的 $\hat{r}$，只不过迭代次数多一些而已。

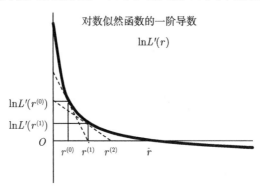

图 2.3　Newton 迭代计算重组率极大似然估计示意图

有些情况下，初始值还可以利用群体中部分基因型的理论频率和样本量来确定。以表 2.5 中的 F_2 群体为例，9 种基因型的样本量用 n_i ($i = 1, 2, \cdots, 9$) 表示。不考虑双杂型 $AaBb$，这时的总样本量为 $n - n_5$，共有 $2(n - n_5)$ 个单倍型。在单杂合基因型 $AABb$、$AaBB$、$Aabb$ 和 $aaBb$ 中，每个个体中的两个单倍型中只有一个属于交换型；在纯合基因型 $AAbb$ 和 $aaBB$ 中，两个单倍型均是交换型；在纯合基因型 $AABB$ 和 $aabb$ 中，两个单倍型均不是交换型。因此，可利用公式 2.29 定义重组率的初始值。这样的初始值会很接近待估计的重组率，可以提高 Newton 迭代算法的收敛速度。

$$r^{(0)} = \frac{n_2 + 2n_3 + n_4 + n_6 + 2n_7 + n_8}{2(n - n_5)} \tag{2.29}$$

§2.3.5　F_2 群体中重组率估计的 EM 算法

§2.3.2 节提过，EM 算法也可用于一些遗传群体的重组率估计。现以两个共显性标记为例，说明 F_2 群体中重组率估计的 EM 算法。利用第 1 章图 1.8 给出的 F_2 群体基因型数据，两个共显性标记 M1-1 和 M1-2 的 9 种基因型观测值列于表 2.15。通过第 1 章练习 1.4，我们知道这两个座位间存在显著的连锁关系。第 3 列的理论频率来自表 2.5，总样本量用 n 表示。给定重组率的一个起始值，利用 EM 算法计算群体中重组单倍型的比例，并将其作为重组率的估计值。以此作为新的重组率起始值，重复上述过程，直到两次迭代间重组率的差值小于预设的标准为止。因此，EM 算法的重点是计算每种基因型中重组单倍型的概率。

基因型 $AABB$ 和 $aabb$ 所包含的两个单倍型均为亲本型，因此这两种基因型中重组单倍型的频率为 0。基因型 $AAbb$ 和 $aaBB$ 所包含的两个单倍型均为重组型，因此这两种基因型中重组单倍型的频率为 1。基因型 $AABb$、$AaBB$、$Aabb$ 和 $aaBb$ 的一个单倍型为亲本型、一个为重组型，因此重组单倍型的频率均为 $\frac{1}{2}$。双杂合基因型 $AaBb$ 的情况要复杂一些，它包含了 AB/ab 和 Ab/aB 两种连锁状态，它们在 F_2 群体中的理论频率分别为 $\frac{1}{2}(1-r)^2$ 和 $\frac{1}{2}r^2$（见表 2.3），二者频率之和等于 $\frac{1}{2}(1-2r+2r^2)$（见表 2.5 或表 2.15）。AB/ab 所包含的两个单倍型都是亲本型，Ab/aB 所包含的两个单倍型都是重组型。因此，基因型 $AaBb$ 中重组配子型的频率可以用公式 2.30 计算，这样就得到表 2.15 第 4 列中各种基因型中重组单倍型的频率。

$$\Pr\{R|AaBb\} = \frac{\frac{1}{2}r^2}{\frac{1}{2}(1-2r+2r^2)} = \frac{r^2}{1-2r+2r^2} \tag{2.30}$$

表 2.15 F_2 群体中两个共显性标记间重组率估计的 EM 迭代算法

基因型	观测值	理论频率	重组单倍型的频率	期望样本量
$AABB$	$n_1=23$	$\frac{1}{4}(1-r)^2$	$\Pr\{R|G_1\}=0$	24.75
$AABb$	$n_2=0$	$\frac{1}{2}r(1-r)$	$\Pr\{R|G_2\}=\frac{1}{2}$	1.96
$AAbb$	$n_3=0$	$\frac{1}{4}r^2$	$\Pr\{R|G_3\}=1$	0.04
$AaBB$	$n_4=2$	$\frac{1}{2}r(1-r)$	$\Pr\{R|G_4\}=\frac{1}{2}$	1.96
$AaBb$	$n_5=50$	$\frac{1}{2}(1-2r+2r^2)$	$\Pr\{R|G_5\}=\frac{r^2}{1-2r+2r^2}$	49.58
$Aabb$	$n_6=3$	$\frac{1}{2}r(1-r)$	$\Pr\{R|G_6\}=\frac{1}{2}$	1.96
$aaBB$	$n_7=0$	$\frac{1}{4}r^2$	$\Pr\{R|G_7\}=1$	0.04
$aaBb$	$n_8=3$	$\frac{1}{2}r(1-r)$	$\Pr\{R|G_8\}=\frac{1}{2}$	1.96
$aabb$	$n_9=26$	$\frac{1}{4}(1-r)^2$	0	24.75

EM 算法的基本原理如下。给定一个重组率的初始值，根据表 2.15 计算每种基因型下重组配子型的概率。每种基因型的重组配子型概率乘以观测值即为重组体的个数，所有重组体占总观测值的比例作为新的重组率估计值。EM 算法包含期望和极大化两个基本步骤，即 E 步骤和 M 步骤（Dempster et al., 1977）。

E 步骤：根据重组率的初始值 r_0 计算各种标记基因型（用 G 表示）属于重组型（用 R 表示）的期望概率，用 $\Pr\{R|G_i\}$ 表示。对于 F_2 群体的两个共显性标记来说，G_i $(i=1,2,\cdots,9)$ 由表 2.15 第 1 列给出，$\Pr\{R|G_i\}$ 由表 2.15 第 4 列给出。重组率初始值可取 $r_0=0.25$。

M 步骤：在 E 步骤得到的各种基因型重组单倍型概率基础上，重新计算重组率，即公式 2.31。利用公式 2.31 计算出的重组率作为新的起始值，重复上述两个步骤，直到达到指定的精度为止。例如，当两次迭代间重组率差值的绝对值 $|r_1-r_0|$ 小于 10^{-4}，则停止迭代。

$$r_1 = \frac{1}{n} \sum_{i=1,2,\cdots,9} n_i \Pr\{R|G_i\} \tag{2.31}$$

对于表 2.15 中 9 种基因型的观测值, 表 2.16 给出 0.01、0.25 和 0.5 等 3 种初始值的迭代结果。可以看出, EM 算法经过 5 次迭代后, 得到的重组率估计值为 0.0381。说明该算法有很快的收敛性, 收敛性和收敛到的极值点不依赖于初始值, 同时不用计算似然函数的一阶和二阶导数。将 EM 迭代的结果 0.0381 视为真实的重组率, 利用表 2.15 的理论频率乘以总样本量 107, 就得到各种基因型的期望样本量, 列于表 2.15 最后一列。基因型 $AAbb$ 和 $aaBB$ 的期望样本量只有 0.04, 因此在群体中没有观测到这两种基因型也是可以理解的。

表 2.16 3 种重组率初始值下 EM 算法 6 次迭代的结果

重组率初始值	迭代次数					
	1	2	3	4	5	6
0.01	0.0374	0.0381	0.0381	0.0381	0.0381	0.0381
0.25	0.0841	0.0413	0.0382	0.0381	0.0381	0.0381
0.5	0.2710	0.0941	0.0424	0.0383	0.0381	0.0381

F_2 群体中, 对于不全是共显性的标记也能利用 EM 算法。但有些群体, 如 F_3、BC_1F_2、BC_2F_1、BC_2F_2 等, 由于存在多次减数分裂过程, E 步骤重组单倍型的期望频率难以计算。因此, EM 算法在有些群体中难以实现。此外, 如果想要通过 Fisher 信息量获得重组率估计值的方差, 仍然要计算二阶导数。

§2.3.6 奇异分离对重组率估计的影响

奇异分离一般是由不同基因型具有不同的适合度 (用 w 表示) 造成的。假定两种基因型 AA 和 aa 各有 100 个个体, AA 个体的繁殖成活率为 1, aa 个体为 0.9。那么, 我们就说 aa 相对于 AA 的适合度为 0.9。因此, 适合度是指某基因型能繁殖成活后代的相对能力, 其取值为 0~1。当基因型的个数多于 2 个时, 繁殖成活率最高的基因型的适合度设为 1, 其他基因型的适合度为各自的繁殖成活率与最高繁殖成活率的比值。$1-w$ 在群体遗传学中称为选择系数, 用 s 表示 (王建康, 2017)。奇异分离现象几乎存在于所有的遗传群体中, 一个座位上的奇异分离会引起连锁标记或基因出现奇异, 从而导致基因型偏离孟德尔分离比。基因型偏离孟德尔分离比会影响群体构成和遗传方差, 从而影响基因定位的功效。但是, 奇异分离对重组率估计的影响却很小, 在此我们以最简单的 DH 群体为例说明这一现象。

假定 AA 和 aa 的适合度分别为 1 和 $1-s$, BB 和 bb 的适合度均为 1, 即 bb 相对于 BB 的选择系数为 0, 选择后的频率列于表 2.17 最后一列。用 r_D 表示存在奇异分离时的重组率, 仍定义为重组型基因型的比例, 即公式 2.32。因此, 座位 A 上对基因型 aa 的选择, 降低了重组型 $aaBB$ 和亲本型 $aabb$ 的频率, 但并没有改变两种重组型 $AAbb$ 和 $aaBB$ 在群体中的频率之和, 也就是重组率 r。

$$r_D = \frac{\frac{1}{2}r + \frac{1}{2}r(1-s)}{\frac{1}{2}(2-s)} = r \tag{2.32}$$

利用表 2.11 中的数据, 表 2.18 给出标记座位 Act8A 上基因型 aa 在不同选择系数条件下得到的重组率估计值。可以看出, 即使在 aa 的选择系数为 1 的情形下, 重组率的估计值仍然很接近无选择的情形。

表 2.17　座位 A 上基因型 aa 相对于 AA 的选择系数为 s 时基因型频率的计算

基因型	无奇异分离的理论频率	选择系数	选择后的频率
$AABB$	$\frac{1}{2}(1-r)$	1	$\frac{1}{2}(1-r)$
$AAbb$	$\frac{1}{2}r$	1	$\frac{1}{2}r$
$aaBB$	$\frac{1}{2}r$	s	$\frac{1}{2}r(1-s)$
$aabb$	$\frac{1}{2}(1-r)$	s	$\frac{1}{2}(1-r)(1-s)$
总和	1		$\frac{1}{2}(2-s)$

表 2.18　标记 Act8A 上基因型 aa 相对于 AA 的选择系数 s 取不同值时重组率的估计值

标记 Act8A	标记 OP06	$s=0$	$s=0.5$	$s=0.75$	$s=1$
AA	BB	64	64	64	64
AA	bb	8	8	8	8
aa	BB	7	4	2	0
aa	bb	61	31	15	0
重组基因型个数		15	12	10	8
总样本量		140	107	89	72
重组率估计值		0.1071	0.1122	0.1124	0.1111

公式 2.32 考虑的是群体无限大的情况。因此，在较大的遗传群体中，可以忽略奇异分离对重组率估计和图谱构建的影响。表 2.18 中，4 种选择系数的重组率看上去相差不是很大。但是，随着选择系数的增加，群体大小（即总样本量）在不断缩小，重组率估计值的准确度会有所下降。此外，一个连锁图谱上往往包含多个标记，重组率的估计误差会累积起来，导致连锁图谱质量的下降。尽管偏分离对图谱构建的影响不算太大，但对基因定位的影响还是存在的（详见 §10.5）。构建遗传群体时，除第 1 章 §1.1.3 介绍的一些重要因素外，还是要尽可能地避免偏分离的发生。

练 习 题

2.1 假定两个基因座位间的重组率为 r，两个纯合亲本的基因型为 $AABB$ 和 $aabb$，计算两个亲本杂交 F_2 产生的 DH 群体（用 F_2-DH 表示）中，4 种纯合基因型的理论频率。在一个 F_2-DH 群体中，假定两个座位上 4 种纯合基因型 $AABB$、$AAbb$、$aaBB$、$aabb$ 的观测样本量分别为 64、8、7、61，即与表 2.11 相同，计算一次减数分裂过程中两个座位间的重组率。

2.2 用 $n_1 \sim n_9$ 表示表 2.5 中 F_2 群体的 9 种基因型观测值，对数似然函数表示为

$$\ln L \propto (2n_1 + n_2 + n_4 + n_6 + n_8 + 2n_9)\ln(1-r) + n_5 \ln(1 - 2r + 2r^2)$$
$$+ (n_2 + 2n_3 + n_4 + n_6 + 2n_7 + n_8)\ln r$$

验证对数似然函数对重组率 r 的一阶和二阶导数分别为

$$\frac{\mathrm{d}\ln L}{\mathrm{d}r} = -\frac{2n_1 + n_2 + n_4 + n_6 + n_8 + 2n_9}{1-r} - \frac{n_5(2-4r)}{1-2r+2r^2}$$
$$+ \frac{n_2 + 2n_3 + n_4 + n_6 + 2n_7 + n_8}{r}$$
$$\frac{\mathrm{d}^2\ln L}{\mathrm{d}r^2} = -\frac{2n_1 + n_2 + n_4 + n_6 + n_8 + 2n_9}{(1-r)^2} + \frac{n_5(4r - 4r^2)}{(1-2r+2r^2)^2}$$
$$- \frac{n_2 + 2n_3 + n_4 + n_6 + 2n_7 + n_8}{r^2}$$

2.3 今有两个大豆纯系品种间杂交产生的一个 F_2 群体，对 60 个 F_2 单株进行基因型鉴定，2 和 0 为两个亲本标记型，1 为杂合 F_1 标记型，-1 代表缺失标记。下表给出两个共显性标记 *Satt521 和 *Satt549 的基因型数据。即认为标记 *Satt521 的 2 型为 AA、0 型为 aa、1 型为 Aa；标记 *Satt549 的 2 型为 BB、0 型为 bb、1 型为 Bb。

	第 1~20 个 F_2 单株																			
*Satt521	2	0	2	1	1	1	1	0	1	2	0	0	1	1	1	0	1	0	2
*Satt549	2	0	2	1	1	-1	1	0	0	0	2	0	0	1	1	1	0	1	1	2
	第 21~40 个 F_2 单株																			
*Satt521	1	2	1	1	1	0	1	2	0	1	2	0	0	0	1	2	0	2	0	0
*Satt549	1	2	1	1	1	0	1	2	0	1	2	0	0	0	1	2	0	1	0	-1
	第 41~60 个 F_2 单株																			
*Satt521	1	1	2	0	1	0	-1	2	1	1	1	1	2	0	1	0	0	0	2	1	1
*Satt549	2	1	0	0	1	0	-1	2	1	2	1	0	1	1	0	-1	0	0	2	1	1

（1）根据上述数据整理出两个标记座位上 9 种基因型的观测样本量。

（2）在练习 2.2 的基础上，利用 Newton 迭代算法计算两个标记之间的重组率。

2.4 下表是一个 F_2 群体中两个共显性标记上 9 种基因型的观测样本量（同练习 2.3），试用 EM 算法估计这两个标记之间的重组率。

基因型	$AABB$	$AABb$	$AAbb$	$AaBB$	$AaBb$	$Aabb$	$aaBB$	$aaBb$	$aabb$
样本量	10	2	1	1	21	3	0	1	17

2.5 将表 2.13 的数据重新整理为下表，第 4 列给出各种可分辨的基因型中重组单倍型的频率，总样本量用 n 表示。

可分辨的基因型	观测值	理论频率	重组单倍型的频率
$AAB\_$	$n_1=572$	$\frac{1}{4}(1-r^2)$	$p_1=\frac{r}{1+r}$
$AAbb$	$n_2=3$	$\frac{1}{4}r^2$	$p_2=0$
$AaB\_$	$n_3=1161$	$\frac{1}{2}(1-r+r^2)$	$p_3=\frac{r(1+r)}{2(1-r+r^2)}$
$Aabb$	$n_4=22$	$\frac{1}{2}r(1-r)$	$p_4=\frac{1}{2}$
$aaB\_$	$n_5=14$	$\frac{1}{4}r(2-r)$	$p_5=\frac{1}{2-r}$
$aabb$	$n_6=569$	$\frac{1}{4}(1-r)^2$	$p_6=0$

以 $AAB\_$ 为例说明上表第 4 列重组单倍型频率的计算。从表 2.3 可以看出，$AAB\_$ 由 $AABB$ 和 $AABb$ 两种类型组成，它们在 10 种基因型中的理论频率分别为 $\frac{1}{4}(1-r)^2$ 和 $\frac{1}{2}r(1-r)$，频率之和为 $\frac{1}{4}(1-r^2)$。因此，$AAB\_$ 的期望观测值为 $\frac{1}{4}(1-r^2)n$，包含 $\frac{1}{2}(1-r^2)n$ 个单倍型。基因型 $AABB$ 的两个单倍型都是亲本型，不包含任何重组单倍型。基因型 $AABb$ 中的一个单倍型是亲本型，一个是重组型。因此，重组单倍型有 $\frac{1}{2}r(1-r)n$ 个，$AAB\_$ 中重组型的频率为 $\dfrac{\frac{1}{2}r(1-r)n}{\frac{1}{2}(1-r^2)n}=\dfrac{r}{1+r}$。根据第 4 列的频率，可以得到重组单倍型的个数为 $\sum\limits_{i=1,\cdots,6} 2n_ip_i$，总的单倍型为 $2n$。对于给定的重组率初始值 r_0，计算表中第 4 列重组单倍型的频率，进而得到一个新的重组率估计值 $r_1=\dfrac{1}{n}\sum\limits_{i=1,\cdots,6} n_ip_i$，将其作为新的初始值并进行迭代。这就是 F_2 群体一个共显性座位与一个显性座位间重组率估计的 EM 算法。

（1）推导基因型 $AaB\_$ 中重组单倍型的频率。
（2）推导基因型 $aaB\_$ 中重组单倍型的频率。
（3）给定重组率的一个初始值 0.25，计算 EM 算法迭代 10 次后的重组率。
（4）给定重组率的一个初始值 0.10，计算 EM 算法迭代 10 次后的重组率。

2.6 对于表 2.13 的数据，如果分子标记也表现为显性，4 种基因型的观测值和期望频率列于下表。

可识别基因型	$A\_B\_$	A_bb	$aaB\_$	$aabb$
样本量	$n_1=1733$	$n_2=25$	$n_3=14$	$n_4=569$
期望频率	$\frac{1}{2}+\frac{1}{4}(1-r)^2$	$\frac{1}{4}-\frac{1}{4}(1-r)^2$	$\frac{1}{4}-\frac{1}{4}(1-r)^2$	$\frac{1}{4}(1-r)^2$

令 $\theta=(1-r)^2$，$n_1\sim n_4$ 表示 4 种可识别基因型观测值，θ 的对数似然函数可以表示为

$$\ln L \propto n_1\ln(2+\theta)+(n_2+n_3)\ln(1-\theta)+n_4\ln\theta$$

验证 θ 的极大似然估计为

$$\hat{\theta} = \frac{-(2n - 3n_1 - n_4) + \sqrt{(2n - 3n_1 - n_4)^2 + 8n \times n_4}}{2n}$$

统计理论表明,如果 $\hat{\theta}$ 是参数 θ 的极大似然估计,$g(\theta)$ 是参数 θ 的一个单调函数,那么 $g(\hat{\theta})$ 也是参数 $g(\theta)$ 的极大似然估计。利用 θ 的极大似然估计 $\hat{\theta}$ 和关系式 $\theta = (1-r)^2$,计算重组率 r 的极大似然估计。

2.7 对练习 2.6 的数据,如果 aa 相对于 $A\_$ 的选择系数为 0.5,利用选择后的数据重新计算重组率的极大似然估计。

2.8 确定一个群体自交无穷多代后的基因型频率,关键是要估计双杂基因型自交无穷多代后的基因型频率。现以双杂型 AB/ab 为例,自交后代中,根据频率是否相等可把基因型合并分为 5 类:① $AABB$ 和 $aabb$,为亲本纯合型;② $AAbb$ 和 $aaBB$,为交换纯合型;③ $AABb$、$aaBb$、$AaBB$ 和 $Aabb$,为单杂合型;④ AB/ab,为相引双杂合型;⑤ Ab/aB,为互斥双杂合型。公式 2.4 给出的自交世代转移矩阵可合并为

$$T = \begin{bmatrix} 1 & 0 & 0 & 0 & 0 \\ 0 & 1 & 0 & 0 & 0 \\ \frac{1}{4} & \frac{1}{4} & \frac{1}{2} & 0 & 0 \\ \frac{1}{2}(1-r)^2 & \frac{1}{2}r^2 & 2r(1-r) & \frac{1}{2}(1-r)^2 & \frac{1}{2}r^2 \\ \frac{1}{2}r^2 & \frac{1}{2}(1-r)^2 & 2r(1-r) & \frac{1}{2}r^2 & \frac{1}{2}(1-r)^2 \end{bmatrix}$$

(1) 对转移矩阵进行分块,用下面的分块矩阵表示。给出分块矩阵 I、R、O 和 Q 的具体形式。

$$T = \begin{bmatrix} I_{2\times 2} & O_{2\times 3} \\ R_{3\times 2} & Q_{3\times 3} \end{bmatrix}$$

(2) 自交过程中,5 类基因型频率的变化可看作一个马尔可夫链。类型① 和② 在随机过程中被称为吸收态 (absorbing state),一旦进入,将不会再转移到其他状态。类型③、④ 和⑤ 称为瞬时态 (transient state)。利用随机过程的有关理论可以证明,最终由瞬时态类型 $i+2$ ($i=1,2,3$) 进入吸收态类型 j ($j=1,2$) 的概率由矩阵 $(I-Q)^{-1}R$ 中的元素 (i,j) 表示。证明,

$$(I-Q)^{-1} = \begin{bmatrix} 2 & 0 & 0 \\ \dfrac{8r(1-r)}{1+2r-2r^2} & \dfrac{2(1+2r-r^2)}{(1+2r)(1+2r-2r^2)} & \dfrac{2r^2}{(1+2r)(1+2r-2r^2)} \\ \dfrac{8r(1-r)}{1+2r-2r^2} & \dfrac{2r^2}{(1+2r)(1+2r-2r^2)} & \dfrac{2(1+2r-r^2)}{(1+2r)(1+2r-2r^2)} \end{bmatrix}$$

(3) 基因型 AB/ab 属于类型④。自交无穷多代后,由瞬时态类型 $i+2$ ($i=1,2,3$) 进入吸收态类型 j ($j=1,2$) 的概率由矩阵 $(I-Q)^{-1}R$ 中的元素 (i,j) 表示。由此证明,基因型 AB/ab 进入类型① 的概率为 $1-R=\dfrac{1}{1+2r}$,进入类型② 的概率为 $R=\dfrac{2r}{1+2r}$。

第3章 三点分析和连锁图谱构建

连锁图谱构建是遗传研究中的一个经典问题（Kempthrone, 1957; Bailey, 1961; Hartl and Jones, 2005）。连锁图谱直观地反映了基因或标记在染色体上的相对位置，以及遗传连锁关系的紧密程度。连锁距离一般以厘摩（centi-Morgan, cM）表示，1%的重组率对应的遗传距离定义为 1cM。通过连锁图谱可以大致了解基因和标记之间的相对位置，了解哪些基因更靠近着丝粒、哪些更靠近端粒等。连锁图谱是很多遗传研究的基础，如基因定位、基因克隆、标记辅助选择等。世界上第一张连锁图谱是利用 6 个形态特性标记构建的果蝇X 染色体（Sturtevant, 1913），现在的连锁图谱一般都包含成百上千个标记。连锁图谱的构建，大致可分为分群和排序两个步骤。标记越多，遗传连锁图谱的分辨率就越高。但是，标记数目增加之后，也会给标记的分群和排序带来困难。因此，高质量、高密度连锁图谱及其构建方法一直是遗传学研究的一个热点问题（Haldane, 1919; Buetow and Chakravarti, 1987; Lander and Green, 1987; Lander et al., 1987; Weeks and Lange, 1987; Hackett and Broadfoot, 2003; Mester et al., 2003. van Os et al., 2005; Mollinari et al., 2009; Zhang et al., 2020）。

§3.1 三点分析和作图函数

§3.1.1 遗传干涉和干涉系数

对于 3 个连锁的座位 M_1、M_2 和 M_3 来说，根据第 2 章的知识，我们可以在一个遗传群体中估计 3 个成对座位间的重组率。用 r_{12}、r_{23} 和 r_{13} 分别表示座位 M_1 与 M_2、M_2 与 M_3，以及 M_1 与 M_3 之间的重组率。重组率反映两个座位之间的遗传距离。根据这 3 个重组率的估计值，我们就能够大致判断这 3 个基因座位在染色体上的相对位置。例如，如果 r_{13} 的估计值大于 r_{12} 和 r_{23}，3 个基因座位排列顺序就可能为 M_1-M_2-M_3，即座位 M_2 位于 M_1 和 M_3 之间。假定 3 个座位的排列顺序为 M_1-M_2-M_3，区间 M_1-M_2 和 M_2-M_3 上不存在干涉，即这两个相邻区间上的交换独立发生。这时，3 个重组率应该满足公式 3.1 的关系。公式左边可以看作 M_1 与 M_3 之间不发生交换的概率。公式右边可以看作两个互斥事件的概率之和：一个是 M_1 与 M_2、M_2 与 M_3 之间均不发生交换；另一个是 M_1 与 M_2、M_2 与 M_3 之间同时发生交换，即 M_1 与 M_3 之间发生了两次交换（或双交换）。这两个互斥事件之和等同于 M_1 与 M_3 之间不发生交换，因此二者的概率之和也就等于 M_1 与 M_3 之间无交换的概率。

$$(1 - r_{13}) = (1 - r_{12})(1 - r_{23}) + r_{12}r_{23} \tag{3.1}$$

从公式 3.1 不难得到公式 3.2。公式 3.2 两个等号之间的表达式也可以理解为两个互斥事件的概率之和：一个是 M_1 与 M_2 之间发生交换、M_2 与 M_3 之间不发生交换；另一个是 M_1 与 M_2 之间不发生交换、M_2 与 M_3 之间发生交换。这两个互斥事件之和与 M_1 与 M_3 之间发生交换显然是等价的。公式 3.2 表明，在交换独立发生的情况下，重组率不具有可加性。

$$r_{13} = r_{12}(1 - r_{23}) + (1 - r_{12})r_{23} = r_{12} + r_{23} - 2r_{12}r_{23} \tag{3.2}$$

对于完全干涉，即区间 M_1-M_2（或 M_2-M_3）上发生的交换，将完全阻止区间 M_2-M_3（或 M_1-M_2）上交换的发生，这时的重组率满足可加性，即公式 3.3。公式左边表示 M_1 与 M_3 之间发生交换这一事件的概率，该事件是两个互斥事件之和，即 M_1 与 M_2 之间发生交换，以及 M_2 与 M_3 之间发生交换，因此得到公式 3.3。

$$r_{13} = r_{12} + r_{23} \tag{3.3}$$

一般情况下，染色体上两个相邻区间发生的交换既不是完全独立也不是完全干涉，而是介于二者之间。如果用 δ 表示干涉系数，则有公式 3.4。

$$r_{13} = r_{12} + r_{23} - 2(1 - \delta)r_{12}r_{23} \tag{3.4}$$

容易看出，当 $\delta=0$ 时，公式 3.4 与公式 3.2 完全相同。因此，$\delta=0$ 表示两个区间上的交换是完全独立的。当 $\delta=1$ 时，公式 3.4 与公式 3.3 完全相同。因此，$\delta=1$ 表示两个区间上的交换是完全干涉的。如果 3 个连锁座位的顺序为 M_1-M_2-M_3，干涉系数可利用 3 个重组率进行估计，即公式 3.5。

$$\delta = 1 - \frac{r_{12} + r_{23} - r_{13}}{2r_{12}r_{23}} \tag{3.5}$$

干涉是一个重要的遗传学现象，干涉系数一般为 0~1，即区间 M_1-M_3 观察到的双交换频率低于理论频率 $r_{12}r_{23}$，但也不排除干涉系数大于 1 或取负值的可能。干涉系数的大小因物种、染色体不同而异，甚至因染色体的不同区段而异（Kosambi, 1944; Broman et al., 2002; Copenhaver et al., 2002; Lam et al., 2005）。重组率估计值的准确度受群体大小、标记类型、偏分离和缺失等多种因素的影响。在练习 3.2 的模拟群体中，真实的干涉系数为 0。从中可以看出，利用重组率的估计值和公式 3.5 计算出的干涉系数，有时与真实值之间存在较大的偏差。要想准确估计干涉系数，首先需要利用合适的遗传群体准确地估计重组率。

表 3.1 列出图 1.7 的大麦DH 群体中，1H 染色体上 14 个标记的成对重组率估计值。以前 3 个标记为例，Act8A 与 OP06 之间重组率的估计值为 0.107，OP06 与 aHor2 之间为 0.076，Act8A 与 aHor2 之间为 0.111。从这 3 个估计值可以看出，标记 OP06 应该排在 Act8A 与 aHor2 之间。根据公式 3.5 得到干涉系数 $\delta = -3.422$，说明区间 Act8A-OP06 与区间 Act8A-aHor2 可能存在负干涉，即双交换的频率大于无干涉时的理论频率。再以第 5~7 个标记为例，ABG464 与 Dor3 之间重组率的估计值为 0.184，Dor3 与 iPgd2 之间为 0.036，ABG464 与 iPgd2 之间为 0.214。从这 3 个估计值可以看出，标记 Dor3 应该排在 ABG464 与 iPgd2 之间。根据公式 3.5 得到干涉系数 $\delta = 0.617$，说明区间 ABG464-Dor3 与区间 Dor3-iPgd2 可能存在正干涉，即双交换的频率小于无干涉时的理论频率。

表 3.1　大麦DH 群体中 1H 染色体上 14 个标记的成对重组率估计值

标记座位	Act8A	OP06	aHor2	MWG 943	ABG 464	Dor3	iPgd2	cMWG 733A	AtpbA	drun8	ABC 261	ABG 710B	Aga7
OP06	0.107												
aHor2	0.111	0.076											
MWG943	0.419	0.429	0.419										
ABG464	0.475	0.485	0.458	0.128									
Dor3	0.457	0.460	0.459	0.308	0.184								
iPgd2	0.438	0.468	0.419	0.321	0.214	0.036							
cMWG733A	0.451	0.482	0.448	0.370	0.283	0.101	0.070						
AtpbA	0.437	0.482	0.455	0.390	0.304	0.122	0.105	0.036					
drun8	0.500	0.532	0.529	0.467	0.436	0.262	0.241	0.175	0.133				
ABC261	0.483	0.507	0.511	0.441	0.410	0.236	0.222	0.155	0.113	0.049			
ABG710B	0.493	0.525	0.530	0.496	0.475	0.317	0.294	0.227	0.184	0.105	0.070		
Aga7	0.479	0.504	0.515	0.504	0.500	0.355	0.331	0.266	0.224	0.145	0.111	0.035	
MWG912	0.464	0.489	0.481	0.504	0.529	0.400	0.376	0.317	0.273	0.192	0.171	0.094	0.057

§3.1.2　作图函数

由于遗传干涉现象的存在，重组率一般不满足可加性（公式 3.4），而作为距离的度量单位，一般都希望满足可加性。对于遗传图谱来说，当然也希望图谱上的距离满足可加性。假定连锁图谱上有排列顺序为 M_1-M_2-M_3 的 3 个座位，M_1 与 M_3 之间的距离用 m_{13} 表示、M_1 与 M_2 之间的距离用 m_{12} 表示、M_2 与 M_3 之间的距离用 m_{23} 表示。公式 3.6 给出 3 个距离之间的可加关系，这些距离在遗传学上称为图距（mapping distance）。图距单位用著名遗传学家摩尔根的名字（即 Morgan, M）表示，有时也用 cM 表示，1M=100cM。

$$m_{13} = m_{12} + m_{23} \tag{3.6}$$

遗传分析首先得到的是座位间重组率的估计值，图距 m 是重组率 r 的函数，用 $m = f(r)$ 表示，遗传学上称为作图函数（mapping function）。重组率 r=0.01 的两个座位之间的图距大约为 1cM，大多数物种的染色体长度为几十到几百厘摩之间。在构建连锁图谱时，根据干涉程度的不同，存在不同的作图函数，将重组率转换为可加的图距。这里介绍常用的 3 种作图函数。

1. Morgan 作图函数

Morgan 作图函数将重组率的百分数作为图距，即 $m = f(r)$=100×r，单位为 cM。对于紧邻的两个区间，可以采用求和的办法计算图距。例如，顺序排列的 3 个座位 M_1-M_2-M_3，M_1 与 M_2 之间的重组率为 0.02、图距为 2cM，M_2 与 M_3 之间的重组率为 0.03、图距为 3cM。根据 Morgan 作图函数，M_1 与 M_3 之间的图距为 5cM。Morgan 作图函数没有考虑一个标记区间上存在多次交换的可能，即假定干涉系数 $\delta = 1$。事实上，一个较长的染色体区间上，可能存在双交换甚至多次交换，使得重组率不具有线性可加性。因此，Morgan 作图函数不能应用于较长的染色体区段。

2. Haldane 作图函数

对于顺序排列的 3 个座位 M_1-M_2-M_3，在没有干涉的情况下，即假定 M_1-M_2 之间的交换和 M_2-M_3 之间的交换独立发生，并考虑到一个区间可以发生多次交换，Haldane（1919）给出如下作图函数（公式 3.7）。

$$m = f(r) = -\frac{1}{2}\ln(1-2r), \text{ 或 } r = \frac{1}{2}(1-e^{-2m}) \tag{3.7}$$

其中，m 的单位为 M。不难看出，公式 3.2 还可以记作 $1-2r_{13} = (1-2r_{12})(1-2r_{23})$。因此，公式 3.7 给出的图距一定满足可加性。实际中，m 常以 cM 为单位，即公式 3.8。

$$m = f(r) = -50\ln(1-2r), \text{ 或 } r = \frac{1}{2}(1-e^{-m/50}) \tag{3.8}$$

3. Kosambi 作图函数

Kosambi（1944）考虑到遗传干涉的存在，提出干涉系数应是重组率的函数，即染色体区间越短，干涉的程度越大；染色体区间越长，干涉系数越小。在干涉系数与重组率的关系是 $\delta = 1 - 2r$ 的假定下，Kosambi（1944）建立了如下作图函数（公式 3.9）。

$$m = \frac{1}{4}\ln\frac{1+2r}{1-2r}, \text{ 或 } r = \frac{1}{2} \times \frac{e^{4m}-1}{e^{4m}+1} \tag{3.9}$$

其中，m 的单位为 M。作为练习，请读者验证：当 $\delta = 1-2r$ 时，公式 3.4 还可以等价地记作 $\frac{1+2r_{13}}{1-2r_{13}} = \frac{1+2r_{12}}{1-2r_{12}} \times \frac{1+2r_{23}}{1-2r_{23}}$。因此，公式 3.9 给出的图距一定满足可加性。当 m 以 cM 为单位时，作图函数为

$$m = 25\ln\frac{1+2r}{1-2r}, \text{ 或 } r = \frac{1}{2} \times \frac{e^{m/25}-1}{e^{m/25}+1} \tag{3.10}$$

上述 3 种作图函数，以 Haldane 和 Kosambi 作图函数用得较多。对于给定的重组率，Haldane 作图函数给出的图距最大，Morgan 作图函数给出的图距最小（图 3.1）。当重组率 $r < 0.05$ 时，3 种作图函数得到的图距非常相近。因此，对于密度较高的图谱来说，3 种作图函数得到的图距相差不会太大。

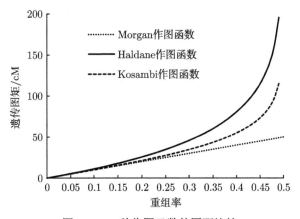

图 3.1　3 种作图函数的图距比较

§3.2 遗传连锁图谱的构建

连锁图谱的构建包含分群和排序两个步骤。所谓分群，就是把具有遗传连锁关系的标记放在一个标记群里。如果标记覆盖了全基因组上的多态性变异，则理想的分群结果是每条染色体对应一个标记群。所谓排序，就是对于同一个群内的所有标记，采用一定的算法确定它们在染色体上的相对顺序。理想的排序结果是，标记顺序与它们在染色体上的物理位置的顺序完全一致。第 2 章介绍的成对座位重组率估计值、检验两个座位连锁关系的 LOD 值，以及前面刚刚介绍的图距，都在一定程度上反映了两个座位之间的连锁关系，都可作为标记分群和排序的标准。

§3.2.1 标记分群算法

分群是图谱构建工作的第一步，没有好的分群，也就难以构建出高质量的连锁图谱。理想的分群结果应该是，有多少条染色体，就把标记分成多少个群，一个标记群代表一条染色体上的所有标记。判断两个标记之间是否具有连锁关系，可以依据检测连锁的 LOD 统计量，也可以依据重组率的估计值，还可以依据重组率转换成的图距。现以 LOD 统计量作分群标准为例，说明分群的过程。设定一个 LOD 临界值（一般为 2.5~3.0），将 n 个待分群标记用集合的形式表示为 $G_0=\{M_1, M_2, \cdots, M_n\}$，$n$ 至少等于 2。分群后的标记，用 k 个非空集合 $G_1, \cdots, G_k$ 表示。

随着遗传研究的深入，越来越多的标记具有物理图谱的位置信息，或者已经存在于已有的连锁图谱上。充分利用这些信息确立标记之间的连锁关系，可以帮助我们更好地开展标记分群工作。这些已知的标记连锁信息，称为锚定信息（anchor information）。下面分 $k=0$ 和 $k>0$ 两种情形说明标记分群的过程，$k=0$ 相当于没有任何锚定信息，$k>0$ 相当于预先知道部分标记的连锁信息。

情形 1：$k=0$，即当前没有任何标记群存在

(1.1) 在 G_0 中，确定一对优先分群标记 M_{j_1} 和 M_{j_2}（即连锁最紧密的两个标记），满足公式 3.11，其中 $LOD(M_{i_1}, M_{i_2})$ 为检验任意两个标记 M_{i_1} 和 M_{i_2} 连锁关系的 LOD 统计量，n_0 为 G_0 中标记的个数。

$$D_{j_1 j_2} = \text{Max}\{LOD(M_{i_1}, M_{i_2}); i_1, i_2 = 1, 2, \cdots, n_0, i_1 \neq i_2\} \tag{3.11}$$

(1.2) 如果 $D_{j_1 j_2}$ 大于指定的 LOD 临界值，则生成一个群 G_1，将 M_{j_1} 和 M_{j_2} 分入 G_1 中；否则，生成两个群 G_1 和 G_2，将 M_{j_1} 和 M_{j_2} 分别分入 G_1 和 G_2 中。

(1.3) 将 M_{j_1} 和 M_{j_2} 从 G_0 中删除。

经过上述 3 个步骤之后，将产生一个（即包含 M_{j_1} 和 M_{j_2} 两个标记）或两个（分别包含 M_{j_1} 和 M_{j_2} 各一个标记）非空标记群。这样就可以按照情形 2 继续进行分群。

情形 2：$k>0$，即已经存在一些标记群，适用于具有锚定信息的标记分群

(2.1) 在 G_0 中，确定一个优先分群标记 M_j，方法如下。对 G_0 中的任意标记 M_i，计算最大 LOD 统计量 C_i，即

$$C_i = \text{Max}\{LOD(M_i, M_{xy}); x = 1, 2, \cdots k, y = 1, 2, \cdots n_x\} \tag{3.12}$$

其中，M_{xy} 表示第 x 个标记群 G_x 中的第 y 个标记；n_x 为 G_x 中标记的个数；优先分群标记 M_j 是具有最大 C_i 的标记，即 $C_j = \text{Max}\{C_i; i = 1, 2, \cdots, n_0\}$，$n_0$ 为 G_0 中标记的个数。

（2.2）确定 M_j 优先分进的群 G_i，方法如下。对任意 G_x，计算最大 LOD 统计量 D_x，即

$$D_x = \text{Max}\{\text{LOD}(M_j, G_{xy}); y = 1, 2, \cdots n_x\} \tag{3.13}$$

其中，M_{xy} 表示 G_x 中的第 y 个标记；n_x 为 G_x 中标记的个数；优先分进的群 G_i 是具有最大 D_x 的群，即 $D_i = \text{Max}\{D_x; x = 1, 2, \cdots, k\}$，$k$ 为已有标记群的个数。

（2.3）确定 M_j 是否应该分入群 G_i 中，方法如下。如果 D_i 大于指定的 LOD 临界值，则把 M_j 分进 G_i 中；否则，生成 1 个新群 G_{k+1}，并把 M_j 分进 G_{k+1} 中。

（2.4）将 M_j 从 G_0 中删除。

（2.5）如果 $G_0 = \varnothing$，则分群完成；否则，重复上述过程。

最终得到的标记集合 G_1、G_2 等就是这 n 个标记的分群结果，集合的个数就是标记群的个数。如果选择重组率或图距作为分群标准，需要将公式 3.11～公式 3.13 中的最大化改为最小化，判断标准改为小于即可。重组率作为分群标准的临界值一般为 0.3 左右，遗传图距作为分群标准的临界值为 30~50cM。

显然，上述方法得到的分群个数事先是未知的，它依赖于分群过程中采用的 LOD 临界值。LOD 临界值越低，得到的群越少；LOD 临界值越高，得到的群越多。实际中，用户可根据物种的染色体个数适当调整 LOD 临界值，以获得适当的分群个数。为避免分群个数的不确定性，连锁图谱构建和基因定位集成软件 QTL IciMapping（Meng et al., 2015）、GACD（Zhang et al., 2015c）和 GAPL（Zhang et al., 2019）均提供了利用聚类分析算法的分群方法，读者可以预先指定分群个数而不是 LOD 临界值。

以图 1.7 大麦 DH 群体中 1H 染色体上 14 个标记为例，表 3.2 上三角矩阵给出检验连

表 3.2 大麦DH 群体中 1H 染色体上 14 个标记的成对 LOD 值（上三角）和成对图距（下三角）

标记	M_1	M_2	M_3	M_4	M_5	M_6	M_7	M_8	M_9	M_{10}	M_{11}	M_{12}	M_{13}	M_{14}
M_1		21.4	20.2	0.8	0.1	0.2	0.5	0.3	0.5	0.0	0.0	0.0	0.1	0.2
M_2	10.9		24.4	0.6	0.0	0.2	0.1	0.0	0.0	0.0	0.0	0.0	0.0	0.0
M_3	11.3	7.6		0.7	0.2	0.0	0.8	0.3	0.2	0.0	0.0	0.0	0.0	0.0
M_4	60.8	64.1	60.6		18.0	4.4	3.9	2.0	1.4	0.1	0.4	0.0	0.0	0.0
M_5	91.4	105.1	78.2	13.1		12.8	10.6	5.9	4.7	0.5	1.0	0.1	0.0	0.0
M_6	77.7	79.4	78.6	36.0	19.3		33.1	22.1	19.4	7.2	8.9	4.2	2.6	1.2
M_7	67.7	85.3	60.8	38.1	22.9	3.6		27.3	22.2	8.8	10.2	5.4	3.7	1.9
M_8	74.0	100.0	72.5	47.6	32.0	10.2	7.0		33.1	14.3	16.2	9.6	7.1	4.2
M_9	67.3	100.0	76.5	52.2	35.3	12.5	10.6	3.6		18.7	21.0	13.2	10.0	6.4
M_{10}	1000	1000	1000	84.6	66.9	29.1	26.3	18.3	13.6		31.2	22.2	17.6	12.5
M_{11}	100.7	1000	1000	69.3	57.9	25.6	23.9	16.0	11.5	4.9		27.0	21.5	14.3
M_{12}	123.7	1000	1000	139.9	91.4	37.3	33.7	24.5	19.4	10.6	7.1		33.6	23.1
M_{13}	96.3	1000	1000	1000	1000	44.3	39.8	29.6	24.1	14.9	11.3	3.5		29.1
M_{14}	82.4	112.6	98.9	1000	1000	54.9	48.9	37.3	30.7	20.2	17.9	9.5	5.7	

注：$M_1 \sim M_{14}$ 对应于表 3.1 中的 14 个标记；下三角中的 1000 表示对应位置的重组率估计值大于或等于 0.5

锁关系的成对 LOD 值，下三角矩阵为成对标记间的图距。图距根据表 3.1 的重组率估计值和 Haldane 作图函数转换而来。为整齐起见，并避免标记分群和排序时出现缺失数据，当重组率的估计值等于或大于 0.5 时，图距用 1000cM 表示，分群时的 LOD 临界值设为 3。在没有任何锚定标记时，这 14 个标记被分为两个群，前 3 个标记在一个群，后面的 11 个标记在另外一个群。如果预先认为第 1 个和第 14 个标记在同一个群内，即把第 1 个和第 14 个标记锚定在一个群内，则这 14 个标记在 LOD 临界值为 3 时就分成一个群。

§3.2.2 标记排序算法

连锁图谱构建过程中，排序的目的是寻求图距最短的一个标记顺序。高通量分子标记可以构建超高密度遗传连锁图谱，但同时也对连锁图谱构建算法提出巨大的挑战。一些传统的方法如顺序排列法 Seriation（Buetow and Chakravarti, 1987）、进化策略算法（Mester et al., 2003）、单向生长算法（Tan and Fu, 2006）等，存在时间复杂度过高、排序准确度差等问题。这里着重介绍旅行商问题（traveling salesman problem，TSP）的近似求解算法在图谱构建中的应用。

已知 n 个城市之间的直线距离，有一个旅行商需要遍访这 n 个城市，并且每个城市只能访问一次，最后返回到出发城市。这就是组合数学中的旅行商问题。求解 TSP，就是要选择一条路程最短的旅行路线。数学上已经证明，TSP 是运筹学、图论和组合优化中的一个 NP 难题（non-deterministic polynominal time hard，NP-hard）。对于 n 个城市来说，可能的旅行线路有 $\frac{1}{2}n!$ 种。例如，$n=50$，$\frac{1}{2}n! = 1.52 \times 10^{64}$。因此，当城市个数较多时，不存在全局最优解的精确算法（Christofides and Eilon, 1972）。但幸运的是，目前人们已经研究出多种有效求解 TSP 的近似算法（Lin, 1965; Lin and Kernighan, 1973; Laporte, 1992）。求解 TSP 的近似算法包含构造一个起始路径和起始路径的改进两个步骤。

1. 构造一个起始路径

起始路径的构造算法有很多，这里介绍应用最广的最近邻算法，也称为贪婪算法。该算法从距离最短的两个标记开始，然后在待排标记中寻找与已排顺序的头部或尾部具有最短距离的标记，作为新的头部或尾部。实际计算中，也可以从任意一个标记出发，利用最近邻算法构造出不同的路径，然后从中选择长度最短的一个作为起始路径。假定群 G 中有 n 个标记，用集合的形式表示为 $G=\{M_1, M_2, \cdots, M_n\}$。构造起始路径的算法包括以下 4 个步骤。

（1）对于 G 中的任一标记 M_i，将 M_i 作为起始路径的起始标记，同时 M_i 也是路径的终止标记，并将 M_i 从 G 中删除。删除后的标记群用 G_0 表示。

（2）在 G_0 中寻找与已有序列的终止标记具有最短距离的标记 M_j，作为新的终止标记，同时将 M_j 从 G_0 中删除。

（3）如果 $G_0 = \varnothing$，则从步骤（1）继续循环，直到 G 中最后一个标记；否则从步骤（2）继续循环。

（4）通过上面的循环，每个标记对应一条路径，共 n 条。从中选择路径长度最短的一条作为起始路径，以进行起始路径的改进。TSP 路径是闭合的，如果将构造路径的首尾相连，这就是 TSP 问题的一种可能路径；如果首尾不相连，这就是一种可能的连锁图谱标记顺序。

2. 起始路径的改进

把起始路径的首尾相连，就形成一个求解 TSP 的回路。k-Opt 算法（k-optimal algorithm）最初由 Lin（1965）提出，Lin 和 Kernighan（1973）进一步研究了该算法的优良性质，认为它是目前公认的解决大型 TSP 最有效的近似算法（Laporte, 1992）。k-Opt 改进算法的思路是将一个 TSP 的近似解从任意 k 个线段上断开，形成 k 个断开的路径，然后以各种可能的方式将这 k 个路径再拼接起来，形成一个新的 TSP 近似解。如果新的近似解具有更短的长度，则把拼接后的路径作为新的起始路径继续改进，直到改进后的路径不再变短为止。

当 $k=2$（用 2-Opt 表示）时，k-Opt 算法的改进效果最明显，也最容易实现计算机编程。具体来说，将 TSP 回路从任意两个线段上断开，将其中的一段首尾颠倒后与另一段拼接。如果拼接后路径更短，则把拼接后的回路作为新的回路继续改进，直到回路不再变短为止。图 3.2 是 2-Opt 改进算法示意图，假定从标记 X 与 $X+1$ 以及 Y 与 $Y+1$ 之间将回路断为两段。将标记 X 与 $Y+1$ 对接、$X+1$ 与 Y 对接，形成一个新的回路。如果新的回路与之前的回路相比有较短的路径长度，则在新回路的基础上重复 2-Opt 改进算法。如果新的回路与之前的回路相比路径长度没有变短，则在原回路的其他位置上重复 2-Opt 改进算法。

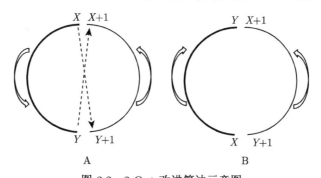

图 3.2　2-Opt 改进算法示意图

A. 交换前的路径；B. 交换后的路径

当 $k=3$ 时，断开的三段路径有 6 种拼接方式。对于更高的 k 值，断开路径的拼接方式更多，算法的计算机编程也十分复杂，并且十分耗时，在求解 TSP 中并不常用。

将标记间的重组率、LOD 值或遗传图距看作 TSP 中两两城市间的距离，就可以看到连锁图谱构建与 TSP 的相似之处。将求解 TSP 的回路从最长的区间上断开，就可能是我们想要的连锁图谱。但两者之间的区别也是明显的（Zhang et al., 2020）。重组率的估计受群体类型、群体大小、缺失标记等诸多因素的影响，估计值有较大的误差。而 TSP 中的物理或地理距离一般没有误差，或者误差很小。此外，TSP 的解是一个封闭的环路，而连锁图谱一般有头部和尾部，头尾并不相连。也就是说，TSP 的目标是闭路长度的最小化，而连锁图谱的目标是从头部到尾部的长度最小化。图 3.3 给出一个包含 50 个城市的 TSP，城市的 X 和 Y 坐标位置都是已知的，用欧氏距离计算两个城市之间的距离。可以看到，以闭路最短（图 3.3A）和开路最短（图 3.3B）作为极小化目标，得到的路径是有差异的。将图 3.3A 给出的最短闭路从最长区间（图中虚线表示的线段）处断开，得到的不一定是最短的一条开路。同样，将图 3.3B 给出最短开路的首尾（图中虚线表示的线段）相连，得到的也不一定是最短的一条闭路。因此，TSP

的闭路最小化与图谱构建的开路最小化不是两个完全等价的优化问题（Zhang et al., 2020）。

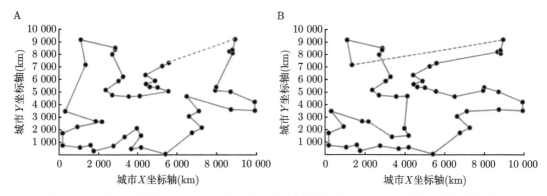

图 3.3　闭路长度（A）和开路长度（B）两种极小化目标下，2-Opt 算法得到的最短路径

A. 2-Opt 算法，闭路长度是改进目标，最优闭路路径长度 53 467.78km；B. 2-Opt 算法，开路长度是改进目标，最优开路路径长度 48 291.14km

Climer 和 Zhang（2006）的研究表明，在一个包含 n 个城市的开路最短问题中，如增加一个虚拟城市，它与 n 个城市的距离等于同一个常数 C，那么这个开路最短问题与包含 $n+1$ 个城市的闭路最短问题等价。这一研究结果将开路最短与闭路最短两个问题统一起来。

假定有一条真实长度为 300cM 的染色体，上面随机分布 50~300 个标记。利用 1000 个模拟的双亲群体，估计标记之间的重组率、LOD 值和遗传图距，借以研究不同 k-Opt 算法、路径类型和距离参数的排序正确率（Zhang et al., 2020），部分结果列于表 3.3。表中的正确率为排序结果与已知顺序完全相同的模拟群体比例。例如，标记个数为 50 时，以重组率为距离和闭路最短为优化目标，2-Opt 算法得到正确标记排序的群体大约有 391 个；而在其他 609 个模拟群体中，得到的标记顺序与真实顺序不完全一致。由于染色体长度固定，随着标记个数的增加，标记间距自然不断降低。从表 3.3 可以看出，标记间距的不断降低，有助于构建

表 3.3　不同路径类型、改进算法和距离参数的排序正确率

路径类型	改进算法	距离参数	长度为 300cM 染色体上随机分布的标记数目					
			50	100	150	200	250	300
闭路	2-Opt	重组率	0.391	0.939	0.956	0.966	0.955	0.963
		LOD 值	0.507	0.964	0.96	0.969	0.966	0.959
		遗传图距	0.076	0.270	0.333	0.334	0.352	0.367
	3-Opt	重组率	0.434	0.975	0.999	1	1	0.999
		LOD 值	0.546	0.989	1	1	1	1
		遗传图距	0.100	0.396	0.545	0.582	0.668	0.678
开路	2-Opt	重组率	0.527	0.986	1	1	1	1
		LOD 值	0.560	0.989	1	1	1	1
		遗传图距	0.344	0.956	0.991	0.994	0.997	0.997
	3-Opt	重组率	0.541	0.986	1	1	1	1
		LOD 值	0.561	0.989	1	1	1	1
		遗传图距	0.386	0.974	1	1	1	1

准确的连锁图谱。不论是闭路最小化还是开路最小化,3-Opt 的排序正确率都略高于 2-Opt。但要注意的是,k-Opt 算法的运行时间随标记数目的增加而增加,3-Opt 的运行时间增加得更多。标记个数为 300~500 时,2-Opt 的运行时间一般只有几十秒,3-Opt 的运行时间可能会达到数小时。因此,在比较不同算法的排序效果时,还需要考虑算法的运行时间。

比较表 3.3 中的不同距离参数发现,以 LOD 值作为距离参数,相较于以重组率和遗传图距作为距离参数有更高的排序正确率,遗传图距的排序正确率最低。以 2-Opt 算法为例,图 3.4 给出 50 个标记时不同距离参数正确排序次数之间的包含关系。3 种距离参数的正确排序次数从高到低依次为 560 次、527 次和 344 次,3 种参数同时获得正确排序的次数只有 299 次。对于正确排序次数最低的遗传图距来说,有 24 次利用重组率和 LOD 值没有得到正确的排序结果。因此,利用遗传图距得到正确标记顺序的群体,利用 LOD 值和重组率作为距离参数时,不一定也能得到正确的标记顺序。

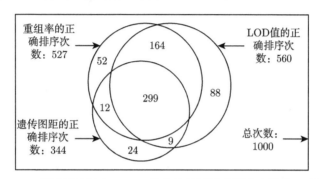

图 3.4 2-Opt 算法以重组率、LOD 值和遗传图距为距离参数的正确排序次数

实际群体中,利用不同路径类型、改进算法和距离参数得到同样的标记排序,这最好不过了。但如果得到不完全相同的标记排序,这时最好利用一些标记的物理图谱位置信息或一些标记在其他已知图谱上的位置信息,以选定与真实顺序最接近的一个图谱。

§3.2.3 标记顺序的调整

对于只包含数十个标记的连锁群,通过 2-Opt 改进算法一般就能得到最优的标记顺序。当标记更多时,改进后的标记顺序还有进一步调整的必要。具体过程如下。

(1) 选定一个窗口大小 w,w 一般为 5~10 个标记。窗口太小,调整效果不明显;窗口太大,则耗时较长。假定一个连锁群体上有 n 个标记,一般认为 $n \gg w$。

(2) 对 $i=1, 2, \cdots, n-w$ 做循环。在 w 个标记 $M_i, M_{i+1}, \cdots, M_{i+w}$ 的所有 $w!$ 个可能排列中,寻找图谱最短的一种排列顺序。例如,$w=5$ 时,$w!=120$;$w=8$ 时,$w!=40\,320$。

构建连锁图谱的顺序排列法 Seriation(Buetow and Chakravarti, 1987),其实就是在 TSP 算法的起始路径基础上,在一定的窗口大小下进行调整,从而获得标记的排序。利用表 3.2 中的 LOD 值或图距作为距离参数,对大麦 DH 群体中 1H 染色体上的 14 个标记进行排序。得到的结果见表 3.4,标记平均间距为 12.34cM,标记 aHor2 与 MWG943 有最大的间距,达 60.59cM。一些区间上还可能存在正向或负向的交换干涉现象。

表 3.4　大麦 DH 群体中 1H 染色体上 14 个标记的排序

标记编号	标记名称	与上一个标记的间距/cM	染色体上位置/cM	两个相邻区间的干涉系数
1	Act8A		0	
2	OP06	10.88	10.88	
3	aHor2	7.64	18.52	−3.422
4	MWG943	60.59	79.11	−0.037
5	ABG464	13.07	92.18	0.174
6	Dor3	19.28	111.46	0.930
7	iPgd2	3.55	115.01	0.617
8	cMWG733A	7.04	122.05	0.053
9	AtpbA	3.56	125.61	0.899
10	drun8	13.61	139.22	1.678
11	ABC261	4.88	144.10	−4.326
12	ABG710B	7.09	151.19	−1.061
13	Aga7	3.50	154.69	2.157
14	MWG912	5.70	160.39	1.454

§3.2.4　多个遗传连锁图谱的整合

能够构建连锁图谱的遗传群体有很多，如第 2 章介绍的各种类型双亲后代群体，以及后面的第 7 章和第 8 章将要介绍的多亲本杂交后代群体。人类和动物研究中，还经常利用系谱群体开展连锁分析，进而构建连锁图谱，有兴趣的读者请参看《遗传学中的统计方法》一书（李照海等，2006）。不同的群体可能采用完全不同的标记开展基因型鉴定，也可能采用完全相同或部分相同的标记开展基因型鉴定。有时，虽然利用同样的标记进行基因型鉴定，但标记在不同群体中也可能存在多态性的差异。群体中没有多态性的标记，也就无法将它们定位到连锁图谱上，这些标记在连锁分析时往往被删除。

因此，对于同一个物种的同一条染色体，不同的研究者可能利用不同的群体构建出多个遗传连锁图谱，这些图谱分布着不同数量的标记，具有不同的长度，相同标记的排列顺序也可能存在差异。如果这些图谱上具有一些共同的标记，就可能整合成一张图谱。整合图谱上往往包含有更多标记的连锁信息，可用于一些遗传分析方法中对缺失基因型的填补和一些特殊的遗传和育种研究（Yao et al., 2018）。表 3.5 给出拟南芥的一条染色体在 3 个群体中构建出的 3 个连锁图谱的整合图谱。

表 3.5 的 3 个图谱分别包含有 13 个、18 个和 20 个标记，图谱长度分别是 89cM、99cM 和 94cM。扣除重复标记，整合图谱共包含 25 个标记，其中有 7 个标记仅存在于 1 个图谱上，10 个标记存在于两个图谱上，8 个标记同时存在于 3 个图谱上。图谱顺序上的数字 0，说明该标记在这个图谱上不存在。利用共同标记，重新计算两两标记之间的距离。以整合图谱上位置 5（SNP107）和 8（SNP100）这两个标记为例。它们位于图谱 1 的位置 2 和 5 上，相距 17cM（即 25.0 减去 8.0）；位于图谱 2 的位置 3 和 5 上，相距 13cM（即 24.0 减去 11.0）；位于图谱 3 的位置 3 和 6 上，相距 18cM（即 28.0 减去 10.0）。用三者的平均数，作为整合图谱上标记 SNP107 和 SNP100 之间的距离，即 16cM。这样就得到类似表 3.2 下三角给出的成对图距距离矩阵，并用于构建整合图谱，得到整合图谱的长度是 132.2cM。

表 3.5 具有共同标记的 3 个连锁图谱的整合

整合图谱 标记编号	标记名称	整合位置/cM	所在图谱个数	图谱 1 顺序	图谱 1 位置/cM	图谱 2 顺序	图谱 2 位置/cM	图谱 3 顺序	图谱 3 位置/cM
1	nga59	0.0	2	1	0.0	1	0.0	0	
2	SNP5	4.0	2	0		2	4.0	1	0.0
3	SNP388	10.0	1	0		0		2	6.0
4	F3F19	20.0	1	0		0		4	16.0
5	SNP107	26.0	3	2	8.0	3	11.0	3	10.0
6	SNP132	32.0	1	3	14.0	0		0	
7	SNP251	37.0	3	4	19.0	4	20.0	5	24.0
8	SNP100	41.7	3	5	25.0	5	24.0	6	28.0
9	SNP65	45.2	2	0		6	28.0	7	31.0
10	SNP32	46.7	2	0		7	30.0	8	32.0
11	SNP373	55.2	3	6	35.0	8	39.0	9	40.0
12	SNP158	60.2	2	0		9	45.0	10	44.0
13	SNP279	65.2	2	0		10	50.0	11	49.0
14	T27K12	66.2	2	7	44.0	0		12	50.0
15	CIW1	75.2	1	0		0		13	59.0
16	nga128	85.2	2	9	61.0	0		15	69.0
17	SNP301	88.2	1	10	64.0	0		0	
18	F6D8.94	95.2	3	8	57.0	11	63.0	14	64.0
19	GENEA	102.2	1	0		12	70.0	0	
20	F5I14	111.2	2	0		13	79.0	16	78.0
21	msat1.13	119.2	1	0		14	87.0	0	
22	SNP177	121.2	3	11	75.0	15	89.0	17	83.0
23	SNP157	126.2	3	12	81.0	16	93.0	18	88.0
24	SNP110	128.7	2	0		17	96.0	19	90.0
25	SNP142	132.2	3	13	89.0	18	99.0	20	94.0

构建整合图谱时，可能会有一些标记，它们之间的距离可能无法估计。例如，整合图谱位置 3 的 SNP388 仅存在于图谱 3 上，位置 17 的 SNP301 仅存在于图谱 1 上，3 个图谱没有提供它们之间的距离信息。这时，类似重组率大于 0.5 的情形 (表 3.2)，将它们之间的距离设为 1000cM。构建图谱时，并非所有的成对距离都有用。在最终的整合图谱上，它们之间的距离可以用 78.2cM (即整合位置 88.2 减去 10.0) 进行估计。

§3.3 不同群体重组率估计的比较

不同群体包含的重组信息不尽相同，重组率估计的准确度也因此会有所差异 (Sun et al., 2012)。利用 Fisher 信息量，可以衡量不同群体包含重组率信息量的大小。本节结合模拟方法，给出不同群体中检验连锁的 LOD 统计量的大小、估计重组率与真实值的离差、重组率估计值的标准差，以及检测连锁的最小样本量等结果。回交群体中，只考虑 P_1 是轮回亲本的情形，即比较 F_2、F_3、RIL、DH、$P_1BC_1F_1$、$P_1BC_1F_2$、P_1BC_1RIL、P_1BC_1DH、$P_1BC_2F_1$、$P_1BC_2F_2$、P_1BC_2RIL 和 P_1BC_2DH 这 12 种群体对重组率估计的准确度。为了书写方便，回交衍生群体的名称中略去轮回亲本符号 "P_1"。根据等位基因频率，这 12 个群体可分为 3 类。

在 F_1-衍生群体中（包括 F_2、F_3、RIL 和 DH），P_1 等位基因的频率为 0.5。在 BC_1F_1-衍生群体中（包括 BC_1F_1、BC_1F_2、BC_1RIL 和 BC_1DH），P_1 等位基因的频率为 0.75。在 BC_2F_1-衍生群体中（包括 BC_2F_1、BC_2F_2、BC_2RIL 和 BC_2DH），P_1 等位基因的频率为 0.875。

§3.3.1 不同遗传群体中检验连锁的 LOD 统计量

重组率估计中的 LOD 值，是两个标记座位间是否存在连锁关系的检测统计量。通常，当 LOD≥3 时，认为两个座位具有较强的连锁关系。LOD 值越大，两个座位间的连锁关系越大，或者说检测到两个座位连锁关系的可能性越大。图 3.5A 和图 3.5B 分别给出真实重组率为 0.05 和 0.20 时，不同大小的双亲群体中 1000 次模拟得到的平均 LOD 值。在暂时群体中，只考虑共显性标记的情况。可以看到，无论哪种群体类型，LOD 值都随群体大小的增加而增大。因此，遗传群体越大，越有利于连锁的检测。同时还可以看出，真实重组率越小，检验连锁的 LOD 值越高，说明采用 LOD 检验连锁的合理性。

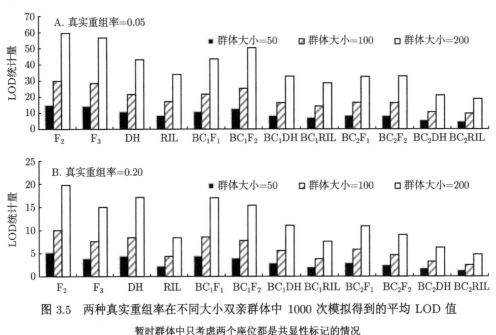

图 3.5 两种真实重组率在不同大小双亲群体中 1000 次模拟得到的平均 LOD 值

暂时群体中只考虑两个座位都是共显性标记的情况

在各种遗传群体中，虽然 LOD 值随着重组率和群体大小的变化保持相似的变化趋势，但不同群体之间仍存在较大差异（图 3.5）。4 种 F_1-衍生群体（F_2、F_3、DH 和 RIL）的 LOD 值，分别高于回交一次的 4 种群体（BC_1F_1、BC_1F_2、BC_1DH 和 BC_1RIL）；回交一次的 4 种群体的 LOD 值，又分别高于回交两次的 4 种群体（BC_2F_1、BC_2F_2、BC_2DH 和 BC_2RIL）。因此，群体中等位基因的频率越偏离 0.5，就越难检测到基因座位间的连锁。回交对基因频率产生重大影响。对一个座位来说，每回交一次，非轮回亲本等位基因的频率就下降 50%。在实际遗传连锁研究中，较少利用回交两次以上的群体构建连锁图谱。

等位基因频率相等的群体，不一定意味着它们有相同的检测连锁的功效。对于真实重组率 0.05 和基因频率同为 0.5 的 4 种群体来说，按照 LOD 值从大到小的群体顺序是 F_2、F_3、DH 和 RIL（图 3.5A）。对于共显性标记来说，F_2 和 F_3 群体有 9 种可以识别的基因型，提供了最多的关于重组和交换的信息，因此 LOD 统计量也最高。DH 和 RIL 群体仅包含 4 种可识别的基因型，在同样的群体大小下，它们的 LOD 值低于 F_2 和 F_3 群体。F_2 和 F_3 之间的差异是由基因型频率的不同引起的，DH 和 RIL 群体间的差异同样也是由基因型频率的不同造成的。与 F_2 相比，F_3 在自交过程中多了一次重组的机会。因此，F_3 的累积重组率要大于 F_2 的重组率，这意味着两个连锁座位之间的关联或连锁不平衡程度降低了，从而引起 LOD 值的下降。与此类似，DH 群体中只经历一次重组，RIL 群体在重复自交的过程中有多次重组机会，累积重组率 R 大于一次交换的重组率 r，座位间的连锁不平衡程度有所下降。因此，DH 群体的 LOD 值高于 RIL 群体。

对于真实重组率 0.05 和轮回亲本等位基因频率为 0.75 的 4 种群体来说，LOD 值按照从大到小的顺序是 BC_1F_2、BC_1F_1、BC_1DH、BC_1RIL（图 3.5A）。BC_1F_2 比 BC_1F_1 有较高的 LOD 值，这一点可通过可识别基因型的个数来解释。BC_1F_1 只包含 4 种基因型，自交之后的 BC_1F_2 与 F_2 类似，包含 9 种可识别的基因型，因此提供了更多的重组和交换信息。与 DH 和 RIL 类似，BC_1DH 和 BC_1RIL 群体中 LOD 值的降低，可以通过群体中包含了较少的基因型个数来解释。对于真实重组率 0.05 和轮回亲本等位基因频率为 0.875 的 4 种群体来说，LOD 值按照从大到小的顺序是 BC_2F_2、BC_2F_1、BC_2DH、BC_2RIL（图 3.5A）。

对于另一个较大的真实重组率 0.20 来说（图 3.5B），按照 LOD 值的群体顺序与图 3.5A 并不完全一致。说明检验连锁关系的 LOD 统计量受群体类型、群体大小、等位基因频率、可识别基因型个数、基因型频率、群体产生过程中减数分裂的世代数，以及待估计重组率的大小等诸多因素的影响。一般来说，具有相对均等的等位基因频率、较多的可识别基因型、较少的减数分裂次数，以及包含较多后代个体的遗传研究群体，更有利于连锁关系的检测。

§3.3.2 不同遗传群体中重组率估计的准确度

重组率估计的准确度表现为 LOD 值越大，重组率估计得越准确、重组率估计值的方差和标准差越小。真实重组率为 0.3 时，图 3.6A 给出 3 种大小的群体中，1000 次模拟得到的重组率估计值与真实值的离差；图 3.6B 给出重组率估计值的标准差。在暂时群体中，只考虑两个座位均是共显性标记的情况。可以看到，无论哪种群体类型，估计值与真实值的离差以及估计值的标准差均随群体大小的增加而减小。因此，遗传群体越大，重组率估计得越准确。回交次数越多，重组率估计值的离差和标准差越大。即使对于同样大小的遗传研究群体，由于可识别基因型个数、基因频率和基因型频率等方面的差异，它们对重组率估计准确度的影响仍然存在差异。

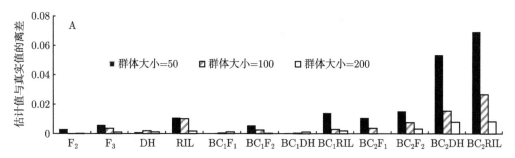

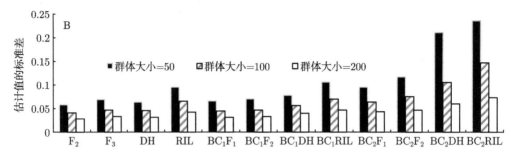

图 3.6 真实重组率为 0.3 时,不同大小的双亲群体中 1000 次模拟得到的重组率估计值与真实值的离差(A)以及重组率估计值的标准差(B)

暂时群体中只考虑两个座位都是共显性标记的情况

　　图 3.5 和图 3.6 中的暂时群体,我们均假定两个标记表现为共显性。显然,这些结果不能简单应用于其他 5 种估计重组率的情形(表 2.6~表 2.10)。如果两个标记均为显性,这时 F_2 群体中可识别的标记只有 4 种,重组率估计的准确性不一定高于同样大小的 DH 或 RIL 群体。回交群体还会出现重组率无法估计的情况。如果重组率无法估计,就更无法谈及重组率估计的准确性。非共显性标记的情形,还将在 §3.3.3 中作进一步讨论。

§3.3.3　不同遗传群体检测到显著连锁所需的样本量

　　检测两个标记是否连锁,需要足够大的群体。一方面,连锁紧密时,希望至少出现一个重组体,这样才不会把重组率估计为 0。另一方面,连锁不太紧密时,两个标记间的 LOD 统计量不能太低(不小于 3),这样才不会把它们判断为独立遗传,即得出重组率与 0.5 无显著差异的推断。为方便读者,我们把在 95% 概率水平下至少出现一个重组体所需的最低群体大小列于表 3.6,保证 LOD 统计量不小于 3 的最低群体大小列于表 3.7。两个标记连锁越紧密,LOD 值越高,检测标记间的连锁越容易。但连锁越紧密,发生重组的可能性越小,重组率越容易被估计为 0。因此,需要较大的群体,才能保证至少出现一个重组体(表 3.6)。两个标记连锁越松散,LOD 值越低,检测标记间的连锁越困难。因此,也需要较大的群体,才能保证不把松散的连锁判断为独立遗传(表 3.7)。实际研究中,应该选取表 3.6 和表 3.7 相应位置上两个数字中的较大值作为最低群体大小的判断依据。

表 3.6　在 95% 概率水平下至少出现一个重组体所需的群体大小

群体名称	重组率的真实值						
	$r=0.01$	$r=0.02$	$r=0.03$	$r=0.05$	$r=0.1$	$r=0.2$	$r=0.3$
F_2 (C, C)	150	75	50	30	15	8	5
F_2 (C, D)	299	149	99	60	31	16	11
F_2 (C, R)	299	149	99	60	31	16	11
F_2 (D, D)	299	149	99	61	31	16	11
F_2 (D, R)	149 786	29 956	13 616	4 754	1 197	299	132
F_2 (R, R)	299	149	99	61	31	16	11
F_3 (C, C)	121	61	41	25	13	7	5
F_3 (C, D)	199	99	67	41	21	11	8
F_3 (C, R)	199	99	67	41	21	11	8

续表

群体名称	重组率的真实值						
	$r=0.01$	$r=0.02$	$r=0.03$	$r=0.05$	$r=0.1$	$r=0.2$	$r=0.3$
F_3 (D, D)	213	99	67	41	21	11	8
F_3 (D, R)	998	598	373	229	110	52	34
F_3 (R, R)	213	99	67	41	21	11	8
DH	299	149	99	59	29	14	9
RIL	152	77	52	32	17	9	7
BC_1F_1 (C, C)	299	149	99	59	29	14	9
BC_1F_1 (C, R)	299	149	99	59	29	14	9
BC_1F_1 (R, R)	299	149	99	59	29	14	9
BC_1F_2 (C, C)	172	86	58	35	18	9	7
BC_1F_2 (C, D)	427	199	135	82	43	24	17
BC_1F_2 (C, R)	249	119	80	48	24	12	8
BC_1F_2 (D, D)	373	213	135	82	43	24	17
BC_1F_2 (D, R)	2 995	998	748	427	213	102	66
BC_1F_2 (R, R)	249	124	82	49	24	12	8
BC_1DH	300	150	100	60	31	16	11
BC_1RIL	203	103	70	43	23	13	10
BC_2F_1 (C, C)	300	150	100	60	31	16	11
BC_2F_1 (C, R)	300	150	100	60	31	16	11
BC_2F_1 (R, R)	300	150	100	60	31	16	11
BC_2F_2 (C, C)	242	122	82	50	27	15	11
BC_2F_2 (C, D)	748	332	213	129	70	39	31
BC_2F_2 (C, R)	299	157	99	61	32	17	12
BC_2F_2 (D, D)	748	299	213	124	70	39	31
BC_2F_2 (D, R)	2 995	1 497	748	498	249	124	85
BC_2F_2 (R, R)	299	149	99	61	32	17	12
BC_2DH	403	203	136	83	43	24	17
BC_2RIL	305	156	106	66	36	21	16

注:群体名称后给出了两个标记座位 A/a 和 B/b 的显隐性。(C, C) 表示等位基因 A 和 a 为共显性、B 和 b 也为共显性;(C, D) 表示等位基因 A 和 a 为共显性、B 对 b 为显性;(C, R) 表示等位基因 A 和 a 为共显性、B 对 b 为隐性;(D, D) 表示等位基因 A 对 a 为显性、B 对 b 也为显性;(D, R) 表示等位基因 A 对 a 为显性、B 对 b 为隐性;(R, R) 表示等位基因 A 对 a 为隐性、B 对 b 也为隐性

表 3.7 在 95% 概率水平下检验连锁的 LOD 统计量 ≥3 所需的群体大小

群体名称	重组率的真实值						
	$r=0.01$	$r=0.02$	$r=0.03$	$r=0.05$	$r=0.1$	$r=0.2$	$r=0.3$
F_2 (C, C)	8	9	9	11	15	31	78
F_2 (C, D)	14	15	16	19	26	51	123
F_2 (C, R)	14	15	16	19	26	51	123
F_2 (D, D)	14	15	16	19	27	56	147
F_2 (D, R)	82	83	83	86	96	138	262
F_2 (R, R)	14	15	16	19	27	56	147
F_3 (C, C)	8	9	9	11	17	41	121

续表

群体名称	重组率的真实值						
	$r=0.01$	$r=0.02$	$r=0.03$	$r=0.05$	$r=0.1$	$r=0.2$	$r=0.3$
F_3 (C, D)	12	13	15	17	26	58	162
F_3 (C, R)	12	13	15	17	26	58	162
F_3 (D, D)	12	14	15	17	26	62	179
F_3 (D, R)	31	33	35	39	52	100	246
F_3 (R, R)	12	14	15	17	26	62	179
DH	11	12	13	14	19	36	84
RIL	12	14	15	18	29	73	219
BC_1F_1 (C, C)	11	12	13	14	19	36	84
BC_1F_1 (C, R)	11	12	13	14	19	36	84
BC_1F_1 (R, R)	11	12	13	14	19	36	84
BC_1F_2 (C, C)	9	10	11	12	18	40	107
BC_1F_2 (C, D)	21	23	25	29	42	90	236
BC_1F_2 (C, R)	12	13	14	16	23	49	125
BC_1F_2 (D, D)	21	23	25	29	44	101	289
BC_1F_2 (D, R)	54	57	59	65	84	150	343
BC_1F_2 (R, R)	12	13	14	16	23	49	128
BC_1DH	14	15	16	19	27	56	147
BC_1RIL	15	16	18	22	34	83	238
BC_2F_1 (C, C)	14	15	16	19	27	56	147
BC_2F_1 (C, R)	14	15	16	19	27	56	147
BC_2F_1 (R, R)	14	15	16	19	27	56	147
BC_2F_2 (C, C)	13	15	16	19	29	68	199
BC_2F_2 (C, D)	34	37	41	48	72	166	469
BC_2F_2 (C, R)	17	18	20	23	34	78	218
BC_2F_2 (D, D)	34	38	41	49	76	193	606
BC_2F_2 (D, R)	66	70	75	84	114	229	585
BC_2F_2 (R, R)	17	18	20	23	34	79	220
BC_2DH	21	23	25	29	44	101	289
BC_2RIL	22	24	27	33	52	133	406

注：群体名称后给出了两个标记座位 A/a 和 B/b 的显隐性。(C, C) 表示等位基因 A 和 a 为共显性、B 和 b 也为共显性；(C, D) 表示等位基因 A 和 a 为共显性、B 对 b 为显性；(C, R) 表示等位基因 A 和 a 为共显性、B 对 b 为隐性；(D, D) 表示等位基因 A 对 a 为显性、B 对 b 也为显性；(D, R) 表示等位基因 A 对 a 为显性、B 对 b 为隐性；(R, R) 表示等位基因 A 对 a 为隐性、B 对 b 也为隐性

标记的显隐性不影响永久群体中重组率的估计，但对暂时群体却有较大影响。表 3.6 和表 3.7 也给出了检测非共显性标记连锁的最低群体大小。以 F_2 群体和重组率 0.01 为例。如果两个标记均为共显性，平均每 150 个 F_2 个体中就能观测到至少一个重组体；如果一个标记为共显性，另一个标记为显性，则需要近 300 个 F_2 个体才能观测到重组体的出现；如果一个标记为显性，另一个标记为隐性，则需要在数十万个 F_2 个体才能观测到重组体的出现。因此，一个显性标记和一个隐性标记在一起，可能代表了重组率估计的最差情形。这也从另一个角度说明，如果选择暂时群体开展遗传研究，要尽可能采用共显性标记开展基因型的鉴定工作，尽量避免显性标记和隐性标记的同时存在。

§3.4 随机交配群体的连锁分析

§3.4.1 随机交配与连锁不平衡

随机交配群体的特性和连锁不平衡的概念，读者可参考《数量遗传学》第 1 章相关内容（王建康，2017），这里仅作一般性介绍。对一个基因座位来说，随机交配一代后，群体就达到哈迪–温伯格（Hardy-Weinberg）平衡。处于哈迪–温伯格平衡的群体，单个座位上的基因型频率可以由等位基因频率推算出来。随机交配群体中，基因型的数目较多，尤其是存在复等位基因时。利用基因型频率研究连锁不平衡度较为复杂，一般从配子型的频率是否等于等位基因频率的乘积来度量座位间是否存在不平衡。如果两个座位间不存在连锁，群体中 4 种配子型 AB、Ab、aB 和 ab 的频率等于两个座位上等位基因频率的乘积，即对应于多项式 $(p_A + p_a)(p_B + p_b)$ 的展开项。因此，4 种配子型偏离平衡的程度可以用公式 3.14 度量，其中，p_{AB}、p_{Ab}、p_{aB} 和 p_{ab} 表示 4 种配子型的实际或观测频率。

$$D_{AB} = p_{AB} - p_A p_B, \quad D_{Ab} = p_{Ab} - p_A p_b,$$
$$D_{aB} = p_{aB} - p_a p_B, \quad D_{ab} = p_{ab} - p_a p_b \tag{3.14}$$

利用 4 种配子型的频率，4 个等位基因的观测频率可以用公式 3.15 表示。

$$p_A = p_{AB} + p_{Ab}, \quad p_a = p_{aB} + p_{ab},$$
$$p_B = p_{AB} + p_{aB}, \quad p_b = p_{Ab} + p_{ab} \tag{3.15}$$

将公式 3.15 代入公式 3.14，并利用 4 种配子型的频率之和等于 1 这一条件，可以得到公式 3.16。

$$D_{AB} = D_{ab} = p_{AB} p_{ab} - p_{Ab} p_{aB},$$
$$D_{Ab} = D_{aB} = -(p_{AB} p_{ab} - p_{Ab} p_{aB}) \tag{3.16}$$

公式 3.16 中，两种配子 AB 和 ab 的频率乘积与两种配子 Ab 和 aB 的频率乘积之间的差值，定义为连锁不平衡度，用 D 表示，即公式 3.17。有时，也把配子 AB 和 ab 中的连锁状态称为相引连锁，Ab 和 aB 中的连锁状态称为互斥连锁。这样，连锁不平衡度其实就是相引连锁两个配子频率的乘积（或基因型 AB/ab 的频率）与互斥连锁两个配子频率的乘积（或基因型 Ab/aB 的频率）之间的差异。一般情况下，我们要求不平衡度 D 大于 0。如果公式 3.17 给出的是一个负值，只需要将相引和互斥两类配子对调一下即可。因此，下面的讨论均认为公式 3.17 给出的 D 大于 0。

$$D = p_{AB} p_{ab} - p_{Ab} p_{aB} \tag{3.17}$$

公式 3.17 定义的不平衡，遗传学上称为配子型不平衡或连锁不平衡（linkage disequilibrium，LD）。但要注意，有时两个座位之间的不平衡并非一定由连锁引起。选择也可以造成独立遗传的两个座位间的不平衡，具有不同结构的群体按一定比例混合也可以造成不平衡。

在定义了配子型连锁不平衡后，4 种配子型的频率反过来又可以用等位基因频率和连锁不平衡度表示，即公式 3.18。

$$p_{AB} = p_A p_B + D, \quad p_{Ab} = p_A p_b - D,$$
$$p_{aB} = p_a p_B - D, \quad p_{ab} = p_a p_b + D \tag{3.18}$$

用 D_1 表示随机交配一代的连锁不平衡度，D_t 表示 t $(t>0)$ 代随机交配后群体的连锁不平衡度，用公式 3.19 表示，其中，r 为两个座位间的重组率。

$$D_t = D_1(1-r)^{t-1} \tag{3.19}$$

根据公式 3.18 和公式 3.19，就能得到随机交配 t 代后，4 种配子型的频率，即公式 3.20。

$$p_{AB} = p_A p_B + D_t, \quad p_{Ab} = p_A p_b - D_t,$$
$$p_{aB} = p_a p_B - D_t, \quad p_{ab} = p_a p_b + D_t \tag{3.20}$$

以杂种 F_1 作为起始群体为例，假定两个亲本 P_1 和 P_2 的基因型分别为 $AABB$ 和 $aabb$，座位 A 和 B 之间的重组率为 r，4 个等位基因 A、a、B 和 b 的频率均为 $\frac{1}{2}$。F_1 产生的 4 种配子型 AB、Ab、aB 和 ab 的频率分别为 $\frac{1}{2}(1-r)$、$\frac{1}{2}r$、$\frac{1}{2}r$ 和 $\frac{1}{2}(1-r)$。如果产生配子就视为新世代的开始，根据公式 3.17 计算随机交配一代群体的配子型连锁不平衡度，用公式 3.21 表示。

$$D_1 = \frac{1}{2}(1-r) \times \frac{1}{2}(1-r) - \frac{1}{2}r \times \frac{1}{2}r = \frac{1}{4}(1-2r) \tag{3.21}$$

请读者自行验证，4 种配子 AB、Ab、aB 和 ab 的频率可以用不平衡度分别表示为 $\frac{1}{4} + D_1$、$\frac{1}{4} - D_1$、$\frac{1}{4} - D_1$ 和 $\frac{1}{4} + D_1$。它们之间随机结合产生的基因型，与第 2 章表 2.3 给出的 F_2 群体有相同的频率。因此，有时也把 F_2 群体视为等位基因频率均为 $\frac{1}{2}$ 的随机交配群体。从 F_1 开始，随机交配 t 代后的连锁不平衡度用公式 3.22 表示。

$$D_t = \frac{1}{4}(1-2r)(1-r)^{t-1} \tag{3.22}$$

根据公式 3.20，随机交配 t 代，4 种配子 AB、Ab、aB 和 ab 的频率分别为 $\frac{1}{4} + D_t$、$\frac{1}{4} - D_t$、$\frac{1}{4} - D_t$ 和 $\frac{1}{4} + D_t$。如果类似多代连续自交，也定义一个累积重组率 R，4 种配子的频率用累积重组率 R 分别表示为 $\frac{1}{2}(1-R)$、$\frac{1}{2}R$、$\frac{1}{2}R$ 和 $\frac{1}{2}(1-R)$。公式 3.23 给出 R 与一次交换重组率之间的关系。对于较小的 r，我们可以用 $1-(t-1)r$ 近似 $(1-r)^{t-1}$，合并后忽略 r 的二次项，就得到重组率 R 与一次交换重组率 r 的近似公式 3.24。与连续自交的累积重组率（公式 2.7）类似，随机交配也可以放大两个座位间的重组率，因此能够构建出更高密度的连锁图谱，提高基因定位的精确度（Darvasi and Soller, 1995; Frisch and Melchinger, 2008）。

$$R = \frac{1}{2} - 2D_t = \frac{1}{2}[1 - (1-2r)(1-r)^{t-1}] \tag{3.23}$$

$$R \approx \left[1 + \frac{1}{2}(t-1)\right]r \tag{3.24}$$

§3.4.2 基因型到配子的转移矩阵

沿用第 2 章 §2.1 有关基因型及其频率的记号,对于任意一个遗传群体,两个座位上 10 种基因型的频率用 $\boldsymbol{p}^{(0)}$ 表示,即公式 3.25。

$$\boldsymbol{p}^{(0)} = \begin{bmatrix} p^{(0)}_{AABB} & p^{(0)}_{AABb} & p^{(0)}_{AAbb} & p^{(0)}_{AaBB} & p^{(0)}_{AB/ab} & p^{(0)}_{Ab/aB} & p^{(0)}_{Aabb} & p^{(0)}_{aaBB} & p^{(0)}_{aaBb} & p^{(0)}_{aabb} \end{bmatrix} \tag{3.25}$$

群体中,4 种等位基因的频率用公式 3.26 表示。

$$\begin{aligned}
p_A &= p^{(0)}_{AABB} + p^{(0)}_{AABb} + p^{(0)}_{AAbb} + \frac{1}{2}(p^{(0)}_{AaBB} + p^{(0)}_{AaBb} + p^{(0)}_{Aabb}), \\
p_a &= \frac{1}{2}(p^{(0)}_{AaBB} + p^{(0)}_{AaBb} + p^{(0)}_{Aabb}) + p^{(0)}_{aaBB} + p^{(0)}_{aaBb} + p^{(0)}_{aabb}, \\
p_B &= p^{(0)}_{AABB} + p^{(0)}_{AaBB} + p^{(0)}_{aaBB} + \frac{1}{2}(p^{(0)}_{AABb} + p^{(0)}_{AaBb} + p^{(0)}_{aaBb}), \\
p_b &= \frac{1}{2}(p^{(0)}_{AABb} + p^{(0)}_{AaBb} + p^{(0)}_{aaBb}) + p^{(0)}_{AAbb} + p^{(0)}_{Aabb} + p^{(0)}_{aabb}
\end{aligned} \tag{3.26}$$

假定随机交配群体充分大(即不考虑遗传漂变作用),并且不存在影响群体结构的其他因素,等位基因的频率在随机交配过程中保持不变。如果能够得到群体产生的 4 种配子型的频率,就能根据公式 3.17 确定随机交配一代的连锁不平衡度 D_1,根据公式 3.22 得到随机交配若干代的配子型连锁不平衡度,根据公式 3.20 得到随机交配若干代各种配子型的理论频率。配子间随机结合,自然就得到各种基因型的频率。

类似于第 2 章 §2.1 亲代基因型到子代基因型转移矩阵的计算方法,首先确定基因型到配子型的转移矩阵 $\boldsymbol{T}_{\mathrm{RM}}$(公式 3.27)。按杂合座位的个数,分以下 3 种情况讨论。4 种配子型 AB、Ab、aB 和 ab 分别称为配子型 1、配子型 2、配子型 3 和配子型 4。

(1)无杂合座位,即两个座位上的基因型都纯合。这样的基因型只产生一种配子型,即基因型 $AABB$ 只产生配子型 1,基因型 $AAbb$ 只产生配子型 2,基因型 $aaBB$ 只产生配子型 3,基因型 $aabb$ 只产生配子型 4。因此,转移矩阵 $\boldsymbol{T}_{\mathrm{RM}}$ 第 1 行的第 1 个因素为 1,其余因素为 0;第 3 行的第 2 个因素为 1,其余因素为 0;第 8 行的第 3 个因素为 1,其余因素为 0;第 10 行的第 4 个因素为 1,其余因素为 0(公式 3.27)。

(2)一个座位纯合、另一个座位杂合。这样的基因型将产生两种配子型,频率均为 $\frac{1}{2}$。以基因型 $AABb$ 为例,它将产生频率均为 $\frac{1}{2}$ 的配子型 1(即 AB)和配子型 2(即 Ab)。因此,转移矩阵 $\boldsymbol{T}_{\mathrm{RM}}$ 第 2 行的第 1 个和第 2 个元素都为 $\frac{1}{2}$,其余均为 0(公式 3.27)。基因型 $AaBB$、$Aabb$ 和 $aaBb$ 产生配子的类型和频率与 $AABb$ 类似。

(3)两个座位均杂合,即基因型 AB/ab 和 Ab/aB。基因型 AB/ab 产生的 4 种配子型的频率分别为 $\frac{1}{2}(1-r)$、$\frac{1}{2}r$、$\frac{1}{2}r$ 和 $\frac{1}{2}(1-r)$,对应于转移矩阵公式 3.27 第 5 行的 4 个元素。基因型 Ab/aB 产生的 4 种配子型的频率分别为 $\frac{1}{2}r$、$\frac{1}{2}(1-r)$、$\frac{1}{2}(1-r)$ 和 $\frac{1}{2}r$,对应于转移矩阵公式 3.27 第 6 行的 4 个元素。

$$\boldsymbol{T}_{\mathrm{RM}} = \begin{bmatrix} 1 & 0 & 0 & 0 \\ \frac{1}{2} & \frac{1}{2} & 0 & 0 \\ 0 & 1 & 0 & 0 \\ \frac{1}{2} & 0 & \frac{1}{2} & 0 \\ \frac{1}{2}(1-r) & \frac{1}{2}r & \frac{1}{2}r & \frac{1}{2}(1-r) \\ \frac{1}{2}r & \frac{1}{2}(1-r) & \frac{1}{2}(1-r) & \frac{1}{2}r \\ 0 & \frac{1}{2} & 0 & \frac{1}{2} \\ 0 & 0 & 1 & 0 \\ 0 & 0 & \frac{1}{2} & \frac{1}{2} \\ 0 & 0 & 0 & 1 \end{bmatrix} \quad (3.27)$$

确定了基因型到配子型的转移矩阵 $\boldsymbol{T}_{\mathrm{RM}}$ 之后，就可以把群体中产生的 4 种配子型的频率表示为公式 3.28。配子型连锁不平衡度 D_1 用公式 3.29 计算。

$$\begin{pmatrix} p_{AB}^{(1)} & p_{Ab}^{(1)} & p_{aB}^{(1)} & p_{ab}^{(1)} \end{pmatrix} = \boldsymbol{p}^{(0)} \boldsymbol{T}_{\mathrm{RM}} \quad (3.28)$$

$$D_1 = p_{AB}^{(1)} p_{ab}^{(1)} - p_{Ab}^{(1)} p_{aB}^{(1)} \quad (3.29)$$

§3.4.3 随机交配若干代的配子型和基因型频率

一个起始群体用 $t=0$ 表示，其基因型频率由公式 3.25 给出。随机交配 t ($t>0$) 代的配子型连锁不平衡度 D_t 由公式 3.19 计算，4 种配子型的频率表示为公式 3.30，10 种基因型的频率可以由公式 3.31 计算。

$$\begin{aligned} p_{AB}^{(t)} = p_A p_B + D_t, & \quad p_{Ab}^{(t)} = p_A p_b - D_t, \\ p_{aB}^{(t)} = p_a p_B - D_t, & \quad p_{ab}^{(t)} = p_a p_b + D_t \end{aligned} \quad (3.30)$$

$$\begin{aligned} p_{AABB}^{(t)} = [p_{AB}^{(t)}]^2, & \quad p_{AABb}^{(t)} = 2 p_{AB}^{(t)} \times p_{Ab}^{(t)}, \quad p_{AAbb}^{(t)} = (p_{Ab}^{(t)})^2, \\ p_{AaBB}^{(t)} = 2 p_{AB}^{(t)} \times p_{aB}^{(t)}, & \quad p_{AB/ab}^{(t)} = 2 p_{AB}^{(t)} \times p_{ab}^{(t)}, \quad p_{Ab/aB}^{(t)} = 2 p_{Ab}^{(t)} \times p_{aB}^{(t)}, \quad p_{Aabb}^{(t)} = 2 p_{Ab}^{(t)} \times p_{ab}^{(t)}, \\ p_{aaBB}^{(t)} = (p_{aB}^{(t)})^2, & \quad p_{aaBb}^{(t)} = 2 p_{aB}^{(t)} \times p_{ab}^{(t)}, \quad p_{aabb}^{(t)} = (p_{ab}^{(t)})^2 \end{aligned} \quad (3.31)$$

例如，从两个纯系亲本的杂种 F_1 ($t=0$) 开始，起始群体的基因型频率为

$$\boldsymbol{p}^{(0)} = \begin{pmatrix} 0 & 0 & 0 & 0 & 1 & 0 & 0 & 0 & 0 & 0 \end{pmatrix}$$

基因频率为

$$p_A = p_a = p_B = p_b = \frac{1}{2}$$

随机交配 t $(t>0)$ 代的连锁不平衡度 D_t 由公式 3.22 给出。随机交配 t $(t>0)$ 代的配子型频率为

$$p_{AB}^{(t)} = \frac{1}{4} + \frac{1}{4}(1-2r)(1-r)^{t-1}, \quad p_{Ab}^{(t)} = \frac{1}{4} - \frac{1}{4}(1-2r)(1-r)^{t-1},$$
$$p_{aB}^{(t)} = \frac{1}{4} - \frac{1}{4}(1-2r)(1-r)^{t-1}, \quad p_{ab}^{(t)} = \frac{1}{4} + \frac{1}{4}(1-2r)(1-r)^{t-1} \quad (3.32)$$

随机交配 t $(t>0)$ 代的 10 种基因型频率为

$$p_{AABB}^{(t)} = \frac{1}{16}[1+(1-2r)(1-r)^{t-1}]^2, \quad p_{AABb}^{(t)} = \frac{1}{8}[1-(1-2r)^2(1-r)^{2(t-1)}],$$
$$p_{AAbb}^{(t)} = \frac{1}{16}[1-(1-2r)(1-r)^{t-1}]^2, \quad p_{AaBB}^{(t)} = \frac{1}{8}[1-(1-2r)^2(1-r)^{2(t-1)}],$$
$$p_{AB/ab}^{(t)} = \frac{1}{8}[1+(1-2r)(1-r)^{t-1}]^2, \quad p_{Ab/aB}^{(t)} = \frac{1}{8}[1-(1-2r)(1-r)^{t-1}]^2,$$
$$p_{Aabb}^{(t)} = \frac{1}{8}[1-(1-2r)^2(1-r)^{2(t-1)}], \quad p_{aaBB}^{(t)} = \frac{1}{16}[1-(1-2r)(1-r)^{t-1}]^2,$$
$$p_{aaBb}^{(t)} = \frac{1}{8}[1-(1-2r)^2(1-r)^{2(t-1)}], \quad p_{aabb}^{(t)} = \frac{1}{16}[1+(1-2r)(1-r)^{t-1}]^2 \quad (3.33)$$

将公式 3.33 给出的 10 种基因型频率，乘以第 2 章公式 2.5 给出的加倍单倍体转移矩阵，就得到随机交配 t $(t>0)$ 代产生的 DH 家系群体中 4 种基因型的理论频率，即公式 3.34。

$$p_{AABB}^{(t)-\text{DH}} = \frac{1}{4}[1+(1-2r)(1-r)^t], \quad p_{AAbb}^{(t)-\text{DH}} = \frac{1}{4}[1-(1-2r)(1-r)^t],$$
$$p_{aaBB}^{(t)-\text{DH}} = \frac{1}{4}[1-(1-2r)(1-r)^t], \quad p_{aabb}^{(t)-\text{DH}} = \frac{1}{4}[1+(1-2r)(1-r)^t] \quad (3.34)$$

将公式 3.33 给出的 10 种基因型频率，乘以第 2 章公式 2.6 给出的连续自交世代转移矩阵，就得到随机交配 t $(t>0)$ 代产生的重组近交家系群体中 4 种基因型的理论频率，即公式 3.35。有兴趣的读者，可选择公式 3.34 或公式 3.35 的某一种基因型频率进行验证。

$$p_{AABB}^{(t)-\text{RIL}} = \frac{1}{4}\left[1+\frac{(1-2r)(1-r)^{t-1}}{1+2r}\right], \quad p_{AAbb}^{(t)-\text{RIL}} = \frac{1}{4}\left[1-\frac{(1-2r)(1-r)^{t-1}}{1+2r}\right],$$
$$p_{aaBB}^{(t)-\text{RIL}} = \frac{1}{4}\left[1-\frac{(1-2r)(1-r)^{t-1}}{1+2r}\right], \quad p_{aabb}^{(t)-\text{RIL}} = \frac{1}{4}\left[1+\frac{(1-2r)(1-r)^{t-1}}{1+2r}\right] \quad (3.35)$$

从两个纯系亲本的杂交 F_1 开始，随机交配若干代产生一个后代群体，并对后代群体进行基因型鉴定，这样就可以利用公式 3.33 给出的基因型理论频率估计任意两个座位间的重组率，并构建遗传连锁图谱。如果随机交配若干代后，再利用加倍单倍体技术产生 DH 家系，并对 DH 家系进行基因型鉴定，则利用公式 3.34 估计座位间的重组率，并构建遗传连锁图谱。如果随机交配若干代后，再利用连续自交的方法产生 RIL 家系，并对 RIL 家系进行基因型鉴定，则利用公式 3.35 估计座位间的重组率，并构建遗传连锁图谱。

练 习 题

3.1 假定 3 个标记座位 A、B 和 C 在一条染色体的 0、8cM 和 12.5cM 处。利用 Haldane 作图函数，计算成对标记间的重组率 r_{AB}、r_{BC} 和 r_{AC}，并验证 $r_{AC} = r_{AB} + r_{BC} - 2r_{AB}r_{BC}$。

3.2 验证：

（1）当 $\delta = 0$ 时，公式 3.4 与 $1 - 2r_{13} = (1 - 2r_{12})(1 - 2r_{23})$ 等价。

（2）当 $\delta = 1 - 2r$ 时，公式 3.4 与 $\dfrac{1 + 2r_{13}}{1 - 2r_{13}} = \dfrac{1 + 2r_{12}}{1 - 2r_{12}} \times \dfrac{1 + 2r_{23}}{1 - 2r_{23}}$ 等价（提示：公式 3.4 中，令 $\delta = 1 - 2r_{13}$，则有 $r_{13} = \dfrac{r_{12} + r_{23}}{1 + 4r_{12}r_{23}}$；在此基础上计算 $\dfrac{1 + 2r_{13}}{1 - 2r_{13}}$ 的表达式即可）。

3.3 假定一条染色体均匀分布 21 个标记座位，相邻标记之间的真实遗传图距为 5cM。利用模拟方法产生两个 F_2 群体。一个群体大小是 200，全部为共显性标记，没有缺失标记型。另一个群体大小是 110，共显性、显性和隐性，以及偏分离和缺失标记同时存在（即第 1 章表 1.8 给出的群体）。模拟过程中没有考虑干涉，即真实干涉系数为 0。下表是两个群体中，第 i 与 $i-1$ 个标记、第 i 与 $i-2$ 个标记之间重组率的估计值。计算第 i 与 $i+2$ 个标记所决定的染色体区间上的干涉系数。

标记编号	大小为 200 的 F_2 群体重组率估计值		大小为 110 的 F_2 群体重组率估计值	
	第 i 与 $i-1$ 个标记	第 i 与 $i-2$ 个标记	第 i 与 $i-1$ 个标记	第 i 与 $i-2$ 个标记
1				
2	0.0435		0.0381	
3	0.0488	0.0892	0.009	0.0616
4	0.0514	0.092	0.0365	0.0785
5	0.054	0.103	0.0381	0.073
6	0.0566	0.0917	0.0751	0.1062
7	0.0513	0.0946	0.0278	0.082
8	0.0435	0.0862	0.0384	0.067
9	0.0357	0.0755	0.0332	0.0615
10	0.0383	0.0755	0.0279	0.0632
11	0.0435	0.0837	0.0474	0.0763
12	0.0646	0.1114	0.0518	0.1014
13	0.0754	0.1281	0.0664	0.1126
14	0.0486	0.1054	0.0483	0.098
15	0.0754	0.1228	0.0847	0.1251
16	0.0621	0.1255	0.0635	0.1327
17	0.0435	0.0756	0.0389	0.0902
18	0.0646	0.1059	0.064	0.0997
19	0.033	0.0946	0.0188	0.1076
20	0.0408	0.0645	0.0297	0.0588
21	0.0434	0.0808	0.0388	0.0933

3.4 利用 QTL IciMapping 软件中提供的大麦 DH 作图群体和软件的图谱构建功能。

（1）构建大麦的 7 条连锁图谱。

（2）输出大麦的 7 条连锁图谱。

（3）试把某一条染色体从最长的一个标记区间处拆分成两条。

3.5 玉米 IBM 群体是以自交系 'B73' 作母本、'Mo17' 作父本杂交，自 F_2 代开始随机交配 4 个世代后再连续自交产生的重组近交家系（Lee et al., 2002）。假定两个座位之间的重组率为 0.05，亲本 'B73' 中的基因用 A 和 B 表示，亲本 'Mo17' 中的基因用 a 和 b 表示。

(1) 给出 F_1 产生的 4 种配子型及其频率，并计算两个座位之间的连锁不平衡度。

(2) 自 F_1 开始经历 4 个世代的随机交配后，给出两个座位之间的连锁不平衡度、4 种配子型的频率，以及累积重组率。

(3) 给出 4 个世代随机交配群体中，两个座位上 10 种基因型的理论频率。

(4) 给出 10 种基因型到 4 种纯合基因型 $AABB$、$AAbb$、$aaBB$、$aabb$ 的多代自交世代转移矩阵，并依此矩阵计算 4 个世代随机交配、然后连续自交产生的重组近交家系群体中，4 种纯合基因型的理论频率。

3.6 在 $P_1BC_1F_1$ 群体中，两个座位上 10 种基因型的频率为

$$\boldsymbol{p}^{(0)} = \begin{bmatrix} p_{AABB}^{(0)} & p_{AABb}^{(0)} & p_{AAbb}^{(0)} & p_{AaBB}^{(0)} & p_{AB/ab}^{(0)} & p_{Ab/aB}^{(0)} & p_{Aabb}^{(0)} & p_{aaBB}^{(0)} & p_{aaBb}^{(0)} & p_{aabb}^{(0)} \end{bmatrix}$$
$$= \begin{bmatrix} \frac{1}{2}(1-r) & \frac{1}{2}r & 0 & \frac{1}{2}r & \frac{1}{2}(1-r) & 0 & 0 & 0 & 0 & 0 \end{bmatrix}$$

(1) 证明 4 种等位基因的频率分别为 $p_A = \frac{3}{4}$、$p_a = \frac{1}{4}$、$p_B = \frac{3}{4}$ 和 $p_b = \frac{1}{4}$。

(2) 证明随机交配一代 4 种配子型的频率分别为

$$p_{AB}^{(1)} = \frac{1}{2} + \frac{1}{4}(1-r)^2, \quad p_{Ab}^{(1)} = \frac{1}{4} - \frac{1}{4}(1-r)^2,$$

$$p_{aB}^{(1)} = \frac{1}{4} - \frac{1}{4}(1-r)^2, \quad p_{ab}^{(1)} = \frac{1}{4}(1-r)^2$$

(3) 证明随机交配一代的配子型连锁不平衡度 D_1 为

$$D_1 = \frac{1}{16}(3 - 8r + 4r^2)$$

(4) 证明随机交配 $t+1$ $(t \geqslant 0)$ 代的配子型连锁不平衡度 D_{t+1} 为

$$D_{t+1} = \frac{1}{16}(3 - 8r + 4r^2)(1-r)^t$$

(5) 证明随机交配 $t+1$ $(t \geqslant 0)$ 代的 4 种配子型频率为

$$p_{AB}^{(t+1)} = \frac{9}{16} + D_{t+1}, \quad p_{Ab}^{(t+1)} = \frac{3}{16} - D_{t+1}, \quad p_{aB}^{(1)} = \frac{3}{16} - D_{t+1}, \quad p_{ab}^{(1)} = \frac{1}{16} + D_{t+1}$$

(6) 证明随机交配 $t+1$ $(t \geqslant 0)$ 代的 10 种基因型频率为

$$p_{AABB}^{(t+1)} = \left(\frac{9}{16} + D_{t+1}\right)^2, \quad p_{AABb}^{(t+1)} = 2\left(\frac{9}{16} + D_{t+1}\right)\left(\frac{3}{16} - D_{t+1}\right),$$

$$p_{AAbb}^{(t+1)} = \left(\frac{3}{16} - D_{t+1}\right)^2, \quad p_{AaBB}^{(t+1)} = 2\left(\frac{9}{16} + D_{t+1}\right)\left(\frac{3}{16} - D_{t+1}\right),$$

$$p_{AB/ab}^{(t+1)} = 2\left(\frac{9}{16} + D_{t+1}\right)\left(\frac{1}{16} + D_{t+1}\right), \quad p_{Ab/aB}^{(t+1)} = 2\left(\frac{3}{16} - D_{t+1}\right)^2,$$

$$p_{Aabb}^{(t+1)} = 2\left(\frac{3}{16} - D_{t+1}\right)\left(\frac{1}{16} + D_{t+1}\right), \quad p_{aaBB}^{(t+1)} = \left(\frac{3}{16} - D_{t+1}\right)^2,$$

$$p_{aaBb}^{(t+1)} = 2\left(\frac{3}{16} - D_{t+1}\right)\left(\frac{1}{16} + D_{t+1}\right), \quad p_{aabb}^{(t+1)} = \left(\frac{1}{16} + D_{t+1}\right)^2$$

(7) 证明随机交配 $t+1$ ($t \geqslant 0$) 代的加倍单倍体家系群体中，4 种纯合基因型的频率为

$$p_{AABB} = p_A p_B + (1-r)D_{t+1} = \frac{9}{16} + \frac{1}{16}(3 - 8r + 4r^2)(1-r)^{t+1},$$

$$p_{AAbb} = p_A p_b - (1-r)D_{t+1} = \frac{3}{16} - \frac{1}{16}(3 - 8r + 4r^2)(1-r)^{t+1},$$

$$p_{aaBB} = p_a p_B - (1-r)D_{t+1} = \frac{3}{16} - \frac{1}{16}(3 - 8r + 4r^2)(1-r)^{t+1},$$

$$p_{aabb} = p_a p_b + (1-r)D_{t+1} = \frac{1}{16} + \frac{1}{16}(3 - 8r + 4r^2)(1-r)^{t+1}$$

(8) 证明随机交配 $t+1$ ($t \geqslant 0$) 代的连续自交 RIL 群体中，4 种纯合基因型的频率为

$$p_{AABB} = p_A p_B + (1-R)D_{t+1} = \frac{9}{16} + \frac{3 - 8r + 4r^2}{16(1+2r)}(1-r)^t,$$

$$p_{AAbb} = p_A p_b - (1-R)D_{t+1} = \frac{3}{16} - \frac{3 - 8r + 4r^2}{16(1+2r)}(1-r)^t,$$

$$p_{aaBB} = p_a p_B - (1-R)D_{t+1} = \frac{3}{16} - \frac{3 - 8r + 4r^2}{16(1+2r)}(1-r)^t,$$

$$p_{aabb} = p_a p_b + (1-R)D_{t+1} = \frac{1}{16} + \frac{3 - 8r + 4r^2}{16(1+2r)}(1-r)^t$$

第 4 章 单标记分析和简单区间作图

绝大多数生物性状的表型都是遗传和环境两种因素共同作用的结果。就遗传因素来讲，一般情况下，指的是存在于染色体上的遗传物质，即基因。核染色体之外的遗传因素，如细胞质遗传、表观遗传等，不在本书的考虑范围。控制性状的基因个数有差异。有些性状只受少数几对基因的控制，更多的性状受多对基因的共同控制。这些基因之间还可能存在各种各样的相互作用，即上位型互作，基因和环境之间也可能存在互作。QTL 作图尽管是从复杂数量性状的遗传研究过程中发展而来，但同样适用于由少数几对基因控制的性状或者只由一对基因控制的孟德尔性状的基因定位。前几章介绍了遗传研究群体，以及根据多态性标记构建染色体的遗传连锁图谱。遗传连锁图谱使得遗传学家不仅能够识别不同的染色体，还能识别染色体上的特定位置，如长臂、短臂、前端、近着丝粒和末端等。因此，如果能把控制性状的基因定位在可识别的标记附近或某些标记区间上，也就把控制性状的基因定位到了特定染色体的特定位置上。

把单个数量性状基因座（quantitative trait locus，QTL）定位在染色体上，并估计出单个数量性状基因遗传效应的过程，称为 QTL 作图。自 1989 年 QTL 区间作图方法（interval mapping, IM）被提出以来（Lander and Botstein, 1989），QTL 作图逐渐成为数量遗传学的研究重点（Haley and Knott, 1992; Zeng, 1994; Tanksley and Nelson, 1996; Whittaker et al., 1996; Doerge and Rebai, 1996; Xu, 1998; Kao et al., 1999; Zeng et al., 1999; Barton and Keightley, 2002; Broman and Speed, 2002; Carlborg et al., 2003; Holland, 2007; Li et al., 2007, 2008; Thomas, 2010; Zhang et al., 2008, 2010, 2012, 2015b, 2017）。根据 QTL 定位结果对数量性状基因进行图位克隆、利用标记对性状进行间接选择等，都已有成功的例子（Frary et al., 2000; Remington et al., 2001; Wan et al., 2005, 2008）。本章介绍 QTL 作图的单标记分析和简单区间作图方法。

§4.1 单标记分析

QTL 作图方法建立在不同标记基因型所对应的表型平均数存在差异的基础上（Soller and Beckmann, 1990）。Sax（1923）最早报道了菜豆（*Phaseolus vulgaris*）籽粒颜色和粒重可能存在连锁关系。表 4.1 给出 Sax（1923）发表的文章中，两个杂交组合的亲本和 F_2 群体中不同颜色籽粒的平均粒重。母本'IYE1310'和'IYE1317'的籽粒在围绕豆脐的 1/4~1/3 的面积上呈现均匀一致的黄色（称为本色），父本'W1333'和'W1228'的籽粒为白色，母本的粒重达到父本的两倍左右。在 F_2 群体中，籽粒颜色分为 4 种（表 4.1）。两个杂交组合中，带颜色 F_2 个体的平均粒重都显著高于白色籽粒的平均粒重，因此可以推测，粒重基因与籽粒颜色之间存在连锁关系。利用单个遗传标记开展数量性状与标记间的连锁分析，称为单标记分析（single marker analysis, SMA），适用于标记比较少、难以建立遗传连锁图谱的情况。

表 4.1　两个菜豆杂交组合的亲本和 F_2 群体中不同颜色籽粒的平均粒重　　(单位：$\times 10^{-2}$g)

母本	粒重	父本	粒重	F_2 群体 (括号内的数字为样本量)			
				斑点色	本色	眉色	白色
IYE1310	56±0.5	W1333	28±0.9	39.1±0.4（150）	36.5±0.5（51）	39.0±0.4（68）	33.8±0.4（80）
IYE1317	48±0.5	W1228	21±0.2	28.8±0.4（82）	28.6±0.6（44）	31.3±1.1（12）	26.4±0.5（41）

注：根据 Sax（1923）文章中的表 2 修改而来

§4.1.1　单标记基因型均值的差异分析

如果标记座位（两个等位基因用 M 和 m 表示）与控制某一性状的基因座位（两个等位基因用 Q 和 q 表示）间存在连锁，在各种可识别的标记型下，则 3 种 QTL 基因型具有不同的频率；如果 QTL 基因型有不同的表现，那么不同的标记型在这一性状上将表现出不同的分布。如果标记座位与控制某一性状的基因间不存在任何连锁，在各种可识别的标记型下，各种 QTL 基因型就具有相同的频率，不同的标记型在这一性状上将表现出相似的分布。图 4.1A 和图 4.1B 分别给出在上述两种情形下 3 种可识别标记型观测到的表型分布。在图 4.1A 中，随机误差不能完全解释 3 个分布表现出来的差异，说明该标记与控制性状的基因间存在连锁关系。在图 4.1B 中，随机误差可以完全解释 3 个分布表现出来的差异，说明该标记与控制性状的基因间没有连锁关系。因此，通过检验不同的标记型是否服从相同的分布，就能检验该标记和 QTL 间是否存在连锁关系。下面着重介绍单标记分析的 t 检验方法。

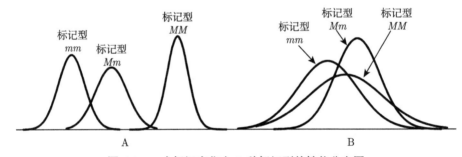

图 4.1　一个标记座位上 3 种标记型的性状分布图

A. 标记与控制性状的基因连锁；B. 标记与控制性状的基因没有连锁关系

首先以 DH 群体为例，说明单个遗传标记 QTL 作图的原理。假定两个亲本的基因型分别为 $MMQQ$（P_1）和 $mmqq$（P_2）。在 DH 群体中，个体的标记基因型有 MM 和 mm 两种，QTL 的基因型有 QQ 和 qq 两种。标记与 QTL 组合起来共有 4 种基因型，即 $MMQQ$、$MMqq$、$mmQQ$ 和 $mmqq$。假定标记与 QTL 间的重组率为 r，4 种基因型的频率均是重组率的函数，依次分别为 $\frac{1}{2}(1-r)$、$\frac{1}{2}r$、$\frac{1}{2}r$ 和 $\frac{1}{2}(1-r)$。在加显性模型下，4 种基因型值用公式 4.1 表示。

$$\mu_{MMQQ} = \mu_{mmQQ} = \mu + a, \quad \mu_{MMqq} = \mu_{mmqq} = \mu - a \tag{4.1}$$

QTL 基因型的差异表现为数量上的差异，一般不能直接鉴别 QTL 的基因型。DH 群体中可以区分的基因型只有标记基因型 MM 和 mm。如果一个个体的标记型为 MM，这个个体的 QTL 基因型究竟是 QQ 还是 qq 不能明确确定。但是，如果把所有标记型为 MM 的个体看作一个群体，这个群体中 QQ 和 qq 的频率可根据重组率确定（表 4.2），即 QQ 的比例是 $1-r$，qq 的比例是 r。因此，标记型 MM 的群体均值可以表示为

$$\mu_{MM} = (1-r)\mu_{MMQQ} + r\mu_{MMqq}$$
$$= (1-r)(\mu+a) + r(\mu-a) = \mu + (1-2r)a \tag{4.2}$$

表 4.2　DH 群体中单标记座位上两种标记型中 QTL 基因型的频率和群体均值

标记型	QTL 基因型的频率		群体均值
	QQ（基因型值 $=\mu+a$）	qq（基因型值 $=\mu-a$）	
MM	$1-r$	r	$\mu_{MM} = \mu + (1-2r)a$
mm	r	$1-r$	$\mu_{mm} = \mu - (1-2r)a$

对于标记型为 mm 的群体来说，QQ 的比例是 r、qq 的比例是 $1-r$。因此，标记型 mm 的群体均值可以表示为

$$\mu_{mm} = r\mu_{mmQQ} + (1-r)\mu_{mmqq}$$
$$= r(\mu+a) + (1-r)(\mu-a) = \mu - (1-2r)a \tag{4.3}$$

从公式 4.2 和公式 4.3 可以看出，如果标记与 QTL 间存在连锁，两种标记基因型的群体均值 μ_{MM} 与 μ_{mm} 就会存在差异（表 4.2），差异的大小由公式 4.4 计算。

$$\mu_{MM} - \mu_{mm} = 2(1-2r)a \tag{4.4}$$

从公式 4.4 不难看出，如果标记与 QTL 间不存在连锁关系，即重组率 $r=0.5$，标记型 MM 和 mm 的群体均值间的差异便不存在。如果两种标记型间存在明显差异，就可以推断存在与该标记连锁的 QTL。利用这个原理，通过计算 μ_{MM} 与 μ_{mm} 的估计值以及估计值的方差，就可以构造一个 t 统计量，以检验两个群体均值之间的差异显著性。如果差异显著，说明标记与 QTL 间存在连锁关系；否则就说明标记与 QTL 不存在连锁关系。上面考虑的是一个 QTL 控制性状的 DH 群体的情况。如果有多个 QTL 控制性状，那么标记型的群体均值间的差异用公式 4.5 表示。

$$\mu_{MM} - \mu_{mm} = \sum_{l}(1-2r_l)a_l \tag{4.5}$$

其中，r_l 是第 l 个 QTL 与标记间的重组率；a_l 是第 l 个 QTL 的加性效应。从公式 4.5 可以看出，如果所有 QTL 与标记间均不存在连锁，则标记基因型的群体均值不存在差异。如果一个标记同时与多个 QTL 连锁，同时 QTL 效应有正有负，则可能看不到群体均值之间的差异，这是单标记分析的不足之处。

§4.1.2　两种基因型群体中单标记分析的 t 检验

单标记分析首先根据标记型将遗传群体分为若干个子群体。如果标记与 QTL 间不存在连锁，这些子群体理论上应该具有相同的均值和方差。如果标记与 QTL 间存在连锁，这些

子群体均值之间则存在差异。仍以 DH 群体为例，$\hat{\mu}_{MM}$ 与 $\hat{\mu}_{mm}$ 为两种标记型群体均值的估计值，S_{MM}^2 与 S_{mm}^2 为群体方差的估计值。两种标记群体的样本量分别用 n_{MM} 和 n_{mm} 表示，样本方差的自由度分别用 df_{MM} 和 df_{mm} 表示，自由度等于相应的样本量减去 1。假定两种标记型群体具有相同的方差，将样本方差 S_{MM}^2 与 S_{mm}^2 合并，得到的合并方差见公式 4.6。

$$S^2 = \frac{\text{df}_{MM} \times S_{MM}^2 + \text{df}_{mm} \times S_{mm}^2}{\text{df}_{MM} + \text{df}_{mm}} \tag{4.6}$$

公式 4.7 给出 DH 群体中，检验两种标记型平均数差异显著性的 t 统计量的计算公式。

$$t = \frac{\hat{\mu}_{MM} - \hat{\mu}_{mm}}{\sqrt{\left(\frac{1}{n_{MM}} + \frac{1}{n_{mm}}\right)S^2}} \sim t(\text{df}_{MM} + \text{df}_{mm}) \tag{4.7}$$

如果两种标记型的方差是异质的，统计学上不存在精确的 t 检验（李仲来等，2007）。Aspin-Welch 检验法中的近似 t 检验统计量及其近似自由度见公式 4.8 和公式 4.9。

$$t = \frac{\hat{\mu}_{MM} - \hat{\mu}_{mm}}{\sqrt{\frac{S_{MM}^2}{n_{MM}} + \frac{S_{mm}^2}{n_{mm}}}} \sim t(\nu) \tag{4.8}$$

$$\nu = \frac{\left(\frac{S_{MM}^2}{n_{MM}} + \frac{S_{mm}^2}{n_{mm}}\right)^2}{\frac{1}{\text{df}_{MM}}\left(\frac{S_{MM}^2}{n_{MM}}\right)^2 + \frac{1}{\text{df}_{mm}}\left(\frac{S_{mm}^2}{n_{mm}}\right)^2} \tag{4.9}$$

第 1 章图 1.7 已经给出大麦 DH 群体在 1H 染色体上 14 个标记的基因型数据，为便于读者练习，表 4.3 给出 145 个 DH 家系的粒重平均数，DH 家系的排列顺序与第 1 章图 1.7 中的顺序一致。以 Act8A 和 Act8B 两个标记为例，说明单标记分析在该群体中的应用。

表 4.3　两个亲本杂交产生的 145 个 DH 家系的粒重（多环境重复平均数）　（单位：mg）

家系编号	1	2	3	4	5	6	7	8	9	10
1~10	41.01	40.41	40.11	40.28	41.50	45.75	40.20	44.10	42.09	45.66
11~20	44.06	40.88	42.52	41.58	47.22	43.97	40.67	41.02	44.40	42.20
21~30	44.07	45.04	39.76	41.32	41.13	48.46	47.20	42.44	44.19	43.38
31~40	39.55	39.04	40.78	45.98	42.21	41.20	40.08	46.62	42.46	40.61
41~50	43.02	46.08	43.30	43.51	40.93	41.57	42.39	46.10	44.15	42.36
51~60	42.58	39.15	46.47	37.52	45.44	39.67	41.43	42.16	38.33	43.58
61~70	46.62	42.35	42.17	43.11	39.17	44.69	43.67	42.32	43.06	42.76
71~80	38.76	42.69	41.18	39.39	42.54	41.10	41.84	43.88	43.32	43.85
81~90	44.39	42.76	40.79	41.91	39.32	40.67	40.58	41.99	45.30	42.93
91~100	41.86	39.91	44.39	46.45	41.81	43.21	45.46	41.37	44.35	39.49
101~110	45.53	40.75	46.55	43.82	42.38	42.11	40.70	42.79	41.49	41.27
111~120	39.55	44.84	43.16	41.28	42.49	46.13	41.22	42.79	42.51	43.01
121~130	43.18	42.55	41.85	36.45	40.91	44.99	43.72	37.69	42.85	42.67
131~140	45.20	42.41	43.22	46.04	41.65	40.30	39.71	43.75	41.43	46.61
141~145	42.11	40.63	43.47	39.14	43.75					

Act8A 位于大麦 1H 染色体上，两种标记型在粒重性状上有相似的分布（图 4.2A）。说明该标记与粒重不存在明显的关联，控制粒重的基因与 Act8A 之间可能没有连锁关系或距离较远。Act8B 位于大麦 5H 染色体上，两种标记型在粒重性状上有较大差异（图 4.2B）。说明该标记与粒重存在明显的关联，控制粒重的基因与 Act8B 之间可能存在连锁关系。

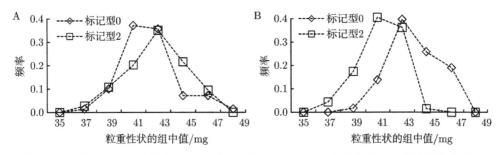

图 4.2 大麦 DH 群体中座位 Act8A（A）和 Act8B（B）上两种标记型粒重的频率分布图

Act8A 的两种标记型的样本量分别为 70 和 74，缺少一个 DH 系的标记型。粒重的样本均值分别为 42.23mg 和 42.79mg（表 4.4），t 统计量为 1.51，显著性概率为 0.13，没有达到 0.05 的显著性水平，说明控制粒重的基因与 Act8A 之间不存在连锁或距离较远。Act8B 的两种标记型的样本量分别为 58 和 69，缺少 18 个 DH 系的标记型，粒重的样本均值分别为 43.89mg 和 41.25mg（表 4.4），t 统计量为 8.37，显著性概率远小于 0.01，说明控制粒重的基因与 Act8B 之间存在极显著的遗传连锁关系。

表 4.4 大麦 DH 群体中两个标记座位上两种标记型粒重的差异显著性检验

参数	Act8A		Act8B	
	标记型 0	标记型 2	标记型 0	标记型 2
样本量	70	74	58	69
自由度	69	73	57	68
均值/mg	42.23	42.79	43.89	41.25
方差/mg^2	4.45	5.32	3.53	2.79
标准差/mg	2.11	2.31	1.88	1.67
合并方差/mg^2	4.90		3.13	
t 统计量	1.51（$P=0.13$）		8.37（$P=1.00\times 10^{-13}$）	

§4.1.3 3 种基因型群体中单标记分析的 t 检验

以 F_2 群体和共显性标记为例，说明 3 种基因型群体中单标记分析的 t 检验方法，3 种标记基因型用 MM、Mm 和 mm 表示，3 种 QTL 基因型用 QQ、Qq 和 qq 表示。将第 2 章表 2.5 中的座位 A 视为标记、座位 B 视为 QTL，那么 F_2 对应的就是标记与 QTL 两个座位上 9 种基因型的理论频率。在加显性模型下，基因型值用公式 4.10 表示。

$$\mu_{MMQQ} = \mu_{MmQQ} = \mu_{mmQQ} = \mu + a,$$

$$\mu_{MMQq} = \mu_{MmQq} = \mu_{mmQq} = \mu + d,$$

$$\mu_{MMqq} = \mu_{Mmqq} = \mu_{mmqq} = \mu - a \tag{4.10}$$

考虑到 3 种标记型在 F_2 群体中的理论频率分别为 0.25、0.5 和 0.25，可以得到 3 种标记型下 QTL 基因型的频率和性状平均数 (表 4.5)。如果一个个体的标记型为 MM，这个个体的 QTL 基因型究竟是 QQ、Qq 或 qq 不能明确确定。但是，如果把所有标记型为 MM 的个体看作一个群体，这个群体中 3 种 QTL 基因型的频率可根据重组率确定 (表 4.5)，即 QQ 的比例是 $(1-r)^2$、Qq 的比例是 $2r(1-r)$、qq 的比例是 r^2。因此，标记型 MM 的平均数可以用公式 4.11 表示。

$$\mu_{MM} = (1-r)^2 \mu_{QQ} + 2r(1-r)\mu_{Qq} + r^2 \mu_{qq}$$
$$= \mu + (1-2r)a + 2r(1-r)d \tag{4.11}$$

与公式 4.11 类似，可以分别得到标记型 Mm 和 mm 的平均数 (公式 4.12 和公式 4.13)。

$$\mu_{Mm} = \mu + (1-2r+r^2)d \tag{4.12}$$

$$\mu_{mm} = \mu - (1-2r)a + 2r(1-r)d \tag{4.13}$$

公式 4.11~公式 4.13 的 3 种标记平均数有以下关系：

$$\mu_{MM} - \mu_{mm} = 2(1-2r)a \tag{4.14}$$

$$\mu_{Mm} - \frac{1}{2}(\mu_{MM} + \mu_{mm}) = (1-2r)^2 d \tag{4.15}$$

公式 4.14 只包含 QTL 的加性效应，公式 4.15 只包含 QTL 的显性效应。因此，如果数量性状基因和标记存在连锁，则平均数 μ_{MM} 与 μ_{mm} 间的差异可用于检验 QTL 的加性效应，平均数 μ_{Mm} 与 $\frac{1}{2}(\mu_{MM} + \mu_{mm})$ 间的差异可用于检验 QTL 的显性效应。

表 4.5　F_2 群体中单个共显性标记 3 种标记型中 QTL 基因型的频率和群体平均数

标记型	QTL 基因型的频率			群体平均数
	QQ (基因型值 $=\mu+a$)	Qq (基因型值 $=\mu+d$)	qq (基因型值 $=\mu-a$)	
MM	$(1-r)^2$	$r(1-r)$	r^2	$\mu_{MM} = \mu + (1-2r)a$ $+2r(1-r)d$
Mm	$2r(1-r)$	$(1-2r+2r^2)$	$2r(1-r)$	$\mu_{Mm} = \mu + (1-2r+2r^2)d$
mm	r^2	$r(1-r)$	$(1-r)^2$	$\mu_{mm} = \mu - (1-2r)a$ $+2r(1-r)d$

用 $\hat{\mu}_{MM}$、$\hat{\mu}_{Mm}$ 和 $\hat{\mu}_{mm}$ 表示 3 种标记型的样本平均数，S^2_{MM}、S^2_{Mm} 与 S^2_{mm} 表示 3 种标记型的样本方差。3 种标记型的样本量分别用 n_{MM}、n_{Mm} 和 n_{mm} 表示，样本方差的自由度分别用 df_{MM}、df_{Mm} 和 df_{mm} 表示，自由度等于相应的样本量减去 1。假定不同标记型有相同的方差，合并后的方差为

$$S^2 = \frac{\mathrm{df}_{MM} \times S^2_{MM} + \mathrm{df}_{Mm} \times S^2_{Mm} + \mathrm{df}_{mm} \times S^2_{mm}}{\mathrm{df}_{MM} + \mathrm{df}_{Mm} + \mathrm{df}_{mm}} \tag{4.16}$$

均值 μ_{MM} 与 μ_{mm} 差异显著性检验的 t 统计量与公式 4.7 相同，μ_{Mm} 与 $\frac{1}{2}(\mu_{MM}+\mu_{mm})$ 间差异显著性检验的 t 统计量为

$$t = \frac{\hat{\mu}_{Mm} - \frac{1}{2}(\hat{\mu}_{MM}+\hat{\mu}_{mm})}{\sqrt{\left(\frac{1}{4n_{MM}}+\frac{1}{n_{Mm}}+\frac{1}{4n_{mm}}\right)S^2}} \sim t(\mathrm{df}_{MM}+\mathrm{df}_{Mm}+\mathrm{df}_{mm}) \qquad (4.17)$$

以第 1 章图 1.8 给出的包含 110 个个体的 F_2 群体为例。为便于读者练习，表 4.6 给出这 110 个个体的表型数据，个体排列顺序与图 1.8 中的顺序相同。两个共显性标记 M1-8（图 1.8）和 M4-1（图 1.8 未给出）位于两条不同的染色体。对于标记座位 M1-8 来说，3 种标记型在表型性状上有较大差异（图 4.3A），说明该标记与控制表型性状的基因间可能存在连锁关系。对于标记座位 M4-1 来说，3 种标记型在表型性状上有相似的分布（图 4.3B），说明控制性状的基因与 M4-1 之间可能没有连锁关系或距离较远。

表 4.6 两个亲本杂交产生的 110 个 F_2 个体的表型观测值 (模拟数据)

个体编号	1	2	3	4	5	6	7	8	9	10
1~10	18.18	18.06	18.36	16.29	19.68	20.71	16.98	21.75	22.06	18.74
11~20	19.82	20.32	19.32	19.74	20.38	19.39	19.79	20.39	19.35	19.84
21~30	20.27	19.40	21.39	21.45	17.56	20.60	20.72	19.92	18.31	19.95
31~40	16.13	20.29	20.99	17.72	18.88	22.41	20.38	23.23	20.75	20.16
41~50	20.19	17.42	19.49	17.44	18.08	19.50	17.13	17.10	18.21	19.66
51~60	21.04	21.21	18.92	20.59	20.06	23.20	20.97	20.36	20.68	21.18
61~70	21.16	18.16	21.39	19.99	22.31	23.19	19.45	19.87	21.70	18.95
71~80	19.29	18.00	20.40	21.34	20.09	19.21	19.62	18.52	17.63	19.78
81~90	20.66	17.06	20.27	20.82	18.76	20.13	18.16	17.22	19.00	21.21
91~100	19.49	17.46	19.34	21.63	20.49	18.52	16.50	19.37	22.21	17.77
101~110	18.55	17.69	18.90	20.88	20.18	19.88	21.08	20.69	18.93	17.52

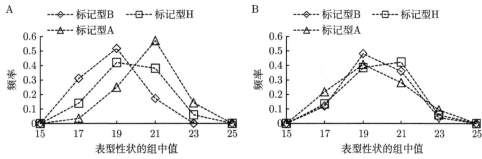

图 4.3 一个 F_2 群体中（第 1 章图 1.8）标记座位 M1-8（A）和 M4-1（B）上 3 种标记型表型性状的频率分布图

M1-8 的 3 种标记型样本量分别为 29、50 和 28，缺少 3 个个体的标记型（第 1 章图 1.8），表型性状的样本均值分别为 18.62、19.76 和 20.43（表 4.7）。检验加性效应的 t 统计量为 4.89，达到极显著性水平；检验显性效应的 t 统计量为 0.87，没有达到 0.05 的显著性水平。说明控制表型性状的基因与 M1-8 之间存在连锁，连锁的基因存在显著的加性效应，但

没有明显的显性效应。M4-1 的 3 种标记型样本量分别为 25、52 和 32，缺少 1 个个体的标记型，表型性状的样本均值分别为 19.55、19.83 和 19.44（表 4.7）。检验加性效应的 t 统计量为 0.27、检验显性效应的 t 统计量为 1.11，二者均未达到 0.05 的显著性水平。说明控制表型性状的基因与 M4-1 之间不存在显著的遗传连锁关系。

表 4.7 一个 F_2 群体中（第 1 章图 1.8）两个座位上 3 种标记型的表型性状差异显著性检验

参数	M1-8			M4-1		
	标记型 B	标记型 H	标记型 A	标记型 B	标记型 H	标记型 A
样本量	29	50	28	25	52	32
均值	18.62	19.76	20.43	19.55	19.83	19.44
方差	1.69	2.21	1.82	2.43	2.07	2.96
标准差	1.30	1.49	1.35	1.56	1.44	1.72
加性效应 t 检验	4.89 （$P=5.49\times10^{-6}$）			0.27 （$P=0.79$）		
显性效应 t 检验	0.87 （$P=0.54$）			1.11 （$P=0.38$）		

§4.1.4 3 种基因型群体中单标记方差分析

当群体中存在多种基因型并且方差同质时，可用方差分析的 F 统计量对均值是否相同进行显著性检验。以 F_2 群体为例，假定总样本量为 n，3 种标记型 MM、Mm 和 mm 的样本量分别为 n_1、n_2 和 n_3，将样本按标记型分类后的观测值记为 Y_{ij}，即

$$Y_{ij} \sim N(\mu_i, \sigma^2), i=1,2,3; j=1,2,\cdots,n_i$$

记 $\overline{Y}_{i\cdot} = \frac{1}{n_i}\sum_{j=1}^{n_i} Y_{ij}$，$\overline{Y} = \frac{1}{n}\sum_{i=1}^{3}\sum_{j=1}^{n_i} Y_{ij}$。总平方和 SS_T 可分解为

$$SS_T = \sum_{i=1}^{3}\sum_{j=1}^{n_i}(Y_{ij}-\overline{Y})^2 = \sum_{i=1}^{3} n_i(\overline{Y}_{i\cdot}-\overline{Y})^2 + \sum_{i=1}^{3}\sum_{j=1}^{n_i}(\overline{Y}_{ij}-\overline{Y}_{i\cdot})^2 \hat{=} SS_M + SS_\varepsilon$$

其中，SS_M 称为标记型效应平方和，自由度为 $3-1=2$；SS_ε 称为误差平方和，自由度为 $n-3$，总自由度为 $n-1$。平方和除以自由度称为均方，分别记为 MS_M 和 MS_ε。要检验的零假设为 H_0: $\mu_1=\mu_2=\mu_3$。统计上可以证明，在零假设 H_0 成立的情况下，

$$\frac{MS_M}{\sigma^2} \sim \chi^2(2), \quad \frac{MS_\varepsilon}{\sigma^2} \sim \chi^2(n-3)$$

因此，

$$F = \frac{MS_M}{MS_\varepsilon} \sim F(2, n-3) \tag{4.18}$$

对于表 4.7 中的数据，M1-8 的 F 值为 14.61（$P=2.55\times10^{-6}$），达到 0.001 的极显著性水平，说明 3 种标记型的表型均值存在极显著差异，M1-8 与控制性状的基因之间存在极显著的连锁关系。M4-1 的 F 值为 0.96（$P=0.3844$），没有达到 0.05 的显著性水平，说明 3 种标记型的表型均值无显著差异，M4-1 与控制性状的基因之间不存在显著的连锁关系。显然，这里的方差分析与表 4.7 中 t 检验得到的结论是相同的。

§4.1.5 单标记分析的似然比检验

当仅涉及两个正态总体的平均数差异显著性检验时,经常采用 t 检验,而且十分有效。当存在多个分布并且方差同质时,可采用方差分析和 F 检验。对于更复杂的情形,可考虑采用更通用的似然比检验方法。以 F_2 群体和共显性标记为例,说明单标记分析的似然比检验方法。假定总样本量为 n,第 i 个样本的性状值用随机变量 Y_i 表示。3 种标记型的样本量分别为 n_{MM}、n_{Mm} 和 n_{mm}。将样本按标记型分类后,假定样本 $1, 2, \cdots, n_{MM}$ 的标记型为 MM,样本 $n_{MM}+1, n_{MM}+2, \cdots, n_{MM}+n_{Mm}$ 的标记型为 Mm,样本 $n_{MM}+n_{Mm}+1, n_{MM}+n_{Mm}+2, \cdots, n_{MM}+n_{Mm}+n_{mm}$ $(=n)$ 的标记型为 mm。检验的零假设和备择假设分别为

$$H_0: \mu_{MM} = \mu_{Mm} = \mu_{mm}$$

$$H_A: \mu_{MM}, \mu_{Mm}, \mu_{mm} \text{中至少有两个互不相等}$$

在 H_A 成立的条件下,样本服从的分布为

$$Y_i \sim N(\mu_{MM}, \sigma_{MM}^2), i = 1, 2, \cdots, n_{MM};$$

$$Y_i \sim N(\mu_{Mm}, \sigma_{Mm}^2), i = n_{MM}+1, n_{MM}+2, \cdots, n_{MM}+n_{Mm};$$

$$Y_i \sim N(\mu_{mm}, \sigma_{mm}^2), i = n_{MM}+n_{Mm}+1, n_{MM}+n_{Mm}+2, \cdots, n_{MM}+n_{Mm}+n_{mm}(=n)$$

因此 3 种标记型均值和方差的极大似然估计是

$$\hat{\mu}_{MM} = \frac{1}{n_{MM}} \sum_{i=1}^{n_{MM}} Y_i, \quad \hat{\sigma}_{MM}^2 = \frac{1}{n_{MM}} \sum_{i=1}^{n_{MM}} (Y_i - \hat{\mu}_{MM})^2;$$

$$\hat{\mu}_{Mm} = \frac{1}{n_{Mm}} \sum_{i=n_{MM}+1}^{n_{MM}+n_{Mm}} Y_i, \quad \hat{\sigma}_{Mm}^2 = \frac{1}{n_{Mm}} \sum_{i=n_{MM}+1}^{n_{MM}+n_{Mm}} (Y_i - \hat{\mu}_{Mm})^2;$$

$$\hat{\mu}_{mm} = \frac{1}{n_{mm}} \sum_{i=n_{MM}+n_{Mm}+1}^{n} Y_i, \quad \hat{\sigma}_{mm}^2 = \frac{1}{n_{mm}} \sum_{i=n_{MM}+n_{Mm}+1}^{n} (Y_i - \hat{\mu}_{mm})^2$$

正态分布的概率密度函数用 f 表示,即

$$f(x; \mu, \sigma^2) = \frac{1}{\sqrt{2\pi\sigma^2}} \exp\left(\frac{(x-\mu)^2}{2\sigma^2}\right)$$

随机变量 Y_i 的观测值用 y_i 表示,那么 H_A 条件下样本似然函数的极大值为

$$\max L(H_A) = \prod_{i=1}^{n_{MM}} f(y_i; \hat{\mu}_{MM}, \hat{\sigma}_{MM}^2) \prod_{i=n_{MM}+1}^{n_{MM}+n_{Mm}} f(y_i; \hat{\mu}_{Mm}, \hat{\sigma}_{Mm}^2) \prod_{i=n_{MM}+n_{Mm}+1}^{n} f(y_i; \hat{\mu}_{mm}, \hat{\sigma}_{mm}^2)$$
(4.19)

在 H_0 成立的条件下,样本服从的分布为

$$Y_i \sim N(\mu_0, \sigma_0^2), i = 1, 2, \cdots, n$$

均值和方差的极大似然估计是

$$\hat{\mu}_0 = \frac{1}{n}\sum_{i=1}^{n} Y_i, \quad \hat{\sigma}_0^2 = \frac{1}{n}\sum_{i=1}^{n}(Y_i - \hat{\mu}_0)^2$$

H_0 条件下样本似然函数的极大值为

$$\max L(H_0) = \prod_{i=1}^{n} f(y_i; \hat{\mu}_0, \hat{\sigma}_0^2) \tag{4.20}$$

因此，似然比统计量为

$$\text{LRT} = -2\ln\frac{\max L(H_0)}{\max L(H_A)} \sim \chi^2(\text{df}) \tag{4.21}$$

假设 H_A 有 6 个独立参数，H_0 有 2 个独立参数。在大样本的情况下，LRT 统计量渐近服从 χ^2 分布，自由度为两种假设中独立参数个数之差。因此，公式 4.21 中自由度 df=4。在上面的检验中，如果事先假定 3 种标记型有相同的方差，这时均值的估计方法不变，方差的估计类似公式 4.16。假设 H_A 有 4 个独立参数，H_0 有 2 个独立参数，LRT 统计量的自由度为 2。

与第 2 章的连锁显著性检验类似，标记平均数的检验也可以通过公式 4.22 计算 LOD 值。如果两个极大似然函数的比值为 10，则 LOD=1；如果比值为 100，则 LOD=2。因此，LOD 更直观地反映了两个极大似然函数的比值。根据 LOD 值和 LRT 值的定义，不难得到它们之间有公式 4.23 的关系。

$$\text{LOD} = \log_{10}\left(\frac{\max L(H_A)}{\max L(H_0)}\right) \tag{4.22}$$

$$\text{LOD} = \frac{\text{LRT}}{2\ln 10} \approx \frac{\text{LRT}}{4.61} \text{ 或 } \text{LRT} \approx 4.61\text{LOD} \tag{4.23}$$

对于表 4.7 中的数据，在 3 种标记型具有相同方差的情况下，M1-8 的 LOD 值为 5.77，LRT 值为 26.55（df=2，$P=1.72\times 10^{-6}$）。同样说明，控制表型性状的基因与 M1-8 之间存在极显著的连锁关系。M4-1 的 LOD 值为 0.44，LRT 值为 2.04（df=2，$P=0.3598$）。同样说明，控制表型性状的基因与 M4-1 之间不存在显著的连锁关系。

§4.1.6 单标记分析存在的问题

从公式 4.4、公式 4.14 和公式 4.15 可以看出，不同标记型均值间的差异同时受 QTL 的遗传效应以及标记与 QTL 连锁距离的影响。观测到的平均数之间的差异可能是由效应较大但连锁距离较远的 QTL 引起的，也可能是由效应较小但连锁距离较近的 QTL 引起的。因此，单标记分析不能将 QTL 的遗传效应与连锁距离分离开。同时，观测到的平均数之间的差异也可能是多个连锁 QTL 共同影响的结果。在这种情况下，更难以区分 QTL 的遗传效应以及 QTL 与标记的连锁距离。因此，单标记分析只有在标记和 QTL 完全连锁的假定下才能正确估计连锁 QTL 的遗传效应。此外，单标记分析没有任何背景控制。每种标记型组成的子群体中，表型方差中除随机误差外，还有独立遗传 QTL 产生的背景遗传方差。这些方差的存在会降低群体平均数差异显著性的检验功效。

§4.2 简单区间作图

单标记分析只有在标记与 QTL 完全连锁的情况下, 才能正确估计连锁 QTL 的遗传效应。如果标记和 QTL 间存在交换, 单标记分析就不能把连锁距离和 QTL 遗传效应分离开。在已知遗传连锁图谱的条件下, Lander 和 Botstein (1989) 提出同时利用染色体区间上的两个相邻标记座位对 QTL 进行定位并估计 QTL 遗传效应的区间作图方法。区间作图对全基因组进行逐点扫描以判断 QTL 的存在, 在判断某一特定位置是否存在 QTL 时, 同时利用该位置所在区间上左右两个相邻标记的信息。每个扫描位置存在 QTL 的可能性用 LOD 值进行判断, 因此每条染色体都能得到一条 LOD 曲线, LOD 曲线上超过事先指定临界值的峰所在的位置, 看作 QTL 位置的估计。

§4.2.1 区间标记型中 QTL 基因型的频率

假定两个纯合亲本在两个连锁标记座位（称为 A 和 B, 或左侧标记和右侧标记）上存在多态性, 座位 A 上的等位基因用 A 和 a 表示（图 4.4 中的下三角）, 座位 B 上的等位基因用 B 和 b 表示（图 4.4 中的上三角）, 两个标记之间 QTL（称为座位 Q）的等位基因用 Q 和 q 表示（图 4.4 中的圆）。左侧标记与 QTL 间的重组率用 r_L 表示, QTL 与右侧标记的重组率用 r_R 表示, A 与 B 之间的重组率用 r 表示。在交换独立发生的假定下, 这 3 个重组率间具有公式 4.24 的关系, 公式 4.24 与第 3 章公式 3.2 相同。

$$r = r_L + r_R - 2r_L r_R \tag{4.24}$$

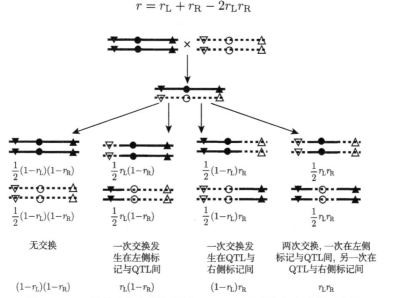

图 4.4 DH 群体中区间标记型和 QTL 基因型的产生过程示意图

下三角代表左侧标记, 上三角代表右侧标记, 圆代表 QTL。实心代表亲本 1 的等位基因, 空心代表亲本 2 的等位基因。左侧标记与 QTL 间的重组率用 r_L 表示, QTL 与右侧标记间的重组率用 r_R 表示

在座位 A 和 B 之间没有其他标记的情况下, 区间上无交换和双交换产生的配子是不能区分的, 因为它们具有相同的亲本标记型。任意多于两次的偶数次交换产生的配子都有相同

的类型，但它们在有限的染色体区间上存在的概率非常低。因此，在估计两个座位间的重组率时，一般不考虑两次或两次以上的交换。

同时考虑两个标记座位和一个 QTL，忽略左侧标记与 QTL 之间两次和两次以上的交换，以及 QTL 与右侧标记之间两次和两次以上的交换。F_1 将产生 8 种可能的配子型，根据交换的次数和发生交换的区间可分为以下 4 种类型（图 4.4）。①无交换，发生的频率等于 $(1-r_L)(1-r_R)$，产生两种配子的频率各占一半；②一次交换发生在左侧标记和 QTL 之间，发生的频率等于 $r_L(1-r_R)$，产生两种配子的频率各占一半；③一次交换发生在 QTL 和右侧标记之间，发生的频率等于 $(1-r_L)r_R$，产生两种配子的频率各占一半；④两次交换，一次发生在左侧标记和 QTL 之间，另一次发生在 QTL 和右侧标记之间，发生的频率等于 $r_L r_R$，产生两种配子的频率各占一半。

8 种配子加倍，即为 DH 后代群体（图 4.4），8 种基因型中可识别的标记型只有 4 种，每种标记型内 QTL 基因型的频率见表 4.8。在表 4.8 中，QTL 基因型的频率之和等于标记型的频率。例如，标记型 $AABB$ 中，两种 QTL 的频率之和为

$$\frac{1}{2}r_L r_R + \frac{1}{2}(1-r_L-r_R+r_L r_R) = \frac{1}{2}(1-r_L-r_R+2r_L r_R) = \frac{1}{2}(1-r)$$

因此，表 4.8 中 QTL 基因型的频率除以相应的标记型的频率，就得到每种标记型内两种 QTL 基因型的频率。

表 4.8　DH 群体中两个相邻标记座位上 4 种标记型内 QTL 基因型的期望频率

标记型		样本量	频率	QTL 基因型	
左侧标记	右侧标记			QQ	qq
AA	BB	n_1	$\frac{1}{2}(1-r)$	$\frac{1}{2}(1-r_L-r_R+r_L r_R)$	$\frac{1}{2}r_L r_R$
AA	bb	n_2	$\frac{1}{2}r$	$\frac{1}{2}(1-r_L)r_R$	$\frac{1}{2}r_L(1-r_R)$
aa	BB	n_3	$\frac{1}{2}r$	$\frac{1}{2}r_L(1-r_R)$	$\frac{1}{2}(1-r_L)r_R$
aa	bb	n_4	$\frac{1}{2}(1-r)$	$\frac{1}{2}r_L r_R$	$\frac{1}{2}(1-r_L-r_R+r_L r_R)$

8 种配子随机结合即为 F_2 群体，共包含 27 种基因型。但是，可识别的标记型只有 9 种，每种标记型内 3 种 QTL 基因型的频率见表 4.9。与表 4.8 类似，QTL 基因型的频率之和等于标记型的频率。例如，标记型 $AABB$ 的 3 种 QTL 基因型的频率之和为

$$\frac{1}{4}(1-r_L)^2(1-r_R)^2 + \frac{1}{2}r_L(1-r_R)r_R(1-r_R) + \frac{1}{4}r_L^2 r_R^2$$
$$= \frac{1}{4}[(1-r_L)(1-r_R)+r_L r_R]^2$$
$$= \frac{1}{4}[1-(r_L+r_R-2r_L r_R)]^2$$
$$= \frac{1}{4}(1-r)^2$$

因此，表 4.9 中 QTL 的频率除以相应的标记型的频率，就得到每种标记型内 3 种 QTL 基因型的频率。

表 4.9 F_2 群体中两个相邻标记座位上 9 种标记型内 QTL 基因型的期望频率

标记型		样本量	频率	QTL 基因型		
左侧标记	右侧标记			QQ	Qq	qq
AA	BB	n_1	$\frac{1}{4}(1-r)^2$	$\frac{1}{4}(1-r_L)^2(1-r_R)^2$	$\frac{1}{2}r_L(1-r_L)r_R(1-r_R)$	$\frac{1}{4}r_L^2 r_R^2$
AA	Bb	n_2	$\frac{1}{2}r(1-r)$	$\frac{1}{2}(1-r_L)^2 r_R(1-r_R)$	$\frac{1}{2}r_L(1-r_L)(1-2r_R+2r_R^2)$	$\frac{1}{2}r_L^2 r_R(1-r_R)$
AA	bb	n_3	$\frac{1}{4}r^2$	$\frac{1}{4}(1-r_L)^2 r_R^2$	$\frac{1}{2}r_L(1-r_L)r_R(1-r_R)$	$\frac{1}{4}r_L^2(1-r_R)^2$
Aa	BB	n_4	$\frac{1}{2}r(1-r)$	$\frac{1}{2}r_L(1-r_L)(1-r_R)^2$	$\frac{1}{2}(1-2r_L+2r_L^2)r_R(1-r_R)$	$\frac{1}{2}r_L(1-r_L)r_R^2$
Aa	Bb	n_5	$\frac{1}{2}(1-2r+2r^2)$	$r_L(1-r_L)r_R(1-r_R)$	$\frac{1}{2}(1-2r_L+2r_L^2)(1-2r_R+2r_R^2)$	$r_L(1-r_L)r_R(1-r_R)$
Aa	bb	n_6	$\frac{1}{2}r(1-r)$	$\frac{1}{2}r_L(1-r_L)r_R^2$	$\frac{1}{2}(1-2r_L+2r_L^2)r_R(1-r_R)$	$\frac{1}{2}r_L(1-r_L)(1-r_R)^2$
aa	BB	n_7	$\frac{1}{4}r^2$	$\frac{1}{4}r_L^2(1-r_R)^2$	$\frac{1}{2}r_L(1-r_L)r_R(1-r_R)$	$\frac{1}{4}(1-r_L)^2 r_R^2$
aa	Bb	n_8	$\frac{1}{2}r(1-r)$	$\frac{1}{2}r_L^2 r_R(1-r_R)$	$\frac{1}{2}r_L(1-r_L)(1-2r_R-2r_R^2)$	$\frac{1}{2}(1-r_L)^2 r_R(1-r_R)$
aa	bb	n_9	$\frac{1}{4}(1-r)^2$	$\frac{1}{4}r_L^2 r_R^2$	$\frac{1}{2}r_L(1-r_L)r_R(1-r_R)$	$\frac{1}{4}(1-r_L)^2(1-r_R)^2$

例如，标记 A 和标记 B 分别在同一条染色体的 10cM 和 30cM 位置上。当扫描到染色体 16cM 的位置时，根据 Haldane 作图函数，标记 A 和 B、标记 A 与座位 Q、座位 Q 与标记 B 之间的重组率分别为

$$r = \frac{1}{2}[1 - e^{-(30-10)/50}] = 0.1648$$

$$r_L = \frac{1}{2}[1 - e^{-(16-10)/50}] = 0.0565$$

$$r_R = \frac{1}{2}[1 - e^{-(30-16)/50}] = 0.1221$$

利用表 4.8，将 DH 群体中 4 种标记型的频率以及每种标记型下两种 QTL 基因型的频率列于表 4.10。标记型频率仅依赖于标记间的重组率 r，QTL 基因型的频率除依赖标记间重组率外，还与 QTL 在区间上的相对位置有关。标记型 $AABB$ 和 $aabb$ 代表亲本类型。亲本标记型 $AABB$ 中 QTL 基因型以 QQ 为主，qq 是由双交换配子加倍产生的，频率很低。亲本标记型 $aabb$ 中 QTL 基因型以 qq 为主，QQ 是由双交换配子加倍产生的，频率很低。标记型 $AAbb$ 和 $aaBB$ 代表重组类型。QTL 与左侧标记的距离是 6cM，与右侧标记的距离是 14cM。因此，交换发生在区间 Q-B 上的可能性要大于发生在区间 A-Q 上的可能性。所以，配子型 AQb 的频率高于 Aqb 的频率，配子型 aqB 的频率高于 aQB 的频率。标记型 $AAbb$ 中 QQ 的频率高于 qq 的频率，标记型 $aaBB$ 中 qq 的频率高于 QQ 的频率。

表 4.10　DH 群体中 4 种标记型和 QTL 基因型的频率

标记型	频率	QTL 基因型的联合频率		QTL 基因型的条件频率	
		QQ	qq	QQ	qq
$AABB$	0.417 580	0.414 128	0.003 452	0.991 733	0.008 267
$AAbb$	0.082 420	0.057 602	0.024 818	0.698 885	0.301 115
$aaBB$	0.082 420	0.024 818	0.057 602	0.301 115	0.698 885
$aabb$	0.417 580	0.003 452	0.414 128	0.008 267	0.991 733

注：标记 A、座位 Q 和标记 B 分别在同一条染色体的 10cM、16cM 和 30cM 位置上；联合频率除于标记型频率，即表中的条件频率

假定 QQ 产生的表型服从正态分布 $N(3,1)$，qq 产生的表型服从正态分布 $N(5,1)$。在一个 DH 群体中，假定一个 QTL 的加性效应等于一倍的标准差。从表 4.10 我们知道，每种标记型是两种 QTL 基因型按照特定比例构成的混合分布。图 4.5 给出 4 种可分辨标记型的分布曲线。可以看出，QTL 基因型分布的差异造成了 4 种标记型分布的差异。反过来，我们可以从标记型的分布来推测 QTL 基因型的分布，这就是 DH 群体中 QTL 作图的基本原理。

在同样的标记和扫描位置上，表 4.11 给出 F_2 群体中 9 种标记型下 QTL 基因型的期望频率。以标记型 $AABB$ 为例，基因型 $AAQQBB$ 是由两个无交换配子 AQB 结合产生的，AQB 有较高的频率，标记型 $AABB$ 中 QQ 也具有较高的频率。基因型 $AAQqBB$ 是由一个无交换配子 AQB 和一个双交换配子 AqB 结合产生的，双交换配子 AqB 存在的频率远低于无交换配子的频率。因此，标记型 $AABB$ 中 Qq 频率低于 QQ 的频率。基因型 $AAqqBB$ 是由两个双交换配子 AqB 结合产生的。因此，标记型 $AABB$ 中 qq 的频率非常小。

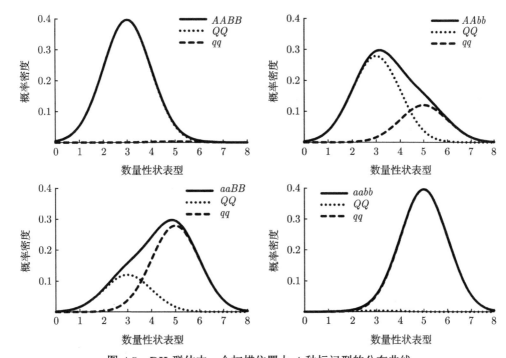

图 4.5 DH 群体中一个扫描位置上 4 种标记型的分布曲线

假定标记 A、座位 Q 和标记 B 分别在同一条染色体的 10cM、16cM 和 30cM 位置上，QQ 服从正态分布 $N(3,1)$，qq 服从正态分布 $N(5,1)$，即加性效应等于一倍的标准差

表 4.11 F_2 群体中 9 种标记型内 QTL 基因型的期望频率

标记型	频率	QTL 基因型的联合频率			QTL 基因型的条件频率		
		QQ	Qq	qq	QQ	Qq	qq
$AABB$	0.174 373	0.171 502	0.002 859	0.000 012	0.983 535	0.016 397	0.000 068
$AABb$	0.068 834	0.047 709	0.020 953	0.000 171	0.693 107	0.304 403	0.002 489
$AAbb$	0.006 793	0.003 318	0.002 859	0.000 616	0.488 440	0.420 890	0.090 670
$AaBB$	0.068 834	0.020 556	0.047 881	0.000 398	0.298 626	0.695 597	0.005 777
$AaBb$	0.362 332	0.005 718	0.350 896	0.005 718	0.015 782	0.968 436	0.015 782
$Aabb$	0.068 834	0.000 398	0.047 881	0.020 556	0.005 777	0.695 597	0.298 626
$aaBB$	0.006 793	0.000 616	0.002 859	0.003 318	0.090 670	0.420 890	0.488 440
$aaBb$	0.068 834	0.000 171	0.020 953	0.047 709	0.002 489	0.304 403	0.693 107
$aabb$	0.174 373	0.000 012	0.002 859	0.171 502	0.000 068	0.016 397	0.983 535

注：标记 A、座位 Q 和标记 B 分别在同一条染色体上的 10cM、16cM 和 30cM 位置上

假定 QQ 产生的表型服从正态分布 $N(3,1)$，Qq 产生的表型服从正态分布 $N(5,1)$，qq 产生的表型服从正态分布 $N(5,1)$。在一个 F_2 群体中，加性效应等于一倍的标准差，显性效应等于加性效应。从表 4.11 我们知道，每种标记型是 3 种 QTL 基因型按照特定比例构成的混合分布。图 4.6 给出 9 种可分辨标记型的分布曲线。可以看出，QTL 基因型分布的差异造成了 9 种标记型分布的差异。反过来，我们可以从标记型的分布来推测 QTL 基因型的分布，这就是 F_2 群体中 QTL 作图的基本原理。

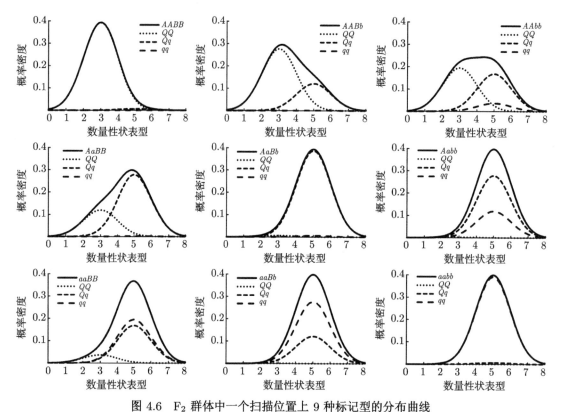

图 4.6 F_2 群体中一个扫描位置上 9 种标记型的分布曲线

假定标记 A、座位 Q 和标记 B 分别在同一条染色体的 10cM、16cM 和 30cM 位置上，QQ 服从正态分布 $N(3,1)$，Qq 服从正态分布 $N(5,1)$，qq 服从正态分布 $N(5,1)$，即加性效应为一倍的标准差，显性效应等于加性效应

§4.2.2　QTL 基因型平均表现的极大似然估计

区间作图的参数估计除采用常见的极大似然方法外，还有多种基于回归分析的方法 (Haley and Knott, 1992; Knott and Haley, 1992; Martínez and Curnow, 1992; Haley et al., 1994; Wright and Mowers, 1994; Whittaker et al., 1996)。本书以极大似然估计为主。假定一个群体中可识别的标记型有 m 种，每种标记型内个体/家系的数量性状表型用 Y_{ij} 表示，其中，$i=1,\cdots,m$，$j=1,\cdots,n_i$ (n_i 为标记型 i 的样本量)。QTL 的基因型有 q 种，基因型 k ($k=1,\cdots,q$) 的平均数为 μ_k，方差为 σ^2，服从正态分布。标记型 i 中第 k 个 QTL 基因型的期望频率用 π_{ik} 表示，每种标记下的数量性状表型 Y_{ij} 是 q 种 QTL 基因型的混合分布，即公式 4.25。正态分布 $N(\mu,\sigma^2)$ 的概率密度函数用 $f(y|\mu,\sigma^2)$ 表示，即公式 4.26。

$$Y_{ij} \sim \sum_{k=1,\cdots,q} \pi_{ik} N(\mu_k,\sigma^2), i=1,\cdots,m, j=1,\cdots,n_i \ (n_i\ \text{为标记型}\ i\ \text{的样本量}) \quad (4.25)$$

$$f(y|\mu,\sigma^2) = \frac{1}{\sqrt{2\pi\sigma^2}} \exp\left(-\frac{(y-\mu)^2}{2\sigma^2}\right) \quad (4.26)$$

用 $\boldsymbol{Y}=(Y_{ij})$ 表示随机变量构成的向量，$\boldsymbol{y}=(y_{ij})$ 表示随机变量观测值构成的向量。则样本似然函数及其对数函数分别为

$$L(\mu_1,\cdots,\mu_q,\sigma^2|\boldsymbol{Y}=\boldsymbol{y}) = \prod_{\substack{i=1,\cdots,m;\\j=1,\cdots,n_i}} \sum_{k=1,\cdots,q} \pi_{ik} f(y_{ij}|\mu_k,\sigma^2),$$

$$\ln L(\mu_1,\cdots,\mu_q,\sigma^2|\boldsymbol{Y}=\boldsymbol{y}) = \sum_{\substack{i=1,\cdots,m;\\j=1,\cdots,n_i}} \ln\left(\sum_{k=1,\cdots,q} \pi_{ik} f(y_{ij}|\mu_k,\sigma^2)\right) \tag{4.27}$$

根据混合分布（公式 4.25）构造出的似然函数（公式 4.27），难以直接求解其极大值，只能采用 EM 算法。首先，选取待估计参数 $\mu_k(k=1,\cdots,q)$ 和 σ^2 的一组初始值，用 $\mu_k^{(0)}(k=1,\cdots,q)$ 和 $\sigma^{2(0)}$ 表示。例如，在 DH 群体中，标记型 $AABB$ 中大部分 DH 家系具有 QQ 基因型，标记型 $aabb$ 中大部分 DH 家系具有 qq 基因型（表 4.10），因此可选取标记型 $AABB$ 的平均数作为 μ_1 的初始值，$aabb$ 的平均数作为 μ_2 的初始值，样本方差作为 σ^2 的初始值。对 F_2 群体来说，标记型 $AABB$ 中大部分个体具有 QQ 基因型，标记型 $AaBb$ 中大部分个体具有 Qq 基因型，标记型 $aabb$ 中大部分个体具有 qq 基因型（表 4.11），因此可选取标记型 $AABB$ 的平均数作为 μ_1 的初始值，$AaBb$ 的平均数作为 μ_2 的初始值，$aabb$ 的平均数作为 μ_3 的初始值，样本方差作为 σ^2 的初始值。EM 算法包括以下两个步骤。

E 步骤：给定待估参数的初始值，计算每个样本 $Y_{ij}=y_{ij}$ 的 QTL 基因型期望概率 w_{ijk}，公式 4.28 给出的条件概率也称后验概率。也就是说，在混合分布（公式 4.25）的所有成分分布参数已知的情况下，计算样本来自混合分布中每个成分分布的可能性。

$$w_{ijk} = \frac{\pi_{ik} f(y_{ij}|\mu_k^{(0)},\sigma^{2(0)})}{\sum_{l=1,\cdots,q} \pi_{il} f(y_{ij}|\mu_l^{(0)},\sigma^{2(0)})}, \quad \text{其中} i=1,\cdots,m, j=1,\cdots,n_i, k=1,\cdots,q \tag{4.28}$$

M 步骤：把每个样本 y_{ij} 依公式 4.28 给出的后验概率，分配到不同的 QTL 基因型中。对于分类后的样本，通过公式 4.29 重新计算似然函数和对数似然函数。

$$L(\mu_1,\cdots,\mu_q,\sigma^2|\boldsymbol{Y}=\boldsymbol{y}) = \prod_{\substack{i=1,\cdots,m;\\j=1,\cdots,n_i}} \prod_{k=1,\cdots,q} \left(f(y_{ij}|\mu_k^{(0)},\sigma^{2(0)})\right)^{w_{ijk}},$$

$$\ln L(\mu_1,\cdots,\mu_q,\sigma^2|\boldsymbol{Y}=\boldsymbol{y}) = \sum_{\substack{i=1,\cdots,m;\\j=1,\cdots,n_i}} \ln \sum_{k=1,\cdots,q} w_{ijk} f(y_{ij}|\mu_k^{(0)},\sigma^{2(0)}) \tag{4.29}$$

对对数似然函数（公式 4.29）求待估计参数的偏导。令偏导数等于 0，于是就得到一组新的极大值似然估计，即公式 4.30。

$$\mu_k^{(1)} = \frac{\sum_{\substack{i=1,\cdots,m;\\j=1,\cdots,n_i}} w_{ijk} y_{ij}}{\sum_{\substack{i=1,\cdots,m;\\j=1,\cdots,n_i}} w_{ijk}} (k=1,\cdots,q), \quad \sigma^{2(1)} = \frac{\sum_{\substack{i=1,\cdots,m;\\j=1,\cdots,n_i}} w_{ijk}(y_{ij}-\mu_k^{(1)})^2}{\sum_{\substack{i=1,\cdots,m;\\j=1,\cdots,n_i}} w_{ijk}} \tag{4.30}$$

将公式 4.30 得到的极大似然估计作为新的起始值，重复 E 步骤和 M 步骤直到达到事先指定的精度为止。最后得到的估计值就是参数 $\mu_k(k=1,\cdots,q)$ 和 σ^2 的极大似然估计，分别用 $\hat{\mu}_k(k=1,\cdots,q)$ 和 $\hat{\sigma}^2$ 表示。

EM 算法贯穿于整个 QTL 定位方法中,下面利用 DH 群体进一步说明 EM 算法的实现过程。首先,根据标记基因型将 DH 家系分为 4 种类型,即 $AABB$、$AAbb$、$aaBB$ 和 $aabb$。以 $AAbb$ 为例,如果把所有标记型为 $AAbb$ 的家系看作一个子群体,这个群体中包含着两种 QTL 基因型。对于标记型为 $AAbb$ 的一个 DH 家系,其 QTL 基因型既可能是 QQ 也可能是 qq。表 4.8 给出 QTL 在标记区间上不同位置时,两种 QTL 基因型的理论频率,分别用 π_1 和 π_2 表示。在 DH 群体中,$\pi_1 + \pi_2 = 1$。因此,从群体的角度来讲,$AAbb$ 中比例为 π_1 的家系具有基因型 QQ,比例为 π_2 的家系具有基因型 qq。对于一个特定的 DH 家系来说,其 QTL 的基因型要么是 QQ,要么是 qq。但是,家系的 QTL 基因型在 QTL 作图之前是未知的。假定该家系的性状观测值为 $Y = y$,Y 服从两个正态分布 $N(\mu_1, \sigma^2)$ 和 $N(\mu_2, \sigma^2)$ 分别以比例 π_1 和 π_2 组成的混合分布,即公式 4.31。

$$Y \sim \pi_1 N(\mu_1, \sigma^2) + \pi_2 N(\mu_2, \sigma^2) \tag{4.31}$$

因此,观测值为 $Y = y$ 的概率密度函数为

$$L(y|\mu_1, \mu_2, \sigma^2) = \pi_1 f(y|\mu_1, \sigma^2) + \pi_2 f(y|\mu_2, \sigma^2) \tag{4.32}$$

概率密度函数(公式 4.32)包含两部分内容:一部分表示观测值 y 来自成分分布 $N(\mu_1, \sigma^2)$ 的可能性,另一部分表示观测值 y 来自成分分布 $N(\mu_2, \sigma^2)$ 的可能性。把这两种可能性相对于混合分布密度函数的大小(公式 4.33),称为样本的后验概率。即在分布 $N(\mu_1, \sigma^2)$ 和 $N(\mu_2, \sigma^2)$ 已知的情况下,一个特定样本来自这两个分布的可能性,分别用 w_1 和 w_2 表示,如公式 4.33 所示。

$$\begin{aligned} w_1 &= \frac{\pi_1 f(y|\mu_1, \sigma^2)}{\pi_1 f(y|\mu_1, \sigma^2) + \pi_2 f(y|\mu_2, \sigma^2)} \\ w_2 &= \frac{\pi_2 f(y|\mu_2, \sigma^2)}{\pi_1 f(y|\mu_1, \sigma^2) + \pi_2 f(y|\mu_2, \sigma^2)} \end{aligned} \tag{4.33}$$

从群体的角度来讲,标记型 $AAbb$ 中比例为 π_1 的家系具有基因型 QQ,比例为 π_2 的家系具有基因型 qq。但这并非说每个家系属于基因型 QQ 的可能性为 π_1,属于基因型 qq 的可能性为 π_2。从公式 4.33 不难看出,每个 DH 家系属于 QQ 和 qq 的后验概率还与样本观测值 y 有关。

假定标记 A、座位 Q 和标记 B 分别在同一条染色体的 10cM、16cM 和 30cM 位置上。QQ 的表型服从正态分布 $N(3, 1)$,qq 的表型服从正态分布 $N(5, 1)$(图 4.7)。从表 4.10 可知,对于标记型 $AAbb$ 构成的群体,QQ 的频率 π_1 约为 0.6989,qq 的频率 π_2 约为 0.3011。对于观测值 $Y=3$ 的 DH 家系来说,似然函数为

$$\begin{aligned} L(Y = 3|\mu_1 = 3, \mu_2 = 5, \sigma^2 = 1) &= 0.6989 f(3|3, 1) + 0.3011 f(3|5, 1) \\ &= 0.2788 + 0.0163 = 0.2951 \end{aligned}$$

其中,0.2951 对应于图 4.7 中 $Y=3$ 位置上混合分布(实线)的概率密度值,0.2788 对应于 $Y=3$ 位置上 QQ 分布的概率密度值,0.0163 对应于 $Y=3$ 位置上 qq 分布的概率密度值。对于观测值为 3 的 DH 家系,可以计算 QTL 基因型是 QQ 和 qq 的后验概率 w_1 与 w_2:

$$w_1 = \frac{0.2788}{0.2951} = 0.9448, \quad w_2 = \frac{0.0163}{0.2951} = 0.0552 \tag{4.34}$$

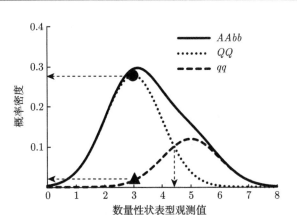

图 4.7 DH 群体中家系 QTL 基因型后验概率的计算

标记 A、座位 Q 和标记 B 分别在同一条染色体的 10cM、16cM 和 30cM 位置上，QQ 服从正态分布 $N(3,1)$，qq 服从正态分布 $N(5,1)$

因此，对于观测值为 3 的 DH 家系，QTL 基因型为 QQ 的可能性 w_1 大于 $AAbb$ 群体中 QQ 基因型的比例 π_1，而 QTL 基因型为 qq 的可能性 w_2 小于 $AAbb$ 群体中 qq 基因型的比例 π_2。根据贝叶斯后验概率分类原则，可以将该家系的 QTL 基因型判定为 QQ。随着样本观测值的增加，家系为 QQ 的可能性逐渐下降，家系为 qq 的可能性逐渐提高（图 4.7）。观测值在 4.4 左右的家系，其基因型为 QQ 和 qq 的可能性各占一半。对于观测值更高的家系，基因型为 qq 的可能性高于 QQ 的可能性。根据贝叶斯后验概率分类原则，可以将这些家系的 QTL 基因型判定为 qq。

QTL 作图中，个体或家系的标记型是已知的。对于所有的 DH 家系，首先按照标记型进行分类。从公式 4.33 以及图 4.7 可以看出，如果我们知道 QTL 基因型 QQ 和 qq 的分布，就能利用不同标记型服从的混合分布和性状观测值计算 DH 家系属于基因型 QQ 和 qq 的后验概率，从而对 DH 家系的 QTL 基因型进行判断。QTL 作图之前，QQ 和 qq 的分布参数是待估计的。EM 算法通过迭代计算这些待估参数。迭代之前需要待估参数的一组初始值。从图 4.5 可以看出，标记型 $AABB$ 中的大部分 DH 家系具有基因型 QQ，因此 $AABB$ 的平均数可以作为 QQ 平均数的初始值。标记型 $aabb$ 中的大部分 DH 家系具有基因型 qq，因此 $aabb$ 的平均数可以作为 QQ 平均数的初始值。所有 DH 家系的样本方差可以作为 QTL 分布方差的初始值。由于区间作图采用的是逐点扫描的方法，标记和扫描点的相对位置是已知的。因此，所有样本都可利用公式 4.33 计算后验概率。

例如，观测值 $y=3$ 的 DH 家系属于 QQ 的后验概率 $w_1=0.9448$，属于 qq 的后验概率 $w_2=0.0552$（公式 4.34）。这时，将这个 DH 家系形象地分成 QQ 和 qq 两部分，w_1 部分为基因型 QQ，w_2 部分为基因型 qq。把公式 4.29 的似然函数更新为

$$L(\mu_1,\mu_2,\sigma^2|\boldsymbol{Y}=\boldsymbol{y})=[f(y|\mu_1,\sigma^2)]^{w_1}[f(y|\mu_2,\sigma^2)]^{w_2} \tag{4.35}$$

每个 DH 家系都有与公式 4.35 类似的似然函数。在独立样本的假定下，将每个样本的似然函数相乘，即为总样本似然函数。重新估计分布参数，作为新的初始值。不断重复这一过程，直到相邻两次迭代间的估计值达到一定的精度为止。也可以用两次迭代间的似然函数

值的差异小于一定的精度作为停止迭代的标准。不难看出，建立在公式 4.35 基础上的似然函数求解，要比公式 4.27 的求解容易得多。这也是 EM 算法得以广泛应用的一个重要原因。

§4.2.3 QTL 存在的检验

如果不同 QTL 基因型的平均数 μ_k 间存在显著差异，就说明存在 QTL。检验 QTL 存在的零假设和备择假设分别为

$$H_0 : \mu_1 = \cdots = \mu_q = \mu_0$$

$$H_A : \mu_1, \cdots, \mu_q \text{中至少有两个互不相等} \tag{4.36}$$

前一节已经利用 EM 算法计算了 H_A 成立的条件下参数的极大似然估计，以及极大似然函数值。在 H_0 成立的条件下，样本服从同一个正态分布，即

$$Y_{ij} \sim N(\mu_0, \sigma_0^2), i=1,\cdots,m, j=1,\cdots,n_i \text{ (n_i 为标记型 i 的样本量)} \tag{4.37}$$

样本似然函数和对数似然函数分别为

$$L(\mu_0, \sigma_0^2 | \boldsymbol{Y} = \boldsymbol{y}) = \prod_{\substack{i=1,\cdots,m;\\ j=1,\cdots,n_i}} f(y_{ij} | \mu_0, \sigma_0^2),$$

$$\ln L(\mu_0, \sigma_0^2 | \boldsymbol{Y} = \boldsymbol{y}) = \sum_{\substack{i=1,\cdots,m;\\ j=1,\cdots,n_i}} \ln f(y_{ij} | \mu_0, \sigma_0^2) \tag{4.38}$$

均值和方差的极大似然估计由公式 4.39 给出。

$$\hat{\mu}_0 = \frac{\sum\limits_{\substack{i=1,\cdots,m;\\ j=1,\cdots,n_i}} y_{ij}}{\sum\limits_{i=1,\cdots,m} n_i}, \quad \hat{\sigma}_0^2 = \frac{\sum\limits_{\substack{i=1,\cdots,m;\\ j=1,\cdots,n_i}} (y_{ij} - \hat{\mu}_0)^2}{\sum\limits_{i=1,\cdots,m} n_i} \tag{4.39}$$

把公式 4.39 得到的极大似然函数估计值代入公式 4.38，即可得到 H_0 条件下似然函数的极大值公式 4.40。把 EM 算法得到的极大似然函数估计值代入公式 4.29，即可得到 H_A 条件下似然函数的极大值公式 4.41。公式 4.36 中两个假设的似然比检验统计量由公式 4.42 计算。

$$\max L(H_0) = L(\hat{\mu}_0, \hat{\sigma}_0^2 | \boldsymbol{Y} = \boldsymbol{y}) \tag{4.40}$$

$$\max L(H_A) = L(\hat{\mu}_1, \cdots, \hat{\mu}_q, \hat{\sigma}^2 | \boldsymbol{Y} = \boldsymbol{y}) \tag{4.41}$$

$$\text{LRT} = -2\ln \frac{\max L(H_0)}{\max L(H_A)} \sim \chi^2(\text{df} = q - 1) \tag{4.42}$$

假设 H_A 有 $q+1$ 个独立参数，H_0 有 2 个独立参数，在大样本的情况下，LRT 统计量渐近服从 χ^2 分布，自由度为两种假设中独立参数个数之差，即 df=$q-1$。因此，利用公式 4.42 就可以对 QTL 基因型平均数间的差异进行显著性检验。与第 2 章中连锁的检验类似，QTL 作图也经常采用 LOD 值，即公式 4.43。

$$\text{LOD} = \log_{10}\left(\frac{\max L(H_A)}{\max L(H_0)}\right) \tag{4.43}$$

§4.2.4 QTL 遗传效应和贡献率的估计

在任意一个扫描位置上都能通过 EM 算法得到不同 QTL 基因型平均数 μ_k 的极大似然估计，用 $\hat{\mu}_k$ ($k=1,\cdots,q$) 表示。在 DH 群体中，QTL 基因型的平均数 μ_k ($k=1, 2$) 与性状平均数 μ 和 QTL 加性效应 a 之间的关系为

$$\mu_1 = \mu + a, \quad \mu_2 = \mu - a$$

因此，性状平均数 μ、QTL 加性效应 a 的估计分别为

$$\hat{\mu} = \frac{1}{2}(\hat{\mu}_1 + \hat{\mu}_2), \quad \hat{a} = \frac{1}{2}(\hat{\mu}_1 - \hat{\mu}_2) \tag{4.44}$$

在 F_2 群体中，QTL 基因型的平均数 μ_k ($k=1, 2, 3$) 与性状平均数 μ、QTL 加性效应 a 和显性效应 d 之间的关系为

$$\mu_1 = \mu + a, \quad \mu_2 = \mu + d, \quad \mu_3 = \mu - a$$

因此，性状平均数 μ、QTL 加性效应 a 和显性效应 d 的估计分别为

$$\hat{\mu} = \frac{1}{2}(\hat{\mu}_1 + \hat{\mu}_3), \quad \hat{a} = \frac{1}{2}(\hat{\mu}_1 - \hat{\mu}_3), \quad \hat{d} = \mu_2 - \frac{1}{2}(\hat{\mu}_1 + \hat{\mu}_3) \tag{4.45}$$

根据极大似然估计的性质（张尧庭和方开泰，1982；茆诗松等，1998），公式 4.44 和公式 4.45 得到的估计值也是相应遗传参数的极大似然估计。这些估计值具有与表型性状相同的量纲。根据等位基因在亲本中的分布情况，这些效应可正可负。为便于比较不同性状 QTL 效应的大小，需要定义一个相对效应，称为 QTL 解释表型变异的大小（phenotypic variance explained，PVE）或 QTL 的贡献率（用 R^2 表示）。本书统一使用 PVE 表示 QTL 的相对贡献大小。一个 QTL 的 PVE 定义为 QTL 的遗传方差占表型方差的百分数，即

$$\text{PVE} = \frac{V_Q}{V_P} \times 100\% \tag{4.46}$$

其中，V_Q 是 QTL 的遗传方差；V_P 是数量性状的表型方差。V_P 等于假设检验（公式 4.36）中零假设 H_0 条件下的方差估计值。如果不考虑奇异分离，DH 和 F_2 群体中 QTL 的遗传方差分别为

$$V_{Q(\text{DH})} = \hat{a}^2, \quad V_{Q(F_2)} = \frac{1}{2}\hat{a}^2 + \frac{1}{4}\hat{d}^2 \tag{4.47}$$

真实群体一般都存在不同程度的奇异分离。如果 DH 群体中 QQ 和 qq 的频率分别为 f_{QQ} 和 f_{qq}，F_2 群体中 QQ、Qq 和 qq 的频率分别为 f_{QQ}、f_{Qq} 和 f_{qq}，均值和方差的计算参见第 1 章公式 1.11 和公式 1.13，两个群体中的遗传方差分别为

$$V_{Q(\text{DH})} = 4f_{QQ}f_{qq}a^2$$

$$V_{Q(F_2)} = [f_{QQ} + f_{qq} - (f_{QQ} - f_{qq})^2]a^2 - 2f_{Qq}(f_{QQ} - f_{qq})ad + (f_{Qq} - f_{Qq}^2)d^2 \tag{4.48}$$

公式 4.48 中，QTL 基因型的频率可根据 EM 算法最终得到的后验概率进行计算，即

$$f_k = \sum_{\substack{i=1,\cdots,m; \\ j=1,\cdots,n_i}} w_{ijk}, \quad k=1,\cdots,q \tag{4.49}$$

其中，
$$w_{ijk} = \frac{\pi_{ik} f(y_{ij}|\hat{\mu}_k, \hat{\sigma}^2)}{\sum_{l=1,\cdots,q} \pi_{il} f(y_{ij}|\hat{\mu}_l, \hat{\sigma}^2)}, i=1,\cdots,m; j=1,\cdots,n_i; k=1,\cdots,q \tag{4.50}$$

§4.2.5 区间作图在一个 DH 群体和一个 F_2 群体中的应用

在包含 145 个 DH 家系的大麦遗传群体中，图 4.8 给出全基因组粒重一维扫描的 LOD 曲线和加性效应曲线，扫描步长为 1cM。该群体 1H 染色体上标记数据见第 1 章图 1.7，粒重表型数据见表 4.3。当 LOD 临界值取 2.5 时，染色体 5H 上有一个显著的峰，7H 上有两个显著的峰。其他染色体上也存在一些峰，但 LOD 峰值较低。超过临界值的 3 个峰所在的位置，可看作区间作图鉴定出的 3 个 QTL 所在的位置。

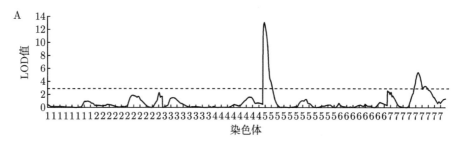

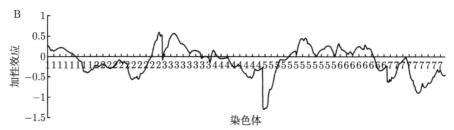

图 4.8 大麦 DH 群体中，全基因组 7 条染色体粒重一维扫描的 LOD 曲线（A）和加性效应曲线（B）
步长 1cM

QTL 定位的目的是确定 QTL 在染色体上的位置，并估计其遗传效应。表 4.12 进一步给出大麦 DH 群体中 3 个粒重 QTL 的位置和遗传效应，前 4 列描述 QTL 位置，后面 3 列为描述 QTL 遗传效应的相关参数。QTL 连锁最紧密的侧连标记在育种中可用于标记辅助选择，即通过对连锁标记的筛选，间接选择控制性状的基因。LOD 值和贡献率不依赖性状的量纲和 QTL 效应的正负号，因此可用于比较不同性状 QTL 的相对重要性。

表 4.12 大麦 DH 群体中，简单区间作图鉴定出的粒重 QTL

染色体	位置/cM	最近左侧标记	最近右侧标记	LOD 值	贡献率/%	加性效应/mg
5	4	Act8B	MWG502	13.05	36.96	−1.30
7	0	dRpg1	iPgd1A	2.55	8.48	−0.62
7	98	VAtp57A	MWG571D	5.36	17.17	−0.89

加性效应既衡量 QTL 对性状的贡献，又能从效应的正负号确定有利等位基因的亲本来源。在双亲遗传群体中，每个鉴定出的 QTL 都携带有两个等位基因。根据育种目标对性状

的要求,有些性状在育种中要求越高越好,如产量、含油量、抗病性等。有些性状要求越低越好,如生育期、倒伏性等。有些性状要求最好在一定的范围内,太低或太高都不好,如株高、水稻直链淀粉含量等。因此,等位基因的有利或不利是针对所关心的性状和特定的育种目标而言的。该 DH 群体中,亲本'Harrington'和'TR306'的平均粒重分别为 38.7mg 和 45.0mg,QTL 作图时用 2 表示'Harrington'的标记型、0 表示'TR306'的标记型。育种对粒重的要求一般是越高越好。如果加性效应为正,说明'Harrington'携带的等位基因能起到增加粒重的作用,'TR306'携带的等位基因则起到降低粒重的作用。反之,如果某个 QTL 加性效应为负,说明'Harrington'携带的等位基因起到降低粒重的作用,'TR306'携带的等位基因则起到增加粒重的作用。从表 4.12 的结果来看,3 个被检测到的控制粒重的 QTL 均具有负的加性效应,说明这 3 个 QTL 上提高粒重的等位基因来源于编码为 0 的亲本,即粒重较高的亲本'TR306'。

在包含 110 个单株的 F_2 遗传群体中,图 4.9 给出 4 条染色体上一维扫描的 LOD 曲线和遗传效应曲线,扫描步长为 1cM。该群体第 1 条染色体上标记数据见第 1 章图 1.8,表型数据见表 4.6。当 LOD 临界取 2.5 时,第 1 条和第 3 条染色体上都有一些显著的峰。表 4.13 进一步给出两个最高峰值的位置和遗传效应。这两个位置上的显性效应都较小,说明该性状可能受两个独立遗传 QTL 控制,遗传效应以加性效应为主。

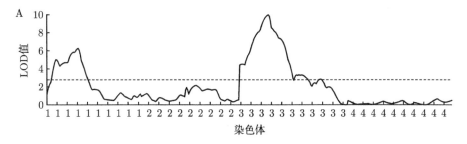

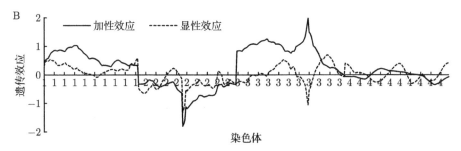

图 4.9 一个包含 110 个个体的 F_2 群体中,4 条染色体一维扫描的 LOD 曲线(A)和遗传效应曲线(B)

步长 1cM

表 4.13 一个 F_2 群体中,简单区间作图鉴定出的表型性状 QTL

染色体	位置/cM	左侧标记	右侧标记	LOD 值	贡献率/%	加性效应	显性效应
1	31	M1-8	M1-9	6.27	20.41	1.03	0.22
3	28	M3-5	M3-6	9.97	30.36	1.22	−0.02

§4.2.6 简单区间作图中的幻影 QTL 现象

Lander 和 Botstein 在 1989 年提出区间作图方法时，曾假定不存在连锁 QTL，即每条染色体上的 QTL 不超过一个。如果存在两个连锁 QTL，并且 QTL 的遗传效应有相同的方向（又称为相引连锁），简单区间作图会在两个 QTL 的中间出现一个峰，这种现象称为幻影 QTL（Haley and Knott, 1992; Zeng, 1994; Martínez and Curnow, 1994; Wright and Mowers, 1994）。如果存在两个遗传效应方向相反的连锁 QTL（又称为互斥连锁），简单区间作图在这条染色体上的 LOD 值会很低，甚至检测不出任何 QTL 的存在。

以一个模拟的 DH 群体为例。第 1 条染色体上只有一个 QTL，代表独立遗传。第 2 条染色体代表两个相引连锁 QTL。第 3 条染色体代表两个互斥连锁 QTL。模拟产生 200 个 DH 家系的标记型和表型数据，简单区间作图的扫描步长为 1cM。LOD 曲线在第 1 条染色体上有一个明显的峰，峰所在位置接近 QTL 的真实位置 35cM（图 4.10A），对应的加性效应也接近 QTL 的真实效应（图 4.10B）。说明简单区间作图定位独立遗传 QTL 十分有效。第 2 条染色体上出现多个峰，并且在两个相引连锁 QTL 中间的峰值最高（图 4.10A）。在第 2 条染色体上选择一个 QTL，则会认为这个 QTL 存在于两个真实 QTL 之间，其加性效应也远大于真实效应（图 4.10B）。第 3 条染色体上的 LOD 值很低，检测不到 QTL 的存在（图 4.10）。因此，QTL 间的连锁对简单区间作图有较大的影响。相引连锁时，会在连锁 QTL 的中间检测到一个幻影 QTL；互斥连锁时，可能检测不到任何 QTL 的存在。

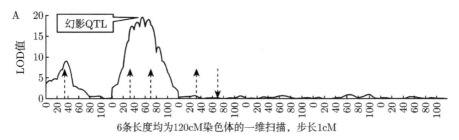

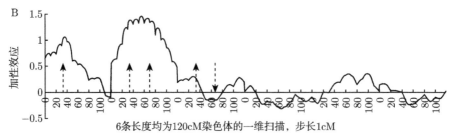

图 4.10 QTL 之间存在连锁时，一个包含 200 个 DH 家系的模拟群体中，区间作图的 LOD 曲线（A）和加性效应曲线（B）

基因组由 6 条长度均为 120cM 的染色体组成。第 1 条染色体 35cM 处存在一个 QTL，加性效应为 1。第 2 条染色体 35cM 和 68cM 处存在两个 QTL，加性效应均为 1。第 3 条染色体 35cM 和 68cM 处存在两个 QTL，加性效应分别为 1 和 −1。性状的广义遗传力为 0.8，扫描步长为 1cM。图中箭头对应的 x 轴表示 QTL 的真实位置，箭头长短与 QTL 效应大小呈正比。箭头向上代表 QTL 具有正的加性效应，箭头向下代表 QTL 具有负的加性效应

§4.2.7 简单区间作图存在的其他问题

简单区间作图在某一标记区间的一个扫描位置进行检验时，没有对区间之外的 QTL 进行任何控制。从 §4.2.6 可以看出，当 QTL 之间存在连锁时，简单区间作图不能有效定位 QTL，更谈不上准确估计遗传效应了。即使 QTL 位于不同的染色体上，假设检验中的分布也有较大的抽样方差，对效应相对较小的 QTL 的检验功效较低。同时，QTL 的影响范围很大，在不存在 QTL 的较远的区间上也会出现检验统计量超过临界值的情况。假如每条染色体上最多只有一个 QTL，这种情况也许无关大体，因为 QTL 更可能存在于检验统计量取得极大值的位置上，但问题是一个染色体上 QTL 的个数事先是未知的，如果一条染色体上 QTL 多于一个，在测验某一位置是否有 QTL 存在时，所有 QTL 都会对检验统计量产生影响，造成 QTL 位置和效应估计上的偏差。另外一个问题是每个位置上的检验统计量只利用两个标记的信息，利用的信息量较少。

以一个模拟的 DH 群体为例。基因组由 6 条长度均为 120cM 的染色体组成，有 5 个 QTL 分别存在于前 5 条染色体的 35cM、35cM、68cM、35cM 和 68cM 处，前 4 个 QTL 的加性效应为 1，第 5 个 QTL 的加性效应为 −1。模拟产生 200 个 DH 家系的标记型和表型数据，简单区间作图的扫描步长为 1cM。LOD 曲线在第 1 条至第 5 条染色体上都存在明显的峰（图 4.11）。但是，峰值下降较慢。如果有两个 QTL 存在于同一条染色体上，就很容易产生峰的叠加，因此不利于连锁 QTL 的检测。

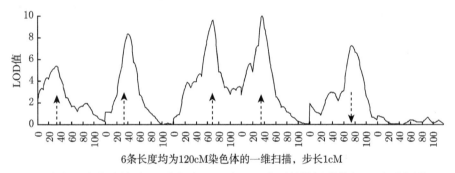

图 4.11 QTL 之间不存在连锁时，一个包含 200 个 DH 家系的模拟群体中，区间作图的 LOD 曲线

基因组由 6 条长度均为 120cM 的染色体组成。第 1 条染色体 35cM 处存在一个 QTL，加性效应为 1。第 2 条染色体 35cM 处存在一个 QTL，加性效应为 1。第 3 条染色体 68cM 处存在一个 QTL，加性效应为 1。第 4 条染色体 35cM 处存在一个 QTL，加性效应为 1。第 5 条染色体 68cM 处存在一个 QTL，加性效应为 −1。性状的广义遗传力为 0.8，扫描步长为 1cM。箭头长短与 QTL 效应大小呈正比，图中箭头对应的 x 轴表示 QTL 的位置。箭头向上代表 QTL 具有正的加性效应，箭头向下代表 QTL 具有负的加性效应

§4.3 检验统计量 LOD 临界值的确定方法

由于随机误差的存在和影响，任何统计假设检验都可能犯两种类型的错误。一种错误是零假设为真时，可能得到一个较大的检验统计量因而拒绝零假设，称为假阳性或第一类错误。另一种错误是零假设为假时，可能得到一个较小的检验统计量因而未能拒绝零假设，称

为假阴性或第二类错误。对 QTL 作图来讲，如果一个位置上没有 QTL，但由于随机误差的影响，这个位置上的 LRT 或 LOD 值可能超过给定的临界值，从而错误地判断这个位置上存在 QTL，这样的 QTL 称为假阳性 QTL。另外，如果一个位置上存在 QTL，但这个位置上的 LRT 或 LOD 值未能超过一定的临界值，从而错误地判断这个位置上不存在 QTL，这时就犯了第二类错误。检验统计量临界值的选择与两类错误的概率在 QTL 作图中得到了广泛的关注（Rebai et al., 1994; Benjamini and Hochberg, 1995; van Ooijen, 1999; Piepho, 2001; 李慧慧等, 2010; Li et al., 2012; 孙子淇等, 2013）。统计上的假设检验以控制第一类错误的概率为主，一般将第一类错误的概率控制在 5%、1% 或 0.1% 的范围内。本节以第一类错误为主，主要介绍零假设条件下检验统计量的分布特征，如何选取合适的 LOD 临界值来控制 QTL 作图中全基因组检验的第一类错误，读者也可参考李慧慧等（2010）、Li 等（2012）、孙子淇等（2013）的文献。第 5 章 §5.4 将介绍 QTL 作图中的第二类错误和检测功效。

§4.3.1 显著性水平和检验统计量的临界值

对一个假设进行统计检验，首先要建立一个检验统计量，用 T 表示。前面说过，大多数假设检验以控制第一类错误的概率为主，当检验统计量 T 在零假设成立的条件下服从一个已知分布时，可采用两种等价的方法进行统计推断。接受或拒绝零假设，既可基于样本统计量的观测值是否超过给定显著性水平 α 下的临界值 T_α，又可基于观测统计量的显著性概率 P 是否低于给定的显著性水平 α。在正态总体的假定下，即观测样本来自一个或多个正态总体，对于大部分有关总体均值和方差的假设检验 H_0，都能构造出服从 χ^2 分布、t 分布或 F 分布的检验统计量。根据统计量服从的分布，可以确定一个统计量的临界值，以控制检验过程中犯第一类错误的概率。给定第一类错误概率或显著性水平 α，临界值 T_α 满足，

$$\Pr\{T > T_\alpha\} = \alpha \tag{4.51}$$

概率统计上，只要知道统计量 T 的分布，就能求得给定显著性水平 α 的临界值 T_α。对于一组观测样本，统计量的观测值用 T_0 表示，假定取值范围是 $(0, +\infty)$。当 $T_0 > T_\alpha$ 或 $T_0 \in (T_\alpha, +\infty)$ 时，我们就拒绝零假设 H_0。否则，我们就接受零假设。统计上称 $(T_\alpha, +\infty)$ 为假设检验的拒绝域（rejection region），称 $(0, T_\alpha]$ 为假设检验的接受域（acceptance region）。利用上述标准进行统计推断时，就可以保证犯第一类错误的概率不超过 α，即拒绝真 H_0 的概率小于 α。统计上的假设检验以控制第一类错误的概率为主。根据具体的研究目的，一般将第一类错误的概率控制在 5%、1% 或 0.1% 范围内。如果一个检验统计量 T 服从自由度为 10 的 χ^2 分布（图 4.12A），给定显著性水平 $\alpha=0.05$，可以得到临界值 $T_\alpha=18.31$。对于一个样本统计量的观测值 $T_0=13.96$ 来说，因为 $T_0 < T_\alpha$，所以接受零假设。这时犯第一类错误（即 H_0 为真但却做出拒绝 H_0 的推断）的概率不超过 0.05。

另外，对于一组观测样本，可以计算样本统计量 T_0。在零假设 H_0 成立的假定下，观测统计量 T_0 与统计量 T 服从相同的分布。因此可以计算观测统计量 T_0 的显著性概率 P，即

$$P = \Pr\{T > T_0\} \tag{4.52}$$

因此，还可以根据显著性概率 P 和显著性水平 α 的相对大小进行统计推断。当 $P < \alpha$ 时，就拒绝零假设 H_0；否则就接受零假设。在利用显著性概率进行统计推断时，同样可

以保证犯第一类错误的概率不超过 α。对于服从自由度为 10 的 χ^2 分布的检验统计量来说（图 3.14B），如一个样本统计量的观测值 T_0=13.96，可以得到显著性概率 $P=0.1748>0.05$，所以接受零假设。显然，根据显著性概率的统计推断与根据临界值的推断结果完全相同。

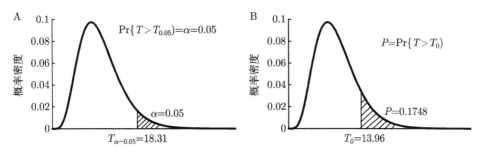

图 4.12 自由度为 10 的 χ^2 分布的概率密度函数曲线

A. 给定显著性水平 α 的统计量临界值 T_α 的确定方法，阴影的面积等于显著性水平 α 或第一类错误的概率；B. 一个样本统计量 T_0 的显著性概率 P 的计算方法，阴影的面积等于观测统计量的显著性概率 P

§4.3.2 不存在 QTL 的零假设条件下单个扫描位置上 LRT 统计量的分布

假设检验关注的是零假设条件下检验统计量的分布特征，统计推断一般建立在零假设条件下检验统计量的基础之上。因此，我们所能控制的只是第一类错误的概率。QTL 作图中，基因组在每个扫描位置上的 LRT 统计量服从 χ^2 分布，分布的自由度依赖于群体类型和待估计参数的个数。图 4.13 为不存在 QTL 时，大量扫描位置上 LRT 统计量在 DH 和 F_2 两种群体中的频率分布，线形图为 χ^2 分布的理论概率密度函数曲线。可以看出 LRT 统计量与理论 χ^2 分布间的高度一致性。

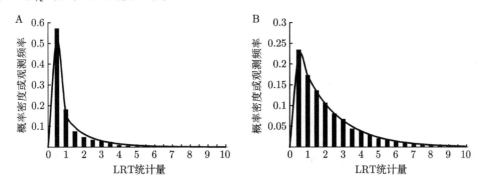

图 4.13 不存在 QTL 时 DH 群体（A）和 F_2 群体（B）中，单个扫描位置上 LRT 统计量的理论和观测分布

柱形图为 7260 个 LRT 统计量的频率分布，线形图为 χ^2 分布的概率密度函数曲线。A. DH 群体，χ^2 分布的自由度为 1；B. F_2 群体，χ^2 分布的自由度为 2

LRT 是用途极其广泛的一种统计假设检验方法，具有很多优良的统计性质（张尧庭和方开泰，1982；茆诗松等，1998；Stuart and Ord, 1994; Stuart et al., 1999）。但是，遗传研究中，人们已经习惯了将 LOD 作为检验统计量，它与 LRT 相差一个常数 $2\ln 10 \approx 4.61$。表 4.14 给出一些 LOD 值对应的 LRT 值，以及 4 种自由度下一次检验中犯第一类错误的概

率（或显著性概率），从中可以确定一次检验的 LOD 临界值。如限定 $\alpha=0.05$，自由度为 1 的 LOD 临界值大约为 1.0，自由度为 2 的 LOD 临界值大约为 1.5，自由度为 3 的 LOD 临界值为 1.5~2.0，自由度为 4 的 LOD 临界值约等于 2.0。

表 4.14 4 种自由度下不同 LOD 值对应的 LRT 值和犯第一类错误的概率

LOD 值	LRT 值	自由度 =1	自由度 =2	自由度 =3	自由度 =4
0.50	2.30	0.129 159	0.316 228	0.512 026	0.680 298
1.00	4.61	0.031 876	0.100 000	0.203 099	0.330 259
1.50	6.91	0.008 582	0.031 623	0.074 897	0.140 844
2.00	9.21	0.002 407	0.010 000	0.026 621	0.056 052
2.50	11.51	0.000 691	0.003 162	0.009 252	0.021 366
3.00	13.82	0.000 202	0.001 000	0.003 167	0.007 908
3.50	16.12	0.000 060	0.000 316	0.001 072	0.002 865
4.00	18.42	0.000 018	0.000 100	0.000 360	0.001 021
4.50	20.72	0.000 005	0.000 032	0.000 120	0.000 359
5.00	23.03	0.000 002	0.000 010	0.000 040	0.000 125

§4.3.3 单条染色体上最大 LOD 统计量分布的影响因素

从表 4.14 可以看出，当自由度为 1 时，采用 LOD 临界值 1.0 就能把犯第一类错误的概率控制在 0.032 之内；当自由度为 2 时，采用 LOD 临界值 1.5 就能把犯第一类错误的概率控制在 0.032 之内。区间作图通过全基因组逐点扫描进行 QTL 定位，涉及多次假设检验。例如，基因组长度为 720cM，扫描步长为 1cM，总的检验次数为 720 次。如果扫描步长为 0.5cM，那么总的检验次数为 1440 次。QTL 作图中，希望把全基因组犯第一类错误的概率控制在一个适当的范围内，如 5%甚至 1%。用 α 表示一次检验的显著性水平，用 α_g 表示全基因组检验的显著性水平。如果检验是相互独立的，检验次数用 k 表示，α 和 α_g 的关系为公式 4.53。当 α 很小时，公式 4.53 右端可用 $1 - k\alpha$ 来近似。因此可以得到 α 和 α_g 的近似关系（公式 4.54）。

$$1 - \alpha_g = (1 - \alpha)^k \tag{4.53}$$

$$\alpha \approx \alpha_g/k \tag{4.54}$$

统计上，公式 4.54 称为 Bonferroni 矫正（Bonferroni adjustment）（Benjamini and Hochberg, 1995; Doerge and Rebai, 1996）。通过 Bonferroni 矫正，以避免多次检验过程中第一类错误的累积，从而保证多次检验过程中第一类错误的累积概率不超过给定的 α_g。例如，希望把全基因组检验中犯第一类错误的累积概率控制在 $\alpha_g=0.01$ 范围内。假定全基因组检验中包含 10 次独立的单点检验，那么单点检验的显著性水平应控制在 $\alpha=0.001$ 之内。当 LRT 服从自由度是 2 的 χ^2 分布时，单点检验时应选取 3.0 作为 LOD 统计量的临界值（表 4.14），以保证 10 次独立单点检验第一类错误的累积概率不超过 $\alpha_g=0.01$。

全基因组扫描的 QTL 作图涉及很多次假设检验。不同染色体上的检验可视为独立检验，但是同一条染色体上的检验相互之间不独立。可以想象，染色体越短，检验之间的依赖关系越强；染色体越长，检验之间的依赖关系越弱。如果能够找到全染色体上的检验与独立检验次数（或称有效检验次数）的关系，就能借助 Bonferroni 矫正（公式 4.54）确定单点检验的显著性水平，进而确定单点检验的 LOD 临界值。利用这一临界值，把全基因组水平第一类错误的概率控制在给定水平 α_g 之内。理论上推导全基因组的有效检验次数十分困难，只能采用模拟方法。

图 4.14 给出 5 个 DH 家系模拟群体的全基因组扫描 LOD 曲线，图 4.15 给出 5 个 F_2 模拟群体的全基因组扫描 LOD 曲线。模拟群体的大小均为 200，基因组由 6 条长度均为 120cM 的染色体组成，无 QTL 条件下，性状值间的差异全部由随机误差引起，扫描步长为 1cM。

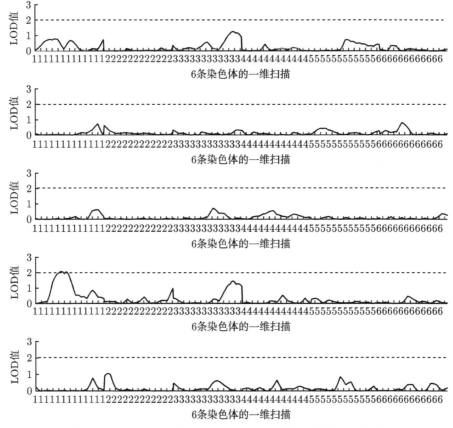

图 4.14　无 QTL 条件下，5 个 DH 家系模拟群体的区间作图

每个模拟群体包含 200 个 DH 家系，基因组由 6 条长度均为 120cM 的染色体组成，扫描步长为 1cM

在图 4.14 和图 4.15 的 LOD 曲线上，模拟群体中不存在任何 QTL。因此，只要一个扫描位置上的 LOD 值超过设定的临界值，就会导致犯第一类错误。如果设定 LOD 临界值为 2.0，第 4 个 DH 家系模拟群体中存在超过 2.0 的 LOD 峰值，其他 4 个模拟群体的 LOD 曲线在不同位置也有峰的存在，但峰值都不超过 2.0。因此，就这 5 次模拟来说，出现第一类错误的频率为 20%。对于同样的 LOD 临界值，有两个 F_2 群体的 LOD 曲线存在超过临界值的峰，这 5 次模拟中，出现第一类错误的频率为 40%。因此，通过大量的无 QTL 模拟群体，就可以研究全基因组最大 LOD 统计量的分布规律，从而定量研究全基因组水平犯第一类错误的概率。

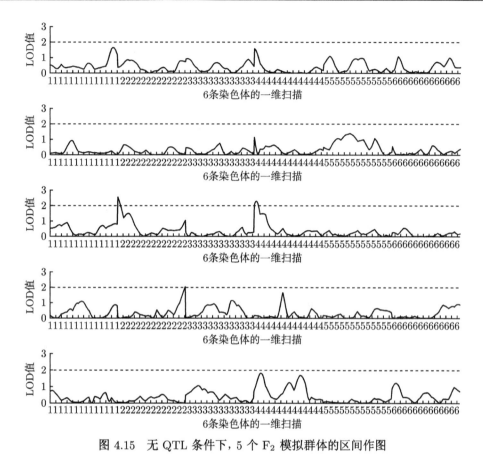

图 4.15 无 QTL 条件下，5 个 F_2 模拟群体的区间作图

每个群体包含 200 个个体，基因组由 6 条长度均为 120cM 的染色体组成，扫描步长为 1cM

全基因组最大 LOD 统计量的可能影响因素较多。如果某个因素在不同的水平下，最大 LOD 统计量的分布保持不变，则说明该因素对最大 LOD 统计量的影响不大。反之，如果最大 LOD 统计量在不同的因素水平下有不同的分布，则说明在选取 LOD 临界值时应考虑该因素。不同染色体上的检验可视为独立检验，所以模拟研究只考虑一条染色体上的检验。图 4.16 分别给出染色体长度、标记密度、群体类型和群体大小等 4 种因素在 3 个不同水平下，全基因组最大 LOD 统计量的分布（孙子淇等，2013）。可以看出，群体大小对最大 LOD 统计量的分布没有明显的影响，而染色体长度、标记密度和群体类型则存在不同程度的影响。因此在确定有效检验次数时，仅考虑染色体长度、标记密度和群体类型这 3 种因素。

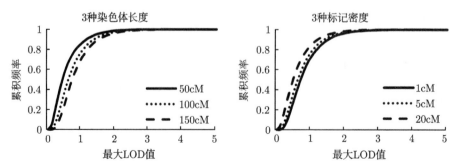

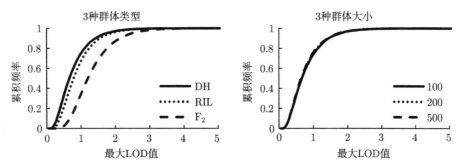

图 4.16 不同因素对全基因组最大 LOD 统计量累积分布的影响

§4.3.4 全基因组有效检验次数与经验 LOD 临界值

模拟研究中, 染色体长度设置 50cM、80cM、110cM、140cM、170cM 和 200cM 共 6 种水平, 标记密度设置 1cM、2cM、5cM、10cM 和 20cM 共 5 种水平, 考虑最为常见的 DH、RIL 和 F_2 共 3 种群体类型。因此, 共模拟 90 种情形, 每种情形重复 10 000 次, 得到 10 000 个最大 LOD 值的样本点, 用于拟合最大 LOD 统计量的分布。值得一提的是, 最大 LOD 统计量不再服从任何 χ^2 分布, 并且难以从理论上推导出它的精确分布。因此难以采用参数统计方法, 只能采用模拟方法。对于给定的全基因组显著水平 α_g, 从最大 LOD 统计量(记为 LOD_g)的模拟分布(图 4.16)确定全基因组 LOD 临界值, 记为 ThLOD_g, 满足,

$$\Pr\{\text{LOD}_g > \text{ThLOD}_g\} = \alpha_g \tag{4.55}$$

在得到 ThLOD_g 后, 计算 χ^2 分布的收尾概率 α, 作为单点检验的显著性水平, 即

$$\alpha = \Pr\{\text{LOD} > \text{ThLOD}_g\} \tag{4.56}$$

DH 和 RIL 群体中, 加性 QTL 作图单点 LRT 的 χ^2 分布自由度为 1; F_2 群体中, 单点 LRT 的 χ^2 分布自由度为 2。知道了全基因组显著水平 α_g 和单点检验显著性水平 α, 利用公式 4.54 即可估计出有效检验次数 k。图 4.17 给出 3 种类型群体在不同标记密度下, 有效独立检验次数随染色体长度的变化趋势。有效检验次数与染色体长度有明显的线性关系, 染色体越长, 独立检验次数越多。不同的群体类型、标记密度和全基因组显著性水平 α_g 下, 趋势线的斜率有所不同。标记越密、全基因组显著性水平越高, 则斜率越大。在 DH 群体中, 当 $\alpha_g=0.05$ 时, 标记密度为 1cM 时的斜率最大, 为 0.153。标记密度为 20cM 时的斜率最小, 仅为 0.054。相同标记密度下, $\alpha_g=0.01$ 时的斜率比 $\alpha_g=0.05$ 时的大。对于不同的群体类型来说, DH 群体的斜率比 RIL 群体的小, F_2 群体的斜率与 RIL 群体的斜率很接近, 甚至在某些情况下二者还可能相等。如果把图 4.17 中回归系数的倒数看作一次独立检验对应的染色体长度, 则 DH 群体中大约 10cM 对应一次独立检验, RIL 和 F_2 群体中大约 6cM 对应一次独立检验。

已知某一作图群体的群体类型、标记密度和基因组大小时, 可以根据图 4.17 中的经验公式估算出该作图群体的独立检验次数 k。然后, 根据 Bonferroni 矫正公式 4.54 得到 $\alpha_g=0.05$ 或 0.01 对应的单点检验显著性水平 α。最后根据不同群体中单点 LRT 服从的 χ^2 分布, 计

算显著性水平 α 对应的单点检验 LRT 临界值, 即

$$\alpha = \Pr\{\text{LRT} > \text{ThLRT}\} \tag{4.57}$$

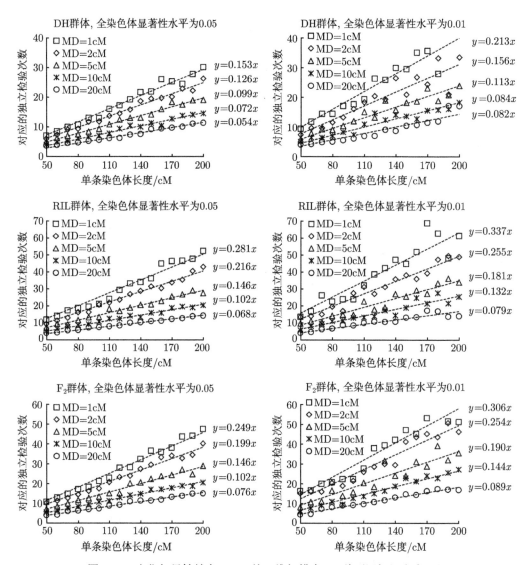

图 4.17 定位加显性效应 QTL 的一维扫描中, 5 种不同标记密度 (即 MD=1cM、2cM、5cM、10cM、20cM) 下独立检验次数与染色体长度的线性关系

公式 4.57 中 χ^2 分布的自由度等同于公式 4.56 中 χ^2 分布的自由度。根据 LOD 和 LRT 间的关系, 即可获得单点检验的 LOD 临界值。

表 4.15~表 4.17 分别给出定位 QTL 的一维扫描中, 标记密度为 1cM、5cM 和 20cM, α_g=0.05 和 0.01 时, DH、RIL 和 F_2 这 3 种代表性群体在不同基因组大小影响下的 LOD 临界值。可以看出, 基因组越大、标记越密、显著性水平越高, 所需的 LOD 临界值越大。基因组大小相等时, RIL 群体的 LOD 临界值大于 DH 群体, 但小于 F_2 群体。虽然 RIL 群体的趋势

线斜率与 F_2 群体的比较接近, 但是二者的自由度不同。RIL 群体中 LRT 统计量的自由度为 1, F_2 群体的自由度为 2。因此, F_2 群体的 LOD 临界值较 RIL 群体更大一些。由表 4.15~表 4.17 可知, 标记密度为 1~20cM、基因组长度为 250~4000cM 时, DH、RIL 和 F_2 这 3 种群体在全基因组显著性概率水平 $\alpha_g=0.05$ 时的 LOD 临界值分别为 1.83~3.37、1.92~3.62 和 2.58~4.30; 在全基因组显著性概率水平 $\alpha_g=0.01$ 时, LOD 临界值分别为 2.64~4.16、2.63~4.36 和 3.35~5.09。实际应用中, 可以根据作图群体的类型、连锁图谱长度、标记平均间距等, 从表 4.15~表 4.17 选择适当的 LOD 临界值用于 QTL 的检测。

表 4.15 两种全基因组显著性水平下, 不同类型群体和基因组大小对应的 LOD 临界值(假定标记密度为 1cM)

基因组长度/cM	全基因组显著性水平 $\alpha_g=0.05$			全基因组显著性水平 $\alpha_g=0.01$		
	DH	RIL	F_2	DH	RIL	F_2
50	1.61	1.84	2.40	2.37	2.56	3.18
75	1.77	2.01	2.57	2.53	2.73	3.36
100	1.88	2.12	2.70	2.65	2.84	3.49
150	2.04	2.28	2.87	2.81	3.01	3.66
200	2.16	2.40	3.00	2.93	3.13	3.79
250	2.24	2.49	3.10	3.02	3.22	3.88
300	2.32	2.56	3.17	3.10	3.29	3.96
500	2.52	2.77	3.40	3.31	3.50	4.18
1000	2.80	3.05	3.70	3.59	3.79	4.49
1500	2.97	3.22	3.87	3.76	3.95	4.66
2000	3.09	3.33	4.00	3.88	4.07	4.79
3000	3.25	3.50	4.17	4.04	4.24	4.96
4000	3.37	3.62	4.30	4.16	4.36	5.09

表 4.16 两种全基因组显著性水平下, 不同类型群体和基因组大小对应的 LOD 临界值(假定标记密度为 5cM)

基因组长度/cM	全基因组显著性水平 $\alpha_g=0.05$			全基因组显著性水平 $\alpha_g=0.01$		
	DH	RIL	F_2	DH	RIL	F_2
50	1.44	1.59	2.16	2.12	2.31	2.98
75	1.59	1.75	2.34	2.28	2.48	3.15
100	1.71	1.86	2.46	2.40	2.59	3.28
150	1.87	2.02	2.64	2.56	2.76	3.46
200	1.98	2.14	2.77	2.68	2.87	3.58
250	2.07	2.22	2.86	2.77	2.96	3.68
300	2.14	2.30	2.94	2.84	3.04	3.76
500	2.35	2.50	3.16	3.05	3.25	3.98
1000	2.63	2.78	3.46	3.34	3.53	4.28
1500	2.79	2.95	3.64	3.50	3.70	4.46
2000	2.91	3.07	3.77	3.62	3.82	4.58
3000	3.07	3.23	3.94	3.79	3.99	4.76
4000	3.19	3.35	4.07	3.91	4.10	4.88

表 4.17　两种全基因组显著性水平下，不同类型群体和基因组大小对应的 LOD 临界值(假定标记密度为 20cM)

基因组长度/cM	全基因组显著性水平 $\alpha_g = 0.05$			全基因组显著性水平 $\alpha_g = 0.01$		
	DH	RIL	F_2	DH	RIL	F_2
50	1.21	1.29	1.88	2.00	1.98	2.65
75	1.36	1.45	2.06	2.16	2.14	2.83
100	1.47	1.56	2.18	2.27	2.26	2.95
150	1.63	1.72	2.36	2.44	2.42	3.13
200	1.74	1.83	2.48	2.55	2.54	3.25
250	1.83	1.92	2.58	2.64	2.63	3.35
300	1.90	2.00	2.66	2.72	2.70	3.43
500	2.11	2.20	2.88	2.92	2.91	3.65
1000	2.38	2.48	3.18	3.21	3.19	3.95
1500	2.55	2.64	3.36	3.37	3.36	4.13
2000	2.66	2.76	3.48	3.49	3.47	4.25
3000	2.83	2.92	3.66	3.66	3.64	4.43
4000	2.95	3.04	3.78	3.78	3.76	4.55

§4.3.5 排列检验与经验 LOD 临界值

排列检验（permutation test）是一种非参数统计方法（non-parametric statistics），有时也称为随机检验（randomization test）。非参数方法适宜于总体分布类型难以确定、样本分布没有明显的数学表达式，或者检验统计量的分布难以确定等场合。排列检验通过对观测样本点的随机重排，人为创造零假设情形，进而获得检验统计量在零假设下的一个经验分布。这种方法的主要优点是概念简单，不受统计量服从的分布和群体结构的限制（Churchill and Doerge, 1994; Doerge and Churchill, 1996; Stuart et al., 1999）。

首先利用两组样本的均值差异显著性检验，说明参数统计和非参数统计的区别。例如，有两组样本 $X_1, X_2, \cdots, X_n$ 和 $Y_1, Y_2, \cdots, Y_n$，样本均值分别用 $\overline{X}$ 和 $\overline{Y}$ 表示，样本方差分别用 S_X^2 和 S_Y^2 表示。现要检验这两组样本的总体是否有相同的均值。如果知道两组样本均来自正态总体，以及这两个正态总体具有相同的方差 σ^2，利用标准正态分布统计量 $Z = \dfrac{\overline{X} - \overline{Y}}{\sigma} \sim N(0,1)$ 就能检验两个总体的均值是否相等。如果仅知道两组样本均来自正态总体，总体方差近似相等但未知，可以利用 t 统计量 $t = \dfrac{\overline{X} - \overline{Y}}{\sqrt{\dfrac{1}{n}(S_X^2 + S_Y^2)}} \sim t(2n - 2)$ 进行检验。这些检验均称为参数统计方法。如果对抽取样本的总体了解甚少，样本以及与样本相关的统计量的分布类型都是未知的，这时就难以利用参数统计方法对均值进行差异显著性检验。

但是根据经验，不管总体分布如何，如果两个总体的均值相等，两个样本均值之间的差异绝对值 $\Delta_0 = |\overline{X} - \overline{Y}|$ 应该不会太大。因此，如果能够获得一组零假设条件下（即两个总体的均值相等）均值差异的统计量，也就是零假设下 $\Delta = |\overline{X} - \overline{Y}|$ 的经验分布，就能计算均值差异的显著性概率。这就是排列检验的基本思想。具体做法是：将所有 $2n$ 个样本混合在一起，将它们视为从同一个总体中抽取的样本，然后从中随机选取 n 个作为样本 X，剩下

的 n 个作为样本 Y。通过这样的随机化处理，人为模拟了零假设的情形。计算这两组随机排列样本的统计量 $\Delta = |\overline{X} - \overline{Y}|$，就得到一个零假设条件下样本统计量的经验值。重复这一过程，一般重复 500 次或更多，就得到一组零假设样本统计量。对这些统计量进行排序，给定一个显著性水平，根据顺序统计量的分位数确定检验统计量的临界值。当然，也可以计算原始样本统计量 Δ_0 的显著性概率，根据显著性概率的大小进行统计推断。

表 4.18 是两组样本，样本量均为 12，样本均值分别为 120.083 和 107.417，差异绝对值近似为 12.67。图 4.18 给出 100 次排列检验的统计量。为清楚起见，图 4.18A 按照排列检验先后顺序排列，虚线表示原始样本差异绝对值 12.67 所在的位置；图 4.18B 按检验统计量从小到大的顺序排列，虚线表示从小到大排序的 95% 分位数的位置。在 100 次排列检验中，有 16 次的统计量 $\Delta = |\overline{X} - \overline{Y}|$ 超过原始样本均值之间的差异 $\Delta_0 = |\overline{X} - \overline{Y}|$（图 4.18A），$\Delta_0 = |\overline{X} - \overline{Y}|$ 的显著性概率可视为 0.16。因此在 0.05 的显著性水平下，我们不能拒绝零假设，即认为抽取样本的两个总体的均值没有显著差异。

表 4.18 两组样本观测值

样本	1	2	3	4	5	6	7	8	9	10	11	12	样本均值
X	134	146	104	119	124	161	108	83	113	129	97	123	120.083
Y	70	118	101	85	107	132	94	135	99	117	126	105	107.417

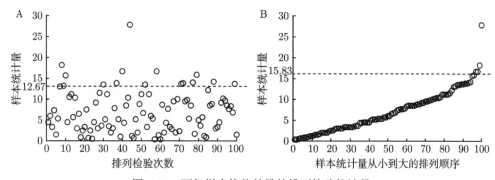

图 4.18 两组样本均值差异的排列检验统计量

A. 100 次排列检验按先后顺序的散点图，虚线指向原始样本的统计量 12.67；B. 100 次排列检验统计量从小到大的散点图，虚线指向顺序统计量的 95% 分位数 15.83

从排序后的统计量容易看出各种分位数对应的统计量大小。例如，95% 分位数对应的统计量为 15.83，可视为显著性水平 0.05 下检验统计量的临界值（图 14.8B）。显然，原始样本的统计量 12.67 没有超过 0.05 水平的临界值，不能拒绝零假设。又如，99% 分位数对应的统计量为 27.83，可视为显著性水平 0.01 下检验统计量的临界值。从 0.05 和 0.01 显著性水平临界值的确定过程可以看出，排列检验的次数不能太少，一般要达到 500 甚至 1000 次，才能比较准确地获得假设检验统计量的经验分布与临界值。在获得统计量的经验分布后，可根据分位数选定临界值，或者计算原始样本统计量的显著性概率，然后进行统计推断。

这里使用了两种方法对总体均值是否相等进行显著性检验。接受或拒绝零假设既可基于样本统计量的显著性概率 P，如 $P < \alpha$，则拒绝零假设，否则不能拒绝零假设；又可基于

样本统计量 Δ 是否超过一个给定显著性水平 α 的检验临界值 Δ_α，如 $\Delta > \Delta_\alpha$，则拒绝零假设，否则不能拒绝零假设。这两种推断方法是同一个问题两个等价的做法，在现代统计学中，人们更多地采用显著性概率的推断方法。

QTL 作图中，打乱表型数据和基因型数据间的一一对应关系，可以模拟 QTL 作图中的零假设场景。图 4.19A 给出大麦 DH 群体中 1000 次表型随机排列全基因组最大 LOD 值的散点分布。从小到大排序的 95% 分位数等于 2.72。因此，2.72 可以作为该群体全基因组 0.05 显著性水平下 LOD 检验统计量的临界值。利用这一临界值，在 QTL 不存在的情形下，有 95% 的把握做出正确的判断，犯错误的可能性低于 5%。大麦群体 7 条染色体的总长度为 1274cM，平均标记间距为 10cM 左右。根据表 4.16，0.05 显著性水平和 DH 群体条件下，基因组总长 1000cM 的 LOD 临界值为 2.63，基因组总长 1500cM 的临界值为 2.79。因此，排列检验得到的临界值与模拟研究得到的 LOD 临界值十分接近。

图 4.19B 给出一个 F_2 群体中 1000 次表型随机排列全基因组最大 LOD 值的散点分布。从小到大排序的 95% 分位数等于 3.78。因此，3.78 可以作为该群体全基因组 0.05 显著性水平下 LOD 检验统计量的临界值。利用这一临界值，在 QTL 不存在的情形下，犯错误的可能性低于 5%。该群体包含 4 条染色体，总长度为 396.09cM，平均标记间距为 5.66cM 左右。根据表 4.16，0.05 显著性水平和 F_2 群体条件下，基因组总长 300cM 的 LOD 临界值为 2.94，基因组总长 500cM 的临界值为 3.16，略低于排列检验得到的临界值 3.78。

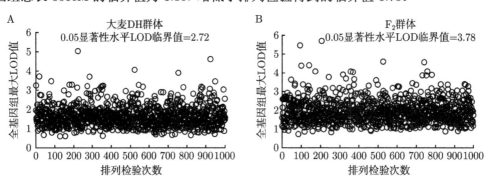

图 4.19 大麦 DH 群体 (A) 和一个 F_2 群体 (B) 中，1000 次排列检验的全基因组最大 LOD 统计量

在全基因组一维扫描定位 QTL 的过程中，单个扫描位置上的似然比检验统计量均服从自由度已知的 χ^2 分布。QTL 作图在全基因组上进行假设检验，因此人们更关心全基因组水平第一类错误的概率。由于连锁的影响，一条染色体上的检验不独立。理论上研究全基因组的显著性水平与一次检验应该采用的临界值十分困难。本节介绍了两种确定 LOD 临界值的经验方法。一是通过模拟研究，确定全基因组检验中独立检验次数的经验公式，独立检验的次数主要受基因组大小、标记密度和群体类型等因素的影响。在此基础上，利用 Bonferroni 矫正确定全基因组检验的 LOD 临界值。实际应用中，可根据遗传群体类型、基因组大小、平均标记密度，以及全基因组显著性水平，从表 4.15~表 4.17 中选择适当的 LOD 临界值。二是通过排列检验产生大量零假设下最大 LOD 统计量的样本值，从而获得关于最大 LOD 统计量的经验分布。对排列检验得到的最大 LOD 样本值从小到大排序，分位数处的样本值作为全基因组检验的 LOD 临界值。例如，95% 的分位数作为全基因组显著性水平 $\alpha_g = 0.05$

的 LOD 检验临界值；99% 的分位数作为全基因组显著性水平 $\alpha_g = 0.01$ 的 LOD 检验临界值。排列检验方法得出的临界值是群体特异的，更好地适应于 QTL 定位的遗传群体。但是与前一种方法相比，每次对表型数据重排之后，都要重复 QTL 作图的整个过程，排列检验次数一般都要在 500 次以上，因此比较耗时。

练 习 题

4.1 大麦 DH 群体中，145 个家系按照 Act8A 两种标记型的粒重 (mg) 分组数据见下表，0 表示亲本 'TR306' 的标记型，2 表示亲本 'Harrington' 的标记型，−1 表示缺失标记型。

标记型 0	41.02	41.50	44.10	42.09	42.52	43.98	40.68	41.02	44.08	45.04
	41.33	41.14	48.46	42.45	39.55	39.05	45.99	41.21	46.63	42.46
	40.62	43.03	43.30	43.52	41.57	42.39	42.37	46.48	41.44	38.33
	42.17	39.17	42.77	41.19	39.40	42.54	41.11	43.86	39.32	40.67
	40.59	41.86	41.82	41.37	44.36	46.56	43.82	42.12	40.70	41.50
	41.28	41.29	46.13	42.79	43.02	43.19	42.55	41.85	36.46	43.72
	42.67	42.42	43.22	46.04	41.65	40.30	39.71	41.43	42.11	40.63
标记型 2	40.42	40.29	45.75	40.20	45.66	44.07	40.88	41.58	47.23	44.40
	42.20	39.77	47.20	44.20	43.39	40.78	42.22	40.09	46.08	40.94
	46.11	44.16	42.59	39.16	37.52	45.45	39.67	42.16	43.58	46.62
	42.35	43.11	44.69	43.68	42.32	43.07	38.77	42.70	41.85	43.88
	43.33	44.39	42.76	40.79	41.91	42.00	45.31	42.93	39.92	44.40
	46.45	43.21	45.47	39.49	45.53	40.75	42.38	42.79	39.55	44.85
	43.16	42.50	41.22	42.52	40.91	44.99	37.69	42.85	45.20	43.76
	46.61	43.47	39.14	43.75						
缺失	40.11									

（1）从 36mg 开始以 1.5 的组距将粒重分为 10 组。绘制 145 个 DH 家系群体，以及标记型 0 和 2 分组群体的观测频率分布图。

（2）计算标记型 0 和 2 的粒重平均数及方差。

（3）假定两种标记型具有相同的方差，利用单标记分析检验 Act8A 两种标记型的粒重平均数之间是否存在显著差异。

4.2 一个 F_2 群体中，110 个个体按照 M1-8 三种标记型的分组表型数据见下表，A 和 B 表示两种亲本标记型，H 表示杂合标记型，X 表示缺失标记型。

	1	2	3	4	5	6	7	8	9	10
标记型 A	19.75	19.39	20.40	19.35	19.84	20.27	20.60	20.29	21.00	20.38
	23.23	20.17	20.19	17.13	21.04	21.22	20.60	23.21	20.97	22.31
	18.95	21.34	20.13	21.63	22.22	20.19	19.88	18.94		
标记型 B	18.06	18.37	16.29	18.74	20.38	19.41	17.57	18.31	16.14	18.88
	17.42	17.44	20.06	18.16	19.87	19.29	20.41	20.10	19.22	19.63
	18.53	17.07	20.82	18.16	19.00	19.34	16.51	17.70	17.53	
标记型 H	18.19	19.69	20.71	16.99	21.75	22.06	19.83	20.32	19.79	21.39
	21.46	20.73	19.92	19.96	17.72	22.41	20.75	19.50	18.08	19.50
	17.10	18.22	18.93	20.36	20.68	21.19	21.17	21.40	19.99	23.19
	19.46	21.71	18.01	17.63	19.78	20.66	20.27	18.76	17.23	21.22
	19.49	17.47	18.53	19.38	17.77	18.55	18.90	20.89	21.09	20.69
缺失	19.33	19.67	20.50							

(1) 计算标记型 A、H 和 B 的表型性状平均数和方差。

(2) 利用单标记分析检验标记座位 M1-8 的加性效应和显性效应是否显著。

(3) 利用方差分析的方法确定标记座位 M1-8 与表型之间是否存在显著的关联。

4.3 下表给出一个大豆 F_2 群体中，90 个个体在两个标记 *Satt339 和 *Sat_033（表中分别用 M_1 和 M_2 表示）上的标记型，以及叶绿素含量（即表型性状），2 和 0 表示两个亲本的标记型，1 为杂合型，−1 表示缺失标记型。

个体 1~20			个体 21~40			个体 41~60			个体 61~80			个体 81~90		
M_1	M_2	表型	M_1	M_2	表型	M_1	M_2	表型	M_1	M_2	表型	M_1	M_2	表型
2	1	1	0	1	34	2	0	20	1	1	41	1	1	36
0	1	36	2	1	34	1	1	35	1	2	42	0	1	38
2	1	18	1	0	10	0	0	33	1	1	34	2	2	25
1	1	36	1	2	31	1	2	35	0	0	30	2	1	18
1	0	32	1	2	33	1	2	40	2	1	14	−1	−1	21
2	0	6	1	2	33	0	0	32	0	1	37	1	2	40
0	1	14	1	0	28	0	−1	31	1	0	41	0	0	34
0	2	37	2	2	16	2	1	20	0	0	37	1	2	30
0	1	18	0	2	31	1	0	33	1	0	29	2	0	18
1	1	22	1	0	16	1	1	35	1	2	32	1	1	27
2	2	15	2	0	14	1	2	40	1	1	31			
0	0	6	0	2	37	1	2	40	1	1	34			
0	1	31	0	1	37	1	2	21	0	1	43			
1	2	39	0	1	34	0	0	23	2	2	8			
1	2	37	1	1	32	1	1	33	2	1	8			
1	1	28	1	2	33	0	1	34	2	1	12			
0	1	40	0	1	38	1	0	34	2	2	6			
1	0	31	1	1	27	2	1	26	0	1	41			
0	0	40	0	0	38	1	1	32	2	1	19			
2	−1	8	0	0	35	1	1	34	1	2	36			

(1) 从 0 开始以组距 10 对叶绿素含量进行分组，分别绘制 *Satt339 和 *Sat_033 按照标记型 0、1、2 分组群体的频率分布图。

(2) 分别计算 *Satt339 和 *Sat_033 标记型 0、1、2 的叶绿素含量平均数及方差。

(3) 利用单标记分析，分别检验标记 *Satt339 和 *Sat_033 是否与控制叶绿素含量的基因存在连锁关系，以及连锁基因加性效应和显性效应的显著性。

(4) 利用方差分析 F 统计量，分别检验标记 *Satt339 和 *Sat_033 与叶绿素含量之间是否存在显著的关联。

4.4 有两个标记座位 A 和 B 分别在同一条染色体的 15cM 和 30cM 处，它们之间的 20cM 处存在一个 QTL，两个纯合亲本的基因型用 $AAQQBB$ 和 $aaqqbb$ 表示。基因型 QQ 在表型性状上服从均值为 20、方差为 10 的正态分布，qq 服从均值为 15、方差为 10 的正态分布。

(1) 利用 Haldane 作图函数计算标记座位 A 与座位 Q、座位 Q 与标记座位 B，以及标记座位 A 与 B 之间的重组率。

(2) 计算 DH 群体的遗传方差和表型方差、4 种标记型内两种 QTL 基因型所占的比例，以及 4 种标记型的均值。

第 4 章 单标记分析和简单区间作图 · 137 ·

4.5 有两个标记座位 A 和 B 分别在同一条染色体的 15cM 和 30cM 处, 它们之间的 20cM 处存在一个 QTL, 两个纯合亲本的基因型用 $AAQQBB$ 和 $aaqqbb$ 表示。基因型 QQ 在表型性状上服从均值为 20、方差为 10 的正态分布, Qq 服从均值为 18、方差为 10 的正态分布, qq 服从均值为 15、方差为 10 的正态分布。

(1) 计算 F_2 群体的遗传方差和表型方差。
(2) 计算 F_2 群体中, 9 种标记型内 3 种 QTL 基因型所占的比例。
(3) 计算 F_2 群体中, 9 种标记型的均值。

4.6 使用 QTL IciMapping 软件中附带的一个 DH 或 RIL 遗传群体, 利用单标记分析进行 QTL 作图。

(1) 绘制全基因组标记的 LOD 直方图和加性效应直方图。
(2) 列出与性状有显著关联的标记以及标记解释表型方差的比例。

4.7 使用 QTL IciMapping 软件中附带的一个 DH 或 RIL 遗传群体, 利用简单区间方法进行 QTL 作图。

(1) 绘制全基因组 LOD 曲线和加性效应曲线。
(2) 列出定位到 QTL 的相关信息, 包括染色体上的位置、连锁最紧的两侧标记、遗传效应、QTL 位置的置信区间等。

4.8 使用 QTL IciMapping 软件中附带的一个 F_2 遗传群体, 利用简单区间方法进行 QTL 作图。

(1) 绘制全基因组 LOD 曲线和加显性效应曲线。
(2) 列出定位到 QTL 的相关信息, 包括染色体上的位置、连锁最紧的两侧标记、加显性遗传效应等。

4.9 假定表 4.18 中的两组样本来自两个方差相等的正态总体。

(1) 利用 t 统计量检验两个正态总体是否有相同的均值。
(2) 利用 LRT 统计量检验两个正态总体是否有相同的均值。

4.10 混合分布 X 的均值和方差的计算。假定将 k 个正态总体 $N(\mu_i, \sigma_i^2)$ $(i=1, 2, \cdots, k)$ 按一定比例 p_i $(i=1, 2, \cdots, k)$ 混合, 混合分布的概率密度函数为

$$f(x|\mu_1, \cdots, \mu_k, \sigma_1^2, \cdots, \sigma_k^2) = \sum_{i=1,\cdots,k} p_i f(x|\mu_i, \sigma_i^2)$$

根据分布均值的定义容易得到混合分布 X 的均值为单个成分分布均值的加权平均, 即

$$E(X) = \int x f(x|\mu_1, \cdots, \mu_k, \sigma_1^2, \cdots, \sigma_k^2) \mathrm{d}x$$
$$= \sum_{i=1,\cdots,k} p_i \int x f(x|\mu_i, \sigma_i^2) \mathrm{d}x = \sum_{i=1,\cdots,k} p_i \mu_i, \text{并用} \bar{\mu} \text{表示}$$

此外,

$$E(X^2) = \int x^2 f(x|\mu_1, \cdots, \mu_k, \sigma_1^2, \cdots, \sigma_k^2) \mathrm{d}x = \sum_{i=1,\cdots,k} p_i \int x^2 f(x|\mu_i, \sigma_i^2) \mathrm{d}x$$
$$= \sum_{i=1,\cdots,k} p_i (\sigma_i^2 + \mu_i^2) = \sum_{i=1,\cdots,k} p_i \sigma_i^2 + \sum_{i=1,\cdots,k} p_i \mu_i^2$$

从而得到混合分布的方差为

$$V(X) = E(X^2) - [E(X)]^2 = \sum_{i=1,\cdots,k} p_i \sigma_i^2 + \sum_{i=1,\cdots,k} p_i (\mu_i - \bar{\mu})^2$$

从中可以看出，混合分布 X 的方差由两部分组成：一部分是成分分布方差的加权平均，另一部分是由成分分布均值之间的差异引起的方差。

（1）在练习 4.4 的基础上，计算 DH 群体中 4 种标记型的方差。

（2）在练习 4.5 的基础上，计算 F_2 群体中 9 种标记型的方差。

第5章 完备区间作图方法

QTL 作图方法的研究大致经历以下几个过程（Lynch and Walsh, 1998; Wang et al., 2006; 王建康, 2009）。一是单标记或单点分析（第 4 章 §4.1 节），通过比较不同标记基因型均值间的差异显著性来测验 QTL 的存在。这一方法只有在 QTL 的位置与标记完全重合、每条染色体上至多包含一个 QTL 的条件下才能获得准确的定位结果。二是简单区间作图（第 4 章 §4.2 节），其基本假定是每条染色体上至多包含一个 QTL，QTL 效应满足加显性遗传模型。因此，当实际情况不符合此假定时，也就得不到正确的作图结果。例如，一条染色体上有两个作用方向相反的 QTL 时，往往检测不到 QTL 的存在。若两个连锁 QTL 的作用方向相同，可能会在两个 QTL 之间出现一个"幻影"QTL。同时，QTL 位置的置信区间较大，QTL 位置与效应估计值的偏差较大。三是带有背景控制的区间作图，通过引入区间外其他标记作为协变量，消除区间以外 QTL 对作图区间的影响，从而消除"幻影"QTL 现象，适用于同一染色体上有多个 QTL 的情形。

Zeng（1994）提出的复合区间作图（composite interval mapping, CIM）是一种带有背景控制的 QTL 作图方法。但是，CIM 在算法实现上有缺陷，致使 QTL 效应可能会被侧连标记区间之外的标记变量吸收；同时，不同的背景标记选择方法对作图结果的影响较大，并且难以用于上位型互作 QTL 的定位（Zeng et al., 1999; Kao et al., 1999; Li et al., 2007; 王建康, 2009）。针对 CIM 存在的问题，作者提出了完备区间作图（inclusive composite interval mapping, ICIM）。ICIM 包含两个步骤：首先利用所有标记的信息，通过逐步回归选择重要的标记变量并估计其效应；然后利用逐步回归得到的线性模型矫正表型数据，通过一维扫描定位加（显）性效应 QTL，通过二维扫描定位上位型互作 QTL。这种作图策略简化了 CIM 中控制背景遗传变异的过程，提高了对 QTL 的检测功效（Li et al., 2007, 2010, 2012; Zhang et al., 2008; 王建康, 2009）。本章介绍加显性 QTL 定位的 ICIM 方法，下一章介绍上位型互作 QTL，以及 QTL 和环境互作的 ICIM 方法。

§5.1 控制背景遗传变异的重要性

单标记分析和简单区间作图没有对背景遗传变异进行任何控制，背景遗传变异与随机误差方差共同组成了参数估计和假设检验中的样本方差。统计学上，参数估计的精确度和假设检验的功效一方面受真实的分布参数大小的影响；另一方面受随机样本所服从的总体分布方差的影响。样本方差越大，参数估计的精确度和假设检验的功效越低。因此，单标记分析和简单区间作图的 QTL 检测功效不高。

就总体均值的估计来说，大部分情况下，样本均值都是总体均值的一个优良估计。对于正态总体 $N(\mu, \sigma^2)$ 和一组 n 个简单随机样本来说，样本均值服从的分布为公式 5.1。因此，总体方差 σ^2 越小，样本均值的方差也越小，样本均值就越接近总体均值 μ，利用样本均值就能比较精确地估计总体均值这一待估参数。同时，与参数估计相关的假设检验的统计功效也会越高。

$$\overline{X} \sim N\left(\mu, \frac{1}{n}\sigma^2\right) \tag{5.1}$$

以两个独立遗传 QTL（分别用 Q_1 和 Q_2 表示）控制的性状和 DH 群体为例（表 5.1）。假定 QTL 的加性效应分别为 2 和 1.5。在无奇异分离的情况下，DH 群体中单个 QTL 的遗传方差等于加性效应的平方，总遗传方差为两个 QTL 遗传方差之和。假定性状的误差方差为 1，则 DH 群体的广义遗传力为 0.86（表 5.1）。如果能够区分 DH 群体中 Q_1 的两个基因型 QQ 和 qq，QQ 的均值等于性状平均数加上加性效应，即 20+2=22；qq 的均值等于性状平均数减去加性效应，即 $20-2=18$。两种基因型内的方差由两部分构成：一是由 Q_2 分离引起的方差。这部分方差等于 Q_2 的遗传方差，即 2.25；二是随机误差方差，其大小为 1。因此，对于 Q_1 的两种基因型组成的群体来说，群体方差为 3.25（图 5.1A）。与此类似，Q_2 的两个基因型 QQ 和 qq 的均值分别为 21.5 和 18.5。方差同样由两部分构成：一是由 Q_1 分离引起的方差，这部分方差等于 Q_1 的遗传方差，即 4；二是随机误差方差，其大小为 1。因此，对于 Q_2 的两种基因型组成的群体来说，群体的方差为 5（图 5.1B）。

表 5.1 一个假定的 DH 群体中两个 QTL 控制性状的遗传模型

性状平均数	加性效应		遗传方差		总遗传方差	误差方差	广义遗传力
	Q_1	Q_2	Q_1	Q_2			
20	2	1.5	4	2.25	6.25	1	0.86

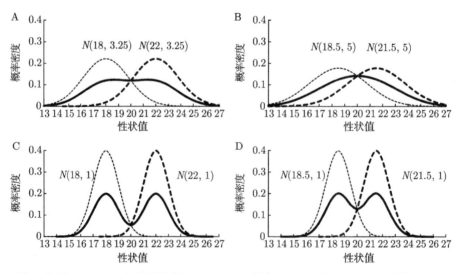

图 5.1 无背景控制（A 和 B）和背景控制（C 和 D）两种情形下，两种 QTL 基因型的成分分布（虚线）和两种基因型构成的混合分布（实线）

假定有两个独立遗传 QTL 存在于一个 DH 群体中，加性效应分别为 2（A 和 C）和 1.5（B 和 D），性状的随机误差方差为 1，群体平均数为 20。A. 无背景控制，QTL 的加性效应为 2，两种 QTL 基因型的成分分布方差为 3.25；B. 无背景控制，QTL 的加性效应为 1.5，两种 QTL 基因型的成分分布方差为 5；C. 背景控制，QTL 的加性效应为 2，两种 QTL 基因型的成分分布方差为 1；D. 背景控制，QTL 的加性效应为 1.5，两种 QTL 基因型的成分分布方差为 1

如果能够控制背景遗传变异，即在研究 Q_1 基因型的分布时，控制 Q_2 分离引起的方差，使得 Q_1 基因型内的变异仅由随机误差引起。这时，Q_1 基因型内的方差就等于随机误差方差。Q_1 基因型的群体均值并未发生变化，控制背景遗传变异之后，Q_1 两种基因型的均值仍为 22 和 18，但方差从 3.25 下降到 1，两个均值间的差异等于标准差的 4 倍（图 5.1C）。无背景遗传变异控制时，两个均值间的绝对差异仍为 4，但均值间的差异只是标准差的 2.22 倍 $(4/\sqrt{3.25})$。对于 Q_2 来说，如能控制 Q_1 分离引起的方差，Q_2 两种基因型的均值仍分别为 21.5 和 18.5。但是，方差从无背景控制时的 5 减少到 1（图 5.1D），均值差异从无背景控制标准差的 1.34 倍 $(3/\sqrt{5})$ 增加到有背景控制标准差的 3 倍。

对两个方差相等的正态总体的均值进行显著性检验时，均值差异与标准差间的比值越大，均值间的差异越易于检测，检验的统计功效就越高。从图 5.1 也能看出，不论是效应较大的 Q_1 还是效应较小的 Q_2，对背景遗传变异加以控制，都降低了基因型内分布的方差，从而更易于看出混合分布（图 5.1 实线）所包含的两种基因型的成分分布（图 5.1 虚线）。检验 QTL 是否存在，也基于不同 QTL 基因型均值间的差异显著性，差异越大，存在 QTL 的可能性越大。小的差异容易被随机误差所掩盖，从而达不到统计检验所需要的显著性水平。如果某一座位上不同基因型有相似的均值，尽管这个座位上的 DNA 序列可能有差异，但这种差异对研究的性状不会产生显著影响，也仍然认为这个位置上不存在控制特定性状的 QTL。

对大多数数量性状和遗传研究群体来说，一般都同时存在多个分离的基因座位。不同座位上的不同等位基因结合而成的个体有着不同的性状表现，群体的遗传方差来自所有控制性状的基因的分离。单标记分析和简单区间作图中，背景遗传变异与随机误差方差共同组成参数估计和假设检验中的样本方差。完备区间作图通过背景控制，使得样本方差仅来自随机误差，进而提高参数估计的精确度和 QTL 的检测功效。

§5.2 DH 群体的完备区间作图

§5.2.1 单个 QTL 的加性遗传模型

在只有一个 QTL（称为座位 Q，Q 和 q 表示该座位上的两个等位基因）的加性遗传模型下，两种 QTL 纯合基因型 QQ 和 qq 的基因型值 G 可表示为

$$G = \mu + aw \tag{5.2}$$

其中，μ 代表两种 QQ 和 qq 纯合基因型值的平均值；a 为加性效应；w 是 QTL 基因型的指示变量，$w=1$ 代表基因型为 QQ，$w=-1$ 代表基因型为 qq。

QTL 作图时，个体的 QTL 基因型是未知的，遗传参数 a 有待估计，因此难以直接估计公式 5.2 中的未知参数。QTL 作图前，个体的标记型是已知的。由于标记和 QTL 之间存在连锁，标记型提供了 QTL 基因型的信息。因此，需要寻求 QTL 基因型与标记基因型之间的关系。假定一个 QTL 存在于两个多态性标记座位 A 和 B 之间，两个亲本的基因型分别为 $AAQQBB$ 和 $aaqqbb$。DH 群体在座位 A 和 B 上有 4 种不同的标记型，每种标记型下两种 QTL 基因型的频率可通过 QTL 与两个标记座位间的重组率来估计。将第 4 章表 4.8 中 QTL 基因型的频率除以对应的标记型的频率，就得到表 5.2 中标记型内两种 QTL 基因型的

频率。根据表 5.2 中 w 的取值和各种标记型下 QTL 基因型的频率, 可以计算各种标记型下 QTL 指示变量 w 的条件期望, 即

$$E(w|x_L = 1, x_R = 1) = \sum w \times \Pr\{w|x_L = 1, x_R = 1\} = 1 - \frac{2r_L r_R}{1-r} \hat{=} f_1,$$

$$E(w|x_L = 1, x_R = -1) = \sum w \times \Pr\{w|x_L = 1, x_R = -1\} = \frac{r_R - r_L}{r} \hat{=} f_2,$$

$$E(w|x_L = -1, x_R = 1) = \sum w \times \Pr\{w|x_L = -1, x_R = 1\} = \frac{r_L - r_R}{r} = -f_2,$$

$$E(w|x_L = -1, x_R = -1) = \sum w \times \Pr\{w|x_L = 1, x_R = 1\} = -1 + \frac{2r_L r_R}{1-r} = -f_1$$

表 5.2 DH 群体中两个相邻标记座位上 4 种标记型内 QTL 基因型的期望频率和 QTL 指示变量的条件期望

标记型	频率	标记变量		QTL 基因型的条件频率		条件期望 $E(w\|x_L, x_R)$
		x_L	x_R	QQ ($w=1$)	qq ($w=-1$)	
$AABB$	$\frac{1}{2}(1-r)$	1	1	$\pi_{11} = \frac{1 - r_L - r_R + r_L r_R}{1-r}$	$\pi_{12} = \frac{r_L r_R}{1-r}$	$1 - \frac{2r_L r_R}{1-r}$
$AAbb$	$\frac{1}{2}r$	1	-1	$\pi_{21} = \frac{(1-r_L)r_R}{r}$	$\pi_{22} = \frac{r_L(1-r_R)}{r}$	$\frac{r_R - r_L}{r}$
$aaBB$	$\frac{1}{2}r$	-1	1	$\pi_{31} = \frac{r_L(1-r_R)}{r}$	$\pi_{32} = \frac{(1-r_L)r_R}{r}$	$\frac{r_L - r_R}{r}$
$aabb$	$\frac{1}{2}(1-r)$	-1	-1	$\pi_{41} = \frac{r_L r_R}{1-r}$	$\pi_{42} = \frac{1 - r_L - r_R + r_L r_R}{1-r}$	$-1 + \frac{2r_L r_R}{1-r}$

注: 假定座位 Q 位于标记 A 和 B 之间, r、r_L 和 r_R 分别是两个标记间、Q 与左端标记间、Q 与右端标记间的重组率; 假定没有交换干涉, 即 $r = r_L + r_R - 2r_L r_R$

因此, QTL 指示变量 w 的条件期望都是重组率的函数。如公式 5.3 定义两个重组率的函数 λ_L 和 λ_R, 不难验证 QTL 基因型指示变量 w 的期望值, 可以用 λ_L 和 λ_R 分别表示为标记指示变量 x_L 和 x_R 的线性函数, 即公式 5.4。

$$\lambda_L = \frac{1}{2}(f_1 + f_2) = \frac{r - r_L + r_R - 2r_L r_R}{2r(1-r)},$$

$$\lambda_R = \frac{1}{2}(f_1 - f_2) = \frac{r + r_L - r_R - 2r_L r_R}{2r(1-r)} \tag{5.3}$$

$$E(w|x_L, x_R) = \lambda_L x_L + \lambda_R x_R \tag{5.4}$$

例如, 标记 A、座位 Q 和标记 B 分别在同一条染色体 10cM、16cM 和 30cM 位置上。从第 4 章表 4.10 给出的 QTL 基因型的条件频率, 可以计算 QTL 基因型指示变量在 4 种标记型下条件期望分别为 0.9835、0.3978、-0.3978 和 -0.9835。定义 $\lambda_L = (0.9835 + 0.3978)/2 = 0.6907$, $\lambda_R = (0.9835 - 0.3978)/2 = 0.2929$, 就得到 $E(w|x_L, x_R) = 0.6907 x_L + 0.2929 x_R$。

在公式 5.4 的基础上, 单个 QTL 加性效应模型 (公式 5.2) 中, 基因型值 G 对标记型的条件期望可表示为公式 5.5。将公式 5.5 中标记指示变量的系数视为标记的效应, 分别用 A_L 和 A_R 表示。因此, 基因型值 G 对标记型的条件期望用标记效应表示为公式 5.6。

$$E(G|x_L, x_R) = \mu + aE(w|x_L, x_R) = \mu + a\lambda_L x_L + a\lambda_R x_R \tag{5.5}$$

$$E(G|x_L, x_R) = \mu + A_L x_L + A_R x_R, \quad \text{其中} A_L = a\lambda_L, \quad A_R = a\lambda_R \tag{5.6}$$

从上述的推导过程可以看出，线性模型公式 5.6 中系数 A_L 和 A_R 既包含 QTL 的位置信息，又包含 QTL 加性效应的信息。反过来，如果能够估计公式 5.6 中标记的系数，就能推断 QTL 在标记区间上的相对位置，并估计其加性效应。

§5.2.2 多个 QTL 的加性遗传模型

为简单起见，假定 m 个 QTL 在两个纯系亲本 P_1 和 P_2 中分离，并分布在由 $m+1$ 个标记分隔的 m 个染色体区间内。假定 P_1 的基因型为 $Q_1Q_1Q_2Q_2\cdots Q_mQ_m$，$P_2$ 的基因型为 $q_1q_1q_2q_2\cdots q_mq_m$。对 DH 群体中的一个家系，$\boldsymbol{X}=(x_1, x_2, \cdots, x_m, x_{m+1})$ 代表标记指示变量，亲本 P_1 标记型用 1 表示，亲本 P_2 标记型用 -1 表示。$\boldsymbol{W}=(w_1, w_2, \cdots, w_m)$ 代表 QTL 指示变量，亲本 P_1 基因型用 1 表示，亲本 P_2 基因型用 -1 表示。QTL 的加性效应用 $a_1, a_2, \cdots, a_m$ 表示。假定 QTL 的效应是可加的，一个给定基因型的 DH 家系的基因型值 G 可表示为

$$G = \mu + \sum_{j=1}^{m} a_j w_j \tag{5.7}$$

在 QTL 定位研究中，DH 家系的 QTL 基因型指示变量 w_j 的期望与染色体上第 j 个 QTL 的位置及其所在区间的长度有关（公式 5.3 和公式 5.4）。为区分不同的 QTL，将公式 5.4 另记为公式 5.8，其中，$\lambda_{j(L)}$ 和 $\lambda_{j(R)}$ 均为第 j 个标记和第 j 个 QTL 之间、第 j 个 QTL 和第 $j+1$ 标记之间、第 j 个和第 $j+1$ 个标记之间 3 个重组率的函数，它们的具体表达式与公式 5.3 相同。

$$E(w_j|\boldsymbol{X}) = \lambda_{j(L)} x_j + \lambda_{j(R)} x_{j+1} \tag{5.8}$$

在标记基因型已知的条件下，基因型值 G 的期望可表示为标记变量的线性函数，即

$$E(G|\boldsymbol{X}) = \mu + \sum_{j=1}^{m} a_j(\lambda_{j(L)} x_j + \lambda_{j(R)} x_{j+1}) \doteq \beta_0 + \sum_{j=1}^{m+1} \beta_j x_j \tag{5.9}$$

其中，$\beta_0 = \mu$，$\beta_1 = \lambda_{1(L)} a_1$，$\beta_j = \lambda_{(j-1)(R)} a_{j-1} + \lambda_{j(L)} a_j$ $(j=2, \cdots, m)$，$\beta_{m+1} = \lambda_{m(R)} a_m$。

从公式 5.9 中标记系数的构成来看，第 j 个标记的系数仅受区间 $(j-1, j)$ 和 $(j, j+1)$ 上 QTL 加性效应的影响。如果与 $(j, j+1)$ 相邻的左右两个区间上没有 QTL，这时区间 $(j, j+1)$ 上标记的回归系数 β_j 和 β_{j+1} 仅包含了区间 $(j, j+1)$ 上 QTL 位置和加性效应的信息。这其实就是定位加性效性 QTL 以及其他回归作图方法的理论依据。

假定一个 DH 群体中有 n 个家系，目标性状的表型值和 $m+1$ 个已排好顺序的标记基因型都是已知的。基于遗传模型公式 5.7，可以得到用于 QTL 加性作图的线性回归模型，即

$$y_i = E(G|\boldsymbol{X}) + \varepsilon_i = \beta_0 + \sum_{j=1}^{m+1} \beta_j x_{ij} + \varepsilon_i \tag{5.10}$$

其中，$i=1, 2, \cdots, n$，n 为家系数目；y_i 是 DH 群体中第 i 个家系的表型值；β_0 是线性回归模型的常数项；β_j 是表型对第 j 个标记变量的偏回归系数；x_{ij} 是第 j 个标记在第 i 个家系中的标记指示变量，亲本 P_1 标记型用 1 表示，亲本 P_2 标记型用 -1 表示；ε_i 是残差项，假

定服从均值为 0、方差为 σ_ε^2 的正态分布。线性模型公式 5.10 是 ICIM 方法实现背景控制的理论基础。从推导过程可以看出，在 QTL 的效应满足可加性的假定下，表型对标记的偏回归系数只依赖于左右两个相邻标记所标定区间上的 QTL，不受其他区间上 QTL 的影响。

§5.2.3 加性 QTL 的一维扫描和假设检验

ICIM 的基本思想是用全基因组标记信息，构建基因型到表型的线性模型公式 5.10，通过对表型值的矫正控制背景遗传变异，对矫正后的表型值进行区间作图。考虑到 QTL 个数通常要比标记个数少许多，我们采用逐步回归策略进行模型选择，从而选择重要的标记变量。公式 5.10 未选中标记的偏回归系数设为 0。在扫描整个基因组时，公式 5.10 中的参数只被估计一次。如当前的扫描区间为 $(k, k+1)$，观测值可矫正为

$$\Delta y_i = y_i - \sum_{j \neq k, k+1} \hat{\beta}_j x_{ij}, i = 1, 2, \cdots, n \tag{5.11}$$

其中，$\hat{\beta}_j$ 是公式 5.10 中 β_j 的估计值。如果样本足够大，并且 $(k, k+1)$ 的相邻区间上不存在 QTL，估计值 $\hat{\beta}_k$ 和 $\hat{\beta}_{k+1}$ 仅包含区间 $(k, k+1)$ 上 QTL 位置和加性效应的信息。因此在随后的区间作图中，表型矫正值 Δy_i 不会遗漏当前扫描区间 $(k, k+1)$ 上 QTL 位置和加性效应的信息。同时，通过向公式 5.11 引入其他标记的回归系数，有效地控制其他区间和染色体上 QTL 的效应。当扫描位置移动到下一个标记区间时，矫正的表型值 Δy_i 才会改变。与简单区间作图相比，ICIM 放弃了简单区间作图中单条染色体至多存在一个 QTL 的假定。ICIM 仅假定位于同一个连锁群或染色体上的 QTL 之间至少存在一个空白区间，即"分隔 QTL"（isolated QTL）（Whittaker et al., 1996; Li et al., 2007）。

ICIM 的参数估计和假设检验方法均与第 4 章的简单区间作图类似，只是将简单区间作图中的性状观测值替换为公式 5.11 得到的矫正值即可。ICIM 也是通过全基因组的逐点扫描来检测 QTL 的存在。当扫描到一个特定位置时，首先利用当前区间上两个标记之外的标记对表型进行矫正。如果当前扫描位置上存在一个 QTL（两个等位基因分别表示为 Q 和 q），QTL 基因型 QQ 和 qq 服从的分布分别用 $N(\mu_1, \sigma_\varepsilon^2)$ 和 $N(\mu_2, \sigma_\varepsilon^2)$ 表示，每种标记型表现为两种 QTL 基因型 QQ 和 qq 的混合。每种标记型内 QQ 和 qq 的比例由 QTL 与两个侧连标记间的重组率，以及两个标记之间的重组率决定（表 5.2）。当前扫描位置上是否存在 QTL 可通过下面的假设来检验。

$$H_A : \mu_1 \neq \mu_2, \quad H_0 : \mu_1 = \mu_2 \tag{5.12}$$

用 S_k 表示属于第 k 种标记型 DH 家系的集合，$k=1, 2, 3, 4$ 对应于表 5.2 的 4 种标记型。如果家系 i 的标记型属于第 k 种类型，用集合的语言将其表示为 $i \in S_k$。这样，备择假设H_A 的对数似然函数可以表示为

$$\ln L_A = \sum_{k=1}^{4} \sum_{i \in S_k} \ln[\pi_{k1} f(\Delta y_i; \mu_1, \sigma_\varepsilon^2) + \pi_{k2} f(\Delta y_i; \mu_2, \sigma_\varepsilon^2)] \tag{5.13}$$

其中，$f(\bullet; \mu_1, \sigma_\varepsilon^2)$ 和 $f(\bullet; \mu_2, \sigma_\varepsilon^2)$ 分别表示 QQ 和 qq 服从分布 $N(\mu_1, \sigma_\varepsilon^2)$ 和 $N(\mu_2, \sigma_\varepsilon^2)$ 的概率密度函数。

利用 EM 算法计算公式 5.13 中的参数 μ_1、μ_2 和 σ_ε^2 的极大似然估计。具体过程与第 4 章的简单区间作图类似，这里不再重复，得到的极大似然估计值用 $\hat{\mu}_1$、$\hat{\mu}_2$ 和 $\hat{\sigma}_\varepsilon^2$ 表示。利用 QTL 基因型均值的估计值 $\hat{\mu}_1$ 和 $\hat{\mu}_2$，进一步估计 QTL 的加性效应 a。根据遗传模型公式 5.2，QTL 基因型的均值和遗传参数间的关系为

$$\mu_1 = \mu + a, \quad \mu_2 = \mu - a \tag{5.14}$$

因此，

$$\mu = \frac{1}{2}(\mu_1 + \mu_2), \quad a = \frac{1}{2}(\mu_1 - \mu_2) \tag{5.15}$$

将估计值 $\hat{\mu}_1$ 和 $\hat{\mu}_2$ 代入公式 5.15，就得到 QTL 加性效应 a 的估计。

在零假设 H_0 条件下，所有 DH 家系的 Δy_i 服从单一正态分布 $N(\mu_0, \sigma_\varepsilon^2)$。这时的对数似然函数可以表示为

$$\ln L_0 = \sum_{i=1}^{n} \ln f(\Delta y_i; \mu_0, \sigma_\varepsilon^2) \tag{5.16}$$

公式 5.16 中均值和方差的极大似然估计值为

$$\hat{\mu}_0 = \frac{1}{n}\sum_{i=1}^{n} \Delta y_i, \quad \hat{\sigma}_\varepsilon^2 = \frac{1}{n}\sum_{i=1}^{n}(\Delta y_i - \hat{\mu}_0)^2 \tag{5.17}$$

将两种假设下的极大似然估计代入公式 5.13 和公式 5.16，分别计算两种假设的极大似然函数值，进而计算 LRT 和 LOD 统计量，并对零假设进行显著性检验。

§5.2.4　ICIM 在一个大麦 DH 作图群体中的应用

由亲本 'Harrington' 和 'TR306' 衍生的 145 个 DH 家系构成的大麦（*Hordeum vulgare*）遗传群体，是国际上一个知名的 QTL 作图群体。利用该群体和 127 个标记建立了均匀覆盖大麦 7 条染色体（用 1H~7H 表示）的连锁群。1992~1993 年，在 17 个地点 25 个环境条件下评价了各种数量性状的表现 (Tinker et al., 1996)。第 1 章图 1.7 给出该群体 1H 染色体上 14 个标记的基因型数据，第 4 章表 4.3 给出 145 个 DH 家系的平均粒重。这里以平均粒重 (KWT) 为例，说明 ICIM 的应用。亲本 'Harrington' 的 KWT 为 38.7mg，'TR306' 的 KWT 为 45.0mg，DH 群体中的最低、平均和最高的 KWT 分别为 36.46mg、42.51mg 和 48.46mg。该性状在 DH 家系间呈连续性分布，在两个方向上（高、低粒重）均存在超亲分离现象（图 5.2），是一个典型的数量性状。

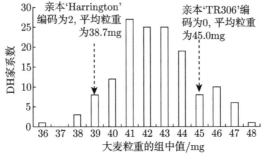

图 5.2　大麦 145 个 DH 家系粒重性状的次数分布

进行变量选择时,采用的变量进出回归方程的显著性水平分别为 PIN=0.001 和 POUT=0.002。然后,利用矫正的表型值进行区间作图。图 5.3 给出全基因组扫描的 LOD 曲线、加性效应曲线和表型变异解释率曲线。LOD 曲线在染色体 2H、3H、5H 和 7H 上存在明显的峰值,最高的峰位于染色体 5H,次高的峰位于染色体 7H。不同峰值位置上的效应有正有负,基本表现为 LOD 峰值越高,绝对效应越大。不同峰值位置上 QTL 解释表型变异的大小与 LOD 峰值的高低及绝对效应大小正向相关。说明效应大的 QTL 解释较多的表型变异,在 QTL 作图中 LOD 值较大,因此易于检测。

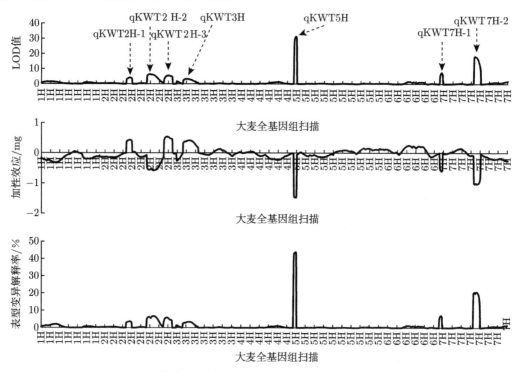

图 5.3 大麦 145 个 DH 家系粒重性状的完备区间作图

逐步回归中变量进入模型的概率水平 PIN 为 0.001,变量退出模型的概率水平 POUT 为 0.002;扫描步长为 1cM

当 LOD 临界值取 2.5 时,从图 5.3 的 LOD 曲线中,能够发现 7 个峰值超过 2.5 的峰。染色体 2H 上有 3 个、3H 和 5H 上各有 1 个、7H 上有 2 个。这时就认为 ICIM 检测到 7 个控制粒重的 QTL,并且把这些峰所在的位置作为 QTL 位置的估计,峰所在位置的效应作为 QTL 加性效应的估计,峰所在位置的变异解释率作为 QTL 解释表型变异率的估计。习惯上,以在性状的缩写字母前加上小写字母 q,在后面加上物种染色体编号的方式命名一个 QTL。与其他基因的命名类似,QTL 的名字在指示基因或等位基因时也用斜体表示;如仅指示某个基因座位,仍用正体。如果一个染色体上检测到多个 QTL,则名字后面再增加数字进行区分。大麦 DH 群体中的 7 个 QTL 的名字见表 5.3 第一列,表中其他列为染色体上的位置、最邻近的标记、LOD 值、遗传效应等表征 QTL 的相关信息。

位于 5H 染色体 5cM 上的 qKWT5H 和位于 7H 染色体 96cM 上的 qKWT7H-2 是加性效应最大的两个 QTL,分别解释表型变异的 43.92% 和 20.53%(表 5.3)。4 个效应较大

QTL 的加性效应为负值，说明提高粒重的等位基因来源于编码为 0 的亲本，即平均粒重较高的亲本'TR306'（图 5.2）。亲本'Harrington'的粒重低于亲本'TR306'，但在座位 qKWT2H-1、qKWT2H-3 和 qKWT3H 上仍携带有提高粒重的等位基因。正效 QTL 等位基因在亲本中的分散分布，很好地解释了图 5.2 表现出的超亲分离现象。

表 5.3 大麦 DH 作图群体中粒重性状的加性 QTL 作图结果（PIN=0.001，POUT=0.002）

QTL 名称	染色体上的位置/cM	左侧最邻近标记	右侧最邻近标记	LOD 值	加性效应/mg	表型变异率 (PVE)/%
qKWT2H-1	84	Pox	BCD351B	4.10	0.43	3.63
qKWT2H-2	138	ABC620	MWG882	6.36	−0.56	6.21
qKWT2H-3	190	BCD453B	ABG317	5.45	0.53	5.60
qKWT3H	27	Ugp2	Ugp1	3.23	0.38	2.99
qKWT5H	5	Act8B	MWG502	31.33	−1.47	43.92
qKWT7H-1	4	iPgd1A	BCD129	7.41	−0.59	7.07
qKWT7H-2	96	MWG626	VAtp57A	18.35	−1.01	20.53

线性回归模型公式 5.10 中包含了很多可能的标记变量，但是并非所有标记都与 QTL 存在连锁关系。利用 ICIM，首先需要确定究竟哪些标记应该包含在线性回归模型中。统计上有多种变量选择方法，逐步回归是常用的一种（Miller, 1990; Stuart et al., 1999; Broman and Speed, 2002）。逐步回归的变量选择过程中有两个重要参数：一个是变量进入模型的显著性概率，用 PIN 表示；另一个是变量退出模型的显著性概率，用 POUT 表示。PIN 决定哪些变量需要进入回归模型，POUT 决定在新变量加入模型后哪些变量需要离开回归模型。经验表明，POUT 可认为是 PIN 的两倍。很显然，依据不同的 PIN 和 POUT 会选择到不同的标记变量，QTL 作图也因此会产生不同的结果。

图 5.3 中，PIN=0.001 和 POUT=0.002。为了解不同参数对 ICIM 作图结果的影响，图 5.4 还给出变量进入模型的显著性水平 PIN 分别是 0.001、0.01 和 0.05 条件下的 LOD 曲

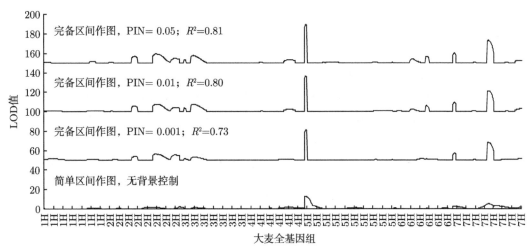

图 5.4 3 种逐步回归变量进入模型概率水平的完备区间作图与简单区间作图 LOD 曲线的对比
为清楚起见，PIN=0.001 时的 LOD 值加上 50，PIN=0.01 时的 LOD 值加上 100，PIN=0.05 时的 LOD 值加上 150。扫描步长 1cM

线。可以看出，虽然 PIN 在 0.001~0.05 变化，但 ICIM 得到的 LOD 曲线仍具有很大的相似性。说明 ICIM 对参数 PIN 具有一定的稳定性，不会因为 PIN 的变化而产生截然不同的作图结果。当 PIN=0.001 和 POUT=0.002 时，回归模型解释了 73% 的表型变异，已超过粒重的广义遗传力 0.71。因此，基本断定该群体中加性 QTL 是主要的遗传变异。

§5.3 F_2 群体的完备区间作图

大多数 QTL 作图方法的提出（此处主要指纯合双亲衍生群体的连锁作图）都以 BC、DH 和 RIL 等群体为例，在这些群体中，每个标记和 QTL 座位上只有两种基因型。在两种基因型组成的群体中，QTL 作图主要关注加性效应。但要注意，不同群体中加性效应的定义可能存在差异。例如，在以 P_1 为轮回亲本的 BC 群体（即 $P_1BC_1F_1$）中，加性效应一般定义为 P_1 与 F_1 基因型间差异的一半；而在 DH 或 RIL 群体中，加性效应则定义为 P_1 与 P_2 双亲基因型间差异的一半。F_2 群体中有 3 种基因型，提供了同时估计加性效应和显性效应的可能性。遗传效应种类的增加也必然使 QTL 作图过程更加复杂。但是，如果要研究类似杂种优势的遗传基础和杂交种选育等问题，F_2 又是不得不利用的遗传群体，其中也包括利用 DH 或 RIL 相互杂交产生的永久 F_2 群体（王建康，2017）。本节将详细介绍如何从加显性遗传模型开始，建立 F_2 群体中表型和标记之间的线性模型，从而实现 F_2 群体的完备区间作图这一过程。

§5.3.1 单个 QTL 的加显性遗传模型

在只有一个 QTL（Q 和 q 表示该座位上的两个等位基因）的加显性遗传模型条件下，3 种 QTL 基因型 QQ、Qq 和 qq 的基因型值 G 可表示为

$$G = \mu + aw + dv \tag{5.18}$$

其中，μ 表示两种纯合基因型 QQ 和 qq 的平均数；a 为加性效应；d 为显性效应；w 和 v 是 QTL 基因型的指示变量，$w=1$ 和 $v=0$ 代表基因型 QQ，$w=0$ 和 $v=1$ 代表基因型 Qq，$w=-1$ 和 $v=0$ 代表基因型 qq。QTL 作图时，个体的 QTL 基因型是未知的，即公式 5.18 中的 w 和 v 未知，遗传参数 a 和 d 待估计。

假定座位 Q 存在于共显性标记 A 和 B 之间。两个亲本的基因型分别为 $AAQQBB$ 和 $aaqqbb$。F_2 群体存在 9 种不同的标记型，每种标记型下 3 种 QTL 基因型的频率可通过 QTL 与两个标记座位间的重组率来估计（表 5.4）。左侧标记的指示变量用 x_L 和 z_L 表示，右侧标记的指示变量用 x_R 和 z_R 表示，x 和 z 的定义与 w 和 v 类似，$x=1$ 和 $z=0$ 代表亲本 P_1 标记型，$x=0$ 和 $z=1$ 代表杂合标记型，$x=-1$ 和 $z=0$ 代表亲本 P_2 标记型。遗传模型公式 5.18 中，基因型值 G 在各种标记型下的期望值为

$$E(G|x_L, x_R, z_L, z_R) = \mu + aE(w|x_L, x_R, z_L, z_R) + dE(v|x_L, x_R, z_L, z_R) \tag{5.19}$$

表 5.4 F_2 群体中各种区间标记类型下 QTL 基因型的期望和每种标记类型的平均数

区间标记类型	频率	标记的指示变量 x_L	x_R	z_L	z_R	w 在每种标记类型下的期望值,即 $E(w|x_L, x_R, z_L, z_R)$	v 在每种标记类型下的期望值,即 $E(v|x_L, x_R, z_L, z_R)$	每种区间标记类型的平均数
$AABB$	$\frac{1}{4}(1-r)^2$	1	1	0	0	$1-2r_L r_R/(1-r)^2 \hat{=} f_1$	$2r_L(1-r_L)r_R(1-r_R)/(1-r)^2 \hat{=} g_1$	$\mu + f_1 a + g_1 d$
$AABb$	$\frac{1}{2}r(1-r)$	1	0	0	1	$[(1-2r_L)r_R(1-r_L)]/(r-r^2) \hat{=} f_2$	$r_L(1-r_L)(1-2r_R+2r_R^2)/(r-r^2) \hat{=} g_2$	$\mu + f_2 a + g_2 d$
$AAbb$	$\frac{1}{4}r^2$	1	-1	0	0	$(r_R-r_L)/r \hat{=} f_3$	$2r_L(1-r_L)r_R(1-r_R)/r^2 \hat{=} g_3$	$\mu + f_3 a + g_3 d$
$AaBB$	$\frac{1}{2}r(1-r)$	0	1	1	0	$r_L(1-r_L)(1-2r_R)/(r-r^2) \hat{=} f_4$	$(1-2r_L+2r_L^2)r_R(1-r_R)/(r-r^2) \hat{=} g_4$	$\mu + f_4 a + g_4 d$
$AaBb$	$\frac{1}{2}(1-2r+2r^2)$	0	0	1	1	0	$(1-2r_L+2r_L^2)(1-2r_R+2r_R^2)/(1-2r+2r^2) \hat{=} g_5$	$\mu + g_5 d$
$Aabb$	$\frac{1}{2}r(1-r)$	0	-1	1	0	$-r_L(1-r_L)(1-2r_R)/(r-r^2) = -f_4$	$(1-2r_L+2r_L^2)r_R(1-r_R)/(r-r^2) = g_4$	$\mu - f_4 a + g_4 d$
$aaBB$	$\frac{1}{4}r^2$	-1	1	0	0	$-(r_R-r_L)/r = -f_3$	$2r_L(1-r_L)r_R(1-r_R)/r^2 = g_3$	$\mu - f_3 a + g_3 d$
$aaBb$	$\frac{1}{2}r(1-r)$	-1	0	0	1	$-[(1-2r_L)r_R(1-r_R)]/(r-r^2) = -f_2$	$r_L(1-r_L)(1-2r_R+2r_R^2)/(r-r^2) = g_2$	$\mu - f_2 a + g_2 d$
$aabb$	$\frac{1}{4}(1-r)^2$	-1	-1	0	0	$-1+2r_L r_R/(1-r)^2 = -f_1$	$2r_L(1-r_L)r_R(1-r_R)/(1-r)^2 = g_1$	$\mu - f_1 a + g_1 d$

注：假定 QTL 位于标记 A 和 B 之间，r、r_L、r_R 分别是两个标记间，QTL 与左端标记间，QTL 与右端标记间的重组率；假定没有交换干涉，即 $r = r_L + r_R - 2r_L r_R$；由表中结果容易得到 $f_2 = \frac{1}{2}(f_1 + f_3)$，$f_4 = \frac{1}{2}(f_1 - f_3)$.

由公式 5.19 计算各种标记型下的表型平均数，列于表 5.4 最后一列。类似于两种基因型群体，对于 9 种标记型的均值，定义两个标记的加性效应 A_L 和 A_R，以及显性效应 D_L 和 D_R，标记间的 4 种互作效应用 AA、AD、DA 和 DD 表示。定义 $\mu + \Delta$ 为 4 种纯合标记类型的均值。因此得到标记均值与标记效应的如下关系式：

$$\begin{bmatrix} \mu + f_1 a + g_1 d \\ \mu + f_2 a + g_2 d \\ \mu + f_3 a + g_3 d \\ \mu + f_4 a + g_4 d \\ \mu + g_5 d \\ \mu - f_4 a + g_4 d \\ \mu - f_3 a + g_3 d \\ \mu - f_2 a + g_2 d \\ \mu - f_1 a + g_1 d \end{bmatrix} = \begin{bmatrix} 1 & 1 & 1 & 0 & 0 & 1 & 0 & 0 & 0 \\ 1 & 1 & 0 & 0 & 1 & 0 & 1 & 0 & 0 \\ 1 & 1 & -1 & 0 & 0 & -1 & 0 & 0 & 0 \\ 1 & 0 & 1 & 1 & 0 & 0 & 0 & 1 & 0 \\ 1 & 0 & 0 & 1 & 1 & 0 & 0 & 0 & 1 \\ 1 & 0 & -1 & 1 & 0 & 0 & 0 & -1 & 0 \\ 1 & -1 & 1 & 0 & 0 & -1 & 0 & 0 & 0 \\ 1 & -1 & 0 & 0 & 1 & 0 & -1 & 0 & 0 \\ 1 & -1 & -1 & 0 & 0 & 1 & 0 & 0 & 0 \end{bmatrix} \times \begin{bmatrix} \mu + \Delta \\ A_L \\ A_R \\ D_L \\ D_R \\ AA \\ AD \\ DA \\ DD \end{bmatrix} \quad (5.20)$$

对公式 5.20 求解，得到标记效应与 QTL 效应之间的关系为

$$\begin{bmatrix} \mu + \Delta \\ A_L \\ A_R \\ D_L \\ D_R \\ AA \\ AD \\ DA \\ DD \end{bmatrix} = \begin{bmatrix} \mu + \dfrac{1}{2}(g_1 + g_3)d \\ f_2 a \\ \dfrac{1}{2}(f_1 - f_3)a \\ \left(-\dfrac{1}{2}g_1 - \dfrac{1}{2}g_3 + g_4\right)d \\ \left(-\dfrac{1}{2}g_1 + g_2 - \dfrac{1}{2}g_3\right)d \\ \dfrac{1}{2}(g_1 - g_3)d \\ 0 \\ 0 \\ \left(\dfrac{1}{2}g_1 - g_2 + \dfrac{1}{2}g_3 - g_4 + g_5\right)d \end{bmatrix} \quad (5.21)$$

由公式 5.21 可知，QTL 的加性效应 a 只会引起所在区间上标记的加性效应，即 A_L 和 A_R。QTL 的显性效应 d 不仅引起了相邻标记的显性效应，即 D_L 和 D_R，还导致了相邻标记间的加加互作 AA 和显显互作 DD。因此，如通过双向方差分析，得到标记之间存在显著的互作效应，并不一定说明控制性状的 QTL 之间存在上位性互作效应，标记之间的互作效应可能只是 QTL 的显性效应引起的。这一点在 QTL 上位性互作研究中应当引起足够的重视（Zhang et al., 2008）。

不考虑公式 5.21 中效应值为 0 的 AD 项和 DA 项，记

$$\begin{bmatrix} \delta \\ \lambda_{\mathrm{L}} \\ \lambda_{\mathrm{R}} \\ \rho_{\mathrm{L}} \\ \rho_{\mathrm{R}} \\ \lambda\lambda \\ \rho\rho \end{bmatrix} = \begin{bmatrix} \frac{1}{2}(g_1 + g_3) \\ f_2 \\ \frac{1}{2}(f_1 - f_3) \\ \left(-\frac{1}{2}g_1 - \frac{1}{2}g_3 + g_4\right) \\ \left(-\frac{1}{2}g_1 + g_2 - \frac{1}{2}g_3\right) \\ \frac{1}{2}(g_1 - g_3) \\ \left(\frac{1}{2}g_1 - g_2 + \frac{1}{2}g_3 - g_4 + g_5\right) \end{bmatrix} \tag{5.22}$$

容易证明，

$$E(w|x_{\mathrm{L}}, x_{\mathrm{R}}, z_{\mathrm{L}}, z_{\mathrm{R}}) = \lambda_{\mathrm{L}} x_{\mathrm{L}} + \lambda_{\mathrm{R}} x_{\mathrm{R}},$$

$$E(v|x_{\mathrm{L}}, x_{\mathrm{R}}, z_{\mathrm{L}}, z_{\mathrm{R}}) = \delta + \rho_{\mathrm{L}} z_{\mathrm{L}} + \rho_{\mathrm{R}} z_{\mathrm{R}} + \lambda\lambda x_{\mathrm{L}} x_{\mathrm{R}} + \rho\rho z_{\mathrm{L}} z_{\mathrm{R}} \tag{5.23}$$

于是得到各种标记型的遗传型值与标记效应之间的关系式 5.24。公式 5.24 中，变量 x_{L}、x_{R}、z_{L}、z_{R} 以及乘积项 $x_{\mathrm{L}} x_{\mathrm{R}}$、$z_{\mathrm{L}} z_{\mathrm{R}}$ 均是已知的。通过对公式 5.24 的求解，就能获得包含 QTL 位置和效应的参数估计，实现 F_2 群体 QTL 作图的目标。

$$E(G|x_{\mathrm{L}}, x_{\mathrm{R}}, z_{\mathrm{L}}, z_{\mathrm{R}}) = \mu + \Delta + A_{\mathrm{L}} x_{\mathrm{L}} + A_{\mathrm{R}} x_{\mathrm{R}} + + D_{\mathrm{L}} z_{\mathrm{L}} + D_{\mathrm{R}} z_{\mathrm{R}} + AA x_{\mathrm{L}} x_{\mathrm{R}} + DD z_{\mathrm{L}} z_{\mathrm{R}} \tag{5.24}$$

§5.3.2 多个 QTL 的加显性遗传模型

假定 m 个 QTL 在两个纯系亲本 P_1 和 P_2 中存在分离，且分布在同一条染色体的 m 个区间，这些区间被 $m+1$ 个标记分隔。忽略一个标记区间有多个 QTL 的情况。亲本 P_1 的 QTL 基因型为 $Q_1 Q_1 Q_2 Q_2 \cdots Q_m Q_m$，$P_2$ 为 $q_1 q_1 q_2 q_2 \cdots q_m q_m$。对于 F_2 群体来说，$\boldsymbol{X} = (x_1, x_2, \cdots, x_m, x_{m+1})$ 和 $\boldsymbol{Z} = (z_1, z_2, \cdots, z_m, z_{m+1})$ 表示个体的标记基因型，P_1 纯合标记型 x 和 z 的取值分别为 1 和 0，杂合标记型的取值分别为 0 和 1，P_2 纯合标记型的取值分别为 -1 和 0。$\boldsymbol{W} = (w_1, w_2, \cdots, w_m)$ 和 $\boldsymbol{V} = (v_1, v_2, \cdots, v_m)$ 表示未知 QTL 的基因型，w 和 v 的取值与标记变量 x 和 z 的取值类似。QTL 的加性效应分别用 $a_1, a_2, \cdots, a_m$ 表示，显性效应分别用 $d_1, d_2, \cdots, d_m$ 表示。假定 QTL 的效应是可加的，加显性模型下一个给定 QTL 基因型的 F_2 个体的基因型值 G 可表示为

$$G = \mu + \sum_{j=1}^{m} (a_j w_j + d_j v_j) \tag{5.25}$$

这时，期望遗传型值为

$$\begin{aligned} E(G|\boldsymbol{X}, \boldsymbol{Z}) = & \mu + \sum_{j=1}^{m} [\Delta_j + A_{j(\mathrm{L})} x_j + A_{j(\mathrm{R})} x_{j+1} + D_{j(\mathrm{L})} z_j + D_{j(\mathrm{R})} z_{j+1} \\ & + AA_j x_j x_{j+1} + DD_j z_j z_{j+1}] \end{aligned} \tag{5.26}$$

对公式 5.26 进一步整理，得到基因型期望值与标记变量间的线性关系：

$$E(G|\boldsymbol{X},\boldsymbol{Z}) = \beta_0 + \sum_{j=1}^{m+1}\beta_j x_j + \sum_{j=1}^{m+1}\gamma_j z_j + \sum_{j=1}^{m}\beta_{j,j+1} x_j x_{j+1} + \sum_{j=1}^{m}\gamma_{j,j+1} z_j z_{j+1} \tag{5.27}$$

其中，

$$\beta_0 = \mu + \sum_{j=1}^{m}\Delta_j; \quad \beta_1 = A_1; \quad \gamma_1 = D_1;$$

$$\beta_j = A_{j-1(\mathrm{R})} + A_{j(\mathrm{L})}, \quad \gamma_j = D_{j-1(\mathrm{R})} + D_{j(\mathrm{L})}, \quad j = 2, \cdots, m;$$

$$\beta_{m+1} = A_{m(\mathrm{R})}; \quad \gamma_{m+1} = D_{m(\mathrm{R})};$$

$$\beta_{j,j+1} = AA_j; \quad \gamma_{j,j+1} = DD_j; \quad j = 1, \cdots, m$$

由此得到表型值与标记变量间的完备线性模型为

$$\begin{aligned}y &= E(G|\boldsymbol{X},\boldsymbol{Z}) + \varepsilon \\ &= \beta_0 + \sum_{j=1}^{m+1}\beta_j x_j + \sum_{j=1}^{m+1}\gamma_j z_j + \sum_{j=1}^{m}\beta_{j,j+1} x_j x_{j+1} + \sum_{j=1}^{m}\gamma_{j,j+1} z_j z_{j+1} + \varepsilon\end{aligned} \tag{5.28}$$

其中，y 是数量性状的观测值；x_j 和 z_j 是已知的标记指示变量；β_j、γ_j、$\beta_{j,j+1}$ 和 $\gamma_{j,j+1}$ 为待估计参数，分别代表标记的加性主效应、显性主效应、加加互作效应和显显互作效应；ε 是随机误差。

§5.3.3 加显性 QTL 的一维扫描和假设检验

与 DH 群体的 ICIM 类似，第一步利用逐步回归估计线性模型公式 5.28 中的标记效应；第二步利用公式 5.28 进行背景控制，并通过对全基因组的一维扫描寻找加显性 QTL。假定当前扫描位置位于标记区间 $(k, k+1)$ 上，首先，利用第一步模型选择的结果对表型值进行矫正，即

$$\Delta y_i = y_i - \sum_{j \neq k, k+1}[\hat{\beta}_j x_{ij} + \hat{\gamma}_j y_{ij}] - \sum_{j \neq k}[\hat{\beta}_{j,j+1} x_{ij} x_{i,j+1} + \hat{\gamma}_{j,j+1} z_{ij} z_{i,j+1}] \tag{5.29}$$

如果标记区间上有一个 QTL，3 种 QTL 基因型 QQ、Qq 和 qq 的分布分别为 $N(\mu_1, \sigma_\varepsilon^2)$、$N(\mu_2, \sigma_\varepsilon^2)$ 和 $N(\mu_3, \sigma_\varepsilon^2)$。QTL 的存在可通过下面的两个假设进行检验：

$$H_0: \mu_1 = \mu_2 = \mu_3, \quad H_A: \mu_1, \mu_2, \mu_3 \text{中至少有两个互不相等} \tag{5.30}$$

备择假设 H_A 的对数似然函数为

$$\ln L_A = \sum_{k=1}^{9}\sum_{i \in S_k}\ln[\pi_{k1}f(\Delta y_i; \mu_1, \sigma_\varepsilon^2) + \pi_{k2}f(\Delta y_i; \mu_2, \sigma_\varepsilon^2) + \pi_{k3}f(\Delta y_i; \mu_3, \sigma_\varepsilon^2)] \tag{5.31}$$

其中，S_k 代表第 k 种标记基因型的集合 ($k=1, 2, \cdots, 9$)；π_{kl} 是第 k 种标记型下第 l 个 QTL 基因型的概率，$l=1, 2, 3$ 代表 3 种 QTL 基因型；$f(\bullet; \mu_1, \sigma_\varepsilon^2)$、$f(\bullet; \mu_2, \sigma_\varepsilon^2)$ 和 $f(\bullet; \mu_3, \sigma_\varepsilon^2)$ 分别

表示 3 种 QTL 基因型 QQ、Qq 和 qq 所服从的正态分布 $N(\mu_1, \sigma_\varepsilon^2)$、$N(\mu_2, \sigma_\varepsilon^2)$ 和 $N(\mu_3, \sigma_\varepsilon^2)$ 的概率密度函数。

利用 EM 算法求解公式 5.31 中参数的极大似然估计。具体过程与简单区间作图类似，这里不再重复。利用 QTL 基因型均值的估计值 $\hat{\mu}_1$、$\hat{\mu}_2$ 和 $\hat{\mu}_3$，可进一步估计 QTL 的加性效应和显性效应。根据遗传模型公式 5.18，QTL 基因型的均值和遗传参数间的关系为

$$\mu_1 = \mu + a, \quad \mu_2 = \mu + d, \quad \mu_3 = \mu - a \tag{5.32}$$

因此，

$$\mu = \frac{1}{2}(\mu_1 + \mu_3), \quad a = \frac{1}{2}(\mu_1 - \mu_3), \quad d = \mu_2 - \frac{1}{2}(\mu_1 + \mu_3) \tag{5.33}$$

将极大似然估计值 $\hat{\mu}_1$、$\hat{\mu}_2$ 和 $\hat{\mu}_3$ 代入公式 5.33，就得到 QTL 加性效应 a 和显性效应 d 的估计。

在 H_0 条件下，所有 QTL 基因型服从同样的分布 $N(\mu_0, \sigma_\varepsilon^2)$。这时的对数似然函数为

$$\ln L_0 = \sum_{i=1}^{n} \ln \left[f(\Delta y_i; \mu_0, \sigma_\varepsilon^2) \right] \tag{5.34}$$

将两种假设下的极大似然估计分别代入公式 5.31 和公式 5.34，计算极大似然函数值，进而计算 LRT 和 LOD 统计量，并对零假设进行显著性检验。

§5.3.4 ICIM在一个 F_2 作图群体中的应用

第 1 章图 1.8 给出一个 F_2 群体中第 1 条染色体上 12 个标记的基因型数据，第 4 章表 4.6 给出 110 个个体的表型数据。亲本 P_1 用 A 编码（与数字编码 2 等价），平均表型为 21.0。亲本 P_2 用 B 编码（与数字编码 0 等价），平均表型为 19.0。F_2 群体的表型呈典型的连续性分布，最低值、平均值和最高值分别为 16.14、23.23 和 19.66，同时在两个方向上存在超亲分离现象（图 5.5）。

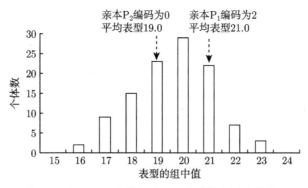

图 5.5　由 110 个个体组成 F_2 群体的表型次数分布

图 5.6 给出简单区间和完备区间两种作图方法获得的 LOD 曲线、表型变异解释率曲线，以及加显性效应曲线，扫描步长为 1cM。单从图 5.5 的表型分布看，我们难以确定控制表型性状的基因个数及其遗传效应。但从图 5.6 完备区间的 LOD 曲线上可以看出，在第 1~3 条

染色体存在 3 个明显的峰,说明这 3 条染色体上各存在一个控制表型的 QTL。在加性效应曲线上,可以看到第 1 条和第 3 条染色体对应 LOD 峰值处的加性效应接近于 1,而第 2 条染色体对应 LOD 峰值处的加性效应接近于 −1。在显性效应曲线上,可以看到 3 个 LOD 峰值处对应的显性效应均不是很大。从两种方法的 LOD 曲线上可以明显看到,具有背景控制的完备区间作图,获得了区分更加明显的峰,因此使得 QTL 的判断变得更加简明。

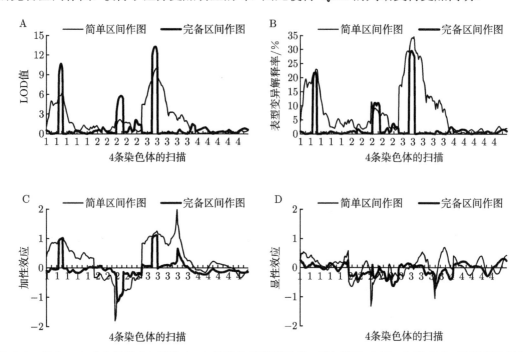

图 5.6 包含 110 个个体的 F_2 群体中,4 条染色体表型性状一维扫描的 LOD 曲线(A)、表型变异解释率曲线(B)、加性效应曲线(C)和显性效应曲线(D)

PIN=0.001,R^2=0.60,扫描步长为 1cM

当 LOD 临界值取 2.5 时,图 5.6 的完备区间作图方法 LOD 曲线在第 1~3 条染色体上存在 3 个峰值超过 2.5 的峰,表 5.5 给出 3 个峰的位置和遗传效应等信息。根据 §5.2.4 介绍的 QTL 命名规则,如用 Trt 表示性状名称的英文缩写,这 3 个 QTL 也可以分别命名为 qTrt1、qTrt2 和 qTrt3。qTrt1 和 qTrt3 具有正的加性效应,而 qTrt2 具有负的加性效应,说明增效等位基因在两个亲本中分散分布。与加性效应相比,3 个 QTL 的显性效应均比较小。QTL 作图的结果合理地解释了表型分布图 5.5 出现的超亲分离现象。

表 5.5 F_2 群体中表型性状的加显性 QTL 作图结果(PIN=0.001,POUT=0.002)

染色体	位置/cM	最邻近左侧标记	最邻近右侧标记	LOD 值	贡献率(表型变异解释率)/%	加性效应	显性效应
1	28	M1-8	M1-9	10.67	21.19	0.9962	0.0529
2	55	M2-12	M2-13	5.79	10.60	−0.9573	−0.1819
3	26	M3-4	M3-5	13.26	28.33	1.1031	0.0660

§5.4 假设检验的第二类错误与 QTL 的检测功效

§5.4.1 第二类错误和假设检验的功效

第 4 章 §4.3 详细介绍了如何通过研究零假设下检验统计量的分布,确立适当的 LOD 临界值,以控制全基因组水平上犯第一类错误的概率。选择更严格的临界值,能够进一步降低第一类错误的概率。但是从另外一方面讲,对于存在 QTL 的地方,却可能做出没有 QTL 的推断。这时就不能检测到一个真实存在的 QTL,这类错误统计上称为第二类错误。科学研究中,自然希望把两类错误的概率都控制在较低的水平。对于一个真实存在的 QTL,如果做出拒绝零假设的推断,这时就检测到了这个真实存在的 QTL。检测真实存在 QTL 的概率,称为检验功效,等于 1 减去第二类错误的概率。统计上,一般用 α 和 β 表示两类错误的概率,因此 $1-\beta$ 为检验功效。

两类错误的概率和统计功效,可以说是统计假设检验的核心内容。在此,以二项分布(代表离散分布)和正态分布(代表连续分布)为例,进一步说明它们的统计学内涵与计算方法。假定二项分布的试验次数 $n=6$,成功次数用 X 表示,可能取值为 $x=0,1,\cdots,6$。假定每次试验的成功概率为 p,服从伯努利(Bernoulli)分布(也称两点分布),n 次独立试验的成功次数即服从二项分布,常用 $B(n,p)$ 表示。试验次数 $n=6$ 时,随机变量 X 的概率函数为

$$\Pr\{X=x\} = C_6^x p^x (1-p)^{6-x} \tag{5.35}$$

其中,$C_6^x = \dfrac{6!}{x!(6-x)}$ 为组合数。现要根据 6 次试验中的成功次数 X,对零假设 H_0: $p=0.5$ 进行统计检验。表 5.6 第 2 列给出零假设条件下,成功次数 X 的概率分布。当零假设成立时,成功次数为 3 次有最大的概率,达 0.3125。如果能够多次重复零假设试验,成功次数既可能比 3 次多也可能比 3 次少。如果重复次数足够大,也可能存在成功次数为 0 或 6 次的情况,但总体的成功概率仍为 0.5。

表 5.6 试验次数为 6 时,不同成功概率 p 对应成功次数 X 的概率

成功次数 X	H_0: $p=0.5$	H_A: $p=0.75$	H_A: $p=0.9$
0	0.015 625	0.000 244	0.000 001
1	0.093 750	0.004 395	0.000 054
2	0.234 375	0.032 959	0.001 215
3	0.312 500	0.131 836	0.014 580
4	0.234 375	0.296 631	0.098 415
5	0.093 750	0.355 957	0.354 294
6	0.015 625	0.177 979	0.531 441
第一类错误的概率	0.031 250		
第二类错误的概率		0.821 777	0.531 442
统计检验功效		0.178 223	0.468 558

在一次二项分布 $B(n=6, p=0.5)$ 的试验中,成功次数为 0 或 6 次的概率很低,为 0.03125(表 5.6 中成功次数为 0 和 6 次的概率之和)。因此,可定义集合{0,6}为拒绝域,即

如果一次试验的成功次数为 0 或 6 次时，就拒绝 H_0: $p=0.5$，这时就认为二项分布总体的成功概率不等于 0.5。与拒绝域相对应的是接受域，接受域为集合 $\{1, 2, 3, 4, 5\}$，即如果一次试验的成功次数为 1~5 次时，就接受 H_0: $p=0.5$，认为二项分布总体的成功概率与 0.5 无显著差异。第一类错误建立在零假设为真的基础之上，其概率等于检验统计量落在拒绝域上的概率。因此，在利用上面的拒绝域和接受域进行统计推断时，可以保证一次检验中犯第一类错误的概率仅为 $\alpha=0.03125$。

第二类错误建立在备择假设为真的基础之上，其概率等于检验统计量落在接受域上的概率。因此，要计算第二类错误的概率，首先要知道与零假设对应的备择假设是什么。例如，对于备择假设 H_A: $p=0.75$，成功次数为 1~5 次的概率为 0.821777，当成功次数在此范围内时，我们做出接受零假设 H_0: $p=0.5$ 的推断。这时就接受了一个错误的零假设，犯这种错误的概率为 $\beta=0.82177$。成功次数为 0 或 6 次的概率为 $1-\beta=0.178223$，当成功次数为 0 或 6 次时，做出拒绝零假设 H_0: $p=0.5$，转而接受备择假设 H_A: $p=0.75$。因此，在备择假设 H_A: $p=0.75$ 为真的一次试验中，有 0.178223 的概率做出正确的推断，称 0.178223 为备择假设 H_A: $p=0.75$ 的统计检验功效。又如，对于另一个备择假设 H_A: $p=0.9$，从表 5.6 可以看出，第二类错误的概率为 $\beta=0.531442$，检验功效为 $1-\beta=0.468558$。容易发现，备择假设与零假设的成功概率差别越小，或者说备择假设越接近零假设，第二类错误的概率就越大（即接近于 $1-\alpha$），检验功效就越低（即接近于第一类错误概率 α）。反之，备择假设与零假设的成功概率差别越大，或者说备择假设越远离零假设，第二类错误的概率就越小，检验功效就越高。

二项分布是一种离散型分布，其概率分布比较简单。下面再以正态分布的均值检验为例，说明连续随机变量检验中两类错误的概率和检验功效。假定一个统计量 X 服从均值为 μ、方差为 1 的正态分布（对方差不等于 1 的场合进行标准化变换即可），概率密度函数为

$$f(x;\mu) = \frac{1}{\sqrt{2\pi}} \exp\left(\frac{1}{2}(x-\mu)^2\right) \tag{5.36}$$

假定需对零假设 H_0: $\mu=0$ 进行显著性检验。当零假设成立时，统计量 X 应该在 0 附近。根据正态分布的概率函数（图 5.7），我们知道事件 $\{|X|>Z_{0.025}=1.96\}$ 的概率为 0.05，即 $Z_{0.025}=1.96$ 对应于收尾概率为 0.025 时标准正态分布变量的取值。定义 $\{X; |X|>1.96\}$ 为拒绝域，即一次试验中 $|X|>1.96$ 时，就拒绝 H_0: $\mu=0$，称正态总体的均值与 0 有显著差异。与

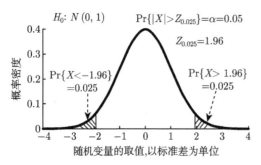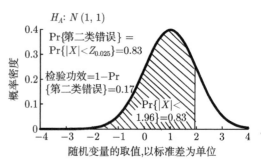

图 5.7 正态分布均值检验中第一类错误和第二类错误概率的计算

拒绝域相对应的接受域为 $\{X; |X| \leqslant 1.96\}$，即一次试验中 $|X| \leqslant 1.96$ 时，就接受 H_0: $\mu=0$，称正态总体的均值与 0 无显著差异。在利用上面的拒绝域和接受域进行统计推断时，可以保证一次检验中犯第一类错误的概率不超过 0.05。

要计算第二类错误的概率，首先要知道与零假设对应的备择假设是什么。对于备择假设 H_A: $\mu=1$，统计量 X 落在接受域的概率为 0.83，即

$$\beta = \int_{-1.96}^{1.96} f(x; \mu=1)dx = \int_{-\infty}^{0.96} f(x; \mu=0)dx - \int_{-\infty}^{-2.96} f(x; \mu=0)dx$$
$$= 0.8315 - 0.0015 = 0.83$$

当统计量 X 在 $(-1.96, 1.96)$ 之间时，做出接受零假设 H_0: $\mu=0$ 的推断，当然就接受了一个错误的零假设。因此，第二类错误的概率为 $\beta=0.83$，检验功效 $=1-\beta=0.17$。从图 5.7 也容易发现，备择假设的均值与零假设的均值差别越小，右图中的阴影面积就越大，犯第二类错误的概率就越大，检验功效就越低。反之，备择假设的均值与零假设的均值差别越大，犯第二类错误的概率就越小，检验功效就越高。

§5.4.2 第二类错误概率与适宜的样本量

一个假设检验，首先要控制的是犯第一类错误的概率。研究假设检验中的第二类错误，一方面是为了定量评估假设检验的功效，从而比较不同检验或统计方法的优劣。例如，在相同的显著性水平下，检验或方法 A 犯第二类错误的概率低于检验或方法 B，说明 A 检验出真的备择假设的功效或能力要高于 B。这时，就认为检验或方法 A 优于检验或方法 B。功效分析另外一个作用是在试验之前确定一个适宜的样本量。

以具有相同已知方差的两个正态总体 $N(\mu_1, \sigma^2)$ 和 $N(\mu_2, \sigma^2)$ 的均值差异显著性检验为例。来自这两个正态总体的两组独立样本的均值分别用 $\overline{X}_1$ 和 $\overline{X}_2$ 表示，样本量均为 n。在零假设 H_0: $\mu_1 = \mu_2$ 条件下，检验统计量服从公式 5.37 给出的标准正态分布。

$$\frac{\overline{X}_1 - \overline{X}_2}{\sqrt{\frac{2}{n}\sigma^2}} \sim N(0,1) \tag{5.37}$$

因此，显著性水平 α 下的拒绝域为 $\frac{|\overline{X}_1 - \overline{X}_2|}{\sqrt{\frac{2}{n}\sigma^2}} > Z_{\alpha/2}$。在备择假设 H_A: $\mu_1 \neq \mu_2$ 条件下，用 $\delta = \frac{\mu_1 - \mu_2}{\sigma}$ 表示两个总体均值相对于标准差 σ 的差异，并假定 $\delta > 0$。在 H_A 条件下，检验统计量服从的分布由公式 5.38 给出。

$$\frac{\overline{X}_1 - \overline{X}_2}{\sqrt{\frac{2}{n}\sigma^2}} \sim N\left(\frac{\delta}{\sqrt{\frac{2}{n}}}, 1\right) \tag{5.38}$$

如果要求第二类错误的概率不超过 β，或者说检测功效不低于 $1-\beta$，这相当于要求 $Z_{\alpha/2}$

对于分布公式 5.38 的收尾概率不低于 $1-\beta$。也就是要求：

$$Z_{1-\beta} \leqslant Z_{\alpha/2} - \frac{\delta}{\sqrt{\frac{2}{n}}} \tag{5.39}$$

不等式 5.39 中，$Z_{1-\beta}$ 对应的标准正态分布的收尾概率等于 $1-\beta$，$Z_{\alpha/2} - \frac{\delta}{\sqrt{\frac{2}{n}}}$ 对应的标准正态分布的收尾概率等于检验功效。只要满足不等式 5.39，就能满足检验功效不低于 $1-\beta$ 的要求。另外，根据正态分布的对称性，可以知道 $Z_{1-\beta} = -Z_\beta$。这样就得到样本量与两类错误的概率 α 和 β，以及均值间差异 δ 之间的关系为

$$n \geqslant \frac{2(Z_{\alpha/2} + Z_\beta)^2}{\delta^2} \tag{5.40}$$

表 5.7 给出两种显著性水平和 3 种检验功效条件下，检测不同均值差异显著性所需要的样本量。可以看到，在相同的显著性水平下，对功效的要求越高，需要的样本量也就越大。例如，对于只有一倍标准差的差异大小，即 $\delta=1$，在显著性水平 0.05 条件下，每个总体至少需要 16 个样本观测值，才能有 0.8 的概率检测出两个均值间的差异。如果要求有 0.95 的概率检测出两个均值间的差异，每个总体至少需要 26 个样本观测值。从表 5.7 也容易看出，大的均值差异，不需要太多的观测值就能检测出来。例如，对于两倍标准差的差异大小，即 $\delta=2$，只需要少数几个观测值。反之，对于很小的差异，如 $\delta=0.2$，即使利用很多观测值也不一定能检测出来。

表 5.7 两种显著性水平(α) 和 3 种检验功效($1-\beta$) 条件下，检测不同均值差异 (δ) 的最低样本量

δ	$\alpha = 0.05$			$\alpha = 0.01$		
	$1-\beta = 0.8$	$1-\beta = 0.9$	$1-\beta = 0.95$	$1-\beta = 0.8$	$1-\beta = 0.9$	$1-\beta = 0.95$
0.2	392	525	650	584	744	891
0.4	98	131	162	146	186	223
0.6	44	58	72	65	83	99
0.8	25	33	41	36	46	56
1	16	21	26	23	30	36
1.2	11	15	18	16	21	25
1.4	8	11	13	12	15	18
1.6	6	8	10	9	12	14
1.8	5	6	8	7	9	11
2	4	5	6	6	7	9

根据公式 5.40 或表 5.7 确定样本量时，需要对待检测差异的大小有一个大致的判断。例如，作物多环境试验中，对照品种的产量水平在 500kg 左右，想在显著性水平 0.05 条件下以 0.90 的功效检测出产量水平在 520kg 左右的基因型。根据往年的试验数据，已知一次观测值的标准差在 10kg 左右。因此，待检验的差异大约是标准差的 2 倍，进行田间试验时至少需要设置 5 次重复才能达到要求的功效。如果事先对待检测的差异大小和样本方差没有任何了解，同时单个样本的试验成本也比较高，这时可以先开展一个样本量较小的预备试验，如果得到的是差异不显著的结论，再考虑扩大样本量。

§5.4.3 模拟试验中 QTL 的分布和效应模型

从前两小节的内容可以看出,对于一些简单的统计假设检验,可以根据零假设和备择假设下统计量服从的分布,在一定的显著性水平下研究检验的统计功效。对于较复杂的统计方法,如 QTL 作图,零假设(即无任何 QTL)之外的备择假设可以有很多种,检验次数也有很多,难以用数学推导的方法得到全基因组水平的显著性水平,以及各种备择假设下的检测功效。这时,我们只能借助模拟的手段。

控制性状的 QTL 一般不止一个,当有多个 QTL 同时存在时,它们之间还可能存在连锁关系。当两个 QTL 连锁时,根据 QTL 效应的方向是否相同,既可能是互斥连锁,也可能是相引连锁。要穷尽所有可能的 QTL 效应和位置模型是不可能的。我们假定有 6 条长度均为 120cM 的染色体,每条染色体存在均匀分布的 13 个标记。表 5.8 给出 4 种可能的 QTL 位置和效应模型,每个模型只包含 4 个 QTL。独立遗传模型中,4 个 QTL 位于 4 条不同染色体的 35cM 位置上。连锁遗传模型中,Q_1 和 Q_2 位于同一条染色体的 35cM 和 65cM 位置上,Q_3 和 Q_4 位于另一条染色体的 35cM 和 65cM 位置上。

独立遗传模型 I 代表 4 个 QTL 座位上,所有增效等位基因位于一个亲本中,所有减效等位基因位于另外一个亲本中。独立遗传模型 II 代表 4 个 QTL 座位上,两个增效等位基因位于一个亲本中,另外两个增效等位基因位于另外一个亲本中。DH 群体中,独立遗传模型的遗传方差为

$$V_G = \sum_{i=1}^{4} a_i^2 \tag{5.41}$$

其中,a_i 代表第 i 个 QTL 的加性效应。对于表 5.8 给出的效应,DH 群体的总遗传方差 $V_G=1$。在误差方差为 1 的假定下,两个独立遗传模型控制性状的遗传力均为 0.5,每个 QTL 的表型变异解释率在两种独立遗传模型下是等同的。

表 5.8 功效模拟研究的 4 种 QTL 位置和效应模型

QTL 名称及相关参数	染色体	位置/cM	加性效应	表型变异解释率/%
独立遗传模型 I				
Q_1	1	35	0.316	5.0
Q_2	2	35	0.447	10.0
Q_3	3	35	0.548	15.0
Q_4	4	35	0.633	20.0
遗传方差	1.000			
误差方差	1.000			
遗传力	0.500			
独立遗传模型 II				
Q_1	1	35	0.316	5.0
Q_2	2	35	−0.447	10.0
Q_3	3	35	0.548	15.0
Q_4	4	35	−0.633	20.0
遗传方差	1.000			
误差方差	1.000			
遗传力	0.500			

续表

QTL 名称及相关参数	染色体	位置/cM	加性效应	表型变异解释率/%
连锁遗传模型 I				
Q_1	1	35	0.316	3.9
Q_2	1	65	0.447	7.9
Q_3	2	35	0.548	11.8
Q_4	2	65	0.633	15.8
遗传方差	1.536			
误差方差	1.000			
遗传力	0.606			
连锁遗传模型 II				
Q_1	1	35	0.316	6.8
Q_2	1	65	−0.447	13.7
Q_3	2	35	0.548	20.5
Q_4	2	65	−0.633	27.3
遗传方差	0.465			
误差方差	1.000			
遗传力	0.317			

在连锁遗传模型 I 中，Q_1 和 Q_2 的效应同正，Q_3 和 Q_4 的效应同正，代表了两对相引连锁 QTL。在连锁遗传模型 II 中，Q_1 和 Q_2 的效应一正一负，Q_3 和 Q_4 的效应一正一负，代表了两对互斥连锁QTL。用 r 表示连锁 QTL 间的重组率，c 表示连锁 QTL 间的图距，单位是 cM，利用 Haldane 作图函数 $r = \frac{1}{2}(1 - e^{-c/50})$，把图距转换为重组率。连锁模型的遗传方差为

$$V_G = \sum_{i=1}^{4} a_i^2 + 2(1-r_{12})a_1 a_2 + 2(1-r_{34})a_3 a_4 \tag{5.42}$$

其中，a_i 代表第 i 个 QTL 的加性效应；r_{12} 为 Q_1 和 Q_2 间的重组率；r_{34} 为 Q_3 和 Q_4 间的重组率。对于表 5.8 给出的效应和连锁距离，连锁遗传模型 I 的总遗传方差 V_G=1.536，连锁遗传模型 II 的总遗传方差 V_G=0.465。在误差方差为 1 的假定下，两种连锁模型决定性状的遗传力分别为 0.606 和 0.317。这里再次强调一下，遗传方差和遗传力都是基于群体的参数，离开群体谈遗传方差、遗传力和遗传协方差是没有意义的。对于遗传效应恒定不变的一组 QTL，它们在不同群体中、不同的连锁距离条件下也会具有不同的遗传方差和遗传力。

§5.4.4 QTL 检测功效和错误发现率的计算

与其他统计假设检验一样，QTL 作图时也会产生两种错误：① 没有 QTL 的地方却检测到 QTL 的存在，这样的结果就导致了假阳性（第一类错误）的发生；② 真实存在的一个 QTL 却未能被检测到，从而导致假阴性（第二类错误）的发生。犯第一类错误的概率，可以通过选择合适的 LOD 临界值加以控制。犯第二类错误的概率，是由群体大小和 QTL 效应大小共同决定的。统计功效是指备择假设为真时拒绝原假设的概率。在 QTL 作图中，功效表明一个真实 QTL 被检测到的可能性，是衡量作图方法有效性的一个最重要指标（李慧慧等，2010）。在一个遗传群体中，控制某个性状的 QTL 一般都不止一个，它们存在于基因组的不同位置上。物种的基因组大小也有很大差异，染色体为几条到几十条，单条染色体的长度为数十到数百厘摩（cM），控制性状的基因一般位于少部分染色体区段上，大部分基因组

区段上不存在QTL。

为了更好地比较不同的作图方法，人们还提出假阳率（false discovery rate，FDR）的概念。QTL作图的模拟研究中，FDR定义为检测到的QTL中，假阳性QTL所占的比例（Benjamini and Hochberg, 1995; Li et al., 2007, 2012; Zhang et al., 2008）。例如，在一个遗传群体中，简单区间作图（IM）检测到5个控制水稻生育期的QTL，其中2个为假阳性，则IM的FDR=0.4。在同一群体中，ICIM检测到10个控制水稻生育期的QTL，其中3个为假阳性，则ICIM的FDR=0.3。从FDR和检验功效的定义来看，只有能够区分检测到的QTL是真还是假，才能计算一个作图方法的FDR和检验功效。在真实群体中，一般难以做到。但是，对于模拟群体来说，QTL的位置和效应是事先设定好的。这样，就能对比检测到的QTL与设定QTL的异同，对QTL的真伪进行判断，从而计算FDR和检验功效。因此，FDR和检验功效仅用于QTL作图的理论研究。一个好的QTL作图方法，自然希望FDR尽可能低，检验功效尽可能高。

根据表5.8的遗传模型，可以用模拟方法产生大量的DH群体。每个模拟群体中，DH家系标记型和QTL基因型都是已知的。因此，可以根据公式5.7计算基因型值，根据误差方差产生的随机数来模拟误差效应。基因型值和误差效应二者相加，作为DH家系的表型值。然后，就可以如真实遗传群体一样开展QTL作图。

LOD值是IM和ICIM的检验统计量。对基因组上的每个位置通过一维扫描，QTL被定位在LOD曲线上有峰的位置上。基于多重、非独立区间检验的QTL区间作图不是点估计。即使借助模拟方法，功效的计算也并非一目了然。特别是当QTL紧密连锁时，很难确定LOD曲线上的峰属于哪一个假定的QTL。考虑用以下两种方法计算功效：①对标记区间计算功效，这种功效计算方法可以帮助我们追踪假阳性在基因组中的分布情况。②给每个定义的QTL设定一个给定长度的支撑区间（support interval，SI），真实QTL位于SI的中心。功效可通过模拟群体中落入该SI上LOD曲线峰的次数进行统计，SI以外检测到的QTL均被视为假阳性。根据表5.8中定义的每种遗传模型，产生5个模拟的DH群体，用于说明QTL作图中功效和FDR的计算（图5.8，图5.9）。

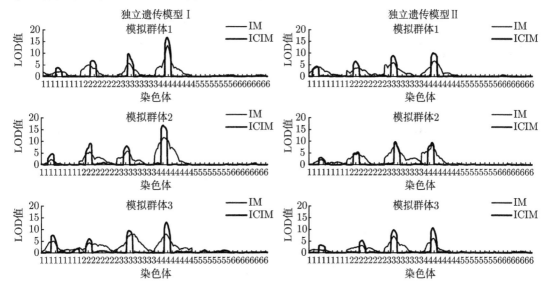

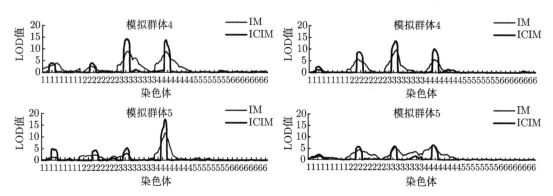

图 5.8 两种独立遗传模型下（QTL 位置和效应见表 5.8），5 个模拟 DH 群体中 IM 和 ICIM 两种方法的一维扫描 LOD 曲线

6 条染色体的一维扫描，步长 1cM

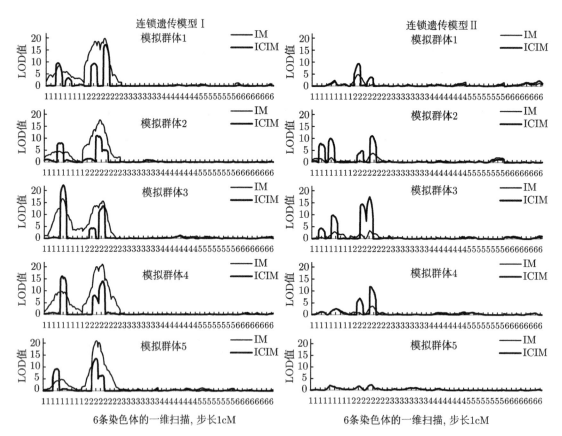

图 5.9 两种连锁遗传模型下（QTL 位置和效应见表 5.8），5 个模拟 DH 群体中 IM 和 ICIM 两种方法的一维扫描 LOD 曲线

6 条染色体的一维扫描，步长 1cM

当 4 个 QTL 位于 4 条不同的染色体上时（图 5.8），IM 和 ICIM 在包含 QTL 的染色体上存在高低不同的峰。QTL 效应大小的绝对值决定着峰的高低，效应绝对值越大的 QTL 对

应的峰越高,与 QTL 效应的方向没有关系。对于连锁遗传模型 I（图 5.9）,尽管仍有峰的存在,但从 IM 的 LOD 曲线上难以看出前两条染色体上各自存在两个连锁的 QTL。对于连锁遗传模型 II,从 IM 的 LOD 曲线上难以看出有明显的峰,更不用说检测连锁 QTL 了。ICIM 只是在连锁遗传模型 I 的群体 1、连锁遗传模型 II 的群体 2 和 3 中看到 4 个明显的峰。模拟群体峰的个数都低于 QTL 的个数（图 5.9）,说明连锁的存在大大降低了 QTL 的检测功效。

独立遗传模型 I 产生的 5 个模拟群体中（图 5.8 左）,检测 QTL 所在的染色体位置、峰位置上的 LOD 值、表型变异解释率（PVE）和加性效应列于表 5.9。在第一个模拟群体

表 5.9　独立遗传模型 I 的 5 次模拟 DH 群体中检测到的 QTL

方法	模拟 DH 群体编号	模拟群体中检测到的 QTL				两种支撑区间的 QTL 真伪	
		染色体	位置/cM	LOD 值	PVE/%	加性效应	10cM	20cM
IM	1	2	25	4.97	11.44	0.503	假阳性	Q_2
		3	35	5.61	13.35	0.541	Q_3	Q_3
		4	40	13.21	26.22	0.761	Q_4	Q_4
	2	2	34	5.36	13.01	0.509	Q_2	Q_2
		3	34	5.82	13.72	0.521	Q_3	Q_3
		4	30	11.59	23.43	0.682	Q_4	Q_4
	3	1	39	5.05	11.22	0.508	Q_1	Q_1
		2	32	4.30	10.09	0.482	Q_2	Q_2
		3	54	8.03	18.42	0.651	假阳性	假阳性
		4	36	8.06	18.55	0.653	Q_4	Q_4
	4	1	45	3.97	10.21	0.420	假阳性	Q_1
		2	36	2.69	6.81	0.343	Q_2	Q_2
		3	34	8.92	19.66	0.583	Q_3	Q_3
		4	36	8.79	20.15	0.591	Q_4	Q_4
	5	3	33	3.08	8.16	0.389	Q_3	Q_3
		4	35	11.71	26.65	0.701	Q_4	Q_4
ICIM	1	1	47	3.80	5.06	0.335	假阳性	假阳性
		2	38	6.79	9.11	0.448	Q_2	Q_2
		3	33	9.70	13.81	0.551	Q_3	Q_3
		4	38	16.72	25.50	0.753	Q_4	Q_4
	2	1	35	4.65	6.26	0.352	Q_1	Q_1
		2	36	9.07	12.56	0.500	Q_2	Q_2
		3	31	7.93	10.41	0.454	Q_3	Q_3
		4	27	16.77	24.93	0.703	假阳性	Q_4
	3	1	36	7.52	10.23	0.486	Q_1	Q_1
		2	32	6.00	8.10	0.432	Q_2	Q_2
		3	38	9.52	13.63	0.560	Q_3	Q_3
		4	38	13.05	19.18	0.664	Q_4	Q_4
	4	1	30	3.99	5.13	0.298	Q_1	Q_1
		2	37	4.04	5.89	0.319	Q_2	Q_2
		3	33	14.21	21.68	0.613	Q_3	Q_3
		4	36	13.73	21.23	0.607	Q_4	Q_4
	5	1	35	4.91	8.04	0.384	Q_1	Q_1
		2	51	4.35	6.87	0.356	假阳性	假阳性
		3	34	5.35	9.45	0.419	Q_3	Q_3
		4	35	17.46	31.65	0.764	Q_4	Q_4

中，IM 检测到 3 个 QTL。第一个 QTL 位于第 2 条染色体的 25cM 处，与模型中的 Q_2 位于同一条染色体，但距离达 10cM。如果只认为 Q_2 左边 5cM 和右边 5cM 范围内检测到的 QTL 为真，那么这个 QTL 应该判定为假阳性（表 5.9）。如果扩大支撑区间的宽度，认为 Q_2 左边 10cM 和右边 10cM 范围内检测到的 QTL 为真，那么这个 QTL 应该判定为真（表 5.9），这时我们说模型中的 Q_2 被检测到了。检测到的第二个 QTL 位于第 3 条染色体的 35cM 处，与模型中的 Q_3 所在的位置重合，这时说 Q_3 在 10cM 和 20cM 两个支撑区间下都被检测出来了。检测到的第三个 QTL 位于第 4 条染色体的 40cM 处，与模型中的 Q_4 的距离为 5cM，因此认为 Q_4 在两个支撑区间下也被检测出来了。

在第一个模拟群体中，ICIM 检测到 4 个 QTL。第一个 QTL 位于第 1 条染色体的 47cM 处，与模型中的 Q_1 位于同一条染色体，但距离达 12cM，不在 10cM 的支撑区间内，也不在 20cM 的支撑区间内。因此，对于两种支撑区间来说，均判定为假阳性（表 5.9）。第二个 QTL 位于第 2 条染色体的 38cM 处，与模型中 Q_2 的距离为 3cM，对 10cM 和 20cM 两个支撑区间来说，均认为 Q_2 被检测到了。检测到的第三个 QTL 位于第 3 条染色体的 33cM 处，与模型中 Q_3 的距离为 2cM，因此认为 Q_3 在两个支撑区间下都被检测出来了。检测到的第四个 QTL 位于第 4 条染色体的 38cM 处，与模型中 Q_4 的距离为 3cM，因此认为 Q_4 在两个支撑区间下也被检测出来了。根据上述标准，对每个模拟群体中检测到的 QTL，对于其属于预先设定的 QTL 还是假阳性进行判定。最后统计在所模拟的 5 个群体中，每个预先设定的 QTL 被检测到的次数，以及假阳性 QTL 的个数，结果见表 5.10。

表 5.10 独立遗传模型 I 的 5 次模拟 DH 群体中，IM 和 ICIM 两种作图方法的 QTL 检测功效和假阳率

方法	QTL	两种支撑区间的 QTL 检测次数		两种支撑区间的 QTL 检测功效/%	
		10cM	20cM	10cM	20cM
IM	Q_1	1	2	20	40
	Q_2	3	4	60	80
	Q_3	4	4	80	80
	Q_4	5	5	100	100
	假阳性 QTL	3	1	19	6
ICIM	Q_1	4	4	80	80
	Q_2	4	4	80	80
	Q_3	5	5	100	100
	Q_4	4	5	80	100
	假阳性 QTL	3	2	15	10

对于 10cM 的支撑区间来说，在 5 次模拟群体中，IM 对 4 个预先设定 QTL 的检测次数分别为 1、3、4 和 5，假阳性 QTL 有 3 个（表 5.10）。因此，4 个 QTL 检测功效分别为 20%、60%、80% 和 100%。FDR 定义为所有检测 QTL 中假阳性的比例，即 3/(1+3+4+5+3)=19%。ICIM 对 4 个预先设定 QTL 的检测次数分别为 4、4、5 和 4，假阳性 QTL 有 3 个。因此，4 个 QTL 检测功效分别为 80%、80%、100% 和 80%，FDR=3/(4+4+5+4+3)=15%。由表 5.10 可知，增大支撑区间的宽度，检测功效随之增加，FDR 随之降低（表 5.10）。

§5.5 完备区间与简单区间两种作图方法的比较

§5.4 比较系统地介绍了假设检验功效的定义和计算方法，以及如何利用模拟方法计算 QTL 的检测功效和假阳率。本节侧重于完备区间与简单区间两种作图方法的比较，完备区间作图与其他方法的比较参见 Li 等 (2007, 2012) 和 Zhang 等 (2008) 的文献。

§5.5.1 简单区间作图的 QTL 检测功效

简单区间作图的 QTL 检测功效和假阳率见表 5.11，遗传群体为 DH，模拟次数为 1000，遗传模型同表 5.8。支撑区间长度为 10cM，即如果一个预先设定的 QTL 左侧 5cM 和右侧 5cM 的区间内检测出有 QTL 存在，我们就认为这个预先设定的 QTL 被正确检测出来了。从表 5.11 可以看出，QTL 在两种独立遗传模型中有相似的功效。独立遗传模型 I 中，4 个 QTL 的检测功效分别为 25.8%、62.6%、77.7% 和 85.4%。独立遗传模型 II 中，检测功效分别为 27.3%、64.2%、78.6% 和 84.6%。两种独立遗传模型的假阳率也类似，在 32% 左右。说明在独立遗传的情况下，QTL 的检测功效仅依赖 QTL 的遗传方差，而与加性效应的方向关系不大。QTL 的遗传方差越大、表型变异解释率越大，检测功效就越高。

表 5.11 简单区间作图的 QTL 检测功效和假阳率

QTL 名称	功效/%	位置/cM	位置标准差	LOD 值	LOD 值标准差	加性效应	加性效应标准差
独立遗传模型 I							
Q_1	25.8	35.182	3.461	3.849	1.003	0.421	0.056
Q_2	62.6	34.861	3.014	5.084	1.692	0.480	0.082
Q_3	77.7	35.006	2.669	7.013	2.178	0.560	0.092
Q_4	85.4	35.067	2.464	9.205	2.584	0.635	0.095
FDR/%	32.4						
独立遗传模型 II							
Q_1	27.3	34.835	3.414	3.865	1.151	0.424	0.062
Q_2	64.2	35.062	3.035	5.006	1.607	−0.478	0.078
Q_3	78.6	34.956	2.706	6.963	2.143	0.558	0.090
Q_4	84.6	34.865	2.481	9.374	2.441	−0.640	0.089
FDR/%	31.1						
连锁遗传模型 I							
Q_1	24.1	35.448	2.757	6.944	2.092	0.625	0.099
Q_2	49.0	64.790	2.549	7.859	2.278	0.665	0.104
Q_3	40.2	35.759	1.648	17.017	3.105	0.937	0.090
Q_4	56.5	64.165	1.624	18.682	3.359	0.971	0.093
FDR/%	53.1						
连锁遗传模型 II							
Q_1	0.3	33.333	4.714	2.965	0.431	0.313	0.013
Q_2	25.3	66.534	3.220	3.667	1.029	−0.354	0.050
Q_3	6.8	31.691	2.608	3.176	0.553	0.334	0.031
Q_4	40.6	67.746	2.680	4.169	1.302	−0.373	0.061
FDR/%	38.9						

注：1000 次模拟，支撑区间长度为 10cM

在连锁遗传模型 I 中，Q_1 和 Q_2 在同一条染色体上，加性效应均大于 0，属于相引连锁，简单区间作图的检测功效分别为 24.1% 和 49.0%。Q_3 和 Q_4 在另外一条染色体上，加性效应均大于 0，也属于相引连锁，检测功效分别为 40.2% 和 56.5%。这个遗传模型的假阳率高达 53.1%，即在所有检测到的 QTL 中，有超过一半的 QTL 不在 4 个 QTL 的支撑区间内。在连锁遗传模型 II 中，Q_1 和 Q_2 在同一条染色体上，加性效应一正一负，属于互斥连锁，检测功效分别为 0.3% 和 25.3%。Q_3 和 Q_4 在另外一条染色体上，也属于互斥连锁，检测功效分别为 6.8% 和 40.6%。因此，对于互斥连锁 QTL，效应较小的一个难以被检测出来。

由于 LOD 临界值和支撑区间的设定，在独立遗传模型中，检测到的真 QTL 的位置和效应（表 5.11）接近于真实的位置和效应（表 5.8）。QTL 遗传方差越大，对应的 LOD 值越高，各种估计量的标准差就越小。说明遗传方差大的 QTL，不仅检测功效高，而且对其位置和效应的估计准确度也高。在连锁遗传模型中，QTL 的检测功效，以及位置和效应估计的精确度，不仅与单个 QTL 自身的效应有关，还依赖于连锁 QTL 间的距离以及 QTL 效应的方向。相引连锁提高了简单区间作图的 LOD 值，但增加了效应估计的偏度和方差，因此降低了效应估计的精确度和准确度。

§5.5.2 完备区间作图的 QTL 检测功效

完备区间作图的 QTL 检测功效和假阳率见表 5.12，遗传群体为 DH，模拟次数为 1000，遗传模型同表 5.8，功效统计的支撑区间长度为 10cM。QTL 在两种独立遗传模型中有相似的功效。在独立遗传模型 I 中，4 个 QTL 的检测功效分别为 49.5%、73.9%、82.8% 和 89.0%，均高于表 5.11 简单区间作图的检测功效。在独立遗传模型 II 中，4 个检测功效分别为 49.2%、76.1%、85.6% 和 90.0%，均高于简单区间作图的检测功效。两种独立遗传模型的假阳率也类似，在 22% 左右，均低于简单区间作图的假阳率。说明在独立遗传的情况下，ICIM 的 QTL 检测功效只依赖于 QTL 的遗传方差，与加性效应的方向关系不大。在连锁遗传模型 I 中，Q_1 和 Q_2 处于相引连锁状态，检测功效分别为 26.9% 和 55.5%。Q_3 和 Q_4 也处于相引连锁状态，检测功效分别为 77.0% 和 84.2%。该遗传模型的假阳率高达 26.4%，即在所有检测到的 QTL 中，有超过 1/4 的 QTL 不在 4 个 QTL 的支撑区间之内。在连锁遗传模型 II 中，Q_1 和 Q_2 处于互斥连锁状态，检测功效分别为 11.6% 和 33.0%，Q_3 和 Q_4 也处于互斥连锁状态，检测功效分别为 56.2% 和 60.9%，假阳率达 23.8%。比较表 5.11 和表 5.12 的结果不难发现，即使在连锁 QTL 的情况下，完备区间作图也比简单区间作图有较高的检测功效和较低的假阳率。

由于 LOD 临界值和支撑区间的设定，在独立遗传模型中，检测到的真 QTL 的位置和效应（表 5.12）接近于真实的位置和效应（表 5.8）。QTL 遗传方差越大，对应的 LOD 越高，各种估计量的标准差就越小。说明遗传方差大的 QTL，不仅检测功效高，而且对其位置和效应的估计准确度也高。在连锁遗传模型中，QTL 的检测功效，以及位置和效应估计的精确度不仅与单个 QTL 自身的效应有关，还依赖于连锁 QTL 间的距离以及 QTL 效应的方向。连锁虽然使得 ICIM 的检测功效有所下降，但在相引连锁中，Q_2、Q_3 和 Q_4 的检测功效都在 50% 以上；互斥连锁中，Q_3 和 Q_4 的检测功效都在 50% 以上。

表 5.12 完备区间作图的 QTL 检测功效和假阳率

QTL 名称	功效/%	位置/cM	位置标准差	LOD 值	LOD 值标准差	加性效应	加性效应标准差
独立遗传模型 I							
Q_1	49.5	34.867	3.184	4.667	1.656	0.354	0.062
Q_2	73.9	34.874	2.769	7.156	2.295	0.450	0.077
Q_3	82.8	34.958	2.521	10.161	2.710	0.548	0.078
Q_4	89.0	35.160	2.278	13.087	3.229	0.632	0.083
FDR/%	22.6						
独立遗传模型 II							
Q_1	49.2	34.831	3.204	4.589	1.640	0.352	0.063
Q_2	76.1	35.030	2.861	7.142	2.328	−0.448	0.076
Q_3	85.6	35.051	2.484	10.193	2.755	0.548	0.081
Q_4	90.0	34.939	2.325	13.203	3.221	−0.634	0.082
FDR/%	21.3						
连锁遗传模型 I							
Q_1	26.9	35.353	3.051	7.335	3.466	0.449	0.118
Q_2	55.5	64.872	2.701	10.519	4.184	0.558	0.133
Q_3	77.0	34.952	2.618	10.560	3.890	0.559	0.113
Q_4	84.2	64.828	2.533	13.668	4.761	0.649	0.130
FDR/%	26.4						
连锁遗传模型 II							
Q_1	11.6	34.216	3.615	5.100	1.915	0.370	0.066
Q_2	33.0	66.179	3.053	5.872	3.188	−0.402	0.108
Q_3	56.2	34.383	2.894	8.332	3.381	0.492	0.104
Q_4	60.9	65.984	2.429	11.413	4.131	−0.591	0.114
FDR/%	23.8						

注: 1000 次模拟, 支撑区间长度为 10cM

在独立遗传模型 I 和连锁遗传模型 I 中，4 个 QTL 的效应大小在两个模型之间没有差异，所不同的是它们之间的连锁关系。从表 5.12 可以看到，检验 QTL 是否存在的 LOD 统计量在两个模型之间并没有很大差异。在独立遗传模型 II 和连锁遗传模型 II 之间，LOD 统计量也没有很大差异。这一现象与表 5.11 的简单区间作图有明显区别，这种现象也正是背景控制想要达到的目的。ICIM 通过有效的背景控制，消除了当前区间之外遗传变异的影响，检验统计量完全反映了当前区间上 QTL 的变异，也因此提高了 QTL 的检测功效、位置和效应估计的精确度与准确度，降低了假阳性 QTL 的存在频率。

§5.5.3 依标记区间的检测功效的统计

表 5.11 和表 5.12 的检测功效和假阳率是根据每个 QTL 对应的支撑区间统计出来的。此外，还可依据标记区间统计检测功效。QTL 作图建立在已知标记连锁图谱的基础之上。在每个模拟群体中，可以统计每个标记区间上是否检测到 QTL，这种功效计算方法可以追踪假阳性 QTL 在全基因组中的分布情况。图 5.10 给出 4 种遗传模型在第 1~4 条染色体上依据标记区间统计 IM 和 ICIM 的检测功效。

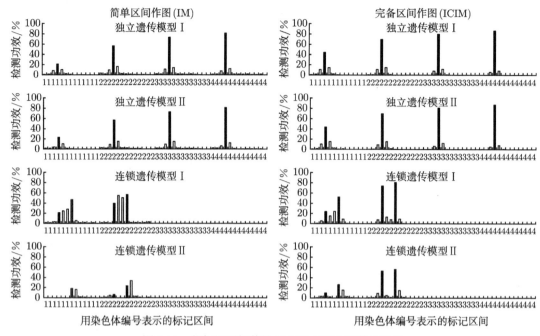

图 5.10 依标记区间统计 IM 和 ICIM 的检测功效

根据 1000 次模拟统计检测功效；每幅图形中，4 个实心柱所代表的区间对应于遗传模型中 4 个 QTL 存在的标记区间

当 QTL 间不存在连锁时，不论 IM 还是 ICIM，存在 QTL 的区间上有最高的功效。QTL 作图中的误差来自两个方面：一是表型鉴定和测量过程中各种随机误差引起的表型值与真实基因型值之间的差异；二是染色体交换和重组过程中各种随机性引起的基因频率和基因型频率与他们的理论频率之间的差异。与表型相关的误差可以通过试验设计和测量方法等手段加以控制，等位基因频率和基因型频率的波动除提高群体大小外一般还难以控制。因此，QTL 作图中的误差难以完全排除。由于这些随机因素的影响，QTL 可能会被定位到离真实位置较远的地方。IM 和 ICIM 两种方法在 QTL 的邻近区间上也会检测到 QTL（图 5.10）。但总体来讲，离真实 QTL 越远的区间，存在 QTL 的可能性就越小。

从图 5.10 可以明显地看到，当 QTL 间存在相引连锁时（连锁遗传模型 I），IM 在两个 QTL 之间的空白区间上也检测到大量 QTL，这就是第 4 章 §4.2.6 介绍的幻影 QTL 现象。当 QTL 间存在互斥连锁时（连锁遗传模型 II），IM 只检测到少量 QTL。连锁也同样降低了 ICIM 的检测功效。但与 IM 相比较，对于存在 QTL 的区间，ICIM 仍然具有较高的检测功效。对于不存在 QTL 的区间，ICIM 检测出 QTL 的频率较低。

§5.5.4 QTL 作图群体的适宜大小

与解决其他科学问题的统计检验方法一样，研究 QTL 检测过程中的假阳性和功效，其实也是为了：①定量评价与比较 QTL 作图的不同方法；②确定适宜的作图群体大小。表 5.13 给出标记密度为 5cM 和 10cM、检测功效为 0.8 和 0.9 时，ICIM 方法所需的 RIL 群体大小，不考虑连锁 QTL 的情形。这些结果是通过不同大小模拟群体的功效分析得到的（Li et al., 2010）。采用两种标准判定 QTL 是否被检测到：①只要 QTL 所在的染色体上检测到

QTL，就认为这条染色体上预先设定的 QTL 被检测出来，这相当于将整条染色体视为支撑区间；②只有在真实 QTL 左、右 5cM 的范围内检测到 QTL，才认为这条染色体上预先设定的 QTL 被检测出来，这相当于 10cM 支撑区间。

表 5.13 不同标记密度和检测功效下 ICIM 所需的 RIL 群体大小

QTL 解释表型变异率/%	将 QTL 定位在指定的染色体上				将 QTL 定位在 10cM 支撑区间内			
	标记密度 5cM		标记密度 10cM		标记密度 5cM		标记密度 10cM	
	功效 0.8	功效 0.9	功效 0.8	功效 0.9	功效 0.8	功效 0.9	功效 0.8	功效 0.9
1	300	560	540	>600	>600	>600	>600	>600
2	160	300	280	320	440	>600	460	>600
3	110	200	180	200	260	380	300	440
4	100	160	140	180	220	300	280	380
5	80	140	120	140	180	300	220	320
10	50	80	70	80	100	140	120	140
20	40	60	50	60	80	120	100	120
30	40	40	40	40	60	100	80	100

注：不考虑连锁

要回答 QTL 研究中适宜群体大小这一问题，首先要确定遗传研究的目标是要把多大效应的 QTL 定位在多大的一个区间上。例如，研究目的是定位能解释表型变异 10%以上的主效 QTL，检测功效在 0.9 以上，置信区间小于 10cM，分子标记的密度在 5cM 左右，这时有 140 个 RIL 家系就能达到要求（表 5.13）。如果研究目的是定位能解释表型变异 3%的 QTL，这时需要 380 个 RIL 家系才能达到同等的要求。与 QTL 检测功效一样，影响适宜群体大小的因素也有很多。只有在明确了 QTL 定位的目标后，才能根据群体类型、标记个数等因素大致确定出作图群体的适宜大小。

§5.6 避免表型对标记变量的过拟合

ICIM 包含两个步骤：①利用所有标记的信息，通过逐步回归选择重要的标记变量并估计其效应；②利用逐步回归得到的线性模型矫正表型数据，并利用矫正后的数据进行全基因组的一维和二维扫描。这种作图策略简化了复合区间作图（CIM）（Zeng, 1994）中控制背景遗传变异的过程。大量模拟研究和实际数据的分析表明，ICIM 是一个行之有效的 QTL 定位方法（见 §5.4 和 §5.5）。ICIM 有较低的抽样误差和较高的作图效率。有 QTL 的区域 ICIM 有显著高的 LOD 值，没有 QTL 的区域 ICIM 的 LOD 值接近于 0。ICIM 对作图参数有着很好的稳健性，同时也很容易推广到上位性作图中（Li et al., 2007, 2010, 2012; Zhang et al., 2008; 王建康, 2009）。在上位性作图时，不仅可以检测到有加性效应 QTL 间的互作，而且可以检测到没有明显加性效应的 QTL 之间的互作。有关二维扫描和上位型互作 QTL 作图详见第 6 章。

ICIM 中第一步回归模型的正确选择，对于第二步的背景变异控制和 QTL 的检测起决定作用。一个理想的表型对标记变量的回归模型，应该满足如下两个条件：①对于存在 QTL

的标记区间来说，区间两侧的标记变量应该进入回归模型（公式 5.10 或公式 5.28）；②如果一个标记左右两侧的区间上都不存在 QTL，这个标记变量不应该进入回归模型。对 DH 群体来说，理想的回归模型应该完全解释了所有加性效应引起的遗传方差；对 F_2 群体来说，理想的回归模型应该完全解释所有加性和显性效应引起的遗传方差。当 ICIM 扫描到某一标记区间时，利用公式 5.11 或公式 5.29 对表型进行矫正，就能消除当前区间之外 QTL 的影响，同时又不会损失当前区间上 QTL 位置和效应的任何信息。

对于回归模型公式 5.10 或公式 5.28 来说，特别是标记数目较大时，有些作图群体中甚至会出现标记数远超过群体大小的情况，确定理想的回归模型不是一件容易的事。如果回归模型不能拟合大部分或全部的遗传变异，ICIM 第二步区间作图时的背景控制就会不完全，从而影响 QTL 的检测功效，效应较小的 QTL 就可能无法检测出来，即出现假阴性问题。如果回归模型出现过拟合，ICIM 第二步区间作图时就可能会产生大量的假阳性 QTL。因此，正确使用 ICIM，既要避免表型对标记变量的不完全拟合而产生的假阴性问题，又要避免过拟合而产生的假阳性问题。

在实际数据中，可以根据回归模型的判定系数 R^2 和性状的遗传力来判定模型的拟合程度。回归模型的判定系数定义为回归平方和占总平方和的比例，可以视为回归模型解释表型变异的比例。以大麦 DH 群体为例，根据多环境重复数据估计粒重的广义遗传力为 0.71。如果粒重 QTL 以加性效应为主，理想回归模型的判定系数应该与性状的广义遗传力相近。表 5.14 给出 4 种变量进入模型概率水平（PIN）的判定系数，变量退出模型的概率水平设为 PIN 的 2 倍。当 PIN=0.001 时，回归模型的判定系数为 0.7289，略超过粒重的遗传力估计值 0.71。表 5.3 给出的就是根据 PIN=0.001 回归方程矫正表型值，然后进行区间作图，检测到的粒重 QTL。提高标记变量进入模型的概率水平 PIN，获得的回归模型则有更高的判定系数，但这时的回归模型有可能将一些随机误差效应也拟合进来。从图 5.4 来看，根据 PIN=0.05 的回归方程矫正表型值，然后进行区间作图，检测到的粒重 QTL 与 PIN=0.001 时存在很多类似的地方。说明 ICIM 对不太严重的过拟合具有一定的稳定性（图 5.3，图 5.4）。

表 5.14　大麦 DH 群体中不同回归模型的判定系数

标记进入模型的概率水平（PIN）	0.001	0.01	0.05	0.1
判定系数（R^2）	0.7289	0.7963	0.8131	0.8886

PIN=0.1 所得到的回归方程的判定系数接近 0.9，远高于粒重的遗传力。根据这一回归模型矫正表型值并进行区间作图，得到的 LOD 曲线和加性效应见图 5.11。从中可以看出，除了 PIN=0.001 时检测到的 7 个 QTL 外，还出现一些新的 QTL。1H 染色体和 3H 染色体上甚至还出现处于互斥连锁状态的 QTL。从 §5.5 的模拟结果来看，连锁的区分是很困难的，尤其是互斥连锁。两个 QTL 在一个群体中如果没有发生重组，是不可能通过 QTL 作图方法将其分开的。它们在染色体上的物理位置可能不在一起，但它们在遗传上表现为共分离的一个 QTL。连锁 QTL 的分解需要足够多的重组类型。在一个大小有限的遗传群体中，连锁越紧密的座位，它们之间发生交换的可能性越低。即使群体中存在一些重组型，要发现重组型与亲本型在表型上产生的差异也会很困难。

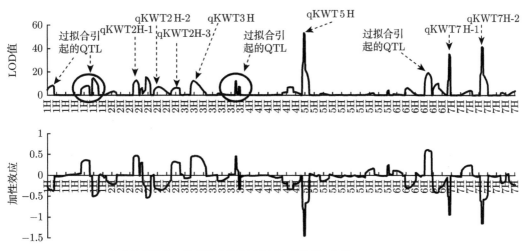

图 5.11 过拟合引起的假阳性 QTL 现象

大麦 145 个 DH 家系粒重性状的完备区间作图，逐步回归中变量进入模型的概率水平为 0.1，变量退出模型的概率水平为 0.2

图 5.11 显示出 3H 染色体上存在两个互斥连锁 QTL，一个位于 141cM 处，加性效应为 0.45，另一个位于 147cM 处，加性效应为 −0.33。它们之间的重组率约等于 0.06。在 145 个 DH 家系的群体中，只有 8 或 9 个家系可能是重组型，剩余的家系是亲本型。在这种大小的群体中，区分这样近的连锁几乎是不可能的。反过来讲，如果在一个大小为 100~200 的群体中检测到一些紧密连锁的 QTL，意味着可能存在过拟合的问题。

综上所述，在一个真实的作图群体中，可以考虑从两个方面判定是否存在过拟合的问题。①比较回归方程的判定系数和性状的遗传力。如果回归方程的判定系数远高于性状的广义遗传力，则表明有过拟合问题。当然，广义遗传力的估计要求具有重复表型观测数据，然后利用方差分析估计遗传方差和遗传力（详见第 1 章 §1.4 和 §1.5 节）。②检查 QTL 定位结果，是否存在紧密连锁 QTL 现象。如果在检测到的 QTL 中存在紧密连锁，也可能表明存在过拟合问题。当存在过拟合现象时，可通过不断降低标记变量进入回归模型的概率，逐渐改善过拟合问题，降低假阳性 QTL 的个数。即使在同一个群体中，不同性状具有不同的遗传力，控制不同性状的 QTL 也不完全相同。因此，不同性状有时可能需要采用不同的 PIN 构建回归模型，以便获得更可靠的作图结果。

练 习 题

5.1 假定有两个独立遗传 QTL 控制两个小麦纯合亲本间株高（cm）性状表现出来的差异，一个 QTL 的两个等位基因分别用 Q_1 和 q_1 表示，加性效应、显性效应分别为 $a_1=10$ 和 $d_1=8$；另一个 QTL 的两个等位基因分别用 Q_2 和 q_2 表示，加性效应、显性效应分别为 $a_2=6$ 和 $d_2=5$。两个纯合亲本的基因型分别为 $Q_1Q_1Q_2Q_2$ 和 $q_1q_1q_2q_2$，4 种纯合基因型的平均株高 $m=100$，随机误差的方差 $\sigma^2=20\text{cm}^2$。两个 QTL 的效应满足可加性，即不存在上位型互作。

（1）计算两个 QTL 的显性度。

（2）计算 9 种 QTL 基因型的平均株高。

5.2 在练习 5.1 的条件下，假定遗传群体为 DH 家系，亲本 P_1 和 P_2 基因型分别为 $Q_1Q_1Q_2Q_2$ 和 $q_1q_1q_2q_2$。

（1）计算 DH 家系群体中株高的均值、遗传方差、表型方差和广义遗传力。

（2）计算每个 QTL 的遗传方差和解释表型方差的比例。

（3）假定能够区分 Q_1 的基因型、但不能区分 Q_2 的基因型，计算 Q_1 的两种基因型 Q_1Q_1 和 q_1q_1 构成群体的均值与方差。

（4）绘制 DH 群体株高的表型分布曲线。

5.3 在练习 5.1 的条件下，假定遗传群体为 F_2，亲本 P_1 和 P_2 基因型分别为 $Q_1Q_1Q_2Q_2$ 和 $q_1q_1q_2q_2$。

（1）计算 F_2 群体中株高的遗传方差、表型方差和遗传力。

（2）计算每个 QTL 的遗传方差和解释表型方差的比例。

（3）假定能够区分 Q_1 的基因型，但不能区分 Q_2 的基因型，计算 Q_1 的 3 种基因型 Q_1Q_1、Q_1q_1 和 q_1q_1 构成群体的均值与方差。

（4）绘制 F_2 群体株高的表型分布曲线。

5.4 为什么控制背景遗传变异能够提高 QTL 的检测功效？

5.5 使用 QTL IciMapping 软件中附带的一个 DH 或 RIL 遗传群体，利用 IM 和 ICIM 两种方法开展 QTL 作图。

（1）绘制 IM 和 ICIM 两种方法得到的全基因组 LOD 曲线和加性效应曲线。

（2）列出 IM 和 ICIM 两种方法定位到 QTL 的相关信息，包括染色体上的位置、连锁最紧密的两侧标记、遗传效应等。

（3）分析比较 IM 和 ICIM 两种方法检测到 QTL 的差异。

5.6 使用 QTL IciMapping 软件中附带的一个 F_2 遗传群体，利用 IM 和 ICIM 两种方法开展 QTL 作图。

（1）绘制 IM 和 ICIM 两种方法得到的全基因组 LOD 曲线、加性和显性效应曲线。

（2）列出 IM 和 ICIM 两种方法定位到 QTL 的相关信息，包括染色体上的位置、连锁最紧密的两侧标记、遗传效应等。

（3）分析比较 IM 和 ICIM 两种方法检测到 QTL 的差异。

5.7 假定存在一对控制植物花色的等位基因 A 和 a，纯合基因型 AA 表现为红花、aa 表现为白花。在没有奇异分离的情况下，AA 和 aa 杂交产生的 DH 群体中，红花的比例 $p=0.5$。今随机选取 10 个 DH 家系，红花家系个数用随机变量 X 表示。根据 X 的观测值可以对奇异分离进行显著性检验，检验零假设为无奇异分离，即 $H_0: p=0.5$。如果 $X \leqslant 2$ 或 $X \geqslant 8$，则拒绝零假设；否则接受零假设。

（1）计算第一类错误的概率。

（2）在 $H_A: p=0.6$ 为真时，计算第二类错误的概率，以及对 $p=0.6$ 的检测功效。

（3）如果白花基因与一个致死基因紧密连锁，使得 DH 群体中白花的频率达到 0.75，采用同样的拒绝域，计算第二类错误的概率和检测功效。

5.8 在练习 5.7 的条件下，如果 $X \leqslant 1$ 或 $X \geqslant 9$，则拒绝零假设；否则接受零假设。

（1）计算第一类错误的概率。

（2）在 $H_A: p=0.6$ 为真时，计算第二类错误的概率，以及对 $p=0.6$ 的检测功效。

（3）在 $H_A: p=0.75$ 为真时，计算第二类错误的概率，以及对 $p=0.6$ 的检测功效。

（4）你觉得应该采用什么方法才能提高统计假设检验的功效？

5.9 标准正态分布的概率密度函数用 $f(x) = \frac{1}{\sqrt{2\pi}} e^{\frac{1}{2}x^2}$ 表示，Z_β 是收尾概率为 β 时标准正态分布变量的取值，即 $\int_{Z_\beta}^{+\infty} f(x) \mathrm{d}x = \beta$。根据正态分布的对称性，$\int_{-\infty}^{-Z_\beta} f(x) \mathrm{d}x = \beta$。因此，

$$\int_{-Z_\beta}^{+\infty} f(x; \mu=0) \mathrm{d}x = 1 - \int_{-\infty}^{-Z_\beta} f(x; \mu=0) \mathrm{d}x = 1 - \beta$$

记 $Z_{1-\beta}$ 是收尾概率为 $1-\beta$ 时标准正态分布变量的取值，那么 $Z_{1-\beta} = -Z_\beta$。

（1）利用标准正态分布表或 Excel 中有关正态分布的函数，计算 Z_β=0.1、0.5、1、1.5、2、2.5 和 3.0 的收尾概率 β。

（2）利用标准正态分布表或 Excel 中有关正态分布的函数，计算收尾概率 β=0.001、0.01、0.05、0.1 和 0.5 对应的 Z_β。

5.10 有一大面积种植的小麦品种的产量水平为 400kg 左右。现欲在显著性水平 0.05 条件下以 0.90 的功效检测出产量水平高出现有品种大约 5% 的新育成品种。根据往年的试验数据，一次产量观测值的标准差在 15kg 左右。

（1）利用公式 5.40，在 Excel 中计算进行田间试验时需要设置的最低重复次数。

（2）如通过改进田间管理和试验设计，误差效应的标准差降低了一半，这时的最低重复次数是多少？

5.11 使用 QTL IciMapping 软件和表 5.8 的遗传模型，比较 IM 和 ICIM 两种方法在 F_2 群体中 QTL 的检测功效和假阳率。不考虑显性效应，模拟产生 500 个 F_2 群体，每个 F_2 群体的大小为 200，支撑区间长度为 10cM。

5.12 在练习 5.11 中，如果增加标记个数，每条染色体均匀分布 25 个标记，即标记间距为 5cM，其他条件不变。比较 IM 和 ICIM 两种方法在 F_2 群体中 QTL 的检测功效和假阳率；通过练习 5.11 和练习 5.12，比较 IM 和 ICIM 在两种标记密度下 QTL 检测功效和假阳率的差异。

5.13 两个标记座位 A 和 B 分别在同一条染色体的 15cM 和 30cM 处，它们之间的 20cM 处存在一个 QTL，两个纯合亲本的基因型分别用 $AAQQBB$ 和 $aaqqbb$ 表示。假定基因型 QQ 的均值为 20，qq 的均值为 15（参考第 4 章练习 4.4）。

（1）计算 DH 群体中 4 种标记型的均值。

（2）如将座位 A 和 B 也视为 QTL，计算它们各自的加性效应，以及加加上位型互作效应。

5.14 两个标记座位 A 和 B 分别在同一条染色体的 15cM 和 30cM 处，它们之间的 20cM 处存在一个 QTL，两个纯合亲本的基因型分别用 $AAQQBB$ 和 $aaqqbb$ 表示。假定基因型 QQ 的均值为 20，Qq 的均值为 18，qq 的均值为 15（参考第 4 章练习 4.5）。

（1）计算 F_2 群体中 9 种标记型的均值。

（2）如将座位 A 和 B 也视为 QTL，计算它们各自的加性效应、显性效应，以及 4 种上位型互作效应。

第6章 互作 QTL 作图

同一个座位上的不同等位基因结合在一起产生的基因型具有不同的表现型。由此定义的加性和显性遗传效应，有时也称为座位内等位基因间的互作（intragenic interaction）。不同座位上的基因有时也会产生相互作用，这种作用在遗传学上称为上位型互作（epistasis），有时也称为非等位基因互作（intergenic interaction）（Lynch and Walsh, 1998; Doerge, 2002; Carlborg et al., 2006; Bernardo, 2010）。上位型互作也是决定数量性状表现型和遗传进化的重要因素。但是，数量性状的上位型互作模式非常复杂，遗传模型中包含了大量不同类型的遗传效应。检测上位性 QTL 并估计其遗传效应，在目前看来还是十分困难的（Carlborg and Haley, 2004; Li et al., 2008）。本章以 DH 和 F_2 群体为例，介绍基于标记、包含互作效应的完备线性模型，以及应用完备区间作图原理进行二维全基因组扫描、检测两个座位间的上位性。涉及更多座位间的互作研究，可能要依赖于特殊遗传材料和群体的创建，如各种片段数目的染色体片段置换系、各种基因组合的近等基因系等，读者可参见第 9 章相关内容。本章最后一节，简要介绍加性 QTL 与环境的互作分析方法。

§6.1 DH 群体中上位型互作 QTL 作图

§6.1.1 互作 QTL 作图的线性回归模型及其统计学性质

为便于叙述，假设 m 个 QTL 在两个纯系亲本 P_1 和 P_2 中分离，它们分布在同一条染色体的 m 个区间上，这些区间被 $m+1$ 个标记分隔。忽略一个标记区间上存在多个 QTL 的情况。亲本 P_1 的 QTL 基因型为 $Q_1Q_1Q_2Q_2\cdots Q_mQ_m$，$P_2$ 为 $q_1q_1q_2q_2\cdots q_mq_m$。对于每个 DH 家系，$\boldsymbol{X}=(x_1, x_2, \cdots, x_m, x_{m+1})$ 表示标记基因型，P_1 亲本型用 1 表示，P_2 亲本型用 -1 表示。$\boldsymbol{W}=(w_1, w_2, \cdots, w_m)$ 表示未知 QTL 的基因型指示变量，P_1 亲本型用 1 表示，P_2 亲本型用 -1 表示。QTL 的加性效应分别用 $a_1, a_2, \cdots, a_m$ 表示，第 j 个和第 k 个 QTL 之间的上位型互作效应（或简称上位性效应）表示为 aa_{jk} ($j, k = 1, \cdots, m$，且 $j < k$)。若加性效应 a 为 0，则认为对应区间上不存在 QTL。若加加上位性效应 aa 为 0，则认为对应的两个区间上不存在加加上位型互作。假定基因效应是可加的，在加性和加加上位型互作遗传模型条件下，个体的基因型值用公式 6.1 表示。

$$G = \mu + \sum_{j=1}^{m} a_j w_j + \sum_{j<k} aa_{jk} w_j w_k \tag{6.1}$$

根据第 5 章公式 5.3 和公式 5.4，QTL 的基因型指示变量 w_j 的期望依赖于染色体上第 j 个标记和第 $j+1$ 个标记区间上第 j 个 QTL 的位置和标记区间的长度，即

$$E(w_j|\boldsymbol{X}) = \lambda_{j(\mathrm{L})} x_j + \lambda_{j(\mathrm{R})} x_{j+1},$$

$$\lambda_{j(\mathrm{L})} = \frac{r - r_\mathrm{L} + r_\mathrm{R} - 2r_\mathrm{L} r_\mathrm{R}}{2r(1-r)}, \quad \lambda_{j(\mathrm{R})} = \frac{r + r_\mathrm{L} - r_\mathrm{R} - 2r_\mathrm{L} r_\mathrm{R}}{2r(1-r)} \quad (6.2)$$

其中，r 是第 j 个标记和第 $j+1$ 个标记之间的重组率；r_L 是第 j 个标记和第 j 个 QTL 之间的重组率；r_R 是第 j 个 QTL 和第 $j+1$ 个标记之间的重组率。因此，两个 QTL 基因型指示变量的乘积 $w_j w_k$ 在标记型 $\boldsymbol{X}$ 下的条件期望可以表示成公式 6.3。

$$\begin{aligned}
E(w_j w_k | \boldsymbol{X}) &= E(w_j | \boldsymbol{X}) \times E(w_k | \boldsymbol{X}) \\
&= \lambda_{j(\mathrm{L})} \lambda_{k(\mathrm{L})} x_j x_k + \lambda_{j(\mathrm{L})} \lambda_{k(\mathrm{R})} x_j x_{k+1} + \lambda_{j(\mathrm{R})} \lambda_{k(\mathrm{L})} x_{j+1} x_k + \lambda_{j(\mathrm{R})} \lambda_{k(\mathrm{R})} x_{j+1} x_{k+1}
\end{aligned} \quad (6.3)$$

在已知标记型的条件下，遗传模型公式 6.1 中，基因型值 G 的期望可以表示成所有标记变量和标记乘积项的线性函数，即公式 6.4。

$$\begin{aligned}
E(G | \boldsymbol{X}) &= \mu + \sum_{j=1}^{m} a_j (\lambda_{j(\mathrm{L})} x_j + \lambda_{j(\mathrm{R})} x_{j+1}) \\
&\quad + \sum_{j<k} aa_{jk} (\lambda_{j(\mathrm{L})} \lambda_{k(\mathrm{L})} x_j x_k + \lambda_{j(\mathrm{L})} \lambda_{k(\mathrm{R})} x_j x_{k+1} + \lambda_{j(\mathrm{R})} \lambda_{k(\mathrm{L})} x_{j+1} x_k \\
&\quad + \lambda_{j(\mathrm{R})} \lambda_{k(\mathrm{R})} x_{j+1} x_{k+1}) \\
&\hat{=} \beta_0 + \sum_{j=1}^{m+1} \beta_j x_j + \sum_{j<k} \beta_{j,k} x_j x_k
\end{aligned} \quad (6.4)$$

其中，

$\beta_0 = \mu$；

$\beta_1 = \lambda_{1(\mathrm{L})} a_1$；　$\beta_j = \lambda_{j-1(\mathrm{R})} a_{j-1} + \lambda_{j(\mathrm{L})} a_j \ (j = 2, \cdots, m)$；　$\beta_{m+1} = \lambda_{m(\mathrm{L})} a_m$；

$\beta_{1,2} = \lambda_{1(\mathrm{L})} \lambda_{2(\mathrm{L})} aa_{12}$；

$\beta_{1,k} = \lambda_{1(\mathrm{L})} \lambda_{k-1(\mathrm{R})} aa_{1,k-1} + \lambda_{1(\mathrm{L})} \lambda_{k(\mathrm{L})} aa_{1k} \ (k = 3, \cdots, m)$；

$\beta_{1,m+1} = \lambda_{1(\mathrm{L})} \lambda_{m(\mathrm{R})} aa_{1m}$；

$\beta_{j,j+1} = \lambda_{j-1(\mathrm{R})} \lambda_{j(\mathrm{R})} aa_{j-1,j} + \lambda_{j-1(\mathrm{R})} \lambda_{j+1(\mathrm{L})} aa_{j-1,j+1}$

$\qquad + \lambda_{j(\mathrm{L})} \lambda_{j+1(\mathrm{L})} aa_{j,j+1} \ (j = 2, \cdots, m-1)$；

$\beta_{j,k} = \lambda_{j-1(\mathrm{R})} \lambda_{k-1(\mathrm{R})} aa_{j-1,k-1} + \lambda_{j-1(\mathrm{R})} \lambda_{k(\mathrm{L})} aa_{j-1,k}$

$\qquad + \lambda_{j(\mathrm{L})} \lambda_{k-1(\mathrm{R})} aa_{j,k-1} + \lambda_{j(\mathrm{L})} \lambda_{k(\mathrm{L})} aa_{jk} \ (j \neq 1, k \neq m+1, j < k-1)$；

$\beta_{j,m+1} = \lambda_{j-1(\mathrm{R})} \lambda_{m(\mathrm{R})} aa_{j-1,m} + \lambda_{j(\mathrm{L})} \lambda_{m(\mathrm{R})} aa_{jm} \ (j = 2, \cdots, m-1)$；

$\beta_{m,m+1} = \lambda_{m-1(\mathrm{R})} \lambda_{m(\mathrm{R})} aa_{m-1,m}$

因此，第 j 个与第 k 个 QTL 之间的上位性仅对标记互作效应 $\beta_{j,k}$、$\beta_{j+1,k}$、$\beta_{j,k+1}$ 和 $\beta_{j+1,k+1}$ 有贡献。如果当前扫描区间 $(j, j+1)$ 和 $(k, k+1)$ 之间至少存在一个不含 QTL 的区间，而且它们的相邻区间内，即 $(j-1, j)$、$(j+1, j+2)$、$(k-1, k)$、$(k+1, k+2)$ 没有 QTL，那么 $aa_{j-1,k-1}$、$aa_{j-1,k}$、$aa_{j-1,k+1}$、$aa_{j,k-1}$、$aa_{j,k+1}$、$aa_{j+1,k-1}$、$aa_{j+1,k}$ 和 $aa_{j+1,k+1}$ 均等于 0。在这种情况下，$\beta_{j,k} = \lambda_{j(\mathrm{L})} \lambda_{k(\mathrm{L})} aa_{jk}$、$\beta_{j+1,k} = \lambda_{j(\mathrm{R})} \lambda_{k(\mathrm{L})} aa_{jk}$、$\beta_{j,k+1} =$

$\lambda_{j(L)}\lambda_{k(R)}aa_{jk}$、$\beta_{j+1,k+1} = \lambda_{j(R)}\lambda_{k(R)}aa_{jk}$，它们包含了第 j 个和第 k 个 QTL 的位置、加性效应及互作效应的信息，这一性质是 ICIM 上位性 QTL 作图的理论基础。

假设一个 DH 群体中有 n 个家系。目标性状的表型值和 $m+1$ 个已排好顺序的标记基因型都是已知的。利用公式 6.5 给出的线性回归模型选择标记变量，进而在 QTL 作图过程中控制背景遗传变异。

$$y_i = \beta_0 + \sum_{j=1}^{m+1} \beta_j x_{ij} + \sum_{j<k} \beta_{j,k} x_{ij} x_{ik} + \varepsilon_i \tag{6.5}$$

其中，y_i 是作图群体中第 i 个家系的表型值；β_0 是线性模型的常数项；x_{ij} 是第 j 个标记在第 i 个家系中的基因型指示变量；亲本 P_1 基因型的取值为 1；亲本 P_2 基因型的取值为 -1；β_j 是表型对第 j 个标记变量的偏回归系数；$\beta_{j,k}$ 是表型对第 j 个标记和第 k 个标记乘积项的偏回归系数；ε_i 是残差项，服从均值为 0、方差为 σ_ε^2 的正态分布；不同家系的残差项相互独立。

对于线性模型公式 6.5，采用两步逐步回归策略估计模型参数：① 与第 5 章中 ICIM 加性作图的第一步类似，选择具有显著主效应的标记变量；② 对第一步回归中的剩余残差再进行逐步回归，选择显著的标记乘积变量，并且估计它们的效应。在第二步逐步回归过程中，由于回归变量的个数变得非常庞大，为了避免模型过拟合，需要采用比第一步逐步回归中更严格的变量进出模型的概率标准。

§6.1.2 互作 QTL 的二维扫描区间作图

在进行上位性 QTL 的二维扫描时，两个当前标记区间记为 $(j, j+1)$ 和 $(k, k+1)$，满足 $j < k$。公式 6.5 中的观测值被矫正为

$$\Delta y_i = y_i - \sum_{r \neq j, j+1, k, k+1} \hat{\beta}_r x_{ir} - \sum_{\substack{r \neq j, j+1 \\ s \neq k, k+1}} \hat{\beta}_{r,s} x_{ir} x_{is} \tag{6.6}$$

其中，$\hat{\beta}_r$ 和 $\hat{\beta}_{r,s}$ 是公式 6.5 中回归系数的估计值。矫正后的表型值 Δy_i 包含两个检测区间上 QTL 的信息，即互作 QTL 的两个位置、两个加性效应，以及二者互作效应。同时，其他区间或者染色体上 QTL 的加性和上位性效应得到了有效控制。值得注意的是，只要两个检测区间中任何一个移入一个新的区间，矫正表型值 Δy_i 就要进行相应的改变。

根据两个标记区间上 4 个标记的基因型，可以将所有的 DH 家系分成 16 组（表 6.1）。如果在两个检测区间的扫描位置上分别存在一个 QTL，其等位基因分别为 Q_j、q_j，以及 Q_k、q_k，那么 Δy_i 将服从一个包含 4 种 QTL 基因型 $Q_jQ_jQ_kQ_k$、$Q_jQ_jq_kq_k$、$q_jq_jQ_kQ_k$ 和 $q_jq_jq_kq_k$ 的混合分布。4 种 QTL 基因型的均值分别用 μ_1、μ_2、μ_3 和 μ_4 表示。对每一组标记型，4 种 QTL 基因型的比例可以通过重组率计算出来（表 6.1）。下面的两个假设，可以检测当前两个作图位置上 QTL 的显著性：

$$H_0: \mu_1 = \mu_2 = \mu_3 = \mu_4,$$

$H_A: \mu_1, \mu_2, \mu_3$ 和 μ_4 中至少有两个互不相等

表 6.1 DH 群体中两个标记区间上 16 种标记型的频率，以及每种标记型下 QTL 基因型的频率

标记基因型分组	频率	两对侧连标记的指示变量				QTL 基因型的频率			
		$M_j M_{j+1} M_k M_{k+1}$				$Q_j Q_j Q_k Q_k$	$Q_j Q_j q_k q_k$	$q_j q_j Q_k Q_k$	$q_j q_j q_k q_k$
		x_j	x_{j+1}	x_k	x_{k+1}	$a_j + a_k + aa_{jk}$	$a_j - a_k - aa_{jk}$	$-a_j + a_k - aa_{jk}$	$-a_j - a_k + aa_{jk}$
1	$\frac{1}{2}(1-r_{j,j+1})(1-r_{j+1,k})(1-r_{k,k+1})$	1	1	1	1	$p_1 p_3$	$p_1(1-p_3)$	$(1-p_1)p_3$	$(1-p_1)(1-p_3)$
2	$\frac{1}{2}(1-r_{j,j+1})(1-r_{j+1,k})r_{k,k+1}$	1	1	1	-1	$p_1 p_4$	$p_1(1-p_4)$	$(1-p_1)p_4$	$(1-p_1)(1-p_4)$
3	$\frac{1}{2}(1-r_{j,j+1})r_{j+1,k}r_{k,k+1}$	1	1	-1	1	$p_1(1-p_4)$	$p_1 p_4$	$(1-p_1)(1-p_4)$	$(1-p_1)p_4$
4	$\frac{1}{2}(1-r_{j,j+1})r_{j+1,k}(1-r_{k,k+1})$	1	1	-1	-1	$p_1(1-p_3)$	$p_1 p_3$	$(1-p_1)(1-p_3)$	$(1-p_1)p_3$
5	$\frac{1}{2}r_{j,j+1}r_{j+1,k}(1-r_{k,k+1})$	1	-1	1	1	$p_2 p_3$	$p_2(1-p_3)$	$(1-p_2)p_3$	$(1-p_2)(1-p_3)$
6	$\frac{1}{2}r_{j,j+1}r_{j+1,k}r_{k,k+1}$	1	-1	1	-1	$p_2 p_4$	$p_2(1-p_4)$	$(1-p_2)p_4$	$(1-p_2)(1-p_4)$
7	$\frac{1}{2}r_{j,j+1}(1-r_{j+1,k})(1-r_{k,k+1})$	1	-1	-1	1	$p_2(1-p_4)$	$p_2 p_4$	$(1-p_2)(1-p_4)$	$(1-p_2)p_4$
8	$\frac{1}{2}r_{j,j+1}(1-r_{j+1,k})(1-r_{k,k+1})$	1	-1	-1	-1	$p_2(1-p_3)$	$p_2 p_3$	$(1-p_2)(1-p_3)$	$(1-p_2)p_3$
9	$\frac{1}{2}r_{j,j+1}r_{j+1,k}(1-r_{k,k+1})$	-1	1	1	1	$(1-p_2)p_3$	$(1-p_2)(1-p_3)$	$p_2 p_3$	$p_2(1-p_3)$
10	$\frac{1}{2}r_{j,j+1}r_{j+1,k}r_{k,k+1}$	-1	1	1	-1	$(1-p_2)p_4$	$(1-p_2)(1-p_4)$	$p_2 p_4$	$p_2(1-p_4)$
11	$\frac{1}{2}r_{j,j+1}(1-r_{j+1,k})r_{k,k+1}$	-1	1	-1	1	$(1-p_2)(1-p_4)$	$(1-p_2)p_4$	$p_2(1-p_4)$	$p_2 p_4$
12	$\frac{1}{2}r_{j,j+1}(1-r_{j+1,k})r_{k,k+1}$	-1	1	-1	-1	$(1-p_2)(1-p_3)$	$(1-p_2)p_3$	$p_2(1-p_3)$	$p_2 p_3$
13	$\frac{1}{2}(1-r_{j,j+1})r_{j+1,k}(1-r_{k,k+1})$	-1	-1	1	1	$(1-p_1)p_3$	$(1-p_1)(1-p_3)$	$p_1 p_3$	$p_1(1-p_3)$
14	$\frac{1}{2}(1-r_{j,j+1})r_{j+1,k}r_{k,k+1}$	-1	-1	1	-1	$(1-p_1)p_4$	$(1-p_1)(1-p_4)$	$p_1 p_4$	$p_1(1-p_4)$
15	$\frac{1}{2}(1-r_{j,j+1})(1-r_{j+1,k})r_{k,k+1}$	-1	-1	-1	1	$(1-p_1)(1-p_4)$	$(1-p_1)p_4$	$p_1(1-p_4)$	$p_1 p_4$
16	$\frac{1}{2}(1-r_{j,j+1})(1-r_{j+1,k})(1-r_{k,k+1})$	-1	-1	-1	-1	$(1-p_1)(1-p_3)$	$(1-p_1)p_3$	$p_1(1-p_3)$	$p_1 p_3$

注: 1 和 -1 分别表示两种不同的纯合标记型。$p_1 = (1-r_{j,q_j})(1-r_{q_j,j+1})/(1-r_{j,j+1})$, $p_2 = (1-r_{j,q_j})(1-r_{q_j,j+1})/r_{j,j+1}$, $p_3 = (1-r_{k,q_k})(1-r_{q_k,k+1})/(1-r_{k,k+1})$, $p_4 = (1-r_{k,q_k})r_{q_k,k+1}/r_{k,k+1}$, 其中 r 是两个标记或一个标记与一个 QTL 之间的重组率；如果两个标记不连锁，重组率 r 为 0.5.

在备择假设 H_A 条件下的对数似然函数可以表示成公式 6.7。

$$\ln L_A = \sum_{j=1}^{16} \sum_{i \in S_j} \ln \left[\sum_{l=1}^{4} \pi_{jl} f(\Delta y_i; \mu_l, \sigma_\varepsilon^2) \right] \tag{6.7}$$

其中, S_j 表示具有第 j 种标记型 $(j=1,\cdots,16)$ DH 家系的集合; π_{jl} 是在第 j 种标记型中第 l 个 QTL 基因型的比例（表 6.1）; $f(\bullet; \mu_l, \sigma_\varepsilon^2)$ 表示第 l 个正态分布 $N(\mu_l, \sigma_\varepsilon^2)$ 的密度函数, $l=1,\cdots,4$ 分别代表 4 种 QTL 基因型 $Q_jQ_jQ_kQ_k$、$Q_jQ_jq_kq_k$、$q_jq_jQ_kQ_k$ 和 $q_jq_jq_kq_k$。

从表 6.1 的 QTL 基因型频率可以看出, 标记型 1 中大部分家系的 QTL 基因型为 $Q_jQ_jQ_kQ_k$, 标记型 4 中大部分家系的 QTL 基因型为 $Q_jQ_jq_kq_k$, 标记型 13 中大部分家系的 QTL 基因型为 $q_jq_jQ_kQ_k$, 标记型 16 中大部分家系的 QTL 基因型为 $q_jq_jq_kq_k$。因此, 在 EM 算法中, 5 个未知参数的初始值可以根据这些标记型中的家系来选取, 即

$$\mu_1^{(0)} = \frac{1}{n_1} \sum_{i=1}^{n_1} \Delta y_i; \quad \mu_2^{(0)} = \frac{1}{n_4} \sum_{i=n_{1:3}+1}^{n_{1:4}} \Delta y_i; \quad \mu_3^{(0)} = \frac{1}{n_{13}} \sum_{i=n_{1:12}+1}^{n_{1:13}} \Delta y_i; \quad \mu_4^{(0)} = \frac{1}{n_{16}} \sum_{i=n_{1:15}+1}^{n} \Delta y_i$$

$$\sigma_\varepsilon^{2(0)} = \frac{1}{n_1+n_4+n_{13}+n_{16}} \left[\sum_{i=1}^{n_1} (\Delta y_i - \mu_1^{(0)})^2 + \sum_{i=n_{1:3}+1}^{n_{1:4}} (\Delta y_i - \mu_2^{(0)})^2 \right.$$

$$\left. + \sum_{n_{1:12}+1}^{n_{1:13}} (\Delta y_i - \mu_3^{(0)})^2 + \sum_{i=n_{1:15}+1}^{n} (\Delta y_i - \mu_4^{(0)})^2 \right]$$

其中, $n_1 \sim n_{16}$ 表示 16 种标记型的 DH 家系数; $n_{1:4}$ 表示 $n_1 \sim n_4$ 之和, 依次类推。在 E 步骤中, 第 i 个 $(i=1,\cdots,n)$ 家系属于第 l 个 $(l=1,\cdots,4)$ QTL 基因型的后验概率可以由以下公式计算：

$$w_{il}^{(0)} = \pi_{jl} f(\Delta y_i; \mu_l^{(0)}, \sigma^{2(0)}) \Big/ \sum_{h=1}^{4} \pi_{jh} f(\Delta y_i; \mu_h^{(0)}, \sigma_\varepsilon^{2(0)})$$

在 M 步骤中, 5 个待估参数被更新为

$$\mu_l^{(1)} = \sum_{i=1}^{n} w_{il}^{(0)} \Delta y_i \Big/ \sum_{i=1}^{n} w_{il}^{(0)} (l=1,\cdots,4), \quad \sigma_\varepsilon^{2(1)} = \frac{1}{n} \sum_{i=1}^{n} \sum_{k=1}^{4} w_{il}^{(0)} (\Delta y_i - \mu_l^{(1)})^2$$

重复上述过程, 直到两个相邻循环间对数似然函数的差值达到一个预先给定的精度时, 如 10^{-6}, EM 算法则终止迭代。得到的极大似然估计值记为 $\hat{\mu}_1$、$\hat{\mu}_2$、$\hat{\mu}_3$、$\hat{\mu}_4$ 和 $\hat{\sigma}_\varepsilon^2$。DH 群体中, 两个 QTL 座位上 4 种基因型的平均表现与两个 QTL 的加性效应 a_j 和 a_k, 以及它们的上位性效应 aa_{jk} 的关系为

$$\mu_1 = \mu + a_j + a_k + aa_{jk},$$
$$\mu_2 = \mu + a_j - a_k - aa_{jk},$$
$$\mu_3 = \mu - a_j + a_k - aa_{jk},$$
$$\mu_4 = \mu - a_j - a_k + aa_{jk} \tag{6.8}$$

因此，各种遗传效应可以用基因型的平均表现表示为

$$\mu = \frac{1}{4}(\mu_1 + \mu_2 + \mu_3 + \mu_4),$$
$$a_j = \frac{1}{4}(\mu_1 + \mu_2 - \mu_3 - \mu_4),$$
$$a_k = \frac{1}{4}(\mu_1 - \mu_2 + \mu_3 - \mu_4),$$
$$aa_{jk} = \frac{1}{4}(\mu_1 - \mu_2 - \mu_3 + \mu_4) \tag{6.9}$$

将各种 QTL 基因型平均表现的估计值 $\hat{\mu}_1$、$\hat{\mu}_2$、$\hat{\mu}_3$、$\hat{\mu}_4$ 代入公式 6.9，就得到两个 QTL 座位间各种遗传效应的估计值。

例如，在一对二维扫描位置上，4 种 QTL 基因型 $Q_jQ_jQ_kQ_k$、$Q_jQ_jq_kq_k$、$q_jq_jQ_kQ_k$ 和 $q_jq_jq_kq_k$ 平均表现的估计值分别为 11.85、7.27、10.27 和 11.61。根据公式 6.9 得到，μ=10.25，a_j=−0.69，a_k=0.81，aa_{jk}=1.48。如果忽略上位性效应，仅从加性效应预测 4 种基因型的表现，得到的结论是基因型 $q_jq_jQ_kQ_k$ 具有最高的平均数。事实上，基因型 $Q_jQ_jQ_kQ_k$ 的平均数在 4 种基因型中是最高的。因此，当存在上位性效应时，难以从单个座位的遗传效应准确预测多个座位的基因型的表现，谈论单个座位上等位基因是有利还是不利的意义也不是很大。

在零假设 H_0 条件下，Δy_i 服从单一正态分布 $N(\mu_0, \sigma_0^2)$，对数似然函数为

$$\ln L_0 = \sum_{i=1}^{n} \ln[f(\Delta y_i; \mu_0, \sigma_0^2)] \tag{6.10}$$

分布均值和方差的极大似然估计值为

$$\hat{\mu}_0 = \frac{1}{n}\sum_{i=1}^{n} \Delta y_i, \quad \hat{\sigma}_0^2 = \frac{1}{n}\sum_{i=1}^{n}(\Delta y_i - \hat{\mu}_0)^2$$

在当前扫描位置上，LOD 值（记为 LOD_A）可由两个假设的极大似然函数获得，即公式 6.11，并用来检测 4 种 QTL 基因型间是否存在显著性差异。假设 H_A 的独立参数有 5 个，假设 H_0 的独立参数有 2 个，LOD_A 对应的 LRT 统计量服从自由度为 3 的 χ^2 分布，这里的自由度其实就是待估遗传参数的个数，即两个座位上的 2 个加性效应，以及它们之间的 1 个加加互作效应。

$$\text{LOD}_A = \max \log_{10} L_A - \max \log_{10} L_0 \tag{6.11}$$

公式 6.6 给出的矫正表型 Δy_i 包含了两个扫描区间上 QTL 位置、加性和上位性效应的信息，QTL 加性效应和上位性效应同时影响检验统计量 LOD_A。为了单独检测上位性的存在，应该去掉加性效应对检验统计量的影响。由此引出另一个待检验的假设 H_{AA}。

$$H_{AA}: \mu_1 - \mu_2 - \mu_3 + \mu_4 = 0, \text{ 或者说 } aa_{jk} = 0$$

H_{AA} 和 H_A 间极大似然函数的差别是由限制条件 $aa_{jk} = 0$ 引起的，反映了上位性效应对似然函数值的影响，因此可用于检验上位性效应的显著性。对 $\ln L_A$ 求条件极值，可以估

计 H_{AA} 条件下的极大似然函数。令

$$\ln L_{AA} = \ln L_A - \lambda(\mu_1 - \mu_2 - \mu_3 + \mu_4)$$

其中，λ 是微积分中条件极值的拉格朗日乘子。在 EM 算法中，后验概率的计算与假设 H_A 的计算方法相同。M 步骤中，5 个参数需要满足 H_{AA} 中的条件。根据条件极值的计算方法，它们可以用下面的公式进行估计：

$$(\lambda\sigma_\varepsilon^2)^{(0)} = \left[\sum_{i=1}^n w_{i1}^{(0)}\Delta y_i \Big/ \sum_{i=1}^n w_{i1}^{(0)} - \sum_{i=1}^n w_{i2}^{(0)}\Delta y_i \Big/ \sum_{i=1}^n w_{i2}^{(0)}\right.$$

$$\left. - \sum_{i=1}^n w_{i3}^{(0)}\Delta y_i \Big/ \sum_{i=1}^n w_{i3}^{(0)} + \sum_{i=1}^n w_{i4}^{(0)}\Delta y_i \Big/ \sum_{i=1}^n w_{i4}^{(0)}\right] \Big/ \sum_{l=1}^4 \left[1 \Big/ \sum_{i=1}^n w_{il}^{(0)}\right]$$

$$\mu_1^{(1)} = \left[\sum_{i=1}^n w_{i1}^{(0)}\Delta y_i - (\lambda\sigma_\varepsilon^2)^{(0)}\right] \Big/ \sum_{i=1}^n w_{i1}^{(0)},$$

$$\mu_2^{(1)} = \left[\sum_{i=1}^n w_{i2}^{(0)}\Delta y_i + (\lambda\sigma_\varepsilon^2)^{(0)}\right] \Big/ \sum_{i=1}^n w_{i2}^{(0)},$$

$$\mu_3^{(1)} = \left[\sum_{i=1}^n w_{i3}^{(0)}\Delta y_i + (\lambda\sigma_\varepsilon^2)^{(0)}\right] \Big/ \sum_{i=1}^n w_{i3}^{(0)},$$

$$\mu_4^{(1)} = \left[\sum_{i=1}^n w_{i4}^{(0)}\Delta y_i - (\lambda\sigma_\varepsilon^2)^{(0)}\right] \Big/ \sum_{i=1}^n w_{i4}^{(0)}$$

将上述 EM 算法获得的条件极大似然估计代入公式 6.7，得到 H_{AA} 的极大对数似然函数值。然后利用公式 6.12 计算一个新的检验统计量，称为 LOD_{AA}，它反映了当前两个检测区间互作效应的显著性。与 H_A 相比较，H_{AA} 增加了一个限制条件，因此独立参数少了 1 个，LOD_{AA} 对应的 LRT 统计量服从自由度为 1 的 χ^2 分布。

$$\text{LOD}_{AA} = \max\log_{10} L_A - \max\log_{10} L_{AA} \tag{6.12}$$

假设 H_{AA} 与假设 H_0 之间的差异反映了当前两个检测区间上加性效应的显著性，它可以用统计量 $\text{LOD}_A - \text{LOD}_{AA} = \log_{10} L_{AA} - \log_{10} L_0$ 进行检验，对应的 LRT 统计量服从自由度为 2 的 χ^2 分布。这样就把公式 6.11 定义的统计量分解为两个独立的统计量，分别用于 1 个互作效应和 2 个加性效应的显著性检验。当然，加性效应的显著性检验并不是上位性 QTL 作图关注的重点问题，它完全可以通过第 5 章的一维扫描来完成。

§6.1.3 连锁和互作同时存在时群体遗传方差的计算

在遗传模型公式 6.1 中，基因型值 G 的理论加性方差为

$$V_A = \text{Var}\left(\sum_{j=1}^m a_j w_j\right) = \sum_{j,k=1}^m \text{Cov}(w_j, w_k)a_j a_k = \sum_{j,k=1}^m (1-2r_{jk})a_j a_k \tag{6.13}$$

其中，r_{jk} 是第 j 个 QTL 和第 k 个 QTL 之间的重组率。基因型值 G 的理论上位性方差为

$$V_I = \text{Var}\left(\sum_{j<k} aa_{jk} w_j w_k\right) = \sum_{j<k, l<m} \text{Cov}(w_j w_k, w_l w_m) aa_{jk} aa_{lm}$$

$$= \sum_{j<k,l<m} \left[(1-2r_{jl})(1-2r_{km}) - (1-2r_{jk})(1-2r_{lm})\right] aa_{jk} aa_{lm} \tag{6.14}$$

其中，r_{jk}、r_{jl}、r_{km}、r_{lm} 分别是第 j 个 QTL 和第 k 个 QTL 间、第 j 个 QTL 和第 l 个 QTL 间、第 k 个 QTL 和第 m 个 QTL 间、第 l 个 QTL 和第 m 个 QTL 间的重组率。在公式 6.14 中，如果 $l \geqslant k$ 且 $m \leqslant j$，可以证明 $\text{Cov}(w_j w_k, w_l w_m) = 0$。在 QTL 作图结果分析或者在同时包含加性和上位性效应的遗传模型中，公式 6.13 和公式 6.14 可以用来评价加性和上位性方差占总遗传方差的比例。

§6.1.4 利用 DH 群体定位互作 QTL 的模拟研究

假定一个基因组包含 4 条长度均为 100cM 的染色体（Yi et al., 2003; Li et al., 2008）。每一条染色体上有 11 个均匀分布的标记，基因组中存在 7 个控制目标性状的 QTL（表 6.2）。第 1 条染色体的 25cM 和 45cM 位置上各存在一个 QTL，其加性效应分别为 -0.7 和 0.9，二者间的互作效应为 1.7。第 2 条染色体上的 25cM 和 55cM 位置上各存在一个 QTL，二者均不存在加性效应，但互作效应为 1.7。第 3 条染色体上的 25cM 和 55cM 位置上各存在一个 QTL，一个不存在加性效应，另一个加性效应为 -0.9，互作效应为 -1.7。第 4 条染色体上的 15cM 位置上存在一个 QTL，其加性效应为 -0.9。残差方差 σ_ε^2 设为 1，模拟试验包含 100 个 DH 群体，群体大小为 300。

表 6.2 控制某性状的 7 个预设 QTL 的位置和效应

位置和效应	预设 QTL						
	Q_1	Q_2	Q_3	Q_4	Q_5	Q_6	Q_7
染色体	1	1	2	2	3	3	4
位置/cM	25	45	25	55	25	55	15
加性效应	-0.7	0.9	0	0	0	-0.9	-0.9
互作效应	Q_1 与 Q_2	1.7	Q_3 与 Q_4	1.7	Q_5 与 Q_6	-1.7	

在模拟群体中，标记的数量远低于群体大小。在逐步回归的第一个阶段，变量进入模型的概率水平（PIN_1）设定为 0.05，变量退出模型的概率水平（POUT_1）是 PIN_1 的两倍。在第二个阶段，考虑到回归变量个数的增加，PIN_2 被设定为 PIN_1 的平方，即 $\text{PIN}_2 = \text{PIN}_1^2 = 0.0025$，$\text{POUT}_2$ 是 PIN_2 的两倍。图 6.1A 和图 6.1B 分别给出 100 次模拟 DH 群体中一维扫描的平均 LOD 值和平均加性效应曲线。在加性作图中，Q_3、Q_4 和 Q_5 的平均加性效应估计值接近 0，平均 LOD 值曲线上的 4 个峰对应于 Q_1、Q_2、Q_6 和 Q_7 在基因组中的位置。Q_1 和 Q_2 处于互斥连锁状态，代表了 QTL 作图中最不利的情形，二者的检测功效不会太高。Q_6 和 Q_7 位于不同的染色体上，真实位置附近存在明显的两个峰，检测功效也较高，效应的估计也更接近真实值。

表 6.3 中的数据表明，在 10cM 的支撑区间内，Q_1、Q_2、Q_6 和 Q_7 的检测功效分别为 0.07、0.12、0.57 和 0.73（即检测次数除以 100）。模拟 DH 群体中没有检测到 Q_3 和 Q_4，但有两个群体检测到 Q_5，属于假阳性。因此，对于一个效应为 0 的 QTL 来说，它的假阳率被控制在一个很低的范围内。表 6.3 最后一行假阳性 QTL 的次数是 100 次模拟群体中，所有检测到的不在 $Q_1 \sim Q_7$ 的 10cM 支撑区间内 QTL 个数的总和。

图 6.2A 和图 6.2B 分别给出 100 次模拟 DH 群体中二维扫描的平均 LOD 值曲面图和加加互作效应曲面图。平均 LOD 值曲面图上存在 3 个明显的峰，分别对应于 3 对上位型互作，即 Q_1 和 Q_2 间的互作、Q_3 和 Q_4 间的互作，以及 Q_5 和 Q_6 间的互作。3 对互作效应的绝对值相等。因此，图 6.2A 的 3 个峰有着相似的高度。从图 6.2B 的加加互作效应曲面图也可以看出，峰值处对应的效应接近于表 6.2 中指定的真实值。

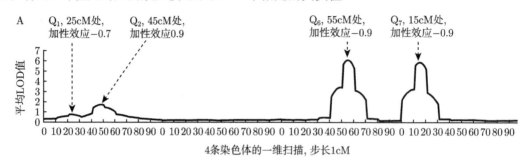

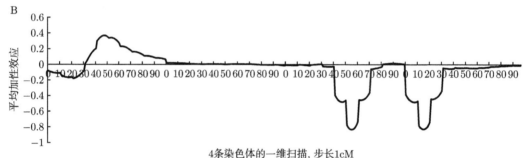

图 6.1　100 次模拟 DH 群体中一维扫描的平均 LOD 值（A）和平均加性效应（B）曲线

表 6.3　100 次模拟 DH 群体中 7 个 QTL 的检测次数及位置、LOD 值和效应等信息

染色体	QTL	检测次数	位置/cM	位置标准差	LOD 值	LOD 值标准差	加性效应	加性效应标准差
1	Q_1	7	24.74	3.03	8.50	5.79	−0.9304	0.2972
1	Q_2	12	45.27	2.65	8.97	5.16	0.9851	0.2828
2	Q_3	0	22.00	2.00	3.18	0.45	0.0100	0.5920
2	Q_4	0	54.50	3.50	4.54	0.33	0.7414	0.0519
3	Q_5	2	23.33	4.71	4.52	2.21	0.6623	0.1379
3	Q_6	57	55.47	2.74	8.25	5.19	−0.9509	0.2987
4	Q_7	73	14.42	2.73	7.75	3.07	−0.9304	0.1899
假阳性 QTL		85						

注：QTL 支撑区间长度为 10cM，群体大小为 300，模拟次数为 100，QTL 的真实位置和效应见表 6.2

表 6.4 中的功效分析结果表明，在边长为 10cM 的正方形支撑区间内，3 对互作 QTL 的检测次数接近 100，不在支撑区间内的互作 QTL 有 10 对。在 95 次检测到的 Q_1 与 Q_2 互作中，Q_1 的位置在 24.79cM 处，Q_2 的位置在 45.11cM 处，接近它们的真实位置 25cM 和 45cM；两个加性效应的平均估计值分别为 −0.6964 和 0.8427，接近真实效应 −0.7 和 0.9；互作效应的平均估计值为 1.6212，接近真实效应 1.7。在 97 次检测到的 Q_3 与 Q_4 互作中，Q_3 的位置在 25.10cM 处，Q_4 的位置在 55.05cM 处，接近它们的真实位置 25cM 和 55cM；两个

QTL 的真实加性效应均为 0，因此它们的估计值也接近 0；互作效应的平均估计值为 1.6164，接近真实效应 1.7。在 97 次检测到的 Q_5 与 Q_6 互作中，Q_5 的位置在 24.79cM 处，Q_6 的位置在 55.21cM 处，接近它们的真实位置 25cM 和 55cM；Q_5 的真实加性效应为 0，因此其估计值也很低；Q_6 的加性效应为 -0.8281，接近真实效应 -0.9；二者间互作效应的平均估计值为 -1.6106，接近真实效应 -1.7。

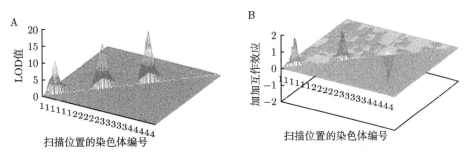

图 6.2 100 次模拟 DH 群体中二维扫描的平均 LOD 值（A）和加加互作效应（B）曲面图

表 6.4 DH 群体中互作 QTL 的检测次数及 QTL 的位置、LOD 值和效应等信息

互作 QTL	检测次数	位置 1/cM	位置 2/cM	LOD 值	加性效应 1	加性效应 2	互作效应
Q_1 与 Q_2	95	24.79	45.11	11.93	-0.6964	0.8427	1.6212
Q_3 与 Q_4	97	25.10	55.05	15.09	-0.0441	0.0304	1.6164
Q_5 与 Q_6	97	24.79	55.21	15.74	0.0168	-0.8281	-1.6106
假阳性互作 QTL	10						

注：QTL 支撑区间是一个边长为 10cM 的正方形，群体大小为 300，模拟次数为 100，QTL 的真实位置和效应见表 6.2

表 6.3、表 6.4 和图 6.2 中的结果表明，ICIM 的作图原理同样适用于上位型互作 QTL 的检测。ICIM 通过全基因组的二维扫描，能够有效地检测两个座位之间的互作效应。ICIM 不仅能够检测出加性效应和上位性效应同时存在的互作 QTL，而且能够检测出加性效应很小或不存在、只存在较大上位性效应的互作 QTL。

§6.2 F_2 群体的上位型互作 QTL 作图

§6.2.1 F_2 群体中两个座位的上位型互作遗传模型

假设一个 F_2 群体中存在两个互作 QTL，即 Q_1 和 Q_2，w_1 和 v_1 是座位 Q_1 上基因型的指示变量，基因型 Q_1Q_1 的取值分别为 1 和 0、基因型 Q_1q_1 的取值分别为 0 和 1、基因型 q_1q_1 的取值分别为 -1 和 0。座位 Q_2 上基因型的指示变量为 w_2 和 v_2，其取值与座位 Q_1 类似。这两个 QTL 具有两个加性效应（分别用 a_1 和 a_2 表示）和两个显性效应（分别用 d_1 和 d_2 表示）。它们之间的上位性效应有 4 种类型，即加加上位性（用 aa 表示）、加显上位性（用 ad 表示）、显加上位性（用 da 表示），以及显显上位性（用 dd 表示）。在两个座位上，9 种基因型值可用 QTL 的指示变量统一表示为

$$G = \mu + a_1 w_1 + d_1 v_1 + a_2 w_2 + d_2 v_2$$

$$+ (aa)w_1w_2 + (ad)w_1v_2 + (da)v_1w_2 + (dd)v_1v_2 \tag{6.15}$$

公式 6.15 对应于两个 QTL 座位上 9 种基因型的平均表现。如用 $\mu_1, \mu_2, \cdots, \mu_9$ 表示这 9 种 QTL 基因型的平均表现, 这 9 种标记型的排列顺序是 $Q_1Q_1Q_2Q_2$、$Q_1Q_1Q_2q_2$、$Q_1Q_1q_2q_2$、$Q_1q_1Q_2Q_2$、$Q_1q_1Q_2q_2$、$Q_1q_1q_2q_2$、$q_1q_1Q_2Q_2$、$q_1q_1Q_2q_2$ 和 $q_1q_1q_2q_2$。那么, 基因型平均表现与遗传效应的关系可用矩阵形式表示为

$$\begin{pmatrix} \mu_1 \\ \mu_2 \\ \mu_3 \\ \mu_4 \\ \mu_5 \\ \mu_6 \\ \mu_7 \\ \mu_8 \\ \mu_9 \end{pmatrix} = \begin{pmatrix} 1 & 1 & 0 & 1 & 0 & 1 & 0 & 0 & 0 \\ 1 & 1 & 0 & 0 & 1 & 0 & 1 & 0 & 0 \\ 1 & 1 & 0 & -1 & 0 & -1 & 0 & 0 & 0 \\ 1 & 0 & 1 & 1 & 0 & 0 & 0 & 1 & 0 \\ 1 & 0 & 1 & 0 & 1 & 0 & 0 & 0 & 1 \\ 1 & 0 & 1 & -1 & 0 & 0 & 0 & -1 & 0 \\ 1 & -1 & 0 & 1 & 0 & -1 & 0 & 0 & 0 \\ 1 & -1 & 0 & 0 & 1 & 0 & -1 & 0 & 0 \\ 1 & -1 & 0 & -1 & 0 & 1 & 0 & 0 & 0 \end{pmatrix} \begin{pmatrix} \mu \\ a_1 \\ d_1 \\ a_2 \\ d_2 \\ aa \\ ad \\ da \\ dd \end{pmatrix} \tag{6.16}$$

因此, 在已知基因型平均表现的情形下, QTL 的各种遗传效应可用下面的公式计算:

$$\begin{pmatrix} \mu \\ a_1 \\ d_1 \\ a_2 \\ d_2 \\ aa \\ ad \\ da \\ dd \end{pmatrix} = \begin{pmatrix} 0.25 & 0 & 0.25 & 0 & 0 & 0 & 0.25 & 0 & 0.25 \\ 0.25 & 0 & -0.25 & 0 & 0 & 0 & 0.25 & 0 & -0.25 \\ -0.25 & 0 & -0.25 & 0.5 & 0 & 0.5 & -0.25 & 0 & -0.25 \\ 0.25 & 0 & 0.25 & 0 & 0 & 0 & -0.25 & 0 & -0.25 \\ -0.25 & 0.5 & -0.25 & 0 & 0 & 0 & -0.25 & 0.5 & -0.25 \\ 0.25 & 0 & 0.25 & 0 & 0 & 0 & -0.25 & 0 & 0.25 \\ -0.25 & 0.5 & -0.25 & 0 & 0 & 0 & 0.25 & -0.5 & 0.25 \\ -0.25 & 0 & 0.25 & 0.5 & 0 & -0.5 & -0.25 & 0 & 0.25 \\ 0.25 & -0.5 & 0.25 & -0.5 & 1 & -0.5 & 0.25 & -0.5 & 0.25 \end{pmatrix} \begin{pmatrix} \mu_1 \\ \mu_2 \\ \mu_3 \\ \mu_4 \\ \mu_5 \\ \mu_6 \\ \mu_7 \\ \mu_8 \\ \mu_9 \end{pmatrix}$$
$$\tag{6.17}$$

从公式 6.17 可以看出, 遗传模型公式 6.15 中, μ 等于 4 种纯合基因型的平均数。纯合基因型一般可通过多世代连续自交来实现。因此, 公式 6.15 给出的遗传模型有时又称作 F_∞ 模型 (F-infinite model)。

§6.2.2 F_2 群体的互作 QTL 作图

假定两个纯合亲本 P_1 和 P_2 之间存在 m 个 QTL, 分布在一条染色体的 m 个区间上, 这些区间被 $m+1$ 个标记分隔。忽略一个标记区间有多个 QTL 的情况, 亲本 P_1 的 QTL 基因型为 $Q_1Q_1Q_2Q_2 \cdots Q_mQ_m$, P_2 为 $q_1q_1q_2q_2 \cdots q_mq_m$。对于 F_2 群体, $\boldsymbol{X}=(x_1, x_2, \cdots, x_m, x_{m+1})$ 和 $\boldsymbol{Z}=(z_1, z_2, \cdots, z_m, z_{m+1})$ 表示个体标记基因型, P_1 纯合型 x 和 y 的取值分别为 1 和 0、杂合型的取值分别为 0 和 1、P_2 纯合型的取值分别为 -1 和 0。$\boldsymbol{W}=(w_1, w_2, \cdots, w_m)$ 和 $\boldsymbol{V}=(v_1, v_2, \cdots, v_m)$ 表示未知 QTL 的基因型, w 和 v 的取值与标记变量 x 和 z 的取值类似。QTL 的加性效应分别用 $a_1, a_2, \cdots, a_m$ 表示, 显性效应分别用 $d_1, d_2, \cdots, d_m$ 表示, 第 j

个和第 k 个 QTL 之间的上位型互作效应表示为 aa_{jk}、ad_{jk}、da_{jk} 和 dd_{jk}（$j,k = 1,\cdots,m$, 且 $j < k$）。如果两个座位上的 4 种上位性效应均为 0, 则认为对应的两个区间上不存在上位型互作 QTL。假定基因效应是可加的, 在加显性和两个座位上位型互作遗传模型条件下, 个体的基因型值可以表示为

$$G = \mu + G_{AD} + G_{EPI} \tag{6.18}$$

其中,

$$G_{AD} = \sum_{j=1}^{m} (a_j w_j + d_j v_j)$$

$$G_{EPI} = \sum_{j<k} (aa_{jk} w_j w_k + ad_{jk} w_j v_k + da_{jk} v_j w_k + dd_{jk} v_j v_k)$$

公式 6.18 中加显性遗传效应 G_{AD} 在各种标记型下的期望值已经由第 5 章公式 5.23 和公式 5.24 给出。理论上推导互作遗传效应 G_{EPI} 在各种标记型下的期望值也是可能的。但是, 与显性效应能够引起标记间的互作类似, QTL 的各种互作效应会引起标记间的三阶甚至四阶互作。这些标记间的高阶互作即使存在, 在有限大小的真实遗传群体中也难以被准确地估计出来。因此, 在实际应用中, 为避免过多标记变量产生的过拟合问题, F_2 群体表型对标记的线性模型中, 我们忽略 QTL 上位效应的作用, 只进行一次回归模型的变量选择, 不对大量乘积项进行回归分析。

F_2 群体互作 QTL 作图中, 首先利用逐步回归, 对线性模型公式 6.19 进行估计。公式 6.19 与第 5 章公式 5.28 完全一样, 它仅拟合 QTL 的加性和显性效应, 不考虑 QTL 上位性效应引起的标记间的高阶互作。

$$y = \beta_0 + \sum_{j=1}^{m+1} \beta_j x_j + \sum_{j=1}^{m+1} \gamma_j z_j + \sum_{j=1}^{m} \beta_{j,j+1} x_j x_{j+1} + \sum_{j=1}^{m} \gamma_{j,j+1} z_j z_{j+1} + \varepsilon \tag{6.19}$$

在对线性模型公式 6.19 估计的基础上, 进行二维全基因组扫描。假设当前扫描位置分别位于由第 j 个、第 $j+1$ 个标记, 以及第 k 个、第 $k+1$ 个标记构成的标记区间内, 利用第一步逐步回归的结果和公式 6.20 对表型进行矫正。公式 6.20 与第 5 章的表型矫正公式 5.29 类似, 只不过这里要同时考虑两个标记区间。

$$\Delta y_i = y_i - \sum_{r \neq j,j+1,k,k+1} [\hat{\beta}_r x_{ir} + \hat{\gamma}_r y_{ir}] - \sum_{r \neq j,k} [\hat{\beta}_{r,r+1} x_{ir} x_{i,r+1} + \hat{\gamma}_{r,r+1} z_{ir} z_{i,r+1}] \tag{6.20}$$

假定两个区间中各有一个 QTL, 两个 QTL 的基因型有 9 种, 服从正态分布 $N(\mu_l, \sigma_\varepsilon^2)$, 其中 $l = 1,2,\cdots,9$, 9 种基因型的顺序与公式 6.16 中的顺序一致。检验零假设和备择假设分别为

$$H_0: \mu_1 = \mu_2 = \cdots = \mu_9,$$

$H_A: \mu_1,\cdots,\mu_9$ 中至少有两个互不相等

在备择假设 H_A 条件下的对数似然函数为

$$\ln L_A = \sum_{j=1}^{81} \sum_{i \in S_j} \ln \left[\sum_{l=1}^{9} \pi_{jl} f(\Delta y_i; \mu_l, \sigma_\varepsilon^2) \right] \tag{6.21}$$

其中，S_j 是第 j 种标记类型的集合（$j = 1, 2, \cdots, 81$），π_{jl}（$l = 1, 2, \cdots, 9$）是第 j 种标记类型下第 l 种 QTL 基因型的概率；$f(\bullet; \mu_l, \sigma_\varepsilon^2)$ 是正态分布 $N(\mu_l, \sigma_\varepsilon^2)$ 的密度函数。公式 6.21 中，每种标记型下 9 种 QTL 基因型的存在频率 π_{jl}（$j = 1, 2, \cdots, 81; l = 1, 2, \cdots, 9$）可根据第 4 章表 4.9 中的频率进行计算。假定第一个扫描位置上，某种标记型下 3 种 QTL 基因型的频率分别用 p_{11}、p_{12}、p_{13} 表示，它们等于第 4 章表 4.9 中标记型对应的最后 3 列的频率除以标记型的频率。第二个扫描位置上，某种标记型下 3 种 QTL 基因型的频率分别用 p_{21}、p_{22}、p_{23} 表示，它们也等于表 4.9 中标记型对应的最后 3 列的频率除以标记型的频率。表 6.5 给出某种标记型下 9 种 QTL 基因型频率的计算方法。

表 6.5　F_2 群体中两个扫描位置上某种标记型下 9 种 QTL 基因型频率的计算

第一个扫描位置上的基因型和频率	第二个扫描位置上的基因型和频率		
	Q_2Q_2, p_{21}	Q_2q_2, p_{22}	q_2q_2, p_{23}
Q_1Q_1, p_{11}	$p_{11}p_{21}$	$p_{11}p_{22}$	$p_{11}p_{23}$
Q_1q_1, p_{12}	$p_{12}p_{21}$	$p_{12}p_{22}$	$p_{12}p_{23}$
q_1q_1, p_{13}	$p_{13}p_{21}$	$p_{13}p_{22}$	$p_{13}p_{23}$

对数似然函数公式 6.21 中，利用 EM 算法计算参数的极大似然估计。根据各种标记型所含 QTL 基因型频率的高低，EM 算法中的初始值可采用：

$$\mu_1^{(0)} = \frac{1}{n_1} \sum_{i=1}^{n_1} \Delta P_i, \quad \mu_2^{(0)} = \frac{1}{n_5} \sum_{i=n_{1:4}+1}^{n_{1:5}} \Delta P_i, \quad \mu_3^{(0)} = \frac{1}{n_9} \sum_{i=n_{1:8}+1}^{n_{1:9}} \Delta P_i,$$

$$\mu_4^{(0)} = \frac{1}{n_{37}} \sum_{i=n_{1:36}+1}^{n_{1:37}} \Delta P_i, \quad \mu_5^{(0)} = \frac{1}{n_{41}} \sum_{i=n_{1:40}+1}^{n_{1:41}} \Delta P_i, \quad \mu_6^{(0)} = \frac{1}{n_{45}} \sum_{i=n_{1:44}+1}^{n_{1:45}} \Delta P_i,$$

$$\mu_7^{(0)} = \frac{1}{n_{73}} \sum_{i=n_{1:72}+1}^{n_{1:73}} \Delta P_i, \quad \mu_8^{(0)} = \frac{1}{n_{77}} \sum_{i=n_{1:76}+1}^{n_{1:77}} \Delta P_i, \quad \mu_9^{(0)} = \frac{1}{n_{81}} \sum_{i=n_{1:80}+1}^{n_{1:81}} \Delta P_i,$$

$$\sigma_\varepsilon^{2(0)} = \frac{1}{n_1 + n_5 + n_9 + n_{37} + n_{41} + n_{45} + n_{73} + n_{77} + n_{81}} \left[\sum_{i=1}^{n_1} (\Delta P_i - \mu_1^{(0)})^2 \right.$$

$$+ \sum_{i=n_{1:4}+1}^{n_{1:5}} (\Delta P_i - \mu_2^{(0)})^2 + \sum_{i=n_{1:8}+1}^{n_{1:9}} (\Delta P_i - \mu_3^{(0)})^2 + \sum_{i=n_{1:36}+1}^{n_{1:37}} (\Delta P_i - \mu_4^{(0)})^2$$

$$+ \sum_{i=n_{1:40}+1}^{n_{1:41}} (\Delta P_i - \mu_5^{(0)})^2 + \sum_{i=n_{1:44}+1}^{n_{1:45}} (\Delta P_i - \mu_6^{(0)})^2 + \sum_{i=n_{1:72}+1}^{n_{1:73}} (\Delta P_i - \mu_7^{(0)})^2$$

$$+ \left. \sum_{i=n_{1:76}+1}^{n_{1:77}} (\Delta P_i - \mu_8^{(0)})^2 + \sum_{i=n_{1:80}+1}^{n_{1:81}} (\Delta P_i - \mu_9^{(0)})^2 \right]$$

E 步骤中，第 i 个（$i = 1, \cdots, n$）个体属于第 l 种（$l = 1, \cdots, 9$）QTL 基因型的后验概率为

$$w_{il}^{(0)} = \frac{\pi_{jl} f(\Delta P_i; \mu_l^{(0)}, \sigma_\varepsilon^{2(0)})}{\sum_{h=1}^{9} \pi_{jh} f(\Delta P_i; \mu_h^{(0)}, \sigma_\varepsilon^{2(0)})}$$

其中，j 是第 i 个个体的标记类型编号。在 M 步骤中，将待估参数更新为

$$\mu_l^{(1)} = \frac{\sum_{i=1}^{n} w_{il}^{(0)} \Delta P_i}{\sum_{i=1}^{n} w_{il}^{(0)}} (l=1,2,\cdots,9), \quad \sigma_\varepsilon^{2(1)} = \frac{1}{n} \sum_{i=1}^{n} \sum_{l=1}^{9} w_{il}^{(0)} (\Delta P_i - \mu_l^{(1)})^2$$

EM 算法迭代至收敛，即两个相邻循环间对数似然函数之差达到一个预先给定的精度，如 10^{-6}，从而得到各个均值和方差的极大似然估计，代入公式 6.17 就得到各种遗传效应的估计值。

在零假设 H_0 条件下，9 种 QTL 基因型服从同一个正态分布 $N(\mu_0, \sigma_\varepsilon^2)$，对数似然函数为

$$\ln L_0 = \sum_{i=1}^{n} \ln f(\Delta y_i; \mu_0, \sigma_0^2)$$

通过求解该对数似然函数对应的似然方程，得到零假设 H_0 的参数估计，即

$$\hat{\mu}_0 = \frac{1}{n} \sum_{i=1}^{n} \Delta y_i, \quad \hat{\sigma}_0^2 = \frac{1}{n} \sum_{i=1}^{n} (\Delta y_i - \hat{\mu}_0)^2$$

类似公式 6.11 用极大对数似然函数之间的差异来反映两个假设之间差异的显著性，这样得到的 LOD_A 反映了 9 种 QTL 基因型均值的差异显著性。如果它们之间具有显著差异，这种差异究竟是来自 QTL 的加性和显性效应，还是来自两个 QTL 之间的上位性效应，仍然无法得知。因此，需要建立新的检验假设，即

$$H_{AA}: aa = ad = da = dd = 0$$

假设 H_{AA} 的极大似然估计利用条件极值的计算方法获得，即

$$\ln L_{AA} = \ln L_A - \lambda_1 aa - \lambda_2 ad - \lambda_3 da - \lambda_4 dd$$

其中，λ_1、λ_2、λ_3、λ_4 是 4 个约束条件的拉格朗日乘子。假设 H_{AA} 的参数估计同样需要利用 EM 算法进行计算，E 步骤的计算过程与假设 H_A 条件下的 E 步骤完全相同，M 步骤中对待估参数的更新需要求解一个四元一次方程组。方程组左边 4×4 方阵 C 的元素分别为

$$c_{11} = -\frac{1}{\sum_{i=1}^{n} w_{i1}^{(0)}} - \frac{1}{\sum_{i=1}^{n} w_{i3}^{(0)}} - \frac{1}{\sum_{i=1}^{n} w_{i7}^{(0)}} - \frac{1}{\sum_{i=1}^{n} w_{i9}^{(0)}},$$

$$c_{12} = \frac{1}{\sum_{i=1}^{n} w_{i1}^{(0)}} - \frac{1}{\sum_{i=1}^{n} w_{i3}^{(0)}} + \frac{1}{\sum_{i=1}^{n} w_{i7}^{(0)}} - \frac{1}{\sum_{i=1}^{n} w_{i9}^{(0)}},$$

$$c_{13} = \frac{1}{\sum_{i=1}^{n} w_{i1}^{(0)}} - \frac{1}{\sum_{i=1}^{n} w_{i3}^{(0)}} + \frac{1}{\sum_{i=1}^{n} w_{i7}^{(0)}} - \frac{1}{\sum_{i=1}^{n} w_{i9}^{(0)}},$$

$$c_{14} = -\frac{1}{\sum_{i=1}^{n} w_{i1}^{(0)}} + \frac{1}{\sum_{i=1}^{n} w_{i3}^{(0)}} + \frac{1}{\sum_{i=1}^{n} w_{i7}^{(0)}} - \frac{1}{\sum_{i=1}^{n} w_{i9}^{(0)}},$$

$$c_{21} = c_{12},$$

$$c_{22} = -\frac{1}{\sum_{i=1}^{n} w_{i1}^{(0)}} - \frac{4}{\sum_{i=1}^{n} w_{i2}^{(0)}} - \frac{1}{\sum_{i=1}^{n} w_{i3}^{(0)}} - \frac{1}{\sum_{i=1}^{n} w_{i7}^{(0)}} - \frac{4}{\sum_{i=1}^{n} w_{i8}^{(0)}} - \frac{1}{\sum_{i=1}^{n} w_{i9}^{(0)}},$$

$$c_{23} = -\frac{1}{\sum_{i=1}^{n} w_{i1}^{(0)}} + \frac{1}{\sum_{i=1}^{n} w_{i3}^{(0)}} + \frac{1}{\sum_{i=1}^{n} w_{i7}^{(0)}} - \frac{1}{\sum_{i=1}^{n} w_{i9}^{(0)}},$$

$$c_{24} = \frac{1}{\sum_{i=1}^{n} w_{i1}^{(0)}} + \frac{4}{\sum_{i=1}^{n} w_{i2}^{(0)}} + \frac{1}{\sum_{i=1}^{n} w_{i3}^{(0)}} - \frac{1}{\sum_{i=1}^{n} w_{i7}^{(0)}} - \frac{4}{\sum_{i=1}^{n} w_{i8}^{(0)}} - \frac{1}{\sum_{i=1}^{n} w_{i9}^{(0)}},$$

$$c_{31} = c_{13},$$

$$c_{32} = c_{23},$$

$$c_{33} = -\frac{1}{\sum_{i=1}^{n} w_{i1}^{(0)}} - \frac{1}{\sum_{i=1}^{n} w_{i3}^{(0)}} - \frac{4}{\sum_{i=1}^{n} w_{i4}^{(0)}} - \frac{4}{\sum_{i=1}^{n} w_{i6}^{(0)}} - \frac{1}{\sum_{i=1}^{n} w_{i7}^{(0)}} - \frac{1}{\sum_{i=1}^{n} w_{i9}^{(0)}},$$

$$c_{34} = \frac{1}{\sum_{i=1}^{n} w_{i1}^{(0)}} - \frac{1}{\sum_{i=1}^{n} w_{i3}^{(0)}} + \frac{4}{\sum_{i=1}^{n} w_{i4}^{(0)}} - \frac{4}{\sum_{i=1}^{n} w_{i6}^{(0)}} + \frac{1}{\sum_{i=1}^{n} w_{i7}^{(0)}} - \frac{1}{\sum_{i=1}^{n} w_{i9}^{(0)}},$$

$$c_{41} = c_{14},$$

$$c_{42} = c_{24},$$

$$c_{43} = c_{34},$$

$$c_{44} = -\frac{1}{\sum_{i=1}^{n} w_{i1}^{(0)}} - \frac{4}{\sum_{i=1}^{n} w_{i2}^{(0)}} - \frac{1}{\sum_{i=1}^{n} w_{i3}^{(0)}} - \frac{4}{\sum_{i=1}^{n} w_{i4}^{(0)}} - \frac{16}{\sum_{i=1}^{n} w_{i5}^{(0)}} - \frac{4}{\sum_{i=1}^{n} w_{i6}^{(0)}} - \frac{1}{\sum_{i=1}^{n} w_{i7}^{(0)}} - \frac{4}{\sum_{i=1}^{n} w_{i8}^{(0)}} - \frac{1}{\sum_{i=1}^{n} w_{i9}^{(0)}}$$

方程组右边 4×1 向量 $\boldsymbol{b}$ 为

$$\boldsymbol{b} = \begin{pmatrix} \frac{1}{\sum_{i=1}^{n} w_{i1}^{(0)}} - \frac{1}{\sum_{i=1}^{n} w_{i3}^{(0)}} - \frac{1}{\sum_{i=1}^{n} w_{i7}^{(0)}} + \frac{1}{\sum_{i=1}^{n} w_{i9}^{(0)}} \\ -\frac{1}{\sum_{i=1}^{n} w_{i1}^{(0)}} + \frac{2}{\sum_{i=1}^{n} w_{i2}^{(0)}} - \frac{1}{\sum_{i=1}^{n} w_{i3}^{(0)}} + \frac{1}{\sum_{i=1}^{n} w_{i7}^{(0)}} - \frac{2}{\sum_{i=1}^{n} w_{i8}^{(0)}} + \frac{1}{\sum_{i=1}^{n} w_{i9}^{(0)}} \\ -\frac{1}{\sum_{i=1}^{n} w_{i1}^{(0)}} + \frac{1}{\sum_{i=1}^{n} w_{i3}^{(0)}} + \frac{2}{\sum_{i=1}^{n} w_{i4}^{(0)}} - \frac{2}{\sum_{i=1}^{n} w_{i6}^{(0)}} - \frac{1}{\sum_{i=1}^{n} w_{i7}^{(0)}} + \frac{1}{\sum_{i=1}^{n} w_{i9}^{(0)}} \\ \frac{1}{\sum_{i=1}^{n} w_{i1}^{(0)}} - \frac{2}{\sum_{i=1}^{n} w_{i2}^{(0)}} + \frac{1}{\sum_{i=1}^{n} w_{i3}^{(0)}} - \frac{2}{\sum_{i=1}^{n} w_{i4}^{(0)}} + \frac{4}{\sum_{i=1}^{n} w_{i5}^{(0)}} - \frac{2}{\sum_{i=1}^{n} w_{i6}^{(0)}} + \frac{1}{\sum_{i=1}^{n} w_{i7}^{(0)}} - \frac{2}{\sum_{i=1}^{n} w_{i8}^{(0)}} + \frac{1}{\sum_{i=1}^{n} w_{i9}^{(0)}} \end{pmatrix}$$

方程组的未知数是拉格朗日乘子与误差方差的乘积,即 $\lambda_1\sigma_\varepsilon^2$、$\lambda_2\sigma_\varepsilon^2$、$\lambda_3\sigma_\varepsilon^2$、$\lambda_4\sigma_\varepsilon^2$。对方阵 C 求逆,于是得到方程组的解为

$$\begin{bmatrix} \lambda_1\sigma_\varepsilon^2 \\ \lambda_2\sigma_\varepsilon^2 \\ \lambda_3\sigma_\varepsilon^2 \\ \lambda_4\sigma_\varepsilon^2 \end{bmatrix} = - \begin{bmatrix} c_{11} & c_{12} & c_{13} & c_{14} \\ c_{21} & c_{22} & c_{23} & c_{24} \\ c_{31} & c_{32} & c_{33} & c_{34} \\ c_{41} & c_{42} & c_{43} & c_{44} \end{bmatrix}^{-1} b$$

在 EM 算法的 M 步骤中,9 种 QTL 基因型的均值分别更新为

$$\mu_1^{(1)} = \left[\sum_{i=1}^n w_{i1}^{(0)}\Delta y_i - (\lambda_1\sigma_\varepsilon^2)^{(0)} + (\lambda_2\sigma_\varepsilon^2)^{(0)} + (\lambda_3\sigma_\varepsilon^2)^{(0)} - (\lambda_4\sigma_\varepsilon^2)^{(0)}\right] \Big/ \sum_{i=1}^n w_{i1}^{(0)},$$

$$\mu_2^{(1)} = \left[\sum_{i=1}^n w_{i2}^{(0)}\Delta y_i - 2(\lambda_2\sigma_\varepsilon^2)^{(0)} + 2(\lambda_4\sigma_\varepsilon^2)^{(0)}\right] \Big/ \sum_{i=1}^n w_{i2}^{(0)},$$

$$\mu_3^{(1)} = \left[\sum_{i=1}^n w_{i3}^{(0)}\Delta y_i + (\lambda_1\sigma_\varepsilon^2)^{(0)} + (\lambda_2\sigma_\varepsilon^2)^{(0)} - (\lambda_3\sigma_\varepsilon^2)^{(0)} - (\lambda_4\sigma_\varepsilon^2)^{(0)}\right] \Big/ \sum_{i=1}^n w_{i3}^{(0)},$$

$$\mu_4^{(1)} = \left[\sum_{i=1}^n w_{i4}^{(0)}\Delta y_i - 2(\lambda_3\sigma_\varepsilon^2)^{(0)} + 2(\lambda_4\sigma_\varepsilon^2)^{(0)}\right] \Big/ \sum_{i=1}^n w_{i4}^{(0)},$$

$$\mu_5^{(1)} = \left[\sum_{i=1}^n w_{i4}^{(0)}\Delta y_i - 4(\lambda_4\sigma_\varepsilon^2)^{(0)}\right] \Big/ \sum_{i=1}^n w_{i5}^{(0)},$$

$$\mu_6^{(1)} = \left[\sum_{i=1}^n w_{i6}^{(0)}\Delta y_i + 2(\lambda_3\sigma_\varepsilon^2)^{(0)} + 2(\lambda_4\sigma_\varepsilon^2)^{(0)}\right] \Big/ \sum_{i=1}^n w_{i6}^{(0)},$$

$$\mu_7^{(1)} = \left[\sum_{i=1}^n w_{i7}^{(0)}\Delta y_i + (\lambda_1\sigma_\varepsilon^2)^{(0)} - (\lambda_2\sigma_\varepsilon^2)^{(0)} + (\lambda_3\sigma_\varepsilon^2)^{(0)} - (\lambda_4\sigma_\varepsilon^2)^{(0)}\right] \Big/ \sum_{i=1}^n w_{i7}^{(0)},$$

$$\mu_8^{(1)} = \left[\sum_{i=1}^n w_{i8}^{(0)}\Delta y_i + 2(\lambda_2\sigma_\varepsilon^2)^{(0)} + 2(\lambda_4\sigma_\varepsilon^2)^{(0)}\right] \Big/ \sum_{i=1}^n w_{i8}^{(0)},$$

$$\mu_9^{(1)} = \left[\sum_{i=1}^n w_{i9}^{(0)}\Delta y_i - (\lambda_1\sigma_\varepsilon^2)^{(0)} - (\lambda_2\sigma_\varepsilon^2)^{(0)} - (\lambda_3\sigma_\varepsilon^2)^{(0)} - (\lambda_4\sigma_\varepsilon^2)^{(0)}\right] \Big/ \sum_{i=1}^n w_{i9}^{(0)}$$

EM 算法迭代至收敛,得到假设 H_{AA} 条件下参数的极大似然估计和极大似然函数值。类似公式 6.12 定义统计量 LOD_{AA},就可以排除 QTL 加性和显性效应对检验统计量的干扰,该统计量仅反映了两个 QTL 间互作效应的显著性。在实际应用中,可以首先根据LOD_A 检验成对座位间 9 种基因型的差异显著性。在差异显著的基础上,再利用 LOD_{AA} 对互作效应进行显著性检验。当互作效应显著时,如果需要进一步区分 4 种上位性效应哪些显著、哪些不显著。需要建立更多的检验假设,构造类似 LOD_{AA} 的统计量。本书不再进一步区分 4 种互作效应 aa、ad、da、dd 中究竟何种效应显著,实际应用中可根据各种互作效应估计值的大小大致判定各种互作的重要性。

§6.2.3 F_2 群体互作 QTL 的检测功效分析

以表 6.2 中 7 个预设 QTL 的位置和效应为遗传模型,模拟产生 100 个 F_2 群体,通过

ICIM 一维和二维扫描，分别进行加显性 QTL 和互作 QTL 的检测功效分析。表 6.6 的加显性 QTL 功效分析结果表明，在 10cM 的支撑区间内，Q_1、Q_2、Q_6 和 Q_7 的检测功效分别为 0.24、0.35、0.64 和 0.84（检测次数除以 100），均高于 DH 群体的检测功效（表 6.3）。Q_3、Q_4 和 Q_5 也在不少模拟群体中被检测到，7 个 QTL 支撑区间之外的假阳性 QTL 个数也远高于 DH 群体（表 6.3，表 6.6）。这主要是由于 F_2 群体采用与 DH 群体一样的 LOD 临界值。一维扫描的检验统计量在 DH 群体中的自由度为 1，在 F_2 群体中的自由度为 2。对实际作图群体来说，F_2 群体需要采用更高的 LOD 临界值，才能把假阳率维持在与 DH 群体类似的水平上。在效应估计值中，只有 Q_7 的加性效应接近真实值 -0.9（表 6.2），显性效应接近 0。其他 QTL 被估计出的显性效应来自连锁与互作效应的共同影响。同时也表明，对于 F2 群体中存在互作的 QTL 来说，一维扫描不能很好地估计单个 QTL 的遗传效应。下面即将看到，二维扫描仍然可以较好地估计单个 QTL 的加显性遗传效应。

表 6.6 模拟 F_2 群体中 QTL 的检测功效

染色体	QTL	检测次数	位置/cM	位置标准差	LOD 值	LOD 值标准差	加性效应	显性效应
1	Q_1	24	23.17	1.77	7.78	8.60	-0.4144	-0.6233
1	Q_2	35	47.09	2.37	9.84	11.28	0.6244	-0.4861
2	Q_3	12	25.67	2.39	6.58	6.69	-0.0147	-1.0000
2	Q_4	20	54.25	1.64	6.99	8.06	-0.0068	-0.9586
3	Q_5	9	25.67	2.45	4.78	5.04	-0.1358	0.7743
3	Q_6	64	55.33	2.29	12.99	13.53	-0.9276	0.3416
4	Q_7	84	14.82	2.38	10.79	11.21	-0.8785	-0.0102
假阳性 QTL		321						

注：QTL 支撑区间长度为 10cM，群体大小为 300，模拟次数为 100，QTL 的真实位置和效应见表 6.2

表 6.7 互作 QTL 功效分析结果表明，在边长为 10cM 的正方形支撑区间内，3 对互作 QTL 的检测功效分别为 0.39、0.47 和 0.48，均低于 DH 群体的检测功效；不在支撑区间内的互作 QTL 有 128 对，远高于 DH 群体的假阳率（表 6.3）。二维扫描的检验统计量在 DH 群体中的总自由度为 3，检验上位性的自由度为 1；在 F_2 群体中的总自由度为 8，检验上位性的自由度为 4。因此，互作 QTL 作图时 F_2 群体需要更高的 LOD 临界值。在 39 次检测到的 Q_1 与 Q_2 互作中，Q_1 的位置在 23.85cM 处，Q_2 的位置在 41.79cM 处，与真实位置 25 和 45cM 有一定差距；两个加性效应的平均估计值分别为 -0.4198 和 0.4299，其绝对值均低于真实加性效应 -0.7 和 0.9 的绝对值；两个显性效应与 0 差别不大；加加互作效应的平均估计值为 1.4622，低于真实效应 1.7。与表 6.4 中 DH 群体的结果相比较，另外两对互作 QTL

表 6.7 F_2 群体中上位性 QTL 的检测功效

互作	检测次数	LOD	位置	加性效应	显性效应	加加互作	加显互作	显加互作	显显互作
Q_1 与 Q_2	39	6.93	23.85	-0.4198	0.0084	1.4622	0.1164	-0.1905	0.0345
			41.79	0.4299	-0.1255				
Q_3 与 Q_4	47	8.46	23.62	-0.003	0.0262	1.394	-0.0541	0.0515	0.0254
			53.19	-0.0038	-0.0601				
Q_5 与 Q_6	48	8.47	25.00	-0.0275	-0.1316	-1.4571	0.0594	0.0361	-0.0933
			51.67	-0.5723	0.0548				
假阳性 QTL	128								

注：QTL 支撑区间是一个边长为 10cM 的正方形，群体大小为 300，模拟次数为 100，QTL 的真实位置和效应见表 6.2

的位置和效应的估计也存在较大的偏差。因此，对于表 6.2 既包含连锁又有互作的遗传模型来说，DH 群体的检测功效，以及 QTL 位置和效应的估计准确度均高于 F_2 群体。下一节还将给出更多互作模型在 DH 和 F_2 群体中的检测功效。

§6.3 常见互作类型的遗传分析和检测功效

§6.3.1 两个互作座位间遗传效应的计算

假定两个座位 A 与 B 间不存在连锁，两对等位基因分别用 A、a 和 B、b 表示，等位基因 A 对 a 表现为显性，B 对 b 表现为显性（Zhang et al., 2012a）。当两个座位上的等位基因不存在上位型互作时，亲本 $AABB$ 和 $aabb$ 产生的 F_2 群体中，表型将呈现出 9:3:3:1 的分离比。4 种表型对应的基因型一般表示为 $A\_B\_$、A_bb、$aaB\_$ 和 $aabb$，其中 $A\_$表示基因型 AA 或 Aa、$B\_$表示基因型 BB 或 Bb。假定 $A\_B\_$ 的表型值为 3，A_bb 的表型值为 2，$aaB\_$ 的表型值为 1，$aabb$ 的表型值为 0，4 种表现型具有 9:3:3:1 的分离比（表 6.8）。上位型互作会减少表现型的类型，如 $A\_B\_$ 具有同样的表型值 2、A_bb 具有同样的表型值 1，$aaB\_$ 和 $aabb$ 具有同样的表型值 0，则 3 种表现型具有 9:3:4 的分离比。除 9:3:3:1 和 9:3:4 两种分离比外，表 6.8 还给出其他 12 种常见的分离比，以及各种基因型的取值。为便于群体间对比，表中最后一列为两对基因在 DH 群体中观测到的分离比。

表 6.8 F_2 群体常见的 14 种分离比中各种基因型对应的平均表现

F_2 群体中的分离比	基因型的平均表现									DH 群体中的分离比
	$AABB$	$AABb$	$AAbb$	$AaBB$	$AaBb$	$Aabb$	$aaBB$	$aaBb$	$aabb$	
9:3:3:1	3	3	2	3	3	2	1	1	0	1:1:1:1
9:3:4	2	2	1	2	2	1	0	0	0	1:1:2
12:1:3	2	2	2	2	2	2	0	0	1	2:1:1
3:9:4	1	1	2	1	1	2	0	0	0	1:1:2
12:3:1	2	2	2	2	2	2	1	1	0	2:1:1
9:7	1	1	0	1	1	0	0	0	0	1:3
3:13	0	0	1	0	0	1	0	0	0	3:1
9:4:3	2	2	1	2	2	1	0	0	1	1:2:1
9:1:6	2	2	0	2	2	0	0	0	1	1:2:1
10:3:3	2	2	1	2	2	1	0	0	2	2:1:1
15:1	1	1	1	1	1	1	1	1	0	3:1
3:12:1	1	1	2	1	1	2	1	1	0	2:1:1
10:6	1	1	0	1	1	0	0	0	1	1:1
6:9:1	1	1	2	1	1	2	2	2	0	1:2:1

两个互作座位上，F_2 群体中包含两个加性效应、两个显性效应，以及 4 个上位性效应（公式 6.15～公式 6.17）；DH 群体仅包含两个加性效应和一个加加上位性效应（公式 6.1、公式 6.8 和公式 6.9）。利用公式 6.17，可以由基因型的平均效应计算各种遗传效应。各种分离比对应的遗传效应列于表 6.9。从中可以看出，当两个座位间存在 9:3:3:1 的分离比时，两个座位上的加性效应分别为 1 和 0.5，显性效应等于各自的加性效应，4 种上位性效应均为 0。遗传学上称分离比 9:7 为互补上位（complementary epistasis）。从表 6.9 可以看出，当所有

遗传效应均相等时，F_2 的表现型就会产生这样的分离比，表型性状受两个非连锁座位的互补上位所控制。分离比 15:1 称为重叠显性上位（duplicate dominant epistasis）。在这种分离比下，两个加性效应和两个显性效应有相同的取值，4 个互作效应有相同的取值，并且互作效应为加显性效应的相反数。

表 6.9　F_2 群体常见的 14 种分离比中互作 QTL 的各种遗传效应

F_2 群体中的分离比	μ	a_1	d_1	a_2	d_2	aa	ad	da	dd
9:3:3:1	1.5	1.00	1.00	0.50	0.50	0.00	0.00	0.00	0.00
9:3:4	0.75	0.75	0.75	0.25	0.25	0.25	0.25	0.25	0.25
12:1:3	1.25	0.75	0.75	−0.25	−0.25	0.25	0.25	0.25	0.25
3:9:4	0.75	0.75	0.75	−0.25	−0.25	−0.25	−0.25	−0.25	−0.25
12:3:1	1.25	0.75	0.75	0.25	0.25	−0.25	−0.25	−0.25	−0.25
9:7	0.25	0.25	0.25	0.25	0.25	0.25	0.25	0.25	0.25
3:13	0.25	0.25	0.25	−0.25	−0.25	−0.25	−0.25	−0.25	−0.25
9:4:3	1.00	0.50	0.50	0.00	0.00	0.50	0.50	0.50	0.50
9:1:6	0.75	0.25	0.25	0.25	0.25	0.75	0.75	0.75	0.75
10:3:3	1.25	0.25	0.25	−0.25	−0.25	0.75	0.75	0.75	0.75
15:1	0.75	0.25	0.25	0.25	0.25	−0.25	−0.25	−0.25	−0.25
3:12:1	1.00	0.50	0.50	0.00	0.00	−0.50	−0.50	−0.50	−0.50
10:6	0.50	0.00	0.00	0.00	0.00	0.50	0.50	0.50	0.50
6:9:1	1.25	0.25	0.25	0.25	0.25	−0.75	−0.75	−0.75	−0.75

F_2 群体包含了两个座位上所有可能的 9 种基因型，能够估计每个座位上的加性和显性效应，还能估计 4 种互作效应。DH 群体（或其他永久群体）仅包含 4 种纯合的基因型，只能估计每个座位上的加性效应，以及加加互作效应。

§6.3.2　两个互作座位间遗传方差的分解

方差是一个群体参数，它不仅依赖于群体中各种基因型的均值，还依赖于各种基因型在群体中的存在频率。这里以 9:3:4 的分离比和 F_2 群体为例，说明两个基因座位间遗传方差的分解。假定两个座位间不存在连锁，等位基因的频率均为 0.5。9 种基因型的频率及两个座位上的边际频率见表 6.10。基因型 AA 边际频率定义为基因型 AA 中座位 B 上 3 种基因型频率之和，即 $f_{1.}=f_{11}+f_{12}+f_{13}=0.25$。其他边际频率的计算与 AA 边际频率的计算类似。

表 6.10　两个不连锁座位上各种基因型在 F_2 群体中的期望频率

座位 A	座位 B			座位 A 边际频率
	BB	Bb	bb	
AA	$f_{11}=0.0625$	$f_{12}=0.125$	$f_{13}=0.0625$	$f_{1.}=0.25$
Aa	$f_{21}=0.125$	$f_{22}=0.25$	$f_{23}=0.125$	$f_{2.}=0.5$
aa	$f_{31}=0.0625$	$f_{32}=0.125$	$f_{33}=0.0625$	$f_{3.}=0.25$
座位 B 边际频率	$f_{.1}=0.25$	$f_{.2}=0.5$	$f_{.3}=0.25$	

在座位 A 与座位 B 不连锁的假定下，表 6.10 中每种基因型的频率均等于对应的两个边际频率的乘积。对于一个一般的遗传群体，如果该群体处于哈迪-温伯格平衡、两个座位间不存在连锁不平衡，该群体中两个座位上基因型的频率也等于对应的两个边际频率的乘

积。因此，以下有关遗传方差的计算和分解方法同样适用于无连锁不平衡的哈迪-温伯格平衡群体。

如表 6.11 将 9 种基因型的均值列成一个双向表。群体均值和总遗传方差分别为

$$\overline{G}.. = \sum_{i,j=1,2,3} f_{ij} G_{ij} = 1.3125 \tag{6.22}$$

$$V_G = \sum_{i,j=1,2,3} f_{ij}(G_{ij} - \overline{G}..)^2 = 0.7148 \tag{6.23}$$

对于双向表 6.11，类似传统的双因素方差分析计算行和列的加权平均数。以基因型 AA 所在的行和基因型 BB 所在的列为例。

$$\overline{G}_{1.} = f_{.1} G_{11} + f_{.2} G_{12} + f_{.3} G_{13} = 1.75,$$
$$\overline{G}_{.1} = f_{1.} G_{11} + f_{2.} G_{21} + f_{3.} G_{31} = 1.5$$

这样，总遗传方差公式 6.23 中，每种基因型均值 G_{ij} ($i=1,2,3; j=1,2,3$) 与总平均数的离差都可做以下的正交分解。

$$\begin{aligned} G_{ij} - \overline{G}.. &= (\overline{G}_{i.} - \overline{G}..) + (\overline{G}_{.j} - \overline{G}..) \\ &\quad + (G_{ij} - \overline{G}_{i.} - \overline{G}_{.j} + \overline{G}..); \quad i=1,2,3; j=1,2,3 \end{aligned} \tag{6.24}$$

从公式 6.24 可以看出，离差 $G_{ij} - \overline{G}..$ 可进一步分解为两个座位的效应，以及座位间交互作用之和的形式。可以证明，每种类型效应的加权平均数为 0，两两之间的协方差也为 0。这样的分解在统计学上称为正交分解。通过正交分解，公式 6.23 计算出的总遗传方差就能分解为座位 A 方差、座位 B 方差，以及二者间互作方差之和的形式。

表 6.11　两个不连锁座位 9:3:4 分离比下各种基因型的均值，以及 F_2 群体遗传方差的计算

座位 A	座位 B			座位 A 边际加权平均	座位 A 边际效应	座位 A 方差
	BB	Bb	bb			
AA	$G_{11}=2$	$G_{12}=2$	$G_{13}=1$	$\overline{G}_{1.}=1.75$	0.4375	0.5742
Aa	$G_{21}=2$	$G_{22}=2$	$G_{23}=1$	$\overline{G}_{2.}=1.75$	0.4375	
aa	$G_{31}=0$	$G_{32}=0$	$G_{33}=0$	$\overline{G}_{3.}=0$	-1.3125	
座位 B 边际加权平均	$\overline{G}_{.1}=1.5$	$\overline{G}_{.2}=1.5$	$\overline{G}_{.3}=0.75$	$\overline{G}..=1.3125$		
座位 B 边际效应	0.1875	0.1875	-0.5625			
座位 B 方差	0.1055					

座位 A 上 3 种基因型的边际效应 ($\overline{G}_{i.} - \overline{G}..$) 分别为 0.4375、0.4375、$-1.3125$，座位 B 上 3 种基因型的边际效应 ($\overline{G}_{.j} - \overline{G}..$) 分别为 0.1875、0.1875、$-0.5626$。由此计算座位 A 和座位 B 的遗传方差，即

$$V_A = \sum_{i=1,2,3} f_{i.}(\overline{G}_{i.} - \overline{G}..)^2 = 0.5742 \tag{6.25}$$

$$V_B = \sum_{j=1,2,3} f_{.j}(\overline{G}_{.j} - \overline{G}..)^2 = 0.1055 \tag{6.26}$$

用 I_{ij} 表示公式 6.24 中的互作项（数量遗传学上又称作上位性离差），即

$$I_{ij} = (G_{ij} - \overline{G}_{i.} - \overline{G}_{.j} + \overline{G}_{..}) \tag{6.27}$$

表 6.12 给出 9 种基因型上位性离差的大小。由此得到上位型效应的方差为

$$V_I = \sum_{i,j=1,2,3} f_{ij} I_{ij}^2 = 0.0352 \tag{6.28}$$

表 6.12　两个不连锁座位 9:3:4 分离比在 F_2 群体中上位性离差效应和互作方差的计算

座位 A	座位 B		
	BB	Bb	bb
AA	I_{11}=0.0625	I_{12}=0.0625	I_{13}=-0.1875
Aa	I_{21}=0.0625	I_{22}=0.0625	I_{23}=-0.1875
aa	I_{31}=-0.1875	I_{32}=-0.1875	I_{33}=0.5625
互作效应的方差	$V_I = \sum_{i,j=1,2,3} f_{ij} I_{ij}^2 = 0.0352$，各种基因型的频率 f_{ij} 见表 6.10		

容易验证，公式 6.23 给出的总遗传方差等于公式 6.25 和公式 6.26 给出的两个座位上的遗传方差、公式 6.28 给出的上位性方差三项之和。根据经典数量遗传学的理论，F_2 群体座位 A 和座位 B 上 3 种基因型的边际效应还可进一步分解成育种值和显性离差之和，每个座位上的遗传方差还可进一步分解为加性方差和非加性方差两部分。利用边际平均数与总平均数间的关系式 $\overline{G}_{..} = \frac{1}{4}\overline{G}_{1.} + \frac{1}{2}\overline{G}_{2.} + \frac{1}{4}\overline{G}_{3.}$，不难证明，

$$(\overline{G}_{1.} - \overline{G}_{..}) = \left\{\frac{1}{2}(\overline{G}_{1.} - \overline{G}_{3.})\right\} + \left\{-\frac{1}{2}\left[\overline{G}_{2.} - \frac{1}{2}(\overline{G}_{1.} + \overline{G}_{3.})\right]\right\},$$

$$(\overline{G}_{2.} - \overline{G}_{..}) = \{0\} + \left\{\frac{1}{2}\left[\overline{G}_{2.} - \frac{1}{2}(\overline{G}_{1.} + \overline{G}_{3.})\right]\right\},$$

$$(\overline{G}_{3.} - \overline{G}_{..}) = \left\{-\frac{1}{2}(\overline{G}_{1.} - \overline{G}_{3.})\right\} + \left\{-\frac{1}{2}\left[\overline{G}_{2.} - \frac{1}{2}(\overline{G}_{1.} + \overline{G}_{3.})\right]\right\} \tag{6.29}$$

公式 6.29 给出的是座位 A 上各种基因型均值与 F_2 群体均值之间的差异的正交分解。每种基因型下两对大括号中的效应，分别为各种基因型的育种值和显性离差。3 种育种值的加权平均数为 0，3 种显性离差的加权平均数也为 0，并且育种值和显性离差之间的协方差也为 0。与公式 6.15∼公式 6.17 定义的 F_∞ 模型相比较，公式 6.29 的效应分解在数量遗传学中称为 F_2 模型（F_2 model）。公式 6.22∼公式 6.29 中的均值 $\overline{G}_{..}$ 包含了当前群体的基因型频率，是一个群体参数。不难看出公式 6.29 中，$\frac{1}{2}(\overline{G}_{1.} - \overline{G}_{3.})$ 就是根据座位 A 边际平均数计算的加性效应（又称作育种值效应），$\left[\overline{G}_{2.} - \frac{1}{2}(\overline{G}_{1.} + \overline{G}_{3.})\right]$ 就是根据边际平均数计算的显性效应（又称作显性离差）。F_2 群体中座位 A 上的加性方差和显性方差分别为

$$V_A = \frac{1}{2}\left[\frac{1}{2}(\overline{G}_{1.} - \overline{G}_{3.})\right]^2 = 0.3828 \tag{6.30}$$

$$V_D = \frac{1}{4}\left[\overline{G}_{2.} - \frac{1}{2}(\overline{G}_{1.} + \overline{G}_{3.})\right]^2 = 0.1914 \tag{6.31}$$

公式 6.30 得到的加性方差与公式 6.31 得到的显性方差二者之和等于公式 6.25 得到的座位 A 的方差。对于座位 B, 也可用类似的分解计算加性方差和显性方差, 即

$$V_A = \frac{1}{2} \left[\frac{1}{2} (\overline{G}_{\cdot 1} - \overline{G}_{\cdot 3}) \right]^2 = 0.0703 \tag{6.32}$$

$$V_D = \frac{1}{4} \left[\overline{G}_{\cdot 2} - \frac{1}{2} (\overline{G}_{\cdot 1} + \overline{G}_{\cdot 3}) \right]^2 = 0.0352 \tag{6.33}$$

将公式 6.30 和公式 6.32 得到的两个加性方差合并, 就得到两个座位上的加性方差; 将公式 6.31 和公式 6.33 得到的两个显性方差合并, 就得到两个座位上的显性方差。在已知误差方差的情况下, 群体的广义遗传力为

$$H^2 = \frac{V_G}{V_G + V_\varepsilon} \tag{6.34}$$

互作效应解释的遗传变异可用于衡量两个座位间上位型互作的相对重要性。表 6.13 中, 各种分离比按 F_2 群体中方差比值 V_I/V_G 从小到大的顺序排列。DH 群体中只包含加加上位性效应, 因此分离比的顺序与 F_2 群体不尽相同。

表 6.13 各种分离比在 F_2 和 DH 群体中的遗传方差组成以及互作方差占遗传方差的比例

F_2 群体中的分离比	F_2 群体					DH 群体			
	V_A	V_D	V_I	V_G	V_I/V_G	V_A	V_I	V_G	V_I/V_G
9:3:3:1	0.6250	0.3125	0.0000	0.9375	0.0000	1.2500	0.0000	1.2500	0.0000
9:3:4	0.4531	0.2266	0.0352	0.7148	0.0492	0.6250	0.0625	0.6875	0.0909
12:1:3	0.3906	0.1953	0.0352	0.6211	0.0566	0.6250	0.0625	0.6875	0.0909
3:9:4	0.2656	0.1328	0.0352	0.4336	0.0811	0.6250	0.0625	0.6875	0.0909
12:3:1	0.2031	0.1016	0.0352	0.3398	0.1034	0.6250	0.0625	0.6875	0.0909
9:7	0.1406	0.0703	0.0352	0.2461	0.1429	0.1250	0.0625	0.1875	0.3333
3:13	0.0781	0.0391	0.0352	0.1523	0.2308	0.1250	0.0625	0.1875	0.3333
9:4:3	0.3125	0.1563	0.1406	0.6094	0.2308	0.2500	0.2500	0.5000	0.5000
9:1:6	0.3906	0.1953	0.3164	0.9023	0.3506	0.1250	0.5625	0.6875	0.8182
10:3:3	0.2031	0.1016	0.3164	0.6211	0.5094	0.1250	0.5625	0.6875	0.8182
15:1	0.0156	0.0078	0.0352	0.0586	0.6000	0.1250	0.0625	0.1875	0.3333
3:12:1	0.0625	0.0313	0.1406	0.2344	0.6000	0.2500	0.2500	0.5000	0.5000
10:6	0.0625	0.0313	0.1406	0.2344	0.6000	0.0000	0.2500	0.2500	1.0000
6:9:1	0.0156	0.0078	0.3164	0.3398	0.9310	0.1250	0.5625	0.6875	0.8182

DH 群体在不存在奇异分离的情况下, 即 4 种纯合基因型的频率均为 0.25, 沿用表 6.11 中的座位和基因型值符号, 4 种纯合基因型的均值可表示为

$$G_{11} = \mu + a_1 + a_2 + aa, \quad G_{13} = \mu + a_1 - a_2 - aa,$$
$$G_{31} = \mu - a_1 + a_2 - aa, \quad G_{33} = \mu - a_1 - a_2 + aa \tag{6.35}$$

在 4 种基因型频率均为 0.25 的群体中, 公式 6.35 给出的也是一种正交分解, 即座位 A 上两种基因型的效应 a_1 和 $-a_1$ 的加权平均数等于 0, 座位 B 上两种基因型的效应 a_2 和 $-a_2$ 的加权平均数等于 0, 4 种基因型的互作效应 aa、$-aa$、$-aa$、aa 的加权平均数等于 0,

座位 A 的两种效应与座位 B 的两种效应间的协方差等于 0。因此，加性方差等于两个座位上加性方差之和，上位性方差等于加加互作效应的平方。以分离比 9:3:4 为例，两个座位上的加性效应分别为 0.75 和 0.25（表 6.9），加性方差 $=0.75^2+0.25^2=0.625$（表 6.13 中 DH 群体）；加加互作效应为 0.25（表 6.9），上位性方差 $=0.25^2=0.0625$（表 6.13 中 DH 群体）。

在 F_2 群体中，假定不存在奇异分离，即 9 种基因型的频率如表 6.10 所示，加性方差计算公式 6.30 和公式 6.32 中，除了表 6.9 中的加性效应外，还包含有表 6.9 中的显性效应和上位性效应。从表 6.9 可以看出，分离比 9:3:4 和 12:3:1 有着相同的加性和显性效应，但表 6.13 给出的加性和显性方差却有很大不同。因此，对于其他双亲群体，或者基因型频率偏离期望频率，或者两个座位间存在连锁的情形，总遗传方差仍然可以利用公式 6.22 和公式 6.23 进行计算。但是，遗传方差的正交分解会变得十分困难，甚至不存在遗传方差的正交分解。

加性方差、显性方差和上位性方差的分解与估计是经典数量遗传学研究的核心内容。在 QTL 作图研究中，这些方差的分解与估计仍具有一定的理论价值。但从应用的角度来讲，它们可能不是最重要的研究目标。相对而言，表 6.8 中各种基因型的均值，以及表 6.9 中各种遗传效应的准确估计可能显得更为重要。从表 6.8 给出的各种基因型均值可以知道哪个基因型具有最好的均值。通过开发与座位 A 和座位 B 紧密连锁的分子标记，就可以在育种群体中开展标记辅助选择。从表 6.9 给出的各种遗传效应可以预测更多座位上各种基因型的均值，从而选择最优的基因型。如果 QTL 作图的目的是鉴定出每个座位上的有利等位基因，或者不同座位上的最优基因型，只要把基因型的均值和遗传效应准确估计出来，就能达到这一目的。因此，基因型的均值和各种遗传效应的准确估计就显得尤为重要。

§6.3.3 互作 QTL 检测功效的模拟

假定一个基因组包含 4 条长度均为 140cM 的染色体，每条染色体上均匀分布 15 个共显性标记，标记间距为 10cM。两个互作 QTL 中的一个位于第 1 条染色体的 25cM 处，另一个位于第 2 条染色体的 55cM 处。在模拟过程中，将 14 种分离比视为 14 个性状，性状的广义遗传力均为 0.2。利用育种模拟软件 QuLine（见第 11 章和第 12 章）产生 F_2 和 DH 群体，群体大小设置 4 个水平，即 100、200、300 和 400。共有 56 组模拟试验（14 个性状 × 4 种群体大小），每组模拟试验重复 100 次。采用 QTL IciMapping 软件进行加显性和上位性 QTL 定位。加显性 QTL 定位时的步长为 1cM，LOD 临界值设为 2.5，逐步回归时变量进出模型的概率分别为 0.01 和 0.02，支撑区间长度为 10cM。上位性 QTL 定位时的步长为 5cM，LOD 临界值设为 5.0，逐步回归时变量进出模型的概率分别为 0.001 和 0.002，支撑区间长度为 20cM。根据 100 次模拟群体的定位结果，统计作图功效，并计算位置和效应估计的平均值。

图 6.3 给出群体大小为 200 时，100 次模拟 DH 群体中检测到的互作 QTL，圆环代表 4 条染色体构成的基因组，一种颜色代表一条染色体。互作 QTL 用连接两个位置的直线表示，线条越多，说明这个互作被检测到的次数越多。分离比 9:3:3:1 中的各种上位性效应均为 0，100 次模拟中检测到的 3 个互作均属于假阳性。说明将上位性 QTL 作图的 LOD 临界值设为 5.0，可以将假阳性互作控制在一个较低的水平。从表 6.13 可以看到在 DH 群体中，分离比 12:1:3 和分离比 3:9:4 的上位性方差占总遗传方差的比例不到 10%，被检测到的次数

也很低。分离比 9:7 和分离比 3:13 的上位性方差占总遗传方差的 1/3（表 6.13），被检测到的次数较高。分离比 9:1:6 的上位性方差占总遗传方差的比例超过 80%（表 6.13），在图 6.3 中具有最高的检测次数。

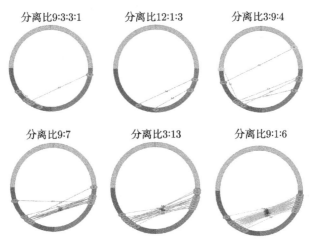

图 6.3　100 次模拟 DH 群体中检测出的互作 QTL（彩图请扫封底二维码）

每次模拟的群体大小为 200，圆环代表 4 条染色体构成的基因组，一种颜色代表一条染色体。互作 QTL 用连接两个位置的虚线表示，虚线上的数字为 LOD 值

图 6.4 给出 4 种不同 F_2 和 DH 群体大小条件下互作 QTL 的检测功效。分离比 9:3:3:1 只包含加显性效应，F_2 群体的上位性作图无法检测到这两个 QTL。其他分离比随着群体大小的增加，互作 QTL 的检测功效逐渐增加。4 种 F_2 群体大小条件下，分离比 9:3:4 的检测功效依次为 3%、18%、56% 和 72%，分离比 9:7 的检测功效依次为 59%、97%、100% 和 100%。不同分离比的检测功效存在明显差异。对比表 6.13 的遗传方差与图 6.4 的检测功效可以看到，上位性方差占遗传方差的比例越大，检测功效就越高。例如，6:9:1 在所有分离比中具有最大的上位性方差，大小为 100 的 F_2 群体的检测功效即可达到 97%；9:3:4 在所有分离比中具有最小的上位性方差，即使大小为 400 的 F_2 群体的检测功效也只有 72%。DH 群体的检测功效有相似的趋势。分离比 9:3:4、12:1:3 和 3:9:4 中，上位性方差占遗传方差的比例不到 10%。即使在 400 个 DH 家系的群体中，它们的检测功效仍然非常低。对 DH 群体来说，10:6 是所有分离比中上位性方差最高的一个，因此具有最高的检测功效。

分离比 9:3:3:1 在二维扫描中不能被检测到，这并不代表具有这一分离比的两个 QTL 就无法检测。实际上，通过一维扫描可以很容易地检测出来（图 6.5，图 6.6）。分离比 9:3:3:1 中，第一个 QTL 的加显性效应均为 1，第二个 QTL 的加显性效应均为 0.5（表 6.9）。当 F_2 群体大小为 100 时，第一个 QTL 的检测功效就接近 100%；当 F_2 群体大小为 200 时，第二个 QTL 的检测功效就接近 95%。两个 QTL 的检测功效依赖于它们的加显性方差占总遗传方差的比例。分离比 6:9:1 具有最高的上位性方差，占遗传方差的 93.1% 两个 QTL 的加显性方差约占遗传方差不到 7%（表 6.13）。因此，它们在一维扫描过程中具有最低的检测功效。在 DH 群体中，分离比 10:6 的所有遗传方差均来自加加上位性效应，加性方差等于 0。因此，在一维扫描过程中，两个 QTL 的检测功效接近于 0。

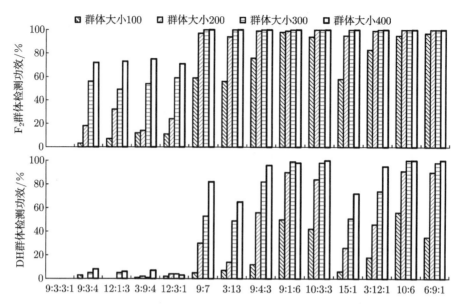

图 6.4 4 种不同 F_2 和 DH 群体大小条件下互作 QTL 的检测功效

每种群体类型和群体大小的模拟次数为 100，两个互作 QTL 在模拟 F_2 和 DH 群体中的广义遗传力为 0.2

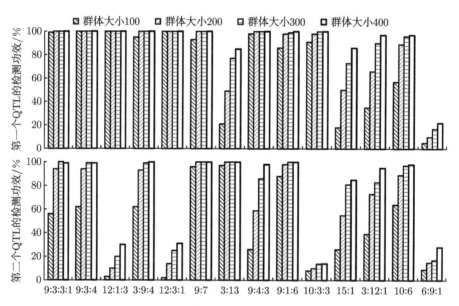

图 6.5 4 种不同 F_2 群体大小条件下两个互作 QTL 在一维扫描时的检测功效

模拟次数均为 100，两个互作 QTL 在模拟 F_2 群体中的广义遗传力为 0.2

以大小为 200 的 F_2 群体为例，功效分析得到的 QTL 位置和效应估计值如表 6.14 所示。对于 9:3:3:1 的分离比，检测不出明显的互作，所以没有出现在表 6.14 中。对于检测功效较低的分离比，QTL 位置和效应的估计值与真实值存在一定差异。例如，分离比 3:9:4 的检测功效只有 17%，两个 QTL 位置估计的平均值分别是 27.35cM 和 57.06cM，而真实位置分别为 25cM 和 55cM，加显性效应估计的绝对值低于表 6.9 的真实值绝对值，而各种上位性效应估计的绝对值则高于表 6.9 的真实值绝对值。对于检测功效较高的分离比，QTL 位置和效应的估计都具有无偏性。例如，分离比 3:13 的检测功效达 96%，两个 QTL 位置估计的平均值分别是 25.99cM 和 54.69cM，非常接近真实位置 25cM 和 55cM；第一个 QTL 的加显性效应估计的平均值分别为 0.23 和 0.22，而真实值分别为 0.25 和 0.25；第二个 QTL 的加显性效应估计的平均值分别为 −0.22 和 −0.19，而真实值分别为 −0.25 和 −0.25；两个 QTL 间的 4 种上位性效应估计的平均值分别为 −0.24、−0.25、−0.25 和 −0.24，真实值均为 −0.25。

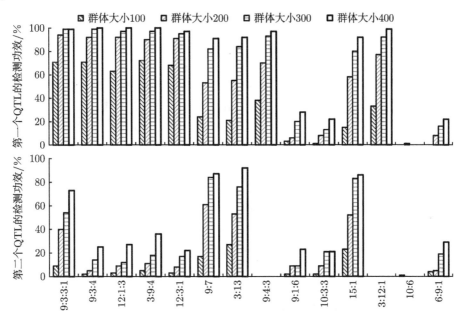

图 6.6　4 种不同 DH 群体大小条件下两个互作 QTL 在一维扫描时的检测功效

模拟次数均为 100，两个互作 QTL 在模拟 DH 群体中的广义遗传力为 0.2

表 6.14　大小为 200 的 F_2 群体中互作 QTL 位置和遗传效应的估计

F_2 群体分离比	检测功效/%	第一个 QTL 的位置/cM	第二个 QTL 的位置/cM	遗传效应							
				a_1	d_1	a_2	d_2	aa	ad	da	dd
9:3:4	27	23.52	54.63	0.36	0.20	0.12	0.04	0.28	0.32	0.35	0.40
12:1:3	35	23.43	56.57	0.53	0.39	−0.31	−0.27	0.33	0.32	0.35	0.36
3:9:4	17	27.35	57.06	0.56	0.52	−0.04	−0.11	−0.33	−0.29	−0.28	−0.29
12:3:1	30	28.00	53.50	0.59	0.62	0.25	0.35	−0.28	−0.30	−0.29	−0.50
9:7	97	24.64	54.69	0.21	0.15	0.23	0.19	0.25	0.26	0.26	0.25
3:13	96	25.99	54.69	0.23	0.22	−0.22	−0.19	−0.24	−0.25	−0.25	−0.24
9:4:3	99	24.80	55.81	0.47	0.39	−0.04	−0.07	0.48	0.48	0.51	0.51
9:1:6	100	25.00	54.95	0.20	0.17	0.23	0.17	0.72	0.74	0.73	0.72
10:3:3	100	25.00	55.05	0.22	0.19	−0.25	−0.25	0.73	0.74	0.72	0.73
15:1	96	25.47	55.47	0.22	0.23	0.22	0.23	−0.23	−0.23	−0.25	−0.26
3:12:1	100	25.85	55.50	0.45	0.47	0.03	0.04	−0.49	−0.5	−0.50	−0.51
10:6	100	25.20	54.70	−0.03	−0.03	−0.02	−0.04	0.47	0.47	0.48	0.49
6:9:1	100	24.90	55.05	0.26	0.22	0.23	0.27	−0.73	−0.74	−0.70	−0.74

注：总遗传方差占表型方差的比例（即广义遗传力）为 0.2

§6.3.4 互作 QTL 作图应注意的一些问题

ICIM 是双亲衍生群体中加显性和上位性 QTL 作图的有效方法。进行上位性作图时，ICIM 给出了两个 LOD 值，即 LOD_A 和 LOD_{AA}。LOD_A 包含两个检测位置上 QTL 的加显性和上位性信息，而 LOD_{AA} 只包含上位性信息。LOD_{AA} 统计量不受 LOD_A 中加显性效应的影响，LOD_{AA} 值一般要低于 LOD_A。一般来说，上位性 QTL 的检测要比加显性 QTL 的检测困难得多。要保证检测到互作 QTL 的可靠性，需要更大的作图群体，并提高检验的 LOD 临界值。QTL 作图的重点首先要放在加显性 QTL 上。如果加显性 QTL 能够解释大部分的性状遗传力，可能就无须进行上位性 QTL 作图。另外，如果一个性状的遗传力确实很高，检测到的加显性 QTL 仅解释部分遗传变异，尚存在大量未解释的遗传方差，则可考虑通过二维扫描检测不同座位上的上位性 QTL。

类似于加显性 QTL 作图，上位性作图功效的统计被局限于一定的支撑区间。在本章中，互作 QTL 功效分析的支撑区间长度为 20cM。在一次模拟中，若二维扫描 LOD 的显著峰值对应的两个 QTL 位置分别在两个真实位置左右 10cM 内，则认为这一对互作 QTL 被正确检测到，即真阳性。如果在支撑区间内有多个峰，则只计算最高的峰。假阳性的统计存在一定的困难。加显性作图中，在支撑区间以外的染色体区域，所有高于 LOD 临界值的峰都被认为是假阳性。进行互作 QTL 功效分析时，如果使用这种统计方法，有时会得到很高的假阳性。这是因为假阳性的统计没有设定支撑区间，当 LOD 曲面在邻近区域内有多个显著的峰值时，就统计为多个假 QTL 处于相邻位置，从而使假阳率增加。同时，两个互作 QTL 只要任何一个处于支撑区间以外，都被统计为假阳性。在互作 QTL 功效分析中，存在多种可能高估假阳性的因素，如何有效估计互作 QTL 检测过程中的假阳率尚待进一步研究。

§6.4 QTL 与环境间的互作分析

§6.4.1 加性 QTL 与环境的互作分析

本节以 DH 群体为例，介绍 ICIM 加性作图的 QTL 与环境互作分析方法。假定有 e 个环境的表型数据，群体中有 n 个家系，标记个数为 $m+1$。每个环境的线性回归模型为

$$y_{ih} = \beta_{0h} + \sum_{j=1}^{m+1} \beta_{jh} x_{ij} + \varepsilon_{ih} \tag{6.36}$$

其中，y_{ih} 是第 i 个家系在第 h 个环境下的表型数据，$i=1,2,\cdots,n$, $h=1,2,\cdots,e$；β_{0h} 是第 h 个环境下的常数项；x_{ij} 是第 j 个标记在第 i 个家系的标记指示变量，不因环境的不同而发生变化，亲本 P_1 标记型用 1 表示，亲本 P_2 标记型用 -1；β_{jh} 是第 h 个环境下表型值对第 j 个标记变量的回归系数；ε_{ih} 是随机误差效应，服从均值为 0、方差为 σ_ε^2 的正态分布，即认为环境间的误差方差是同质的 (Li et al., 2015)。

假定当前扫描位置在第 k 个和第 $k+1$ 个标记构成的标记区间内。利用逐步回归选中的显著标记对每个环境下的表型值进行矫正，即

$$\Delta y_{ih} = y_{ih} - \sum_{j \neq k, k+1} \hat{\beta}_{jh} x_{ij} \tag{6.37}$$

设 μ_{1h} 和 μ_{2h} 分别为两种 QTL 基因型 QQ 和 qq 在环境 h 中的均值。类似单个环境的 QTL 作图,定义每个环境下的总平均数 μ_h 和加性效应 a_h。即

$$\mu_{1h} = \mu_h + a_h, \quad \mu_{2h} = \mu_h - a_h \tag{6.38}$$

进一步定义平均加性效应 $\bar{a}$ 和加性 QTL 与环境互作效应 ae_h。即

$$\bar{a} = \frac{1}{e}\sum_{h=1}^{e} a_h, \quad ae_h = a_h - \bar{a} \tag{6.39}$$

对于公式 6.38 中的各种效应,可能的假设检验有很多。当然,首先想知道的就是当前扫描位置上是否存在 QTL;其次,如果当前扫描位置上存在 QTL,这个 QTL 的表现是否稳定;最后,如果 QTL 的表现不稳定,哪些环境下存在显著的互作,互作效应有多大等。一个或多个环境的加性效应 a_h 与 0 有显著差异,就认为当前的扫描位置上存在 QTL。因此,QTL 的存在可利用下面两个假设进行检验:

H_0: 对任何环境 h,$\mu_{1h} = \mu_{2h}$(或 $a_h = 0$),$h = 1, 2, \cdots, e$

H_1: 对至少一个环境 h,有 $\mu_{1h} \neq \mu_{2h}$(或 $a_h \neq 0$)

假设 H_1 条件下,QQ 和 qq 在环境 h 下服从不同的正态分布,分别用 $N(\mu_{1h}, \sigma_\varepsilon^2)$ 和 $N(\mu_{2h}, \sigma_\varepsilon^2)$ 表示。因此,对数似然函数为

$$\ln L_1 = \sum_{h=1}^{e}\sum_{k=1}^{4}\sum_{i\in S_k} \ln[\pi_{k1} f(\Delta y_{ih}; \mu_{1h}, \sigma_\varepsilon^2) + \pi_{k2} f(\Delta y_{ih}; \mu_{2h}, \sigma_\varepsilon^2)] \tag{6.40}$$

其中,S_k 表示属于第 k 种标记型的家系的集合($k=1, 2, 3, 4$);$i \in S_k$ 表示家系 i 的标记型属于第 k 种类型;π_{kl} 是第 k 种标记类型下第 l 种($l=1, 2$)QTL 基因型的概率,由第 5 章表 5.2 给出;$f(\bullet; \mu_{lh}, \sigma_\varepsilon^2)$ 是正态分布 $N(\mu_{lh}, \sigma_\varepsilon^2)$ 的密度函数。

显然,零假设 H_0 等价于平均加性效应 $\bar{a} = 0$,同时对任何环境 h,加性的环境互作效应 $ae_h = 0$。这时,QQ 和 qq 在环境 h 下服从同一个正态分布 $N(\mu_h, \sigma_\varepsilon^2)$,对数似然函数为

$$\ln L_0 = \sum_{h=1}^{e}\sum_{i=1}^{n} \ln f(\Delta y_{ih}; \mu_h, \sigma_\varepsilon^2) \tag{6.41}$$

对公式 6.40 和公式 6.41 的对数似然函数求极值,就能得到两种假设下参数的极大似然估计,以及假设检验统计量(用 LOD_1 表示,即公式 6.42),并用于检验 QTL 的存在。

$$\text{LOD}_1 = \max \log_{10} L_1 - \max \log_{10} L_0 \tag{6.42}$$

公式 6.39 中,平均加性效应 $\bar{a}$ 的大小衡量了 QTL 的环境稳定性。如果 $\bar{a}$ 与 0 无显著差异,则认为 QTL 的稳定性很差,QTL 的遗传效应以加性与环境互作为主。为进一步检验 QTL 的环境稳定性,构造另一个假设 H_2,公式 6.43 给出该假设的对数似然函数。

H_2: H_0 不成立,同时要求 $\bar{a} = 0$

$$\ln L_2 = \sum_{h=1}^{e} \sum_{k=1}^{4} \sum_{i \in S_k} \ln[\pi_{k1} f(\Delta y_{ih}; \mu_{1h}, \sigma_\varepsilon^2) + \pi_{k2} f(\Delta y_{ih}; \mu_{2h}, \sigma_\varepsilon^2)] - \lambda \bar{a} \qquad (6.43)$$

其中，λ 为约束条件的拉格朗日乘子。利用公式 6.38 和公式 6.39 可以得到 $\bar{a}$ 与待估计均值的关系式为 $\bar{a} = \dfrac{1}{e} \sum\limits_{h=1}^{e} \dfrac{1}{2} (\mu_{1h} - \mu_{2h})$。因此，假设 H_2 中的约束条件 $\bar{a} = 0$ 与 $\sum\limits_{h=1}^{e} (\mu_{1h} - \mu_{2h}) = 0$ 等价。利用 EM 算法和条件极值理论计算公式 6.43 的极大似然估计，与公式 6.42 极大对数似然函数值的差异，即为检验 QTL 环境间主效应显著性的统计量（用 LOD_2 表示，公式 6.44）。

$$\text{LOD}_2 = \max \log_{10} L_2 - \max \log_{10} L_1 \qquad (6.44)$$

假设 H_2 与 H_0 极大对数似然函数值的差异，即为检验 QTL 环境互作效应显著性的统计量（用 LOD_3 表示，公式 6.45）。

$$\text{LOD}_3 = \max \log_{10} L_2 - \max \log_{10} L_0 \qquad (6.45)$$

假设 H_1 没有对待估计参数 μ_{1h} 和 μ_{2h} 施加任何约束条件，假设 H_0 认为所有环境下两种 QTL 基因型都有相同的均值。因此，H_1 和 H_0 两种假设间极大似然函数的差异衡量了当前扫描位置上存在 QTL 的可能性。而 H_2 相当于在假设 H_1 中增加一个约束条件 $\bar{a} = 0$，H_1 与 H_2 的区别就是是否带约束条件 $\bar{a} = 0$。如果约束条件 $\bar{a} = 0$ 为真，两种假设下的极大似然函数间的差异就会很小，计算出的 LOD 值接近于 0。如果约束条件 $\bar{a} = 0$ 不成立，计算出的 LOD 值就会很大。QTL 作图研究中，我们可以利用公式 6.42 得到的 LOD_1 检验 QTL 是否存在；然后利用公式 6.44 得到的 LOD_2 对 QTL 与环境主效应的显著性作进一步检验，利用公式 6.45 得到的 LOD_3 对 QTL 与环境互作效应的显著性作进一步检验。

对于 LOD_1 检验显著的 QTL 来说，可能是一个，也可能是多个环境的加性效应 a_h 均与 0 有显著差异。对于 LOD_2 检验显著的 QTL 来说，可能是一个，也可能是多个环境的互作效应 ae_h 与 0 有显著差异。单个环境的 QTL 显著性，以及单个环境互作效应的显著性，也可通过构造不同的假设进行检验，本书不作进一步介绍。在实际应用中，可以通过单个环境条件下的效应大小，对 QTL 在某个环境条件下的重要性进行初步判断。从 QTL 与环境互作效应的大小和方向对互作的重要性进行初步判断。

§6.4.2 加加上位性 QTL 与环境的互作分析

仍以 DH 群体为例，简单介绍 ICIM 上位性 QTL 与环境互作的分析方法。假设共有 e 个环境的表型数据，群体中有 n 个家系，标记个数为 $m+1$。每个环境的线性回归模型为

$$y_{ih} = \beta_{0h} + \sum_{j=1}^{m+1} \beta_{jh} x_{ij} + \sum_{j<k} \beta_{j,k,h} x_{ij} x_{ik} + \varepsilon_{ih} \qquad (6.46)$$

其中，y_{ih} 是第 i 个家系在第 h 个环境下的表型数据，$i = 1, 2, \cdots, n$，$h = 1, 2, \cdots, e$；β_{0h} 是第 h 个环境下的常数项；x_{ij} 是第 j 个标记在第 i 个家系的标记指示变量，不因环境的不同而发生变化，亲本 P_1 标记型用 1 表示，亲本 P_2 标记型用 -1 表示；β_{jh} 是第 h 个环境下表型值对第 j 个标记变量的回归系数；$\beta_{j,k,h}$ 是第 h 个环境下表型对第 j 个标记和第 k 个标

记互作项的偏回归系数; ε_{ih} 是随机误差效应, 服从均值为 0、方差为 σ_ε^2 的正态分布, 即认为环境间的误差方差是同质的。在进行上位性 QTL 作图的二维扫描时, 当前扫描位置的两个标记区间记为 $(j, j+1)$ 和 $(k, k+1)$, 满足 $j < k$, 观测值被矫正为

$$\Delta y_{ih} = y_{ih} - \sum_{r \neq j, j+1, k, k+1} \hat{\beta}_{rh} x_{ir} - \sum_{\substack{r \neq j, j+1 \\ s \neq k, k+1}} \hat{\beta}_{r,s,h} x_{ir} x_{is} \tag{6.47}$$

其中, $\hat{\beta}_{rh}$ 和 $\hat{\beta}_{r,s,h}$ 分别是线性模型公式 6.46 中相应参数的估计值。

用 μ_{1h}、μ_{2h}、μ_{3h} 和 μ_{4h} 表示两个扫描位置上 4 种 QTL 基因型在环境 h 中的均值。类似多环境加性 QTL 作图, 定义每个环境下的总平均数 μ_h、两个 QTL 的加性效应 a_{1h} 和 a_{2h}, 以及它们之间的加加上位性效应 aa_h, 即

$$\mu_{1h} = \mu_h + a_{1h} + a_{2h} + aa_h, \quad \mu_{2h} = \mu_h + a_{1h} - a_{2h} - aa_h,$$
$$\mu_{3h} = \mu_h - a_{1h} + a_{2h} - aa_h, \quad \mu_{4h} = \mu_h - a_{1h} - a_{2h} + aa_h$$

定义第一个扫描位置上平均加性效应 $\bar{a}_1$ 和加性 QTL 与环境互作效应 ae_{1h}, 即公式 6.48。定义第二个扫描位置上平均加性效应 $\bar{a}_2$ 和加性 QTL 与环境互作效应 ae_{2h}, 即公式 6.49。定义加加上位性的平均效应 $\overline{aa}$ 和加加上位性与环境的互作效应 aae_h, 即公式 6.50。

$$\bar{a}_1 = \frac{1}{e} \sum_{h=1}^{e} a_{1h}, \quad ae_{1h} = a_{1h} - \bar{a}_1 \tag{6.48}$$

$$\bar{a}_2 = \frac{1}{e} \sum_{h=1}^{e} a_{2h}, \quad ae_{2h} = a_{2h} - \bar{a}_2 \tag{6.49}$$

$$\overline{aa} = \frac{1}{e} \sum_{h=1}^{e} aa_h, \quad aa_{eh} = aa_h - \overline{aa} \tag{6.50}$$

上位性 QTL 与环境的互作分析包含更多的效应, 可能的假设检验也更多。这里仅介绍当前两个扫描位置上是否存在互作 QTL 的检验。存在互作 QTL 时, 不再对公式 6.48~ 公式 6.50 中的各种效应作进一步检验。在实际作图群体中, 可以从各种效应估计值的大小和方向对各种效应的重要性进行初步判断。构造如下的零假设和备择假设:

H_0: 对任何环境 h, 都有 $\mu_{1h} = \mu_{2h} = \mu_{3h} = \mu_{4h}$, $h = 1, 2, \cdots, e$

H_1: 对任何环境中的 4 种 QTL 基因型的均值都不施加任何约束条件

假设 H_1 条件下, 第 k 个 QTL 基因型在环境 h 下服从正态分布 $N(\mu_{kh}, \sigma_\varepsilon^2)$ ($k = 1, 2, 3, 4$), 对数似然函数值为

$$\ln L_1 = \sum_{h=1}^{e} \sum_{j=1}^{16} \sum_{i \in S_j} \ln \left[\sum_{k=1}^{4} \pi_{jk} f(\Delta y_{ih}; \mu_{kh}, \sigma_\varepsilon^2) \right] \tag{6.51}$$

其中, S_j 表示具有第 j 种标记型 ($j = 1, \cdots, 16$) 的家系组成的集合; π_{jk} ($k = 1, \cdots, 4$) 是在第 j 个集合中第 k 个 QTL 基因型的比例, 由表 6.1 给出; $f(\bullet; \mu_{kh}, \sigma_\varepsilon^2)$ 表示第 k 个基因型在第 h 个环境下正态分布 $N(\mu_{kh}, \sigma_\varepsilon^2)$ 的密度函数。

公式 6.52 给出零假设 H_0 条件下的极大对数似然函数。根据公式 6.51 和公式 6.52 的对数似然函数，可以计算 LRT 或 LOD 统计量，进而对两个座位上总遗传变异进行显著性检验。

$$\ln L_0 = \sum_{h=1}^{e} \sum_{i=1}^{n} \ln[f(\Delta y_{ih}; \hat{\mu}_h, \hat{\sigma}_\varepsilon^2)] \tag{6.52}$$

§6.4.3 一个真实 RIL 群体的 QTL 与环境互作分析

以玉米巢式关联作图（nested association mapping, NAM）（Buckler et al., 2009; McMullen et al., 2009）中的第一个 RIL 群体为例，考察 QTL 与环境互作分析能够提供的遗传信息。该群体的亲本分别为玉米自交系 'B7'（标记型用 0 编码）和 'B97'（标记型用 2 编码）。双亲杂种 F_1 经 5 代连续自交形成 RIL 群体，群体大小为 194。连锁图谱中包含 10 条染色体，共有 237 个 SNP 标记，标记数据的缺失率为 8.0%。通过田间试验得到该群体在 3 个环境条件下的抽穗期数据，3 个环境记为 E_1、E_2 和 E_3。进行 QTL 与环境互作分析时，变量进出模型的概率分别为 0.001 和 0.002，扫描步长为 1cM，LOD 临界值设为 2.5。同时，将该群体 3 个环境条件下的抽穗期当作 3 个性状，用单环境的 QTL 作图方法进行 QTL 定位，作图参数的设置同 QTL 与环境互作分析。

对 3 个环境抽穗期性状进行联合分析，同时对 3 个环境分别进行 QTL 作图。第 1~4 条染色体的 LOD 曲线如图 6.7 所示。在联合分析的 LOD 曲线上，共存在 9 个超过 LOD 临界值 2.5 的峰，可以认为存在 9 个 QTL。第 1 条染色体上有 4 个，分别用 qHD1-1 ~ qHD1-4 表示。第 2 条染色体上有 2 个，分别用 qHD2-1 和 qHD2-2 表示。第 3 条染色体上有 2 个，分别用 qHD3-1 和 qHD3-2 表示。第 4 条染色体上有 1 个，用 qHD4 表示（图 6.7A）。其他染色体上未发现超过 LOD 临界值的峰，因此，图 6.7 未包含第 5~10 条染色体。

对于第 1 条染色体上的 4 个 QTL，环境 E_1 和 E_2 的 LOD 曲线上，qHD1-1 的附近虽然也有峰存在（图 6.7B~C），但都未超过 LOD 临界值 2.5。环境 E_3 的 LOD 曲线上，qHD1-1 附近的峰超过 LOD 临界值（图 6.7D）。因此，进行单环境分析时，qHD1-1 仅在环境 E_3 中被检测出来。类似地，qHD1-2 也仅在环境 E_3 中检测到，qHD1-3 在所有 3 个环境中均未检测到，qHD1-4 在所有 3 个环境中均被检测到（图 6.7B~D）。对于 qHD2-1、qHD2-2 和 qHD3-2，3 个环境的 LOD 曲线在附近位置上都不存在超过 LOD 临界值的峰（图 6.7B~D），单环境作图检测不出这些 QTL 的存在。qHD3-1 在环境 E_1 中被检测到，但在环境 E_2 和 E_3 中未检测到；qHD4 可在环境 E_3 中检测到，但在环境 E_1 和 E_2 中未检测到。

表 6.15 给出 3 个环境联合作图检测到的 9 个 QTL 相关信息。尽管这些 QTL 的遗传效应有很大差异，但它们在 3 个环境间有着一致的效应方向。在这个作图群体中，自交系 'B73' 的标记型编码为 0，其携带的等位基因用 q 表示；自交系 'B97' 的标记型编码为 2，其携带的等位基因用 Q 表示。座位 qHD1-4 的 LOD 值在 9 个 QTL 是最高的，平均加性效应为 -0.67。因此，基因型 QQ 的抽穗期将在平均数基础上缩短 0.67 天，基因型 qq 的抽穗期将在平均数基础上延长 0.67 天。等位基因 Q 存在于自交系 'B97' 中，因此自交系 'B97' 携带的等位基因在 3 个环境下平均缩短抽穗期达 0.67 天。在座位 qHD1-3、qHD2-1 和 qHD4 上，自交系 'B97' 携带的等位基因在 3 个环境下也一致缩短抽穗期。在其他座位上，QTL 的加性效应为正，缩短抽穗期的等位基因来自自交系 'B73'。定位结果说明，在这个 RIL 群体

中，通过不同 QTL 座位上等位基因的重组，会产生比双亲抽穗期更短或更长的新的玉米自交系。

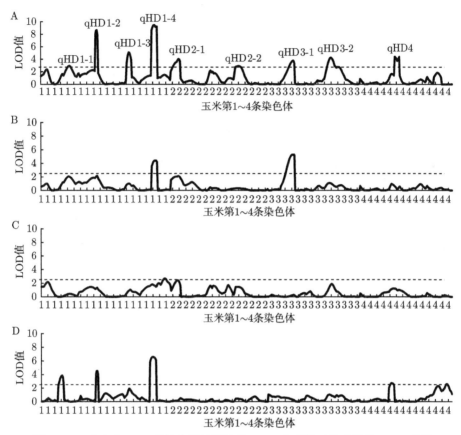

图 6.7　一个真实 RIL 群体中抽穗期性状 QTL 与环境互作分析的 LOD 曲线

A. QTL 与 3 个环境的互作分析；B. 环境 E_1 的 QTL 作图；C. 环境 E_2 的 QTL 作图；D. 环境 E_3 的 QTL 作图

表 6.15　QTL 与环境互作分析检测到抽穗期 QTL 的位置和遗传效应

QTL 名称	位置/cM	LOD 值	加性效应			平均加性效应	加性与环境互作效应		
			环境 E_1	环境 E_2	环境 E_3		环境 E_1	环境 E_2	环境 E_3
qHD1-1	43	2.92	0.50	0.29	0.31	0.37	0.13	−0.07	−0.06
qHD1-2	85	8.64	0.52	0.52	0.89	0.64	−0.12	−0.13	0.25
qHD1-3	133	5.09	−0.36	−0.44	−0.69	−0.50	0.13	0.06	−0.20
qHD1-4	172	9.46	−0.76	−0.57	−0.67	−0.67	−0.09	0.09	0.00
qHD2-1	20.5	4.03	−0.51	−0.66	−0.12	−0.43	−0.08	−0.23	0.31
qHD2-2	110.5	2.91	0.21	0.52	0.35	0.36	−0.15	0.16	−0.01
qHD3-1	53	3.77	0.84	0.25	0.18	0.42	0.42	−0.18	−0.24
qHD3-2	110	4.25	0.37	0.58	0.38	0.44	−0.08	0.14	−0.07
qHD4	53	4.38	−0.28	−0.48	−0.60	−0.46	0.17	−0.03	−0.14

注：数据存在截尾误差，利用第 4~6 列数值和公式 6.39 得到的结果与表中后四列不一定完全相等

检测到的 9 个 QTL 中,不存在一些环境条件下效应为正、另一些环境条件下效应为负的 QTL。因此,这些 QTL 在这 3 个环境间有着稳定的遗传效应。从表 6.15 最后 3 列给出的加性与环境的互作效应来看,大部分的互作效应都远低于平均加性效应,说明 QTL 与环境间的互作可能不是影响抽穗期性状的主要遗传因素。

为进一步说明多环境 QTL 联合分析的一些优点,表 6.16 给出单环境 QTL 作图结果。环境 E_1 检测到两个 QTL,分别位于第 1 条和第 3 条染色体。环境 E_2 中检测到一个 QTL,位于第 1 条染色体。环境 E_3 中检测到 5 个 QTL,其中 3 个位于第 1 条染色体,另外两个位于第 4 条染色体。单个环境检测到的 QTL 少于联合分析中的 QTL。从表 6.16 最后一列可以看出,单个环境检测到的 QTL,除环境 E_3 中位于第 4 条染色体 133cM 处的 QTL 外,都能在联合分析中被鉴定出来。但是,联合分析中检测到的 9 个 QTL 中,有 4 个(即 qHD1-3、qHD2-1、qHD2-2 和 qHD3-2)未在单环境分析中被检测到。此外,由于随机误差的干扰,同一个 QTL 在单环境分析中的位置估计也不尽相同。例如,座位 qHD1-4 在 3 个环境中被分别定位在 173cM、187cM、169cM 3 个不同位置上。联合分析利用更多的表型数据,得到的 172cM 可能更接近真实位置。

表 6.16 单环境 QTL 作图检测到抽穗期 QTL 的位置和遗传效应

环境	染色体	位置/cM	左侧标记	右侧标记	LOD 值	表型变异解释率/%	加性效应	联合分析 QTL 名称
E_1	1	173	L00165	L01039	4.42	9.93	−0.81	qHD1-4
E_1	3	54	L00071	L00951	5.28	11.38	0.87	qHD3-1
E_2	1	187	L00742	L00222	2.69	8.17	−0.86	qHD1-4
E_3	1	31	L00828	L01110	3.87	6.93	0.68	qHD1-1
E_3	1	85	L00789c	L00916	4.53	7.82	0.71	qHD1-2
E_3	1	169	L00165	L01039	6.58	11.75	−0.87	qHD1-4
E_3	4	48	L00441	L00042	2.72	4.54	−0.55	qHD4
E_3	4	133	L00988	L00841	2.60	4.93	0.56	未发现

QTL 作图研究中,如果存在多环境的表型数据,一般应采用多环境联合分析。有些研究中,也建议首先对表型数据进行联合分析(Malosetti et al., 2004; Messmer et al., 2009)。例如,根据多环境表型数据对基因型的表现进行最优线性无偏预测(best linear unbiased prediction, BLUP),然后利用每个基因型的 BLUP 值进行 QTL 作图。这样的分析方法,定位到的可能只是环境间稳定表达的 QTL,不能研究 QTL 与环境的互作效应。此外,采用多环境联合分析与单环境分析相结合的方法,同时考虑已有基因定位结果或 DNA 序列数据,综合分析一个群体中检测到 QTL 的新颖性和利用价值,也不失为一种有效方法(Yin et al., 2015, 2017)。

练 习 题

6.1 今有 4 个小麦近等基因系材料,它们的基因型分别用 $AABB$、$aaBB$、$AAbb$ 和 $aabb$ 表示,座位 A 和座位 B 位于小麦的两条不同染色体上。假定这些近等基因系在其他基因座位上具有相同的等位基因。某品质性状的 3 次重复观测数据如下表。

重复	近等基因系			
	$AABB$	$aaBB$	$AAbb$	$aabb$
1	232	224	219	150
2	231	218	211	152
3	242	200	209	151

（1）通过方差分析对 4 个近等基因系在品质性状上的差异进行显著性检验。

（2）计算座位 A 和 B 的加性效应，以及两个座位间的加加互作效应，并通过方差分析对这 3 种效应进行显著性检验。

（3）通过固定模型方差分析估计座位 A 和 B 的加性遗传方差，以及两个座位间的加加互作遗传方差，并计算 3 种效应解释表型方差的比例。

6.2 在一个 DH 群体的上位性 QTL 作图研究中，二维扫描的两个位置上 4 种 QTL 基因型 $Q_1Q_1Q_2Q_2$、$Q_1Q_1q_2q_2$、$q_1q_1Q_2Q_2$、$q_1q_1q_2q_2$ 表型分布均值的估计值分别为 11.7、6.9、10.1、11.3。DH 群体表型方差的估计值为 12.5。

（1）估计座位 Q_1 和座位 Q_2 的加性效应，以及两个座位间的加加互作效应。

（2）估计这个扫描位置上的加性方差和上位性方差。

（3）估计这个扫描位置上所有遗传效应解释表型方差的比例。

6.3 两个不连锁座位 A 和 B 间存在互作，以基因型 $AABB$ 和 $aabb$ 为亲本杂交产生的 F_2 群体中出现 9:7 的分离比。假定不存在奇异分离，两种表型值分别为 1 和 0，即

基因型	BB	Bb	bb
AA	$G_{11}=1$	$G_{12}=1$	$G_{13}=0$
Aa	$G_{21}=1$	$G_{22}=1$	$G_{23}=0$
aa	$G_{31}=0$	$G_{32}=0$	$G_{33}=0$

（1）计算两个座位上的加性和显性效应，以及两个座位间的 4 种上位型互作效应。

（2）计算 F_2 群体的均值和总遗传方差。

（3）计算座位 A 上 3 种基因型的边际均值和边际效应，以及座位 A 产生的方差。

（4）计算座位 B 上 3 种基因型的边际均值和边际效应，以及座位 B 产生的方差。

（5）计算座位 A 和座位 B 的上位性离差和上位性方差。

6.4 在一个 F_2 群体上位性 QTL 作图研究中，二维扫描的两个位置上 9 种 QTL 基因型表型分布均值的估计值如下表。已知 F_2 群体表型方差的估计值为 100。

基因型	BB	Bb	bb
AA	$G_{11}=12$	$G_{12}=23$	$G_{13}=15$
Aa	$G_{21}=32$	$G_{22}=29$	$G_{23}=16$
aa	$G_{31}=21$	$G_{32}=28$	$G_{33}=17$

（1）估计座位 A 和座位 B 各自的加显性效应，以及两个座位间的 4 种互作效应。

（2）估计这个扫描位置上的遗传方差。

（3）估计这个扫描位置上所有遗传效应解释表型方差的比例。

6.5 使用 QTL IciMapping 软件中附带的一个 DH 或 RIL 遗传群体，利用 IM-EPI 和 ICIM-EPI 两种方法开展上位性 QTL 作图。

（1）绘制 IM-EPI 和 ICIM-EPI 两种方法的二维扫描 LOD 曲面和遗传效应曲面。

（2）列出 IM-EPI 和 ICIM-EPI 两种方法定位到互作 QTL 的相关信息，包括染色体上的位置、连锁最紧的两侧标记、遗传效应等。

（3）分析比较 IM-EPI 和 ICIM-EPI 两种方法检测到互作 QTL 的差异。

6.6 使用 QTL IciMapping 软件中附带的一个 F_2 遗传群体，利用 IM-EPI 和 ICIM-EPI 两种方法开展 QTL 作图。

（1）绘制 IM-EPI 和 ICIM-EPI 两种方法的二维扫描 LOD 曲面和遗传效应曲面。

（2）列出 IM-EPI 和 ICIM-EPI 两种方法定位到互作 QTL 的相关信息，包括染色体上的位置、连锁最紧的两侧标记、遗传效应等。

（3）分析比较 IM-EPI 和 ICIM-EPI 两种方法检测到互作 QTL 的差异。

6.7 根据表 6.2 的遗传模型和参数设置，使用 QTL IciMapping 软件 BIP 模拟功能，在 RIL 群体中开展互作 QTL 的功效分析，并与 DH 的功效分析结果进行比较。

6.8 对于 §6.4.3 中的作图群体，联合分析中得到某一扫描位置上两种 QTL 基因型 QQ 和 qq 在 3 个环境中抽穗期的估计值如下表。

环境	QQ	qq
E_1	71.15	72.78
E_2	77.62	78.81
E_3	69.81	71.58

（1）计算这个扫描位置上 QTL 在 3 个环境中的加性效应。

（2）计算这个扫描位置上 QTL 的平均加性效应，以及加性 QTL 与环境互作效应。

第 7 章 杂合亲本杂交及纯系亲本双交的遗传分析

前几章介绍的连锁分析及 QTL 作图方法,均以两个纯系亲本间杂交衍生的各种遗传群体为主要对象。然而,自然界以随机交配或无性系为主要繁殖方式的物种中,一般都存在严重的近交衰退现象(参见《数量遗传学》§12.2),或者根本无法进行近交繁殖,也因此无法产生纯系并利用纯系间杂交后代群体开展遗传研究。本章介绍利用两个杂合基因型为亲本(简称杂合亲本),杂交产生杂种 F_1 后代群体的遗传分析方法,并用雌亲和雄亲区分两个杂合亲本。巧合的是,如利用 4 个纯系配置两个单交 F_1,将其中的一个作为雌亲,另一个作为雄亲再次杂交,这时就产生了一个双交 F_1 群体。就单个基因座位来说,两个杂合亲本的杂交 F_1 与 4 个纯系亲本的双交 F_1 具有相同的群体结构。

如同时考虑两个连锁座位,对于双交 F_1 的两个单交 F_1 亲本来说,双杂基因型的连锁相可以利用 4 个纯系亲本的基因型进行推断,一般不存在连锁相未知的问题。对于未知来源的雌雄两个杂合亲本来说,双杂基因型在亲本中的连锁相事先是未知的,需要通过后代群体的连锁分析进行推断。在推断出两个杂合亲本中双杂基因型的连锁状态之后,就可以将杂合亲本视为两个虚拟纯系亲本的杂交 F_1。这时,两个杂合亲本的杂交 F_1 与 4 个纯系亲本的双交 F_1 就完全等价了。鉴于此,本章一并考虑这两类群体的连锁分析与基因定位方法。

本章有关连锁分析和图谱构建的内容,读者还可参考 Zhang 等(2015a)的文献;有关缺失信息标记填补和基因定位的内容,可参考 Zhang 等(2015b)的文献;相关分析软件可参考 Zhang 等(2015c)的文献。本章所说的杂合亲本,它们既可以是随机交配群体中的两个个体,也可以是两个无性系,还可以是 4 个纯系的两个单交 F_1。因此,所介绍的分析方法适用于随机交配物种的全同胞家系、两个无性系之间的杂交 F_1,以及 4 个纯系(或自交系)之间的双交 F_1 等多种类型遗传群体。Zhang 等(2015a)将两个杂合亲本的杂交后代称为无性系 F_1 群体。

§7.1 两个杂合亲本杂交 F_1 群体的连锁分析

§7.1.1 单个标记或基因座位的分类

仅考虑二倍体遗传的情形,后文中的标记可以理解为分子水平呈现多态性的座位,也可以是控制表型性状且具有两个或多个等位基因的座位。考虑单个标记或基因座位,如用 A 和 B 表示雌亲携带的两个等位基因,用 C 和 D 表示雄亲携带的两个等位基因,即两个杂合亲本的基因型分别为 AB 和 CD。杂交 F_1 群体的 4 种可能基因型分别为 AC、AD、BC 和 BD,这 4 种后代基因型是否可以完全区分,依赖于两个亲本的基因型(图 7.1)。根据亲本和后代基因型的构成,可以将标记分为以下 4 种类型。

对类型 I(或称为 ABCD 类型)来说,A 和 B 两个等位基因可区分,C 和 D 两个等位基因可区分,亲本基因型 AB 和 CD 可区分。这时,后代群体中的 4 种基因型 AC、AD、BC

和 BD 是完全可区分的,并符合 1:1:1:1 的孟德尔分离比(图 7.1)。这种类型,有时也称为完全信息标记类型,或简称完全类型。完全标记类型中,也包含了雌亲的一个等位基因与雄亲的一个等位基因完全相同的情形。例如,A 与 C 完全相同,这时的 2 个亲本基因型 AB 和 CD(即等于 AD)仍然可以区分,后代的 4 种基因型 AA、AD、BA 和 BD 仍然可以区分,这样的标记也归入类型 I。

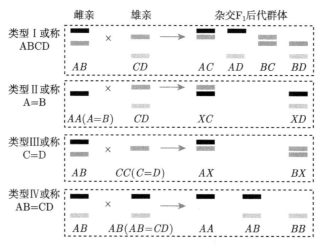

图 7.1　两个杂合亲本及其杂交后代群体中 4 种类型标记在亲本和后代群体中的基因型示意图
(彩图请扫封底二维码)

类型 I 中,双亲均表现出多态性,后代可区分出分离比为 1:1:1:1 的 4 种基因型。类型 II 中,雌亲无多态性,后代可区分出分离比为 1:1 的 2 种基因型。类型III中,雄亲无多态性,后代可区分出分离比为 1:1 的 2 种基因型。类型IV中,双亲均表现出多态性,但二者的基因型相同,后代可区分出分离比为 1:2:1 的 3 种基因型

类型 II(或称为 A=B 类型)代表雌亲无多态性、雄亲有多态性的情形。这时,雌亲携带的两个等位基因无法区分。杂交后代群体中,基因型 AC 和 BC 不能区分,AD 和 BD 也不能区分。群体中仅观测到 2 种不同的基因型,分别用 XC 和 XD 表示(图 7.1)。其中,X 代表等位基因 A 或 B。这种类型下,XC 包含基因型 AC 和 BC,XD 包含基因型 AD 和 BD,两种基因型 XC 和 XD 在后代群体中服从 1:1 的孟德尔分离比。

类型III(或称为 C=D 类型)代表雌亲有多态性、雄亲无多态性的情形。这时,雄亲携带的两个等位基因无法区分。杂交后代群体中,基因型 AC 和 AD 不能区分,BC 和 BD 也不能区分。群体中仅观测到 2 种不同的基因型,分别用 AX 和 BX 表示(图 7.1)。其中,X 代表等位基因 C 或 D。这种类型下,AX 包含基因型 AC 和 AD,BX 包含基因型 BC 和 BD,两种基因型 AX 和 BX 在后代群体中服从 1:1 的孟德尔分离比。

对类型IV(或称为 AB=CD 类型)来说,两个亲本携带的两个等位基因均可区分,但两种亲本基因型 AB 和 CD 完全相同。也就是说,两个亲本携带相同的两个等位基因,分别用 A 和 B 表示,两个亲本的基因型均为 AB。这时,后代群体中出现 3 种可区分的基因型,即 AA、AB 和 BB,并符合 1:2:1 的孟德尔分离比(图 7.1)。

属于类型 I 的标记或基因座位上,可以将等位基因的个数看作 4,两个亲本各携带两个不同的等位基因。类型 II 和III座位上,可以将等位基因的个数看作 3,2 个以杂合基因型的状

态存在于一个亲本中，1 个以纯合基因型的状态存在于另一个亲本中，后代群体的基因型构成类似于两个纯系亲本的回交群体。类型Ⅳ座位上，可以将等位基因的个数看作 2，以杂合基因型的状态存在于两个亲本中，后代群体的基因型构成类似于两个纯系亲本的 F_2 群体。

§7.1.2 两个座位的亲本连锁相与后代基因型

利用两个杂合亲本的杂交后代群体开展遗传研究时，也要首先对亲本进行多态性标记的筛选。前一节考虑单个座位上亲本及后代的基因型构成，将标记分为 4 种类型。连锁分析当然需要同时考虑两个座位，它们可能属于同一种标记类型，也可能属于两种不同的标记类型。本小节先考虑两个标记均为完全信息类型的情形。以雌亲为例，如一个多态性座位上的两种等位基因记为 A_1 和 B_1，另一个连锁座位上的两种等位基因记为 A_2 和 B_2，这丝毫没有说明两个座位上的等位基因在雌亲中的连锁状态，即究竟是 A_1 与 A_2 位于一条染色单体、B_1 与 B_2 位于另一条染色单体，还是 A_1 与 B_2 位于一条染色单体、B_1 与 A_2 位于另一条染色单体。雄亲也存在同样问题，这就是本章一开始提及的连锁相未知问题。因此，如对两个亲本的遗传来源没有进一步的信息可供利用，用 '/' 分隔两条染色单体，则雌亲的基因型既可能是 A_1A_2/B_1B_2 也可能是 A_1B_2/B_1A_2，雄亲的基因型既可能是 C_1C_2/D_1D_2 也可能是 C_1D_2/D_1C_2。两个亲本同时考虑，共存在 4 种可能的连锁相（linkage phase），分别用连锁相Ⅰ至连锁相Ⅳ表示（表 7.1）。

表 7.1 两个连锁标记座位上等位基因在两个杂合亲本中的 4 种可能连锁相

连锁状态	雌亲基因型（$A_1B_1A_2B_2$）	雄亲基因型（$C_1D_1C_2D_2$）
连锁相Ⅰ	A_1A_2/B_1B_2	C_1C_2/D_1D_2
连锁相Ⅱ	A_1A_2/B_1B_2	C_1D_2/D_1C_2
连锁相Ⅲ	A_1B_2/B_1A_2	C_1C_2/D_1D_2
连锁相Ⅳ	A_1B_2/B_1A_2	C_1D_2/D_1C_2

在连锁相Ⅰ假定下，图 7.2 给出两个杂合亲本产生配子，以及雌雄配子随机结合产生杂交 F_1 后代群体的过程，A_1、B_1、C_1、D_1 是座位 1 的 4 个等位基因，A_2、B_2、C_2、D_2 是座位 2 的 4 个等位基因。雌亲的两个单倍型分别是 A_1A_2 和 B_1B_2，雄亲的两个单倍型分别是 C_1C_2 和 D_1D_2，即雌亲的基因型为 A_1A_2/B_1B_2，雄亲的基因型为 C_1C_2/D_1D_2。

图 7.2 中，雌亲产生 4 种配子 A_1A_2、A_1B_2、B_1A_2、B_1B_2 的频率依赖于雌亲中座位 1 和 2 之间的重组率 r_F；雄亲产生 4 种配子 C_1C_2、C_1D_2、D_1C_2、D_1D_2 的频率依赖于雄亲中座位 1 和 2 之间的重组率 r_M。雌雄配子随机结合产生 16 种后代基因型，它们的频率是雌亲重组率 r_F 和雄亲重组率 r_M 的函数。因此，利用后代群体中各种基因型的观测频率，反过来就可以估计出重组率 r_F 和 r_M。如果假定两个重组率 r_F 和 r_M 相等，还可以估计出一个共同的重组率 r。在一些动物物种中，重组率在性别之间有时会存在较大差异，这时则有必要估计出两个重组率 r_F 和 r_M，并由此分别构建雌亲和雄亲两套遗传连锁图谱。图 7.2 给出的只是 4 种连锁相中的一种。两个杂合亲本中，等位基因的连锁状态究竟是哪一种连锁相，需要从它们杂交后代群体的基因型构成进行推测。这便是下一节的主要内容。

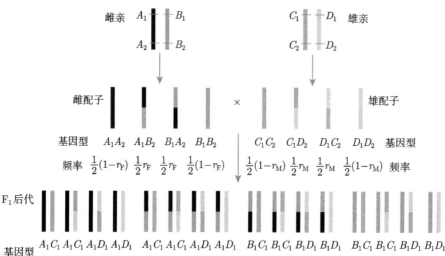

图 7.2 两个杂合亲本产生配子, 以及雌雄配子结合产生杂交 F_1 后代群体示意图

(彩图请扫封底二维码)

同时考虑两个连锁座位, 两个座位均为完全信息类型

§7.1.3 两个完全信息标记之间的重组率估计

对于图 7.2 给出的两个亲本基因型, 4 种雌配子中, A_1A_2 和 B_1B_2 属于亲本型, 频率均为 $\frac{1}{2}(1-r_F)$; A_1B_2 和 B_1A_2 属于交换型, 频率均为 $\frac{1}{2}r_F$。4 种雄配子中, C_1C_2 和 D_1D_2 属于亲本型, 频率均为 $\frac{1}{2}(1-r_M)$; C_1D_2 和 D_1C_2 属于交换型, 频率均为 $\frac{1}{2}r_M$。雌雄配子随机结合, 就得到后代群体中 16 种基因型及其理论频率 (表 7.2)。

杂交后代的群体大小用 n 表示。在数据没有缺失的情况下, 表 7.2 最后一列给出的各种基因型观测样本量服从总和为 n、项数为 16 的多项分布, 分布概率就是表 7.2 给出的理论频率。因此得到样本似然函数及其对数函数:

$$L = \frac{n!}{n_1! \cdots n_{16}!} \left[\frac{1}{4}(1-r_F)(1-r_M)\right]^{n_1+n_4+n_{13}+n_{16}} \left[\frac{1}{4}(1-r_F)r_M\right]^{n_2+n_3+n_{14}+n_{15}}$$

$$\cdot \left[\frac{1}{4}r_F(1-r_M)\right]^{n_5+n_8+n_9+n_{12}} \left[\frac{1}{4}r_Fr_M\right]^{n_6+n_7+n_{10}+n_{11}},$$

$$\ln L = C + (n_{1:4} + n_{13:16})\ln(1-r_F) + n_{5:12}\ln r_F + (n_1 + n_{4:5} + n_{8:9} + n_{12:13} + n_{16})\ln(1-r_M)$$

$$+ (n_{2:3} + n_{6:7} + n_{10:11} + n_{14:15})\ln r_M \tag{7.1}$$

对数似然函数公式中, C 是各种基因型观测样本量的函数, 与待估重组率无关; $n_{1:4}$ 代表 n_1、n_2、n_3、n_4 之和, 其他符号的含义与此类似, 不再一一说明。求对数似然函数相对于两个重组率的偏导并令偏导等于 0, 于是就得到雌亲重组率和雄亲重组率的极大似然估计:

$$\hat{r}_F = \frac{n_{5:12}}{n} \tag{7.2}$$

$$\hat{r}_M = \frac{n_{2:3} + n_{6:7} + n_{10:11} + n_{14:15}}{n} \tag{7.3}$$

对于连锁相 I，公式 7.2 的分子正好就是交换型雌配子的观测值，公式 7.3 的分子正好就是交换型雄配子的观测值。因此，杂合亲本杂交群体中，雌亲重组率和雄亲重组率的含义与纯系亲本杂交群体中重组率的含义完全一致。

表 7.2　两个杂合亲本的杂交后代群体中两个完全信息标记座位上 16 种基因型的理论频率与观测样本量

完全信息基因型编号	联合基因型	座位 1 基因型	座位 2 基因型	理论频率	观测样本量
1	A_1A_2/C_1C_2	A_1C_1	A_2C_2	$\frac{1}{4}(1-r_F)(1-r_M)$	n_1
2	A_1A_2/C_1D_2	A_1C_1	A_2D_2	$\frac{1}{4}(1-r_F)r_M$	n_2
3	A_1A_2/D_1C_2	A_1D_1	A_2C_2	$\frac{1}{4}(1-r_F)r_M$	n_3
4	A_1A_2/D_1D_2	A_1D_1	A_2D_2	$\frac{1}{4}(1-r_F)(1-r_M)$	n_4
5	A_1B_2/C_1C_2	A_1C_1	B_2C_2	$\frac{1}{4}r_F(1-r_M)$	n_5
6	A_1B_2/C_1D_2	A_1C_1	B_2D_2	$\frac{1}{4}r_Fr_M$	n_6
7	A_1B_2/D_1C_2	A_1D_1	B_2C_2	$\frac{1}{4}r_Fr_M$	n_7
8	A_1B_2/D_1D_2	A_1D_1	B_2D_2	$\frac{1}{4}r_F(1-r_M)$	n_8
9	B_1A_2/C_1C_2	B_1C_1	A_2C_2	$\frac{1}{4}r_F(1-r_M)$	n_9
10	B_1A_2/C_1D_2	B_1C_1	A_2D_2	$\frac{1}{4}r_Fr_M$	n_{10}
11	B_1A_2/D_1C_2	B_1D_1	A_2C_2	$\frac{1}{4}r_Fr_M$	n_{11}
12	B_1A_2/D_1D_2	B_1D_1	A_2D_2	$\frac{1}{4}r_F(1-r_M)$	n_{12}
13	B_1B_2/C_1C_2	B_1C_1	B_2C_2	$\frac{1}{4}(1-r_F)(1-r_M)$	n_{13}
14	B_1B_2/C_1D_2	B_1C_1	B_2D_2	$\frac{1}{4}(1-r_F)r_M$	n_{14}
15	B_1B_2/D_1C_2	B_1D_1	B_2C_2	$\frac{1}{4}(1-r_F)r_M$	n_{15}
16	B_1B_2/D_1D_2	B_1D_1	B_2D_2	$\frac{1}{4}(1-r_F)(1-r_M)$	n_{16}

重组率的理论值应该在 0 和 0.5 之间。但由于抽样误差的影响，当两个座位相距非常近时，群体中可能由于没有观察到交换型配子，从而得到一个估计值 0；当两个座位相距较远或者没有连锁关系时，估计值也可能会高于 0.5，但不会偏离 0.5 太远。也就是说，对于紧密连锁的两个座位和连锁相 I，公式 7.2 和公式 7.3 给出的估计值应该明显低于 0.5。对于连锁不太紧密甚至独立遗传的两个座位，给出的估计值应该在 0.5 附近。

公式 7.2 和公式 7.3 是对应于连锁相 I 的重组率估计。对于连锁相 II（表 7.1），公式 7.2 的分子仍然是交换型雌配子的观测值，给出的是 r_F 的估计值；但公式 7.3 的分子却是非交换型（或亲本型）雄配子的观测值，给出的是 $1-r_M$ 的估计值。对于连锁相 III（表 7.1），公式 7.2 给出的是 $1-r_F$ 的估计值，公式 7.3 给出的是 r_M 的估计值。对于连锁相 IV（表 7.1），公式 7.2 给出的是 $1-r_F$ 的估计值，公式 7.3 给出的是 $1-r_M$ 的估计值。为简便见，可以只考虑连锁相 I 的情形，用公式 7.2 和公式 7.3 估计重组率，然后依据两个重组率估计值是低于还是高于 0.5 来判断两个座位上等位基因在亲本中的连锁状态，同时给出共同（或整合）重组率 r 的估计（公式 7.4）。

$$\hat{r} = \frac{1}{2}\left(1 - \left|\frac{1}{2} - \hat{r}_F\right| - \left|\frac{1}{2} - \hat{r}_M\right|\right)$$

$$= \begin{cases} \frac{1}{2}(\hat{r}_F + \hat{r}_M) & \hat{r}_F \leqslant 0.5, \quad \hat{r}_M \leqslant 0.5 \text{ (连锁相 I)} \\ \frac{1}{2}\hat{r}_F + \frac{1}{2}(1 - \hat{r}_M) & \hat{r}_F \leqslant 0.5, \quad \hat{r}_M > 0.5 \text{ (连锁相 II)} \\ \frac{1}{2}(1 - \hat{r}_F) + \frac{1}{2}\hat{r}_M & \hat{r}_F > 0.5, \quad \hat{r}_M \leqslant 0.5 \text{ (连锁相 III)} \\ 1 - \frac{1}{2}(\hat{r}_F + \hat{r}_M) & \hat{r}_F > 0.5, \quad \hat{r}_M > 0.5 \text{ (连锁相 IV)} \end{cases} \quad (7.4)$$

§7.1.4 杂合亲本的单倍型重建

公式 7.4 中，$\hat{r}_F$ 利用公式 7.2 计算，$\hat{r}_M$ 利用公式 7.3 计算，从而计算整合重组率估计值 $\hat{r}$ 的 4 种情形，对应于表 7.1 中的 4 种连锁相。这样就可以利用连锁相 I 的两个重组率估计值判断出两个座位上等位基因的连锁状态，同时保证整合重组率 r 的估计值在 0 和 0.5 之间。对于多个连锁的分子标记，可以利用整合重组率 r 的估计值，以及第 3 章所介绍的排序算法，构建遗传连锁图谱。尽管雌雄亲本的重组率会存在差异，但一般来说，基因座位在染色体上的排列顺序应该一致。因此在 GACD 集成遗传分析软件中（Zhang et al., 2015c），仅使用整合重组率 r 的估计值对标记进行排序。雌、雄两个图谱上，标记顺序与整合图谱完全相同，但图距分别采用雌、雄亲本重组率的估计值 $\hat{r}_F$ 和 $\hat{r}_M$ 进行计算。

下面利用 5 个连锁的完全信息标记座位（用 $M_1 \sim M_5$ 表示），说明杂合亲本杂交群体中重组率的估计、未知连锁相的确定，以及亲本单倍型构建等事宜，群体大小为 200，5 个标记的排列顺序与它们的编号相同。两两标记之间，16 种基因型的观测样本量和重组率估计值见表 7.3。表 7.3 中，16 种基因型的排列顺序同表 7.2。例如，对于标记 M_1 和 M_2 来说，雌、雄亲本重组率的估计值分别为 0.900 和 0.855，均远高于 0.5，根据公式 7.4 的判断标准，这两个标记属于连锁相 IV；对于标记 M_2 和 M_3 来说，雌亲重组率估计值为 0.150，明显低于 0.5，雄亲重组率估计值为 0.890，远高于 0.5，它们属于连锁相 II；对于标记 M_4 和 M_5 来说，雌、雄亲本重组率的估计值均远低于 0.5，它们属于连锁相 I。

根据表 7.3 最后一行整合重组率的估计值，对 5 个标记进行排序，得到的顺序是 M_1-M_2-M_3-M_4-M_5。利用构建的连锁图谱，就可以重建两个杂合亲本的 4 种单倍型。雌亲的两条染色单体用单倍型 A 和单倍型 B 表示，雄亲的两条染色单体用单倍型 C 和单倍型 D 表示。首先将连锁图谱上第一个标记 M_1 的 4 种等位基因 A、B、C、D 分别赋予单倍型 A、B、C、D（表 7.4）。接下来考虑图谱上第二个标记 M_2，它与前一个标记 M_1 的雌亲和雄亲重组率估计值分别为 0.900 和 0.855（表 7.3），均高于 0.5，属于连锁相 IV，则把 M_2 座位上的等位基因 B 赋予单倍型 A、等位基因 A 赋予单倍型 B、等位基因 D 赋予单倍型 C、等位基因 C 赋予单倍型 D（表 7.4）。第三个标记 M_3 与前一个标记 M_2 的雌亲和雄亲重组率估计值分别为 0.150 和 0.890（表 7.3），属于连锁相 II，则把 M_3 座位上的等位基因 B 赋予单倍型 A、等位基因 A 赋予单倍型 B、等位基因 C 赋予单倍型 C、等位基因 D 赋予单倍型 D（表 7.4）。第四个标记 M_4，它与前一个标记 M_3 的雌亲和雄亲重组率估计值分别为 0.090 和 0.800（表 7.3），属于连锁相 II，则把 M_4 座位上的等位基因 B 赋予单倍型 A、等位基因 A 赋予单倍型 B、等位基因 D 赋予单倍型 C、等位基因 C 赋予单倍型 D（表 7.4）。第五个标记 M_5，它与前一个标记 M_4 的雌亲和雄亲重组率估计值均低于 0.5（表 7.3），属于连锁相 I，则把 M_5 座位上的等位基因 B 赋予单倍型 A、等位基因 A 赋予单倍型 B、等位基因 D 赋予单倍型 C、等位基因 C 赋予单倍型 D（表 7.4）。这样，就确定了杂合亲本染色单体上等位基因的分布，将这一过程简称为单倍型重建。

表 7.3 5 个连锁的完全信息标记中，成对标记 16 种基因型的观测样本量和重组率估计值

基因型	M_1-M_2	M_1-M_3	M_1-M_4	M_1-M_5	M_2-M_3	M_2-M_4	M_2-M_5	M_3-M_4	M_3-M_5	M_4-M_5
AC-AC	1	5	3	5	4	29	26	7	10	41
AC-AD	1	3	8	11	39	8	12	35	27	4
AD-AC	6	4	8	8	36	9	11	38	34	3
AD-AD	2	7	4	3	5	27	21	5	9	34
AC-BC	10	29	13	14	0	10	10	1	1	3
AC-BD	38	13	26	20	9	5	4	4	9	0
AD-BC	37	6	26	20	9	4	6	3	4	0
AD-BD	3	31	10	17	0	10	12	3	2	7
BC-AC	4	29	11	13	1	8	8	0	1	3
BC-AD	41	8	21	17	5	2	2	3	8	0
BD-AC	41	9	26	23	6	2	4	3	4	2
BD-AD	6	31	11	14	0	7	10	1	1	7
BC-BC	1	10	5	6	5	28	23	10	15	41
BC-BD	3	2	12	13	41	14	19	34	23	10
BD-BC	4	2	10	10	33	12	11	40	30	6
BD-BD	2	11	6	6	7	25	21	13	22	39
$\hat{r}_F$	0.900	0.780	0.720	0.690	0.150	0.240	0.280	0.090	0.150	0.110
$\hat{r}_M$	0.855	0.235	0.685	0.610	0.890	0.280	0.345	0.800	0.695	0.125
$\hat{r}$	0.123	0.228	0.298	0.350	0.130	0.260	0.313	0.145	0.228	0.118

表 7.4 杂合亲本在 5 个完全信息连锁标记上的重建单倍型

标记座位	与前一个标记的连锁相	单倍型 A	单倍型 B	单倍型 C	单倍型 D
M_1	起始标记	A	B	C	D
M_2	连锁相 IV	B	A	D	C
M_3	连锁相 II	B	A	C	D
M_4	连锁相 II	B	A	D	C
M_5	连锁相 I	B	A	D	C

根据表 7.4 给出的单倍型重建示例，现将重建过程概述如下。从每条连锁图谱的第一个标记开始，将第一个标记座位的 4 种等位基因 A、B、C、D 分别首先赋予单倍型 A、B、C、D。对于后续的标记，如与前一标记属于连锁相 I，则 4 种单倍型的取值与前一标记完全相同（如表 7.4 中的 M_5）；如属于连锁相 II，则单倍型 A、B 的取值与前一标记相同，单倍型 C、D 的取值与前一标记相反（如表 7.4 中的 M_3 和 M_4）；如与前一标记属于连锁相 III，则单倍型

A、B 的取值与前一标记相反，单倍型 C、D 的取值与前一标记相同（表 7.4 中不存在这种情形）；如与前一标记属于连锁相Ⅳ，则单倍型 A、B 的取值与前一标记相反，单倍型 C、D 的取值与前一标记也相反（如表 7.4 中的 M_2）。

§7.2 包含不完全信息标记的重组率估计

§7.1 首先将标记分为 ABCD、A=B、C=D 和 AB=CD 共 4 种类型，接下来介绍了两个 ABCD 类型标记的后代基因型构成、重组率估计、连锁相判断和亲本单倍型重建等内容。类型 ABCD 标记为后代群体遗传分析提供了完整的信息，所以又称完全信息标记。其他 3 种类型的标记，只能部分区分后代群体中的 4 种基因型，所以又称不完全信息标记。本节考虑包含不完全信息标记的情形。重组率的估计具有对称性，座位 1 与 2 的重组率与座位 2 与 1 的重组率没有任何区别。4 种标记类型共有 10 种可能的组合情形。当一个标记属于类型Ⅱ、另一个属于类型Ⅲ时，后代群体中的 4 种基因型完全不可区分，3 个重组率均不可估计。表 7.5 给出 3 个重组率全部可估计或部分可估计的 9 种情形。为节省篇幅，本节只给出情形 2～情形 9 的各种基因型理论频率，不再给出重组率极大似然估计的具体计算公式。有些情形的重组率计算与公式 7.2 和公式 7.3 类似，有些情形的重组率计算需要借助于第 2 章介绍的 Newton 迭代算法。迭代算法中对数似然函数的一阶和二阶导数详见 Zhang 等（2015a）一文中的附件。

表 7.5 两个标记座位重组率估计的各种可能性

情形	标记类型		可估计的重组率		
	座位 1	座位 2	雌亲重组率 r_F	雄亲重组率 r_M	整合重组率 r
1	Ⅰ (ABCD)	Ⅰ (ABCD)	√	√	√
2	Ⅰ (ABCD)	Ⅱ (A=B)		√	
3	Ⅰ (ABCD)	Ⅲ (C=D)	√		
4	Ⅰ (ABCD)	Ⅳ (AB=CD)	$\frac{1}{2}$√	$\frac{1}{2}$√	√
5	Ⅱ (A=B)	Ⅱ (A=B)		√	
6	Ⅱ (A=B)	Ⅳ (AB=CD)		$\frac{1}{2}$√	
7	Ⅲ (C=D)	Ⅲ (C=D)	√		
8	Ⅲ (C=D)	Ⅳ (AB=CD)	$\frac{1}{2}$√		
9	Ⅳ (AB=CD)	Ⅳ (AB=CD)			√

注：√ 表示对应的重组率是可估计的，$\frac{1}{2}$ 表示只有一半后代个体提供重组率的信息

§7.2.1 类型Ⅰ与其他类型标记的后代基因型构成

如果标记座位 1 属于类型Ⅰ，标记座位 2 属于类型Ⅱ或Ⅲ，则座位 1 可以区分出所有 4 种基因型，座位 2 只能区分出 2 种基因型，共 8 种基因型（表 7.6）。表 7.6 的 8 种基因型可以看作表 7.2 的 16 种基因型合并而来。以第 1 种基因型为例，$A_1C_1X_2C_2$ 代表两个完全信息标记的两种基因型 $A_1C_1A_2C_2$ 和 $A_1C_1B_2C_2$，即表 7.2 中的基因型 1 和 5，它们的频率分别为 $\frac{1}{4}(1-r_F)(1-r_M)$ 和 $\frac{1}{4}r_F(1-r_M)$，二者之和 $\frac{1}{4}(1-r_M)$ 即为表 7.6 给出的基因型

$A_1C_1X_2C_2$ 的理论频率。情形 2 相当于标记 2 在雌亲中没有多态性，从表 7.6 的基因型频率可以看出，只能对雄亲重组率进行估计；情形 3 相当于标记 2 在雄亲中没有多态性，只能对雌亲重组率进行估计。

后代群体大小仍用 n 表示，$n_1 \sim n_8$ 表示表 7.6 中 8 种可识别基因型的样本量。情形 2 的雄亲重组率和整合重组率分别用公式 7.5 和公式 7.6 估计。

$$\hat{r}_M = \frac{n_{2:3} + n_{6:7}}{n} \text{（情形 2）} \tag{7.5}$$

$$\hat{r} = \frac{1}{2} - \left|\frac{1}{2} - \hat{r}_M\right| = \begin{cases} \hat{r}_M & \hat{r}_M < 0.5 \text{（连锁相 I 或 III）} \\ 1 - \hat{r}_M & \hat{r}_M > 0.5 \text{（连锁相 II 或 IV）} \end{cases} \tag{7.6}$$

情形 3 的雌亲重组率和整合重组率分别用公式 7.7 和公式 7.8 估计。

$$\hat{r}_F = \frac{n_2 + n_{4:5} + n_7}{n} \text{（情形 3）} \tag{7.7}$$

$$\hat{r} = \frac{1}{2} - \left|\frac{1}{2} - \hat{r}_F\right| = \begin{cases} \hat{r}_F & \hat{r}_F < 0.5 \text{（连锁相 I 或 II）} \\ 1 - \hat{r}_F & \hat{r}_F > 0.5 \text{（连锁相 III 或 IV）} \end{cases} \tag{7.8}$$

表 7.6 类型 I 标记与类型 II 和类型 III 标记的后代基因型构成

基因型编号	座位 1（类型 I）	情形 2（表 7.5）		情形 3（表 7.5）	
		座位 2（类型 II，$X_2 = A_2$ 或 B_2）	理论频率	座位 2（类型 III，$X_2 = C_2$ 或 D_2）	理论频率
1	A_1C_1	X_2C_2	$\frac{1}{4}(1-r_M)$	A_2X_2	$\frac{1}{4}(1-r_F)$
2	A_1C_1	X_2D_2	$\frac{1}{4}r_M$	B_2X_2	$\frac{1}{4}r_F$
3	A_1D_1	X_2C_2	$\frac{1}{4}r_M$	A_2X_2	$\frac{1}{4}(1-r_F)$
4	A_1D_1	X_2D_2	$\frac{1}{4}(1-r_M)$	B_2X_2	$\frac{1}{4}r_F$
5	B_1C_1	X_2C_2	$\frac{1}{4}(1-r_M)$	A_2X_2	$\frac{1}{4}r_F$
6	B_1C_1	X_2D_2	$\frac{1}{4}r_M$	B_2X_2	$\frac{1}{4}(1-r_F)$
7	B_1D_1	X_2C_2	$\frac{1}{4}r_M$	A_2X_2	$\frac{1}{4}r_F$
8	B_1D_1	X_2D_2	$\frac{1}{4}(1-r_M)$	B_2X_2	$\frac{1}{4}(1-r_F)$

如果标记座位 1 属于类型 I，标记座位 2 属于类型 IV，则座位 1 可以区分出所有 4 种基因型，座位 2 只能区分出 3 种基因型，共 12 种基因型。从表 7.7 第 4 列的理论频率来看，基因型 2、5、8、11 的频率表达式中，雌雄重组率混杂在一起，这些基因型占群体的一半。但是，利用其他 8 种基因型仍然可以将雌雄重组率分别估计出来。用 $n_1 \sim n_{12}$ 表示表 7.7 中 12 种可识别基因型的样本量，情形 4 的雌亲重组率和雄亲重组率分别用公式 7.9 和公式 7.10 估计，进而根据公式 7.4 的方法判断连锁相。整合重组率也可以利用公式 7.4 进行估计。为充分利用个体信息，也可以在连锁相确定之后，利用表 7.7 后半部分各种连锁相对应的理论频率对整合重组率进行估计。这样的估计方法，利用到了整个后代群体，能够得

表 7.7 类型 I 标记与类型 IV 标记 (即表 7.5 中情形 4) 的后代基因型构成

基因型编号	座位 1 (类型 I)	座位 2 (类型 IV)	理论频率	依赖于整合重组率的理论频率			
				连锁相 I	连锁相 II	连锁相 III	连锁相 IV
1	A_1C_1	A_2A_2	$\frac{1}{4}(1-r_F)(1-r_M)$	$\frac{1}{4}(1-r)^2$	$\frac{1}{4}r(1-r)$	$\frac{1}{4}r(1-r)$	$\frac{1}{4}r^2$
2	A_1C_1	A_2B_2	$\frac{1}{4}(1-r_F)r_M + \frac{1}{4}r_F(1-r_M)$	$\frac{1}{2}r(1-r)$	$\frac{1}{4}(1-2r+2r^2)$	$\frac{1}{4}(1-2r+2r^2)$	$\frac{1}{2}r(1-r)$
3	A_1C_1	B_2B_2	$\frac{1}{4}r_F r_M$	$\frac{1}{4}r^2$	$\frac{1}{4}r(1-r)$	$\frac{1}{4}r(1-r)$	$\frac{1}{4}(1-r)^2$
4	A_1D_1	A_2A_2	$\frac{1}{4}(1-r_F)r_M$	$\frac{1}{4}r(1-r)$	$\frac{1}{4}(1-r)^2$	$\frac{1}{4}r^2$	$\frac{1}{4}r(1-r)$
5	A_1D_1	A_2B_2	$\frac{1}{4}(1-r_F)(1-r_M) + \frac{1}{4}r_F r_M$	$\frac{1}{4}(1-2r+2r^2)$	$\frac{1}{2}r(1-r)$	$\frac{1}{2}r(1-r)$	$\frac{1}{4}(1-2r+2r^2)$
6	A_1D_1	B_2B_2	$\frac{1}{4}r_F(1-r_M)$	$\frac{1}{4}r(1-r)$	$\frac{1}{4}r^2$	$\frac{1}{4}(1-r)^2$	$\frac{1}{4}r(1-r)$
7	B_1C_1	A_2A_2	$\frac{1}{4}r_F(1-r_M)$	$\frac{1}{4}r(1-r)$	$\frac{1}{4}r^2$	$\frac{1}{4}(1-r)^2$	$\frac{1}{4}r(1-r)$
8	B_1C_1	A_2B_2	$\frac{1}{4}(1-r_F)(1-r_M) + \frac{1}{4}r_F r_M$	$\frac{1}{4}(1-2r+2r^2)$	$\frac{1}{2}r(1-r)$	$\frac{1}{2}r(1-r)$	$\frac{1}{4}(1-2r+2r^2)$
9	B_1C_1	B_2B_2	$\frac{1}{4}(1-r_F)r_M$	$\frac{1}{4}r(1-r)$	$\frac{1}{4}(1-r)^2$	$\frac{1}{4}r^2$	$\frac{1}{4}r(1-r)$
10	B_1D_1	A_2A_2	$\frac{1}{4}r_F r_M$	$\frac{1}{4}r^2$	$\frac{1}{4}r(1-r)$	$\frac{1}{4}r(1-r)$	$\frac{1}{4}(1-r)^2$
11	B_1D_1	A_2B_2	$\frac{1}{4}(1-r_F)r_M + \frac{1}{4}r_F(1-r_M)$	$\frac{1}{2}r(1-r)$	$\frac{1}{4}(1-2r+2r^2)$	$\frac{1}{4}(1-2r+2r^2)$	$\frac{1}{2}r(1-r)$
12	B_1D_1	B_2B_2	$\frac{1}{4}(1-r_F)(1-r_M)$	$\frac{1}{4}(1-r)^2$	$\frac{1}{4}r(1-r)$	$\frac{1}{4}r(1-r)$	$\frac{1}{4}r^2$

到更精确的整合重组率估计值。

$$\hat{r}_\mathrm{F} = \frac{n_3 + n_{6:7} + n_{10}}{n_1 + n_{3:4} + n_{6:7} + n_{9:10} + n_{12}} \text{（情形 4）} \quad (7.9)$$

$$\hat{r}_\mathrm{M} = \frac{n_{3:4} + n_{9:10}}{n_1 + n_{3:4} + n_{6:7} + n_{9:10} + n_{12}} \text{（情形 4）} \quad (7.10)$$

§7.2.2 类型 II、III、IV 标记间的后代基因型构成

如果两个标记同属于类型 II 或类型 III，每个座位只可以区分出 2 种基因型，共 4 种基因型。从表 7.8 的基因型频率来看，情形 5 相当于两个标记在雌亲中均没有多态性，因此只能对雄亲重组率进行估计；情形 7 相当于两个标记在雄亲中均没有多态性，因此只能对雌亲重组率进行估计。用 $n_1 \sim n_4$ 表示表 7.8 中 4 种可识别基因型的样本量，不难看出，情形 5 的雄亲重组率和情形 7 的雌亲重组率分别为公式 7.11 和公式 7.12。情形 5 的整合重组率和连锁相用公式 7.6 估计，情形 7 的整合重组率和连锁相用公式 7.8 估计。

$$\hat{r}_\mathrm{M} = \frac{n_{2:3}}{n} \text{（情形 5）} \quad (7.11)$$

$$\hat{r}_\mathrm{F} = \frac{n_{2:3}}{n} \text{（情形 7）} \quad (7.12)$$

表 7.8　两个类型 II 标记与两个类型 III 标记的后代基因型构成

基因型编号	情形 5（表 7.5）			情形 7（表 7.5）		
	座位 1（类型 II, $X_1 = A_1$ 或 B_1)	座位 2（类型 II, $X_2 = A_2$ 或 B_2)	理论频率	座位 1（类型 III, $X_1 = C_1$ 或 D_1)	座位 2（类型 III, $X_2 = C_2$ 或 D_2)	理论频率
1	X_1C_1	X_2C_2	$\frac{1}{2}(1-r_\mathrm{M})$	A_1X_1	A_2X_2	$\frac{1}{2}(1-r_\mathrm{F})$
2	X_1C_1	X_2D_2	$\frac{1}{2}r_\mathrm{M}$	A_1X_1	B_2X_2	$\frac{1}{2}r_\mathrm{F}$
3	X_1D_1	X_2C_2	$\frac{1}{2}r_\mathrm{M}$	B_1X_1	A_2X_2	$\frac{1}{2}r_\mathrm{F}$
4	X_1D_1	X_2D_2	$\frac{1}{2}(1-r_\mathrm{M})$	B_1X_1	B_2X_2	$\frac{1}{2}(1-r_\mathrm{F})$

如果标记座位 1 属于类型 II 或类型 III，标记座位 2 属于类型 IV，则座位 1 能够区分出两种基因型，座位 2 能够区分 3 种基因型，共 6 种基因型。从表 7.9 的理论频率来看，基因型 2 和 5 的频率均为 $\frac{1}{4}$，共占群体的一半，它们不提供重组率估计的任何信息。利用其他 4 种基因型，情形 6 仍可以对雄亲重组率进行估计，情形 8 仍可以对雌亲重组率进行估计。这两种情形也分别与情形 2 和情形 3 类似。

用 $n_1 \sim n_6$ 表示表 7.9 中 6 种可识别基因型的样本量，不难看出，情形 6 的雄亲重组率和情形 8 的雌亲重组率分别为公式 7.13 和公式 7.14。情形 6 的整合重组率和连锁相用公式 7.6 估计，情形 8 的整合重组率和连锁相用公式 7.8 估计。

$$\hat{r}_\mathrm{M} = \frac{n_{3:4}}{n_1 + n_{3:4} + n_6} \text{（情形 6）} \quad (7.13)$$

$$\hat{r}_\mathrm{F} = \frac{n_{3:4}}{n_1 + n_{3:4} + n_6} \text{（情形 8）} \quad (7.14)$$

表 7.9 类型 II 和类型 III 标记与类型 IV 标记的后代基因型构成

基因型编号	座位 1		座位 2	频率	
	情形 6（表 7.5）	情形 8（表 7.5）		情形 6（表 7.5）	情形 8（表 7.5）
1	X_1C_1	A_1X_1	A_2A_2	$\frac{1}{4}(1-r_\mathrm{M})$	$\frac{1}{4}(1-r_\mathrm{F})$
2	X_1C_1	A_1X_1	A_2B_2	$\frac{1}{4}$	$\frac{1}{4}$
3	X_1C_1	A_1X_1	B_2B_2	$\frac{1}{4}r_\mathrm{M}$	$\frac{1}{4}r_\mathrm{F}$
4	X_1D_1	B_1X_1	A_2A_2	$\frac{1}{4}r_\mathrm{M}$	$\frac{1}{4}r_\mathrm{F}$
5	X_1D_1	B_1X_1	A_2B_2	$\frac{1}{4}$	$\frac{1}{4}$
6	X_1D_1	B_1X_1	B_2B_2	$\frac{1}{4}(1-r_\mathrm{M})$	$\frac{1}{4}(1-r_\mathrm{F})$

§7.2.3 两个类型 IV 标记之间的后代基因型构成

如果两个标记同属于类型 IV，每个座位只可以区分出 3 种基因型，共 9 种可识别基因型。由于两个亲本有着完全相同的基因型，无法区分雌、雄亲本的两重组率，只能对整合重组率进行估计。这种情形在遗传研究中具有一定的普遍性。例如，有一个纯系亲本的杂交后代 F_2 群体，利用共显性标记对 F_2 群体进行了基因型鉴定，但没有两个纯系亲本的基因型数据。其原因可能是基因型鉴定时忽视了两个纯系亲本，也可能是根本没有两个纯系亲本。例如，利用一个玉米商业杂交种自交一代而产生的 F_2 群体开展遗传研究，这时可能无法获得两个自交系亲本材料，也无法对两个自交系亲本进行基因型鉴定。这样的群体就可以看作一种特殊的杂合亲本杂交 F_1 群体，即未知纯系亲本的杂交 F_1 既是雌亲又是雄亲，所有标记都属于类型 IV。由于无法事先确定等位基因的连锁状态，不能采用第 2 章介绍的方法对这类 F_2 群体进行遗传分析。

对于两个同属于类型 IV 的标记（即表 7.5 的情形 9），两个杂合亲本的基因型记为 $A_1B_1A_2B_2$，4 种连锁相对应的理论频率见表 7.10。对于连锁相 I，两个亲本的基因型均为 A_1A_2/B_1B_2；对于连锁相 II 和 III，一个亲本为 A_1A_2/B_1B_2，另一个亲本为 A_1B_2/B_1A_2，这两种连锁相在情形 9 下是等价的；对于连锁相 IV，两个亲本均为 A_1B_2/B_1A_2。连锁相 I 和 IV 对应的理论频率，相当于 $1-r$ 与 r 互换，即把连锁相 I 理论频率中的 r 用 $1-r$ 替换，$1-r$ 用 r 替换，就得到连锁相 IV 的理论频率；反之亦然。如果真实连锁相为 I，则根据表 7.10 中连锁相 I 的理论频率得到的就是 r 的估计，根据连锁相 IV 的理论频率得到的是 $1-r$ 的估计。这时，仍然可以根据连锁相 I 的重组率估计值 $\hat{r}$ 与 0.5 的相对大小，对连锁相进行判断。如果真实的连锁相属于类型 II 或 III，判断起来仍比较复杂。

下面以真实重组率 0.1 为例，说明情形 9 下连锁相的确定。为此，表 7.10 后半部分还给出了真实重组率为 0.1 时不同连锁相对应的理论频率。如用 $p_i(r)$ 表示依赖于重组率 r 的理论频率，$p_i(0.1)$ 表示重组率 0.1 对应的理论频率，$i=1, 2, \cdots, 9$。在群体大小为 1，各种基因型的样本量等于理论频率的情况下，对数似然函数用公式 7.15 表示，其中略去仅与样本量有关而与重组率无关的项，这些项类似于公式 7.1 中的常数项 C。

$$\ln L(r) \propto \sum_{i=1}^{9} p_i(0.1) \ln p_i(r) \tag{7.15}$$

表 7.10 两个类型Ⅳ标记（情形 9，表 7.5）的后代基因型构成

基因型编号	座位 1	座位 2	依赖于整合重组率的理论频率			$r=0.1$ 的理论频率		
			连锁相Ⅰ	连锁相Ⅱ和Ⅲ	连锁相Ⅳ	连锁相Ⅰ	Ⅱ和Ⅲ	连锁相Ⅳ
1	A_1A_1	A_2A_2	$\frac{1}{4}(1-r)^2$	$\frac{1}{4}r(1-r)$	$\frac{1}{4}r^2$	0.2025	0.0225	0.0025
2	A_1A_1	A_2B_2	$\frac{1}{2}r(1-r)$	$\frac{1}{4}(1-2r+2r^2)$	$\frac{1}{2}r(1-r)$	0.045	0.205	0.045
3	A_1A_1	B_2B_2	$\frac{1}{4}r^2$	$\frac{1}{4}r(1-r)$	$\frac{1}{4}(1-r)^2$	0.0025	0.0225	0.2025
4	A_1B_1	A_2A_2	$\frac{1}{2}r(1-r)$	$\frac{1}{4}(1-2r+2r^2)$	$\frac{1}{2}r(1-r)$	0.045	0.205	0.045
5	A_1B_1	A_2B_2	$\frac{1}{2}(1-2r+2r^2)$	$r(1-r)$	$\frac{1}{2}(1-2r+2r^2)$	0.41	0.09	0.41
6	A_1B_1	B_2B_2	$\frac{1}{2}r(1-r)$	$\frac{1}{4}(1-2r+2r^2)$	$\frac{1}{2}r(1-r)$	0.045	0.205	0.045
7	B_1B_1	A_2A_2	$\frac{1}{4}r^2$	$\frac{1}{4}r(1-r)$	$\frac{1}{4}(1-r)^2$	0.0025	0.0225	0.2025
8	B_1B_1	A_2B_2	$\frac{1}{2}r(1-r)$	$\frac{1}{4}(1-2r+2r^2)$	$\frac{1}{2}r(1-r)$	0.045	0.205	0.045
9	B_1B_1	B_2B_2	$\frac{1}{4}(1-r)^2$	$\frac{1}{4}r(1-r)$	$\frac{1}{4}r^2$	0.2025	0.0225	0.0025

公式 7.15 中，改变重组率 r 的取值，就可以得到真实重组率 0.1 对应的似然函数 $L(r)$ 曲线（图 7.3）。

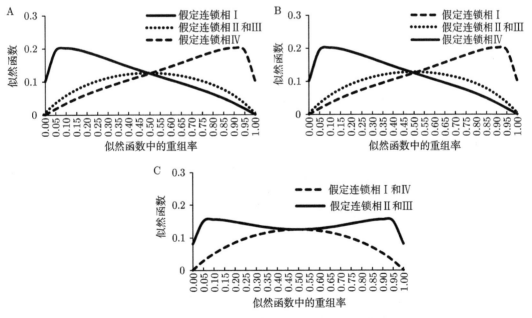

图 7.3 真实重组率为 0.1 时，各种连锁相对应的似然函数曲线
A. 真实连锁相Ⅰ；B. 真实连锁相Ⅳ；C. 真实连锁相Ⅱ或Ⅲ

从图 7.3 可以看出，如果真实连锁相属于类型 I（即表 7.10 中重组率 0.1 在连锁相 I 下的理论频率），只有连锁相 I 的似然函数曲线在真实重组率 0.1 的位置上取得极大值；连锁相 IV 的似然函数曲线在 0.9（即 $1-r$）的位置上取得极大值；连锁相 II 和 III 的似然函数曲线在 0.5 的位置上取得极大值（图 7.3A）。如果真实连锁相属于类型 IV（即表 7.10 中重组率 0.1 在连锁相 IV 下的理论频率），只有连锁相 IV 的似然函数曲线在真实重组率 0.1 的位置上取得极大值；连锁相 I 的似然函数曲线在 0.9（即 $1-r$）的位置上取得极大值；连锁相 II 和 III 的似然函数曲线在 0.5 的位置上取得极大值（图 7.3B）。如果真实连锁相属于类型 II 或 III（即表 7.10 中重组率 0.1 在连锁相 II 和 III 下的理论频率），连锁相 II 或 III 的似然函数曲线在 0.1 和 0.9（即 $1-r$）两个位置上均取得极大值；连锁相 I 和 IV 的似然函数曲线在 0.5 的位置上取得极大值（图 7.3C）。

如用 n_i（或 $\frac{n_i}{n}$）（$i=1,2,\cdots,9$）表示表 7.10 中各种基因型的样本量（或观测频率），并代替公式 7.15 中的 $p_i(0.1)$，得到的就是群体大小为 n（$=n_{1:9}$）的对数似然函数。连锁相 I 和 IV 得到的是一个一元三次似然方程，需要采用迭代算法求解。连锁相 II 和 III 得到的是一个一元二次似然方程，在 0 和 1 之间有两个实数根，用公式 7.16 表示（参见练习 7.10），一个低于 0.5、一个高于 0.5，分别对应于图 7.3C 实线对应的两个极大值点。

$$\hat{r} = \frac{1}{2}\left(1 \pm \sqrt{\frac{n_2+n_4+n_6+n_8-n_1-n_3-n_5-n_7-n_9}{n}}\right) \text{（情形 9，连锁相 II 和 III）}$$
(7.16)

综上所述，情形 9 的连锁相可以用如下方法判断。如果假定连锁相 I 的重组率极大似然估计远低于 0.5、连锁相 IV 的重组率极大似然估计远高于 0.5、连锁相 II 和 III 的重组率极大似然估计在 0.5 附近，则判断为连锁相 I。如果假定连锁相 I 的重组率极大似然估计远高于 0.5、连锁相 IV 的重组率极大似然估计远低于 0.5、连锁相 II 和 III 的重组率极大似然估计在 0.5 附近，则判断为连锁相 IV。如果假定连锁相 I 和 IV 的重组率极大似然估计在 0.5 附近、连锁相 II 和 III 的两个重组率极大似然估计值一个远低于 0.5、一个远高于 0.5，则判断为连锁相 II 和 III。简单地讲，就是把几种假定连锁相给出的最低重组率估计值作为整合重组率的极大似然估计 $\hat{r}$，最低估计值对应的假定连锁相判断为真实的连锁相。

在整合重组率估计和连锁相初步判断的基础上，反过来对雌、雄亲本重组率进行赋值。如判断为连锁相 I，则认为雌、雄亲本的重组率均等于整合重组率（公式 7.17）。如判断为连锁相 II 或 III，按照公式 7.18 对雌、雄亲本的重组率进行赋值，并最终判断为连锁相 II；或按照公式 7.19 对雌、雄亲本的重组率进行赋值，并最终判断为连锁相 III。不论采用公式 7.18 还是公式 7.19，不影响后面的单倍型构建和基因定位。如判断为连锁相 IV，则根据公式 7.20 对雌、雄亲本的重组率进行赋值。

$$\hat{r}_F = \hat{r}, \quad \hat{r}_M = \hat{r} \text{（判断为连锁相 I）} \tag{7.17}$$

$$\hat{r}_F = \hat{r}, \quad \hat{r}_M = 1-\hat{r} \text{（判断为连锁相 II 或 III，最终判断为连锁相 II）} \tag{7.18}$$

$$\hat{r}_F = 1-\hat{r}, \quad \hat{r}_M = \hat{r} \text{（判断为连锁相 II 或 III，最终判断为连锁相 III）} \tag{7.19}$$

$$\hat{r}_F = 1-\hat{r}, \quad \hat{r}_M = 1-\hat{r} \text{（判断为连锁相 IV）} \tag{7.20}$$

标记类型Ⅳ（即 AB=CD）产生的原因既可能是等位基因 A 与 C 相同、B 与 D 相同，也可能是等位基因 A 与 D 相同、B 与 C 相同。这两种情形分别记为类型 A=CB=D 和类型 A=DB=C。如果一个类型Ⅳ标记与前一个标记（前一标记可以是任何类型）属于连锁相 Ⅰ 或 Ⅳ，亲本在该标记座位上具有的相同基因型只能是由等位基因 A 与 C 相同、B 与 D 相同造成的，因此将该标记进一步划分为 A=CB=D 类型；如果一个类型Ⅳ标记与前一个标记属于连锁相 Ⅱ 或 Ⅲ，两个杂合亲本的相同基因型只能是由等位基因 A 与 D 相同、B 与 C 相同造成的，因此将该标记进一步划分为 A=DB=C 类型。类型 AB=CD 进一步区分出的两种类型 A=CB=D 和 A=DB=C，其实就是 §7.3 将要介绍的纯系亲本双交 F_1 群体中的标记类型Ⅳ和类型Ⅴ。

§7.2.4 包含各种类型标记的单倍型重建

表 7.11 按照染色体上的排列顺序，给出 20 个标记的类型、与前一个标记的 3 种重组率估计值，以及重建后的 4 个单倍型。估计重组率的后代群体大小为 200，标记顺序根据整合重组率确定，4 种类型的标记各占 5 个。雌、雄亲本的单倍型重建方法概述如下。

表 7.11　一条染色体上 20 个不同类型标记的重组率估计和单倍型重建

标记	类型	重组率估计值			雌亲单倍型		雄亲单倍型		更新后的标记类型
		整合	雌亲	雄亲	单倍型 A	单倍型 B	单倍型 C	单倍型 D	
M_1	A=B				X	X	C	D	A=B
M_2	A=B	0.050	不可估	0.050	X	X	C	D	A=B
M_3	AB=CD	0.040	不可估	0.960	A	B	D	C	A=DB=C
M_4	C=D	0.081	0.081	不可估	A	B	X	X	C=D
M_5	C=D	0.025	0.975	不可估	B	A	X	X	C=D
M_6	AB=CD	0.046	0.955	0.126	A	B	D	C	A=DB=C
M_7	C=D	0.034	0.034	不可估	A	B	X	X	C=D
M_8	ABCD	0.040	0.960	0.091	B	A	D	C	ABCD
M_9	C=D	0.030	0.970	不可估	A	B	X	X	C=D
M_{10}	AB=CD	0.053	0.053	0.926	A	B	C	D	A=CB=D
M_{11}	ABCD	0.049	0.042	0.053	A	B	C	D	ABCD
M_{12}	AB=CD	0.038	0.957	0.989	B	A	D	C	A=CB=D
M_{13}	A=B	0.043	不可估	0.957	X	X	C	D	A=B
M_{14}	ABCD	0.040	0.903	0.960	A	B	D	C	ABCD
M_{15}	A=B	0.080	不可估	0.080	X	X	C	D	A=B
M_{16}	AB=CD	0.059	0.961	0.941	B	A	C	D	A=DB=C
M_{17}	ABCD	0.067	0.951	0.098	A	B	C	D	ABCD
M_{18}	C=D	0.040	0.960	不可估	B	A	X	X	C=D
M_{19}	ABCD	0.070	0.930	0.125	A	B	C	D	ABCD
M_{20}	A=B	0.075	不可估	0.925	X	X	D	C	A=B

类型 A=B 标记在雌亲中没有多态性，首先将这些座位上雌亲的两个单倍型均赋值等位基因 X（如表 7.11 中的 M_1、M_2、M_{13}、M_{15} 和 M_{20}），X 将利用 §7.3.4 的不完全信息填补算法，进一步替换为 A 或 B。接下来考虑整合连锁图谱上排最前面且雌亲重组率可估的两个标记（如表 7.11 中的 M_3 和 M_4）。如果 $\hat{r}_F < 0.5$，则单倍型 A、B 在前一个座位

上分别赋值 A、B（如表 7.11 中 M_3），在后一个座位上也分别赋值 A、B（如表 7.11 中的 M_4）；如果 $\hat{r}_F > 0.5$，则单倍型 A、B 在前一个座位上分别赋值 A、B，在后一个座位上分别赋值 B、A（表 7.11 中不存在这种情形）。然后考虑下一个雌亲重组率可估的标记。如果 $\hat{r}_F < 0.5$，则单倍型 A、B 的取值与前一个雌亲重组率可估的标记相同（如表 7.11 中的 M_7、M_{10}、M_{11} 等）；如果 $\hat{r}_F > 0.5$，则单倍型 A、B 的取值与前一个雌亲重组率可估的标记相反（例如表 7.11 中的 M_5、M_6、M_8 等）。如此循环直到最后一个雌亲重组率可估的标记。

类型 C=D 标记在雄亲中没有多态性，首先将这些座位上雄亲的两个单倍型均赋值等位基因 X（如表 7.11 中的 M_4、M_5、M_7、M_9 和 M_{18}），X 将利用 §7.3.4 的不完全信息填补算法，进一步替换为 C 或 D。接下来考虑整合连锁图谱上排最前面且雄亲重组率可估的两个标记（如表 7.11 中的 M_1 和 M_2）。如果 $\hat{r}_M < 0.5$，则单倍型 C、D 在前一个座位上赋值 C、D（如表 7.11 中的 M_1），在后一个座位上也赋值 C、D（如表 7.11 中 M_2）；如果 $\hat{r}_M > 0.5$，则单倍型 C、D 在前一个座位上赋值 C、D，在后一个座位上赋值 D、C（表 7.11 中不存在这种情形）。然后考虑下一个雄亲重组率可估的标记。如果 $\hat{r}_M < 0.5$，则单倍型 C、D 的取值与前一个雄亲重组率可估的标记相同（如表 7.11 中的 M_6、M_8、M_{11} 等）；如果 $\hat{r}_M > 0.5$，则单倍型 C、D 的取值与前一个雄亲重组率可估的标记相反（如表 7.11 中的 M_3、M_{10}、M_{12}、M_{13} 等）。如此循环直到最后一个雄亲重组率可估的标记。

表 7.11 中，单倍型 A 和 B 确定了雌亲中具有多态性的座位上等位基因 A 和 B 的连锁状态，单倍型 C 和 D 确定了雄亲中具有多态性的座位上等位基因 C 和 D 的连锁状态。例如，座位 M_5、M_8、M_{12}、M_{16}、M_{18} 上的等位基因 B 与其他座位上的等位基因 A 分布在雌亲的同一条染色单体上，座位 M_5、M_8、M_{12}、M_{16}、M_{18} 上的等位基因 A 与其他座位上的等位基因 B 分布在雌亲的另外一条染色单体上。这时，如果把这 4 个单倍型看作 4 个纯系亲本的单倍型，那么杂合亲本的杂交 F_1 与 4 个纯系亲本的双交 F_1 这两类群体之间就不存在任何区别了。

此外，也可以将单倍型 A 和 B 的取值分别是等位基因 B 和 A 的座位，交换等位基因 A 和 B，将单倍型 C 和 D 的取值分别是等位基因 D 和 C 的座位，交换等位基因 C 和 D，交换之后，所有座位上的等位基因 A 均存在于单倍型 A 中，等位基因 B 均存在于单倍型 B 中，等位基因 C 均存在于单倍型 C 中，等位基因 D 均存于单倍型 D 中。

图 7.4 给出包含 20 个标记的三套连锁图谱。整合图谱包含所有 20 个标记，采用 Haldane 作图函数得到的图谱长度为 101.79cM。雌雄双亲图谱的标记顺序来自整合图谱，但图谱长度分别从各自的重组率估计值计算而来。因此，同样两个标记之间的距离在三套图谱中可能存在差异，如标记 M_{10} 和标记 M_{11}。雌亲图谱不包含类型 II 标记，雄亲图谱不包含类型 III 标记。雌亲图谱从标记 M_3 开始到标记 M_{19} 结束，图谱长度只有 81.91cM。雄亲图谱从标记 M_1 开始到标记 M_{20} 结束，图谱长度为 103.02cM，与整合图谱长度基本一致。

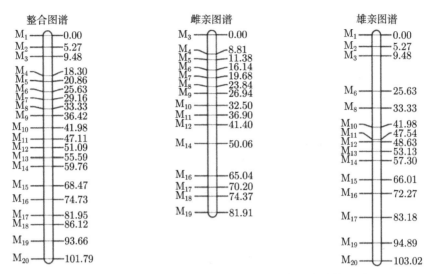

图 7.4 包含 20 个标记的整合、雌亲和雄亲 3 套连锁图谱

杂交后代的群体大小为 200；图谱单位为 cM

§7.3 4 个纯系亲本双交 F_1 群体的连锁分析

§7.3.1 双交群体中的标记类型和重组率估计

考虑单个标记或基因座位，4 个纯系亲本 A、B、C、D 的基因型分别用 AA、BB、CC、DD 表示，亲本 A 和 B 的杂交 F_1 代（称为单交 AB）基因型为 AB，亲本 C 和 D 的杂交 F_1 代（称为单交 CD）基因型为 CD。将单交 AB 作为雌亲、单交 CD 作为雄亲进行杂交，产生一个双交 F_1 遗传群体。双交 F_1 群体中，4 种基因型 AC、AD、BC 和 BD 是否可以完全区分，依赖于 4 个纯系亲本等位基因的关系。同时考虑亲本和后代基因型的构成，可以将标记分为 5 种类型（图 7.5）。前 3 种类型与杂合亲本的杂交后代群体（图 7.1）完全相同，仍然用类型 I（或 ABCD）、II（或 A=B）、III（或 C=D）表示（图 7.1，图 7.5）。

在 4 个纯系亲本基因型均已知的情况下，图 7.1 中的类型IV可以进一步区分出两种不同的情形，分别用类型IV（或 A=CB=D）和类型V（或 A=DB=C）表示。类型IV座位上，纯系 A 和 C 之间无多态性，纯系 B 和 D 之间无多态性。类型V座位上，纯系 A 和 D 之间无多态性，纯系 B 和 C 之间无多态性。这两种类型的座位上，单交 AB 与单交 CD 具有相同的杂合基因型，双交 F_1 群体中具有 3 种可区分的基因型，符合 1:2:1 的孟德尔分离比（图 7.5）。

在 4 个纯系亲本及其双交 F_1 后代群体基因型数据均已知的情况下，每个座位上的 4 个等位基因 A、B、C、D 分别来自纯系亲本 A、B、C、D。不存在连锁相待定的情况，或者说只存在 §7.1 和 §7.2 中连锁相 I 这一种连锁状态。两个完全信息标记座位上，16 种基因型的理论频率与表 7.2 完全相同。估计重组率时，5 种标记类型共产生 15 种可能的组合情形。当一个标记属于类型II，另一个属于类型III时，3 个重组率均不可估计。表 7.12 给出 3 个重组率全部可估计或部分可估计的 14 种情形。这些情形下各种基因型的理论频率大多数可以从 §7.1 和 §7.2 中找到。

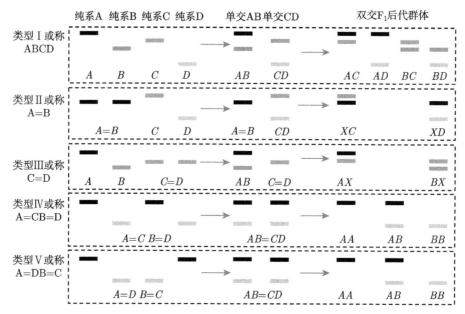

图 7.5　4 个纯系亲本的双交 F_1 群体中，5 种类型标记在亲本和后代群体中的基因型示意图
（彩图请扫封底二维码）

类型 I 中，双亲均表现出多态性，后代可区分出分离比为 1:1:1:1 的 4 种基因型。类型 II 中，纯系 A 和 B 之间没有无多态性，后代可区分出分离比为 1:1 的 2 种基因型。类型 III 中，纯系 C 和 D 之间无多态性，后代可区分出分离比为 1:1 的 2 种基因型。类型 IV 和 V 中，单交 AB 和单交 CD 的基因型相同，后代可区分出分离比为 1:2:1 的 3 种基因型

表 7.12　双交群体中两个标记座位重组率估计的各种可能性

标记类型		理论频率所在的表格	可估计的重组率		
座位 1	座位 2		r_F	r_M	r
I (ABCD)	I (ABCD)	表 7.2	√	√	√
I (ABCD)	II (A=B)	表 7.6 情形 2		√	
I (ABCD)	III (C=D)	表 7.6 情形 3	√		
I (ABCD)	IV (A=CB=D)	表 7.7 连锁相 I	$\frac{1}{2}$√	$\frac{1}{2}$√	√
I (ABCD)	V (A=DB=C)	表 7.7 连锁相 II	$\frac{1}{2}$√	$\frac{1}{2}$√	√
II (A=B)	II (A=B)	表 7.8 情形 5		√	
II (A=B)	IV (A=CB=D)	表 7.9 情形 6		$\frac{1}{2}$√	
II (A=B)	V (A=DB=C)	表 7.13		$\frac{1}{2}$√	
III (C=D)	III (C=D)	表 7.8 情形 7	√		
III (C=D)	IV (A=CB=D)	表 7.9 情形 8	$\frac{1}{2}$√		
III (C=D)	V (A=DB=C)	表 7.13	$\frac{1}{2}$√		
IV (A=CB=D)	IV (A=CB=D)	表 7.10 连锁相 I			√
IV (A=CB=D)	V (A=DB=C)	表 7.10 连锁相 II 和 III			√
V (A=DB=C)	V (A=DB=C)	表 7.10 连锁相 I			√

注：√ 表示重组率是可估计的，$\frac{1}{2}$ 表示只有一半后代个体提供重组率的信息

连锁相已知的双交 F_1 群体中,理论频率中包含的各种重组率的取值范围应该在 0 和 0.5 之间。对于紧密连锁的两个座位,3 个重组率的估计值应该显著低于 0.5;对于相距较远或独立遗传的两个座位,3 个重组率的估计值应该在 0.5 附近。一般来说,不会也不应该出现重组率估计值显著高于 0.5 的情况。如果确实存在这种情况,说明可能存在编码错误。例如,两个完全信息标记的 $\hat{r}_M = 0.9$,显著高于 0.5,说明其中一个座位存在编码错误,即把亲本 C 携带的基因编码成 D、亲本 D 携带的基因编码成 C。

当一个标记属于类型 II 或类型 III,另一个属于类型 V 时,则座位 1 能够区分出 2 种基因型,座位 2 能够区分出 3 种基因型,共 6 种基因型,表 7.13 给出 6 种基因型的理论频率。用 $n_1 \sim n_6$ 表示表 7.13 中 6 种可识别基因型的样本量,公式 7.21 和公式 7.22 给出两种情形下的重组率估计。

$$\hat{r}_M = \frac{n_1 + n_6}{n_1 + n_{3:4} + n_6} \text{(类型 II 与类型 V 标记之间)} \tag{7.21}$$

$$\hat{r}_F = \frac{n_3 + n_4}{n_1 + n_{3:4} + n_6} \text{(类型 III 与类型 V 标记之间)} \tag{7.22}$$

表 7.13 类型 II 和类型 III 标记与类型 V 标记的后代基因型构成

基因型编号	类型 II 与类型 V			类型 III 与类型 V		
	座位 1	座位 2	理论频率	座位 1	座位 2	理论频率
1	X_1C_1	A_2A_2	$\frac{1}{4}r_M$	A_1X_1	A_2A_2	$\frac{1}{4}(1-r_F)$
2	X_1C_1	A_2B_2	$\frac{1}{4}$	A_1X_1	A_2B_2	$\frac{1}{4}$
3	X_1C_1	B_2B_2	$\frac{1}{4}(1-r_M)$	A_1X_1	B_2B_2	$\frac{1}{4}r_F$
4	X_1D_1	A_2A_2	$\frac{1}{4}(1-r_M)$	B_1X_1	A_2A_2	$\frac{1}{4}r_F$
5	X_1D_1	A_2B_2	$\frac{1}{4}$	B_1X_1	A_2B_2	$\frac{1}{4}$
6	X_1D_1	B_2B_2	$\frac{1}{4}r_M$	B_1X_1	B_2B_2	$\frac{1}{4}(1-r_F)$

§7.3.2 双交群体与杂合亲本杂交群体的等价性

双交群体中,当 4 个纯系亲本的基因型已知时,后代群体中每个完全信息座位上的 4 个等位基因 A、B、C 和 D 均可以追踪到 4 个亲本。考虑两个连锁座位时,单交 AB 的基因型为 $A_1B_1A_2B_2$,连锁状态只能为 A_1A_2/B_1B_2,单交 CD 的基因型为 $C_1D_1C_2D_2$,基因的连锁状态只能为 C_1C_2/D_1D_2,作为亲本的单交 AB 和单交 CD 中基因的连锁相是已知的。如果也重建 4 个单倍型,单倍型 A 只包含所有座位的等位基因 A、单倍型 B 只包含等位基因 B、单倍型 C 只包含等位基因 C、单倍型 D 只包含等位基因 D,这 4 个单倍型等同于 4 个纯系亲本的单倍型。

§7.1 和 §7.2 介绍的杂合亲本杂交后代群体中,事先并不能保证所有座位的等位基因 A、B、C、D 分别连锁在 4 条染色单体上。雌亲基因型 $A_1B_1A_2B_2$ 既可能是 A_1A_2/B_1B_2 也可能是 A_1B_2/B_1A_2,雄亲基因型 $C_1D_1C_2D_2$ 既可能是 C_1C_2/D_1D_2 也可能是 C_1D_2/D_1C_2。未知连锁相会使后边的基因定位变得非常复杂。幸运的是,未知连锁相问题可以通过后代群体的连锁分析判断出来。连锁相确定后，可以重建亲本的 4 个单倍型。若将 4 个单倍型视为双交群体 4 个纯系亲本的染色单体，杂合亲本杂交与 4 个纯系亲本双交就完全等价了（图 7.6）。当然，如果在一个双交群体中，只有两个单交组合和双交后代的基因型数据，没有 4 个纯系亲本的基因型数据，无法进一步追踪等位基因 A 和 B 的亲本来源，也无法进一步追踪等位基因 C 和 D 的亲本来源，这时的双交群体只能作为未知连锁相的杂交后代群体进行分析。

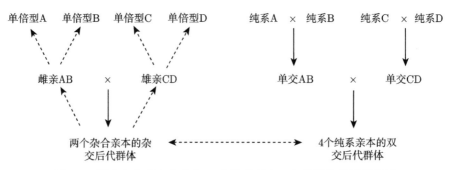

图 7.6 两个杂合亲本杂交与 4 个纯系亲本双交的等价关系示意图

木薯（*Manihot esculenta* Crantz）是典型的二倍体（$2n=36$），通过扦插枝条进行无性繁殖，但同时又可以进行有性繁殖，甚至还能自交结实。如果自交可行，单个杂合亲本（如一个木薯无性系品种或材料）的自交后代也构成一个分离的遗传群体（图 7.7）。这样的群体可以看作一类特殊的杂合亲本杂交群体，即雌亲与雄亲相同，所有多态性标记均属于 AB=CD 类型，同样可以利用 §7.1 和 §7.2 的方法进行连锁分析。通过连锁分析重建亲本的单倍型 A 和单倍型 B 之后，这样的群体就与两个纯系亲本的杂交 F_2 群体完全一样了。当然，如果在一个双亲纯系的杂交 F_2 群体中只获得了 F_1 和 F_2 后代的基因型数据，而没有两个纯系亲本的基因型数据，这时的 F_2 群体只能作为未知连锁相的杂合亲本自交后代群体进行分析。

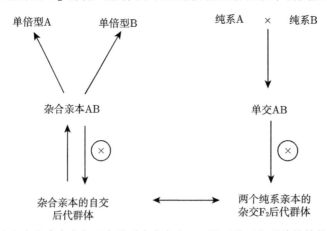

图 7.7 单个杂合亲本自交与两个纯系亲本杂交 F_2 这两种后代群体的等价关系示意图

植物育种中还经常存在 3 个纯系亲本杂交的情况。一是两个纯系 A 和 B 杂交之后，再与第三个纯系 C 杂交，这样的杂交又称顶交（top cross）或三向杂交（three-way cross），用 （A×B）×C 或 A/B//C 表示。顶交可以看作一种特殊类型的双交，即纯系亲本 C 与纯系亲本 D 完全相同,所有标记都属于类型III。二是两个纯系 A 和 C 分别与同一个纯系 B 杂交,两个单交 AB 和 CB 之间再进行杂交,用 (A×B)×(C×B) 或 A/B//C/B 表示。在这样的双交组合中,所有座位上等位基因 B 与等位基因 D 相同。这两种类型的杂交后代群体同样可以视为双交群体开展遗传研究。

由此可见,本章介绍的分析方法,除了适用于随机交配群体中两个个体作为亲本的全同胞家系、无性系繁殖物种中两个无性系品种(或材料)之间的杂交 F_1、4 个纯系(或自交系)之间的双交 F_1 等遗传群体(图 7.6)外,还适用于未知来源杂合亲本的自交后代、缺失纯系亲本基因型的 F_2、3 个纯系亲本的三交和双交后代等多种类型的遗传研究群体(图 7.7)。

§7.3.3 3 个完全信息标记的基因型频率

通过 §7.1 和 §7.2 的后代群体连锁分析,可以确定两个杂合亲本中基因的连锁相、重建两个未知连锁相雌亲和雄亲的单倍型,从而将一个未知连锁相的杂合亲本杂交群体转变为一个已知连锁相的纯系亲本双交群体。因此从现在开始只考虑连锁相已知的双交群体。本节首先给出 3 个完全信息标记的理论基因型频率,然后讨论不完全信息标记和完全缺失信息的填补。为与 §7.4 的 QTL 作图内容保持一致,将第三个座位视为 QTL,位于两个完全标记之间,64 种基因型的理论频率见表 7.14。表 7.14 中,r_1、r_2、r 分别为座位 q 与左边标记(即座位 1)的整合重组率、座位 q 与右边标记(即座位 2)的整合重组率、座位 1 和座位 2 之间的整合重组率。只考虑座位 1 和座位 2 的基因型频率见表 7.2。

同时考虑 1、q、2 共 3 个座位,雌亲基因型记为 $A_1A_qA_2/B_1B_qB_2$,雄亲基因型记为 $C_1C_qC_2/D_1D_qD_2$,8 种雌配子和 8 种雄配子的理论频率同第 4 章 §4.2,从而可以得到表 7.14 中 64 种后代基因型的理论频率。例如,雌配子 $A_1A_qA_2$ 和雄配子 $C_1C_qC_2$ 均是座位 1 与 q、座位 q 与 2 两个区间上不发生交换的结果,频率均为 $\frac{1}{2}(1-r_1)(1-r_2)$。这两种雌雄配子结合产生表 7.14 中第一种后代基因型 $A_1A_qA_2/C_1C_qC_2$(或 $A_1C_1A_qC_qA_2C_2$),其理论频率等于雌雄配子频率的乘积,即 $\frac{1}{4}(1-r_1)^2(1-r_2)^2$。其他后代基因型频率依次类推。

表 7.14 3 个完全信息座位上 64 种基因型的理论频率

座位 1	座位 2	座位 q(位于座位 1 和 2 之间)			
		A_qC_q	A_qD_q	B_qC_q	B_qD_q
A_1C_1	A_2C_2	$\frac{1}{4}(1-r_1)^2(1-r_2)^2$	$\frac{1}{4}r_1(1-r_1)r_2(1-r_2)$	$\frac{1}{4}r_1(1-r_1)r_2(1-r_2)$	$\frac{1}{4}r_1^2r_2^2$
A_1C_1	A_2D_2	$\frac{1}{4}(1-r_1)^2r_2(1-r_2)$	$\frac{1}{4}r_1(1-r_1)(1-r_2)^2$	$\frac{1}{4}r_1(1-r_1)r_2^2$	$\frac{1}{4}r_1^2r_2(1-r_2)$
A_1D_1	A_2C_2	$\frac{1}{4}r_1(1-r_1)(1-r_2)^2$	$\frac{1}{4}(1-r_1)^2r_2(1-r_2)$	$\frac{1}{4}r_1^2r_2(1-r_2)$	$\frac{1}{4}r_1(1-r_1)r_2^2$
A_1D_1	A_2D_2	$\frac{1}{4}r_1(1-r_1)r_2(1-r_2)$	$\frac{1}{4}(1-r_1)^2r_2^2$	$\frac{1}{4}r_1^2r_2^2$	$\frac{1}{4}r_1(1-r_1)r_2(1-r_2)$
A_1C_1	B_2C_2	$\frac{1}{4}(1-r_1)^2r_2(1-r_2)$	$\frac{1}{4}r_1(1-r_1)r_2^2$	$\frac{1}{4}r_1(1-r_1)(1-r_2)^2$	$\frac{1}{4}r_1^2r_2(1-r_2)$
A_1C_1	B_2D_2	$\frac{1}{4}(1-r_1)^2r_2^2$	$\frac{1}{4}r_1(1-r_1)r_2(1-r_2)$	$\frac{1}{4}r_1(1-r_1)r_2(1-r_2)$	$\frac{1}{4}r_1^2(1-r_2)^2$
A_1D_1	B_2C_2	$\frac{1}{4}r_1(1-r_1)r_2(1-r_2)$	$\frac{1}{4}(1-r_1)^2r_2^2$	$\frac{1}{4}r_1^2(1-r_2)^2$	$\frac{1}{4}r_1(1-r_1)r_2(1-r_2)$
A_1D_1	B_2D_2	$\frac{1}{4}r_1(1-r_1)r_2^2$	$\frac{1}{4}(1-r_1)^2r_2(1-r_2)$	$\frac{1}{4}r_1^2r_2(1-r_2)$	$\frac{1}{4}r_1(1-r_1)(1-r_2)^2$

续表

座位 1	座位 2	座位 q（位于座位 1 和 2 之间）			
		A_qC_q	A_qD_q	B_qC_q	B_qD_q
B_1C_1	A_2C_2	$\frac{1}{4}r_1(1-r_1)(1-r_2)^2$	$\frac{1}{4}r_1^2r_2(1-r_2)$	$\frac{1}{4}(1-r_1)^2r_2(1-r_2)$	$\frac{1}{4}r_1(1-r_1)r_2^2$
B_1C_1	A_2D_2	$\frac{1}{4}r_1(1-r_1)r_2(1-r_2)$	$\frac{1}{4}r_1^2(1-r_2)^2$	$\frac{1}{4}(1-r_1)^2r_2^2$	$\frac{1}{4}r_1(1-r_1)r_2(1-r_2)$
B_1D_1	A_2C_2	$\frac{1}{4}r_1^2(1-r_2)^2$	$\frac{1}{4}r_1(1-r_1)r_2(1-r_2)$	$\frac{1}{4}r_1(1-r_1)r_2(1-r_2)$	$\frac{1}{4}(1-r_1)^2r_2^2$
B_1D_1	A_2D_2	$\frac{1}{4}r_1^2r_2(1-r_2)$	$\frac{1}{4}r_1(1-r_1)(1-r_2)^2$	$\frac{1}{4}r_1(1-r_1)r_2^2$	$\frac{1}{4}(1-r_1)^2r_2(1-r_2)$
B_1C_1	B_2C_2	$\frac{1}{4}r_1(1-r_1)r_2(1-r_2)$	$\frac{1}{4}r_1^2r_2^2$	$\frac{1}{4}(1-r_1)^2(1-r_2)^2$	$\frac{1}{4}r_1(1-r_1)r_2(1-r_2)$
B_1C_1	B_2D_2	$\frac{1}{4}r_1(1-r_1)r_2^2$	$\frac{1}{4}r_1^2r_2(1-r_2)$	$\frac{1}{4}(1-r_1)^2r_2(1-r_2)$	$\frac{1}{4}r_1(1-r_1)(1-r_2)^2$
B_1D_1	B_2C_2	$\frac{1}{4}r_1^2r_2(1-r_2)$	$\frac{1}{4}r_1(1-r_1)r_2^2$	$\frac{1}{4}r_1(1-r_1)(1-r_2)^2$	$\frac{1}{4}(1-r_1)^2r_2(1-r_2)$
B_1D_1	B_2D_2	$\frac{1}{4}r_1^2r_2^2$	$\frac{1}{4}r_1(1-r_1)r_2(1-r_2)$	$\frac{1}{4}r_1(1-r_1)r_2(1-r_2)$	$\frac{1}{4}(1-r_1)^2(1-r_2)^2$

注：3 个座位分别用 1、q、2 表示，座位 q 位于座位 1 和座位 2 之间，r_1、r_2、r 分别为座位 q 与座位 1、座位 q 与座位 2、座位 1 和座位 2 之间的整合重组率。

§7.3.4 不完全信息标记和缺失标记的填补

以 GACD 集成分析软件（Zhang et al., 2015c）为例，表 7.15 给出 5 种标记类型对应的后代基因型编码。其中，只有无缺失的类型 I 标记可以明确区分后代群体中的 4 种基因型。类型 II 至类型 V 只能部分区分后代的 4 种基因型，均为不完全信息标记。完全缺失的标记型用 XX 表示。利用连锁信息对不完全标记和缺失标记进行填补，可以避免后面基因定位分析中诸多不必要的麻烦。即对于类型 II 标记，基因型 XC 替换为 AC 或 BC、XD 替换为 AD 或 BD。对于类型 III 标记，基因型 AX 替换为 AC 或 AD、BX 替换为 BC 或 BD。对于类型 IV 标记，基因型 AA 由 AC 代替、AB 替换为 AD 或 BC、BB 由 BD 代替。对于类型 V 标记，基因型 AA 由 AD 代替、AB 替换为 AC 或 BD、BB 由 BC 代替。对于完全缺失标记 XX，替换为 AC、AD、BC 或 BD。填补之后，所有的标记都属于标记类型 I，从而给后续的基因定位研究带来很大的便利。

表 7.15 双交群体中 5 种类型标记对应的可能基因型与孟德尔分离比

标记类型	后代可能的基因型	孟德尔分离比	缺失标记
I (ABCD)	AC、AD、BC、BD	1:1:1:1	XX
II (A=B)	XC、XD	1:1	XX
III (C=D)	AX、BX	1:1	XX
IV (A=C B=D)	AA、AB、BB	1:2:1	XX
V (A=D B=C)	AA、AB、BB	1:2:1	XX

按照标记在连锁图谱中的排列顺序进行填补，假定待填补标记（或称为当前标记）之前的所有标记均为类型 I。填补的基本方法就是计算可能基因型的概率，然后抽取随机数并依概率进行填补。填补对每个后代个体单独进行，不同个体的不完全标记型或缺失标记可能存在不尽相同的填补结果。例如，一个个体中的基因型 XC 可能被填补为 AC，另一个个体中

的基因型 XC 可能被填补为 BC。分以下 3 种情形进行讨论。

1. 没有任何完全信息连锁标记可供利用

例如，当前标记不与任何标记连锁就属于这种情形。由于没有任何连锁信息可供利用，缺失基因型 XX 属于 4 种完全信息基因型 AC、AD、BC 和 BD 的概率是等同的（公式 7.23），各占 0.25。具体的填补方法是抽取一个 0 与 1 之间的随机数 rd，如果 $rd<0.25$，则将 XX 替换为 AC；如果 $0.25<rd<0.5$，则将 XX 替换为 AD；如果 $0.5<rd<0.75$，则将 XX 替换为 BC；否则，将 XX 替换为 BD。后文仅给出不完全基因型对应的各种可能基因型的概率比例，具体填补方法与 XX 类似，不再一一说明。

$$P\{AC|XX\}:P\{AD|XX\}:P\{BC|XX\}:P\{BD|XX\} = 1:1:1:1 \tag{7.23}$$

如果当前标记属于类型 II，后代基因型 XC 属于 AC 和 BC 的概率各占 0.5（公式 7.24），XD 属于 AD 和 BD 的概率各占 0.5（公式 7.25）。如果当前标记属于类型 III，后代基因型 AX 属于 AC 和 AD 的概率各占 0.5（公式 7.26），BX 属于 BC 和 BD 的概率各占 0.5（公式 7.27）。

$$P\{AC|XC\}:P\{BC|XC\} = 1:1 \text{（类型 II 标记）} \tag{7.24}$$

$$P\{AD|XD\}:P\{BD|XD\} = 1:1 \text{（类型 II 标记）} \tag{7.25}$$

$$P\{AC|AX\}:P\{AD|AX\} = 1:1 \text{（类型 III 标记）} \tag{7.26}$$

$$P\{BC|BX\}:P\{BD|BX\} = 1:1 \text{（类型 III 标记）} \tag{7.27}$$

如果当前标记属于类型 IV，后代基因型 AA 只有 AC 一种可能（公式 7.28），将其替换为 AC。基因型 AB 属于 AD 和 BC 的概率各占 0.5（公式 7.29），因此按照 1:1 的比例将其替换为 AD 或 BC。后代基因型 BB 只有 BD 一种可能（公式 7.30），将其替换为 BD。

$$P\{AC|AA\} = 1 \text{（类型 IV 标记）} \tag{7.28}$$

$$P\{AD|AB\}:P\{BC|AB\} = 1:1 \text{（类型 IV 标记）} \tag{7.29}$$

$$P\{BD|BB\} = 1 \text{（类型 IV 标记）} \tag{7.30}$$

如果当前标记属于类型 V，后代基因型 AA 只有 AD 一种可能（公式 7.31），将其替换为 AD。基因型 AB 属于 AC 和 BD 的概率各占 0.5（公式 7.32），按照 1:1 的比例将其替换为 AC 或 BD。后代基因型 BB 只有 BC 一种可能（公式 7.33），将其替换为 BC。

$$P\{AD|AA\} = 1 \text{（类型 V 标记）} \tag{7.31}$$

$$P\{AC|AB\}:P\{BD|AB\} = 1:1 \text{（类型 V 标记）} \tag{7.32}$$

$$P\{BC|BB\} = 1 \text{（类型 V 标记）} \tag{7.33}$$

2. 存在一个连锁的完全信息标记

位于遗传图谱两端的标记就属于这种情形。将表 7.2 中的座位 1 看作连锁的完全信息标记，将座位 2 看作待填补的当前座位 q，用整合重组率 r 表示 16 种基因型频率，并整理成双向表 7.16。

表 7.16　两个连锁座位上 16 种基因型的理论频率

座位 1	座位 q（与座位 1 的整合重组率为 r）			
	A_qC_q	A_qD_q	B_qC_q	B_qD_q
A_1C_1	$\frac{1}{4}(1-r)^2$	$\frac{1}{4}r(1-r)$	$\frac{1}{4}r(1-r)$	$\frac{1}{4}r^2$
A_1D_1	$\frac{1}{4}r(1-r)$	$\frac{1}{4}(1-r)^2$	$\frac{1}{4}r^2$	$\frac{1}{4}r(1-r)$
B_1C_1	$\frac{1}{4}r(1-r)$	$\frac{1}{4}r^2$	$\frac{1}{4}(1-r)^2$	$\frac{1}{4}r(1-r)$
B_1D_1	$\frac{1}{4}r^2$	$\frac{1}{4}r(1-r)$	$\frac{1}{4}r(1-r)$	$\frac{1}{4}(1-r)^2$

显然，座位 q 上的基因型频率与座位 1 的基因型有关。下面仅以座位 1 基因型 A_1C_1 为例，给出当前座位上可能的完全信息基因型的概率比。类型Ⅳ和类型Ⅴ标记对应的基因型 AA 和 BB，只有一种可能的完全基因型，与公式 7.28、公式 7.30、公式 7.31 和公式 7.33 相同，这里不再给出。公式 7.34~ 公式 7.40 的概率比均来自表 7.16 基因型 A_1C_1 对应的理论频率。

$$P\{AC|XX\}:P\{AD|XX\}:P\{BC|XX\}:P\{BD|XX\} = (1-r)^2:r(1-r):r(1-r):r^2 \tag{7.34}$$

$$P\{AC|XC\}:P\{BC|XC\} = (1-r):r \text{（类型Ⅱ标记）} \tag{7.35}$$

$$P\{AD|XD\}:P\{BD|XD\} = (1-r):r \text{（类型Ⅱ标记）} \tag{7.36}$$

$$P\{AC|AX\}:P\{AD|AX\} = (1-r):r \text{（类型Ⅲ标记）} \tag{7.37}$$

$$P\{BC|BX\}:P\{BD|BX\} = (1-r):r \text{（类型Ⅲ标记）} \tag{7.38}$$

$$P\{AD|AB\}:P\{BC|AB\} = 1:1 \text{（类型Ⅳ标记）} \tag{7.39}$$

$$P\{AC|AB\}:P\{BD|AB\} = (1-r)^2:r^2 \text{（类型Ⅴ标记）} \tag{7.40}$$

3. 存在两个连锁的完全信息区间标记

将当前标记的两个完全信息连锁标记看作座位 1 和座位 2，当前待填补标记视为座位 q，位于座位 1 和座位 2 之间。两个完全信息标记座位的 16 种基因型条件下，当前待填补座位 q 上 4 种基因型的理论频率已经由表 7.14 给出。这时，座位 q 上的基因型频率与座位 1 和座位 2 的基因型有关。下面仅以基因型 $A_1C_1A_2C_2$ 为例，给出当前座位上可能的完全信息基因型的概率比。公式 7.41~ 公式 7.47 的概率比均来自表 7.14 基因型 $A_1C_1A_2C_2$ 对应的理论频率。

$$P\{AC|XX\}:P\{AD|XX\}:P\{BC|XX\}:P\{BD|XX\}$$
$$= (1-r_1)^2(1-r_2)^2:r_1(1-r_1)r_2(1-r_2):r_1(1-r_1)r_2(1-r_2):r_1^2r_2^2 \tag{7.41}$$

$$P\{AC|XC\}:P\{BC|XC\} = (1-r_1)(1-r_2):r_1r_2 \text{（类型Ⅱ标记）} \tag{7.42}$$

$$P\{AD|XD\}:P\{BD|XD\} = (1-r_1)(1-r_2):r_1r_2 \text{（类型Ⅱ标记）} \tag{7.43}$$

$$P\{AC|AX\}:P\{AD|AX\} = (1-r_1)(1-r_2):r_1r_2 \text{（类型Ⅲ标记）} \tag{7.44}$$

$$P\{BC|BX\}:P\{BD|BX\} = (1-r_1)(1-r_2):r_1r_2 \text{（类型Ⅲ标记）} \tag{7.45}$$

$$P\{AD|AB\}:P\{BC|AB\} = 1:1 \text{（类型Ⅳ标记）} \tag{7.46}$$

$$P\{AC|AB\}:P\{BD|AB\} = (1-r_1)^2(1-r_2)^2 : r_1^2 r_2^2 \quad (\text{类型 V 标记}) \tag{7.47}$$

§7.4 4 个纯系亲本双交 F_1 群体的基因定位

从前几节的内容可以看到，杂合亲本的未知连锁相能够通过后代群体的连锁分析判断出来，不完全信息标记和缺失标记能够通过填补算法转换为完全信息标记。不失一般性，本节仅考虑 4 个纯系亲本双交 F_1 群体的基因定位，同时假定所有标记均属于类型 I，没有任何缺失标记。

§7.4.1 单个 QTL 遗传模型

首先考虑单个 QTL 的遗传模型，假定 A_q、B_q、C_q 和 D_q 是一个 QTL 座位上的 4 个等位基因。4 种 QTL 基因型 $A_q C_q$、$A_q D_q$、$B_q C_q$ 和 $B_q D_q$ 的基因型值统一用公式 7.48 表示。

$$G = \mu + au + bv + duv \tag{7.48}$$

其中，μ 为 4 种基因型值的平均数或后代群体的总平均数；u、v 为基因型指示变量，对 $A_q C_q$ 取值 1、1，对 $A_q D_q$ 取值 1、-1，对 $B_q C_q$ 取值为 -1、1，对 $B_q D_q$ 取值 -1、-1；a 衡量雌亲两个等位基因 A 和 B 之间的差异，称为雌亲加性效应；b 衡量雄亲两个等位基因 C 和 D 之间的差异，称为雄亲加性效应；d 为雌亲和雄亲间的互作效应或显性效应。

用 μ_i（$i=1,2,3,4$）表示 4 种 QTL 基因型值，从公式 7.48 可以得到各种遗传效应的估计，即公式 7.49。

$$\begin{aligned}
\mu &= \frac{1}{4}(\mu_1 + \mu_2 + \mu_3 + \mu_4), \quad a = \frac{1}{4}(\mu_1 + \mu_2 - \mu_3 - \mu_4), \\
b &= \frac{1}{4}(\mu_1 - \mu_2 + \mu_3 - \mu_4), \quad d = \frac{1}{4}(\mu_1 - \mu_2 - \mu_3 + \mu_4)
\end{aligned} \tag{7.49}$$

没有奇异分离时，4 种 QTL 基因型 $A_q C_q$、$A_q D_q$、$B_q C_q$ 和 $B_q D_q$ 在后代群体中各占 0.25，公式 7.50 给出 QTL 遗传方差与遗传效应的关系。

$$V_G = \frac{1}{4}(\mu_1^2 + \mu_2^2 + \mu_3^2 + \mu_4^2) - \left[\frac{1}{4}(\mu_1 + \mu_2 + \mu_3 + \mu_4)\right]^2 = a^2 + b^2 + d^2 \tag{7.50}$$

假定 A_1、B_1、C_1、D_1 和 A_2、B_2、C_2、D_2 分别是 QTL 左右两个侧连标记座位上的 4 个等位基因，双交后代群体中共有 16 种可识别的标记型。左侧标记与 QTL 之间的重组率用 r_1 表示，QTL 与右侧标记之间的重组率用 r_2 表示，两个侧连标记之间的重组率用 r 表示。与公式 7.48 中的 u 和 v 类似，每个标记座位也定义两个指示变量，分别用 x_1、y_1 和 x_2、y_2 表示。表 7.17 给出各种标记型下标记指示变量的取值、QTL 指示变量 u 和 v 的期望值，以及各种标记型对应的表型平均数。表中 f_1 和 f_2 均是 3 个重组率的函数，即公式 7.51。

$$f_1 = 1 - 2r_1 r_2/(1-r), \quad f_2 = (r_1 - r_2)/r \tag{7.51}$$

表 7.17 双交 F_1 群体中每个标记型对应的标记指示变量、QTL 指示变量的期望值，以及表型平均数

左侧标记	右侧标记	x_1	y_1	x_2	y_2	$E(u|x_1,y_1,x_2,y_2)$	$E(v|x_1,y_1,x_2,y_2)$	$E(uv|x_1,y_1,x_2,y_2)$	表型平均数
A_1C_1	A_2C_2	1	1	1	1	$1-2r_1r_2/(1-r)\doteq f_1$	$1-2r_1r_2/(1-r)\doteq f_1$	f_1^2	$\mu+f_1a+f_1b+f_1^2d$
A_1C_1	A_2D_2	1	1	1	-1	$1-2r_1r_2/(1-r)\doteq f_1$	$-(r_1-r_2)/r\doteq f_2$	$-f_1f_2$	$\mu+f_1a-f_2b-f_1f_2d$
A_1D_1	A_2C_2	1	-1	1	1	$1-2r_1r_2/(1-r)\doteq f_1$	$(r_1-r_2)/r\doteq f_2$	f_1f_2	$\mu+f_1a+f_2b+f_1f_2d$
A_1D_1	A_2D_2	1	-1	1	-1	$1-2r_1r_2/(1-r)\doteq f_1$	$-1+2r_1r_2/(1-r)\doteq -f_1$	$-f_1^2$	$\mu+f_1a-f_1b-f_1^2d$
A_1C_1	B_2C_2	1	1	-1	1	$-(r_1-r_2)/r\doteq f_2$	$1-2r_1r_2/(1-r)\doteq f_1$	$-f_1f_2$	$\mu-f_2a+f_1b-f_1f_2d$
A_1C_1	B_2D_2	1	1	-1	-1	$-(r_1-r_2)/r\doteq f_2$	$-(r_1-r_2)/r\doteq f_2$	f_2^2	$\mu-f_2a-f_2b+f_2^2d$
A_1D_1	B_2C_2	1	-1	-1	1	$-(r_1-r_2)/r\doteq f_2$	$(r_1-r_2)/r\doteq f_2$	$-f_2^2$	$\mu-f_2a+f_2b-f_2^2d$
A_1D_1	B_2D_2	1	-1	-1	-1	$-(r_1-r_2)/r\doteq f_2$	$-1+2r_1r_2/(1-r)\doteq -f_1$	f_1f_2	$\mu-f_2a-f_1b+f_1f_2d$
B_1C_1	A_2C_2	-1	1	1	1	$(r_1-r_2)/r\doteq f_2$	$1-2r_1r_2/(1-r)\doteq f_1$	f_1f_2	$\mu+f_2a+f_1b+f_1f_2d$
B_1C_1	A_2D_2	-1	1	1	-1	$(r_1-r_2)/r\doteq f_2$	$-(r_1-r_2)/r\doteq f_2$	$-f_2^2$	$\mu+f_2a-f_2b-f_2^2d$
B_1D_1	A_2C_2	-1	-1	1	1	$(r_1-r_2)/r\doteq f_2$	$(r_1-r_2)/r\doteq f_2$	f_2^2	$\mu+f_2a+f_2b+f_2^2d$
B_1D_1	A_2D_2	-1	-1	1	-1	$(r_1-r_2)/r\doteq f_2$	$-1+2r_1r_2/(1-r)\doteq -f_1$	$-f_1f_2$	$\mu+f_2a-f_1b-f_1f_2d$
B_1C_1	B_2C_2	-1	1	-1	1	$-1+2r_1r_2/(1-r)\doteq -f_1$	$1-2r_1r_2/(1-r)\doteq f_1$	$-f_1^2$	$\mu-f_1a+f_1b-f_1^2d$
B_1C_1	B_2D_2	-1	1	-1	-1	$-1+2r_1r_2/(1-r)\doteq -f_1$	$-(r_1-r_2)/r\doteq f_2$	f_1f_2	$\mu-f_1a-f_2b+f_1f_2d$
B_1D_1	B_2C_2	-1	-1	-1	1	$-1+2r_1r_2/(1-r)\doteq -f_1$	$(r_1-r_2)/r\doteq f_2$	$-f_1f_2$	$\mu-f_1a+f_2b-f_1f_2d$
B_1D_1	B_2D_2	-1	-1	-1	-1	$-1+2r_1r_2/(1-r)\doteq -f_1$	$-1+2r_1r_2/(1-r)\doteq -f_1$	f_1^2	$\mu-f_1a-f_1b+f_1^2d$

注: r_1、r_2 和 r 为左侧标记与 QTL、QTL 与右侧标记，以及两个侧连标记之间的整合重组率

如公式 7.52 定义两个新的正交变量 g_1 和 g_2，它们也是仅依赖于 3 个重组率。可以验证，QTL 指示变量 u、v 和 uv 在各种标记型下的期望，可以表示为侧连标记指示变量的线性组合，即公式 7.53~公式 7.55。

$$g_1 = \frac{1}{2}(f_1 - f_2), \quad g_2 = \frac{1}{2}(f_1 + f_2) \tag{7.52}$$

$$E(u|x_1, y_1, x_2, y_2) = g_1 x_1 + g_2 x_2 \tag{7.53}$$

$$E(v|x_1, y_1, x_2, y_2) = g_1 y_1 + g_2 y_2 \tag{7.54}$$

$$E(uv|x_1, y_1, x_2, y_2) = g_1^2 x_1 y_1 + g_2^2 x_2 y_2 + g_1 g_2 (x_1 y_2 + x_2 y_1) \tag{7.55}$$

因此，表 7.17 最后一列给出的各种标记型对应的表型平均数，就可以用标记指示变量的线性组合表示出来，即公式 7.56。如将公式 7.56 中标记指示变量前面的系数看作 QTL 产生的标记效应，那么 QTL 加性效应 a 和 b 产生了侧连标记的加性效应，即公式中变量 x_1、y_1、x_2、y_2 前面的系数；显性效应 d 除了产生侧连标记的显性效应外，即公式中变量 $x_1 y_1$、$x_2 y_2$ 前面的系数，还产生了两个侧连标记之间的互作效应，即公式中变量 $(x_1 y_2 + x_2 y_1)$ 前面的系数。这里的 QTL 显性效应引起的侧连标记之间的互作，类似于第 5 章 F_2 群体中显性效应引起的标记之间的互作。

$$\begin{aligned} E(G|x_1, y_1, x_2, y_2) = {} & \mu + (ag_1)x_1 + (bg_1)y_1 + (dg_1^2)x_1 y_1 \\ & + (ag_2)x_2 + (bg_2)y_2 + (dg_2^2)x_2 y_2 + (dg_1 g_2)(x_1 y_2 + x_2 y_1) \end{aligned} \tag{7.56}$$

公式 7.56 中，用符号 α_1、β_1、δ_1 表示 QTL 对左端侧连标记的效应，α_2、β_2、δ_2 表示 QTL 对右端侧连标记的效应，τ 表示 QTL 对两个侧连标记的互作效应，得到公式 7.57。

$$\begin{aligned} E(G|x_1, y_1, x_2, y_2) = {} & \mu + \alpha_1 x_1 + \beta_1 y_1 + \delta_1 x_1 y_1 \\ & + \alpha_2 x_2 + \beta_2 y_2 + \delta_2 x_2 y_2 + \tau(x_1 y_2 + x_2 y_1) \end{aligned} \tag{7.57}$$

§7.4.2 多个 QTL 表型对标记的线性回归模型

为简便起见，假定一条染色体上存在 $m+1$ 个连锁标记，染色体被分隔成 m 个标记区间，每个标记区间上存在一个 QTL。不考虑群体总平均数，利用公式 7.48，将每个 QTL 的基因型值重新用公式 7.58 表示出来，其中，u_j 和 v_j 是第 j 个 QTL 的指示变量，a_j、b_j、d_j 是第 j 个 QTL 的遗传效应。

$$G_j = a_j u_j + b_j v_j + d_j u_j v_j, \quad j = 1, 2, \cdots, m \tag{7.58}$$

利用公式 7.57，将每个 QTL 在不同标记型下的表型均值重新用公式 7.59 表示出来，其中，$\alpha_{j,1}$、$\beta_{j,1}$、$\delta_{j,1}$ 表示第 j 个 QTL 对左端侧连标记的效应，$\alpha_{j,2}$、$\beta_{j,2}$、$\delta_{j,2}$ 表示第 j 个 QTL 对右端侧连标记的效应，τ_j 表示第 j 个 QTL 对两个侧连标记的互作效应。

$$\begin{aligned} E(G_j|x_j, y_j, x_{j+1}, y_{j+1}) = {} & \alpha_{j,1} x_j + \beta_{j,1} y_j + \delta_{j,1} x_j y_j \\ & + \alpha_{j,2} x_{j+1} + \beta_{j,2} y_{j+1} + \delta_{j,2} x_{j+1} y_{j+1} + \tau_j (x_j y_{j+1} + x_{j+1} y_j) \end{aligned} \tag{7.59}$$

如果第 j 个标记区间上不存在 QTL，则认为公式 7.58 中 QTL 的 3 个遗传效应均为 0，公式 7.59 中 7 个标记效应均为 0。同时考虑所有 QTL 时，基因型值用公式 7.60 表示。

$$G = \mu + \sum_{j=1}^{m} G_j = \mu + \sum_{j=1}^{m} [a_j u_j + b_j v_j + d_j u_j v_j] \tag{7.60}$$

利用公式 7.59, 即可得到所有标记下表型的期望公式 7.61。

$$E(G) = \mu + \sum_{j=1}^{m+1} (A_j x_j + B_j y_j) + \sum_{j=1}^{m+1} D_j x_j y_j + \sum_{j=1}^{m} T_j (x_j y_{j+1} + x_{j+1} y_j) \tag{7.61}$$

其中,

$$A_1 = \alpha_{1,1}, \quad B_1 = \beta_{1,1}, \quad D_1 = \delta_{1,1}$$
$$A_j = \alpha_{j-1,2} + \alpha_{j,1}, \quad B_j = \beta_{j-1,2} + \beta_{j,1}, \quad D_j = \delta_{j-1,2} + \delta_{j,1}, \quad j = 2, 3, \cdots, m$$
$$A_{m+1} = \alpha_{m,2}, \quad B_{m+1} = \beta_{m,2}, \quad D_{m+1} = \delta_{m,2}$$
$$T_j = \tau_j, \quad j = 1, 2, \cdots, m$$

因此,表型对标记的线性回归模型可以用公式 7.62 表示。

$$\begin{aligned} P &= E(G) + \varepsilon \\ &= \mu + \sum_{j=1}^{m+1} (A_j x_j + B_j y_j) + \sum_{j=1}^{m+1} D_j x_j y_j + \sum_{j=1}^{m} T_j (x_j y_{j+1} + x_{j+1} y_j) + \varepsilon \end{aligned} \tag{7.62}$$

其中,P 为后代个体的表型值; ε 为随机环境误差。从公式 7.61 的推导过程可以看到,公式 7.62 中标记变量的系数只受标记所在的左右两个区间上 QTL 的影响。也就是说,QTL 的遗传效应可以被两个最邻近标记吸收。因此,若公式 7.62 定义的线性模型能够精确估计,所有 QTL 效应都将包含在模型变量的回归系数中,从而在 QTL 区间作图中可以很好地控制背景遗传变异。在 GACD 分析软件中,采用逐步回归方法估计公式 7.62 中的标记系数,不能通过逐步回归进入模型的变量系数设为零。

§7.4.3 双交群体的完备区间作图

假定一个双交群体包含 n 个后代个体。全基因组逐点扫描时,首先对表型值按照公式 7.63 进行矫正,以排除背景遗传变异的影响。

$$\Delta P_i = P_i - \sum_{j \neq k, k+1} (\hat{A}_j x_{ij} + \hat{B}_j y_{ij}) - \sum_{j \neq k, k+1} \hat{D}_j x_{ij} y_{ij} - \sum_{j \neq k} \hat{T}_j (x_{ij} y_{i,j+1} + x_{i,j+1} y_{ij}) \tag{7.63}$$

其中,k 和 $k+1$ 代表当前扫描位置的两侧标记;i 代表后代个体;符号 ^ 代表公式 7.62 中回归系数的估计值;x_{ij} 和 y_{ij} 为后代个体 i 在标记 j 上基因型的指示变量。当连锁 QTL 之间至少具有一个空白标记区间的情况下,利用公式 7.63 矫正后的表型 ΔP_i,只保留了当前扫描区间上 QTL 的位置和效应信息,利用 ΔP_i 判断当前位置是否为 QTL 时,就不再受当前区间以外 QTL 的影响。

在当前扫描位置上,假定 QTL 基因型 A_qC_q、A_qD_q、B_qC_q 和 B_qD_q 对应的表型服从正态分布,用 $N(\mu_k, \sigma^2)$ ($k=1, 2, 3, 4$) 表示。是否存在 QTL 的零假设和备择假设为

$$H_0: \mu_1 = \mu_2 = \mu_3 = \mu_4$$

H_A：μ_1、μ_2、μ_3、μ_4 中至少有两个互不相等（即没有任何限制条件）

H_0 假设下，4 种 QTL 基因型具有相同的分布，分布的均值和方差分别等于整个后代群体的均值和方差。假设 H_A 的对数似然函数为

$$L_A = \sum_{j=1}^{16} \sum_{i \in S_j} \ln \left[\sum_{k=1}^{4} \pi_{jk} f(\Delta P_i; \mu_k, \sigma^2) \right] \tag{7.64}$$

其中，S_j 表示具有第 j 种标记型的后代个体的集合；π_{jk} 为第 j 种标记型中第 k 种 QTL 基因型的条件概率，这些条件概率就是表 7.14 中第 j 行频率除以第 j 种标记型的理论频率，它们对于当前扫描位置来说都是已知的；$f(\bullet; \mu_k, \sigma^2)$ 为正态分布 $N(\mu_k, \sigma^2)$ 的概率密度函数。

求解公式 7.64 的极大似然估计需要利用 EM 算法，这里不再给出具体计算过程，感兴趣的读者可参见 Zhang 等（2015b）的文献。获得两种假设下参数的极大似然估计之后，就可以计算当前扫描位置上的 LRT 统计量或 LOD 值。假设 H_0 包含一个均值和一个方差，共 2 个未知参数。假设 H_A 包含 4 个均值和一个方差，共 5 个未知参数。因此当后代群体充分大时，假设检验的 LRT 统计量近似服从自由度为 3 的 χ^2 分布。双交群体中完备区间作图方法的功效分析，以及与其他作图方法的比较，读者也可参阅 Zhang 等（2015b）的文献。完备区间作图在一个未知连锁相玉米双交群体基因定位中的应用，读者可参阅 Ding 等（2015）和 Chen 等（2016）的文献。

下面仅以一个模拟双交群体为例，简单介绍简单区间作图和完备区间作图的定位结果。模拟双交后代群体大小为 200，基因组包含 8 条染色体，每条染色体上分布 15 个标记。两种作图方法的 LOD 曲线见图 7.8。可以明显地看出，完备区间作图 LOD 曲线上的峰更加明显，LOD 峰值也明显高于简单区间作图。以 3.0 为临界值，简单区间作图的 LOD 曲线上有 5 个超过临界值的峰，完备区间作图的 LOD 曲线上有 6 个超过临界值的峰，表 7.18 给出峰值位置上各种参数的估计值。两种方法检测到 5 个共同的 QTL，位于第 2~6 条染色体上，位置和效应的估计值也十分相近。利用简单区间作图未能检测出位于第 1 条染色体、效应较小的 QTL。

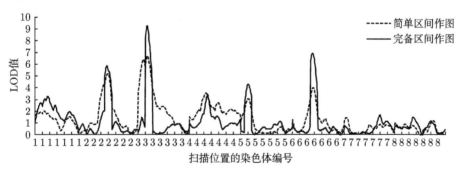

图 7.8 一个双交群体中简单区间和完备区间两种作图方法的 LOD 曲线

在双交 F_1 群体中，个体具有杂合基因型。公式 7.48 定义的 3 个遗传效应 a、b、d 衡量的是等位基因之间的相对效应，有时难以从中评价不同基因型的优劣。表 7.18 后 4 列对应于公式 7.49 中 4 种 QTL 基因型的平均表现，从中可以容易地看出 QTL 基因型在表型上的差异。例如，用 Q_1~Q_6 分别表示 ICIM 检测到的 6 个 QTL，在表型值越高越好的情况

下，AC 是座位 Q_1 和 Q_2 的最优基因型，BC 是座位 Q_3 的最优基因型，BD 是座位 Q_4 的最优基因型，AD 是座位 Q_5 和 Q_6 的最优基因型。如果忽略不同座位之间的上位型互作，座位 Q_1 和 Q_2 的基因型 AC、座位 Q_3 的基因型 BC、座位 Q_4 的基因型 BD，座位 Q_5 和 Q_6 的基因型 AD 结合在一起，就是具有最优表型的基因型。利用分子标记开展辅助选择时，这就是要选择的目标基因型。

表 7.18 一个双交群体中简单区间和完备区间两种作图方法定位出 QTL 的信息

方法	染色体	位置/cM	LOD 值	PVE/%	遗传效应			基因型平均表现			
					a	b	d	AC	AD	BC	BD
IM	2	58	5.20	10.17	−0.40	2.27	1.27	30.68	23.60	28.93	26.93
	3	26	6.68	13.52	−0.69	2.97	0.45	30.64	23.81	31.11	26.08
	4	46	3.54	7.26	−2.00	−0.91	0.14	24.73	26.28	28.46	30.55
	5	21	3.06	6.20	−0.32	−1.98	−0.81	24.66	30.24	26.91	29.25
	6	57	4.00	8.24	−0.59	−2.32	−0.24	24.20	29.33	25.86	30.01
ICIM	1	34	3.27	4.84	1.75	0.80	−0.11	**30.31**	28.94	27.04	25.23
	2	56	5.85	9.01	−0.50	2.07	1.22	**30.84**	24.26	29.39	27.70
	3	25	9.27	15.19	−0.64	3.18	0.20	30.68	23.93	**31.57**	25.61
	4	50	3.45	4.40	−1.07	−1.29	−0.14	25.41	28.27	27.83	**30.12**
	5	20	4.30	5.88	0.20	−1.89	−0.86	25.40	**30.90**	26.73	28.79
	6	55	6.91	10.51	−0.44	−2.61	−0.71	24.21	**30.86**	26.52	30.32

注：ICM 方法检测到 QTL 的基因型平均表现中，黑体表示最高的基因型平均表现

练 习 题

7.1 对于表 7.5 连锁分析的完全信息情形 1，如将第 2 个座位的 C 替换为 A、D 替换为 B，就得到情形 4；如将第 1 个座位的 A 和 B 均替换为 X，将第 2 个座位的 C 替换 A、D 替换为 B，就得到情形 6。下表给出情形 4 和情形 6 与情形 1 的基因型对应关系。情形 4 和情形 6 分别包含哪些可识基因型？这些可识别基因型分别由完全信息情形 1 的哪些基因型合并而来？在此基础上，计算情形 4 和情形 6 中各种可识别基因的理论频率。

情形 1 基因型编号	情形 1：两个类型 I 标记	情形 4：类型 I 和类型 IV 标记	情形 6：类型 II 和类型 IV 标记
1	AC-AC	AC-AA	XC-AA
2	AC-AD	AC-AB	XC-AB
3	AD-AC	AD-AA	XD-AA
4	AD-AD	AD-AB	XD-AB
5	AC-BC	AC-BA	XC-BA
6	AC-BD	AC-BB	XC-BB
7	AD-BC	AD-BA	XD-BA
8	AD-BD	AD-BB	XD-BB
9	BC-AC	BC-AA	XC-AA
10	BC-AD	BC-AB	XC-AB
11	BD-AC	BD-AA	XD-AA
12	BD-AD	BD-AB	XD-AB
13	BC-BC	BC-BA	XC-BA
14	BC-BD	BC-BB	XC-BB
15	BD-BC	BD-BA	XD-BA
16	BD-BD	BD-BB	XD-BB

7.2 在一个大小为 100 的杂合亲本杂交后代群体中，下表给出两个完全信息标记 M_1 和 M_2 的基因型数据。

标记	1	2	3	4	5	6	7	8	9	10	11	12	13	14	15
M_1	AC	AD	AC	BD	AD	BC	AD	BC	BD	AC	BC	AD	AD	BC	AC
M_2	BD	BC	BD	AC	BC	AD	BC	AD	AC	AC	BC	AD	BC	BD	AD	BD
M_1	BC	AC	BD	AC	BC	AD	BD	BC	AC	BD	BC	BC	BC	BD
M_2	AD	BD	AC	BD	AD	BC	AC	AC	AD	AC	BD	AC	AD	AD
M_1	BC	AD	BC	AD	AC	AD	BC	AC	AD	AC	AC	AD	BD	BD
M_2	AD	AC	AC	BC	BC	BC	BC	AC	BD	AC	BC	BC	AD	AC
M_1	AD	BD	AC	AD	BD	AC	AC	BC	AC	AD	BD	AD	BD	AD
M_2	AC	AC	BD	AC	AC	BC	BD	AD	BD	AC	AC	AC	BC	AC
M_1	AC	AD	AC	AC	BD	BD	AC	BD	AC	AC	BD	AD	AC	AC
M_2	BD	BC	BD	BC	AC	BD	AC	AC	BD	BD	AC	AD	BC	BD
M_1	BD	AC	AD	BD	AC	BD	AC	AC	AC	AD	BC	AD	BC	AD
M_2	AC	BC	BC	AD	BD	AC	BD	AC	AD	BD	AD	AC	AD	BC
M_1	BC	BC	AC	BD	AD	AC	AD	AD	AD	BC
M_2	AD	AD	BC	AC	BD	BC	BC	BC	AD

（1）分别给出这两个标记座位上 4 种基因型 AC、AD、BC、BD 的观测样本量，并判断 4 种基因型是否服从 1:1:1:1 的孟德尔分离比。

（2）同时考虑这两个标记座位，给出 16 种基因型的观测样本量。

（3）根据公式 7.2 和公式 7.3 分别估计两个标记座位在雌亲和雄亲中的重组率。

（4）根据公式 7.4 估计整合重组率，并判断这两个座位属于哪种类型的连锁相。

7.3 在一个大小为 200 的杂合亲本杂交后代群体中，下表给出两个完全信息标记 M_1 和 M_2 的 16 种基因型观测样本量。

标记 M_1	标记 M_2			
	AC	AD	BC	BD
AC	7	35	1	4
AD	38	5	3	3
BC	0	3	10	34
BD	3	1	40	13

（1）分别给出这两个标记座位上 4 种基因型 AC、AD、BC、BD 的观测样本量，并判断 4 种基因型是否服从 1:1:1:1 的孟德尔分离比。

（2）根据公式 7.2 和公式 7.3 分别估计两个标记座位在雌亲和雄亲中的重组率。

（3）根据公式 7.4 估计整合重组率，并判断这两个座位属于哪种类型的连锁相。

7.4 练习 7.3 中，如 M_2 是一个类型 II 标记，即 M_2 座位上基因型 AC 与 BC 不能区分，统一用 XC 表示，基因型 AD 与 BD 不能区分，统一用 XD 表示。给出两个座位上 8 种基因型的观测样本量，并估计两个标记座位在雄亲中的重组率。

7.5 练习 7.3 中，如 M_2 是一个类型 III 标记，即 M_2 座位上基因型 AC 与 AD 不能区分，统一用 AX 表示，基因型 BC 与 BD 不能区分，统一用 BX 表示。给出两个座位上 8 种基因型的观测样本量，并估计两个标记座位在雌亲中的重组率。

7.6 练习 7.3 中，如 M_2 是一个类型 IV 标记，即 M_2 座位上 A 与 C 不能区分，B 与 D 不能区分，可区分的 3 种基因型用 AA、AB 和 BB 表示。给出两个座位上 12 种基因型的观测样本量，利用一半群体估计两个标记座位在雌亲和雄亲中的重组率,并判断这两个座位属于哪种类型的连锁相。

7.7 练习 7.3 中,如 M_1 是类型Ⅳ标记,即 M_1 座位上 A 与 C 不能区分,B 与 D 不能区分;M_2 是类型Ⅴ标记,即 M_2 座位上 A 与 D 不能区分,B 与 C 不能区分。给出两个座位上 9 种基因型的观测样本量。

7.8 在一个大小为 200 的杂合亲本杂交后代群体中,下表给出 4 个完全信息标记两两之间 16 种基因型的观测样本量。

编号	基因型	M_1-M_2	M_1-M_3	M_1-M_4	M_2-M_3	M_2-M_4	M_3-M_4
1	AC-AC	0	1	2	3	13	2
2	AC-AD	0	1	5	17	6	15
3	AD-AC	4	2	5	15	3	18
4	AD-AD	1	5	3	2	10	3
5	AC-BC	5	16	8	0	5	1
6	AC-BD	18	5	8	6	2	2
7	AD-BC	23	3	12	6	6	1
8	AD-BD	1	19	9	0	4	1
9	BC-AC	3	11	4	1	5	0
10	BC-AD	18	4	7	4	1	4
11	BD-AC	19	6	11	1	1	2
12	BD-AD	4	13	7	0	5	0
13	BC-BC	0	7	6	3	13	12
14	BC-BD	1	0	5	22	11	11
15	BD-BC	2	1	5	18	7	17
16	BD-BD	1	6	3	2	8	11

(1) 给出成对标记的雌亲重组率、雄亲重组率和整合重组率的估计值,并判断这两个座位属于哪种类型的连锁相。

(2) 利用整合重组率的估计值,根据下面的方法确定标记顺序:首先将重组率最低的两个标记挑选出来,一个作为首标记,另一个作为尾标记。在剩下的标记中,挑选与首尾标记具有最低重组率的标记,如果该标记与首标记的重组率最低,将该标记作为新的首标记;如果该标记与尾标记的重组率最低,将该标记作为新的尾标记。

(3) 根据 (2) 确定标记顺序,利用 Haldane 作图函数给出标记之间的图谱长度。

(4) 根据 (1) 和 (2) 确定的连锁相与标记顺序,重建杂合亲本的 4 个单倍型。

7.9 假定在一个双交 F_1 后代群体中存在一个控制某表型性状的 QTL,3 个遗传效应 a、b、d 分别为 5、−2、−1,群体均值为 50,随机误差方差为 10。

(1) 计算 4 种 QTL 基因型的表型平均。

(2) 计算双交 F_1 后代群体的遗传方差和广义遗传力。

(3) 如存在一个完全信息标记与 QTL 之间的重组率为 0.2,计算 4 种标记型构成群体的表型均值。

7.10 利用表 7.10 连锁相Ⅱ和Ⅲ对应的理论频率,计算重组率的极大似然估计。提示:首先定义重组率的函数 $t = r - r^2$,9 种基因型的样本观测值用 $n_1 \sim n_9$ 表示,群体大小为 n。对数似然函数可以表示为

$$\ln L(r) \propto (n_1 + n_3 + n_5 + n_7 + n_9) \ln t + (n_2 + n_4 + n_6 + n_8) \ln(1 - 2t)$$

上述函数对 t 求导并令导数等于 0,得到 t 的极大似然估计为 $\hat{t} = \dfrac{n_1 + n_3 + n_5 + n_7 + n_9}{2n}$。然后从 t 的估计值获得 r 的估计。

第 8 章　多亲本杂交衍生纯系后代群体的遗传分析

近十多年来，人们逐渐开始利用多个亲本进行交配设计，开展遗传研究。与双亲杂交衍生的后代群体相比，多亲群体具有更丰富的遗传变异，可以挖掘出更多控制性状的基因座位或等位变异。与双亲群体类似，多亲群体不存在群体结构问题，可以有效避免关联分析中因群体结构造成的假关联。根据亲本的个数，多亲遗传交配设计的方式可以有很多。例如，当涉及 4 个亲本时，双交（也称四向杂交，简称四交，four-way cross）是一种常用的交配方式。当涉及 8 个亲本时，八向杂交（简称八交，eight-way cross）是一种常用的交配方式，有人也称其为多亲高代互交（multi-parent advanced generation inter-crossing，MAGIC）。MAGIC 有时也泛指多亲本互交产生的纯系后代遗传研究群体。多亲纯系后代群体在拟南芥（Kover et al.，2009）、小麦（Huang et al.，2012; Verbyla et al.，2014; Mackay et al.，2014）、水稻（Bandillo et al.，2013; Qu et al.，2020）、大麦（Sannemann et al.，2015）、大豆（宁海龙等，2013）等物种中均有报道。本章以四向杂交和八向杂交为例，介绍多亲纯系后代群体的连锁分析和基因定位方法。有关连锁分析、图谱构建和分析软件的内容，读者还可参考 Zhang 等（2019）的文献；有关纯系后代基因定位的内容，读者还可参考 Zhang 等（2017）和 Shi 等（2019）的文献。

§8.1　四亲纯系后代群体的连锁分析

§8.1.1　四亲纯系群体的产生过程和标记分类

第 7 章 §7.3 和 §7.4 详细介绍了 4 个纯系亲本双交 F_1 群体遗传分析方法。在双交 F_1 群体中，每个个体的基因型都是杂合的，不同个体的基因型互不相同，自交繁殖后基因型会发生变化。除非是无性繁殖，双交 F_1 群体难以开展多环境有重复的表型鉴定试验。但是，如果对双交 F_1 群体采用加倍单倍体或重复自交，也能产生类似于双亲的 DH 家系或 RIL 家系，统称纯系后代，从而对多亲纯系后代开展多年多点有重复的表型鉴定试验，以便有效控制表型鉴定的误差，提高 QTL 定位的准确性，同时也可开展 QTL 与环境的互作分析。

图 8.1 给出 4 个纯系亲本间杂交衍生的 DH 和 RIL 后代群体示意图。4 个纯系亲本先两两杂交产生两个单交 F_1，两个单交 F_1 之间再次杂交产生双交 F_1 后代群体，然后通过加倍单倍体或连续自交的方法产生纯合基因型后代。作为一个群体来说，每个纯系亲本只包含一种纯合基因型，称为同质、纯合群体。单交 F_1 作为一个群体来说，只包含一种杂合基因型，称为同质、杂合群体。双交 F_1 后代群体中，不同个体具有不同的杂合基因型，因此称为异质、杂合群体。双交 F_1 后代群体通过加倍单倍体培养或连续自交形成的纯系后代群体中，不同的纯系后代具有不同的纯合基因型，因此称为异质、纯合群体。

4 个纯系亲本的杂交后代群体中，不论是上一章的双交 F_1 还是这里的纯系后代，如果一个标记座位上有 4 个互不相同的标记型，那么后代个体所携带的基因就能够追踪到唯一的亲本来源，称为完全信息标记。如果等位基因的个数少于 4，就会出现一些基因型无法区分的现象。这时，后代个体所携带的基因就不能追踪到唯一的亲本来源，后代群体中可以区分的纯合基因型个数也将少于 4。对单个基因座位来说，用 A、B、C、D 表示 4 个等位基因。纯系后代群体中仅包含 4 种纯合基因型，即 AA、BB、CC 和 DD，不存在杂合基因型。在无奇异分离的情况下，4 种纯合基因型满足 1:1:1:1 的孟德尔分离比。

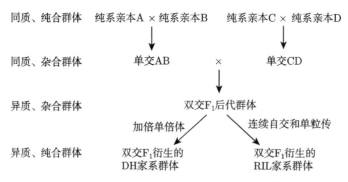

图 8.1 4 个纯系亲本杂交衍生的 DH 和 RIL 纯系后代群体示意图

以集成分析软件 GAPL 为例（Zhang et al., 2019），表 8.1 给出 14 种可能标记类型的名称和遗传特性。其中，只有类型 1 为完全信息标记，或称作 ABCD 类型，其他类型均为不完全信息标记。类型 2~7 中，有两个亲本的等位基因不可区分，它们的基因型占后代群体的 50%，另外两个亲本的基因型各占 25%（表 8.1）。类型 8~10 中，两个亲本的等位基因不可区分，另外两个亲本的等位基因也不可区分，后代群体中只有两种可区分的基因型，各占群体的 50%（表 8.1）。类型 11~14 中，有 3 个亲本的等位基因不可区分，这些亲本的基因型占群体的 75%，另一个亲本的基因型占群体的 25%（表 8.1）。

表 8.1 四亲纯系后代群体中多态性座位的分类

类型编号	类型名称	4 个等位基因的关系	可识别基因型数	可识别基因型	理论分离比
1	ABCD	互不相同	4	AA、BB、CC、DD	1:1:1:1
2	AACD	$A=B$	3	$AA+BB$、CC、DD	2:1:1
3	ABCC	$C=D$	3	AA、BB、$CC+DD$	1:1:2
4	ABAD	$A=C$	3	$AA+CC$、BB、DD	2:1:1
5	ABCA	$A=D$	3	$AA+DD$、BB、CC	2:1:1
6	ABBD	$B=C$	3	AA、$BB+CC$、DD	1:2:1
7	ABCB	$B=D$	3	AA、$BB+DD$、CC	1:2:1
8	AACC	$A=B, C=D$	2	$AA+BB$、$CC+DD$	1:1
9	ABAB	$A=C, B=D$	2	$AA+CC$、$BB+DD$	1:1
10	ABBA	$A=D, B=C$	2	$AA+DD$、$BB+CC$	1:1
11	ABBB	$B=C=D$	2	AA、$BB+CC+DD$	1:3
12	ABAA	$A=C=D$	2	$AA+CC+DD$、BB	3:1
13	AACA	$A=B=D$	2	$AA+BB+DD$、CC	3:1
14	AAAD	$A=B=C$	2	$AA+BB+CC$、DD	3:1

使用 GAPL 软件对一个四亲纯系群体进行遗传分析时，读者需要首先指明每个标记所属的类型。后代基因型用 4 个字母 A~D 进行编码，缺失基因型用字母 X 表示。对每种标

记类型，A、B、C、D、X 是后代基因型的有效取值。例如，一个标记属于类型 11，即 ABBB（表 8.1），后代基因型除字母 A 或 B 之外，仍然允许出现字母 C 或 D。软件会根据该标记的指定类型，自动地将字母 B、C、D 表示的基因型视为同一种可识别的基因型，自动认为该标记座位只有两种可识别的基因型。相信对于这样的标记分类和后代基因型编码方式，读者会更容易理解和接受，利用 GAPL 软件开展遗传分析时也更加便利。

§8.1.2 两个完全信息座位的基因型理论频率与重组率估计

同时考虑两个完全信息标记座位，A_1、B_1、C_1、D_1 和 A_2、B_2、C_2、D_2 分别表示两个座位上的 4 个等位基因，纯系后代群体中包含 16 种纯合基因型。在没有连锁的情况下，这 16 种基因型有着相同的理论频率。如果考虑连锁，16 种纯合后代基因型的理论频率将依赖于这两个座位之间的重组率。图 8.2 给出两个连锁座位上四亲纯系后代群体产生过程和基因型示意图。显而易见，在双交 F_1 后代群体中，个体的一条染色单体是亲本 A 和亲本 B 染色体重组交换的结果，另一条是亲本 C 和亲本 D 染色体重组交换的结果。亲本 A 和亲本 B 的染色体并没有与亲本 C 和亲本 D 的染色体发生过重组和交换。第 7 章介绍的雌亲重组率用来衡量两个座位在亲本 A 和亲本 B 之间发生交换的概率，雄亲重组率用来衡量亲本 C 和亲本 D 之间发生交换的概率，整合重组率则可以看作雌、雄两个重组率的平均。

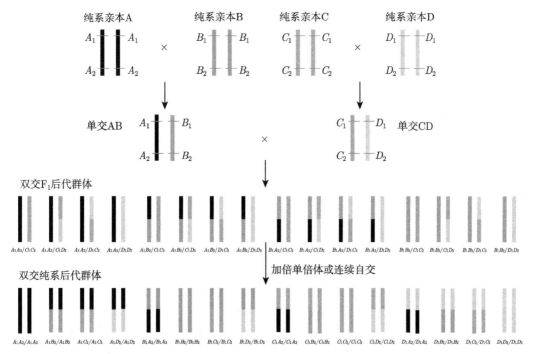

图 8.2 同时考虑两个连锁座位的四亲纯系后代群体产生过程示意图（彩图请扫封底二维码）

确定 DH 和 RIL 后代群体的基因型频率，需要用到第 2 章介绍的转移矩阵的概念。因此，先要确定双交 F_1 后代群体的基因型频率，以及双交 F_1 到纯系后代的世代转移矩阵。双交 F_1 后代群体中，个体具有杂合基因型，在产生配子的过程中，4 条亲本染色体之间都可能发生重组和交换。因此，在双交 F_1 衍生的 DH 或 RIL 后代群体中，不能区分开单交 AB

和单交 CD 作为亲本的重组率, 只能对整合重组率进行估计。两个座位间一次减数分裂过程中的重组率用 r 表示。根据单交 AB 和单交 CD 分别产生的 4 种配子频率, 很容易得到双交 F_1 群体中 16 种基因型的理论频率, 结果见表 8.2。

表 8.2 双交 F_1 群体中 16 种基因型的理论频率

单交 AB 产生的配子型和频率	单交 CD 产生的配子型和频率			
	$C_1C_2, \frac{1}{2}(1-r)$	$C_1D_2, \frac{1}{2}r$	$D_1C_2, \frac{1}{2}r$	$D_1D_2, \frac{1}{2}(1-r)$
$A_1A_2, \frac{1}{2}(1-r)$	$\frac{1}{4}(1-r)^2$	$\frac{1}{4}r(1-r)$	$\frac{1}{4}r(1-r)$	$\frac{1}{4}(1-r)^2$
$A_1B_2, \frac{1}{2}r$	$\frac{1}{4}r(1-r)$	$\frac{1}{4}r^2$	$\frac{1}{4}r^2$	$\frac{1}{4}r(1-r)$
$B_1A_2, \frac{1}{2}r$	$\frac{1}{4}r(1-r)$	$\frac{1}{4}r^2$	$\frac{1}{4}r^2$	$\frac{1}{4}r(1-r)$
$B_1B_2, \frac{1}{2}(1-r)$	$\frac{1}{4}(1-r)^2$	$\frac{1}{4}r(1-r)$	$\frac{1}{4}r(1-r)$	$\frac{1}{4}(1-r)^2$

表 8.3 给出从双交 F_1 群体到 DH 纯系后代群体的转移矩阵, 矩阵的每一行对应于每种双交 F_1 基因型衍生的 DH 纯系后代的频率, 每行元素之和等于 1。空白格对应的基因型不存在, 或将其频率视为 0。表 8.3 给出的转移矩阵中, 每行只有 2 个非 0 元素 $\frac{1}{2}(1-r)$ 和 2 个非 0 元素 $\frac{1}{2}r$, 其他元素均为 0。这一点从双交 F_1 的基因型容易看出来。以第 1 行基因型 A_1A_2/C_1C_2 为例, 减数分裂过程中该基因型的个体将产生 4 种配子, 其中 A_1A_2 和 C_1C_2 是非交换型, 频率均为 $\frac{1}{2}(1-r)$, A_1C_2 和 C_1A_2 是交换型, 频率均为 $\frac{1}{2}r$。因此, 基因型为 A_1A_2/C_1C_2 的双交 F_1 个体通过加倍单倍体得到的 DH 纯系后代中, 基因型 $A_1A_1A_2A_2$ 和 $C_1C_1C_2C_2$ 的频率均为 $\frac{1}{2}(1-r)$, 基因型 $A_1A_1C_2C_2$ 和 $C_1C_1A_2A_2$ 的频率均为 $\frac{1}{2}r$, 其他基因型的频率均为 0。

表 8.3 中, 后代基因型所在列的频率与双交 F_1 群体基因型频率的积和就是该基因型在纯系后代群体中的频率, 这些频率列于表 8.4。例如, 后代基因型 $A_1A_1A_2A_2$ 所在列的频率与双交 F_1 基因型频率的积和为

$$\frac{1}{2}(1-r)\left[\frac{1}{4}(1-r)^2 + \frac{1}{4}r(1-r) + \frac{1}{4}r(1-r) + \frac{1}{4}(1-r)^2\right] = \frac{1}{4}(1-r)^2$$

即表 8.4 中座位 1 基因型 A_1A_1 和座位 2 基因型 A_2A_2 对应的理论频率。

表 8.3 中, 如将一次减数分裂的重组率 r 替换为重复自交过程的累积重组率 R, 得到的就是从双交 F_1 到 RIL 纯系后代的转移矩阵, 不再单独给出。公式 8.1 给出这两个重组率的转换关系。

$$R = \frac{2r}{1+2r} \text{ 或 } r = \frac{R}{2(1-R)} \tag{8.1}$$

表 8.3 从双交 F_1 群体到 DH 纯系后代群体的世代转移矩阵

双交 F_1 基因型	频率	纯系后代群体的基因型							
		$A_1A_1A_2A_2$	$A_1A_1B_2B_2$	$A_1A_1C_2C_2$	$A_1A_1D_2D_2$	$B_1B_1A_2A_2$	$B_1B_1B_2B_2$	$B_1B_1C_2C_2$	$B_1B_1D_2D_2$
A_1A_2/C_1C_2	$\frac{1}{4}(1-r)^2$	$\frac{1}{2}(1-r)$		$\frac{1}{2}r$					
A_1A_2/C_1D_2	$\frac{1}{4}r(1-r)$	$\frac{1}{2}(1-r)$			$\frac{1}{2}r$				
A_1A_2/D_1C_2	$\frac{1}{4}r(1-r)$	$\frac{1}{2}(1-r)$		$\frac{1}{2}r$					
A_1A_2/D_1D_2	$\frac{1}{4}(1-r)^2$	$\frac{1}{2}(1-r)$			$\frac{1}{2}r$				
A_1B_2/C_1C_2	$\frac{1}{4}r(1-r)$		$\frac{1}{2}(1-r)$	$\frac{1}{2}r$					
A_1B_2/C_1D_2	$\frac{1}{4}(1-r)^2$		$\frac{1}{2}(1-r)$		$\frac{1}{2}r$				
A_1B_2/D_1C_2	$\frac{1}{4}(1-r)^2$		$\frac{1}{2}(1-r)$	$\frac{1}{2}r$					
A_1B_2/D_1D_2	$\frac{1}{4}r(1-r)$					$\frac{1}{2}(1-r)$			
B_1A_2/C_1C_2	$\frac{1}{4}r(1-r)$					$\frac{1}{2}(1-r)$		$\frac{1}{2}r$	
B_1A_2/C_1D_2	$\frac{1}{4}(1-r)^2$					$\frac{1}{2}(1-r)$			$\frac{1}{2}r$
B_1A_2/D_1C_2	$\frac{1}{4}(1-r)^2$					$\frac{1}{2}(1-r)$		$\frac{1}{2}r$	
B_1A_2/D_1D_2	$\frac{1}{4}r(1-r)$						$\frac{1}{2}(1-r)$		$\frac{1}{2}r$
B_1B_2/C_1C_2	$\frac{1}{4}(1-r)^2$						$\frac{1}{2}(1-r)$	$\frac{1}{2}r$	
B_1B_2/C_1D_2	$\frac{1}{4}r(1-r)$						$\frac{1}{2}(1-r)$		$\frac{1}{2}r$
B_1B_2/D_1C_2	$\frac{1}{4}r(1-r)$						$\frac{1}{2}(1-r)$	$\frac{1}{2}r$	
B_1B_2/D_1D_2	$\frac{1}{4}(1-r)^2$						$\frac{1}{2}(1-r)$		$\frac{1}{2}r$

续表

双交 F_1 基因型	频率	$C_1C_1A_2A_2$	$C_1C_1B_2B_2$	$C_1C_1C_2C_2$	$C_1C_1D_2D_2$	$D_1D_1A_2A_2$	$D_1D_1B_2B_2$	$D_1D_1C_2C_2$	$D_1D_1D_2D_2$
				纯系后代群体的基因型					
A_1A_2/C_1C_2	$\frac{1}{4}(1-r)^2$	$\frac{1}{2}r$		$\frac{1}{2}(1-r)$					
A_1A_2/C_1D_2	$\frac{1}{4}r(1-r)$	$\frac{1}{2}r$			$\frac{1}{2}(1-r)$				
A_1A_2/D_1C_2	$\frac{1}{4}r(1-r)$					$\frac{1}{2}r$		$\frac{1}{2}(1-r)$	
A_1A_2/D_1D_2	$\frac{1}{4}(1-r)^2$					$\frac{1}{2}r$			$\frac{1}{2}(1-r)$
A_1B_2/C_1C_2	$\frac{1}{4}(1-r)^2$		$\frac{1}{2}r$	$\frac{1}{2}(1-r)$					
A_1B_2/C_1D_2	$\frac{1}{4}r(1-r)$		$\frac{1}{2}r$		$\frac{1}{2}(1-r)$				
A_1B_2/D_1C_2	$\frac{1}{4}r(1-r)$						$\frac{1}{2}r$	$\frac{1}{2}(1-r)$	
A_1B_2/D_1D_2	$\frac{1}{4}(1-r)^2$						$\frac{1}{2}r$		$\frac{1}{2}(1-r)$
B_1A_2/C_1C_2	$\frac{1}{4}(1-r)^2$	$\frac{1}{2}r$		$\frac{1}{2}(1-r)$					
B_1A_2/C_1D_2	$\frac{1}{4}r(1-r)$	$\frac{1}{2}r$			$\frac{1}{2}(1-r)$				
B_1A_2/D_1C_2	$\frac{1}{4}r(1-r)$					$\frac{1}{2}r$		$\frac{1}{2}(1-r)$	
B_1A_2/D_1D_2	$\frac{1}{4}(1-r)^2$					$\frac{1}{2}r$			$\frac{1}{2}(1-r)$
B_1B_2/C_1C_2	$\frac{1}{4}(1-r)^2$		$\frac{1}{2}r$	$\frac{1}{2}(1-r)$					
B_1B_2/C_1D_2	$\frac{1}{4}r(1-r)$		$\frac{1}{2}r$		$\frac{1}{2}(1-r)$				
B_1B_2/D_1C_2	$\frac{1}{4}r(1-r)$						$\frac{1}{2}r$	$\frac{1}{2}(1-r)$	
B_1B_2/D_1D_2	$\frac{1}{4}(1-r)^2$						$\frac{1}{2}r$		$\frac{1}{2}(1-r)$

注: A_1、B_1、C_1、D_1 和 A_2、B_2、C_2、D_2 是两个连锁座位上的 4 个等位基因，r 是一次减数分裂的重组率，用公式 8.1 中的 R 替换表中 16 种后代基因型频率中的 r，就是从双交 F_1 到 RIL 纯系后代群体的转移矩阵

表 8.4 四亲 DH 纯系后代群体中两个连锁座位上 16 种基因型的理论频率

座位 1 基因型	座位 2 基因型			
	A_2A_2	B_2B_2	C_2C_2	D_2D_2
A_1A_1	$\frac{1}{4}(1-r)^2$ (1)	$\frac{1}{4}r(1-r)$ (2)	$\frac{1}{8}r$ (3)	$\frac{1}{8}r$ (4)
B_1B_1	$\frac{1}{4}r(1-r)$ (5)	$\frac{1}{4}(1-r)^2$ (6)	$\frac{1}{8}r$ (7)	$\frac{1}{8}r$ (8)
C_1C_1	$\frac{1}{8}r$ (9)	$\frac{1}{8}r$ (10)	$\frac{1}{4}(1-r)^2$ (11)	$\frac{1}{4}r(1-r)$ (12)
D_1D_1	$\frac{1}{8}r$ (13)	$\frac{1}{8}r$ (14)	$\frac{1}{4}r(1-r)$ (15)	$\frac{1}{4}(1-r)^2$ (16)

注: 理论频率后面括号内的数字为 16 种完全信息基因型的编号

利用双交 F_1 到 RIL 纯系后代的转移矩阵,计算 RIL 纯系后代群体中各种基因型的理论频率,结果列于表 8.5 中。仍以后代基因型 $A_1A_1A_2A_2$ 为例,其理论频率为

$$\frac{1}{2}(1-R)\left[\frac{1}{4}(1-r)^2+\frac{1}{4}r(1-r)+\frac{1}{4}r(1-r)+\frac{1}{4}r^2\right]=\frac{1}{2}(1-R)\times\frac{1}{2}(1-r)$$

利用公式 8.1,即可得到表 8.5 中座位 1 基因型 A_1A_1 和座位 2 基因型 A_2A_2 对应的频率。

表 8.5 四亲 RIL 纯系后代群体中两个连锁座位上 16 种基因型的理论频率

座位 1 基因型	座位 2 基因型			
	A_2A_2	B_2B_2	C_2C_2	D_2D_2
A_1A_1	$\frac{1}{4}-\frac{3}{8}R$ 或 $\frac{1-r}{4(1+2r)}$	$\frac{1}{8}R$ 或 $\frac{r}{4(1+2r)}$	$\frac{1}{8}R$ 或 $\frac{r}{4(1+2r)}$	$\frac{1}{8}R$ 或 $\frac{r}{4(1+2r)}$
B_1B_1	$\frac{1}{8}R$ 或 $\frac{r}{4(1+2r)}$	$\frac{1}{4}-\frac{3}{8}R$ 或 $\frac{1-r}{4(1+2r)}$	$\frac{1}{8}R$ 或 $\frac{r}{4(1+2r)}$	$\frac{1}{8}R$ 或 $\frac{r}{4(1+2r)}$
C_1C_1	$\frac{1}{8}R$ 或 $\frac{r}{4(1+2r)}$	$\frac{1}{8}R$ 或 $\frac{r}{4(1+2r)}$	$\frac{1}{4}-\frac{3}{8}R$ 或 $\frac{1-r}{4(1+2r)}$	$\frac{1}{8}R$ 或 $\frac{r}{4(1+2r)}$
D_1D_1	$\frac{1}{8}R$ 或 $\frac{r}{4(1+2r)}$	$\frac{1}{8}R$ 或 $\frac{r}{4(1+2r)}$	$\frac{1}{8}R$ 或 $\frac{r}{4(1+2r)}$	$\frac{1}{4}-\frac{3}{8}R$ 或 $\frac{1-r}{4(1+2r)}$

注: 表中 16 种完全信息基因型的编号与表 8.4 相同,不再给出

假定一个四亲纯系后代的群体大小为 n, $n_1\sim n_{16}$ 表示表 8.4 或表 8.5 中 16 种基因型的观测样本量。公式 8.2 和公式 8.3 分别给出 DH 和 RIL 两种类型纯系后代群体重组率的似然函数。

$$L\propto r^{n-(n_1+n_6+n_{11}+n_{16})}(1-r)^{2(n_1+n_6+n_{11}+n_{16})+n_2+n_5+n_{12}+n_{15}}\text{(DH 后代群体)} \quad (8.2)$$

$$L\propto\left(\frac{1}{4}-\frac{3}{8}R\right)^{n_1+n_6+n_{11}+n_{16}}\left(\frac{1}{8}R\right)^{n-(n_1+n_6+n_{11}+n_{16})}\text{(RIL 后代群体)} \quad (8.3)$$

对公式 8.2 和公式 8.3 求对数,然后对对数似然函数求导,并令导数等于 0,便可分别得到公式 8.4 和公式 8.5 给出的重组率极大似然估计。在 RIL 后代群体中,先估计重复自交过程中的累积重组率 R,然后利用公式 8.1 得到一次减数分裂的重组率 r。

$$\hat{r}=\frac{n-(n_1+n_6+n_{11}+n_{16})}{n+n_1+n_2+n_5+n_6+n_{11}+n_{12}+n_{15}+n_{16}}\text{(DH 后代群体)} \quad (8.4)$$

$$\hat{R} = \frac{2[n - (n_1 + n_6 + n_{11} + n_{16})]}{3n},$$

$$\hat{r} = \frac{n - (n_1 + n_6 + n_{11} + n_{16})}{n + 2(n_1 + n_6 + n_{11} + n_{16})} \text{（RIL 后代群体）} \tag{8.5}$$

公式 8.2 和公式 8.3 可以看作备择假设 H_A: $r \neq 0.5$ 的似然函数，将公式 8.4 和公式 8.5 得到的估计值分别代入公式 8.2 和公式 8.3，就得到 DH 和 RIL 后代群体的极大似然函数。在公式 8.2 和公式 8.3 中，如令 $r=0.5$，即可得到零假设 H_0: $r=0.5$（即两个座位之间无连锁）的似然函数，进而计算检验连锁的 LRT 和 LOD 统计量，具体计算方法见第 2 章。

§8.1.3 包含不完全信息标记间的重组率估计

对于表 8.1 的 14 种标记类型，估计两个标记间的重组率时，共需要考虑 105 种不同的情形，然后根据每种情形下可识别基因型的理论频率，计算重组率的极大似然估计。例如，对于类型 ABCD 和类型 AACD 两个标记，座位 1 有 4 种可识别的等位基因，即 A_1、B_1、C_1 和 D_1；座位 2 有 3 种可识别的等位基因，即 $A_2 + B_2$、C_2 和 D_2。纯系后代群体中只有 12 种可识别的基因型，表 8.6 给出它们的理论频率。用 $m_1 \sim m_{12}$ 表示 12 种可区分基因型的观测样本量，后代群体大小为 n。作为练习，请读者根据表 8.6 的基因型理论频率，给出重组率的极大似然估计（见练习 8.1）。

表 8.6 一个标记属于类型 ABCD、另一个标记属于类型 AACD 时，12 种可识别标记基因型的理论频率

可识别基因型编号	座位 1	座位 2	DH 群体理论频率	RIL 群体理论频率	观测样本量
1	A_1A_1	$A_2A_2 + B_2B_2$	$\frac{1}{4}(1-r)$	$\frac{1}{4}(1-R)$ 或 $\frac{1}{4(1+2r)}$	m_1
2	A_1A_1	C_2C_2	$\frac{1}{8}r$	$\frac{1}{8}R$ 或 $\frac{r}{4(1+2r)}$	m_2
3	A_1A_1	D_2D_2	$\frac{1}{8}r$	$\frac{1}{8}R$ 或 $\frac{r}{4(1+2r)}$	m_3
4	B_1B_1	$A_2A_2 + B_2B_2$	$\frac{1}{4}(1-r)$	$\frac{1}{4}(1-R)$ 或 $\frac{1}{4(1+2r)}$	m_4
5	B_1B_1	C_2C_2	$\frac{1}{8}r$	$\frac{1}{8}R$ 或 $\frac{r}{4(1+2r)}$	m_5
6	B_1B_1	D_2D_2	$\frac{1}{8}r$	$\frac{1}{8}R$ 或 $\frac{r}{4(1+2r)}$	m_6
7	C_1C_1	$A_2A_2 + B_2B_2$	$\frac{1}{4}r$	$\frac{1}{4}R$ 或 $\frac{r}{2(1+2r)}$	m_7
8	C_1C_1	C_2C_2	$\frac{1}{4}(1-r)^2$	$\frac{1}{4} - \frac{3}{8}R$ 或 $\frac{1-r}{4(1+2r)}$	m_8
9	C_1C_1	D_2D_2	$\frac{1}{4}r(1-r)$	$\frac{1}{8}R$ 或 $\frac{r}{4(1+2r)}$	m_9
10	D_1D_1	$A_2A_2 + B_2B_2$	$\frac{1}{4}r$	$\frac{1}{4}R$ 或 $\frac{r}{2(1+2r)}$	m_{10}
11	D_1D_1	C_2C_2	$\frac{1}{4}r(1-r)$	$\frac{1}{8}R$ 或 $\frac{r}{4(1+2r)}$	m_{11}
12	D_1D_1	D_2D_2	$\frac{1}{4}(1-r)^2$	$\frac{1}{4} - \frac{3}{8}R$ 或 $\frac{1-r}{4(1+2r)}$	m_{12}

下面介绍另外一种利用 EM 算法的重组率估计方法。该方法预先指定一个重组率的初始值，然后根据可识别基因型包含的完全标记基因型的频率，计算出 16 种完全标记基因型

的观测样本量,这样就可以利用公式 8.4 或公式 8.5 重新估计重组率,并将其作为新的初始值进行迭代。当两次迭代之间重组率估计值的差异小于预先指定的一个标准时,如小于 0.0001,则停止迭代。迭代结束时的估计值,就是重组率的极大似然估计。值得一提的是,EM 算法与求导方法得到的是相同的估计值,但 EM 算法无法直接对估计值的方差进行估计。如果需要重组率估计值的方差,仍然需要求对数似然函数的二阶导数,然后利用第 2 章介绍的 Fisher 信息量进行计算。

仍以表 8.6 的两种标记类型为例,说明 EM 算法在四亲纯系后代群体重组率估计中的应用。首先确定一个重组率的初始值 r_0。容易看出,表 8.6 中可识别基因型 2、3、5、6、7、10 均是亲本 A、B 与亲本 C、D 之间染色体交换的结果,因此可将这些基因型占群体的比例作为重组率的初始值,即公式 8.6。

$$r_0 = \frac{m_2 + m_3 + m_5 + m_6 + m_7 + m_{10}}{n} \tag{8.6}$$

表 8.6 中,有些可识别基因型就是表 8.4(对 DH 群体而言)或表 8.5(对 RIL 群体而言)中的基因型,有些是表 8.4(对 DH 群体而言)或表 8.5(对 RIL 群体而言)中的两种基因型合并而来。表 8.7 进一步给出表 8.6 的可识别基因型与完全信息基因型之间的对应关系。从中可以看出,表 8.6 的 8 种可识别基因型 2、3、5、6、8、9、11、12 分别等同于表 8.4 或表 8.5 完全信息基因型 3、4、7、8、11、12、15、16,因此认为这 8 种基因型的观测样本量与完全信息标记下的观测样本量完全相同,即

$$\begin{aligned} &n_3 = m_2, \quad n_4 = m_3, \quad n_7 = m_5, \quad n_8 = m_6, \\ &n_{11} = m_8, \quad n_{12} = m_9, \quad n_{15} = m_{11}, \quad n_{16} = m_{12} \end{aligned} \tag{8.7}$$

表 8.6 中其他 4 种基因型即 1、4、7、10,均由表 8.4(对 DH 群体而言)或表 8.5(对 RIL 群体而言)中的两种基因型合并而来(表 8.7)。在 DH 纯系后代群体中,第 1 种可识别基因型由表 8.4 完全信息基因型 1 和 2 合并而来,这两种完全信息基因型的理论频率比为 $\frac{1}{4}(1-r)^2 : \frac{1}{4}r(1-r) = (1-r) : r$。因此,可以将样本观测值 m_1 按照 $(1-r_0) : r_0$ 的比例分配到完全信息基因型的样本观测值 n_1 和 n_2 中。第 4 种可识别基因型由完全基因型 5 和 6 合并而来,它们的理论频率比为 $r : (1-r)$。因此按比例 $r_0 : (1-r_0)$ 将 m_4 分配到 n_5 和 n_6 中。在不完全信息的第 7 种和第 10 种可识别基因型中,两种完全基因型的理论频率比均为 1:1,因此将 m_7 以 1:1 的比例分配到 n_9 和 n_{10} 中,将 m_{10} 以 1:1 的比率分配到 n_{13} 和 n_{14} 中。在 RIL 纯系后代群体中,这 4 种不完全信息的可识别基因型中,完全信息基因型的理论频率比与 DH 群体完全相同(请读者自行验证)。因此,在 DH 和 RIL 两种类型的纯系后代群体中,均可以用公式 8.8 计算另外 8 种完全信息基因型的样本量。

$$\begin{aligned} &n_1 = (1-r_0)m_1, \quad n_2 = r_0 m_1, \quad n_5 = r_0 m_4, \quad n_6 = (1-r_0)m_4, \\ &n_9 = 0.5 m_7, \quad n_{10} = 0.5 m_7, \quad n_{13} = 0.5 m_{10}, \quad n_{14} = 0.5 m_{10} \end{aligned} \tag{8.8}$$

公式 8.7 和公式 8.8 的推导过程,其实就是 EM 算法的 E 步骤。即给定重组率初始值,计算不完全信息基因型中所包含的完全信息基因型的期望比例,将不完全信息数据按照期

望比例转换为完全信息数据。利用公式 8.7 和公式 8.8 获得 16 种完全标记基因型的观测样本量之后，就可以利用公式 8.4 或公式 8.5 重新估计重组率，并将其作为新的初始值进行迭代。利用完全信息基因型的样本量重新估计重组率的过程，其实就是 EM 算法的 M 步骤。

表 8.7 类型 ABCD 和 AACD 两个标记的可识别基因型（编号 1~12）与完全信息基因型（编号 1~16）的对应关系

等位基因	完全信息基因型编号				ABCD 和 AACD 的可识别基因型编号			
	A	B	C	D	A	B	C	D
A	1	2	3	4	1	1	2	3
B	5	6	7	8	4	4	5	6
C	9	10	11	12	7	7	8	9
D	13	14	15	16	10	10	11	12

表 8.8 给出一个群体大小为 200 的四亲 RIL 后代群体中，利用 EM 算法估计一个 ABCD 类型与一个 AACD 类型标记间重组率的迭代过程。前两列给出两个座位上 12 种可识别基因型的观测样本量，排列顺序与表 8.6 相同，利用公式 8.6 得到的初始值为 0.29。表 8.8 后半部分给出 5 次 EM 迭代过程中 16 种完全信息基因型的观测样本量（E 步骤），以及利用公式 8.5 得到的新的重组率估计值（M 步骤）。可以看出，经过 5 次迭代之后，估计值基本趋于稳定，完全信息基因型的观测样本量也趋于稳定。请读者自行验证，对于表 8.8 的数据，EM 算法对于 0~1 之间的任何初始值，都能经过数次迭代后收敛在 0.1873 左右。说明对于表 8.8 的两种标记类型，在不同的初始值下，EM 算法都能很快地收敛到正确的估计

表 8.8 类型 ABCD 和 AACD 两个标记间重组率估计的 EM 迭代过程中的完全信息基因型样本量和重组率估计值

可识别基因型编号	观测样本量	完全信息基因型编号	EM 算法迭代次数				
			1	2	3	4	5
1	26	1	18.46	20.54	21.00	21.10	21.13
2	7	2	7.54	5.46	5.00	4.90	4.87
3	4	3	7	7	7	7	7
4	42	4	4	4	4	4	4
5	5	5	12.18	8.82	8.07	7.91	7.87
6	6	6	29.82	33.18	33.93	34.09	34.13
7	21	7	5	5	5	5	5
8	30	8	6	6	6	6	6
9	6	9	10.5	10.5	10.5	10.5	10.5
10	15	10	10.5	10.5	10.5	10.5	10.5
11	5	11	30	30	30	30	30
12	33	12	6	6	6	6	6
		13	7.5	7.5	7.5	7.5	7.5
		14	7.5	7.5	7.5	7.5	7.5
		15	5	5	5	5	5
		16	33	33	33	33	33
重组率初始值和每次迭代得到的估计值		0.2900	0.2100	0.1921	0.1883	0.1875	0.1873

值。EM 算法的收敛速度与不完全信息标记的类型有关，如对于练习 8.4 的两种标记类型，则需要数十次迭代才能收敛。一般来说，两个标记的不完全信息越多，即亲本中可区分的等位基因个数越少、后代群体中可区分的基因型个数越少，EM 算法的收敛速度越慢。但总体来说，EM 算法用于不完全信息标记间重组率的估计还是十分有效的。

§8.1.4 纯系亲本个数少于 4 的情形

在双交组合中，当亲本 A 和亲本 B 相同或亲本 C 和亲本 D 相同时，记为 (A×A)×(C×D) 或 (A×B)×(C×C)，这时的双交 F_1 等同于三交 F_1，即 A×(C×D) 或 (A×B)×C。当亲本 A 和亲本 C 相同或亲本 A 和亲本 D 相同时，记为 (A×B)×(A×D) 或 (A×B)×(C×A)，这时的双交 F_1 只有 3 个亲本。当亲本 A 与亲本 C 相同、亲本 B 与亲本 D 相同时，记为 (A×B)×(A×B)，此时的双交 F_1 实际上只有两个亲本。上述几种情况均可视为特殊的双交 F_1 群体，它们衍生的后代纯系群体也可以用这里介绍的方法进行分析。例如，对于三交 A×(C×D) 来说，只需将所有标记类型设为 AACD 即可；对于 3 个亲本的双交 (A×B)×(A×D) 来说，只需将所有标记类型设为 ABAD 即可；对于两个亲本的双交 (A×B)×(A×B) 来说，只需将所有标记类型设为 ABAB 即可。

不难看出，两个亲本的双交 F_1 其实就是这两个亲本的杂交 F_2 群体。因此，双亲 RIL 纯系后代群体也可以看作四亲 RIL 纯系群体的特例进行遗传分析。如果是从双亲 F_1 的配子加倍而来，这时的双亲 DH 群体不能看作四亲 DH 纯系群体的特例。如果是从双亲 F_2 的配子加倍而来，这时的双亲 DH 群体仍然可以看作四亲 DH 纯系群体的特例进行分析，读者可通过练习 8.5 和练习 8.6 进行验证。

§8.2 八亲纯系后代群体的连锁分析

§8.2.1 八亲纯系群体的产生过程

图 8.3 给出 8 个纯系亲本间杂交产生的八亲 DH 和 RIL 纯系后代群体示意图。8 个纯系亲本先两两杂交产生 4 个单交 F_1，4 个单交 F_1 两两杂交产生 2 个双交 F_1 群体，2 个双交 F_1 群体之间再次杂交产生一个高度异质、杂合的八向杂交或八交 F_1 群体，然后通过加倍单倍体或连续自交的方法产生高度异质、纯合的八亲纯系后代群体。对单个基因座位来说，用 $A \sim H$ 表示 8 个纯系亲本携带的等位基因。纯系后代群体仅包含 8 种纯合基因型，即 $AA \sim HH$，不存在杂合基因型。在无奇异分离的情况下，8 种纯合基因型各占后代群体的 1/8。如果同时考虑两个座位，纯系后代群体则包含 64 种纯合基因型。在没有连锁的情况下，这 64 种基因型有着相同的理论频率。如果考虑连锁，64 种纯合基因型的理论频率依赖于这两个座位之间的重组率。

图 8.3 中，每个单交 F_1 只有一种杂合基因型，因此只要能够获得足够的杂交种子，可以只利用一个 AB 单交 F_1 个体与一个 CD 单交 F_1 个体进行杂交，产生 ABCD 双交 F_1 分离群体。另外一个双交 F_1 群体也是这样，利用一个 EF 单交 F_1 个体与一个 GH 单交 F_1 个体进行杂交即可。双交 F_1 是异质、杂合分离群体（图 8.3），不同个体具有不同的杂合基因型。为了保证八交 F_1 具有最大的有效群体大小，最理想的情形是用尽可能多的 ABCD 双交

F₁ 个体与 EFGH 双交 F₁ 个体进行杂交,每个杂交组合只收获一粒种子。换句话说,不同的八交 F₁ 个体是两个不同的双交 F₁ 个体的杂交后代。在重复自交产生纯系的过程中,采用单粒传的方法也是同样的道理。由此产生的每个纯系后代,都能追踪到八交 F₁ 群体中唯一的单个个体,因此具有最大的有效群体大小(王建康,2017)。

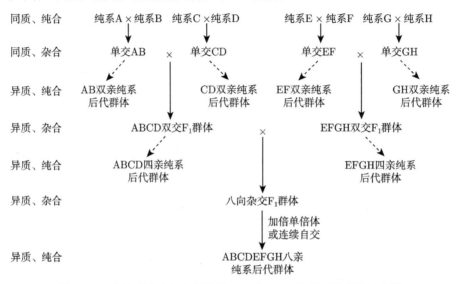

图 8.3 8 个纯系亲本杂交衍生的 DH 和 RIL 纯系后代群体示意图

尽管多亲群体用于遗传研究有其有利的一面,但读者从这一章也可以看出,亲本越多,后代群体中等位基因的个数和基因型的个数也越多。连锁分析需要同时考虑两个座位,基因定位有时还需要同时考虑 3 个座位。如果单个座位上基因型的个数为 8,两个座位的基因型就有 $8^2=64$ 种,3 个座位的基因型就有 $8^3=512$ 种。因此,随着亲本数的增加,多亲群体的遗传分析方法将变得十分烦琐。从图 8.3 也可以看出,在创建八亲纯系后代群体的过程中,还可以同时对 2 个双交 F₁ 群体进行单倍体加倍或连续自交,从而还可创建 2 个四亲纯系后代群体(分析方法见 §8.1);对 4 个单交 F₁ 群体进行单倍体加倍或连续自交,从而还可创建 4 个双亲纯系后代群体(分析方法见第 2~6 章)。这样就可以同时利用双亲、四亲和八亲等多种类型的纯系后代群体开展更为系统的遗传研究,并相互印证不同群体遗传分析得到的结果。

§8.2.2 标记分类方法和后代基因型编码

在八亲纯系后代群体中,如果一个座位上有 8 个互不相同的等位基因或标记型,那么后代个体所携带的基因就能够追踪到唯一的亲本来源,称为完全信息座位,用 ABCDEFGH 表示。如果等位基因的个数少于 8,就会出现一些基因型无法区分的现象,就无法追踪到纯系后代所携带基因的唯一亲本来源,可区分基因型的个数也将少于 8。根据可识别的亲本等位基因型以及纯合后代基因型,基因或标记座位一共可以划分出 4139 种类型,难以在此一一列出。

这里以集成分析软件 GAPL 为例(Zhang et al., 2019),说明不同标记类型的识别方法。每种标记类型用 A~H 这 8 个字母的字符串表示,可以有重复字母。例如,字符串 ABCDEFGH

表示完全信息标记类型，说明 8 个亲本的等位基因互不相同；字符串 AACDEFAC 表示亲本 A、亲本 B 和亲本 G 的等位基因相同，亲本 C 和亲本 H 的等位基因相同。为了用 8 个字母的字符串把所有可能的多态性标记类型全部表示出来，采用以下命名规则。第 1 个位置上只能是字母 A；第 2 个位置上既可以是字母 B，也可以是字母 A；第 3 个位置上既可以是字母 C，也可以是前两个位置上曾经出现过的字母；第 4 个位置上既可以是字母 D，也可以是前 3 个位置上曾经出现过的字母；依次类推。这样的表示方式，涵盖了八亲纯系群体中所有可能的多态性标记类型。例如，字符串 AACDEFGH 说明亲本 A 和亲本 B 携带相同的等位基因，其他亲本携带互不相同的等位基因；AAADEFFH 说明亲本 A、亲本 B 和亲本 C 携带相同的等位基因，亲本 F 和亲本 G 携带相同的等位基因，其他亲本携带互不相同的等位基因；ABCCCCCH 说明亲本 C~G 携带相同的等位基因，亲本 A、亲本 B 和亲本 H 携带互不相同的等位基因；等等。上述均是有效的标记类型表示方法。AACDEFBH 并不是有效的标记类型表示方法，因为第 7 个位置上的字母 B 在第 1~6 个位置上没有出现过。对于这样的命名，GAPL 软件会认为是无效类型，用户需要根据该标记在 8 个亲本中多态性鉴定的结果，将其修正为 AACDEFAH、AACDEFCH 或其他有效类型。

使用 GAPL 软件对一个八亲纯系群体进行遗传分析时，读者需要首先根据上面的命名规则，指明每个标记所属的类型。纯系后代群体的 8 种纯合基因型用字母 A~H 编码，缺失基因型用字母 X 表示。有效的后代基因型只能是 A、B、C、D、E、F、G、H、X，其他取值均认为是无效的。例如，一个标记的类型指定为 ABCCCCCH，后代基因型的编码也可以出现 D、E、F、G 等字母，软件会根据该标记的指定类型，认为该标记座位只有 4 种可识别的基因型，自动将后代群体中基因型 C、D、E、F、G 合并为一种可识别的纯合基因型。这样的标记类型命名和后代基因型编码方式实际应用中更容易被理解及接受，利用 GAPL 软件开展遗传分析时也会更加便利。其实，表 8.1 中有关四亲纯系后代群体的 14 种标记类型的命名也符合这样的规则，只不过那里所用的长度为 4 的字符串是用 A~D 这 4 个字母表示。

§8.2.3 两个完全信息座位的基因型理论频率

假定每个座位存在 8 个可区分的等位基因，纯系后代群体有 8 种可区分的纯合基因型，即完全信息标记座位。两个座位同时考虑时，共有 64 种纯合基因型，他们的理论频率依赖于这两个座位之间的重组率。要确定八亲纯系后代中各种基因型的理论频率，首先需要确定八交 F_1 群体中的基因型理论频率。ABCD 双交 F_1 群体将产生 16 种类型的配子，配子染色体加倍后就是 §8.1 介绍过的四亲 DH 后代。因此，表 8.4 给出的频率也是双交 F_1 产生的 16 种配子的理论频率，列于表 8.9 中。EFGH 双交 F_1 群体自然也会产生 16 种类型的配子，这些配子的理论频率与 ABCD 双交 F_1 群体 16 种配子的理论频率完全相同，但携带着不同的等位基因（表 8.9）。两个双交 F_1 群体之间的杂交，相当于 ABCD 双交 F_1 群体产生的 16 种配子与 EFGH 双交 F_1 群体产生的 16 种配子之间的随机结合，共得到 $16 \times 16 = 256$ 种不同的后代基因型。从表 8.9 中配子的理论频率不难得到 256 种后代基因型的理论频率，在此不再一一列出。

利用与表 8.3 类似的转移矩阵，计算八亲 DH 和 RIL 纯系后代群体的基因型频率。这时的转移矩阵共有 256 行，对应于八交 F_1 群体中的 256 种基因型；共有 64 列，对应于八亲纯系后代群体的 64 种纯合基因型。与表 8.3 的转移矩阵类似，八交 F_1 到 DH 纯系后代转移矩阵的每一行包含 2 个取值同为 $\frac{1}{2}(1-r)$ 和 2 个取值同为 $\frac{1}{2}r$ 的非 0 元素，其他元素均为 0；八交 F_1 到 RIL 纯系后代转移矩阵的每一行包含 2 个取值同为 $\frac{1}{2}(1-R)$ 和 2 个取值同为 $\frac{1}{2}R$ 的非 0 元素，其他元素均为 0；其中 $R = \frac{2r}{1+2r}$。

表 8.9 两个双交 F_1 产生配子的基因型和理论频率

ABCD 双交 F_1 的配子	理论频率	EFGH 双交 F_1 的配子	理论频率
A_1A_2	$\frac{1}{4}(1-r)^2$	E_1E_2	$\frac{1}{4}(1-r)^2$
A_1B_2	$\frac{1}{4}r(1-r)$	E_1F_2	$\frac{1}{4}r(1-r)$
A_1C_2	$\frac{1}{8}r$	E_1G_2	$\frac{1}{8}r$
A_1D_2	$\frac{1}{8}r$	E_1H_2	$\frac{1}{8}r$
B_1A_2	$\frac{1}{4}r(1-r)$	F_1E_2	$\frac{1}{4}r(1-r)$
B_1B_2	$\frac{1}{4}(1-r)^2$	F_1F_2	$\frac{1}{4}(1-r)^2$
B_1C_2	$\frac{1}{8}r$	F_1G_2	$\frac{1}{8}r$
B_1D_2	$\frac{1}{8}r$	F_1H_2	$\frac{1}{8}r$
C_1A_2	$\frac{1}{8}r$	G_1E_2	$\frac{1}{8}r$
C_1B_2	$\frac{1}{8}r$	G_1F_2	$\frac{1}{8}r$
C_1C_2	$\frac{1}{4}(1-r)^2$	G_1G_2	$\frac{1}{4}(1-r)^2$
C_1D_2	$\frac{1}{4}r(1-r)$	G_1H_2	$\frac{1}{4}r(1-r)$
D_1A_2	$\frac{1}{8}r$	H_1E_2	$\frac{1}{8}r$
D_1B_2	$\frac{1}{8}r$	H_1F_2	$\frac{1}{8}r$
D_1C_2	$\frac{1}{4}r(1-r)$	H_1G_2	$\frac{1}{4}r(1-r)$
D_1D_2	$\frac{1}{4}(1-r)^2$	H_1G_2	$\frac{1}{4}(1-r)^2$

以表 8.9 中配子 A_1A_2 和 E_1E_2 结合产生的基因型 A_1A_2/E_1E_2 为例，该基因型在减数分裂过程中将产生 4 种配子，其中 A_1A_2 和 E_1E_2 是非交换型，频率均为 $\frac{1}{2}(1-r)$，A_1E_2 和 E_1A_2 是交换型，频率均为 $\frac{1}{2}r$。因此，在八交 F_1 到 DH 纯系后代的转移矩阵中，后代基因型 $A_1A_1A_2A_2$ 和 $E_1E_1E_2E_2$ 对应位置的元素均为 $\frac{1}{2}(1-r)$，后代基因型 $A_1A_1E_2E_2$ 和 $E_1E_1A_2A_2$ 对应位置的元素均为 $\frac{1}{2}r$，其他基因型对应位置的元素均为 0。利用八交 F_1 群体的基因型频率和 DH 世代转移矩阵，即可得到八亲 DH 纯系后代群体中 64 种纯合基因型的理论频率，见表 8.10。

仍以表 8.9 中配子 A_1A_2 和 E_1E_2 结合产生的基因型 A_1A_2/E_1E_2 为例，该基因型在连续自交过程中将产生 4 种纯合基因型,其中 $A_1A_1A_2A_2$ 和 $E_1E_1E_2E_2$ 是非交换型,频率均为 $\frac{1}{2}(1-r)$,$A_1A_1E_2E_2$ 和 $E_1E_1A_2A_2$ 是交换型,频率均为 $\frac{1}{2}R$。因此,在八交 F_1 到 RIL 纯系后代的转移矩阵中,后代基因型 $A_1A_1A_2A_2$ 和 $E_1E_1E_2E_2$ 对应位置的元素均为 $\frac{1}{2}(1-R)$,后代基因型 $A_1A_1E_2E_2$ 和 $E_1E_1A_2A_2$ 对应的元素均为 $\frac{1}{2}R$,其他基因型对应位置的元素均为 0;其中,$R=\frac{2r}{1+2r}$。利用八交 F_1 群体的基因型频率和 RIL 世代转移矩阵,即可得到八亲 RIL 纯系后代群体中 64 种纯合基因型的理论频率,见表 8.11。

表 8.10 八亲 DH 纯系后代群体中两个连锁座位上 64 种基因型的理论频率

座位 1 基因型	座位 2 基因型							
	A_2A_2	B_2B_2	C_2C_2	D_2D_2	E_2E_2	F_2F_2	G_2G_2	H_2H_2
A_1A_1	$\frac{1}{8}(1-r)^3$	$\frac{1}{8}r(1-r)^2$	$\frac{1}{16}r(1-r)$	$\frac{1}{16}r(1-r)$	$\frac{1}{32}r$	$\frac{1}{32}r$	$\frac{1}{32}r$	$\frac{1}{32}r$
B_1B_1	$\frac{1}{8}r(1-r)^2$	$\frac{1}{8}(1-r)^3$	$\frac{1}{16}r(1-r)$	$\frac{1}{16}r(1-r)$	$\frac{1}{32}r$	$\frac{1}{32}r$	$\frac{1}{32}r$	$\frac{1}{32}r$
C_1C_1	$\frac{1}{16}r(1-r)$	$\frac{1}{16}r(1-r)$	$\frac{1}{8}(1-r)^3$	$\frac{1}{8}r(1-r)^2$	$\frac{1}{32}r$	$\frac{1}{32}r$	$\frac{1}{32}r$	$\frac{1}{32}r$
D_1D_1	$\frac{1}{16}r(1-r)$	$\frac{1}{16}r(1-r)$	$\frac{1}{8}r(1-r)^2$	$\frac{1}{8}(1-r)^3$	$\frac{1}{32}r$	$\frac{1}{32}r$	$\frac{1}{32}r$	$\frac{1}{32}r$
E_1E_1	$\frac{1}{32}r$	$\frac{1}{32}r$	$\frac{1}{32}r$	$\frac{1}{32}r$	$\frac{1}{8}(1-r)^3$	$\frac{1}{8}r(1-r)^2$	$\frac{1}{16}r(1-r)$	$\frac{1}{16}r(1-r)$
F_1F_1	$\frac{1}{32}r$	$\frac{1}{32}r$	$\frac{1}{32}r$	$\frac{1}{32}r$	$\frac{1}{8}r(1-r)^2$	$\frac{1}{8}(1-r)^3$	$\frac{1}{16}r(1-r)$	$\frac{1}{16}r(1-r)$
G_1G_1	$\frac{1}{32}r$	$\frac{1}{32}r$	$\frac{1}{32}r$	$\frac{1}{32}r$	$\frac{1}{16}r(1-r)$	$\frac{1}{16}r(1-r)$	$\frac{1}{8}(1-r)^3$	$\frac{1}{8}r(1-r)^2$
H_1H_1	$\frac{1}{32}r$	$\frac{1}{32}r$	$\frac{1}{32}r$	$\frac{1}{32}r$	$\frac{1}{16}r(1-r)$	$\frac{1}{16}r(1-r)$	$\frac{1}{8}r(1-r)^2$	$\frac{1}{8}(1-r)^3$

表 8.11 八亲 RIL 纯系后代群体中两个连锁座位上 64 种基因型的理论频率

座位 1 基因型	座位 2 基因型							
	A_2A_2	B_2B_2	C_2C_2	D_2D_2	E_2E_2	F_2F_2	G_2G_2	H_2H_2
A_1A_1	$\frac{(1-r)^2}{8(1+2r)}$	$\frac{r(1-r)}{8(1+2r)}$	$\frac{r}{16(1+2r)}$	$\frac{r}{16(1+2r)}$	$\frac{r}{16(1+2r)}$	$\frac{r}{16(1+2r)}$	$\frac{r}{16(1+2r)}$	$\frac{r}{16(1+2r)}$
B_1B_1	$\frac{r(1-r)}{8(1+2r)}$	$\frac{(1-r)^2}{8(1+2r)}$	$\frac{r}{16(1+2r)}$	$\frac{r}{16(1+2r)}$	$\frac{r}{16(1+2r)}$	$\frac{r}{16(1+2r)}$	$\frac{r}{16(1+2r)}$	$\frac{r}{16(1+2r)}$
C_1C_1	$\frac{r}{16(1+2r)}$	$\frac{r}{16(1+2r)}$	$\frac{(1-r)^2}{8(1+2r)}$	$\frac{r(1-r)}{8(1+2r)}$	$\frac{r}{16(1+2r)}$	$\frac{r}{16(1+2r)}$	$\frac{r}{16(1+2r)}$	$\frac{r}{16(1+2r)}$
D_1D_1	$\frac{r}{16(1+2r)}$	$\frac{r}{16(1+2r)}$	$\frac{r(1-r)}{8(1+2r)}$	$\frac{(1-r)^2}{8(1+2r)}$	$\frac{r}{16(1+2r)}$	$\frac{r}{16(1+2r)}$	$\frac{r}{16(1+2r)}$	$\frac{r}{16(1+2r)}$
E_1E_1	$\frac{r}{16(1+2r)}$	$\frac{r}{16(1+2r)}$	$\frac{r}{16(1+2r)}$	$\frac{r}{16(1+2r)}$	$\frac{(1-r)^2}{8(1+2r)}$	$\frac{r(1-r)}{8(1+2r)}$	$\frac{r}{16(1+2r)}$	$\frac{r}{16(1+2r)}$
F_1F_1	$\frac{r}{16(1+2r)}$	$\frac{r}{16(1+2r)}$	$\frac{r}{16(1+2r)}$	$\frac{r}{16(1+2r)}$	$\frac{r(1-r)}{8(1+2r)}$	$\frac{(1-r)^2}{8(1+2r)}$	$\frac{r}{16(1+2r)}$	$\frac{r}{16(1+2r)}$
G_1G_1	$\frac{r}{16(1+2r)}$	$\frac{r}{16(1+2r)}$	$\frac{r}{16(1+2r)}$	$\frac{r}{16(1+2r)}$	$\frac{r}{16(1+2r)}$	$\frac{r}{16(1+2r)}$	$\frac{(1-r)^2}{8(1+2r)}$	$\frac{r(1-r)}{8(1+2r)}$
H_1H_1	$\frac{r}{16(1+2r)}$	$\frac{r}{16(1+2r)}$	$\frac{r}{16(1+2r)}$	$\frac{r}{16(1+2r)}$	$\frac{r}{16(1+2r)}$	$\frac{r}{16(1+2r)}$	$\frac{r(1-r)}{8(1+2r)}$	$\frac{(1-r)^2}{8(1+2r)}$

§8.2.4 完全信息标记间及包含不完全信息标记的重组率估计

假定八亲纯系后代的群体大小为 n, 用 $n_1 \sim n_{64}$ 表示表 8.10 或表 8.11 中 64 种纯合基因型的观测样本量, 基因型编号按行排列, 即第 1 行的基因型编号为 1~8, 第 2 行为 9~16, 依次类推。利用表 8.10 和表 8.11 的理论频率, 即可分别求解得到 DH 和 RIL 后代群体中两个完全信息座位的重组率极大似然估计, 即公式 8.9 和公式 8.10。公式 8.10 是一个一元二次方程, 它只有一个根在 0 和 0.5 之间取值。

$$\hat{r} = \frac{s_1}{s_1 + s_2} \text{（八亲 DH 群体）} \tag{8.9}$$

$$2(n - s_1 - s_3)\hat{r}^2 - (2n - s_1 + s_3)\hat{r} + s_1 = 0 \text{（八亲 RIL 群体）} \tag{8.10}$$

其中,

$$s_1 = n - (n_1 + n_{10} + n_{19} + n_{28} + n_{37} + n_{46} + n_{55} + n_{64}),$$

$$\begin{aligned} s_2 =\ & 3(n_1 + n_{10} + n_{19} + n_{28} + n_{37} + n_{46} + n_{55} + n_{64}) \\ & + 2(n_2 + n_9 + n_{20} + n_{27} + n_{38} + n_{45} + n_{56} + n_{63}) \\ & + n_3 + n_4 + n_{11} + n_{12} + n_{17} + n_{18} + n_{25} + n_{26} \\ & + n_{39} + n_{40} + n_{47} + n_{48} + n_{53} + n_{54} + n_{61} + n_{62}, \end{aligned}$$

$$\begin{aligned} s_3 =\ & 2(n_1 + n_{10} + n_{19} + n_{28} + n_{37} + n_{46} + n_{55} + n_{64}) \\ & + (n_2 + n_9 + n_{20} + n_{27} + n_{38} + n_{45} + n_{56} + n_{63}) \end{aligned}$$

表 8.12 给出一个八亲纯系群体中两个完全信息座位上 64 种基因型的观测样本量, 群体大小为 200。如果该群体由 DH 家系构成, 利用公式 8.9 得到的重组率为 0.0730。如果该群体由 RIL 家系构成, 利用公式 8.10 得到的两个根分别为 0.0566 和 −2.1042, 将 0.0566 作为重组率的极大似然估计值即可。

表 8.12　一个八亲纯系群体中两个完全信息座位上 64 种基因型的观测样本量

座位 1 基因型	座位 2 基因型							
	A_2A_2	B_2B_2	C_2C_2	D_2D_2	E_2E_2	F_2F_2	G_2G_2	H_2H_2
A_1A_1	17	3	2	0	2	0	0	0
B_1B_1	0	15	1	2	1	2	0	1
C_1C_1	2	1	18	1	1	4	0	0
D_1D_1	0	3	0	28	0	0	0	0
E_1E_1	0	2	1	1	26	1	0	0
F_1F_1	0	0	1	2	0	18	0	1
G_1G_1	0	0	1	0	0	0	16	3
H_1H_1	1	0	0	0	0	0	0	22

公式 8.9 和公式 8.10 给出的分别是八亲 DH 和八亲 RIL 后代群体中两个完全信息标记之间的重组率估计。包含不完全信息标记的重组率估计, 需要借助 EM 算法。这里仅以类型 ABBBEFBA (座位 1) 和类型 AACDEEEH (座位 2) 两个标记为例, 简单说明 EM 算法在八亲纯系群体重组率估计中的应用。在座位 1 上, 亲本 A 和亲本 H 携带相同的等位基因,

亲本 B、亲本 C、亲本 D 和亲本 G 携带相同的等位基因，可识别的等位基因只有 4 个，可识别等位基因个数其实就是类型字符串 ABBBEFBA 中不同字母的个数。座位 2 属于类型 AACDEEEH，其中包含 5 个不同的字母，可识别的等位基因有 5 个。同时考虑这两种类型的标记，后代群体中共有 20 种可区分的基因型，表 8.13 给出这 20 种可识别基因型与完全信息基因型的对应关系。在 EM 算法中，可以利用表 8.13 提供的信息，根据 20 种不完全信息可识别基因型的观测样本量估计 64 种完全信息基因型的样本量，从而利用公式 8.9 或公式 8.10 重新估计重组率。

表 8.13 两个不完全信息标记的可识别基因型（编号 1~20）与完全信息基因型（编号 1~64）的对应关系

等位基因	完全信息基因型编号								类型 ABBBEFBA 和 AACDEEEH						
	A	B	C	D	E	F	G	H	A	B	C	D	E	F	G	H
A	1	2	3	4	5	6	7	8	1	1	2	3	4	4	4	5
B	9	10	11	12	13	14	15	16	6	6	7	8	9	9	9	10
C	17	18	19	20	21	22	23	24	6	6	7	8	9	9	9	10
D	25	26	27	28	29	30	31	32	6	6	7	8	9	9	9	10
E	33	34	35	36	37	38	39	40	11	11	12	13	14	14	14	15
F	41	42	43	44	45	46	47	48	16	16	17	18	19	19	19	20
G	49	50	51	52	53	54	55	56	6	6	7	8	9	9	9	10
H	57	58	59	60	61	62	63	64	1	1	2	3	4	4	4	5

类型 ABBBEFBA 和 AACDEEEH 两个标记之间，利用 EM 算法估计重组率的具体过程如下。首先，给定一个重组率的初始值，并利用该初始值计算表 8.10 或表 8.11 中 64 种完全信息基因型的频率。其次，根据表 8.13 确定各种可识别基因型中包含的完全信息基因型，并计算它们在可识别基因型中所占的比例，将可识别基因型的观测样本量按照频率高低分配给其中包含的完全信息基因型。用 k 和 p_k 表示第 i 个可识别基因型所包含的完全信息基因型及其理论频率，$\sum p_k$ 表示这些完全信息基因型的频率之和（即第 i 个可识别基因型的理论频率），用 n_k 和 m_i 分别表示可识别基因型和完全信息基因型的观测样本量，利用公式 8.11 将 m_i 分配给不同的 n_k。

$$n_k = \frac{p_k}{\sum p_k} m_i \tag{8.11}$$

例如，可识别基因型 1 包含完全信息基因型 1、2、57、58，即公式 8.11 中 $k=$1、2、57、58，$i=1$。从表 8.10 或表 8.11 可以获得这 4 个完全信息基因型的频率，即公式 8.11 中的 p_k，于是就可以根据公式 8.11 将可识别基因型的观测样本量 m_1 分配给完全信息基因型的观测样本量 n_1、n_2、n_{57}、n_{58}。得到 64 种完全信息基因型的观测样本量之后，利用公式 8.9 或公式 8.10 重新估计重组率，将其作为新的初始值进行迭代。

§8.2.5 纯系亲本个数少于 8 的情形

与 §8.1 的四亲纯系群体类似，八交组合中的亲本个数也可能少于 8 个。例如，亲本 G 和亲本 H 分别与亲本 A 和亲本 B 相同，这时只有 6 个亲本，相当于所有标记都是类型 ABCDEFAB。如果亲本 E~H 相同，这时只有 5 个亲本，相当于所有标记都是类型

ABCDEEEE。如果亲本 E~H 分别与亲本 A~D 相同,这时只有 4 个亲本,相当于所有标记都是类型 ABCDABCD。因此,大量少于 8 个亲本的八交纯系后代群体也可以用前面介绍过的方法进行分析。

顺便提醒一下,八交组合 A/B//C/D///A/B//C/D 产生的纯系后代群体,相当于对双交 F_1 群体进行一代随机交配之后,再利用单倍体加倍或连续自交产生纯系。因此,§8.1 介绍的四亲纯系群体,并不能看作这一节介绍的八亲纯系群体的一种特例。

§8.3 四亲纯系后代群体的基因定位

GAPL 软件集成了四亲 DH、四亲 RIL、八亲 DH 和八亲 RIL 共 4 种类型群体的连锁图谱构建和基因定位方法(Zhang et al., 2019)。本节介绍四亲 DH 和四亲 RIL 纯系后代群体的基因定位方法,读者也可参考 Zhang 等(2017)的文献。

§8.3.1 3 个完全信息座位的遗传构成

为说明不完全信息标记和完全缺失信息的填补方法,这一节先给出 3 个完全信息座位的基因型理论频率。为与后面的 QTL 作图内容保持一致,将其中一个座位视为 QTL,位于两个完全标记座位之间。获得 3 个座位上 64 种纯系后代基因型的理论频率,仍然要用到与表 8.3 类似的世代转移矩阵。只不过这时的转移矩阵是一个 64 阶方阵,不便全部给出。同时考虑 3 个座位时,第 7 章表 7.14 已经给出双交 F_1 群体中 64 种基因型的理论频率,这里仅以表 7.14 中的第 1 种基因型 $A_1A_qA_2/C_1C_qC_2$ 为例说明转移矩阵的构成。基因型 $A_1A_qA_2/C_1C_qC_2$ 的 DH 和 RIL 后代中,包含 8 种可能的纯合基因型,频率由 8.14 给出,其他 56 种基因型的频率为 0。因此可以得到该基因型对应的后代转移向量。不难看出,表 8.14 其实就是同时考虑 3 个座位时,单交 F_1 群体的 DH 和 RIL 纯系后代群体的遗传构成(第 4 章表 4.8),纯系 A 和纯系 C 是单交组合的两个亲本。

表 8.14 双交 F_1 群体中基因型 $A_1A_qA_2/C_1C_qC_2$ 的 DH 和 RIL 纯系后代的基因型构成

纯系后代基因型	四亲 DH 后代群体	四亲 RIL 后代群体
$A_1A_qA_2/A_1A_qA_2$	$\frac{1}{2}(1-r_1)(1-r_2)$	$\frac{1}{2}(1-R_1)(1-R_2)$
$C_1C_qC_2/C_1C_qC_2$	$\frac{1}{2}(1-r_1)(1-r_2)$	$\frac{1}{2}(1-R_1)(1-R_2)$
$A_1A_qC_2/A_1A_qC_2$	$\frac{1}{2}(1-r_1)r_2$	$\frac{1}{2}(1-R_1)R_2$
$C_1C_qA_2/C_1C_qA_2$	$\frac{1}{2}(1-r_1)r_2$	$\frac{1}{2}(1-R_1)R_2$
$A_1C_qC_2/A_1C_qC_2$	$\frac{1}{2}r_1(1-r_2)$	$\frac{1}{2}R_1(1-R_2)$
$C_1A_qA_2/C_1A_qA_2$	$\frac{1}{2}r_1(1-r_2)$	$\frac{1}{2}R_1(1-R_2)$
$A_1C_qA_2/A_1C_qA_2$	$\frac{1}{2}r_1r_2$	$\frac{1}{2}R_1R_2$
$C_1A_qC_2/C_1A_qC_2$	$\frac{1}{2}r_1r_2$	$\frac{1}{2}R_1R_2$

注:3 个座位分别用 1、q、2 表示,座位 q 位于座位 1 和座位 2 之间,r_1、r_2 分别为座位 q 与座位 1、座位 q 与座位 2 之间的重组率,R_1、R_2 分别为座位 q 与座位 1、座位 q 与座位 2 之间重复自交过程中的累积重组率

利用 3 个座位上双交 F_1 到 DH 的世代转移矩阵,即可得到四亲 DH 纯系后代群体中 64 种纯合基因型的理论频率,由表 8.15 给出。其中,r_1、r_2、r 分别为座位 q 与左侧标记(即座位 1)的重组率、座位 q 与右侧标记(即座位 2)的重组率,以及座位 1 和座位 2 之间的重组率,这 3 个重组率满足 $r = r_1 + r_2 - 2r_1r_2$,即假定两个相邻区间上的交换事件相互独立。只考虑座位 1 和座位 2 的基因型理论频率同表 8.4,表 8.15 中没有重复给出。

表 8.15　四亲 DH 后代群体中 3 个完全信息座位上 64 种基因型的理论频率

座位 1 基因型	座位 2 基因型	座位 q(位于座位 1 和座位 2 之间)基因型			
		A_qA_q	B_qB_q	C_qC_q	D_qD_q
A_1A_1	A_2A_2	$\frac{1}{4}(1-r_1)^2(1-r_2)^2$	$\frac{1}{4}r_1(1-r_1)r_2(1-r_2)$	$\frac{1}{8}r_1r_2(1-r)$	$\frac{1}{8}r_1r_2(1-r)$
A_1A_1	B_2B_2	$\frac{1}{4}(1-r_1)^2r_2(1-r_2)$	$\frac{1}{4}r_1(1-r_1)(1-r_2)^2$	$\frac{1}{8}r_1r_2r$	$\frac{1}{8}r_1r_2r$
A_1A_1	C_2C_2	$\frac{1}{8}(1-r_1)^2r_2$	$\frac{1}{8}r_1(1-r_1)r_2$	$\frac{1}{8}r_1(1-r_2)^2$	$\frac{1}{8}r_1r_2(1-r_2)$
A_1A_1	D_2D_2	$\frac{1}{8}(1-r_1)^2r_2$	$\frac{1}{8}r_1(1-r_1)r_2$	$\frac{1}{8}r_1r_2(1-r_2)$	$\frac{1}{8}r_1(1-r_2)^2$
B_1B_1	A_2A_2	$\frac{1}{4}r_1(1-r_1)(1-r_2)^2$	$\frac{1}{4}(1-r_1)^2r_2(1-r_2)$	$\frac{1}{8}r_1r_2r$	$\frac{1}{8}r_1r_2r$
B_1B_1	B_2B_2	$\frac{1}{4}r_1(1-r_1)r_2(1-r_2)$	$\frac{1}{4}(1-r_1)^2(1-r_2)^2$	$\frac{1}{8}r_1r_2(1-r)$	$\frac{1}{8}r_1r_2(1-r)$
B_1B_1	C_2C_2	$\frac{1}{8}r_1(1-r_1)r_2$	$\frac{1}{8}(1-r_1)^2r_2$	$\frac{1}{8}r_1(1-r_2)^2$	$\frac{1}{8}r_1r_2(1-r_2)$
B_1B_1	D_2D_2	$\frac{1}{8}r_1(1-r_1)r_2$	$\frac{1}{8}(1-r_1)^2r_2$	$\frac{1}{8}r_1r_2(1-r_2)$	$\frac{1}{8}r_1(1-r_2)^2$
C_1C_1	A_2A_2	$\frac{1}{8}r_1(1-r_2)^2$	$\frac{1}{8}r_1r_2(1-r_2)$	$\frac{1}{8}(1-r_1)^2r_2$	$\frac{1}{8}r_1(1-r_1)r_2$
C_1C_1	B_2B_2	$\frac{1}{8}r_1r_2(1-r_2)$	$\frac{1}{8}r_1(1-r_2)^2$	$\frac{1}{8}r_1(1-r_1)r_2$	$\frac{1}{8}(1-r_1)^2r_2$
C_1C_1	C_2C_2	$\frac{1}{8}r_1r_2(1-r)$	$\frac{1}{8}r_1r_2(1-r)$	$\frac{1}{4}(1-r_1)^2(1-r_2)^2$	$\frac{1}{4}r_1(1-r_1)r_2(1-r_2)$
C_1C_1	D_2D_2	$\frac{1}{8}r_1r_2r$	$\frac{1}{8}r_1r_2r$	$\frac{1}{4}(1-r_1)^2r_2(1-r_2)$	$\frac{1}{4}r_1(1-r_1)(1-r_2)^2$
D_1D_1	A_2A_2	$\frac{1}{8}r_1(1-r_2)^2$	$\frac{1}{8}r_1r_2(1-r_2)$	$\frac{1}{8}r_1(1-r_1)r_2$	$\frac{1}{8}(1-r_1)^2r_2$
D_1D_1	B_2B_2	$\frac{1}{8}r_1r_2(1-r_2)$	$\frac{1}{8}r_1(1-r_2)^2$	$\frac{1}{8}(1-r_1)^2r_2$	$\frac{1}{8}r_1(1-r_1)r_2$
D_1D_1	C_2C_2	$\frac{1}{8}r_1r_2r$	$\frac{1}{8}r_1r_2r$	$\frac{1}{4}r_1(1-r_1)(1-r_2)^2$	$\frac{1}{4}(1-r_1)^2r_2(1-r_2)$
D_1D_1	D_2D_2	$\frac{1}{8}r_1r_2(1-r)$	$\frac{1}{8}r_1r_2(1-r)$	$\frac{1}{4}r_1(1-r_1)r_2(1-r_2)$	$\frac{1}{4}(1-r_1)^2(1-r_2)^2$

注:3 个座位分别用 1、q、2 表示,座位 q 位于座位 1 和座位 2 之间,r_1、r_2、r 分别为座位 q 与座位 1、座位 q 与座位 2、座位 1 和座位 2 之间的重组率,$r = r_1 + r_2 - 2r_1r_2$,即假定两个相邻区间上的交换事件相互独立

利用 3 个座位上双交 F_1 到 RIL 的世代转移矩阵,即可得到四亲 RIL 纯系后代群体中 64 种纯合基因型的理论频率,由表 8.16 给出。其中,r_1、r_2、r 分别为座位 q 与左侧标记(即座位 1)的重组率、座位 q 与右侧标记(即座位 2)的重组率,以及座位 1 和座位 2 之间的重组率,这 3 个重组率满足 $r = r_1 + r_2 - 2r_1r_2$,即假定两个相邻区间上的交换事件相互独立;R 表示重复自交过程中的累积重组率,即 $R_1 = \frac{2r_1}{1+2r_1}$,$R_2 = \frac{2r_2}{1+2r_2}$。只考虑座位 1 和座位 2 的基因型理论频率同表 8.5,表 8.16 中没有重复给出。

表 8.16　四亲 RIL 后代群体中 3 个完全信息座位上 64 种基因型的理论频率

座位 1 基因型	座位 2 基因型	座位 q（位于座位 1 和座位 2 之间）基因型			
		A_qA_q	B_qB_q	C_qC_q	D_qD_q
A_1A_1	A_2A_2	$\frac{1}{4}(1-r_1)(1-r_2)(1-R_1)(1-R_2)$	$\frac{1}{4}r_1r_2(1-R_1)(1-R_2)$	$\frac{1}{8}(1-r)R_1R_2$	$\frac{1}{8}(1-r)R_1R_2$
A_1A_1	B_2B_2	$\frac{1}{4}(1-r_1)r_2(1-R_1)(1-R_2)$	$\frac{1}{4}r_1(1-r_2)(1-R_1)(1-R_2)$	$\frac{1}{8}rR_1R_2$	$\frac{1}{8}rR_1R_2$
A_1A_1	C_2C_2	$\frac{1}{8}(1-r_1)(1-R_1)R_2$	$\frac{1}{8}r_1(1-r_2)R_2$	$\frac{1}{8}(1-r_2)R_1(1-R_2)$	$\frac{1}{8}r_2R_1(1-R_2)$
A_1A_1	D_2D_2	$\frac{1}{8}(1-r_1)(1-R_1)R_2$	$\frac{1}{8}r_1(1-R_1)R_2$	$\frac{1}{8}r_2R_1(1-R_2)$	$\frac{1}{8}(1-r_2)R_1(1-R_2)$
B_1B_1	A_2A_2	$\frac{1}{8}r_2R_1(1-R_2)$	$\frac{1}{8}(1-r_1)r_2(1-R_1)(1-R_2)$	$\frac{1}{8}(1-r_2)R_1(1-R_2)$	$\frac{1}{8}(1-r)R_1R_2$
B_1B_1	B_2B_2	$\frac{1}{8}r_1r_2(1-R_1)(1-R_2)$	$\frac{1}{4}(1-r_1)(1-r_2)(1-R_1)(1-R_2)$	$\frac{1}{8}(1-r)R_1R_2$	$\frac{1}{8}r_2R_1(1-R_2)$
B_1B_1	C_2C_2	$\frac{1}{8}r_1(1-R_1)R_2$	$\frac{1}{8}(1-r_1)(1-R_1)R_2$	$\frac{1}{8}(1-r_2)R_1(1-R_2)$	$\frac{1}{8}r_2R_1(1-R_2)$
B_1B_1	D_2D_2	$\frac{1}{8}r_1(1-R_1)R_2$	$\frac{1}{8}(1-r_1)(1-R_1)R_2$	$\frac{1}{8}r_2R_1(1-R_2)$	$\frac{1}{8}(1-r_2)R_1(1-R_2)$
C_1C_1	A_2A_2	$\frac{1}{8}(1-r_2)R_1(1-R_2)$	$\frac{1}{8}r_2R_1(1-R_2)$	$\frac{1}{8}(1-r_1)(1-r_2)(1-R_1)(1-R_2)$	$\frac{1}{8}r_1(1-r_2)(1-R_1)(1-R_2)$
C_1C_1	B_2B_2	$\frac{1}{8}r_2R_1(1-R_2)$	$\frac{1}{8}(1-r_2)R_1(1-R_2)$	$\frac{1}{8}(1-r_1)r_2(1-R_1)(1-R_2)$	$\frac{1}{8}r_1(1-r_2)(1-R_1)(1-R_2)$
C_1C_1	C_2C_2	$\frac{1}{8}(1-r)R_1R_2$	$\frac{1}{8}rR_1R_2$	$\frac{1}{4}(1-r_1)(1-r_2)(1-R_1)(1-R_2)$	$\frac{1}{4}r_1(1-r_2)(1-R_1)(1-R_2)$
C_1C_1	D_2D_2	$\frac{1}{8}(1-r)R_1R_2$	$\frac{1}{8}rR_1R_2$	$\frac{1}{4}r_1(1-r_2)(1-R_1)(1-R_2)$	$\frac{1}{4}(1-r_1)(1-r_2)(1-R_1)(1-R_2)$
D_1D_1	A_2A_2	$\frac{1}{8}(1-r_2)R_1(1-R_2)$	$\frac{1}{8}r_2R_1(1-R_2)$	$\frac{1}{8}r_1(1-r_2)(1-R_1)R_2$	$\frac{1}{8}(1-r_1)(1-r_2)(1-R_1)R_2$
D_1D_1	B_2B_2	$\frac{1}{8}r_2R_1(1-R_2)$	$\frac{1}{8}(1-r_2)R_1(1-R_2)$	$\frac{1}{8}r_1(1-r_2)(1-R_1)R_2$	$\frac{1}{8}(1-r_1)r_2(1-R_1)R_2$
D_1D_1	C_2C_2	$\frac{1}{8}rR_1R_2$	$\frac{1}{8}(1-r)R_1R_2$	$\frac{1}{4}r_1r_2(1-R_1)(1-R_2)$	$\frac{1}{4}(1-r_1)r_2(1-R_1)(1-R_2)$
D_1D_1	D_2D_2	$\frac{1}{8}(1-r)R_1R_2$	$\frac{1}{8}rR_1R_2$	$\frac{1}{4}(1-r_1)r_2(1-R_1)(1-R_2)$	$\frac{1}{4}(1-r_1)(1-r_2)(1-R_1)(1-R_2)$

注：3 个座位分别用 1、q、2 表示，座位 q 位于座位 1 和座位 2 之间，r_1、r_2、r 分别为座位 q 与座位 1、座位 q 与座位 2、座位 1 与座位 2 之间的重组率，$r = r_1 + r_2 - 2r_1r_2$，即假定两个相邻区间上的交换事件相互独立；R_1、R_2 分别为座位 q 与座位 1、座位 q 与座位 2 之间重复自交过程中的累积重组率。

§8.3.2 不完全信息标记和缺失标记的填补

GAPL 集成分析软件中，四亲 DH 和四亲 RIL 群体有效的后代基因型编码为 A、B、C、D 和 X 共 5 种，对表 8.1 的 14 种标记类型通用，其他符号在导入软件时都被认为是无效编码 (Zhang et al., 2019)。统计可识别基因型的观测样本量时，软件会自动根据标记的被指定类型将不能区分的基因型进行合并。例如，对于类型 AACD 标记（即表 8.1 中类型 2），软件会自动认为编码 A 和 B 等同，该座位只有 3 种可区分的基因型；对于类型 ABBB 标记（即表 8.1 中类型 11），软件会自动认为编码 B、C 和 D 等同，该座位只有 2 种可区分的基因型。同时考虑类型 AACD 与类型 ABBB 的两个标记时，软件会自动将后代纯系归入 6 种可识别基因型，即①座位 1 为 A 或 B，座位 2 为 A；②座位 1 为 A 或 B，座位 2 为 B、C 或 D；③座位 1 为 C，座位 2 为 A；④座位 1 为 C，座位 2 为 B、C 或 D；⑤座位 1 为 D，座位 2 为 A；⑥座位 1 为 D，座位 2 为 B、C 或 D。软件自动统计上述 6 种可识别基因型的观测样本量，并用于重组率的估计。

利用连锁信息对不完全信息标记和缺失标记进行填补，可以避免基因定位分析中诸多不必要的麻烦。例如，对于 AACD 类型的标记，编码为 A 和 B 的基因型是等同的，需要依据一定的规则将其指定为 A 或 B，这样就可以将该标记视为 ABCD 类型；对于 ABBB 类型的标记，编码为 B、C 和 D 的基因型是等同的，依据一定的规则将其指定为 B、C 或 D，并将标记类型修正为 ABCD；对于缺失编码 X，依据一定的规则将其指定为 A、B、C 或 D。填补之后，所有的标记都属于完全信息类型，给后续的基因定位研究带来很大的便利。

按照标记在连锁图谱中的排列顺序依次进行填补。因此可以假定待填补标记（或称为当前标记）之前的所有标记均为 ABCD 完全信息类型。填补的基本方法就是计算完全信息基因型的概率比，然后抽取随机数，并依据概率对不完全信息标记型进行填补。填补对每个纯系后代单独进行，不同纯系的不完全信息标记型或缺失标记可能存在不尽相同的填补结果。例如，对于 AACD 类型的标记，一个编码为 A 的纯系后代可能被填补为 A，另一个编码为 A 的纯系后代可能被填补为 B。分以下 3 种情形进行讨论，每种情形均以缺失标记 X、AACD 类型和 ABBB 类型为例，给出可识别基因型所包含完全信息基因型的概率比例，其他不完全信息类型留给读者完成。类型 AACD 标记的 3 种可识别基因型分别用 A+B、C 和 D 表示，类型 ABBB 标记的 2 种可识别基因型分别用 A 和 B+C+D 表示。

1. 没有任何完全信息连锁标记可供利用

当前标记不与任何标记连锁就属于这种情形。此时，缺失标记 X、类型 AACD 标记和类型 ABBB 标记中，编码所包含的完全信息基因型的概率比分别为

$$P\{A|X\}:P\{B|X\}:P\{C|X\}:P\{D|X\} = 1:1:1:1 \text{（缺失标记）}$$

$$P\{A|A+B\}:P\{B|A+B\} = 1:1 \text{（AACD 类型）}$$

$$P\{B|B+C+D\}:P\{C|B+C+D\}:P\{D|B+C+D\} = 1:1:1 \text{（ABBB 类型）}$$

未给出概率比的编码，说明其中只包含一种完全信息基因型，不需要填补，如类型 AACD 标记的编码 C 和 D、类型 ABBB 标记的编码 A。以缺失标记 X 为例，具体的填补方法是抽取一个 0 与 1 之间的随机数 rd，如果 $rd<0.25$，则将 X 替换为 A；如果 $0.25<rd<0.5$，则将

X 替换为 B; 如果 0.5<rd<0.75, 则将 X 替换为 C; 否则将 X 替换为 D。A+B 和 B+C+D 的填补方法与此类似, 不再一一说明。

2. **存在一个连锁的完全信息标记**

位于遗传图谱两端的标记可能属于这种情形。对于四亲 DH 群体来说, 将表 8.4 中的座位 2 看作待填补的当前座位, 座位 1 看作与之连锁的完全信息标记。显然, 座位 2 的基因型频率与座位 1 的基因型有关。下面仅以座位 1 和编码 A 为例, 即利用表 8.4 中基因型 A_1A_1 对应的理论频率, 给出当前座位上可能的完全信息基因型的概率比。

$$P\{A|X\}:P\{B|X\}:P\{C|X\}:P\{D|X\} = 2(1-r)^2:2r(1-r):r:r \text{(缺失标记)}$$
$$P\{A|A+B\}:P\{B|A+B\} = (1-r):r \text{(AACD 类型)}$$
$$P\{B|B+C+D\}:P\{C|B+C+D\}:P\{D|B+C+D\}$$
$$= 2(1-r):1:1 \text{(ABBB 类型)}$$

对四亲 RIL 群体来说, 将表 8.5 中的座位 2 看作待填补的当前座位, 座位 1 看作与之连锁的完全信息标记, 然后按照表 8.5 的理论频率, 计算完全信息基因型的概率比即可。

3. **存在两个连锁的完全信息区间标记**

将当前待填补标记视为座位 q, 与之连锁的两个完全信息标记看作座位 1 和座位 2, 待填补标记位于两个完全信息标记之间。对四亲 DH 群体来说, 表 8.15 已经给出座位 1 和座位 2 的 16 种完全基因型中, 当前座位 q 上 4 种基因型的理论频率。显然, 座位 q 的基因型频率与座位 1 和座位 2 的基因型有关。下面仅以座位 1、编码 A 和座位 2、编码 A 为例, 即利用表 8.15 中基因型 $A_1A_1A_2A_2$ 对应的理论频率, 给出当前座位上完全信息基因型的概率比。

$$P\{A|X\}:P\{B|X\}:P\{C|X\}:P\{D|X\}$$
$$= 2(1-r_1)^2(1-r_2)^2:2r_1(1-r_1)r_2(1-r_2):r_1r_2(1-r):r_1r_2(1-r) \text{(缺失标记)}$$
$$P\{A|A+B\}:P\{B|A+B\} = (1-r_1)(1-r_2):r_1r_2 \text{(AACD 类型)}$$
$$P\{B|B+C+D\}:P\{C|B+C+D\}:P\{D|B+C+D\}$$
$$= 2(1-r_1)(1-r_2):(1-r):(1-r) \text{(ABBB 类型)}$$

对四亲 RIL 群体来说, 表 8.16 已经给出座位 1 和座位 2 的 16 种完全基因型, 当前座位 q 上 4 种基因型的理论频率。按照表 8.16 的理论频率计算完全信息基因型的概率比即可。

§8.3.3 表型对标记变量的线性回归模型

假定 A_q、B_q、C_q 和 D_q 表示一个 QTL 座位上 4 个纯系亲本携带的 4 个等位基因, 4 种纯合基因型值可以用单基因座位加性模型表示为

$$\mu_k = \mu + a_k w_k, \quad k=1\sim4 \text{ 表示 4 种等位基因的纯合基因型} \tag{8.12}$$

其中，μ 是 4 个纯合基因型的均值或纯系后代群体的均值；μ_k 是第 k 个纯合基因型值；a_k 是第 k 个等位基因的加性效应；w_k 是第 k 个纯合基因型的指示变量，第 k 个亲本的纯合基因型取 1，其他亲本的纯合基因型取 0。

如已知 4 种纯合基因型值，利用公式 8.12 还可以反过来计算群体均值和各种加性效应，即

$$\mu = \frac{1}{4}(\mu_1 + \mu_2 + \mu_3 + \mu_4),$$
$$a_1 = \frac{1}{4}(3\mu_1 - \mu_2 - \mu_3 - \mu_4), \quad a_2 = \frac{1}{4}(3\mu_2 - \mu_1 - \mu_3 - \mu_4),$$
$$a_3 = \frac{1}{4}(3\mu_3 - \mu_1 - \mu_2 - \mu_4), \quad a_4 = \frac{1}{4}(3\mu_4 - \mu_1 - \mu_2 - \mu_3) \tag{8.13}$$

在没有奇异分离的情况下，QTL 产生的遗传方差由公式 8.14 给出。

$$V_G = \frac{1}{4}(a_1^2 + a_2^2 + a_3^2 + a_4^2) \tag{8.14}$$

在公式 8.12 和公式 8.13 中，5 个参数需要满足一个限制条件，即 4 个加性效应之和为零。为避免限制条件给参数估计带来的麻烦，特构建一个与公式 8.12 等价、但没有限制条件的正交模型。假定存在 m 个 QTL，公式 8.15 给出第 j 个 QTL 基因型值的正交表达式：

$$G_j = \mu + b_{j1}u_j + b_{j2}v_j + b_{j3}u_jv_j \tag{8.15}$$

其中，u_j 和 v_j 是第 j 个 QTL 基因型的正交指示变量，基因型 A_qA_q 均取 1，基因型 B_qB_q 分别取 1 和 -1，基因型 C_qC_q 分别取 -1 和 1，基因型 D_qD_q 均取 -1。公式 8.15 与公式 8.12 参数之间的关系见公式 8.16（读者可通过练习 8.11 推导并验证公式 8.16）。

$$b_{j1} = \frac{1}{2}(a_1 + a_2), \quad b_{j2} = \frac{1}{2}(a_1 + a_3), \quad b_{j3} = \frac{1}{2}(a_1 + a_4) \tag{8.16}$$

在 QTL 遗传效应可加的假定下，即可得到纯系后代的基因型值（公式 8.17）。

$$G = \mu + \sum_{j=1}^{m}(b_{j1}u_j + b_{j2}v_j + b_{j3}u_jv_j) \tag{8.17}$$

类似第 5 章和第 7 章介绍过的完备区间作图方法，首先从公式 8.15 出发，构建第 j 个 QTL 基因型值与其侧连标记之间的完备线性模型；然后从公式 8.17 出发，构建纯系后代的基因型值与全基因组标记之间的完备线性模型。具体推导过程见 Zhang 等（2017）的文献。假定 m 个 QTL 存在于 $m+1$ 个标记决定的染色体区间上，每个标记区间至多存在一个 QTL，没有 QTL 的标记区间可以将 QTL 的遗传效应设置为 0。类似公式 8.15 中 QTL 基因型的正交指示变量，定义标记的正交指示变量，并用公式 8.18 表示纯系后代表型对标记的线性回归模型：

$$P = \mu + \sum_{j=1}^{m+1}(\alpha_j x_j + \beta_j y_j + \tau_j x_j y_j) + \varepsilon \tag{8.18}$$

其中，P 是表型值；ε 是服从正态分布的随机误差效应；α_j、β_j 和 τ_j 是 QTL 引起的第 j 个标记的效应（待估计）；x_j 和 y_j 是第 j 个标记的正交指示变量，亲本 A 标记型均取 1，亲本 B 标记型分别取 1 和 -1，亲本 C 标记型分别取 -1 和 1，亲本 D 标记型均取 -1。

需要说明的是,每个 QTL 的遗传效应还会产生两个侧连标记之间的互作效应,为减少回归模型中参数的个数,公式 8.18 并没有包括标记之间的互作效应。从严格意义上讲,公式 8.18 并不是一个表型对标记的完备线性模型,当 QTL 与连锁标记之间的重组率不等于 0 时,可能会有少量 QTL 变异被归入误差效应 ε 中。

§8.3.4 四亲纯系后代群体的完备区间作图

与双亲群体(Li et al., 2007; Zhang et al., 2008)和四亲双交 F_1 群体(Zhang et al., 2015b)类似,这里的完备区间作图方法也包含两个步骤。首先,在同时考虑所有标记信息的情况下,通过逐步回归选择公式 8.18 中的重要变量,没有被选中的变量,对应的系数设为 0。然后,利用逐步回归选中的显著标记对表型值进行矫正,即

$$\Delta P_i = P_i - \sum_{j \neq k, k+1} (\hat{\alpha}_j x_{ij} + \hat{\beta}_j y_{ij} + \hat{\tau}_j x_{ij} y_{ij}) \tag{8.19}$$

其中,P_i 是第 i 个后代纯合家系的表型($i=1, 2, \cdots, n$,n 为群体大小);k 和 $k+1$ 代表当前扫描区间的两个相邻标记;符号 ^ 代表参数的估计值;x_{ij} 和 y_{ij} 是第 i 个后代家系在第 j 个标记座位上的正交指示变量。矫正后的表型值 ΔP_i 保留了当前区间上 QTL 位置和遗传效应信息,同时排除了区间外大部分 QTL 遗传效应的影响。

之后对矫正后的表型值 ΔP_i 进行区间作图。用 $N(\mu_k, \sigma^2)$ 表示当前扫描位置上 QTL 基因型的表型正态分布,$k=1\sim4$ 对应于 4 种 QTL 纯合基因型。存在 QTL 的零假设和备择假设分别为

H_0:$\mu_1 = \mu_2 = \mu_3 = \mu_4$

H_A:μ_1、μ_2、μ_3 和 μ_4 中至少有两个互不相等

备择假设 H_A 的对数似然函数为

$$\ln L_A = \sum_{j=1}^{16} \sum_{i \in S_j} \ln \left[\sum_{k=1}^{4} \pi_{jk} f(\Delta P_i; \mu_k, \sigma^2) \right] \tag{8.20}$$

其中,S_j 表示两个侧连标记的第 j 种标记分组,$j=1\sim16$ 对应于表 8.15 或表 8.16 的 16 种标记基因型;π_{jk}($k=1\sim4$)是第 k 种 QTL 纯合基因型在第 j 种标记分组中所占的比例,即表 8.15 或表 8.16 第 j 行 4 个理论频率除以它们的频率之和;$f(\bullet; \mu_k, \sigma^2)$ 为正态分布 $N(\mu_k, \sigma^2)$ 的密度函数。

计算公式 8.20 的极大似然估计也需要用到 EM 算法。标记分组 1、6、11 和 16 中,大多数后代的基因型分别为 A_qA_q、B_qB_q、C_qC_q 和 D_qD_q。因此,可选取如下的初始值:

$$\mu_1^{(0)} = \frac{1}{n_1} \sum_{i=1}^{n_1} \Delta P_i, \quad \mu_2^{(0)} = \frac{1}{n_6} \sum_{i=n_{1:5}+1}^{n_{1:6}} \Delta P_i,$$

$$\mu_3^{(0)} = \frac{1}{n_{11}} \sum_{i=n_{1:10}+1}^{n_{1:11}} \Delta P_i, \quad \mu_4^{(0)} = \frac{1}{n_{16}} \sum_{i=n_{1:15}+1}^{n} \Delta P_i,$$

$$\sigma^{2(0)} = \frac{1}{n_1 + n_6 + n_{11} + n_{16}} \left[\sum_{i=1}^{n_1} (\Delta P_i - \mu_1^{(0)})^2 + \sum_{i=n_{1:5}+1}^{n_{1:6}} (\Delta P_i - \mu_2^{(0)})^2 \right.$$

$$+ \sum_{i=n_{1:10}+1}^{n_{1:11}} (\Delta P_i - \mu_3^{(0)})^2 + \sum_{i=n_{1:15}+1}^{n} (\Delta P_i - \mu_4^{(0)})^2 \right]$$

其中，$n_{i:j}$ 代表样本量 $n_i \sim n_j$ 之和，如 $n_{1:5} = \sum_{j=1}^{5} n_j$。

在 E 步骤中，第 i 个个体属于第 k 个基因型的后验概率为

$$w_{ik}^{(0)} = \frac{\pi_{jk} f(\Delta P_i; \mu_k^{(0)}, \sigma^{2(0)})}{\sum_{l=1}^{4} \pi_{jl} f(\Delta P_i; \mu_l^{(0)}, \sigma^{2(0)})}, \quad i \in S_j$$

在 M 步骤中，按照下面的方法重新估计未知参数：

$$\mu_k^{(1)} = \frac{\sum_{i=1}^{n} w_{ik}^{(0)} \Delta P_i}{\sum_{i=1}^{n} w_{ik}^{(0)}} (k=1 \sim 4), \quad \sigma^{2(1)} = \frac{1}{n} \sum_{i=1}^{n} \sum_{k=1}^{4} w_{ik}^{(0)} (\Delta P_i - \mu_k^{(1)})^2$$

在零假设条件下，4 种 QTL 基因型服从相同的正态分布 $N(\mu_0, \sigma_0^2)$，容易得到参数的极大似然估计为

$$\hat{\mu}_0 = \frac{1}{n} \sum_{i=1}^{n} \Delta P_i, \quad \hat{\sigma}_0^2 = \frac{1}{n} \sum_{i=1}^{n} (\Delta P_i - \hat{\mu}_0)^2$$

最后根据两个假设下的极大似然函数值，计算假设检验的 LRT 统计量或 LOD 值，并作为 QTL 是否存在的检测标准，同时将备择假设条件下极大似然函数对应的参数取值作为待估参数的极大似然估计。

除完备区间作图之外，GAPL 分析软件还实现了四亲 DH 和四亲 RIL 群体的单标记分析和简单区间作图两种基本的 QTL 作图方法。图 8.4 给出一个模拟的四亲 DH 后代群体中，上述 3 种方法得到的 LOD 柱形图或曲线图，群体大小为 200。可以看出，3 种方法在前 6 条染色体上均存在 LOD 较高的标记或位置。如果以 LOD=4.0 为临界值，这些染色体上均存在影响表型性状的 QTL。从中还可以看出，简单区间与单标记分析的 LOD 值十分接近，如果把图 8.4A 的数据点也连接成线，它与简单区间作图的 LOD 曲线十分相似；如果也用线图上超过 LOD 临界值的峰作为 QTL，两种方法得到相同的检测结果。这两种方法在检验 QTL 是否存在时，均没有控制背景遗传变异，当连锁图谱密度达到一定程度时，这两种方法近乎等价。

在图 8.4 的模拟群体中，前 6 条染色体上各存在一个 QTL，后两条染色体上不存在 QTL。除第 4 染色体末端的一个峰之外，完备区间作图在 QTL 的邻近位置上均表现出较高的 LOD 值，而在距离 QTL 较远的位置以及无 QTL 的染色体上，则表现出较低的 LOD 值。同时，QTL 邻近位置的 LOD 值明显高于简单区间作图；距离 QTL 较远的位置以及无 QTL 的染色体上，LOD 值则明显低于或等于简单区间作图。因此，通过公式 8.19 控制背景遗传变异，不仅能够提高 QTL 的检测功效，同时还可以有效降低假阳性 QTL 的出现概率。

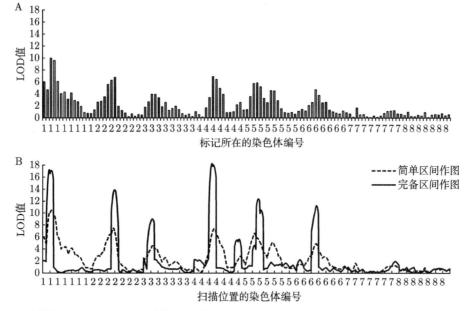

图 8.4 一个模拟的四亲 DH 后代群体中,单标记分析 LOD 值(A)以及简单区间和完备区间作图方法的 LOD 曲线(B)

表 8.17 给出完备区间作图检测到 QTL 的位置、遗传效应和置信区间等信息。LOD 临界值为 3.96,是通过 1000 次排列检验确定的。QTL 所在位置的 LOD 峰值左右各下降 1,得到的染色体区段作为置信区间。第 4 条染色体末端 123cM 处的 QTL,与真实 QTL 相距较远,属于假阳性 QTL。其他 6 个 QTL 均在真实 QTL 附近。QTL 的 LOD 值与 PVE 之间具有明显的正相关关系。第 4 条染色体上 QTL 的 PVE 最高,其 LOD 值也最高。第 2 条和第 5 条染色体上 QTL 的 PVE 相似,它们的 LOD 值也很接近。从加性效应的估计值来看,所有 6 个检测到的真实 QTL 座位上,亲本 A 携带的等位基因均具有最高的加性效应。如果表型值越高越好,亲本 A 已经聚合了所有 6 个座位上的最大增效等位基因。

表 8.17 一个模拟四亲 DH 后代群体中完备区间作图的定位结果

染色体	位置/cM	LOD 值	PVE/%	等位基因的加性效应				置信区间	
				$A(a_1)$	$B(a_2)$	$C(a_3)$	$D(a_4)$	左侧/cM	右侧/cM
1	18	17.23	14.37	4.64	2.73	−2.61	−4.77	14.5	19.5
2	58	13.84	10.90	4.94	1.09	−2.28	−3.75	53.5	59.5
3	24	8.99	6.67	3.19	1.46	−1.12	−3.54	16.5	29.5
4	48	18.25	14.76	5.28	1.53	−3.23	−3.57	44.5	49.5
4	123	5.63	4.55	2.23	−2.83	1.96	−1.35	120.5	127.5
5	36	12.36	10.04	4.43	1.26	−0.97	−4.72	30.5	39.5
6	54	11.24	8.76	3.58	1.75	−1.61	−3.72	49.5	57.5

§8.4 八亲纯系后代群体的基因定位

本节简单介绍八亲 DH 和八亲 RIL 纯系后代群体的基因定位方法，详细内容读者可参考 Shi 等 (2019) 的文献。

§8.4.1 3 个完全信息座位的遗传构成

首先介绍 3 个完全信息标记的基因型理论频率，以便用于不完全信息标记的填补，以及之后的 QTL 区间作图。为与 QTL 作图内容保持一致，将其中一个座位视为 QTL，位于两个完全标记座位之间。同时考虑 3 个连锁的完全信息标记时，纯合基因型共有 $8^3=512$ 种。要想获得后代群体中这些纯合基因型的理论频率，仍然要用到与表 8.3 类似的世代转移矩阵。这时的转移矩阵给出的是八向杂交 F_1 群体中（图 8.3）各种基因型产生的 512 种后代纯系基因型的频率。

八向杂交 F_1 群体是 ABCD 双交 F_1 的配子与 EFGH 双交 F_1 的配子相结合的产物。同时考虑 3 个座位时，两个双交 F_1 产生的 64 种配子型的理论频率均与表 8.15 中 DH 群体的 64 种纯合基因型频率完全相同。因此可根据表 8.15 的频率，计算八向杂交 F_1 群体中共 $64^2=4096$ 种基因型的理论频率。例如，ABCD 双交 F_1 产生的配子型 $A_1A_qA_2$ 的频率为 $\frac{1}{4}(1-r_1)^2(1-r_2)^2$，EFGH 双交 F_1 产生的配子型 $E_1E_qE_2$ 的频率为 $\frac{1}{4}(1-r_1)^2(1-r_2)^2$，因此在八向杂交 F_1 群体中，基因型 $A_1A_qA_2/E_1E_qE_2$ 的理论频率为 $\frac{1}{16}(1-r_1)^4(1-r_2)^4$。该基因型的 DH 和 RIL 后代中包含 8 种可能的纯合基因型，如将等位基因 E_1、E_q、E_2 分别看作表 8.14 中的等位基因 C_1、C_q、C_2，那么表 8.14 给出的基因型频率也是基因型 $A_1A_qA_2/E_1E_qE_2$ 的 DH 和 RIL 纯系后代的基因型频率。因此可以得到该基因型对应的后代转移向量。

利用 3 个座位上八交 F_1 到 DH 的世代转移矩阵，即可得到八亲 DH 纯系后代群体中 512 种纯合基因型的理论频率。表 8.18 给出座位 1 上等位基因为 A_1 和 B_1 时，部分后代基因型的理论频率。其中，r_1、r_2、r 分别为座位 q 与左侧标记（即座位 1）的重组率、座位 q 与右侧标记（即座位 2）的重组率，以及座位 1 和座位 2 之间的重组率，这 3 个重组率满足 $r=r_1+r_2-2r_1r_2$，即假定两个相邻区间上的交换事件相互独立。

利用 3 个座位上八交 F_1 到 RIL 的世代转移矩阵，即可得到八亲 RIL 纯系后代群体中 512 种纯合基因型的理论频率。表 8.19 给出座位 1 上等位基因为 A_1 和 B_1 时，部分后代基因型的理论频率。其中，r_1、r_2、r 分别为座位 q 与左侧标记（即座位 1）的重组率、座位 q 与右侧标记（即座位 2）的重组率，以及座位 1 和座位 2 之间的重组率，这 3 个重组率满足 $r=r_1+r_2-2r_1r_2$，即假定两个相邻区间上的交换事件相互独立；R 表示重复自交过程中的累积重组率，即 $R_1=\frac{2r_1}{1+2r_1}$，$R_2=\frac{2r_2}{1+2r_2}$。

八亲 DH 和八亲 RIL 纯系后代群体在不存在奇异分离的情况下，单个完全信息基因座位的 8 种纯合基因型在群体中各占 1/8，这一结果可以用于没有任何完全信息连锁标记可供利用的情况下不完全信息标记和缺失标记的填补。表 8.10 和表 8.11 给出两个完全信息基因座位上 64 种纯合基因型的理论频率。存在一个连锁的完全信息标记的情况下，则可利用

表 8.18 八亲 DH 后代群体中 3 个完全信息座位上部分基因型的理论频率

座位 1 基因型	座位 2 基因型	座位 q（位于座位 1 和座位 2 之间）基因型			
		A_qA_q	B_qB_q	C_qC_q	D_qD_q
A_1A_1	A_2A_2	$(1-r_1)^3(1-r_2)^3/8$	$(1-r_1)^2r_2(1-r_2)^2/8$	$r_1(1-r_1)r_2(1-r_2)(1-r)/16$	$r_1(1-r_1)r_2(1-r_2)(1-r)/16$
A_1A_1	B_2B_2	$(1-r_1)^3r_2(1-r_2)^2/8$	$(1-r_1)^2r_2(1-r_2)^2/8$	$r_1(1-r_1)r_2(1-r_2)r/16$	$r_1(1-r_1)r_2(1-r_2)r/16$
A_1A_1	C_2C_2	$(1-r_1)^3r_2(1-r_2)/16$	$(1-r_1)^2r_2(1-r_2)/16$	$r_1(1-r_1)(1-r_2)^3/16$	$r_1(1-r_1)(1-r_2)^2/16$
A_1A_1	D_2D_2	$(1-r_1)^3r_2(1-r_2)/16$	$(1-r_1)^2r_2(1-r_2)/16$	$r_1(1-r_1)(1-r_2)^2/16$	$r_1(1-r_1)(1-r_2)^3/16$
A_1A_1	E_2E_2	$(1-r_1)^3r_2/32$	$(1-r_1)^3r_2/32$	$r_1(1-r_1)r_2/64$	$r_1(1-r_1)r_2/64$
A_1A_1	F_2F_2	$(1-r_1)^3r_2/32$	$(1-r_1)^3r_2/32$	$r_1(1-r_1)r_2/64$	$r_1(1-r_1)r_2/64$
A_1A_1	G_2G_2	$(1-r_1)^3r_2/32$	$(1-r_1)^2r_2/32$	$r_1(1-r_1)r_2/64$	$r_1(1-r_1)r_2/64$
A_1A_1	H_2H_2	$(1-r_1)^3r_2/32$	$(1-r_1)^2r_2/32$	$r_1(1-r_1)r_2/64$	$r_1(1-r_1)r_2/64$
B_1B_1	A_2A_2	$r_1(1-r_1)^2(1-r_2)^3/8$	$(1-r_1)^3r_2(1-r_2)^2/8$	$r_1(1-r_1)r_2(1-r_2)r/16$	$r_1(1-r_1)r_2(1-r_2)r/16$
B_1B_1	B_2B_2	$r_1(1-r_1)^2r_2(1-r_2)^2/8$	$(1-r_1)^3(1-r_2)^3/8$	$r_1(1-r_1)r_2(1-r_2)(1-r)/16$	$r_1(1-r_1)r_2(1-r_2)(1-r)/16$
B_1B_1	C_2C_2	$r_1(1-r_1)r_2(1-r_2)/16$	$(1-r_1)^3r_2(1-r_2)/16$	$(1-r_1)(1-r_2)^3/16$	$r_1(1-r_1)(1-r_2)^2/16$
B_1B_1	D_2D_2	$r_1(1-r_1)r_2(1-r_2)/16$	$(1-r_1)^3r_2(1-r_2)/16$	$(1-r_1)(1-r_2)^2/16$	$r_1(1-r_1)(1-r_2)^3/16$
B_1B_1	E_2E_2	$r_1(1-r_1)^2r_2/32$	$(1-r_1)^3r_2/32$	$r_1(1-r_1)r_2/64$	$r_1(1-r_1)r_2/64$
B_1B_1	F_2F_2	$r_1(1-r_1)^2r_2/32$	$(1-r_1)^3r_2/32$	$r_1(1-r_1)r_2/64$	$r_1(1-r_1)r_2/64$
B_1B_1	G_2G_2	$r_1(1-r_1)^2r_2/32$	$(1-r_1)^3r_2/32$	$r_1(1-r_1)r_2/64$	$r_1(1-r_1)r_2/64$
B_1B_1	H_2H_2	$r_1(1-r_1)^2r_2/32$	$(1-r_1)^3r_2/32$	$r_1(1-r_1)r_2/64$	$r_1(1-r_1)r_2/64$

续表

座位 1 基因型	座位 2 基因型	座位 q (位于座位 1 和座位 2 之间) 基因型			
		E_qE_q	F_qF_q	G_qG_q	H_qH_q
A_1A_1	A_2A_2	$r_1r_2(1-r)^2/32$	$r_1r_2(1-r)^2/32$	$r_1r_2(1-r)^2/32$	$r_1r_2(1-r)^2/32$
A_1A_1	B_2B_2	$r_1r_2r(1-r)/32$	$r_1r_2r(1-r)/32$	$r_1r_2r(1-r)/32$	$r_1r_2r(1-r)/32$
A_1A_1	C_2C_2	$r_1r_2r/64$	$r_1r_2r/64$	$r_1r_2r/64$	$r_1r_2r/64$
A_1A_1	D_2D_2	$r_1r_2r/64$	$r_1r_2r/64$	$r_1r_2r/64$	$r_1r_2r/64$
A_1A_1	E_2E_2	$r_1(1-r_2)^3/32$	$r_1r_2(1-r_2)^2/32$	$r_1r_2(1-r_2)^2/64$	$r_1r_2(1-r_2)^2/64$
A_1A_1	F_2F_2	$r_1r_2(1-r_2)^2/32$	$r_1(1-r_2)^3/32$	$r_1r_2(1-r_2)^2/64$	$r_1r_2(1-r_2)^2/64$
A_1A_1	G_2G_2	$r_1r_2(1-r_2)^2/64$	$r_1r_2(1-r_2)^2/64$	$r_1(1-r_2)^3/32$	$r_1r_2(1-r_2)^2/32$
B_1B_1	A_2A_2	$r_1r_2r(1-r)/32$	$r_1r_2r(1-r)/32$	$r_1r_2r(1-r)/32$	$r_1r_2r(1-r)/32$
B_1B_1	B_2B_2	$r_1r_2r/64$	$r_1r_2r/64$	$r_1r_2r/64$	$r_1r_2r/64$
B_1B_1	C_2C_2	$r_1r_2r/64$	$r_1r_2r/64$	$r_1r_2r/64$	$r_1r_2r/64$
B_1B_1	D_2D_2	$r_1(1-r_2)^3/32$	$r_1r_2(1-r_2)^2/32$	$r_1r_2(1-r_2)^2/64$	$r_1r_2(1-r_2)^2/64$
B_1B_1	E_2E_2	$r_1r_2(1-r_2)^2/32$	$r_1(1-r_2)^3/32$	$r_1r_2(1-r_2)^2/64$	$r_1r_2(1-r_2)^2/64$
B_1B_1	F_2F_2	$r_1r_2(1-r_2)^2/64$	$r_1r_2(1-r_2)^2/64$	$r_1(1-r_2)^3/32$	$r_1r_2(1-r_2)^2/32$
B_1B_1	G_2G_2	$r_1r_2(1-r_2)^2/64$	$r_1r_2(1-r_2)^2/64$	$r_1r_2(1-r_2)^2/32$	$r_1r_2(1-r_2)^2/32$
B_1B_1	H_2H_2	$r_1r_2(1-r_2)^2/64$	$r_1r_2(1-r_2)^2/64$	$r_1r_2(1-r_2)^2/32$	$r_1(1-r_2)^3/32$

注: 3 个座位分别用 1、q、2 表示,座位 q 位于座位 1 和座位 2 之间, r_1、r_2、r 分别为座位 q 与座位 1、座位 2、座位 1 和座位 2 之间的重组率,$r=r_1+r_2-2r_1r_2$,即假定两个相邻区间上的交换事件相互独立

表 8.19 八亲 RIL 后代群体中 3 个完全信息座位上部分基因型的理论频率

座位 1 基因型	座位 2 基因型	座位 q (位于座位 1 和座位 2 之间) 基因型			
		A_qA_q	B_qB_q	C_qC_q	D_qD_q
A_1A_1	A_2A_2	$(1-r_1)^2(1-r_2)(1-R_1)(1-R_2)/8$	$(1-r_1)^2(1-r_2)(1-R_1)(1-R_2)/8$	$r_1(1-r_1)r_2(1-r)(1-R_1)(1-R_2)/16$	$r_1r_2(1-r)(1-R_1)(1-R_2)/16$
A_1A_1	B_2B_2	$(1-r_1)^2r_2(1-R_1)(1-R_2)/8$	$(1-r_1)^2r_2(1-R_1)(1-R_2)/8$	$r_1r_2r(1-R_1)(1-R_2)/16$	$r_1r_2r(1-R_1)(1-R_2)/16$
A_1A_1	C_2C_2	$(1-r_1)^2r_2(1-r_2)(1-R_1)(1-R_2)/16$	$r_1(1-r_1)r_2(1-r_2)(1-R_1)(1-R_2)/16$	$r_1(1-r_2)^2(1-r_2)(1-R_1)(1-R_2)/16$	$r_1(1-r_2)^2(1-R_1)(1-R_2)/16$
A_1A_1	D_2D_2	$(1-r_1)^2r_2(1-r_2)(1-R_1)(1-R_2)/16$	$r_1(1-r_1)r_2(1-r_2)(1-R_1)(1-R_2)/16$	$r_1(1-r_2)^2(1-R_1)(1-R_2)/16$	$r_1(1-r_2)^2(1-R_1)(1-R_2)/16$
A_1A_1	E_2E_2	$(1-r_1)^2(1-R_1)R_2/32$	$(1-r_1)(1-r_1)(1-R_1)R_2/32$	$r_1(1-R_1)R_2/64$	$r_1(1-R_1)R_2/64$
A_1A_1	F_2F_2	$(1-r_1)^2(1-R_1)R_2/32$	$(1-r_1)(1-r_1)(1-R_1)R_2/32$	$r_1(1-R_1)R_2/64$	$r_1(1-R_1)R_2/64$
A_1A_1	G_2G_2	$(1-r_1)^2(1-R_1)R_2/32$	$(1-r_1)(1-r_1)(1-R_1)R_2/32$	$r_1(1-R_1)R_2/64$	$r_1(1-R_1)R_2/64$
A_1A_1	H_2H_2	$(1-r_1)^2(1-R_1)R_2/32$	$(1-r_1)(1-r_1)(1-R_1)R_2/32$	$r_1(1-R_1)R_2/64$	$r_1(1-R_1)R_2/64$
B_1B_1	A_2A_2	$r_1(1-r_1)(1-r_2)(1-R_1)(1-R_2)/8$	$(1-r_1)^2r_2(1-r_2)(1-R_1)(1-R_2)/8$	$r_1r_2r(1-r)(1-R_1)(1-R_2)/16$	$r_1r_2(1-r)(1-R_1)(1-R_2)/16$
B_1B_1	B_2B_2	$r_1(1-r_1)r_2(1-r_2)(1-R_1)(1-R_2)/8$	$(1-r_1)^2(1-r_2)^2(1-R_1)(1-R_2)/8$	$r_1r_2(1-r)(1-R_1)(1-R_2)/16$	$r_1r_2(1-r)(1-R_1)(1-R_2)/16$
B_1B_1	C_2C_2	$r_1(1-r_1)r_2(1-R_1)(1-R_2)/16$	$(1-r_1)^2r_2(1-R_1)(1-R_2)/16$	$r_1(1-r_2)(1-r_2)(1-R_1)(1-R_2)/16$	$r_1(1-r_2)(1-R_1)(1-R_2)/16$
B_1B_1	D_2D_2	$r_1(1-r_1)r_2(1-R_1)(1-R_2)/16$	$(1-r_1)^2r_2(1-R_1)(1-R_2)/16$	$r_1(1-r_2)(1-R_1)(1-R_2)/16$	$r_1(1-r_2)(1-R_1)(1-R_2)/16$
B_1B_1	E_2E_2	$r_1(1-r_1)(1-R_1)R_2/32$	$(1-r_1)^2(1-R_1)R_2/32$	$r_1(1-R_1)R_2/64$	$r_1(1-R_1)R_2/64$
B_1B_1	F_2F_2	$r_1(1-r_1)(1-R_1)R_2/32$	$(1-r_1)^2(1-R_1)R_2/32$	$r_1(1-R_1)R_2/64$	$r_1(1-R_1)R_2/64$
B_1B_1	G_2G_2	$r_1(1-r_1)(1-R_1)R_2/32$	$(1-r_1)^2(1-R_1)R_2/32$	$r_1(1-R_1)R_2/64$	$r_1(1-R_1)R_2/64$
B_1B_1	H_2H_2	$r_1(1-r_1)(1-R_1)R_2/32$	$(1-r_1)^2(1-R_1)R_2/32$	$r_1(1-R_1)R_2/64$	$r_1(1-R_1)R_2/64$

第 8 章　多亲本杂交衍生纯系后代群体的遗传分析

续表

座位 1 基因型	座位 2 基因型	座位 q（位于座位 1 和座位 2 之间）基因型			
		E_qE_q	F_qF_q	G_qG_q	H_qH_q
A_1A_1	A_2A_2	$(1-r)^2R_1R_2/32$	$(1-r)^2R_1R_2/32$	$(1-r)^2R_1R_2/32$	$(1-r)^2R_1R_2/32$
A_1A_1	B_2B_2	$r(1-r)R_1R_2/32$	$r(1-r)R_1R_2/32$	$r(1-r)R_1R_2/32$	$r(1-r)R_1R_2/32$
A_1A_1	C_2C_2	$rR_1R_2/64$	$rR_1R_2/64$	$rR_1R_2/64$	$rR_1R_2/64$
A_1A_1	D_2D_2	$rR_1R_2/64$	$rR_1R_2/64$	$rR_1R_2/64$	$rR_1R_2/64$
A_1A_1	E_2E_2	$(1-r_2)^2R_1(1-R_2)/32$	$r_2(1-r_2)R_1(1-R_2)/32$	$r_2R_1(1-R_2)/64$	$r_2R_1(1-R_2)/64$
A_1A_1	F_2F_2	$r_2(1-r_2)R_1(1-R_2)/32$	$(1-r_2)^2R_1(1-R_2)/32$	$r_2R_1(1-R_2)/64$	$r_2R_1(1-R_2)/64$
A_1A_1	G_2G_2	$r_2R_1(1-R_2)/64$	$r_2R_1(1-R_2)/64$	$(1-r_2)^2R_1(1-R_2)/32$	$r_2(1-r_2)R_1(1-R_2)/32$
A_1A_1	H_2H_2	$r_2R_1(1-R_2)/64$	$r_2R_1(1-R_2)/64$	$r_2(1-r_2)R_1(1-R_2)/32$	$(1-r_2)^2R_1(1-R_2)/32$
B_1B_1	A_2A_2	$r(1-r)R_1R_2/32$	$(1-r)^2R_1R_2/32$	$(1-r)^2R_1R_2/32$	$r(1-r)R_1R_2/32$
B_1B_1	B_2B_2	$(1-r)^2R_1R_2/32$	$r(1-r)R_1R_2/32$	$r(1-r)R_1R_2/32$	$(1-r)^2R_1R_2/32$
B_1B_1	C_2C_2	$rR_1R_2/64$	$rR_1R_2/64$	$rR_1R_2/64$	$rR_1R_2/64$
B_1B_1	D_2D_2	$rR_1R_2/64$	$rR_1R_2/64$	$rR_1R_2/64$	$rR_1R_2/64$
B_1B_1	E_2E_2	$(1-r_2)^2R_1(1-R_2)/32$	$r_2(1-r_2)R_1(1-R_2)/32$	$r_2R_1(1-R_2)/64$	$r_2R_1(1-R_2)/64$
B_1B_1	F_2F_2	$r_2(1-r_2)R_1(1-R_2)/32$	$(1-r_2)^2R_1(1-R_2)/32$	$r_2R_1(1-R_2)/64$	$r_2R_1(1-R_2)/64$
B_1B_1	G_2G_2	$r_2R_1(1-R_2)/64$	$r_2R_1(1-R_2)/64$	$(1-r_2)^2R_1(1-R_2)/32$	$r_2(1-r_2)R_1(1-R_2)/32$
B_1B_1	H_2H_2	$r_2R_1(1-R_2)/64$	$r_2R_1(1-R_2)/64$	$r_2(1-r_2)R_1(1-R_2)/32$	$(1-r_2)^2R_1(1-R_2)/32$

注：3 个座位分别用 1、q、2 表示，座位 q 位于座位 1 和座位 2 之间，r_1、r_2、r 分别为座位 q 与座位 1、座位 q 与座位 2、座位 1 和座位 2 之间的重组率，即假定两个相邻区间上的交换事件相互独立；$R_1=2r_1/(1+2r_1)$，$R_2=2r_2/(1+2r_2)$，$r=r_1+r_2-2r_1r_2$

表 8.10 和表 8.11 分别对八亲 DH 和八亲 RIL 群体中的不完全信息标记和缺失标记的填补。如同时存在两个连锁的完全信息区间标记,则可利用表 8.18 和表 8.19 分别对八亲 DH 和八亲 RIL 群体中的不完全信息标记和缺失标记进行填补。具体填补过程与 §8.3.2 所介绍的类似。填补之后,所有标记均属于完全信息类型 ABCDEFGH,同时也不存在缺失标记,然后开展后续的 QTL 作图研究。

§8.4.2 表型对标记变量的线性回归模型

假定 $A_q, B_q, \cdots, H_q$ 表示一个 QTL 座位上 8 个纯系亲本携带的 8 个等位基因, 8 种纯合基因型值可以用单基因座位加性模型表示为

$$\mu_k = \mu + a_k w_k, \quad k = 1 \sim 8 \text{ 表示 8 种 QTL 纯合基因型} \tag{8.21}$$

其中, μ 是 8 个纯合基因型的均值或纯系后代群体的均值; μ_k 是第 k 个纯合基因型值; a_k 是第 k 个等位基因的加性效应; w_k 是第 k 个纯合基因型的指示变量, 第 k 个亲本的纯合基因型取 1, 其他亲本的纯合基因型取 0。

如已知 8 种纯合基因型值, 利用公式 8.22 还可以反过来计算群体均值和各种加性效应, 即

$$\mu = \frac{1}{8} \sum_{k=1\sim 8} \mu_k, \quad a_k = \frac{1}{8}\left(7\mu_k - \sum_{l=1\sim 8, l\neq k} \mu_l\right) \quad (k = 1 \sim 8) \tag{8.22}$$

在没有奇异分离的情况下, QTL 产生的遗传方差由公式 8.23 给出。

$$V_G = \frac{1}{8} \sum_{k=1\sim 8} a_k^2 \tag{8.23}$$

在公式 8.21 和公式 8.22 中, 9 个参数需要满足一个限制条件, 即 8 个加性效应之和为零。为避免限制条件给参数估计带来的麻烦, 特构建一个与公式 8.21 等价, 但没有限制条件的正交模型。假定存在 m 个 QTL, 公式 8.24 给出第 j 个 QTL 基因型值 G_j 的正交表达式, 正交变量的取值见表 8.20。在 QTL 遗传效应可加的假定下, 即可得到纯系后代基因型值 G 的计算公式 8.25。

$$G_j = \mu + b_{j1}u_j + b_{j2}v_j + b_{j3}w_j + b_{j4}u_jv_j + b_{j5}u_jw_j + b_{j6}v_jw_j + b_{j7}u_jv_jw_j \tag{8.24}$$

$$G = \mu + \sum_{j=1}^{m}(b_{j1}u_j + b_{j2}v_j + b_{j3}w_j + b_{j4}u_jv_j + b_{j5}u_jw_j + b_{j6}v_jw_j + b_{j7}u_jv_jw_j) \tag{8.25}$$

类似第 5 章和第 7 章介绍过的完备区间作图方法, 首先从公式 8.24 出发, 构建第 j 个 QTL 基因型值与其侧连标记之间的完备线性模型; 然后从公式 8.25 出发, 构建纯系后代的基因型值与全基因组标记之间的完备线性模型。假定 m 个 QTL 存在于 $m+1$ 个标记决定的染色体区间上, 每个标记区间至多存在一个 QTL, 没有 QTL 的标记区间可以将 QTL 的遗传效应设置为 0。类似表 8.20 中 QTL 基因型的正交指示变量, 定义标记的正交指示变量, 并用公式 8.26 表示纯系后代表型对标记的线性回归模型:

$$P = \mu + \sum_{j=1}^{m+1}(\alpha_j x_j + \beta_j y_j + \gamma_j z_j + \tau_j x_j y_j + \lambda_j x_j z_j + \xi_j y_j z_j + \zeta_j x_j y_j z_j) + \varepsilon \tag{8.26}$$

其中，P 是纯系后代的表型值；ε 是随机误差效应，服从一个均值为 0 的正态分布；α_j、β_j、γ_j、τ_j、λ_j、ξ_j 和 ζ_j 表示 QTL 引起的第 j 个标记的效应（待估计），x_j、y_j 和 z_j 是第 j 个标记的正交指示变量，8 种标记型的取值同表 8.20 的 8 种 QTL 基因型。

表 8.20 单个 QTL 的 8 种基因型正交指标变量 u、v 和 w 的取值

QTL 的基因型	均值	u	v	w	$u \times v$	$u \times w$	$v \times w$	$u \times v \times w$
$A_q A_q$	1	1	1	1	1	1	1	1
$B_q B_q$	1	1	1	−1	1	−1	−1	−1
$C_q C_q$	1	1	−1	1	−1	1	−1	−1
$D_q D_q$	1	1	−1	−1	−1	−1	1	1
$E_q E_q$	1	−1	1	1	−1	−1	1	−1
$F_q F_q$	1	−1	1	−1	−1	1	−1	1
$G_q G_q$	1	−1	−1	1	1	−1	−1	1
$H_q H_q$	1	−1	−1	−1	1	1	1	−1

需要说明的是，每个 QTL 的遗传效应还会产生两个侧连标记之间的互作效应，为减少回归模型中参数的个数，公式 8.26 并没有包括标记之间的互作效应。从严格意义上讲，公式 8.26 并不是一个表型对标记的完备线性模型，当 QTL 与连锁标记之间的重组率不等于 0 时，可能会有少量 QTL 变异被归入误差效应 ε 中。

§8.4.3 八亲纯系后代群体的完备区间作图

首先，在同时考虑所有标记信息的情况下，通过逐步回归选择公式 8.26 中的重要变量，没有被选中的变量对应的系数设为 0。然后，利用逐步回归选中的显著标记对表型值进行矫正，即

$$\Delta P_i = P_i - \sum_{j \neq k, k+1} (\hat{\alpha}_j x_{ij} + \hat{\beta}_j y_{ij} + \hat{\gamma}_j z_{ij} + \hat{\tau}_j x_{ij} y_{ij} + \hat{\lambda}_j x_{ij} z_{ij} + \hat{\xi}_j y_{ij} z_{ij} + \hat{\zeta}_j x_{ij} y_{ij} z_{ij}) \quad (8.27)$$

其中，P_i 是第 i 个后代家系的表型（$i = 1, 2, \cdots, n$，n 为群体大小）；k 和 $k+1$ 代表当前扫描区间的两个相邻标记；符号 ^ 代表参数的估计值；x_{ij}、y_{ij}、z_{ij} 是第 i 个后代家系在第 j 个标记座位上的正交指示变量。矫正后的表型值 ΔP_i 保留了当前区间上 QTL 位置和遗传效应信息，同时排除了区间外大部分 QTL 遗传效应的影响。

之后对矫正后的表型值 ΔP_i 进行区间作图。用 $N(\mu_k, \sigma^2)$ 表示当前扫描位置上 QTL 基因型的表型正态分布，$k=1\sim8$ 对应于 8 种 QTL 纯合基因型。存在 QTL 的零假设和备择假设分别为

$$H_0: \mu_1 = \mu_2 = \cdots = \mu_8$$

$$H_A: \mu_1, \mu_2, \cdots, \mu_8 \text{ 中至少有两个互不相等}$$

备择假设 H_A 的对数似然函数为

$$\ln L_A = \sum_{j=1}^{64} \sum_{i \in S_j} \ln \left[\sum_{k=1}^{8} \pi_{jk} f(\Delta P_i; \mu_k, \sigma^2) \right] \quad (8.28)$$

其中，S_j 表示两个侧连标记的第 j 种标记分组，$j=1\sim 64$ 对应于两个侧连标记的 64 种标记基因型；π_{jk} ($k=1\sim 8$) 是第 k 种 QTL 纯合基因型在第 j 种标记分组中所占的比例；$f(\bullet;\mu_k,\sigma^2)$ 为正态分布 $N(\mu_k,\sigma^2)$ 的密度函数。

计算公式 8.28 的极大似然估计也需要用到 EM 算法，具体过程与 §8.3.4 所介绍的类似，此处不再重复。在零假设条件下，8 种 QTL 基因型服从相同的正态分布 $N(\mu_0,\sigma_0^2)$，均值和方差的极大似然估计也与 §8.3.4 所介绍的类似。最后根据两个假设条件下的极大似然函数值即可计算假设检验的 LRT 统计量或 LOD 值，并作为 QTL 是否存在的检测标准，同时将备择假设条件下极大似然函数对应的参数取值作为待估参数的极大似然估计。

在上述的完备区间作图方法中，如直接利用公式 8.27 中表型值 P 进行一维扫描，便是简单区间作图。除完备区间和简单区间两种作图方法外，GAPL 分析软件还实现了八亲 DH 和八亲 RIL 群体的单标记分析 QTL 作图。图 8.5 给出一个模拟的八亲 RIL 后代群体中，这 3 种方法得到的 LOD 柱形图或曲线图，群体大小为 500。可以看出，3 种方法在前 6 条染色体上均存在 LOD 较高的标记或位置。如果以 LOD=6.0 为临界值，这些染色体上均存在影响表型性状的 QTL。与图 8.4 类似，简单区间与单标记分析的 LOD 值十分接近，如果把图 8.5A 的数据点也连接成线，它与简单区间作图的 LOD 曲线十分相似；如果也用线图上超过 LOD 临界值的峰作为 QTL，两种方法得到相同的检测结果。这两种方法在检验 QTL 是否存在时，均没有控制背景遗传变异，当连锁图谱密度达到一定程度时，两种方法近乎等价。

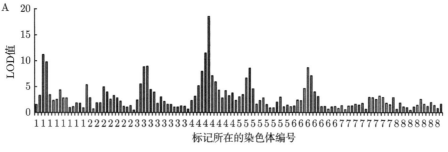

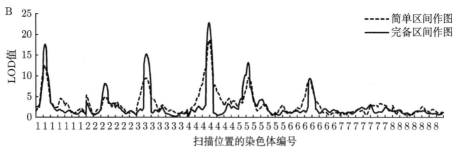

图 8.5　一个模拟的八亲 RIL 后代群体中，单标记分析 LOD 值（A）以及简单区间和完备区间作图方法的 LOD 曲线（B）

八亲纯系后代群体包含更多的待估遗传参数。在图谱长度和标记密度相同的条件下，八亲纯系后代采用的 LOD 临界值远高于四亲和双亲。全基因组第一类错误概率不超过 0.05 时，通过 1000 次排列检验得到图 8.5 模拟八亲 RIL 群体的 LOD 临界值为 6.07。在相同条件下，四亲纯系的 LOD 临界值一般在 4.00 左右，双亲纯系的 LOD 临界值一般在 3.00 左右。

在图 8.5 的模拟群体中，染色体 1、3、5 上的 3 个 QTL 预设在 25cM 处，染色体 2、4、6 上的 3 个 QTL 预设在 55cM 处，染色体 7 和 8 上没有预先设置任何 QTL。从表 8.21 的定位结果可以看出，6 个被检测出的 QTL 均位于真实位置附近，LOD 值与 PVE 之间也存在明显的正相关关系。每个 QTL 的 8 种加性效应均存在较大差异，6 个 QTL 效应最大的等位基因分别来自亲本 D、E、B、E、A 和 F。可以预见，这 6 个座位上分别携带亲本 D、E、B、E、A 和 F 等位基因的后代纯系，将具有最高的表型值。

表 8.21　一个模拟八亲 RIL 后代群体中完备区间作图的定位结果

染色体	位置/cM	LOD 值	PVE/%	8 种亲本基因型的遗传效应							
				A (a_1)	B (a_2)	C (a_3)	D (a_4)	E (a_5)	F (a_6)	G (a_7)	H (a_8)
1	25	17.64	11.03	−6.66	12.71	−11.23	**19.82**	−7.35	−12.34	−2.27	7.33
2	50	8.16	4.14	0.40	−5.65	−0.76	0.72	**16.56**	−3.15	−6.37	−1.75
3	27	15.25	9.34	−2.13	**14.81**	−15.08	0.37	−9.39	−10.34	13.59	8.16
4	58	22.81	14.10	−15.05	−22.41	0.72	12.35	**14.84**	12.40	−5.62	2.77
5	26	13.12	8.60	**12.27**	−2.94	8.14	−16.80	1.14	−11.36	−2.13	11.68
6	54	9.37	5.83	7.45	8.58	−8.30	−3.69	0.30	**13.33**	−9.85	−7.81

注：遗传效应估计值中，黑体表示每个 QTL 上纯合基因型平均表现的最高值

练　习　题

8.1 表 8.6 中，用 $m_1 \sim m_{12}$ 表示 12 种可区分基因型的观测样本量，后代群体大小为 n。根据表中 DH 纯系后代中可识别基因型的理论频率，验证下面的重组率极大似然估计公式。

$$\hat{r} = \frac{n_{2:3} + n_{5:7} + n_{9:11}}{n + n_{8:9} + n_{11:12}}$$

8.2 在一个四亲 DH 纯系后代群体中，假定两个标记分别属于 ABCC 和 AAAD 类型。下表给出这两个标记座位上可识别的 6 种基因型（用 1~6 编号）与完全信息基因型（用 1~16 编号）的对应关系。

等位基因	完全信息基因型编号				ABCC 和 AAAD 的可识别基因型编号			
	A	B	C	D	A	B	C	D
A	1	2	3	4	1	1	1	2
B	5	6	7	8	3	3	3	4
C	9	10	11	12	5	5	5	6
D	13	14	15	16	5	5	5	6

（1）利用表 8.4 的完全信息基因型理论频率，给出这两个座位上 6 种可识别基因型的理论频率。

（2）如采用 EM 算法计算这两个座位之间的重组率，如何将可识别基因型 1、3、5、6 的观测样本量分配给完全信息基因型？

8.3 由 90 个 DH 家系组成的一个四亲纯系后代群体中，两个完全信息标记的基因型数据如下表所示，A、B、C、D 分别代表后代群体中的 4 种纯合基因型 AA、BB、CC、DD。计算群体中 16 种完全信息基因型的观测样本量，并利用公式 8.4 计算两个标记座位之间的重组率。

个体范围	标记	个体编号														
		1	2	3	4	5	6	7	8	9	10	11	12	13	14	15
1~15	M_1	A	B	B	C	D	B	D	C	C	B	B	C	B	C	B
	M_2	A	C	B	C	D	C	D	C	C	B	B	C	B	A	B
16~30	M_1	B	A	A	C	D	A	C	A	C	D	B	C	B	C	C
	M_2	B	A	A	D	A	C	A	C	D	B	C	A	C	C
31~45	M_1	C	D	D	C	D	B	A	B	B	D	D	D	A	D	B
	M_2	C	D	D	C	D	B	D	B	B	D	D	D	A	D	B
46~60	M_1	A	C	D	A	B	B	B	D	A	C	C	D	D	B
	M_2	D	C	D	A	D	C	A	B	D	B	A	C	D	D	B
61~75	M_1	A	B	C	D	D	C	B	B	A	C	B	C	C	C	D
	M_2	A	B	C	D	D	C	B	B	A	C	B	C	C	C	C
76~90	M_1	D	B	C	C	D	A	C	B	C	D	C	A	B	C	D
	M_2	D	B	C	D	D	A	B	B	C	D	C	A	B	C	B

8.4 练习 8.3 中, 假定两个标记分别属于 ABCC 和 AAAD 类型。计算群体中 6 种可识别基因型的观测样本量, 并采用 EM 算法计算两个标记座位之间的重组率。

8.5 在一个四亲 DH 纯系后代群体中, 假定两个标记均属于 ABAB 类型。下表给出这两个标记座位上可识别的 4 种基因型与完全信息基因型的对应关系。利用表 8.4 的完全信息基因型理论频率, 给出这两个座位上 4 种可识别基因型的理论频率。

等位基因	完全信息基因型编号				两个 ABAB 类型标记的可识别基因型编号			
	A	B	C	D	A	B	C	D
A	1	2	3	4	1	2	1	2
B	5	6	7	8	3	4	3	4
C	9	10	11	12	1	2	1	2
D	13	14	15	16	3	4	3	4

8.6 两个纯系亲本在两个连锁座位上的基因型分别用 $A_1A_1A_2A_2$ 和 $B_1B_1B_2B_2$ 表示, 连锁座位间的重组率用 r 表示。现对它们的单交 F_2 群体进行加倍单倍体培养, 以产生双亲 DH 纯系后代群体。下表给出单交 F_2 到 DH 纯系后代的转移矩阵。验证双亲 DH 纯系后代中, 纯合基因型 $A_1A_1A_2A_2$ 和 $B_1B_1B_2B_2$ 的理论频率均为 $\frac{1}{4}(2-3r+2r^2)$, 纯合基因型 $A_1A_1B_2B_2$ 和 $B_1B_1A_2A_2$ 的理论频率均为 $\frac{1}{4}(3r-2r^2)$, 4 种基因型的频率与练习 8.5 中 4 种可识别基因型的频率完全相同。

单交 F_2 群体基因型	频率	DH 纯系后代基因型			
		$A_1A_1A_2A_2$	$A_1A_1B_2B_2$	$B_1B_1A_2A_2$	$B_1B_1B_2B_2$
A_1A_2/A_1A_2	$\frac{1}{4}(1-r)^2$	1	0	0	0
A_1A_2/A_1B_2	$\frac{1}{2}r(1-r)$	$\frac{1}{2}$	$\frac{1}{2}$	0	0
A_1A_2/B_1A_2	$\frac{1}{2}r(1-r)$	$\frac{1}{2}$	0	$\frac{1}{2}$	0
A_1A_2/B_1B_2	$\frac{1}{2}(1-r)^2$	$\frac{1}{2}(1-r)$	$\frac{1}{2}r$	$\frac{1}{2}r$	$\frac{1}{2}(1-r)$
A_1B_2/A_1B_2	$\frac{1}{4}r^2$	0	1	0	0

单交 F_2 群体基因型	频率	DH 纯系后代基因型			
		$A_1A_1A_2A_2$	$A_1A_1B_2B_2$	$B_1B_1A_2A_2$	$B_1B_1B_2B_2$
A_1B_2/B_1A_2	$\frac{1}{2}r^2$	$\frac{1}{2}r$	$\frac{1}{2}(1-r)$	$\frac{1}{2}(1-r)$	$\frac{1}{2}r$
A_1B_2/B_1B_2	$\frac{1}{2}r(1-r)$	0	$\frac{1}{2}$	0	$\frac{1}{2}$
B_1A_2/B_1A_2	$\frac{1}{4}r^2$	0	0	1	0
B_1A_2/B_1B_2	$\frac{1}{2}r(1-r)$	0	0	$\frac{1}{2}$	$\frac{1}{2}$
B_1B_2/B_1B_2	$\frac{1}{4}(1-r)^2$	0	0	0	1

8.7 在一个八亲 DH 纯系后代群体中,两个同属于 ABCDABCD 类型的标记座位上共有 16 种可识别的基因型。

(1) 与表 8.13 类似,给出这 16 种可识别基因型与完全信息基因型的对应关系。

(2) 利用表 8.10 的完全信息基因型理论频率,给出 16 种可识别基因型的理论频率。

(3) 如果表 8.12 中两个座位上的标记同属于 ABCDABCD 类型,给出 16 种可识别基因型的观测样本量。

8.8 一个八亲 DH 纯系后代群体中,两个类型 AABBCCDD 和 ABCDABCD 标记座位上共有 16 种可识别基因型。

(1) 与表 8.13 类似,给出这 16 种可识别基因型与完全信息基因型的对应关系。

(2) 如采用 EM 算法计算两个标记之间的重组率,第 1 种可识别基因型的观测样本量应该如何分配给完全信息基因型?

(3) 如果表 8.12 中两个座位上的标记一个属于 AABBCCDD 类型,另一个属于 ABCDABCD 类型,给出可识别基因型的观测样本量。

8.9 假定一个四亲 DH 纯系后代群体中仅存在一个 QTL,4 种 QTL 纯合基因型的表型均值分别为 80、66、72 和 82,一个完全信息标记与 QTL 之间的重组率为 0.1。

(1) 计算 4 种等位基因的加性效应,以及群体的均值和遗传方差。

(2) 表 8.4 中将座位 1 视为标记,将座位 2 视为 QTL,计算 4 种标记基因型中 4 种 QTL 基因型的理论频率。

(3) 计算 4 种标记基因型的均值和方差,并与群体均值和遗传方差进行比较。利用 4 种标记基因型均值得到的方差低于群体遗传方差的原因是什么?

8.10 假定一个四亲 RIL 纯系后代群体中仅存在一个 QTL,4 种 QTL 纯合基因型的表型均值分别为 80、66、72 和 82,一个完全信息标记与 QTL 之间的重组率为 0.1。

(1) 计算 4 种等位基因的加性效应,以及群体的均值和遗传方差。

(2) 表 8.5 中将座位 1 视为标记,将座位 2 视为 QTL,计算 4 种标记基因型中 4 种 QTL 基因型的理论频率。

(3) 计算 4 种标记基因型的均值和方差,并与群体均值和遗传方差进行比较。

8.11 在一个四亲纯系群体中,假定一个 QTL 的 4 种纯合基因型值分别用 μ_1、μ_2、μ_3、μ_4 表示。公式 8.15 给出的正交模型进一步记为

$$\mu_1 = \mu + b_1 + b_2 + b_3, \quad \mu_2 = \mu + b_1 - b_2 - b_3,$$
$$\mu_3 = \mu - b_1 + b_2 - b_3, \quad \mu_4 = \mu - b_1 - b_2 + b_3$$

(1) 求解上述四元一次方程组。

(2) 假定在一个扫描位置上 4 种纯合基因型的估计值分别为 20.5、32.4、22.6、16.9，计算 4 种等位基因的加性效应，以及正交模型中的 4 个变量取值，并对公式 8.16 进行验证。

8.12 验证表 8.20 给出的设计矩阵是正交矩阵，即 $X^T X$ 是一个对角矩阵；证明正交模型公式 8.24 中的参数 b_k ($k=1\sim7$) 与公式 8.21 中的 8 个加性效应有如下关系。

$$b_1 = \frac{a_1 + a_2 + a_3 + a_4}{4}, \quad b_2 = \frac{a_1 + a_2 + a_5 + a_6}{4}, \quad b_3 = \frac{a_1 + a_3 + a_5 + a_7}{4},$$

$$b_4 = \frac{a_1 + a_2 + a_7 + a_8}{4}, \quad b_5 = \frac{a_1 + a_3 + a_6 + a_8}{4}, \quad b_6 = \frac{a_1 + a_4 + a_5 + a_8}{4},$$

$$b_7 = \frac{a_1 + a_4 + a_6 + a_7}{4}$$

第9章 其他类型群体的基因定位

孟德尔的豌豆杂交试验开创了人工控制杂交产生遗传分离群体、开展性状遗传研究的经典遗传学研究方法。遗传研究中的群体，一般都具有明确的亲本来源和明确的杂交过程。植物群体一般来自两个或少数几个亲本，本书第 2~8 章详细介绍了双亲、四亲和八亲杂交衍生后代群体的遗传构成与分析方法。人类和动物遗传群体一般由一个或多个核心家系中的个体组成。在这些群体的产生过程中，一般要尽量避免配子水平以及合子水平的选择，或者仅存在低强度的自然选择。这样得到的群体，每个座位上等位基因的频率以及基因型的频率将服从或近似服从孟德尔遗传的期望分离比。在这样的群体中，两个基因座位间的关联反映出来的就是这两个座位在染色体上的遗传连锁关系，可以通过标记座位间的关联估计重组率或交换频率，进而构建遗传连锁图谱（第 2~3 章，第 7 章 §7.1~§7.3，第 8 章 §8.1~§8.2）。之后通过标记座位与性状间的关联，定位控制性状的基因，开展性状的遗传研究（第 4~6 章，第 7 章 §7.4，第 8 章 §8.3~§8.4）。建立在这些群体基础上的基因定位方法，有时也被笼统地称为连锁分析。

大多数育种群体中存在不同程度的选择，本章介绍选择群体的基因定位方法。§9.1 介绍双亲选择群体中的一些分析方法，这里的选择，指的是根据表型性状的个体选择。§9.2 介绍连续回交和选择产生的染色体片段置换系群体的 QTL 作图，这里的选择主要是根据基因型的个体选择。§9.3 介绍多个亲本与一个共同亲本杂交产生的巢式关联作图群体的 QTL 定位方法。§9.4 以水稻宽粒隐性基因 $gw-5$ 为例，介绍数量性状基因的孟德尔化、精细定位和克隆等研究方法。§9.5 简单介绍自然群体的关联分析方法。

§9.1 选择基因型分析和混合分离分析

第 4~8 章介绍的分析方法，需要对整个遗传群体中的每个植株或家系进行基因型和表型鉴定，然后利用所有个体或家系的表型和基因型信息开展遗传研究。因此，如果群体较大，基因型鉴定的花费就会比较大，而且耗时也会很长。为了减少基因型鉴定的工作量，人们提出了选择基因型分析（Lebowitz et al., 1987; Lander and Botstein, 1989; Darvasi and Soller, 1992, 1994; Wingbermuehle et al., 2004; Navabi et al., 2009; Sun et al., 2010）。选择基因型分析是在表型鉴定的基础上，只对群体中表型值最高和最低的双尾或单尾群体进行分子标记的基因型鉴定。因此，选择基因型分析有双尾分析和单尾分析两种方式。研究表明（Gallais et al., 2007），如果基因型检测与表型检测的花费比值大于 1，那么双尾选择基因型分析就比较实用。如果基因型检测与表型检测的花费比值大于 2，单尾选择基因型分析更有效。

§9.1.1 选择基因型分析的统计学原理

假定控制某数量性状的 QTL 与标记座位 M 完全重合。选择会引起控制性状的基因频率发生变化，从而引起标记基因型频率偏离无选择时的频率。对于与性状无关联的标记座位来说,其频率在选择前后将保持不变。选择基因型分析就是利用这一特性,通过检测标记座位上等位基因频率的变化来检验这个标记附近是否存在控制性状的 QTL。如图 9.1 所示,假定标记座位 M 在两个亲本间存在多态性,分别用 M 和 m 表示。假定多态性标记 M 与增效等位基因连锁,多态性标记 m 与减效等位基因连锁。那么在下尾选择群体中,标记 M 的频率将有所降低,标记 m 的频率将有所增加;在上尾选择群体中,标记 M 的频率将有所增加,标记 m 的频率将有所降低。在单尾分析中,频率的变化可以利用选择群体与未选择群体的频率差异来衡量。在双尾分析中,频率的变化可根据双尾选择群体的频率差异来衡量。如果标记频率在选择前后发生了显著变化,则认为该标记与 QTL 连锁;否则认为 QTL 与该标记不连锁。

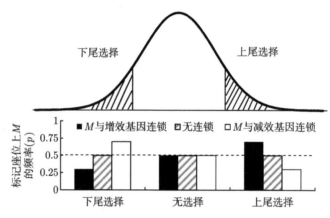

图 9.1 双尾选择以及无选择群体中标记频率变化的示意图

用 p_0 和 q_0 分别表示无选择群体中一个座位上两个等位基因的频率。图 9.1 中所示的为 RIL 群体,无选择群体中等位基因频率为 $p_0 = q_0 = 0.5$。不同类型群体中,等位基因的期望频率有可能不同,RIL、DH 和 F_2 等群体的等位基因期望频率都是 0.5,而 BC 群体为 0.75 或 0.25(参见第 1 章表 1.5)。双尾选择群体中,p_b 和 q_b 分别代表下尾群体中一个座位上两个等位基因的频率,p_t 和 q_t 分别代表上尾群体中两个等位基因的频率,n_b 和 n_t 分别代表中选下尾和上尾群体中等位基因的数目(等位基因数目和频率的计算参见第 1 章 §1.2)。根据二项分布(binomial distribution)方差的表达式,可以得到下尾群体基因频率 q_b 和上尾群体基因频率 q_t 的方差:

$$V(q_b) = \frac{p_b q_b}{n_b}, \quad V(q_t) = \frac{p_t q_t}{n_t} \tag{9.1}$$

用 $\Delta q = q_t - q_b$ 表示两尾群体中等位基因频率的差值。这个差值的方差为

$$V(\Delta q) = \frac{p_b q_b}{n_b} + \frac{p_t q_t}{n_t} \tag{9.2}$$

如果仅做单尾选择,以上尾选择为例,用 $\Delta q = q_t - q_0$ 表示等位基因频率的差值。这个差值的方差等于公式 9.1 中基因频率 q_t 的方差。根据公式 9.1 或公式 9.2 的方差就可以计算基因频率差异显著性的 t 检验统计量,即公式 9.3,从而对 Δq 与零之间的差异显著性进行

检验。

$$t = \frac{|\Delta q|}{\sqrt{V(\Delta q)}} \quad (9.3)$$

§9.1.2 选择基因型分析的似然比检验和 LOD 统计量

利用公式 9.3 的 t 统计量检测出的差异显著性标记，即可认为它们与控制性状的 QTL 之间存在关联。但是在 QTL 作图中，人们更习惯于使用似然比检验和 LOD 统计量。以双尾选择群体为例，说明选择基因型分析定位 QTL 的 LOD 统计量的计算。检验的零假设和备择假设分别为

$$H_0: \Delta q = 0 \; (\text{或} q_t = q_b), \quad H_A: q_t \neq q_b \quad (9.4)$$

用 n_{1b} 和 n_{1t} 表示下尾和上尾群体中一种等位基因的数目，n_{2b} 和 n_{2t} 表示下尾和上尾群体中另一种等位基因的数目，利用公式 9.5 计算两尾群体中的等位基因频率。备择假设 H_A 条件下的似然函数用公式 9.6 表示。

$$p_b = \frac{n_{1b}}{n_b},\; q_b = \frac{n_{2b}}{n_b}, \quad p_t = \frac{n_{1t}}{n_t},\; q_t = \frac{n_{2t}}{n_t} \quad (9.5)$$

$$L_A = C_{n_b}^{n_{1b}}(p_b)^{n_{1b}}(q_b)^{n_{2b}} \times C_{n_t}^{n_{1t}}(p_t)^{n_{1t}}(q_t)^{n_{2t}} \quad (9.6)$$

在零假设条件下，将两尾群体合并计算基因频率，即公式 9.7。将公式 9.7 的合并频率代入公式 9.6，就得到零假设条件下的似然函数公式 9.8。从公式 9.6 和公式 9.8 就可以计算似然比检验（LRT）统计量和 LOD 值。显然，公式 9.4 的两种假设中独立参数个数的差值等于 1，似然比检验统计量近似服从自由度为 1 的 χ^2 分布。

$$p_t = p_b = p_0 = \frac{n_{1b} + n_{1t}}{n_b + n_t}, \quad q_t = q_b = q_0 = \frac{n_{2b} + n_{2t}}{n_b + n_t} \quad (9.7)$$

$$L_0 = C_{n_b}^{n_{1b}}(p_0)^{n_{1b}}(q_0)^{n_{2b}} \times C_{n_t}^{n_{1t}}(p_0)^{n_{1t}}(q_0)^{n_{2t}} \quad (9.8)$$

图 9.2 给出大麦 DH 群体中，平均粒重的单标记分析和双尾选择基因型分析的 LOD 值。直观上看，选择基因型分析在每个标记上的 LOD 值与单标记分析有许多相似之处。

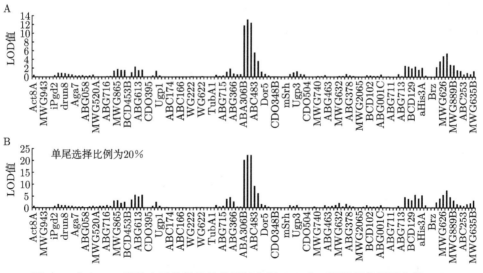

图 9.2　大麦 DH 群体中平均粒重的单标记分析（A）和双尾选择基因型分析（B）

§9.1.3 混合分离分析

混合分离分析（bulked segregant analysis, BSA）是将目标性状在 F_2 或 BC 分离群体中表型极端的两组个体的 DNA 分别混合成两个 DNA 池，极端个体数一般为 5~10 个，不宜太多。然后，在两个 DNA 池之间筛选多态性标记。这种方法最早在抗病基因的定位中被提出并得以应用，极端个体形成的两个 DNA 池有时也称为 抗池和感池（Michelmore et al., 1991; Barua et al., 1993），通过抗池和感池之间多态性标记的筛选，定位与抗病基因紧密连锁的分子标记。例如，一个座位上的一种标记型仅在抗池中出现，另一种标记型仅在感池中出现，即分子标记在两池中与性状存在共分离现象，则意味着该标记与控制性状的 QTL 之间存在紧密连锁。

分子标记与性状的共分离，意味着在抗、感两个池中等位基因的频率分别为 1 和 0。混合分离分析可视为选择基因型分析的特例，是选择基因型分析的极端情况。也就是说，在双尾选择群体中，要保证形成抗池的单尾选择群体中仅包含抗病等位基因，形成感池的单尾选择群体中仅包含感病等位基因。因此，与选择基因型分析相比较，混合分离分析要求更精确的表型鉴定，以及更高的选择强度。对于显性抗性基因而言，显性纯合与显性杂合两种基因型有同样的表型，还需要通过 F_3 家系或与感病亲本的回交，才能鉴定 F_2 个体的基因型是纯合还是杂合，从而保证在形成抗池 DNA 时，仅挑选表现为抗病、基因型纯合的 F_2 个体。这样才能确保抗病等位基因仅在抗池中出现，感病等位基因仅在感池中出现。

为了进一步估计 QTL 的效应，以及 QTL 与连锁标记之间的重组率，可以对连锁标记及其所在染色体上的所有多态性标记，对全群体（无选择群体）进行基因型鉴定。然后利用第 4~6 章的无选择群体分析方法构建部分染色体的连锁图谱、定位 QTL 在这些染色体上的位置、估计 QTL 的遗传效应。全群体分析中，基因型鉴定仅包含与性状关联的分子标记，因此大大减少了基因型鉴定的花费和时间。

§9.1.4 选择基因型分析和混合分离分析存在的问题

选择基因型分析根据基因频率的变化，确定与 QTL 连锁的分子标记。一般来说，难以估计标记与 QTL 之间的交换率或遗传距离，也难以估计 QTL 的遗传效应。选择基因型分析和混合分离分析均要根据表型选择个体，选择后的群体仅能用于所选择性状的基因定位研究。如果要对其他性状开展类似的遗传研究，则要根据这些性状的表型重新进行个体选择。因此，这两种方法仅适宜于单个性状的基因定位。在进行性状的选择时，特别是混合分离分析，要求表型鉴定较为准确。因此，这两种方法仅适宜于由少数基因控制、表型遗传力较高的性状。对于遗传结构复杂、主效基因不明显、表型鉴定误差较大的性状，利用这两种方法可能不会获得理想的遗传研究结果。

§9.2 染色体片段置换系群体的 QTL 作图

§9.2.1 染色体片段置换系群体的特点

QTL 作图常用的回交、F_2、加倍单倍体、重组近交系等双亲衍生群体中，由于分离座位和分离染色体区域较多，有时难以完全排除 QTL 间的相互影响，难以准确估计 QTL 的位置和效应，也难以研究不同 QTL 间的互作。而置换系与背景亲本仅在少部分染色体区段上存在分离，有利于基因的精细定位和克隆。目前大部分已克隆的数量性状基因，都是通过构建置换系得到的（Kubo et al., 2002; Wan et al., 2004）。单片段和双片段置换系的结合又是研究基因间互作的理想材料，纯合置换系与背景亲本再进行杂交，就能产生杂合染色体片段置换系，从而可以研究基因的显性效应。尽管这些材料的产生过程耗时很长、花费也很大，但一旦产生出来，就是基因精细定位，以及研究基因间互作的理想遗传材料；同时，也可以确认其他作图群体中检测到 QTL 的真实性。因此，置换系的创制和利用在遗传学研究中得到越来越多的重视（Darvasi and Soller, 1995; Nadeau et al., 2000; Wan et al., 2005, 2006, 2008; Wang et al., 2006; 徐华山等, 2007; 赵芳明等, 2009）。

现以一条染色体为例，说明染色体片段置换系群体的一些遗传特点。例如，将这条染色体分为 5 段，用 $S_1 \sim S_5$ 表示。现有 5 个单片段置换系，用 1CSSL1~1CSSL5 表示。这 5 个片段可以产生出 10 个双片段置换系，用 2CSSL1~2CSSL10 表示。为方便起见，背景亲本用 0CSSL 表示（图 9.3）。对于任何一个单片段置换系和 0CSSL 来说，它们只在一小段染色体上存在差异，其他地方的染色体均来自背景亲本，二者可看作一对近等基因系。对于一对近等基因系来说，表型上的差异是由存在差异的少数座位上的基因引起的，从而将控制性状的

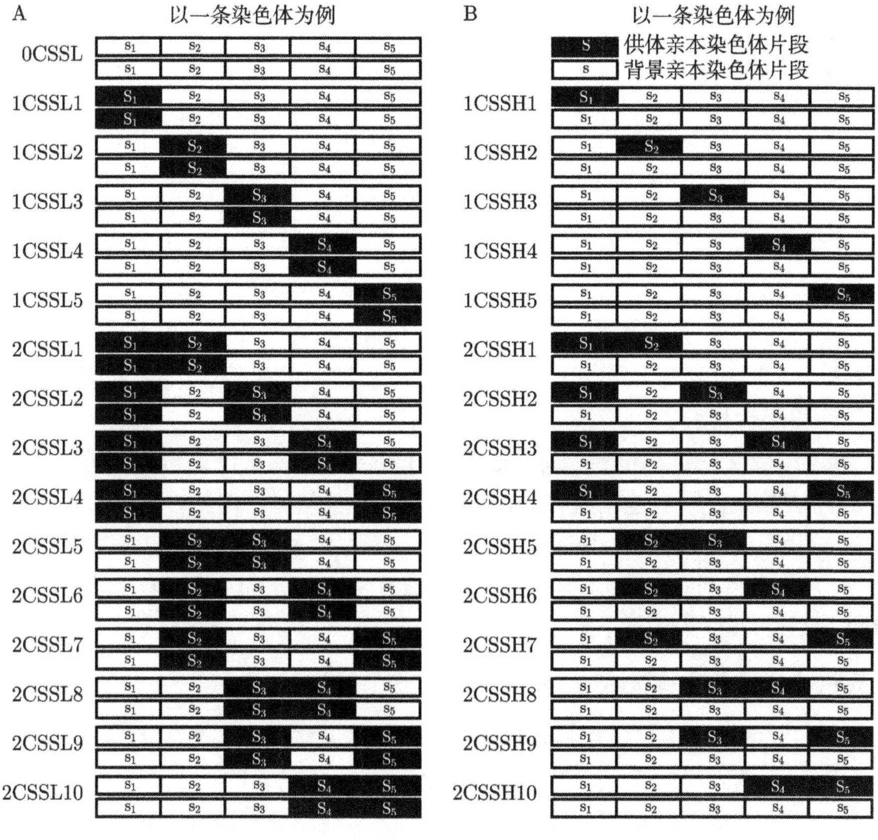

图 9.3 一条染色体上的 5 个单片段置换系和 10 个双片段置换系

A. 纯合片段置换系；B. 纯合片段置换系与背景亲本杂交产生的 F_1

基因定位在有差异的染色体片段上。因此，5 个染色体片段上是否存在控制性状基因的研究，就简化为 5 个单片段置换系与 0CSSL 的差异显著性检验。例如，如果 S_2 和 S_5 片段上均存在控制性状的基因，单片段系 1CSSL2 与 0CSSL 的差异显著性检验就可以把片段 S_2 上的基因检测出来；同时，对片段 S_2 的检验还独立于单片段系 1CSSL5 与 0CSSL 的差异显著性检验。因此，在这样的群体中，可以有效排除连锁 QTL 对遗传分析的影响。当然，如果有多个基因存在于一个片段上，只有把这个片段通过交换分解成更短的片段，才能把这些连锁的基因分解为两个不同的基因。

双片段系和单片段系的联合使用，可以有效地鉴定两个片段间是否存在互作。仍以 S_2 和 S_5 片段为例，0CSSL、1CSSL2、1CSSL5 和 2CSSL7 提供了所有可能的 4 种纯合基因型，即 $s_2s_2s_5s_5$、$S_2S_2s_5s_5$、$s_2s_2S_5S_5$、$S_2S_2S_5S_5$。这些基因型除 S_2 和 S_5 片段存在差异外，在其他地方它们有相同的背景染色体片段。假定 S_2 和 S_5 片段的加性效应分别为 a_2 和 a_5，互作效应为 aa_{25}。各种基因型的平均表现与遗传效应的关系用矩阵表示为

$$\begin{bmatrix} s_2s_2s_5s_5 \\ S_2S_2s_5s_5 \\ s_2s_2S_5S_5 \\ S_2S_2S_5S_5 \end{bmatrix} = \begin{bmatrix} 1 & -1 & -1 & 1 \\ 1 & 1 & -1 & -1 \\ 1 & -1 & 1 & -1 \\ 1 & 1 & 1 & 1 \end{bmatrix} \times \begin{bmatrix} m \\ a_2 \\ a_5 \\ aa_{25} \end{bmatrix} \quad (9.9)$$

从而得到遗传参数的估计为

$$\begin{bmatrix} m \\ a_2 \\ a_5 \\ aa_{25} \end{bmatrix} = \frac{1}{4} \begin{bmatrix} 1 & 1 & 1 & 1 \\ 1 & 1 & -1 & -1 \\ 1 & -1 & 1 & -1 \\ 1 & -1 & -1 & 1 \end{bmatrix} \times \begin{bmatrix} s_2s_2s_5s_5 \\ S_2S_2s_5s_5 \\ s_2s_2S_5S_5 \\ S_2S_2S_5S_5 \end{bmatrix} \quad (9.10)$$

因此，从 $s_2s_2s_5s_5 - S_2S_2s_5s_5 - s_2s_2S_5S_5 + S_2S_2S_5S_5$ 是否为 0，或者 $s_2s_2s_5s_5 + S_2S_2S_5S_5$ 与 $S_2S_2s_5s_5 + s_2s_2S_5S_5$ 是否相等，可以判断 S_2 和 S_5 这两个片段之间是否存在互作。对于重复观测数据，可以利用第 1 章中的方差分析，对每个座位的遗传效应，以及两个座位间的互作效应进行显著性检验。

图 9.3B 给出置换系与背景亲本杂交产生的杂合型置换系，遗传分析方法与纯合型置换系的分析方法类似，只不过在遗传效应的解释上有所差异。例如，单片段系 1CSSH2 与 0CSSL 的差异代表的是杂合 S_2 片段的显性效应，单片段系 1CSSH5 与 0CSSL 的差异代表的是杂合 S_5 片段的显性效应，由 0CSSL、1CSSH2、1CSSH5 和 2CSSH7 估计的互作效应代表的是显性与显性间的上位型互作。

§9.2.2 染色体片段置换系群体的 QTL 定位方法

产生如图 9.3 的理想单片段置换系群体，同时又保证这些置换系中的导入片段能够覆盖整个供体亲本的全基因组，是一项艰巨的工作和一个比较漫长的过程。图 9.4 给出 65 个水稻置换系在 82 条染色体片段上的基因型数据。背景亲本是粳稻品种 'Asominori'，供体亲本是籼稻品种 'IR24'。标记连锁图谱由 'Asominori' 和 'IR24' 衍生的一个重组近交家系群体构建而成。置换系是通过挑选重组近交家系与 'Asominori' 的连续回交，并辅以标记前景选

择而产生的（群体产生过程详见 Kubo et al., 2002; Wan et al., 2004）。每个置换系携带 1~10 个 'IR24' 的染色体片段，平均每个 'IR24' 片段存在于 3.7 个置换系中，每个置换系携带 4.6 个 'IR24' 片段。两个亲本和这 65 个置换系在多年多点的环境下种植，并调查在多个性状上的表现（Wan et al., 2006）。

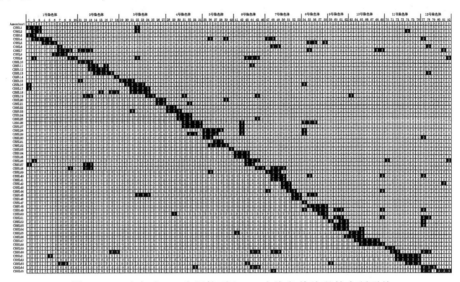

图 9.4 一个包含 65 个置换系和 82 个染色体片段的水稻群体

背景亲本是粳稻品种 'Asominori'，供体亲本是籼稻品种 'IR24'。背景亲本和供体亲本的染色体片段分别用 0 和 2 表示。标记连锁图谱由 'Asominori' 和 'IR24' 衍生的一个重组近交家系群体构建而成

在一般的双亲群体中，对亲本也要进行基因型和表型鉴定，但是遗传分析时不会包含亲本。从图 9.3 可以看出，置换系群体遗传分析的重点在于每个置换系与背景亲本的比较分析，遗传分析包含着背景亲本。在含有 n 个理想单片段系的群体中，可以证明代表染色体片段的标记变量间的相关系数为 $r = -\dfrac{1}{n-1}$。若将背景亲本包含进来，这个相关系数变为 $r = -\dfrac{1}{n}$。因此，在理想的单片段系群体中，标记变量间的相关程度很低，对准确估计标记变量的遗传效应是有益的。但是，供体亲本不应包含在遗传分析中。例如，在 n 个理想单片段系的群体中，加入供体亲本后，标记变量间的相关系数会变为 $r = \dfrac{n-3}{2(n-1)}$，接近于 0.5。标记变量间的相关程度越大，标记变量的遗传效应越难以被准确估计（Wang et al., 2006, 2007）。

在以下分析中，假定有 n 个置换系组成的群体，每个置换系的表型和片段基因型间的线性模型为

$$y_i = b_0 + \sum_{j=1}^{t} b_j x_{ij} + e_i \tag{9.11}$$

其中，$i = 0$ 表示背景亲本；$i = 1, 2, \cdots, n$ 表示这 n 个置换系；b_0 是线性模型的常数项；b_j ($j = 1, \cdots, t$) 是第 j 个片段的回归系数；x_{ij} 是由标记代表的染色体片段的指示变量，背景染色体片段取 -1，供体染色体片段取 1；e_i 是剩余项，服从均值为 0 的一个正态分布。

对于图 9.4 给出的群体来说，公式 9.11 中标记变量之间存在严重的相关，统计学上称为复共线性，例如，M_{14} 和 M_{16}、M_{26} 和 M_{27}、M_{66} 和 M_{67}，以及 M_{75} 和 M_{76}，它们之间的

相关系数等于 1。复共线性严重时，公式 9.11 中的系数难以准确估计。统计学上，常用变量膨胀因子或条件数衡量复相关的严重程度（Stuart et al., 1999），这里介绍条件数（condition number）的定义。对于图 9.4 中的 82 个标记，根据它们在置换系群体中的指示变量，可以计算标记相关矩阵，相关矩阵的最大和最小特征根用 $\lambda_{\max}$ 和 $\lambda_{\min}$ 表示。条件数 k 定义为最大和最小特征根的比值，即 $k = \lambda_{\max}/\lambda_{\min}$。经验表明，当条件数超过 100 时，复共线性应该受到关注；当条件数超过 1000 时，复共线性很严重，公式 9.11 中系数估计值的方差就会非常高。

统计上有多种降低复共线性的方法。但是，对于遗传分析中哪种方法更合适，难以给出一个明确的答案。表 9.1 给出的是通过逐步删除变量、降低图 9.4 群体复共线性的结果。这一方法的具体过程如下：在所有变量中找出相关程度最高的两个标记，比较它们存在的置换系的数目，删除置换系数目较大的标记，重复这样的过程直到条件数低于事先设定的标准，如 1000。

表 9.1 粳稻 'Asominori' 和籼稻 'IR24' 的染色体片段置换系群体中标记间的复共线性

步骤	条件数	相关最高的两个标记				相关系数	被删除标记
		第一个标记	置换系数目	第二个标记	置换系数目		
1	无穷大	M_{14}	3	M_{16}	3	1	M_{16}
2	无穷大	M_{26}	2	M_{27}	2	1	M_{27}
3	无穷大	M_{66}	2	M_{67}	2	1	M_{67}
4	无穷大	M_{75}	3	M_{76}	3	1	M_{76}
5	无穷大	M_{60}	4	M_{61}	5	0.8872	M_{61}
6	无穷大	M_7	4	M_8	3	0.8591	M_7
7	无穷大	M_{37}	4	M_{38}	3	0.8591	M_{37}
8	无穷大	M_{74}	4	M_{75}	3	0.8591	M_{74}
9	无穷大	M_{48}	8	M_{49}	6	0.8515	M_{48}
10	无穷大	M_{12}	5	M_{13}	7	0.8312	M_{13}
11	无穷大	M_4	2	M_5	3	0.8101	M_5
12	无穷大	M_{28}	2	M_{29}	3	0.8101	M_{29}
13	无穷大	M_{52}	3	M_{53}	2	0.8101	M_{52}
14	无穷大	M_{66}	2	M_{68}	3	0.8101	M_{68}
15	无穷大	M_{72}	3	M_{73}	2	0.8101	M_{72}
16	无穷大	M_{73}	2	M_{75}	3	0.8101	M_{75}
17	无穷大	M_{57}	3	M_{58}	5	0.7622	M_{58}
18	无穷大	M_{64}	3	M_{65}	5	0.7622	M_{65}
19	无穷大	M_{22}	7	M_{23}	4	0.7374	M_{22}
20	无穷大	M_{23}	4	M_{24}	4	0.7339	M_{24}
21	6021	M_{31}	5	M_{32}	6	0.7062	M_{32}
22	1819	M_{55}	6	M_{56}	5	0.7062	M_{55}
23	1766	M_{19}	1	M_{20}	2	0.7016	M_{20}
24	1725	M_{33}	4	M_{34}	2	0.6960	M_{33}
25	1394	M_2	6	M_3	3	0.6901	M_2
26	1340	M_{35}	3	M_{36}	6	0.6901	M_{36}
27	1293	M_{14}	3	M_{15}	3	0.6508	M_{15}
	758*						

* 758 表示删除前面的 27 个标记后，剩余标记间的条件数。这个条件数低于经验值 1000，因此认为剩余标记之间不存在太严重的复共线性

对于图 9.4 的群体来说，QTL 的个数一般远低于片段的个数。可以利用逐步回归，筛选显著的标记变量。逐步回归中，需要指定变量进出模型的概率 PIN 和 POUT。当变量数较少时，可将 PIN 设为 0.05；当变量数较多时，需要降低变量进入模型的最大概率，避免过拟合。过拟合的判断方法参见第 5 章 §5.6。没有进入线性模型的变量，将其系数设置为 0。在对第 j 个标记进行显著性检验时，首先利用逐步回归的结果对表型进行矫正，即公式 9.12，其中 $\hat{b}_k$ 是公式 9.11 中参数的估计值。表型矫正的作用是排除其他标记的影响，其目的与前几章中完备区间作图的背景控制完全一致。

$$\Delta y_i = y_i - \sum_{k \neq j} \hat{b}_k x_{ik} \tag{9.12}$$

假定第 j 个标记代表的染色体片段上存在 QTL。背景亲本和供体亲本的两个等位基因分别用 q 和 Q 表示，两种纯合 QTL 基因型的表型分布分别为 $N(\mu_1, \sigma^2)$ 和 $N(\mu_2, \sigma^2)$。重新排列置换系的顺序，使得 $i = 0, 1, 2, \cdots, n_1$ 的标记型与背景亲本相同，$i = n_1 + 1, n_1 + 2, \cdots, n$ 的标记型与供体亲本相同。这样，对于 $i = 0, 1, 2, \cdots, n_1$，Δy_i 服从的分布为 $N(\mu_1, \sigma^2)$；对于 $i = n_1 + 1, n_1 + 2, \cdots, n$，$\Delta y_i$ 服从的分布为 $N(\mu_2, \sigma^2)$。

检验 QTL 存在的两个假设分别为 H_0：$\mu_1 = \mu_2$ 和 H_A：$\mu_1 \neq \mu_2$。在 H_0 条件下，所有 Δy_i 服从同一个正态分布 $N(\mu_0, \sigma_0^2)$，其均值和方差的估计为

$$\hat{\mu}_0 = \frac{1}{n+1} \sum_{i=0}^{n} \Delta y_i, \quad \hat{\sigma}_0^2 = \frac{1}{n+1} \sum_{i=0}^{n} (\Delta y_i - \mu_0)^2 \tag{9.13}$$

因此，H_0 的对数似然函数极大值为

$$\max \ln L_0 = \sum_{i=0}^{n} \ln f(\Delta y_i; \hat{\mu}_0, \hat{\sigma}_0^2) \tag{9.14}$$

其中，$f(\Delta y_i; \mu_0, \sigma_0^2)$ 为正态分布 $N(\mu_0, \sigma_0^2)$ 的概率密度函数。H_A 的对数似然函数极大值为

$$\max \ln L_A = \sum_{i=0}^{n_1} \ln f(\Delta y_i; \hat{\mu}_1, \hat{\sigma}^2) + \sum_{i=n_1+1}^{n} \ln f(\Delta y_i; \hat{\mu}_2, \hat{\sigma}^2) \tag{9.15}$$

其中，

$$\hat{\mu}_1 = \frac{1}{n_1 + 1} \sum_{i=0}^{n_1} \Delta y_i, \quad \hat{\mu}_2 = \frac{1}{n - n_1} \sum_{i=n_1+1}^{n} \Delta y_i,$$

$$\hat{\sigma}^2 = \frac{1}{n+1} \left[\sum_{i=0}^{n_1} (\Delta y_j - \hat{\mu}_1)^2 + \sum_{i=n_1+1}^{n} (\Delta y_j - \hat{\mu}_2)^2 \right] \tag{9.16}$$

从对数似然函数极大值公式 9.14 和公式 9.15 就能计算 LRT 和 LOD 值，从而进行显著性检验。QTL 的加性效应可根据关系式 $\hat{\mu}_1 = m - a$ 和 $\hat{\mu}_2 = m + a$ 进行估计，即

$$a = \frac{1}{2}(\hat{\mu}_2 - \hat{\mu}_1) \tag{9.17}$$

假定 p 和 q 分别表示背景片段和供体片段在作图群体中的频率，可以通过基因型数据进行计算。那么，该片段上 QTL 的遗传方差为

$$V_Q = p(\hat{\mu}_1)^2 + q(\hat{\mu}_2)^2 - (p\hat{\mu}_1 + q\hat{\mu}_2)^2 = 4pqa^2 \tag{9.18}$$

因此，QTL 的表型变异解释率（PVE）为

$$\text{PVE}_Q = \frac{4pqa^2}{V_P} \tag{9.19}$$

其中，V_P 表示作图群体的表型方差。从计算公式 9.19 容易看出，PVE 不仅依赖于 QTL 效应的大小，还依赖于等位基因的频率。因此，有可能出现较大效应 QTL 但 PVE 较低的情形。同时，QTL 之间并不一定是独立的，QTL 的方差不满足可加性。在实际群体的 QTL 分析时，要避免不同 QTL 方差或 PVE 的简单相加。

§9.2.3 一个水稻染色体片段置换系群体中粒长性状的 QTL 作图

从 8 个环境下两次重复表型数据可以看出，粳稻品种 'Asominori' 的粒长较短，籼稻品种 'IR24' 的粒长较长（表 9.2）。65 个置换系的平均粒长接近 'Asominori' 的粒长，但存在粒长低于 'Asominori' 的置换系，最长粒长低于或接近 'IR24'。方差分析表明，基因型间的方差在每个环境中均达到极显著水平，重复平均数的遗传力在 0.90 左右。

表 9.2　粳稻品种 'Asominori'、籼稻品种 'IR24'，以及置换系群体在 8 个环境下的粒长数据

（单位：mm）

品种	环境编号							
	E_1	E_2	E_3	E_4	E_5	E_6	E_7	E_8
Asominori	5.29	5.25	5.31	5.18	5.33	5.29	5.32	5.29
IR24	5.91	5.91	5.98	5.85	5.85	5.95	5.98	5.85
最低值	4.88	4.88	4.94	4.83	4.91	4.97	4.93	4.94
最高值	5.83	5.81	5.83	5.82	5.80	5.87	5.83	5.84
均值	5.27	5.28	5.36	5.20	5.29	5.32	5.36	5.28
标准差	0.20	0.18	0.19	0.20	0.20	0.20	0.19	0.19
遗传方差	0.0367	0.0282	0.0313	0.0311	0.0371	0.0362	0.0364	0.0348
误差方差	0.0036	0.0102	0.0049	0.0137	0.0043	0.0029	0.0021	0.0031
重复平均数的遗传力	0.9537	0.8471	0.9269	0.8195	0.9456	0.9617	0.9716	0.9575

hml 注：前两行为亲本在 8 个环境下的两次重复观测值的平均数，后几行为置换系群体中的一些分布参数和遗传参数的估计值

当 LOD 临界值是 2.5、标记变量间的条件数低于 1000 时，共检测到 18 个影响粒长的染色体片段，分布在 8 条染色体上。表 9.3 中，只要一个环境下的 LOD 值超过临界值 2.5，就认为该片段上存在影响粒长的 QTL。位于片段 M_3、M_{23} 和 M_{34} 上的 3 个 QTL 在 8 个环境中的 LOD 值均超过 2.5。位于片段 M_{23} 上的 QTL 具有最高的 LOD 值，同时也是每个环境中解释最多表型方差的 QTL。这个 QTL 的 LOD 值为 14.41（环境 E_6）~29.37（环境 E_4），表型变异解释率为 28.91%（环境 E_6）~47.60%（环境 E_1）。来自 'IR24' 的等位基因在所有环境中对粒长都有增加的作用。这个 QTL 随后被精细定位和克隆（Wan et al., 2006, 2008）。

位于片段 M_3 上的 QTL，其 LOD 值为 2.95（环境 E_8）~12.91（环境 E_3），表型变异解释率为 3.40%（环境 E_8）~14.49%（环境 E_3）。位于片段 M_{34} 上的 QTL，其 LOD 值为 7.26（环境 E_1）~15.62（环境 E_4），表型变异解释率为 8.22%（环境 E_2）~20.33%（环境 E_5）。对这两个片段来说，来自 'IR24' 的等位基因在所有环境中对粒长都有增加的作用。其他片段上

表 9.3 水稻染色体片段置换系群体中影响粒长性状的染色体片段

		染色体																	
		1		2		3			4			6		7		11		12	
		M_3	M_{10}	M_{17}	M_{18}	M_{23}	M_{25}	M_{26}	M_{30}	M_{34}	M_{42}	M_{45}	M_{46}	M_{50}	M_{51}	M_{73}	M_{78}	M_{80}	M_{82}
LOD 值	E_1	**7.08**	1.64	0.04	2.38	**18.76**	**3.08**	**3.30**	0.03	**7.26**	1.61	0.04	0.33	0.05	0.18	1.98	**2.68**	0.20	0.05
	E_2	**8.00**	0.38	2.49	0.11	**21.17**	**9.90**	**3.09**	0.01	**8.69**	0.00	**6.67**	**6.58**	0.06	0.65	2.08	0.09	0.44	0.00
	E_3	**12.91**	2.23	**3.74**	0.48	**20.08**	**6.90**	0.53	0.00	**12.80**	0.05	**6.62**	**7.67**	**4.20**	0.32	0.56	0.26	0.62	0.04
	E_4	**7.66**	0.14	0.00	**5.97**	**29.37**	**4.66**	**2.83**	**4.28**	**15.62**	**2.90**	0.22	0.07	0.04	0.64	**3.48**	**4.46**	**5.42**	**11.59**
	E_5	**4.90**	1.24	0.06	**3.87**	**15.26**	0.08	2.03	2.24	**9.75**	0.72	0.55	0.04	0.00	0.69	1.25	**4.25**	**6.71**	**7.30**
	E_6	**6.58**	**6.66**	0.02	**2.63**	**14.41**	1.48	**3.24**	0.95	**7.65**	0.02	0.27	0.12	0.06	0.61	2.37	1.79	0.63	1.15
	E_7	**6.26**	**4.72**	0.02	2.15	**14.64**	0.02	0.74	0.25	**10.20**	0.38	0.65	0.06	0.00	**2.95**	0.38	1.64	0.98	0.37
	E_8	**2.95**	**2.89**	0.35	0.30	**19.41**	**7.18**	0.95	0.00	**8.28**	0.02	**2.71**	1.36	0.19	**4.04**	2.21	0.09	0.29	0.34
ADD	E_1	−0.16	−0.12	−0.01	−0.09	0.29	0.17	−0.13	0.01	−0.20	0.05	0.01	0.05	−0.01	0.02	−0.10	−0.07	0.04	−0.01
	E_2	−0.13	−0.04	−0.06	−0.01	0.24	0.25	−0.09	0.00	−0.16	0.00	−0.07	0.19	0.01	0.03	−0.07	0.01	0.04	0.00
	E_3	−0.17	−0.10	−0.08	−0.03	0.22	0.19	−0.03	0.00	−0.21	−0.01	−0.08	0.20	0.07	0.02	−0.04	−0.01	0.05	−0.01
	E_4	−0.11	−0.02	0.00	−0.09	0.29	0.14	−0.07	−0.08	−0.22	0.04	0.01	−0.01	−0.01	0.03	−0.08	−0.06	0.15	−0.15
	E_5	−0.15	−0.12	−0.02	−0.13	0.28	−0.03	−0.11	−0.10	−0.27	−0.04	−0.03	0.02	0.00	0.05	−0.09	−0.10	0.31	−0.19
	E_6	−0.15	−0.25	−0.01	−0.09	0.22	0.11	−0.12	−0.05	−0.20	−0.01	−0.02	0.03	−0.01	0.04	−0.10	−0.05	0.07	−0.05
	E_7	−0.15	−0.22	−0.01	−0.08	0.24	0.01	−0.06	−0.03	−0.25	−0.02	−0.03	0.02	−0.01	0.10	−0.04	−0.05	0.09	−0.03
	E_8	−0.09	−0.14	0.03	−0.03	0.27	0.25	−0.06	0.00	−0.19	−0.01	−0.06	0.10	−0.02	0.10	−0.09	0.01	0.04	−0.03
PVE	E_1	**11.28**	2.14	0.05	3.10	**47.60**	4.21	4.62	0.03	**11.79**	2.13	0.05	0.42	0.05	0.22	2.66	**3.70**	0.25	0.07
	E_2	7.34	0.26	1.69	0.07	**33.19**	9.78	2.37	0.01	8.22	0.00	5.34	5.67	0.04	0.46	1.54	0.05	0.30	0.00
	E_3	**14.49**	1.67	**3.00**	0.34	**30.42**	6.21	0.38	0.00	**14.48**	0.03	5.91	6.83	**3.42**	0.22	0.40	0.19	0.43	0.03
	E_4	4.64	0.06	0.00	3.28	**43.96**	2.52	1.43	2.27	**12.95**	1.46	0.10	0.03	0.02	0.30	**1.81**	**2.35**	**3.01**	**8.16**
	E_5	**9.71**	2.16	0.10	7.42	**43.42**	0.12	3.64	4.03	**20.33**	1.00	0.73	0.07	0.00	1.17	2.16	**8.25**	**14.22**	**15.71**
	E_6	**9.69**	**9.59**	0.02	3.28	**28.91**	1.82	4.23	1.14	**11.39**	0.03	0.31	0.14	0.07	0.72	**3.00**	2.10	0.75	1.30
	E_7	**10.67**	**7.60**	0.03	3.07	**34.41**	0.02	1.04	0.34	**18.74**	0.44	0.83	0.08	0.00	**4.42**	0.52	2.35	1.36	0.51
	E_8	**3.40**	**3.25**	0.33	0.29	**42.61**	**9.69**	1.02	0.00	**11.61**	0.02	**3.06**	1.47	0.20	**4.85**	2.49	0.09	0.31	0.36

注：超过临界值 2.5 的 LOD 值用黑体表示，对应的加性效应估计值（ADD）和表型变异解释率（PVE）也用黑体表示

的 QTL 只是在部分环境中具有高于临界值 2.5 的 LOD 值。与位于片段 M_3、M_{23} 和 M_{34} 上的 QTL 相比较，其他片段上的 QTL 在粒长性状上的效应也相对较小，解释表型变异的比例也较低。但有趣的是，尽管效应较小，一些微效 QTL 在所有环境中也有稳定的遗传效应。例如，位于片段 M_{10} 和 M_{18} 上的两个 QTL 在所有环境中都降低粒长，片段 M_{51} 和 M_{80} 上的两个 QTL 在所有环境中都增加粒长（表 9.3）。主效 QTL 在育种中往往容易选择并加以利用，长期的选择可能已经固定了大多数的主效基因。进一步提高遗传进度，可能要把目标放在效应较小但能稳定表达的基因上。从这个角度来讲，稳定表达微效 QTL 的检测及其遗传研究也具有重要价值。

§9.3 多个亲本与一个共同亲本杂交遗传群体的 QTL 作图

在双亲衍生的群体中，如果两个亲本在一个基因座位上不存在多态性，那么在这个群体中就不可能检测到这个座位上存在的基因。近些年，人们更注重利用多个亲本进行杂交、创建遗传研究群体。多亲本群体中存在更多的遗传差异，我们能够更加全面地研究植物性状的遗传基础（王建康等，2011; Li et al., 2011）。为了研究玉米开花期的遗传多样性，玉米多样性组织（http://www.panzea.org）选择具有广泛来源的 25 个玉米自交系和一个共同自交系亲本 'B73' 杂交，共产生了 25 个双亲家系群体，每个双亲群体由 200 个左右的重组近交系构成，适宜进行连锁分析。将它们合在一起，形成一个大小约为 5000 的关联分析群体。这一设计称为巢式关联作图（nested association mapping, NAM），根据该设计产生的群体称为 NAM 群体（Buckler et al., 2009; McMullen et al., 2009; Guo et al., 2010）。本节介绍完备区间作图方法（ICIM）在 NAM 群体中的推广应用，称为联合完备区间作图方法（joint inclusive composite interval mapping, JICIM），但群体个数不局限于 25 个（Li et al., 2011）。

§9.3.1 广义线性回归和模型选择

假设有 F $(F > 1)$ 个双亲重组近交家系群体，它们具有一个共同亲本。每个家系的群体大小为 n_f $(f = 1, 2, \cdots, F)$，总的群体大小为 $N = \sum\limits_{f=1,\cdots,F} n_f$。与 ICIM 类似，JICIM 也有两个步骤。第一步，估计每个家系群体的效应以及每个家系群体中的标记效应（Li et al., 2011）。总的亲本数为 $F+1$，因此每个标记有 $F+1$ 个水平。表型值的广义线性模型（general linear model, GLM）为

$$Y = b_0 + \alpha u + X\beta + \varepsilon \tag{9.20}$$

其中，Y 是表型值向量；b_0 是截距；$u^T = (u_1, u_2, \cdots, u_F)$ 代表每个亲本与共同亲本间的群体效应；α 是一个 $N \times F$ 的设计矩阵；β 是 m 个标记 $F+1$ 个水平下的效应，是 $[(F+1) \times m] \times 1$ 维的向量；ε 是残差向量。为了避免过拟合，利用逐步回归估计线性模型公式 9.20 中的参数。如果回归变量没有进入模型，对应标记变量的系数设为 0。

§9.3.2 JICIM 的参数估计和假设检验

在第一步利用逐步回归对公式 9.20 系数估计的基础上，JICIM 的第二步是进行全基因组扫描。假定当前的标记区间是 $(k, k+1)$，为排除当前区间之外 QTL 的影响，对家系

$f\ (f=1,2,\cdots,F)$ 中的个体 $i\ (i=1,2,\cdots,n_f)$ 的表现型进行矫正,即

$$\Delta y_{if} = y_{if} - \alpha_{if}u_f - \sum_{j\neq k,k+1}\hat{b}_j x_{ifj} \tag{9.21}$$

如果在第 f 个家系中当前检测位置上存在一个 QTL(两个等位基因定义为 Q_f 和 Q_0),基因型 Q_fQ_f 服从正态分布 $N(\mu_f,\sigma_f^2)$,Q_0Q_0 服从正态分布 $N(\mu_0,\sigma_f^2)$,$\Delta y_{if}\ (i=1,2,\cdots,n_f)$ 将表现为这两个正态分布的混合。两个分布在混合分布中的概率由 QTL 与两侧标记间的重组率决定(表 9.4)。当前检测位置上是否存在 QTL,可以利用以下假设测验来判断:

$$H_0: \mu_1 = \mu_2 = \cdots = \mu_F = \mu_0$$
$$H_A:\quad \mu_1,\mu_2,\ldots,\mu_F \text{ 中至少有一个不等于 } \mu_0 \tag{9.22}$$

H_A 条件下的对数似然函数为

$$\ln L_A = \sum_{f=1}^{F}\sum_{j=1}^{4}\sum_{i\in S_j}^{n_f}\ln\left[p_{fj}\Phi(\Delta y_{if};\mu_f,\sigma_f^2) + (1-p_{fj})\Phi(\Delta y_{if};\mu_0,\sigma_f^2)\right] \tag{9.23}$$

其中,S_j 代表标记型 $j\ (j=1,2,3,4;$ 表 9.4)的个体组成的集合;p_{fj} 代表第 f 个家系群体中第 j 个标记型下 QTL 基因型 Q_fQ_f 的频率;μ_f 和 μ_0 分别是 QTL 基因型为 Q_fQ_f 和 Q_0Q_0 的均值;$\Phi(\bullet;\mu,\sigma^2)$ 代表正态分布的密度概率。

利用 EM 算法估计似然函数公式 9.23 中 $F+1$ 个均值和方差,得到均值和方差的极大似然估计值,分别表示为 $\hat{\mu}_0, \hat{\mu}_1, \hat{\mu}_2, \cdots, \hat{\mu}_F$ 和 $\hat{\sigma}_1^2, \hat{\sigma}_2^2, \cdots, \hat{\sigma}_F^2$。那么 QTL 在每个群体中的加性效应 $(\hat{a}_f)$ 为

$$\hat{a}_f = \frac{1}{2}(\hat{\mu}_f - \hat{\mu}_0) \tag{9.24}$$

H_0 条件下,所有的 $\Delta y_{if}\ (i=1,\cdots,n_f)\left(f=1,\cdots,F; N=\sum_{f=1}^{F}n_f\right)$ 均服从同一个正态分布 $N(\mu_0,\sigma_f^2)$。均值和方差的极大似然估计为

$$\hat{\mu}_0 = \frac{1}{N}\sum_{f=1}^{F}\sum_{i=1}^{n_f}\Delta y_{if}, \quad \hat{\sigma}_f^2 = \frac{1}{n_f}\sum_{i=1}^{n_f}(\Delta y_{if} - \hat{\mu}_0)^2 \tag{9.25}$$

H_0 对应的对数似然函数用公式 9.26 表示,从中可以计算 H_0 条件下最大似然估计以及似然函数的最大值。

$$\ln L_0 = \sum_{f=1}^{F}\sum_{i=1}^{n_f}\ln\Phi(\Delta y_{if};\mu_0,\sigma_f^2) \tag{9.26}$$

利用两个假设条件下的对数似然函数公式 9.23 和公式 9.26 计算 LOD 值与 LRT,并用来判断当前扫描位置上是否存在 QTL。

表 9.4 当前作图标记区间 $(k, k+1)$ 上第 f 个家系群体中 4 种标记类型和 QTL 分布

标记型	样本量	标记型频率	QTL 基因型的频率		Δy_i 的分布
			$Q_f Q_f$	$q_0 q_0$	
1	n_{f1}	$\frac{1}{2}(1 - r_{k,k+1})$	p_{f1}	$1 - p_{f1}$	$p_{f1} N(\mu_f, \sigma_f^2) + (1 - p_{f1}) N(\mu_0, \sigma_f^2)$
2	n_{f2}	$\frac{1}{2} r_{k,k+1}$	p_{f2}	$1 - p_{f2}$	$p_{f2} N(\mu_f, \sigma_f^2) + (1 - p_{f2}) N(\mu_0, \sigma_f^2)$
3	n_{f3}	$\frac{1}{2} r_{k,k+1}$	p_{f3}	$1 - p_{f3}$	$p_{f3} N(\mu_f, \sigma_f^2) + (1 - p_{f3}) N(\mu_0, \sigma_f^2)$
4	n_{f4}	$\frac{1}{2}(1 - r_{k,k+1})$	p_{f4}	$1 - p_{f4}$	$p_{f4} N(\mu_f, \sigma_f^2) + (1 - p_{f4}) N(\mu_0, \sigma_f^2)$

注：Q_f 是第 f 个亲本的等位基因，Q_0 是共同亲本的等位基因。$p_{f1} = (1 - r_{j,q})(1 - r_{q,j+1})/(1 - r_{j,j+1})$，$p_{f2} = (1 - r_{j,q}) r_{q,j+1} / r_{j,j+1}$，$p_{f3} = 1 - p_{f2}$，$p_{f4} = 1 - p_{f1}$，其中，$r_{j,q}$、$r_{q,j+1}$ 和 $r_{j,j+1}$ 分别代表第 j 个标记与 QTL 间、QTL 与第 $j+1$ 个标记间，以及第 j 个标记与第 $j+1$ 个标记间的重组率。$N(\mu_f, \sigma_f^2)$ 和 $N(\mu_0, \sigma_f^2)$ 分别代表第 f 个群体中 QTL 基因型 $Q_f Q_f$ 和 $q_0 q_0$ 的分布。

对 NAM 设计产生的 F 个家系群体来说，一个 QTL 上共有 $F + 1$ 种纯合基因型。共同亲本基因型的均值为 μ_0。其他 F 个基因型的均值可以用公式 9.24 估计出的加性效应分别表示为 $\mu_0 + 2a_1, \cdots, \mu_0 + 2a_F$。各种基因型在整个 NAM 家系群体中的频率分别为 $\frac{1}{2}$，$\frac{n_1}{2N}, \cdots, \frac{n_F}{2N}$。因此，一个 QTL 在整个 NAM 群体中的遗传方差为

$$V_Q = 2 \sum_{f=1}^{F} \frac{n_f}{N} a_f^2 - \left(\sum_{f=1}^{F} \frac{n_f}{N} a_f \right)^2 \tag{9.27}$$

QTL 解释表型方差的比例为

$$\text{PVE} = \frac{2 \sum_{f=1}^{F} \frac{n_f}{N} a_f^2 - \left(\sum_{f=1}^{F} \frac{n_f}{N} a_f \right)^2}{V_P} \tag{9.28}$$

其中，$V_P = \sum_{f=1}^{F} \frac{n_f}{N} V_{Pf}$，为总的表型方差，$V_{Pf}$ 为第 f 个家系群体的表型方差。

§9.3.3 一个拟南芥 NAM 群体中开花期性状的 QTL 定位

有 4 个拟南芥自交系 Landsberg erecta（Ler, N20）、Kashmir（Kas-2, N1264）、Kondara（Kond, CS6175）和 Antwerp（An-1, N944），按下面的杂交方案产生 3 个 RIL 家系群体，即（An-1, N944）×（Ler, N20）、（Ler, N20）×（Kas-2, N1264）和（Ler, N20）×（Kond, CS6175）。亲本（Ler, N20）在第一个群体中用作父本，在另外两个群体中用作母本。3 个杂交组合产生的 F_1 种子种植成 F_2 世代，分别由 120 个、164 个和 120 个 F_2 植株通过单粒传的方式一直种植到 F_9 代，形成 3 个数目不同的 RIL 家系群体。3 个群体简记为 Ant-1、Kas-2 和 Kond。从这 3 个群体中分别筛选了 64 个、77 个和 75 个标记来构建连锁图谱，基因组长度分别为 371cM、441cM 和 351cM，其中有 39 个标记在 3 个群体中都具有多态性，因此可对

3个图谱进行整合，从而构建出一个整合遗传连锁图谱。(El-Lithy et al., 2006; Ehrenreich et al., 2009; Brachi et al., 2010)。

通过排列检验，选取 LOD 临界值 3.30 来判断 QTL 的有无，总共检测到影响开花期的 9 个 QTL (表 9.5)。第 1 条染色体和第 4 条染色体上分别有两个 QTL，有 3 个 QTL 位于第 5 条染色体上，第 2 条染色体和第 3 条染色体上各有 1 个 QTL。这 9 个 QTL 中，LOD 值最大的 QTL 位于第 4 条染色体上，靠近标记 FRI。qA1-1 靠近其左端标记 CIW1，qA1-2、qA4-2 和 qA5-2 都分别靠近他们所在区间的右端标记 SNP110、SNP199 和 nga139。

表 9.5 JICIM 对 3 个拟南芥 RIL 群体开花期性状的 QTL 作图结果

QTL 名称	染色体	位置/cM	左端标记	右端标记	LOD 值	QTL 加性效应/天		
						Ant-1	Kas-2	Kond
qA1-1	1	66.00	CIW1 (65.20)	F6D8.94 (69.40)	3.75	−0.55	**1.19**	**−2.64**
qA1-2	1	107.00	SNP157 (104.40)	SNP110 (107.80)	4.69	−0.12	**1.32**	1.00
qA2	2	0.00	msat2.5 (0.00)	msat2.5 (0.00)	3.05	−0.01	−0.38	**−2.87**
qA3	3	0.00	SNP105 (0.00)	nga172 (2.90)	13.39	**2.32**	1.05	**2.74**
qA4-1	4	3.00	msat4.41 (0.00)	FRI (3.60)	43.23	**0.82**	**−5.60**	**−11.24**
qA4-2	4	49.00	SNP295 (46.60)	SNP199 (49.90)	8.51	−0.06	**−3.90**	**−2.02**
qA5-1	5	19.00	SNP136 (17.30)	SNP358 (20.60)	13.67	**−1.50**	**−2.78**	**−3.48**
qA5-2	5	33.00	SNP236 (32.10)	nga139 (33.50)	5.87	0.05	−0.99	**−4.18**
qA5-3	5	93.00	SNP101 (92.50)	SNP304 (93.80)	8.00	**−1.12**	**2.76**	−1.01

注：标记名称后面括号内的数字为标记在整合遗传连锁图谱上的位置，单位为 cM；在加性效应的估计值中，黑体表示该 QTL 在单个 RIL 群体中也达到显著性水平

§9.4 数量性状基因的孟德尔化

多基因假说是经典数量遗传学的理论基础。在多基因假说成立的情况下，数量性状的表现型近似服从正态分布。数量性状表型难以分组，更观察不到常见的孟德尔分离比。遗传研究中为了定位到更多影响性状的基因，在构建遗传研究群体时，经常选择遗传差异尽可能大的两个亲本进行杂交。在这样的群体中，对于一个 QTL 上不同基因型构成的子群体来说，其方差除了随机误差方差之外，还包括其他 QTL 分离产生的遗传方差。因此，单个 QTL 解释表型变异的比例都不高，不同 QTL 基因型对应的分布难以从表型分布中看出来。

假定一个 QTL 的加性效应 $a=2$，显性效应 $d=-2$，即高性状值等位基因相对于低性状值等位基因为隐性。如果该 QTL 所在的一个 F_2 群体中还有很多其他 QTL，这些 QTL 产生的背景遗传方差用 V_B 表示，误差方差用 V_ε 表示。在无奇异分离的 F_2 群体中，该 QTL 解释表型变异的比例 (PVE) 为

$$\text{PVE}_Q = \frac{\frac{1}{2}a^2 + \frac{1}{4}d^2}{\frac{1}{2}a^2 + \frac{1}{4}d^2 + V_B + V_\varepsilon} \tag{9.29}$$

从上面的公式容易看出，如果这个 QTL 所在的 F_2 群体还有许多其他 QTL 的分离，这些 QTL 将产生较大的背景方差，从而降低 QTL 解释表型变异的比例。另外，如果表型鉴

定时有较大的误差，也会降低 QTL 解释表型变异的比例。例如，$V_B + V_\varepsilon = 10$ 时，$\text{PVE}_Q = 0.23$，表型分布接近于一个正态分布，单依据表型不能将 3 种 QTL 基因型对应的分布分离开（图 9.5A）。

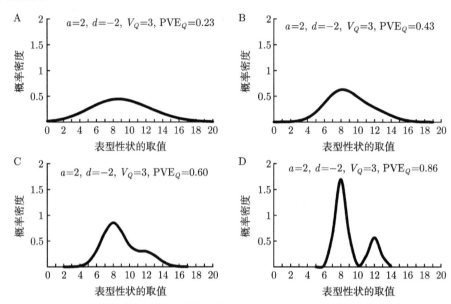

图 9.5　4 种遗传背景方差和误差方差下一个 QTL 在 F_2 群体中的表型分布

A. 背景遗传方差和误差方差之和为 10；B. 背景遗传方差和误差方差之和为 4；C. 背景遗传方差和误差方差之和为 2；D. 背景遗传方差和误差方差之和为 0.5

QTL 加显性效应反映的是这个座位上不同基因型产生的表型差异，一般来说难以改变。但是，可以通过构造次级群体，使得这些群体中仅存在某一个 QTL 的分离，由此大大降低背景遗传方差 V_B。此外，通过有效的田间试验设计，提高遗传材料所生长的环境条件的均匀一致性，由此降低随机效应方差。从公式 9.29 可以看出，随着 QTL 遗传方差之外的其他方差成分的降低，QTL 解释表型变异的比例将不断提高。当 $V_B + V_\varepsilon = 4$ 时，$\text{PVE}_Q = 0.43$，表型呈偏态分布（图 9.5B）；$V_B + V_\varepsilon = 2$ 时，$\text{PVE}_Q = 0.60$，表型呈双峰分布（图 9.5C）；$V_B + V_\varepsilon = 0.5$ 时，$\text{PVE}_Q = 0.86$，表型呈截然不同的两个分布（图 9.5D）。在这一过程中，QTL 的加显性效应并未发生变化，PVE 的提高源自背景遗传方差和随机误差方差的不断下降。

例如，在一个 F_2 群体中，如果观测到图 9.5D 的表型分布，就能采用传统孟德尔遗传学研究方法，将个体划分为低值和高值两类表型，对两类表型中的个体数进行 3:1 的分离比检验，从而对数量性状基因进行单基因孟德尔分析，实现数量性状基因的孟德尔化。下面以水稻粒宽性状为例，说明数量性状基因的孟德尔化、精细定位和克隆的过程。

§9.4.1　重组近交家系群体中粒宽 QTL 的初步定位

作图群体由一组重组近交家系构成，亲本为粳稻品种 'Asominori' 和籼稻品种 'IR24'，自 F_1 开始连续自交，共获得 71 个 F_7 家系，用于基因型和表型鉴定。4 种环境条件下（用 $E_5 \sim E_8$ 表示），'Asominori' 的粒宽在 2.70mm 左右，粒形较宽。'IR24' 的粒宽在 2.10mm 左右，粒形较窄。从图 9.6 的次数分布可以看出，RIL 群体在 4 种环境条件下的粒宽为

2.00~3.00mm，表型呈连续性分布，不存在明显的多峰性，但存在超亲分离现象（Wan et al., 2004, 2005, 2006, 2008）。

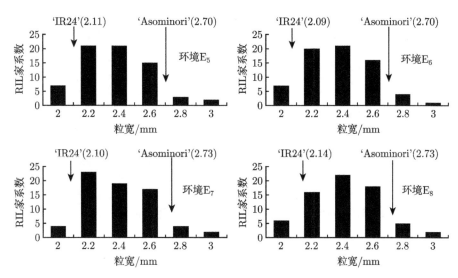

图 9.6 'Asominori'和'IR24'杂交产生的 71 个重组近交家系群体中粒宽性状在 4 个环境下的表型分布

利用 250 个亲本间表现出多态性的分子标记对 71 个 RIL 家系进行基因型鉴定，根据基因型鉴定数据构建 12 条水稻连锁图谱，图谱总长度为 1203cM，标记间的平均距离为 5.05cM。利用完备区间作图方法对每个环境的粒宽数据进行 QTL 定位，逐步回归中标记变量进入模型的概率水平设置为 0.001，图 9.7 给出 4 种环境下的 LOD 曲线。从中可以看出，在第 5 条染色体的相似位置上，即 22cM 处，4 种环境下均存在一个显著的峰值，且环境间的遗传效应有相同的方向，将此 QTL 命名为 qGW-5。LOD 曲线在其他一些染色体上，如染色体 3、8、9 和 10，也存在一些明显的峰（图 9.7）。但是，这些峰仅存在于某一个或几个环境中。如果将这些峰所在的位置也视为 QTL，则它们的环境稳定性较差。

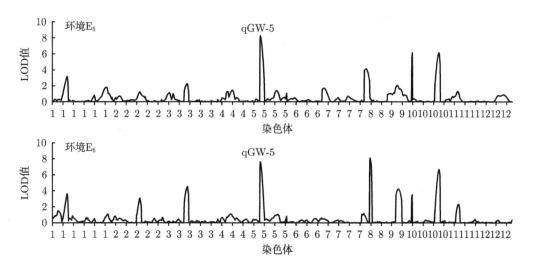

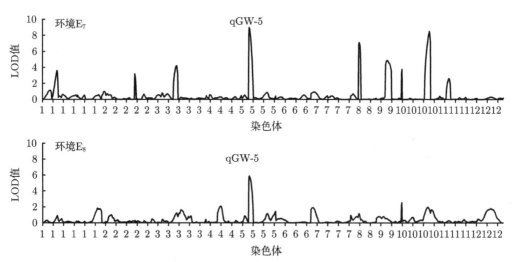

图 9.7 'Asominori' 和 'IR24' 杂交产生的 71 个重组近交家系群体中 4 个环境粒宽性状 QTL 完备区间作图一维扫描的 LOD 曲线

水稻 12 条染色体的一维扫描,步长为 1cM

§9.4.2 染色体片段置换系群体中粒宽 QTL 的验证

利用图 9.4 的置换系群体,对 qGW-5 进行再一次的验证。在 $E_5 \sim E_8$ 这 4 种环境条件下,'Asominori' 的粒宽在 2.75mm 左右,粒形较宽。'IR24' 的粒宽在 2.45mm 左右,粒形较窄。从图 9.8 的次数分布可以看出,CSSL 群体在 4 种环境条件下的粒宽为 2.40~3.00mm,表型呈连续性分布,不存在明显的多峰性。但由于每个 CSSL 家系中背景亲本 'Asominori' 的遗传贡献远高于供体亲本 'IR24',CSSL 家系的粒宽大多集中在 'Asominori' 附近。

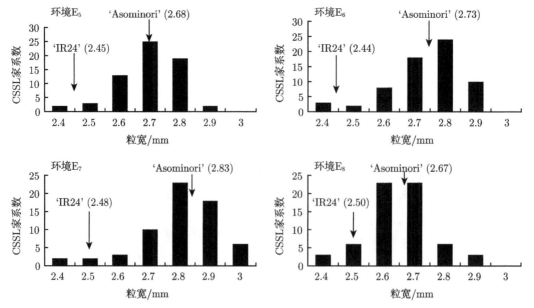

图 9.8 以 'Asominori' 为背景的 65 个 'IR24' 染色体片段置换系中粒宽性状在 4 个环境下的次数分布

利用 §9.2 介绍的方法对每个环境的粒宽数据进行 QTL 定位。忽略标记间的复共线性，逐步回归中标记变量进入模型的概率水平设置为 0.01。图 9.9 给出 4 种环境下每个标记所代表片段的 LOD 直方图，可以看出 qGW-5 附近由第 35 个标记（标记名称 C263）代表的染色体片段上，4 种环境下 LOD 值均超过临界值 2.5，且环境间的遗传效应有相同的方向。

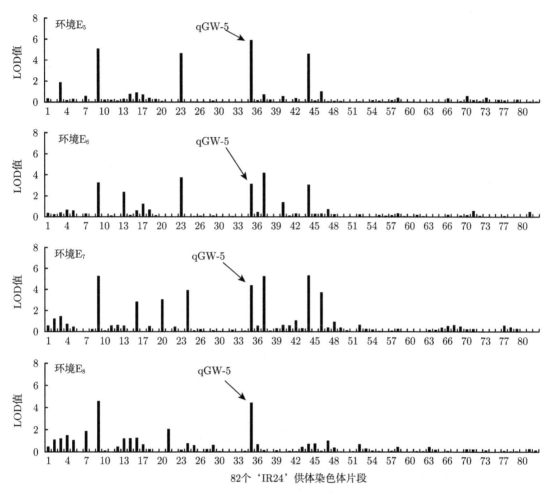

图 9.9　以 'Asominori' 为背景的 65 个 'IR24' 染色体片段置换系中 4 种环境下粒宽性状 QTL 作图的 LOD 值

图 9.10 给出两个 CSSL 的基因型以及 4 个环境下粒宽的平均表现。CSSL28 在标记 C263、R3166、R569 和 R2289 上的基因型与供体亲本 'IR24' 相同，其他染色体片段来自背景亲本 'Asominori'。CSSL28 的粒宽明显低于 'Asominori'，这种差异是由 C263-R2289 染色体片段的差异引起的，说明 'IR24' 的 C263-R2289 染色体片段上存在降低粒宽的基因。CSSL29 在标记 C263、R3166 和 R569 上的基因型与供体亲本 'IR24' 相同，其他染色体片段来自背景亲本 'Asominori'。CSSL29 的粒宽明显低于 'Asominori'，这种差异是由 C263-R569 染色体片段的差异引起的，说明 'IR24' 的 C263-R569 染色体片段存在降低粒宽的基因。CSSL28 和 CSSL29 有近乎相同的粒宽，说明控制粒宽的基因可能不在标记 R2289

表示的染色体片段上。在 RIL 群体中，qGW-5 被定位在第 5 条染色体的 22cM 处，即标记 R3166 和 R569 之间。这一结果在 CSSL 群体中得到进一步的验证。

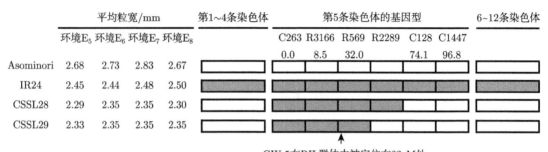

图 9.10　背景亲本'Asominori'、供体亲本'IR24'和两个窄粒染色体片段置换系（CSSL28 和 CSSL29）的表现型与基因型

亲本'Asominori'的染色体片段用空白方框表示，亲本'IR24'的染色体片段用阴影方框表示；第 5 条染色体上标记名称下方的数字为 RIL 群体连锁图谱上的位置 cM；标记 R2289 在 RIL 群体中无数据，因此它在连锁图谱上的位置没有给出

§9.4.3　一个稳定遗传宽粒数量性状基因的孟德尔化

CSSL28 与'Asominori'仅在标记 C263 到标记 R2289 的染色体片段上存在差异。如果这个片段上仅存在一个粒宽 QTL，它们之间杂交产生的 F_2 群体中也就只存在一个 QTL 的分离，这样就获得只有一个数量性状基因座位的分离群体。为了获得更短的 qGW-5 供体片段，将 CSSL28 和'Asominori'的杂交 F_1 与'Asominori'连续回交 4 代。在回交 2~4 代群体中，仅选择窄粒的单株与'Asominori'回交，以保证座位 qGW-5 上的供体片段始终存在于回交群体中。最后在 BC_4F_1 群体中选择窄粒个体进行自交，产生一个大型次生 F_2 群体。分别将 2171 个、1248 个、2465 个和 897 个次生 F_2 个体种植在另外 4 种不同的环境（用 $E_9 \sim E_{12}$ 表示）条件下进行表型鉴定。4 种环境下粒宽有类似的表型分布，图 9.11 给出 E_{11} 条件下 2465 个单株粒宽数据的次数分布。

图 9.11 的次生 F_2 群体中，E_{11} 环境下 2465 个单株的粒宽可以明显地分为窄粒和宽粒两种类型。窄粒个体分布在 CSSL28 附近，宽粒个体分布在'Asominori'附近，F_1 的表现接近于 CSSL28。因此，宽粒相对于窄粒表现为隐性。宽粒个体的频率较低，基因型鉴定结果表明这些个体均不携带供体染色体片段，它们的基因型与'Asominori'相同。窄粒个体的频率较高，基因型鉴定结果表明这些个体均携带供体染色体片段。窄粒和宽粒两种表型与 3:1 分离比有较大的差异。进一步分析表明，在 qGW-5 附近存在一个杂种部分不育基因，有可能是之前定位到的存在于第 5 条染色体 20.9~24.7cM 的 $S31(t)$ 基因（Zhao et al., 2006）。两种表型偏离 3:1 的分离比，其实是由 qGW-5 与 $S31(t)$ 的紧密连锁造成的。

对图 9.11 的 F_2 群体来说，粒宽变成一个单基因控制的质量性状，宽粒等位基因来源于'Asominori'，窄粒等位基因来源于'IR24'，宽粒等位基因表现为隐性。将此基因命名为 gw-5，宽粒和窄粒等位基因分别用 gw-5 和 Gw-5 表示。纯合基因型 gw-5 gw-5 表现为宽粒，杂合基因型 Gw-5 gw-5 和纯合基因型 Gw-5 Gw-5 均表现为窄粒。

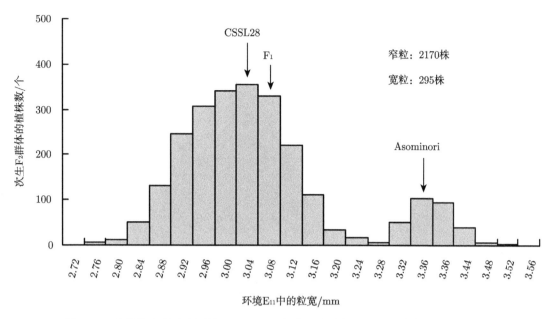

图 9.11 窄粒染色体片段置换系 CSSL28 与背景亲本的 BC_4F_2 群体中粒宽的分布

§9.4.4 一个稳定遗传宽粒数量性状基因的精细定位和功能验证

针对宽粒基因 *gw-5* 所在 Y1060L~R569 这一段 10.6cM 的区间（图 9.12A），寻找 'Asominori' 和 'IR24' 之间存在差异的标记（图 9.12B）。利用这些标记对 CSSL28 与背景亲本的 BC_4F_2 群体开展基因型鉴定，然后估计这些标记和 *gw-5* 的重组率（图 9.12C）。结果表明，在 *gw-5* 左边存在 3 个简单序列重复（simple sequence repeat, SSR）标记（即 RM3328、RM3322 和 RM5874）和一个表达序列标签（exqressed sequencetag, EST）标记（即 C53703），在 *gw-5* 右边存在一个 SSR 标记（即 RM5994）（图 9.12C）。

利用已测序水稻品种 'Nipponbare' 的 6 个 BAC/PAC 重叠群的 DNA 序列，设计 10 个多态性 SSR 标记（图 9.12B，图 9.12C），并对 BC_4F_2 群体进行基因型鉴定。鉴定结果表明，在 805 个 *gw-5* 纯合基因型中，RMw530 和 RMw513 分别出现 23 个和 6 个重组体，从而把 *gw-5* 定位在遗传距离为 1.8cM 的染色体片段上。从 'Nipponbare' 的基因组数据中得知，RMw530 和 RMw513 的物理位置分别在第 5 条染色体的 5 309 078bp 和 5 358 806bp 处，这样就把 *gw-5* 精细定位到 49.7kb 的 DNA 片段上（图 9.12C）。

Weng 等（2008）进一步将该基因定位在一个重叠区间内，发现存在于宽粒品种中的 1212bp 缺失与粒宽性状关联，验证了该缺失在水稻人工驯化和育种改良过程中被高强度地选择以增加水稻产量。Liu 等（2017）进一步发现，位于该缺失区域上游一个编码钙调蛋白的基因能够显著影响水稻粒宽，主要在水稻籽粒发育时期的颖壳中表达，是 *qw-5* 的候选基因，宽粒品种的 1212bp 缺失通过调控基因 *gw-5* 的表达量进而调控籽粒大小。这些研究深刻阐明了粒宽这一典型数量性状的遗传构成中，一个主效基因的基因功能和生化途径，为多基因控制数量性状的遗传研究和基因解析提供了范例。

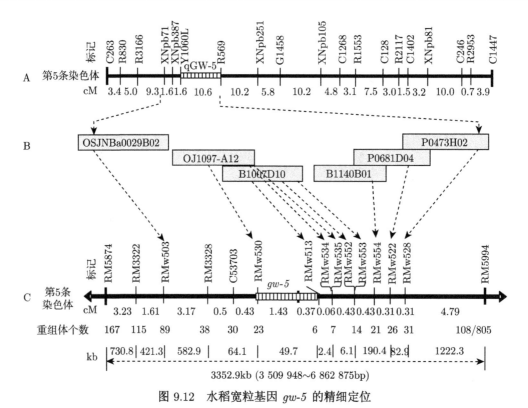

图 9.12 水稻宽粒基因 gw-5 的精细定位

A. RIL 和 CSSL 群体中定位到的 qGW-5 在水稻第 5 条染色体上的位置；B. qGW-5 所在的 10.6cM 染色体区间上的 6 个 BAC/PAC 重叠群；C. 宽粒基因 gw-5 精细定位在约 49.7kb 的染色体区段上

§9.5 自然群体的关联分析方法

§9.5.1 连锁不平衡是基因定位的前提条件

任意一个遗传群体中，如果两个（或多个）座位的联合基因型频率等于单个座位上基因型频率的乘积，则说明它们处于平衡状态；反之，则说明它们之间存在不平衡。概率论中，如果两个事件 A 和 B 同时发生的概率等于事件 A 和 B 分别发生的概率的乘积，则说明 A 和 B 这两个事件是相互独立的。如果将座位 A 基因型、座位 B 基因型看作两个概率事件，联合基因型看作这两个事件同时发生，那么座位间的平衡与概率事件的独立性有着相同的含义。因此，两个座位处于平衡状态，有时也称这两个座位相互独立。统计学中的列联表独立性检验可对基因座位间不平衡程度的显著性进行检验（见练习 9.7 和练习 9.8）。

以座位 A（两个等位基因用 A 和 a 表示）和座位 B（两个等位基因用 B 和 b 表示）为例，二者处于平衡状态意味着联合基因型 $AABB$ 的频率等于基因型 AA 频率与基因型 BB 频率的乘积，$AABb$ 的频率等于 AA 频率与 Bb 频率的乘积等（表 9.6）。表 9.6 给出的联合基因型频率，也称作平衡频率。处于平衡状态时，在座位 A 的不同基因型下，座位 B 的 3 种基因型有着相同的条件频率（表 9.6）；在座位 B 的不同基因型下，座位 A 的 3 种基因型也具有相同的频率。如果一个群体中，两个座位上的联合基因型频率与表 9.6 的平衡频率之间存在差异，则说明这两个座位之间存在一定程度的不平衡。存在不平衡的群体中，从单个座位的基因型频率不能得出联合基因型的频率；在座位 A 的不同基因型下，座位 B 的 3 种基因型有着不同的条件频率。

表 9.6　平衡状态下座位 A 和座位 B 的联合基因型频率和座位 B 条件频率

座位 A 基因型及其频率	座位 B 基因型及其频率			座位 B 条件频率		
	BB, p_{BB}	Bb, p_{Bb}	bb, p_{bb}	BB	Bb	bb
AA, p_{AA}	$p_{AA}p_{BB}$	$p_{AA}p_{Bb}$	$p_{AA}p_{bb}$	p_{BB}	p_{Bb}	p_{bb}
Aa, p_{Aa}	$p_{Aa}p_{BB}$	$p_{Aa}p_{Bb}$	$p_{Aa}p_{bb}$	p_{BB}	p_{Bb}	p_{bb}
aa, p_{aa}	$p_{aa}p_{BB}$	$p_{aa}p_{Bb}$	$p_{aa}p_{bb}$	p_{BB}	p_{Bb}	p_{bb}

如果座位 A 是一个分子标记，座位 B 控制某一性状，将群体按照标记型分组，3 种标记型 AA、Aa 和 aa 对应的子群体具有完全相同的性状均值，标记与性状或控制性状的基因之间将看不到任何关联。如果座位 A 与 B 之间存在不平衡，联合基因型的频率不等于表 9.6 中的平衡频率，在座位 A 的不同基因型下，座位 B 的 3 种基因型有着不同的条件频率，不同标记型构成的子群体就会具有不同的性状均值，标记与性状或控制性状的基因之间就存在一定的关联。因此，利用标记定位基因时，我们需要标记座位与基因座位之间的不平衡。只有不平衡的存在，我们才能观察到标记与基因所控制性状之间的关联。

前几章介绍的杂交后代群体，不论是两个亲本还是多个亲本，只要两个座位间的重组率小于 0.5，它们之间就一定存在不平衡；反过来说，座位之间的不平衡反映的也是这两个座位之间存在连锁关系。由遗传连锁引起的两个座位之间的不平衡，又称作连锁不平衡（linkage disequilibrium, LD）。下面还会看到，随机交配会降低连锁座位间的 LD，不同结构的群体混合也会引起座位间的不平衡，基因间互作和选择等因素也会引起座位间的不平衡。在一个非控制杂交的自然群体中，遗传连锁与不平衡之间的关系不一定是必然的因果关系。要判断一个群体中的不平衡究竟是由遗传连锁引起的还是来自其他因素的影响，往往还需要知道群体的来源或衍生过程、个体间的亲缘和系谱关系等信息。

§9.5.2　随机交配群体中连锁不平衡的度量

随机交配大群体中，单个座位上等位基因频率和基因型频率服从哈迪–温伯格平衡定律，知道了等位基因的频率，就能得出基因型的频率（王建康，2017）。如果座位 A 上两个等位基因 A、a 的频率分别为 p、q，那么 3 种基因型 AA、Aa、aa 的频率将分别为 p^2、$2pq$、q^2。将表 9.6 中的各种基因型频率用哈迪–温伯格平衡频率表示，就得到表 9.7。

表 9.7　随机交配群体中两个平衡座位 A 和 B 的联合基因型频率和座位 B 条件频率

座位 A 基因型及其频率	座位 B 基因型及其频率			座位 B 条件频率		
	BB, p_B^2	$BB, 2p_Bp_b$	bb, p_b^2	BB	Bb	bb
AA, p_A^2	$p_A^2 p_B^2$	$2p_A^2 p_B p_b$	$p_A^2 p_b^2$	p_B^2	$2p_B p_b$	p_b^2
$Aa, 2p_A p_a$	$2p_A p_a p_B^2$	$4p_A p_a p_B p_b$	$2p_A p_a p_b^2$	p_B^2	$2p_B p_b$	p_b^2
aa, p_a^2	$p_a^2 p_B^2$	$2p_a^2 p_B p_b$	$p_a^2 p_b^2$	p_B^2	$2p_B p_b$	p_b^2

从基因型频率研究两个座位之间的不平衡，需要考察的基因型个数较多，研究起来有时

不是很方便。在随机交配群体中，即使对于两个或两个以上的座位，只要知道配子型的频率，就能得到各种基因型的频率。表 9.7 给出的 9 种基因型平衡频率可以等价地看作 4 种配子 AB、Ab、aB、ab 分别以频率 $p_A p_B$、$p_A p_b$、$p_a p_B$、$p_a p_b$ 随机结合（请读者自行验证），这 4 种频率称作配子型的平衡频率。显然，4 种配子型是否存在不平衡，与 9 种基因型是否存在不平衡是完全等价的。因此，在随机交配群体中，有时为了便于分析可以只关注配子间的不平衡。

假定一个随机交配群体中，4 种配子型 AB、Ab、aB、ab 的实际频率（或根据群体产生过程得到的理论频率）分别为 u、s、t、v（表 9.8）。当然，这 4 个频率需要满足和为 1 的限制条件。显然，基因 A 的频率 $p_A = u + s$，基因 B 的频率 $p_B = u + t$。计算配子型 AB 的频率 ($p_{AB} = u$) 与平衡频率 $p_A p_B$ 之间的差异，就得到 AB 的不平衡度计算公式 9.30。与公式 9.30 的计算过程类似，得到其他 3 种配子型的不平衡度计算公式 9.31。公式 9.30 和公式 9.31 中的不平衡是根据配子频率计算而来，有时又称为配子不平衡度。反过来，如果已知座位 A 和 B 之间的配子不平衡度 D，配子的不平衡频率也可以用平衡频率和不平衡度表示出来，列于表 9.8 最后一行。

$$D_{AB} = p_{AB} - p_A p_B = u - (u+s)(u+t) = u(1-u-s-t) - st = uv - st \tag{9.30}$$

$$D_{Ab} = -(uv - st), \quad D_{aB} = -(uv - st), \quad D_{ab} = uv - st \tag{9.31}$$

表 9.8 随机交配群体中的配子频率和不平衡的度量

配子基因型	AB	Ab	aB	ab
观测频率	$p_{AB} = u$	$p_{Ab} = s$	$p_{aB} = t$	$p_{ab} = v$
平衡频率	$p_A p_B$	$p_A p_b$	$p_a p_B$	$p_a p_b$
不平衡频率（同观测频率）	$p_A p_B + D$	$p_A p_b - D$	$p_a p_B - D$	$p_a p_b + D$

按照等位基因的结合方式，表 9.8 的 4 种配子可以分成相引和互斥两种类型，如果将 AB 和 ab 称为相引连锁类型，则将 Ab 和 aB 称为互斥连锁类型。在双亲后代群体中，如果亲本的基因型是 $AABB$ 和 $aabb$，AB 和 ab 又可以称为亲本型配子，Ab 和 aB 又可以称为重组型配子。两种相引配子结合在一起的基因型为 AB/ab，其频率等于 uv。两种互斥配子结合在一起的基因型为 Ab/aB，其频率等于 st。公式 9.30 和公式 9.31 中的不平衡度等于 0，意味着群体中双杂基因型 $AaBb$ 的两种连锁状态 AB/ab 和 Ab/aB 具有相同的频率，均等于 A、a、B、b 这 4 个等位基因频率的乘积。

从公式 9.30 和公式 9.31 来看，4 种配子的不平衡度可正可负，但它们具有相同的绝对值。将这个共同的绝对值称为座位 A 与 B 之间的连锁不平衡度，用 D 表示，即公式 9.32。

$$D = |uv - st| \tag{9.32}$$

当 $uv - st > 0$ 时，由于配子型 Ab 和 aB 的频率（表 9.8 最后一行）不能为负值，不平衡度 D 不能超过公式 9.33 给出的最大值。当 $uv - st < 0$ 时，由于配子型 AB 和 ab 的频率（表 9.8 最后一行）不能为负值，不平衡度 D 不能超过公式 9.34 给出的最大值。为便于比较不同群体中的不平衡度，有时也利用 D 与最大不平衡度的比值表示不平衡的程度，即公式

9.35，称为相对不平衡度，其取值为 0~1。

$$D_{\max} = \min\{p_A p_b,\ p_a p_B\} \tag{9.33}$$

$$D_{\max} = \min\{p_A p_B,\ p_a p_b\} \tag{9.34}$$

$$D' = \frac{D}{D_{\max}} \tag{9.35}$$

对于表 9.8 的 4 种配子型，如用 X 表示座位 A 的指示变量，用 Y 表示座位 B 的指示变量。那么，两个座位间的不平衡反映的其实是指示变量 X 和 Y 之间的相关关系（表 9.9）。

表 9.9 各种配子型在座位 A 和 B 上的指示变量

配子型	频率	座位 A (X)	座位 B (Y)
AB	u	1	1
Ab	s	1	-1
aB	t	-1	1
ab	v	-1	-1

根据概率论中期望和方差的定义，对变量 X 的期望和方差计算如下。

$$E(X) = u \times 1 + s \times 1 + t \times (-1) + v \times (-1) = (u+s) - (t+v) = p_A - p_a$$

$$\begin{aligned}V(X) &= 1^2 \times u + 1^2 \times s + (-1)^2 \times t + (-1)^2 \times v - E^2(X) \\ &= (u+s+t+v) - E^2(X) = 1 - E^2(X) \\ &= (p_A + p_a)^2 - (p_A - p_a)^2 = 4 p_A p_a\end{aligned}$$

与此类似，得到变量 Y 的期望和方差，

$$E(Y) = (u+t) - (s+v) = p_B - p_b,\quad V(Y) = 4 p_B p_b$$

根据概率论中协方差的定义，变量 X 与 Y 的协方差计算如下。

$$\begin{aligned}\mathrm{Cov}(X,Y) &= u \times 1 \times 1 + s \times 1 \times (-1) + t \times (-1) \times 1 + v \times (-1) \times (-1) - E(X)E(Y) \\ &= u - s - t + v - (u-v)^2 + (s-t)^2 \\ &= (u - u^2) - (s - s^2) - (t - t^2) + (v - v^2) + 2(uv - st)\end{aligned}$$

可以验证，

$$\begin{aligned}&(u - u^2) - (s - s^2) - (t - t^2) + (v - v^2) \\ =& u(1-u) - s(1-s) - t(1-t) + v(1-v) \\ =& u(s+t+v) - s(u+t+v) - t(u+s+v) + v(u+s+t) = 2(uv - st)\end{aligned}$$

因此，

$$\mathrm{Cov}(X, Y) = 4(uv - st) = 4D$$

利用相关系数的计算公式，得到变量 X 与 Y 的相关系数为

$$r = \frac{\text{Cov}(X,Y)}{\sqrt{V(X)V(Y)}} = \frac{4D}{\sqrt{4p_Ap_a \times 4p_Bp_b}} = \frac{D}{\sqrt{p_Ap_ap_Bp_b}}$$

因此，不平衡度 D 是否等于 0，与变量 X 与 Y 之间是否存在相关是等价的。为了保证不平衡度的非负性，实际群体中，人们还经常利用公式 9.36 度量一个群体中成对座位之间的不平衡程度（Devlin and Risch, 1995），其取值为 0~1。前面说过，列联表独立性检验的 χ^2 统计量可用于基因型或配子型不平衡度的显著性检验。有兴趣的读者请自行证明，公式 9.36 给出的 r^2 乘以总样本量，即是列联表独立性检验的 χ^2 统计量（练习 9.9）。

$$r^2 = \frac{D^2}{p_Ap_ap_Bp_b} \tag{9.36}$$

§9.5.3 连锁不平衡的影响因素

可以这么说，所有改变群体结构的因素，如交配系统、突变、迁移、选择和随机漂变，它们在影响单个座位上基因频率和基因型频率的同时，也必然影响两个或多个座位之间的不平衡度。遗传研究中，特别是利用分子标记对控制性状的基因进行定位时，我们自然希望座位间的不平衡是由遗传连锁引起的。只有这样，定位的结果才能用于育种中的标记辅助选择或进一步的基因精细定位和克隆的研究。下面简单介绍随机交配、不同结构的群体混合，以及选择对不平衡度的影响。

表 9.8 的 4 种配子随机结合产生二倍体，各种基因型的频率见表 9.10 第 2 列。表 9.10 后 4 列给出每种基因型产生的 4 种子代配子型的频率，其中，r 为座位 A 和座位 B 之间的重组率。每种配子所在的列与第 2 列基因型频率的积和（对于元素相乘、然后相加）等于该配子在子代群体的存在频率，列于表 9.10 倒数第 2 行。

表 9.10 随机交配后代群体中连锁不平衡度的计算

基因型	频率	子代的配子基因型			
		AB	Ab	aB	ab
$AABB$	u^2	1	0	0	0
$AABb$	$2us$	0.5	0.5	0	0
$AAbb$	s^2	0	1	0	0
$AaBB$	$2ut$	0.5	0	0.5	0
AB/ab	$2uv$	$\frac{1}{2}(1-r)$	$\frac{1}{2}r$	$\frac{1}{2}r$	$\frac{1}{2}(1-r)$
Ab/aB	$2st$	$\frac{1}{2}r$	$\frac{1}{2}(1-r)$	$\frac{1}{2}(1-r)$	$\frac{1}{2}r$
$Aabb$	$2sv$	0	0.5	0	0.5
$aaBB$	t^2	0	0	1	0
$aaBb$	$2tv$	0	0	0.5	0.5
$aabb$	v^2	0	0	0	1
合计	1	$u-(uv-st)r$	$s+(uv-st)r$	$t+(uv-st)r$	$v-(uv-st)r$
不平衡度		$D_0(1-r)$	$-D_0(1-r)$	$-D_0(1-r)$	$D_0(1-r)$

如公式 9.37 计算子代群体配子型 AB 的连锁不平衡度。用 D_t 表示 t 代随机交配群体

的连锁不平衡度，根据公式 9.37 递推得到公式 9.38。

$$D_1 = [u - (uv - st)r] - p_A p_B = u - p_A p_B + (uv - st)r$$
$$= D_0 - D_0 r = D_0(1 - r) \tag{9.37}$$
$$D_t = D_0(1 - r)^t \tag{9.38}$$

从公式 9.38 可以看出，随机交配降低连锁不平衡度。其结果是，多代随机交配后，群体中可能看不到连锁座位间的不平衡，使得遗传上连锁的座位处于平衡状态。遗传连锁影响的只是在随机交配过程中不平衡度下降的速度。例如，$r = 0.5$，每经过一代随机交配，不平衡度将下降一半，在随机交配少数几代后，不平衡度 D 将趋近于 0，两个座位间的不平衡将不复存在。$r < 0.5$，每经过一代随机交配，不平衡度为上一个世代的 $(1 - r)$ 倍，即使较小的重组率，随机交配足够多世代后，不平衡度 D 也将趋近于 0，连锁基因间的不平衡也将不复存在。

不同遗传结构的平衡群体的混合，会产生两个座位间的不平衡；两个不平衡群体的混合，可能会产生一个平衡的混合群体。对于表 9.11 中的两个平衡群体来说，1:1 混合群体的不平衡度 $D = 0.1225$。但是，这种不平衡与座位 A 和座位 B 间是否存在遗传上的连锁没有任何关系。不管座位 A 和座位 B 之间是否存在连锁，也不管连锁时的重组率有多大，混合群体的不平衡度总等于 0.1225。即使座位 A 和座位 B 之间不存在连锁，少数几代的随机交配后，因群体结构引起的不平衡仍然会存在。对于表 9.11 中的两个不平衡群体来说，1:1 混合群体的不平衡度 $D = 0$，群体 I 和群体 II 中看到的不平衡，在 1:1 的混合群体中却看不出来了。

表 9.11　群体混合对不平衡度的影响

群体	两个平衡群体的混合					两个不平衡群体的混合				
	AB	Ab	aB	ab	D	AB	Ab	aB	ab	D
群体 I	0.01	0.09	0.09	0.81	0	0.4	0.2	0.1	0.3	0.1
群体 II	0.64	0.16	0.16	0.04	0	0.2	0.4	0.3	0.1	−0.1
1:1 混合群体	0.325	0.125	0.125	0.425	0.1225	0.3	0.3	0.2	0.2	0

选择是改变群体结构最重要、最有效的手段。选择除改变单个座位上的基因和基因型频率外，自然也影响座位间的不平衡度。在一个平衡群体中，选择会产生出座位间的不平衡。在一个不平衡群体中，选择也可能导致一个平衡的后代群体。对于表 9.12 中的平衡起始群体来说，假定配子 AB 和 ab 的适合度均为 1，Ab 和 aB 的适合度均为 0.1，选择之后的配子不平衡度 $D = 0.131$。对于表 9.12 中的不平衡起始群体来说，不平衡度 $D = 0.15$，假定配子 AB 和 ab 的适合度均为 0.25，Ab 和 aB 的适合度均为 1，选择之后的配子不平衡度 $D = 0$。

表 9.12　选择对不平衡度的影响

群体	平衡群体的选择					不平衡群体的选择				
	AB	Ab	aB	ab	D	AB	Ab	aB	ab	D
选择前	0.4	0.1	0.4	0.1	0	0.4	0.1	0.1	0.4	0.15
适合度	1	0.1	0.1	1		0.25	1	1	0.25	
选择后	0.727	0.018	0.073	0.182	0.131	0.25	0.25	0.25	0.25	0

§9.5.4 连锁分析和关联分析两种基因定位方法的比较

分子标记大多是一段没有功能的 DNA 序列。基因定位一般通过标记与性状间有无关联来判断分子标记与控制性状的基因之间是否存在遗传上的连锁关系。在第 4~8 章介绍的双亲和多亲杂交后代群体中，标记与 QTL 之间的遗传连锁一定会导致群体中的连锁不平衡。即不同标记型的分组群体中，QTL 基因型有不同的频率。不同 QTL 基因型间的效应差异，势必导致不同标记型构成的群体具有不同的均值。因此，不同标记型均值间的差异可以用来判断标记与控制性状的基因之间是否存在连锁关系。用于连锁分析的作图群体是表型差异较大的纯系亲本杂交衍生的后代。在这些群体中，座位间的连锁会导致群体中亲本型的比例高于重组类型，只要存在连锁，在群体中就能观测到连锁不平衡。此外，控制杂交产生的群体都有明确的等位基因和基因型频率，不存在群体结构。在这些群体中观察到的不平衡，代表的就是不同座位在遗传上的连锁关系，不平衡与遗传连锁互为因果关系。在人类和动物遗传学研究中，连锁分析一般建立在核心家系群体的基础之上。核心家系群体中，个体之间存在程度较高且又近似相同的亲缘关系，一般不存在群体结构，座位间的不平衡和遗传上的连锁互为因果关系，也可以从不平衡度的高低估计基因间的遗传连锁距离，从而建立遗传连锁图谱。

QTL 连锁分析的局限性有以下几个方面。一是能检测到的 QTL 个数有限。例如，分离群体仅来自两个特定的亲本材料，连锁分析只涉及同一座位上的两个等位基因。如果 QTL 在两个亲本中携带相同的等位基因，它在这两个亲本杂交产生的后代群体中就不能被鉴定出来。对于检测到的 QTL，是否存在复等位基因也无从了解。当然，第 7 章和第 8 章介绍的多亲杂交群体在一定程度上克服了这一局限性。二是 QTL 的分辨率较低。在构建分离群体时，由于杂交次数有限和自交快速纯合的限制，座位间发生重组的次数也有限，连锁分析的精度一般为 10~20cM。增加标记密度有助于提高 QTL 作图精度，但是提高的程度又受作图群体大小的限制。在群体大小低于 200 的作图群体中，标记增加到一定程度后，如每隔 5~10cM 有一个标记，再增加更多的标记也不会明显提高 QTL 的检测功效（Li et al., 2010; 第 10 章 §10.3）。三是特定群体和环境的 QTL 定位结果无法推广到其他杂交组合和环境中。由于基因间的上位型互作，以及基因与环境间的互作，一种遗传背景或环境下检测到的 QTL 在另一种背景或环境下可能无法检测到。同一个基因在不同的遗传背景和环境条件下也可能有不同的效应。因此，一个群体中特定环境下检测到的 QTL 有待其他群体和环境的验证。

关联分析定位 QTL 的基本原理与连锁分析并没有本质差异，都是通过检测标记与性状的关联程度来判断是否有与标记连锁的性状基因或 QTL。但是，关联分析的遗传研究群体一般为自然群体，来源比较复杂。在这些群体中，长期的随机交配会掩盖基因座位间的连锁关系。即使两个座位存在遗传上的连锁，群体中也不一定能够看到不平衡的存在。另外，两个座位间的不平衡，不仅可以由遗传连锁产生，不同结构群体的混合以及选择等因素也能产生不平衡。关联分析群体中，个体之间亲缘关系的程度有高有低，往往存在群体结构差异。关联分析群体中看到的不平衡，不一定代表遗传上的连锁关系，不平衡和遗传连锁不一定存在必然的因果关系。

如表 9.11 所示，混合群体中的不平衡度与群体 I 和群体 II 不一致的现象也属于辛普森悖论（Simpson's paradox）的一种，该悖论由英国统计学家辛普森（E. H. Simpson）于 1951

年提出，指的是两组数据单独分析与合并分析得出截然相反结论的现象。假定两个等位基因 A 和 a 影响开花期，调查两个纯系品种群体的基因型，以及两种环境下种植的开花期。群体Ⅰ种植在短开花期环境中，基因型 AA 和 aa 的纯系个数分别为 10 和 90，对应的开花期均值分别是 50 天和 60 天，显然基因型 AA 的开花期早于基因型 aa。群体Ⅱ种植在长开花期环境中，基因型 AA 和 aa 的纯系个数分别为 40 和 60，对应的开花期均值分别是 80 天和 85 天，基因型 AA 的开花期显然也早于基因型 aa。如果将两个群体混合起来，得到基因型 AA 的均值为 $\frac{10 \times 50 + 40 \times 80}{10 + 40} = 74$，基因型 aa 的均值为 $\frac{90 \times 60 + 60 \times 85}{90 + 60} = 70$。从混合群体来看，基因型 AA 的开花期似乎又晚于基因型 aa，与群体Ⅰ和群体Ⅱ的结论截然相反。

表 9.13 中辛普森悖论产生的原因是基因型频率在两个群体中存在差异，不宜开展简单的合并分析。如果一定要进行联合分析，需要首先对性状值进行矫正。表 9.13 中的数据显示，两个群体的开花期均值分别是 59 天和 83 天。群体Ⅰ中，两种基因型与均值 59 天的离差分别是 -9 天和 1 天。群体Ⅱ中，两种基因型与均值 83 天的离差分别是 -3 天和 2 天。这些离差以下均称为效应。利用基因型 AA 在两个群体中的效应，得到混合群体的效应为 -4.2 天；利用基因型 aa 在两个群体中的效应，得到混合群体的效应为 1.4 天。利用群体均值矫正后的效应进行联合分析，得到了与单个群体分析一致的结论，即群体Ⅰ中基因型 AA 的开花期较 aa 早 10 天，群体Ⅱ中基因型 AA 的开花期早 5 天，两个群体合并起来看基因型 AA 的开花期早 5.6 天。表 9.13 中，如果两个群体中 AA 有相同的频率，aa 有相同的频率，辛普森悖论是不会出现的。严格地讲，存在结构差异的群体不能混合起来开展遗传研究；如果一定要进行联合分析，需要对数据进行适当的矫正，以避免辛普森悖论的产生。

表 9.13　群体混合对遗传分析的影响

群体	样本量		性状均值/天			群体均值的离差/天	
	AA	aa	AA	aa	群体	AA	aa
群体Ⅰ	10	90	50	60	59	-9	1
群体Ⅱ	40	60	80	85	83	-3	2
混合群体	50	150	74	70	71	-4.2	1.4

由于上述原因，在利用关联分析进行基因定位的研究中，一方面要进行大量标记的基因型鉴定，从中寻找与性状基因连锁更紧密的标记，期望这些标记与基因间的不平衡尚未被随机交配完全打破。另一方面要对关联分析的群体进行结构分析，以避免群体结构差异而引起的标记与基因间的不平衡 (Hirschhorn and Daly, 2005; Yu et al., 2006; Thomas, 2010)。目前，多个物种的基因组测序已完成。在测序基础上，人们开发出数十万甚至上百万的单核苷酸多态性 (single nucleotide polymorphism, SNP) 标记。对关联群体的大规模、高通量的分子标记基因型分析变得越来越现实。但是，对一个自然群体中所包含结构的有效分析，以及如何有效避免群体结构造成的假遗传连锁现象，仍然是一个难题。一个关联分析群体的结构往往是未知的，如何借助统计学方法准确评估群体结构、对个体进行分类，以消除群体结构对遗传分析的影响，仍是关联分析中备受关注的问题。此外，不平衡还受选择和随机漂变等因素的影响，如何避免这些因素引起的不平衡也显得十分重要。自然群体中存在多种影响群体结构和不平衡的影响，如何对自然群体进行抽样以建立适宜的遗传研究群体，在关联分析中显

得尤为重要。

目前,建立在自然群体基础上的基因定位方法,仅仅称为关联分析。这种关联是否代表着遗传上的连锁,有待进一步验证。连锁分析中存在的大部分问题,同时也是关联分析的问题。在人类关联分析研究中发现的大量遗传力丢失(missing heritability)现象(Maher, 2008; Manolio et al., 2009; Eichler et al., 2010),也可能从另一个侧面反映了关联分析研究的局限性。因此,我们不应片面夸大关联分析在遗传研究中的作用,尤其是植物遗传研究中的作用。

练 习 题

9.1 假定一个抗病基因(两个等位基因分别用 R 和 S 表示)与一个标记座位(两个等位基因分别用 A 和 B 表示)连锁,它们之间的重组率为 0.02。利用亲本 $RRAA$ 和 $SSBB$ 配制杂交组合,产生一个 F_2 群体,假定个体在抗病座位上的基因型是可鉴定的。

(1) 分别计算抗病纯合基因型 RR 和感病纯合基因型 SS 构成的子群体中,3 种标记型 AA、AB 和 BB 的频率,以及等位基因 A 和 B 的频率。

(2) 现从基因型为 RR 的子群体中随机抽取 5 个单株,提取 DNA 混合成一个抗池,抗池中存在等位基因 B 的概率是多少?随机抽取 3 个单株的抗池中,存在等位基因 B 的概率是多少?随机抽取 1 个单株的抗池中,存在等位基因 B 的概率是多少?

(3) 如果抗病基因与标记之间的重组率只有 0.01,上面的结果有什么变化?由此说明,利用混合分离分析定位抗病基因时应该注意的地方。

9.2 假定 SSL1~SSL8 是一条供体染色体的 8 个单片段系,下表给出 S_1 和 S_2 片段的两种编码方式,一种用 0 和 2 编码两种亲本片段,另一种用 -1 和 1 编码两种亲本片段。

片段	背景亲本	SSL1	SSL2	SSL3	SSL4	SSL5	SSL6	SSL7	SSL8	供体亲本
S_1	0	2	0	0	0	0	0	0	0	2
S_2	0	0	2	0	0	0	0	0	0	2
S_1	-1	1	-1	-1	-1	-1	-1	-1	-1	1
S_2	-1	-1	1	-1	-1	-1	-1	-1	-1	1

(1) 利用 8 个单片段系计算 S_1 和 S_2 之间的相关系数。
(2) 利用 8 个单片段系和背景亲本计算 S_1 和 S_2 之间的相关系数。
(3) 利用 8 个单片段系和供体亲本计算 S_1 和 S_2 之间的相关系数。

9.3 两个人群中的 MN 血型调查数据如下表。

血型	MM	MN	NN	总人数
群体 I	475	89	5	569
群体 II	233	385	129	747

(1) 计算两个群体中的基因和基因型频率。
(2) 检验这两个群体是否是哈迪-温伯格平衡群体。
(3) 如果将这两个群体合并形成一个混合群体,计算混合群体中的基因和基因型频率,并对混合群体进行哈迪-温伯格平衡的检验。

9.4 已知两个座位间无连锁,每个座位上存在两个等位基因,分别用 A、a 和 B、b 表示。现将基因

型为 $AABB$ 和 $aabb$ 的个体等量混合,混合群体称为世代 0。计算混合群体的随机交配 1 代和 2 代群体中,两个座位间的不平衡度,以及 4 种配子的理论频率。由此说明,对于不存在连锁的两个基因座位,如果初始群体存在不平衡,这种不平衡在随机交配 1 代和 2 代群体中仍然存在。

9.5 已知两个座位间的重组率 $r=0.1$,每个座位上有两个等位基因,分别用 A、a 和 B、b 表示。现将基因型为 $AABB$ 和 $aabb$ 的个体等量混合,混合群体称为世代 0。计算混合群体的随机交配 1 代和 100 代群体中,两个座位间的不平衡度,以及 4 种配子的理论频率。由此说明,对于存在连锁的两个基因座位,长期的随机交配群体中无法观测到连锁不平衡。

9.6 假定一个座位上的两个等位基因为 A 和 a,加显性效应分别为 3 和 2。另一个独立遗传座位上的两个等位基因为 B 和 b,加显性效应分别为 2 和 1。假定随机误差方差为 4,不考虑其他遗传因素。

(1) 在 $AABB$ 和 $aabb$ 为亲本杂交产生的 F_2 群体中,计算座位 A 和 B 解释表型方差的比例。

(2) 在 $AAbb$ 和 $aabb$ 为亲本杂交产生的 F_2 群体中,计算座位 A 解释表型方差的比例。

9.7 一个群体在两个座位上 9 种基因型的个体观测数如下表,其中,行频率是座位 A 的 3 种基因型频率,列频率是座位 B 的 3 种基因型频率。行、列频率相乘是平衡状态(或座位 A 和 B 独立)下联合基因型频率,乘以总样本量是平衡样本量,从而计算 χ^2 统计量,χ^2 统计量的自由度等于(行数 -1)乘以(列数 -1),此处为 4,这便是列联表的独立性检验。试利用该检验判断这两个座位之间是否存在不平衡。

座位	BB	Bb	bb	行和	行频率
AA	72	120	1	193	0.2503
Aa	124	260	7	391	0.5071
aa	2	3	182	187	0.2425
列和	198	383	190	771	
列频率	0.2568	0.4968	0.2464		

9.8 一个群体在两个座位上 9 种基因型的个体观测个数如下表,试利用列联表的独立性检验,判断这两个座位之间是否存在不平衡。在两个座位的不平衡度为 0 的情况下,计算群体中双杂基因型 $AaBb$ 的两种连锁类型 AB/ab 和 Ab/aB 的频率;计算群体中 4 种单倍型 AB、Ab、aB、ab 的频率。

座位	BB	Bb	bb	行和	行频率
AA	18	39	15	72	0.144
Aa	80	153	72	305	0.610
aa	33	64	26	123	0.246
列和	131	256	113	500	
列频率	0.262	0.512	0.226		

9.9 一个群体在两个座位上 4 种单倍型的观测个数如下表,其中,行频率是座位 A 的 2 种等位基因频率,列频率是座位 B 的 2 种等位基因频率。行、列频率相乘是平衡状态下联合配子型频率,乘以总样本量是平衡样本量,从而计算 χ^2 统计量,此处的自由度为 1。

(1) 试利用列联表的独立性检验判断这两个座位之间是否存在不平衡。

(2) 计算配子不平衡度 D,验证公式 9.36 给出的 r^2 乘以总样本量 100,即是列联表独立性检验的 χ^2 统计量。

座位	B	b	行和	行频率
A	23	44	67	0.67
a	22	11	33	0.33
列和	45	55	100	
列频率	0.45	0.55		

9.10 使用 QTL IciMapping 软件中附带的一个双亲遗传群体，利用选择基因型分析开展 QTL 作图，并与单标记分析的结果进行比较。

9.11 使用 QTL IciMapping 软件中附带的一个染色体片段置换系群体，利用基于回归的似然比方法开展 QTL 作图。

9.12 使用 QTL IciMapping 软件中附带的一个 NAM 群体，利用 JICIM 开展 QTL 作图。

第 10 章 QTL 作图中的其他常见问题

QTL 作图是基因精细定位和克隆的基础，目前已成为数量性状遗传研究的常规方法。QTL 定位结果可以帮助育种家获得目标性状的遗传信息，借助与 QTL 连锁的分子标记在育种群体中跟踪并选择有利等位基因，提高选择的准确性和预见性。在利用 QTL 作图开展遗传研究的过程中也经常碰到一些问题，这些问题大致可分为作图统计方法、遗传参数估计，以及作图群体及连锁图谱等三大类（李慧慧等，2010）。有些问题前面的章节里已有所解答，如 LOD 临界值的选择、不同作图方法检测功效模拟和比较等。本章对之前没有或较少涉及的一些问题做出分析和解答，供广大科研工作者在利用 QTL 作图开展遗传研究时参考。

§10.1 QTL 遗传方差和贡献率的计算

§10.1.1 单个 QTL 的遗传方差和贡献率

在一个双亲遗传群体中，3 种 QTL 基因型 QQ、Qq 和 qq 的频率分别用 f_{QQ}、f_{Qq} 和 f_{qq} 表示。QTL 作图中，首先估计的是 3 种基因型的平均表现 μ_{QQ}、μ_{Qq} 和 μ_{qq}；在此基础上，根据加显性模型估计 QTL 的加显性遗传效应 a 和 d。加显性模型给出 3 种基因型的平均表现与遗传效应之间的线性关系，即公式 10.1。QTL 的遗传方差（用 V_Q 表示）依赖于 3 种基因型的平均表现，以及它们在一个群体中的频率，即公式 10.2。

$$\mu_{QQ} = m+a, \quad \mu_{Qq} = m+d, \quad \mu_{qq} = m-a \tag{10.1}$$

$$V_Q = f_{QQ} \times \mu_{QQ}^2 + f_{Qq} \times \mu_{Qq}^2 + f_{qq} \times \mu_{qq}^2 - (f_{QQ} \times \mu_{QQ} + f_{Qq} \times \mu_{Qq} + f_{qq} \times \mu_{qq})^2 \tag{10.2}$$

根据加显性模型公式 10.1 和方差计算公式 10.2，可以得到 QTL 的遗传方差与加显性效应之间的关系，即公式 10.3。如群体中仅存在两种 QTL 基因型 QQ 和 qq，它们的频率分别用 f_{QQ} 和 f_{qq} 表示，则 QTL 遗传方差的表达式为公式 10.4。

$$V_Q = [f_{QQ}+f_{qq}-(f_{QQ}-f_{qq})^2]a^2 - 2f_{Qq}(f_{QQ}-f_{qq})ad + (f_{Qq}-f_{Qq}^2)d^2 \tag{10.3}$$

$$V_Q = 4f_{QQ}f_{qq}a^2 \tag{10.4}$$

公式 10.2～公式 10.4 给出一个 QTL 对它所在群体产生的遗传方差。在一个不存在奇异分离的 F_2 群体中，$f_{QQ}=0.25$，$f_{Qq}=0.5$，$f_{qq}=0.25$。容易看出，$V_Q = \frac{1}{2}a^2 + \frac{1}{4}d^2$。在一个不存在奇异分离的 DH 或 RIL 群体中，$f_{QQ}=0.5$，$f_{Qq}=0$，$f_{qq}=0.5$，$V_Q = a^2$。从公式 10.3 还可以看出，对于 3 种 QTL 基因型的群体，当基因型的频率偏离孟德尔分离比时，遗传方差中除加性效应和显性效应的平方项外，还包含加性效应和显性效应的乘积项。乘积项可正可负，这时很难从 QTL 加显性效应的大小判断 QTL 遗传方差的高低。

QTL 的贡献率定义为 QTL 的遗传方差占表型方差的比例，有时也称为 QTL 所能解释的表型变异或表型方差（phenotypic variance explained, PVE）的比例。QTL 贡献率或 PVE 一般用百分数表示，其计算公式是

$$\text{PVE} = \frac{V_Q}{V_P} \times 100\% \tag{10.5}$$

其中，V_Q 是公式 10.2~ 公式 10.4 计算的 QTL 遗传方差；V_P 是性状的表型方差。在一个无奇异分离的群体中，QTL 的遗传方差只依赖于 QTL 的遗传效应，效应大的 QTL，同时也具有较高的 PVE。如果存在奇异分离，QTL 的遗传方差除依赖于 QTL 的遗传效应外，还依赖于基因型频率。这时，效应大的 QTL，其遗传方差和 PVE 不一定高。

§10.1.2 连锁 QTL 的遗传方差和贡献率

QTL 间的连锁或不平衡，可能造成多个 QTL 的 PVE 之和超过 100%的情形，甚至可能造成单个 PVE 超过 100%的情形。这里，用两个连锁 QTL 的情形说明 PVE 计算中可能存在的一些现象，不考虑其他遗传因素。假定亲本的基因型为 $Q_1Q_1Q_2Q_2$ 和 $q_1q_1q_2q_2$，a_1 和 a_2 分别为两个 QTL 的加性效应，两个 QTL（用 Q_1 和 Q_2 表示）间的重组率为 r。在双亲衍生的 DH 群体中，4 种基因型的频率和基因型值见表 10.1，两个 QTL 各自的遗传方差分别为 $V_{Q_1} = a_1^2$ 和 $V_{Q_2} = a_2^2$。但是，DH 群体中总遗传方差并非两个 QTL 遗传方差之和，而是

$$\begin{aligned}V_G &= \frac{1}{2}(1-r)(a_1+a_2)^2 + \frac{1}{2}r(a_1-a_2)^2 + \frac{1}{2}r(a_1-a_2)^2 + \frac{1}{2}(1-r)(a_1+a_2)^2 \\ &= a_1^2 + a_2^2 + 2(1-2r)a_1a_2\end{aligned} \tag{10.6}$$

从公式 10.6 不难看出，只有在 $r = 0.5$ 的情况下，才有 $V_G = V_{Q_1} + V_{Q_2}$。例如，当 $a_1 = 1.0$，$a_2 = 1.0$，$V_\varepsilon = 0.4$ 时，两个 QTL 各自的遗传方差为 $V_{Q_1} = V_{Q_2} = 1$。当 $r = 0.5$ 时，总的遗传方差 $V_G = 2$，表型方差 $V_P = 2.4$，遗传力为 0.833。两个 QTL 的理论 PVE 均为 41.7%，两个 QTL 的 PVE 之和等于遗传力，即总遗传方差占表型方差的比例。在独立遗传的情况下，QTL 效应正负号的改变，不会影响 QTL 的方差和总的遗传方差，也不影响 QTL 的 PVE 大小。

表 10.1　两个连锁 QTL 在无奇异分离 DH 群体中 4 种基因型的频率和基因型值

基因型	频率	基因型值
$Q_1Q_1Q_2Q_2$	$\frac{1}{2}(1-r)$	$\mu_{11} = m + a_1 + a_2$
$Q_1Q_1q_2q_2$	$\frac{1}{2}r$	$\mu_{12} = m + a_1 - a_2$
$q_1q_1Q_2Q_2$	$\frac{1}{2}r$	$\mu_{21} = m - a_1 + a_2$
$q_1q_1q_2q_2$	$\frac{1}{2}(1-r)$	$\mu_{22} = m - a_1 - a_2$

注：a_1 代表座位 Q_1 的加性效应，a_2 代表座位 Q_2 的加性效应，Q_1 和 Q_2 间的重组率为 r

图 10.1A 给出 $a_1 = 1.0$、$a_2 = 1.0$ 时，一个模拟 DH 群体中 ICIM 的 QTL 作图结果；图 10.1B 给出 $a_1 = 1.0$、$a_2 = -1.0$ 时，一个模拟 DH 群体的 QTL 作图结果。两个 QTL 位于

两条不同的染色体上。可以看出,在 LOD 曲线的峰值处,加性效应和 PVE 均接近于遗传模型中的真实值,两个 QTL 的 PVE 之和接近于性状的广义遗传力。

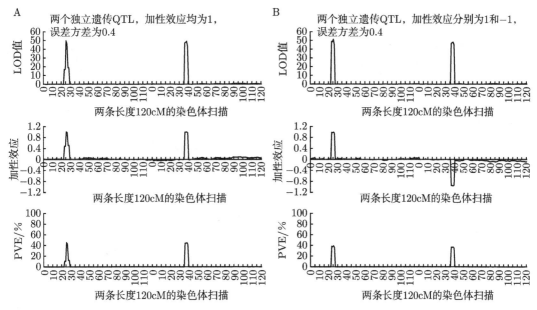

图 10.1　一个包含 200 个 DH 家系模拟群体的 QTL 作图

两条染色体的长度均为 120cM,各分布一个 QTL;标记间的距离为 2cM,扫描步长为 1cM

当两个 QTL 间存在连锁并且 a_1 和 a_2 的效应方向相反(即处于互斥连锁状态)时,群体中总的遗传方差会低于单个 QTL 遗传方差之和,即 $V_G < V_{Q_1} + V_{Q_2}$。这样会造成两个 QTL 的 PVE 之和甚至单个 QTL 的 PVE 大于 100% 的情况。例如,当 $a_1 = 1.0$, $a_2 = -1.0$, $r = 0.1$, $V_\varepsilon = 0.4$ 时, $V_{Q_1} = V_{Q_2} = 1$, $V_G = 0.4$, $V_P = 0.8$。因此,每个 QTL 的理论 PVE 为 125%,而总的遗传方差占表型方差的比例只有 50%,远低于单个 QTL 的 PVE,更低于两个 QTL 的 PVE 之和。

当两个 QTL 间存在连锁,并且 a_1 和 a_2 的效应方向相同(即处于相引连锁状态)时,群体中总的遗传方差会高于单个 QTL 遗传方差之和,即 $V_G > V_{Q_1} + V_{Q_2}$,这样就会造成两个 QTL 的 PVE 远低于单个 QTL 的 PVE 之和的情况。例如,当 $a_1 = 1.0$, $a_2 = 1.0$, $r = 0.1$, $V_\varepsilon = 0.4$ 时, $V_{Q_1} = V_{Q_2} = 1$, $V_G = 3.6$, $V_P = 4$。这时,每个 QTL 的理论 PVE 为 25%,总的遗传方差占表型方差的比例达 90%,远高于两个 QTL 的 PVE 之和。

在这样的遗传模型下,ICIM 仍然可以较准确地定位到两个紧密连锁的 QTL,位置和效应的估计也都是近似无偏的(图 10.2)。与图 10.1 的独立遗传相比,连锁遗传 LOD 曲线的峰值以及峰值处的加性效应并没有太大的区别。但是,连锁遗传 LOD 曲线峰值对应的 PVE 值与独立遗传却有很大的差别。当两个 QTL 的效应同正时,连锁模型得到 PVE 的估计远低于独立模型对 PVE 的估计(图 10.1A,图 10.2A)。当两个 QTL 的效应一正一负时,连锁模型得到的 PVE 的估计远高于独立模型对 PVE 的估计(图 10.1B,图 10.2B)。因此,当 QTL 间存在连锁时,两个 QTL 的遗传方差不等于它们各自的遗传方差之和。也就是说,方差不具有可加性,由方差计算出的 PVE 之间也不具有可加性。

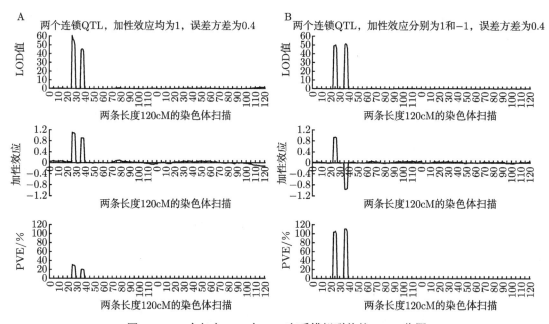

图 10.2　一个包含 200 个 DH 家系模拟群体的 QTL 作图

两条染色体的长度均为 120cM，两个连锁 QTL 分布于第 1 条染色体上，它们之间的重组率为 0.1；标记间的距离为 2cM，扫描步长为 1cM

需要说明的是，除遗传连锁外，两个座位上基因型频率的不平衡、单个座位上基因型频率间的奇异分离，以及两个 QTL 间的上位型互作都会造成两个 QTL 的遗传方差不等于单个 QTL 方差之和的现象。表 10.2 给出一个作图群体中，两个 QTL 产生的 4 种纯合基因型的频率以及它们的平均表现，4 种频率之和等于 1，行边际频率代表的是群体中 Q_1 座位上两种基因型的频率，列边际频率代表的是群体中 Q_2 座位上两种基因型的频率。根据行边际平均数得到的方差代表的是群体中 Q_1 座位的遗传方差，根据列边际平均数得到的方差代表的是群体中 Q_2 座位的遗传方差。根据表 10.2 中 4 种基因型的频率和它们的平均表现，得到的方差代表总遗传方差。仅在特定的情况下，表 10.2 计算出的总遗传方差才等于两个边际方差之和。特定情况就是不存在连锁和奇异分离。

表 10.2　两个 QTL 产生的 4 种纯合基因型的频率、平均表现，以及边际频率和边际平均数

	Q_2Q_2	q_2q_2	行边际频率	行边际平均数
Q_1Q_1	f_{11}, μ_{11}	f_{12}, μ_{12}	$f_{1\cdot} = f_{11} + f_{12}$	$f_{\cdot 1} \times \mu_{11} + f_{\cdot 2} \times \mu_{12}$
q_1q_1	f_{21}, μ_{21}	f_{22}, μ_{22}	$f_{2\cdot} = f_{21} + f_{22}$	$f_{\cdot 1} \times \mu_{21} + f_{\cdot 2} \times \mu_{22}$
列边际频率	$f_{\cdot 1} = f_{11} + f_{21}$	$f_{\cdot 2} = f_{12} + f_{22}$		
列边际平均数	$f_{1\cdot} \times \mu_{11} + f_{2\cdot} \times \mu_{21}$	$f_{1\cdot} \times \mu_{12} + f_{2\cdot} \times \mu_{22}$		

在不存在连锁和奇异分离的特定情况下，4 种基因型的频率等于对应位置上边际频率的乘积，如 $f_{11} = f_{1\cdot} \times f_{\cdot 1}$。也就是说，$Q_1$ 座位上基因型 Q_1Q_1 的频率和 Q_2 座位上基因型 Q_2Q_2 的频率决定了基因型 $Q_1Q_1Q_2Q_2$ 的频率。座位 Q_1 和 Q_2 之间不存在互作，即 4 种基

因型的平均表现可以表示为表 10.1 第 3 列的形式。这时，由表 10.2 中 4 种基因型频率和平均表现计算出的总遗传方差才等于行平均数方差与列平均数方差之和。值得注意的是，平均数方差的计算也要考虑对应基因型的频率，即行边际频率或列边际频率。从表 10.2 中总方差和边际方差的计算过程可以发现，只有当两个座位上基因型频率等于单个座位上基因型频率的乘积，并且 QTL 满足加显性效应模型时，总的遗传方差才等于单个 QTL 的方差之和。也只有在这种特殊情况下，多个 QTL 的遗传方差才具有可加性，多个 QTL 的 PVE 才具有可加性。

当两个 QTL 存在连锁时，在无奇异分离的 DH 群体中，每个座位上两种基因型的频率均为 0.5。但是，两个座位上基因型的频率并不等于 0.25，表 10.1 看到的不平衡是由遗传连锁引起的。遗传研究群体在产生过程中，选择和漂变等因素也能引起两个座位的不平衡（第 9 章 §9.5.3）；基因间的上位型互作也会造成总的遗传方差不等于单个座位的遗传方差之和。在有些群体中，还可能同时存在基因型频率上的不平衡和上位型互作。这些因素究竟是降低还是增加总遗传方差，一般也难以确定。因此，QTL 作图中要尽可能避免对单个 QTL 遗传方差或 PVE 的简单相加。

§10.1.3　QTL 贡献率与 QTL 检测功效的提高

统计上提高假设检验功效的途径主要是增加样本量和减小试验误差。对 QTL 作图来说就是增大作图群体、减小表型测定时的误差。减小表型测定时的误差可以提高性状的遗传力，同时也提高了单个 QTL 解释表型变异的比例，进而提高 QTL 检测功效。以 ICIM 为例，增大 RIL 群体对提高 QTL 检测功效是明显的（图 10.3）。对大小为 100、200 和 400 的 RIL 群体来说，把 PVE = 4% 的 QTL 定位到 10cM 支撑区间内的概率分别为 29%、67% 和 91%，而把 PVE = 10% 的 QTL 定位到 10cM 支撑区间内的概率分别为 79%、97% 和 100%。

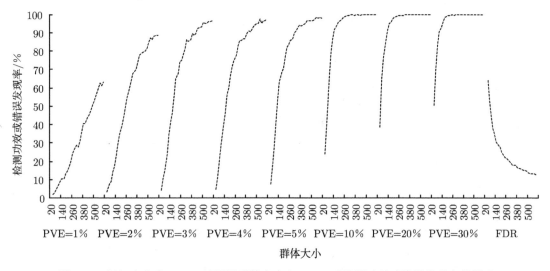

图 10.3　标记密度为 10cM 时不同群体大小和 PVE 对检测功效或错误发现率的影响

减小表型误差可以间接提高单个 QTL 的贡献率。如果通过降低表型误差将 QTL 对表型的贡献率由 4% 提高到 5%，对大小为 100、200 和 400 的 RIL 群体来说，检测功效则分别由 29%、67%、91% 提高到 44%、77%、94%。因此，QTL 作图研究中，作图群体在资源允许的条件下要尽可能大。同时表型鉴定时要尽量减小随机误差。当然，对于环境影响大并具有较大基因型和环境互作的性状，还要在多地点、多年份进行表型鉴定。

降低群体的遗传变异也可间接提高 PVE（第 9 章 §9.4），从而提高 QTL 的检测功效。遗传研究中近等基因系和染色体片段置换系等群体就是通过这种途径提高遗传分析可靠性的。例如，假定某群体中 3 个独立遗传 QTL 的遗传方差分别为 0.1、0.2 和 0.3，误差方差为 0.4。3 个 QTL 分别解释 10%、20% 和 30% 的表型变异。在这 3 个 QTL 的近等基因系中，假定 QTL 的遗传效应和误差方差保持不变。那么，3 个 QTL 近等基因系群体的表型方差分别为 0.5、0.6 和 0.7，它们解释的表型变异则分别增加到 20%、33% 和 43%。因此，在这 3 个近等基因系群体中，通过控制 QTL 的个数，间接提高了 QTL 的表型变异解释比例，开展遗传研究和 QTL 定位将更加有效。

§10.2 复合性状的 QTL 作图

§10.2.1 复合性状及其在遗传研究和育种中的应用

QTL 作图研究中，多数情况下的表型数据均直接来源于一些特定环境条件（如大田或温室）中的测量值。有时为寻找环境间稳定表达的 QTL，也利用多年多点测量值的线性无偏估计进行遗传研究。在某些 QTL 作图研究中，用于作图的表型数据则来自两个或更多个数量性状测量值的简单代数运算，如和性状、差性状、积性状及商性状等。为方便起见，将表型数据直接来源于测量值的数量性状称为构成性状，将那些表型值来自其他数量性状测量值代数运算的性状称为复合性状（李慧慧等，2010; Wang et al., 2012）。

复合性状作为一种指数在遗传研究和育种中被广泛使用。玉米的雌雄开花间期（anthesis-silking interval, ASI）是对产量和抗旱性有较大影响的一个复合性状（Bolanos and Edmeades, 1996; Ribaut et al., 1996; Sari-Gorla et al., 1999; Buckler et al., 2009; Messmer et al., 2009）。ASI 的表型数据来自玉米雄花开花期（male flowering time, MFLW）和雌花开花期（female flowering time, FFLW）之间的差值。在玉米的抗旱研究中，育种家常把 ASI 作为一个有效的抗旱指标，并借以选择抗旱性这一复杂性状（Sari-Gorla et al., 1999; Ribaut and Ragot, 2007）。为开发玉米抗旱相关基因的分子标记，Ribaut 等（1996, 1997）利用 142 个分子标记，对于一个大小为 234 的玉米 F_2 群体，在良好灌溉和水分胁迫等条件下对开花期等性状进行 QTL 分析，发现了 4 个 QTL 同时控制 MFLW 和 FFLW，1 个 QTL 同时控制 ASI 和 MFLW，以及 4 个 QTL 同时控制 ASI 和 FFLW。在良好灌溉和水分胁迫的条件下，共发现 2 个 ASI 独有的 QTL，其中 1 个 QTL 位于第 2 条染色体上，可以解释 11.4% 的表型变异；另外 1 个位于第 6 条染色体上，可以解释 13.0% 的表型变异。奇怪的是，这 2 个 QTL 仅在 ASI 的 QTL 作图中被检测到，而在 MFLW 和 FFLW 的 QTL 作图中未被检测到。Sari-Gorla 等（1999）利用 153 个分子标记，对另外一个大小为 142 的玉米 RIL 群体进行 QTL 分析。在良好灌溉条件下，发现了 5 个 QTL 影响 MFLW，0 个 QTL 影响 FFLW，以及 7 个 QTL 影响 ASI。其中，位于第 9 条染色体上影响 ASI 的 QTL 并没有被 MFLW 或 FFLW 的 QTL 作图发现。在水分胁迫条件下，发现了 4 个影响 MFLW 的 QTL，2 个影响 FFLW 的 QTL

和 2 个影响 ASI 的 QTL。同样，位于第 5 条染色体上影响 ASI 的 QTL 也没有被 MFLW 或 FFLW 的 QTL 作图发现。

水稻的长宽比（也称粒型）也是一个比较重要的复合性状。长宽比根据水稻粒长和粒宽的比值进行计算，是一个重要的水稻外观品质指标（Redona and Mackill, 1998; Tan et al., 2000; Aluko et al., 2004; Li et al., 2004; Rabiei et al., 2004;Wan et al., 2005）。Redona 和 Mackill（1998）利用 116 个分子标记对一个大小为 204 的水稻 F_2 群体的粒长、粒宽和粒型进行 QTL 分析，发现了 7 个影响粒长的 QTL、4 个影响粒宽的 QTL，以及 3 个影响粒型的 QTL。其中，在第 3 条和第 7 条染色体上发现了 3 个控制粒型的 QTL，与控制粒长和粒宽的 QTL 位于相近的染色体位置上。Tan 等（2000）对来自一个杂交水稻骨干品种的 $F_{2:3}$ 和 RIL 群体进行 QTL 分析，结果发现，无论使用精米还是糙米，控制粒长、粒宽和粒型的主效 QTL 是一致的；但是，对于一些微效的 QTL，粒长和粒宽的 QTL 作图结果不尽相同。Li 等（2004）对一个大小为 308 的水稻 BC_3F_1 群体的粒长、粒宽和粒型进行 QTL 分析，发现 2 个控制粒长的 QTL，分别位于第 3 条和第 10 条染色体上；1 个控制粒宽的 QTL，位于第 12 条染色体上；2 个控制粒型的 QTL，其位置与控制粒长的 2 个 QTL 相近。Rabiei 等（2004）对一个大小为 192 的水稻 F_2 群体的粒长、粒宽和粒型进行了 QTL 分析，共发现 18 个 QTL，其中 5 个控制粒长、7 个控制粒型、6 个控制粒型。在这 18 个 QTL 中，有 1 个解释 15.0% 表型变异的粒型 QTL，既没有被粒长的 QTL 作图发现，也没有被粒宽的 QTL 作图发现。

§10.2.2 一个玉米 RIL 群体中构成性状和复合性状的 QTL 作图

从以上介绍的玉米开花间期和水稻粒型这两个性状的遗传研究来看，复合性状的 QTL 作图和构成性状的 QTL 作图往往得到不同的结果。有时甚至会出现一些复合性状仅有的 QTL（Ribaut et al., 1996; Sari-Gorla et al., 1999; Rabiei et al., 2004），这些 QTL 仅在复合性状中被检测到，而在构成性状中都没有被检测到。这里利用一个玉米 RIL 群体中构成性状和复合性状的 QTL 作图，进一步说明复合性状 QTL 定位中的这一现象。在此实例中，4 种复合性状并非都具有生物学上的含义，仅用这些复合性状说明定位到的 QTL 与构成性状定位到的 QTL 之间的差异。

该玉米双亲群体包括 187 个 RIL 家系，使用 756 个多态性标记进行基因型鉴定。遗传图谱总长为 1380.8cM，覆盖玉米的 10 条染色体，标记之间的平均间距是 1.85cM。构成性状 I 是玉米雌花的开花时间（也称吐丝期），构成性状 II 是玉米雄花的开花时间（也称散粉期）。构成性状 I 的最小值是 73.44 天，均值是 81.47 天，最大值是 91.11 天。构成性状 II 的最小值是 72.50 天，均值是 78.40 天，最大值是 86.78 天。这两个构成性状之间的相关系数为 0.86，回归方程的决定系数为 0.74（图 10.4），说明两个构成性状之间存在高度的正相关。

利用两个构成性状共发现了 11 个加性 QTL（表 10.3，图 10.5），分布在玉米的 8 条染色体上。这 11 个 QTL 的名称分别为 qZ1~qZ11，q 表示 QTL，Z 代表玉米。qZ1 和 qZ2 位于第 1 条染色体上，qZ3、qZ4 和 qZ5 位于第 2 条染色体上，其余 6 个 QTL 位于其他 6 条染色体上。控制吐丝期的 7 个 QTL 共解释 59.14% 的表型变异，控制散粉期的 7 个 QTL 共解释 60.35% 的表型变异。这里提到的多个 QTL 解释的表型变异，等于表型对它们的侧连标记的回归模型决定系数，与表 10.3 中的 PVE 之和并不相等。3 个独立遗传的 QTL，即

qZ4、qZ10 和 qZ11，同时控制这两个构成性状。对于这两个构成性状而言，这 3 个 QTL 的效应有着相同的方向。在吐丝期发现的 QTL 中，qZ3、qZ6 和 qZ11 所能解释的表型变异均大于 10%。在散粉期发现的 QTL 中，qZ4 和 qZ11 所能解释的表型变异均大于 10%。因此，对于两个构成性状而言，qZ3、qZ4、qZ6 和 qZ11 可视为 4 个主效 QTL（表 10.3）。

在和性状中，共发现 7 个 QTL（表 10.3，图 10.5），其中包含了两个构成性状中检测到的 4 个主效 QTL。但是 4 个非主效 QTL，即 qZ2、qZ5、qZ7 和 qZ8 没有被和性状检测到。和性状所发现的这 7 个加性 QTL 的位置与构成性状中 QTL 的位置是一致的，它们的效应近似为两个构成性状检测到 QTL 的效应之和。另外，和性状在第 5 条染色体上还发现了 2 个互斥连锁的 QTL，连锁距离是 97cM，且这 2 个 QTL 均没有被任何构成性状检测到。在差性状中，大部分的 QTL 都没有被发现（表 10.3，图 10.5），只找到了一个主效的 QTL，即 qZ11，位置的估计与构成性状相近。另外，差性状还发现了 5 个额外的 QTL，其中 2 个位于第 3 条染色体上，2 个位于第 5 条染色体上，1 个位于第 10 条染色体上。在积性状中，发现的 QTL 与和性状基本相同（表 10.3，图 10.5），除了 qZ3 以外，在积性状中发现了 2 个额外的 QTL。与和性状发现的一样，位于第 5 条染色体上，且均没有被任何构成性状发现。在商性状中，只发现了一个非主效 QTL，即 qZ8（表 10.3，图 10.5）。

从图 10.5 的 LOD 曲线可以看出，差性状得到的第 3 条染色体上的 QTL（表 10.3），可以用构成性状 II 在相近位置上但未达到显著性水平的峰来解释。和、差、积在第 5 条染色体 1cM 处的 QTL，可以用构成性状 I 在相近位置上但未达到显著性水平的峰来解释。难以解释的只有和、差、积在第 5 条染色体 98cM 处的 QTL，以及差性状在第 10 条染色体 91cM 处的 QTL。在后文的模拟研究中可以看出，那些只有在复合性状中检测到的难以解释的 QTL 很可能是假阳性，并非真正的只控制复合性状而不影响构成性状的 QTL。

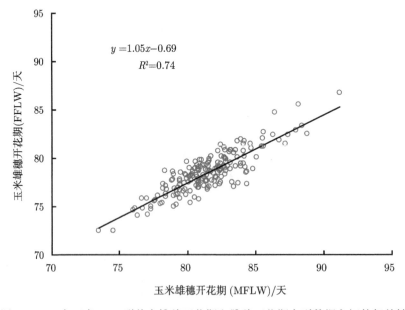

图 10.4　一个玉米 RIL 群体中雄穗开花期和雌穗开花期表型数据之间的相关性

表 10.3　一个玉米 RIL 群体中 2 个构成性状（吐丝期和散粉期）和 4 个复合性状的作图结果

性状	QTL 名称	染色体	位置/cM	LOD 值	加性效应	PVE/%
构成性状 I（吐丝期）	qZ1	1	87	7.56	0.7496	8.05
	qZ3	2	52	17.33	1.2165	20.47
	qZ4	2	77	5.04	0.6483	5.10
	qZ6	3	57	11.73	0.9558	12.99
	qZ7	4	61	3.08	−0.4703	3.15
	qZ10	7	46	4.73	−0.5835	4.78
	qZ11	9	42	12.61	0.9959	14.23
构成性状 II（散粉期）	qZ2	1	129	2.57	0.3561	2.68
	qZ4	2	77	9.49	0.7615	10.24
	qZ5	2	108	5.71	0.5704	5.62
	qZ8	5	70	3.09	0.3875	2.93
	qZ9	6	27	2.87	−0.3693	2.88
	qZ10	7	49	4.77	−0.4757	4.73
	qZ11	9	40	11.01	0.7396	11.56
和性状	qZ1	1	87	6.88	1.1885	6.53
	qZ3	2	52	13.24	1.7202	13.21
	qZ4	2	77	6.02	1.1830	5.49
	qZ6	3	57	13.6	1.7287	13.72
	qZ9	6	28	2.63	−0.7126	2.35
	qZ10	7	46	6.15	−1.1128	5.62
	qZ11	9	40	14.73	1.7997	14.98
		5	1	2.80	−0.7590	2.55
		5	98	7.42	1.2351	7.00
差性状	qZ1	1	87	4.21	0.3319	6.12
	qZ8	5	69	6.53	−0.4414	10.08
	qZ11	9	42	2.89	0.2735	4.16
		3	93	3.57	−0.3077	5.28
		3	103	5.39	0.3782	7.98
		5	1	3.47	−0.3084	5.06
		5	98	4.39	0.3435	6.50
		10	91	3.40	0.2953	4.87
积性状	qZ1	1	87	6.49	94.2285	6.37
	qZ4	2	77	4.85	86.4043	4.54
	qZ5	2	107	2.84	69.1877	2.75
	qZ6	3	57	13.12	138.6902	13.70
	qZ9	6	28	2.58	−57.8760	2.40
	qZ10	7	46	6.92	−97.2126	6.65
	qZ11	9	40	14.74	147.5234	15.62
		5	1	3.24	−67.0759	3.09
		5	98	7.46	101.4883	7.33
商性状	qZ8	5	69	3.16	−0.0042	5.78

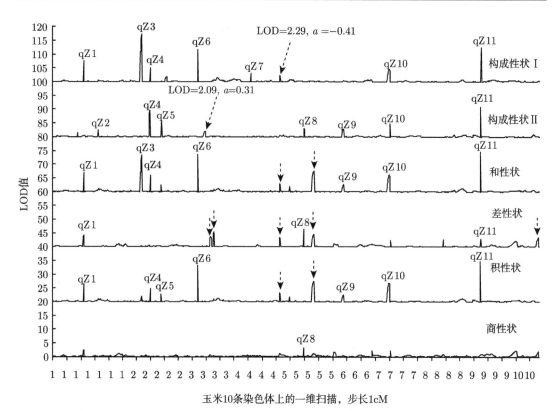

图 10.5 一个玉米 RIL 群体中 2 个构成性状（吐丝期和散粉期）和 4 个复合性状的一维扫描 QTL 作图结果

为了便于分析，分别将积性状、差性状、和性状、构成性状 II 和构成性状 I 的 LOD 值加上 20、40、60、80 和 100。两个构成性状中检测到的 11 个 QTL 按照染色体上的顺序依次用 qZ1∼qZ11 表示。构成性状 LOD 曲线的箭头指向未达到显著性水平的两个峰，复合性状 LOD 曲线的箭头指向达到显著性水平但构成性状的相近位置上不存在显著的峰

§10.2.3 复合性状的基因效应和遗传方差

采用理论推导和模拟相结合的方法，说明复合性状的一些遗传特性，以及用于 QTL 作图时可能存在的一些问题（Wang et al., 2012）。假定有 4 个 QTL，Q_1 和 Q_2 控制构成性状 I，它们的加性效应分别用 a_1 和 a_2 表示；Q_3 和 Q_4 控制构成性状 II，它们的加性效应分别用 a_3 和 a_4 表示。构成性状 I 的均值用 m_1 表示，构成性状 II 的均值用 m_2 表示，作图群体为双亲衍生的重组近交家系。在 RIL 群体中，构成性状的 QTL 基因型共有 16 种（表 10.4）。但是，每个构成性状的基因型只有 4 种。构成性状 I 的 4 种基因型值用 G_{11}、G_{12}、G_{13} 和 G_{14} 表示，构成性状 II 的 4 种基因型值用 G_{21}、G_{22}、G_{23} 和 G_{24} 表示。在加性遗传模型下，构成性状的基因型值与遗传效应的关系是

$$G_{11}=m_1+a_1+a_2, \quad G_{12}=m_1+a_1-a_2, \quad G_{13}=m_1-a_1+a_2, \quad G_{14}=m_1-a_1-a_2,$$
$$G_{21}=m_2+a_3+a_4, \quad G_{22}=m_2+a_3-a_4, \quad G_{23}=m_2-a_3+a_4, \quad G_{24}=m_2-a_3-a_4$$

(10.7)

表 10.4 包含 4 个 QTL 的遗传模型中复合性状的基因型值与构成性状基因型值之间的关系

编号	Q_1	Q_2	Q_3	Q_4	构成性状 I	构成性状 II	和性状	差性状	积性状	商性状
1	Q_1Q_1	Q_2Q_2	Q_3Q_3	Q_4Q_4	G_{11}	G_{21}	$G_{11}+G_{21}$	$G_{11}-G_{21}$	$G_{11}\times G_{21}$	G_{11}/G_{21}
2	Q_1Q_1	Q_2Q_2	Q_3Q_3	q_4q_4	G_{11}	G_{22}	$G_{11}+G_{22}$	$G_{11}-G_{22}$	$G_{11}\times G_{22}$	G_{11}/G_{22}
3	Q_1Q_1	Q_2Q_2	q_3q_3	Q_4Q_4	G_{11}	G_{23}	$G_{11}+G_{23}$	$G_{11}-G_{23}$	$G_{11}\times G_{23}$	G_{11}/G_{23}
4	Q_1Q_1	Q_2Q_2	q_3q_3	q_4q_4	G_{11}	G_{24}	$G_{11}+G_{24}$	$G_{11}-G_{24}$	$G_{11}\times G_{24}$	G_{11}/G_{24}
5	Q_1Q_1	q_2q_2	Q_3Q_3	Q_4Q_4	G_{12}	G_{21}	$G_{12}+G_{21}$	$G_{12}-G_{21}$	$G_{12}\times G_{21}$	G_{12}/G_{21}
6	Q_1Q_1	q_2q_2	Q_3Q_3	q_4q_4	G_{12}	G_{22}	$G_{12}+G_{22}$	$G_{12}-G_{22}$	$G_{12}\times G_{22}$	G_{12}/G_{22}
7	Q_1Q_1	q_2q_2	q_3q_3	Q_4Q_4	G_{12}	G_{23}	$G_{12}+G_{23}$	$G_{12}-G_{23}$	$G_{12}\times G_{23}$	G_{12}/G_{23}
8	Q_1Q_1	q_2q_2	q_3q_3	q_4q_4	G_{12}	G_{24}	$G_{12}+G_{24}$	$G_{12}-G_{24}$	$G_{12}\times G_{24}$	G_{12}/G_{24}
9	q_1q_1	Q_2Q_2	Q_3Q_3	Q_4Q_4	G_{13}	G_{21}	$G_{13}+G_{21}$	$G_{13}-G_{21}$	$G_{13}\times G_{21}$	G_{13}/G_{21}
10	q_1q_1	Q_2Q_2	Q_3Q_3	q_4q_4	G_{13}	G_{22}	$G_{13}+G_{22}$	$G_{13}-G_{22}$	$G_{13}\times G_{22}$	G_{13}/G_{22}
11	q_1q_1	Q_2Q_2	q_3q_3	Q_4Q_4	G_{13}	G_{23}	$G_{13}+G_{23}$	$G_{13}-G_{23}$	$G_{13}\times G_{23}$	G_{13}/G_{23}
12	q_1q_1	Q_2Q_2	q_3q_3	q_4q_4	G_{13}	G_{24}	$G_{13}+G_{24}$	$G_{13}-G_{24}$	$G_{13}\times G_{24}$	G_{13}/G_{24}
13	q_1q_1	q_2q_2	Q_3Q_3	Q_4Q_4	G_{14}	G_{21}	$G_{14}+G_{21}$	$G_{14}-G_{21}$	$G_{14}\times G_{21}$	G_{14}/G_{21}
14	q_1q_1	q_2q_2	Q_3Q_3	q_4q_4	G_{14}	G_{22}	$G_{14}+G_{22}$	$G_{14}-G_{22}$	$G_{14}\times G_{22}$	G_{14}/G_{22}
15	q_1q_1	q_2q_2	q_3q_3	Q_4Q_4	G_{14}	G_{23}	$G_{14}+G_{23}$	$G_{14}-G_{23}$	$G_{14}\times G_{23}$	G_{14}/G_{23}
16	q_1q_1	q_2q_2	q_3q_3	q_4q_4	G_{14}	G_{24}	$G_{14}+G_{24}$	$G_{14}-G_{24}$	$G_{14}\times G_{24}$	G_{14}/G_{24}

和、差、积、商 4 种复合性状的基因型值与两个构成性状的基因型值之间的关系见表 10.4 最后 4 列。对于复合性状的 16 种基因型,根据它们基因型的构成可以计算出 1 个群体平均数、4 个加性效应、6 个双基因互作效应、4 个三基因互作效应,以及 1 个四基因互作效应。复合性状的群体平均数用 M 表示; 4 个加性效应用 A_i 表示, $i=1,2,3,4$; 6 个双基因互作效应用 A_{ij} 表示, $i,j=1,2,3,4$, 但是 $i<j$; 4 个三基因互作效应用 A_{ijk} 表示, $i,j,k=1,2,3,4$, 但是 $i<j<k$; 1 个四基因互作效应用 A_{1234} 表示。这些效应与基因型值之间的关系为

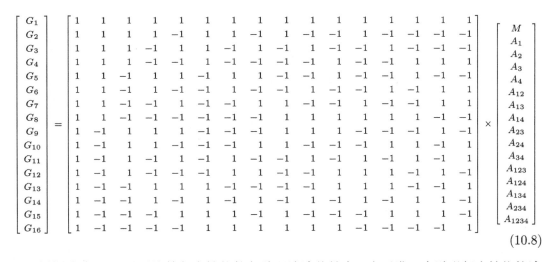

(10.8)

根据公式 10.8 可以计算复合性状的各种理论遗传效应。为了进一步说明复合性状的遗传效应和遗传方差,并用于后文的 QTL 检测功效分析, 表 10.5 和表 10.6 给出 4 个 QTL 在

染色体上的 3 个分布模型和 3 个效应模型。分布模型 A 中，4 个 QTL 位于 4 条不同的染色体上，即 4 个 QTL 之间不存在遗传上的连锁（表 10.5）。分布模型 B 中，控制构成性状 I 的两个 QTL 位于同一条染色体上，控制构成性状 II 的两个 QTL 位于另外一条染色体上，即控制两个构成性状的 QTL 之间不存在遗传上的连锁（表 10.5）。分布模型 C 中，控制构成性状 I 的两个 QTL 之间不存在遗传上的连锁，控制构成性状 II 的两个 QTL 之间也不存在遗传上的连锁，但是控制构成性状 I 的 QTL 与控制构成性状 II 的 QTL 之间存在遗传上的连锁（表 10.5）。

表 10.5　4 个 QTL 所影响的构成性状以及在染色体上的 3 种分布模型

QTL	影响性状	QTL 分布模型 A		QTL 分布模型 B		QTL 分布模型 C	
		染色体	位置/cM	染色体	位置/cM	染色体	位置/cM
Q_1	构成性状 I	1	18.0	1	18.0	1	18.0
Q_2	构成性状 I	2	28.0	1	53.0	2	28.0
Q_3	构成性状 II	3	53.0	2	28.0	1	53.0
Q_4	构成性状 II	4	63.0	2	63.0	2	63.0

表 10.6　4 个 QTL 的 3 种效应模型

遗传参数	QTL 效应模型 A	QTL 效应模型 B	QTL 效应模型 C
Q_1 对构成性状 I 的加性效应 (a_1)	1	1	0
Q_2 对构成性状 I 的加性效应 (a_2)	1	1	0
Q_3 对构成性状 II 的加性效应 (a_3)	1	1	0
Q_4 对构成性状 II 的加性效应 (a_4)	1	1	0
Q_1 和 Q_2 对构成性状 I 的互作效应 (aa_{12})	0	1	1
Q_3 和 Q_4 对构成性状 II 的互作效应 (aa_{34})	0	1	1

QTL 效应模型 A 中，4 个 QTL 对所控制的构成性状只产生加性效应，不存在 QTL 之间的上位型互作（表 10.5）。效应模型 B 中，4 个 QTL 对所控制的构成性状除了产生加性效应，还存在 QTL 之间的上位型互作。这里的互作仅局限于同一个性状内，不考虑控制不同构成性状的 QTL 之间的互作（表 10.5）。效应模型 C 中，4 个 QTL 对所控制性状的加性效应设为 0，只考虑存在 QTL 之间的上位型互作（表 10.5）。

表 10.7 给出 QTL 效应模型 A 下，各种性状中 QTL 的遗传效应、遗传方差和广义遗传力。对于构成性状 I 而言，$M = m_1$，$A_1 = a_1$，$A_2 = a_2$，其他遗传效应均为 0。对于构成性状 II 而言，$M = m_2$，$A_3 = a_3$，$A_4 = a_4$，其他遗传效应均为 0。对于和性状而言，可以得到 $M = m_1 + m_2$，$A_1 = a_1$，$A_2 = a_2$，$A_3 = a_3$，$A_4 = a_4$，其他遗传效应均为 0。对于差性状而言，$M = m_1 - m_2$，$A_1 = a_1$，$A_2 = a_2$，$A_3 = -a_3$，$A_4 = -a_4$，其他遗传效应均为 0。积性状中存在两个 QTL 之间的上位互作效应，商性状中不仅存在两个 QTL 之间的上位互作效应，还存在 3 个 QTL 之间的上位互作效应。因此，构成性状的和与差可能造成有更多的 QTL 控制一个性状，但 QTL 的效应类型与控制构成性状的效应类型相同；构成性状的积与商不仅造成有更多的 QTL 控制一个性状，而且会出现构成性状中没有的效应类型。可以想象，对于更复杂的构成性状遗传模型，如 QTL 效应模型 B 或 C，积性状与商性状还会产生

更高阶的互作效应。

表 10.7　QTL 效应模型 A (表 10.6) 下, 各种性状中 QTL 的遗传效应、遗传方差和广义遗传力

		构成性状 I	构成性状 II	和性状	差性状	积性状	商性状
	平均数 M	25	20	45	5	500	1.2563
	A_1	1	0	1	1	20	0.0503
	A_2	1	0	1	1	20	0.0503
	A_3	0	1	1	−1	25	−0.0631
	A_4	0	1	1	−1	25	−0.0631
	A_{12}	0	0	0	0	0	0
	A_{13}	0	0	0	0	1	−0.0025
遗传效应	A_{14}	0	0	0	0	1	−0.0025
	A_{23}	0	0	0	0	1	−0.0025
	A_{24}	0	0	0	0	1	−0.0025
	A_{34}	0	0	0	0	0	0.0063
	A_{123}	0	0	0	0	0	0
	A_{124}	0	0	0	0	0	0
	A_{134}	0	0	0	0	0	0.0003
	A_{234}	0	0	0	0	0	0.0003
	A_{1234}	0	0	0	0	0	0
	分布模型 A	2.000	2.000	4.000	4.000	2054.000	0.013
遗传方差	分布模型 B	2.993	2.993	5.986	5.986	3072.000	0.020
	分布模型 C	2.000	2.000	5.986	2.014	3047.171	0.007
	分布模型 A	0.300	0.300	0.300	0.300		
广义遗传力	分布模型 B	0.391	0.391	0.391	0.391		
	分布模型 C	0.300	0.300	0.391	0.177		

从表 10.7 可以看出, 复合性状和构成性状除在遗传效应大小和类型上的差异外, 它们的遗传方差和遗传力也存在差异。假定没有上位性效应, 但考虑 QTL 间的连锁, RIL 群体中数量性状的遗传方差为

$$V_G = \sum_{i,j=1}^{q}(1-2R_{ij})a_ia_j = \sum_{i=1}^{q}a_i^2 + \sum_{j<k}^{q}2(1-2R_{jk})a_ja_k \tag{10.9}$$

其中, q 表示控制性状 QTL 的数量; a_i 和 a_j 分别表示第 i 个 QTL 和第 j 个 QTL 的加性效应; R_{ij} 表示 RIL 群体中第 i 个和第 j 个 QTL 之间的累积重组率。在连续自交的情况下, 累积重组率与一次减数分裂中重组率 r 的关系为 $R = \dfrac{2r}{1+2r}$。表 10.7 中, 两个构成性状、和性状与差性状的遗传方差均由公式 10.9 给出。积性状与商性状理论遗传方差的计算很困难, 表 10.7 给出的遗传方差是从一个大的模拟群体计算而来。

性状广义遗传力 (H^2) 为遗传方差 (V_G) 与表型方差 (V_P) 的比值, 即公式 10.10。

$$H^2 = \frac{V_G}{V_P} = \frac{V_G}{V_G + V_\varepsilon} \tag{10.10}$$

假定两个构成性状的误差方差 (V_e) 均为 4.67。这样，在 QTL 分布模型 A 和 C 中，构成性状的遗传力均为 0.30。对于分布模型 B，两个构成性状的遗传力为 0.391。和性状与差性状中的误差方差等于构成性状的误差方差之和。因此，也可计算和性状与差性状的广义遗传力。积性状与商性状中的误差方差也难以由构成性状误差方差进行计算。因此，表 10.7 未给出积性状与商性状的广义遗传力。

从表 10.7 已经看到，复合性状中包含了更多的 QTL，以及更复杂的遗传效应。与构成性状相比，其遗传方差和遗传力也发生了很大的变化。对遗传研究来说，涉及的基因数目越多、基因间的效应越复杂、遗传力越低，遗传分析就会变得越困难。因此可以推测，包含更多 QTL 和更复杂遗传效应的复合性状，会使得其遗传分析变得更复杂，也因此有可能降低遗传分析结果的可靠性。

§10.2.4 复合性状 QTL 作图的功效分析

QTL 检测功效的模拟研究表明，与构成性状相比，复合性状的检测功效有不同程度的降低，而且错误发现率会升高（表 10.8）。QTL 效应模型 A 中，4 个 QTL 的加性效应相等。在 3 种 QTL 分布模型下，它们在构成性状中的检测功效都超过 90%（表 10.8）。在 3 种分布模型中，和与差这两个复合性状对不同的 QTL 也有着近似相等的检测功效。但是，这些 QTL 在复合性状中的检测功效远低于他们在构成性状中的检测功效。分布模型 A 和 B 中，和与差这两个复合性状的 QTL 检测功效比构成性状的检测功效减少了 25% 左右；分布模型 C 中，和与差这两个复合性状的 QTL 检测功效减少了 30%~50%。在 3 种分布模型中，积与商这两个复合性状 QTL 检测功效相对于构成性状的检测功效有很大的下降。比较起来，Q_1 和 Q_2 的检测功效比 Q_3 和 Q_4 下降得更多（表 10.8）。

表 10.8 QTL 效应模型 A（表 10.6）的 3 种 QTL 分布模型（表 10.5）下，构成性状和复合性状的 QTL 检测功效

模型	参数	QTL	构成性状 I	构成性状 II	和性状	差性状	积性状	商性状
QTL 分布模型 A（表 10.5）	功效/%	Q_1	95.10		69.60	69.30	55.20	50.50
		Q_2	94.80		69.80	70.40	54.10	50.90
		Q_3		92.50	67.20	65.30	76.90	75.20
		Q_4		94.50	68.40	65.40	77.80	75.20
	错误发现率/%		21.63	22.98	27.42	28.05	28.07	29.68
	位置估计/cM	Q_1	18.54		18.55	18.62	18.36	18.45
		Q_2	28.46		28.49	28.38	28.44	28.52
		Q_3		52.65	52.68	52.61	52.75	52.65
		Q_4		62.85	62.83	62.63	62.88	62.58
	加性效应估计	Q_1	1.00		1.10	1.11	23.32	0.06
		Q_2	1.01		1.09	1.11	23.42	0.06
		Q_3		1.00	1.11	−1.11	26.46	−0.07
		Q_4		1.00	1.10	−1.12	26.61	−0.07

续表

模型	参数	QTL	构成性状Ⅰ	构成性状Ⅱ	和性状	差性状	积性状	商性状
QTL 分布模型 B(表 10.5)	功效/%	Q_1	95.40		67.40	65.60	54.80	49.90
		Q_2	92.90		62.40	66.00	50.00	49.90
		Q_3		93.70	69.90	67.00	79.20	74.90
		Q_4		91.90	62.40	64.90	73.50	72.90
	错误发现率/%		21.35	22.18	28.76	28.59	28.07	28.89
	位置估计/cM	Q_1	18.46		18.43	18.66	18.51	18.73
		Q_2	52.80		52.63	52.43	52.48	52.39
		Q_3		28.49	28.52	28.64	28.60	28.70
		Q_4		62.86	62.75	62.46	62.79	62.52
	加性效应估计	Q_1	1.01		1.16	1.15	25.40	0.07
		Q_2	1.01		1.16	1.16	25.12	0.07
		Q_3		1.03	1.15	−1.16	27.47	−0.07
		Q_4		1.00	1.12	−1.14	26.61	−0.07
QTL 分布模型 C(表 10.5)	功效/%	Q_1	95.20		66.60	52.40	53.60	37.70
		Q_2	95.00		69.20	51.60	54.70	36.40
		Q_3		92.90	63.40	47.80	69.70	56.20
		Q_4		92.60	61.50	49.90	72.60	58.00
	错误发现率/%		19.78	23.44	28.83	27.71	29.74	30.18
	位置估计/cM	Q_1	18.51		18.45	18.47	18.50	18.40
		Q_2	28.45		28.55	28.44	28.61	28.56
		Q_3		52.83	52.62	52.66	52.60	52.65
		Q_4		62.82	62.69	62.75	62.71	62.83
	加性效应估计	Q_1	1.00		1.16	1.12	24.76	0.06
		Q_2	1.01		1.16	1.12	24.88	0.06
		Q_3		0.99	1.16	−1.12	27.88	−0.07
		Q_4		0.99	1.12	−1.11	27.17	−0.07

连锁不利于复合性状的 QTL 作图(分布模型 B 和 C),检测功效会大大降低,QTL 的效应和位置估计有更大的误差。当连锁距离大于或等于 35cM 时,复合性状效应和位置的估计基本无偏,但检测功效仍然低于构成性状。构成性状间的正相关会极大地降低差性状与商性状的检测功效,而构成性状间的负相关会极大地降低和性状与积性状的检测功效。但不管是正相关还是负相关,构成性状的 QTL 检测功效都高于复合性状的检测功效(表 10.8)。

表 10.8 中,统计 QTL 检测功效的支撑区间长度是 10cM,即如果在真实位置左右 5cM 内检测到 QTL,就认为该 QTL 被检测到。4 个 QTL 支撑区间之外的 QTL 均统计为假阳性。从表 10.8 无法看出假阳性 QTL 在染色体上的分布情况。图 10.6 给出按染色体上的标记区间统计的功效,容易看出所有检测到的 QTL 在染色体上的分布情况。从效应模型 A 在分布模型 B 条件下检测到 QTL 的分布来看,构成性状Ⅰ检测到的 QTL 分布在 Q_1 和 Q_2 附近,构成性状Ⅱ检测到的 QTL 分布在 Q_3 和 Q_4 附近。4 种复合性状检测到的 QTL 集中在 4 个预设的 QTL 附近,其他标记区间上也偶尔检测到 QTL,但频率极低。在不存在构成性状 QTL 的染色体区域上,不存在很高的检测功效。这也从另外一个方面说明,复合性状中独有的 QTL 没有重复性。因此可以推测,复合性状中独有的 QTL 很可能是假阳性 QTL。

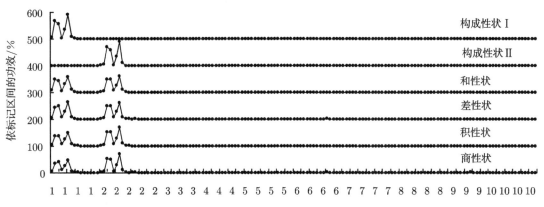

图 10.6 QTL 效应模型 A (表 10.5) 和分布模型 B (表 10.6) 按标记区间的功效分析
为了便于分析, 分别将积性状、差性状、和性状、构成性状 II 和构成性状 I 的功效值加上 100、200、300、400 和 500

在真实的玉米 RIL 群体中, 根据检测到的 QTL 位置分布和效应估计值进行模拟 (Wang et al., 2012)。结果发现, 对于复合性状和构成性状都能检测到的 QTL, 复合性状的检测功效与构成性状的检测功效相似。对于构成性状检测到而复合性状没有检测到的 QTL, 复合性状的检测功效就会下降。同时, 差性状和商性状的 FDR 高于和性状和积性状。究其原因, 与构成性状相比, 复合性状受较多 QTL 的控制, QTL 具有更复杂的遗传效应和连锁关系。因此, 遗传研究中使用复合性状进行 QTL 作图的意义可能不大。

遗传和育种研究中是否应该使用复合性状, 应从二者研究目标的差异方面来考虑。遗传研究在于尽可能多地了解控制目标性状基因的遗传规律。构成性状受较少 QTL 的控制, 具有较简单的遗传模型, 更易于研究单个 QTL 的遗传, 实现遗传研究的目标。育种的目的是同时选择尽可能多的有利基因和基因组合。与多性状选择指数类似, 复合性状的使用可以同时选择影响多个性状的多个有利等位基因, 以达到提高育种效率的目的 (Bernardo, 2010; Falconer and Mackay, 1996)。为了实现遗传研究的目标, 需要把一个复杂性状或复杂模型简单化, 以有利于发现控制性状的基因及这些基因的遗传规律。育种的目的是对多个性状的综合改良, 需要对这些性状同时进行选择, 育种群体中最好包含所有控制性状的有利基因和有利基因组合。这时, 复合性状的使用恰恰有利于实现多性状和多基因聚合的育种目标。

§10.2.5 复合性状的遗传力

前面说过, 积性状和商性状所包含的误差方差难以由构成性状的误差方差计算出来。因此, 表 10.7 仅给出和与差两个复合性状的遗传力。在模拟群体中, 各种基因型在构成性状上的基因型值都是已知的。复合性状的基因型值通过构成性状基因型的数学运算获得, 复合性状的表型值通过构成性状表型值的数学运算获得。因此, 对于模拟群体中的每个个体, 可以获得该个体在表型值和基因型值上的差异, 这一差异就是该个体复合性状的随机误差效应。根据基因型值和随机误差效应, 可以估计群体在复合性状上的遗传方差和随机误差方差, 进而估计复合性状的遗传力。表 10.9 给出多个模拟 RIL 群体中构成性状和复合性状广义遗传力的平均估计值, 最后一行为 §10.2.2 玉米 RIL 群体中根据方差分析估计的遗传力。

表 10.9 模拟 RIL 群体中构成性状和复合性状的广义遗传力

效应模型	分布模型	构成性状 I	构成性状 II	和性状	差性状	积性状	商性状
A: 仅有加性	A	0.302	0.301	0.301	0.301	0.300	0.278
	B	0.366	0.364	0.367	0.362	0.365	0.332
	C	0.303	0.302	0.367	0.224	0.364	0.208
B: 加性和上位型互作	A	0.394	0.392	0.394	0.391	0.392	0.334
	B	0.435	0.433	0.436	0.431	0.435	0.378
	C	0.395	0.393	0.451	0.323	0.457	0.276
C: 仅有上位型互作	A	0.178	0.177	0.178	0.176	0.177	0.162
	B	0.161	0.161	0.162	0.160	0.161	0.154
	C	0.178	0.177	0.194	0.160	0.193	0.148
玉米 RIL 群体		0.597	0.600	0.698	0.397	0.699	0.392

有些情况下，复合性状与构成性状具有相近的遗传力，如效应模型 A 和分布模型 A。大部分情况下，复合性状的遗传力低于构成性状的遗传力。但是由于复合性状中包含更多的 QTL，即使在遗传力相似的情况下，复合性状中单个 QTL 解释的表型方差也低于构成性状中该 QTL 解释的表型方差。因此，复合性状的 QTL 检测功效低于构成性状的检测功效（表 10.8）。在 3 种分布模型和 3 种效应模型中，和与积的遗传力近似等于或显著高于差与积的遗传力。在真实群体中，两个构成性状的遗传力接近 0.6。虽然和与积的遗传力接近 0.7，但未能检测到所有的 11 个 QTL，效应较小的 qZ2 和 qZ7 在和与积两个复合性状中均未能检测出。差与商的遗传力接近 0.4，远低于构成性状的遗传力。因此，有更多个 QTL 在差与商这两个复合性状中未被检测出来。

既然复合性状不利于进行 QTL 研究，那么如何获得复合性状的遗传信息？实际群体中，其实可以从构成性状的 QTL 定位结果推测控制复合性状的 QTL。例如，一个 QTL 同时控制两个构成性状，遗传效应的方向是一致的，可以肯定该 QTL 也控制和性状。如果一个 QTL 同时控制两个构成性状，遗传效应的方向是相反的，可以肯定该 QTL 也控制差性状。很难说控制和性状的 QTL 一定控制积性状，控制差性状的 QTL 一定控制商性状。在研究积性状与商性状的 QTL 时，可能要考虑对积与商进行对数变换，然后按和与差的情况处理。但如何做更合适，还有待进一步研究。

综上所述，控制复合性状的 QTL 至少控制一个构成性状，不太可能出现不控制任一构成性状却控制复合性状的 QTL。因此，实际群体中检测到的只控制复合性状的 QTL 有以下两种可能：一是构成性状中未超过给定临界值的微效 QTL；二是表型在数学运算过程中产生出的假阳性。与构成性状相比，复合性状受较多 QTL 的控制，QTL 具有更复杂的遗传效应（包括二阶和更高阶的上位型互作）和连锁关系，QTL 作图功效相比构成性状的功效明显下降。复合性状引起遗传结构复杂程度的增加，可能是造成 QTL 作图中检测功效降低、假阳性提高的主要原因。因此，遗传研究中使用复合性状开展 QTL 作图的意义不是很大。育种研究与遗传研究具有不同的目的，复合性状在育种中的使用可以同时选择影响多个性状的有利等位基因或基因组合，以达到提高育种效率的目的。QTL 作图研究中应谨慎使用复合性状，但这并不是要排除在育种中使用复合性状或利用复合性状进行选择。

§10.3 加密标记对 QTL 检测功效的影响

统计学上提高假设检验的功效有两个主要途径，即增加样本量和降低误差方差。从实际应用的角度来看，在一个已建成的遗传群体中，一般难以再增加群体中的个体或家系数量。重复试验可以有效降低基因型平均表现中的误差方差，提高基因型平均表现的广义遗传力，进而提高 QTL 的检测功效。在基因型鉴定方面，过去一般只用几十个限制性片段长度多态性（restriction fragment length polymorphism, RFLP）标记或数百个 SSR 标记开展一个遗传群体的基因型鉴定工作。随着分子标记技术的发展，现在已经能用成千上万甚至更多的 SNP 标记开展基因型鉴定。因此，人们自然关心是否可以通过加密标记的方式来更准确地定位 QTL（Piepho, 2000; 李慧慧等, 2010; Li et al., 2010）。在第 9 章 §9.5 的关联分析中，标记越多，越有利于检测群体中的剩余连锁不平衡，加密标记会提高关联分析的 QTL 检测效率。本节介绍加密标记对独立遗传 QTL 和连锁 QTL 检测的影响。

§10.3.1 加密标记对独立遗传 QTL 检测的影响

模拟 3 种标记密度，即 5cM、10cM 和 20cM，10 条染色体，长度均为 160cM，3 种标记密度需要的总标记数分别为 330、170 和 90。QTL 具有不同的效应，PVE 设置了 1%、2%、3%、4%、5%、10%、20% 和 30% 共 8 种水平。这些 QTL 位于 8 条不同染色体的 22cM 处，即不考虑 QTL 之间的连锁。模拟群体为 RIL，群体大小为 20~500，间隔为 20。功效统计的支撑区间长度为 10cM，即功效统计时仅考虑区间 17~27cM 上检测到的 QTL，该区间之外的 QTL 统计为假阳性。每个 QTL 效应、每个标记密度、每个群体大小的条件下，模拟次数均为 1000（Li et al., 2010）。图 10.7 给出不同效应的 QTL 随标记密度和群体大小变化的检测功效，包括 FDR（即假阳性 QTL 的比例）。

当标记数由密度为 10cM 时的 170 个减少到密度为 20cM 时的 90 个时，对于 PVE 小于 10% 的 QTL，即使群体大小为 500，检测功效也有明显的下降。对于 PVE 大于 10% 的 QTL，当群体增大到 200 之后，其检测功效接近于 100%（图 10.7）。但对于较小的群体，当标记数由密度为 10cM 时的 170 增加到密度为 5cM 时的 330 时，只有 PVE = 1% 的 QTL 的检测功效有明显的变化，其他 QTL 检测功效的增加不明显（图 10.7）。因此，对于一般有

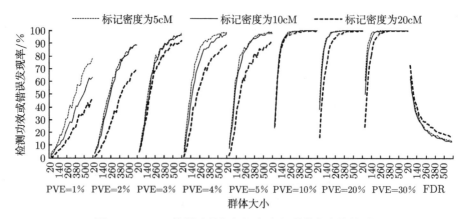

图 10.7 QTL 检测功效与标记密度和群体大小的关系

100~200 个体的作图群体，QTL 连锁作图中每隔 10cM 左右就需要有一个分子标记。增加标记具有提高检测功效的作用，尤其有利于提高效应较小 QTL 的检测功效。

假阳率 FDR 随群体大小的增加而明显下降，从标记密度 10cM 开始，进一步加密标记，FDR 没有明显变化（图 10.7）。实际应用中，在关注加密标记提高检测功效的同时，也应该注意到增加标记只有在大群体中才会产生更大的检测功效，只有大遗传群体才能充分体现加密标记对 QTL 作图的作用。

§10.3.2　加密标记对连锁 QTL 检测的影响

QTL 之间的紧密连锁增加了遗传研究的难度，但这却是遗传研究中不得不面对的问题。在第 5 章建立表型对标记的线性模型过程中已经知道，一个 QTL 位置和效应的信息在理论上完全包含在与其连锁最紧密的左右两个标记变量的系数中，从而在一个扫描区间上可以通过矫正表型的方法，使得矫正值中只包含当前区间上 QTL 的信息，以达到控制区间以外 QTL 影响的目的。如果一个标记变量同时受两个 QTL 的影响，当扫描区间含有这个标记时，矫正值中将同时包含这两个 QTL 的信息。这时，难以把这两个 QTL 区分开。因此，ICIM 一般要求连锁 QTL 之间有一些空白区间（Whittaker et al., 1996; Li et al., 2007）。所谓空白区间，就是这些标记区间上不存在任何控制性状的 QTL。很明显，增加标记可能使得原来没有空白区间的连锁 QTL 之间出现空白区间，从而达到区分连锁 QTL 的目的。

图 10.8 给出连锁距离为 20cM 的两个 QTL，以及 3 种密度的标记在一条长度为 160cM 染色体上的分布示意图，两个 QTL 分别位于这条染色体的 22cM 和 42cM 处。当标记密度为 20cM 时，Q_1 和 Q_2 位于两个相邻的标记区间上（图 10.8A）。在表型对标记的线性模型中，Q_1 的效应将分配在标记 4 和 8 上，Q_2 的效应将分配在标记 8 和 12 上。因此，标记 8 同时受 Q_1 和 Q_2 的影响。在标记 4 和 8 决定的扫描区间上，表型的矫正值中还有部分 Q_2 的信息。同样，在标记 8 和 12 决定的扫描区间上，表型的矫正值中还有部分 Q_1 的信息。

当标记密度为 10cM 时，Q_1 和 Q_2 之间存在一个空白区间（图 10.8B）。在表型对标记的线性模型中，Q_1 的效应将分配在标记 4 和 6 上，Q_2 的效应将分配在标记 8 和 10 上。在标记 4 和 6 决定的扫描区间上，表型的矫正值中仅包含 Q_1 的信息。同样，在标记 8 和 10 决定的扫描区间上，表型的矫正值中仅包含 Q_2 的信息。但是，在标记 6 和 8 决定的扫描区间上，表型的矫正值中仍包含部分 Q_1 信息和部分 Q_2 信息。这时，尽管标记 6 和 8 区间上不存在 QTL，但也可能出现较高的 LOD 值，进而影响 QTL 的检测。

当标记密度为 5cM 时，Q_1 和 Q_2 之间存在 3 个空白区间（图 10.8C）。在表型对标记的线性模型中，Q_1 的效应将分配在标记 4 和 5 上，Q_2 的效应将分配在标记 8 和 9 上。在标记 4 和 5 决定的扫描区间上，表型的矫正值中仅包含 Q_1 的信息。同样，在标记 8 和 9 决定的扫描区间上，表型的矫正值中仅包含 Q_2 的信息。在标记 5 和 6 决定的扫描区间上，表型的矫正值中仍包含部分 Q_1 的信息，可能出现较高的 LOD 值。在标记 7 和 8 决定的扫描区间上，表型的矫正值中仍包含部分 Q_2 的信息，也可能出现较高的 LOD 值。但是，在标记 6 和 7 决定的扫描区间上，表型的矫正值中既没有 Q_1 的信息也没有 Q_2 的信息。因此，这个区间上 LOD 值将接近于 0。这时，即使在标记 5~6 和 7~8 区间上有一定的 LOD 值，但它们之间的标记 6~7 区间 LOD 值极低，对 QTL 检测的影响也不会很大。

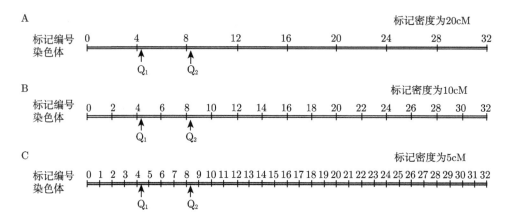

图 10.8 距离 20cM 的两个连锁 QTL 与 3 种密度（A、B、C）的标记在染色体上的分布示意图
染色体长度为 160cM，两个 QTL 分别位于 22cM 和 42cM 处

图 10.9 给出两个群体大小在 3 种标记密度下 100 次模拟群体中连锁 QTL 完备区间的平均 LOD 值和平均加性效应曲线。染色体长度为 160cM，3 种标记密度分别为 20cM、10cM

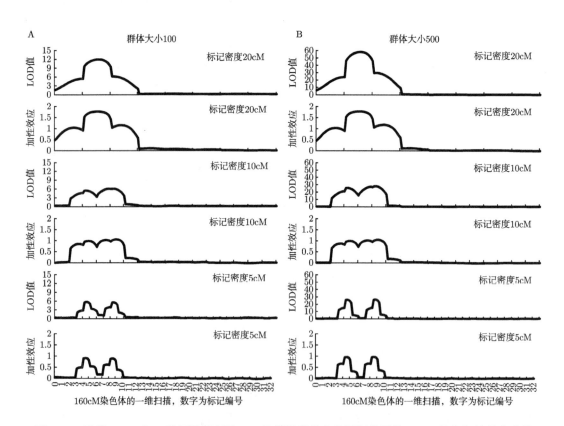

图 10.9 连锁 QTL 在 3 种标记密度下 100 次模拟群体完备区间的平均 LOD 值和加性效应曲线
A. 群体大小为 100；B. 群体大小为 500。染色体长度为 160cM，3 种标记密度分别为 20cM、10cM 和 5cM。作图群体为 RIL。两个连锁 QTL 分别位于 22cM 和 42cM 处（同图 10.8），加性效应均为 1，广义遗传力为 50%

和 5cM。两个连锁 QTL 位于同一条染色体的 22cM 和 42cM 处（同图 10.8），加性效应均为 1，广义遗传力为 50%。作图群体为 RIL，图 10.9A 的群体大小为 100，图 10.9B 的群体大小为 500。当标记密度为 20cM 时，即使群体大小为 500，ICIM 也无法将两个连锁 QTL 区分开，而是在两个 QTL 之间发现一个效应近似等于两个 QTL 效应之和的"幻影"QTL（图 10.9）。当标记密度为 10cM 时，有一部分模拟群体检测到两个 QTL。但大多数模拟群体还是只定位到一个遗传效应较大的"幻影"QTL。当标记密度为 5cM 时，大多数模拟群体中都能正确检测到预设的两个 QTL。

从图 10.9 可以很清楚地看到，如连锁 QTL 之间不存在空白区间，更极端的情况，如一个标记区间上存在两个 QTL，QTL 作图方法是难以将二者区分开的。在这种情况下，LOD 曲线反映的是两个 QTL 累加的效果，仅靠增加群体规模来区分连锁 QTL 是徒劳无益的。唯一的方法是增加标记密度，使得连锁 QTL 之间至少存在两个空白区间。只有这样才有可能将连锁 QTL 区分开。因此，连锁 QTL 的区分需要密度更高的分子标记和更大的群体规模。

§10.4 缺失标记的填补以及缺失对 QTL 作图的影响

§10.4.1 缺失标记的填补

在知道标记间的连锁关系后，可以根据与缺失标记连锁的无缺失标记来推测缺失标记型的概率。然后，根据缺失标记型的条件概率对缺失的标记型进行填补。第 7 章 §7.3 已经介绍了双交 F_1 群体的填补方法，第 8 章 §8.3 和 §8.4 分别介绍了四亲和八亲纯系后代群体的填补方法。下面介绍双亲 F_2 群体中缺失标记型的填补方法（Zhang et al., 2010），其他双亲群体的填补方法与此类似，同时以双亲群体为例说明缺失对 QTL 作图的影响。这里介绍的缺失标记填补方法同样适宜于显性和隐性等不完全信息标记的填补。假设所有标记都已经通过连锁分析排好顺序，M 和 m 是某个体中缺失标记处的两个标记等位基因。从染色体或连锁群的第一个标记开始，逐个填补缺失标记型。因此可以认为，当前标记之前的所有标记都无缺失，或者已经对缺失值进行了填补。缺失标记可分为如下 3 种情况。

1. **缺失标记没有任何不缺失的连锁标记**

在这种情况下，除了知道 3 种标记型 MM、Mm 和 mm 的频率满足 1:2:1 的孟德尔分离比外，没有任何可用的连锁信息。从均匀分布 $U(0,1)$ 中抽取一个随机数 x。如果 $x > 0.75$，缺失标记基因型补为 MM；如果 $x < 0.25$，补为 mm；否则，补为 Mm。即以 0.25 的概率将缺失标记补为 MM，以 0.5 的概率补为 Mm，以 0.25 的概率补为 mm。

2. **缺失标记仅在一侧能找到连锁的未缺失标记**

此时，利用基因型在未缺失标记（取距离最近的未缺失标记）基因型下的条件概率（表 10.10）对缺失标记进行填补。以无缺失标记基因型 AA 为例。从均匀分布 $U(0,1)$ 中抽取一个随机数 x。若 $x < (1-r)^2$，则缺失标记基因型补为 MM；若 $(1-r)^2 < x < (1-r)^2 + 2r(1-r)$，补为 Mm；否则，补为 mm。很明显，如果重组率很小，$(1-r)^2$ 会远大于 0.25，把缺失标记填补为 MM 的概率远高于 0.25。

表 10.10　缺失标记 M 与一个未缺失标记 A 连锁时（重组率用 r 表示）缺失标记基因型的条件概率

无缺失标记的基因型	缺失标记的基因型		
	MM	Mm	mm
AA	$(1-r)^2$	$2r(1-r)$	r^2
Aa	$r(1-r)$	$(1-2r+2r^2)$	$r(1-r)$
aa	r^2	$2r(1-r)$	$(1-r)^2$

3. 缺失标记在其左右两侧均能找到未缺失的连锁标记

此时，利用缺失标记基因型在两个相邻的未缺失标记（左右两侧分别取距离最近的未缺失标记）基因型下的条件概率（表 10.11）填补缺失。以无缺失标记基因型 $AABB$ 为例，从均匀分布 $U(0,1)$ 中抽取一个随机数 x。若 $x < \dfrac{(1-r_1)^2(1-r_2)^2}{(1-r)^2}$，则缺失标记基因型补为 MM；若 $\dfrac{(1-r_1)^2(1-r_2)^2}{(1-r)^2} < x < \dfrac{2r_1(1-r_1)r_2(1-r_2)}{(1-r)^2}$，补为 Mm；否则，补为 mm。很明显，如果重组率很小，$\dfrac{(1-r_1)^2(1-r_2)^2}{(1-r)^2}$ 会远大于 0.25，把缺失标记填补为 MM 的概率远高于 0.25。

表 10.11　缺失标记与两个未缺失标记连锁时缺失标记基因型的条件概率

两个无缺失标记的基因型	缺失标记的基因型		
	MM	Mm	mm
$AABB$	$\dfrac{(1-r_1)^2(1-r_2)^2}{(1-r)^2}$	$\dfrac{2r_1(1-r_1)r_2(1-r_2)}{(1-r)^2}$	$\dfrac{r_1^2 r_2^2}{(1-r)^2}$
$AABb$	$\dfrac{(1-r_1)^2 r_2(1-r_2)}{r(1-r)}$	$\dfrac{r_1(1-r_1)(1-2r_2+2r_2^2)}{r(1-r)}$	$\dfrac{r_1^2 r_2(1-r_2)}{r(1-r)}$
$AAbb$	$\dfrac{(1-r_1)^2 r_2^2}{r^2}$	$\dfrac{2r_1(1-r_1)r_2(1-r_2)}{r^2}$	$\dfrac{r_1^2(1-r_2)^2}{r^2}$
$AaBB$	$\dfrac{r_1(1-r_1)(1-r_2)^2}{r(1-r)}$	$\dfrac{(1-2r_1+2r_1^2)r_2(1-r_2)}{r(1-r)}$	$\dfrac{r_1(1-r_1)r_2^2}{r(1-r)}$
$AaBb$	$\dfrac{2r_1(1-r_1)r_2(1-r_2)}{1-2r+2r^2}$	$\dfrac{(1-2r_1+2r_1^2)(1-2r_2+2r_2^2)}{1-2r+2r^2}$	$\dfrac{2r_1(1-r_1)r_2(1-r_2)}{1-2r+2r^2}$
$Aabb$	$\dfrac{r_1(1-r_1)r_2^2}{r(1-r)}$	$\dfrac{(1-2r_1+2r_1^2)r_2(1-r_2)}{r(1-r)}$	$\dfrac{r_1(1-r_1)(1-r_2)^2}{r(1-r)}$
$aaBB$	$\dfrac{r_1^2(1-r_2)^2}{r^2}$	$\dfrac{2r_1(1-r_1)r_2(1-r_2)}{r^2}$	$\dfrac{(1-r_1)^2 r_2^2}{r^2}$
$aaBb$	$\dfrac{r_1^2 r_2(1-r_2)}{r(1-r)}$	$\dfrac{r_1(1-r_1)(1-2r_2+2r_2^2)}{r(1-r)}$	$\dfrac{(1-r_1)^2 r_2(1-r_2)}{r(1-r)}$
$aabb$	$\dfrac{r_1^2 r_2^2}{(1-r)^2}$	$\dfrac{2r_1(1-r_1)r_2(1-r_2)}{(1-r)^2}$	$\dfrac{(1-r_1)^2(1-r_2)^2}{(1-r)^2}$

注：假定缺失标记位于无缺失的两个标记之间，重组率用 r_1 和 r_2 表示，无缺失标记间的重组率用 r 表示。两个标记区间上无干涉，即 3 个重组率满足 $r = r_1 + r_2 - 2r_1 r_2$

§10.4.2 一个水稻 F_2 群体中的株高 QTL

一个水稻 F_2 群体中包含 180 个个体（叶少平等，2005; Zhang et al., 2010），杂交组合的两个亲本分别是籼稻品种'PA64s'和粳稻品种'Nipponbare'。2002 年'Nipponbare'已实现完全测序，'PA64s'在同一年也实现了部分测序。利用 137 个多态性 SSR 标记构建连锁图谱，12 条染色体上分布着 6~12 个标记，遗传图谱的总长度为 2046.2cM，平均标记间距为 17.1cM。该 F_2 群体中共有 24660 个标记点（即 180×137），其中 5131 个是'PA64s'标记型，6175 个是'Nipponbare'标记型，11 114 个是杂合型。所有标记基因型数据中，有 2240 个缺失标记型，占所有标记数据的 9.08%。

亲本'PA64s'携带一个主效矮秆基因，其株高是 74.4cm。亲本'Nipponbare'的株高是 98.3cm。使用 ICIM 对株高进行 QTL 作图（表 10.12），逐步回归时变量进出模型的概率分别设为 0.01 和 0.02，LOD 临界值为 3.0，扫描步长为 1cM。共定位到 9 个 QTL，第 1 条和第 3 条染色体上分别有 2 个 QTL，第 4~7 条、第 12 条染色体上各有 1 个 QTL（表 10.12）。qPH1-2 解释 25.57% 的表型变异，该座位上的'PA64s'等位基因会使株高降低 8.59cm，显性效应很小。群体中，几乎所有的 F_2 个体都高于'PA64s'，可见'PA64s'中包含了大多数降低株高的 QTL。而很多 F_2 个体高于另一个较高的亲本'Nipponbare'说明超显性的存在。由表 10.12 可见，有 7 个株高 QTL 加性效应为负，在这些座位上，降低株高的等位基因来自'PA64s'。qPH1-1、qPH3-1、qPH5、qPH6、qPH7 和 qPH12 都是超显性 QTL。这些超显性 QTL 解释了大量 F_2 个体高于'Nipponbare'的原因。qPH1-1、qPH5 和 qPH7 中的加性效应很小，它们很难在永久群体如 RIL 中被检测到。这说明，即使同样是两个亲本衍生的群体，定位到的 QTL 也有可能不完全相同。

表 10.12 一个水稻 F_2 群体中的株高 QTL

QTL 名称	标记区间	左标记距离/cM	加性效应/cm	显性效应/cm	LOD 值	PVE/%	显性度
qPH1-1	RM246–RP2	12.0	−0.57	−7.98	8.04	12.03	13.96
qPH1-2	RP82–RP3	19.5	−8.59	0.59	15.54	25.57	−0.07
qPH3-1	RM523–RM251	16.9	4.35	−4.86	6.51	13.30	−1.12
qPH3-2	RP242–RM520	11.4	−4.69	−1.00	5.04	6.84	0.21
qPH4	RP67–OSR15	13.7	−3.56	−2.09	4.61	5.53	0.59
qPH5	RM159–RP299	13.0	−0.44	−4.48	3.13	3.86	10.24
qPH6	RP199–RM276	6.2	−0.79	−5.05	3.17	4.96	6.36
qPH7	RM82–RM180	7.0	0.26	6.48	5.27	7.56	25.24
qPH12	RM19–RM247	2.4	−1.66	3.93	3.98	5.44	−2.36

§10.4.3 缺失标记对 QTL 检测功效的影响

利用上述水稻 F_2 群体构建的连锁图谱，以及表 10.12 列出的 QTL 建立遗传模型，模拟不同程度的标记缺失。图 10.10 给出 7 种缺失率水平下 9 个株高 QTL 的检测功效。当模拟群体大小为 180 时（与真实群体一致），随着缺失率的增加，所有 QTL 的检测功效会逐步降低，假阳性 QTL 的比例呈逐渐上升的趋势（图 10.10A）。当模拟群体大小为 500 时，随着缺失率的增加，效应较大的 QTL 的检测功效变化不明显，效应较小的 QTL 的检测功效有明显的降低。与模拟群体大小 180 类似，假阳性 QTL 的比例呈逐渐上升的趋势（图 10.10B）。因此，对于效应较小的 QTL 和较小的群体来说，缺失标记对 QTL 作图的影响较大。对于效应较大的 QTL 和较大的群体，缺失标记对 QTL 作图的影响可以忽略（图 10.10）。尽管作图功效会受到缺失标记的影响，但在缺失标记条件下，被检测到的 QTL 位置和效应估计与无缺失条件下基本一致，都是渐近无偏的，估计值的方差也基本相同。

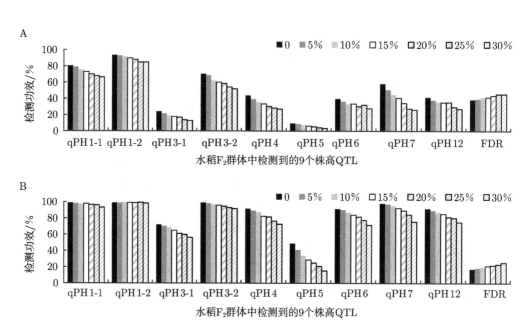

图 10.10　F_2 群体中缺失标记对 QTL 检测功效的影响

A. F_2 群体大小为 180；B. F_2 群体大小为 500

利用水稻 F_2 群体构建的连锁图谱，以及表 10.12 列出的 QTL 建立遗传模型，模拟无缺失标记的不同大小 F_2 群体。图 10.11 给出 7 种群体大小下 9 个株高 QTL 的检测功效。当模拟群体大小从 180 开始（与真实群体一致），然后逐渐减少 5%、10%、15%、20%、25% 和 30% 的情况下，除 PVE 最高的 qPH1-2 外，所有 QTL 的检测功效逐步降低，假阳性 QTL 的比例呈逐渐上升的趋势（图 10.11A）。当模拟群体大小从 500 开始，然后逐渐减少 5%、10%、15%、20%、25% 和 30% 的情况下，效应较大的 QTL 的检测功效变化不明显，效应较小的 QTL 的检测功效有明显的降低。与模拟群体大小从 180 开始的情况类似，假阳性 QTL 的比例呈逐渐上升的趋势（图 10.11B）。因此，群体大小对效应较小的 QTL 的影响较大。

比较图 10.10 和图 10.11 的检测功效与假阳性发现率可以发现，一定比例的标记缺失对 QTL 作图结果的影响相当于一定比例个体缺失对 QTL 作图的影响。也就是说，一个群体大小为 n、标记型缺失率为 p 的群体的作图功效，与大小为 $n(1-p)$、无标记型缺失群体的作图功效大致相同。因此，尽管大多数 QTL 作图方法和软件可以处理带有缺失标记的数据，在遗传群体的基因型鉴定的过程中，还是要尽可能避免缺失数据的发生，从而得到更好的遗传研究结果。缺失标记的填补只是一种技术手段。如果不利用其他额外信息,就填补本身来说,是不会提高 QTL 检测功效的。当然,如果对缺失的标记型重新进行基因型分析,这时相当于利用额外信息对缺失标记进行填补,其结果是降低标记数据的缺失率。采用这种方式填补缺失标记,可以增加 QTL 的检测功效,提高遗传分析的准确性。

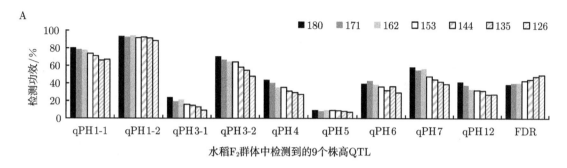

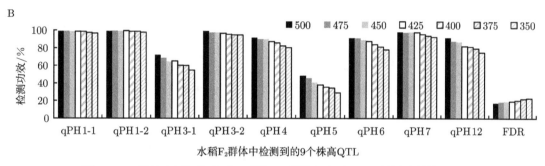

图 10.11 无缺失标记情况下,不同 F_2 群体大小对 QTL 检测功效的影响

A. 群体大小从 180 开始,然后逐渐减少 5%、10%、15%、20%、25% 和 30%;B. 群体大小从 500 开始,然后逐渐减少 5%、10%、15%、20%、25% 和 30%

§10.5 奇异分离对遗传研究的影响

§10.5.1 一个水稻 F_2 群体中的奇异分离标记

奇异分离几乎存在于所有的遗传研究群体中,也是一个被广泛研究的遗传学问题(Hedrick and Muona, 1990; Lorieux et al., 1995; Hackett and Broadfoot, 2003; Luo et al., 2005; Zhu et al., 2007; Xu, 2008)。在 §10.4 的水稻 F_2 群体中,对每个标记进行 1:2:1 的孟德尔分离比适合性检验,在 0.01 的显著性水平下,存在 9 个显著偏离孟德尔分离比的标记(表 10.13),这些标记分布在水稻第 2、3、5、8、10、11 和 12 条染色体上(Zhang et al., 2010)。表中 $M{:}m$ 表示两种等位基因频率的比值,P 为 3 种标记型偏离 1:2:1 分离比的显著性概率。在偏分离显著性检验中,$-\log_{10}P$ 的最大值是 20.02,对应于第 12 条染色体上的标记 RP129。RM304 和 RP129 周围的其他一些标记也表现出显著的偏分离,但这很可能是由连锁造成的,因此没有在表 10.13 中给出。

表 10.13　一个水稻 F_2 群体中的奇异分离标记

标记名称	染色体	样本量			$M:m$	$-\log_{10}P$	适合度		
		MM	Mm	mm			MM	Mm	mm
RP178	2	72	33	27	2.03	13.83	1.00	0.23	0.38
RM143	3	85	64	27	1.98	11.14	1.00	0.38	0.32
RM159	5	32	33	79	0.51	15.84	0.41	0.21	1.00
RM44	8	64	83	22	1.66	4.54	1.00	0.65	0.34
RM304	10	75	78	25	1.78	6.69	1.00	0.52	0.33
RM147	10	39	27	78	0.57	16.80	0.50	0.17	1.00
RM552	11	57	110	13	1.65	6.60	1.00	0.96	0.23
RP129	12	92	87	1	3.04	20.02	1.00	0.47	0.01
RM491	12	27	28	60	0.55	10.69	0.45	0.23	1.00

适合度是群体遗传学中研究选择效应的重要参数 (Falconer and Mackay, 1996; Hartl and Clark, 2007; 王建康, 2017)。适合度是指某种基因型繁殖后代的相对能力, 取值为 0~1。假定两种基因型 AA 和 aa 的个体各有 100 个, 有 10 个基因型 AA 的个体和 9 个 aa 基因型的个体成活下来, 并随机交配产生下一代群体。那么, aa 的繁殖成活率是 AA 的 0.9 倍。这时就认为 AA 的适合度为 1, aa 的适合度为 0.9。对于一个 F_2 群体中的 3 种基因型 AA、Aa 和 aa, 如果适合度均为 1, 3 种基因型的频率将分别为 0.25、0.5 和 0.25。否则, 3 种基因型将偏离 1:2:1 的孟德尔分离比。因此, 可以通过基因型的相对频率定义 3 种基因型的适合度。

假定 M 来自亲本 'PA64s', m 来自亲本 'Nipponbare'。用 n_{MM}、n_{Mm} 和 n_{mm} 分别表示 3 种标记型 MM、Mm 和 mm 的样本量, 用 $n_{\max}$ 表示 n_{MM}、$\frac{1}{2}n_{Mm}$ 和 n_{mm} 三者中的最大值。那么, 3 种标记型的适合度分别为 $n_{MM}/n_{\max}$、$\frac{1}{2}n_{Mm}/n_{\max}$ 和 $n_{mm}/n_{\max}$。表 10.13 给出 9 个奇异分离标记座位上 3 种标记型适合度的估计值。有些标记座位上, 亲本 'PA64s' 的标记型具有最高的适合度, 如 RP178 和 RM143 等; 有些标记座位上, 亲本 'Nipponbare' 的标记型具有最高的适合度, 如 RM159 和 RM147 等。没有出现杂合标记型具有最高适合度的情形。

§10.5.2　奇异分离在 3 种基因型群体中对 QTL 作图的影响

假设 a 和 d 分别是 QTL 的加性效应和显性效应, f_{QQ}、f_{Qq} 和 f_{qq} 分别是 3 种 QTL 基因型 QQ、Qq 和 qq 的观测频率。在 F_2 群体中, 当 QTL 没有与奇异分离标记连锁时, f_{QQ}、f_{Qq} 和 f_{qq} 应分别为 0.25、0.5 和 0.25, QTL 解释的遗传方差为

$$\sigma^2 = \frac{1}{2}a^2 + \frac{1}{4}d^2 \tag{10.11}$$

一个奇异分离标记的 3 种标记基因型频率分别记为 f_{MM}、f_{Mm} 和 f_{mm}, 该标记与 QTL 间的重组率为 r。由于标记与 QTL 的连锁, 标记的奇异分离也会造成 QTL 的奇异分离, 即 f_{QQ}、f_{Qq} 和 f_{qq} 偏离正常的孟德尔分离比。偏离的程度取决于重组率 r, 以及标记基因型频率 f_{MM}、f_{Mm} 和 f_{mm}。表 10.14 给出无奇异分离与有奇异分离时, 标记基因型以及连锁 QTL 基因型的联合频率, 从中可以计算 3 种 QTL 基因型的频率, 从而计算出 QTL 的基因

型均值与遗传方差，分别为

$$\mu = m + (f_{QQ} - f_{qq})a + f_{Qq}d$$
$$\sigma_{\text{SD}}^2 = [f_{QQ} + f_{qq} - (f_{QQ} - f_{qq})^2]a^2 - 2f_{Qq}(f_{QQ} - f_{qq})ad$$
$$+ (f_{Qq} - f_{Qq}^2)d^2 \tag{10.12}$$

将 QTL 的显性度用 $s = d/a$ 表示。从公式 10.11 和公式 10.12 可以得到有、无奇异分离两种情况下 QTL 遗传方差的比值为

$$k = \frac{\sigma_{\text{SD}}^2}{\sigma^2} = \frac{4[f_{QQ} + f_{qq} - (f_{QQ} - f_{qq})^2] - 8f_{Qq}(f_{QQ} - f_{qq})s + 4(f_{Qq} - f_{Qq}^2)s^2}{2 + s^2} \tag{10.13}$$

统计学上，一个决定因素的不同水平之间的差异越大，或者说方差越大，这些水平间的差异越易于检测，统计检验中越容易得到具有显著性差异的结果，因此也会具有较高的检测功效。QTL 作图也是如此。如果一个 QTL 的遗传方差很大，这个 QTL 就会产生很高的 LOD 值，也就更容易被检测到。公式 10.13 给出奇异分离情况下 QTL 遗传方差的相对值，可用于定量解释奇异分离对 QTL 作图的影响。从直观上看，若方差比值 k 大于 1，奇异分离会引起 QTL 遗传方差的增加，因此有利于 QTL 的检测；若 k 小于 1，奇异分离会引起 QTL 遗传方差的降低，因此不利于 QTL 的检测；若 k 等于 1，表明奇异分离不会影响 QTL 的检测（Zhang et al., 2010）。

表 10.14　无奇异分离和有奇异分离时 F_2 群体各种标记基因型和连锁 QTL 基因型的频率

基因型	无奇异分离时的频率	有奇异分离时的频率
MMQQ	$\frac{1}{4}(1-r)^2$	$f_{MM}(1-r)^2$
MMQq	$\frac{1}{2}r(1-r)$	$2f_{MM}r(1-r)$
MMqq	$\frac{1}{4}r^2$	$f_{MM}r^2$
MmQQ	$\frac{1}{2}r(1-r)$	$f_{Mm}r(1-r)$
MmQq	$\frac{1}{2}(1-2r+2r^2)$	$f_{Mm}(1-2r+2r^2)$
Mmqq	$\frac{1}{2}r(1-r)$	$f_{Mm}r(1-r)$
mmQQ	$\frac{1}{4}r^2$	$f_{mm}r^2$
mmQq	$\frac{1}{2}r(1-r)$	$2f_{mm}r(1-r)$
mmqq	$\frac{1}{4}(1-r)^2$	$f_{mm}(1-r)^2$

从公式 10.13 可以看出，有、无奇异分离两种条件下，遗传方差比值 k 的大小依赖于 QTL 的显性度，以及 3 种 QTL 基因型在群体中的频率。当然，3 种基因型要满足频率之和为 1 这一限制条件。图 10.12 给出 4 种显性度下方差比值 k 随基因型频率变化的示意图。可

以看出, 不论哪种显性度, 方差比值 k 既有可能大于 1, 也有可能小于 1; 当然, 还有可能等于 1。如果 3 种基因型频率在它们的取值范围内呈均匀分布, 对于显性度为 0 的 QTL, k 值有 47% 的可能性超过 1; 对于显性度为 0.5 的 QTL, k 值有 51% 的可能性超过 1; 对于显性度为 1 的 QTL, k 值有 50% 的可能性超过 1; 对于显性度为 2 的 QTL, k 值有 29% 的可能性超过 1。因此, 奇异分离究竟有利于还是不利于 QTL 检测, 依赖于 QTL 本身的显性度、奇异分离座位的适合度, 以及奇异分离座位与 QTL 间的连锁距离等多种因素。奇异分离既有可能不利于 QTL 的检测, 也有可能有利于 QTL 的检测, 还有可能对 QTL 的检测不产生影响 (Xu, 2008; Zhang et al., 2010)。

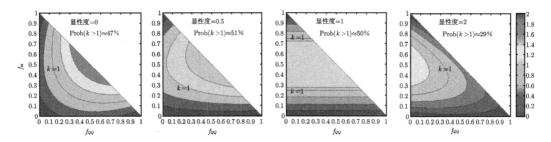

图 10.12　F_2 群体中不同基因型频率的遗传方差与无奇异分离时方差的比值 (彩图请扫封底二维码)
假定基因型频率的取值完全随机; 4 种显性度分别代表无显性、部分显性、完全显性和超显性

模拟表 10.13 给出的 9 种奇异分离类型, 以研究奇异分离对表 10.12 列出的 QTL 检测的影响 (图 10.13)。为简便起见, 假定奇异分离座位与 QTL 最近的左侧标记重叠。当模拟群体大小为 180 时 (图 10.13A), qPH1-1 和 qPH1-2 的检测功效接近于无奇异分离时的功效。qPH7 在奇异分离时的检测功效均低于无奇异分离时的功效。相对于无奇异分离, 9 种奇异分离情况下 qPH7 的检测功效变化分别为 −13.7%、−4.2%、−0.6%、−4.0%、−1.6%、−13.7%、−5.3%、−5.1% 和 −7.3%。然而, 对于其他的一些 QTL 如 qPH3-1、qPH3-2、qPH4 和 qPH5 等, 有些类型的奇异分离增加其作图功效, 有些类型的奇异分离则会降低其作图功效。例如, qPH3-2 在奇异分离情况下的检测功效相对于无奇异分离时的检测功效变化分别为 0.7%、0.6%、9.2%、−8.3%、−4.5%、8.8%、−14.1%、−27.0% 和 8.8%。奇异分离标记 RM44、RM304、RM552 和 RP129 降低了作图功效, 而其他标记增加了 qPH3-2 的检测功效。当模拟群体大小为 500 时 (图 10.13B), 对大多数 QTL 来说, 奇异分离时的检测功效与无奇异分离的检测功效相近。说明提高群体大小, 会有效削弱奇异分离对遗传研究的影响。对于检测功效有较大变化的 QTL 来说, 如 qPH4, 奇异分离的功效变化与群体大小 180 有类似的趋势。

当奇异分离与 QTL 不连锁时, 奇异分离对 QTL 的定位基本没有影响。但是, 当奇异分离与 QTL 紧密连锁时, 会对 QTL 作图产生影响。当 QTL 效应较小、作图群体也较小时, 奇异分离会对 QTL 作图产生较大的影响 (图 10.13)。奇异分离并非总是不利于或有利于 QTL 的检测。奇异分离对 QTL 检测的影响是多种因素共同作用的结果, 有时会提高与其连锁的 QTL 的检测功效, 有时会降低检测功效。值得一提的是, 图 10.13 观察到的奇异分离检测功效的变化都能通过公式 10.13 计算方差比值的大小得以印证 (Zhang et al., 2010)。

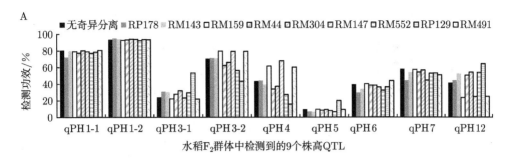

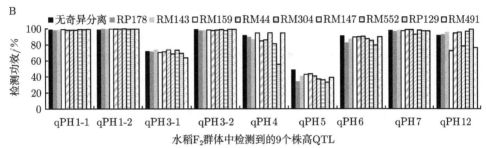

图 10.13 F$_2$ 群体中奇异分离对 QTL 检测功效的影响

A. 群体大小 180; B. 群体大小 500; 9 种奇异分离类型见表 10.13, 无奇异分离为对照; 9 个株高 QTL 的位置和效应信息见表 10.12

§10.5.3 奇异分离影响的距离

根据表 10.14, 可以计算不同连锁距离时 QTL 基因型的频率, 进而计算不同连锁距离下遗传方差比值 k, 并由此推测一个奇异分离所能影响的距离。以表 10.13 中的 4 种奇异分离标记为例, 图 10.14 给出 QTL 遗传方差比值随标记与 QTL 间遗传距离的变化曲线。可以看出, 当奇异分离标记与 QTL 紧密连锁时, 有些 QTL 的 k 值远低于 1, 有些 QTL 的 k 值远高于 1。随着遗传距离的增加, 所有 QTL 的方差比值都趋向于 1。说明奇异分离对遗传分析的影响随着连锁程度的下降变得越来越小。从图 10.14 可以看出, 当标记与 QTL 间遗传距离超过 20cM 时, k 值为 0.8~1.2。如果可以依据这个范围内的 k 值忽略奇异分离影响的话, 可以认为奇异分离的影响距离不超过 20cM (Zhang et al., 2010)。

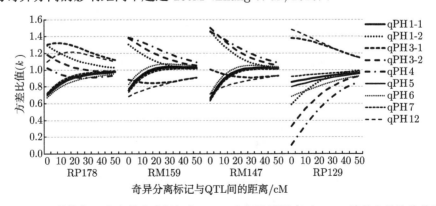

图 10.14 F$_2$ 群体中 4 个奇异分离标记与 QTL 之间连锁距离对 QTL 遗传方差比值的影响

§10.5.4 奇异分离在两种基因型群体中对 QTL 作图的影响

对于仅有两种基因型的群体，评估奇异分离对 QTL 作图的影响显得简单些（李慧慧等，2010）。假定真实群体中，两种 QTL 基因型的频率分别用 p 和 $1-p$ 表示。无奇异分离群体中 QTL 基因型频率分别用 f 和 $1-f$ 表示。那么，QTL 在有、无奇异分离两种情况下遗传方差的比值为

$$k = \frac{\sigma_{SD}^2}{\sigma^2} = \frac{p(1-p)}{f(1-f)} = \frac{1-(1-2p)^2}{1-(1-2f)^2} \tag{10.14}$$

在 F_1 衍生的 RIL 或 DH 群体中，两种基因型的期望频率比为 1:1。这时，$f=0.5$，$k=4p(1-p)$。因此，只有在 $p=0.5$ 的情况下才有 $k=1$。任何奇异分离都会使 k 小于 1，从而降低 QTL 的作图功效。如果两种基因型的期望比不为 1:1，如回交衍生的重组近交家系或回交衍生的加倍单倍体群体，无奇异分离时两种基因型频率满足 3:1 的分离比。这时，如果奇异分离能引起两种基因型更加偏向于分离比 1:1，这时的奇异分离就会增加 QTL 的遗传方差。因此，方差的比值 k 就会大于 1，奇异分离就会有利于 QTL 的检测。

图 10.15 给出 BC_1 和 F_1 产生的 DH 作图群体中奇异分离 QTL 的遗传方差与无奇异分离时的遗传方差比值的变化曲线。可以明显看出，在 F_1 衍生的 DH 群体中，方差比值不会超过 1，奇异分离均不利于 QTL 的检测。在回交衍生的 DH 群体中，当基因型的频率在 0.25 和 0.75 之间时，方差比值会超过 1，这时的奇异分离会有利于 QTL 的检测。

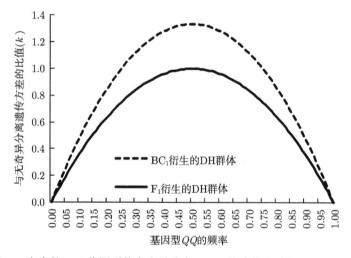

图 10.15　BC_1 和 F_1 产生的 DH 作图群体中奇异分离 QTL 的遗传方差与无奇异分离时的遗传方差的比值

§10.6　数量性状表型分布的非正态性

QTL 作图只是要求表型数据中的随机误差项服从正态分布，并没有要求表型数据满足正态分布。数量性状只有在多基因假说下才真正符合正态分布，表型数据的非正态性并不影响 QTL 作图（李慧慧等，2010）。

§10.6.1 数量性状的表型模型与表型分布

个体在特定环境下的表型是个体遗传效应值 G 和随机误差效应 ε 之和。这就是纯系理论的主要内容（王建康，2017），用一个线性统计模型表示为

$$P = G + \varepsilon \tag{10.15}$$

其中，随机误差效应 ε 服从均值为 0 和一个特定方差 σ_ε^2 的正态分布，即 $\varepsilon \sim N(0, \sigma_\varepsilon^2)$。从模型 10.15 可以看出，对于一个特定的基因型来说，其表型重复观测值服从正态分布。这一要求也是绝大多数统计分析方法的前提。在一个遗传群体中，不同基因型具有不尽相同的基因型值，基因型值之间存在的差异是开展遗传研究的前提。不同基因型的表型 P 服从的分布，不仅与随机误差效应 ε 的分布有关，而且依赖于不同基因型值 G 构成的分布。

在加显性模型下，包含 q 个 QTL 的遗传模型为

$$G = m + \sum_{j=1}^{q} [a_j w_j + d_j v_j] \tag{10.16}$$

其中，m 是所有可能纯合基因型的平均表现；w_j 和 v_j 是第 j 个 QTL 基因型的指示变量，对于基因型 QQ 取值 1 和 0，对于基因型 Qq 取值 0 和 1，对于基因型 qq 取值 -1 和 0（第 5 章 §5.3）。不同的遗传群体具有不同的基因频率和基因型频率。因此，公式 10.16 中的 G 有不同的取值，这些取值也具有不同的频率。在多基因假说下，群体的基因型值 G 近似呈正态分布，再加上具有正态分布的随机效应 ε 的修饰，群体的表型才会呈现出正态分布。在多基因假说不成立的情况下，如 QTL 的个数较少，并存在少数遗传效应较大的 QTL，公式 10.16 中的 G 不服从正态分布，甚至与正态分布相差甚远。这时，即使有正态分布随机效应 ε 的修饰，公式 10.15 中的 P 也不会服从正态分布。

现举例说明。假定长度为 160cM 的染色体 25cM 处有一个 QTL，其加性效应为 1，显性效应为 0，不考虑其他遗传因素。群体平均数为 10，误差方差为 0.2。DH 群体中只包含 QQ 和 qq 两种基因型，它们的频率均为 0.5，表型分布分别为正态分布 $N(9, 0.2)$ 和正态分布 $N(11, 0.2)$。遗传方差 $V_G = 1$，表型方差的理论值 $V_P = 1.2$，广义遗传力 $H^2 = 83.3\%$。我们看到的 DH 群体，其表型是两种正态分布 $N(9, 0.2)$ 和 $N(11, 0.2)$ 按等比例构成的一个混合分布（图 10.16A），是一个明显的双峰态分布。F_2 群体中包含 QQ、Qq 和 qq 3 种基因

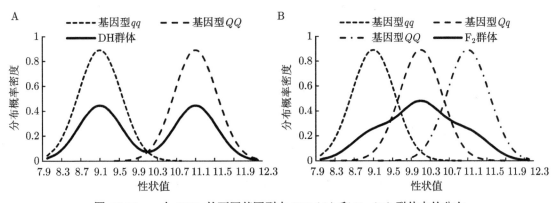

图 10.16 一个 QTL 的不同基因型在 DH（A）和 F_2（B）群体中的分布

型。它们的频率分别为 0.25、0.5 和 0.25,它们的表型分别为正态分布 $N(9,0.2)$、$N(10,0.2)$ 和 $N(11,0.2)$。遗传方差 $V_G = 0.5$,表型方差的理论值 $V_P = 0.7$,广义遗传力 $H^2 = 71.4\%$。我们看到的 F_2 群体,其表型是 3 种正态分布 $N(9,0.2)$、$N(10,0.2)$ 和 $N(11,0.2)$ 按 1:2:1 比例构成的一个混合分布(图 10.16B),虽然仍是一个单峰态分布,但与单峰态的正态分布相差甚远。

§10.6.2 表型非正态分布性状的 QTL 作图

利用 QTL IciMapping 软件,模拟产生一个包含 200 个 DH 家系的作图群体。表型数据分布的范围为 8~12,但有更多个 DH 家系的表型数据位于 9 和 11 附近,表型明显不服从正态分布(图 10.17A)。表型分布的均值为 10.04、方差为 1.15,接近于理论值 10 和 1.2。ICIM 一维扫描结果表明 LOD 在 25cM 处达到峰值 92.01,对应位置的遗传效应估计值为 0.9867,解释 81.12% 的表型变异,接近真实加性效应值 1 和广义遗传力 83.3%。

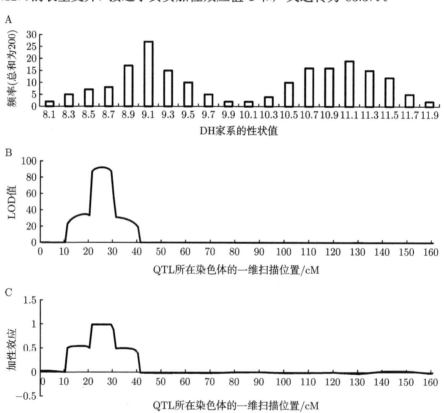

图 10.17 一个表型非正态的模拟 DH 群体中性状的分布(A)、QTL 作图的 LOD 曲线(B),以及 QTL 作图的加性效应曲线(C)

一个真实 QTL 存在于连锁图谱 25cM 处,加性效应为 1,显性效应为 0,随机误差方差为 0.2,作图群体中包含 200 个加倍单倍体家系

利用 QTL IciMapping 软件,模拟产生一个包含 200 个个体的 F_2 作图群体。表型数据分布的范围为 8~12,但有更多个个体的表型数据位于 10 附近。表型数据分布有两个较长

的尾部，明显不服从正态分布（图 10.18）。表型分布的均值为 10.03，方差为 0.73，接近于理论值 10 和 0.7。ICIM 一维扫描结果表明 LOD 在 26cM 处达到峰值 53.91，对应位置的加性和显性遗传效应估计值分别为 0.9269 和 0.0632，接近于真实加性和显性效应值 1 和 0。该 QTL 解释 68.46% 的表型变异，接近于广义遗传力 71.4%。

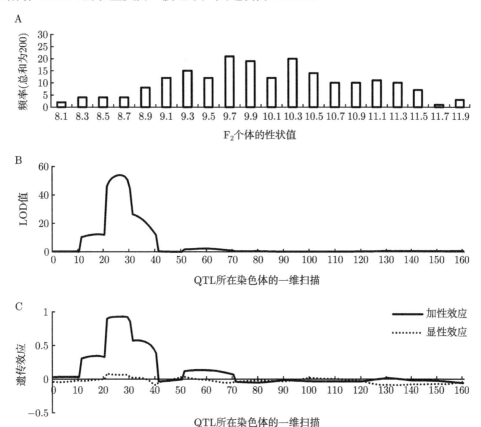

图 10.18　一个表型非正态的模拟 F_2 群体中性状的分布（A）、QTL 作图的 LOD 曲线（B），以及 QTL 作图的遗传效应曲线（C）

一个真实 QTL 存在于连锁图谱 25cM 处，加性效应为 1，显性效应为 0，随机误差方差为 0.2，作图群体中包含 200 个 F_2 个体

从前面的两个模拟群体不难看出，数量性状表型是否呈正态分布不是 QTL 作图的决定因素。QTL 作图也不以表型正态分布为先决条件，表型分布的非正态性不影响 QTL 位置和效应的估计。但是，与大多数统计分析方法一样，随机误差效应一般要求满足正态分布。测量误差在大多数情况下都满足或近似服从正态分布，这一点已被大量的观测数据和概率理论所证实。对于 QTL 作图群体来说，如果没有重复观测数据，检验误差效应分布的正态性不太可能。如果具有重复观测数据，可利用观测值与重复平均数的离差作为随机效应的估计值，从而对随机效应服从的分布进行检验。对遗传群体中的每个个体或家系，用重复平均数作为基因型值的估计，即 $\hat{G} = \overline{P}$。每个观测值包含的随机误差效应可估计为

$$\hat{\varepsilon} = P - \hat{G} = P - \overline{P} \tag{10.17}$$

因此，可以根据公式 10.17 给出的随机误差效应估计值研究随机误差效应的分布是否具有正态性。其实，一般方差分析中所要求的正态性，都是针对线性分解模型中误差效应这一项而言的，只要误差效应服从或近似服从正态分布，我们就认为观测数据满足方差分析的正态性假定。

练 习 题

10.1 考虑 3 条长度均为 120cM 的染色体，每 10cM 存在一个分子标记。两个 QTL 控制某一数量性状，一个位于第 1 条染色体 28cM 处，其加性效应为 1，显性效应为 0；另一个位于第 2 条染色体 41cM 处，其加性效应为 0.5，显性效应为 0。不考虑其他遗传因素，群体平均数设为 10，误差方差为 0.5。两个亲本的基因型分别为 $Q_1Q_1Q_2Q_2$ 和 $q_1q_1q_2q_2$。

（1）计算两个亲本产生的 DH 群体的遗传方差、表型方差和广义遗传力，绘制 DH 群体的表型分布图。

（2）利用 QTL IciMapping 软件模拟产生一个包含 200 个家系的 DH 群体，绘制该群体的表型分布图，并对该群体开展 QTL 作图。

（3）计算两个亲本产生的 F_2 群体的遗传方差、表型方差和广义遗传力，绘制 F_2 群体的表型分布图。

（4）利用 QTL IciMapping 软件模拟产生一个包含 200 个个体的 F_2 群体，绘制该群体的表型分布图，并对该群体开展 QTL 作图。

10.2 考虑 3 条长度均为 120cM 的染色体，每 10cM 存在一个分子标记。两个 QTL 控制某一数量性状，分别位于第 1 条染色体 28cM 和 57cM 处。第一个 QTL 的加性效应为 1，显性效应为 0。第二个 QTL 的加性效应为 0.5，显性效应为 0。不考虑其他遗传因素，群体平均数设为 10，误差方差为 0.5。两个亲本的基因型分别为 $Q_1Q_1Q_2Q_2$ 和 $q_1q_1q_2q_2$。

（1）计算两个亲本产生的 DH 群体的遗传方差、表型方差和广义遗传力，绘制 DH 群体的表型分布图。

（2）利用 QTL IciMapping 软件模拟产生一个包含 200 个家系的 DH 群体，绘制该群体的表型分布图，并对该群体开展 QTL 作图。

（3）计算两个亲本产生的 F_2 群体的遗传方差、表型方差和广义遗传力，绘制 F_2 群体的表型分布图。

（4）利用 QTL IciMapping 软件模拟产生一个包含 200 个个体的 F_2 群体，绘制该群体的表型分布图，并对该群体开展 QTL 作图。

10.3 参看 §10.3.2 的内容。假定有一条长度为 160cM 染色体上分布两个连锁 QTL，分别位于 22cM 和 42cM 处，加性效应分别为 1 和 −1，广义遗传力为 50%。利用 QTL IciMapping 软件的模拟功能，研究 3 种标记密度 20cM、10cM 和 5cM 对连锁 QTL 检测的影响。

10.4 下表第 3 行给出一个 F_2 群体中一个共显性分子标记与一个显性单基因控制性状的观测样本量、重组率的估计值及相关统计量。利用 QTL IciMapping 软件中的 2pointREC 工具，验证表中第 4~9 行利用部分观测值对重组率的估计值及相关统计量。由此说明，奇异分离是否对重组率估计有显著的影响。

数据说明	标记型 AA		标记型 Aa		标记型 aa		总样本量	重组率的估计值	估计值的标准差	检验连锁的 LOD 值
	抗病	感病	抗病	感病	抗病	感病				
全部数据	572	3	1161	22	14	569	2341	0.0179	0.0027	488.55
1/3 AA	191	1	1161	22	14	569	1958	0.0163	0.0026	446.86
1/3 Aa	572	3	387	7	14	569	1552	0.0172	0.0033	415.11
1/2 aa	572	3	1161	22	7	285	2050	0.0198	0.0033	331.37
无 AA	0	0	1161	22	14	569	1766	0.0155	0.0026	426.02
无 Aa	572	3	0	0	14	569	1158	0.0169	0.0037	377.82
无 aa	572	3	1161	22	0	0	1758	0.0237	0.0044	173.89

第 11 章 育种过程的建模和模拟

生物个体的表型是基因型和环境共同作用的结果。植物育种的主要任务是寻找控制目标性状的基因，研究这些基因在不同目标环境下的表达形式，聚合存在于不同亲本材料中的有利基因，从而为农业生产提供适宜的品种（Allard, 1999; 王建康和 Pfeiffer, 2007; Bernardo, 2010; Hallauer et al., 2010; 王建康等, 2011）。育种是一个复杂和长期的过程。就纯系品种的选育来说，一个育种周期从种植亲本并配制杂交组合开始，然后种植并选择杂种 F_1 代、F_2 代、F_3 代等，直至个体的基因型接近纯合为止，最后对纯合基因型的家系开展多地点和多年份的表型鉴定。一个育种周期一般包含 8~10 个世代。不同育种家采用不同的育种方法，从理论上或通过田间试验比较不同方法的育种成效是十分困难的（Wang et al., 2003, 2004a）。本章介绍育种模拟的一些基本原理（Podlich and Cooper, 1998; Wang et al., 2003; 王建康和 Pfeiffer, 2007; Wang, 2011a, 2011b），包括遗传模型的构建、杂交类型和选择方法的定义等，概述育种模拟工具 QU-GENE 和 QuLine 的基本功能及其在育种方法比较上的应用。本章以及下一章介绍的育种模拟工具下载网址是：https://sites.google.com/view/qu-gene。

§11.1 植物育种模拟的重要性、原理和工具

§11.1.1 育种模拟的重要性

对大多数作物的育种来说，育种家可供利用的亲本材料有几百甚至上千份，可供选择的组合有上万甚至更多。由于试验规模的限制，一个育种项目所能配制的杂交组合一般只有数百或上千个。育种家每年花费大量的时间确定究竟选用哪些亲本材料进行杂交。对配制的每个杂交组合，一般要产生包含数百或上千个 F_2 个体的分离后代群体，然后从中选择 1%~2% 的理想个体。中选的 F_2 个体在遗传上是杂合体，需要作进一步的自交和选择。每个中选的 F_2 个体一般又需产生数十或上百个重组近交家系，才能从中选择到存在频率不到 1% 的理想重组基因型。早期选择一般建立在目测的基础上，由于环境对性状的影响，选择到优良基因型的可能性极低。统计表明，在配制的杂交组合中，一般只有 1%~3% 的组合有希望被选出符合生产需求的品种。考虑到上述分离群体的规模，最终育种效率一般不到百万分之一（Wang et al., 2003; 王建康等, 2011）。因此，常规育种存在很大的盲目性和不可预测性，育种工作的成效很大程度上依赖于育种家的经验和机遇。

依据传统数量遗传学的原理和方法，如遗传力和配合力的估计等，可以对一些简单的选择方法在简化的遗传模型下进行初步的分析和预测。但是，这些分析方法往往建立在许多假设的基础上，如满足数量性状遗传的多基因假说（王建康, 2017）、无基因型和环境互作、无上位性效应、无一因多效等，而实际情况往往不符合这些假设。采用模拟方法可以建立较为真实的遗传模型，在育种家进行田间试验之前，对育种程序中的各种因素进行模拟筛选和优化，提出最佳的亲本选配和后代选择策略，从而提高育种过程中的预见性。

分子生物学和生物技术在植物育种中的广泛应用，使得对育种性状的认识和研究手段都发生了根本的变化。目前已实现对数量性状基因座（QTL）在染色体上的定位或作图，对QTL的主效应（第4章、第5章、第7~9章）、QTL之间的互作效应（第6章）、QTL与遗传背景和环境间的互作效应等已有大量研究（第6章）。在此基础上，对控制数量性状的基因进行单基因分解和精细定位，有的甚至已达到图位克隆（如第9章§9.4介绍的水稻粒宽基因）。分子生物学和分子遗传学研究积累的大量遗传数据，使得在基因水平上进行目标性状的选择成为可能。但是，如果没有适当的工具和方法，育种家也难以将这些遗传信息有效地用于常规育种过程中。育种模拟可以比较不同标记辅助选择方法的育种效率，为育种家提供有效利用遗传信息的途径和方法。

§11.1.2 育种模拟的原理和工具

模拟一个育种程序，首先要把育种过程用计算机能够理解的语言描述出来。模拟方法利用经典遗传学、数量遗传学和群体遗传学的基本原理，结合各种遗传研究结果，定义育种性状的遗传模型。一个遗传模型所包含的基本内容有：控制性状的基因数量、它们在染色体上的位置、每个基因座位上的等位基因数目、同一座位上等位基因间的作用方式及不同座位上基因间的作用方式等。当然，从基因型到表现型离不开环境，任何一个育种项目都有一个目标环境群体（target population of environment，TPE）。因此，遗传模型中也离不开对环境的定义。模拟方法利用育种学的基本原理定义各种育种方法，如系谱选择、混合选择、单粒传、标记辅助选择、群体内轮回选择，以及各种修饰选择方法等。一种育种方法的基本内容有配制杂交组合的数量、后代群体大小、每个世代的种植和选择环境、对哪些性状进行选择、施加多大强度的选择等。

在模拟过程中，计算机按照给定的杂交组合数和给定的亲本群体配制杂交组合，根据遗传学规律产生育种后代材料，根据所定义的遗传模型产生育种后代的表现型，根据育种策略中的选择方法对后代材料进行选择，从而实现对复杂育种过程的模拟。育种模拟需要编制相应的计算机软件来实现。QU-GENE是澳大利亚昆士兰大学研制的一个数量遗传平台（Podlich and Cooper，1998），QuLine是建立在QU-GENE基础上的育种模拟工具，由CIMMYT（国际玉米小麦改良中心）研制（Wang et al.，2003）。二者的结合，实现了在复杂而相对真实的遗传模型下对纯系育种过程的模拟（图11.1）。

使用QuLine开展育种模拟研究之前，用户需要建立两个输入文件。第一个输入文件包含育种目标环境群体的构成，育种性状的遗传模型和初始育种亲本群体等信息。QU-GENE利用这些信息产生两个输出文件供QuLine调用（图11.1）。一个输出文件存储了模拟过程中所需的性状基因和环境模型，另一个输出文件存储了育种起始亲本群体。第二个输入文件包含用户建立的所要模拟的育种方法，这个文件中可以只有一种育种方法，也可以包含多种育种方法。将多种育种方法定义在一个输入文件中，可以保证在同样的遗传模型和亲本群体条件下比较育种方法间的差异。

QuLine利用QU-GENE的两个输出文件，以及用户创建的育种方法文件（图11.1），采用育种方法中所指定的组合数配制杂交组合，按照种子繁殖方式产生育种后代材料，按照田间设计方案种植育种材料并产生表现型，按照家系间和家系内选择信息选择后代材料，按照指定的世代递进方法产生下一世代的育种材料。QuLine重复这一过程，直到完成一个完整的育种周期为止。如果用户指定的模拟周期数大于1，QuLine 则在结束一个育种周期后，把保留下来的家系作为下一个周期的亲本，然后开始下一个育种周期的模拟。QuLine 结束一个育种周期的模拟后，把终选群体的各种遗传参数写入不同的输出文件中。图11.1 给出其中的3个输出文件。终选群体在不同育种性状上的表现，可以用于遗传进度的计算，从而比较不同选择方法的育种效果。终选群体中的基因频率，可以用于研究选择前后等位基因和群体遗传多样性的变化。每个世代中来自不同杂交组合的家系和单株数可以用于比较杂交组合的优劣。其他输出信息包括群体遗传方差、家系选择史、基因固定和丢失等。用户可以根据不同的研究目的，使用不同的输出信息。

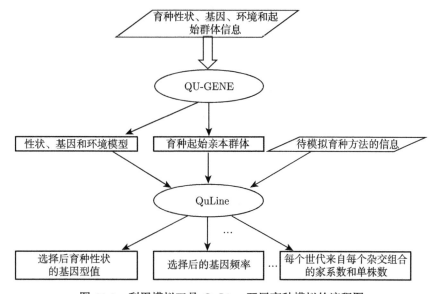

图 11.1 利用模拟工具 QuLine 开展育种模拟的流程图
椭圆表示计算机模拟程序 QU-GENE 和 QuLine，平行四边形表示用户输入信息，长方形表示输出结果

QuHybrid 是一个基于 QU-GENE 平台的杂交种育种模拟工具，由 CIMMYT 和中国农业科学院共同研制。QuHybrid 在保留 QuLine 已有功能的基础上，增加了测交表现预测和杂交种表现预测等功能。因此，可以用于杂交种育种方法的模拟和优化、不同杂交种育种方法的比较等研究（Zhang et al., 2012）。根据测交表现进行选择时，需要有测验种。因此，除了一个育种起始群体外，使用 QuHybrid 时还需要定义一个包含测验种的群体。测验种群体可以只包含一个个体，也可以包含多个个体；个体可以是自交系，也可以是 F_1 杂种，还可以是一个随机交配群体，从而模拟杂交种选育过程中育种群体与不同类型测验种的测交和选择。当测交功能被激活时，测交将会在家系和测验种群体之间进行；被测家系中所有个体测交组合的平均表现将作为家系间选择的依据。同时，也可以利用家系本身与测验种的测交遗传进度对不同的育种方法进行比较。当然，如果需要的话也可以比较自交系本身的遗传进度。

QuMARS 是一个基于 QU-GENE 平台的分子标记辅助轮回选择育种模拟工具。由 CIMMYT 和中国农业科学院共同研制，可以用于分子标记辅助轮回选择育种模拟及全基因组选择育种模拟。QuMARS 可用于研究轮回选择与标记辅助选择结合过程中遇到的一些问题，如利用多少个标记对数量性状进行选择、轮回选择过程中适宜的群体大小、轮回选择经历多少个周期就可以停止,以及分子标记辅助轮回选择与全基因组选择的相对效率等(Ali et al., 2020)。本书将以 QuLine 为主,对 QuHybrid 和 QuMARS 不进行更详细的介绍,感兴趣的读者可以通过网址 https://sites.google.com/view/qu-gene 了解进一步的信息。

§11.2 定义基因和环境系统及育种起始群体

在育种模拟的过程中,计算机需要产生个体的表现型,用以作为选择的依据。根据数量遗传学的基本理论,特定环境下的表现型等于基因型值加上随机误差效应。要产生基因型值,就需要定义控制育种性状的所有基因及其遗传效应,随机误差根据性状误差方差的大小随机产生。QU-GENE 可以定义大多数遗传模型,包括加性–显性效应模型、加性–显性–上位性效应模型、连锁、复等位基因(multiple allele)、一因多效(pleiotropy)、显性和共显性分子标记等。这些基因信息,以及基因在不同环境类型下的遗传效应,构成一个复杂的基因和环境(GE)系统,是实现育种模拟的基础。具体来说,GE 系统中存储的信息包括育种目标环境群体(TPE)、育种程序中需要选择的性状、这些性状的随机误差方差、控制这些性状的基因,以及这些基因在染色体上的位置和不同环境类型下的效应等。根据这些信息,计算机就能产生任意基因型个体的表型,从而实现对个体或家系的选择。

为简便起见,假设某个植物育种计划中的 TPE 仅包括一种环境类型,3 个育种目标性状为生育期、千粒重和产量。在一个假想的 GE 系统中(图 11.2),包含 5 个控制生育期的基因、5 个控制千粒重的基因和 20 个控制产量的基因。在控制生育期的基因座位上,减效等位基因可以使生育期提前 3 天,但导致产量下降 $0.1t/hm^2$;增效等位基因可以使生育期延迟 3 天,但导致产量提高 $0.1t/hm^2$。在控制千粒重的座位上,减效等位基因可以降低千粒重 2g,同时导致产量下降 $0.1t/hm^2$;增效等位基因可以增加千粒重 2g,同时导致产量增加 $0.1t/hm^2$。在控制产量的座位上,增效基因可以增产 $0.1t/hm^2$,减效基因可以减产 $0.1t/hm^2$。第 1~5 条染色体上,每条分布 1 个生育期基因、1 个千粒重基因和 1 个产量基因。第 6~20 条染色体上,每条仅分布 1 个产量基因。这些基因之间的连锁关系和遗传效应如图 11.2 所示。但是,需要将这些信息整理成特定的格式,才能读入 QU-GENE 中。

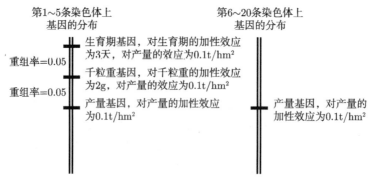

图 11.2 一个假想的基因和环境系统

共包含 5 个控制生育期的基因、5 个控制千粒重的基因和 20 个控制产量的基因。第 1~5 条染色体上,每条分布 1 个生育期基因、1 个千粒重基因和 1 个产量基因。第 6~20 条染色体上,每条分布 1 个产量基因。左图给出前 5 条染色体上,3 个基因座位间的连锁关系和加性效应,右图给出第 6~20 条染色体上一个产量基因的加性效应

§11.2.1 基因和环境系统的一些基本信息

图 11.3 给出一个假想的 GE 系统的基本信息，符号"!"后面的内容为注释，QU-GENE 在读取文件时会忽略这些注释信息。基本信息包含的内容有以下 7 个方面。

```
! ********************************************************************
! *   QUGENE engine input file
! *
! ********************************************************************
! *** General information on the G-E system ***

! Engine G-E output filename prefix (*.ges)
WheatModel

1                ! Number of models
0                ! Random seed of random gene effects
30               ! Number of genes (includes markers and qtls)
1                ! Number of environment types
3                ! Number of traits (not including markers)
1 1 1 0 0 0 0    ! Specify names (ETs, Trts, Genes, Alls, EPN, GPM, pop)
```

图 11.3 一个假想的 GE 系统的基本信息

符号"!"后面的内容为注释，QU-GENE 在读取文件时会忽略这些注释信息

(1) GE 系统输出文件的名称。QU-GENE 把不同的 GE 系统保存在不同的输出文件中。因此，需要命名这个输出文件，文件后缀默认为 ges。图 11.3 中，QU-GENE 将这个 GE 系统命名为"WheatModel"，这个 GE 系统的信息将储存在文本文件 WheatModel.ges 中。

(2) 随机效应模型的个数。如果 GE 系统中的所有基因的效应都取固定值，这一参数应设为 1。如果 GE 系统中存在未知的随机基因效应，这一参数一般应大于 1。这样，QU-GENE 将根据未知基因效应服从的分布产生多组（即随机效应模型的个数）随机效应值的样本。随机效应适用于已知基因信息缺乏的情形，如控制产量的遗传信息，这时可由计算机随机模拟产生各种基因效应。

(3) 随机效应的随机种子。通过随机种子，可保证不同时间运行模拟试验时会产生不同的随机效应的样本值。用户可指定随机种子，如果指定的随机种子为 0，模拟过程中将以系统时间作为随机种子。

(4) 基因的个数。在图 11.2 的 GE 系统中，共有 5 个生育期基因、5 个千粒重基因和 20 个产量基因。因此，总的基因个数为 30。如果 GE 系统中也包含分子标记，这里的基因个数还要包含 GE 系统中定义的所有标记。

(5) 环境类型的个数。需要说明的是，环境类型和地点并不完全是一回事。同一种环境类型，一般包括气候、土壤、病虫害发生等方面具有较大相似性的生态区域。不同地点可以同属于一种环境类型，也可属于不同的环境类型。在我们的 GE 系统中，只包含一个环境类型。如果定义多个环境类型，就可根据环境类型定义基因的效应，从而模拟基因型和环境的互作。

(6) 性状的个数。GE 系统中包含性状的个数，不包含 GE 系统中定义的标记。在我们的 GE 系统中，包含了生育期、千粒重和产量共 3 个性状。

(7) 若干开关变量, 以便命名不同的事项, 包括环境类型、性状、基因座位、等位基因、上位型互作网络、基因型到表型模型和群体等。如设置为 0, 则说明无须命名; 如设置为 1, 则说明需要命名。例如, 如果前 3 个开关变量取 0, 则在后面的环境类型、性状和基因座位的定义中不用给它们指定名称; 如取 1, 则在后面定义每个环境类型、每个性状和每个基因座位时都需要为它们指定名称。对等位基因来说, 如对应的开关变量为 1, 则需要对所有座位上的所有等位基因进行命名。在我们的 GE 系统中, 前 3 个开关变量为 1, 其他为 0, 则说明我们将命名环境类型、性状和基因座位, 不命名等位基因、上位型互作网络、基因型到表型模型和群体。

§11.2.2　环境和性状信息

图 11.4 给出一个假想的 GE 系统中环境和性状的定义。环境的定义包含以下 3 个方面。

```
! ************************************************************************
! *** Environment Type Information ***
!     Row 1: Number
!     Row 2: Name (if defined)
!     Row 3: Frequency of occurrence in TPE
! ************************************************************************

1
Obregon
1.000


! ************************************************************************
! *** Trait Information ***
!     Row 1: Number
!     Row 2: Name (if defined)
!     Row 3: Error Specification Type (for within,among,mixture)
!            1=heritability (spb); 2=error
!     Row 4+: Within, Among, Mixture error [each ET]
! ************************************************************************
                    性状的编号        性状的名称
1
Maturity
1    1    2
0.400 1.000 0.000

2
TKW                        误差方差的定义方式
1    1    2
0.300 1.000 0.000

3
Yield                      分环境定义的遗传
1    1    2                力或误差方差
0.200 1.000 0.000
```

图 11.4　QU-GENE 对环境和性状的定义

符号 "!" 后面的内容为注释, QU-GENE 在读取文件时会忽略这些注释信息

(1) 环境的编号。编号自 1 开始, 如有 3 个环境类型, 则依次用 1、2、3 编号。在我们

的 GE 系统中，只有一种环境类型，无法包含基因型与环境的互作效应。如需研究基因型与环境互作对遗传进度的影响，GE 系统中至少需要定义两个环境。

（2）环境类型的名称。由于图 11.3 中对应于环境的开关变量为 1，需要对 GE 系统中的所有环境类型进行命名。在我们的 GE 系统中，这一个环境类型命名为"Obregon"。

（3）环境类型存在的频率。一个育种项目一般都有明确的目标环境群体，即育种的最终产品（即品种）所要推广的环境和地区。TPE 一般可划分成若干个环境类型，每种环境类型有不同的发生频率，当然也有着不同的基因作用和互作方式（王建康，2017）。对育种最终产品的要求，不仅仅是在特定的环境类型中表现优良，更重要的是在整个目标环境群体中都有优良的表现。在我们的 GE 系统中，只有一种环境类型，在 TPE 中的发生频率为 1.0。对包含多种环境类型的 TPE 来说，不同环境类型可以有不同的频率。

性状的定义包含以下 4 个方面的内容。

（1）性状的编号。编号自 1 开始，如有 3 个性状，则依次用 1、2、3 编号。在我们的 GE 系统中包含生育期、千粒重和产量共 3 个性状，生育期编号为 1，千粒重编号为 2，产量编号为 3。

（2）性状的名称。由于图 11.3 中对应于性状的开关变量为 1，我们需要对 GE 系统中的所有性状进行命名。在我们的 GE 系统中，生育期命名为"Maturity"，千粒重命名为"TKW"，产量命名为"Yield"。

（3）误差方差的定义方式。育种群体中每个个体有着特定的基因型，这些基因型在模拟过程中都是已知的。因此，个体在各种性状上的基因型值就可以利用 GE 系统中的基因效应进行计算。然而，育种家在田间的选择建立在表型值基础上。性状的表型值等于基因型值加上随机环境误差。要获得表型值，需要在基因型值的基础上加上一个随机误差。一般假定随机误差服从均值为 0 和一个给定方差的正态分布。因此，只要知道随机误差方差，计算机就能产生正态分布随机数作为随机误差效应。误差方差的指定方式有两种。一是用户指定不同性状在不同环境类型中的遗传力，即指定方式取 1，然后由模拟工具根据一个特定群体（或参照群体）的遗传方差和指定的遗传力计算出误差方差的大小。二是用户直接指定不同性状在不同环境类型中的误差方差，即指定方式取 2。

植物育种中，后代材料一般分家系种植，每个家系种植在一个小区内。有时，小区内和小区间存在较大的差异。因此，家系内的随机误差效应和家系间的随机误差效应也不尽相同。对于育种群体中的任何一个个体来说，其表型中的随机效应也包含家系内的随机误差效应和家系间的随机误差效应两部分。图 11.4 中，每个性状名称下有 3 个数值。第一个数值指定家系内误差方差的定义方式，1 代表通过指定遗传力来确定家系内方差的大小，2 代表直接指定家系内误差方差的大小。第二个数值指定家系间误差方差的定义方式，1 代表通过指定家系内误差方差的倍数来确定家系间误差方差的大小，2 代表直接指定家系间误差方差的大小。第三个数值指定混合误差方差的定义方式，一般不用。例如，对于生育期性状，它下面的 3 个数值分别为 1、1、2。因此，我们通过指定生育期的遗传力来确定家系内误差方差的大小，对于家系间的误差方差，则指定为家系内误差方差的一个倍数。

（4）分环境定义的误差方差或遗传力。以图 11.4 中的生育期性状为例，根据误差方差的指定方式，0.4 表示生育期性状在第一个环境类型中单株水平的广义遗传力。QU-GENE

在读取输入数据后，将根据一个特定群体中的遗传方差和广义遗传力 0.4，计算出误差方差的大小，作为家系内误差方差的估计值。1.0 表示家系间的误差方差等于家系内误差方差的 1.0 倍。如果环境类型多于 1 个，则需要根据同样的指定方式，定义其他环境的广义遗传力，以及家系间误差方差和家系内误差方差的倍数关系。

§11.2.3 基因信息

基因信息是一个 GE 系统中最基础、最重要同时也是最复杂的部分。有了这些基因信息，才能够模拟不同个体间杂交或同一个体自交所产生的后代，确定个体的基因型及其在每个性状上的基因型值。图 11.5 给出一个假想的 GE 系统中，基因座位 13~16 的定义，符号 "!" 后面的内容为注释，QU-GENE 在读取文件时会忽略这些注释信息。每个基因座位的信息包含以下 5 个方面。

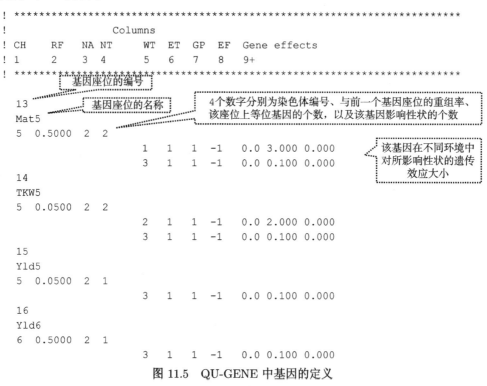

图 11.5 QU-GENE 中基因的定义

符号 "!" 后面的内容为注释，QU-GENE 在读取文件时会忽略这些注释信息

(1) 基因座位的编号。编号自 1 开始，如有 30 个座位，则依次用 1，2，⋯，30 编号。这些基因按照遗传连锁图谱的格式 (第 3 章) 有序排列。

(2) 基因座位的名称。图 11.3 中对应于基因座位的开关变量为 1。因此，需要对 GE 系统中的所有基因座位进行命名。图 11.5 中，基因座位 13 命名为 "Mat5"，表示第 5 个生育期基因。基因座位 14 命名为 "TKW5"，表示第 5 个千粒重基因。基因座位 15 命名为 "Yld5"，表示第 5 个产量基因。基因座位 16 命名为 "Yld6"，表示第 6 个产量基因。

(3) 染色体编号、与前一个基因座位的重组率、等位基因个数和影响性状的个数。染色体编号指定一个基因座位所在的染色体。重组率代表一个基因座位与前一个基因座位间一次减数分裂过程中发生重组交换的概率。如果一个基因座位位于一条染色体的起始位置,重组率则设为 0.5。等位基因个数指定一个基因座位上所包含的可能的等位基因个数。影响性状的个数指定一个座位所决定的表型性状个数。以图 11.5 中基因座位 13 为例。该座位位于第 5 条染色体上,与前一个基因座位的重组率为 0.5,即位于第 5 条染色体的起始位置。该座位上有两个等位基因,影响两个表型性状。再以图 11.5 中基因座位 15 为例。该座位位于第 5 条染色体上,与前一个基因座位的重组率为 0.05。该座位有两个等位基因,影响一个表型性状。如果一个座位为标记,它一般不对任何表型性状产生效应,因此,影响性状的个数设定为 0。QU-GENE 将根据影响性状的个数来判断一个座位是基因还是标记。如果影响性状的个数设定为 0,则判断为标记;如果影响性状的个数设定为大于 0,则判断为基因。

(4) 等位基因的名称。在指定完等位基因的个数后,如果图 11.3 中对应于等位基因的开关变量为 0,则无须指定等位基因的名称;如果开关变量为 1,还需要指定所有等位基因的名称。如果该座位上有 3 个等位基因,则要给出 3 个名称。由于图 11.3 中对应于等位基因的开关变量为 0,图 11.5 中没有对等位基因进行命名。

(5) 分环境和性状指定遗传效应。遗传效应的定义是基因信息中最基础、最重要同时也是最复杂的部分。如图 11.5 所示,座位 13 和座位 14 均影响两个表型性状,GE 系统中只包含一种环境类型,因此,需要两行数值来分别指定所影响的两个性状在这个环境类型中的基因效应。座位 15 和 16 均影响一个表型性状,因此,只需一行数值来指定所影响的一个性状在这个环境类型中的基因效应。每个环境和性状的后面有 7 个数值。

(5.1) 第一个数值指定性状的编号。编号可以是在图 11.4 中定义的任何一个性状。图 11.4 定义了 3 个性状,因此有效的性状编号是 1、2、3。

(5.2) 第二个数值指定环境类型的编号。编号可以是在图 11.4 中定义的任何一个环境类型。图 11.4 只定义了一种环境类型,有效的环境类型编号只能是 1。

(5.3) 第三个数值指定基因的作用类型。可选的作用类型有 1、2、3 共 3 种。1 代表这个座位上只包含加显性遗传效应,与其他座位无互作。2 代表这个座位上的基因与其他座位上的基因存在互作,它们在一起形成一个互作网络,遗传效应的定义要考虑互作网络中所有座位上的所有等位基因,无法对单个基因座位定义遗传效应。3 代表基因型值将通过一个外部插件进行计算。图 11.5 中 4 个基因的作用类型均为 1,说明它们均单独作用于性状,与其他座位上的基因不存在互作关系。

(5.4) 第四个数值表示遗传效应的指定方式。不同的基因作用类型有不同的指定方式,之后的数值所代表的含义依赖于遗传效应的指定方式。详细说明如下。

(5.4.1) 对于基因作用类型 1,即加显性基因,有 5 种可供选择的指定方式,分别用 -1、0、1、2、3 表示,-1 代表基因的效应将以中亲值、加性效应和显性效应的方式给出;0 代表基因的效应将以指定所有可能基因型值的方式给出;1 代表基因的效应是服从均匀分布 $U(0,1)$ 的随机变量,同时又满足显性效应为 0,即基因表现为加性遗传;2 代表基因的效应是服从均匀分布 $U(0,1)$ 的随机变量,同时又满足显性效应低于加性效应的条件,即基因表现为部分显性遗传;3 代表基因的效应是服从均匀分布 $U(0,1)$ 的随机变量,加性效应和显性效应没有任何限制,即可能出现超显性。如果一个座位上只包含两个等位基因,用户可选择 5 种方式中的任何一种指定基因效应。如果一个座位上有 3 个或更多个等位基因,即复等位基因的情形, 用户只能选择 0、1、2、3 这 4 种方式中的一种指定基因效应。方式 -1 和 0 定义已知或固定的基因或基因型效应; 方式 1、2 和 3 定义未知或随机的基因或基因型效应。

图 11.5 中 4 个座位上等位基因的作用类型均为 1, 说明它们均单独作用于性状, 与其他座位上的等位基因之间不存在互作关系。它们的效应指定方式均为 -1, 说明它们的效应将以中亲值、加性效应和显性效应的方式给出。以图 11.5 中座位 Mat5 为例, 它影响两个性状, 一个性状的编号为 1, 即生育期; 另一个性状的编号为 3, 即产量。性状 1 在环境类型 1 中的效应指定为 0.0、3.0、0.0, 说明中亲值 $m = 0.0$, 加性效应 $a = 3.0$, 显性效应 $d = 0.0$。等价地, 如果效应指定方式为 0, A 和 a 表示该座位上的两个等位基因, 则只需将 AA、Aa、aa 这 3 种基因型值指定为 3.0 (即 $m+a$)、0.0 (即 $m+d$)、-3.0 (即 $m-a$) 即可。性状 2 在环境类型 1 中的效应指定为 0.0、0.1、0.0, 说明 $m = 0.0$, $a = 0.1$, $d = 0.0$。等价地, 如果效应指定方式为 0, 则只需将 AA、Aa、aa 这 3 种基因型值指定为 0.1 (即 $m+a$)、0.0 (即 $m+d$)、-0.1 (即 $m-a$) 即可。

如果一个座位上存在 3 个等位基因, 效应指定方式设置为 0。QU-GENE 用 1、2、3 表示这 3 个等位基因, 6 种基因型值应该按 11、12、13、22、23、33 的顺序给出。如果一个座位上存在 4 个等位基因, 效应指定方式设置为 0。QU-GENE 用 1、2、3、4 表示这 4 个等位基因, 10 个基因型值应该按 11、12、13、14、22、23、24、33、34、44 的顺序给出。更多的等位基因数依次类推, 最大的等位基因数是 50。

如果用户选择 1、2、3 这 3 种方式中的一种指定基因效应, 则表明基因效应是随机变量。这些效应将在模拟过程中从均匀分布 $U(0,1)$ 随机数中产生, 无须事先指定。

(5.4.2) 对于基因作用类型 2, 即这个座位上的基因与其他座位上的基因存在互作, 它们在一起形成一个互作网络。遗传效应的定义要考虑互作网络中的所有座位上的所有等位基因, 无法对单个基因座位定义遗传效应。这时, 只需在作用类型 2 后面指定互作网络的编号。随后在确定了互作基因座位数目后才能给出互作网络中的基因型值 (参看 §11.2.5)。

(5.4.3) 对于基因作用类型 3, 表示基因型值将通过一个外部插件进行计算。这时, 只需在作用类型 2 后面指定外部插件的编号。这一功能是根据一些特定研究项目的需求开发的, 如通过一个外部的作物生长模型获取个体的性状值, 从而可以实现遗传模型和生理模型的结合。有时, 当一个互作网络中存在大量的基因型时, 也可以将基因型值储存在一个外部文件中, 等到需要的时候再读入。

§11.2.4 标记信息

如果一个 GE 系统中包含有标记, QU-GENE 将对个体计算标记得分, 因此可以模拟标记辅助选择。标记得分在 GE 系统中默认为第 0 个性状。由于所有的基因和标记在染色体上按顺序排列, 标记按类似图 11.5 的方法来定义, 但与基因的定义又不完全相同。在我们的 GE 系统中, 所有基因都影响一个或两个性状, 不包含任何标记。为说明标记定义与基因定义的区别, 图 11.6 给出另外一个 GE 系统中前 4 个座位的定义。第 1、2、4 个座位均为标记, 因为它们影响性状的个数为 0。第 3 个座位为基因, 它影响 1 个性状。可以看出, 标记的定义在座位编号、座位名称、染色体编号、重组率、等位基因个数、影响性状的个数、等位基因名称这些参数上与基因信息完全相同。标记一般代表 DNA 分子水平可检测到的多态性，不直接产生表型效应。因此，无须分环境和性状指定标记的效应。

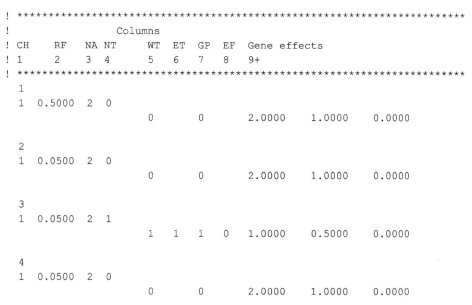

图 11.6　QU-GENE 中对 3 个标记和一个基因的定义

符号"!"后面的内容为注释，QU-GENE 在读取文件时会忽略这些注释信息；图中 3 个标记的编号为 1、2、4，一个基因的编号为 3

以图 11.6 的 3 个标记座位为例，对应于 NT 列的数值均为 0，对应于 WT 列的数值也均为 0。说明这 3 个座位都影响 0 个性状，所影响性状的编号均为 0，即标记得分。GP 列指定标记的定义类型，有 0、1、2 共 3 个选项，0 说明这个座位上的标记效应将以 AA、Aa、aa 标记基因型的顺序指定，1 说明这个座位为显性标记，2 说明这个座位为共显性标记。3 个标记座位对应于 GP 列的数值均为 0，说明这 3 个座位上的标记效应将以 AA、Aa、aa 的顺序指定。GP 列之后的数值为标记效应。如果标记的定义类型为 1 或 2，则无须指定标记效应，在模拟过程中通过从均匀分布 $U(0,1)$ 中抽取随机数的方法来确定。

§11.2.5　上位型互作网络信息

图 11.5 中，如果一个座位的基因作用类型为 2，说明这个座位上的基因与其他座位上的基因存在互作。遗传效应要在已知互作网络中的所有座位之后才能定义。在指定图 11.5 的基因信息时，需要在作用类型 2 后面指定互作网络的编号。这样在定义完所有座位的基因信息后，就知道一共有多少个互作网络，以及每个互作网络中包含哪些座位、每个座位上的等位基因个数等信息，因此也就知道了每个互作网络中包含所有可能基因型的个数。上位型互作网络信息就是要指定网络中所有可能基因型的基因型值。在图 11.5 的基因定义中，并不包含任何上位型互作。因此，这部分内容在这个 GE 系统中为空白。为了更好地说明互作网络的定义，图 11.7 给出另外一个 GE 系统中两个互作网络的定义，可以看出每个互作网络至多包含以下 4 个方面的信息。

```
! **********************************************************************
! *** EpistaticNetwork Information ***
!     Row 1: Number
!     Row 2: Name (if defined)
!     Row 3: Fitness Type
!            0=values specified; 1=random
!     Row 4+: Specified values (if required)
! **********************************************************************
1
0
1.000  0.400  0.500  0.200  0.400  0.600  0.500  0.600  0.800

2
1
```

图 11.7　QU-GENE 中上位型互作网络的定义

符号"!"后面的内容为注释，QU-GENE 在读取文件时会忽略这些注释信息

（1）互作网络的编号。编号自 1 开始，如在基因的定义中指定了 3 个互作网络，则依次用 1、2、3 编号。

（2）互作网络的名称。如果图 11.3 中对应于互作网络的开关变量为 1，则需要对每个互作网络进行命名；如果开关变量为 0，这行内容可省略。图 11.7 中，省略了两个互作网络名称这一行。

（3）互作网络基因型值的指定类型。互作网络基因型值的指定类型有 0 和 1 两个选项。如选 0，则需指定所有的基因型值；如选 1，则认为基因型值是服从均匀分布 $U(0,1)$ 的随机数，这些随机效应将在育种模拟的过程中产生。图 11.7 中第一个互作网络的指定类型为 0。因此，需要指定互作网络中的每个基因型值。第二个互作网络的指定类型为 1，暂时不需要指定互作网络中的基因型值。

（4）指定互作网络的基因型值。如果基因型值的指定类型为 1，则这行为空白或省略，如图 11.7 中第二个互作网络；如指定类型为 0，则需要按特定顺序指定互作网络中的基因型值。图 11.7 中第一个互作网络包含两个座位，每个座位上存在两个等位基因，共需要指定 9 种基因型值。如用 A 和 a 表示第一个座位上的两个等位基因，B 和 b 表示第二个座位上的两个等位基因，则图 11.7 中的 9 个数值 1.0、0.4、$\cdots$ 对应的基因型分别为 $AABB$、$AABb$、$AAbb$、$AaBB$、$AaBb$、$Aabb$、$aaBB$、$aaBb$ 和 $aabb$。可能的基因型个数为每个座位上基因型个数的乘积。如果一个互作网络包含两个座位，每个座位上存在 3 个等位基因，每个座位上的基因型有 6 种，则需要指定 36 （$= 6 \times 6$）种基因型值。因此，当互作网络中包含较多的座位并且存在复等位基因时，需要指定的基因型值的个数会显得很庞大。

§11.2.6　起始群体信息

亲本是开展育种的原始材料。没有亲本群体，就无法开展育种项目。图 11.8 给出 3 个群体，代表了 QU-GENE 中群体的 3 种定义方式。在定义每个群体之前，需要指定群体的个数，以及以哪个群体作参考群体进行遗传力与误差方差之间的转换。图 11.8 的这两个值分别为 3 和 2，说明将要定义 3 个群体，将以其中的第二个作参考群体，利用该群体的个体基因型值计算遗传方差，然后根据图 11.4 中性状的遗传力计算家系内的误差方差，以便在育种模拟过程中计算个体的表型值。每个群体的信息至多包含以下 7 个方面的内容。

```
3     ! Number of populations to create
2     ! Which population to use for error estimates

1
Pop02

20
1
    0   1   1   2   1   0   0.2000

2
Pop05

20
2
36459
    1   1   1   2   1   0   0.5000
    2   1   1   2   1   0   0.5000
   ...  ... ... ... ... ... ...
    30  1   1   2   1   0   0.5000

3
Pop08

20
3

1
P01
111 111 111 111 121 1 1 1 1 1 2 1 1 1 1 1 1 1
111 111 111 111 121 1 1 1 1 1 2 1 1 1 1 1 1 1
 ...  ... ...  ... ... ... ...... ...... ...... ...... ...
20
P20
111 111 211 111 212 1 1 2 1 1 1 1 1 1 1 2 1 1 1
111 111 211 111 212 1 1 2 1 1 1 1 1 1 1 2 1 1 1
```

图 11.8　QU-GENE 中定义的 3 个起始育种亲本群体

符号"!"后面的内容为注释，QU-GENE 在读取文件时会忽略这些注释信息

(1) 群体的编号。编号自 1 开始，依次用 1、2、3 等编号。图 11.8 中有 3 个群体，它们分别用 1、2、3 编号。

(2) 群体输出文件的名称。QU-GENE 将不同群体保存在不同的输出文件中。因此，需要命名这些输出文件，文件后缀默认为 pop。图 11.8 中，第一个群体将储存在文件 Pop02.pop 中，第二个群体将储存在文件 Pop05.pop 中，第三个群体将储存在文件 Pop08.pop 中。

（3）群体的名称。如果图 11.3 中对应群体的开关变量为 0，则这一项为空白；如果群体的开关变量为 1，则需要在这里指定群体的名称。在我们的例子中，对应群体的开关变量为 0。因此，对这 3 个群体不需要指定名称，图 11.8 中群体名称为一空行。

（4）群体的大小。群体大小表示这个群体所包含个体或基因型的个数。图 11.8 中 3 个群体的大小均为 20。如果这些群体都可作为一个育种项目的起始群体，则可认为有 20 个亲本用来开展杂交组合的亲本选配。

（5）群体的产生类型。QU-GENE 提供了 3 种群体产生类型，分别用 1、2、3 表示。类型 1 和 2 都是通过指定等位基因频率的方式产生群体，类型 3 是通过指定每个个体基因型的方式产生群体。类型 1 和类型 2 的区别仅反映在保存群体的输出文件中，如选择类型 1，则输出文件中为群体中所有个体的基因型；如选择类型 2，则输出用户指定的等位基因频率，个体的基因型在育种模拟过程中产生。图 11.8 中，我们指定第一个群体的产生类型为 1，第二个群体的产生类型为 2，第三个群体的产生类型为 3。

（6）根据群体的产生类型，指定随机数的种子。如果群体的产生类型为 2，则需要指定一个随机数种子，如图 11.8 中的第二个群体。如果群体的产生类型为 1 或 3，则无须指定随机数种子，如图 11.8 中的第一和第三个群体。

（7）根据群体的产生类型，指定等位基因频率或个体基因型。

（7.1）如果群体的产生类型为 1 或 2，则需指定等位基因频率。图 11.8 中，第一和第二个群体的产生类型分别为 1 和 2，可以看出每个座位等位基因频率的指定需要 7 个数值。

（7.1.1）第一个数值为基因座位的编号。第一个群体的基因座位编号为 0，说明所有座位有相同的定义方式。第二个群体的基因座位编号依次为 1~30，说明不同的座位可以有相同或不同的定义方式。

（7.1.2）第二个数值为等位基因频率指定顺序的类型，有 1、2、3 共 3 个选项。选项 1 说明等位基因频率的给定顺序为自然顺序。两个等位基因的频率给定顺序为 1、2，3 个等位基因的频率给定顺序为 1、2、3，依次类推。选项 2 说明等位基因频率的给定顺序为有利等位基因的顺序。如果一个座位有 3 个等位基因，基因 1 效应最小，基因 3 次之，基因 2 最大，则等位基因频率的给定顺序为 2、3、1。选项 3 说明等位基因频率的给定顺序为有利等位基因的顺序，只不过有利等位基因的顺序考虑到遗传背景。图 11.8 中，第一和第二个群体每个座位等位基因的频率都按照类型 1 指定，即等位基因频率的给定顺序为自然顺序。

（7.1.3）第三个数值为抽样类型，有 1、2 两个选项。选项 1 说明在产生群体中，等位基因频率要尽可能地等于指定的频率。选项 2 说明产生群体中，等位基因频率允许有一定的抽样误差，不一定正好等于给定的频率。图 11.8 中，第一和第二个群体每个座位的抽样类型指定为 1。因此，第一个群体中，每个座位上等位基因 1 的频率等于 0.2，等位基因 2 的频率等于 0.8；第二个群体中，每个座位上等位基因 1 和 2 的频率均等于 0.5。

（7.1.4）第四个数值为群体中基因型的类型，有 1、2 两个选项。选项 1 说明产生的群体中既包含杂合基因型，也包含纯合基因型；选项 2 说明产生的群体中只包含纯合基因型。图 11.8 中，第一和第二个群体每个座位的基因型的类型均指定为 2。因此，在产生的两个群体中，每个座位上都只包含纯合基因型，不包含杂合基因型。

（7.1.5）第五个数值为双杂合基因型的连锁不平衡类型，有 1、2 两个选项。选项 1 说明双杂合基因型为相引连锁；选项 2 说明双杂合基因型为互斥连锁。当然，如果产生的群体中不包含杂合类型，则无须关心双杂合基因型的连锁不平衡类型。

（7.1.6）第六个数值指定是否要矫正双杂合基因型。如取 0，则表示无须矫正双杂合基因型；如取 1 或大于 1 的数，则依定义基因的顺序矫正双杂合基因型。与第五个数值类似，如果产生的群体中不包含杂合类型，则无须关心双杂合基因型的矫正问题。

（7.1.7）第七个及之后数值为等位基因的频率。由于所有等位基因频率之和应等于 1，因此给出的频率数值的个数比等位基因数少 1。如果有两个等位基因，只需给出一个频率值即可；如有 3 个等位基因，则需给出两个频率值；依次类推。图 11.8 中，每个座位上只包含两个等位基因，因此只给出了一个频率值。

（7.2）如果群体的产生类型为 3，则需指定群体中每个个体的基因型。图 11.8 中，第三个群体的产生类型为 3。因此，需指定群体中所有 20 个个体的基因型。可以看出每个个体包含以下 3 个方面的信息。

（7.2.1）个体的编号。编号自 1 开始，依次用 1、2、3 等编号。图 11.8 中，第三个群体的大小为 20，它们分别用 1, 2, $\cdots$, 20 编号。

（7.2.2）个体的名称。图 11.8 中，第三个群体中的第一个个体命名为 P01，第 20 个个体命名为 P20。

（7.2.3）个体在所有座位上的基因型，不同染色体之间用空格分隔。如图 11.8 的第三个群体，两行数值表示两条姐妹染色单体携带的基因。GE 系统中有 30 个座位，因此要给出这 30 个座位上等位基因的编号。

§11.3　在 QuLine 中定义育种方法

§11.3.1　育种过程的详细描述

要模拟一个育种过程，首先要把育种过程用计算机能够理解的语言描述出来。QuLine 中的育种方法包含了在一个完整的育种周期中有关杂交、种子繁殖方式、田间试验设计、选择信息、世代递进方式等各方面的内容。一个育种周期从配制杂交组合开始，到产生出新的个体用作下一轮的杂交亲本为止。通过数字化定义育种方法，QuLine 可以把复杂的育种过程转化成计算机可以识别和模拟的方式。要做到这一点，首先需要对整个育种过程有一个详细的数字化描述。这里我们以一个简化的修饰系谱方法和一个简化的选择混合方法为例，说明 QuLine 中定义育种方法所需要的信息（图 11.9）。两种方法首先从种植同样的 50 个亲本及配制同样的 100 个杂交组合开始，$F_1 \sim F_7$ 世代的种植和选择信息如下。

F_1 代，共种植 100 个 F_1 群体，每个群体单行种植 10 个单株，无家系内和家系间选择，每个 F_1 混合收获脱粒。

F_2 代，共种植 100 个 F_2 群体，每个群体包含 500 个单株。群体间无选择，群体内有选择。即从每个 F_2 群体内选择生育期居中的 20% 的个体，即 100 株，再从中选择千粒重高的 10% 的个体，即 10 株。两种育种方法的种子收获方式不同。修饰系谱将中选的 10 个单株收获，每个单株在下一代形成一个家系；选择混合将中选的 10 个单株进行混合收获，这 10 个单株的种子在下一代种植在同一个家系内。

修饰系谱育种方法 (I-M)	世代	选择混合育种方法 (II-M)
从50个亲本中配置100个单交杂交组合 共有100个F_1群体，每个种植10个单株，无选择；每个F_1混合收获	$A \times B$ ↓ F_1 ↓	从50个亲本中配置100个单交杂交组合 共有100个F_1群体，每个种植10个单株，无选择；每个F_1混合收获
共有100个F_2群体，每个群体种植500个单株；群体间无选择；从每个F_2群体内选择生育期居中的20%，即100株，再从中选择千粒重高的10%的单株，即10株；**中选个体单株收获**	F_2 ↓	共有100个F_2群体，每个群体种植500个单株；群体间无选择；从每个F_2群体内选择生育期居中的20%，即100株，再从中选择千粒重高的10%的单株，即10株；**10个中选单株混合收获**
共有1000个$F_{2:3}$家系，每个种植30个单株；选择50%生育期居中的家系，即500个；家系内无选择；中选家系混合收获	F_3 ↓	共有100个F_3群体，每个种植100个单株；群体间无选择；群体内选择50%生育期居中的个体，即50个；中选个体混合收获
共有500个$F_{2:4}$家系，每个种植40个单株；选择千粒重高的50%家系，即250个；无家系内选择；中选家系混合收获	F_4 ↓	共有100个F_4群体，每个种植150个单株；群体间无选择；群体内选择50%高千粒重的个体，即75个；中选个体混合收获
共有250个$F_{2:5}$家系，每个种植50个单株；无家系间选择；每个家系内，选择生育期居中的20%的单株，即10株，再选择高千粒重的20%的单株，即2株；中选个体单株收获，共收获500个单株	F_5 ↓	共有100个F_5群体，每个种植200个单株；群体间无选择；群体内选择5个生育期居中且高千粒重的个体；中选个体单株收获，共收获500个单株
共有500个F_6家系，单地点种植，每个家系种植50株，重复2次；选择产量高的20%的家系，即100个；每个中选家系混合收获	F_6 ↓	共有500个F_6家系，单地点种植，每个家系种植50株，重复2次；选择产量高的20%的家系，即100个；每个中选家系混合收获
共有100个F_7家系，种植在3个地点，每个家系种植50株，重复2次；选择产量高的20%的家系，即20个；每个中选家系混合收获	F_7	共有100个F_7家系，种植在3个地点，每个家系种植50株，重复2次；选择产量高的20%的家系，即20个；每个中选家系混合收获

图 11.9　两种育种方法 I-M 和 II-M 的种植和选择细节，它们之间的区别用粗体表示

F_3 代，修饰系谱方法将产生 1000 个 $F_{2:3}$ 家系，每个种植 30 个单株；选择 50%生育期居中的家系，即 500 个；家系内无选择；中选家系混合收获。选择混合方法将产生 100 个 F_3 群体，每个种植 100 个单株；群体间无选择；群体内选择 50%生育期居中的个体，即 50 个；中选个体混合收获。

F_4 代，修饰系谱方法将产生 500 个 $F_{2:4}$ 家系，每个种植 40 个单株；选择千粒重高的 50%家系，即 250 个家系；无家系内选择；中选家系混合收获。选择混合方法将产生 100 个 F_4 群体，每个种植 150 个单株；群体间无选择；群体内选择 50%千粒重高的个体，即 75 个；中选个体混合收获。

F_5 代，修饰系谱方法将产生 250 个 $F_{2:5}$ 家系，每个种植 50 个单株；无家系间选择；每个家系内，选择生育期居中的 20%的单株，即 10 株，再从中选择千粒重高的 20%的单株，即 2 株；中选个体单株收获，共收获 500 个单株。选择混合方法将产生 100 个 F_5 群体，每个种植 200 个单株；群体间无选择；群体内选择 5 个生育期居中并且千粒重高的个体；中选个体进行单株收获，共收获 500 个单株。

F_6 代，两种方法都将产生 500 个 F_6 家系，单地点种植，每个家系种植 50 株，重复 2 次；选择产量高的 20%的家系，即 100 个；每个中选家系混合收获。

F_7 代，两种方法都将产生 100 个 F_7 家系，种植在 3 个地点，每个家系种植 50 株，重复 2 次；选择产量高的 20%的家系，即 20 个；每个中选家系混合收获。

QuLine 可以在一个输入文件中同时定义多种育种方法,这样可以保证所有育种方法有相同的起点,即利用同样的初始群体作为亲本、配制相同的杂交组合,利用同样的 GE 系统等,从而使得不同育种方法间更具有可比性。图 11.9 描述了两种育种方法,对于生育期性状,选择居中的家系或个体;对于千粒重和产量,选择高值的家系或个体。这两种方法用代号 I-M 和 II-M 表示。对于生育期性状,也可选择低值的家系或个体,其他地方都保持不变,将这两种方法用代号 I-B 和 II-B 表示。这样我们就有 4 种育种方法,并可以把它们储存在同一个 QuLine 输入文件中,从而同时考察这 4 种方法的育种成效。

§11.3.2 育种模拟试验的若干基本信息

图 11.10 给出一个 QuLine 输入文件中设置的一些基本信息,共包含 14 个参数。这些基本信息大致分为以下 5 个方面。

```
!*********************General information for the simulation experiment***********************************
!NumStr  NumRun  NumCyc  NumCro  CBUpdate  OutGES  OutPOP  OutHIS  OutROG  OutCOE  OutVar  Cross   RMtimes  PopSize
4        5       10      100     0         0       0       0       0       0       0       random  0        0
```

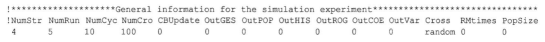

图 11.10 QuLine 中定义的基本模拟信息

符号"!"后面的内容为注释,QuLine 在读取文件时会忽略这些注释信息

(1)前 3 个参数指定育种方法的个数、重复的次数,以及待模拟的育种周期数,这些参数可以看作设置模拟试验的规模。模拟时,计算机首先对图 11.3 中指定的随机效应模型的个数进行循环,然后对育种方法的个数进行循环,之后对重复次数进行循环,最后对育种周期数进行循环,在这些循环内模拟一个或多个指定的育种方法。因此,随机效应模型个数、育种方法个数、重复次数和育种周期数决定了计算机要完成的总循环次数。对 §11.2 的 GE 系统和图 11.3 的基本信息来说,随机效应模型个数 = 1,育种方法个数 = 4,重复次数 = 5,育种周期数 = 10,总的循环次数为 200。

(2)接下来的两个参数与所模拟的育种方法相关。一个指定每个育种周期开始时所要配制的杂交组合数,另一个指定新的育种周期中是否要利用前一个育种周期的亲本。第一个数值的含义容易理解,需要解释的是第二个参数的含义。第二个参数的可能取值是 0 和 1。如取 0,则表示在新的育种周期中,仅利用上一个育种周期选择之后剩下的个体作为亲本,以配制新一个育种周期的杂交组合。以图 11.10 为例,如第一个育种周期结束之后只剩下 10 个个体,则第二个育种周期中的 100 个杂交组合的亲本全部来自这 10 个个体;如取 1,则表示在新的育种周期中,除了上一个育种周期选择之后剩下的个体作为亲本外,也包含上一个育种周期中使用过的亲本。仍以图 11.10 为例,如将这个参数的取值修改为 1,假定第一个育种周期的亲本数为 20,仍假定第一个育种周期结束之后只剩下 10 个个体,QuLine 首先将选剩下的 10 个个体和之前的 20 个亲本合并,然后从中随机选择 20 个作为第二个育种周期中的亲本材料。

(3)接下来的 6 个参数与输出文件有关。图 11.1 说明模拟结束后,QuLine 将输出大量结果文件。如果 GE 系统中定义了很大的基因个数、环境个数、性状个数等参数,有些结果文件就会很大。并非所有的输出结果在每次模拟试验中都用得上。因此,这些参数类似一个开关。如果有些输出文件不需要,将相应的开关参数设置为 0,QuLine 将不输出这些结果;如需要时,将相应的开关参数设置为 1 即可。

（4）接下来的一个参数指定杂交组合的亲本选配方式。图 11.10 中，亲本选配方式为"random"，意味着每个杂交组合的亲本将从亲本群体中随机产生。这样，在亲本数较少、组合数较多时，不排除多个杂交组合有同样亲本的情形，但不会出现自交的情形。因此，育种起始群体中要求至少包含两个亲本。如果亲本选配方式没有指定为"random"，QuLine 则认为指定的是一个外部文件，这个文件中指定了所有杂交组合的亲本。如指定杂交组合数 =100，起始群体共有 20 个亲本，图 11.11 给出部分组合的亲本。第一列为随机效应模型的编号，第二列为组合的编号，第三和第四列指定单交组合的两个亲本编号，第五列指定回交的轮回亲本编号，第六列指定三交组合的第三个亲本编号，第七和第八列指定双交组合中第二个 F_1 的两个亲本编号。以第一个组合为例，如仅做单交，则单交组合的系谱为"2/11"。在做回交时，回交组合的系谱为"2/11//2"。在做三交时，三交组合的系谱为"2/11//3"。在做双交时，双交组合的系谱"2/11//15/7"。其中，2、3、7、11、15 为亲本的编号，这些亲本来自 QU-GENE 产生的群体文件（图 11.8）。实际育种中，可以利用亲本名称代替前面组合系谱中的数字。

Model	CrossID	Female	Male	Backcross	Topcross	DblcrossFemale	DblcrossMale
1	1	2	11	2	3	15	7
1	2	5	15	5	8	14	20
1	3	6	17	6	10	11	18
1	4	1	2	1	4	14	10
1	5	3	1	3	17	8	2
...	...	...	...	...	...	...	...
1	100	11	3	11	19	1	12

图 11.11 指定杂交组合的亲本

（5）最后两个参数指定是否在终选群体中进行随机交配，以及随机交配后代的群体大小。这一选项是为特定研究项目开发的，如一个育种周期结束时的中选群体无须进一步随机交配，将倒数第二个参数设置为 0 即可；如需进行进一步的随机交配，则倒数第二个参数为随机交配代数，同时还要指定随机交配后代的群体大小。

§11.3.3 简化修饰系谱育种方法的数字化定义

图 11.12 给出图 11.9 所描述的修饰系谱育种方法在 QuLine 中的数字化定义，符号"!"后面的内容为注释，QuLine 在读取文件时会忽略这些注释信息。对于每个育种方法，首先给出的是育种方法的编号、名称和一个育种周期中的世代数。育种方法的个数由图 11.10 中的基本信息给出，即 4 个。图 11.12 给出的是 4 种方法中的第一个，其名称为"Strategy I-M"，一个育种周期中包含 7 个世代，亲本默认为世代 0。之后，需要对每个世代进行定义。一个育种周期可以包含一个或多个世代。如有多个世代，它们在 QuLine 中有相似的定义方式。如图 11.12 所示，每个世代包含 3 行信息。第一行指定选择次数、世代名称、种子繁殖方式、世代递进方式、田间种植方式等。第二行指定家系间选择的性状和选择强度。第三行指定家系内选择的性状和选择强度。一些重要参数的含义和选项说明如下。

（1）每个世代的选择次数和种子来源。为叙述方便，图 11.12 中每列数值在注释行都有一个缩写，NR 列对应于每个世代的选择次数，SS 列对应于种子来源。在我们定义的修饰系谱方法中,每个世代仅经历一次选择。对仅经历一次选择的世代来说,种子来源没有任何意义,它自然来自前一个世代中选的个体,为整齐起见将其指定为0。对大多数育种世代来说,可能只经历一轮选择。但是,有些育种目标性状,如抗病性,只能在特定的环境条件下才能表现出来。因此,需要在一个环境下选择农艺性状,然后在其他环境中选择抗病性。由于选择抗病性的这些环境地点存在很严重的病害,产生的种子没有利用价值,这些环境的种子将不会进入育种流程。对于多轮选择的世代,种子来源有0和1两个选项。选项0表示第二轮及其后的种子均来自第一轮;选项1表示第二轮的种子来自第一轮、第三轮的种子来自第二轮、第四轮的种子来自第三轮等。如果一个世代需要多轮选择,每轮都要类似第一轮定义选择信息,只是在定义第二轮及后面几轮时,将 NR 列和 SS 列对应位置用空格代替即可。

```
!*******************Information for selection strategies to be simulated*********************
!StrategyNumber StrategyName  NumGenerations
 1              StrategyI-M   7

!NR SS  GT      PT           GA        RP PS   NL  ET...            Row 1
!                                              AT (ID  SP  SM)...   Row 2
!                                              WT (ID  SP  SM)...   Row 3
 1  0   CB      clone        bulk       1  1   1   1
                                                0
                                                0
 1  0   F1      singlecross  bulk       1  10  1   1
                                                0
                                                0
 1  0   F2      self         pedigree   1  500 1   1
                                                0
                                                2   1   M   0.20    2   T   0.10
 1  0   F3      self         bulk       1  30  1   1
                                                1   1   M   0.50
                                                0
 1  0   F4      self         bulk       1  30  1   1
                                                1   2   T   0.50
                                                0
 1  0   F5      self         pedigree   1  50  1   1
                                                0
                                                2   1   M   0.20    2   T   0.20
 1  0   F6      self         bulk       2  50  1   1
                                                1   3   T   0.20
                                                0
 1  0   F7      self         bulk       2  50  3   1   1   1
                                                1   3   T   0.20
                                                0
```

图 11.12 QuLine 中定义的一个简化的修饰系谱育种方法(用 I-M 表示)

符号"!"后面的内容为注释,QuLine 在读取文件时会忽略这些注释信息

为进一步说明多轮选择世代和种子来源的作用,图 11.13 给出一个包含 3 轮选择过程的世代。假定一个育种项目种植 1000 个 F_6 家系,根据育种目标的要求选择其中的 500 个,每个家系混合收获,并将种子分为 3 份。下一个季节,将 500 个家系的第一份种子种植在地点 A,根据育种目标的要求选择其中的 400 个,不收获种子。再下一个季节,将地点 A 中选的 400 个家系的第二份种子种植在地点 B,按育种目标的要求选择其中的 300 个,不收获种子。这样,经历 3 轮选择才能决定最初的 1000 个 F_6 家系中哪 300 个将进入育种的下一个世代(图 11.13)。第二轮和第三轮的种子均来自第一轮,因此种子来源参数应设置为 0。它们产生的种子不会进入育种流程,种植的目的仅仅是对一些特殊性状做出鉴定和选择。

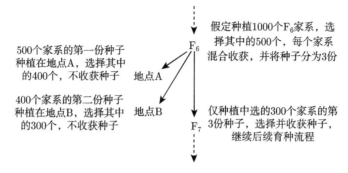

图 11.13　一个包含 3 轮选择过程的世代（第二轮和第三轮的种子均来自第一轮）

图 11.14 也是一个包含 3 轮选择过程的世代，但是种子来源与图 11.13 存在差异。种植在地点 A 的 500 个家系，除了提供第二轮选择的表型数据外，还提供地点 B 第三轮选择的种子。与图 11.13 相同，经历 3 轮选择才能决定最初的 1000 个 F_6 家系中哪 300 个将进入育种的下一个世代。图 11.14 中，第二轮的种子来自第一轮，第三轮的种子来自第二轮，种子来源参数应设置为 1。尽管第二轮产生的种子用于第三轮的种植和选择，但是第二轮和第三轮产生的种子都不会进入后续的育种流程。

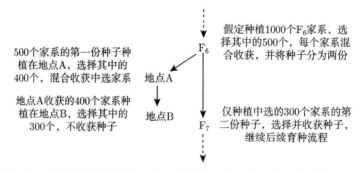

图 11.14　一个包含 3 轮选择过程的世代（第二轮的种子来自第一轮，第三轮的种子来自第二轮）

QuLine 育种模拟工具允许一个世代包含多轮选择过程，这也是杂交种模拟工具 QuHybrid 之所以能够模拟测交和测交选择的原因。例如，有一个与图 11.14 类似的玉米育种计划，对中选的 F_6 家系需要进行测交表现的鉴定和选择。需要将中选的 500 个 F_6 家系与一个或多个自父系进行测交并收获测交种子。下一个季节将种植测交种子，以选择具有高测交表现的 F_6 家系。在获得 F_6 家系的测交产量数据后，这个季节的植株及其产生的种子不会进入育种流程。在对 F_6 进行测交的同时，育种家同时收获一定量的 F_6 家系自交种子。在完成测交选择后，利用中选 F_6 家系的自交种子继续育种流程。因此，如果不允许一个世代包含多轮选择过程，可能就难以模拟杂交种选育过程中的测交选择。

（2）每个选择世代中的种子繁殖方式。图 11.12 中，GT 列对应于世代的名称，无须进一步解释。PT 列对应于种子繁殖方式。种子繁殖方式描述上一个世代中，中选家系中的植株将通过何种方式来产生当前世代的种子。特别需要注意的是，上一个世代选择结束之后，QuLine 储存的仍然是植株的基因型而不是植株上结的种子。植株上的种子需要在我们知道当前世代的种子繁殖方式后才能产生。可供选择的繁殖方式有 9 种：① 无性繁殖（用

"clone"表示）；② 加倍单倍体（用"DH"表示）；③ 自交（用"self"表示）；④ 单交（用"singlecross"表示）；⑤ 回交（用"backcross"表示）；⑥ 顶交或三交（用"topcross"表示）；⑦ 双交（用"doublecross"表示）；⑧ 随机交配（用"random"表示）；⑨ 排除自交的随机交配（用"noself"表示）。通过指定种子繁殖方式这一参数，自花授粉作物的大多数人工控制授粉和天然繁殖类型都可以进行模拟。

每个世代只能选择一种繁殖方式。但是，并非每种繁殖方式都适宜于每个世代。在亲本种植世代（可看作世代 0，用 F_0 表示），只能选择无性繁殖或自交。F_1 代从亲本间杂交产生种子就已开始，育种模拟中其实不区分究竟是种子还是植株。只要知道个体的基因型，QuLine 就可以计算不同环境类型中的表型值并进行选择。因此，第一个世代的种子繁殖方式只能是单交。F_1 之后的世代，可以选择除单交之外的任何方式。大多数植物育种中，每个世代都存在家系结构，材料按家系种植；选择可以在家系间进行，也可以在家系内进行。模拟过程中，QuLine 还记录每个家系的杂交组合来源。因此，在选择回交时，这个家系只会与相应杂交组合的轮回亲本进行杂交，而不会与其他杂交组合的轮回亲本杂交。在选择随机交配或排除自交的随机交配时，随机交配也仅发生在家系内。图 11.12 中，亲本通过克隆的方式进行繁殖，F_1 的种子通过亲本间的单交产生，其他世代的种子均通过自交的方式产生。

（3）世代递进方式。这一参数描述中选家系内、中选单株上种子的收获方式，对应于图 11.12 中的 GA 列。可供选择的递进方式有 3 种：① 系谱方式（家系内的中选植株单独收获，用"pedigree"表示）；② 混合方式（家系内的中选植株混合收获，用"bulk"表示）；③ 超级混合方式（对所有家系进行合并形成一个家系，用"superbulk"表示）。系谱方式意味着种子单株收获、单株保存，每个植株上的种子在下一个世代中种植成一个家系。混合方式意味着同一家系内，混合收获所有中选单株上的种子，混合种子在下一个世代中种植成一个家系。因此，如果使用混合选择法，不会改变下一个世代中家系的数目。相比之下，如果家系间的选择强度比较弱，即每个家系选择大量单株，那么系谱选择法就会在下一个世代产生大量的家系。

世代递进方式这一参数，使得 QuLine 不仅能够模拟传统的系谱育种和混合育种方法，而且可以模拟各种修饰系谱方法，如 F_2 和 F_3 世代作系谱选择、$F_4 \sim F_6$ 作混合选择、F_7 世代作系谱选择、之后的世代再作混合选择等。图 11.12 中，F_2 和 F_5 的世代递进方式为系谱，其他世代均为混合。

（4）田间设计参数。田间设计包括每个家系的重复数（RP 列）、小区内的植株数（PS 列）、测试地点数（NL 列）、每个地点的环境类型等（ET 列）。以图 11.12 中的 F_7 世代为例，每个家系将种植在 3 个地点，每个地点两次重复，每次重复中的群体大小为 50。3 个种植地点的环境类型均为 GE 系统中的第一种类型。

（5）家系间选择和家系内选择信息。图 11.12 中，植物育种中一般包含两个水平的选择，即家系间选择和家系内选择。家系间是根据家系的平均表现进行选择，家系内是根据个体的表现进行选择，它们在 QuLine 中有类似的定义方法。每个世代包含 3 行信息，第二行指定家系间选择的性状和选择强度，第三行指定家系内选择的性状和选择强度。在 §11.2 的 GE 系统中，定义了生育期、千粒重和产量共 3 个性状。这样就可以在家系间和家系内对这 3 个性状进行选择。首先需要确定用于选择的性状的个数，0 表示不做选择。以图 11.12 中的 F_2

世代为例,家系间用于选择的性状的个数为 0,即家系间没有选择;家系内用于选择的性状的个数为 2,即家系内将根据两个性状的表型进行选择。

每个被选择的性状用 3 个数值进行定义,即性状编号、选择方式和选择强度。性状代码为 GE 系统中定义过的那些性状。在 §11.2 的 GE 系统中,生育期、千粒重和产量的编号分别为 1、2、3。选择方式有以下 9 种:① 高值选择给定比例的家系或个体(用"T"表示),这一方式将选择性状值最高的家系或个体,选择家系或个体的多少以比值的方式给出;② 低值选择给定比例的家系或个体(用"B"表示),这一方式将选择性状值最低的家系或个体,选择家系或个体的多少以比值的方式给出;③ 中值选择给定比例的家系或个体(用"M"表示),这一方式将选择性状值居中的家系或个体,选择家系或个体的多少以比值的方式给出;④ 随机选择给定比例的家系或个体(用"R"表示),这一方式将随机选择家系或个体,选择家系或个体的多少以比值的方式给出;⑤ 高阈值选择(用"TV"表示),这一方式将选择性状值高于给定阈值的所有家系或个体;⑥ 低阈值选择(用"BV"表示),这一方式将选择性状值低于给定阈值的所有家系或个体;⑦ 高值选择给定数量的家系或个体(用"TN"表示),这一方式将选择性状值最高的家系或个体,选择家系或个体的多少以数量的方式给出;⑧ 低值选择给定数量的家系或个体(用"BN"表示),这一方式将选择性状值最低的家系或个体,选择家系或个体的多少以数量的方式给出;⑨ 随机选择给定数量的家系或个体(用"RN"表示),这一方式将随机选择家系或个体,选择家系或个体的多少以数量的方式给出。根据选择方式,对应于每个性状的第三个数值或为选择比例,或为选择阈值,或为选择数量。

以图 11.12 中的 F_2 世代为例,家系间没有选择,家系内根据两个性状的表型进行选择。这两个性状的编号分别为 1 和 2,代表 §11.2 定义的 GE 系统中的生育期和千粒重。生育期的选择方式为"M",选择比例为 0.2;千粒重的选择方式为"T",选择比例为 0.10。因此,在每个 F_2 群体内将选择出生育期居中的 20% 的个体;在中选的 F_2 个体中,再选择出千粒重最高的 10% 的个体。总的选择比例为 2%。

(6) 亲本世代家系间选择和家系内选择的作用。如上所述,我们也可以对亲本世代 F_0 定义家系间选择和家系内选择,但它们所起的作用与其他世代有所差异。在亲本群体中,家系间选择信息根据指定的标准,选择一部分个体作为雌性亲本(或母本);家系内选择信息根据指定的标准,选择一部分个体作为雄性亲本(或父本)。图 11.10 的基本模拟信息中,杂交组合亲本选配方式指定为"random",则杂交组合仅发生在选择出的雌性亲本和雄性亲本之间。当然,如果对亲本世代不做任何选择,则亲本群体中的每个个体既可作为母本又可作为父本。

§11.3.4 简化选择混合育种方法的数字化定义

图 11.15 给出图 11.12 所描述的选择混合育种方法在 QuLine 中的数字化定义。该方法为同一个输入文件中的第二个方法,名称为"Strategy II-M",一个育种周期中包含 7 个世代。根据图 11.15 中的数字化定义,可以把这一育种方法简要描述如下。从 NR 列和 SS 列可以看出每个世代只包含一轮选择,种子来源均设置为 0。从亲本世代的参数设置可以看出,亲本的种子通过无性繁殖的方式产生,种植在一个地点,种植地为 GE 系统中的第一类环境类型,重复一次,群体大小为 1;对亲本世代不做任何选择,所有的亲本既可作为母本又可作为父本。

```
!*******************Information for selection strategies to be simulated*********************
!StrategyNumber  StrategyName   NumGenerations
 2               StrategyII-M   7

!NR SS  GT     PT          GA        RP PS    NL  ET...              Row 1
!                                             AT (ID  SP  SM)...     Row 2
!                                             WT (ID  SP  SM)...     Row 3
 1  0   CB     clone       bulk      1  1     1   1
                                              0
                                              0
 1  0   F1     singlecross bulk      1  10    1   1
                                              0
                                              0
 1  0   F2     self        bulk      1  500   1   1
                                              0
                                              2   1   M   0.20   2   T   0.10
 1  0   F3     self        bulk      1  50    1   1
                                              0
                                              1   1   M   0.50
 1  0   F4     self        bulk      1  50    1   1
                                              0
                                              1   2   T   0.50
 1  0   F5     self        pedigree  1  200   1   1
                                              0
                                              2   1   M   0.20   2   T   0.125
 1  0   F6     self        bulk      2  50    1   1
                                              0
                                              1   3   T   0.20
 1  0   F7     self        bulk      2  50    3   1   1   1
                                              1   3   T   0.20
```

图 11.15 QuLine 中定义的一个简化的选择混合育种方法（用 II-M 表示）

符号 "!" 后面的内容为注释，QuLine 在读取文件时会忽略这些注释信息

F_1 代，单交产生育种群体，混合收获每个家系内的中选个体；种植在一个地点，种植地为 GE 系统中的第一类环境类型，重复一次，群体大小为 10；无家系间选择；无家系内选择。

F_2 代，自交产生育种群体，混合收获每个家系内的中选个体；种植在一个地点，种植地为 GE 系统中的第一类环境类型，重复一次，群体大小为 500；无家系间选择；家系内根据两个性状的表型进行选择，首先选择生育期居中的 20% 的个体，即 100 株，再从中选择千粒重高的 10% 的个体，即 10 株，总的选择比例为 2%。

F_3 代，自交产生育种群体，混合收获每个家系内的中选个体；种植在一个地点，种植地为 GE 系统中的第一类环境类型，重复一次，群体大小为 50；无家系间选择；家系内根据一个性状的表型进行选择，即选择生育期居中的 50% 的个体，即 25 株。

F_4 代，自交产生育种群体，混合收获每个家系内的中选个体；种植在一个地点，种植地为 GE 系统中的第一类环境类型，重复一次，群体大小为 50；无家系间选择；家系内根据一个性状的表型进行选择，即选择千粒重最高的 50% 的个体，即 25 株。

F_5 代，自交产生育种群体，单株收获每个家系内的中选个体；种植在一个地点，种植地为 GE 系统中的第一类环境类型，重复一次，群体大小为 200；无家系间选择；家系内根据两个性状的表型进行选择，首先选择生育期居中的 20% 的个体，即 40 株，再从中选择千粒重高的 12.5% 的个体，即 5 株，总的选择比例为 2.5%。考虑到共有 100 个 F_5 代群体，总计选择 500 个单株。

F_6 代，自交产生育种群体，混合收获每个家系内的中选个体；种植在一个地点，种植地

为 GE 系统中的第一类环境类型，重复一次，群体大小为 50；家系间根据一个性状的表型进行选择，即选择产量最高的 20% 的家系，即 100 个家系；无家系内选择。

F_7 代，自交产生育种群体，混合收获每个家系内的中选个体；种植在 3 个地点，种植地均为 GE 系统中的第一类环境类型，每个地点重复两次，群体大小为 50；家系间根据一个性状的表型进行选择，即选择产量最高的 20% 的家系，即 20 个家系；无家系内选择。

细心的读者可以看出，上述根据图 11.15 数字化定义对选择混合方法做出的描述，除存在一些顺序上的差异外，与图 11.9 给出的选择混合方法的流程图是完全等价的。但是，计算机读懂图 11.9 的流程图是困难的，读懂图 11.15 中的数字却很容易。因此，通过对育种过程的详细描述（图 11.9），可以类似图 11.12 和图 11.15，把复杂的育种过程数字化，从而实现对复杂育种过程的计算机模拟。

§11.4 模拟试验设计和结果分析

§11.4.1 模拟试验设计

根据研究目的的差异，一个模拟试验可以包含一个或多个 GE 系统、一种或多种起始育种群体、一种或多种育种方法，可模拟这 3 个因素的所有水平的组合，也可以只模拟这 3 个因素的部分水平的组合。运行 QuLine 时，系统将首先调用名称为"QuLine.mio"的文件，从中确定模拟所需要的 GE 系统、起始群体和育种方法所在的文件。图 11.16 给出"QuLine.mio"文件中所包含的内容。除注释行外，第一行指定 GE 系统所在文件的名称，第二行指定起始群体所在文件的名称，第三行指定育种方法所在文件的名称，第四行指定输出文件的名称。"QuLine.mio"文件中指定的 GE 系统、起始群体和育种方法所在的文件，一定要与模拟工具 QuLine 存放在同一个文件夹中。输出文件的前缀与"QuLine.mio"第四行给出的名字相同，不同类型的模拟结果用后缀加以区分。

```
!GES, POP and QMP
WheatModel.ges
Pop02.pop
MODPEDandSELBLK.qmp

!Output file name
Out02
```

图 11.16 运行模拟工具 QuLine 时，指定 GE 系统、起始群体和育种方法的文件"QuLine.mio"所包含的内容

符号"!"后面的内容为注释，QuLine 在读取文件时会忽略这些注释信息

在组合不同的 GE 系统、起始群体和育种方法时，要保证这三者间的兼容性。例如，在起始群体中，包含的座位数和每个座位上的等位基因数等信息要与 GE 系统保持一致，育种方法中所选择的性状要与 GE 系统所定义的性状保持一致，否则无法开展育种模拟。在一个模拟试验组合中，GE 系统和起始群体最好来自同一个 QU-GENE 输入文件（图 11.1），以保证 GE 系统和起始群体之间的兼容性。在创建育种方法时，要考虑采用哪个 GE 系统，育种方法中的性状和环境要与 GE 系统中的性状和环境相匹配。如果 GE 系统中只有一个环

境,育种方法中试验地点的环境编号只能是 0 或 1(0 表示随机环境类型)。如果 GE 系统中只有 3 个性状,育种方法中被选择性状的编号只能是 0、1、2 或 3(0 表示根据标记得分进行选择)。运行 QuLine 可执行文件后,系统将首先核查"QuLine.mio"中指定的 GE 系统、起始群体和育种方法之间的匹配性。如果发现有不匹配的地方,则给出错误提示信息,并终止模拟。

在图 11.16 给出的"QuLine.mio"中,GE 系统存放在文本文件"WheatModel.ges"中,起始群体存放在文本文件"Pop02.pop"中,育种方法存放在文本文件"MODPEDandSELBLK.qmp"中,所有结果输出文件的前缀为"Out02"。模拟所需要的文件和模拟工具 QuLine 应存放在同一个文件夹中,所有输出文件也将保存在这一文件夹中(图 11.17)。图 11.17 中,双击"QuLine.exe",模拟工具首先从文件"QuLine.mio"中(文件内容见图 11.16)读取 GE 系统文件名称、起始群体文件名称和育种方法文件名称,然后从文件"WheatModel.ges"中读取 GE 系统信息,从文件"Pop02.pop"中读取初始群体信息,从文件"MODPEDandSELBLK.qmp"中读取育种方法信息,然后核查 GE 系统、起始群体和育种方法之间的匹配性,开展育种模拟并输出模拟结果。

名称	修改日期	类型	大小
QuLine.exe	2011/6/30 16:55	应用程序	1,504 KB
QuLine.mio	2013/1/8 11:49	MIO 文件	1 KB
MODPEDandSELBLK.qmp	2013/1/9 17:44	QMP 文件	16 KB
Pop02.pop	2013/1/21 0:04	POP 文件	3 KB
WheatModel.ges	2013/1/21 0:04	GES 文件	9 KB
Out02.pou	2013/1/21 1:03	POU 文件	0 KB
Out02.pox	2013/1/21 1:03	POX 文件	13 KB
Out02.16	2013/1/21 1:05	16 文件	21 KB
Out02.cro	2013/1/21 1:05	CRO 文件	39 KB
Out02.err	2013/1/21 1:05	ERR 文件	1 KB
Out02.fit	2013/1/21 1:05	FIT 文件	108 KB
Out02.fix	2013/1/21 1:05	FIX 文件	43 KB
Out02.fre	2013/1/21 1:05	FRE 文件	165 KB
Out02.ham	2013/1/21 1:05	HAM 文件	88 KB
Out02.res	2013/1/21 1:05	RES 文件	114 KB

图 11.17 包含一组 GE 系统、起始群体和育种方法及模拟结果的文件夹

设计一个模拟试验,采用§11.2 定义的 GE 系统"WheatModel"(图 11.2~图 11.7),采用§11.2 定义的 3 个群体 Pop02、Pop05 和 Pop08(图 11.8)作为起始群体,采用§11.3 定义的两种育种方法 I-M 和 II-M(图 11.9~图 11.12,图 11.15)。为比较生育期居中选择和低值选择的区别,另外考虑两种育种方法,分别用 I-B 和 II-B 表示。育种方法 I-B 与 I-M 相似,区别仅在于生育期性状的选择上。I-B 选择生育期最短的家系或个体,I-M 选择生育期性状居中的家系或个体。育种方法 II-B 与 II-M 相似,区别也仅在于生育期性状的选择上。II-B 选择生育期性状最短的家系或个体,II-M 选择生育期性状居中的家系或个体。表 11.1 给出 12 个 GE 系统、起始群体和育种方法的组合,每次试验重复 1000 次,均值用于比较不同的育种方法。

表 11.1　包含 1 个 GE 系统、3 个育种起始群体和 4 种育种方法的模拟试验设计

模拟试验编号	GE 系统	育种起始群体	育种方法名称
1	WheatModel	Pop02	I-M
2	WheatModel	Pop02	II-M
3	WheatModel	Pop05	I-M
4	WheatModel	Pop05	II-M
5	WheatModel	Pop08	I-M
6	WheatModel	Pop08	II-M
7	WheatModel	Pop02	I-B
8	WheatModel	Pop02	II-B
9	WheatModel	Pop05	I-B
10	WheatModel	Pop05	II-B
11	WheatModel	Pop08	I-B
12	WheatModel	Pop08	II-B

在 §11.3 中说过，不同育种方法可以定义在同一个文件中，这样可以保证在第一个育种周期中，这些方法配制同样的杂交组合，即不仅杂交组合数目相同，而且每个杂交组合的亲本也完全相同，以保证最终的差异完全由育种方法的差异所引起。有时，不同的育种方法可能难以定义在一个文件中。例如，研究杂交组合数目和分离群体大小之间的关系，有些方法要配制较少的组合，有些方法要配制较多的组合。这些育种方法就需要定义在不同的文件中，表 11.1 中的 4 种育种方法，每次重复模拟都配制相同的杂交组合，目的是比较修饰系谱和选择混合，以及生育期居中选择和低值选择间的区别，它们可以定义在一个文件中。图 11.16 和图 11.17 中，"MODPEDandSELBLK.qmp"其实包含了表 11.1 中要模拟的 4 种育种方法。值得一提的是，对于同一个文件中定义的多个育种方法，每次重复模拟时，每种方法都配制相同的杂交组合。但是，不同的重复模拟之间杂交组合的配制是允许有差异的。

可输出的模拟结果包括每个性状在不同环境类型中的遗传方差、每个环境中性状间的相关、每个性状在环境间的相关、每一轮选择结束后保留下来的组合数（CRO 文件）、基因型均值（FIT 文件）、控制每个性状基因的被固定百分比（FIX 文件）、等位基因频率（FRE 文件）、Hamming 氏遗传距离（HAM 文件）、选择历史（HIS 文件）、每个组合保留下来的家系数（ROG 文件）、每种育种方法中每个世代的植株和家系数量（RES 文件）等（图 11.17）。如果 GE 系统中定义了很多基因、环境或性状，有些结果文件就会很大，如按等位基因输出的 FRE 基因频率结果文件。在实际模拟研究中，用户可通过设置图 11.10 中的输出文件指示变量控制模拟结果的输出。

§11.4.2　模拟结果分析：不同育种策略的遗传进度

表 11.2 给出利用 4 种育种方法在 3 个起始群体和 10 个育种周期模拟过程中育种群体的平均产量。可以看出，不管生育期是居中选择还是低值选择、不管起始群体中有利等位基因频率的大小，育种方法 II（即选择混合育种方法）的产量遗传进度等于或高于育种方法 I（即修饰系谱育种方法）。对于起始群体 Pop02 而言，亲本平均产量为 $4.20t/hm^2$。当选择生育期居中的家系和个体时（即育种方法 I-M 和 II-M），经过 10 个周期的育种，方法 I 可使产量增加到 $8.35t/hm^2$，方法 II 可使产量增加到 $8.44t/hm^2$。与修饰系谱育种方法相比，选择

混合育种方法的遗传进度高 1.08%。当选择生育期较短的家系和个体时（即育种方法 I-B 和 II-B），经过 10 个周期的育种，方法 I 可使产量增加到 7.77t/hm²，方法 II 可使产量增加到 7.80t/hm²。由于生育期基因在产量上的多效性，最终的遗传进度均低于生育期居中选择的遗传进度。但这并没有改变选择混合育种方法的遗传进度高于修饰系谱育种方法这一结果，选择混合育种方法的遗传进度比修饰系谱育种方法高 0.39%。

表 11.2　4 种育种方法和 3 种起始群体在 10 个育种周期中的平均产量　（单位：t/hm²）

周期	起始群体 Pop02				起始群体 Pop05				起始群体 Pop08			
	I-M	II-M	I-B	II-B	I-M	II-M	I-B	II-B	I-M	II-M	I-B	II-B
0	4.20	4.20	4.20	4.20	6.00	6.00	6.00	6.00	7.80	7.80	7.80	7.80
1	5.04	5.05	4.95	4.92	7.06	7.08	6.90	6.92	8.50	8.49	8.40	8.40
2	5.80	5.84	5.62	5.60	7.67	7.70	7.39	7.42	8.77	8.76	8.58	8.62
3	6.45	6.52	6.21	6.21	8.11	8.14	7.73	7.76	8.90	8.90	8.66	8.72
4	6.97	7.04	6.67	6.68	8.42	8.45	7.94	7.97	8.96	8.96	8.70	8.78
5	7.38	7.45	7.03	7.04	8.64	8.66	8.07	8.10	8.99	8.98	8.71	8.81
6	7.71	7.78	7.30	7.31	8.78	8.79	8.14	8.17	8.00	8.99	8.72	8.83
7	7.96	8.04	7.50	7.52	8.87	8.88	8.18	8.21	8.00	8.00	8.72	8.84
8	8.14	8.23	7.64	7.66	8.92	8.93	8.19	8.24	8.00	8.00	8.72	8.85
9	8.27	8.35	7.72	7.75	8.94	8.95	8.20	8.25	8.00	8.00	8.72	8.86
10	8.35	8.44	7.77	7.80	8.95	8.96	8.20	8.26	8.00	8.00	8.72	8.86

对于起始群体 Pop05 而言，亲本平均产量为 6.00t/hm²。当选择生育期居中的家系和个体时，经过 10 个周期的育种，方法 I 可使产量增加到 8.95t/hm²，方法 II 可使产量增加到 8.96t/hm²；当选择生育期较短的家系和个体时，经过 10 个周期的育种，方法 I 可使产量增加到 8.20t/hm²，方法 II 可使产量增加到 8.26t/hm²。对于起始群体 Pop08 而言，亲本平均产量为 7.80t/hm²，当选择生育期居中的家系和个体时，经过大约 5 个周期的育种，两种方法都达到最高产量 8.98~8.99t/hm²；当选择生育期较短的家系和个体时，经过 10 个周期的育种，方法 I 可使产量增加到 8.72t/hm²，方法 II 可使产量增加到 8.86t/hm²。

为了同时考察生育期、千粒重和产量这 3 个性状的遗传进度，采用矫正基因型值（详见第 12 章公式 12.1），即把最低的基因型值设为 0、最高的基因型值设为 100。矫正基因型值可以看作最高基因型值的百分数，不受性状量纲的影响。图 11.18 给出修饰系谱和选择混合两种育种方法在生育期居中选择时，3 个性状基因型均值随育种周期的变化曲线。当选择生育期居中的家系或个体时，经过 5 个育种周期，这两种育种方法均使起始群体 Pop02 中的千粒重达到了最高值。这时，5 个千粒重基因座位上，增效等位基因频率均为 1，即处于固定状态，减效等位基因随着选择被淘汰。经过 4 个育种周期，起始群体 Pop05 中的千粒重达到了最高值。经过 2 个育种周期，起始群体 Pop08 中的千粒重就达到了最高值（图 11.18）。模拟利用到的 GE 系统中，控制千粒重的基因对产量有正向的一因多效性（图 11.2），即增加千粒重的等位基因同时还能提高产量。因此，千粒重基因频率的变化，不仅来自育种过程中对千粒重的高值选择，对产量性状的高值选择也能改变对产量具有多效性的千粒重基因频率。

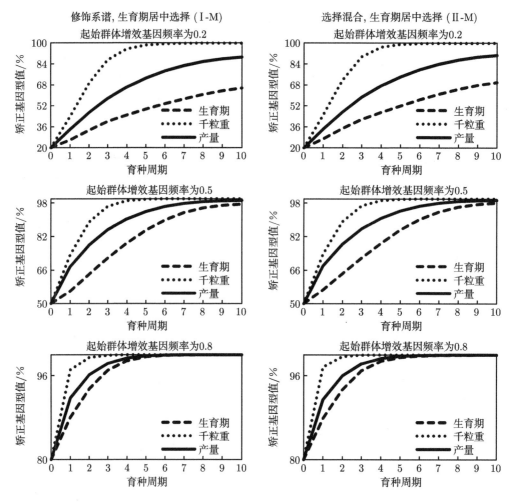

图 11.18 两种育种方法 I-M 和 II-M 在从上到下的 3 种起始群体中的遗传进度

由于基因的多效性，产量性状的不断改良既源自育种过程中对产量性状的高值选择，也来自千粒重基因的一因多效性。在生育期居中选择时，生育期选择对产量的影响即使存在，也应该是最小的。在起始群体 Pop02 中，经过 10 个周期的选择，群体平均产量接近最高产量的 90%。在起始群体 Pop05 中，经过 10 个周期的选择，群体平均产量已接近最高产量。在起始群体 Pop08 中，经过 5 个周期的选择，群体平均产量就接近最高产量 (图 11.18)。如果生育期基因与千粒重和产量基因间不存在一因多效或非常紧密的连锁，那么对生育期居中选择时，生育期的均值应基本保持稳定不变的状态。图 11.18 表明生育期在不断延长，主要原因应该是控制生育期的基因对产量的一因多效性 (图 11.1)，即提高生育期的同时也提高产量，缩短生育期的同时也降低产量。生育期的不断延长并非是育种过程中选择高值生育期所致，而是由产量性状的高值选择造成的。在选择产量高的家系或个体时，间接地提高了生育期座位上能够延长生育期的等位基因的频率，最终导致育种群体中生育期越来越长。

实际育种过程中，育种家可能希望选择短生育期的栽培品种，或者把生育期稳定在一个适当的范围内。图 11.19 给出修饰系谱和选择混合两种育种方法在生育期低值选择时，3 个性状基因型均值随育种周期的变化曲线。当选择生育期较短的家系或个体时,经过5个育种周期,这两种育种方法均使起始群体Pop02中的千粒重达到最高值;经过4个育种周期,起始群体Pop05中的千粒重就达到最高值;经过2个育种周期,起始群体Pop08中的千粒重就达到最高值(图11.19)。可见,生育期的不同选择方向对千粒重遗传进度的影响很小(图11.18,图11.19)。

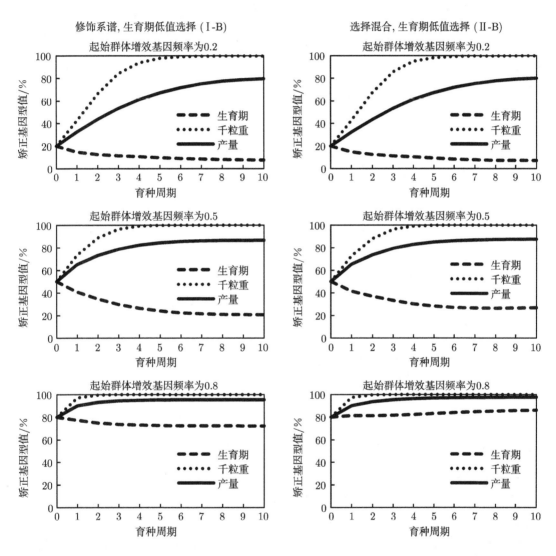

图11.19 两种育种方法I-B和II-B在从上到下的3种起始群体中的遗传进度

由于生育期基因对产量性状的多效性,对生育期的低值选择和对产量的高值选择存在类似"拉锯战"的现象。对生育期的低值选择,降低了增加产量的等位基因的频率。而对产量的高值选择,增加了生育期座位上延长生育期的多效性等位基因的频率。因此,经过多个育种周期,生育期和产量均稳定在一定的范围内,稳定点依赖于起始育种群体(图11.19)。在初始群体Pop02中,产量将稳定在最高值的80%左右,生育期将稳定在最高值的8%左右。在初始群体 Pop05 中，产量将稳定在最高值的 86% 左右，生育期将稳定在最高值的 20% 左右。在初始群体 Pop08 中，产量将稳定在最高值的 95% 左右，生育期将稳定在最高值的 72% 左右（图 11.19）。

§11.4.3 模拟结果分析：成本与收益分析

上一小节的结果表明，选择混合育种方法的产量遗传进度等于或高于修饰系谱育种。模拟试验中，除比较产量遗传进度外，还可以比较不同育种方法的经济成本。这里我们利用一个育种周期中每个世代所种植的家系数和单株数作为评价指标。育种中，每个家系需要单独备播和种植。因此，家系数近似反映了备播时的工作量。较少的家系数量需要准备较少的种子袋，占用较小的工作量。单株数则在一定程度上反映了育种的规模，即占用试验土地的多少。植株数量越大，自然要占用更多的土地。在一个育种周期中，选择混合育种所产生的家系数为修饰系谱育种的 43.14%，所种植的个体植株数为修饰系谱育种的 85.41%。因此，使用选择混合育种会减少收获、备播和播种时种子袋的数量，并且占用较少的土地，从而节省大量的时间、劳动力和育种成本。表 11.3、图 11.18 和图 11.19 清楚地表明，与修饰系谱相比，选择混合不仅有相同甚至高于修饰系谱的产量遗传进度，而且具有明显较低的育种成本。

表 11.3 育种方法 I 和 II 在每个育种周期中所种植的家系个数与个体植株数

世代	选择前的家系		选择前的个体植株		选择后的家系		选择后的个体植株	
	修饰系谱	选择混合	修饰系谱	选择混合	修饰系谱	选择混合	修饰系谱	选择混合
F_1	100	100	1 000	1 000	100	100	1 000	1 000
F_2	100	100	50 000	50 000	1 000	100	1 000	1 000
F_3	1 000	100	30 000	5 000	500	100	15 000	2 500
F_4	500	100	15 000	5 000	250	100	7 500	2 500
F_5	250	100	12 500	20 000	500	500	500	500
F_6	500	500	50 000	50 000	100	100	10 000	10 000
F_7	100	100	30 000	30 000	20	20	6 000	6 000
合计	2 550	1 100	188 500	161 000				

§11.4.4 育种模拟与科学化育种

育种是一个漫长而复杂的过程，诸多育种家期许答案的问题，难以从理论上或通过田间试验的方法进行研究。从这一章的内容可以看到，计算机模拟为解决复杂的育种问题提供了一个切实可行的途径和方法。育种模拟不仅可以回答育种家所关心的问题，而且有可能提供育种家没有意识到的一些信息（参看第 12 章 §12.1.1），从而帮助育种家不断优化育种方法，使育种变得更加"科学化"。

模拟研究需要与遗传和育种研究结合，以开展有针对性的模拟试验。模拟结果也有待育种实践的检验，模拟结果和田间数据间的偏差也有助于不断改进育种模拟中采用的遗传模型。就目前来讲，我们对重要育种性状遗传基础的认识仍然很不完整，尚不能全面准确地提供模拟方法所需要的数据和遗传信息。大多数育种学问题可分为如下两类：一类是宏观策略性的，如两种育种方法的比较、杂交组合数与分离群体大小间的平衡性等；另一类是具体方法性的，如从两个亲本杂交产生的分离群体中究竟可以选择出什么样的后代、利用连锁分子标记聚合多个有利基因时的有效方法是什么等。

对于一些宏观策略性的育种问题，在没有办法建立准确的 GE 系统时，可以在大量的可能遗传模型下进行模拟比较。如果不同模型或大多数模型都得到相对一致的结果，那么采用什么样的遗传模型可能不会对结论产生大的影响。对于一些具体方法的育种问题，模拟结果有时会较多地依赖于 GE 系统，不同 GE 系统可能会产生截然不同的结果。这时需要准确翔实的遗传信息，以获得可靠的模拟结果供育种家采用。可以预见，随着生物信息和遗传育种数据的不断增加，以及遗传学研究的不断深入，模拟试验中用到的遗传模型将更加符合生物体本身的规律，育种模拟也将在研究更多的具体方法性育种问题中发挥越来越大的作用。

练 习 题

11.1 试建立一个 QU-GENE 输入文件（QUG），运行 QU-GENE 后产生一个遗传模型文件（GES）和一个包含 50 个纯系的起始育种群体（POP），具体要求如下。

(1) 1 种环境类型，名称为"Beijing"。

(2) 2 个性状，分别为产量和生育期。

(3) 20 个独立遗传和等效基因控制产量，其中 $m = 400$kg, $a = 8$kg/hm^2, $d = 0$。因此，最低和最高产量分别为 240kg/hm^2 和 560kg/hm^2。

(4) 5 个独立遗传和等效基因控制生育期，其中 $m = 100$ 天, $a = 4$ 天, $d = 0$。因此，最低和最高生育期分别为 80 天和 120 天。

(5) 产量和生育期基因间不存在连锁，每个基因座位只有 2 个等位基因。

(6) 起始育种群体中，等位基因的频率均为 0.5。

11.2 假定一个纯系育种程序从 F_1 代开始到 F_6 代结束（见下图）。试根据这一育种流程图建立一个 QuLine 输入文件（QMP），以便利用 QuLine 工具模拟这一育种过程。

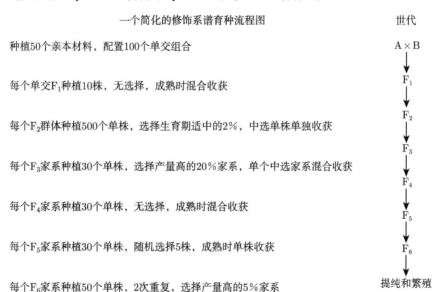

11.3 利用练习 11.1 的遗传模型和练习 11.2 的育种方法开展一项模拟试验，计算产量和生育期 2

个性状的遗传进度。在这个起始群体中，如果不引入其他外源种质，大概经历多少个育种周期后就达到选择高原（即遗传进度近似为 0）？

11.4 参照表 11.3，给出练习 11.2 所描述的育种方法在每个世代需要种植的家系数和植株数，以及每个世代选择后保留下来的家系数和植株数。

11.5 在 §11.4 模拟试验的 GE 系统中，假定生育期基因和千粒重基因对产量均不存在多效性，其他条件不变。重复 §11.4 的模拟试验，比较无一因多效的模拟结果与 §11.4 模拟结果的异同。

11.6 对于您了解的一个育种项目，绘制类似图 11.9 的育种流程图。

11.7 现计划对两个纯合亲本进行杂交，田间种植 10 株 F_1 杂种，混合收获 500 粒自交种子，下一代种植 500 个 F_2 单株，然后通过连续自交和单粒传的方法产生 500 个 F_8 重组近交家系，从而构建一个无选择的双亲重组近交家系（RIL）群体，群体大小为 500。试建立一个 QuLine 输入文件，以便模拟这一 RIL 群体的产生过程。

第12章　育种方法的模拟和比较

一般来说，开展一个育种项目首先考虑的是一些宏观方面的策略性问题。例如，育种的目标产品应该是无性系品种、纯系品种、杂种品种、多系品种还是群体品种。选育出品种的适宜种植区域是什么。待改良的性状有哪些，以及改良的目标是什么。采用哪种育种方法（包括系谱育种、混合选择、回交育种、加倍单倍体育种，以及标记辅助选择等）。确定了上述这些策略性问题之后，就需要考虑微观方面涉及具体育种计划制定的一些问题（Allard, 1999; Hallauer et al., 2010）。例如，确定配制杂交组合的适宜亲本材料，制定杂交组合方案，确定适宜的分离群体规模，在哪个世代选择哪些性状，以及如何在多个环境下评价产量表现等。第 11 章介绍了育种模拟的基本原理，以及如何利用模拟工具 QU-GENE 和 QuLine 构建遗传模型、设计模拟试验的方法和过程。本章给出模拟方法在植物育种中的若干应用。§12.1 给出模拟方法在研究策略性育种问题和制定具体亲本选配方案的两个应用实例；§12.2 介绍模拟方法在回交育种中确定适宜回交次数中的应用；§12.3 以 CIMMYT（国际玉米小麦改良中心）小麦育种为例，比较加倍单倍体育种和常规育种的遗传及经济效益；§12.4 利用模拟方法比较不同分子标记辅助育种计划；§12.5 利用模拟方法估计一个育种方法的成功概率。

§12.1　比较育种方法和利用基因信息选配亲本

§12.1.1　修饰系谱和选择混合两种育种方法的模拟与比较

以 CIMMYT 的面包小麦育种计划为例，说明育种模拟在育种方法比较上的应用。CIMMYT 的小麦育种具有以下几个明显的特点（Rajaram et al., 1994; Rajaram, 1999）：一是穿梭育种，即在墨西哥两个地理条件差异较大的地点种植和选择育种材料；二是培育出的育种材料具有广适应性和对病害的持久抗性；三是在全世界范围内开展多环境的适应性鉴定试验；四是通过引入或创造新的种质材料不断提高产量潜力，其中包括人工合成小麦的创制和利用。CIMMYT 小麦育种每年种植两个季节：一是从 11 月至次年 4 月，种植地点在墨西哥北部城市 Obregon（27°N，海拔 39m）附近；二是 5~10 月，种植地点在墨西哥中部城市 Toluca（19°N，海拔 2640m）附近。这两个地点在纬度、海拔、温度、光照、年降雨量、病虫害类型和程度、土壤类型等方面均有很大差异。实践证明，穿梭育种不仅缩短了育种周期、提高了单位时间的遗传进度，而且对广适应性品种的选育也发挥了巨大的作用。

CIMMYT 小麦育种在 1984 年前以传统的系谱方法为主，1985~1994 年以修饰系谱方法为主，之后多采用选择混合的育种方法（van Ginkel et al., 2002; Wang et al., 2003）。修饰系谱育种方法的大体流程是：先对 F_2 代单株进行系谱选择，然后在 $F_3 \sim F_5$ 代进行 3 次混合选择（即每个家系的中选个体混合收获），在 F_6 代再次进行系谱选择（即中选个体单株收获，以形成纯系），并继续自交纯合。在选择混合育种方法中，将来自同一个杂交组合的 F_2 群体中选单株混合收获并脱粒，产生一个混合 F_3 群体。$F_3 \sim F_5$ 代与修饰系谱育种方法一样采用混合选择,系谱选择仅在 F_6 代进行。假设种植密度相似,选择混合所使用的土地大约为修饰系谱的 2/3,并产生较少的家系。因此,当使用选择混合时,收获和播种均需要较少的种子袋,从而显著降低备播的时间、人力和成本等投入。但是,育种家在关注成本的同时,还关注这两种育种方法在产量和其他育种性状上是否会得到相似的遗传进度。

考虑 10 个关键的育种性状,包括抗病性、品质、产量和其他农艺性状。有些性状如株高和抗病性等已知部分基因信息,有些性状如产量的已知基因信息很少。因此,模拟试验中构建了多个基因和环境模型。育种起始群体包含 200 个亲本,亲本群体中的基因频率均设定为 0.5。从 200 个亲本中随机配制 1000 个杂交组合,经过 10 个世代的选择,两种方法均获得 258 个高世代家系。最后利用这 258 个家系组成的群体来比较这两种育种方法的遗传进度。为了在不同的模型间比较两种育种方法,采用矫正性状值。假定 TG_H 和 TG_L 分别是一个性状的最高目标基因型值和最低目标基因型值,y 为个体的基因型值,则矫正基因型值 y_{ad} 定义为

$$y_{ad} = \frac{y - TG_L}{TG_H - TG_L} \times 100\% \tag{12.1}$$

在初始亲本群体中,由于基因频率为 0.5,群体平均产量位于最低和最高目标基因型的中间,产量的矫正值为 50%(存在抽样误差)(图 12.1A)。经过一个育种周期后,修饰系谱育种方法把群体的产量基因型值提高到 55.92%,选择混合育种方法把群体的产量基因型值提高到 56.12%。因此,从产量性状的遗传增益上看,选择混合育种方法要略优于修饰系谱育种方法。两种方法产量的平均矫正遗传进度相差不是很大,即使在田间试验可行的情况下,一般也不太可能检测到。然而,上述差异可以通过大量的重复模拟试验检测到。模拟中,对产量基因的数目设置 20 和 40 两个水平,20 个产量基因和 40 个产量基因的平均矫正遗传进度分别为 6.83 和 5.02。表明遗传进度随着产量基因数量的增加而降低。

两种方法在 F_1 代的杂交组合数均为 1000,F_1 代淘汰约 30% 的组合。值得说明的是,这些淘汰掉的组合并非完全被放弃,有些 F_1 将与亲本进行回交,有些 F_1 将与另外的亲本进行三交。经过 10 个世代的选择后,在终选的 258 个近交系中,修饰系谱育种方法平均保留了 118 个组合,而选择混合育种方法平均保留了 148 个组合(图 12.1B)。在终选群体中,选择混合育种方法要比修饰系谱育种方法保留的组合数多 30%。较多的组合数,意味着最终选择到的家系间有较高的遗传多样性。因此,从终选群体的遗传多样性上看,选择混合育种方法要明显优于修饰系谱育种方法。这也表明推迟使用系谱选择有利于多样性的产生。

在一个育种周期内,这两种育种方法保留的杂交组合数存在交叉。在 F_5 代之前,修饰系谱育种方法保留的杂交组合数多于选择混合育种。之后选择混合育种方法保留的杂交组合数多于修饰系谱育种方法(图 12.1B)。通常情况下,一个育种周期结束后,仅有少量的杂交组合被保留下来。这一结果表明,在早期世代开展的杂交组合间的选择不会降低遗传进度;相反,通过早期世代的杂交组合选择,育种家能够将他们的精力集中在更优秀的杂交组合产生的后代群体上。

从两种方法分别产生的家系数和种植的单株数来看,$F_1 \sim F_8$ 代,选择混合育种方法产生的家系数只是修饰系谱育种方法的 40%(图 12.1C),选择混合育种方法需要种植的植株数只是修饰系谱育种方法的 2/3(图 12.1D)。因此,选择混合育种方法花费较少的劳力、占用较少的土地资源。从经济的角度看,选择混合育种方法也明显优于修饰系谱育种方法。在

对修饰系谱和选择混合两种育种方法进行模拟之前，CIMMYT 的育种家已经知道选择混合育种法可以节省费用。但他们不太清楚的是，选择混合育种方法的使用是否会影响产量性状的遗传进度。模拟结果表明选择混合育种方法对产量的遗传改良不但没有下降，而且获得略高于修饰系谱育种方法的遗传进度，模拟研究回答了育种家所关心的问题。模拟结果还表明，在同样大小的终选群体中，选择混合育种方法保留较多的杂交组合。这是育种家事先没有意识到的，但是这一结果随后被多年的田间记载资料所证实。因此，育种模拟不但回答了育种家所关心的问题，还能提供育种家没有意识到的有用信息。

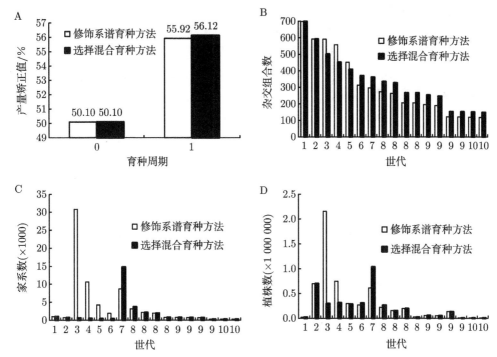

图 12.1　修饰系谱和选择混合两种育种方法的模拟比较

A. 一个育种周期后产量性状的遗传进度；B. 每个世代选择结束后保留下来的杂交组合数；C. 每个世代所种植的家系数；D. 每个世代所种植的单株数。B~D 横坐标轴的数字代表世代数，有些世代经历了多次选择，如 F_8 经历 4 次选择，因此出现了 4 次

§12.1.2　育种模拟在利用已知基因信息选配亲本中的应用

选择合适的亲本配制杂交组合是一个育种周期的开始，同时还是决定育种成败的关键环节。育种家在每个种植季节都要花费大量的时间和精力来确定选择哪些亲本配制杂交组合。然而，由于缺乏育种目标性状遗传的全面信息，杂交方案多依据亲本材料的表型性状来确定。育种实践中很多看似理想的杂交组合，往往得不到理想的后代材料。因此，大量看上去很理想的杂交组合并没有产生育种家预期的优良后代。如果我们掌握控制育种性状的基因信息，就可以通过模拟的方法比较不同杂交组合选择后所保留下来的近交系，预先评价杂交组合的表现，然后决定应该配制的杂交组合。

目前，大部分育种性状的基因信息还是未知的，或仅有部分已知基因信息。但对小麦的一些品质性状，我们知道大部分基因的信息（Eagles et al., 2002; Wang et al., 2005）。遗传研究已经发现 3 个决定低分子质量谷蛋白亚基的基因座位 Glu-A3、Glu-B3 和 Glu-D3，以及 3 个决定高分子质量谷蛋白亚基的基因座位 Glu-A1、Glu-B1 和 Glu-D1。它们对面包小麦的两个重要品质性状，即面团最大抗延阻力和面团延展性有较大的影响。这 6 个基因座位上均存在复等位基因，并且已知这 6 个座位在染色体上的位置，以及每个等位基因对面团最大抗延阻力和面团延展性的遗传效应（表 12.1）。座位 Glu-A3 上等位基因 d 对最大抗延阻力的效应最大，等位基因 b 和 d 对面团延展性的效应最大。座位 Glu-A1 上等位基因 b 对最大抗延阻力和面团延展性的效应最大。座位 Glu-B3 上等位基因 b 对最大抗延阻力的效应最大，等位基因 g 对面团延展性的效应最大。座位 Glu-B1 上等位基因 al 对最大抗延阻力和面团延展性的效应最大。座位 Glu-D3 上等位基因 a 和 b 对最大抗延阻力的效应最大，等位基因 a 对面团延展性的效应最大。座位 Glu-D1 上等位基因 d 对最大抗延阻力的效应最大，等位基因 a 对面团延展性的效应最大。

表 12.1 控制面包小麦品质的基因及其效应

基因座位	等位基因名称（括号内为别名）	最大抗延阻力/BU	延展性/cm
Glu-A3	b	10.46	0.35
	c	−10.55	−0.05
	d	40.46	0.35
	e	−40.55	−0.65
Glu-A1	$a\ (1)$	14.46	0.35
	$b\ (2^*)$	25.46	0.55
	$c\ (Null)$	−38.55	−0.86
Glu-B3	b	27.46	−0.05
	d	−23.55	−0.05
	g	−2.55	0.25
	h	−0.55	−0.15
Glu-B1	al	111.46	2.35
	$b\ (7+8)$	−7.55	−0.45
	$c\ (7+9)$	−26.55	−0.56
	$e\ (20)$	−66.55	−0.15
	$f\ (13+16)$	−3.55	−0.56
	$i\ (17+18)$	−7.55	−0.56
Glu-D3	a	5.45	0.25
	b	5.45	−0.15
	c	−11.55	−0.15
Glu-D1	$a\ (2+12)$	−60.55	0.15
	$d\ (5+10)$	60.46	−0.15

'Silverstar' 是一个澳大利亚面包小麦品种，是 CIMMYT 小麦 'Pavon' 和澳大利亚小麦 'TM56' 的杂交后代。'Silverstar' 有很多姊妹系，这里选其中的 8 个，用 'Silverstar1' ∼ 'Silverstar8' 表示（表 12.2）。在座位 Glu-A1、Glu-B3 和 Glu-D3 上，它们有相同的等位基因。在座位 Glu-B1 上，它们有两个不同的等位基因 b 和 i，但这两个基因在最大抗延阻力和延展性上有近似的遗传效应。8 个 'Silverstar' 姊妹系在 Glu-A3 座位上的等位基因 b 和 c 中，等位基因 b 对最大抗延阻力性状有较大的效应；在 Glu-D1 座位上的等位基因 a 和 d

中，等位基因 a 对最大抗延阻力性状有较大的效应。8 个姊妹系都含有抗小麦线虫病的基因，因此，它们作为抗小麦线虫病的供体可以说是等价的。但是，育种中往往强调的是多个性状的同时改良。例如，在导入抗线虫病基因的同时，又要求能够保持轮回亲本中的优良品质性状，甚至要求品质性状也能得到进一步的改良。有了这些已知基因信息，育种家又该如何有效利用呢？育种家在面对这些基因信息时，可能会提出不同的问题。这里我们考虑的问题是，这些姊妹系在作为杂交亲本时是否有显著差异。

表 12.2　一些小麦亲本的基因型和两个品质性状的基因型预测值

亲本	基因座位						最大抗延阻力/BU	延展性/cm
	Glu-A3	Glu-A1	Glu-B3	Glu-B1	Glu-D3	Glu-D1		
Silverstar1	b	a	h	b	b	a	308.80	20.78
Silverstar2	c	a	h	b	b	a	270.20	20.31
Silverstar3	b	a	h	b	b	d	382.70	20.24
Silverstar4	c	a	h	b	b	d	343.10	18.77
Silverstar5	b	a	h	i	b	a	300.60	20.69
Silverstar6	c	a	h	i	b	a	261.00	20.22
Silverstar7	b	a	h	i	b	d	368.90	20.15
Silverstar8	c	a	h	i	b	d	328.30	18.68
Westonia	c	b	h	i	c	a	283.71	18.70
Krichauff	c	a	b	c	a	d	312.26	18.39
Machete	b	b	b	i	b	a	312.03	18.95
Diamondbird	b	a	h	i	b	d	368.88	20.16

在模拟试验中，选用其他 4 个澳大利亚小麦品种，即 'Westonia'、'Krichauff'、'Machete' 和 'Diamondbird' 与 8 个 'Silverstar' 姊妹系作杂交（表 12.2）。'Westonia' 在 Glu-A3 座位上没有等位基因 b，在 Glu-D1 座位上没有等位基因 d。'Krichauff' 在 Glu-A3 座位上没有等位基因 b，但在 Glu-D1 座位上有等位基因 d。'Machete' 在 Glu-A3 座位上有等位基因 b，但在 Glu-D1 座位上没有等位基因 d。'Diamondbird' 在 Glu-A3 座位上有等位基因 b，在 Glu-D1 座位上有等位基因 d（表 12.2）。

利用表 12.1 的已知基因信息以及表 12.2 的亲本基因型数据，采用 QuLine 在 4 个澳大利亚小麦品种和 8 个 'Silverstar' 姊妹系间配制单交杂交组合（Wang et al., 2005）。每个杂交组合采用单粒传的方法产生 1000 个 F_8 近交家系，采用 4 种不同的选择方案，每种选择方案最终都选择 40 个家系，选择比例为 4%。选择方案 1 中，最大抗延阻力是唯一的选择性状。选择方案 2 中，最大抗延阻力是第一个选择性状，延展性是第二个选择性状，高最大抗延阻力和高延展性都是期望的品质性状，但高最大抗延阻力更重要，两个性状的选择比例都是 20%，总体选择比例为 4%。选择方案 3 中，延展性是第一个选择性状，最大抗延阻力是第二个选择性状，高最大抗延阻力和高延展性都是期望的品质性状，但高延展性更重要，两个性状的选择比例都是 20%，总体选择比例为 4%。选择方案 4 中，延展性是唯一的选择性状，选择比例为 4%。

模拟结果显示，即便是表型相近的姊妹系与另一个相同亲本的杂交后代也有很大的差异。在与 'Westonia' 的杂交组合中，当最大抗延阻力被选择时，'Silverstar3' 和 'Silverstar7' 表现出最大的遗传增益。这些姊妹系也能提高 'Westonia' 的延展性，尤其延展性也是被选择性状的时候。当高最大抗延阻力和高延展性是期望的品质性状，但高最大抗延阻力更重要时，'Silverstar3'和'Silverstar7'都是理想的杂交亲本，但'Silverstar3'更佳。在与'Krichauff'的杂交组合中，如果最大抗延阻力是唯一的选择性状或者是第一个选择性状，'Silverstar1'、'Silverstar3'、'Silverstar5'和'Silverstar7'在两个性状上有近似相同的遗传增益。如果延展性是唯一的选择性状或者是第一个选择性状，'Silverstar3'和'Silverstar7'是理想的杂交亲本。在与'Machete'的杂交组合中，如果最大抗延阻力是唯一的选择性状或者是第一个选择性状，'Silverstar3'、'Silverstar4'、'Silverstar7'和'Silverstar8'都能较大地提高'Machete'的最大抗延阻力。如果要同时改良延展性，应首先对最大抗延阻力进行选择。如果先选择延展性，然后选择最大抗延阻力，则应该选择'Silverstar4'或'Silverstar8'与'Machete'杂交。在与'Diamondbird'的杂交组合中，如果最大抗延阻力是选择性状，'Silverstar1'、'Silverstar2'、'Silverstar3'和'Silverstar4'只是轻微地提高最大抗延阻力。如果延展性是选择性状，只有'Silverstar3'和'Silverstar4'轻微地提高最大抗延阻力和延展性。

当育种目标只考虑一个性状时，从模拟结果可以确定改良不同亲本的最佳姊妹系，结果列于表 12.3。确定最佳姊妹系的一些标准如下：首先，最好的姊妹系应对育种目标性状有至少 5%的改良，如表 12.3 中的'Diamondbird'；其次，如果姊妹系在改良目标性状上有显著性差异，只选择改良效果最好的 2 个，如表 12.3 中的'Westonia'；最后，如果姊妹系在改良目标性状上没有显著性差异，所有姊妹系都是最佳的改良亲本，如表 12.3 中的'Krichauff'。从表 12.3 明显看出，最佳亲本依赖于待改良的另一个亲本，同时也依赖于育种目标。在大多数情况下，改良最大抗延阻力的最佳亲本并不是改良延展性的最佳亲本。

表 12.3　不同育种目标下最佳的'Silverstar'姊妹系

待改良亲本	育种目标	选择方案			
		R0.04	R0.2E0.2	E0.2R0.2	E0.04
Westonia	高最大抗延阻力	3, 7	3, 7	3, 7	1, 3
	高延展性	1	1, 5	1, 3, 5	1, 3, 5, 7
Krichauff	高最大抗延阻力	1, 3, 5, 7	1, 3, 5, 7	3, 7	3, 7
	高延展性	1, 3, 5, 7	1, 3, 5, 7	1, 5	1, 5
Machete	高最大抗延阻力	3, 4, 7, 8	3, 4, 7, 8	4, 8	无
	高延展性	1, 2, 5, 6	1, 2, 5, 6	1, 2, 3	1, 2, 3, 4
Diamondbird	高最大抗延阻力	1, 2, 3, 4	1, 3, 4	3, 4	3, 4
	高延展性	无	无	1, 2, 5, 6	1, 2, 5, 6

注：选择方案名称中，R 表示最大抗延阻力，E 表示延展性，性状后面的数字为选择比例

§12.2　回交育种的模拟和比较

CIMMYT 在 1970 年前后曾采用顶交（也称三向杂交或三交）和双交（也称四向杂交或四交）的方法来增加育种群体的遗传变异。与单交和有限回交相比，顶交和双交产生的育种效果不是很理想。因此，从 20 世纪 70 年代末开始，育种家已很少配制双交组合，每年配制三交组合的数量也远低于单交（van Ginkel et al., 2002）。单交或顶交通常选择适应性较好

同时又有一定遗传差异的材料作为亲本。回交的目的是将一些供体亲本中的少数优良性状基因转移到轮回亲本中。轮回亲本的综合性状较好，但缺少供体亲本中的少数优良基因。在 CIMMYT，简单回交方法（即对适应性较好的亲本进行一次回交或最多两次回交）最初的目的是聚合多个效应可以累加的抗条锈病基因。然而，育种家很快发现简单回交的方法也有利于选择出具有更高产量潜力的基因型。简单回交使后代平均表现变高的原因是在保留轮回亲本中大部分有利主效基因的同时还可以利用供体亲本中的某些有利基因，从而在轮回亲本表现优良的性状中，仍然表现出超亲分离的现象（Singh and Trethowan, 2007）。本节利用模拟试验比较不同回交次数的育种效果，读者可参考 Wang 等（2009a）的文献。

§12.2.1 模拟试验的基本信息

为简便起见，在 QU-GENE 中仅定义一种环境类型，即不考虑基因型与环境互作。回交的目的是保持或进一步改良轮回亲本的优良性状，同时又要导入供体亲本特有的一些优良性状基因。因此，模拟试验中定义了两个性状：一个是供体亲本中需要转移到轮回亲本的优良性状，或者称为供体性状（donor trait, DT）；另一个称为适应性，适应性是多个育种目标性状的综合（但不包括供体性状），如适宜的生育期、适宜的株高、高产和适宜的产量构成因素，以及各种优良品质性状等。虽然模拟试验中只定义了一个供体性状，但是育种实际中的供体性状可以由多个基因控制。如果供体性状包括两个或更多个有利性状，则认为有更多的基因控制供体性状即可。

在遗传模型中，定义了 200 个控制适应性的加性基因，10 个控制供体性状的加性基因，这些基因分布在小麦 21 条染色体上。在前 10 条染色体上，每条均匀分布 9 个适应性基因和一个供体性状基因，两个相邻基因的间距是 10cM。其余 11 条染色体上，每条均匀分布 10 个适应性基因，两个相邻基因的间距为 10cM。假定每个适应性基因座位上的两个等位基因是 A 和 a，3 种基因型 AA、Aa 和 aa 的效应值分别是 0.5、0.25 和 0。因此，适应性的最高基因型值是 100，这意味着这个基因型固定了所有的有利等位基因；最低基因型值是 0，表明固定了所有不利等位基因。假定控制供体性状的座位上的两个等位基因是 D 和 d，3 种基因型 DD、Dd 和 dd 的效应值分别是 1、0.5 和 0。因此，最高的供体性状基因型值是 10（包含了所有有利等位基因），最低基因型值是 0（包含了所有的不利等位基因）。两个性状基于单个植株水平的广义遗传力都设置为 0.5。

§12.2.2 CIMMYT 小麦育种的亲本材料构成

CIMMYT 根据宏环境（mega-environment, ME）对育种材料进行分组（Rajaram et al., 1994; Rajaram, 1999; van Ginkel et al., 2002），见表 12.4。春小麦包括 6 个宏环境，半冬性和冬性小麦各包括 3 个宏环境。育种材料的分组依据包括材料的来源地，以及材料具备的特殊性状，如抗病性、非生物胁迫抗性和加工品质等。这些育种亲本材料包括：① 育种目标国家或地区培育的主要品系 [称为优良广适应性纯系（elite adapted line, EAL）]；② CIMMYT 选育的优良材料和进入国际多点鉴定试验的其他种质资源 [称为广适应性纯系（adapted line, AL）]；③ 某一个或一组性状表现非常好的改良系，来源包括种间杂交（Mujeeb-Kazi and Hettel, 1995）和全球小麦计划中的其他种质 [称为中等适应性纯系（intermediate adapted line, IAL）]。

表 12.4 CIMMYT 小麦育种中不同类型亲本材料来源、所占比例，以及不同类型材料中有利等位基因的频率

材料类型	来源	材料所占比例/%	有利等位基因的比例/%
优良广适应性纯系 (EAL)	CIMMYT 或与合作者一起培育的目标宏环境下的主要品系	10	80～85
广适应性纯系 (AL)	进入 CIMMYT 国际产量试验的优质改良系	60	75～80
中等适应性纯系 (IAL)	进入 CIMMYT 产量试验的改良系	10	65～75
低适应性纯系 (UAL)	地方品种	2	20～40
第二代人工合成小麦改良系 (SYN II)	第一代人工合成小麦与适应性品系杂交产生的衍生系	10	40～60
第一代人工合成小麦改良系 (SYN I)	原始人工合成小麦与适应性品系杂交产生的衍生系	5	20～40
原始人工合成小麦 (SYN0)	硬粒小麦（*Triticum durum*）和粗山羊草（*Aegilops tauschii*）种间杂交的人工合成小麦	3	0～30

CIMMYT 小麦育种计划中包括大部分合作国家的材料，其具有广泛的遗传多样性。一旦育种计划中确定了亲本材料，就对亲本材料按照育种目标的宏环境进行分类，同时考虑抗病性、农艺性状和适应性等因素，组配杂交组合。材料的适应性是由有利等位基因的频率决定的。在 QU-GENE 和 QuLine 中，利用基因频率定义不同的亲本类型。CIMMYT 每年利用表 12.4 中的亲本组配数千或上万个组合；一年种植两季，每年大约 15% 的亲本被表现更加优良的品系替换掉。与其他育种项目一样，CIMMYT 的短期育种目标是在一个育种周期内聚合多个有利等位基因。为了实现这个目标，每个种植季节大约有 65% 的杂交组合，它们是在广适应性纯系（AL）和优良广适应性纯系（EAL）间组配的（表 12.5），其他杂交组合是为了实现中长期育种目标。

表 12.5 CIMMYT 小麦育种中不同类型亲本材料组配的杂交种

杂交组合类型（亲本类型的含义见表 12.4）	杂交组合所占比例/%
(EAL+AL) × (EAL+AL)	65
(EAL+AL) × IAL	10
(EAL+AL) × UAL	5
(EAL+AL) × SYN II	10
(EAL+AL) × SYN I	7
(EAL+AL) × SYN0	3

§12.2.3 简单回交与选择混合育种策略的结合

为了转育多个抗病基因到一个易感病但适应性强的亲本材料中，CIMMYT 育种家采用了简单回交与选择混合相结合的育种策略（Singh and Trethowan, 2007）（表 12.6）。具体来说，将待改良的广适应亲本与 8～10 个抗病性供体材料杂交。每个杂交组合与广适应亲本回交一次，在 F_1 植株上收获 20 个左右的回交穗子，获得 400~500 个 BC_1F_1 种子（表 12.6 中每个 BC_1F_1 群体的种子数是 400）。从 BC_1F_1 代以后，在锈病高发的环境条件下，对抗病性和其他农艺性状进行选择。抗性基因大多是部分显性的，携带大部分抗病基因的

BC_1F_1 植株表现出中度抗性，易于在田间目测选择。在 BC_1F_2 代，每个家系大约种植 1200 个植株。$BC_1F_3 \sim BC_1F_5$ 代，每个家系大约种植 400 个植株（表 12.6）。育种早期世代（如 BC_1F_1、BC_1F_2 和 BC_1F_3）选择农艺性状表现良好、低发病率到中发病率的材料，高代（如 BC_1F_4 和 BC_1F_5）选择低发病率的材料。$BC_1F_1 \sim BC_1F_4$ 代使用混合选择方法；BC_1F_5 代使用系谱选择方法（表 12.6）。以上描述的育种过程可以定义在 QuLine 的 QMP 输入文件中（详见 §11.3），从而实现对简单回交选择混合育种策略的模拟。对抗病性的选择相当于对供体性状进行选择；对其他农艺性状的选择相当于对适应性的选择。

表 12.6 CIMMYT 小麦育种中的简单回交育种策略

世代	种子繁殖方式	种植的杂交种或家系数	每个家系内的单株数	选择前杂交组合或家系数	选择后家系内剩余单株数
F_1	广适应性亲本材料和供体亲本的人工授粉杂交	100	20	100	20
BC_1F_1	与广适应性亲本材料的人工授粉回交	100	400	100	50
BC_1F_2	自交	100	1200	100	30
BC_1F_3	自交	100	400	100	10
BC_1F_4	自交	100	400	100	10
BC_1F_5	自交	100	400	100	10
BC_1F_6	自交	1000	200	10	200
终选的改良系		10			

§12.2.4 模拟试验设计

假定广适应性纯系材料中，适应性有利等位基因的频率是 0.8（表 12.4），群体大小为 40。供体性状有利等位基因的频率设置了 5 个水平，代表待转育基因数。在供体亲本中，供体性状有利等位基因的频率是 1。适应性有利等位基因的频率设置了 8 个水平，代表供体亲本适应性的高低。供体亲本的群体大小为 10。表型相似的一组亲本材料视为一个群体，由基因频率来定义它们的适应性和供体性状。不同类型的适应性亲本材料群体命名为 A0、A2、A4、A6 和 A8，供体性状有利等位基因在这些群体中的频率分别是 0、0.2、0.4、0.6 和 0.8。不同供体亲本群体命名为 D0、D1、D2、D3、D4、D5、D6 和 D7，适应性有利等位基因在这些群体中的频率分别是 0（如 SYN0，表 12.4）、0.1（如 SYN0，表 12.4）、0.2（如 SYN Ⅰ，表 12.4）、0.3（如 UAL，表 12.4）、0.4（如 UAL，表 12.4）、0.5（如 SYN Ⅱ，表 12.4）、0.6（如 IAL，表 12.4）和 0.7（如 IAL，表 12.4）。在 QuLine 中，待改良亲本（A0、A2、A4、A6、A8）和供体亲本（D0、D1、D2、D3、D4、D5、D6、D7）间进行杂交，共有 40 种情形。每种情形下，40 个待改良亲本与 10 个供体亲本杂交随机产生 100 个杂交组合。

表 12.6 描述的简单回交混合选择策略命名为 B1。用于比较的其他 3 种回交策略分别命名为 B0（没有回交）、B2（回交两次）和 B3（回交 3 次）。这 4 种策略的世代名称和种子收获方式（世代递进方式）列于表 12.7。为了更好地反映回交次数的育种效果，4 种回交策略使用同样的分离群体大小和选择强度。

除了 4 种回交策略，还考虑了 6 种 CIMMYT 小麦育种中使用的选择方案（表 12.8）。例如，育种家有时先选择农艺性状，其次选择抗病性，这种方案表示为 AD。当育种家先选择抗病性,其次选择农艺性状时,这种方案为 DA。另外,育种家先选择一些农艺性状,再选择抗病性,最后选择另一些农艺性状,这种方案为 ADA。DAD 表示在开花期选择抗病性和适应性,在成熟期再次选择抗病性。育种方案 ADAD 和 DADA 中,适应性和供体性状在一个世代中都被选择了两次。这些选择方法都能在 QuLine 中进行定义,从而实现对不同选择方法的模拟(Wang et al., 2003, 2004; 第 11 章 §11.3)。

表 12.7 模拟试验中 4 种回交策略的世代名称和种子收获方式(也称为世代递进方式)

回交策略				世代递进方式
B0	B1	B2	B3	
F_1	F_1	F_1	F_1	bulk
F_2	BC_1F_1	BC_1F_1	BC_1F_1	bulk
F_3	BC_1F_2	BC_2F_1	BC_2F_1	bulk
F_4	BC_1F_3	BC_2F_2	BC_3F_1	bulk
F_5	BC_1F_4	BC_2F_3	BC_3F_2	bulk
F_6	BC_1F_5	BC_2F_4	BC_3F_3	pedigree
F_7	BC_1F_6	BC_2F_5	BC_3F_4	bulk

表 12.8 6 种选择方案对应的每个世代中单个性状的选择比例

世代	选择方案					
	AD	DA	ADA	DAD	ADAD	DADA
F_1	不进行选择					
BC_1F_1, BC_2F_1, BC_3F_1	0.354	0.354	0.500	0.500	0.595	0.595
F_2, BC_1F_2, BC_2F_2, BC_3F_2	0.158	0.158	0.292	0.292	0.398	0.398
$F_3 \sim F_6$, $BC_1F_3 \sim BC_1F_5$, BC_2F_3, BC_2F_4, BC_3F_3	0.158	0.158	0.292	0.292	0.398	0.398
F_7, BC_1F_6, BC_2F_5, BC_3F_4	0.100	0.100	0.215	0.215	0.316	0.316

研究共模拟了 960 种情景:5 组广适应性亲本材料(A0、A2、A4、A6 和 A8)分别代表不同的供体性状基因个数;8 组供体亲本材料(D0、D1、D2、D3、D4、D5、D6 和 D7)分别代表不同适应性基因个数;4 种回交策略(B0、B1、B2 和 B3)分别代表不同回交次数;6 种选择方案(AD、DA、ADA、DAD、ADAD 和 DADA)分别代表性状的选择次序和选择次数。每种场景模拟 100 次,最终选择适应性最强和供体性状表现最好的 10 个改良系用于育种策略的比较。

§12.2.5 模拟结果分析

在一个特定的基因与环境系统下,遗传进度依赖于育种过程中的选择强度。在 AD 和 DA 两种选择方案中,对两种性状有同样的选择强度(表 12.8),因此得到了相似的遗传进度(表 12.9)。但是,先选择性状的遗传进度比后选择性状的遗传进度要稍高一些,说明育种工作中应该首先选择较重要的性状。在 ADAD 和 DADA 两种选择方案中,同一世代在小麦发育的不同阶段对每个性状共选择两次,如抗锈病性状在籽粒灌浆期和成熟期都得到选择,选择强度与 AD 和 DA 一致。因此,ADAD 和 DADA 中适应性和供体性状的遗传进度与 AD 和 DA 的遗传进度相似(表 12.9)。在 ADA 中,适应性被选择两次,供体性状被选择一次,对适应性的选择强度比对供体性状的选择强度大。DAD 与此相反,对供体性状的选择强度比对适应性的强度大。因此，ADA 中适应性的遗传进度快，而 DAD 中供体性状有更快的遗传进度（表 12.9）。虽然 A0 组中 40 个轮回亲本没有任何供体性状的有利基因，但是其遗传进度与其他含有供体性状有利基因的亲本组（即 A2、A4、A6 和 A8）结果类似。性状的选择顺序导致遗传进度的差距并不大。因此，有时也可首先选择表型测量容易且花费少的性状，以降低总的育种成本。

表 12.9　轮回亲本不含有任何供体性状的有利基因情况下终选个体适应性和供体性状的平均基因型值

选择方案	回交策略	适应性								供体性状							
		D0	D1	D2	D3	D4	D5	D6	D7	D0	D1	D2	D3	D4	D5	D6	D7
AD	B0	59.1	62.6	66.0	69.1	72.5	75.7	79.5	83.1	8.7	8.8	8.9	8.9	9.1	9.2	9.3	9.4
	B1	75.2	76.4	77.7	78.8	80.3	81.6	83.2	85.0	6.1	6.2	6.3	6.5	6.7	6.9	7.1	7.3
	B2	80.8	81.3	81.7	82.3	82.9	83.5	84.5	85.3	4.3	4.4	4.6	4.7	4.9	5.0	5.3	5.5
	B3	82.9	83.0	83.3	83.6	84.0	84.3	84.7	85.2	2.8	2.9	3.1	3.2	3.3	3.4	3.7	3.8
DA	B0	56.8	60.4	64.0	67.6	71.4	74.6	78.8	82.5	9.3	9.2	9.2	9.3	9.4	9.4	9.5	9.6
	B1	73.3	74.6	76.3	77.6	79.3	80.6	82.5	84.1	6.8	6.8	6.9	7.0	7.1	7.2	7.4	7.7
	B2	79.5	80.2	80.9	81.5	82.4	83.1	84.0	84.6	4.7	4.8	4.9	5.0	5.2	5.3	5.5	5.7
	B3	82.3	82.7	82.9	83.2	83.7	84.0	84.5	84.5	3.1	3.2	3.3	3.4	3.5	3.7	3.7	4.0
ADA	B0	62.5	65.6	68.6	71.9	75.4	78.0	81.7	85.0	7.8	7.8	7.9	8.0	8.2	8.3	8.5	8.7
	B1	78.0	79.1	80.2	81.1	82.5	83.5	85.1	86.8	4.9	5.0	5.2	5.3	5.5	5.7	6.0	6.2
	B2	83.1	83.4	83.9	84.3	84.8	85.4	86.0	86.8	3.2	3.2	3.4	3.6	3.7	3.9	4.1	4.3
	B3	84.7	84.8	84.9	85.2	85.4	85.8	86.0	86.5	1.9	2.0	2.1	2.3	2.4	2.6	2.7	2.8
DAD	B0	52.9	56.8	60.9	64.6	68.9	72.3	76.9	80.8	9.0	9.9	9.9	9.9	9.9	9.9	9.9	10.0
	B1	70.2	71.8	73.3	75.4	77.0	78.8	80.9	82.6	7.9	8.0	8.1	8.2	8.3	8.3	8.5	8.7
	B2	77.4	78.0	78.8	79.5	80.5	81.3	82.5	83.4	5.9	6.1	6.2	6.2	6.3	6.4	6.6	6.7
	B3	80.3	80.7	81.1	81.6	81.9	82.5	83.1	83.5	4.3	4.4	4.5	4.5	4.6	4.7	4.8	4.9
ADAD	B0	58.8	62.4	65.7	69.0	73.0	75.8	79.8	83.3	9.1	9.2	9.2	9.3	9.3	9.4	9.6	9.6
	B1	75.1	76.5	77.5	79.0	80.4	81.8	83.7	85.4	6.5	6.5	6.7	6.8	7.0	7.2	7.5	7.5
	B2	81.0	81.6	81.8	82.7	83.1	83.8	84.8	85.6	4.5	4.6	4.7	4.9	5.1	5.2	5.5	5.6
	B3	83.0	83.3	83.5	83.8	84.2	84.4	84.9	85.3	3.1	3.2	3.3	3.5	3.6	3.8	3.9	4.0
DADA	B0	57.6	61.2	64.7	68.4	72.3	75.3	79.6	83.1	9.3	9.4	9.4	9.5	9.5	9.6	9.7	9.7
	B1	74.1	75.5	76.8	78.4	79.8	81.4	83.3	84.8	6.9	6.9	7.0	7.1	7.3	7.3	7.6	7.7
	B2	80.4	81.1	81.3	82.2	82.8	83.5	84.6	85.4	4.8	4.9	5.0	5.1	5.3	5.5	5.6	5.8
	B3	82.7	83.0	83.2	83.6	83.9	84.4	84.9	85.2	3.3	3.4	3.5	3.5	3.7	3.7	4.0	4.1

图 12.2 给出选择策略 AD 对应的所有场景下，适应性和供体性状的遗传进度，其他选择策略见表 12.9。当供体亲本的适应性较差时，回交比自交能够更有效地提高后代的适应性（图 12.2A）。例如，当供体亲本的适应性只有 20 时，即供体亲本群体 D2，无回交策略 B0 保留下来的 10 个自交系适应性的平均值为 66.0（表 12.9）；回交一次策略 B1 能将适应性提高到 77.7；回交两次策略 B2 能将适应性提高到 81.7；回交 3 次策略 B3 能将适应性提高到 83.3。B2 和 B3 策略的平均适应性已超过待改良亲本群体。除了适应性较高的供体亲本 D7 外，回交一次与没有回交相比存在明显的优势（图 12.2）。当供体亲本的适应性较差时，如供体亲本群体 D0、D1 或 D2，回交两次也存在明显的优势。但是回交 3 次与回交两次的结果差距不大，特别是在考虑回交中人工授粉成本高的条件下。

在终选材料中，供体性状的表现受回交次数的影响很大。回交次数越多，供体性状的平均表现就越低（图 12.2）。由于表型测量中存在误差，供体性状值最高的植株，其基因型值并不一定最高。因此，回交过程中可能丢失了某些供体性状基因。轮回亲本群体 A0 需要引入 10 个供体基因。但是，在选择方法 AD 下，终选材料中含有 87%~94% 的供体基因（表 12.9，图 12.2B）。另外，终选材料中，保留供体基因的个数与选择强度也有关系。对供体性状采用较小的选择强度时（如 ADA），78%~87% 的供体基因被保留。供体性状的选择强度较大时（如 DAD），99%~100% 的基因都能够保留下来。如果轮回亲本需要导入 10 个基因，回交一次会丢失大约两个基因（表 12.9，图 12.2B）。除非待导入基因的数目很少，在很多情况下，回交导致有利供体基因的丢失。

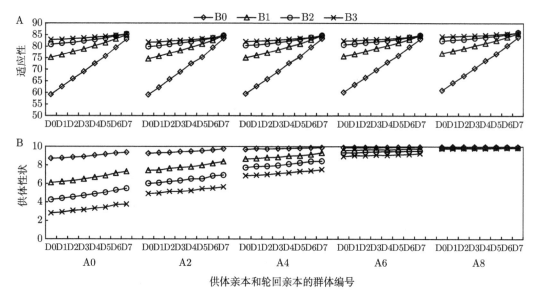

图 12.2 一个育种周期结束后 10 个终选品系适应性（A）和供体性状（B）在 100 次模拟中的平均数

回交育种的目标是导入供体亲本中某些优良性状基因到轮回亲本中，同时保持轮回亲本的适应性等优良性状（Allard, 1999）。鉴于此，比较不同的回交策略和选择方案时，适应性和供体性状需要综合考虑，缺一不可。回交能够增加终选品系的适应性，同时丢失待导入有利基因的概率也会增加（图 12.2）。如果需要导入 6 个以上供体有利基因（如亲本群体 A0 和 A2），简单回交策略是一个很好的选择。它能够导入超过 60% 的供体基因，同时保持适应性与轮回亲本基本一致。在导入供体基因数目是 10 的情况下，多一次回交会导致大约两个供体有利基因的丢失。当需要导入 8 个有利基因时，多一次回交导致至少一个有利基因的丢失（图 12.2）。当轮回亲本本身含有部分供体性状有利基因时，需要导入的基因数目变少，这时回交两次的育种策略最有效。它可以提高终选材料的适应性，但同时不会丢失太多供体有利基因。回交 3 次（B3）并没有显著提高适应性，另外考虑到回交过程中的人工去雄和授粉等工作，3 次或 3 次以上的回交在常规育种中没有明显的优势。

对于简单回交来说，所有情景中供体性状的遗传进度都是正值（表 12.10）。说明简单回交结合混合选择，可以有效地把供体亲本中的有利基因转移到轮回亲本中。采用选择方案 AD 时，供体亲本 D4~D7 的适应性出现超亲分离现象。采用选择方案 ADA 时，供体亲本 D3~D7 的适应性出现超亲分离现象。采用选择方案 DAD 时，供体亲本 D6 和 D7 的适应性出现超亲分离现象。以上结果很好地解释了 CIMMYT 小麦育种家的经验结果,即简单回交混合选择策略能够选择高产潜力超轮回亲本 5%~15%的家系,但同时抗锈病性状也得到显著的改良(Singh and Trethowan, 2007)。

表 12.10　简单回交育种策略终选家系适应性和供体性状的遗传进度

选择策略	轮回亲本群体	性状	供体亲本群体							
			D0	D1	D2	D3	D4	D5	D6	D7
AD	A0	适应性	−4.79	−3.63	−2.33	−1.18	0.27	1.57	3.22	4.97
		供体性状	6.11	6.22	6.33	6.50	6.69	6.86	7.13	7.31
	A2	适应性	−5.43	−4.28	−3.00	−1.87	−0.41	1.01	2.60	4.71
		供体性状	5.44	5.47	5.64	5.74	5.83	5.99	6.19	6.38
	A4	适应性	−4.97	−3.86	−2.80	−1.53	−0.10	1.13	2.86	4.71
		供体性状	4.67	4.72	4.82	4.86	5.00	5.02	5.16	5.33
	A6	适应性	−4.32	−3.35	−2.21	−0.85	0.32	1.55	3.04	4.76
		供体性状	3.59	3.61	3.66	3.70	3.67	3.72	3.76	3.79
	A8	适应性	−2.98	−1.99	−0.90	0.35	1.39	2.62	4.08	5.64
		供体性状	1.94	1.93	1.94	1.96	1.95	1.96	1.97	1.96
ADA	A0	适应性	−1.97	−0.89	0.21	1.11	2.53	3.49	5.08	6.76
		供体性状	4.91	5.04	5.19	5.34	5.51	5.71	6.02	6.22
	A2	适应性	−2.65	−1.74	−0.58	0.34	1.57	2.98	4.35	6.46
		供体性状	4.37	4.43	4.55	4.67	4.79	4.96	5.23	5.44
	A4	适应性	−2.32	−1.41	−0.34	0.79	1.99	3.08	4.76	6.43
		供体性状	3.85	3.92	3.97	4.13	4.17	4.33	4.47	4.67
	A6	适应性	−1.93	−0.98	−0.16	0.93	2.01	3.12	4.71	6.36
		供体性状	3.10	3.24	3.21	3.20	3.27	3.36	3.41	3.44
	A8	适应性	−0.03	0.85	1.88	2.67	3.62	4.62	5.99	7.48
		供体性状	1.86	1.86	1.86	1.86	1.88	1.88	1.90	1.90
DAD	A0	适应性	−9.82	−8.23	−6.69	−4.60	−3.04	−1.24	0.85	2.63
		供体性状	7.91	8.02	8.11	8.17	8.28	8.33	8.48	8.70
	A2	适应性	−9.93	−8.42	−6.82	−5.24	−3.35	−1.65	0.32	2.70
		供体性状	7.13	7.15	7.14	7.24	7.31	7.32	7.39	7.46
	A4	适应性	−9.13	−7.62	−5.97	−4.41	−2.74	−1.23	0.88	2.96
		供体性状	5.78	5.77	5.81	5.81	5.84	5.88	5.89	5.91
	A6	适应性	−7.80	−6.58	−5.16	−3.80	−2.16	−0.65	1.26	3.11
		供体性状	3.97	3.96	3.98	3.98	3.97	3.97	3.98	3.99
	A8	适应性	−6.60	−5.29	−4.04	−2.66	−1.17	0.27	2.05	3.83
		供体性状	2.00	2.00	2.00	1.99	2.00	2.00	2.00	2.00

注: 有下划线的数据代表基因型值最高的 10 个终选家系平均适应性高于原始 40 个轮回亲本的适应性

采用 AD 选择方案和简单回交混合选择策略,轮回亲本群体 A0、A2、A4、A6 和 A8 产生的后代育种群体中平均分别含有 66%、73%、82%、92%和 97%的供体性状有利基因。而 ADA 选择方案中,供体性状有利基因的平均频率分别为 55%、60%、70%、82%和 94%。DAD 选择方案中,供体有利基因的平均频率分别为 83%、91%、97%、99%和 100%。因此,供体亲本不仅能够提供供体性状基因,也能提供有利于进一步改良适应性的基因。表 12.5 中,亲本群体 AL、IAL 和 SYN II 都可能含有轮回亲本中没有的有利于适应性的基因,简单回交混合选择策略的终选家系中保留了这些基因,从而能够使得这些家系的适应性出现超亲分离现象。

§12.2.6 回交育种及简单回交育种策略的广泛应用

简单回交育种策略基于以下 3 个假设：① 从供体亲本转移到待改良亲本的有利基因有多个；② 即使在较低的适应性下，供体亲本仍然存在一些有助于受体亲本改良的有利基因；③ 应用传统的表型选择，无法准确鉴定个体的基因型。在 CIMMYT，简单回交方法最初的目的是聚合多个效应可以累加的抗条锈病基因，随后育种家发现这一方法也有利于选择有较高产量潜力的基因型。后代群体平均表现提高的原因是：简单回交可以保留轮回亲本中大部分的有利主效基因，同时还可以结合并选择供体亲本中额外的有利微效基因。模拟结果表明，简单回交育种策略在保持或超越轮回亲本的适应性上有优势，同时可以在广泛的场景中转移大部分目标供体基因（Wang et al., 2009a）。当供体亲本的适应性远低于待改良亲本时，回交两次具有一定优势，而回交 3 次的优势并不大于回交两次。

回交育种是转育基因的有效方法。随着育种工作的开展，供体亲本的适应性也在不断地提高。除轮回亲本中表现欠佳性状的有利基因外，供体亲本可能也携带有利的产量和适应性基因。这时，回交次数越多，供体亲本中的有利基因丢失的可能性就越大。假定育种目标在于导入轮回亲本中的优良供体性状，同时改良或至少不降低轮回亲本的适应性。模拟试验表明：当控制优良供体性状的基因多于 3 个、供体亲本的适应性很低时，采用两次回交；当控制优良供体性状的基因多于 3 个、供体亲本有一定的适应性时，采用一次回交。当控制优良供体性状的基因等于或少于 3 个，采用两次回交。在大多情况下，3 次回交和两次回交在改良适应性上无明显差别。但是，回交次数越多，丢失优良供体性状基因的可能性就越大。因此，如果没有分子标记可以用来追踪供体亲本中多个待导入的基因，就没有必要回交两次以上。这样的回交育种，不仅能够改良轮回亲本中的少数不良性状，而且能通过超亲分离进一步改良轮回亲本中的优良性状，培育适应性和产量比轮回亲本更好的品种。

在 CIMMYT 的小麦育种工作中，简单回交育种策略已被证明是十分有效的，已成功应用于将持久抗锈病基因导入广适应性的受体材料中。这个育种策略不仅可以转移主效抗性基因，而且能转移效应较小的微效基因，这些基因也能提高产量或提高轮回亲本的籽粒品质。过去 20 年里，CIMMYT 已经选择到具有持久抗性的小麦品种，其中一些的适应性和产量水平甚至超过以前的品种。育种性状大多是数量性状，一个遗传群体中能检测到的 QTL 一般也只有少数几个。微效 QTL 通常达不到设定的显著性水平，报道不多。因此，控制大多数育种性状的实际基因数要远大于 QTL 定位检测到的个数。在可预期的未来，我们仍不可能完全定位到重要育种性状的所有基因，也不可能完全利用与基因紧密连锁的分子标记开展选择工作。因此对大多数性状来说，育种家仍然要依赖表型选择。另外，经过过去 100 年的现代杂交育种，大多数供体亲本也得到明显的改良。因此，简单回交混合选择会越来越广泛地应用于植物育种。

§12.3 加倍单倍体与小麦常规育种的模拟比较

加倍单倍体（doubled haploid, DH）技术已被广泛应用于多种作物的遗传研究和育种中，如大麦、油菜、玉米和小麦等（Liu et al., 2002; Melchinger et al., 2005; Li et al., 2013）。对于

开放授粉的物种，DH 提供快速形成自交系的方法（Murovec and Bohanec, 2011）。DH 技术在玉米杂交种选育中已发挥重要作用（Longin et al., 2007; Bernardo, 2009）。但是，纯系品种选育和杂交种选育有着不同的育种目标。纯系育种的目标是选育优异的纯合基因型。杂交种选育一般分两个阶段，第一阶段是选择优异的自交系；第二阶段是在大量的自交系间配制杂交组合，从中选育出表现优异的 F_1 杂种。因此，纯系育种中注重的是对基因型自身表现的选择，而杂交种育种中注重的是对一个基因型与其他测验种杂交之后的测交表现。CIMMYT 采用穿梭育种，小麦育种材料每年可以种植两个季节，选择也可以在这两个季节中进行。本节给出利用模拟方法比较 DH 育种与 CIMMYT 目前采用的常规选择混合育种方法的一些结果。

§12.3.1 基因和环境系统

为简单起见，仅定义一个环境类型和两个性状（Li et al., 2013）。一个性状是所谓的适应性（性状编号为 1），另一个是产量（性状编号为 2）。与 §12.2 类似，适应性是育种目标性状的一个综合指标，如成熟期、株高、产量构成因素和品质等，这些性状在产量试验之前可以进行早代选择。假定有 210 个加性基因，这些基因的效应是随机的，服从均匀分布 $U(0,1)$。每条小麦染色体上均匀分布 10 个基因，相邻两个基因的距离设为 10cM。根据控制适应性、控制产量和一因多效基因的个数，共定义了 8 个遗传模型（表 12.11）。在育种中，产量经常是最重要的目标性状，但是单株遗传力很低，难以在早期分离世代进行选择。育种家在早期世代一般仅对一些遗传力较高的农艺性状、品质性状和抗病性进行选择，期望利用这些性状与产量性状间的相关，最终提高产量性状的遗传进度。性状间的相关源自一因多效或紧密连锁，这两种因素经常难以区分，这里我们利用一因多效建立适应性和产量间的相关关系。

表 12.11 遗传模型中不同类型基因的数目

基因类型	遗传模型编号							
	1	2	3	4	5	6	7	8
控制适应性	100	50	0	30	0	150	60	0
控制产量	60	60	60	150	150	60	150	0
同时控制适应性和产量	50	100	150	30	60	0	0	210

从目前的遗传研究来看，我们很难知道控制适应性和产量的真实遗传模型。表 12.11 给出的 8 个模型中，可以推测模型 1、2、3、4 和 5 可能更符合真实的遗传模型，模型 6 和 7 可能与真实遗传模型的差距较远。原因在于，育种经验和历史均表明早期世代对农艺性状的选择总会导致产量性状的间接遗传增益。模型 8 代表的是另一个极端，它表示每一个适合性的基因都对产量具有一因多效。单株水平下，适应性的广义遗传力设定为 0.5，产量的广义遗传力设定为 0.2。在 9 组亲本群体中，等位基因的频率分别为 0.1、0.2、0.3、0.4、0.5、0.6、0.7、0.8 和 0.9，每组亲本包含 200 个纯系亲本。

§12.3.2 两种 DH 育种和常规选择混合育种方法

用 F_1-DH 表示利用杂种 F_1 产生的花粉单倍体进行加倍，以产生纯合的二倍体。这种方法在 QuLine 中的定义见图 12.3。可以看出，一个育种周期中包含了 4 个世代。首先，通过人工授粉使每个杂交组合产生 10 粒 F_1 种子，对每个杂交组合获得的 10 粒种子混合收获，每个组合在下一个世代形成一个 F_1 群体。在 F_1DH 世代,从每个 F_1 中产生 100 个 DH 家系,每个 DH 家系的基因型都是特异的。共有 30 个 F_1 群体,因此,在下一个世代共产生 3000 个 DH 家系。然后,通过每个 F_1DH 单株的自交来增加适应性和产量试验所需的种子量,并根据适应性性状(性状编码为 1)进行家系间选择(图 12.3)。选择模式 T 和选择比例 0.1 表示在 3000 个 DH 家系中,选择农艺性状最高的 300 个。每个被选择的家系混合收获。最后,对中选的 300 个家系进行产量试验,即对产量性状(性状编码为 2)进行家系间选择,最终选择具有最高产量的 30 个家系,并用来计算遗传进度、比较不同方法的育种成效。

```
!StrategyNumber    StrategyName           NumGenerations
 1                 F1DH                   4
!NR SS  GT         PT          GA         RP  PS      NL  ET...            Row 1
!                                                     AT  (ID SP SM)...    Row 2
!                                                     WT  (ID SP SM)...    Row 3
 1  0   CB         clone       bulk       1   1       1   1
                                                      0
                                                      0
 1  0   F1         singlecross bulk       1   10      1   1
                                                      0
                                                      0
 1  0   F1DH       DH          pedigree   1   100     1   1
                                                      0
                                                      0
 1  0   Increase   self        bulk       1   10      1   1
                                                      1   1 T 0.10
 1  0   YieldTest  self        bulk       1   100     1   1
                                                      1   2 T 0.10
                                                      0
```

图 12.3 在 QuLine 中定义的 F_1-DH 育种策略

符号"!"后面的内容为注释,QuLine 在读取文件时会忽略这些注释信息。NR,选择次数(number of selection rounds); SS,种子来源(seed source indicator); GT,世代名称(generation title); PT,种子繁殖类型(seed propagation type); GA,世代递进方式(generation advance method); RP,每个家系重复数(number of replications for each family); PS,每个家系每个重复的群体大小(population size in each replication for each family); NL,测试地点数(number of test locations); ET,所有测试地点的环境类型(environment types for all locations); AT,家系间选择性状的数量(number of among-family selection traits); ID,性状编号(trait identification number); SP,选择比例(selected proportion); SM,选择模式(selection mode); WT,家系内选择性状个数(number of within-family selection traits); T,高值截尾选择(top-value selection)

用 F_3-DH 表示利用 F_3 群体的花粉单倍体进行加倍,以产生纯合的二倍体。这种方法在 QuLine 中的定义见图 12.4,可以看出一个育种周期中包含 6 个世代。首先,通过人工授粉使每个杂交组合产生 10 粒 F_1 种子,对每个杂交组合获得的 10 粒种子混合收获,每个组合在下一个世代形成一个 F_1 群体。每个 F_1 群体混合收获 1000 粒自交种子,下一代种植成一个大小为 1000 的 F_2 群体,选择农艺性状好的 30 个 F_2 单株,并混合收获 30 个中选单株上的自交种子。下一代种植成大小为 50 的 F_3 群体,对 F_3 单株的花粉单倍体进行加倍产生 100 个 DH 系,共产生 3000 个 DH 家系。然后与 F_1-DH 类似,通过每个 F_1DH 单株的自交来增加适应性和产量试验所需的种子量,并根据适应性性状(性状编码为 1)进行家系间选择(图 12.4)。选择模式 T 和选择比例 0.1 表示在 3000 个 DH 系中,选择农艺性状最高的 300 个 DH 家系，每个被选择的家系混合收获。最后，对中选的 300 个家系进行产量试验，即对产量性状（性状编码为 2）进行家系间选择，最终选择具有最高产量的 30 个家系，并用来计算遗传进度、比较不同方法的育种成效。

```
!StrategyNumber    StrategyName        NumGenerations
 2                 F3DH                6
!NR SS  GT         PT           GA         RP PS    NL  ET...              Row 1
!                                                   AT  (ID SP SM)...      Row 2
!                                                   WT  (ID SP SM)...      Row 3
 1  0   CB         clone        bulk       1  1     1
                                                    0
                                                    0
 1  0   F1         singlecross  bulk       1  10    1   1
                                                    0
                                                    0
 1  0   F2         self         bulk       1  1000  1   1
                                                    0
                                                    1   1 T 0.03
 1  0   F3         self         bulk       1  50    1   1
                                                    0
                                                    0
 1  0   F3DH       DH           pedigree   1  100   1   1
                                                    0
                                                    0
 1  0   Increase   self         bulk       1  10    1   1
                                                    1   1 T 0.10
                                                    0
 1  0   YieldTest  self         bulk       1  100   1   1
                                                    0
                                                    2 T 0.10
```

图 12.4　在 QuLine 中定义的 F_3-DH 育种策略

符号"!"后面的内容为注释，QuLine 在读取文件时会忽略这些注释信息（详见图 12.3 图例说明）

选择混合育种方法的每个育种周期包含 8 个世代（图 12.5）。前 3 个世代的形成与 F_3-DH 类似（图 12.4，图 12.5）。在 F_3 世代，每个组合种植 500 个 F_3 单株，从中选择具有最高农艺性状的 50 个单株，并自交形成下一个世代。通过连续自交，30 个中选的 F_2 单株形成 200 个 F_6 单株，每个 F_6 家系选择具有最高农艺表现的 50 个单株，单株收获，下一个世代形成 1500 个家系。每个家系种植 10 个 F_7 单株，具有最高农艺性状的 300 个家系被选择并进入下一个世代的产量试验。与 F_1-DH 和 F_3-DH 一样，选择混合的每个 F_8 家系种植 100 株进行产量试验，最终选择具有最高产量的 30 个家系，用来计算遗传进度、比较不同方法的育种成效。

§12.3.3　3 种育种方法的时间和成本分析

根据 CIMMYT 的实验室条件和田间经验，从花粉单倍体到 DH 系的形成大约需要 1 年时间。每个 DH 系形成初期只有一个植株，需要通过自交繁殖产生足够的种子后才能进行田间的性状鉴定。CIMMYT 的穿梭育种可保证每年种植两个季节（§12.1.1）。因此，F_1-DH 的一个育种周期需要 3 年时间，F_3-DH 的一个育种周期需要 4 年，选择混合的一个周期也需要 4 年（表 12.12）。以往的经验表明，种植每个小麦单株的花费大约为 0.2 美元，一个人工授粉单交组合花费为 10 美元，产生一个 DH 系的花费为 5 美元。因此，在图 12.3～图 12.5 的育种规模下，F_1-DH 的一个育种周期大约花费 27 960 美元，F_3-DH 要花费 34 260 美元才能完成一个育种周期，传统的选择混合花费 21 360 美元完成一个育种周期（表 12.12）。每个性状的

```
!StrategyNumber  StrategyName    NumGenerations
 3               SelBlk           8
!NR SS  GT       PT          GA       RP PS  NL ET...        Row 1
!                                            AT (ID SP SM)... Row 2
!                                            WT (ID SP SM)... Row 3
 1  0   CB       clone       bulk     1  1   1  1
                                              0
                                              0
 1  0   F1       singlecross bulk     1  10  1  1
                                              0
                                              0
 1  0   F2       self        bulk     1  1000 1 1
                                              0
                                              1  1 T 0.03
 1  0   F3       self        bulk     1  500 1  1
                                              0
                                              1  1 T 0.10
 1  0   F4       self        bulk     1  200 1  1
                                              0
                                              0
 1  0   F5       self        bulk     1  200 1  1
                                              0
                                              0
 1  0   F6       self        pedigree 1  200 1  1
                                              0
                                              1  1 T 0.25
 1  0   F7       self        bulk     1  10  1  1
                                              1  1 T 0.20
 1  0   YieldTest self       bulk     1  100 1  1
                                              1  2 T 0.10
                                              0
```

图 12.5 在 QuLine 中定义的常规选择混合育种方法

符号 "!" 后面的内容为注释，QuLine 在读取文件时会忽略这些注释信息（详见图 12.3 图例说明）

表 12.12 3 种育种方法的时间和成本

育种方法	世代	配制杂交组合或种植家系的个数	家系内个体数	总个体数	时间/年	成本/美元
F_1-DH	F_1	30	10	300	0.5	360
	F_1DH	30	100	3 000	1	15 000
	自交繁殖	3 000	1	3 000	0.5	600
	适应性试验	3 000	10	30 000	0.5	6 000
	产量试验	300	100	30 000	0.5	6 000
	终选家系数	30				
	合计	6 360		66 300	3	27 960
F_3 DH	F_1	30	10	300	0.5	360
	F_2	30	1 000	30 000	0.5	6 000
	F_3	30	50	1 500	0.5	300
	F_3DH	30	100	3 000	1	15 000
	自交繁殖	3 000	1	3 000	0.5	600
	适应性试验	3 000	10	30 000	0.5	6 000
	产量试验	300	100	30 000	0.5	6 000
	终选家系数	30				
	合计	6 420		97 800	4	34 260
传统选择混合方法	F_1	30	10	300	0.5	360
	F_2	30	1 000	30 000	0.5	6 000
	F_3	30	500	15 000	0.5	3 000
	F_4	30	200	6 000	0.5	1 200
	F_5	30	200	6 000	0.5	1 200
	F_6	30	200	6 000	0.5	1 200
	适应性试验	1 200	10	12 000	0.5	2 400
	产量试验	300	100	30 000	0.5	6 000
	终选家系数	30				
	合计	1 680		105 300	4	21 360

单个育种周期遗传进度等于一个育种周期前后基因型值的差值。根据表 12.12 给出的一个周期育种策略的时间和花费,就能计算年份遗传进度,以及单位花费的遗传进度。周期遗传进度取 10 000 次模拟的均值。

§12.3.4 DH 和常规育种的遗传进度

就一个育种周期而言,不管起始群体中等位基因的频率如何,选择混合育种在适应性和产量性状上的遗传进度都是最高的(图 12.6)。由于 F_3-DH 策略在 F_2 世代对适应性也有所选择,因此适应性的遗传进度明显高于 F_1-DH(图 12.6A,图 12.6C,图 12.6E)。这与 Longin 等(2007)和 Bernardo(2009)的研究结果基本一致。年份遗传进度和成本遗传进度可以用于估计每个育种策略的时间效率和成本效率。与 F_3-DH 相比较,F_1-DH 节省了一年时间(表 12.12)。因此在有些模型下,F_1-DH 表现出较高的年份遗传进度(图 12.7)。对适应性来说,选择混合育种的年份遗传进度均高于 F_1-DH 和 F_3-DH(图 12.7A,图 12.7C,图 12.7E)。与选择混合育种相比,F_1-DH 节省了一年时间(表 12.12)。因此在有些模型下,F_1-DH 在产量性状上也表现出较高的年份遗传进度(图 12.7B,图 12.7D,图 12.7F)。与 F_1-DH 和 F_3-DH 相比较,选择混合育种在一个育种周期中的花费较低,因此在适应性和产量两个性状上均具有较高的成本遗传进度(图 12.8)。

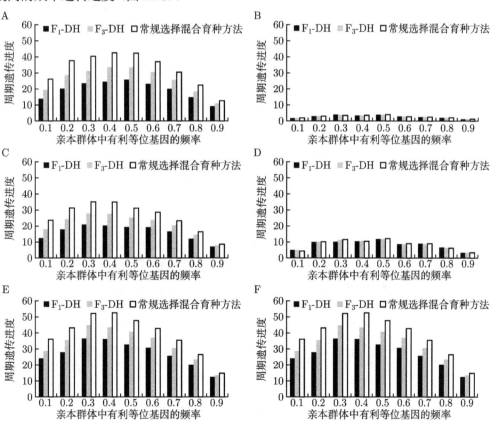

图 12.6　3 种育种方法 F_1-DH、F_3-DH 和选择混合育种方法在 3 种遗传模型下的周期遗传进度
A. 模型 1 下的适应性;B. 模型 1 下的产量;C. 模型 5 下的适应性;D. 模型 5 下的产量;E. 模型 8 下的适应性;
F. 模型 8 下的产量

从图 12.6~图 12.8 的结果可以看出，基因数目影响遗传进度。在模型 1、2、3、6 中，共有 150 个基因（包括多效性基因）控制适应性（表 12.11），这 4 个模型产生了相似的遗传进度。图 12.6~图 12.8 仅给出模型 1 的结果。模型 8 中当控制适应性的基因座位增至 210 个时，获得的遗传进度高于其他模型。与其他 7 个模型相比较，不论什么类型的遗传进度，也不论育种策略和有利等位基因频率，模型 5 的遗传进度总是最低的，这是由于模型 5 中一因多效基因数目最少（表 12.11）。因此，在基因效应和基因频率相同的情况下，较多的基因座位数目在育种群体中可以产生较大的加性遗传方差和选择响应。因此，在一个育种周期结束后就可以产生更高的遗传进度。

从图 12.6~图 12.8 的结果还可以看出，基因频率影响遗传进度。在每个基因的加性效应服从均匀分布的假定下，等位基因频率为 0.5 左右，群体中有最高的遗传方差，从而可以获得最高的遗传进度。

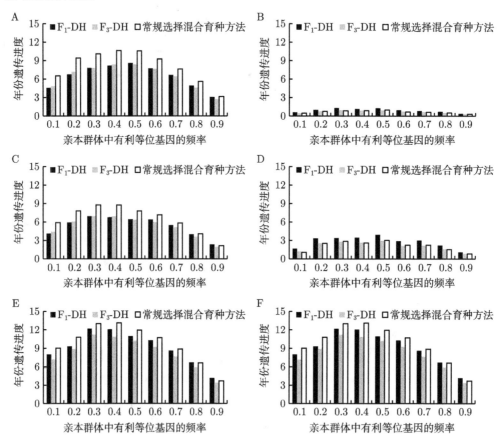

图 12.7　3 种育种方法 F_1-DH、F_3-DH 和选择混合育种方法在 3 种遗传模型下的年份遗传进度
A. 模型 1 下的适应性；B. 模型 1 下的产量；C. 模型 5 下的适应性；D. 模型 5 下的产量；E. 模型 8 下的适应性；F. 模型 8 下的产量

加倍单倍体技术应用于育种项目已经几十年了，但在纯系品种选育中的应用并不普遍。模拟结果表明，在大多数情况下，常规育种的周期遗传进度、年份遗传进度和成本遗传进度均高于 DH 育种，尤其是成本遗传进度的优势更加明显（图 12.8）。尽管在一个育种周期

中，F_1-DH 能节省一年时间，由于 CIMMYT 的常规育种每年可以种植两季，F_1-DH 的年份遗传进度并没有很大的优势。当然，如果一个育种项目每年只种植一个世代，则 DH 育种在时间上的优势可能会比较明显。但就 CIMMYT 的情况而言，常规穿梭育种每年可以种植两个季节，而且育种家在这两个季节中均能进行大群体、高强度的选择，常规穿梭育种仍然是 CIMMYT 最重要的小麦育种方法。

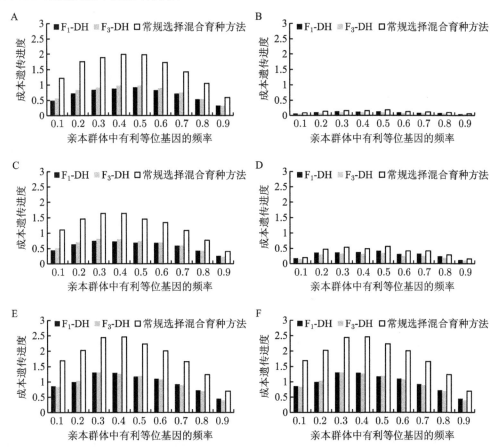

图 12.8　3 种育种方法 F_1-DH、F_3-DH 和选择混合育种方法在 3 种遗传模型下的成本遗传进度
A. 模型 1 下的适应性；B. 模型 1 下的产量；C. 模型 5 下的适应性；D. 模型 5 下的产量；E. 模型 8 下的适应性；F. 模型 8 下的产量

上述模拟研究结果似乎与玉米育种广泛利用 DH 技术产生自交系的报道（Longin et al., 2007）有些不一致。但是，如果我们考虑到小麦和玉米在育种目标上的巨大差异，这些结果也许是可以理解的。一方面，玉米育种中对测交表现的选择要比早代对自交系本身的选择重要得多，利用纯合家系与测验种杂交的测交选择要比杂合家系的测交选择有更高的效率。另一方面，由于单个植株较大，玉米 F_2 群体的种植规模一般要比小麦 F_2 群体小很多。玉米育种中，一个 F_2 群体一般种植 200 个左右的单株，而小麦的一个 F_2 群体一般种植上千或数千个单株。在较小的育种群体中，常规育种方法和 DH 育种在性状选择强度上的差异也变得不明显。此外，小麦和玉米在产生 DH 的技术，以及形成 DH 家系的时间上也存在较大差异。玉米可通过单倍体诱导技术，比较容易在田间培育单倍体，然后通过加倍获得 DH 家系。小

麦一般通过花药培养产生 DH 家系，需要在实验室进行。形成 DH 植株后，又要经过 1 代或 2 代的自交繁殖才能获得足够多的种子从而在田间开展性状的鉴定和选择工作。因此，产生小麦 DH 家系的成本高、时间长。正常情况下，一个小麦 F_1 杂交种只能产生几十或数百个左右的 DH 家系，对这些家系的选择强度远低于常规育种中对数千个体或家系的选择强度。因此，这里得到的 DH 育种方法在小麦育种的有关结果，不能无条件地推广到其他作物中。

如果能够有效避免 DH 家系产生过程中来自各种培养条件或化学试剂的选择，则 DH 家系是非常适宜的遗传研究群体。每个 DH 家系自交后代有着完全一致的纯合基因型，很容易混合收获，可以进行多地点和不同季节的重复试验，表型可以精确测量，环境方差能被有效地控制，基因和环境互作也能被研究。因此，DH 技术作为产生遗传研究群体的手段之一，仍将在遗传学中发挥重要作用。

§12.4 标记辅助育种的模拟和比较

许多育种计划都在利用分子标记检测一个或多个目标基因，通过标记辅助的方法选择目的性状基因（Lande and Thompson, 1990; Young, 1999; Frisch et al., 1999; Frisch and Melchinger, 2001, 2005; Dubcovsky, 2004; Bonnett et al., 2005; Bernardo, 2008; 黎裕等, 2010; 王建康等, 2011）。随着分子标记数目的增加，更多的目的基因都能通过与其紧密连锁的分子标记进行选择，但同时也需要更大的群体来保证目标基因型的存在。育种中，有时即使使用同样的亲本材料，不同的杂交方式和选择策略所需的群体大小也可能相差很大。有效的育种策略不仅能够选择到综合多个有利基因的目标基因型，而且可以最大程度地降低成本。育种成本的主要构成包括种植规模、标记检测和劳动力等。为了获得有效的遗传进度，育种家需要根据有利等位基因在亲本中的分布信息，选择合理的杂交方案和标记辅助选择方法。简单情况下，可以利用群体遗传学的基本理论确立最优的杂交方案。当遗传模型拓展到连锁标记和多个目的基因时，则要借助育种模拟工具（Wang et al., 2009b）。

§12.4.1 目标基因型存在的最小育种群体

首先给出确定适宜群体大小、回交的轮回亲本，以及三交杂交方案的一些理论结果。假定 f 是群体中目标基因型的存在频率，目标基因型的频率是由基因的个数、亲本的个数、目的等位基因在亲本中的分布及杂交方案等因素共同决定的。用 α 表示一定大小育种群体中不存在目标基因型的概率。育种群体中不存在目标基因型，育种目标当然就不可能实现。因此，一般要把这一概率控制在一个很低的水平，如 0.05 或 0.01 以下。在给定的 f 下，大小为 N 的育种群体中，目的基因型不存在的概率为 $(1-f)^N$。以 $1-\alpha$ 的概率保证至少存在一个目标基因型，等价于 $1-(1-f)^N \geqslant 1-\alpha$。因此，得到最小群体大小的计算公式 12.2。

$$N_{\min} = \frac{\ln \alpha}{\ln(1-f)} \tag{12.2}$$

从公式 12.2 可以看出，目标基因型的频率越低，则需要更大的群体才能保证目标基因型的存在。因此，我们可以通过比较目标基因型的频率来确定杂交方案。图 12.9 为两种概率水平下，最小群体大小与目标基因型频率的关系。

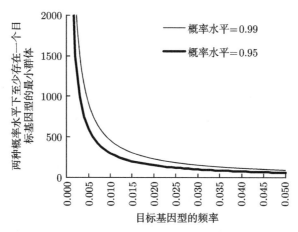

图 12.9　两种概率水平下的最小群体大小与目标基因型频率的关系

如果双亲中有 m 个差异座位，不考虑连锁。第一个亲本 P_1 中有 m_1 个有利等位基因，第二个亲本 P_2 有 m_2 个有利等位基因。则杂种 F_1、P_1BC_1（与 P_1 回交）和 P_2BC_1（与 P_2 回交）衍生的 DH 家系或 RIL 家系群体中，目标基因型的频率由公式 12.3 给出。

$$f_{F_1} = \left(\frac{1}{2}\right)^m, \quad f_{P_1BC_1} = \left(\frac{3}{4}\right)^{m_1}\left(\frac{1}{4}\right)^{m_2}, \quad f_{P_2BC_1} = \left(\frac{1}{4}\right)^{m_1}\left(\frac{3}{4}\right)^{m_2} \tag{12.3}$$

从公式 12.3 容易看出，如果 $f_{P_1BC_1}/f_{F_1} = 3^{m_1}/2^m > 1$，则使用 P_1 作为轮回亲本的回交可以提高目标基因型的频率，进而降低群体大小。如果 $f_{P_2BC_1}/f_{F_1} = 3^{m_2}/2^m > 1$，则应以 P_2 作为轮回亲本进行回交。其他情况下则没有必要进行回交，这时目标基因型在两个亲本的单交育种群体中有最高的频率。例如，在 $m=5$，$m_1=3$，$m_2=2$ 的情况下，$f_{P_1BC_1}/f_{F_1} = 0.84$，$f_{P_2BC_1}/f_{F_1} = 0.28$。这时，回交反而降低目标基因型的频率。如果 $m_1=4$，$m_2=1$，则 $f_{P_1BC_1}/f_{F_1} = 2.53$，这时应该以 P_1 作为轮回亲本进行回交。

如果目标基因分布在 3 个不同的亲本中，用 P_1、P_2、P_3 表示。那么就需要采用顶交 $(P_1 \times P_2) \times P_3$ 聚合分布在 3 个亲本中的有利等位基因。如果每个亲本都携带不同个数的有利等位基因，则第一次杂交中两个亲本 P_1 和 P_2 的贡献各占 25%，顶交组合中亲本 P_3 的贡献占 50%。如果 3 个亲本中目标等位基因的个数分别为 m_1、m_2、m_3，不考虑选择因素，则 DH 或 RIL 家系群体中目标基因型个体的期望比例为公式 12.4。

$$f_{TC} = \left(\frac{1}{4}\right)^{m_1+m_2}\left(\frac{1}{2}\right)^{m_3} = 2^{m_3-2m} \tag{12.4}$$

其中，$m = m_1 + m_2 + m_3$。对 3 个亲本来说，有些有利基因可能已经存在于两个亲本中，这时 $m_1 + m_2 + m_3$ 有可能大于 m，情况比较复杂，暂不考虑。根据公式 12.4，可以确定 3 个亲本的杂交顺序，使得目标基因型有最高的频率，并由公式 12.2 确定顶交所需的最小群体大小。从公式 12.4 也容易看出，m_3 大于 m_1 和 m_2 时，f_{TC} 有最大值。即顶交群体中，含有最多有利等位基因个数的亲本应该作为第 3 个亲本。

如果群体中有 N 个个体，且需要在 m 个独立遗传座位上进行基因型检测。首先用第一个标记检测所有基因型，只有在此座位上携带有利等位基因的个体才进行第二个标记的检测，依次类推。检测目标基因型所需总的标记检测数目可由公式 12.5 计算。

$$M = N + Nf_1 + Nf_1f_2 + \cdots + Nf_1f_2\cdots f_{m-1} \tag{12.5}$$

其中，$f_1, f_2, \cdots, f_m$ 是每个标记检测后保留下来的个体比例。对于任意一组标记，如果公式 12.5 中 f 值从小到大排列，即 $f_1 < f_2 < \cdots < f_{m-1}$，则在基因型检测的初始就剔除了大量的个体。这时的 M 值是最小的。基因型检测的总成本 C 由公式 12.5 的标记检测数目和每个标记的检测成本决定，即公式 12.6。

$$C = Nc_1 + Nf_1c_2 + Nf_1f_2c_3 + \cdots + Nf_1f_2\cdots f_{m-1}c_n \tag{12.6}$$

其中，$c_1, c_2, \cdots, c_m$ 为不同标记的检测成本（即允许检测成本在标记间存在差异）。可以看出，当 $\frac{c_1}{1-f_1} < \frac{c_2}{1-f_2} < \cdots < \frac{c_m}{1-f_m}$ 时，基因型检测的总成本 C 最低。因此，公式 12.5 和公式 12.6 可用于确定标记检测的顺序，从而达到降低分子检测成本的目的。

§12.4.2 聚合多个有利等位基因的群体遗传学

当选择过程中考虑多个不连锁的标记时，纯合目标基因型的频率往往很低，需要一个大的育种群体才能保证目标基因型的存在（图 12.9）。例如，当两个亲本间存在 5 个基因座位的分离时，其杂交产生的 F_2 群体中目标基因型的频率是 $0.25^5 = 0.00098$。根据公式 12.2 计算出至少有一个目标基因型出现的最小群体是 4714（$\alpha = 0.01$）。下文中，确定群体大小的概率水平均为 0.99，或目标基因型不出现的概率水平 $\alpha = 0.01$，不再一一标出。如果在杂交种衍生的纯系群体（如 DH 或 RIL）中进行选择，目标基因型的频率是 $0.5^5 = 0.03125$，最小群体是 146。说明如果将选择推迟到由纯合子组成的高代自交群体中进行，则需要较小的育种群体，更容易得到目标基因型。

当分离座位数目增加时，即使在 DH 或 RIL 群体中，最小群体大小也会迅速增大。例如，在 8 个独立遗传座位上存在分离的 DH 或 RIL 群体中，目标基因型的频率是 $0.5^8 = 0.0039$，最小群体是 1177。显然，育种中从一个杂交组合产生如此巨大的 DH 或 RIL 群体仍然是十分困难的。在这种情况下，Bonnett 等（2005）提出使用两个阶段选择策略。第一个阶段称为"F_2 富集选择"，即在 F_2 中选择携带目的基因的纯合或杂合个体，这样每个座位上的选择比例为 0.75。这种选择策略的价值在于，如果群体在 12 个座位上分离，富集的目标基因型的频率是 $0.75^{12} = 0.03168$，F_2 代最小群体是 144 就能保证至少存在一个目标基因型。如果直接在 F_2 代中选择，目标基因型频率是 0.25^{12}，育种群体只有大于 7.7×10^7 时，才能有 99% 的概率保证选择到一个纯合目标基因型。F_2 代进行富集选择之后，在受到选择的群体中，12 个目标等位基因的频率从 0.5 增长至 $\frac{2}{3}$。第二个阶段，利用选择后的 F_2 群体连续自交，产生一个近乎纯系的后代群体。这样，目标基因型的频率从 $0.5^{12} = 0.0002$ 增长至 $\left(\frac{2}{3}\right)^{12} = 0.00771$，最小群体从 18861 降至 596。可以看出，富集选择之后，无论在 F_2 还是 DH 或 RIL 群体中，这样的群体大小在育种实践是可以达到的。

上述结果表明，当育种中待聚合的基因数目较大时，F_2 群体中进行富集选择有重要价值。接下来将这项工作进行拓展，即富集选择发生在后期分离群体如 F_3 或 F_4 中是否也具有优势，或者富集选择 2 或 3 次，即 F_2、F_3、F_4 连续进行富集选择。最小群体由目标基因型的频率决定，不同的目标等位基因个数和频率也会产生相同的基因型频率。因此，可以使用单基因座位模型研究不同选择策略的相对有效性。如果目标等位基因用 A 表示，在 F_2 群体中的频率是 p。则在哈迪-温伯格平衡下，3 种基因型 AA、Aa 和 aa 的频率分别为 p^2、$2p(1-p)$ 和 $(1-p)^2$。目的基因 A 频率的变化会产生不同的基因型频率。为此，比较以下 6 种选择方案（图 12.10）：① 在 F_2 中选择目标基因型 AA；② 在 DH 或 RIL 群体中选择目标基因型；③ F_2 代进行富集选择之后，在 F_3 群体中选择目标基因型 AA；④ F_2 代进行富集选择之后，在 DH 或 RIL 群体内选择目标基因型；⑤ F_2 和 F_3 进行富集选择之后，在 F_4 中选择目标基因型；⑥ F_2 和 F_3 进行富集选择之后，在 DH 或 RIL 群体内选择目标基因型。

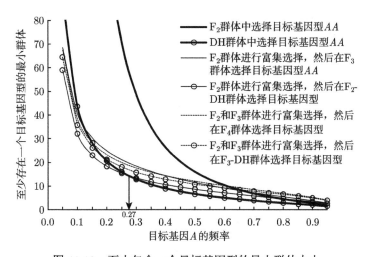

图 12.10 至少包含一个目标基因型的最小群体大小

每种选择方案实施之后，计算等位基因和基因型频率。将待选择的目标基因型频率和 $\alpha = 0.01$ 代入公式 12.2 计算每种选择方案的最小群体。不同目标等位基因频率下的最小群体大小见图 12.10。选择方案 3 至方案 6 有 2～3 个选择阶段，其最小群体为所有选择阶段群体大小之和。包含两个选择阶段时，群体中不含有目标基因的概率为 $1-(1-\alpha)^{\frac{1}{2}}$，包含 3 个选择阶段时，群体中不含有目标基因的概率 $1-(1-\alpha)^{\frac{1}{3}}$，从而保证不含有目标基因的累积概率仍然等于 α。在所有的选择方案中，使用同样的概率值 $\alpha = 0.01$；对于多阶段选择方案，α 是所有选择阶段第一类错误的累积概率。

在 F_2 代，对目标基因型直接进行选择需要较大的群体，除非其目标等位基因的频率超过 0.6（图 12.10）。当目标等位基因的频率超过 0.27 时，在 DH 或 RIL 群体中直接选择（即选择方案 2）所需的群体最小；否则，使用 F_2 进行富集选择后在 DH 或 RIL 群体中选择（即选择方案 4）会产生最小的群体（图 12.10）。大多数情况下，F_2 代进行富集选择之后在纯系群体 RIL 或 DH 中进行选择可以最大程度地降低群体大小。但是，两个阶段（即 F_2 和 F_3）的富集选择与只在 F_2 代进行富集选择相比，有时反而需要更大的群体。因此，F_2 代进行富集选择会显著提高目标基因的频率，极大限度地降低最小群体大小（通常能达 90%），从而有可能聚合更多的有利基因。在 F_2 代进行富集选择之后，进一步富集选择所得到的增益并不大。

§12.4.3 育种亲本和基因信息

在标记辅助选择过程中，育种家通常需要对多个问题做出抉择：① 最合理的聚合多个有利等位基因的杂交方式是什么；② 如何利用逐步选择方法降低标记基因型的检测成本；③ 如何利用不完全连锁的标记聚合目标基因型；④ 如何在杂种分离群体中聚合处于互斥连锁状态的等位基因等。在不考虑基因间连锁的情况下，公式 12.2~12.6 解决了标记辅助育种过程中的前两个问题。对于其他问题，特别是基因间存在连锁并且基因数目较大时，很难通过简单的公式寻找到答案，这时就需要借助育种模拟工具。这里以 3 个小麦亲本品种的顶交试验为例，说明模拟方法在标记辅助育种中的作用。3 个亲本分别为 'Sunstate'（澳大利亚商业小麦品种）、'HM14BS'（包含 $Rht8$ 基因的长胚芽鞘回交衍生系），以及 'Silverstar+tin'（澳大利亚商业小麦品种，含有抑制小麦分蘖的 tin 基因）。

表 12.13 给出 9 个控制不同性状的基因及其连锁标记的信息。等位基因 Rht-$B1b$、Rht-$D1b$ 和 $Rht8$ 均降低株高，等位基因 $Sr2$ 使植株产生小麦秆锈病（stem rust, SR）的抗性，等位基因 $Cre1$ 使植株产生禾谷孢囊线虫（cereal cyst nematode, CCN）的抗性。VPM 是来自小麦近缘种的染色体易位片段，携带了叶锈病（$Lr37$）、茎锈病（$Sr38$）和条锈病（$Yr17$）等抗性基因，因此具有多种小麦病害的抗性。等位基因 Glu-$B1i$ 和 Glu-$A3b$ 能提高面团品质，等位基因 tin 降低分蘖数。这 9 个座位上的矮秆基因、抗病基因、优质基因和分蘖抑制基因在表 12.13 中用黑体表示出来。前 7 个座位上的基因是独立遗传的，后两个座位 Glu-A3 和 tin 是连锁的，它们位于染色体 1A 的短臂上，相距 3.8cM，利用 Haldane 作图函数得到的一次交换重组率为 0.0366。基因 $Rht8$、$Sr2$ 和 tin 与标记的距离不超过 1.1cM（Korzun et al., 1998; Spielmeyer et al., 2003），其他基因与标记完全连锁。除 $Cre1$ 和 VPM 外，其余基因的连锁标记都是共显性（Korzun et al., 1998; Ogbonnaya et al., 2001; Ellis et al., 2002; Spielmeyer et al., 2003; Zhang et al., 2004），F_2 群体中可以明确区分 3 种基因型。

表 12.13 9 个基因所在染色体、连锁分子标记信息，以及在 3 个小麦亲本中的分布

	基因座位								
	Rht-B1	Rht-D1	Rht8	Sr2	Cre1	VPM	Glu-B1	Glu-A3	tin
染色体	4BS	4DS	2DL	3BS	2BL	7DL	1BL	1AS	1AS
标记类型	共显性	共显性	共显性	共显性	显性	显性	共显性	共显性	共显性
与连锁标记间的距离/cM	0.0	0.0	0.6	1.1	0.0	0.0	0.0	0.0	0.8
'Sunstate'	Rht-$B1a$	**Rht-$D1b$**	$rht8$	**$Sr2$**	$cre1$	**VPM**	**Glu-$B1i$**	**Glu-$A3b$**	Tin
'HM14BS'	Rht-$B1a$	Rht-$D1a$	**$Rht8$**	$sr2$	$cre1$	vpm	Glu-$B1a$	Glu-$A3e$	Tin
'Silverstar+tin'	**Rht-$B1b$**	Rht-$D1a$	$rht8$	$sr2$	**$Cre1$**	vpm	**Glu-$B1i$**	Glu-$A3c$	**tin**
目标基因型	Rht-$B1a$	Rht-$D1a$	**$Rht8$**	**$Sr2$**	**$Cre1$**	**VPM**	**Glu-$B1i$**	**Glu-$A3b$**	**tin**

注：3 个半矮秆基因座位上，粗体表示降低株高的等位基因；3 个抗病基因座位上，粗体表示抗病等位基因；2 个品质基因座位上，粗体表示提高面团品质的等位基因；最后一个基因座位上，粗体表示降低无效分蘖的等位基因

如果育种目标是长胚芽鞘（在干旱条件下会形成发达的根系，有利于吸收土壤深处的水分）、半矮秆（可以抗倒伏）、抗多种病害、良好的品质，以及较少分蘖（避免无效分蘖的养分消耗），表 12.13 最后一行给出符合这一育种目标的基因型构成。值得说明的是，3 个半矮秆

基因 *Rht-B1b*、*Rht-D1b* 和 *Rht8* 中的任意一个都能产生适宜的株高，多个矮秆基因的累加会使得植株变得太矮，从而达不到育种要求。因此，就株高性状而言，具有 3 个矮秆基因中的任一个都能满足育种目标。但是，矮秆基因 *Rht-B1b* 和 *Rht-D1b* 除了可以降低株高外，还同时降低胚芽鞘的长度，不利于小麦在干旱环境下建立强壮的根系；而 *Rht8* 只起到降低株高的作用，不影响胚芽鞘的长度，能够同时满足育种目标对矮秆和长胚芽鞘的要求（Rebetzke and Richards, 2000; Botwright et al., 2001）。因此，*Rht8* 被选作目标基因型的组成部分（表12.13 最后一行）。目标基因型在其他座位上的基因，可以满足育种目标对抗病性、优质和养分高效利用的要求。

§12.4.4 复杂遗传模型下选择结果的模拟和预测

目标等位基因不均等地分布在 3 个亲本中（表 12.13）。'HM14BS'、'Sunstate' 和 'Silverstar+*tin*' 分别携带 3 个、5 个和 4 个有利等位基因。根据公式 12.3，'如果 Sunstate' 作为顶交组合的第三个亲本，则后代中目标基因型的频率最大。因此，三交组合的形式是（'HM14BS' × 'Silverstar+*tin*'）× 'Sunstate'。在顶交 F_1 世代（用 TCF_1 表示）中，Rht-B1、Rht8、Cre1、Glu-B1 和 tin 这 5 个座位上的基因是独立分离的。TCF_1 中，目标基因型 *Rht-B1aRht-B1a* 和 *Glu-B1iGlu-B1i* 的频率为 0.5，其他座位上包含目标基因的杂合基因型的频率为 0.5。因此在 TCF_1 中，不但能够对 *Rht-B1a* 和 *Glu-B1i* 的纯合基因型进行选择，而且可以对 *Rht8*、*Cre1* 和 *tin* 基因进行富集选择，理论选择比例为 $0.5^5 \approx 0.0313$。考虑到这是一个较高的选择强度，TCF_1 群体中不再考虑对其他座位上的等位基因进行选择。

在 TCF_2 中采用 3 种选择方法：① TCF_2 中不进行选择；② 除 Rht-B1 和 Glu-B1 这两个座位外，在 TCF_2 世代中富集其他所有座位上的有利等位基因（*Rht-B1a* 和 *Glu-B1i* 在 TCF_1 选择后已被固定）；③ 选择 *Rht8* 纯合基因型并富集其余有利等位基因。同时，我们也模拟了 TCF_2 中两个座位上的纯合目标基因型的选择，但所需的最小群体较大，实际育种中难以操作，结果未给出。上述 3 种选择方法中，第一种方法包括两个选择阶段，第一阶段是 TCF_1 中的选择，第二阶段是 DH 群体中纯合目标基因型的选择。结果表明在 TCF_1 中的选择比例接近理论频率（表 12.14），DH 群体中的选择比例为 0.0009，因此需要较大的 DH 群体才能选到目标基因型。第二种和第三种方法都包括 3 个阶段的选择，第一阶段是 TCF_1 中的选择，第二阶段是 TCF_2 中的选择，最后是 DH 群体中纯合目标基因型的选择。第二种方法中，TCF_2 和 DH 群体中的选择比例分别为 0.1190 和 0.0112。第三种方法中，所有阶段的选择比例最接近，需要种植的育种群体也最小（表 12.14）。事实上，如果采用多阶段选择，降低群体大小的一般做法是减少不同阶段选择强度的差异，从而可以降低基因型检测的成本。

座位 Rht-B1、Rht-D1、Cre1、VPM、Glu-B1 和 Glu-A3 上的目标基因与相应的标记完全连锁（表 12.13）。标记辅助选择后，等位基因 *Rht-B1a*、*Rht-D1a*、*Cre1*、*VPM*、*Glu-B1i* 和 *Glu-A3b* 在终选群体中的频率均为 1.0。*Rht8* 与其连锁标记的距离为 0.6cM，*Sr2* 与其连锁标记的距离是 1.1cM。模拟结果表明，*Rht8* 的频率经过标记辅助选择后接近 0.99，*Sr2* 的频率接近 0.98。丢失这些基因的概率在实际育种中处于可接受的水平。

已知 *tin* 基因与其连锁标记的距离为 0.8cM，终选群体中 *tin* 等位基因频率为 0.77，比期望频率要低。原因在于亲本 'Sunstate' 和 'Silverstar+*tin*' 中，*tin* 与谷蛋白等位基因 *Glu-A3b* 处于互斥连锁状态（表 12.13）。考虑 3 个连锁座位，即 Glu-A3、tin，以及与 *tin* 基因相连锁的标记座位 Mtin，分离群体中会产生 8 种单体型。表 12.15 中，$r_1 = 0.03$ 是 Glu-A3 和 tin 之间的重组率，$r_2 = 0.008$ 是 tin 与其连锁标记之间的重组。座位 Glu-A3 上的 2 个等位基因分别为 *Glu-A3b* 和 *Glu-A3c*；座位 tin 上的 2 个等位基因分别为 *tin* 和 *Tin*；tin 的连锁标记座位上，标记等位基因用 *Mtin* 和 *MTin* 表示。假如不考虑交换干涉，每种单倍型频率可以根据 Glu-A3 与 tin，以及 tin 与其连锁标记之间的重组率进行计算，结果列于表 12.15 最后一列。对 *Glu-A3b* 和 *tin* 的标记辅助选择之后，只有单倍型 2 和 3 被保留下来。这时 tin 基因的频率变为 $0.01488/(0.01488 + 0.00388) = 0.79318$，这也验证了模拟育种得到的结果。由此看来，基因 tin 丢失的可能性还是挺大的。如果标记辅助选择之后得到了多个目标基因型，则有必要通过其他手段再一次检测 tin 基因是否存在。

表 12.14　3 种标记辅助选择方法分别在 3 个育种群体中的选择比例和最小群体大小

育种群体	TCF$_2$ 中无选择		TCF$_2$ 中富集所有有利基因		TCF$_2$ 中选择 *Rht8* 纯合子，富集剩余基因	
	选择比例	最小群体大小	选择比例	最小群体大小	选择比例	最小群体大小
TCF$_1$	0.0313	145	0.0316	144	0.0313	145
TCF$_2$			0.1190	37	0.0397	114
DH	0.0013	3440	0.0112	408	0.0160	286
总的群体大小		3585		589		545

注：在 TCF$_1$ 中，选择 *Rht-B1a* 和 *Glu-B1i* 的纯合基因型，富集选择 Rht8、Cre1 和 tin 座位上的目的基因，其他座位不分离，因此不进行选择。*Rht-B1a* 和 *Glu-B1i* 纯基因型的频率，以及座位 Rht8、Cre1 和 tin 上杂合基因型的频率均为 0.5，因此 TCF$_1$ 的理论选择比例为 $0.5^5 \approx 0.0313$。其他两种方法的选择比例通过无选择的模拟育种群体进行估计

表 12.15　亲本 'Sunstate' 和 'Silverstar+*tin*' 杂交后代在 3 个座位上的单倍型及其频率

单倍型	Glu-A3	tin	Mtin	频率
单倍型 1	*Glu-A3b*	*Tin*	*MTin*	$(1-r_1)(1-r_2)/2 = 0.48112$
单倍型 2	*Glu-A3b*	*Tin*	*Mtin*	$(1-r_1)r_2/2 = 0.00388$
单倍型 3	*Glu-A3b*	*tin*	*Mtin*	$r_1(1-r_2)/2 = 0.01488$
单倍型 4	*Glu-A3b*	*tin*	*MTin*	$r_1 r_2/2 = 0.00012$
单倍型 5	*Glu-A3c*	*Tin*	*Mtin*	$r_1 r_2/2 = 0.00012$
单倍型 6	*Glu-A3c*	*Tin*	*MTin*	$r_1(1-r_2)/2 = 0.01488$
单倍型 7	*Glu-A3c*	*tin*	*MTin*	$(1-r_1)r_2/2 = 0.00388$
单倍型 8	*Glu-A3c*	*tin*	*Mtin*	$(1-r_1)(1-r_2)/2 - 0.48112$
前两个座位上选择 *Glu-A3b* 和 *Mtin* 之后，tin 基因的频率				0.7932

§12.4.5　顶交试验中聚合 9 个有利基因的最优策略

如何利用已知基因信息，高效聚合存在于不同亲本材料中的有利等位基因，是开展分子标记辅助选择工作时育种家经常遇到的另外一个问题。通过理论分析和育种模拟，可以设计出聚合 9 个主效基因的小麦理想基因型和育种方案，9 个主基因目前均有完全或紧密连锁的分子标记供育种家使用（表 12.13）。等位基因 *Rht-B1b* 和 *Rht-D1b* 降低小麦株高，在 "绿色革命" 中曾发挥重要作用。但这 2 个基因同时降低小麦胚芽鞘的长度，不利于干旱条件下小麦根系的发育。显性矮秆等位基因 *Rht8* 降低小麦株高但不影响小麦胚芽鞘的生长。座位

Glu-A3 和 tin 同在 1A 染色体上,具有较紧密的连锁关系,遗传距离为 3.8cM,其他基因位于不同染色体上。这些等位基因分散在 3 个小麦品种中,根据干旱条件下的育种目标和不同等位基因的遗传效应,易于确定一个理想的目标基因型,该目标基因型具有半矮秆、长胚芽鞘、抗多种病害、籽粒品质优良、无效分蘖少等优良性状。在这个实例中,尽管等位基因效应、基因在染色体和亲本中的分布已明确,但不借助特殊的工具和手段,仅凭经验还是难以回答一些关键的育种问题。

与其他两种可能的组合方式相比较,在三交组合('Silverstar+tin')/'HM14BS'//'Sunstate' 的分离后代中,目标基因型的频率最高,对目标基因型的选择最为有利。因此,在配制三交组合时,'Sunstate' 应作为杂交的第三个亲本。即使这样,目标基因型在分离世代早期存在的频率仍然极低(不到百万分之一),即使每个基因都有紧密连锁的分子标记,也难以在早期世代一次性选择到理想的目标基因型。通过模拟得到一个多步骤选择策略:步骤 1,在三交 F_1 代中,选择 Rht-$B1a$ 和 Glu-$B1i$ 为纯合型的个体,同时选择至少包含一个 $Rht8$、$Cre1$ 和 tin 的个体(即在这 3 个座位上进行强化选择);步骤 2,在三交 F_2 代中,选择 $Rht8$ 为纯合型的个体,同时强化选择其他未纯合的基因;步骤 3,在育种材料近于纯合的高世代,借助分子标记选出目标基因型。模拟结果表明,如果没有早期世代的选择,仅等到育种材料近于纯合再进行选择,大约在 3500 个个体中才能选择到 1 个目标基因型。采用上述的多步骤选择策略,大约对 600 个个体的标记辅助选择就能得到 1 个目标基因型。因此,对众多杂交和选择方案的模拟比较研究之后,找到了更为有效可行的多步骤选择策略。

事实上,育种家很少能够也很少愿意重复某一个杂交组合及其选育过程,但育种模拟可以大量重复杂交或选择过程。通过 1000 次模拟,发现 TCF_1、TCF_2 和 DH 中选单株的标准误分别为 4.00、10.01 和 11.25。TCF_1 和 DH 群体中,中选单株个数在 1000 次模拟中的频率分布如图 12.11 所示。中选单株个数在 TCF_1 中的变化范围为 5~31,在 DH 群体中的变化范围为 0~76。模拟虽然不能确定单个选择试验中选目标基因型的确切数目,但是可以确定一定数量目标基因型的平均选择比例。例如,对于之前描述的选择过程,选到 1 个或多个目标基因型的概率是 0.995,选到 10 个或更多个目标基因型的概率是 0.645,选到 20 个或更多个目标基因型的概率是 0.287(图 12.11)。因此,如果育种家想要选择至少 20 个目标基因型的 DH 家系,需

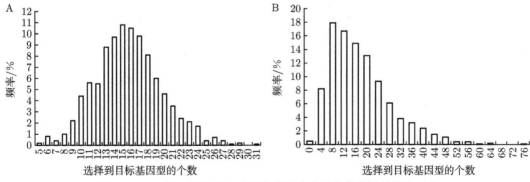

图 12.11 TCF_1(A)和 DH(B)群体中中选个体数目的频率分布

TCF_1 中种植 500 个植株,从每个中选的 TCF_1 植株上采集 50 个种子产生 TCF_2,每个中选的 TCF_2 植株产生 50 个 DH 系;TCF_1 代选等位基因 Rht-$B1a$ 和 Glu-$B1i$ 的纯合基因型,富集 $Rht8$、$Cre1$ 和 tin;TCF_2 代选 $Rht8$ 的纯合型,富集剩余目标基因;最后在 DH 群体中选择纯合目标基因型

要创造比表 12.14 更大的育种群体并进行选择,然后才能在此基础上对其他重要性状进行选择。

§12.5 实现育种目标的成功概率估计

§12.5.1 HarvestPlus 计划的育种目标

维生素 A 缺乏是一种全世界范围内的重大公共疾病,尤其是对于发展中国家的妇女和儿童。HarvestPlus(https://www.harvestplus.org/)是国际农业研究磋商组织(Consultative Group on International Agricultural Research, CGIAR)于 2002 年批准成立的一项挑战计划。这一计划的目标是通过现代育种技术,提高主要农作物中微量元素的含量;通过推广富含微量元素的农作物品种,降低微量元素缺乏给发展中国家贫困人口造成的危害。这一方法有时也称为生物加强或生物强化(biofortification)。与向食品中添加微量元素或丰富口粮食品多样化等传统营养学手段相比,生物加强方法更加经济可行,并有利于在发展中国家长久实施(Bouis and Welch, 2010; Pfeiffer and McClafferty, 2007)。表型选择是改良玉米籽粒维生素 A 含量的主要育种方法。高效液相色谱(high performance liquid chromatography, HPLC)是目前测定玉米籽粒中维生素 A 含量的常用方法,但该方法测定成本较高,且每次测定所花费的时间较长,很难将其应用于高通量检测大量玉米自交系或育种分离群体。超高效液相色谱(ultra performance liquid chromatography, UPLC)是一种新型的测定方法,该方法具有测定成本较低和高通量等优点,但缺点是目前测定精度低于 HPLC,需要进一步改良从而提高其检测精度(Tallada et al., 2009)。

遗传学研究为利用分子手段有效提高玉米籽粒中的维生素 A 含量提供了可能。从不同类型的作图群体中,人们已挖掘出多个能够稳定遗传的主效 QTL, $crtRB1$ 与 $LcyE$ 是其中两个比较重要的基因(Harjes et al., 2008; Yan et al., 2010)。通过 QTL 定位和分子生物学手段获得的基因信息,为利用分子标记开展标记辅助选择(marker assisted selection, MAS)、提高玉米籽粒中的维生素 A 源含量提供了技术支撑(Bouis and Welch, 2010)。但是,玉米籽粒的维生素 A 含量长期以来并没有在现代玉米育种中被当作目标性状进行选育。现有供体遗传材料中维生素 A 源的含量(pro-vitamin A content, pVAC)较高,但适应性较差,产量较低。生产上正在使用的优良育种材料,在产量和适应性上表现较好,但籽粒中 pVAC 较低。HarvestPlus 计划的育种目标是将供体中控制维生素 A 合成的有利等位基因导入到现有的育种材料中,得到 pVAC 较高且农艺性状优良的新自交系并用作杂交种的亲本。

作为 CGIAR 的一个重要研究计划,HarvestPlus 首先关心的是在现有遗传材料基础上,利用已知的控制维生素 A 源基因的标记辅助选择,能否在有限的时间内完成 HarvestPlus 计划的育种目标。此外,还有其他一些问题,如哪一种育种策略在育种效率和经济效率上最优,增加育种规模后各个育种策略成功的概率会发生什么变化。这里我们着重说明如何利用计算机模拟的手段估计一个育种方法的成功概率(Zhang et al., 2012a)。

§12.5.2 遗传模型和育种亲本材料

考虑 10 条染色体,两个育种目标性状,一个性状为玉米籽粒中维生素 A 含量,另一个性状为田间适应性。根据已有遗传研究结果（Chander et al., 2008; Harjes et al., 2008; Yan et al., 2010），假定存在 4 个主效基因控制玉米籽粒中的 pVAC，遗传效应以加性效应为主，4 个 pVAC 基因之间不存在连锁，分别位于 4 条不同的染色体上。所有基因的加性效应之和为 7.5μg/g，中亲值也为 7.5μg/g。当所有座位上的有利等位基因都存在时，pVAC 的理论最大值为 15μg/g。当所有 4 个座位上的不利等位基因都存在时，pVAC 的理论最小值为 0。每个基因都与一个共分离的共显性分子标记相连锁，可以利用连锁分子标记进行辅助选择。进行表型选择时，则采用两种 pVAC 含量的测定方法。当应用 HPLC 测定表型（即单株或家系籽粒中的 pVAC 含量）时，遗传力设为 0.8；应用 UPLC 测定表型时，遗传力则设为 0.4（表 12.16）。4 个 pVAC 座位上的两个等位基因分别用 A/a、B/b、C/c 和 D/d 表示，假定 3 个有利等位基因 A、B 和 D 存在于供体亲本中，有利等位基因 C 存在于受体亲本中。

表 12.16 控制 pVAC 的 4 个加性基因的遗传效应、表型变异贡献率，以及在供体亲本和受体亲本中的基因型

基因座位	加性效应/(μg/g)	两种遗传力下的表型变异贡献率		供体亲本	受体亲本
		$H^2 = 0.8$	$H^2 = 0.4$		
pVAC1	2.28	0.28	0.14	AA	aa
pVAC2	2.28	0.28	0.14	BB	bb
pVAC3	1.72	0.16	0.08	cc	CC
pVAC4	1.22	0.08	0.04	DD	dd

田间适应性被模拟为一个复合数量性状，代表目标性状 pVAC 之外其他所有被选择的性状，如株高、熟期、产量和产量相关性状，以及生物胁迫与非生物胁迫抗性等。田间适应性将被用于衡量经过一个育种周期后，选择到的目标自交系在适应性上是否与原有受体亲本相近或者略有提高。适应性的遗传力设为 0.2，由平均分布在 10 条染色体上的 100 个微效基因控制。每个基因的加性效应为 0.5，当所有座位上的有利等位基因都存在时，该性状理论最大值为 100。

模拟 3 个育种群体，即供体亲本群体、受体亲本群体和测验种。受体亲本群体包含了 40 个田间适应性表现优异的自交系，田间适应性基因座位上有利等位基因频率为 0.9，控制 pVAC 的有利等位基因只有 C 存在（表 12.16）。因此，该群体田间适应性均值为 90，籽粒 pVAC 含量为 3.44μg/g。供体亲本包含 10 个富含 pVAC 的自交系，田间适应性基因座位上有利等位基因频率为 0.6，控制 pVAC 的有利等位基因 A、B 和 D 存在于这些供体亲本中（表 12.16）。因此，该群体田间适应性均值为 60，籽粒 pVAC 含量为 11.56μg/g。测验种为一个自交系，该自交系田间适应性所有座位有利等位基因频率为 0.8，控制 pVAC 的所有有利等位基因都不存在，所以田间适应性表现为 80，籽粒 pVAC 含量为 0。不同育种家可能会使用不同的测验种，不同测验种也可能导致最终选择到的自交系在配合力上存在显著差异。如何选择合适的测验种，以便在测交表现上获得最大的遗传进度有待专门研究，这里不考虑不同测验种造成的差异。

§12.5.3 育种目标设置和育种策略模拟

HarvestPlus 的玉米育种目标是经过一个育种周期后，选择到籽粒中 pVAC 含量高于 11.5μg/g、田间适应性与受体接近或略有提高的一批自交系。一个育种周期从配制杂交组

合开始，到选择出稳定的近乎纯合的新自交系为止。CIMMYT 的 HarvestPlus 玉米育种项目，每年平均组配 40 个杂交组合，每个杂交组合在 BC_1F_2 分离世代的群体大小是 600（图 12.12）。每个世代都开展田间适应性选择，其中，BC_1F_3 和 BC_1F_6 世代不仅对材料自身的田间适应性开展选择，也同时对这些材料的测交表现进行选择，以保证具有较好配合力表现的家系进入下一世代。在一个育种周期结束后，利用 HPLC 方法检测 BC_1F_7 代所有材料籽粒中的 pVAC 含量，以选择 pVAC 高于 11.5μg/g 的家系（Zhang et al., 2012b）。

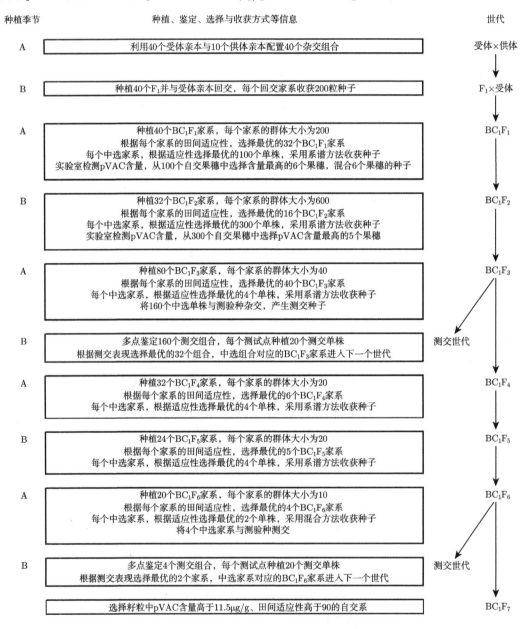

图 12.12 CIMMYT 选育高 pVAC 玉米自交系的育种过程

种植季节一栏中，A 和 B 分别表示一年中的两个种植季节；有时种植在同一个地点，有时种植在两个不同的地点

模拟 9 种育种策略（表 12.17）。包括 2 种表型选择（PS），1 种标记辅助选择（MAS4），以及 6 种表型与标记相结合的选择策略。表 12.17 中，MAS1+PS、MAS2+PS 和 MAS3+PS 分别代表对效应最大的 1 个、2 个和 3 个 pVAC 基因进行标记辅助选择，然后利用 UPLC 或者 HPLC 进行表型选择。各种策略之间的差异主要在于 BC_1F_1 和 BC_1F_2 两个世代中对 pVAC 的选择。两种表型选择策略是在 BC_1F_1 和 BC_1F_2 两个世代对所有材料开展田间适应性选择后，再用 UPLC 或者 HPLC 对剩余材料的自交果穗测定 pVAC，开展表型选择。BC_1F_1 代 PS 对 pVAC 的选择强度为 0.062 5，BC_1F_2 代的 PS 对 pVAC 的选择强度为 0.015 625。

表 12.17　各种选择策略在 BC_1F_1 和 BC_1F_2 代被选择的基因型和表型选择比例

选择策略	BC_1F_1		BC_1F_2	
	被选择基因型	表型选择比例	被选择基因型	表型选择比例
PS	只有表型选择	$0.5^4 = 0.062\ 5$	只有表型选择	$0.25^3 = 0.015\ 625$
MAS4	Aa Bb CC Dd	无表型选择	AA BB DD	无表型选择
MAS1+PS	Aa	0.5^3	AA	0.25^2
MAS2+PS	Aa Bb	0.5^2	AA BB	0.25
MAS3+PS	Aa Bb Dd	0.5	AA BB DD	无表型选择

MAS4 策略是对 4 个 pVAC 基因的分子标记辅助选择。假定所有 pVAC 座位上的基因都可以利用分子标记进行选择，而且每个座位都不存在奇异分离。在 BC_1F_1 代选择 pVAC1、pVAC2 和 pVAC4 座位上都杂合，且在 pVAC3 座位具有纯合显性基因型的个体，每个座位的理论分离比例都为 0.5。所以，总的选择强度为 0.062 5，与表型选择中的选择强度相同。经过 BC_1F_1 世代的选择，pVAC3 座位上的有利等位基因被固定，不再发生分离。而其他 3 个座位的有利等位基因只是被富集强化，在下一个世代依然会发生分离。在 BC_1F_2 代，利用分子标记选择在 pVAC1、pVAC2 和 pVAC4 座位上纯合的基因型，每个座位的理论分离比例为 0.25。因此，总的选择强度为 0.015 625，与表型选择对 BC_1F_2 世代的选择强度相同。

当采用 MAS4 策略时，所有 pVAC 座位上的基因都被选择。因此，不需要利用 UPLC 或 HPLC 开展表型选择。对于其他标记辅助和表型相结合的育种策略，则先采用分子标记选择效应值最大的一个或几个基因座位，然后采用一定强度的表型选择（表 12.17），以保证每种育种策略具有相同的选择强度。当采用 MAS1+PS 策略时，效应值最大基因座位 pVAC1 采用分子标记选择，随后采用 UPLC 或 HPLC 方法对其余座位开展表型选择。与此相似，MAS2+PS 策略是采用分子标记选择效应值最大的 pVAC1 和 pVAC2 座位上的基因，随后采用 UPLC 或 HPLC 方法选择其余座位；MAS3+PS 策略是采用分子标记选择 pVAC1、pVAC2 和 pVAC4 座位上的基因，随后采取表型选择。各个育种策略在对 pVAC 性状的选择上具有相同的选择强度，以保证不同育种策略间的可比性。

建立在 QU-GENE 基础上的 QuLine 工具是为模拟自交系选育过程而设计的，QuHybrid 是一个基于 QU-GENE 平台的杂交种育种模拟工具。在保留 QuLine 原有基本功能的基础上，QuHybrid 增加了测交表现预测和杂交种表现预测等功能（参见 §12.1）。图 12.12 的育种流程包含了测交选择，因此需要利用 QuHybrid 育种模拟工具。一个成功的育种方案定义为一个育种周期过后可以选择到一个或多个自交系，其籽粒中的 pVAC 含量高于 11.5μg/g，田间适应性大于或等于 90。即改良后的自交系，其 pVAC 含量相对于轮回亲本有显著提高，同时其适应性不低于轮回亲本。

§12.5.4 不同育种策略间成功概率的比较

表 12.18 给出了 9 种育种策略在 20 种育种规模下的成功概率。结果表明，在一定的育种规模下，不同选择策略间的成功概率存在显著差异，选择合适的育种策略对完成既定育种目标是非常重要的。利用 HPLC 法测定表型的育种策略，比利用 UPLC 法测定表型的相应育种策略的成功概率高。4 个 pVAC 基因座位的分子标记辅助选择策略 MAS4 是所有育种策略中成功概率最高的。其他表型与分子标记联合育种策略的成功概率介于表型育种策略 UPLC 和 MAS4 之间。采用两个或 3 个分子标记的育种策略 MAS2 或 MAS3 的成功概率与采用育种策略 MAS4 的成功概率差别不大（Zhang et al., 2012b）。

表 12.18　不同育种规模下育种策略的成功概率 (%)

杂交组合数	分离群体大小	UPLC	HPLC	MAS4	MAS1+UPLC	MAS2+UPLC	MAS3+UPLC	MAS1+HPLC	MAS2+HPLC	MAS3+HPLC
40	400	28.3	50.5	62.8	38.7	54.5	56.6	56.4	56.8	60.4
	600	43.7	73.8	83.7	60.0	81.6	82.5	76.5	84.8	82.4
	800	56.2	86.3	93.1	70.2	91.0	89.8	90.4	92.9	91.7
	1000	64.2	88.5	96.6	74.1	92.6	93.0	91.9	94.0	93.4
	1200	66.9	94.3	96.5	80.1	95.7	96.3	96.1	97.4	96.7
60	400	48.3	76.2	85.4	56.6	80.3	81.7	80.9	84.8	82.1
	600	58.0	87.3	94.8	72.3	91.9	92.8	91.5	95.1	92.2
	800	68.2	93.7	97.3	83.1	96.3	95.3	97.6	97.2	95.2
	1000	79.1	97.1	99.0	88.8	98.2	98.2	98.6	99.4	98.3
	1200	82.5	98.3	99.9	91.2	99.4	99.6	98.8	99.6	99.2
80	400	56.3	87.4	93.2	67.8	89.7	89.7	89.0	93.1	90.3
	600	68.7	94.3	97.1	78.5	96.2	95.4	94.5	97.5	95.9
	800	74.3	97.1	99.4	86.4	98.2	98.3	97.8	99.1	98.9
	1000	83.8	99.0	99.8	92.1	98.7	99.3	99.2	99.6	99.5
	1200	86.9	99.0	99.9	93.1	99.7	100.0	99.7	100.0	99.7
100	400	58.0	89.1	97.7	72.9	93.2	94.0	92.0	95.0	94.3
	600	76.2	97.4	99.4	87.6	98.4	97.8	97.9	99.2	98.9
	800	83.9	99.1	99.9	93.2	99.1	99.7	99.6	99.7	99.7
	1000	92.6	99.9	100.0	96.0	100.0	99.9	99.5	100.0	99.9
	1200	92.4	99.9	100.0	97.3	100.0	100.0	99.7	100.0	100.0

CIMMYT 目前服务于 HarvestPlus 计划的育种规模大约是每年配制 40 个杂交组合，分离世代 BC_1F_2 代的群体大小为 600。模拟结果表明，所有育种策略的成功概率在这样的育种规模下都低于 90%（表 12.18）。利用 UPLC 表型选择的成功概率为 43.7%，利用 HPLC 表型选择的成功概率为 73.8%，4 个 pVAC 基因座位的标记辅助选择 MAS4 的成功概率为 83.7%，其他选择策略的成功概率为 60.0%~84.8%。加大育种规模，可以显著提高各个育种策略的成功概率（表 12.18）。如果育种规模加倍，基本上每个选择策略都能有 90% 以上的成功概率。保持初始杂交组合的配制个数为 40、加倍 BC_1F_2 代群体大小到 1200，育种策略 HPLC 的成功概率将高于 90%，标记辅助选择策略 MAS4 的成功概率将高于 95%。保持

BC_1F_2 代群体大小为 600、加倍初始杂交组合个数到 80 时，每个选择策略的成功概率与加倍 BC_1F_2 代群体大小到 1200 且初始杂交组合个数为 40 的成功概率相似，大多数选择策略的成功概率都在 90% 以上。

同一个选择策略在相同育种规模下具有相似的成功概率（表 12.18）。初始杂交组合个数为 40 且分离群体大小为 1200 的育种方案，初始杂交组合个数为 60 且分离群体大小为 800 的育种方案，初始杂交组合个数为 80 且分离群体大小为 600 的育种方案，三者具有相似的育种规模。表 12.18 的结果表明，无论采用哪一种育种策略，其成功概率在这 3 种方案下都是相似的。因此，无论是通过增加初始杂交组合个数来增加育种规模，还是通过增加分离群体大小来增加育种规模，都可以显著提高各个育种策略的成功概率。

练 习 题

12.1 根据您对育种的了解，给出可以通过育种模拟进行研究的若干育种问题。

12.2 选取一个育种中的实际问题，设计并实施一项育种模拟试验，以解答或部分解答这一育种问题。

12.3 假定有 4 个座位上的等位基因，分别用 A/a、B/b、C/c、D/d 表示，它们之间无连锁，$AABBCCDD$ 是理想的目标基因型。已知两个亲本 P_1、P_2 的基因型分别为 $AABBCCdd$、$aabbccDD$。

（1）计算 F_1 和两种回交产生的 RIL 群体中目标基因型的频率。

（2）在 F_1 和两种回交产生的 RIL 群体中，分别需要多大的群体，才能以 99% 的概率保证至少存在一个目标基因型？

12.4 假定有 4 个座位上的等位基因，分别用 A/a、B/b、C/c、D/d 表示，它们之间无连锁，$AABBCCDD$ 是理想的目标基因型。已知两个亲本 P_1、P_2 的基因型分别为 $AABBCCdd$、$aabbccDD$。

（1）计算 F_2 群体中目标基因型的频率。

（2）在 F_2 群体中，需要多大的群体，才能以 99% 的概率保证至少存在一个目标基因型？

（3）如在 F_2 群体进行 4 个目标基因的富集选择，计算 F_2 个体的中选概率。

（4）在 F_2 群体对 4 个目标基因富集选择的基础上，连续自交产生 RIL 群体。计算 RIL 群体中目标基因型的频率。

12.5 假定有 5 个座位上的等位基因，分别用 A/a、B/b、C/c、D/d、E/e 表示，它们之间无连锁，$AABBCCDDEE$ 是理想的目标基因型。已知 3 个亲本 P_1、P_2、P_3 的基因型分别为 $AABBccddee$、$aabbCCDDee$、$aabbccddEE$。

（1）计算 3 种可能的三交组合产生的 RIL 群体中目标基因型的频率。

（2）在这 3 种三交组合产生的 RIL 群体中，分别需要多大的群体，才能有 99% 的概率保证至少存在一个目标基因型？

第13章 育种中的预测和设计

育种是一个较为漫长的过程，它为几年乃至十多年之后的农业生产培育优良品种。因此，预测在育种工作中可以说是无处不在。育种家要预测各种环境条件可能发生的变化，以及由此引起的植物生长对各种生物和非生物抗性（或胁迫）的反应与需求。此外，还要预测未来人类需求方面的变化，并由此制订或调整育种目标。育种家在选择适当的亲本材料配制杂交组合时，需要预测从这些杂交组合产生的分离育种群体中，是否能够选择到符合育种目标的重组基因型。早期分离世代中，在根据个体的各种农艺性状表现进行选择时，需要预测这样的选择是否会提高育种目标基因或基因型的频率，也要预测早期世代的选择对产量、适应性和品质等性状所产生的影响。在开展多环境产量和适应性试验时，需要预测多环境试验中表现优异的基因型，以及在农民的土地上表现如何等。

在传统育种过程中，育种家潜意识地利用设计的方法组配亲本、估计后代种植规模、选择优良后代。Peleman 和 van der Voort (2003) 明确提出设计育种（breeding by design）的概念，万建民（2006）和 Wang 等 (2007) 又进一步明确分子设计育种应当分三步进行：① 定位相关农艺性状的 QTL，评价这些座位上的等位变异，确立不同座位上基因间以及基因与环境间的相互关系；② 根据育种目标，确定满足不同生态条件、不同育种需求的目标基因型；③ 设计育种方案，开展设计育种。本章首先介绍线性模型及其在育种中的一些应用，然后以一个染色体片段置换系群体为例，说明育种设计的基本方法和过程。

§13.1 线性模型及其参数估计

§13.1.1 线性回归模型

假设因变量 y 和 p 个自变量 $X_1, \cdots, X_p$ 有如下线性关系：

$$y = \beta_0 + \beta_1 X_1 + \cdots + \beta_p X_p + \varepsilon \tag{13.1}$$

统计学上称公式 13.1 为多元线性回归模型（张尧庭和方开泰，1982；Stuart et al., 1999；土松桂等，2004）。其中，β_0 为常数项；$\beta_1, \cdots, \beta_p$ 是自变量 $X_1, \cdots, X_p$ 的回归系数；ε 为随机误差。对于 n 组观测值 $X_{i1}, \cdots, X_{ip}, y_i$ $(i = 1, \cdots, n)$，它们满足：

$$y_i = \beta_0 + \beta_1 X_{i1} + \cdots + \beta_p X_{ip} + \varepsilon_i \tag{13.2}$$

给定 n 组观测值，统计学上常用最小二乘估计（least square estimation, LSE）计算模型（公式 13.1）中的常数项和回归系数，即 LSE 估计值使得随机误差效应的平方和取得最小值。为计算方便，统计学上常用矩阵的形式，将 n 组观测值的方程（公式 13.2）表示为

$$\boldsymbol{y}_{n \times 1} = \boldsymbol{X}_{n \times (p+1)} \boldsymbol{\beta}_{(p+1) \times 1} + \boldsymbol{\varepsilon}_{n \times 1} \tag{13.3}$$

其中，

$$\boldsymbol{y}_{n\times 1}=\begin{bmatrix}y_1\\y_2\\\vdots\\y_n\end{bmatrix},\quad \boldsymbol{X}_{n\times(p+1)}=\begin{bmatrix}1 & X_{11} & \cdots & X_{1p}\\1 & X_{21} & \cdots & X_{2p}\\\vdots & \vdots & \ddots & \vdots\\1 & X_{n1} & \cdots & X_{np}\end{bmatrix},\quad \boldsymbol{\beta}_{p+1}=\begin{bmatrix}\beta_0\\\beta_1\\\vdots\\\beta_p\end{bmatrix},\quad \boldsymbol{\varepsilon}_{n\times 1}=\begin{bmatrix}\varepsilon_1\\\varepsilon_2\\\vdots\\\varepsilon_n\end{bmatrix}$$

公式 13.3 中，矩阵或向量后面的下标表示矩阵的维数（也称阶数），列向量可以看作列数为 1 的特殊矩阵，行向量可以看作行数为 1 的特殊矩阵。为简便起见，下文中一般都略去向量或矩阵的阶数，将公式 13.3 简单表示为 $\boldsymbol{y}=\boldsymbol{X}\boldsymbol{\beta}+\boldsymbol{\varepsilon}$。一般的回归模型中，常数项和回归系数是待估计的未知参数。它们并不是随机变量，只是将随机误差视为随机效应。对于随机误差，除了满足期望为 0 的条件外，还常常假设具有等方差性和无相关性，即

$$E(\boldsymbol{\varepsilon})=0 \text{ [或等价地表示为 } E(\boldsymbol{y})=\boldsymbol{X}\boldsymbol{\beta}],\quad \text{Cov}(\boldsymbol{\varepsilon})=\sigma_\varepsilon^2\boldsymbol{I} \tag{13.4}$$

其中，σ_ε^2 为随机误差方差；$\boldsymbol{I}$ 表示对角线元素为 1、其他元素为 0 的单位矩阵。随机误差满足公式 13.4 给出的两个条件，在统计学上也称作高斯–马尔可夫（Gauss-Markov）假设，是回归分析中参数估计、假设检验及变量选择的基石（王松桂等，2004）。

高斯-马尔可夫假设下，线性模型（公式 13.3）中，参数的最小二乘估计满足下面的正则方程（ordinary equation）：

$$\boldsymbol{X}'\boldsymbol{X}\hat{\boldsymbol{\beta}}=\boldsymbol{X}'\boldsymbol{y} \tag{13.5}$$

当 $\boldsymbol{X}'\boldsymbol{X}$ 的逆矩阵存在时，参数的最小二乘估计可以表示为

$$\hat{\boldsymbol{\beta}}=(\boldsymbol{X}'\boldsymbol{X})^{-1}\boldsymbol{X}'\boldsymbol{y} \tag{13.6}$$

线性模型（公式 13.3）中，$\boldsymbol{X}$ 有时也称为设计矩阵，有关线性模型的所有统计推断几乎都与 $\boldsymbol{X}$ 有关。因此，设计矩阵在线性模型的统计推断中起重要作用。有些情况下，可以适当选择自变量的取值，使得设计矩阵 $\boldsymbol{X}$ 在统计推断中表现出某种优良性质。这就是统计学上所说的基于线性模型的最优设计问题（张尧庭和方开泰，1982）。下面利用一个经典的称重问题说明设计矩阵的重要性。

如需要用天平称取 4 个物体 A、B、C、D 的质量（$\beta_1,\cdots,\beta_4$），假定每次测量有相同的误差方差。当一个物体放在天平左边时用 1 表示，放在右边用 -1 表示；砝码的质量用 y 表示，砝码放在天平右边时取正值，放在天平左边时取负值。设计如下的称重方案：第 1 次将 4 个物体全部放在天平左边，称得的质量用 y_1 表示，误差用 ε_1 表示；第 2 次将 A 和 B 放在天平左边，将 C 和 D 放在天平右边，称得的质量用 y_2 表示，误差用 ε_2 表示；第 3 次将 A 和 C 放在天平左边，将 B 和 D 放在天平右边，称得的质量用 y_3 表示，误差用 ε_3 表示；第 4 次将 A 和 D 放在天平左边，将 B 和 C 放在天平右边，称得的质量用 y_4 表示，误差用 ε_4 表示。4 次称量的结果用线性模型表示为

$$y_1=\beta_1+\beta_2+\beta_3+\beta_4+\varepsilon_1,\quad y_2=\beta_1+\beta_2-\beta_3-\beta_4+\varepsilon_2,$$

$$y_3=\beta_1-\beta_2+\beta_3-\beta_4+\varepsilon_3,\quad y_4=\beta_1-\beta_2-\beta_3+\beta_4+\varepsilon_4$$

因此，称重问题的设计矩阵 X 为

$$X = \begin{bmatrix} 1 & 1 & 1 & 1 \\ 1 & 1 & -1 & -1 \\ 1 & -1 & 1 & -1 \\ 1 & -1 & -1 & 1 \end{bmatrix}$$

容易看出，$X'X$ 是对角元素为 4 的对角矩阵，与单位矩阵 I 之间仅差一个常数系数，前面介绍的称重方法在试验设计中又称为正交设计（orthogonal design）。对角矩阵的逆矩阵很容易计算，根据公式 13.6 得到 4 个物体质量的最小二乘估计为

$$\hat{\beta}_1 = \frac{1}{4}(y_1 + y_2 + y_3 + y_4), \quad \hat{\beta}_2 = \frac{1}{4}(y_1 + y_2 - y_3 - y_4)$$

$$\hat{\beta}_3 = \frac{1}{4}(y_1 - y_2 + y_3 - y_4), \quad \hat{\beta}_4 = \frac{1}{4}(y_1 - y_2 - y_3 + y_4)$$

根据正则方程 13.5 得到的 4 个物体质量的 LSE 是最优线性无偏估计，不同物体质量的 LSE 之间还相互独立；在测量误差独立同分布的假定下，每个物体质量估计值的方差仅为单次测量误差方差的 $\frac{1}{4}$。如果每次只称一个物体，则每个物体要称量 4 次，合计进行 16 次称量才能达到同样的精度。如果每次测量（也可以是每做一个试验或每获得一个样本数点）需要相对固定的花费，那么在相同估计精确度的条件下，正交设计的测量成本只有每个物体单独测量成本的 $\frac{1}{4}$。正交设计是试验设计的一项重要内容，针对一项科学试验，如何构建出一个优良的设计矩阵，以获得未知参数的准确估计，同时控制或降低试验成本，是线性模型（公式 13.3）理论研究的一项重要内容。

实际问题中，可能的自变量有很多。事先也不确定哪些自变量起决定作用，有时还可能出现自变量个数远远超过观测值个数的情况。这时，$X'X$ 的逆矩阵可能不存在。当 $X'X$ 的逆矩阵不存在时，β 是不可估计的。统计上只能对 β 的一些可估线性函数进行估计，或者通过增加观测值，使得 $X'X$ 可逆。如果模型（公式 13.3）中自变量之间存在复共线性（multicollinearity），即一些变量高度相关，这时即使增加观测值，也不会使 $X'X$ 变得可逆。还有些时候，增加样本观测值可能根本行不通，这时就需要对公式 13.3 中的变量进行选择（Miller, 1990; Stuart et al., 1999）。公式 13.3 给出的模型，有时也笼统地称作线性回归模型。如果利用一组观测值得到了未知参数 β 的估计值 $\hat{\beta}$，对于一组新的自变量 X，很显然，就可以利用公式 $\hat{y} = X\hat{\beta}$ 对因变量 y 进行预测。正是由于上述种种原因，以及实际应用中的重要性，线性回归模型在统计学上占有重要的位置，并且具有丰富的研究内容。

§13.1.2 回归系数和误差方差的估计

考虑更一般的情况，$\hat{\beta}$ 满足正则方程（公式 13.5），用 $c'\beta$ 表示 β 的一个可估线性函数，可估的严格定义参考张尧庭和方开泰（1982）、王松桂等（2004）的统计学专著。这里利用上一节的称重问题，说明可估的直观含义。在前面的称重问题中，如仅进行前 3 次称量，这时无法估计出每个物体的质量。但是，对 4 个物体质量的某些线性函数还是可以进行估计的，

如物体 A 和 B 的总质量。这一可估线性函数用向量的形式表示为

$$\beta_1 + \beta_2 = \begin{pmatrix} 1 & 1 & 0 & 0 \end{pmatrix} \begin{pmatrix} \beta_1 \\ \beta_2 \\ \beta_3 \\ \beta_4 \end{pmatrix} = \boldsymbol{c}'\boldsymbol{\beta}$$

统计学上的高斯-马尔可夫定理说明，可估线性函数 $\boldsymbol{c}'\boldsymbol{\beta}$ 的最小二乘估计具有存在性和唯一性，可估函数 $\boldsymbol{c}'\boldsymbol{\beta}$ 的最小二乘估计 $\boldsymbol{c}'\hat{\boldsymbol{\beta}}$ 在所有的线性无偏中具有最小方差。因此，最小二乘估计 $\boldsymbol{c}'\hat{\boldsymbol{\beta}}$ 是可估线性函数 $\boldsymbol{c}'\boldsymbol{\beta}$ 的最优线性无偏估计（best linear unbiased estimation, BLUE）。高斯-马尔可夫定理奠定了最小二乘方法在线性模型参数估计理论中的地位，刻画了最小二乘估计在线性无偏估计类中的最优性。当 $\boldsymbol{X}'\boldsymbol{X}$ 的逆矩阵存在时，令

$$\beta_j = 0 \times \beta_0 + \cdots + 0 \times \beta_{j-1} + 1 \times \beta_j + 0 \times \beta_{j+1} + \cdots + 0 \times \beta_p \tag{13.7}$$

当 $\boldsymbol{X}'\boldsymbol{X}$ 的逆矩阵存在时，统计学上可以证明，对于所有的 $j = 0, 1, \cdots, p$，线性函数（公式 13.7）都是可估的，公式 13.6 给出的每个回归系数的估计都是 BLUE。

用 r 表示设计矩阵 $\boldsymbol{X}$ 的秩，公式 13.3 和公式 13.4 中误差方差的无偏估计为

$$\hat{\sigma}_\varepsilon^2 = \frac{\|\boldsymbol{y} - \boldsymbol{X}\boldsymbol{\beta}\|^2}{n-r} = \frac{(\boldsymbol{y} - \boldsymbol{X}\boldsymbol{\beta})'(\boldsymbol{y} - \boldsymbol{X}\boldsymbol{\beta})}{n-r} \tag{13.8}$$

如公式 13.3 中随机误差服从等方差的正态分布，且相互独立，即

$$\boldsymbol{\varepsilon} \sim N(\boldsymbol{0}, \sigma_\varepsilon^2 \boldsymbol{I}) \tag{13.9}$$

这时，公式 13.5 和公式 13.6 给出的最小二乘估计还具备以下 3 个性质。

(1) $\boldsymbol{c}'\boldsymbol{\beta}$ 为任一可估线性函数，则最小二乘估计 $\boldsymbol{c}'\hat{\boldsymbol{\beta}}$ 还是 $\boldsymbol{c}'\boldsymbol{\beta}$ 的极大似然估计，而且，

$$\boldsymbol{c}'\hat{\boldsymbol{\beta}} \sim N(\boldsymbol{c}'\boldsymbol{\beta}, \sigma_\varepsilon^2 \boldsymbol{c}'(\boldsymbol{X}'\boldsymbol{X})^{-}\boldsymbol{c}) \tag{13.10}$$

(2) $\dfrac{n-r}{n}\hat{\sigma}_\varepsilon^2$ 为 σ_ε^2 的极大似然估计，而且，$\dfrac{(n-r)\hat{\sigma}_\varepsilon^2}{\sigma_\varepsilon^2} \sim \chi^2(\mathrm{df} = n - r)$。

(3) 作为随机变量，$\boldsymbol{c}'\hat{\boldsymbol{\beta}}$ 与 $\hat{\sigma}_\varepsilon^2$ 相互独立。

上面的 3 个性质是回归分析中模型显著性检验、回归系数的区间估计，以及预测值的置信区间和方差的研究基础。公式 13.10 中，$(\boldsymbol{X}'\boldsymbol{X})^{-}$ 是 $\boldsymbol{X}'\boldsymbol{X}$ 的广义逆矩阵。当 $\boldsymbol{X}'\boldsymbol{X}$ 的逆矩阵存在时，$(\boldsymbol{X}'\boldsymbol{X})^{-} = (\boldsymbol{X}'\boldsymbol{X})^{-1}$；当 $\boldsymbol{X}'\boldsymbol{X}$ 的逆矩阵不存在时，$\boldsymbol{X}'\boldsymbol{X}$ 的广义逆矩阵一定存在，但不唯一。统计学上可以证明，对于一个可估线性函数 $\boldsymbol{c}'\boldsymbol{\beta}$，不论 $(\boldsymbol{X}'\boldsymbol{X})^{-}$ 取何值，$\boldsymbol{c}'(\boldsymbol{X}'\boldsymbol{X})^{-}\boldsymbol{c}$ 都是唯一的。因此，即使 $\boldsymbol{X}'\boldsymbol{X}$ 逆矩阵不存在的情况下，仍然可以研究可估函数的统计学性质。

§13.1.3　广义线性模型

回归模型（公式 13.1）中，自变量在一定范围内一般有连续的取值。广义线性模型（general linear model, GLM）有时指模型中的自变量是一些分类变量，如方差分析的线性模型，有时

模型中可能既有连续变量又有分类变量,如协方差分析的线性模型(李仲来等, 2007)。还有些时候,广义线性模型指的是随机误差效应不完全独立。所以,广义线性模型具有更灵活的建模特性。它不仅可以像一般线性模型那样对数据的均值进行分析,还可以对数据的方差和协方差进行分析建模。在前面的称重问题中,自变量的取值只有 1 和 −1 两种可能,其实也可以看作一种广义线性模型。广义线性模型的一般形式是

$$y = X\beta + \varepsilon, \quad \text{其中 } E(\varepsilon) = 0, \quad \text{Cov}(\varepsilon) = \sigma_\varepsilon^2 \Sigma \tag{13.11}$$

公式 13.11 给出的模型中,$\text{Cov}(\varepsilon) = \sigma_\varepsilon^2 \Sigma$ 是随机误差效应的方差和协方差矩阵。统计上常假定 Σ 是正定对称矩阵,用 $\Sigma > 0$ 表示。该模型最小二乘估计的正则方程以及 β 的最小二乘估计分别由公式 13.12 和公式 13.13 给出。

$$X'\Sigma^{-1}X\hat{\beta} = X'\Sigma^{-1}y \tag{13.12}$$

$$\hat{\beta} = (X'\Sigma^{-1}X)^- X'\Sigma^{-1}y \tag{13.13}$$

当方差和协方差矩阵 $\text{Cov}(\varepsilon)$ 是一个已知的对角阵时,公式 13.13 得到的 β 的估计又称为加权最小二乘估计(weighted least square estimation)。广义线性模型(公式 13.11)有如下统计学性质。

(1)对任一线性可估函数 $c'\beta$,$c'\hat{\beta}$ 是 $c'\beta$ 唯一的 BLUE,其方差为

$$V(c'\hat{\beta}) = \sigma_\varepsilon^2 c'(X'\Sigma^{-1}X)^- c \tag{13.14}$$

(2)用 r 表示设计矩阵 X 的秩,$\Sigma > 0$ 且已知。模型(公式 13.11)中误差方差 σ_ε^2 的无偏估计为

$$\hat{\sigma}_\varepsilon^2 = \frac{(y - X\beta)'\Sigma^{-1}(y - X\beta)}{n - r} \tag{13.15}$$

当 $\varepsilon \sim N(0, \sigma_\varepsilon^2 \Sigma)$、$\Sigma > 0$ 且已知时,除上述两个性质外,广义线性模型(公式 13.11)还有如下统计学性质。

(1)对任一线性可估函数 $c'\beta$,$c'\hat{\beta}$ 是 $c'\beta$ 的极大似然估计,并且,

$$c'\hat{\beta} \sim N(c'\beta, \sigma_\varepsilon^2 c'(X'\Sigma^{-1}X)^- c) \tag{13.16}$$

(2)$\dfrac{n-r}{n}\hat{\sigma}_\varepsilon^2$ 为 σ_ε^2 的极大似然估计,且 $\dfrac{(n-r)\hat{\sigma}_\varepsilon^2}{\sigma_\varepsilon^2} \sim \chi^2(\text{df} = n - r)$。

(3)作为随机变量,$c'\hat{\beta}$ 与 $\hat{\sigma}_\varepsilon^2$ 相互独立。

(4)当 $r = \text{rank}(X) = p + 1$ 时,$\hat{\beta}$ 是 β 的极大似然估计,$\hat{\beta} \sim N(\beta, \sigma_\varepsilon^2 (X'\Sigma^{-1}X)^{-1})$,且 $\hat{\beta}$ 与 $\hat{\sigma}_\varepsilon^2$ 相互独立。

可以看出,广义线性模型中,最小二乘估计仍具备大量的优良性质。从公式 13.16 给出的性质(1)可以看出,只有当 $X'\Sigma^{-1}X$ 为对角阵且可逆时,回归系数的估计值才相互独立。对于 §13.1.1 中的称重问题,$\Sigma = I$,$X'\Sigma^{-1}X = X'X$ 是对角元素为 4 的对角阵。因此,可以判定 4 个物体质量的估计量是相互独立的。一般情况下,观测值间的独立性与回归系数估计量之间的独立性是两个不同的概念。观测值间的相关,一般都会造成回归系数估计值间的相关。但是,观测值相互独立,不一定说明回归系数估计量之间也相互独立,回归系数估计量之间的独立性是由设计矩阵是否正交决定的。

§13.1.4 最优线性无偏估计和最优线性无偏预测

线性模型的可预测性决定了它在实际应用中的重要性。对于线性模型（公式 13.1），利用观测数据（公式 13.2）可以计算模型参数的最小二乘估计（公式 13.5 或公式 13.6），从而获得一个经验模型：

$$y = X\hat{\beta} \tag{13.17}$$

这样，对于一组新的自变量的观测值，就能根据经验公式 13.17 预测因变量的表现。待预测的因变量用模型表示为

$$y_0 = X_0\beta + \varepsilon_0, \quad E(\varepsilon_0) = 0, \quad V(\varepsilon_0) = \sigma_\varepsilon^2 \Sigma_0 \tag{13.18}$$

其中，

$$y_0 = \begin{bmatrix} y_{01} \\ y_{02} \\ \vdots \\ y_{0m} \end{bmatrix}, \quad X_0 = \begin{bmatrix} 1 & X_{011} & \cdots & X_{01p} \\ 1 & X_{021} & \cdots & X_{02p} \\ \vdots & \vdots & \vdots & \vdots \\ 1 & X_{0m1} & \cdots & X_{0mp} \end{bmatrix}, \quad \varepsilon_0 = \begin{bmatrix} \varepsilon_{01} \\ \varepsilon_{02} \\ \vdots \\ \varepsilon_{0m} \end{bmatrix}$$

从公式 13.18 可以看出，因变量的表现 y_0 是随机变量，它的期望为 $E(y_0) = X_0\beta$。因此，可以用其期望 $X_0\beta$ 的估计值作为随机变量 y_0 的预测。假定被预测量 y_0 与观测值 y 不相关，即 $\mathrm{Cov}(y, y_0) = \mathrm{Cov}(\varepsilon, \varepsilon_0) = 0$，可以认为 y_0 的预测值为

$$\hat{y}_0 = X_0\hat{\beta} = X_0(X'\Sigma X)^- X'\Sigma^{-1} y \tag{13.19}$$

根据高斯-马尔可夫定理，$X_0\hat{\beta}$ 是线性可估函数 $X_0\beta$ 的 BLUE。公式 13.19 其实是把 $X_0\beta$ 的 BLUE 作为随机变量 y_0 的估计。习惯上，对随机变量的估计称为预测。因此，公式 13.21 又称为随机变量 y_0 的最优线性无偏预测（best linear unbiased prediction, BLUP）。

如果被预测量 y_0 与观测值 y 之间存在相关，它们之间的相关表示为

$$\mathrm{Cov}\begin{pmatrix} y \\ y_0 \end{pmatrix} = \sigma_\varepsilon^2 \begin{pmatrix} \Sigma & V' \\ V & \Sigma_0 \end{pmatrix} \tag{13.20}$$

统计上可以证明随机变量 y_0 的 BLUP 为

$$\hat{y}_0 = X_0\hat{\beta} + V\Sigma^{-1}(y - X\hat{\beta}) \tag{13.21}$$

其中，$\hat{\beta} = (X'\Sigma X)^- X'\Sigma^{-1} y$。

参数的无偏估计和随机变量的无偏预测这两个概念的统计学含义略有区别。例如，$c'\hat{\beta}$ 是参数 $c'\beta$ 的无偏估计，统计学上的含义指的是 $E(c'\hat{\beta}) = c'\beta$。$\hat{y}_0$ 是随机变量 y_0 的无偏预测，统计学上的含义指的是 $E(\hat{y}_0 - y_0) = 0$。$E(c'\hat{\beta}) = c'\beta$ 可以等价地写成 $E(c'\hat{\beta} - c'\beta) = 0$。但是，$E(\hat{y}_0 - y_0) = 0$ 不能等价地写成 $E(\hat{y}_0) = y_0$，而只能等价地写成 $E(\hat{y}_0) = E(y_0)$。线性估计和线性预测有相同的含义，他们都是参数 β 的一个线性可估函数。公式 13.21 给出的预测值，其实是参数 β 的线性可估函数 $X_0\beta$ 的 BLUE。最优估计和最优预测在统计上也有相同的含义，指的是在一切线性无偏估计或预测中具有最小均方误差。

估计和预测在统计学上的区别是细微的。对于非随机变量的参数来说，一般称为估计；对于随机变量来说，一般称为预测。对于预测模型（公式 13.21）来说，如果强调 y_0 的随机性，公式 13.21 给出的只是 y_0 的一种可能的取值。这时，最好说成是 y_0 的一个预测值。如果强调 y_0 的期望 $X_0\beta$，$X_0\beta$ 并不是随机变量，这时最好说公式 13.21 给出的是 $X_0\beta$ 的一个估计。因此，就随机变量 y_0 来说，公式 13.21 给出的是 y_0 的 BLUP；就 y_0 的期望 $X_0\beta$ 来说，公式 13.21 给出的是 $X_0\beta$ 的 BLUE。因此，如果把随机变量 y_0 的 BLUP 与其期望 $X_0\beta$ 的 BLUE 视为一件事，也就避免了实际应用中，何时用"估计"、何时用"预测"等一些无谓的争议（Gelman, 2005）。

§13.1.5 混合线性模型

混合线性模型是广义线性模型的进一步推广，其一般情形为

$$y_{n\times 1} = X_{n\times p}\beta_{p\times 1} + Z_{n\times q}u_{q\times 1} + \varepsilon_{n\times 1} \tag{13.22}$$

其中，y 是 $n\times 1$ 维的观测向量；X 和 Z 是已知的由 0 或 1 组成的设计矩阵；β 是由固定效应参数构成的未知向量；u 是由一组随机效应构成的随机向量；ε 是由随机误差效应构成的向量。随机效应 u 的协方差矩阵用 G 表示，随机误差 ε 的协方差矩阵用 R 表示。公式 13.22 给出的混合线性模型满足如下条件：

$$u\sim(0,G),\quad e\sim(0,R),\quad y\sim(X\beta,V)=(X\beta,ZGZ'+R) \tag{13.23}$$

其中，$u\sim(0,G)$ 表示随机效应的均值为 0，协方差阵为 G，其余类推。

混合线性模型（公式 13.22）中的固定效应，可以看作一个广义线性模型。根据公式 13.13 可以得到 β 的 BLUE 为

$$\hat{\beta}=(X'V^{-1}X)^{-1}X'V^{-1}y \tag{13.24}$$

Henderson (1963) 证明了混合线性模型（公式 13.23）中随机效应 u 的 BLUP 为

$$\hat{u}=GZ'V^{-1}(y-X\hat{\beta}) \tag{13.25}$$

公式 13.24 和公式 13.25 中，V 为一个 n 阶对称方阵。当观测值很多时，计算它的逆矩阵比较困难。Henderson 随后又提出一个类似正则方程（公式 13.5）的混合模型方程（mixed-model equation, MME），以同时得到固定效应的 BLUE 和随机效应的 BLUP，从而避免了求一个高阶矩阵的逆这一问题（Henderson, 1984）。Henderson 推出的混合模型方程是

$$\begin{bmatrix} X'R^{-1}X & X'R^{-1}Z \\ Z'R^{-1}X & Z'R^{-1}Z+G^{-1} \end{bmatrix} \times \begin{bmatrix} \hat{\beta} \\ \hat{u} \end{bmatrix} = \begin{bmatrix} X'R^{-1}y \\ Z'R^{-1}y \end{bmatrix} \tag{13.26}$$

矩阵 R 和 G 在很多情形下均为对角阵，它们的逆矩阵很容易计算。公式 13.26 中，$X'R^{-1}X$ 是一个 $p\times p$ 阶矩阵，$Z'R^{-1}Z+G^{-1}$ 是一个 $q\times q$ 阶矩阵。因此，在求解 $\hat{\beta}$ 和 $\hat{u}$ 时只需求一个 $p+q$ 阶矩阵的逆。一般来说，$p+q$ 远小于观测值的个数 n。因此，与公式 13.24 和公式 13.25 相比较，公式 13.26 的求解要容易许多。

从混合模型求解方程（公式 13.24～ 公式 13.26）可以看出，不论是固定效应的 BLUE 还是随机效应的 BLUP，均需要知道随机效应 u 的协方差矩阵 G，以及随机误差 ε 的协方差矩阵 R。随机误差效应在混合模型中也一般假定是独立同分布，即 $\text{Cov}(\varepsilon) = R = \sigma_\varepsilon^2 I$。但是，随机效应之间一般都存在相关，需要根据实际应用中需要解决的问题，构建特定的协方差矩阵 G。如果用 σ_G^2 表示单个随机效应方差，与协方差矩阵 R 类似，随机效应的协方差矩阵 G 还可以表示为 $\text{Cov}(u) = G = \sigma_G^2 A$。矩阵 A 反映了随机变量 u 之间的相互关系，有时也称为关系矩阵（relationship matrix）。这时，混合模型方程可以简化为

$$\begin{bmatrix} X'X & X'Z \\ Z'X & Z'Z + \lambda A^{-1} \end{bmatrix} \times \begin{bmatrix} \hat{\beta} \\ \hat{u} \end{bmatrix} = \begin{bmatrix} X'y \\ Z'y \end{bmatrix} \tag{13.27}$$

其中，$\lambda = \dfrac{\sigma_\varepsilon^2}{\sigma_G^2}$。公式 13.27 中，$X$ 和 Z 是已知的由 0 和 1 组成的设计矩阵，A 是针对实际问题构建出的随机变量之间的关系矩阵；y 是 $n \times 1$ 维的观测向量。因此，只需要知道随机效应方差 σ_G^2 和随机误差方差 σ_ε^2 的相对大小，就能计算公式 13.27 中固定效应的 BLUE 和随机效应的 BLUP，即 $\hat{\beta}$ 和 $\hat{u}$。从中还可以看出，当关系矩阵是单位阵时，混合模型方程（公式 13.27）给出的估计与线性模型的岭回归（ridge regression）估计等价。

§13.2 育种值的预测

育种家在进行选择时，不仅要看个体本身的表现，更重要的是希望选择后的个体能够产生出更好的后代（王建康，2017）。因此，育种中除了要考虑个体自身的表现外，更重要的是估计个体的育种值，然后根据育种值进行选择。数量遗传学上，利用个体产生后代的平均表现与随机交配群体平均数的差异来度量该个体的育种值（Falconer and Mackay, 1996; 王建康，2017）。随机交配群体中，一个个体对其后代的贡献率仅占 50%，个体育种值定义为后代平均表现与群体平均数之间差异的一半，或者把后代平均表现与群体平均数之间的差异看作个体育种值的两倍。父本的选择在动物育种中起着重要作用。动物由于存在性别差异，有些性状仅在雌性个体中才能观测到。因此，育种值的估计在动物育种中显得尤为重要。这也许可以解释为何 BLUP 首先在动物育种中被提出并得到广泛的应用。BLUP 现已成为动物育种值估计的常规方法，常用的混合模型有 3 个，即动物模型（animal model）、配子模型（gametic model）和简化动物模型（reduced animal model）。动物模型利用个体的观测值以及个体间的共祖先系数估计个体的育种值；配子模型利用个体的观测值和亲本贡献估计亲本的育种值；简化动物模型则结合前两个模型，而且重点在于估计亲本而不是后代的育种值（Henderson, 1984; Lynch and Walsh, 1998; Mrode, 2005）。以下简要介绍动物模型和配子模型，简化动物模型在 §13.3 中进行介绍。

§13.2.1 动物模型

最简单的动物模型假定只有一个固定效应，即群体平均数 μ。如果性别之间有差异，还可以考虑另外两个固定效应：一个是雌性效应，另一个是雄性效应。如果只考虑一个固定效

应，将第 i 个个体的观测值 y_i 表示为

$$y_i = \mu + a_i + \varepsilon_i \tag{13.28}$$

其中，a_i 为第 i 个个体的育种值，是随机效应。若有 n 个个体，上述模型的矩阵形式为

$$\boldsymbol{y}_{n\times 1} = \boldsymbol{X}_{n\times 1}\mu + \boldsymbol{Z}_{n\times n}\boldsymbol{u}_{n\times 1} + \boldsymbol{\varepsilon}_{n\times 1} \tag{13.29}$$

其中，

$$\boldsymbol{y}_{n\times 1} = \begin{bmatrix} y_1 \\ y_2 \\ \vdots \\ y_n \end{bmatrix}, \quad \boldsymbol{X} = \begin{bmatrix} 1 \\ 1 \\ \vdots \\ 1 \end{bmatrix}_{n\times 1} = \boldsymbol{1}, \quad \boldsymbol{Z} = \boldsymbol{I}_{n\times n}, \quad \boldsymbol{u} = \begin{bmatrix} a_1 \\ a_2 \\ \vdots \\ a_n \end{bmatrix}_{n\times 1}, \quad \boldsymbol{\varepsilon}_{n\times 1} = \begin{bmatrix} \varepsilon_1 \\ \varepsilon_2 \\ \vdots \\ \varepsilon_n \end{bmatrix},$$

$$\boldsymbol{u} \sim (\boldsymbol{0}, \boldsymbol{G}), \quad \boldsymbol{\varepsilon} \sim (\boldsymbol{0}, V_\varepsilon \boldsymbol{I})$$

模型中的矩阵 $\boldsymbol{G}$ 为育种值之间的协方差。根据数量遗传的基本理论，在一个随机交配群体中，如果个体 X 的父本、母本分别为 A 和 B，Y 的父本、母本分别为 C 和 D，X 和 Y 之间协方差的一般形式是

$$\mathrm{Cov}(X,Y) = 2f_{XY}V_A + \Delta_{XY}V_D + (2f_{XY})^2 V_{AA} + 2f_{XY}\Delta_{XY}V_{AD} + \Delta_{XY}^2 V_{AD}$$
$$+ (2f_{XY})^3 V_{AAA} + (2f_{XY})^2 \Delta_{XY} V_{AAD} + \cdots \tag{13.30}$$

其中，f_{XY} 为个体 X 与 Y 之间的共祖先系数；$\Delta_{XY} = f_{AC}f_{BD} + f_{AD}f_{BC}$；$V_A$ 为加性遗传方差；V_D 为显性遗传方差；V_{AA} 为加加上位型遗传方差等。如果忽略上位型互作或与加性效应相比较互作效应较小，可以认为加性遗传方差 V_A 主要是由育种值的差异产生的。这时，个体 X 育种值和个体 Y 育种值之间的协方差为 $2f_{ij}V_A$。用矩阵 $\boldsymbol{A}$ 表示加性效应间的关系矩阵（additive genetic relationship matrix），即 $\boldsymbol{A} = [2f_{ij}]_{n\times n}$，可以从个体的系谱关系进行计算（详见 §13.2.3~§13.2.4）。这样，动物模型（公式 13.28，公式 13.29）中，随机效应育种值的协方差矩阵及其逆矩阵可以用群体的加性方差 V_A 和已知加性关系矩阵 $\boldsymbol{A}$ 表示为

$$\boldsymbol{G} = V_A \boldsymbol{A}, \quad \boldsymbol{G}^{-1} = \frac{1}{V_A} \boldsymbol{A}^{-1} \tag{13.31}$$

将模型（公式 13.29）满足的条件，以及公式 13.31 代入混合模型方程（即公式 13.26），进一步得到动物模型的混合模型方程为

$$\begin{bmatrix} n & \boldsymbol{1} \\ \boldsymbol{1} & \boldsymbol{I} + \lambda \boldsymbol{A}^{-1} \end{bmatrix} \begin{bmatrix} \hat{\mu} \\ \hat{\boldsymbol{u}} \end{bmatrix} = \begin{bmatrix} \sum y_i \\ \boldsymbol{y} \end{bmatrix} \tag{13.32}$$

其中，$\lambda = \dfrac{V_\varepsilon}{V_A}$，为误差方差与加性遗传方差之间的比值。如果忽略其他遗传方差，遗传力 $h^2 \approx \dfrac{V_A}{V_A + V_\varepsilon}$，因此 $\lambda \approx \dfrac{1-h^2}{h^2}$。在数量遗传学中，已开展大量遗传研究，对大多数性状的

遗传力 h^2 都做过大量的估计。因此，在实际应用中，可以从这些已估计的性状遗传力获得混合模型方程（公式 13.32）中误差方差和加性遗传方差的比值 λ。

例如，图 13.1 给出 5 个个体的系谱关系，它们在某性状上的观测向量为

$$\boldsymbol{y} = \begin{bmatrix} y_1 \\ y_2 \\ y_3 \\ y_4 \\ y_5 \end{bmatrix} = \begin{bmatrix} 7 \\ 9 \\ 10 \\ 6 \\ 9 \end{bmatrix}$$

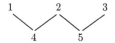

图 13.1　一个包含 5 个个体的系谱图

假定个体 1、2 和 3 间无亲缘关系，且它们的近交系数为 0。根据群体遗传学中共祖先系数的计算方法，得到加性关系矩阵 $\boldsymbol{A}$ 及其逆矩阵为

$$\boldsymbol{A} = \begin{bmatrix} 1 & 0 & 0 & 0.5 & 0 \\ 0 & 1 & 0 & 0.5 & 0.5 \\ 0 & 0 & 1 & 0 & 0.5 \\ 0.5 & 0.5 & 0 & 1 & 0.25 \\ 0 & 0.5 & 0.5 & 0.25 & 1 \end{bmatrix}, \quad \boldsymbol{A}^{-1} = \begin{bmatrix} 1.5 & 0.5 & 0 & -1 & 0 \\ 0.5 & 2 & 0.5 & -1 & -1 \\ 0 & 0.5 & 1.5 & 0 & -1 \\ -1 & -1 & 0 & 2 & 0 \\ 0 & -1 & -1 & 0 & 2 \end{bmatrix}$$

假定 $h^2 = 0.5$，则 $\lambda \approx 1$。从而得到混合模型方程：

$$\begin{bmatrix} 5 & 1 & 1 & 1 & 1 & 1 \\ 1 & 2.5 & 0.5 & 0 & -1 & 0 \\ 1 & 0.5 & 3 & 0.5 & -1 & -1 \\ 1 & 0 & 0.5 & 2.5 & 0 & -1 \\ 1 & -1 & -1 & 0 & 3 & 0 \\ 1 & 0 & -1 & -1 & 0 & 3 \end{bmatrix} \times \begin{bmatrix} \hat{\mu} \\ \hat{a}_1 \\ \hat{a}_2 \\ \hat{a}_3 \\ \hat{a}_4 \\ \hat{a}_5 \end{bmatrix} = \begin{bmatrix} 41 \\ 7 \\ 9 \\ 10 \\ 6 \\ 9 \end{bmatrix}$$

求解上述混合模型方程，得到固定效应和每个个体育种值的估计分别为

$$\hat{\mu} = 8.30, \quad \begin{bmatrix} \hat{a}_1 \\ \hat{a}_2 \\ \hat{a}_3 \\ \hat{a}_4 \\ \hat{a}_5 \end{bmatrix} = \begin{bmatrix} -0.96 \\ 0.08 \\ 0.89 \\ -1.06 \\ 0.55 \end{bmatrix}$$

§13.2.2　配子模型

父本的选择在动物育种中起着重要作用。动物存在性别差异，有些性状，如奶牛中的产奶量，仅在雌性个体中才能得到观测值。这时，公牛产奶量的表型数据只能来自它的雌性后

代。有时即使个体本身有观测值，但育种中更关心的是通过个体的表现对其亲代的育种值进行评价，进而根据育种值的高低进行选择。这时就需要用到配子模型，有时也称为父本或公畜模型。配子模型中，两个亲本对其后代个体的贡献率各占 50%，后代个体的加性遗传值用亲本育种值的平均数表示。具体来说，如果 a_{si} 为个体 i 的父本或公畜的育种值，a_{di} 为母本或母畜的育种值，则后代个体 i 的育种值 a_i 为

$$a_i = \frac{1}{2}a_{si} + \frac{1}{2}a_{di} + \varepsilon_{ai} \tag{13.33}$$

其中，ε_{ai} 是由后代的遗传分离造成的偏差，即由于双亲存在杂合基因座位，即使在同一个全同胞家系中，不同的个体也具有不同的基因型。公式 13.33 中的 ε_{ai} 其实也可看作由显性效应引起的偏差。这样，公式 13.28 给出的动物模型就可以改写为

$$y_i = \mu + a_i + \varepsilon_i = \mu + \left(\frac{1}{2}a_{si} + \frac{1}{2}a_{di}\right) + (\varepsilon_{ai} + \varepsilon_i) \tag{13.34}$$

配子模型中的剩余误差包含两部分，即由孟德尔遗传分离引起的遗传成分 ε_{ai} 以及互不相关的随机误差成分 ε_i。随机误差 ε_i 有相同的方差 V_ε，因此协方差阵为 $V_\varepsilon \boldsymbol{I}$。对于非近交亲本，遗传成分 ε_{ai} 的方差为 $\frac{1}{2}V_A$。如果亲本存在近交，ε_{ai} 的方差可以用公式 13.34 进行估计。

$$V(\varepsilon_{ai}) = \frac{1}{2}\left(1 - \frac{F_{si} + F_{di}}{2}\right)V_A = \frac{1}{2}(1 - \bar{F}_i)V_A \tag{13.35}$$

其中，F_{si} 和 F_{di} 表示两个亲本的近交系数；$\bar{F}_i$ 是个体 i 双亲近交系数的平均数。个体 i 与其自身之间的共祖先系数 f_{ii} 与个体 i 的近交系数 F_i 间的关系见公式 13.36。

$$f_{ii} = \frac{1}{2}(1 + F_i) \tag{13.36}$$

仍用矩阵 $\boldsymbol{A}$ 表示所有亲本构成的遗传关系矩阵，则加性关系矩阵 $\boldsymbol{A}$ 的各元素为

$$A_{si,si} = 2f_{si,si} = 1 + F_{si}, \quad A_{di,di} = 2f_{di,di} = 1 + F_{di},$$

$$\bar{F}_i = \frac{F_{si} + F_{di}}{2} = \frac{A_{si,si} + A_{di,di}}{2} - 1$$

不同的遗传成分 ε_{ai} 间可认为是相互独立的。因此，剩余向量的协方差阵是对角阵，即

$$\boldsymbol{R} = V_\varepsilon \boldsymbol{I} + V_A \begin{bmatrix} (1-\bar{F}_1)/2 & 0 & \cdots & 0 \\ 0 & (1-\bar{F}_2)/2 & \cdots & 0 \\ \vdots & \vdots & \ddots & \vdots \\ 0 & 0 & & (1-\bar{F}_n)/2 \end{bmatrix} = V_\varepsilon \boldsymbol{W} \tag{13.37}$$

其中，$\boldsymbol{W}$ 是对角阵，对角元素为 $1 + (1-\bar{F}_i)/(2\lambda)$，$\lambda = \dfrac{V_\varepsilon}{V_A}$。

图 13.2 给出 3 个已知亲本和它们 5 个后代个体的系谱图，3 个已知亲本个体用 1~3 表示，5 个后代个体用 4~8 表示，括号内的字母 M 和 F 分别表示雄（male）、雌（female）两种性别。系谱图中，X 表示未知亲本，没有任何基因型或表型方面的数据。

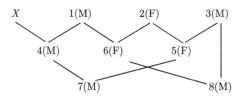

图 13.2　一个包含 3 个已知亲本和它们的 5 个后代个体的系谱图

3 个已知亲本个体用 1~3 表示，5 个后代个体用 4~8 表示，括号内的字母 M 和 F 分别表示雄、雌两种性别，X 表示未知亲本

假定性别间存在差异，并且把性别视为固定效应，雄性和雌性的效应分别用 b_1 和 b_2 表示。现要估计图 13.2 中产生雌性后代的 3 个雄性个体（即 1、3、4）的育种值，分别用 a_1、a_3、a_4 表示。后代个体（即 4~8）的表型观测值与性别效应、育种值之间的线性模型为

$$y_4 = b_1 + a_1 + \varepsilon_4 = 4.5, \quad y_5 = b_2 + a_3 + \varepsilon_5 = 2.9,$$
$$y_6 = b_2 + a_1 + \varepsilon_6 = 3.9, \quad y_7 = b_1 + a_4 + \varepsilon_7 = 3.5,$$
$$y_8 = b_1 + a_3 + \varepsilon_8 = 5.0$$

用矩阵的形式表示为

$$\boldsymbol{y} = \begin{bmatrix} 4.5 \\ 2.9 \\ 3.9 \\ 3.5 \\ 5.0 \end{bmatrix} = \begin{bmatrix} 1 & 0 \\ 0 & 1 \\ 0 & 1 \\ 1 & 0 \\ 1 & 0 \end{bmatrix} \begin{bmatrix} b_1 \\ b_2 \end{bmatrix} + \begin{bmatrix} 1 & 0 & 0 \\ 0 & 1 & 0 \\ 1 & 0 & 0 \\ 0 & 0 & 1 \\ 0 & 1 & 0 \end{bmatrix} \begin{bmatrix} a_1 \\ a_3 \\ a_4 \end{bmatrix} + \begin{bmatrix} \varepsilon_1 \\ \varepsilon_2 \\ \varepsilon_3 \\ \varepsilon_4 \\ \varepsilon_5 \end{bmatrix}$$

利用图 13.2 的系谱关系，可以计算出个体 1、3、4 之间的加性关系矩阵及其逆矩阵为

$$\boldsymbol{A} = \begin{bmatrix} 1 & 0 & 0.5 \\ 0 & 1 & 0 \\ 0.5 & 0 & 1 \end{bmatrix}, \quad \boldsymbol{A}^{-1} = \begin{bmatrix} 1.333 & 0 & -0.667 \\ 0 & 1 & 0 \\ -0.667 & -0.667 & 1.333 \end{bmatrix}$$

利用其他试验对加性方差和误差方差的估计，假定 $V_A = 5$，$V_\varepsilon = 55$。因此，$\lambda = 11$。利用混合模型方程（公式 13.26），得到以下 2 个性别效应和 3 个育种值的估计：

$$\begin{bmatrix} \hat{b}_1 \\ \hat{b}_2 \\ \hat{a}_1 \\ \hat{a}_3 \\ \hat{a}_4 \end{bmatrix} = \begin{bmatrix} 4.336 \\ 3.382 \\ 0.022 \\ 0.014 \\ -0.043 \end{bmatrix}$$

§13.2.3　动物系谱共祖先系数的计算

从前面的动物模型和配子模型都可以看出，与育种值相关的关系矩阵是求解混合线性方程的基础。知道了个体之间的共祖先系数，也就知道了育种值的加性关系矩阵。共祖先系

数有时又称为亲本系数,定义为两个个体中任意一个基因座位上等位基因是后裔同样的概率。共祖先系数是群体遗传学和数量遗传学中研究个体间亲缘关系远近的重要参数(王建康,2017)。亲本系数和个体的近交系数有着紧密的关系,个体的近交系数定义为任意一个基因座位上两个等位基因是后裔同样的概率。个体的近交系数等于它两个亲本间的亲本系数。用 f_{XY} 表示两个个体间的亲本系数,F_X 表示个体 X 的近交系数。系谱数据中,如果 A 和 B 的后代是 X,C 和 D 的后代是 Y,亲本系数和近交系数有以下关系:

$$F_X = f_{AB}, \quad F_Y = f_{CD} \tag{13.38}$$

$$f_{XY} = \frac{1}{2}[f_{XC} + f_{XD}] = \frac{1}{2}[f_{AY} + f_{BY}] \tag{13.39}$$

$$f_{XY} = \frac{1}{4}[f_{AC} + f_{AD} + f_{BC} + f_{BD}] \tag{13.40}$$

如用 f_{XX} 表示个体与它自身的亲本系数,F_X 表示个体 X 的近交系数,二者间的关系是

$$f_{XX} = \frac{1}{2}(1 + F_X) \tag{13.41}$$

利用上述各种关系,就可以对任一系谱结构计算其共祖先系数矩阵,具体过程简单介绍如下,更详细内容参见《数量遗传学》一书(王建康,2017)。

(1) 假定一个系谱中有 n 个个体,把所有个体按照在系谱中的先后排序,亲代必须排在子代的前面,将排在前面的 p 个无祖先关联的个体组成一个基础群体。

(2) 近交系数和亲本系数的计算从基础群体开始。基础群体中,每个个体都是非近交的,其近交系数为 0,两两之间也没有任何亲缘关系,亲本系数为 0。因此,

$$f_{ij} = f_{ji} = \begin{cases} 0, & 1 \leqslant i < j \leqslant p \\ \frac{1}{2}(1 + F_i) = \frac{1}{2}(1 + 0) = \frac{1}{2}, & 1 \leqslant i = j \leqslant p \end{cases} \tag{13.42}$$

(3) 按照个体在系谱中的先后顺序,依次计算个体 i $(i > p)$ 和个体 $1, 2, \cdots, i$ 间的亲本系数。设个体 i 的亲本为 g 和 h,由于个体按先后次序排列,因此有 $g < i$ 和 $h < i$。根据公式 13.39 和公式 13.41 可以得到,

$$f_{ij} = f_{ji} = \begin{cases} \frac{1}{2}f_{gj} + \frac{1}{2}f_{hj}, & p < j < i \\ \frac{1}{2}(1 + F_i) = \frac{1}{2}(1 + f_{gh}), & p < j = i \end{cases} \tag{13.43}$$

重复过程(3)就得到亲本系数矩阵的所有元素。计算过程中,如果某一个亲本未知,则认为它的近交系数为 0,它与其他所有不是它后代的个体之间的共祖先系数也为 0。

图 13.3 的系谱包含 5 个非自交个体,个体 1 和个体 2 的来源未知,它们在一起形成一个基础群体。因此,

$$F_1 = F_2 = f_{12} = f_{21} = 0, \quad f_{11} = \frac{1}{2}(1 + F_1) = \frac{1}{2}, \quad f_{22} = \frac{1}{2}(1 + F_2) = \frac{1}{2}$$

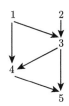

图 13.3 一个包含 5 个个体的系谱图

个体 3 的亲本为个体 1 和个体 2,与公式 13.43 类似,可以得到,

$$f_{13} = f_{31} = \frac{1}{2}f_{11} + \frac{1}{2}f_{21} = \frac{1}{2} \times \frac{1}{2} + \frac{1}{2} \times 0 = \frac{1}{4}$$

$$f_{23} = f_{32} = \frac{1}{2}f_{12} + \frac{1}{2}f_{22} = \frac{1}{2} \times 0 + \frac{1}{2} \times \frac{1}{2} = \frac{1}{4}$$

$$f_{33} = \frac{1}{2}(1 + F_3) = \frac{1}{2}(1 + f_{12}) = \frac{1}{2}$$

个体 4 的亲本为个体 1 和个体 3,因此,

$$f_{14} = f_{41} = \frac{1}{2}f_{11} + \frac{1}{2}f_{31} = \frac{1}{2} \times \frac{1}{2} + \frac{1}{2} \times \frac{1}{4} = \frac{3}{8}$$

$$f_{24} = f_{42} = \frac{1}{2}f_{12} + \frac{1}{2}f_{32} = \frac{1}{2} \times 0 + \frac{1}{2} \times \frac{1}{4} = \frac{1}{8}$$

$$f_{34} = f_{43} = \frac{1}{2}f_{13} + \frac{1}{2}f_{33} = \frac{1}{2} \times \frac{1}{4} + \frac{1}{2} \times \frac{1}{2} = \frac{3}{8}$$

$$f_{44} = \frac{1}{2}(1 + F_4) = \frac{1}{2}(1 + f_{13}) = \frac{1}{2}\left(1 + \frac{1}{4}\right) = \frac{5}{8}$$

个体 5 的亲本为个体 3 和个体 4,因此,

$$f_{15} = f_{51} = \frac{1}{2}f_{31} + \frac{1}{2}f_{41} = \frac{1}{2} \times \frac{1}{4} + \frac{1}{2} \times \frac{1}{8} = \frac{3}{16}$$

$$f_{25} = f_{52} = \frac{1}{2}f_{32} + \frac{1}{2}f_{42} = \frac{1}{2} \times \frac{1}{4} + \frac{1}{2} \times \frac{1}{8} = \frac{3}{16}$$

$$f_{35} = f_{53} = \frac{1}{2}f_{33} + \frac{1}{2}f_{43} = \frac{1}{2} \times \frac{1}{2} + \frac{1}{2} \times \frac{3}{8} = \frac{7}{16}$$

$$f_{45} = f_{54} = \frac{1}{2}f_{34} + \frac{1}{2}f_{44} = \frac{1}{2} \times \frac{3}{8} + \frac{1}{2} \times \frac{5}{8} = \frac{1}{2}$$

$$f_{55} = \frac{1}{2}(1 + F_5) = \frac{1}{2}(1 + f_{34}) = \frac{1}{2}\left(1 + \frac{3}{8}\right) = \frac{11}{16}$$

根据上面的规则,可以很方便地编制计算机程序,从庞大的系谱中计算两两个体之间的共祖先系数矩阵。

§13.2.4 植物自交系共祖先系数的计算

植物育种以纯系品种和杂种品种的选育为主。纯系品种是通过两个或多个亲本杂交，然后再连续自交并进行选择的结果。连续自交后，可以得到基因型纯合一致的家系，称为自交系或纯系，纯系品种可以看作表现优良的自交系。杂种品种是自交系间杂交产生的优良 F_1，自交系选育是杂种品种选育的重要组成部分。因此，纯系（或自交系）的选育是植物育种的重要内容。顺便说明，纯系（pure line）与自交系（inbred or inbred line）具有相同的遗传组成，从遗传学角度来看，二者没有本质区别，它们只是不同场合下的两个称号。在以纯系品种为目标的育种过程中，育种家常常使用纯系这一称号；在以杂种 F_1 为目标的育种过程中，育种家常常使用自交系这一称号。

对于每个自交系来说，每个座位上的两个等位基因一定是后裔同样。因此，自交系的近交系数为 1。但是，亲本对自交系的贡献可能不像动物那样各占 50%。在双亲单交组合产生的自交系中，由于连续自交过程中的漂变和选择等因素（图 13.4），每个亲本对后代自交系的贡献可能偏离 50%。在双亲回交群体产生的自交系中，轮回亲本对自交系的贡献可能偏离 75%。因此，亲本对自交系的贡献需要根据基因型数据进行估计（Wang and Bernardo, 2000; Bernardo, 2010）。如果无基因型数据，可以用无漂变和无选择下的理论贡献值代替。例如，单交组合衍生的自交系中，两个亲本的贡献各占 50%；回交一代衍生的自交系中，轮回亲本的贡献为 75%，非轮回亲本的贡献为 25% 等。值得一提的是，在如图 13.4 产生新一代自交系的过程中，如从 F_2 代开始采用单粒传的方法，最终的重组自交系都能追踪到一个 F_2 单株。这样的方法可以保证最终的多个新自交系形成的群体具有最大的有效群体大小（effective population size）。

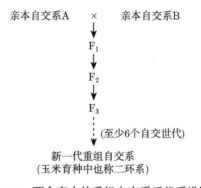

图 13.4 两个亲本的重组自交系后代系谱图

为进一步说明亲本对后代自交系贡献的差异，图 13.5 给出自交系亲本'综 3'和自交系'87-1'杂种 F_1，通过单粒传衍生的 294 个 RIL 家系中（Guo et al., 2013）亲本'综 3'遗传贡献的次数分布。亲本贡献根据遍布玉米 10 条染色体并且在两个亲本中具有多态性的 261 个分子标记进行估计，不考虑缺失数据。在 294 个重组自交系中，'综 3'亲本贡献的最小值为 0.2706，最大值为 0.9484，平均亲本贡献为 0.4997。虽然对于大多数重组自交系来说，亲本贡献接近 0.5，但是不同自交系的亲本贡献具有较大差异。重组自交系是从 F_2 世代通过单粒传的方式产生的，因此选择的作用非常小。这里看到的亲本贡献差异主要是由随机漂变产生的。

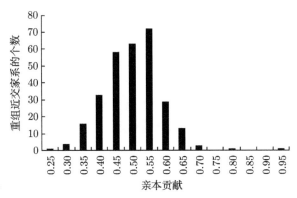

图 13.5 一个玉米单交组合产生的重组近交家系群体中，一个亲本自交系对后代自交系亲本贡献的次数分布

在已知每个自交系对后代亲本贡献的基础上，可以对任一系谱结构中的自交系计算其共祖先系数矩阵。每个自交系的近交系数为 $F_X = 1$。因此，与自身的共祖先系数 $f_{XX} = \frac{1}{2}(1+F_X) = 1$。不同自交系间的共祖先系数计算如下。

（1）假定一个系谱中有 n 个自交系，所有自交系按照在系谱中的先后排序，亲代必须排在子代的前面，将排在前面的 p 个无祖先关联的自交系组成一个基础群体。

（2）近交系数和亲本系数的计算从基础群体开始。在基础群体中，每个自交系都是通过连续自交产生的，其近交系数为 1。但是，两个自交系之间没有任何亲缘关系，共祖先系数为 0。因此，

$$f_{ij} = f_{ji} = 0, \quad 1 \leqslant i < j \leqslant p \tag{13.44}$$

（3）按照自交系在系谱中的先后顺序，依次计算自交系 i $(i > p)$ 和自交系 $1, 2, \cdots, i$ 间的亲本系数。设自交系 i 的亲本为 g 和 h，亲本 g 和 h 对自交系 i 的贡献分别用 c_{gi} 和 c_{hi} 表示。由于自交系按先后次序排列，因此，$g < i, h < i$：

$$f_{ij} = f_{ji} = c_{gi} f_{gj} + c_{hi} f_{hj}, \quad p < j < i \tag{13.45}$$

§13.3 玉米杂交种表现的预测

§13.3.1 一个玉米杂交种衍生的遗传研究群体

玉米杂交种选育过程中，由于试验规模和可利用资源的限制，往往只能对有限的杂交组合进行田间测试。育种家经常关心的一个问题，就是测试杂交组合中是否包含了最优秀的杂交组合（Godshalk et al., 1990; Bernardo, 1992, 1994, 1996, 2010; Schrag et al., 2006; Frisch et al., 2010）。本节利用优良杂交种'豫玉 22'产生的重组近交家系群体说明杂交种表现的预测方法（Guo et al., 2013）。'豫玉 22'是一个强优势杂交组合（汤华等，2004），亲本自交系'综 3'选自一个综合种，亲本自交系'87-1'选自美国先锋公司的杂交种 87001。'豫玉 22'属于一种新的杂种优势模式，即'温热 I 群'×'综合种选系'模式。2000 年，随机从'豫玉 22'的 F_2 分离群体中挑选 300 个单株，按照单粒传的方法连续自交至 F_7 代，组建成一个

包含 294 个重组自交系的 RIL 群体。根据 Hua 等（2003）提出的"永久 F_2"（immortalized F_2, IF_2）组配方案，将 294 个 RIL 随机分成两组，每组包含 147 个重组近交系。从两组 RIL 中，随机各选出 1 个重组近交系作为亲本配制杂交组合，可以配制出 147 个杂交组合。如此重复 3 次，共获得 441 个杂交组合。

将这 441 个杂交组合联合起来，便形成一个新的遗传群体。从单个基因座位来看，新群体与'豫玉 22'产生的 F_2 群体具有相同的遗传组成，但其中的每个个体都是可复制的。因此，也将该群体称作"永久 F_2"群体（Hua et al., 2003）。需要注意的是，当同时考虑两个连锁座位时，RIL 间互交产生的"永久 F_2"群体与 RIL 的两个原始亲本杂交产生的 F_2 群体还是有差异的。两个原始亲本杂交产生的 F_2 群体中，重组单倍型的频率等于一次交换的重组率 r；RIL 间互交产生的"永久 F_2"群体中，重组基因型的频率与 RIL 群体相同，即 $R = \dfrac{2r}{1+2r}$。更多内容请读者参阅《数量遗传学》第 10 章相关章节（王建康, 2017）。

田间试验分别于 2003 年和 2004 年在中国农业大学昌平实验站和河南省浚县农业科学研究所进行。田间采用完全随机区组设计，单行区设 3 次重复，行长 4m，行间距 0.67m，种植密度 45 000 株/hm^2。玉米成熟后，从每行的第 3 株开始连续收获 10 穗，晒干后用于室内考种。调查的性状有穗长、穗粗、穗行数、行粒数、穗重、产量、雄穗分蘖数、雄穗蘖长、株高和穗位高。从玉米基因组数据库中挑选均匀覆盖玉米基因组的 846 对 SSR 引物，对亲本进行多态性筛选。选择其中 261 对共显性 SSR 标记，对重组近交系群体进行基因型分析，并构建分子标记的遗传连锁图。"永久 F_2"群体无须做进一步的基因型检测，其中每个杂交组合的标记基因型可以从它的两个亲本重组近交系的标记基因型推知。

利用方差分析计算性状的环境方差、重复方差、遗传方差、基因型与环境互作方差、误差方差和遗传力等参数，并估计各个变量的遗传效应。方差分析的线性模型为

$$y_{ijk} = \mu + e_i + r_j + g_k + ge_{k \times i} + \varepsilon_{ijk} \tag{13.46}$$

其中，y_{ijk} 是第 i 个环境下、第 j 个重复中、第 k 个基因型的性状值；μ 为群体均值；e 为环境效应；r 为重复效应；g 为基因型效应；ge 为基因型与环境互作效应；ε 为误差效应。环境和重复设为固定效应，基因型以及基因型与环境互作设为随机效应。上述模型得到的基因型估计值作为矫正表型值，在以后的分析中代替表型值，以期得到更加准确的预测结果。

§13.3.2 预测模型

1. 利用自交系的表型预测杂交种

利用自交系的表现预测杂交种是最早的预测方法（Gama and Hallauer, 1977; Smith, 1986; Hallauer et al., 2010）。该方法利用双亲表现的均值预测杂交种的表现，即亲本自交系的表现越好，它们的杂交种后代的表现越优良，两个自交系杂交得到的杂交种表现为

$$G_{ij} = \frac{1}{2}(P_i + P_j) \tag{13.47}$$

其中，G_{ij} 为杂交种的表现；P_i 和 P_j 分别为第 i 个自交系与第 j 个自交系的自身表现。

2. 利用自交系的一般配合力预测杂交种

利用适当的遗传交配设计可以计算自交系的一般配合力 (general combining ablility, GCA) 和特殊配合力 (specific combining ablility, SCA)。利用自交系的配合力，可以预测不同杂种优势群间自交系杂交产生的单交种、双交种和三交种的表现 (Jenkins, 1934; Melchinger et al., 1987; Coors and Pandey, 1999)。如果某一自交系与其他多个自交系杂交产生多个杂交种，则这个自交系的 GCA 近似等于其后代杂交种表现的均值。利用"永久 F_2"群体中组合的表现，计算每个 RIL 的 GCA，因此两个 RIL 自交系间杂交种的表现为

$$G_{ij} = \frac{1}{2}(\text{GCA}_i + \text{GCA}_j) \tag{13.48}$$

其中，G_{ij} 为杂交种的表现；GCA_i 和 GCA_j 分别为第 i 个自交系和第 j 个自交系的一般配合力。

3. 利用 QTL 定位结果预测杂交种

利用 3 种类型群体进行各种性状的 QTL 定位及效应估计，即 RIL 群体、"永久 F_2" 群体，以及 RIL 与"永久 F_2"的混合群体。在 RIL 群体中，只能检测到加性 QTL。在"永久 F_2"群体中，能够同时检测到加性和显性 QTL。在混合群体中，由于样本量的增加，能够更准确地估计 QTL 的加性和显性效应。在 QTL 作图的基础上，根据 RIL 家系的 QTL 基因型推测出杂交种的 QTL 基因型。利用杂交种的 QTL 基因型，以及 QTL 的加性和显性效应，杂交种的预测表现为

$$G = b + \sum_{i=1}^{l}(x_i a_i + y_i d_i) \tag{13.49}$$

其中，G 是杂交种的表现；b 是群体均值；l 是 QTL 的个数；a_i 和 d_i 分别是第 i 个 QTL 的加性效应和显性效应；x_i 和 y_i 是第 i 个 QTL 的指示变量，对于 3 种 QTL 基因型 QQ、Qq 和 qq，x_i 的取值分别为 1、0 和 -1，y_i 的取值分别为 0、1 和 0。

4. 利用全基因组标记的加性和显性效应预测杂交种

BLUP 是基于混合线性模型的预测方法，它不仅可以进行单个随机效应的估计，而且能推广到包含两组或多组随机效应向量的情形。例如，有时需要同时估计加性效应和显性效应，有时需要同时估计育种值和母性效应，有时需要同时估计 GCA 和 SCA 等，这时的混合模型就包含两组或多组随机效应向量。RIL 和"永久 F_2"的混合群体中，个体的表型值与标记型之间建立以下关系：

$$\boldsymbol{y} = \boldsymbol{X\beta} + \boldsymbol{Z}_1\boldsymbol{a} + \boldsymbol{Z}_2\boldsymbol{d} + \boldsymbol{\varepsilon} \tag{13.50}$$

其中，$\boldsymbol{\beta}$ 是群体平均数，是固定效应；$\boldsymbol{a}$ 和 $\boldsymbol{d}$ 分别为所有标记的加性效应和显性效应构成的向量，是随机效应；$\boldsymbol{Z}_1$ 是 $\boldsymbol{a}$ 的设计矩阵，当标记型为 MM、Mm 和 mm 时，取值分别为 1、0 和 -1；$\boldsymbol{Z}_2$ 是 $\boldsymbol{d}$ 的设计矩阵，当标记为纯合型时取值为 0，杂合型时取值为 1。求解固定效应 $\boldsymbol{\beta}$，以及随机效应 $\boldsymbol{a}$ 和 $\boldsymbol{d}$ 的混合模型方程为

$$\begin{bmatrix} \hat{\boldsymbol{\beta}} \\ \hat{\boldsymbol{a}} \\ \hat{\boldsymbol{d}} \end{bmatrix} = \begin{bmatrix} \boldsymbol{X}'\boldsymbol{R}^{-1}\boldsymbol{X} & \boldsymbol{X}'\boldsymbol{R}^{-1}\boldsymbol{Z}_1 & \boldsymbol{X}'\boldsymbol{R}^{-1}\boldsymbol{Z}_2 \\ \boldsymbol{Z}_1'\boldsymbol{R}^{-1}\boldsymbol{X} & \boldsymbol{Z}_1'\boldsymbol{R}^{-1}\boldsymbol{Z}_1 + \boldsymbol{A}^{-1} & \boldsymbol{Z}_1'\boldsymbol{R}^{-1}\boldsymbol{Z}_2 \\ \boldsymbol{Z}_2'\boldsymbol{R}^{-1}\boldsymbol{X} & \boldsymbol{Z}_2'\boldsymbol{R}^{-1}\boldsymbol{Z}_1 & \boldsymbol{Z}_2'\boldsymbol{R}^{-1}\boldsymbol{Z}_2 + \boldsymbol{D}^{-1} \end{bmatrix} \times \begin{bmatrix} \boldsymbol{X}'\boldsymbol{R}^{-1}\boldsymbol{y} \\ \boldsymbol{Z}_1'\boldsymbol{R}^{-1}\boldsymbol{y} \\ \boldsymbol{Z}_2'\boldsymbol{R}^{-1}\boldsymbol{y} \end{bmatrix},$$

$$\boldsymbol{A}^{-1} = \frac{n\sigma_\varepsilon^2}{\sigma_A^2}\boldsymbol{I}, \quad \boldsymbol{D}^{-1} = \frac{n\sigma_\varepsilon^2}{\sigma_D^2}\boldsymbol{I} \tag{13.51}$$

其中, σ_A^2、σ_D^2 和 σ_ε^2 分别为加性方差、显性方差和随机误差方差; n 为标记的个数。因此, 杂交种的预测表现为

$$G = \hat{b} + \sum_{i=1}^{n}(x_i\hat{a}_i + y_i\hat{d}_i) \tag{13.52}$$

其中, G 是杂交种的表现; $\hat{b}$ 是群体平均数的估计; n 是标记的总数; $\hat{a}_i$ 和 $\hat{d}_i$ 分别是第 i 个标记加性效应和显性效应的估计值; x_i 和 y_i 是第 i 个标记的指示变量。

5. 利用自交系的育种值预测杂交种

BLUP 在动物育种中主要用于育种值的估计, 现已成为动物育种的常规方法之一。本章 §13.2 介绍了育种值预测的动物模型和配子模型, 这里简单介绍简化动物模型 (reduced animal model)。该模型适用于包含有亲代和子代的大系谱数据, 但不考虑孙代及孙代以后的个体。假定有 k 个亲本以及它们之间交配产生的 l 个后代, 共有 $k+l$ 个观测值。亲本按照动物模型对待, 子代按照配子模型对待, 目的是估计 k 个亲本的加性遗传效应值, 即育种值向量 $\boldsymbol{u}' = \begin{bmatrix} a_1 & a_2 & \cdots & a_k \end{bmatrix}$。把观测向量分为亲本观测向量 $\boldsymbol{y}_\text{p}$ 和子代观测向量 $\boldsymbol{y}_\text{o}$ 两部分, 即

$$\boldsymbol{y} = \begin{bmatrix} \boldsymbol{y}_\text{p} \\ \boldsymbol{y}_\text{o} \end{bmatrix}, \quad \boldsymbol{Z} = \begin{bmatrix} \boldsymbol{I}_{k \times k} \\ \boldsymbol{Z}^* \end{bmatrix}, \quad \boldsymbol{\varepsilon} = \begin{bmatrix} \boldsymbol{\varepsilon}_\text{p} \\ \boldsymbol{\varepsilon}_\text{o} \end{bmatrix}$$

这时的混合线性模型可以表示为

$$\boldsymbol{y} = \begin{bmatrix} \boldsymbol{y}_\text{p} \\ \boldsymbol{y}_\text{o} \end{bmatrix} = \boldsymbol{X}\boldsymbol{\beta} + \begin{bmatrix} \boldsymbol{I}_{k \times k} \\ \boldsymbol{Z}^* \end{bmatrix} + \begin{bmatrix} \boldsymbol{\varepsilon}_\text{p} \\ \boldsymbol{\varepsilon}_\text{o} \end{bmatrix} \tag{13.53}$$

其中, $\boldsymbol{I}_{k \times k}$ 是 k 阶单位矩阵; $\boldsymbol{Z}^*$ 是 $l \times k$ 阶设计矩阵, 它记录了每个后代的亲本; $\boldsymbol{Z}^*$ 的每行对应于亲本的两个元素取 0.5, 其余元素设为 0。当自交系的育种值估计出来后, 利用其进行杂交种表现的预测, 即

$$G_{ij} = \frac{1}{2}(A_i + A_j) \tag{13.54}$$

其中, G_{ij} 为杂交种的表现; A_i 和 A_j 分别为第 i 个自交系和第 j 个自交系的育种值。

6. 利用育种值以及全基因组标记的显性效应预测杂交种

自交系的育种值是根据简化动物模型估计而来的, 标记的显性效应则根据 BLUP 的一般过程进行估计。估计标记显性效应的因变量也是剩余值, 由表型值减去两个亲本的育种值之和的一半而得来。估计标记显性效应的模型是

$$\boldsymbol{y} = \boldsymbol{X}\boldsymbol{\beta} + \boldsymbol{Z}\boldsymbol{d} + \boldsymbol{\varepsilon} \tag{13.55}$$

其中, $\boldsymbol{y}$ 是一个 F_1 的观测值与其两个自交系平均育种值之间的离差; $\boldsymbol{\beta}$ 是总体平均数; $\boldsymbol{X}$ 是 $\boldsymbol{\beta}$ 的设计矩阵, 矩阵内元素都为 1; $\boldsymbol{d}$ 是标记的显性效应; $\boldsymbol{Z}$ 是 $\boldsymbol{d}$ 的设计矩阵, 当杂交种中标记是纯合型时取 0, 杂合型时取 1; $\boldsymbol{\varepsilon}$ 为剩余效应向量。随机向量 $\boldsymbol{d}$ 的协方差阵为单位

阵，即只利用了标记本身的信息。利用自交系的育种值和标记的显性效应进行杂交种表现的预测，即

$$G_{ij} = \frac{1}{2}(A_i + A_j) + \sum_{i=1}^{n}(y_i d_i) \tag{13.56}$$

其中，G_{ij} 为杂交种的表现；A_i 和 A_j 分别为第 i 个自交系和第 j 个自交系的育种值；n 是标记的个数；d_i 是第 i 个标记的显性效应；y_i 是第 i 个标记的指示变量，当第 i 个标记为纯合型时取 0，否则取 1。

为下文叙述方便，上面介绍的 6 个预测模型分别用英文缩写 ILP、GCA、QTL、GWP、BV 和 BV+GWP 表示。

§13.3.3 预测模型的有效性以及未测试杂交种的预测

杂交种预测值与真实值之间的决定系数反映了预测结果的准确性。在对未测试杂交种表现进行预测之前，需要对预测模型的有效性进行评价。首先，将测试杂交种分为模型构建群体（有时也成为训练群体）和模型检验群体。模型构建群体包括所有的 RIL 自交系，以及从"永久 F_2"群体中随机选择出的 2/3（294 个）个杂交种。模型检验群体包括"永久 F_2"群体中剩余的 1/3（147 个）个杂交种。模型构建群体中，自交系和杂交种同时具有基因型与表现型数据，由此构建各种预测模型。模型检验群体中，杂交种也同时具有基因型和表现型数据。利用模型构建群体中构建出的预测模型，以及杂交种的基因型数据，预测杂交种的表现型，然后计算预测值与观测值之间的相关性，从而评价预测模型的有效性。

对于模型检验群体来说，杂交种的基因型用来计算杂交种的预测表现，杂交种的观测表现用来衡量模型预测的准确性。这里采用决定系数（R^2）作为预测值与观测值之间相关程度的度量。根据数量遗传学的基本理论，性状的遗传力是决定系数的上限。R^2 越接近遗传力，说明预测结果越准确，构建的预测模型越好。选择 2/3 个不同的杂交种建立模型构建群体，重复上述过程，可以得到多个决定系数的估计值，从而对决定系数的变化范围进行评价。

表 13.1 给出 3 次重复得到的预测模型的决定系数。可以看出在模型检验群体中，F_1 杂交种的预测值与真实值的决定系数在 6 个预测模型之间有显著差异，同一个模型对不同性状的决定系数也有明显的差异。对于不同的预测模型，穗长的决定系数为 0.24~0.49，穗粗为 0.35~0.56，穗行数为 0.53~0.66，行粒数为 0.14~0.39，穗重为 0.13~0.44，产量为 0.09~0.42，雄穗分蘖长度为 0.49~0.65，雄穗分蘖数为 0.45~0.69，株高为 0.45~0.66，穗位高为 0.42~0.71（表 13.1）。

对于穗重、产量、行粒数和穗长这 4 个性状，BV+GWP 模型的预测效果最好，决定系数分别达到 0.44、0.42、0.39 和 0.49。对于穗行数，BV 为最好的预测模型，决定系数达 0.66，但与 BV+GWP 的决定系数（0.65）差别不大。对于穗粗和雄穗分蘖长度，GWP 为最好的预测模型，决定系数分别达 0.56 和 0.65。但对穗粗来说，GWP 和 BV+GWP 两个模型的决定系数相差不大。对雄穗分蘖长度来说，GWP 与另外两种预测方法 ILP 和 BV+GWP 的差别也不大。对雄穗分蘖数、穗位高和株高，ILP 是最好的预测模型，决定系数分别达到 0.69、0.71 和 0.66。对于大部分性状来说，QTL 预测模型的决定系数都较低，为 0.13~0.56，预测结果比不上其他模型。综上所述，预测模型 ILP、GWP、BV 和 BV+GWP 在不同的性状中可以成为最好的预测模型，尤其是 ILP 和 BV+GWP 两种预测模型。

表 13.1　不同预测模型在 10 个性状上预测值与观测值间的决定系数

性状	预测模型（对应于 §13.3.2 中描述的 6 个模型）					
	ILP	GCA	QTL	GWP	BV	BV+GWP
穗重	0.14	0.28	0.13	0.36	0.34	0.44
产量	0.09	0.27	0.13	0.35	0.31	0.42
行粒数	0.14	0.31	0.15	0.32	0.30	0.39
穗粗	0.42	0.43	0.35	0.56	0.50	0.54
穗长	0.24	0.35	0.24	0.48	0.40	0.49
穗行数	0.60	0.53	0.56	0.63	0.66	0.65
雄穗分蘖长度	0.61	0.51	0.49	0.65	0.58	0.61
雄穗分蘖数	0.69	0.45	0.45	0.58	0.56	0.55
穗位高	0.71	0.45	0.51	0.61	0.42	0.44
株高	0.66	0.46	0.45	0.64	0.47	0.50

§13.3.4　预测方法的有效性及其与性状遗传结构的关系

从表 13.1 已经看到，不存在一种预测方法对所有性状都是最好的。不同性状具有不同的遗传结构。这里的遗传结构主要指遗传方差的构成，即加性方差 V_A、非加性方差 V_D，以及非加性方差与加性方差的比值 V_D/V_A 等内容。狭义遗传力（用 h^2 表示）代表加性方差所能解释的表型变异，广义遗传力（用 H^2 表示）代表所有遗传方差解释的表型变异。两种遗传力 H^2 与 h^2 之间的差异越大，代表显性方差（即非加性方差）与加性方差的比值越大，即 V_D/V_A 越大。如果将性状的广义遗传力从小到大排列，就可以对预测模型的预测效果给出一些直观上的解释。

图 13.6 给出 4 种预测方法 ILP、GWP、BV 和 BV+GWP 的决定系数与性状遗传力的关系。柱形图为决定系数，点线图为性状的广义和狭义遗传力。可以看出，遗传力在一定范围内（$H^2=0.40\sim0.63$，$h^2=0.04\sim0.32$），随着 V_D/V_A 的减小，预测模型的决定系数逐渐增加，模型的预测能力逐渐上升。这时，最好的预测模型为 BV+GWP，最差的预测模型是 ILP。当遗传力增加到一定程度时（如 $H^2>0.63$，$h^2>0.32$），随着 V_D/V_A 的减小，决定系数呈下降的趋势，即模型的预测能力下降（图 13.6）。这时，最好的预测模型是 ILP，最差的预测模型是 BV 或 BV+GWP。

假定某一性状受两对无连锁基因的控制，并存在上位型互作效应。RIL 群体中有 4 种基因型，分别用 $AABB$、$AAbb$、$aaBB$、$aabb$ 表示。RIL 家系间的相互杂交可以得到类似 F_2 群体的 9 种基因型，即 $AABB$、$AAbb$、$AABb$、$AaBB$、$AaBb$、$Aabb$、$aaBB$、$aaBb$、$aabb$。其中，双杂合基因型 $AaBb$ 有两种产生途径，即 $AABB \times aabb$ 和 $AAbb \times aaBB$。根据第 6 章 §6.2 给出的两个座位上位型互作遗传模型（公式 6.15），表 13.2 列出 9 种基因型的基因型值。其中，μ_{RIL} 是 RIL 群体的平均数，与公式 6.15 中的 μ 同义，带下标是为了与后文中随机交配群体的平均数相区分；a_1 和 a_2 是两个座位的加性效应，d_1 和 d_2 是两个座位的显性效应；aa、ad、da 和 dd 是两个座位之间的 4 种互作效应。

假定 RIL 群体中没有奇异分离现象,每个等位基因的频率是 0.5。在两个座位独立遗传的假定下,每种基因型的理论频率是 0.25。首先把 RIL 群体中的 4 种纯合基因型视为 4 种配子,在群体中各占 0.25。他们与 4 种等频率的雌配子 AB、Ab、aB、ab 随机结合,就产生随机交配后代群体。表 13.3 给出 4 种配子的随机交配后代群体中各种基因型的频率,然后计算每种配子后代群体的平均数,列于表 13.3 的倒数第二列。后代群体平均数与总平均数的离差,称为配子的平均效应,列于表 13.3 的最后一列。可以看到,配子平均效应中,仅包含加性效应,以及与加性相关的互作效应,不包含显性效应以及显显互作效应。

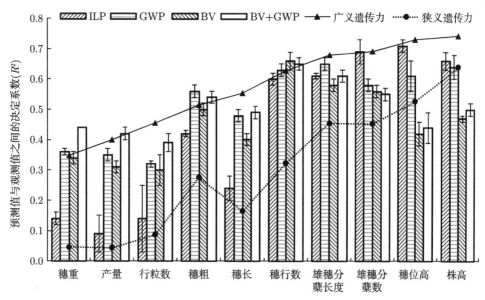

图 13.6 4 种预测方法 ILP、GWP、BV 和 BV+GWP 得到的预测值与真实值之间决定系数与性状遗传力的关系

柱形图为预测模型的决定系数,点线图为性状的广义和狭义遗传力

表 13.2 两个基因座位上 9 种可能的基因型及基因型值

基因型	加显上位模型下的基因型值
$AABB$	$\mu_{\mathrm{RIL}} + a_1 + a_2 + aa$
$AABb$	$\mu_{\mathrm{RIL}} + a_1 + d_2 + ad$
$AAbb$	$\mu_{\mathrm{RIL}} + a_1 - a_2 - aa$
$AaBB$	$\mu_{\mathrm{RIL}} + d_1 + a_2 + da$
$AaBb$	$\mu_{\mathrm{RIL}} + d_1 + d_2 + dd$
$Aabb$	$\mu_{\mathrm{RIL}} + d_1 - a_2 - da$
$aaBB$	$\mu_{\mathrm{RIL}} - a_1 + a_2 - aa$
$aaBb$	$\mu_{\mathrm{RIL}} - a_1 + d_2 - ad$
$aabb$	$\mu_{\mathrm{RIL}} - a_1 - a_2 + aa$

表 13.3 RIL 群体中配子基因型和后代平均效应

配子	频率	随机交配后代的基因型									后代群体的平均数	配子的平均效应（即后代群体平均数与总平均数的离差）
		$AABB$	$AABb$	$AAbb$	$AaBB$	$AaBb$	$Aabb$	$aaBB$	$aaBb$	$aabb$		
AB	$\frac{1}{4}$	$\frac{1}{4}$	0	0	0	$\frac{1}{4}$	0	0	0	0	$\mu_{\mathrm{RIL}} + \frac{1}{2}a_1 + \frac{1}{2}d_1 + \frac{1}{2}a_2 + \frac{1}{4}aa + \frac{1}{4}ad + \frac{1}{4}da + \frac{1}{4}dd$	$\frac{1}{2}\left(a_1 + a_2 + \frac{1}{2}aa + \frac{1}{2}ad + \frac{1}{2}da\right)$
Ab	$\frac{1}{4}$	0	0	$\frac{1}{4}$	0	$\frac{1}{4}$	0	0	0	0	$\mu_{\mathrm{RIL}} + \frac{1}{2}a_1 + \frac{1}{2}d_1 - \frac{1}{2}a_2 + \frac{1}{4}aa + \frac{1}{4}ad - \frac{1}{4}da + \frac{1}{4}dd$	$\frac{1}{2}\left(a_1 - a_2 - \frac{1}{2}aa + \frac{1}{2}ad - \frac{1}{2}da\right)$
aB	$\frac{1}{4}$	0	0	0	0	$\frac{1}{4}$	0	$\frac{1}{4}$	0	0	$\mu_{\mathrm{RIL}} - \frac{1}{2}a_1 + \frac{1}{2}d_1 + \frac{1}{2}a_2 - \frac{1}{4}aa + \frac{1}{4}ad - \frac{1}{4}da + \frac{1}{4}dd$	$\frac{1}{2}\left(-a_1 + a_2 - \frac{1}{2}aa - \frac{1}{2}ad + \frac{1}{2}da\right)$
ab	$\frac{1}{4}$	0	0	0	0	$\frac{1}{4}$	0	0	0	$\frac{1}{4}$	$\mu_{\mathrm{RIL}} - \frac{1}{2}a_1 + \frac{1}{2}d_1 - \frac{1}{2}a_2 + \frac{1}{4}aa - \frac{1}{4}ad - \frac{1}{4}da + \frac{1}{4}dd$	$\frac{1}{2}\left(-a_1 - a_2 + \frac{1}{2}aa - \frac{1}{2}ad - \frac{1}{2}da\right)$
后代群体（即 IF_2 群体）总平均数											$\mu_{\mathrm{IF}_2} = \mu_{\mathrm{RIL}} + \frac{1}{2}d_1 + \frac{1}{2}d_2 + \frac{1}{4}dd$	

注：假定性状由两个座位 A/a 和 B/b 控制，等位基因的频率均为 0.5。

就单个座位来说,二倍体个体的育种值等于该座位上个体所携带两个等位基因的平均效应之和(王建康,2017)。同时考虑两个座位时,个体的育种值等于该个体所包含两种配子型(或单倍型)的平均效应之和。一个自交系有相同的两种配子型,因此将 RIL 群体中纯合自交系的育种值定义为表 13.3 给出的配子平均效应的两倍。表 13.4 给出 RIL 群体中两个独立遗传基因座位上 4 种自交系本身的基因型值和自交系的育种值。根据数量遗传学的基本理论,育种值是一个基于群体的遗传参数。表 13.3 和表 13.4 中,估计配子平均效应和自交系育种值的参照群体都是 RIL 自交系之间互交构成的随机交配群体。表 13.3 最后一行给出的其实就是该参照群体的平均数。

表 13.4 RIL 群体中 4 种纯合基因型的理论基因型值和育种值

基因型	频率	理论基因型值(与 RIL 群体平均数 μ_{RIL} 的离差)	理论育种值(与 IF$_2$ 群体平均数 μ_{IF_2} 的离差)
AABB	$\frac{1}{4}$	$a_1 + a_2 + aa$	$a_1 + a_2 + \frac{1}{2}aa + \frac{1}{2}ad + \frac{1}{2}da$
AAbb	$\frac{1}{4}$	$a_1 - a_2 - aa$	$a_1 - a_2 - \frac{1}{2}aa + \frac{1}{2}ad - \frac{1}{2}da$
aaBB	$\frac{1}{4}$	$-a_1 + a_2 - aa$	$-a_1 + a_2 - \frac{1}{2}aa - \frac{1}{2}ad + \frac{1}{2}da$
aabb	$\frac{1}{4}$	$-a_1 - a_2 + aa$	$-a_1 - a_2 + \frac{1}{2}aa - \frac{1}{2}ad - \frac{1}{2}da$

注:假定性状由两个座位 A/a 和 B/b 控制,等位基因的频率均为 0.5

在两对具有上位型互作的遗传模型下,考虑 3 种预测模型 BV、ILP、GWP,表 13.5 给出 IF$_2$ 群体中 10 种可能的杂种 F$_1$ 基因型的理论值和预测值。预测模型 BV 的预测值等于两个亲本自交系育种值的均值,自交系的育种值等于亲本所含配子平均效应的总和(表 13.3,表 13.4)。比较表 13.5 中 F$_1$ 杂交种预测值与理论值之间的差异,可以看出,杂交种理论基因型值中包括了加性、显性和上位性效应。显然,在加性、显性和上位性同时存在的遗传模型中,3 种模型都不能完全预测杂交种的表现。

当利用模型 ILP 进行预测时,预测值等于自交系亲本理论基因型值的均值。如果杂交后代是纯合基因型,这时的预测值和真实值间不存在任何差异。但是,对于基因型包含杂合座位的杂交后代,其预测值中不包括杂合座位上显性及与显性有关的上位性遗传效应。因此,ILP 模型无法预测出与杂合基因型有关的遗传效应,即 d_1、d_2、ad、da 和 dd。模型 GWP 能够预测 F$_1$ 杂交种所有座位上的加性和显性效应。因此,在加显模型下,预测值等于真实值。但是,在上位性效应存在的情况下,GWP 不能估计任何类型的上位性,预测值和真实值的差异等于理论基因型值中包含的各种上位性效应。模型 BV 给出的预测值中包含了理论基因型值中的全部加性效应、一半的显性效应,以及一半的上位型互作效应,但同时也包含了理论基因型值中没有的一些互作效应。因此,在 BV 预测模型下,杂交种理论值和真实值的差异在于显性及各种上位型互作效应。可以预见,对于不存在显性效应和显显上位性效应,或这些效应较小的性状来说,模型 BV 将会产生较好的预测效果。

表 13.5 IF$_2$ 群体中 10 种可能的基因型理论值和预测值的比较

杂种 F$_1$ 基因型	两个亲本自交系的基因型	频率	杂种 F$_1$ 的理论基因型值		3 种模型的预测值（均折合成 RIL 群体平均数的离差）	
			理论基因型值	ILP	GWP	BV
$AABB$	$AABB$、$AABB$	$\frac{1}{16}$	$a_1 + a_2 + aa$	$a_1 + a_2 + aa$	$a_1 + a_2$	$a_1 + \frac{1}{2}d_1 + a_2 + \frac{1}{2}d_2 + \frac{1}{2}aa + \frac{1}{2}ad + \frac{1}{2}da + \frac{1}{4}dd$
$AABb$	$AABB$、$AAbb$	$\frac{2}{16}$	$a_1 + d_2 + ad$	a_1	$a_1 + d_2$	$a_1 + \frac{1}{2}d_1 + \frac{1}{2}d_2 + \frac{1}{2}ad + \frac{1}{4}dd$
$AAbb$	$AAbb$、$AAbb$	$\frac{1}{16}$	$a_1 - a_2 - aa$	$a_1 - a_2 - aa$	$a_1 - a_2$	$a_1 + \frac{1}{2}d_1 - a_2 - \frac{1}{2}aa - \frac{1}{2}da + \frac{1}{4}dd$
$AaBB$	$AABB$、$aaBB$	$\frac{2}{16}$	$d_1 + a_2 + da$	a_2	$d_1 + a_2$	$\frac{1}{2}d_1 + a_2 + \frac{1}{2}d_2 + \frac{1}{2}da + \frac{1}{4}dd$
AB/ab	$AABB$、$aabb$	$\frac{2}{16}$	$d_1 + d_2 + dd$	aa	$d_1 + d_2$	$\frac{1}{2}d_1 + \frac{1}{2}d_2 + \frac{1}{4}dd$
Ab/aB	$AAbb$、$aaBB$	$\frac{2}{16}$	$d_1 + d_2 + dd$	$-aa$	$d_1 + d_2$	$\frac{1}{2}d_1 + \frac{1}{2}d_2 + \frac{1}{4}dd$
$Aabb$	$AAbb$、$aabb$	$\frac{2}{16}$	$d_1 - a_2 - da$	$-a_2$	$d_1 - a_2$	$\frac{1}{2}d_1 - a_2 + \frac{1}{2}d_2 - \frac{1}{2}da + \frac{1}{4}dd$
$aaBB$	$aaBB$、$aaBB$	$\frac{1}{16}$	$-a_1 + a_2 - aa$	$-a_1 + a_2 - aa$	$-a_1 + a_2$	$-a_1 + \frac{1}{2}d_1 + a_2 + \frac{1}{2}d_2 - \frac{1}{2}aa - \frac{1}{2}ad + \frac{1}{2}da + \frac{1}{4}dd$
$aaBb$	$aaBB$、$aabb$	$\frac{2}{16}$	$-a_1 + d_2 - ad$	$-a_1$	$-a_1 + d_2$	$-a_1 + \frac{1}{2}d_1 + \frac{1}{2}d_2 - \frac{1}{2}ad + \frac{1}{4}dd$
$aabb$	$aabb$、$aabb$	$\frac{1}{16}$	$-a_1 - a_2 + aa$	$-a_1 - a_2 + aa$	$-a_1 - a_2$	$-a_1 + \frac{1}{2}d_1 - a_2 + \frac{1}{2}d_2 + \frac{1}{2}aa - \frac{1}{2}ad - \frac{1}{2}da + \frac{1}{4}dd$

注：假设性状由两对基因控制

只有仅存在加性效应的遗传模型中，表 13.5 给出的 3 种预测方法才完全等价。其他情况下，模型的预测能力依赖于显性效应和互作效应的大小。真实群体中，不同性状的遗传构成有时会有很大差别。有些性状基因主要表现为加性遗传；有些性状基因除加性效应之外，可能还有显著的显性效应，甚至超显性效应；有些性状基因除加性和显性效应之外，可能还有显著的上位型互作效应。因此，不同的性状可能存在不同的最优预测模型。这样也就不难理解，实际群体中经常看到的不同预测模型在预测不同性状时表现出来的差异。对于具有复杂遗传结构的性状，如产量性状，不同预测模型的预测准确度存在较大差异（图 13.6）。组合模型 BV+GWP 能够解释更多的遗传效应，因此对遗传结构复杂的性状具有较高的预测准确度。值得注意的是，理论上最好的预测模型，实际中并不一定是最好的，因为不同模型对于遗传效应的估计有着不同的偏差。因此，在选用适当的预测模型之前，最好对目标性状的遗传结构有一定的理解。性状的遗传分析包括遗传方差分解、遗传力估计、配合力分析和 QTL 作图等内容。这些研究均有益于对性状遗传结构的了解。然后根据性状的遗传结构选用合适的预测模型。

此外，不同预测模型要求的遗传信息也不尽相同。有些预测模型，如 ILP 只需要表型数据，BV 一般只需要表型数据和系谱数据，GWP 则既需要表型数据又需要基因型数据。因此，在比较不同模型的预测效果时，还要考虑为构建模型获取基因型数据和表型数据时的成本。例如，选用 BV+GWP 模型进行预测，除了自交系产生的杂交种后代的表现型外，还需要利用系谱信息或者分子标记对材料的遗传关系做出估计，遗传关系矩阵在混合线性模型中作为随机变量的协方差阵。

当预测出未测试组合的基因型值后，下一步的工作是预测优良的未测试杂交种并推荐进行田间测验。在玉米自交系'综 3'和'87-1'产生的 294 个重组近交系群体中，294 份自交系可以产生 43 071 个可能的杂交组合。利用已测试的 441 个组合的表现，预测其他未测试组合的表现。对于所研究的单个性状，均存在基因型值超过'豫玉 22'的杂交组合。例如，穗重有 33 个，产量有 114 个，分别占杂交组合总数的 0.1% 和 0.3%。对于其他性状，如穗粗和株高等性状，超过'豫玉 22'的杂交组合的比例分别高达 78.3% 和 82.6%。因此，对这些性状来说，可以很容易地选择到明显超过'豫玉 22'的杂交组合。在产量性状超过'豫玉 22'的 114 个杂交组合中，超过的幅度都低于 5%。说明在'豫玉 22'的重组近交家系中，选育出产量性状优于'豫玉 22'的杂交种还是十分困难的。

§13.4 从遗传研究到育种设计

植物遗传研究材料的不断创新、重要性状遗传研究的不断深入，以及育种模拟工具的开发和应用等，促进了育种设计方法和技术体系的建立。开展育种设计的第一步是研究目标性状的基因及基因间的相互关系，这一研究最常用的方法就是连锁分析和 QTL 定位。与回交和 F_2 等暂时作图群体相比，加倍单倍体、重组近交系和 CSSL 等群体不仅有利于提高 QTL 作图精度，而且有利于将这些材料应用于育种实践中。尤其是染色体片段置换系，它们仅在少部分基因组区段上存在分离，是开展分子设计育种工作的理想材料。育种模拟工具的开发和应用，为在育种设计中找目标和找途径提供了可能。下面以一个染色体片段置换系群体为例，说明育种设计方法和过程（万建民，2006; Wang et al., 2007）。

§13.4.1 研究育种目标性状的基因或 QTL

一般来说，研究育种目标性状基因或 QTL 这一过程包括构建作图群体、筛选多态性标记、构建标记连锁图谱、评价数量性状的表现型和 QTL 分析等步骤（参见本书前 10 章相关内容）。根据粒长和粒宽两个性状在 65 个 CSSL 和背景亲本 'Asominori' 中的观测值（又见第 9 章 §9.2），通过分析不同标记基因型间差异的显著性来判断哪些片段上携带有影响粒长和粒宽的 QTL。存在 QTL 的可能性常用 LOD 值的大小来衡量。图 13.7 给出粒长和粒宽在 8 个环境下表型平均数 QTL 作图得到的每个供体片段的 LOD 值和加性效应。

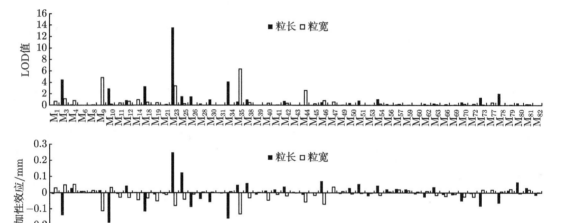

图 13.7 利用粳稻 'Asominori' 和籼稻 'IR24' 构建的 65 个 CSSL 对多环境平均粒长和粒宽的 QTL 定位结果

图 13.7 的柱形图清楚表明，标记 M_{23} 和 M_{34} 代表的染色体片段上包含有控制粒长的 QTL。M_{23} 在各种环境下解释了 40% 左右的粒长表型变异，M_{34} 在各种环境下解释了 10% 左右的粒长表型变异，它们两个可视为主效 QTL，尤其是 M_{23} 染色体片段上的 QTL。但这两个 QTL 加性效应的方向是相反的（图 13.7）。对于标记 M_{23} 上的 QTL 来说，来自 'IR24' 的等位基因使粒长增加，来自 'Asominori' 的等位基因使粒长减小；对于标记 M_{34} 上的 QTL 来说，来自 'IR24' 的等位基因则使粒长减小，来自 'Asominori' 的等位基因使粒长增加。从图 13.7 中的 LOD 值还可以看出，控制粒长的片段数多于粒宽。有些 'IR24' 的片段会增加粒长，有些 'IR24' 的片段会降低粒长。控制粒宽的片段数较少，大多数 'IR24' 的片段会降低粒宽。结合每个环境中的 QTL 定位结果（粒长结果见表 9.3），从中选择稳定表达的 QTL 用于下一步的育种设计。

§13.4.2 结合育种目标设计目标基因型

设计目标基因型，就是利用已经鉴定出的各种重要育种性状 QTL 的信息，包括 QTL 在染色体上的位置、遗传效应、QTL 之间的互作、QTL 与背景亲本和环境之间的互作等信息，模拟预测各种可能基因型的表型，从中选择符合特定育种目标的基因型。在上面的群体中，'Asominori'是短粒和宽粒型品种，'IR24'是长粒和窄粒型品种。它们的 CSSL 后代在两个性状的 4 个方向（长粒、短粒、宽粒、窄粒）上均有超亲分离现象。因此，粒长和粒宽两个性状的增效 QTL 和减效 QTL 在两个亲本中是分散分布的。通过 QTL 作图发现，在染色体片段 M_6、M_{12}、M_{14}、M_{23} 和 M_{25} 上的 5 个 QTL 具有正向效应，即对这些座位来说，来自 'IR24' 的等位基因使粒长增加。对于宽粒，只有一个 QTL 具有正向效应，说明增加粒宽的大多数基因来自 'Asominori'。其中还有一些染色体片段，如 M_{10}、M_{12}、M_{14} 和 M_{23}，同时携带有既控制粒长又控制宽粒的 QTL。在 M_{10} 片段上，QTL 对粒长和粒宽效应都是正向的；在其他片段上，QTL 对粒长和粒宽效应却是相反的。这些 QTL 定位结果很好地解释了两个性状在表型上观察到的负相关关系（$r = -0.34^{**}$）。

根据上面的信息，可以预测各种可能基因型的表型。其中，最小粒长和最大粒长基因型的粒长分别是 4.20mm 和 6.21mm，最小粒宽和最大粒宽基因型的粒宽分别是 2.12mm 和 3.07mm（图 13.8）。假定育种目标是长粒和宽粒型（即大粒型）。由于一些 QTL 在两个性状上有互斥的一因多效现象，不可能获得一个同时具有图 13.8 中的最大粒长和最大粒宽的基因型。模拟各种基因型的粒长和粒宽，发现一个基因型（即图 13.8 中的设计基因型），其粒长为 6.05mm、粒宽为 2.98mm，接近最大粒长 6.21mm 和最大粒宽 3.07mm。至此，就设计出一个最符合长粒和宽粒型这一育种目标的目标基因型。

水稻染色体	1			2			3			4		5	6	9	11	粒长/mm	粒宽/mm
位置/cM	0	48.7	107	166	26.8	62.9	91.8	0	74.2	108	138	34.1	94.8	0	92.6	40.8	26.2		
标记名称	M_1	M_3	M_6	M_{10}	M_{12}	M_{14}	M_{17}	M_{19}	M_{23}	M_{25}	M_{26}	M_{30}	M_{34}	M_{35}	M_{46}	M_{60}	M_{73}		
最小粒长基因型	0	2	0	2	0	0	2	0	0	0	2	2	2	0	0	2	2	4.20	2.81
最大粒长基因型	0	0	2	0	2	2	0	0	2	2	0	0	0	0	0	0	0	6.21	2.74
最小粒宽基因型	0	0	0	0	2	2	0	0	2	0	0	0	0	2	2	0	0	5.82	2.12
最大粒宽基因型	2	0	0	0	0	0	0	0	0	0	0	0	0	0	0	0	0	5.32	3.07
设计基因型	2	0	2	0	0	0	0	0	2	2	0	0	0	0	0	0	0	6.05	2.98
CSSL5	0	0	2	0	0	0	0	0	0	0	0	0	0	0	0	0	0	5.44	3.00
CSSL16	2	0	0	0	0	0	0	0	2	0	0	0	0	0	0	0	0	5.77	2.98
CSSL19	0	0	0	0	2	0	0	0	0	2	0	0	0	0	0	0	0	5.54	2.93

图 13.8 利用粒长和粒宽的 QTL 定位结果设计目标基因型

阴影部分表示亲本 'IR24' 的基因组，无阴影部分表示亲本 'Asominori' 的基因组

§13.4.3 获得目标基因型的育种途径分析

产生图 13.8 中的设计基因型，需要 'IR24' 的 4 个染色体片段，即 M_1、M_6、M_{23} 和 M_{25}。在 65 个 CSSL 中，CSSL5 包含 M_6 片段，CSSL16 包含 M_1 和 M_{23} 片段，CSSL19 包含 M_{25} 片段。因此，它们可以作为选育设计基因型的亲本材料。但需要注意的是，CSSL19 包含不需要的 'IR24' 的 M_{12} 片段，在选择过程中需要将其替换为 'Asominori' 的片段。

包含 CSSL5、CSSL16 和 CSSL19 这 3 个亲本的三交（又称顶交）组合，有可能将我们需要的染色体片段聚合在一起。但是，产生三交组合的方式有 3 种（表 13.6），即三交组合 A：(CSSL5×CSSL16)×CSSL19，三交组合 B：(CSSL5×CSSL19)×CSSL16，以及三交组合 C：(CSSL16×CSSL19)×CSSL5。当然也可以采用 3 个亲本的双交组合，如 (CSSL5×CSSL19)×(CSSL16×CSSL19)，这里暂不考虑。假定采用标记辅助选择的方法选择目标基因型。可供选择的方案有很多，这里只考虑其中 2 种，即标记辅助选择方案 A：产生 100 个三交 F_1

个体，每个个体自交产生 30 个 F_2 个体，利用单粒传产生 3000 个 F_8 家系，然后从中选择目标基因型。标记辅助选择方案 B：产生 100 个三交 F_1 个体，通过标记辅助选择只保留含有目标染色体片段的个体，每个中选个体产生 30 个 F_2 个体，利用单粒传产生 F_8 家系，然后从中选择目标基因型。以上过程借助遗传育种模拟工具 QuLine 实现。

表 13.6 不同三交组合和标记辅助选择方案的比较分析

标记辅助选择	选择前 F_2 个体数	选择后 F_2 个体数	选择前 F_8 家系数	选择后 F_8 家系数（括号内的数字为标准差）	测试 DNA 样品数	每个中选 F_8 家系的测试 DNA 样品数
三交组合 A: (CSSL5 × CSSL16) × CSSL19						
方案 A	100	100	3000	6.98 (3.34)	3000	430
方案 B	100	11.2	335	6.98 (3.33)	435	62
三交组合 B: (CSSL5 × CSSL19) × CSSL16						
方案 A	100	100	3000	20.98 (5.76)	3000	143
方案 B	100	24.9	746	20.85 (6.00)	846	41
三交组合 C: (CSSL16 × CSSL19) × CSSL5						
方案 A	100	100	3000	10.61 (5.56)	3000	282
方案 B	100	6.3	188	10.62 (5.23)	288	27

对于每个三交组合，两种标记选择方案对相同数量的 F_8 家系进行选择，选择到的目标基因型的数目有很大差异（表 13.6）。从三交组合 A 中，平均获得大约 7 个目标基因型 F_8 家系，三交组合 B 平均获得大约 21 个目标基因型 F_8 家系，三交组合 C 平均获得大约 11 个目标基因型 F_8 家系。对同一个三交组合来说，两种标记辅助选择方案获得数量近似相同的目标基因型。但是，从需要测试的 DNA 样品数和每个中选的 F_8 家系需要测试的 DNA 样品数来看，两种标记辅助选择方案有着巨大的差异。以三交组合 B 为例，利用标记辅助选择方案 A 需要测试 3000 个 DNA 样品，而利用标记辅助选择方案 B 只需要测试 846 个 DNA 样品。因此，对标记辅助选择方案 A 来说，每个中选的 F_8 家系需要测试的 DNA 样品数是 143；但对标记辅助选择方案 B 来说，这个数字只有 41。因此，标记辅助选择方案 B 在三交 F_1 和 F_8 两个世代均进行选择，在基因聚合过程中，可以大大降低实验室测定标记时的花费（一个 3 个阶段的标记辅助选择方案见第 12 章 §12.4）。

表 13.5 中，选择后的家系数除以 3000，可作为育种群体中目标基因型频率的估计。该频率越高，说明选择到目标基因型的概率越大，育种目标也越容易实现。例如，采用标记辅助选择方案 A，3 种三交组合产生的 F_8 纯合家系中，目标基因型的频率分别为 0.23%、0.70% 和 0.35%。因此，不同三交组合产生的育种群体中，目标基因型的频率存在显著差异。图 13.8 给出的 3 个导入系亲本中，CSSL5 在 M_6 和 M_{12} 两个片段上携带有设计基因型的目的基因，CSSL16 在 M_1、M_{12} 和 M_{23} 三个片段上携带有设计基因型的目的基因，CSSL19 在 M_{12} 和 M_{25} 两个片段上携带有设计基因型的目的基因。CSSL16 是 3 个亲本中携带目的基因最多的一个。标记 M_1 和 M_6 在水稻第 1 条染色体上，标记 M_{23} 和 M_{25} 在水稻第 3 条染色体上（图 13.8），但它们之间有较大的遗传图距。因此，CSSL16 作为最后一个杂交亲本的三交组合 B，其后代群体具有最大的目标基因型频率，这一点与第 12 章 §12.4.1 的理论结果相一致。值得一提的是，对于较复杂的遗传模型，包含目的基因数目并不是选择三交组合方式的唯一标准，只能借助模拟方法计算不同育种群体的目标基因型频率。

综上所述，在可供选择的 3 种杂交方案和两种标记辅助选择方案中，三交组合 B 是最佳的杂交方案，标记辅助选择方案 B 是最佳的育种群体选择方法。因此，三交组合 B 和选择方案 B 的结合是选育目标基因型的最有效育种途径。从以上的实例中可以看出，育种设计通过各种技术的集成与整合，在育种家进行田间试验之前，能够对育种程序中的各种因素进行模拟、筛选和优化，确立满足不同育种目标的基因型，提出最佳的亲本选配和后代选择策略。其最终目的是提高育种效率，实现从传统的"经验育种"到定向高效的"精确育种"的转变（王建康等，2011）。

但同时也要认识到育种过程中的一些随机不可控制的因素。为说明这一点，图 13.9 给出 3 种杂交方式和两种选择方案在 1000 次模拟中选择到目标基因型个数的次数分布。对每一个分布来说，利用的是同样的亲本、同样的杂交方式和同样的选择方法，次数分布呈现出的差异来自育种过程中一些随机的不可控制的因素。对于一个基因座位来说，随机漂移会引起等位基因频率的变化，变化方向是不可预测的（王建康，2017）。对于连锁的座位来说，减数分裂过程中的交换和重组具有随机性，一个个体产出的配子是亲本型还是交换型具有随机性。大量雌性配子和雄性配子结合产生出有限大小的后代群体，这一过程也具有随机性。因此，即使能够重复一个育种过程，即配制相同的组合、采用同样的选择方法，在环境条件完全一样的情况下，最终也不可能得到相同的结果（图 13.9）。以组合（CSSL5×CSSL19）×CSSL16 来说，最终获得的目标基因型个数为 6~40 个。有时，从育种群体中仅选择到几个目标基因型，有时从育种群体中可选择到数十个目标基因型。因此，育种目标的实现，除了选择适当的亲本、配制适当的组合、采用有效的选择方法等可控因素外，确实还存在有随机、不控制的因素。如果考虑到环境因素，不可控的因素会更多。

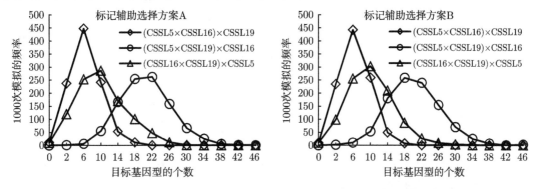

图 13.9 3 种杂交方式在两种标记辅助选择方案的 1000 次模拟中目标基因型个数的次数分布

§13.4.4 全基因组选择育种方法

早在 20 世纪 80 年代，人们就提出利用与控制目标性状基因紧密连锁的分子标记进行选择的分子育种方法，即标记辅助选择（marker assisted selection, MAS）（Stuber et al., 1982; Soller and Beckmann, 1983; Lande and Thompson, 1990）。为有效改良多基因控制的数量性状，人们后来又提出标记辅助轮回选择（marker assisted recurrent selection, MARS）的育种方法（Hospital et al., 2000; Bernardo and Charcosset, 2006）。MAS 和 MARS 均包括两个过程：① 在一个或多个遗传作图群体中进行 QTL 定位；② 利用定位的 QTL 信息，以及与

QTL 连锁的分子标记,在育种群体中开展目标基因的选择工作。利用紧密连锁进行标记辅助选择时,育种家仅需要鉴定候选个体的基因型。MAS 用于植物育种已有多个成功的案例,如大豆抗孢囊线虫抗性(Concibido et al., 1996)、小麦赤霉病抗性(Anderson et al., 2007)和玉米胡萝卜素含量(Zhang et al., 2012b)等性状的改良。

在改良多基因控制的复杂性状时,MAS 或 MARS 存在两方面的缺陷。一是对育种群体的选择建立在 QTL 定位基础之上。QTL 定位群体与育种群体之间可能存在某种祖先关联,也可能没有任何联系。QTL 定位结果有时不具有普遍性,遗传群体中鉴定出的 QTL 不能很好地应用于其他育种群体中(Bernardo and Yu, 2007),尤其是作图群体与育种群体之间不存在祖先关联,或者亲缘关系较远的时候。二是重要农艺性状多由多个微效基因控制,这些基因之间往往还存在复杂的互作关系,没有一个合适、通用的育种策略将分布于不同亲本材料中的大量微效基因有效地应用于数量性状的遗传改良中(Bernardo, 2008; Heffner et al., 2009)。为克服这些问题,Meuwissen 等(2001)提出全基因组选择(genomic or genome-wide selection, GS)这一全新概念。GS 是在高密度分子标记基因型鉴定的情况下,利用遍布全基因组的标记数据或单倍型数据,以及起始训练群体中个体的表型数据,估计每个标记的遗传效应,建立一个基因型到表型预测模型。在后续的育种群体中,利用个体的基因型鉴定数据预测个体的表型或育种值,然后根据预测表型选择优良后代(Bernardo and Yu, 2007; Goddard, 2008; de Los Campos et al., 2009; Heffner et al., 2009)。

GS 将所有标记都纳入基因型到表型预测模型中。目前获取标记基因型数据比获取表型数据要容易得多,模型中自变量(标记)的个数有时远远大于训练群体中具有表型数据的样本个数,属于统计学上典型的"小样本、大变量"的问题。这一问题直接导致无法利用§13.1 介绍的传统最小二乘估计方法进行标记效应的估计。同时,标记间存在严重的复共线性,也容易导致模型的过拟合,从而使得模型的预测能力大大下降。目前人们已经利用多种统计模型来解决 GS 预测模型中的"大变量、小样本"问题,如岭回归、Bayes 模型和机器学习等(姚骥, 2018)。此外,基于§13.2 介绍的育种值 BLUP 预测原理,人们还建立了一类无须估计标记效应的预测模型,这类模型利用被预测群体与训练群体之间的共祖先关系矩阵,直接预测育种群体中个体的育种值(Bernardo, 1994, 1996; Heffer et al., 2009; Technow et al., 2014)。

GS 自 2001 年被提出以来,人们对 GS 与其他选择方法的相对功效、如何利用高密度分子标记准确预测个体或家系的育种值进行了大量研究(Muir, 2007; Hayes et al., 2009; Ober et al., 2011; Massman et al., 2013; Ali et al., 2020)。相对于 MAS 或 MARS 仅利用少量显著性标记进行表型预测并选择优良单株的育种方法,GS 的优点是利用遍布全基因组的高密度分子标记,即使微效 QTL 也可能找到与其处于连锁不平衡状态下的标记。这样,与遗传变异存在关联的所有标记都会被包含在预测模型中,避免了标记效应的有偏估计,可以更好地利用大量遗传效应较小的微效 QTL。模拟研究结果表明,GS 的预测精确性可以通过加密标记密度来实现,GS 的年平均选择效率高于 MARS 和表型选择,单位遗传进度的花费低于 MARS 和表型选择。GS 的选择标准是育种值而不是个体本身的表现型,选择更具有育种意义。

此外,GS 的优势还体现在加速了育种进程、提高了年度遗传进度。相对于传统选择来说，GS 每一轮选择的遗传进度并不一定高，但是在后续的育种群体中只进行基因型鉴定，不进行表型鉴定，从而可以缩短每一轮选择的育种周期，使得年平均遗传进度高于传统育种。目前，很多重要性状的表型鉴定仍很昂贵，而基因型的鉴定变得越来越容易，GS 的优势还体现在降低了单位遗传进度的花费。在整个育种周期中，只有起始训练群体需要同时进行基因型和表型的鉴定，后续的育种群体中只需要测定基因型，减少了表型测定的样本量、降低了全育种周期的花费。植物育种模拟研究也有类似的结果（Heffner et al., 2010; Iwata and Jannink, 2011），GS 的遗传进度比传统表型选择高 4%~25%，单位遗传进度的花费比传统育种低 26%~65%。与动物育种相比，植物具有生命周期短、分离世代群体规模大、单个个体存在时间短、价值低、基因和环境互作明显、容易在田间实施高强度表型选择等特点。不同的植物物种，品种既可以是随机交配群体，也可以是纯系，还可以是杂交种（王建康，2017）。从动物育种中提出的 GS 方法，如何更好地在植物育种中发挥作用，如何与已有的育种流程相结合，还处于探索阶段（Bernardo and Yu, 2007; Heffner et al., 2009）。

§13.4.5　全基因组选择与育种模拟的结合

这里以一个由 57 份小麦品系和高世代材料构成的训练群体为例，简单说明通过模拟后代群体的方法，预测杂交组合表现并进行亲本选配，更多结果参见姚骥（2018）的博士学位论文和 Yao 等（2018）的研究。理想的育种群体需要具备较高的均值和较大的遗传方差，因此人们提出有用性（usefulness）这一指标，用于评价不同的杂交组合，即

$$U = \mu + ih\sigma_g \tag{13.57}$$

其中，μ 为后代群体的均值；i 为选择强度；h 为遗传力的平方根；σ_g 为后代群体遗传方差的平方根。公式 13.57 给出的 U，可以理解为一个育种群体被选择之后，其随机交配后代的平均表现；等号右端的第二项其实就是遗传进度。有用性指标公式中，也可以认为群体均值的权重为 1，群体遗传方差的权重为 ih。为简便起见，也有人将二者的权重均设置为 1（Zhong et al., 2009），这时公式 13.57 简化为 $U = \mu + \sigma_g$。

将 57 份小麦品系和高世代材料视为育种亲本，可能的单交组合有 1596 个。根据亲本的基因型构成和遗传连锁图谱，对每个单交组合，模拟产生其后代重组近交家系 5000 个；利用训练群体中构建的基因型到表型预测模型，预测每个后代 RIL 在各种性状上的表型，进而计算每个单交组合产生的后代群体的均值和遗传方差，以及每个单交组合的有用性指标。图 13.10 给出每个单交组合衍生的 RIL 后代群体均值和遗传方差。图 13.10A 为产量性状，图 13.10B 为品质性状最大抗延阻力，有用性指标排在前 100 的杂交组合用蓝色圆点表示。显然对于产量和最大抗延阻力两个性状来说，模拟后代群体的均值和遗传方差呈一个明显的三角形关系。均值较低或较高的双亲群体中，一般来说，两个亲本之间遗传互补性的程度较低，因此其后代群体的遗传方差会比较低。较高的遗传方差存在于均值居中的育种群体中。对于产量性状来说，大部分杂交组合具有高均值和低遗传方差的特点（图 13.10A）。对于最大抗延阻力性状来说，均值和遗传方差展现出一个更加完整的三角形关系（图 13.10B）。有效性指标排在前 100 的杂交组合均具有较高的后代均值。

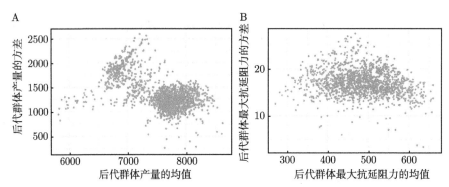

图 13.10 小麦群体中双亲杂交后代的均值和遗传方差之间的关系 (彩图请扫封底二维码)
A. 产量；B. 最大抗延阻力；蓝色圆点表示有效性指标排在前 100 的杂交组合

选择合适的亲本配制杂交组合、实现产量和品质的协同改良是小麦育种的重要任务。除了计算有用性指标、预测杂交组合表现外，在模拟出来的后代群体中，当然还可以研究性状之间的相关关系，以及不同选择方法的选择结果。图 13.11 给出两个品质性状与产量之间的相关系数在双亲后代 RIL 群体中的分布。亲本群体（即训练群体）中，最大抗延阻力与产量的相关系数为 −0.02，延展性与产量的相关系数为 −0.68。在模拟后代群体中，最大抗延阻力与产量的相关系数为 −0.61 ∼ 0.63，平均相关系数为 −0.008；延展性与产量的相关系数为 −0.88 ∼ 0.27，平均相关系数为 −0.51。因此，即使两个性状在亲本群体中高度负相关，通过选择适当的亲本，仍然可能获得不相关甚至正相关的后代群体。由此可见，全基因组选择和育种模拟方法的有效结合，可以在配制杂交组合之前对大量杂交组合的后代表现进行模拟预测，确定合适的育种亲本和合适的杂交组合，从而提高传统育种的可预见性和育种效率。

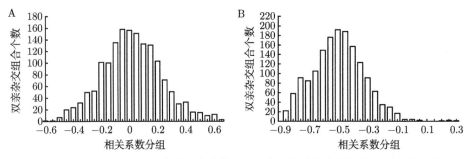

图 13.11 利用 57 份小麦亲本模拟产生的 1596 个后代群体中性状相关系数的分布图
A. 产量与最大抗延阻力；B. 产量与延展性

§13.4.6 遗传研究与植物育种方法

植物育种的主要任务是寻找控制目标性状的基因，研究这些基因在不同环境下的表型效应，挑选适当的亲本材料，设计杂交方案和分离群体种植方案，通过基因型/表型选择聚合存在于不同亲本材料中的有利基因，培育符合育种目标的基因型，为农业生产提供适宜的品种（Allard, 1999; Hallauer et al., 2010）。育种家不断努力改良的产量、品质、抗性和适应性等大多是数量性状。随着分子标记技术在遗传学中的广泛应用、QTL 作图方法的提出和不断完善，数量性状遗传研究手段，以及人们对数量性状遗传规律的认识都发生了根本性的变化，育种性状的遗传研究已经进入基因和 DNA 分子水平（Paterson et al., 1991; Bernardo, 2008; Mackay et al., 2009; 黎裕等，2010）。

但是，国内外目前都存在遗传研究和育种实践相脱节的现象。与创建的丰富遗传群体和发掘的大量基因信息相比，遗传群体和基因信息还没有在育种中发挥出应有的作用。花费大量时间、精力和经费创建的群体及其相关遗传研究工作，往往随着一些基因的发现和论文的发表而宣告结束。育种在很大程度上仍然依赖表型选择和育种家的经验，传统育种中的周期长、效率低和预见性差等问题尚未得到根本解决。另外，预测杂交组合表现、优化分离群体种植规模和后代选择方法、提高育种效率的大量遗传研究结果，却没有被育种家认识并加以利用（王建康等，2011）。这些问题的长期存在，正好反映了育种的复杂性，以及遗传研究和育种研究之间的巨大差异。

Rex Bernardo 在他的论著 *Breeding for Quantitative Traits in Plants* 第一版中，将植物育种定义成"为满足人类利益需求而对植物进行改良的科学、艺术和商业活动"（Bernardo, 2002）。此书第二版中，他将这一定义修改成"为满足人类利益需求而对植物的遗传改良"（Bernardo, 2010）。通过对植物育种定义的这种改变，他想说明育种其实并非严格意义上的科学。很多时候，存在多种最好的途径或方法能够达到同一个育种目标。一种方法或技术在一个植物物种中可能十分有效，但在另一种植物物种中可能根本行不通。例如，加倍单倍体方法在玉米自交系和杂交种选育中被广泛应用。同时，这一技术对促进玉米大规模商业化育种也起到重要作用。但是，加倍单倍体在诸如小麦和水稻等作物的纯系育种中，不一定比传统的育种方法有明显的优势（Li et al., 2013）。杂种优势的利用在玉米、水稻和高粱等作物中已取得举世瞩目的成就，但在小麦和大豆等作物中的利用仍处于探索和研究阶段。杂交方案和选择方法的优劣，有时还取决于育种亲本材料的遗传构成。不存在一种在任何物种中、任何场合下都是最优的育种方法。

遗传和育种有着不同的研究目标，遗传研究利用的群体和育种家培育的群体也因此存在着较大差异。遗传研究的主要目的是研究单个基因的表型效应，以及这个基因与其他基因或者与环境之间的相互关系等。对于遗传研究群体来说，一般选择具有某些优良性状的亲本和不具备这些优良性状的亲本进行杂交，以产生具有较大遗传变异的后代分离群体。遗传群体的产生过程中，还要尽可能排除选择和遗传漂变等因素的影响，以保证分离座位上的各种等位基因在群体中都有较高的频率。遗传研究群体中，失去了不利等位基因作为对照，也就无法发现有利等位基因的存在。

育种的主要目的在于多种优良性状或基因的聚合。对于育种群体来说，一般选择同时具有多个优良性状的亲本进行杂交，期望通过性状或基因的互补和超亲分离，选择出更加优良的后代。育种后代材料要经历较强的自然和人工选择，通过提高有利等位基因或基因组合的频率，提高育种群体在目标性状上的表现。因此，不难看出，遗传群体适宜于开展遗传研究，但这些群体的育种价值有时却很有限；育种群体有较大的实用价值，但很多时候却难以用于开展遗传研究。这也许从另外一个方面解释了遗传研究和育种利用之间存在脱节的现象。

遗传群体和大量基因信息在植物育种中的有效利用尚处于起始阶段。国内外虽然在少数主效基因控制性状的分子标记辅助选择方面取得一定研究进展，但是聚合不同性状的多个主效基因的育种方法研究还不多见（Young, 1999; Bernardo, 2008; 黎裕等，2010）。当要聚合的基因个数更多，基因间存在更复杂的连锁、互作和一因多效关系，有利等位基因分布在多个亲本中时，还没有一种通用的育种理论和方法，也没有一个界面友好的集成工具，可以综合利用这些基因和亲本信息，实时地为育种家提供可行有效的育种方案。开展育种设计所需的基因到表型的预测方法和工具、生物信息学分析工具等尚处于研发阶段（王建康等，2011）。

就遗传研究的育种利用来讲，除了不断创造新的遗传群体、继续深入探索重要育种目标性状的遗传规律、创建遗传群体时要兼顾其育种利用价值外，还要研究将大量的遗传研究结果、基因信息和高通量基因型数据有效应用于植物育种的方法和途径，研究已知基因信息的表型预测模型，研制从"遗传研究"到"田间育种"的集成工具，从而将遗传研究的结果更方便、更快捷、更有效地应用于育种实践，把大量的遗传研究群体和遗传研究结果尽快转化成"生产力"，不断提高育种过程中的预见性和育种效率，不断提高动植物新品种的产量、品质、适应性和抗性水平。

练 习 题

13.1 有一个设计矩阵为 $X = \begin{bmatrix} 1 & 1 & 1 & 1 \\ 1 & 1 & -1 & -1 \\ 1 & -1 & 1 & -1 \\ 1 & -1 & -1 & 1 \end{bmatrix}$，计算矩阵 $X'X$ 及其逆矩阵。

13.2 在下面的系谱图中，假定个体 X、Y 和 Z 之间没有亲缘关系，个体 A 和 B 具有一个共同亲本 Y，遗传学上称为半同胞。证明 A 和 B 之间的共祖先系数等于 $\frac{1}{8}$。

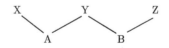

13.3 假定有下面的动物系谱图，

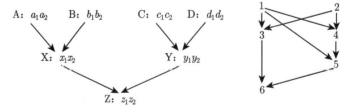

左图中，已知个体 Z 的近交系数等于它的两个亲本 X 和 Y 之间的共祖先系数，即 $F_Z = f_{XY}$。个体 X 的亲本是 A 和 B，个体 Y 的亲本是 C 和 D，已知 $f_{XY} = \frac{1}{2}(f_{AY} + f_{BY}) = \frac{1}{2}(f_{CX} + f_{DX})$。个体 Z 和 X 之间的共祖先系数可用 $f_{ZX} = \frac{1}{2}(f_{XX} + f_{YX})$ 计算。根据以上知识，计算右图中 6 个个体之间的共祖先系数矩阵。

13.4 假定 4 个纯系亲本在两个不连锁座位上的基因型分别为 $AABB$、$AAbb$、$aaBB$、$aabb$，它们在某性状上的基因型值分别为 81、59、51、49，不考虑其他遗传变异和随机环境误差。如配制所有 9 种可能的单交组合（不含自交），计算每个单交组合衍生后代 RIL 群体的均值和遗传方差。

13.5 在练习 13.4 的条件下,同时还知道 5 种杂合基因型 $AABb$、$AaBB$、$AaBb$、$Aabb$、$aaBb$ 的基因型值分别为 78、77、82、59、66。如采用完全双列杂交设计利用 4 个纯系亲本配制 16 个杂交组合,根据这一设计计算每个纯系的一般配合力,以及每个杂交组合的特殊配合力。

13.6 动物育种与植物育种之间有哪些异同点?

13.7 遗传研究的目标和育种目标之间有何异同?遗传群体的亲本选择和育种群体的亲本选择有何异同?

13.8 如何将基因信息和遗传研究结果更有效用于指导育种实践、提高传统育种的可预见性和育种效率?

参考文献

郭婷婷. 2011. 玉米杂交种表现预测模型的比较研究. 北京: 中国农业大学硕士学位论文

黎裕, 王建康, 邱丽娟, 等. 2010. 中国作物分子育种现状与发展前景. 作物学报, 36: 1425-1430

李慧慧. 2009. 数量性状基因的完备区间作图方法: 统计基础、模拟分析和应用. 北京: 北京师范大学博士学位论文

李慧慧, 张鲁燕, 王建康. 2010. 数量性状基因定位研究中若干常见问题的分析与解答. 作物学报, 36: 918-931

李珊珊. 2015. QTL 与环境互作的完备区间作图方法研究. 北京: 中国农业科学院研究生院硕士学位论文

李照海, 覃红, 张洪. 2006. 遗传学中的统计方法. 北京: 科学出版社

李仲来, 刘来福, 程书肖. 2007. 生物统计. 2 版. 北京: 北京师范大学出版社

茆诗松, 王静龙, 濮晓龙. 1998. 高等数理统计. 北京: 高等教育出版社

南京农业大学. 1985. 田间试验和统计方法. 2 版. 北京: 农业出版社

宁海龙, 梁世鑫, 蒋红鑫, 等. 2013. 应用极大似然法分析大豆四向重组自交系群体株高与主茎节数的主基因遗传效应. 大豆科学, 32: 438-444

史金卉. 2019. 八亲纯系后代群体完备区间作图方法及其应用. 北京: 中国农业科学院研究生院硕士学位论文

孙艳萍. 2010. 选择基因型作图方法在数量性状基因定位中的有效性研究. 北京: 中国农业科学院研究生院硕士学位论文

孙子淇. 2012. 不同遗传群体重组率的估计及 QTL 作图中检验统计量的分布特征. 北京: 中国农业科学院研究生院硕士学位论文

孙子淇, 李慧慧, 张鲁燕, 等. 2013. QTL 作图中零假设检验统计量分布特征及 LOD 临界值估计方法. 作物学报, 39: 1-11

汤华, 黄益勤, 严建兵, 等. 2004. 玉米优良杂交种豫玉 22 产量性状的遗传分析. 作物学报, 30: 922-926

万建民. 2006. 作物分子设计育种. 作物学报, 32: 455-462

王建康. 2009. 数量性状基因的完备区间作图方法. 作物学报, 35: 239-245

王建康. 2017. 数量遗传学. 北京: 科学出版社

王建康, Pfeiffer WH. 2007. 植物育种模拟的原理和应用. 中国农业科学, 40: 1-12

王建康, 李慧慧, 张学才, 等. 2011. 中国作物分子设计育种. 作物学报, 37: 191-201

王松桂, 史建红, 尹素菊, 等. 2004. 线性模型引论. 北京: 科学出版社

王玉. 2010. 利用复合性状开展 QTL 作图的有效性研究. 沈阳: 沈阳农业大学硕士学位论文

徐华山, 孙永建, 周红菊, 等. 2007. 构建水稻优良恢复系背景的重叠片段代换系及其效应分析. 作物学报, 33: 979-986

姚骥. 2018. 全基因组选择和育种模拟在纯系育种作物亲本选配和组合预测中的利用研究. 北京: 中国农业科学院研究生院博士学位论文

叶少平, 张启军, 李杰勤, 等. 2005. 用（培矮 64S/Nipponbare）F_2 群体对水稻产量构成性状的 QTL 定位分析. 作物学报, 31: 1620-1627

尹长斌. 2015. 水稻籼粳交不同类型遗传群体的构建与重要性状的基因定位研究. 北京：中国农业科学院研究生院博士学位论文

翟虎渠，王建康. 2007. 应用数量遗传. 2 版. 北京：中国农业科学技术出版社

张鲁燕. 2011. F_2 群体数量性状基因定位过程中若干统计问题的探讨. 北京：北京师范大学博士学位论文

张思梦. 2017. 四交衍生纯系遗传群体的连锁分析与数量性状基因定位方法研究. 北京：中国农业科学院研究生院硕士学位论文

张学才. 2012. CIMMYT 玉米育种过程的建模与模拟研究. 北京：中国农业科学院研究生院博士学位论文

张尧庭，方开泰. 1982. 多元统计分析引论. 北京：科学出版社

赵芳明，张桂权，曾瑞珍等. 2009. 用单片段代换系（SSSLs）研究水稻株高及其构成因素 QTL 加性及上位性效应. 作物学报，35: 48-56

Ali M, Zhang L, DeLacy I, et al. 2020. Modeling and simulation of recurrent phenotypic and genomic selections in plant breeding under presence of epistasis. Crop J, (in press; http://doi.org/10.1016/j.cj.2020.04.002)

Ali M, Zhang Y, Rasheed A, et al. 2020. Genomic prediction for grain yield and yield-related traits in Chinese winter wheat. Int J Mol Sci, 21: 1342

Allard RW. 1999. Principles of Plant Breeding. 2nd edition. New York: John Wiley & Sons

Aluko G, Martinez C, Tohme J, et al. 2004. QTL mapping of grain quality traits from the interspecific cross *Oryza sativa* × *O. glaberrima*. Theor Appl Genet, 109: 630-639

Anderson JA, Chao S, Liu S. 2007. Molecular breeding using a major QTL for fusarium head blight resistance in wheat. Crop Sci, 47 (Supplement_3): 112-119

Bailey NTJ. 1961. Introduction to the Mathematical Theory of Genetic Linkage. Oxford: Oxford University Press

Bandillo N, Raghavan C, Muyco PA, et al. 2013. Multi-parent advanced generation inter-cross (MAGIC) populations in rice: progress and potential for genetics research and breeding. Rice, 6(1): 11

Barton NH, Keightley PD. 2002. Understanding quantitative genetic variation. Nat Rev Genet, 3: 11-21

Barua UM, Chalmers KJ, Hackett CA, et al. 1993. Identification of RAPD markers linked to a *Rhynchosporium secalis* resistance locus in barley using near-isogenic lines and bulked segregant analysis. Heredity, 71: 177-184

Benjamini Y, Hochberg Y. 1995. Controlling the false discovery rate: a practical and powerful approach to multiple testing. J R Stat Soc Series B, 57: 289-300

Bernardo R. 1992. Relationship between single-cross performance and molecular marker heterozygosity. Theor Appl Genet, 83: 628-634

Bernardo R. 1994. Prediction of maize single-cross performance using RFLPs and information from related hybrids. Crop Sci, 34: 20-25

Bernardo R. 1996. Best linear unbiased prediction of maize single-cross performance. Crop Sci, 36: 50-56

Bernardo R. 2002. Breeding for Quantitative Traits in Plants. Woodbury, Minnesota: Stemma Press

Bernardo R. 2008. Molecular markers and selection for complex traits in plants: learning from the last 20 years. Crop Sci, 48: 1649-1664

Bernardo R. 2009. Should maize double haploids be induced among F_1 or F_2 plants? Theor Appl Genet, 119: 255-262

Bernardo R. 2010. Breeding for Quantitative Traits in Plants. 2nd Edition. Woodbury, Minnesota: Stemma Press

Bernardo R, Charcosset A. 2006. Usefulness of gene information in marker-assisted recurrent selection: a simulation appraisal. Crop Sci, 46: 614-621

Bernardo R, Yu J. 2007. Prospects for genomewide selection for quantitative traits in maize. Crop Sci, 47: 1082-1090

Bolanos J, Edmeades GO. 1996. The importance of the anthesis-silking interval in breeding for drought tolerance in tropical maize. Field Crop Res, 48: 65-80

Bonnett DG, Rebetzke GJ, Spielmeyer W. 2005. Strategies for efficient implementation of molecular markers in wheat breeding. Mol Breed, 15: 75-85

Botwright TL, Rebetzke GJ, Condon AG, et al. 2001. The effect of rht genotype and temperature on coleoptile growth and dry matter partitioning in young wheat seedlings. Aust J Plant Physiol, 15: 417-423

Bouis HE, Welch RM. 2010. Biofortification—A sustainable agricultural strategy for reducing micronutrient malnutrition in the global South. Crop Sci, 50: S20-S32

Brachi B, Faure N, Horton M, et al. 2010. Linkage and association mapping of *Arabidopsis thaliana* flowering time in nature. PLoS Genet, 6(5): e1000940.

Broman KW, Rowe LB, Churchill GA, et al. 2002. Crossover interference in the mouse. Genetics, 160: 1123-1131

Broman KW, Speed TP. 2002. A model selection approach for the identification of quantitative trait loci in experimental crosses. J R Statist Soc B, 64: 641-656

Buckler ES, Holland JB, Bradbury PJ, et al. 2009. The genetic architecture of maize flowering time. Science, 325: 714-718

Buetow KH, Chakravarti A. 1987. Multipoint gene mapping using seriation. I. General methods. Am J Hum Genet, 41: 180-188

Carlborg Ö, Haley C. 2004. Epistasis: too often neglected in complex trait studies? Nat Rev Genet, 5: 618-625

Carlborg Ö, Jacobsson L, Ahgren P, et al. 2006. Epistasis and the release of genetic variation during long-term selection. Nat Genet, 38: 418-420

Carlborg Ö, Kerje S, Schütz K, et al. 2003. A global search reveals epistatic interaction between QTL for early growth in the chicken. Genome Res, 13: 413-421

Cavanagh C, Morell M, Mackay I, et al. 2008. From mutations to MAGIC: resources for gene discovery, validation and delivery in crop plants. Current Opinion Plant Biol, 11: 215-221

Chander S, Guo Y, Yang X, et al. 2008. Using molecular markers to identify two major loci controlling carotenoid contents in maize grain. Theor Appl Genet, 116: 223-233

Chen J, Zhang L, Liu S, et al. 2016. The genetic basis of natural variation in kernel size and related traits using a four-way cross population in maize. PLoS One, 11(4): e0153428

Christofides N, Eilon S. 1972. Algorithms for large scale traveling salesman problems. Oper Res Quart, 23: 511-518

Churchill GA, Doerge RW. 1994. Empirical threshold values for quantitative trait mapping. Genetics, 138: 963-971

Climer S, Zhang W. 2006. Rearrangement clustering: pitfalls, remedies, and applications. J Mach Learn Res, 7: 919-943

Concibido VC, Denny RL, Lange DA, et al. 1996. RFLP mapping and marker-assisted selection of soybean cyst nematode resistance in PI 209332. Crop Sci, 36: 1643-1650

Coors JG, Pandey S. 1999. Genetics and Exploitation of Heterosis in Crops. Madison, Wisconsin: America Society of Agronomy, Inc. and Crop Science Society of America, Inc.

Copenhaver GP, Houseworth EA, Stahl FW. 2002. Crossover interference in *Arabidopsis*. Genetics, 160: 1631-1639

Darvasi A, Soller M. 1992. Selective genotyping for determination of linkage between a marker locus and a quantitative trait locus. Theor Appl Genet, 85: 353-359

Darvasi A, Soller M. 1994. Selective DNA pooling for determination of linkage between a molecular marker and a quantitative trait. Genetics, 138: 1365-1373

Darvasi A, Soller M. 1995. Advanced intercross lines, an experimental population for fine genetic mapping. Genetics, 141: 1199-1207

de Los Campos G, Naya H, Gianola D, et al. 2009. Predicting quantitative traits with regression models for dense molecular markers and pedigree. Genetics, 182: 375-385

Dempster A, Laird N, Rubin D. 1977. Maximum likelihood from incomplete data via the EM algorithm. J R Stat Soc B, 39: 1-38

Devlin B, Risch N. 1995. A comparison of linkage disequilibrium measures for fine-scale mapping. Genomics, 29: 311-322

Ding J, Zhang L, Chen J, et al. 2015. Genomic dissection of leaf angle in maize (*Zea mays* L.) using a four-way cross mapping population. PLoS One, 10(10): e0141619

Doerge RW. 2002. Mapping and analysis of quantitative trait loci in experiment populations. Nat Rev Genet, 3: 43-52

Doerge RW, Churchill GA. 1996. Permutation tests for multiple loci affecting a quantitative character. Genetics, 142: 285-294

Doerge RW, Rebai A. 1996. Significance thresholds for QTL interval mapping tests. Heredity, 76: 459-464

Dubcovsky J. 2004. Marker-assisted selection in public breeding programs: the wheat experience. Crop Sci, 44: 1895-1898

Eagles HA, Hollamby GJ, Gororo NN, et al. 2002. Estimation and utilisation of glutenin gene effects from the analysis of unbalanced data from wheat breeding programs. Aust J Agric Res, 53: 367-377

East EM. 1911. A Mendelian interpretation of variation that is apparently continuous. Am Nat, 44: 65-82

East EM. 1916. Studies on size inheritance in Nicotiana. Genetics, 1: 164-176

Ehrenreich IM, Hanzawa Y, Chou L, et al. 2009. Candidate gene association mapping of *Arabidopsis* flowering time. Genetics, 183: 325-335

Eichler EE, Flint J, Gibson G. 2010. Missing heritability and strategies for finding the underlying causes of complex disease. Nat Rev Genet, 11: 446-450

Ellis MH, Spielmeyer W, Gale K, et al. 2002. Perfect markers for the *Rht-B1b* and *Rht-D1b* dwarfing mutations in wheat (*Triticum aestivum* L.). Theor Appl Genet, 105: 1038-1042

El-Lithy ME, Bentsink L, Hanhart CJ, et al. 2006. New *Arabidopsis* recombination inbred line population genotyped using SNPWave and their use for mapping flowering-time quantitative trait loci. Genetics, 172: 1867-1876

Falconer DS, Mackay TFC. 1996. Introduction to Quantitative Genetics. 4th edition. England, Essenx: Longman

Frary An, Nesbitt TC, Frary Am, et al. 2000. fw2.2: A quantitative trait locus key to the evolution of tomato fruit size. Science, 289: 1295-1301

Frisch M, Bohn M, Melchinger AE. 1999. Comparison of selection strategies for marker-assisted backcrossing of a gene. Crop Sci, 39: 1295-1301

Frisch M, Melchinger AE. 2001. Marker-assisted backcrossing for simultaneous introgression of two genes. Crop Sci, 41: 1716-1725

Frisch M, Melchinger AE. 2005. Selection theory for marker-assisted backcrossing. Genetics, 170: 909-917

Frisch M, Melchinger AE. 2008. Precision of recombination frequency estimates after random intermating with finite population sizes. Genetics, 178: 597-600

Frisch M, Thiemann A, Fu J, et al. 2010. Transcriptome-based distance measures for grouping of germplasm and prediction of hybrid performance in maize. Theor Appl Genet, 120: 441-450

Gallais A, Moreau L, Charcosset A. 2007. Detection of marker–QTL associations by studying change in marker frequencies with selection. Theor Appl Genet, 114: 669-681

Gama EE, Hallauer AR. 1977. Relation between inbred and hybrid traits in maize. Crop Sci, 17: 703-706

Gelman A. 2005. Analysis of variance–Why it is more important than ever. Ann Stat, 33: 1-53

Goddard ME. 2008. Genomic selection: prediction of accuracy and maximisation of long term response. Genetica, 136: 245-257

Godshalk EB, Lee M, Lamkey KR. 1990. Relationship of restriction fragment length polymorphisms to single-cross hybrid performance of maize. Theor Appl Genet, 80: 273-280

Guo B, Sleper DA, Beavis WD. 2010. Nested association mapping for identification of functional markers. Genetics, 186: 373-383

Guo T, Li H, Tan J, et al. 2013. Performance prediction of F_1 hybrids between recombination inbred lines derived from two elite maize inbred lines. Theor Appl Genet, 126: 189-201

Hackett CA, Broadfoot LB. 2003. Effects of genotyping errors, missing values and segregation distortion in molecular marker data on the construction of linkage maps. Heredity, 90: 33-38

Haldane JBS. 1919. The combination of linkage values, and the calculation of distance between the loci of linked factors. J Genet, 8: 299-309

Haley CS, Knott SA. 1992. A simple regression method for mapping quantitative loci in line crosses using flanking markers. Heredity, 69: 315-324

Haley CS, Knott SA, Elsen JM. 1994. Mapping quantitative trait loci in crosses between outbred lines using least squares. Genetics, 136: 1195-1207

Hallauer AR, Carena MJ, Filho JBM. 2010. Quantitative Genetics in Maize Breeding. Ames: Iowa State University Press

Hamwieh A, Xu D. 2008. Conserved salt tolerance quantitative trait locus (QTL) in wild and cultivated soybeans. Breed Sci, 58: 355-359

Harjes CE, Rocheford TR, Bai L, et al. 2008. Natural genetic variation in lycopene epsilon cyclase tapped for maize biofortification. Science, 319: 330-333

Hartl D, Jones E. 2005. Genetics: Analysis of Genes and Genomes. 6th edition. Sudbury: Jones and Bartlett Publishers

Hartl DL, Clark AG. 2007. Principles of Population Genetics. 4th edition. Sunderland: Sinauer Associates, Inc., Publishers

Hayes BJ, Bowman PJ, Chamberlain AJ, et al. 2009. Genomic selection in dairy cattle: progress and challenges. J Dairy Sci, 92: 433-443

Hedrick PW, Muona O. 1990. Linkage of viability genes to marker loci in selfing organisms. Heredity, 64: 67-72

Heffner EL, Lorenz AJ, Jannink JL, et al. 2010. Plant breeding with genomic selection: gain per unit time and cost. Crop Sci, 50: 1681-1690

Heffner EL, Sorrells ME, Jannink JL. 2009. Genomic selection for crop improvement. Crop Sci, 49: 1-12

Henderson CR. 1963. Best linear unbiased estimation and prediction under a selection model. Biometrics, 31: 423-447

Henderson CR. 1984. Applications of Linear Models in Animal Breeding. Guelph: University of Guelph

Hirschhorn JN, Daly MJ. 2005. Genome-wide association studies for common diseases and complex traits. Nat Rev Genet, 6: 95-108

Holland JB. 2007. Genetic architecture of complex traits in plants. Current Opinion in Plant Biol, 10: 156-161

Hospital F, Goldringer I, Openshaw S. 2000. Efficient marker-based recurrent selection for multiple quantitative trait loci. Genet Res, 75: 357-368

Hua J, Xing Y, Wu W, et al. 2003. Single-locus heterotic effects and dominance by dominance interactions can adequately explain the genetic basis of heterosis in an elite rice hybrid. Proc Natl Acad Sci USA, 94: 2574-2579

Huang BE, George AW, Forrest KL, et al. 2012. A multiparent advanced generation inter-cross population for genetic analysis in wheat. Plant Biotech J, 10(7): 826-839

Huynh B, Ehlers J, Huang B, et al. 2018. A multi-parent advanced generation inter-cross (MAGIC) population for genetic analysis and improvement of cowpea (*Vigna unguiculata* L. Walp.). Plant J, 93: 1129-1142

Iwata H, Jannink JL. 2011. Accuracy of genomic selection prediction in barley breeding programs: a simulation study based on the real single nucleotide polymorphism data of barley breeding lines. Crop Sci, 51: 1915-1927

Jenkins MT. 1934. Methods of estimating the performance of double crosses in corn. J Am Soc Agron, 26: 199-204

Kao CH, Zeng ZB, Teasdale RD. 1999. Multiple interval mapping for quantitative trait loci. Genetics, 152: 1203-1216

Kearsey MJ, Pooni HS. 1996. The Genetical Analysis of Quantitative Traits. Cheltenham: Stanley

Thornes (Publishers) Ltd.

Kempthrone O. 1957. An Introduction to Genetic Statistics. New York: John Wiley & Sons

Knott SA, Haley CS. 1992. Aspects of maximum likelihood methods for the mapping of quantitative trait loci in line crosses. Genet Res, 60: 139-151

Korzun V, Roder MS, Ganal MW, et al. 1998. Genetic analysis of the dwarfing gene (*Rht8*) in wheat. Part I. Molecular mapping of *Rht8* on the short arm of chromosome 2D of bread wheat (*Triticum aestivum*). Theor Appl Genet, 96: 1104-1109

Kosambi DD. 1944. The estimation of map distances from recombination values. Ann Eugen, 12: 172-175

Kover PX, Valdar W, Trakalo J, et al. 2009. A multiparent advanced generation inter-cross to fine-map quantitative traits in *Arabidopsis thaliana*. PLoS Genet, 5(7): e1000551

Kubo T, Aida Y, Nakamura K, et al. 2002. Reciprocal chromosome segment substitution series derived from *Japonica* and *Indica* cross of rice (*Oryza sativa* L.). Breed Sci, 52: 319-325

Kuehl RO. 2000. Design of Experiments: Statistical Principles of Research Design and Analysis. Pacific Grove, CA: Duxbury Press

Lam SY, Horn SR, Radford SJ, et al. 2005. Crossover interference on nucleolus organizing region-bearing chromosomes in *Arabidopsis*. Genetics, 170: 807-812

Lande R, Thompson R. 1990. Efficiency of marker-assisted selection in the improvement of quantitative traits. Genetics, 124: 743-756

Lander ES, Botstein D. 1989. Mapping Mendelian factors underlying quantitative traits using RFLP linkage maps. Genetics, 121: 185-199

Lander ES, Green P. 1987. Construction of multilocus genetic linkage maps in humans. Proc Natl Acad Sci USA, 84: 2363-2367

Lander ES, Green P, Abrahamson J, et al. 1987. MAPMAKER: an interactive computer package for constructing primary genetic linkage maps of experimental and natural populations. Genomics, 1: 174-181

Laporte G. 1992. The traveling salesman problem: an overview of exact and approximate algorithms. Eur J Oper Res, 59: 231-247

Lebowitz RL, Soller M, Beckmann JS. 1987. Trait-based analysis for the detection of linkage between marker loci and quantitative trait loci in cross between inbred lines. Theor Appl Genet, 73: 556-562

Lee M, Sharopova N, Beavis WD, et al. 2002. Expanding the genetic map of maize with the intermated B73 × Mo17 (IBM) population. Plant Mol Biol, 48: 453-461

Li H, Bradbury P, Ersoz E, et al. 2011. Joint QTL linkage mapping for multiple-cross mating design sharing one common parent. PLoS One, 6(3): e17573.

Li H, Hearne S, Bänziger M, et al. 2010. Statistical properties of QTL linkage mapping in biparental genetic populations. Heredity, 105: 257-267

Li H, Ribaut JM, Li Z, et al. 2008. Inclusive composite interval mapping (ICIM) for digenic epistasis of quantitative traits in biparental populations. Theor Appl Genet, 116: 243-260

Li H, Singh RP, Braun HJ, et al. 2013. Doubled haploids versus conventional breeding in CIMMYT Wheat Breeding Programs. Crop Sci, 53: 74-83

Li H, Ye G, Wang J. 2007. A modified algorithm for the improvement of composite interval mapping.

Genetics, 175: 361-374

Li H, Zhang L, Wang J. 2012. Estimation of statistical power and false discovery rate of QTL mapping methods through computer simulation. Chin Sci Bull, 57: 2701-2710

Li J, Xiao J, Grandillo S, et al. 2004. QTL detection for rice grain quality traits using an interspecific backcross population derived from cultivated Asian (*O. sativa* L.) and African (*O. glaberrima* S.) rice. Genome, 47: 697-704

Li S, Wang J, Zhang L. 2015. Inclusive Composite Interval Mapping (ICIM) of QTL by environment interactions in bi-parental populations. PLoS One, 10(7): e0132414

Lin S. 1965. Computer solutions of the traveling salesman problem. Bell Sys Tech J, 44: 2245-2269

Lin S, Kernighan BW. 1973. An effective heuristic algorithm for the traveling-salesman problem. Oper Res, 21: 498-516

Liu J, Chen J, Zheng X, et al. 2017. *GW5* acts in the brassinosteroid signaling pathway to regulate grain width and weight in rice. Nature Plants, 3: 17043

Liu W, Zheng M, Polle EA, et al. 2002. Highly efficient doubled-haploid production in wheat (*Triticum aestivum* L.) via induced microspore embryogenesis. Crop Sci, 42: 686-692

Longin CFH, Utz HF, Melchinger AE, et al. 2007. Hybrid maize breeding with doubled haploids: III. Efficiency of early testing prior to doubled haploid production in two-stage selection for testcross performance. Theor Appl Genet, 115: 519-527

Lorieux M, Goffinet B, Perrier X, et al. 1995. Maximum-likelihood models for mapping genetics markers showing segregation distortion. 1. Backcross population. Theor Appl Genet, 90: 73-80

Luo L, Zhang Y, Xu S. 2005. A quantitative genetics model for viability selection. Heredity, 94: 347-355

Lynch M, Walsh B. 1998. Genetics and Analysis of Quantitative Traits. Sunderland: Sinauer Associates, Inc.

Mackay IJ, Bansept-Basler P, Barber T, et al. 2014. An eight-parent multiparent advanced generation inter-cross population for winter-sown wheat: creation, properties, and validation. G3: Genes, Genomes, Genetics, 4(9): 1603-1610

Mackay TFC, Stone EA, Ayroles JF. 2009. The genetics of quantitative traits: challenges and prospects. Nat Rev Genet, 10: 565-577

Maher B. 2008. The case of the missing heritability. Nature, 456: 18-21

Malosetti M, Voltas J, Romagosa I, et al. 2004. Mixed models including environmental covariables for studying QTL by environment interaction. Euphytica, 137: 139-145

Manolio TA, Collins FS, Cox NJ, et al. 2009. Finding the missing heritability of complex diseases. Nature, 461: 747-753

Martínez O, Curnow RN. 1992. Estimating the locations and the sizes of the effects of quantitative trait loci using flanking markers. Theor Appl Genet, 85: 480-488

Martínez O, Curnow RN. 1994. Missing markers when estimating quantitative trait loci using regression mapping. Heredity, 73: 198-206

Massman JM, Jung GH, Bernardo R. 2013. Genomewide selection versus marker-assisted recurrent selection to improve grain yield and stover-quality traits for cellulosic ethanol in maize. Crop Sci, 53: 58-66

McLachlan GJ. 1988. Mixture Models: Inference and Applications to Clustering. New York: Marcel

Dekker, Inc.

McMullen MD, Kresovich S, Villeda HS, et al. 2009. Genetic properties of the maize nested association mapping population. Science, 325: 737-740

Melchinger AE, Geiger HH, Seitz G, et al. 1987. Optimum prediction of three-way crosses from single crosses in forage maize (Zea mays L.). Theor Appl Genet, 74: 339-345

Melchinger AE, Longin CF, Utz HF, et al. 2005. Hybrid maize breeding with double haploids lines: quantitative genetic and selection theory for optimum allocation of resources. In: Proceedings of the 41st annual Illinois corn breeders school, 7-8 Mar 2005, Urbana, Illinois. University of Illinois at Urbana-Champaign, USA.

Meng L, Li H, Zhang L, et al. 2015. QTL IciMapping: integrated software for genetic linkage map construction and quantitative trait locus mapping in bi-parental populations. Crop J, 3: 269-283

Messmer R, Fracheboud Y, Bänziger M, et al. 2009. Drought stress and tropical maize: QTL-by-environment interactions and stability of QTLs across environments for yield components and secondary traits. Theor Appl Genet, 119: 913-930

Mester D, Ronin Y, Minkov D, et al. 2003. Constructing large-scale genetic maps using an evolutionary strategy algorithm. Genetics, 165: 2269-2282

Meuwissen THE, Hayes BJ, Goddard ME. 2001. Prediction of total genetic value using genome-wide dense marker maps. Genetics, 157: 1819-1829

Michelmore RW, Paran I, Kesseli RV. 1991. Identification of markers linked to disease resistance gene by bulked segregant analysis: a rapid method to detect markers in specific genomic regions using segregating populations. Proc Natl Acad Sci USA, 88: 9828-9832

Miller AJ. 1990. Subset Selection in Regression. London: Chapman and Hall

Mollinari M, Margarido GRA, Vencovsky R, et al. 2009. Evaluation of algorithms used to order markers on genetic maps. Heredity, 103: 494-502

Mrode RA. 2005. Linear Models for the Prediction of Animal Breeding. Wallingford: CABI Publishing

Muir WM. 2007. Comparison of genomic and traditional BLUP-estimated breeding value accuracy and selection response under alternative trait and genomic parameters. J Anim Breed Genet, 124: 342-355

Mujeeb-Kazi A, Hettel GP. 1995. Utilizing wild grass biodiversity in wheat improvement: 15 years of wide cross research at CIMMYT. CIMMYT Research Report 2. CIMMYT, D.F., Mexico

Murovec J, Bohanec B. 2011. Haploids and doubled haploids in plant breeding. In: Plant Breeding. ISBN 978-953-307-932-5, Hard cover, 352 pages (ed Abdurakhmonov IY), InTech, Ch5.

Nadeau JH, Singer JB, Martin A, et al. 2000. Analysis complex genetics traits with chromosome substitution strains. Nat Genet, 24: 221-225

Navabi A, Mather DE, Bernier J, et al. 2009. QTL detection with bidirectional and unidirectional selective genotyping: marker-based and trait-based analyses. Theor Appl Genet, 118: 347-358

Nelson JC. 2011. Linkage analysis in unconventional mating designs in line crosses. Theor Appl Genet, 123: 897-906

Ober U, Erbe M, Long N, et al. 2011. Predicting genetic values: a kernel-based best linear unbiased prediction with genomic data. Genetics, 188: 695-708

Ogbonnaya FC, Subrahmanyam NC, Moullet O, et al. 2001. Diagnostic DNA markers for cereal cyst nematode resistance in bread wheat. Aust J Agric Res, 52: 1367-1374

Paterson AH, Damon S, Hewitt JD, et al. 1991. Mendelian factors underlying quantitative traits in tomato: comparison across species, generations, and environments. Genetics, 127: 181-197

Peleman JD, van der Voort JR. 2003. Breeding by design. Trend Plant Sci, 8: 330-334

Pfeiffer WH, McClafferty B. 2007. HarvestPlus: breeding crops for better nutrition. Crop Sci, 47: S88-S105

Piepho HP. 2000. Optimal marker density for interval mapping in a backcross population. Heredity, 84: 437-440

Piepho HP. 2001. A quick method for computing approximate thresholds for quantitative trait loci detection. Genetics, 157: 425-432

Podlich DW, Cooper M. 1998. QU-GENE: a platform for quantitative analysis of genetic models. Bioinformatics, 14: 632-653

Qu P, Shi J, Chen T, et al. 2020. Construction and integration of genetic linkage maps from three multi-parent advanced generation inter-cross populations in rice. Rice, https://doi.org/10.1186/s12284-020-0373-z

Rabiei B, Valizadeh M, Ghareyazie B, et al. 2004. Identification of QTLs for rice grain size and shape of Iranian cultivars using SSR markers. Euphytica, 137: 325-332

Rajaram S, van Ginkel M, Fischer RA. 1994. CIMMYT's wheat breeding mega-environments (ME). *In*: Proceedings of the 8th international wheat genetics symposium. Beijing, China: China Agricultural Scientech: 1101-1106

Rajaram S. 1999. Historical aspects and future challenges of an international wheat program. *In*: van Ginkel M, McNab A, Krupinsky J. Septoria and stagonospora diseases of cereals: a compilation of global research. Mexico: CIMMYT

Rebai A, Goffinet B, Mangin B. 1994. Approximate thresholds of interval mapping tests for QTL detection. Genetics, 138: 235-240

Rebetzke GJ, Richards RA. 2000. Gibberellic acid-sensitive dwarfing genes reduce plant height to increase kernel number and grain yield of wheat. Aust J Agric Res, 51: 235-245

Redona ED, Mackill DJ. 1998. Quantitative trait locus analysis for rice panicle and grain characteristics. Theor Appl Genet, 96: 957-963

Remington DL, Ungerer MC, Purugganan MD. 2001. Map-based cloning of quantitative trait loci: progress and prospects. Genet Res Camb, 78: 213-218

Ribaut JM, Hoisington DA, Deutsch JA, et al. 1996. Identification of quantitative trait loci under drought conditions in tropical maize. 1. Flowering parameters and the anthesis-silking interval. Theor Appl Genet, 92: 905-914

Ribaut JM, Jiang C, González-de-León D, et al. 1997. Identification of quantitative trait loci under drought conditions in tropical maize. 2. Yield components and marker-assisted selection strategies. Theor Appl Genet, 94: 887-896

Ribaut JM, Ragot M. 2007. Marker-assisted selection to improve drought adaptation in maize: the backcross approach, perspectives, limitations, and alternatives. J Exp Bot, 58: 351-360

Sannemann W, Huang BE, Mathew B, et al. 2015. Multi-parent advanced generation inter-cross in barley: high-resolution quantitative trait locus mapping for flowering time as a proof of concept. Mol Breed, 35(3): 86

Sari-Gorla M, Krajewski P, Di Fonzo N, et al. 1999. Genetic analysis of drought tolerance in maize by molecular markers. II. Plant height and flowering. Theor Appl Genet, 99: 289-295

Sax K. 1923. The association of size differences with seed-coat pattern and pigmentation in *Phaseolus vulgaris*. Genetics, 8: 552-560

Schrag TA, Melchinger AE, Sørensen AP, et al. 2006. Prediction of single-cross hybrid performance for grain yield and grain dry matter content in maize using AFLP markers associated with QTL. Theor Appl Genet, 113: 1037-1047

Shi J, Wang J, Zhang L. 2019. Genetic mapping with background control for quantitative trait locus (QTL) in eight-parental pure-line populations. J Hered, 110: 880-891

Singh RP, Trethowan R. 2007. Breeding spring bread wheat for irrigated and rainfed production systems of the developing world. *In*: Kang MS, Priyadarshan PM. Breeding Major Food Staples. Jersey City: Blackwell Publishing: 109-140

Smith OS. 1986. Covariance between line per se and testcross performance. Crop Sci, 26: 540-543

Soller M, Beckmann JS. 1983. Genetic polymorphism in varietal identification and genetic improvement. Theor Appl Genet, 67: 25-33

Soller M, Beckmann JS. 1990. Marker-based mapping of quantitative trait loci using replicated progenies. Theor Appl Genet, 80: 205-208

Spielmeyer W, Sharp PW, Lagudah ES. 2003. Identification and validation of markers linked to broad-spectrum stem rust resistance gene *Sr2* in wheat. Crop Sci, 43: 333-336

Stuart A, Ord K. 1994. Kendall's Advanced Theory of Statistics, Volume 1: Distribution Theory. 6th edition. London: Hodder Education

Stuart A, Ord K, Arnold S. 1999. Kendall's Advanced Theory of Statistics, Volume 2A: Classical Inference and the Linear Model. 6th edition. London: Hodder Education

Stuber CW, Goodman MM, Moll RH. 1982. Improvement of yield and ear number resulting from selection at allozyme loci in a maize population. Crop Sci, 22(4): 737-740

Sturtevant AH. 1913. The linear arrangement of six sex-linked factors in *Drosophila*, as shown by their mode of an association. J Exp Zool, 14: 43-59

Sun Y, Wang J, Crouch JH, et al. 2010. Efficiency of selective genotyping for genetic analysis and crop improvement of complex traits. Mol Breed, 26: 493-511

Sun Z, Li H, Zhang L, et al. 2012. Estimation of recombination frequency in biparental genetic populations. Genet Res, 94: 163-177

Tallada JG, Palacios-Rojas N, Armstrong PR. 2009. Prediction of maize seed attributes using a rapid single kernel near infrared instrument. J Cereal Sci, 50: 381-387

Tan Y, Fu Y. 2006. A novel method for estimating linkage maps. Genetics, 173: 2383-2390

Tan Y, Xing Y, Li J, et al. 2000. Genetic bases of appearance quality of rice grains in Shanyou 63, an elite rice hybrid. Theor Appl Genet, 101: 823-829

Tanksley SD, Nelson JC. 1996. Advanced backcross QTL analysis: a method for the simultaneous discovery and transfer of valuable QTL from unadpated germplasm into elite breeding lines. Theor Appl Genet, 92: 191-203

Technow F, Schrag TA, Schipprack W, et al. 2014. Genome properties and prospects of genomic prediction of hybrid performance in a breeding program of maize. Genetics, 197: 1343-1355

The Complex Trait Consortium. 2004. The collaborative cross, a community resource for the genetic analysis of complex traits. Nat Genet, 36: 1133-1137

Thomas D. 2010. Gene-environment-wide association studies: emerging approaches. Nat Rev Genet, 11: 259-272

Tinker NA, Mather DE, Rossnagel BG, et al. 1996. Regions of the genome that affect agronomic performance in two-row barley. Crop Sci, 36: 1053-1062

van Ginkel M, Trethowan R, Ammar K, et al. 2002. Guide to Bread Wheat Breeding at CIMMYT. Wheat Special Report 5. CIMMYT, D.F., Mexico.

van Ooijen J W. 1999. LOD significance thresholds for QTL analysis in experimental populations of diploid species. Heredity, 83: 613-624

van Os H, Stam P, Visser RG, et al. 2005. RECORD: a novel method for ordering loci on a genetic linkage map. Theor Appl Genet, 112: 30-40

Verbyla AP, Cavanagh CR, Verbyla KL. 2014. Whole-genome analysis of multienvironment or multi-trait QTL in MAGIC. G3: Genes, Genomes, Genetics, 4(9): 1569-1584.

Wan X, Wan J, Jiang L, et al. 2006. QTL analysis for rice grain length and fine mapping of an identified QTL with stable and major effects. Theor Appl Genet, 112: 1258-1270

Wan X, Wan J, Su C, et al. 2004. QTL detection for eating quality of cooked rice in a population of chromosome segment substitution lines. Theor Appl Genet, 110: 71-79

Wan X, Wan J, Weng J, et al. 2005. Stability of QTLs for rice grain dimension and endosperm chalkiness characteristics across eight environments. Theor Appl Genet, 110: 1334-1346

Wan X, Weng J, Zhai H, et al. 2008. QTL analysis for rice grain width and fine mapping of an identified QTL allele *gw-5* in a recombination hotspot region on chromosome 5. Genetics, 179: 2239-2252

Wang J. 2011a. Modelling and Simulation of Plant Breeding Strategies. *In*: Abdurakhmonov I Y. Plant Breeding. InTech, Janeza Trdine 9,51000 Rijeka, Croatia

Wang J. 2011b. Simulation modeling in crop breeding. J Indian Soc Agri Stat, 65: 225-235

Wang J, Bernardo R. 2000. Variance of marker estimates of parental contribution to F_2 and BC_1-derived inbreds. Crop Sci, 40: 659-665

Wang J, Chapman SC, Bonnett DG, et al. 2009b. Simultaneous selection of major and minor genes: use of QTL to increase selection efficiency of coleoptile length of wheat (*Triticum aestivum* L.). Theor Appl Genet, 119: 65-74

Wang J, Crossa J, van Ginkel M, et al. 2004b. Statistical genetics and simulation models for genetic resources conservation. Crop Sci, 44: 2246-2253

Wang J, Eagles HA, Trethowan R, et al. 2005. Using computer simulation of the selection process and known gene information to assist in parental selection in wheat quality breeding. Aust J Agric Res, 56: 465-473

Wang J, Li H, Wan X, et al. 2007. Application of identified QTL-marker associations in rice quality improvement through a design breeding approach. Theor Appl Genet, 115: 87-100

Wang J, Singh RP, Braun HJ, et al. 2009a. Investigating the efficiency of the single backcrossing breeding strategy through computer simulation. Theor Appl Genet, 118: 683-694

Wang J, van Ginkel M, Podlich D, et al. 2003. Comparison of two breeding strategies by computer simulation. Crop Sci, 43: 1764-1773

Wang J, van Ginkel M, Trethowan R, et al. 2004a. Simulating the effects of dominance and epistasis on selection response in the CIMMYT Wheat Breeding Program using QuCim. Crop Sci, 44:

2006-2018

Wang J, Wan X, Crossa J, et al. 2006. QTL mapping of grain length in rice (*Oryza sativa* L.) using chromosome segment substitution lines. Genet Res, 88: 93-104

Wang Y, Li H, Zhang L, et al. 2012. On the use of mathematically-derived traits in QTL mapping. Mol Breed, 29: 661-673

Weeks D, Lange K. 1987. Preliminary ranking procedure for multilocus ordering. Genomics, 1: 236-242

Weng J, Gu S, Wan X, et al. 2008. Isolation and initial characterization of *GW5*, a major QTL associated with rice grain width and weight. Cell Res, 18: 1199-1209

Whittaker JC, Thompson R, Visscher PM. 1996. On the mapping of QTL by regression of phenotype on marker-type. Heredity, 77: 23-32

Wingbermuehle WJ, Gustus C, Smith KP. 2004. Exploiting selective genotyping to study genetic diversity of resistance to Fusarium head blight in barley. Theor Appl Genet, 109: 1160-1168

Wright AJ, Mowers RP. 1994. Multiple regression for molecular-marker, quantitative trait data from large F_2 populations. Theor Appl Genet, 89: 305-312

Xu S. 1998. Further investigation on the regression method of mapping quantitative trait loci. Heredity, 80: 364-373

Xu S. 2008. Quantitative trait locus mapping can benefit from segregation distortion. Genetics, 180: 2201-2208

Yan J, Kandianis CB, Harjes CE, et al. 2010. Rare genetic variation at *Zea mays crtRB1* increases β-carotene in maize grain. Nat Genet, 42: 322-327

Yandel BS. 1997. Practical Data Analysis for Designed Experiment. London: Champman & Hall

Yao J, Zhao D, Chen X, et al. 2018. Use of genomic selection and breeding simulation in cross prediction for improvement of yield and quality in wheat (*Triticum aestivum* L.). Crop J, 6: 353-365

Yi N, Xu S, Allison DB. 2003. Bayesian model choice and search strategies for mapping interacting quantitative trait loci. Genetics, 165: 867-883

Yin C, Li H, Li S, et al. 2015. Genetic dissection on rice grain shape by the two-dimensional image analysis in one *japonica* × *indica* population consisting of recombinant inbred lines. Theor Appl Genet, 128: 1969-1986

Yin C, Li H, Zhao Z, et al. 2017. Genetic dissection on the top three leaves in rice using progenies derived from a *japonica-indica* cross. J Integr Plant Biol, 59: 866-880

Young ND. 1999. A cautiously optimistic vision for marker-assisted selection. Mol Breed, 5: 505-510

Yu J, Holland JB, McMullen MD, et al. 2008 Genome-wide complex trait dissection through nested association mapping. Genetics, 178: 539-551

Yu J, Pressoir G, Briggs WH, et al. 2006. A unified mixed-model method for association mapping that accounts for multiple levels of relatedness. Nat Genet, 38: 203-208

Zeng ZB. 1994. Precision mapping of quantitative trait loci. Genetics, 136: 1457-1468

Zeng, ZB, Kao CH, Basten CJ. 1999. Estimating the genetic architecture of quantitative traits. Genet Res Camb, 74: 279-289

Zhang L, Li H, Li Z, et al. 2008. Interactions between markers can be caused by the dominance effect of QTL. Genetics, 180: 1177-1190

Zhang L, Li H, Meng L, et al. 2020. Ordering of high-density markers by the k-Optimal algorithm in solving travelling salesman problems. Crop J, (in press; https://doi.org/10.1016/j.cj.2020.03.005)

Zhang L, Li H, Wang J. 2012a. Statistical power of inclusive composite interval mapping in detecting digenic epistasis showing common F_2 segregation ratios. J Integr Plant Biol, 54: 270-279

Zhang L, Li H, Wang J. 2015a. Linkage analysis and map construction in genetic populations of clonal F_1 and double cross. G3-Genes Genom Genet, 5: 427-439

Zhang L, Li H, Wang J. 2015b. QTL mapping with background control in genetic populations of clonal F_1 and double cross. J Integr Plant Biol, 57: 1046-1062

Zhang L, Meng L, Wang J. 2019. Linkage analysis and integrated software GAPL for pure-line populations derived from four-way and eight-way crosses. Crop J, 7: 283-293

Zhang L, Meng L, Wu W, et al. 2015c. GACD: Integrated software package for genetic analysis in clonal F_1 and double cross populations. J Hered, 106: 741-744

Zhang L, Wang S, Li H, et al. 2010. Effects of missing marker and segregation distortion on QTL mapping in F_2 populations. Theor Appl Genet, 121: 1071-1082

Zhang S, Wang J, Zhang L. 2017. Background controlled QTL mapping in pure-line genetic populations derived from four-way crosses. Heredity, 119: 256-264

Zhang W, Gianibelli MC, Rampling LR, et al. 2004. Characterisation and marker development for low molecular weight glutenin genes from *Glu-A3* alleles of bread wheat (*Triticum aestivum* L.). Theor Appl Genet, 108: 1409-1419

Zhang X, Pfeiffer WH, Palacios-Rojas N, et al. 2012b. Probability of success of breeding strategies for improving pro-vitamin A content in maize. Theor Appl Genet, 125: 235-246

Zhao Z, Wang C, Jiang L, et al. 2006. Identification of a new hybrid sterility gene in rice (*Oryza sativa* L.). Euphytica, 151: 331-337

Zhong S, Dekkers JC, Fernando RL, et al. 2009. Factors affecting accuracy from genomic selection in populations derived from multiple inbred lines: a barley case study. Genetics, 182(1): 355-364

Zhu C, Wang C, Zhang Y. 2007. Modeling segregation distortion for viability selection I. Reconstruction of linkage maps with distorted markers. Theor Appl Genet, 114: 295-305

索 引

B

八交, 241, 251, 252, 257
八交 F$_1$ 群体, 251-255
八亲 DH 后代群体, 268
八亲纯系后代群体, 251, 267, 273
八亲 RIL 后代群体, 270, 274, 275
八向杂交, 241, 251, 267
背景控制, 108, 139-141, 144, 152, 167, 170, 287
背景亲本, 3, 283, 284, 285
背景遗传变异, 139, 141, 144, 236, 265
背景遗传方差, 293, 294
备择假设, 62, 63, 118, 144, 152, 156, 157, 178, 185, 203, 236, 281
边际频率, 192, 314
边际效应, 193, 194
编码方式, 10, 13, 243, 253
编码规则, 8
变量进入模型的概率水平, 146, 170, 181
变量退出模型的概率水平, 146, 170, 181
变量选择, 147
标记分类, 241, 252
标记辅助轮回选择, 441
标记辅助选择, 8, 402, 406, 409, 441
标记辅助育种, 398
标记信息, 354
标准差, 87, 141, 157, 158
标准正态分布, 132, 156-158
表达序列标签, 299
表现型, 15, 174, 176, 191, 293, 346, 348, 431, 442
表型变异, 17
表型变异解释率, 288
表型观测值, 15, 20, 24, 29, 31
表型鉴定, 7, 19, 20, 24, 29, 168, 241
表型缺失, 10

表型选择, 390, 406, 409, 442, 445
伯努利分布, 155
不平衡, 300, 301
不平衡度, 91-95, 302-306
不完全拟合, 170
不完全信息标记, 216, 229, 242, 248, 256, 257
部分双列杂交, 4, 5
部分显性, 17, 18, 353
Bartlett 检验, 31, 32
Bonferroni 矫正, 126

C

菜豆, 99, 100
参数估计, 25, 139, 141, 290, 412, 415
参数统计方法, 129, 132
测交, 347, 364, 397, 407-409
产量, 121, 316, 348, 370, 371
长宽比, 317
超高效液相色谱, 406
超亲分离, 7, 145, 147, 295, 383, 390, 445
超显性, 17, 333, 353
巢式关联作图, 1, 3, 204, 290
巢式关联作图群体, 279
称重问题, 413
成功概率, 406, 410
重叠显性上位, 192
重复自交, 1, 2, 87, 241, 252
重组单倍型, 67, 68, 428
重组近交家系, 3, 44, 95, 290, 294, 320, 340, 346, 427, 443
重组近交家系群体, 95, 284, 290, 295, 427
重组率, 38, 46, 61
重组率估计, 38, 61, 65, 67, 75, 85, 87, 212, 243, 248, 256
重组型配子, 38, 302
抽穗期, 204-206

穿梭育种, 377
传统育种, 412
纯合基因型, 9, 50, 141, 148, 184, 195, 241, 242, 251, 253, 255, 259, 262, 263, 267, 272, 273, 284, 292, 345, 391
纯系, 2, 209, 229, 426
纯系品种, 345, 426
纯系亲本, 209, 225, 226, 257
纯系育种, 346, 391, 445
雌花的开花时间, 317
雌配子, 212
雌亲, 209, 210
雌亲加性效应, 233
雌亲图谱, 224
雌亲重组率, 211-213, 217, 219, 224
雌雄开花间期, 316
次级群体, 294
错误发现率, 160, 315, 324, 325
CGIAR, 406
CIMMYT, 346, 347, 377, 380, 382-385, 389-391, 393, 397, 408, 410

D

大变量、小样本问题, 442
大豆, 241, 442, 225
大麦, 10, 11, 14, 61, 62, 75, 76, 79, 102, 120, 145, 170, 241, 281
单倍型, 227, 229
单倍型重建, 214, 215, 223
单标记分析, 99, 107-109, 139, 265, 274
单点分析, 139
单点检验, 126, 129
单个 QTL 遗传模型, 233
单核苷酸多态性, 8, 307
单基因座位, 17, 18, 262, 272
单交, 209, 362, 365, 382, 426
单交种, 3, 4, 429
单粒传, 7, 252, 426
单链式杂交, 4, 5
单片段置换系, 283
单尾分析, 279, 280
单位矩阵, 413

单向生长算法, 80
单字符编码, 10, 13
等位基因, 3, 15, 17, 18, 38, 438, 445
等位基因频率, 20, 86, 87, 91, 92, 192, 280, 358, 441
低分子质量谷蛋白亚基, 380
第二类错误, 124, 155, 156
第二类错误的概率, 155-157
第一类错误, 123, 124, 126, 127, 155
第一类错误的概率, 155
顶交, 228, 382, 399
动物模型, 419
独立检验次数, 126
独立遗传模型, 159
对数似然函数, 61, 63, 144, 145, 152, 178, 179, 185, 212, 237, 291
多环境, 20
多环境联合分析, 206
多基因假说, 293, 340, 341
多亲本高代互交, 5
多亲本遗传交配设计, 5
多亲本杂交, 241
多亲高代互交, 241
多亲群体, 3, 241, 252
多态性, 1, 7, 8, 210, 217, 219, 225, 226, 290
多元线性回归模型, 412
DH 群体, 11, 61, 62, 79, 100, 101, 110, 120, 123, 134, 140, 176, 177, 181, 191, 192, 195, 197, 199
DH 育种, 391

E

二倍体, 13, 209, 228, 304, 435
二维扫描, 174, 176, 179, 190, 197, 200, 203
二项分布, 155, 156, 280
E 步骤, 见 EM 算法
EM 算法, 64, 67, 68, 115-117, 145, 178, 180, 186, 189, 202, 237, 249, 250, 256, 257, 264, 291

F

繁殖方式, 6, 209, 364
方差, 15, 303
方差成分, 28, 294

方差分析, 16, 20, 22-24, 29, 106
方差分析表, 22, 28
方差同质性, 31
非参数统计方法, 132
非等位基因互作, 174
非加性方差, 194, 432
非亲本型, 10
分隔 QTL, 144
分离比, 191, 192, 197
分群, 74, 78
分群算法, 78
分位数, 133
分子标记, 7, 8
分蘖数, 402
复等位基因, 6, 305, 347, 356, 380
复共线性, 286, 414, 442
复合区间作图, 139
复合性状, 316, 317, 319, 320, 324, 326
富集选择, 400, 401
F 分布, 22, 124
F 检验, 107
F_2 模型, 194
F_∞ 模型, 184, 194
F_2 群体, 12-14, 67, 68, 103, 106, 107, 110, 111, 113, 120, 121, 134, 148, 153, 154, 183, 189, 191-193, 195, 199, 228, 333, 335, 336
F 统计量, 22, 106
Fisher 信息量, 62, 63, 69, 85, 249

G

概率密度函数, 107, 116, 125, 144, 156
概率水平, 7, 88
概率向量, 38
概率转移矩阵, 39
干涉系数, 74-77, 84
感池, 282
秆锈病, 402
高分子质量谷蛋白亚基, 380
高斯-马尔可夫假设, 413
高斯-马尔可夫定理, 415
高效液相色谱, 406
粳稻, 284, 285, 288, 294, 333, 438

功效分析, 157, 168, 182, 189, 200, 324
供体亲本, 284, 383, 388, 390
贡献率, 154, 311
共显性, 8, 10, 65
共显性标记, 8, 10, 13, 50, 53, 67, 68, 103, 107
共祖先系数, 420, 423, 426
构成性状, 316-327
关联分析, 3, 300, 306, 307
关系矩阵, 419, 420
观测样本量, 13, 39, 212, 213, 247-250, 256, 257, 261
观测值, 2, 15, 16, 20, 24, 29-33
广适应性纯系, 383
广义线性回归, 290
广义线性模型, 415
广义遗传力, 17, 20, 25, 29-31, 171, 195
果蝇, 74
过拟合, 169-171
GACD 集成分析软件, 79, 214, 230
GAPL 集成分析软件, 79, 242, 252, 263, 258, 261, 274,

H

哈迪-温伯格平衡, 91, 192
禾谷孢囊线虫, 402
合并误差方差, 30, 32
宏环境, 383, 384
后验概率, 115-117, 119, 178, 180, 186, 265
后裔同样, 424, 426
互补上位, 191
互斥连锁, 122, 159, 160, 302
互斥事件, 74, 75
互作方差, 25, 26
互作网络信息, 355
互作效应, 24, 284
互作效应均方, 27
互作效应平方和, 26, 27
互作 QTL, 189, 190, 196, 197
互作 QTL 作图, 184, 200
环境, 2, 7, 15, 20, 24, 29, 31, 350
环境方差, 25, 26, 28, 398
环境效应, 24, 29, 31

环境效应均方, 28
环境效应平方和, 26, 28
幻影 QTL, 122, 139, 168, 331
回归分析, 114, 185, 413
回归系数, 144
回交, 19, 39, 284, 399
回交群体, 1, 2, 20, 87, 88, 426,
回交世代转移矩阵, 39
回交育种, 382, 390
混合分布, 112, 114-116, 141, 291
混合分离分析, 279, 282
混合模型方程, 418, 420
混合群体, 305, 306
混合线性模型, 418
Haldane 作图函数, 77, 112, 160

I

ICIM, 见完备区间作图

J

基因型值, 17, 29-31, 100, 103, 141-143, 148, 151, 174, 175, 183, 185, 195, 232, 235, 262, 263, 272, 312, 341, 348, 354, 356, 435
基因定位, 30, 69, 99, 209, 233, 241, 258, 267, 279, 307
基因和环境系统, 349
基因间互作, 3, 283, 301
基因精细定位, 3, 283, 311
基因频率, 13, 86, 87, 279, 280, 358, 359, 396
基因信息, 352
基因型, 1-4, 9, 10, 38, 174
基因型鉴定, 7, 10, 84, 220, 279, 299, 307, 328, 442
基因型理论频率, 38, 46, 213, 243, 248, 253, 258, 259, 267,
基因型频率, 13, 39, 95, 192, 229
基因型效应, 24, 428
基因型值, 17, 29-31, 100, 141, 148, 151, 174, 175, 183, 185, 195, 233, 235, 262, 263, 272, 341, 348, 378, 433, 435
极大似然估计, 61, 114, 119, 145, 179, 212
家系间误差方差, 351

家系内误差方差, 351
加倍单倍体, 1, 4, 39
加倍单倍体技术, 95, 390
加倍单倍体世代转移矩阵, 43, 95
加加上位性效应, 174, 195, 203
加权平均数, 32, 33, 193-195
加权最小二乘估计, 416
加显性模型, 17, 18, 148, 151, 311, 341
加性方差, 29, 180, 194-196, 420, 432
加性效应, 17-19, 104, 119, 145, 148, 150, 153, 154, 174, 191, 203, 284, 293
加性遗传模型, 141, 143, 320
假设检验, 123-125, 139, 144, 152, 155, 157, 290, 315
假阳率, 161, 164-167, 181, 190, 200, 329
假阳性, 123, 160, 181, 200, 327
假阴性, 124
检测功效, 124, 155-158, 160, 164, 167, 190, 197, 315
检验统计量, 13, 123-125, 132-134, 156, 157
简单回交, 384, 388
简单回交育种策略, 385, 390
简单平均数, 31-33
简单区间作图, 见区间作图
简单序列重复, 299
简化动物模型, 419, 430
减数分裂, 38, 61
交换, 38
交换配子型, 61
交换型, 40, 67, 212, 244, 254, 255, 441
接受域, 124, 156, 157
矫正基因型值, 371, 378
解释表型变异的大小, 119, 146
近等基因系, 3, 6, 283, 316
进化策略算法, 80
近交衰退, 4, 209
近交系数, 422, 424, 426, 427
近似算法, 80, 81
茎锈病, 402
精确算法, 80
精细定位, 8, 283, 288, 299
经验 LOD 临界值, 129, 132

聚类分析, 79
拒绝域, 124, 155-157
决定系数, 317, 431-433
JICIM, 见联合完备区间作图

K

开花间期, 316, 317
开花期, 290, 292, 293, 307, 386
抗池, 282
抗旱性, 316
可估函数, 415-417
克隆, 3, 8, 99, 283, 288, 294, 311, 346, 365
空白区间, 144, 168, 329, 331
k-Opt 算法, 81-83
Kosambi 作图函数, 77

L

拉格朗日乘子, 180, 187, 189, 202
累积概率, 126, 401
累积重组率, 45, 46, 50, 92, 244
厘摩, 74
离差平方和, 16, 20, 21, 25
离散型分布, 156
粒长, 23, 24, 29, 33, 288
粒宽, 294, 296
粒型, 317
粒重, 99, 100, 102, 120, 145, 170, 281
联合方差分析, 29
联合完备区间作图, 290
连锁不平衡, 3, 91, 300, 301
连锁不平衡度, 92, 94, 302
连锁分析, 8, 209, 241, 279, 306
连锁图谱, 3, 38, 74, 78-83, 92, 99, 214, 225
连锁相, 209, 211, 229
连锁遗传模型, 159, 160, 162, 163, 166-168
连锁 QTL, 108, 109, 122, 123, 139, 160, 166, 170, 171, 236, 284, 312, 328-331
连续自交, 4, 7, 95
连续自交世代转移矩阵, 95
两点分布, 同伯努利分布
列联表, 300
列联表独立性检验, 304

零假设, 62, 63, 118, 145, 156, 157, 179, 185, 187, 203, 236, 281
岭回归, 419
旅行商问题, 80
轮回亲本, 3, 383, 388, 390
LOD 临界值, 123, 128, 131, 132
LOD 曲线, 109, 122, 123, 127, 146, 154, 161, 205, 237, 266, 274, 295, 313, 320, 342, 343
LOD 统计量, 64, 86, 108, 118, 126, 128, 179, 281
LRT 统计量, 108, 125, 180, 237

M

马尔可夫链, 39, 46, 73
锚定信息, 78
孟德尔分离比, 6, 69, 210, 242, 336
孟德尔化, 293, 298
模拟群体, 82, 122, 123, 127, 128, 161, 167, 181, 190, 275, 313, 314, 326, 330, 334, 343
模拟试验设计, 368, 385
模拟研究, 129, 181, 346, 374, 443
模拟 F_2 群体, 190, 198, 343
模型选择, 144, 290
木薯, 228
目标等位基因, 399-401, 403
目标环境群体, 346
目标基因型, 378, 398-401, 403-405, 412, 438-441
目标基因型值, 378
目标性状, 282, 311, 326, 345, 363, 382, 406, 437, 438, 441, 444-446
M 步骤, 见 EM 算法
Morgan 作图函数, 76

N

拟南芥, 84, 241, 292, 293
NAM 群体, 1, 3, 6, 290, 292
Newton 迭代算法, 63, 66, 67, 216
NP 难题, 80

O

欧氏距离, 81
2-Opt 算法, 81-83
3-Opt 算法, 82, 83

P

排列检验, 132-135, 266, 274, 293
排序, 74, 78
排序算法, 80
判定系数, 170, 171
胚芽鞘, 404
配子模型, 419, 421
配子型不平衡, 91, 304
配子型频率, 95, 97
谱分解, 45

Q

期望分离比, 13, 279
期望频率, 13, 15, 28, 50, 110
期望样本量, 13
奇异分离, 13, 69, 119, 335, 336, 338-340
起始群体, 356
千粒重, 348, 371
亲本配子型, 61
亲本系数, 424, 427
亲本型, 8, 10, 50, 61, 67-69, 72, 174, 212, 302
亲本选配, 345, 361, 441, 443
区间作图, 109, 114, 120-123, 139, 144, 147, 153, 154, 165, 237, 265, 274
权重, 32, 443
全基因组选择, 347, 348, 441-443
全同胞家系, 209, 229, 422
缺失标记, 10, 71, 333
缺失标记的填补, 230, 331, 335
缺失表型, 见表型缺失
群体大小, 88
群体混合, 301, 304, 305, 307
群体结构, 3, 241, 304, 307
群体均值, 15, 101, 193, 307, 443
群体遗传学, 1, 69, 336, 400
QTL 的贡献率, 119, 312, 315
QTL 检测, 139, 165-167, 328, 338
QTL 与环境互作, 200, 203, 205
QTL 作图, 99, 139, 174, 183, 206, 282, 311, 316, 336, 340
QTL IciMapping, 8-10, 13, 79, 196, 342

QU-GENE, 346, 347
QuHybrid, 347
QuLine, 346, 347
QuMARS, 347

R

染色单体, 211, 214, 215, 224, 227, 228, 243
染色体片段置换系, 1, 3, 174, 296, 437
染色体片段置换系群体, 1, 279, 282-288, 437
人工控制杂交, 279
RIL 家系, 23, 24, 29, 33
RIL 群体, 2, 7, 19, 169, 204, 248, 249, 280, 294, 311, 315-320, 323, 326-328, 400, 428, 429, 432-435, 444

S

三点分析, 74
三交, 403, 405
三向杂交, 228
散粉期, 317, 318
上位型互作, 174, 183
上位型互作效应, 174
上位性方差, 180, 194-197, 420
上位性离差, 194
上位性效应, 174, 179, 191, 435
上位性 QTL 与环境的互作, 202
设计基因型, 439
设计矩阵, 290, 413-415, 429
设计育种, 412, 437
生化标记, 8
生物加强, 406
生育期, 348, 370, 371
剩余平方和, 16
世代转移矩阵, 38, 39, 44, 245
事件, 74, 75, 156, 300
适合度, 69, 305, 336
适合性检验, 13, 14, 66, 335
适应性, 377, 383, 384
收尾概率, 156, 158
数量性状, 3, 174, 340
数量性状基因, 279, 293, 294
数量性状基因座, 3, 99, 346

数量遗传学, 99, 194, 196, 345
数学期望, 16, 21, 26-28
数字编码, 13
双链式杂交, 4
双交, 3, 209, 241, 382
双交换, 109
双交群体, 225, 227-229, 236
双交设计, 3
双交 F_1, 4, 209, 225, 229, 254
双交 F_1 群体, 4, 209, 225, 226, 233, 238, 244
双链式杂交, 5
双片段置换系, 283
双亲群体, 1, 3, 10, 13, 15, 19, 46, 241
双亲杂交设计, 1
双尾分析, 279, 280
双因素方差分析, 193
双杂基因型, 38, 68, 209, 302
双字符编码, 10
水稻, 16, 17, 23, 29, 241, 288, 299, 317, 333, 335, 336
瞬时态, 73
顺序排列法, 80, 83
顺序统计量, 133
四交, 241, 382
四亲 RIL 后代群体, 250, 258, 260
四亲纯系后代群体, 241-243, 249, 252, 253, 258, 264
四亲 DH 后代群体, 258, 259, 265, 266
四向杂交, 241, 382
似然比检验, 62, 63, 107, 281
似然比检验统计量, 62, 108, 118
似然函数, 61, 63, 115, 281
随机变量, 39, 155
随机检验, 132
随机交配, 91, 301, 304, 305
随机交配群体, 229, 301, 302, 419
随机区组试验设计, 22
随机误差, 16, 17
随机误差方差, 141
SNP 标记, 328
SSR 标记, 328

T

贪婪算法, 80
特殊配合力, 429
特征根, 286
填补, 84, 258, 261
条件极值, 180, 187, 202
条件期望, 142
条件数, 286
条锈病, 402
同质纯合, 4
同质杂合, 4
统计功效, 140, 141, 155, 160
统计推断, 124, 125, 133, 156, 157, 413
图距, 76, 77
吐丝期, 317, 318
t 检验, 100, 101, 103, 107, 280
t 统计量, 102, 105, 132

W

外观品质指标, 317
豌豆杂交试验, 1, 279
完备区间作图, 139, 141, 147, 148, 153, 154, 166, 167, 174, 236, 237, 264, 266, 273-275, 295
完备线性模型, 152, 263
完全信息基因型, 257
完全干涉, 75
完全缺失信息, 229, 230, 258
完全双列杂交, 4
完全随机区组设计, 20
完全显性, 17
完全信息标记, 210, 212, 215, 242, 243, 256
完全信息座位, 252, 253, 258, 267
维生素 A 含量, 406
维生素 A 缺乏, 406
维生素 A 源的含量, 406
物理图谱, 78, 83
无偏估计, 16, 21, 22, 28, 31, 417
无偏预测, 417
无性繁殖, 4, 6, 228, 241, 364-366
无性系, 4, 209, 229
无性系 F_1 群体, 209

误差方差, 20, 22, 26, 27
误差均方, 16, 21, 27
误差平方和, 16, 21, 26
误差效应, 15

X

吸收态, 73
狭义遗传力, 29, 432, 433
籼稻, 284-288, 294, 333, 438
显性, 8, 10, 65, 191
显性标记, 9, 10, 53, 58
显性度, 17, 19, 337
显性方差, 196, 420
显性离差, 194
显性效应, 17, 19, 104, 119, 148, 150, 153, 154, 191, 233, 293
显著性概率, 13, 14, 22, 64, 124, 125, 131-133, 335
显著性检验, 62, 63, 107, 118, 132, 141, 145, 156, 157, 284, 304, 335, 415
显著性水平, 124, 158
限制性片段长度多态性, 328
线性回归模型, 143, 147, 200, 202, 236, 262, 272
线性模型, 15, 20, 24, 31, 169, 412
相关系数, 285, 304, 444
相引连锁, 91, 122, 159, 166, 302, 313
小麦, 4, 13, 66, 241, 379
小麦育种, 377, 383-385, 391, 444
小样本、大变量问题, 442
辛普森悖论, 306, 307
形态标记, 8
雄花的开花时间, 317
雄配子, 212
雄亲, 209, 210
雄亲加性效应, 233
雄亲图谱, 224
雄亲重组率, 211, 212
修饰系谱育种方法, 359, 360, 362, 377
选择, 6, 304, 305
选择策略, 345
选择混合育种方法, 359, 360, 366, 377, 384, 391
选择基因型分析, 279, 282

选择强度, 386
选择系数, 69
训练群体, 444
χ^2 分布, 32, 62, 64, 125, 179, 180, 237, 281
χ^2 统计量, 13

Y

延展性, 380-382, 444
样本方差, 139, 141
样本观测值, 21
样本量, 88
样本平均数, 15, 16
样本似然函数, 107, 108, 114, 118, 212
叶锈病, 402
一般配合力, 429
一维扫描, 120, 121, 144, 152, 154, 197
遗传变异, 4, 6, 170, 241, 316, 382, 445
遗传标记, 8
遗传方差, 17-20, 22, 25-27, 160, 180, 311, 320
遗传方差的分解, 192
遗传交配设计, 1, 5, 429
遗传结构, 4, 61, 305, 327, 432
遗传进度, 370, 371, 386, 395
遗传力, 170, 326
遗传力丢失, 308
遗传连锁分析, 3
遗传模型, 174, 346
遗传漂变, 6, 7, 445
遗传群体, 1, 3, 5-7, 19, 20
遗传图谱, 3, 8
遗传效应, 15
遗传效应均方, 22, 28
遗传效应平方和, 22, 26, 27
遗传学, 1, 6
遗传研究, 1, 5, 6, 19, 29, 444
遗传研究群体, 同遗传研究
异花授粉, 6
一因多效, 345, 348, 371, 372, 391, 439
异质误差方差, 31
异质杂合, 4
隐性, 8, 10
隐性标记, 9, 10, 58

永久群体, 2-4, 7-10, 18, 50, 90, 192
永久 F_2 群体, 148, 428, 429
优良广适应性纯系, 383
有利等位基因, 17, 399, 400
有限回交, 382
有效检验次数, 127-129
有效群体大小, 6, 7, 252, 426
有性繁殖, 4, 228
有用性, 443
玉米, 204, 237, 290, 316, 317, 427, 437
玉米 NAM 群体, 3
育种策略, 370, 386, 407, 410
育种模拟, 345, 346, 379, 405, 443
育种模拟工具, 345, 398
育种模拟软件 QuLine, 196
育种目标, 120, 402, 406, 407
育种亲本, 346, 383, 402, 406, 443-445
育种群体, 5, 6, 279, 311, 326, 398, 400, 412, 440-442, 445
育种效率, 326, 345, 406, 441, 444-446
育种性状, 346, 348, 374, 378, 379, 390, 438, 445, 446
育种设计, 412, 437, 441, 446
育种值, 194, 419, 435
育种周期, 345, 347, 359, 361, 377-379
约束条件, 187, 202

Z

杂合基因型, 2, 8-10, 17-19, 38, 43-45, 50, 209, 241, 251, 358
杂合亲本, 4, 209-215
杂交种选育, 148, 347, 364, 391, 427, 445
杂交种预测, 431, 435
杂交 F_1, 4, 95, 209
杂种优势, 3, 148, 445
杂种优势模式, 427
暂时群体, 2, 4, 8, 9, 19, 50, 51, 53, 54, 56-60, 90
早期选择, 345
整合图谱, 84, 85, 214, 224
整合重组率, 214, 216-223, 229, 243, 244
正交变量, 235, 272
正交分解, 193-195
正交模型, 263, 272
正交设计, 414
正交指示变量, 263, 273
正态分布, 15, 20, 24, 25, 114, 156, 157, 294, 340, 341
正则方程, 413, 416, 418
支撑区间, 161, 190, 200
植物育种, 345, 390, 444
指示变量, 141-143, 148, 174, 175, 183, 200, 233, 235, 263, 272, 273, 303, 341
质量性状, 8
中等适应性纯系, 383
中亲值, 17
株高, 16, 333, 402, 404
逐步回归, 139, 144, 147, 152, 169, 185, 287, 290
转移矩阵, 39, 46, 93, 243, 244, 253, 258
籽粒颜色, 99
自花授粉, 6, 365
自交, 1, 39
自交世代转移矩阵, 41
自交系, 209, 220, 347, 391, 408, 426
自然群体, 300
自由度, 13, 16, 27, 28
总平方和, 21, 26
总平均数, 21
总遗传方差, 193
组合数学, 80
最大抗延阻力, 380, 381, 382, 443, 444
最低样本量, 158
最近邻算法, 80
最小二乘估计, 412-416
最小群体大小, 398, 401, 404
最优线性无偏估计, 16, 30, 415
最优线性无偏预测, 206, 417
作图函数, 76